Optische Telekommunikationssysteme

Physik, Komponenten und Systeme

Pilotprojekte und Serientechnik
im Netz der Deutschen Telekom AG

VORWORT

wurde der Einsatz zukunftsweisender ATM-Technik durch Pilotprojekte, die inzwischen in den Regelbetrieb überführt worden sind, vorbereitet.

Natürlich sind in den letzten Jahren auch andere nicht optische Übertragungstechniken, z.B. auf Kupferleitung und über Funkkanäle weiterentwickelt worden. Dennoch ist die Glasfasertechnik eine Schlüsseltechnologie, deren Anwendung und Weiterentwicklung für moderne, leistungsfähige und ökonomisch arbeitende Telekommunikationsnetze auch im Weitverkehr zwingend notwendig ist.

Die unaufhörlichen Innovationsschübe innerhalb der optischen Nachrichtentechnik erforderten eine komplette Überarbeitung der ersten beiden Buchauflagen. Die vorliegende dritte Auflage wurde von 26 Experten der Deutschen Telekom in deren Freizeit inhaltlich völlig neu gestaltet. Das Buch wendet sich zum einen an Wissenschaftler, Ingenieure, Techniker und Studenten, die die gewaltigen Möglichkeiten der Glasfasertechnik hinterfragen bzw. nutzen wollen, zum anderen soll es aber auch Impulse zur weiteren Forschungs- und Entwicklungsarbeit in diesem noch recht jungen Zweig der Nachrichtentechnik geben.

Die Autoren danken den Firmen, die ihre freundliche Zustimmung zur Verwendung von Originalbildmaterial gegeben haben, aber auch den Mitarbeitern der Deutschen Telekom, die durch ihren Sachverstand und fachlichen Rat zum inhaltlichen Gelingen dieses Buches mit beigetragen haben.

August 1996

H. Hultzsch

Vorwort

Etwa 20 Jahre sind seit den ersten Betriebsversuchen zur Einführung der Glasfasertechnik ins Netz der damaligen Deutschen Bundespost vergangen. Zwischenzeitlich ist nahezu das gesamte Verbindungsliniennetz mit Glasfasertechnik ausgerüstet worden. Zusätzlich wurden in den letzten 5 Jahren vorwiegend in den neuen Bundesländern auch Glasfasernetze im Teilnehmerzugangsbereich installiert.

Letzteres stellt nach wie vor für den Netzbetreiber eine große Herausforderung dar, denn die Nachfrage nach breitbandigen Dialogdiensten, welche dafür eigentlich eine treibende Kraft sein müßte, ist noch sehr gering. Zwar hat es in den letzten Jahren eine Fülle von neuen, vielversprechenden Ansätzen für interaktive Breitbanddienste gegeben, jetzt aber gilt es, diese Entwicklungen, die besser unter den Schlagwörtern Infobahn, Breitbandkommunikation und Multimedia bekannt sind, zum Erfolg zu führen. Dabei werden auch von der Internet- und Intranet-Technik wichtige Impulse für die Nachfrage nach zusätzlicher Übertragungskapazität und nach breitbandigen Anschlußleitungen erwartet.

In Teil I des Buches werden die physikalischen und technischen Grundlagen der optischen Nachrichtentechnik beschrieben. Den Autoren ist es wichtig, erkennen zu lassen, daß die dabei notwendigen, äußerst anspruchsvollen Technologien durch wissenschaftliche und ingenieurtechnische Anstrengungen in zuverlässige, praxisrelevante Ergebnisse umgesetzt werden können. Weltweite intensive Forschungs- und Entwicklungsarbeiten haben zu schnellen Fortschritten bei der Glasfasertechnik geführt. Wurde diese bisher für die einfache Punkt-zu-Punkt Übertragung mit einer Bitrate von höchstens 2,5 Gbit/s eingesetzt, werden heute schon Wellenlängenmultiplexsysteme in Verbindung mit rein optischer Signalverstärkung in den Netzen implementiert, bei denen mehrere optische Trägerwellenlängen gleichzeitig höchstbitratige Digitalsignalströme über einige hundert Kilometer transportieren können.

Großen Anteil haben dabei rasante Entwicklungssprünge bei der Laser-, Verstärker- und Empfängertechnik aber auch viele gute Ideen zur Realisierung der erforderlichen passiven Multiplex- und Demultiplexkomponenten. Die optische Übertragungstechnik ist so ausgereift, daß schon heute die Nutzung von weltumspannenden Unterwasser-Glasfaserübertragungssystemen zusätzlich zur Satellitenübertragung nahezu selbstverständlich ist. Den Netzbetreibern stehen mit ihr Übertragungsmethoden zur Verfügung, mit denen sie ihre Netze flexibler und kostengünstiger als bisher gestalten können. Andererseits bedeutet dieses aus Kundensicht erhöhte Kommunikationsqualität bei gleichzeitig sinkenden Preisen.

Die relativ junge Vision des „all optical network", bei dem alle Übertragungs- und Vermittlungsvorgänge von der Nachrichtenquelle bis zur -senke durchgängig optisch erfolgen sollen, hat die aktuellen Forschungs- und Entwicklungsarbeiten der optischen Nachrichtentechnik erheblich beeinflußt, so daß die Netzbetreiber weitere reale Chancen sehen, durch noch intensiveren Einsatz optischer Techniken ihre Netzgrundkosten bei gleichzeitiger spürbarer Erhöhung der Übertragungskapazität zu reduzieren.

In den Teilen II und III des Buches wird auf Pilotprojekte und auf im Netz der Deutschen Telekom eingesetzte Serientechnik eingegangen. Als äußerst wichtig ist dabei der bisher weltweit einzigartige Masseneinsatz von Glasfasersystemen im Zugangsnetz im Rahmen der OPAL-Projekte, insbesondere in den neuen Bundesländern, zu werten, denn hier wurde durch Preisreduktion bei den Systemkomponenten auch in wirtschaftlicher Hinsicht ein wichtiger Durchbruch erzielt. Die ökonomische Realisierung von breitbandigen Teilnehmerzugangsnetzen ist nunmehr keine reine Vision, was sich auch durch Ankündigungen anderer Netzbetreiber zeigt, solche Anschlüsse zukünftig in großem Stile realisieren zu wollen.

Im Verbindungsliniennetz werden seit kurzem neue Übertragungsverfahren eingeführt. Neben moderner SDH-Technik

AUTOREN

Dipl.-Ing. Andreas Bläse
DeTe Berkom GmbH,
Berlin

Dipl.-Ing. Klaus Breitbach
Deutsche Telekom AG,
Zentrale, Bonn

Dr. rer. nat. Herbert Burkhard
Deutsche Telekom AG,
Technologiezentrum, Darmstadt

Dipl.-Ing. Eckart Flor
Deutsche Telekom AG,
Zentrale, Darmstadt

Dr.-Ing. Günther Garlichs
Deutsche Telekom AG,
Technologiezentrum, Darmstadt

Dipl.-Ing. Nikolaus Gieschen
Deutsche Telekom AG,
Technologiezentrum, Berlin

Dr.-Ing. Andreas Gladisch
Deutsche Telekom AG,
Technologiezentrum, Berlin

Dr.-Ing. Bernhard Hein
Deutsche Telekom AG,
Technologiezentrum, Darmstadt

Dr.-Ing. Walter Heitmann
Deutsche Telekom AG,
Technologiezentrum, Darmstadt

Dr. rer. nat. Hartmut Hillmer
Deutsche Telekom AG,
Technologiezentrum, Darmstadt

Dipl.-Ing. Jürgen Kanzow
DeTe Berkom GmbH,
Berlin

Dipl.-Ing. Wolfgang Kliemsch
Deutsche Telekom AG,
Zentrale, Bonn

Dr. rer. nat. Herbert Kräutle
Deutsche Telekom AG,
Technologiezentrum, Darmstadt

Dipl.-Ing. Bernhard Kredel
Deutsche Telekom AG,
Zentrale, Darmstadt

Dr. rer. nat. Eckart Kuphal
Deutsche Telekom AG,
Technologiezentrum, Darmstadt

Dr.-Ing. Ottokar Leminger
Deutsche Telekom AG,
Technologiezentrum, Darmstadt

Dr. rer. nat. Arnold Mattheus
Deutsche Telekom AG,
Technologiezentrum, Darmstadt

Dipl.-Ing. Reinald Ries
Deutsche Telekom AG,
Technologiezentrum, Darmstadt

Dr.-Ing. Manfred Rocks
Deutsche Telekom AG,
Technologiezentrum, Berlin

Dipl.-Ing. Bruno Orth
Deutsche Telekom AG,
Zentrale, Bonn

Dipl.-Ing. Herbert Schneider
Deutsche Telekom AG,
Zentrale, Bonn

Dipl.-Ing. Bernd Seiler
Deutsche Telekom AG,
Zentrale, Darmstadt

Dipl.-Ing. Wilhelm Spickmann
Deutsche Telekom AG,
Zentrale, Darmstadt

Dipl.-Chem. Hans-Jürgen Tessmann
Deutsche Telekom AG,
Technologiezentrum, Berlin

Dipl.-Ing. Gerhard Wachholz
Deutsche Telekom AG,
Technologiezentrum, Darmstadt

Dr.-Ing. Remigius Zengerle
Deutsche Telekom AG,
Technologiezentrum, Darmstadt

Copyright 1996 by Damm-Verlag KG · Gelsenkirchen

Printed in Germany – Alle Rechte, auch die des auszugsweisen Nachdrucks,
der fotomechanischen Wiedergabe und Übersetzung, vorbehalten.

Druck: Buersche Druckerei Dr. Neufang KG · Gelsenkirchen

ISBN 3-87333-082-2

Herausgegeben von

Dr. rer. nat. Hagen Hultzsch

Optische Telekommunikationssysteme

Physik, Komponenten und Systeme

**Pilotprojekte und Serientechnik
im Netz der Deutschen Telekom AG**

Redaktion und fachliche Koordination:

Dr.-Ing. Manfred Rocks (Teil I)

Dipl.-Ing. Wolfgang Kliemsch (Teile II und III)

DAMM-VERLAG KG · GELSENKIRCHEN

I. Physik, Komponenten und Systeme

O. Leminger

1	**Physikalische Grundlagen**	19
1.1	Licht als Wellenfeld	20
1.2	Optische Medien; Brechzahl	21
1.3	Ebene harmonische Wellen; andere Wellenformen	21
1.4	Phasen- und Gruppengeschwindigkeit; Dispersion	23
1.5	Dämpfung und Verstärkung	24
1.6	Polarisation	25
1.7	Intensität; Lichtmodulation	27
1.8	Interferenz; stehende Wellen	28
1.9	Kohärentes und inkohärentes Licht	30
1.10	Huygenssches Prinzip; Beugung	31
1.11	Strahlenoptik; Fermatsches Prinzip	32
1.12	Reflexion und Brechung; Totalreflexion	33
1.13	Absorption und Emission	34
1.14	Nichtlineare Optik	36
	Weiterführende Literatur	37

G. Garlichs

2	**Ausbreitung optischer Wellen**	39
2.1	Dielektrische Lichtwellenleiter	40
2.2	Strahlenoptische Beschreibung der Wellenleitung	40
2.3	Moden in optischen Wellenleitern	43
2.4	Einmodenfasern	47
2.5	Doppelbrechung bei Einmodenfasern	49
2.6	Mehrmodenfasern	51
2.7	Dispersion und Bandbreite von Glasfasern	52
2.7.1	Modendispersion	53
2.7.2	Materialdispersion	55
2.7.3	Wellenleiterdispersion	56
2.8	Dämpfung in Glasfasern	58
2.8.1	Absorptionsdämpfung	58
2.8.2	Dämpfung durch Rayleigh-Streuung	58
2.8.3	Dämpfung durch Geometriestörungen	59
2.9	BPM-Simulation der Lichtausbreitung	61
	Weiterführende Literatur	62

H. Hillmer

3	**Materialien für die optische Nachrichtentechnik und deren Eigenschaften**	63
3.1	Halbleiter	64
3.1.1	Grundlagen, Kristallstruktur	64
3.1.2	Dotierte Halbleiter und Leitungsmechanismen	66
3.1.3	Ladungsträger-Statistik und elektronische Eigenschaften	71
3.1.4	Quanteneffekte, verspannte Halbleiter-Heterostrukturen	73
3.1.5	Optische Eigenschaften	81
3.2	Anorganische Gläser	85

3.2.1	Grundlagen und Struktur	86
3.2.2	Optische Eigenschaften von Quarzglas	87
3.2.3	Dotiertes Glas	87
3.2.4	Fluoridglas	89
3.3	Polymere	92
3.3.1	Nichtlineare Optik	93
3.3.2	Prinzipien des strukturellen Aufbaus	94
3.3.3	Struktur-Eigenschaftsbeziehungen bei optisch nichtlinearen Polymeren	95
3.3.4	Optische, elektronische und mechanische Eigenschaften	96
3.3.5	Herstellung von optischen Wellenleitern	99
3.3.6	Vergleich mit anderen Materialsystemen	100
3.3.7	Anwendungen von Polymeren in der Photonik	101
3.4	Lithium Niobat	102
3.4.1	Herstellung und Struktur	102
3.4.2	Grundlagen und optische Eigenschaften	102
3.5	Literaturverzeichnis Kap. 3	105

4 Bausteine für die optische Nachrichtentechnik ... 109

W. Heitmann

4.1	Herstellung, Dämpfung und mechanische Eigenschaften von Glasfasern	110
4.1.1	Werkstoffe zur Herstellung von Glasfasern	110
4.1.1.1	Glas	110
4.1.1.2	Kunststoffe	110
4.1.2	Dämpfung in Glasfasern	111
4.1.2.1	Streuverluste	112
4.1.2.2	Absorptionsverluste	113
4.1.2.3	Gesamtverluste von Einmodenfasern	113
4.1.2.4	Zusatzverluste durch Wasserstoff in Fasern	115
4.1.2.5	Temperaturabhängigkeit der Faserverluste	115
4.1.2.6	Dämpfungsmessungen an Einmodenfasern	116
4.1.3	Herstellung von Vorformen für Glasfasern	117
4.1.3.1	Glasabscheidung aus der Gasphase (CVD-Verfahren)	117
4.1.3.2	Das MCVD-Verfahren	117
4.1.3.3	Das OVD-Verfahren	120
4.1.3.4	Das VAD-Verfahren	120
4.1.3.5	Zusammenfassung und Wertung der Verfahren zur Vorformherstellung	121
4.1.4	Faserziehtechnologie	122
4.1.5	Dispersionskompensierende Fasern	123
4.1.6	Mechanische Eigenschaften von Glasfasern	124
4.1.7	Lichtleitfasern aus Kunststoffen	125

A. Mattheus

4.2	Faserverbindungen	126
4.2.1	Einführung	126
4.2.2	Physikalische Grundlagen	127
4.2.3	Kabel- und Faseraufbau	131
4.2.4	Vorbereiten einer Faserverbindung	132
4.2.5	Spleißverbindungen	134
4.2.6	Optische Steckverbindungen	139
4.3	Optische Koppler	145
4.4	Faseroptische Frequenzfilter	147

H. Burkhard, M. Rocks

4.5	Optische Verstärker	153
4.5.1	Erbiumfaser-Verstärker	154
4.5.1.1	Pumplaser für Faserverstärker	156
4.5.2	Halbleiterverstärker	159
4.5.3	Anforderungen an optische Verstärker für Systemanwendungen	161

H. Burkhard

4.6	Strahlungsquellen für die optische Nachrichtenübertragung	162
4.6.1	Physikalische Grundlagen	162
4.6.2	Laserstrukturen	166
4.6.2.1	Allgemeine Eigenschaften	166
4.6.2.2	Spektrale Rückwirkungsempfindlichkeit	168
4.6.2.3	Laserrauschen	169
4.6.2.4	Fabry-Perot-Laser	169
4.6.2.5	Laser mit verteilter Rückkopplung	170
4.6.3	Distributed Feedback Laser (DFB-Laser)	171
4.6.4	Distributed Bragg-Reflektor (DBR-Laser)	177
4.6.5	Durchstimmbare Laser	178
4.6.5.1	Laser mit externem Resonator	178
4.6.5.2	Thermische Durchstimmung	179
4.6.5.3	Multisektions DFB-Laser	179
4.6.5.4	DBR-Laser	179
4.6.5.5	Tunable Twin Guide-Laser (TTG-Laser)	180
4.6.5.6	Kodirektional gekoppelte Laser	181
4.6.5.7	Y-Laser	181
4.6.5.8	Superstructure grating DBR-laser oder sampled grating laser (SSG-Laser)	181
4.6.5.9	DFB-Laser mit gekrümmtem Wellenleiter (Bent Waveguide DFB-Laser)	182
4.6.6	Oberflächenemittierende Laser	182
4.7	Strahlungsempfänger	184
4.7.1	Physikalische Grundlagen	184
4.7.2	Photodiodenarten	185
4.7.2.1	PIN-Dioden	185
4.7.2.2	Lawinenphotodioden	186
4.7.3	Demodulationseigenschaften	187
4.7.3.1	Dynamische Demodulation	187
4.7.3.2	Rauschverhalten	189
4.7.4	Photodiodenmaterialien	189
4.7.5	Photodiodenstrukturen	191
4.8	Literaturverzeichnis Kap. 4	192

5	**Optoelektronische Schaltungen**	**199**

E. Kuphal, H. Kräutle

5.1	Technologie der III-V-Halbleiter	200
5.1.1	Epitaxieverfahren	200
5.1.1.1	Flüssigphasenepitaxie (LPE)	201
5.1.1.2	Gasphasenepitaxie (VPE)	203
5.1.1.3	Metallorganische Gasphasenepitaxie (MOVPE)	205
5.1.1.4	Molekularstrahlepitaxie (MBE)	208

5.1.1.5	Gasquellen-MBE (GSMBE), Metallorganische MBE (MOMBE)	211
5.1.2	Strukturierungstechniken	211
5.1.2.1	Lithographie	211
5.1.2.2	Ätzverfahren	213
5.1.2.3	Diffusion	216
5.1.2.4	Ionenimplantation	217
5.1.2.5	Passivierung	218
5.1.2.6	Metallisierung	219

R. Zengerle

5.2	Integrierte optoelektronische Schaltungen	220
5.2.1	Einleitung	220
5.2.2	Optische Wellenleiter	221
5.2.2.1	Das Prinzip der optischen Wellenleitung	221
5.2.2.2	Grundstrukturen optischer Streifenwellenleiter	223
5.2.2.3	Wellenleiterverluste	223
5.2.2.4	Materialien für optische Schaltungen	225
5.2.3	Bauelemente für die optische Schaltungsintegration	225
5.2.3.1	Optische Verzweiger	225
5.2.3.2	Optische Frequenzfilter	227
5.2.3.2.1	Richtkoppler als Frequenzfilter	228
5.2.3.2.2	Periodische Wellenleiter	229
5.2.3.2.3	Wellenleiter-Interferenz-Filter	229
5.2.3.2.4	Phased-Array Multiplexer	230
5.2.3.3	Modulatoren	230
5.2.3.3.1	Physikalische Grundlagen der Abstimmbarkeit von Schaltelementen	231
5.2.3.3.2	Phasen- und Frequenzmodulatoren	232
5.2.3.3.3	Intensitätsmodulatoren	232
5.2.3.4	Schalter	234
5.2.3.4.1	Schaltbarer Richtkoppler	234
5.2.3.4.2	X-Schalter	234
5.2.3.4.3	Digitaler optischer Schalter	235
5.2.4	Schaltungsintegration	236
5.2.4.1	Integrierbare Sender, Empfänger und Halbleiterverstärker	236
5.2.4.2	Optische Schaltmatrizen	236
5.2.4.3	Laser mit integrierter Fleckweitenanpassung	237
5.2.4.4	Bidirektionales Übertragungsmodul	239
5.2.4.5	Optischer Überlagerungsempfänger	239
5.2.4.6	Heterointegration	240
5.2.5	Grenzen der Schaltungsintegration und Ausblick	240

H.-J. Tessmann

5.3	Aufbau- und Verbindungstechnik	241
5.3.1	Die Bedeutung hybrider Technologien für die Aufbau- und Verbindungstechnik	242
5.3.2	Elektronische Hybridschaltungen	243
5.3.2.1	Widerstandsabgleich in Hybridschaltungen	246
5.3.2.2	Montage und Kontaktierung von elektrischen bzw. optoelektronischen Bauelementen in Hybridschaltungen	247
5.3.2.2.1	Montage von SMD-Bauelementen	247
5.3.2.2.2	Montage und Kontaktierung ungehäuster Halbleiterbauelemente	247
5.3.3	Optische Hybridschaltungen	249
5.4	Literaturverzeichnis Kap. 5	253

6 Optische Übertragungssysteme ... 259

R. Ries

6.1	Grundlagen	260
6.1.1	Übertragungssysteme	260
6.1.1.1	Analoge und digitale Übertragung	261
6.1.1.2	Sender für die optische Übertragung	263
6.1.1.3	Glasfaserstrecke	266
6.1.1.4	Empfänger	266
6.1.1.5	Charakteristika eines Übertragungssystems	268
6.1.2	Digitale Übertragungssysteme mit Geradeausempfang	269
6.1.2.1	Laser-Intensitätsmodulation	269
6.1.2.2	Externe Modulation	270
6.1.3	Digitale Übertragungssysteme mit Überlagerungsempfang	271
6.1.3.1	Amplitudenmodulation	272
6.1.3.2	Frequenzmodulation	273
6.1.3.3	Phasenmodulation	273
6.1.4	Multiplextechnik	274
6.1.4.1	Elektrische Multiplextechnik	275
6.1.4.2	Optische Zeitmultiplextechnik	276
6.1.4.3	Optische Frequenzmultiplextechnik	277
6.1.5	Analoge optische Übertragungssysteme	279
6.1.5.1	Amplitudenmodulaton (AM)	279
6.1.5.2	Frequenzmodulation	281

B. Hein

6.2	Systeme für Fernnetzanwendungen	281
6.2.1	Struktur von Fernnetzen	282
6.2.2	Kaskadierung von Übertragungssystemen	283
6.2.2.1	Reichweitenbegrenzungen durch Faserdämpfung und Leistungsgrenzen	283
6.2.2.2	Reichweitenbegrenzungen durch die Faserdispersion	286
6.2.2.3	Regeneratoren	288
6.2.2.4	Einsatz optischer Verstärker	289
6.2.3	Dispersionsmanagement	292
6.2.3.1	Übertragung in Bereichen niedriger Dispersion	292
6.2.3.2	Reduzierung des Laserchirpens	293
6.2.3.3	Ausnutzung des Laserchirpens	295
6.2.3.4	Passive Kompensation der Dispersion	296
6.2.3.5	Aktive Kompensation der Dispersion	298
6.2.3.6	Solitonenübertragung	301
6.2.3.7	Vergleich der verschiedenen Techniken	305
6.2.4	Seekabelsysteme	307
6.2.5	Anwendung von optischem Frequenzmultiplex in Fernnetzen	308
6.3	Synchrone Netze	310
6.3.1	Synchrone Netzbausteine	310
6.3.2	Synchrone Ringe im Zugangsbereich	311

N. Gieschen

6.4	Optische Übertragungstechnik für Zugangsnetze	312
6.4.1	Charakteristische Merkmale der Zugangsnetze	313
6.4.2	Gestaltung optischer Zugangsnetze	315

6.4.2.1	Komponenten zur Netzgestaltung	316
6.4.2.2	Übersicht möglicher Netztopologien	318
6.4.2.3	Passives optisches Netz	321
6.4.2.4	Aktives optisches Netz	323
6.4.2.5	Hybridnetze	323
6.4.3	Übertragungsverfahren für optische Zugangsnetze	324
6.4.3.1	Bidirektionale Übertragung	324
6.4.3.1.1	Zweifaserbetrieb im Raummultiplex	324
6.4.3.1.2	Einfaserbetrieb	325
6.4.3.2	Zugriffstechniken in passiven optischen Netzen	329
6.4.3.2.1	Zugriff im Zeitmultiplex	330
6.4.3.2.2	Frequenzmultiplex im Vielfachzugriff	333
6.4.3.2.3	Codemultiplex im Vielfachzugriff	335
6.4.4	Störeinflüsse	335
6.4.5	Der teilnehmerseitige Glasfaserabschluß	337
6.4.5.1	Optical Network Unit	337
6.4.5.2	Transceiver	338
6.4.6	Fiber in the Loop	342
6.4.7	Evolutionspfade zu Breitband-Zugangsnetzen	343

A. Gladisch

6.5	Netze mit Wellenlängenmultiplex	343
6.5.1	Wellenlängenmultiplex in der Verbindungsschicht	344
6.5.2	Wellenlängenmultiplex in der Pfadschicht	345
6.5.2.1	Allgemeine Erläuterung	345
6.5.2.2	Wellenlängenmultiplexer/-demultiplexer und deren Anwendung	346
6.5.2.3	Optische Add-Drop Multiplexer und deren Anwendung	347
6.5.2.4	Optische Cross-Connectoren und deren Anwendung	348
6.5.3	Systemgrenzen	349
6.5.3.1	Grenzen durch Rauschakkumulation und Nebensprechen	349
6.5.3.2	Grenzen für WDM-Systeme durch nichtlineare Effekte	350
6.5.4	Mögliche Anwendungen von Wellenlängenmultiplextechnik im Netz	351
6.5.5	Schlußbetrachtung	353
6.6	Literaturverzeichnis Kap. 6	353

M. Rocks

7	**Zukunftsperspektiven der Photonik**	**359**
7.1	Optische Breitbandübertragung	362
7.1.1	Multigigabit-Zeitmultiplexübertragung	362
7.1.2	Optische Regeneration der Zeitmultiplexsignale	366
7.1.3	Vielträgertechnik	367
7.2	Optische Vermittlung	370
7.3	Technologien und Schlüsselkomponenten	373
7.3.1	Basistechnologien	373
7.3.2	Photonische Schlüsselkomponenten	375
7.4	Schlußbetrachtung	375
7.5	Literaturverzeichnis Kap. 7	376

II. Pilotprojekte

J. Kanzow, A. Bläse

8	**Das BERKOM-Testnetz**	381
8.1	Ausgangssituation und das BERKOM-Projekt	382
8.2	Zielsetzung des BERKOM-Testnetzes	383
8.3	Technische Einrichtungen des BERKOM-Testnetzes	384
8.3.1	BERKOM-Vermittlungsstelle der Alcatel SEL AG	384
8.3.2	BERKOM-Vermittlungsstelle der Philips Kommunikations Industrie AG	386
8.3.3	BERKOM-Vermittlungsstelle der Siemens AG	388
8.3.4	Anschluß des BERKOM-Testnetzes an das öffentliche ATM-Netz der Deutschen Telekom	391
8.4	Entwicklung und weiterer Einsatz des BERKOM-Testnetzes	391
8.5	Literaturverzeichnis Kap. 8	395

B. Orth

9	**OPAL Pilotprojekte**	397
9.1	Überblick	398
9.2	Konzeptwettbewerb	398
9.3	Zielsetzungen der Pilot	401
9.4	Charakteristik der OPAL Pilotprojekte	401
9.4.1	OPAL 1	401
9.4.2	OPAL 2	401
9.4.3	OPAL III und VII	401
9.4.5	OPAL IV, V und VI	403
9.5	Kenndaten der Pilotprojekte OPAL	403
9.6	Ergebnisse und Zusammenfassung	403
9.7	Literaturverzeichnis Kap. 9	404

G. Wachholz

10	**Die ATM-Projekte**	405
10.1	Einführung	406
10.2	Das Übermittlungsverfahren ATM	407
10.2.1	Hintergrund	407
10.2.2	Beschreibung des Übermittlungsverfahrens ATM	407
10.3	Das ATM-Projekt der Deutschen Telekom	409
10.3.1	Das Netz	409
10.3.2	Die Anschlüsse	411
10.3.3	Die Telekommunikationsdienste	411
10.3.3.1	Überblick	411
10.3.3.2	Der verbindungsorientierte Breitband-Übermittlungsdienst	411
10.3.3.3	Der verbindungslose Breitband-Übermittlungsdienst (CL-Service)	412
10.3.4	Die Netzübergänge	412
10.3.5	Die Endsysteme	413
10.3.6	Der Tarif	414
10.3.7	Anwender und Anwendungen	415
10.4	Die internationalen ATM-Pilotprojekte unter Beteiligung der Deutschen Telekom	416

10.4.1	Überblick	416
10.4.2	Das Europäische ATM-Pilotprojekt	416
10.5	Ausblick	416
10.6	Literaturverzeichnis Kap. 10	417

H. Schneider

11	**Pilotprojekte „Interaktive Video Services"**	**419**
11.1	Zielsetzungen der Pilotprojekte	420
11.2	Entwicklung von Video Services	421
11.3	Netz- und Technikentwicklung	423
11.3.1	Gestaltung des Zugangsnetzes	423
11.3.1.1	OPAL-Glasfasernetze	423
11.3.1.2	Verwendung des Breitbandverteilnetzes	423
11.3.1.3	Glasfaser-Overlaynetz (Hybridnetz)	425
11.3.1.4	ADSL-Technik im Telefonnetz	425
11.3.2	Multimedia Server	426
11.3.3	Video Switch	426
11.3.5	Quellencodierstandards und Signalqualität	426
11.3.6	Interaktive Set-Top-Box	427
11.3.7	Zugangskontrolle	428
11.3.8	Benutzeroberfläche/Navigation	429
11.3.9	Mittlerfunktion	430

III. Serientechnik

K. Breitbach

12	**Einsatz von Glasfasersystemen im Verbindungsliniennetz**	**433**
12.1	Einleitung	434
12.2	Komponenten der SDH-Technik	435
12.2.1	Einsatzstrategie	435
12.2.2	Leitungsendgeräte	436
12.2.3	Crossconnectoren	436
12.2.4	SDH-Ringe (VISYON)	437
12.3	Netzstruktur	438
12.4	Personelle Auswirkungen	439
12.5	Netzmanagement	440
12.6	Zusammenfassung	441
13	**Der Einsatz von Glasfasersystemen im Zugangsnetz**	**443**

E. Flor, W. Kliemsch

13.1	Hintergründe und Zielsetzungen	444
13.1.1	Überblick	444
13.1.2	Die Einführung der Glasfaser durch neue Dienste	445
13.1.3	Die Einführung der Glasfaser als Rationalisierungsinnovation	448

W. Kliemsch

13.2	Das Glasfaser-Overlaynetz	449
13.2.1	Konzeption	449
13.2.2	Ausbaustrategie	450
13.2.3	Modellbetrachtungen/Netzmodelle	450
13.2.4	Bedarfserkennungsverfahren	455
13.2.5	Struktur und Umfang des Ausbaus	456

E. Flor, B. Kredel, B. Seiler, W. Spickmann

13.3	Systemkonzepte und Komponenten für den Regelausbau OPAL	458
13.3.1	Einführung/Grundgedanken	458
13.3.2	Allgemeine Zielvorstellungen und Gestaltungsregeln	459
13.3.3	Technik für interaktive Telekommunikationsdienste	461
13.3.3.1	Lösungen auf PON-Basis	461
13.3.3.1.1	Übertragungsverfahren	461
13.3.3.1.2	Optical Line Termination	463
13.3.3.1.3	Optical Network Unit	465
13.3.3.1.4	Schnittstellen	466
13.3.3.1.5	Passive Komponenten	469
13.3.3.2	Aktive Lösungen	471
13.3.3.2.1	Einführung	471
13.3.3.2.2	Systemübersicht	472
13.3.3.2.3	Systemkomponenten	472
13.3.3.2.4	Speisekonzept/Fernspeisung	479
13.3.3.2.5	Network Management System	481
13.3.4	Technik für distributive Dienste	481
13.3.4.1	Allgemeines	481
13.3.4.2	Vorgaben und Randbedingungen	482
13.3.4.3	Netz- und Systemarchitektur	485
13.3.4.4	Übertragungsbereiche, Signalkapazität und Übertragungsparameter	487
13.3.4.5	Systemaufbau	488
13.3.4.6	Künftige Systemerweiterung	493
13.3.4.7	Netzmanagement	493
13.3.5	Infrastruktur und Energieversorgung	494
13.3.5.1	Gestelle und Gehäuse	494
13.3.5.2	Stromversorgung	494
13.3.6	Betriebsführungssystem	495
13.4	Literaturverzeichnis Kap. 13	498

IV. Anhang

Abkürzungen	500
Stichwörter	508

I. Physik, Komponenten und Systeme

1. Physikalische Grundlagen

Dr.-Ing. O. Leminger

1. KAPITEL

1.1 Licht als Wellenfeld

Licht kann man allgemein als Strahlung definieren, die von Lichtquellen ausgeht oder von Gegenständen reflektiert wird und auf die das Auge anspricht. Das Teilgebiet der Physik, in dem die Eigenschaften des Lichtes untersucht werden, bezeichnet man als Optik.

In der zweiten Hälfte des 19. Jahrhunderts wurde gezeigt, daß es sich beim Licht um ein elektromagnetisches Wellenfeld handelt, dessen Schwingungen eine sehr hohe Frequenz haben (Größenordnung 10^{14} Hz). Dieses *Wellenmodell* ist immer dann geeignet, wenn die Ausbreitung des Lichtes zu behandeln ist. Bei Untersuchungen der Wechselwirkung des Lichtes mit Stoff versagt es jedoch und man muß bei diesen Erscheinungen ein *Teilchenmodell* verwenden, in dem man Licht als Gesamtheit von Lichtquanten (Photonen) auffaßt. Eine formale Vereinigung von Wellen- und Teilchenmodell wird in der Quantenelektrodynamik vorgenommen.

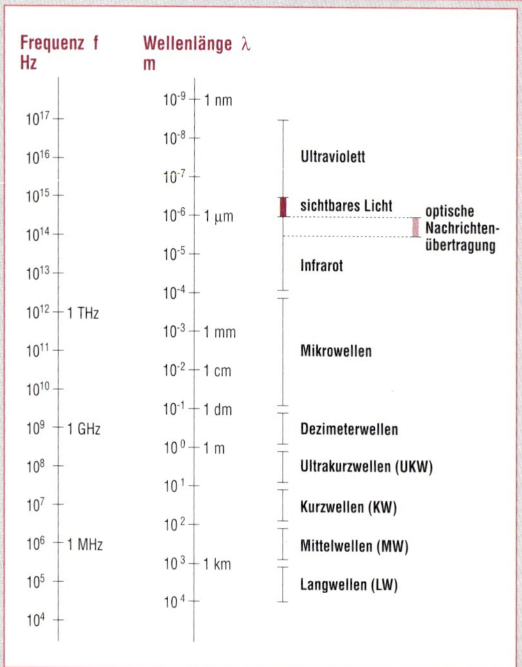

Optische Schwingungen werden üblicherweise durch ihre *Wellenlänge* λ charakterisiert, den Abstand zweier positiver oder negativer Maxima des Schwingungszuges, statt, wie in der Elektrotechnik, durch ihre *Frequenz* f. Die Umrechnung zwischen beiden Größen erfolgt über die Formel

$$c = \lambda \cdot f, \qquad (1.1)$$

wobei $c \approx 3 \cdot 10^8$ m/s die Lichtgeschwindigkeit im leeren Raum ist.

Die Wellenlängen des sichtbaren Lichtes liegen zwischen λ = 0,38 μm (violettes Licht) und λ = 0,78 μm (rotes Licht) mit der Längeneinheit 1 μm = 10^{-6} m. Das sichtbare Licht stellt nur einen schmalen Ausschnitt aus dem gesamten Wellenlängenbereich (Spektrum) dar, den elektromagnetische Wellen umfassen (Bild 1.1).

An das rote Ende des sichtbaren Teils des Spektrum schließt sich der infrarote Bereich (IR-Strahlung), an das violette Ende der ultraviolette Bereich (UV-Strahlung) an. Noch größere Wellenlängen als das Infrarot haben die Funkwellen der drahtlosen Nachrichtentechnik. In Richtung kürzerer Wellenlängen folgen auf Ultraviolett die Röntgenstrahlen.

In der optischen Nachrichtentechnik ist es üblich, als Licht oder optische Strahlung den Bereich zu bezeichnen, dessen Wellenlängen etwa zwischen λ = 0,3 μm (entspricht der Frequenz f = 1000 THz) und λ = 3 μm (f = 100 THz) liegen (1 Terahertz [THz] = 1000 GHz = 10^{12} Hz).

Als *spektrale Verteilung* einer Größe (z.B. spektrale Dämpfungsverteilung von Glasfasern, abgekürzt spektrale Dämpfung) bezeichnet man die als Kurve dargestellte Abhängigkeit dieser Größe von der Wellenlänge des Lichtes. Das Licht in unserer Umgebung ist eine Überlagerung von Schwingungen, deren Wellenlängen einen weiten Bereich umfassen. Ein solches

Bild 1.1: Das Spektrum elektromagnetischer Wellen im Bereich zwischen Ultraviolettstrahlung und Langwellen

Licht bezeichnet man als *polychromatisch*. Im sichtbaren Bereich entspricht jeder Wellenlänge ein bestimmter Farbton, ein ausgewogenes Zusammenwirken aller dieser Schwingungen ruft im Auge den Eindruck „weißes Licht" hervor.

Licht mit einer einzigen bestimmten Wellenlänge bezeichnet man als *monochromatisch*. Es ist experimentell nicht zu verwirklichen, tatsächlich umfaßt es immer einen gewissen, wenn auch schmalen Wellenlängenbereich. Um es zu erhalten, verwendet man optische Filter oder sogenannte Monochromatoren.

Die üblichen Lichtquellen (Sonne, Glühlampen, Gasentladungslampen) erzeugen polychromatisches Licht. Die in der optischen Nachrichtentechnik verwendeten Halbleiterlaserdioden senden dagegen Licht aus, das in hohem Maße monochromatisch ist.

1.2 Optische Medien; Brechzahl

Die Ausbreitung elektromagnetischer Wellen und somit auch diejenige von Licht wird durch die physikalischen Eigenschaften der *optischen Medien* beeinflußt, d.h. der Stoffe, in denen die Ausbreitung erfolgt. Hierzu gehört auch der leere Raum (Vakuum) als Grenzfall. Wichtigstes Merkmal eines optischen Mediums ist die in ihm gültige Wellenausbreitungsgeschwindigkeit v, die immer kleiner ist als diejenige im leeren Raum c. Die umständliche Benutzung der v-Werte selbst vermeidet man durch Bezug auf c, d.h. durch Angabe der *Brechzahl* n :

$$n = c/v . \qquad (1.2)$$

Genauere Untersuchungen zeigen, daß in allen optischen Medien mit Ausnahme des Vakuums die Ausbreitungsgeschwindigkeit des Lichtes von seiner Wellenlänge λ abhängt. Man bezeichnet diese Erscheinung als Dispersion. Jede genauere Brechzahlangabe ist folglich mit der wirksamen Wellenlänge zu kennzeichnen. Außerdem wird die Brechzahl durch andere Parameter (Temperatur, Druck usw.) beeinflußt.

Wenn innerhalb eines betrachteten Raumbereichs die optischen Eigenschaften des Mediums ortsunabhängig sind, bezeichnet man es als optisch *homogen*. In einem *inhomogenen* Medium sind sie ortsabhängig. In einem optisch *isotropen* Medium weisen seine optischen Eigenschaften keine Richtungsabhängigkeit auf. In einem *anisotropen* Medium sind sie abhängig von der Richtung des durchgehenden Lichtes.

1.3 Ebene harmonische Wellen; andere Wellenformen

Das allgemeine Merkmal einer Wellenbewegung ist die Fortpflanzung einer zeitlichen, in der Regel periodischen Schwingung im Raum. Das einfachste Beispiel einer sich im Vakuum (n = 1) ausbreitenden Welle ist die *ebene harmonische Welle*, die in der Zeit t und auch räumlich periodisch ist. Wenn wir ihre Ausbreitungsrichtung in die positive z-Achse eines kartesischen Koordinatensystems legen, kann man sie durch die Gleichung

$$a(z,t) = A \cdot \cos[2\pi (f \cdot t - z/\lambda) + \delta] = A \cdot \cos(\omega \cdot t - k \cdot z + \delta) \qquad (1.3)$$

darstellen. Statt der Frequenz f und der Wellenlänge λ werden im letzten Term die Kreisfrequenz $\omega = 2\pi f$ und die *Wellenzahl* $k = 2\pi/\lambda$ verwendet. Für eine sich nach der negativen z-Richtung ausbreitende Welle tritt an Stelle des Minuszeichens das Pluszeichen.

Den Maximalwert A der Welle bezeichnet man als ihre *Amplitude*, das Argument der Cosinus-Funktion $\omega t - kz + \delta$, also den augenblicklichen Schwingungszustand, als ihre *Phase*, die Größe δ als *Phasenkonstante*.

Die Flächen, die Ortspunkte gleicher Phase verbinden, bezeichnet man als *Wellenfronten*. Die Ausbreitungsrichtung verläuft an jedem Punkt stets senkrecht zur Wellenfront, sie wird in der Optik als *Lichtstrahl* bezeichnet.

Nach der Form der Wellenfronten unterscheidet man verschiedene Arten von Wellen (Bild 1.2). Einer ebenen Welle nach Gleichung (1.3) entsprechen die Ebenen

1. Kapitel

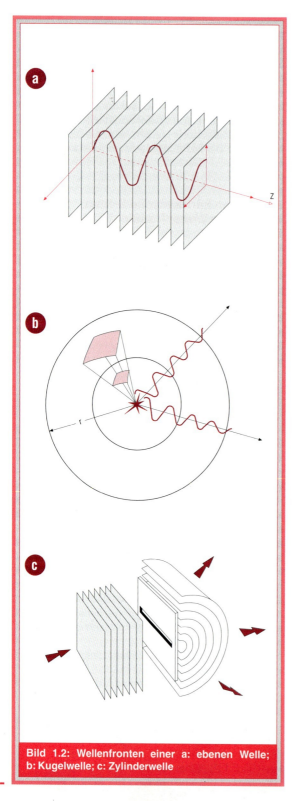

Bild 1.2: Wellenfronten einer a: ebenen Welle; b: Kugelwelle; c: Zylinderwelle

z = const. als Wellenfronten. Bei einer punktförmigen Erregungsstelle bilden die Wellenfronten in einem homogenen und isotropen Medium Kugelflächen; man spricht in diesem Fall von *Kugelwellen*. Ist schließlich das Erregungszentrum eine unendlich lange Gerade, so nehmen die Wellenfronten Zylinderform an, und man spricht von *Zylinderwellen*.

Der Begriff der ebenen Welle ist eine Abstraktion, die nur angenähert hergestellt werden kann. Man kann aber in großer Entfernung vom punktförmigen Erregungszentrum einen kleinen Ausschnitt aus der Wellenfront als eben, das entsprechende Stück der Kugelwelle also angenähert als ebene Welle betrachten. Deshalb sind z.B. Lichtwellen, die von der Sonne oder von entfernten Lichtquellen kommen, als ebene Wellen zu behandeln.

Der Schreibweise nach Gleichung (1.3), in der $a(z,t)$ eine beobachtbare Größe bedeutet und folglich eine reelle Funktion ist, zieht man häufig die *komplexe Schreibweise* für die Darstellung einer Welle vor:

$$a(z,t) = \mathrm{Re}\left\{\underline{A} \cdot e^{j(\omega t - kz)}\right\} \qquad (1.4)$$

mit der komplexen Amplitude $\underline{A} = A \cdot e^{j\delta}$. Zur Vereinfachung wird der Hinweis, daß nur der Realteil der in geschweiften Klammern stehenden, komplexen Größe von Gleichung (1.4) zu verwenden ist, weggelassen.

Damit ergeben sich einfachere mathematische Rechenmöglichkeiten und die wichtigste Eigenschaft der komplexen Schreibweise, die Möglichkeit, die zeitliche und räumliche Abhängigkeit in zwei getrennte Faktoren aufzulösen, ist augenscheinlich.

Lichtwellen sind *transversale* elektromagnetische Wellen. Deshalb müßte die Amplitude A in Gleichung (1.3) eigentlich ein Vektor sein. Bei vielen Ingenieurproblemen genügt es jedoch, nur eine seiner Komponenten zu betrachten und somit mit skalaren Amplituden zu rechnen. Diese Methode, die sogenannte *skalare Optik*, ist immer dann zulässig, wenn Polarisationseffekte (vgl. Kap. 1.6) keine Rolle spielen.

1.4 Phasen- und Gruppengeschwindigkeit; Dispersion

Die Wellenfronten einer ebenen Welle bewegen sich in einem optischen Medium mit einer Geschwindigkeit, die man leicht ermitteln kann, indem man die Phase konstant hält und die Abhängigkeit zwischen z und t bestimmt. Man erhält so die *Phasengeschwindigkeit* v_{ph}:

$$v_{ph} = \omega/k . \qquad (1.5)$$

Diese Geschwindigkeit wird in Kap. 1.2 gemeint. Sie ist dort einfach mit v bezeichnet. Aus den Gleichungen (1.2), (1.5) folgt

$$k = n \cdot \frac{\omega}{c} = n \cdot \frac{2\pi}{\lambda} . \qquad (1.6)$$

Die Wellenzahl k ist also proportional zur Brechzahl n des Mediums, in dem sich die Welle ausbreitet.

In der Praxis der Übertragungstechnik kommen monochromatische Wellen, die wir bisher allein betrachtet haben, nicht vor. Vielmehr hat man es immer mit einer Überlagerung von Wellen verschiedener Frequenzen zu tun. Als grobes Modell dieser praktischen Situation betrachten wir im folgenden eine einfache *Wellengruppe*, die durch Überlagerung zweier ebenen Wellen gleicher Ausbreitungsrichtung und gleicher Amplitude, aber etwas unterschiedlicher Frequenz entsteht. Es gelte für die

ebene Welle 1: $\omega_1 = \omega + \Delta\omega$ $k_1 = k + \Delta k$
ebene Welle 2: $\omega_2 = \omega - \Delta\omega$ $k_2 = k - \Delta k$

wobei gelten soll: $\Delta\omega \ll \omega$, $\Delta k \ll k$.

Bei angenommener Ausbreitung in z-Richtung ergibt sich aus Gleichung (1.3) durch Überlagerung für den resultierenden Momentanwert

$$a(z,t) = a_1 + a_2 = 2A \cdot \cos(\Delta\omega \cdot t - \Delta k \cdot z) \cdot \cos(\omega t - kz). \qquad (1.7)$$

Der erste Cosinus-Faktor beschreibt den Verlauf der Hüllkurvenwelle, während der zweite Cosinus-Faktor den Verlauf der Trägerwelle angibt, wie aus Bild 1.3 anschaulich hervorgeht. Die Hüllkurvenwelle hat die vergleichsweise sehr niedrige Kreisfrequenz $\Delta\omega = (\omega_1 - \omega_2)/2$ und die Wellenzahl $\Delta k = (k_1 - k_2)/2$. Die Trägerwelle hat die Frequenz $\omega = (\omega_1 + \omega_2)/2$ und die Wellenzahl $k = (k_1 + k_2)/2$.

Aus Gleichung (1.7) erhält man für die Geschwindigkeit der Hüllkurvenwelle $v_{HK} = \Delta\omega/\Delta k$. Führt man den Grenzübergang $\Delta\omega \to 0$ durch, so erhält man die sogenannte *Gruppengeschwindigkeit* v_g

$$v_g = \left(\frac{dk}{d\omega}\right)^{-1} . \qquad (1.8)$$

Sie ist gleichzeitig die Geschwindigkeit des Energietransports, denn die Energie ist ja überwiegend in den Schwebungsmaxima konzentriert, die in Bild 1.3 deutlich

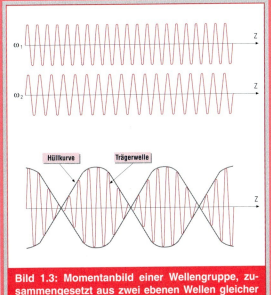

Bild 1.3: Momentanbild einer Wellengruppe, zusammengesetzt aus zwei ebenen Wellen gleicher Amplitude, die nahe beieinander liegende Kreisfrequenzen ω_1, ω_2 haben

zu erkennen sind. Insbesondere ist die Geschwindigkeit, mit der optische Impulse innerhalb einer Glasfaser laufen, gleich der Gruppengeschwindigkeit.

Im Idealfall sind Gruppen- und Phasengeschwindigkeit gleich, wie z.B. im Vakuum. Hüllkurven- und Trägerwellenmaxima haben dann gleiche Geschwindigkeit und es ist $k/\omega = dk/d\omega$. Demnach ist k streng proportional zu ω und nach Gleichung (1.6) ist die Brechzahl frequenzunabhängig. Ein solches optisches Medium heißt *dispersionsfrei*.

Im allgemeinen sind beide Geschwindigkeiten verschieden. Je nachdem, ob bei einer interessierenden Frequenz (oder Wellenlänge) $v_g < v_{ph}$ bzw. $v_g > v_{ph}$ ist, spricht man von *normaler* bzw. *anomaler Dispersion*. Im ersten Fall wandern die Hüllkurvenmaxima in Bild 1.3 weniger rasch als die Trägerwellenmaxima. Bei anomaler Dispersion ist es umgekehrt.

Formelmäßig folgt aus den Gleichungen (1.6), (1.8) für die Gruppengeschwindigkeit, wenn man, wie in der Optik üblich, auf die Vakuumwellenlänge λ umrechnet:

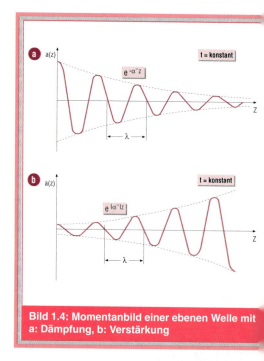

Bild 1.4: Momentanbild einer ebenen Welle mit a: Dämpfung, b: Verstärkung

$$v_g = \frac{c}{n - \lambda \frac{dn}{d\lambda}} = \frac{c}{n_g} \quad . \quad (1.9)$$

Der Ausdruck $n_g = n - \lambda \cdot dn/d\lambda$ wird *Gruppenbrechzahl* genannt.

1.5 Dämpfung und Verstärkung

Die ebene Welle aus Gleichung (1.3) hat eine feste reelle Amplitude A, die sich örtlich nicht ändert. Dies bedeutet physikalisch, daß die Ausbreitung *verlustlos* stattfindet: Energie wird der Welle nicht entnommen oder zugefügt, sondern nur entlang der Ausbreitungsrichtung transportiert.

In allen optischen Medien, mit Ausnahme des Vakuums, treten jedoch Energieverluste auf. Sie lassen sich grob deuten als „Reibungsverluste" beim Mitschwingen von gebundenen Elektronen und Ionen des Mediums in den elektrischen Wechselfeldern des optischen Wellenfeldes. In Bild 1.4a ist der örtliche Verlauf einer solchen ebenen Welle dargestellt. Ihre Amplitude nimmt mit z ständig ab und wird durch die gestrichelten fallenden Exponentialkurven begrenzt. Man spricht von *Dämpfung* der Welle.

Es ist auch der umgekehrte Fall denkbar. Wenn der Welle aus dem Medium ständig Energie zugeführt wird, wächst ihre Amplitude entlang der Ausbreitungsrichtung (Bild 1.4b) und wird durch die gestrichelten, nun steigenden Exponentialkurven begrenzt. Es tritt eine *Verstärkung* der Welle auf.

Wir gehen einstweilen auf die physikalischen Hintergründe von Dämpfung und Verstärkung nicht näher ein und beschränken uns darauf, sie in unserer Schreibweise empirisch zu berücksichtigen. Dies geschieht einfach durch die Einführung einer *komplexen Brechzahl*:

$$n = n' - jn'' \quad . \quad (1.10)$$

Damit wird nach Gleichung (1.6) auch die Wellenzahl k komplex und man erhält für eine ebene Welle nach Gleichung (1.4):

$$a(z,t) = \text{Re}\left\{\underline{A} \cdot e^{j\omega t} \cdot e^{-j(n'-jn'')\frac{2\pi}{\lambda}z}\right\} =$$

$$Ae^{-\alpha''z} \cdot \cos(\omega t - k'z + \delta) \qquad (1.11)$$

mit der Dämpfungskonstante $\alpha'' = n'' \cdot 2\pi/\lambda$ ($n'' > 0$) und $k' = n' \, 2\pi/\lambda$. Den Fall der Verstärkung beschreibt man mit $n'' < 0$. Dann ist $(-\alpha'')$ positiv und wird als Verstärkungskonstante bezeichnet.

Die Dimension von α'' ist (Länge)$^{-1}$. Es ist üblich, Zahlenwerte für die Dämpfung, bzw. Verstärkung in *Dezibel* (dB) anzugeben. Die Umrechnungsformel lautet:

Dämpfung auf der Strecke L (in dB) = $20 \log_{10}(e^{-\alpha''L}) \approx -8{,}686\,\alpha''L$. \qquad (1.12)

Bei Verstärkung kehrt sich das Vorzeichen um und der Wert in dB wird positiv.

Bei Glasfasern wird die Dämpfung der *Leistung* angegeben und gemessen. Da diese proportional dem Quadrat der Amplitude ist, ist ihr Dämpfungsfaktor $e^{-\alpha z} = e^{-2\alpha''z}$ und Gleichung (1.12) ändert sich in:

Leistungsdämpfung auf der Strecke L (in dB) = $10 \log_{10}(e^{-\alpha L}) \approx -4{,}343\,\alpha L$. \qquad (1.13)

Die Dämpfung kann zwei Ursachen haben: das Licht wird teilweise absorbiert (d.h. verschluckt) oder teilweise gestreut (d.h. von der ursprünglichen Richtung abgelenkt). Wenn die Streuung vernachlässigbar klein ist, bezeichnet man α aus Gleichung (1.13) als *Absorptionskoeffizienten* des optischen Mediums. Er ist wie die Brechzahl frequenzabhängig.

1.6 Polarisation

Lichtwellen breiten sich als elektromagnetische Transversalwellen aus. In einem beliebigen Ortspunkt des Lichtfeldes kann deshalb die Schwingung des Vektors der elektrischen Feldstärke **E** im Prinzip in allen Richtungen senkrecht zur Ausbrei-

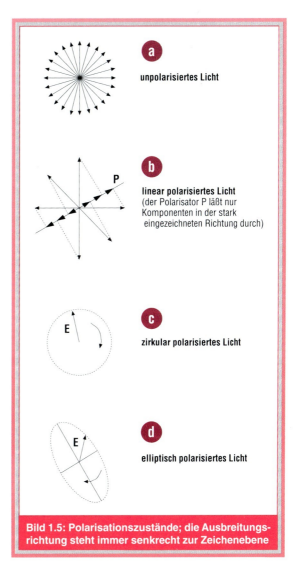

Bild 1.5: Polarisationszustände; die Ausbreitungsrichtung steht immer senkrecht zur Zeichenebene

tungsrichtung stattfinden. Die Ebene, in der dieser Vektor tatsächlich schwingt, bezeichnet man als *Schwingungsebene*.

Bei dem von üblichen Lichtquellen erzeugten Licht treten, entsprechend der statistisch gleichmäßigen Verteilung der Schwingungsrichtungen bei den atomaren Emissionsprozessen, alle Schwingungsebenen auf, so daß bei zeitlicher Mittelung keine bevorzugt ist. Man spricht von *unpolarisiertem* oder natürlichem Licht (Bild 1.5a).

1. Kapitel

Der Begriff Polarisation bedeutet eine Bevorzugung gewisser Schwingungsebenen. Durch einen idealen Polarisator z.B. werden bei einfallendem unpolarisierten Licht von allen Schwingungsamplituden nur die Komponenten parallel zu einer festen Richtung durchgelassen (Bild 1.5b). Das Licht wird *linear polarisiert* (und dabei natürlich insgesamt geschwächt). Durch Reflexion läßt sich auf eine andere Weise linear polarisiertes Licht erzeugen. Beim Einfall des Lichtes auf eine Grenzfläche ergeben sich für die Schwingungsebenen senkrecht und parallel zur Einfallsebene unterschiedliche Reflexionsgrade und das reflektierte Licht kann unter bestimmten Bedingungen linear polarisiert werden.

Aus linear polarisiertem Licht kann man durch sogenannte Verzögerungsplatten *zirkular polarisiertes* (Bild 1.5c) oder *elliptisch polarisiertes* Licht (Bild 1.5d) erhalten. In beiden Fällen rotiert der Schwingungsvektor und es bestehen feste Phasendifferenzen zwischen seinen beiden transversalen Komponenten E_x, E_y. Sie lassen sich nach Gleichung (1.3) wie folgt darstellen (mit der Abkürzung $\tau = \omega \cdot t - k \cdot z$):

$$E_x = E_1 \cdot \cos(\tau + \delta_1) \quad E_y = E_2 \cdot \cos(\tau + \delta_2). \quad (1.14)$$

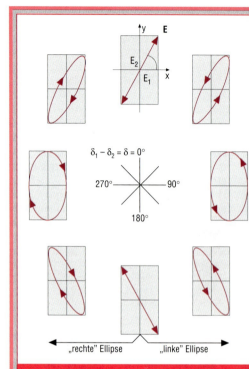

Bild 1.6: Schwingungsformen für elliptisch polarisiertes Licht in Abhängigkeit von der Phasendifferenz δ. Die Lichtwelle läuft normal zur Papierebene auf den Beobachter zu.

Der Endpunkt des Vektors $E = (E_x, E_y)$ beschreibt, projiziert auf eine transversale Ebene $z = $ const., während der Schwingungsdauer $1/f$ der Lichtwelle genau eine vollständige Ellipse um die Strahlrichtung (wobei sich die Welle gleichzeitig um das Wegstück λ/n entlang der z-Achse weiterschiebt). Nach der Eliminierung des Parameters τ aus den Gln.(1.14) erhält man (mit $\delta = \delta_1 - \delta_2$):

$$\left(\frac{E_x}{E_1}\right)^2 + \left(\frac{E_y}{E_2}\right)^2 - 2\frac{E_x \cdot E_y}{E_1 \cdot E_2}\cos\delta = \sin^2\delta. \quad (1.15)$$

Dies ist die Gleichung einer Ellipse, die das Rechteck mit den Seiten $2E_1$ und $2E_2$ tangiert. Im übrigen hängen ihre Form sowie die Orientierung ihrer Hauptachsen von der Phasendifferenz δ ab, wie Bild 1.6 zeigt.

Elliptisch polarisiertes Licht gibt den allgemeinsten Polarisationszustand wieder. Linear polarisiertes und zirkular polarisiertes Licht kann man als Grenzfälle auffassen: im ersten Fall ($\delta = 0°$ oder $\delta = 180°$) degeneriert die Ellipse in eine Gerade, im zweiten Fall ($\delta = \pm 90°$ und $E_1 = E_2$) wird aus ihr ein Kreis.

Wir können nun die homogene ebene harmonische Lichtwelle, die in Kap. 1.3 nur in skalarer Näherung beschrieben wurde, genau vektoriell charakterisieren. Sowohl die elektrische als auch die magnetische Feldstärke sind linear polarisiert und ihre Vektoren $\mathbf{E} = (E_x, 0, 0)$, $\mathbf{H} = (0, H_y, 0)$ stehen aufeinander und auf der Ausbreitungsrichtung $\mathbf{s} = (0, 0, 1)$ senkrecht (siehe Bild 1.7). Es gilt

$$\begin{aligned}E_x &= E \cdot \cos(\omega t - kz + \delta)\\ H_y &= H \cdot \cos(\omega t - kz + \delta) \quad (1.16)\\ E_y &= E_z = H_x = H_z = 0.\end{aligned}$$

Physikalische Grundlagen

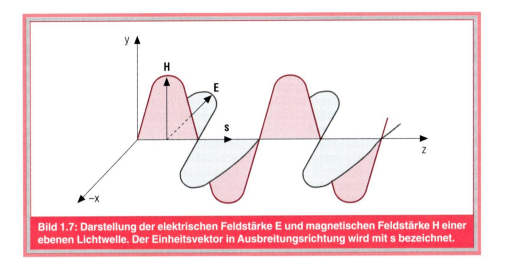

Bild 1.7: Darstellung der elektrischen Feldstärke E und magnetischen Feldstärke H einer ebenen Lichtwelle. Der Einheitsvektor in Ausbreitungsrichtung wird mit s bezeichnet.

Die Vektoren **E**, **H**, **s** bilden in dieser Reihenfolge ein orthogonales Rechtsschraubensystem. Das Verhältnis der Amplituden E/H ist eine Materialkonstante des optischen Mediums, die *Feldwiderstand* genannt wird. Für das Vakuum gilt E/H ≈ 377Ω.

Den Idealfall der vollständigen linearen Polarisation kann man nie erreichen, das Licht ist gewöhnlich nur teilweise polarisiert. Der *Polarisationsgrad* P (0 ≤ P < 1) gibt dann den Leistungsanteil des linear polarisierten Lichtes im Gesamtlicht an.

1.7 Intensität; Lichtmodulation

Eine vollständige Beschreibung des Lichtfeldes erfolgt durch den Vektor der elektrischen Feldstärke **E**(x,y,z,t) und den Vektor der magnetischen Feldstärke **H**(x,y,z,t), beide als Funktionen des Ortes und der Zeit. Die *Leistungsdichte*, d.h. die pro Zeiteinheit durch eine senkrecht zur Ausbreitungsrichtung stehende Flächeneinheit hindurchgehende Feldenergie, ist gleich dem Poyntingschen Vektor **S** = **E** x **H**, dem vektoriellen Produkt beider Feldstärken.

Wegen der sehr hohen Frequenzen der optischen Felder, denen weder das Auge noch Instrumente folgen können, kann man nicht die augenblicklichen Werte messen, sondern nur Zeitmittelwerte über Intervalle, die groß sind im Vergleich zu optischen Perioden. Die wichtigste meßbare Größe in einem Lichtfeld ist die *Intensität* des Lichtes als Funktion des Ortes und gegebenenfalls auch der Zeit. Sie ist definiert als die über viele optische Perioden gemittelte Leistungsstromdichte (Dimension W/m^2) und ist proportional dem Quadrat der elektrischen Feldstärke. Wenn man die komplexe Schreibweise wie in Gleichung (1.4) verwendet, kann man die Zeitmittelung leicht durchführen und erhält die einfache Formel

$$I = \tfrac{1}{2} |A|^2. \tag{1.17}$$

Da in der optischen Nachrichtentechnik zur Informationsübertragung äußerst hochfrequente elektromagnetische Lichtwellen verwendet werden, sollten prinzipiell alle üblichen Modulationsarten, wie Amplitudenmodulation (AM), Frequenzmodulation (FM) oder Phasenmodulation (PM), jeweils bezogen auf die optische Trägerwelle, möglich sein. Sie kommen jedoch nur unter aufwendigen speziellen Vorkehrungen in Frage, und man muß dazu frequenzstabile, sehr schmalbandige Lichtquellen zur Verfügung haben. Die Überlagerungstechnik im optischen Bereich, vgl. Kap. 6.1.3, befindet sich deshalb noch immer im Stadium der Forschung und Entwicklung.

Zur Modulation des Lichtes verwendet man derzeitig fast ausschließlich die *Intensitätsmodulation (IM)*: die Leistung des optischen Senders wird durch das elektri-

1. KAPITEL

sche Signal, in dem die Nachricht analog oder digital verschlüsselt ist, direkt moduliert. Diese einfache Technik ist dem Prinzip nach vergleichbar mit den ersten Marconischen Funkanlagen (mit Funkenstrecken und Kristalldetektoren). Trotzdem spricht man auch in der optischen Nachrichtentechnik von den Modulationsarten AM, FM oder PM. Diese beziehen sich jedoch auf einen durch Leistungsmodulation erzeugten *Subträger* und nicht auf den optischen Träger.

Die Erzeugung des Subträgers läßt sich folgendermaßen beschreiben: ein optischer Sender mit der optischen Frequenz f_L gibt die mittlere Lichtleistung $<P_L>$ ab und wird mit der Kreisfrequenz ω_{sub} leistungsmoduliert. Man kann dies beschreiben durch

$$P_{sub}(t) = <P_L> [1 + m \cdot \cos(\omega_{sub}t)]. \quad (1.18)$$

In Gleichung (1.18) kann die mittlere zeitunabhängige optische Leistung eingesetzt werden, da die optische Kreisfrequenz $2\pi f_L$ groß gegen die modulierende Kreisfrequenz ω_{sub} ist. Durch diese Modulation erhält man den Subträger mit der Kreisfrequenz ω_{sub} und dem Modulationshub $0 < m \leq 1$. Vorteil eines Subträgerverfahrens ist, daß bei der Verwendung von analoger Modulation Nichtlinearitäten der Sendequellen keinen Einfluß mehr haben. Auf diesen Subträger sind alle üblichen Modulationsarten anwendbar.

1.8 Interferenz; stehende Wellen

Wenn sich in demselben optischen Medium mehrere Wellen ausbreiten, so durchkreuzen sie sich in gewissen Gebieten. Nach dem *Prinzip der ungestörten Überlagerung* sind die Lichtschwingungen in Punkten, die unter gemeinsamer Wirkung der einzelnen Wellen stehen, gleich der vektoriellen Summe der einzelnen primären Schwingungen. In dem speziellen Fall, daß die primären Felder gleichgerichtet sind, entartet die vektorielle Summe in eine algebraische. Man faßt die Erscheinungen, die durch Überlagerung mehrerer Lichtwellen an derselben Stelle des Raumes hervorgerufen werden, unter dem Namen *Interferenz* zusammen. Sie tritt äußerlich als ortsabhängige regelmäßige Verstärkung und Schwächung der Lichtintensität auf, das ist das sogenannte *Interferenzmuster* (z.B. Interferenzstreifen oder Interferenzringe).

Die Addition der Feldstärken führt dazu, daß sich die Intensitäten, die proportional den Quadraten der Feldstärken sind, nicht einfach summieren. Da beim Licht lediglich die Intensitäten beobachtet werden können, wird Interferenz dort festgestellt, wo bei der Überlagerung eine Abweichung von der Additivität der Intensität auftritt.

Das Prinzip der ungestörten Überlagerungen gilt nur näherungsweise, für kleine elektrische Feldstärken. Bei großen Feldstärken, wie sie mit Lasern erzeugt werden können, treten sogenannte nichtlineare optische Effekte auf (siehe Kap. 1.14).

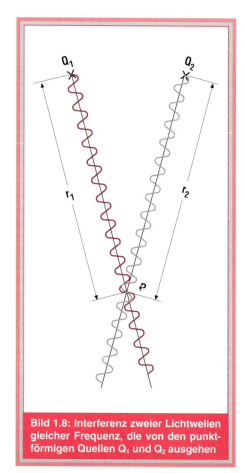

Bild 1.8: Interferenz zweier Lichtwellen gleicher Frequenz, die von den punktförmigen Quellen Q_1 und Q_2 ausgehen

Als Beispiel wird die Interferenzerscheinung betrachtet, die bei der Überlagerung zweier Lichtwellen entsteht, die von zwei punktförmigen Quellen Q_1 und Q_2 ausgehen, wie in Bild 1.8 dargestellt. Beide Wellen sollen die gleiche Frequenz f und Wellenlänge λ besitzen und ihre elektrischen Feldstärken E_1, E_2 sollen die gleiche Polarisationsrichtung haben, senkrecht zur Zeichenebene. Man kann deshalb skalar rechnen. Für die Feldstärken im Punkt P gilt dann in komplexer Schreibweise (siehe Gleichung (1.4)):

$$\underline{E}_1 = A_1 \cdot e^{j\left(\omega t - \frac{2\pi r_1}{\lambda} + \delta_1\right)} \qquad (1.19)$$

$$\underline{E}_2 = A_2 \cdot e^{j\left(\omega t - \frac{2\pi r_2}{\lambda} + \delta_2\right)}.$$

Eigentlich handelt es sich um Kugelwellen und die Amplituden A_1, A_2 sind proportional den reziproken Abständen r_1, r_2. In Raumbereichen klein gegenüber diesen Abständen können die Amplituden jedoch als konstant angesehen werden. Die Intensitäten der beiden einfallenden Wellen sind $I_1 = \frac{1}{2} A_1^2$ und $I_2 = \frac{1}{2} A_2^2$. Die Gesamtintensität ergibt sich aus Gln. (1.17), (1.19) zu:

$$I = \frac{1}{2}\left|\underline{E}_1 + \underline{E}_2\right|^2 = I_1 + I_2 + 2\sqrt{I_1 I_2} \cos\left(2\pi \frac{r_2 - r_1}{\lambda} + \delta_2 - \delta_1\right). \qquad (1.20)$$

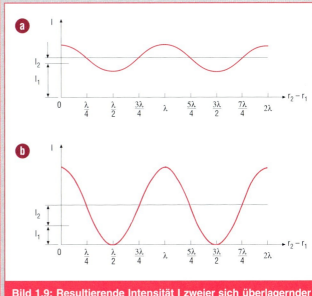

Bild 1.9: Resultierende Intensität I zweier sich überlagernder Lichtwellen mit den Intensitäten I_1 und I_2 in Abhängigkeit von der Wegdifferenz $r_2 - r_1$.
Fall a: $I_1 \neq I_2$ Fall b: $I_1 = I_2$

Die Gesamtintensität ist also im allgemeinen nicht gleich der Summe der Einzelintensitäten, sondern dazu muß noch ein sogenanntes *Interferenzglied* addiert werden. Dieses Glied bewirkt, daß die Intensität an verschiedenen Orten um den Mittelwert I_1+I_2 schwankt. Maximale Gesamtintensität tritt auf, wenn das Argument der cos-Funktion in Gleichung (1.20) Null oder ein ganzzahliges Vielfaches von 2π beträgt, d.h. wenn bei $\delta_1 = \delta_2$ der Gangunterschied $r_2 - r_1$ ein ganzzahliges Vielfaches der Wellenlänge ist. Dies ist verständlich, da sich dann die beiden Wellenzüge gleichsinnig überlagern. Gangunterschiede von einem ungeraden ganzzahligen Vielfachen der halben Wellenlänge ergeben entsprechend Minima der Intensität. Der genaue Intensitätsverlauf als Funktion des Gangunterschiedes $r_2 - r_1$ ist in Bild 1.9 unter der Annahme $\delta_2 = \delta_1$ dargestellt. Im unteren Bild, für $I_2 = I_1$ (d.h. $A_2 = A_1$), werden die Verhältnisse besonders deutlich. Dann erhält man für die Maximalintensität den Wert $4I_1$, für die Minimalintensität den Wert Null.

Natürlich kann die Intensität im ganzen weder vermehrt noch vermindert werden. Wenn an bestimmten Stellen des Raumes $I > I_1+I_2$ ist, so bedeutet das nur, daß an anderen Stellen des Raumes $I < I_1+I_2$ ist, so daß im ganzen die Energie erhalten bleibt. Sie wird beim Auftreten von Interferenz nur räumlich anders verteilt.

Eine wichtige Interferenzerscheinung tritt auf, wenn zwei im übrigen genau identische Wellen in entgegengesetzter Richtung aufeinander zulaufen. Ihre Feldstärken und die ihrer Summe sind, wiederum in komplexer Schreibweise,

$$\underline{E}_1 = A \cdot e^{j(\omega t - kz)}$$
$$\underline{E}_2 = A \cdot e^{j(\omega t + kz)} \qquad (1.21)$$
$$\underline{E}_1 + \underline{E}_2 = A \cdot 2\cos kz \cdot e^{j\omega t}.$$

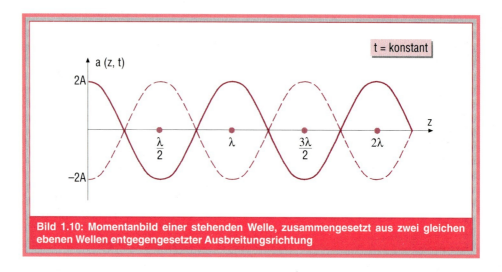

Bild 1.10: Momentanbild einer stehenden Welle, zusammengesetzt aus zwei gleichen ebenen Wellen entgegengesetzter Ausbreitungsrichtung

Als Ergebnis der Summierung erhält man eine harmonische Schwingung mit ortsabhängiger Amplitude. Es ist keine fortschreitende Welle mehr, da ein räumlicher Ausbreitungsfaktor, entsprechend e^{-jkz} oder e^{jkz}, fehlt. Es handelt sich also um eine *stehende Welle*, d.h. um eine räumliche Schwingung, deren reelle Amplitude vom Ort gemäß $\cos kz$ abhängig ist. Charakteristisch für stehende Wellen sind die ortsfesten, im Raum abwechselnden Schwingungsbäuche und Schwingungsknoten, deren Abstand jeweils $\lambda/2$ beträgt; siehe Bild 1.10.

1.9 Kohärentes und inkohärentes Licht

Die Erfahrung zeigt, daß zwei von verschiedenen Lichtquellen stammende Wellen keine sichtbaren Interferenzerscheinungen geben. Darüber kann man sich folgende Vorstellung machen: Die eigentlichen lichtaussendenden Zentren sind die Atome oder Moleküle, deren Elektronen durch Energiezufuhr in angeregte Zustände gehoben werden. Bei Rückkehr in den Grundzustand wird aus jedem Atom Licht abgestrahlt, das man näherungsweise als einen begrenzten Wellenzug auffassen kann. Seine mittlere Zeitdauer bezeichnet man als *Kohärenzzeit*. Die einzelnen Ausstrahlungsvorgänge verschiedener Atome erfolgen zeitlich statistisch, so daß die Wellenzüge unregelmäßig wechselnde Phasenbeziehungen haben. Dies gilt auch für die von einem Atom zeitlich hintereinander ausgestrahlten Wellenzüge.

Das im vorherigen Absatz besprochene Interferenzmuster bleibt unverändert nur über Zeitintervalle der gleichen Größenordnung wie die Kohärenzzeit. Da diese für konventionelle Lichtquellen sehr klein ist (unter besonders günstigen Verhältnissen maximal 10 Nanosekunden), ändert sich das Interferenzmuster sehr rasch. Weil unser Auge diesen schnellen Schwankungen der Helligkeit nicht folgen kann, beobachten wir eine gleichmäßige Gesamtintensität gleich der Summe aller Teilintensitäten.

Teilwellen, zwischen denen stets feste Phasenbeziehungen bestehen, nennt man *kohärent*. Ändern sich jedoch die Phasenbeziehungen der Teilwellen in zusammenhangloser Weise, nennt man solche Teilwellen *inkohärent*. Es können nur kohärente Lichtwellen miteinander registrierbar interferieren.

Die Begriffe Kohärenz und Inkohärenz überträgt man auch auf die Lichtquellen, von denen die Wellen ausgestrahlt werden. Eine *ideale kohärente Quelle* sendet ein Feld aus, das durch einen unendlich ausgedehnten harmonischen Wellenzug dargestellt werden kann mit konstanter Amplitude und Phase. Sie ist deshalb auch monochromatisch. Umgekehrt muß eine monochromatische Quelle nicht kohärent sein.

Die konventionellen Lichtquellen der Optik (Sonne, Glühlampen, Gasentladungslampen) und die Lumineszenzdioden (LEDn) der optischen Nachrichtentechnik sind inkohärent. Erst seit der Erfindung des Lasers stehen Lichtquellen großer Kohärenz zur Verfügung.

Bei den Funkwellen der Hochfrequenztechnik haben die Begriffe Kohärenz und Inkohärenz eine wesentlich geringere Bedeutung als in der Optik. Die dort auftretenden Wellen können fast immer als vollständig kohärent angesehen werden.

1.10 Huygenssches Prinzip; Beugung

Die Ausbreitung des Lichtes kann als Überlagerung von elementaren Lichtwellen gedeutet werden. Wir erläutern dies am Beispiel einer von einer punktförmigen Lichtquelle Q ausgesendeten Kugelwelle (Bild 1.11). Auf der verstärkt eingezeichneten Wellenfront sei das Lichtsignal von der Quelle gerade eingetroffen und daher beginnt im Punkt P die Schwingung. Für das übrige Gebiet hat der Punkt P also mit dem Punkt Q gemeinsam, daß eine Schwingung eingeleitet wird. Die Schwingungsenergie im Punkt P stammt allerdings aus der Welle selbst, während am Ort der Lichtquelle z.B. Wärmeenergie in elektromagnetische Feldenergie umgewandelt wird. Die Schwingung sollte sich nun vom Punkt P aus ebenfalls radial ausbreiten und dieser damit zum Zentrum einer Kugelwelle werden. Da der Punkt P beliebig ausgewählt wurde, gilt dieselbe Überlegung für jeden Punkt des Wellenfeldes. Im ersten Teil des *Huygensschen Prinzips* wird deshalb postuliert:

Jeder Punkt eines Wellenfeldes ist Erregungszentrum einer Kugelwelle, die als Elementarwelle bezeichnet wird.

Es werden jedoch keine Elementarwellen beobachtet, sondern eine Kugelwelle, die von der Lichtquelle Q ausgeht. Dies wird durch Interferenz der Elementarwellen erklärt. In der Richtung senkrecht zu den Wellenfronten, also entlang des Lichtstrahls, können sie sich ungestört ausbreiten, in allen anderen Richtungen heben sie sich durch Interferenz gegenseitig auf. Daraus ergibt sich eine radiale Verschiebung der Wellenfront, die als Einhüllende der Elementarwellen erscheint. In Bild 1.11 ist ein Teil der neuen Wellenfront gebrochen eingezeichnet. Der zweite Teil des Huygensschen Prinzips lautet:

Die Elementarwellen überlagern sich so, daß nur ihre Einhüllende, die Wellenfront, beobachtet werden kann.

Das Huygenssche Prinzip, also die Beschreibung der Wellenausbreitung mit Hilfe der Überlagerung von Elementarwellen, bewährt sich bei der anschaulichen Deutung sämtlicher Ausbreitungseigenschaften der Lichtwellen. Man kann es anwenden, um den Einfluß von Hindernissen auf die Lichtausbreitung zu untersuchen. In Bild 1.12 ist ein Spalt in einem undurchsichtigen Schirm dargestellt, auf den von links eine ebene Welle auftrifft. Wie sämtliche Punkte im Wellenfeld, so senden auch die Punkte in der Spaltebene Elementarwellen aus. Hinter den Kanten werden jedoch die nach den Seiten laufenden Elementarwellen nicht ausgelöscht, weil von dort keine Elementarwellen entgegenkommen.

Die Folge ist eine Ausbreitung des Lichtes in alle Richtungen hinter dem Spalt. Diese Erscheinung wird als *Beugung* oder auch Diffraktion bezeichnet. Sie tritt immer dann auf, wenn die freie Lichtausbreitung durch irgendwelche Hindernisse geändert wird.

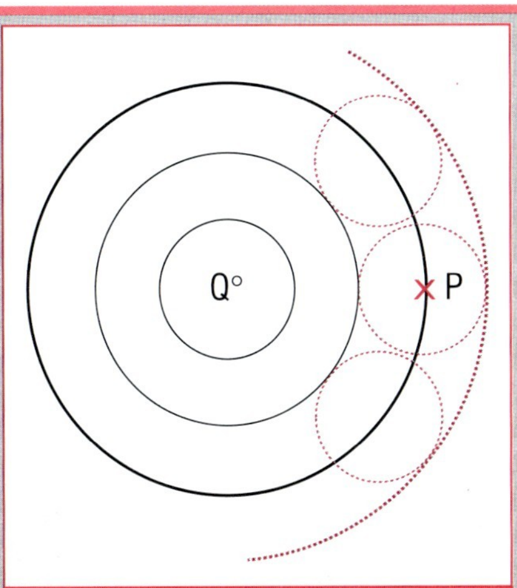

Bild 1.11: Erläuterung des Huygensschen Prinzips an einer Kugelwelle

1. Kapitel

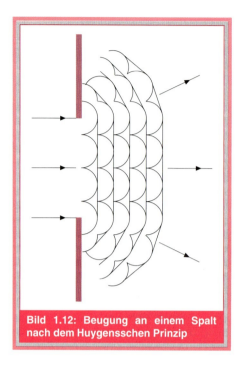

Bild 1.12: Beugung an einem Spalt nach dem Huygensschen Prinzip

Lichtstrahlen beschrieben. Dieser Begriff wurde schon in Kapitel 1.3 eingeführt als Richtung stets senkrecht zu den Wellenfronten. Ein einzelner Lichtstrahl ist eine mathematische Abstraktion und experimentell nicht zu realisieren.

In der Praxis wird stets das Verhalten von *Lichtbündeln* untersucht, die man z.B. durch kleine kreisförmige Lochblenden aus einem einfallenden Lichtfeld ausgrenzen kann.

Die Strahlenoptik kann man als Grenzfall der Wellenoptik auffassen, wenn die Wellenlänge gegen Null geht: $\lambda \to 0$. Ihre Anwendung als Näherungstheorie ist dann zulässig, wenn die Wellenlänge des verwendeten Lichtes hinreichend klein ist gegen alle interessierenden Abmessungen der optischen Geräte und Strukturen. Sie versagt allerdings auch hier, wenn die Verhältnisse in der Umgebung von Licht/Schatten-Grenzen oder an Orten hoher Energiedichte (z.B. in Brennpunkten von Linsen) untersucht werden sollen.

Als Folge der Beugung tritt eine beobachtbare Interferenzerscheinung auf. In jede Richtung wird von jedem Punkt der Spaltöffnung eine Welle gestrahlt. Die Gesamtheit aller Wellen einer Richtung interferiert miteinander, wegen der Parallelität allerdings erst in sehr großer Entfernung vom Spalt. Das Interferenzbild läßt sich aber auch in der Brennebene einer Linse erzeugen.

Je nachdem, ob Lichtquelle und der Punkt, an dem die Interferenz beobachtet wird, in endlicher oder unendlicher Entfernung voneinander liegen, unterscheidet man *Fresnelsche* oder *Fraunhofersche* Beugungserscheinungen, die natürlich nicht grundsätzlich voneinander verschieden sind. Wenn der Abstand von der beugenden Öffnung immer größer wird, gehen die Fresnelschen allmählich in die Fraunhoferschen Beugungserscheinungen über.

1.11 Strahlenoptik; Fermatsches Prinzip

In der Strahlenoptik, auch geometrische Optik genannt, werden die Ausbreitungseigenschaften des Lichtes mit Hilfe von

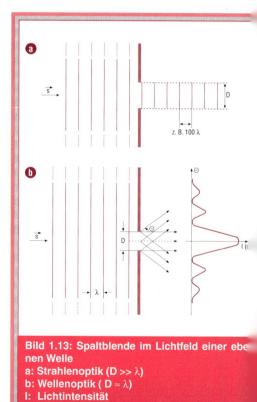

Bild 1.13: Spaltblende im Lichtfeld einer ebenen Welle
a: Strahlenoptik (D $\gg \lambda$)
b: Wellenoptik (D $\approx \lambda$)
I: Lichtintensität

Der Unterschied zwischen Strahlenoptik und Wellenoptik kann man gut am Durchgang einer ebenen Lichtwelle durch einen Spalt demonstrieren. Wenn die Spaltbreite D sehr viel größer als die Wellenlänge λ ist (Bild 1.13a), entsteht hinter dem Spalt ein scharfer Schatten und das Feld breitet sich geradlinig aus. Es handelt sich um einen Fall, für den die Strahlenoptik zutrifft; die Beugung kann vernachlässigt werden. Sie ist jedoch wesentlich, wenn der Spaltdurchmesser D in der Größenordnung der Wellenlänge liegt (Bild 1.13b). Die Intensitätsverteilung hinter dem Spalt läßt sich hier nur wellenoptisch berechnen.

Aus der Erfahrung werden folgende Axiome der Strahlenoptik postuliert:
a. Im homogenen Medium sind die Lichtstrahlen gerade.
b. Der Strahlengang ist umkehrbar, d.h. die Richtung auf einem Lichtstrahl ist belanglos.
c. Lichtstrahlen beliebiger Herkunft können sich durchkreuzen, ohne sich zu stören.

Als allgemeines Prinzip für den Zugang zur Strahlenoptik läßt sich der *Satz von Fermat* verwenden. Er lautet für ein optisch inhomogenes Medium: *Ein Lichtstrahl verbindet zwei Raumpunkte auf einem Weg, dessen optische Länge (d.h. Summe der Wegstrecken jeweils multipliziert mit der örtlichen Brechzahl), verglichen mit den optischen Längen von Nachbarwegen, minimal ist.*

Mit Hilfe dieses Prinzips kann man nicht nur die einfachen Gesetze der Reflexion und Brechung ableiten, sondern auch die krummlinige Ausbreitung der Lichtstrahlen in inhomogenen Medien und die gesamte Theorie der optischen Abbildung.

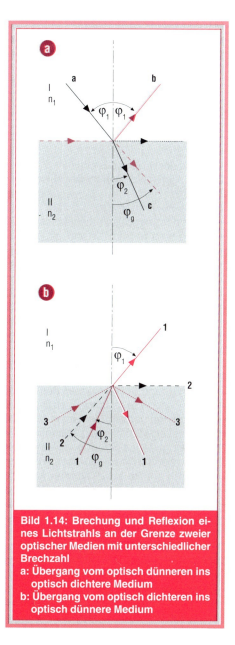

Bild 1.14: Brechung und Reflexion eines Lichtstrahls an der Grenze zweier optischer Medien mit unterschiedlicher Brechzahl
a: Übergang vom optisch dünneren ins optisch dichtere Medium
b: Übergang vom optisch dichteren ins optisch dünnere Medium

1.12 Reflexion und Brechung; Totalreflexion

Zwei benachbarte, mit Medien unterschiedlicher Brechzahl erfüllte Raumbereiche berühren sich in einer ebenen oder gekrümmten Grenzfläche. Da eine gekrümmte Grenzfläche an jedem Auftreffpunkt eines Lichtstrahls wie die dort vorhandene Tangentialfläche wirkt, kann man sich im weiteren auf ebene Grenzflächen beschränken.

Ein Lichtstrahl erfährt beim Übergang in das benachbarte Medium an der Grenzfläche eine Richtungsänderung, die als *Brechung* bezeichnet wird. Sie wird durch den Einfallswinkel φ_1 und den Brechungswinkel φ_2 beschrieben (Bild 1.14a). Die Winkel werden stets gegenüber der Flächennormalen, dem Einfallslot, gemessen, nicht gegenüber der Fläche selbst.

Mit den beiden Brechzahlen, n_1 vor und n_2 hinter der Grenzfläche, lautet das *Brechungsgesetz*

$$n_1 \cdot \sin\varphi_1 = n_2 \cdot \sin\varphi_2 . \qquad (1.22)$$

Es folgt aus dem Fermatschen Prinzip des minimalen optischen Weges. Das Medium mit der größeren Brechzahl wird auch als das „optisch dichtere", das mit der kleineren Brechzahl als das „optisch dünnere" bezeichnet. Tritt ein Strahl a vom optisch dünneren in ein optisch dichteres Medium über, so wird er zum Lot hin gebrochen, denn für $n_2 > n_1$ ist nach Gleichung (1.22) $\varphi_2 < \varphi_1$. Während im optisch dünneren Medium der Winkel φ_1 beliebige Werte zwischen 0° und 90° annehmen kann, ergibt sich für den Winkel φ_2 nur ein Bereich von 0° bis zu einem Maximalwert φ_g, der deutlich unter 90° liegen kann (beim Übergang Luft/Glas ist $\varphi_g \approx 42°$).

An jeder Grenzfläche, an der Brechung erfolgt, gibt es auch *Reflexion*. Die Lichtwelle tritt nicht vollständig in das zweite Medium über. Ein Teil ihrer Leistung wird reflektiert und verbleibt im ersten Medium. Der reflektierte Strahl b liegt zusammen mit dem gebrochenen Strahl c in der durch den einfallenden Strahl a und dem Einfallslot aufgespannten *Einfallsebene* und bildet mit dem Einfallslot den *gleichen Winkel* φ_1 wie der einfallende Strahl a. Dieses Reflexionsgesetz kann ebenfalls aus dem Fermatschen Prinzip abgeleitet werden.

Nun betrachten wir den umgekehrten Fall des Lichtübergangs vom optisch dichteren in ein optisch dünneres Medium (Bild 1.14b). Der Strahl 1 teilt sich wieder in einen reflektierten und einen gebrochenen Strahl auf, wobei nach dem Brechungsgesetz nach Gleichung (1.22) nun jedoch der Strahl vom Einfallslot weg gebrochen wird. Wird der Einfallswinkel, das ist hier φ_2, vergrößert, so wird der Brechungswinkel, hier φ_1, auch immer größer, bis für den Winkel φ_g der Winkel $\varphi_1 = 90°$ ist, sich also der gebrochene Strahl längs der Grenzfläche ausbreitet (Strahl 2). Ist der Winkel φ_2 größer als φ_g, so ergibt sich eine *Totalreflexion*, das heißt im ersten Medium gibt es überhaupt keinen gebrochenen Strahl mehr, sondern das Licht wird vollständig an der Grenzfläche reflektiert (Strahl 3). Der Winkel φ_g wird aus diesem Grunde *Grenzwinkel* der Totalreflexion genannt und man erhält aus Gleichung (1.22) mit $\varphi_1 = 90°$

$$\varphi_g = \arcsin \frac{n_1}{n_2} . \qquad (1.23)$$

Wenn sich die Brechzahlen beider Medien nur sehr geringfügig unterscheiden (z.B. Kern- und Mantelglas einer Glasfaser), nimmt der Grenzwinkel große Werte an ($\varphi_g \approx 82°$ bei 1% Brechzahlunterschied). Lichtstrahlen, die in diesem Fall total reflektiert werden sollen, müssen also unter sehr flachen Winkeln in Bezug auf die Grenzfläche einfallen.

1.13 Absorption und Emission

Bei den in diesem Abschnitt zu behandelnden physikalischen Erscheinungen muß man die Wechselwirkung des Lichtes mit Stoffen berücksichtigen. Deshalb ist hier das Teilchenmodell für das Lichtfeld notwendig.

Man stellt sich vor, daß monochromatisches Licht der Frequenz f aus einzelnen „Energiepaketen" (sogenannten *Photonen* oder *Lichtquanten*) besteht, die sich mit der Lichtgeschwindigkeit c geradlinig bewegen und alle die gleiche Energie h·f haben. Die Größe h ≈ 6,62·10⁻³⁴ J/Hz ist eine Naturkonstante, die nach ihrem Entdecker als Plancksches Wirkungsquantum bezeichnet wird. Je größer die Zahl der Photonen ist, die in einer Zeiteinheit durch eine Flächeneinheit hindurchtreten, desto größer ist die Lichtintensität.

Die Elektronen eines Atoms können diskrete Energiezustände annehmen (Bild 1.15a). Der stabile Zustand, der Grundzustand, ist derjenige mit der geringsten Gesamtenergie. Durch Energiezufuhr lassen sich angeregte Zustände erzeugen (Bild 1.15b). Diese sind im allgemeinen instabil, so daß nach einer gewissen Zeit direkt oder über mögliche Zwischenstufen unter Energieabnahme der Grundzustand wieder erreicht wird (Bild 1.15c).

Es wird angenommen, daß diese Energieänderungen mit der Vernichtung oder

PHYSIKALISCHE GRUNDLAGEN

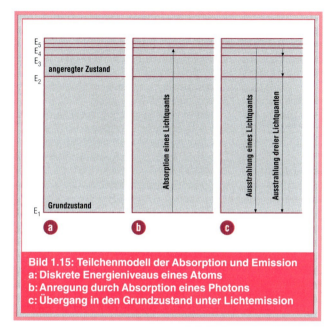

Bild 1.15: Teilchenmodell der Absorption und Emission
a: Diskrete Energieniveaus eines Atoms
b: Anregung durch Absorption eines Photons
c: Übergang in den Grundzustand unter Lichtemission

Erzeugung von Lichtquanten verbunden sind. Zwischen der atomaren Energieänderung $E_2 - E_1$ und der Frequenz f der dem vernichteten (= *absorbierten*) oder erzeugten (= *emittierten*) Photon zugeordneten Lichtwelle besteht die Beziehung:

$$E_2 - E_1 = h \cdot f . \qquad (1.24)$$

Bei molekularen Systemen sind zusätzlich zu den diskreten Energiezuständen der Elektronen auch diskrete Energiezustände der Molekülrotation und der Atomschwingungen möglich. Diese Energieniveaus liegen im allgemeinen dichter beieinander als die Elektronenenergieniveaus. Gleichung (1.24) gilt auch für Übergänge zwischen Rotations- und Schwingungsenergieniveaus. In festen Stoffen gibt es unter anderem *Energiebänder*, in denen die Energieniveaus sehr eng beieinander liegen.

Um die prinzipiellen Vorgänge bei der quantenhaften Absorption und Emission von Licht durch Atome zu verstehen, reicht es aus, nur zwei Niveaus eines atomaren Systems zu berücksichtigen, die im folgenden mit E_1, E_2 bezeichnet werden, wobei $E_1 < E_2$ ist.

a. Absorption eines Photons

Die auf das atomare System auftreffende Lichtwelle enthalte Licht eines bestimmten Frequenzbereiches. Die *spektrale Energiedichte* w(f) gibt die Energie pro Frequenzintervall df an, die im Zeitmittel in der Volumeneinheit dV des Feldes enthalten ist. Sie ist im Quantenmodell der Anzahl der Photonen des Frequenzintervalls df pro Volumeneinheit proportional.

Enthält das Spektrum der einfallenden Lichtwelle die Frequenz $f = (E_2 - E_1)/h$, also das Licht Photonen der Energie hf, dann besteht eine gewisse Wahrscheinlichkeit dafür, daß Atome die Energie dieser Photonen aufnehmen und angeregt werden, unter Vernichtung, also Absorption von Photonen. Diese Wahrscheinlichkeit ist der vorhandenen Anzahl an Photonen, d.h. der spektralen Energiedichte proportional:

$$\ddot{U}^{1 \to 2} = w(f) \cdot B_{12} . \qquad (1.25)$$

Der Proportionalitätsfaktor B_{12} ist für das konkrete Atom charakteristisch und kann mit quantentheoretischen Methoden berechnet werden.

b. Spontane Emission eines Photons

Der angeregte Zustand mit der Energie E_2 ist im allgemeinen instabil. Er wird unter Ausstrahlung eines Photons mit der Frequenz $f = (E_2 - E_1)/h$ wieder abgebaut. Bei Abwesenheit eines äußeren Lichtfeldes findet der Übergang vom Niveau E_2 zum Niveau E_1 im Einzelatom ausschließlich zufällig, d.h. statistisch statt. Diese sogenannte spontane Emission ist unabhängig von einem äußeren Lichtfeld. Die Übergangswahrscheinlichkeit für sie beträgt

$$\ddot{U}^{2 \to 1}_{spont} = A_{21} . \qquad (1.26)$$

35

Die Größe A_{21} ist wiederum für das konkrete Atom charakteristisch. Die wahrscheinliche Lebensdauer eines angeregten Zustandes ist umgekehrt proportional zu A_{21}. Sie liegt in der Größenordnung von 10^{-8} s.

Es gibt auch angeregte Zustände mit einer bezüglich der spontanen Emission sehr großen Lebenszeit. Solche Zustände heißen *metastabil*.

c. Induzierte Emission eines Photons

Sämtliche Übergänge aus angeregten Niveaus in tiefere Niveaus können durch ein auf das atomare System auffallendes Lichtfeld erzwungen werden. Dabei werden wieder Photonen mit der Frequenz $f = (E_2-E_1)/h$ ausgestrahlt. Die Übergangswahrscheinlichkeit für diese sogenannte induzierte Emission ist wieder der Anzahl an einfallenden Photonen, d.h. der spektralen Energiedichte der anregenden Lichtwelle, proportional und beträgt:

$$\ddot{U}_{ind}^{2\to 1} = w(f) \cdot B_{21}. \qquad (1.27)$$

Für den Proportionalitätsfaktor B_{21} gilt das gleiche wie für B_{12}: auch er ist für das konkrete Atom charakteristisch und kann mit Methoden der Quantentheorie berechnet werden.

Über thermodynamische Überlegungen kann man für den Zustand des Strahlungsgleichgewichts folgende Aussagen machen:

1. Bei der induzierten Emission hat die induzierte Lichtwelle dieselbe Frequenz, Ausbreitungsrichtung und Polarisation wie die induzierende Lichtwelle.
2. Die Übergangswahrscheinlichkeiten für die induzierte Emission und für die Absorption sind gleich:

$$B_{12} = B_{21}. \qquad (1.28)$$

3. Die Übergangswahrscheinlichkeiten für die spontane und für die induzierte Emission sind einander proportional:

$$A_{21} = \frac{8\pi h f^3}{c^3} \cdot B_{21}. \qquad (1.29)$$

Der Proportionalitätsfaktor hängt von der dritten Potenz der Frequenz ab. Im Bereich so hoher Frequenzen, wie sie im optischen Spektralbereich vorliegen, ist deshalb die spontane Emission auch beim Prozeß der induzierten Emission nicht zu vernachlässigen.

Das Licht aller Lichtquellen (außer Laser) entsteht durch spontane Emission angeregter Atome. Ihre Anregung kann durch Absorption von Licht, aber auch durch Stöße mit anderen Atomen oder Elektronen erfolgen. Bei Laserlicht dagegen spielt die Verstärkung von Licht durch induzierte Emission die entscheidende Rolle.

1.14 Nichtlineare Optik

Die Ausbreitung von Licht in einem optischen Medium wird durch zwei Konstanten beschrieben: die Brechzahl n und den Absorptionskoeffizienten γ. In der normalen, linearen Optik sind diese Größen unabhängig von der Intensität des Lichtes. Daraus folgen zwei grundlegende Prinzipien: das Überlagerungsprinzip und die Erhaltung der Frequenz.

Das Überlagerungsprinzip besagt, daß sich Lichtwellen gegenseitig nicht beeinflussen und stören. Eine Lichtwelle breitet sich in einem optischen Medium aus, unabhängig davon, ob sich dort bereits eine zweite Lichtwelle befindet oder nicht.

Die Erhaltung der Frequenz bedeutet, daß bei der Wechselwirkung von Licht mit Stoff keine neuen Lichtfrequenzen entstehen. Die Frequenz des Lichtes ist innerhalb und außerhalb des Mediums eine Konstante.

Diese beiden wichtigen Voraussetzungen gelten nur bei relativ kleinen Lichtintensitäten, wie sie normale Lichtquellen liefern. Sie basieren auf der Annahme eines *elastisch* an das Atom gebundenen Elektrons, dessen rücktreibende Kraft proportional der Auslenkung ist. Man kann den Zusammenhang zwischen der Auslenkung d des Elektrons und der elektrischen Feldstärke **E** des Lichtfeldes in der Form eine Kennlinie darstellen. Tatsächlich ist das Modell des elastisch gebundenen Elektrons mit einer *linearen Kennlinie* nur eine Näherung für die realen Bindungszustände. Bei hohen Feldstärken von Laserlicht können die Auslenkungen so groß werden, daß sich die Nichtlinearitäten der Kennlinien bemerkbar machen.

Empirisch wird dem Rechnung getragen, indem die Brechzahl und der Absorptionskoeffizient neben der Frequenzabhängigkeit zusätzlich noch komplizierte Funktionen der elektrischen und gegebenenfalls auch der magnetischen Feldstärke des Lichtfeldes werden:

$$n = n(f, \mathbf{E}, \mathbf{H}) \quad \gamma = \gamma(f, \mathbf{E}, \mathbf{H}). \quad (1.30)$$

Diese Funktionen können in Taylorreihen nach den einzelnen Feldkomponenten entwickelt werden. Die dabei entstehenden Produktterme entsprechen den einzelnen nichtlinearen optischen Effekten 2., 3. und höherer Ordnung. Im folgenden werden einige dieser Effekte kurz vorgestellt.

Frequenzverdopplung bzw. -vervielfachung

Die Feldstärke des in einen Kristall eingestrahlten Lichtfeldes bewirkt Auslenkungen der Elektronen, die nicht mehr harmonisch sind und höhere Frequenzanteile enthalten. Dadurch werden Oberwellen abgestrahlt.

Elektrooptischer Effekt (Pockels-Effekt)

Durch ein äußeres elektrisches Gleichfeld wird die Brechzahl eines optischen Mediums geändert. Ist diese Änderung proportional zur angelegten Feldstärke, so wird der Effekt als linear bezeichnet.

Stark-Effekt

Ein äußeres elektrisches Gleichfeld verschiebt die atomaren Energieniveaus. Das führt zu einer Änderung der Absorption (und auch der Brechzahl).

Faraday-Effekt

Ein magnetisches Gleichfeld beeinflußt die Brechzahl durch Verschiebung der atomaren Energieniveaus. Die Absorptionsänderung ist meistens vernachlässigbar.

Selbstfokussierung

Die Brechzahl eines Mediums wird durch die Intensität des sich in ihm ausbreitenden Lichtfeldes verändert, wobei sich die schnellen Schwingungen nicht bemerkbar machen, d.h. die Brechzahl reagiert auf den Mittelwert. Es ist also:

$$n = n_0 + \eta_2 \cdot |\mathsf{E}|^2 \quad (1.31)$$

mit dem Koeffizienten η_2 der nichtlinearen Brechzahl.

Wird nun der Lichtstrahl eines intensiven Lasers in ein solches Medium eingestrahlt, so ist infolge der höheren Intensität in der Strahlmitte dort die Brechzahl größer als am Rand. Das Medium mit der jetzt inhomogenen Brechzahl wirkt wie eine Sammellinse, das Strahlungsfeld wird fokussiert.

Kerr-Effekt

Ist die gleiche Erscheinung wie die Selbstfokussierung. Die Änderung der Brechzahl wird hier jedoch durch ein äußeres elektrisches Feld bewirkt.

Weiterführende Literatur:

Bergmann, Schaefer: Lehrbuch der Experimentalphysik. Band III, Optik. Walter de Gruyter, Berlin, 1987.

H. Haferkorn: Optik. Physikalisch-technische Grundlagen und Anwendungen. Barth V.-G., Leipzig, 1994.

Naumann, Schröder: Bauelemente der Optik. Taschenbuch der technischen Optik. Carl Hanser, München, 1992.

2. Ausbreitung optischer Wellen

Dr.-Ing. G. Garlichs

2. Kapitel

2.1 Dielektrische Lichtwellenleiter

Der Umgang mit Linsen und mehr noch die Beobachtungen bei Vorführungen mit Laserlicht könnten die Vermutung nahelegen, man könne Licht, insbesondere das monochromatische Laserlicht, beliebig bündeln und so z. B. auch zylindrische Lichtstrahlbündel erzeugen, die wenn nicht in der Atmosphäre, so doch etwa in Rohren weite Entfernungen überbrücken könnten.

Dies ist jedoch prinzipiell nicht möglich. Licht verhält sich vielmehr bei Ausbreitung in einem homogenen Medium oder auch im Vakuum genauso wie andere langwelligere elektromagnetische Wellen: Das elektromagnetische Feld weitet sich mit zunehmender Entfernung vom Startfeld durch Beugung immer weiter auf, wie dies bei Wellen im Funkfrequenzbereich, z. B. beim Richtfunk, auch bei sehr gut bündelnden Antennen ebenfalls zu beobachten ist. Man kann diese Aufweitung zwar vermindern, indem man den Durchmesser des Strahlbündels möglichst groß macht, aber bei freier Ausbreitung nicht verhindern.

Aus diesem Grunde ist es erforderlich, eine über größere Entfernungen zu übertragende Lichtwelle in einem Wellenleiter zu führen. Hohlleiter, wie sie häufig für Zentimeter- und Millimeterwellen eingesetzt werden, kommen für Licht wegen der kleinen Querschnittsabmessungen, die in der Größenordnung der Wellenlänge liegen müssen, und wegen der ungenügenden Leitfähigkeit von Metallen bei derart hohen Frequenzen nicht in Frage. Als geeignet haben sich *dielektrische Lichtwellenleiter* erwiesen, bei denen die Lichtwelle längs eines Stranges aus einem optischen Stoff geführt wird, dessen Brechzahl größer als die der Umgebung ist. Nichts anderes als derartige Wellenleiter sind die in optischen Kommunikationsnetzen verwendeten Glasfasern.

In diesem Kapitel wird hauptsächlich die Ausbreitung von optischen Wellen in *Glasfasern*, d.h. optischen Wellenleitern mit kreisförmigem Querschnitt, untersucht. Zur Veranschaulichung der Wellenausbreitung werden darüberhinaus ebene unendlich ausgedehnte Wellenleiter, die man *Filmwellenleiter* nennt, betrachtet.

2.2 Strahlenoptische Beschreibung der Wellenleitung

Die Ausbreitung elektromagnetischer Wellen und somit auch diejenige von Licht wird durch die physikalischen Eigenschaften der Stoffe beeinflußt, in denen die Ausbreitung erfolgt. Im einzelnen wird sie durch die M*axwellschen Gleichungen* beschrieben. Es sind partielle Differentialgleichungen nach den Ortskoordinaten x, y, z und der Zeit t, die die sechs Komponenten der elektrischen Feldstärke **E** und der magnetischen Feldstärke **H** miteinander verknüpfen. Ihre genaue Lösung erfordert jedoch einen erheblichen mathematischen Aufwand. Die Physiker und Ingenieure haben daher für zahlreiche Spezialfälle, so auch für die Ausbreitung von Licht, Vereinfachungen eingeführt, die Näherungen der Maxwellschen Gleichungen darstellen, dabei aber die physikalischen Vorgänge genügend genau wiedergeben.

Die Lichtausbreitung wird oft mit Hilfe der Strahlenoptik (siehe Kap.1.11) beschrieben, die immer dann angewendet werden kann, wenn die Wellenlängen sehr viel kleiner als die Abmessungen der Strukturen sind, in denen die Ausbreitung erfolgt. Außerdem wird dabei vorausgesetzt, daß das Licht lokal als ebene elektromagnetische Welle betrachtet werden kann, also ebene, senkrecht zur Ausbreitungsrichtung stehende Wellenfronten besitzt. Diese Voraussetzungen sind bei vielen optischen Anordnungen mit ausreichender Genauigkeit erfüllt.

Wir untersuchen die Wellenleitung zunächst anhand einer sehr einfachen und in gewisser Weise idealisierten Struktur, dem *symmetrischen Filmwellenleiter* (auch Schichtwellenleiter genannt). Dies ist ein planarer Wellenleiter gemäß Bild 2.1a, der in der y-z-Ebene unendlich ausgedehnt ist. Er besteht aus einer Materialschicht mit höherer Brechzahl, die von zwei gleichen Schichten mit niedrigerer Brechzahl umgeben ist. Wellenleiter wie den hier beschriebenen, bei denen sich die Brechzahlen zwischen den Schichten nicht kontinuierlich sondern stufenförmig ändern, nennt man *Stufenwellenleiter* (Bild 2.1).

Trifft ein Lichtstrahl unter dem Winkel φ auf die Stirnfläche der mittleren Schicht

AUSBREITUNG OPTISCHER WELLEN

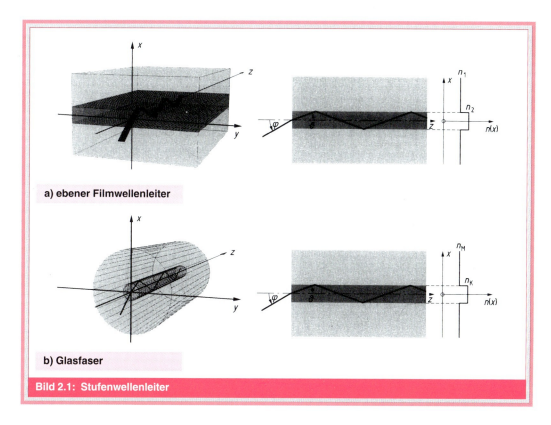

Bild 2.1: Stufenwellenleiter

auf, so wird er an der Grenzfläche gebrochen und breitet sich unter dem Winkel ϑ zur z-Achse im Wellenleiter aus. Wird der Winkel φ so gewählt, daß der Ausbreitungswinkel ϑ klein genug ist, damit an der Grenzfläche der Schichten mit den unterschiedlichen Brechzahlen n_1 und n_2 Totalreflexion (siehe Kap.1.12) auftritt, so verläßt der Lichtstrahl den Wellenleiter nicht mehr, sondern er wird vielmehr infolge ständiger Totalreflexionen an den Grenzschichten in Zickzackform geführt.

Prinzipiell kann sich in einem derartigen Wellenleiter das Licht in der gesamten y-z-Ebene ausbreiten. Eine zusätzliche seitliche Führung kann man dadurch erreichen, daß man die aus dem optisch dichteren Material bestehende Schicht seitlich begrenzt und sich hieran ebenfalls Schichten mit geringerer Brechzahl anschließen. Derartige Strukturen werden *Streifenleiter* genannt. Sie kommen in der Praxis z. B. bei Halbleiterlasern und in integriert optischen Schaltungen vor.

In entsprechender Weise erfolgt die Wellenführung in einer zylindrischen Struktur, die aus einem *Kern* mit der höheren Brechzahl n_K und einem diesen umgebenden *Mantel* mit der niedrigeren Brechzahl n_M besteht. Eine derartige Anordnung, die in Bild 2.1b dargestellt ist, entspricht der Struktur einer Glasfaser, die in diesem Fall wegen des stufigen Verlaufs der Brechzahl *Stufenfaser* genannt wird. Als Mantel würde im Prinzip auch Luft mit der Brechzahl $n_L = 1$ ausreichen. Derartige nur aus einem Kern bestehende Fasern würden aber in der Praxis unbrauchbar sein, weil, wie wir noch sehen werden, ein Teil der geführten Lichtwelle sich in den Raum außerhalb des Kerns erstreckt. Daher würden Berührungen mit verlustbehafteten, also weniger oder nicht transparenten Materialien, Verluste bei der geführten Lichtwelle bewirken. Außerdem würde jede Berührung mit einem Stoff, der die gleiche oder eine höhere Brechzahl als der Kern hat, zur Aufhebung der Totalreflexion an der Berührungsstelle führen. Aus diesen Gründen bestehen Glasfasern grundsätzlich aus einem Kern und einem umgebenden Mantel, wobei neben dem Kern zumindest auch

2. Kapitel

der innere Teil des Mantels verlustarm sein muß.

Es ist zur Wellenführung nicht zwingend erforderlich, daß abrupte Brechzahlsprünge zwischen Kern und Mantel vorhanden sind. Vielmehr können die Brechzahlverläufe auch stetig sein, nur muß die Brechzahl im Kern größer sein als im Mantel. Als Beispiel einer Struktur mit stetigem Brechzahlverlauf wollen wir eine *Gradientenfaser* betrachten, bei der die Brechzahl vom Außenrand des Kerns her stetig zunimmt und in der Mitte einen Maximalwert erreicht. Wir werden weiter unten sehen, daß derartige Fasern eine erhebliche praktische Bedeutung haben.

Um mit Hilfe des Brechungsgesetzes, das wir für abrupte Brechzahlübergänge formuliert hatten, einen Einblick in die Wellenausbreitung bei Gradientenfasern zu bekommen, nähern wir das stetige Brechzahlprofil zunächst durch ein vielstufiges Profil gemäß Bild 2.2 an. Wir betrachten Lichtstrahlen, die unter verschiedenen Winkeln auf die Faserstirnfläche im Kernmittelpunkt auftreffen. Reflexionserscheinungen mit Ausnahme der Totalreflexionen seien vernachlässigt. Im Fall 1 trifft der sich nach der Brechung an der Faserstirnfläche im innersten Kernbereich ausbreitende Lichtstrahl auf eine Folge von Übergängen mit kleinen Brechzahlsprüngen. Hierbei handelt es sich, solange sich der Strahl von der Faserachse entfernt, stets um Übergänge vom optisch dichteren in das optisch dünnere Medium, also um eine Brechung vom Einfallslot weg. Der Auftreffwinkel auf die Grenzfläche wird somit von Schicht zu Schicht kleiner, bis eine Totalreflexion stattfindet. Von diesem Punkt ab bewegt sich der Lichtstrahl wieder zur Faserachse hin und zwar jetzt mit zunehmendem Auftreffwinkel in Bezug auf die Grenzflächen. Ein unter größerem Einfallswinkel auftreffender Strahl (Fall 2) weist ein ähnliches Ausbreitungsverhalten auf. Wegen des steileren Auftreffwinkels in Bezug auf die Grenzflächen ist aber eine größere Anzahl von Grenzflächendurchgängen erforderlich, bis die Totalreflexion erreicht wird. Der Umkehrpunkt des Lichtstrahls liegt dann weiter von der Faserachse entfernt. Im Fall 3 dagegen ist der Einfallswinkel auf die Faserstirnfläche so groß, daß auch nach Durchgang aller Grenzflächen des Kernbereichs keine Totalreflexion erfolgt und das Licht also nicht mehr verlustfrei im Kern geführt werden kann.

Die Strahlenoptik ist auch geeignet, die Lichtausbreitung in Strukturen mit stetigem Brechzahlprofil zu beschreiben. Die Strahlen sind dann nicht mehr stückweise gerade sondern stetig gekrümmte Linien, wie dies in Bild 2.3 beispielhaft am Verlauf zweier Strahlen in einer Gradientenfaser dargestellt ist. Je nachdem, wo und unter welchen Winkeln die Strahlen auf die Stirnfläche des Faserkerns auftreffen, ergeben sich unterschiedliche Strahlverläufe, die zum Teil schraubenförmig sind mit mehr oder weniger schwankendem Abstand von der Mittellinie.

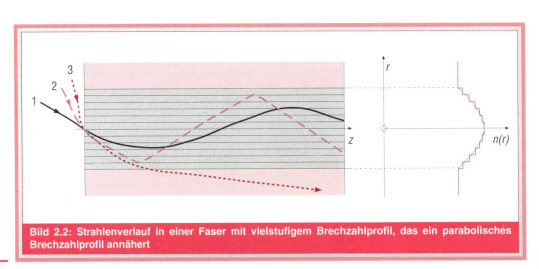

Bild 2.2: Strahlenverlauf in einer Faser mit vielstufigem Brechzahlprofil, das ein parabolisches Brechzahlprofil annähert

AUSBREITUNG OPTISCHER WELLEN

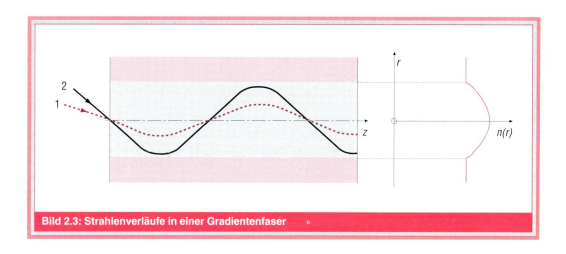

Bild 2.3: Strahlenverläufe in einer Gradientenfaser

2.3 Moden in optischen Wellenleitern

Bisher wurde die Ausbreitung des Lichtes in einer Faser im Sinne der Strahlenoptik durch Lichtstrahlen charakterisiert. Dazu war vorausgesetzt worden, daß die Abmessungen der betrachteten Anordnungen groß gegenüber der Lichtwellenlänge sind. Die Kerndurchmesser der gebräuchlichen Fasern liegen zwischen 5 µm und 50 µm, und die Lichtwellenlängen betragen in der optischen Nachrichtentechnik vorzugsweise 1,2 µm bis 1,6 µm. Die obige Voraussetzung ist also zumindest bei den kleineren Kerndurchmessern nicht gut erfüllt. Es zeigt sich tatsächlich, daß es erforderlich ist, den Wellencharakter des Lichtes zu berücksichtigen, um genauere Einsichten in die Mechanismen der Lichtausbreitung in Fasern zu bekommen.

Wir betrachten zunächst ebene Wellen, die dadurch charakterisiert sind, daß ihre Wellenfronten (d.h. Flächen, die Ortspunkte gleicher Phase verbinden) Ebenen sind. Eine derartige Welle kann durch mehrere parallele Strahlen dargestellt werden, denen man gemeinsame senkrecht zur Strahlrichtung verlaufende Wellenfronten zuordnen kann. Bei den folgenden Betrachtungen kommt es auf die Berücksichtigung der Phasen an.

Wir betrachten zunächst wieder einen symmetrischen Schichtwellenleiter nach Bild 2.4a. Im Auftreffpunkt P_1 des Strahles a auf die Grenzfläche besitze die zugehörige ebene Welle die Wellenfront A. Die gleiche ebene Welle wird auch durch den Strahl d ebenfalls mit der Wellenfront A charakterisiert. Der Strahl c ergibt sich durch zweimalige Reflexion an den Grenzflächen des Wellenleiters. Die durch die Strahlen c und d repräsentierten Wellen überlagern sich und bilden gemeinsam die im Wellenleiter weiter fortschreitende Welle. Dazu ist eine *konstruktive Interferenz* der beiden Wellen erforderlich, d. h. beide Wellen müssen wieder gleiche Wellenfronten, also in der gleichen Ebene Knoten oder Bäuche haben. Die Phasenwerte der durchlaufenden und der zweimal gebrochenen Welle dürfen sich nur um ganzzahlige Vielfache von 2π unterscheiden. Diese Bedingung läßt sich nur für ganz bestimmte Auftreffwinkel θ erfüllen; die aus der Strahlenoptik sich ergebende Annahme, daß unterhalb eines bestimmten Grenzwinkels beliebige Winkel θ möglich seien, erweist sich als ungenau. Zu jedem für die Wellenausbreitung geeigneten Winkel θ gehört eine elektromagnetische Welle, die man *Eigenwelle* oder *Mode* nennt.

Untersucht man die Totalreflexion einer elektromagnetischen Welle an einer Grenzfläche genauer, so stellt man fest, daß dabei eine vom Brechzahlsprung und dem Auftreffwinkel abhängige Phasenänderung auftritt. Diese kann in der Darstellung mit Strahlen durch eine Verschiebung der Reflexionsebene in den Mantelbereich hinein berücksichtigt werden, siehe Bild 2.4b. An der Grenzfläche selbst sind dann

2. KAPITEL

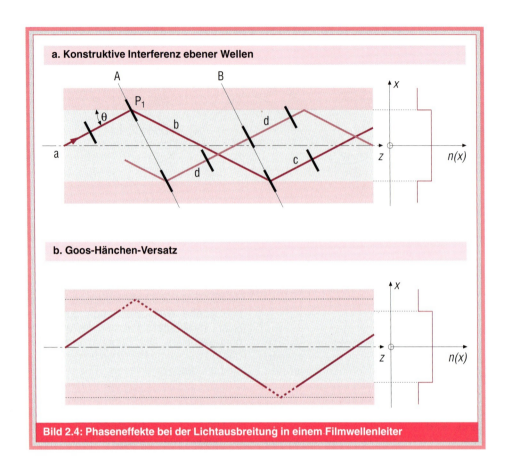

Bild 2.4: Phaseneffekte bei der Lichtausbreitung in einem Filmwellenleiter

die Punkte, an denen der Strahl auftrifft und wieder in das Kernmaterial zurückkehrt, gegeneinander versetzt. Man nennt diesen Effekt *Goos-Hänchen-Verschiebung*. Die Verlegung der Umkehrpunkte in den Mantelbereich stellt jedoch nicht nur die Phasenwerte nach der Totalreflexion richtig dar, sondern beinhaltet auch eine Aussage über die Feldverteilung der zugehörigen elektromagnetischen Welle. Dieses Feld ragt nämlich tatsächlich in den Mantelbereich hinein, nimmt dort jedoch exponentiell ab. Der Abstand der fiktiven Umkehrpunkte von der Grenzfläche ist ein Maß für die „Eindringtiefe" eines Feldes in den Mantelbereich.

Die wellentheoretische Betrachtung der Lichtausbreitung in einem Schichtwellenleiter zeigt, daß jeder Mode sich durch eine charakteristische Feldverteilung quer zur Ausbreitungsrichtung, also in Bild 2.5 in x-Richtung, auszeichnet. Dabei ergibt sich in jedem Querschnitt des Wellenleiters, so-

fern dieser Querschnitt entlang der z-Achse konstant bleibt, prinzipiell die gleiche Feldverteilung, die allerdings zeitlich im Takt der Lichtfrequenz, also z. B. mit 230 THz (bei einer Wellenlänge von 1,3 µm) schwankt. Es ist deshalb besser, sich vorzustellen, daß das elektromagnetische Feld eines Modes sich längs der z-Achse bewegt und nicht entsprechend den zugehörigen Strahlen auf einem Zickzackweg.

Bild 2.5 zeigt die Verteilung der elektrischen Feldstärke einiger Moden längs der x-Achse zusammen mit den zugehörigen Strahlen unter Berücksichtigung der Goos-Hänchen-Verschiebung. Die Ausdehnung der Felder bis in den Mantelbereich hinein ist deutlich erkennbar. Die Moden, von denen drei im Bild 2.5 dargestellt sind, unterscheiden sich voneinander durch unterschiedliche Feldverteilungen und spezielle jeweils „passende" Neigungswinkel θ der zugehörigen Strahlen. Aufgrund der Strahlenverläufe wird auch deutlich, daß sie unterschiedliche Geschwindigkeiten im Wellenleiter haben. In Bild 2.5 ist auch dargestellt, wie weit die Strahlen und damit auch die entsprechenden Wellen in einer bestimmten Zeit voranschreiten, wenn sie zum gleichen Zeitpunkt an der Stelle z=0 starten.

Die elektrischen und magnetischen Felder eines Modes teilt man in *transversale*, d. h. in der Ebene senkrecht zur Ausbreitungsrichtung liegende, und *longitudinale*, also in Ausbreitungsrichtung liegende Komponenten auf. Bei unendlich ausgedehnten Schichtwellenleitern findet man longitudinale Komponenten entweder nur für das elektrische oder nur für das magnetische Feld. Man unterscheidet deshalb *transversal elektrische* oder TE- und *transversal magnetische* oder TM-Wellen.

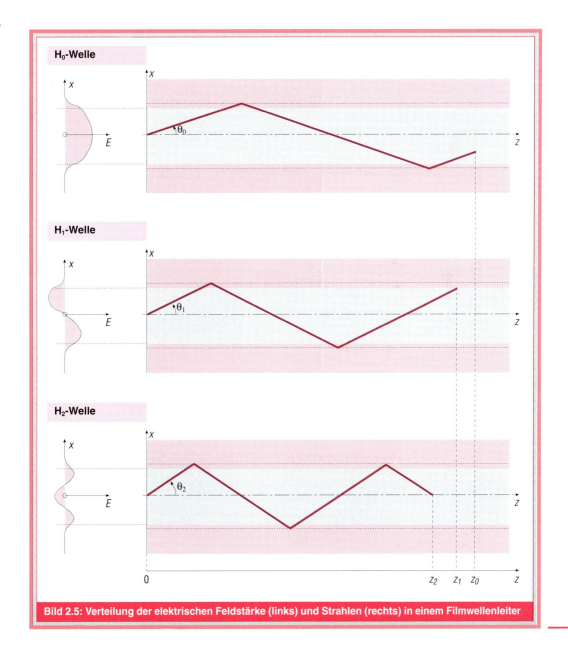

Bild 2.5: Verteilung der elektrischen Feldstärke (links) und Strahlen (rechts) in einem Filmwellenleiter

Die ersteren werden auch H-Wellen genannt, da ihr Magnetfeld longitudinale Komponenten besitzt, die letzteren entsprechend E-Wellen. Zur weiteren Unterscheidung der Moden wird eine Ordnungszahl angegeben, die gleich der Anzahl der Nullstellen im Feldverlauf des jeweils nur transversalen Feldes ist. Bild 2.5 zeigt also die H_0-, H_1- und H_2-Wellen.

Bei Streifenleitern, die zusätzlich zu den unteren und oberen Mantelschichten auch seitlich durch Schichten mit niedriger Brechzahl begrenzt sind, sowie bei Fasern ergeben sich ebenfalls Moden, deren Feldverteilungen allerdings komplizierter sind als beim Filmwellenleiter. Wir wollen hier die Verhältnisse bei kreisrunden Fasern mit Stufenprofil genauer beschreiben.

Die Feldverteilungen der Moden sind in diesen Fällen in zwei zueinander senkrechten Richtungen (z. B. in x- und y-Richtung, wenn z die Richtung der Faserachse in einem kartesischen Koordinatensystem ist) vom Ort abhängig. Deshalb sind zu ihrer Beschreibung *zwei Ordnungszahlen* erforderlich, die wiederum die Zahl der Nullstellen des elektrischen Feldes in den jeweiligen Richtungen angeben. Einige der Moden, nämlich die E_{0n}-Wellen und die H_{0n}-Wellen sind wie die Moden des Schichtwellenleiters transversal elektrisch bzw. transversal magnetisch. Die Feldbilder dieser Moden (Bilder 2.6b,c) sind rotationssymmetrisch bezüglich der Faserachse. Alle weiteren Moden, die in beiden Richtungen quer zur Ausbreitungsrichtung Nullstellen haben, sind *hybride* Wellen mit longitudinalen Feldkomponenten sowohl des elektrischen wie auch des magnetischen Feldes. Sie werden deshalb als

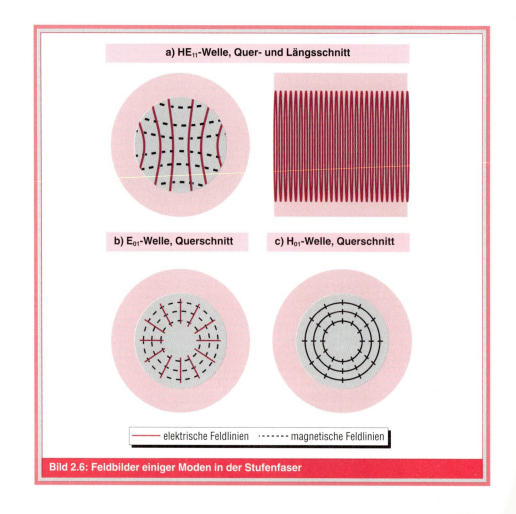

Bild 2.6: Feldbilder einiger Moden in der Stufenfaser

HE$_{mn}$- und EH$_{mn}$-Wellen bezeichnet. Diese Moden gibt es jeweils in *zwei zueinander senkrechten Polarisationen*, d. h. zum Beispiel, daß in einer Polarisation die transversalen Komponenten der elektrischen Feldstärken waagerecht und in der anderen Polarisation senkrecht verlaufen. Bild 2.6a zeigt das Feldbild der HE$_{11}$-Welle in vertikaler Polarisation.

Von dem Verhältnis Kerndurchmesser zu Lichtwellenlänge und den Brechzahlen in Kern und Mantel hängt es ab, welche Moden vom Faserkern geführt werden können. Diese Zusammenhänge werden durch den *charakteristischen Faserparameter*

$$V = \frac{2\pi a}{\lambda} \cdot \sqrt{n_K^2 - n_M^2} \qquad (2.1)$$

beschrieben, der in dem hier stets zutreffenden Fall $n_K \approx n_M$ auch mit der normierten Brechzahldifferenz $\Delta = (n_K - n_M)/n_K$ als

$$V = \frac{2\pi a}{\lambda} \cdot n_K \cdot \sqrt{2\Delta} \qquad (2.2)$$

geschrieben werden kann. Darin ist a der Kernradius, λ ist die Lichtwellenlänge im Vakuum, und n_K bzw. n_M sind die Brechzahlen des Kerns bzw. des Mantels. Man sieht, daß der charakteristische Faserparameter mit zunehmender Frequenz des Lichtes und entsprechend mit abnehmender Lichtwellenlänge größer wird. Je größer V ist, um so mehr Moden sind existenzfähig.

In Bild 2.5 ist bereits angedeutet, daß sich die verschiedenen Moden in Stufenfasern mit unterschiedlichen Geschwindigkeiten ausbreiten. Dies gilt im allgemeinen auch für andere Brechzahlprofile. Die Geschwindigkeiten sind aber durch das Profil beeinflußbar, und bei Gradientenfasern wird dieses so gestaltet, daß alle Moden möglichst die gleiche Ausbreitungsgeschwindigkeit haben.

Bei üblichen Glasfasern unterscheiden sich die Brechzahlen von Kern und Mantel nur wenig. Man nennt derartige Wellenleiter „schwach führend". Unter dieser Voraussetzung breiten sich bestimmte Moden, nämlich die HE$_{m+1,n}$- und die EH$_{m-1,n}$-Wellen, bei beliebigen Brechzahlprofilen mit nahezu gleicher Geschwindigkeit aus. Man faßt jeweils zwei derartige Moden zu einem Mode LP$_{mn}$ zusammen, wobei „LP" für „linear polarisiert" steht. Bei den HE$_{1n}$-Wellen, zu denen es keine gleich schnelle EH-Partnerwelle gibt, sind diese allein jeweils identisch mit den LP$_{on}$-Wellen. Die Felder der LP-Wellen sind über den ganzen Faserquerschnitt nahezu *linear polarisiert*. Die longitudinalen Feldanteile sind klein gegenüber den transversalen, d. h. die LP-Wellen sind näherungsweise transversal elektrisch und magnetisch. Da die HE$_{m+1,n}$-Welle und die EH$_{m-1,n}$-Welle nur näherungsweise gleiche Ausbreitungsgeschwindigkeiten haben, spaltet sich genau genommen die daraus zusammengesetzte LP$_{mn}$-Welle längs der Faser nach und nach wieder in die genannten Bestandteile auf. Trotzdem werden die LP-Wellen heute üblicherweise zur Darstellung der Felder in Fasern verwendet.

Bisher wurden Moden betrachtet, die vom Kern des Wellenleiters geführt werden und die deshalb auch *Kernmoden* oder Kernwellen genannt werden. Nun stellt die gesamte aus Kern und Mantel bestehende Glasfaser zusammen mit der umgebenden Materie, z. B. Luft, ebenfalls einen Wellenleiter dar. Die in ihm existierenden Moden, die vom Mantel geführt werden, nennt man *Mantelmoden* oder Mantelwellen. Ihnen entsprechen Strahlen, die an der Kern-Mantel-Grenzfläche nicht mehr total reflektiert werden, wohl aber noch an der Grenzfläche zwischen Mantel und äußerer Umgebung. Schließlich nennt man Wellen, die auch vom Mantel nicht mehr geführt werden, sondern sich in den umgebenden Raum hinein ausbreiten, *Strahlungsmoden* oder Strahlungswellen.

2.4 Einmodenfasern

Bei kleinem charakteristischem Faserparameter V, und zwar bereits von V=0 an, ist nur der sogenannte *Grundmode*, das ist bei Glasfasern die HE$_{11}$-Welle und bei symmetrischen Filmwellenleitern die H$_0$-Welle, ausbreitungsfähig. Erst wenn V einen *Grenzwert* V$_C$ überschreitet, sind weitere Moden, und zwar bei Fasern zunächst zusätzlich die H$_{01}$- und die E$_{01}$-Welle und dann, bei noch größerem V, Moden mit höheren Ordnungszahlen ausbreitungsfähig. Bei Stufenfasern ist der Grenzwert $V_C \approx 2{,}405$. Da der Kernradius a und die Kern- und Mantelbrechzahlen n_K und n_M für eine gegebene Faser festliegen, ergibt sich aus Gln. (2.1) oder (2.2) mit $V = V_C$ die Grenzwellenlänge λ_C, auch cut-off-Wellenlänge genannt, oberhalb der nur die Grundwelle ausbreitungsfähig ist.

Bei vorgegebener Wellenlänge kann eine Faser durch geeignete Wahl des Kerndurchmessers 2a und der Brechzahldifferenz n_K-n_M so dimensioniert werden, daß sich ein vorgegebener Wert für V und damit eine bestimmte Anzahl ausbreitungsfähiger Moden ergibt. In der modernen optischen Nachrichtentechnik werden aus Gründen, die später noch näher erläutert werden, Fasern mit nur einem ausbreitungsfähigen Mode bevorzugt. Dieser Mode kann natürlich nur der Grundmode HE_{11} oder LP_{01} sein. Er kommt in zwei senkrecht zueinander polarisierten Erscheinungsformen vor, und da jede der beiden jeweils für sich als separater Mode gilt, sind es genaugenommen zwei Moden, die bei $V < V_C$ ausbreitungsfähig sind. Trotzdem nennt man aber eine Faser, die die genannte Bedingung erfüllt, eine *Einmodenfaser*.

Der Einmodenfaser kommt heute eine überragende Bedeutung in der optischen Nachrichtentechnik zu, deshalb soll sie und ihr ausbreitungsfähiger Mode HE_{11} hier genauer betrachtet werden. Es zeigt sich, daß die transversalen Felder dieses Modes (die longitudinalen sind ohnehin vernachlässigbar) recht gut durch eine Gaußfunktion angenähert werden können, d. h. es gilt ungefähr

$$E(r), H(r) \sim e^{-r^2/w^2}. \qquad (2.3)$$

Darin ist r der Abstand von der Faserachse und w der Fleckradius, der angibt, in welchem Abstand von der Achse die Feldstärke auf den (1/e)-ten Teil ihres Maximums abgefallen ist. Die *Fleckweite* 2w ist eine charakteristische Größe für eine Einmodenfaser. In der Nähe der Grenzwellenlänge gilt näherungsweise

$$\frac{w}{w_C} \approx \frac{\lambda}{\lambda_C}. \qquad (2.4)$$

Darin ist w_C der Fleckradius bei der Grenzwellenlänge λ_C. Bei Stufenfasern läßt sich w im Bereich von $\lambda/\lambda_C = 0{,}9\ldots 1{,}6$ mit einer Genauigkeit von besser als 5% aus Gl. (2.4) bestimmen, und es gilt $w_C \approx 1{,}1a$.

Im unteren Diagramm des Bildes 2.7 ist der auf den Kernradius a bezogene Fleckradius als Funktion der Wellenlänge dargestellt. Darüber ist das Verhältnis der im Kern konzentrierten Leistung der HE_{11}-Welle zur Gesamtleistung aufgetragen. Besonders anschaulich wird die Leistungsverteilung über dem Faserquerschnitt in den ganz oben dargestellten Beispielen. In dieser Darstellung ist jeweils angenommen, daß sich auch im mehrwelligen Bereich nur die HE_{11}-Welle ausbreitet, was in der Praxis zumindest über längere Strecken nicht möglich ist, weil an Störstellen stets Energie von einem Mode in andere übergekoppelt wird.

Die Wellenlänge λ und der charakteristische Faserparameter V sind in Bild 2.7 auf die Grenzwellenlänge λ_C bzw. auf den Grenzwert V_C bezogen. Der Zusammenhang zwischen beiden Quotienten ergibt sich bei einer gegebenen Faser, also bei festen Werten von a und Δ, aus Gl. (2.2) unmittelbar zu $\lambda/\lambda_C = V_C/V$. Den Wert von V_C für die Stufenfaser hatten wir bereits kennengelernt: $V_C \approx 2{,}405$. Bei Abweichungen vom Stufenprofil, wie sie bei jeder realen Faser zumindest als Verrundungen des Brechzahlverlaufs an den Kanten zwischen Kern und Mantel auftreten, ändert sich der Grenzwert V_C. Die in Bild 2.7 dargestellten Verläufe bleiben dabei aber weitgehend erhalten. Man kann sogar ziemlich starke Abweichungen vom Stufenprofil zulassen, ohne daß sich die prinzipiellen Eigenschaften der Grundwelle, wie z. B. die in Bild 2.7 dargestellte Leistungsverteilung, ändern. Man kann die Grenzdaten, insbesondere die Grenzwellenlänge λ_C und die Grenzfleckweite w_C, einer gegebenen Faser messen und damit die Daten einer *äquivalenten Stufenfaser* definieren. Diese Messungen sind allerdings äußerst schwierig durchzuführen.

Bild 2.7 zeigt deutlich, daß das elektromagnetische Feld der Grundwelle um so weiter in den Mantelbereich hineinragt, je kleiner der charakteristische Faserparameter V ist. Selbst an der Grenze zum mehrwelligen Bereich befinden sich noch

Ausbreitung optischer Wellen

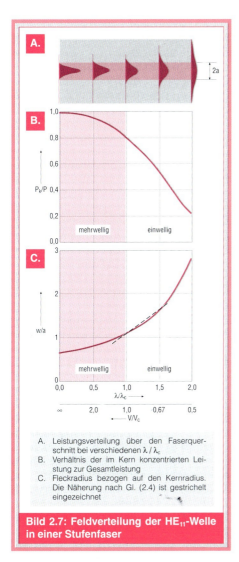

A. Leistungsverteilung über den Faserquerschnitt bei verschiedenen λ/λ_c
B. Verhältnis der im Kern konzentrierten Leistung zur Gesamtleistung
C. Fleckradius bezogen auf den Kernradius. Die Näherung nach Gl. (2.4) ist gestrichelt eingezeichnet

Bild 2.7: Feldverteilung der HE_{11}-Welle in einer Stufenfaser

20% der Leistung in der Mantelzone. Eine schwache Führung im Kern, wie sie durch die weite Ausdehnung des Feldes in den Mantel zum Ausdruck kommt, ist durchaus unzweckmäßig, denn dadurch vergrößert sich die Tendenz, daß an Störstellen (das sind unter anderem auch Krümmungen) Energie abgestrahlt wird. Man dimensioniert aus diesem Grunde Einmodenfasern so, daß das Verhältnis Betriebswellenlänge zu Grenzwellenlänge um den Wert 1,1 liegt. Fasern, die mit einer Wellenlänge von 1,3 µm betrieben werden sollen, haben also eine Grenzwellenlänge um 1,2 µm. Um die Verluste in Einmodenfasern gering zu halten, muß nicht nur der Kern sondern auch zumindest der innere Bereich des Mantels aus verlustarmem Material bestehen.

Nach Gl. (2.2) ergeben sich die für den Einmodenbetrieb erforderlichen kleinen Werte von V, wenn der Kerndurchmesser 2a und die normierte Brechzahldifferenz Δ genügend klein gemacht werden. Andererseits soll der Kerndurchmesser nicht zu klein werden, damit man beim Einkoppeln von Licht sowie bei Spleißen und Steckern nicht zu große Schwierigkeiten bekommt. Für den Betrieb im Wellenlängenbereich um 1,3 µm sind Fasern mit einer Grenzwellenlänge von 1,2 µm und einem Fleckweitendurchmesser von 9 µm bis 10 µm bei der Betriebswellenlänge üblich und bereits standardisiert. Die zugehörige äquivalente Stufenfaser hat dann einen Kerndurchmesser von 8,5 µm und eine normierte Brechzahldifferenz von 0,28%.

Bild 2.8a zeigt ein tomographisches, dreidimensionales Bild des Brechzahlprofils einer idealen Einmodenfaser, deren Mantel aus reinem Quarzglas besteht („matched cladding"-Struktur). Der Kern, ebenfalls aus Quarzglas, ist mit einem Dotierstoff versehen, der seine Brechzahl erhöht.

Es gibt auch Dotierstoffe wie z.B. Fluor, die die Brechzahl heruntersetzen. Wenn man den inneren Mantelbereich auf diese Weise dotiert, erhält man die in Bild 2.8b dargestellte Einmodenfaser („depressed cladding"-Struktur). Weitere Möglichkeiten werden im Kapitel 2.7.3 besprochen.

2.5 Doppelbrechung bei Einmodenfasern

Es wurde bereits erwähnt, daß die Einmodenfaser genau genommen zwei Moden, nämlich die beiden Polarisationen der LP_{01}-Welle, führt. Eine genaue Untersuchung realer Einmodenfasern zeigt, daß diese beiden Moden sich in ihrer Ausbreitungsgeschwindigkeit geringfügig unterscheiden. Diese Unterschiede werden durch eine geringe Elliptizität des Faserkerns oder durch innere mechanische Spannungen oder auch durch zahlreiche von außen auf die Faser einwirkende Einflüsse wie einseitige mechanische Drücke, Krümmungen und Torsionen verursacht.

2. Kapitel

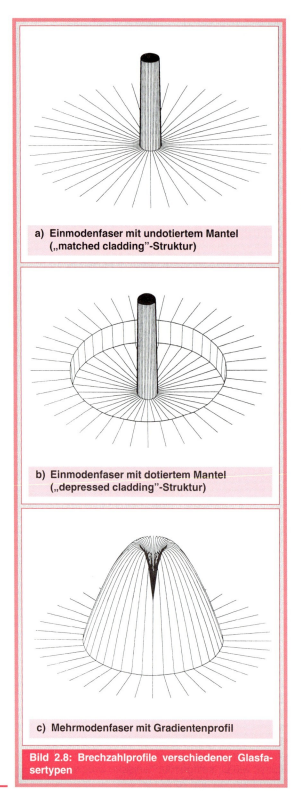

a) Einmodenfaser mit undotiertem Mantel („matched cladding"-Struktur)

b) Einmodenfaser mit dotiertem Mantel („depressed cladding"-Struktur)

c) Mehrmodenfaser mit Gradientenprofil

Bild 2.8: Brechzahlprofile verschiedener Glasfasertypen

Den beiden senkrecht zueinander polarisierten Moden können entsprechend ihrer unterschiedlichen Ausbreitungsgeschwindigkeiten unterschiedliche effektive Brechzahlen zugeordnet werden. Das Phänomen der von der Polarisationsrichtung abhängigen Brechzahl wird in der Optik und deshalb auch hier bei den Glasfasern *Doppelbrechung* genannt. Reale Glasfasern, auch Mehrmodenfasern, sind im allgemeinen doppelbrechend, aber nur bei Einmodenfasern hat diese Eigenschaft eine gewisse praktische Bedeutung für die optische Nachrichtentechnik. Es sei am Rande erwähnt, daß die Glasfaserdoppelbrechung auf anderen technischen Gebieten, insbesondere in der Sensortechnik, in vielfacher Weise genutzt wird.

Bei den herkömmlichen optischen Übertragungssystemen ist die Doppelbrechung ohne praktische Bedeutung. Bei vielen Bauelementen der integrierten Optik ist eine einwandfreie Funktionsweise jedoch nur mit einer Welle ganz bestimmter Polarisation möglich. Wenn ein derartiges Bauelement von einer Faser gespeist wird, sollte diese bereits die Welle in der geforderten Polarisation liefern. Es soll also bei einer bestimmten Polarisation am Fasereingang eine definierte Polarisation am Faserausgang vorhanden sein. Dies leistet eine normale Einmodenfaser jedoch praktisch nicht. Sie könnte theoretisch zwar eine in bestimmter Richtung linear polarisierte Welle so übertragen, daß auch am Faserende eine linear polarisierte Welle, im allgemeinen mit geänderter Polarisationsrichtung, auftritt, aber durch äußere Einflüsse wird diese Fähigkeit destabilisiert. Diese Einflüsse sind Krümmungs- und Torsionsänderungen sowie mechanische Drücke oder diese verursachende Temperaturschwankungen, die die Faserdoppelbrechung und damit das Übertragungsverhalten für bestimmte Polarisationszustände beeinflussen. Deshalb findet man am Faserende im allgemeinen elliptisch polarisierte Wellen, die aus den beiden linear polarisierten LP_{01}-Moden in zeitlich versetzter Phasenlage zusammengesetzt sind. Die Polarisationsellipse verändert sich zeitlich aufgrund der genannten äußeren Einflüsse nach Richtung und Achsenverhältnis; die in den oben erwähnten Fällen gewünschte eindeutige und konstante

Polarisation wird am Faserende nicht geliefert.

Man hat spezielle Einmodenfasern, sogenannte *polarisationserhaltende Fasern*, entwickelt, die der Forderung nach einer stabilen Polarisation am Faserausgang besser gerecht werden. Die Grundidee dabei ist, daß man die innere Doppelbrechung, also die Ungleichheit der in zueinander senkrechten Ebenen wirksamen Brechzahlen, absichtlich möglichst groß macht. Dann sind die zusätzlichen, von außen wirkenden Einflüsse auf die Brechzahl vernachlässigbar klein gegenüber der eingebauten Brechzahldifferenz und dementsprechend unwirksam. Man muß das linear polarisierte Licht am Faseranfang so in eine derartige Faser einspeisen, daß die Polarisationsrichtung mit einer der Doppelbrechungsachsen der Faser, also mit der Richtung größter oder kleinster Brechzahl, übereinstimmt. Das am Faserende austretende Licht ist dann ebenfalls in Richtung der entsprechenden Achse polarisiert.

Polarisationserhaltende Fasern können nach zwei Prinzipien strukturiert sein, die in der Praxis meistens zusammen auftreten. Erstens kann man den Faserkern möglichst stark elliptisch machen. Zweitens können Störungen so in die Faser eingebaut werden, daß sie starke innere mechanische Spannungen bewirken, die die Brechzahl in verschiedenen Richtungen stark unterschiedlich machen. So können in den Mantel, symmetrisch gegenüber dem Kern, zwei ungefähr trapezförmige Keile eingebaut werden, die aus einer vom Kern- und Mantelglas abweichenden Glassorte bestehen. Beim Ausziehen der Faser und beim Erkalten entsteht dadurch die gewünschte innere Spannung sowie, in diesem Falle als Nebeneffekt, eine gewisse Elliptizität des Kerns.

In prinzipiell gleicher Weise ist es sogar möglich, „echte" Einmodenfasern, nämlich polarisierende Fasern, die den LP_{01}-Mode nur in einer bestimmten Polarisation führen können, zu bauen. Die Energie des dazu senkrecht polarisierten Modes wird abgestrahlt. Derartige Fasern wirken deshalb wie ein Polarisationsfilter, das nur Licht einer bestimmten Polarisation durchläßt.

Eine gewisse praktische Bedeutung haben bisher nur die polarisationserhaltenden Fasern erlangt. Sie werden als Zuleitungen für polarisationsempfindliche Bauelemente verwendet. Sie haben allerdings eine deutlich höhere Dämpfung und sind außerdem erheblich teurer als normale Einmodenfasern. Für längere Übertragungsstrecken kommen sie nicht in Betracht.

2.6 Mehrmodenfasern

Überschreitet der charakteristische Faserparameter V den Grenzwert V_C (bei Stufenfasern 2,405), so werden zusätzlich zur HE_{11}-Welle die H_{01}- und die E_{01}-Welle ausbreitungsfähig. Bei größer werdendem V kommen immer mehr Moden, zunehmend auch mit höheren Ordnungszahlen, hinzu. Fasern mit $V > V_C$ werden *Mehrmodenfasern* genannt.

Für große Werte von V läßt sich die Anzahl der geführten Moden N_S in Stufenfasern näherungsweise aus der Beziehung

$$N_S \approx {}^1/_2 V^2 \qquad (2.5)$$

bestimmen, wobei berücksichtigt ist, daß jeweils die beiden Polarisationen einer Welle zwei Moden darstellen. Bei Gradientenfasern (Bild 2.3) gilt ebenfalls die Beziehung (2.2) für den Faserparameter V, wobei für n_K die maximal im Kern vorkommende Brechzahl einzusetzen ist. Die Anzahl der geführten Moden N_G ergibt sich hier aus der Beziehung

$$N_G \approx {}^1/_4 V^2. \qquad (2.6)$$

Mehrmodenfasern werden im allgemeinen mit Kerndurchmessern von 50 µm oder mehr hergestellt, um bei der mechanischen Handhabung, z. B. bei der Einkopplung sowie bei Steckern und Spleißen, mit deutlich günstigeren Toleranzen arbeiten zu können als bei Einmodenfasern. Die normierte Brechzahldifferenz Δ wird üblicherweise ebenfalls höher gewählt, bei Gradientenfasern bis zu 1%, bei Stufenfasern bis zu 2%. Deshalb haben Mehrmodenfasern meist V-Werte im Bereich von 20 bis 80, und es sind mehr als hundert bis zu ein paar tausend Moden ausbreitungsfähig.

Die Aufteilung der Lichtenergie auf die einzelnen Moden hängt am Anfang einer Faser von der Anregung der einzelnen Moden durch das eingekoppelte Licht ab. Im Laufe der Faser gibt es infolge von Störungen wie Durchmesser- und Brechzahlschwankungen sowie Krümmungen ständig Energieüberkopplungen von einem Mode zum andern. Deshalb stellt sich in einer gewissen Entfernung vom Anfang ein bestimmtes *statistisches Gleichgewicht* zwischen den Moden ein.

Ähnlich wie es in Bild 2.7 für die HE_{11}-Welle dargestellt ist, gilt auch für die übrigen Moden, daß ihre Felder sich umso mehr im Kern konzentrieren, je mehr V den Grenzwert überschreitet, bei dem der betreffende Mode ausbreitungsfähig wird. Moden mit größeren Ordnungszahlen und deshalb höherem V-Grenzwert haben daher bei einem bestimmten V größere Feldanteile im Mantelbereich als solche mit kleinen Ordnungszahlen. Da im Modengemisch immer eine große Anzahl von Moden mit starker Konzentration der Felder im Kern vorhanden ist, ist auch die Feldenergie insgesamt mehr im Kern konzentriert als bei Einmodenfasern.

Mehrmodenfasern haben heute für technisch anspruchsvolle optische Übertragungssysteme nur noch eine untergeordnete Bedeutung. Sie können aber bei geringeren Anforderungen wegen der günstigeren mechanischen Toleranzen eine wirtschaftlich interessante Alternative zu den Einmodenfasern darstellen.

Bild 2.8c zeigt das Brechzahlprofil einer Gradientenfaser. Der Kern ist aus sehr dünnen Schichten unterschiedlichen Materials hergestellt, deren Brechzahl in Richtung Mitte zunimmt. In der Mitte ist eine Einbuchtung („dip") erkennbar, die aufgrund des Herstellungsprozesses entsteht. Sie beeinflußt die Funktion der Gradientenfaser aber nicht wesentlich.

2.7 Dispersion und Bandbreite von Glasfasern

Wenn Phasen- und Gruppengeschwindigkeit sich in einem optischen Medium voneinander unterscheiden, spricht man in der Physik von Dispersion (wörtlich: Zerstreuung, siehe Kap. 1.4). Wellengruppen, die Komponenten mit verschiedenen Frequenzen enthalten und ein derartiges Medium durchlaufen, werden durch Dispersion in ihrer Gestalt verändert, weil sich die zeitliche Lage der einzelnen Komponenten zueinander verschiebt. In der optischen Nachrichtentechnik wird mit dem Begriff Dispersion (auch *Faserdispersion* genannt) in verallgemeinerter Weise jeder Effekt bezeichnet, der die Signallaufzeit so beeinflußt, daß die Signalform verändert wird.

Zur Beschreibung der Dispersion wird häufig ihr Einfluß auf die Form des Impulses bei seiner Übertragung über eine Glasfaser herangezogen. Dieses Verfahren ist aus der Übertragungstheorie wohlbekannt und hat auch in der Praxis Vorteile, da in der optischen Nachrichtentechnik üblicherweise Digitalsignale übertragen werden. Generell bewirkt die Dispersion eine Vergrößerung der Impulsdauer, die wir im folgenden *Impulsverlängerung* nennen wollen.

Oft wird auch die Bandbreite einer Glasfaser angegeben. Dabei stellt man sich vor, daß sinusförmig in der Intensität moduliertes Licht durch die Faser übertragen wird. Jede Glasfaser hat Tiefpaßcharakter in Bezug auf die Modulationsfrequenz. Diejenige Modulationsfrequenz, bei der die Modulationsamplitude infolge der Dispersion auf einen bestimmten Bruchteil, z. B. auf die Hälfte, gedämpft wird, nennt man die *Bandbreite* der Faser. Unter der Voraussetzung, daß die Impulsverlängerung groß gegenüber der Dauer des gesendeten Impulses ist, sind die Impulsverlängerung Δt und die Bandbreite B näherungsweise durch die Beziehung

$$B \cdot \Delta t \approx 0{,}4 \qquad (2.7)$$

miteinander verknüpft.

Zur Impulsverlängerung Δt tragen verschiedene Arten der Dispersion bei: Modendispersion (führt zu Δt_{Mod}), Materialdispersion (führt zu Δt_{Mat}) und Wellenleiterdispersion (führt zu Δt_{WL}). Es gilt die für die Praxis ausreichende Abschätzung

$$\Delta t = \sqrt{(\Delta t_{Mod})^2 + (\Delta t_{Mat} + \Delta t_{WL})^2}\,. \qquad (2.8)$$

Die drei Arten der Dispersion werden in den folgenden Kapiteln beschrieben.

2.7.1 Modendispersion

Bereits in Kap. 2.3 wurde gezeigt, daß sich in einer Glasfaser die verschiedenen Moden mit unterschiedlicher Geschwindigkeit ausbreiten. Wir wollen hier noch einmal auf die einfache strahlenoptische Näherung zurückgreifen und einige Strahlen, die sich mit unterschiedlichen Neigungswinkeln zur Faserachse in einer Stufenfaser ausbreiten, betrachten. Nehmen wir an, daß drei Strahlen mit unterschiedlichen Winkeln, die drei verschiedene Moden repräsentieren, am Beginn der Glasfaser bei z=0 starten (Bild 2.9a). Der zeitliche Verlauf der Lichtleistung sei, wie in Bild 2.9b dargestellt, ein Impuls, der sich auf die drei Strahlen aufteilt. Wegen der unterschiedlich langen Strahlenwege kommt die in den einzelnen Strahlen geführte Leistung zu unterschiedlichen Zeiten am Faserende $z = l$ an. In Bild 2.9a ist der Zeitpunkt dargestellt, zu dem der Strahl 1 gerade das Faserende erreicht hat, während die Strahlen 2 und 3 noch ein Stückchen vom Ende entfernt sind. Bild 2.9c zeigt die nacheinander ankommenden Anteile der Lichtleistung, die sich im empfangenen Licht am Faserende wieder zu einem Impuls überlagern. Dieser hat sich nun jedoch gegenüber dem Impuls am Faseranfang verändert. Er ist länger und flacher geworden, wobei die Verminderung der Amplitude hier allein auf die Laufzeiteffekte zurückzuführen ist; eine Dämpfung innerhalb der Faser wurde nicht berücksichtigt. Wichtig und nachteilig ist vor allem die Impulsverlängerung, denn sie *beschränkt die mögliche Pulsfolgefrequenz*. Sendet man mehrere Impulse in zu geringem zeitlichem Abstand, so können sich die verlängerten Impulse am Faserausgang derart überlappen, daß die Einzelimpulse hier nicht mehr unterschieden und richtig identifiziert werden können. Entsprechend überlagern sich auch Anteile sinusförmig amplitudenmodulierten Lichtes durch die zeitlichen Verschiebungen der Anteile gegeneinander am Faserende so, daß eine Verminderung der Modulationsamplitude auftritt. Da diese Art der Dispersion stets darauf beruht, daß sich mehrere Moden ausbreiten, wird sie *Modendispersion* genannt.

Die Zeitverschiebungen zwischen den in verschiedenen Moden transportierten Leistungsanteilen nehmen den obigen

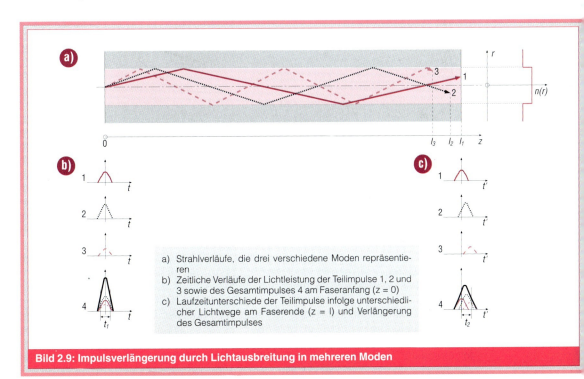

a) Strahlverläufe, die drei verschiedene Moden repräsentieren
b) Zeitliche Verläufe der Lichtleistung der Teilimpulse 1, 2 und 3 sowie des Gesamtimpulses 4 am Faseranfang (z = 0)
c) Laufzeitunterschiede der Teilimpulse infolge unterschiedlicher Lichtwege am Faserende (z = l) und Verlängerung des Gesamtimpulses

Bild 2.9: Impulsverlängerung durch Lichtausbreitung in mehreren Moden

Überlegungen zufolge linear mit der Faserlänge L zu, so daß zunächst auch eine *lineare* Zunahme der Impulsverlängerung zu erwarten ist ($\Delta t_{Mod} \sim L$). Allerdings wird bei dieser Überlegung nicht berücksichtigt, daß ein *Leistungsaustausch* zwischen den verschiedenen Moden stattfindet, der die Modendispersion beeinflußt. Dieser Austausch wird durch Unregelmäßigkeiten im Aufbau von Fasern und die dadurch bewirkte Kopplung der Moden untereinander verursacht, und die Modendispersion wird dadurch günstig verändert. Nehmen wir an, die Leistung eines Lichtimpulses am Anfang der Faser verteile sich auf alle Moden gleichmäßig. Aus der Gesamtheit der Moden betrachten wir nun den Teil mit einer größeren als der mittleren Ausbreitungsgeschwindigkeit aller Moden. Durch die Modenkopplung ergibt sich beim betrachteten Teil der Moden teilweise ein Leistungsaustausch untereinander und teilweise mit anderen Moden, darunter solchen, die sich langsamer als mit der mittleren Modengeschwindigkeit ausbreiten. Als Ergebnis wird ein bestimmter, beispielhaft herausgegriffener Bruchteil der Gesamtleistung längs der Faser abwechselnd von schnelleren und langsameren Moden transportiert, so daß sich ein gewisser Laufzeitausgleich ergibt. Dieser Effekt wirkt sich allerdings erst aus, wenn Kopplungen in genügendem Maße aufgetreten sind. So findet man bei kurzen Faserlängen zunächst den linearen Anstieg der Impulsverlängerung mit der Länge, der sich ohne den Einfluß der Modenkopplung ergibt. Nach etwa 1 km bis 2 km Länge beginnt dann die Modenkopplung wirksam zu werden. Die Impulsverlängerung steigt dadurch weniger als linear mit der Faserlänge L, und bei sehr langen Fasern ist der Anstieg nur noch *proportional zur Wurzel* aus der Länge ($\Delta t_{Mod} \sim \sqrt{L}$). Eine starke Modenkopplung läßt zwar die Wurzelabhängigkeit bereits bei kürzeren Längen beginnen, führt aber auch zu erhöhten Verlusten, da an den Unregelmäßigkeiten auch Mantel- und Strahlungsmoden angeregt werden.

Die durch Modendispersion verursachte Impulsverlängerung schränkt in Übertragungssystemen die höchstzulässige Pulsfolgefrequenz und damit die Übertragungskapazität der Glasfaser ein. Bei Stufenfasern läßt sich die Modendispersion nur durch die Wahl einer möglichst geringen Brechzahldifferenz zwischen Kern und Mantel verringern. Man erreicht auf diese Weise Impulsverlängerungen im Bereich von etwa 15 ns/km, das heißt, ein Impuls verlängert sich auf einer 1 km langen Faserstrecke um 15 ns. Die hiermit erzielbaren Übertragungsbandbreiten liegen in der Größenordnung von 30 MHz für eine Faser von 1 km Länge und reichen schon für relativ kurze Strecken bei mäßigen Bitraten zur optischen Nachrichtenübertragung nicht aus.

Gradientenfasern, deren Kernbrechzahl von einem Maximalwert in der Mitte zu kleineren Werten außen abnimmt, lassen eine bessere Angleichung der Laufzeiten erwarten. Die Funktionsweise wurde bereits in Kap. 2.3 erläutert. Strahlen, die sich wie Strahl 1 in Bild 2.3 nur in der Kernmitte bewegen, haben einen relativ kurzen Weg zurückzulegen, sind aber wegen der großen Brechzahl in diesem Bereich vergleichsweise langsam. Demgegenüber durchlaufen Strahlen, die in die Randbereiche des Kerns vordringen (z.B. Strahl 2 in Bild 2.3), auch Gebiete mit geringerer Brechzahl und sind deshalb bei längeren Wegen schneller als die zuerst genannten Strahlen. Entsprechend nähern sich auch die Modenlaufzeiten in Fasern mit Gradientenprofil einander an.

Genaue wellenoptische Rechnungen zeigen, daß dies mit einem *annähernd parabolischen Brechzahlverlauf* im Bereich des Kerns am besten erreicht wird. Derart optimierte Gradientenfasern weisen über Fertigungslängen von mehreren Kilometern eine sehr geringe Modendispersion auf, so daß sich typischerweise Impulsverlängerungen von 0,5 ns/km und Bestwerte um < 0,1 ns/km ergeben. Allerdings fällt die Bandbreite sehr rasch ab, wenn der optimale Brechzahlverlauf nicht genau eingehalten wird.

Die viel wirksamere Lösung zur Vermeidung der Modendispersion stellt die Einmodenfaser dar, die nur den Grundmode führt. Man muß sich allerdings daran erinnern, daß dieser Grundmode in zwei zueinander senkrechten linearen Polarisationen auftritt. Diese haben in einer Faser mit kreisrundem Querschnitt und ohne äußere oder innere mechanische Spannungen genau die gleiche Geschwindigkeit, so daß eine Modendispersion nicht auftreten kann. Bei praktischen Fasern sind diese Bedingungen jedoch nicht in idealer Weise erfüllt, und beide Moden haben verschiedene Ausbreitungsgeschwindigkeiten. Die hieraus resultierende *Polarisationsmodendispersion* verursacht jedoch nur minimale Impulsverlängerungen, die um einige Größenordnungen kleiner sind als die günstigsten Werte bei Gradientenfasern.

2.7.2 Materialdispersion

Die Materialdispersion hat ihre Ursache in der Wellenlängenabhängigkeit der Brechzahl der Stoffe, aus denen Kern und Mantel einer Faser aufgebaut sind (siehe Kap.1.2). Sie ist also eine Materialeigenschaft und tritt bei allen Fasern auf.

Die in der optischen Nachrichtentechnik verwendeten Lichtquellen senden selbst im unmodulierten Fall ein breitbandiges Spektrum aus, das durch seine *Emissionsbandbreite* charakterisiert wird. Hinzu kommt noch die Aufweitung des Spektrums einer modulierten Schwingung durch die Modulation. Der Normalfall in der heutigen optischen Nachrichtentechnik ist der, daß die Emissionsbandbreite der optischen Sender viel größer ist als die zusätzliche Aufweitung durch die Modulation. Deshalb ist die Bandbreite des zu übertragenden Lichtes meistens unabhängig von der Signalbandbreite. Bei Halbleiterlasern beträgt die Emissionsbandbreite etwa 10 GHz bis 100 GHz (1 nm bis 5 nm), bei Lumineszenzdioden ist sie noch wesentlich größer.

Da hier nur der Einfluß der Dispersion des Glasfasermaterials zählt, kann man von der in Kap.1.4 für ebene Wellen eingeführten Gruppengeschwindigkeit $v_g = c/n_g$ ausgehen (n_g bedeutet die Gruppenbrechzahl). Die Laufzeit des Signals auf einer Faserlänge L ist damit $t = L/v_g$. Für die Impulsverlängerung Δt_{Mat}, die auf Grund der Materialdispersion auftritt, erhalten wir mit Hilfe von Gl.(1.9)

$$\Delta t_{Mat} = \left| \frac{\lambda}{c} \cdot \frac{d^2 n}{d\lambda^2} \right| \cdot \Delta\lambda \cdot L = M_M \cdot \Delta\lambda \cdot L \ . \quad (2.9)$$

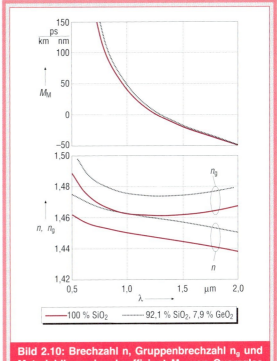

Bild 2.10: Brechzahl n, Gruppenbrechzahl n_g und Materialdispersionskoeffizient M_M von Quarzglas in Abhängigkeit von der Wellenlänge λ

Darin ist n die von der Wellenlänge λ abhängige Brechzahl, c die Lichtgeschwindigkeit im leeren Raum und $\Delta\lambda$ die Emissionsbandbreite des Senders. Mit M_M wird der sogenannte *Materialdispersionskoeffizient* bezeichnet.

Die Brechzahl und die Gruppenbrechzahl von Quarzglas (SiO_2) sowie der Materialdispersionskoeffizient sind in Bild 2.10 in Abhängigkeit von der Wellenlänge dargestellt. Die Einheit des Materialdispersionskoeffizienten ist so gewählt, daß er unmittelbar für praktische Rechnungen benutzt werden kann. Setzt man die Faserlänge in Kilometer und die Emissionsbandbreite in Nanometer ein, so ergibt sich die Impulsverlängerung aus Gl.(2.9) unmittelbar in Pikosekunden. Die Gruppenbrechzahl hat bei etwa 1,3 µm Wellenlänge ein Minimum. In diesem Wellenlängenbereich ist die Materialdispersion gering.

In Glasfasern werden neben reinem Quarzglas auch andere Materialien verwendet, die allerdings im allgemeinen einen wesentlichen Anteil an Quarzglas enthalten. Als Beispiel hierfür sind die Brechzahlen eines Quarzglases mit einem Anteil von 7,9% Germaniumdioxid ebenfalls in Bild 2.10 dargestellt. Man sieht, daß sich die Brechzahlverläufe nicht prinzipiell unterscheiden, und man kann für grundsätzliche Aussagen die Eigenschaften von Quarzglas heranziehen.

Zu kurzen Wellenlängen hin nimmt der Materialdispersionskoeffizient M_M relativ große Werte an (z. B. M_M = 100 ps/(km·nm) bei λ = 0,85 µm). Ein breitbandiger Sender wie eine Lumineszenzdiode mit 40 nm Emissionsbandbreite verursacht dann eine Impulsverlängerung von 4 ns/km; das ist erheblich mehr als der Beitrag der Modendispersion. In anderen Wellenlängenbereichen sowie insbesondere bei Verwendung schmalbandiger Lichtquellen wie Lasern ist dagegen die Modendispersion bei Mehrmodenfasern dominierend. Demgegenüber ist die Materialdispersion bei Einmodenfasern in allen Wellenlängenbereichen zu beachten.

2.7.3 Wellenleiterdispersion

Eine weitere Art der Dispersion entsteht dadurch, daß die in der Glasfaser sich ausbreitenden Wellen sich nicht frei in einem homogenen Medium bewegen, sondern durch die räumliche Struktur der Faser geführt werden. Diese Dispersion, die prinzipiell unvermeidbar ist und auch dann auftreten würde, wenn die Brechzahlen von Kern und Mantel von der Wellenlänge unabhängig wären, wird *Wellenleiterdispersion* genannt. Man kann sie wie folgt veranschaulichen. Am Beispiel des Grundmodes HE_{11} wurde in Kap.2.4 erläutert und in Bild 2.7 dargestellt, daß die Felder der geführten Wellen nicht nur im Kern konzentriert sind, sondern sich in den Mantel hinein ausdehnen, und zwar unterschiedlich stark je nach Wellenlänge. Die Ausbreitungsgeschwindigkeit einer derartigen Welle liegt zwischen der unteren Grenze, die sich bei Ausbreitung einer ebenen Welle nur im Kernmaterial ergeben würde, und der oberen Grenze, die durch die Brechzahl des Mantelmaterials gegeben ist. Sie ist kleiner, wenn das Feld mehr im Kern konzentriert wird, also bei kürzeren Wellenlängen, und größer, wenn das Feld sich bei größeren Wellenlängen stärker in den Mantelbereich ausdehnt.

Die Wellenleiterdispersion beschreibt ebenso wie die Materialdispersion eine Abhängigkeit der Laufzeit von der Wellenlänge oder der optischen Frequenz. Für sie kann ebenfalls ein Dispersionskoeffizient angegeben werden, den wir hier M_W nennen wollen. Er ist insbesondere für die Grundwelle von Einmodenfasern von Interesse und für diesen Fall in Bild 2.11 über der Wellenlänge aufgetragen. Er nimmt mit größer werdender Brechzahldifferenz zwischen Kern und Mantel sowie mit kleiner werdender Grenzwellenlänge λ_C zu. Für die Impulsverlängerung Δt_{WL}, die auf Grund der Wellenleiterdispersion auftritt, gillt analog zu Gl.(2.9)

$$\Delta t_{WL} = M_W \cdot \Delta\lambda \cdot L . \quad (2.10)$$

Material- und Wellenleiterdispersion ergeben zusammen die sogenannte chromatische Dispersion: $M = M_M + M_W$ (siehe Bild 2.11). Die Wellenlänge minimaler Dispersion, die aufgrund der reinen Materialdispersion bei Quarzglas unter 1,3 µm liegt, wird durch die Wellenleiterdispersion in den Bereich zwischen 1,3 µm und 1,4 µm verschoben.

Wir haben gesehen, daß die Wellenleiterdispersion durch die Wahl der Faserpa-

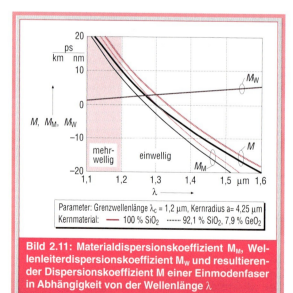

Bild 2.11: Materialdispersionskoeffizient M_M, Wellenleiterdispersionskoeffizient M_W und resultierender Dispersionskoeffizient M einer Einmodenfaser in Abhängigkeit von der Wellenlänge λ

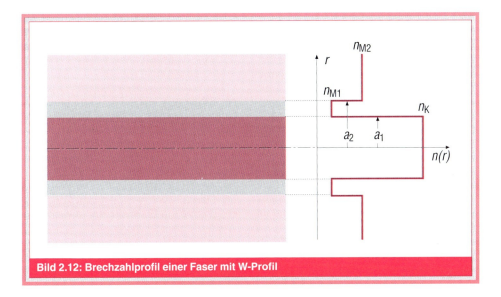

Bild 2.12: Brechzahlprofil einer Faser mit W-Profil

rameter wie Kern-Mantel-Brechzahldifferenz und Grenzwellenlänge beeinflußbar ist. Es liegt nahe, zu versuchen, dadurch ganz gezielt die Dispersionseigenschaften von Einmodenfasern zu beeinflussen. (Bei Mehrmodenfasern überwiegt ohnehin meist die Modendispersion, und der Einfluß der Wellenleiterdispersion ist vernachlässigbar.) Insbesondere besteht der Wunsch, das Dispersionsminimum in die Nähe des Dämpfungsminimums, also in die Nähe der Wellenlänge 1,55 µm zu verschieben (vgl. Kap. 2.8 und 4.1). Dies wird bei sogenannten dispersionsverschobenen Fasern (engl.: dispersion shifted fiber (DS-Faser)) erreicht. Eine noch weitergehende Forderung ist es, den gesamten dämpfungsarmen Wellenlängenbereich von 1,3 µm bis 1,6 µm auch mit geringer Dispersion auszustatten. Dieses leisten die dispersionsflachen Fasern (engl.: dispersion flattened fiber(DF-Faser)).

Es zeigt sich, daß mit der Stufenfaser oder stufenähnlichen Gradientenprofilen eine Verschiebung des Dispersionsminimums zu größeren Wellenlängen hin möglich ist, wobei jedoch Fasern mit sehr kleinen Kerndurchmessern entstehen, die beim Spleißen und bei Steckern sowie bei der Lichteinkopplung einen großen mikrooptischen Aufwand erfordern. Deshalb sind hierfür kompliziertere Brechzahlprofile untersucht worden, von denen das bekannteste das W-Profil (Bild 2.12) ist. Hierbei ist der Kern mit dem Durchmesser $2a_1$ zunächst von einer Mantelschicht mit dem Durchmesser $2a_2$ und besonders niedriger Brechzahl sowie einer weiteren Mantelschicht mit größerer Brechzahl umgeben. Die Funktionsweise ist wiederum anhand der Feldverteilung in Abhängigkeit von der Wellenlänge zu beschreiben: Bei kleinen Wellenlängen reicht das Feld nur in die innere Mantelschicht hinein, und aufgrund des großen Brechzahlsprunges gibt es eine ziemlich starke Wellenleiterdispersion, die den Nulldurchgang des Dispersionskoeffizienten M zu größeren Wellenlängen hin verschiebt. Bei größeren Wellenlängen reicht das Feld dann bis in den äußeren Mantelbereich hinein, und die größere Brechzahl hier beginnt sich auf die Ausbreitungsgeschwindigkeit des Grundmodes auszuwirken.

Neben dem W-Profil sind auch zahlreiche andere, vorwiegend noch kompliziertere Brechzahlprofile theoretisch und in manchen Fällen auch praktisch untersucht worden, um möglichst günstige Dispersionseigenschaften in einem weiten Wellenlängenbereich zu erzielen. Diesem Vorteil stehen als Nachteile die engen Toleranzanforderungen und deshalb ein höherer Preis sowie zum Teil auch höhere Lichtverluste bei Krümmungen und sonstigen Störungen gegenüber. Die genannten Nachteile sind bei DF-Fasern stärker ausgeprägt als bei DS-Fasern.

2. Kapitel

2.8 Dämpfung in Glasfasern

Eine der wichtigsten Größen, die die Ausbreitung von Lichtwellen in Glasfasern charakterisieren, ist das Maß der dabei entstehenden Energieverluste, die *Faserdämpfung*. Sie wird durch den *Dämpfungskoeffizienten* α beschrieben, der üblicherweise in Dezibel pro Kilometer (dB/km) angegeben wird. Das Dämpfungsmaß einer Faserstrecke der Länge L ergibt sich daraus in einfacher Weise zu $A = \alpha \cdot L$ (vgl. Kap. 1.5).

Die moderne optische Nachrichtentechnik wurde im wesentlichen dadurch ermöglicht, daß es gelang, Glassorten mit wesentlich niedrigeren Dämpfungen als bei herkömmlichen Gläsern herzustellen. Bei sehr reinem Quarzglas hat man Dämpfungskoeffizienten von 0,154 dB/km bei 1,56 µm Wellenlänge erreicht.

Im folgenden werden die einzelnen Beiträge zur Faserdämpfung, die im Dämpfungskoeffizienten α berücksichtigt werden, näher beschrieben. Es handelt sich dabei um die

- Absorptionsdämpfung;
- Dämpfung durch Rayleigh-Streuung;
- Dämpfung durch Geometriestörungen.

Der zuletzt genannte Anteil wird vor allem durch die Glasfaserherstellung verursacht.

2.8.1 Absorptionsdämpfung

Bei der Ausbreitung von Lichtwellen in der Materie entstehen Leistungsverluste dadurch, daß die Wellen mit den Elektronen der Materie in Wechselwirkung treten oder daß durch sie atomare oder molekulare Schwingungen angeregt werden. Diese Mechanismen sind alle wellenlängenabhängig, und bei der Anregung von Schwingungen gibt es resonanzartige Erscheinungen, die zu Dämpfungsspitzen bei bestimmten Wellenlängen führen. Die genannten Mechanismen sind bei unterschiedlichen Materialien unterschiedlich stark ausgeprägt.

Es ist zu unterscheiden zwischen Absorptionen, die prinzipiell in dem verwendeten Material auftreten und deshalb nicht vermieden werden können, und solchen, die durch Verunreinigungen des Materials zusätzlich entstehen. Bei den in allen Gläsern auch ohne Verunreinigungen auftretenden Absorptionsverlusten unterscheidet man zwischen der *Ultraviolett-* und der *Infrarotabsorption*.

Die erstere ergibt sich, wenn gebundene Elektronen angeregt, d.h. durch die Lichtenergie in ein höheres Energieniveau gebracht werden (siehe Kap. 1.13). Hierzu ist bei Gläsern eine relativ hohe Photonenenergie erforderlich; und diese Energie steigt proportional zur Lichtfrequenz bzw. umgekehrt proportional mit der Wellenlänge. Deshalb tritt diese Art der Absorption um so mehr in Erscheinung, je kleiner die Wellenlänge ist, also vornehmlich bei ultraviolettem Licht.

Die Infrarotabsorption erfolgt dadurch, daß Glasmoleküle (z. B. SiO_2) durch die Lichtwelle in Schwingungen versetzt werden. Dies ist ein Resonanzeffekt, der z.B. bei Quarz bei einer Wellenlänge von 9 µm auftritt. Zusätzlich entstehen Resonanzen durch Oberschwingungen und Kombinationsschwingungen, so bei Quarz bei 3 µm, wodurch bei dieser Wellenlänge eine Dämpfungsspitze von 50 000 dB/km entsteht. Abseits der Resonanzwellenlängen fallen die so verursachten Dämpfungen zwar stark ab, aber immerhin wirken sie sich bei Quarzglas noch bei einer Wellenlänge von etwa 1,6 µm aus.

Sehr hohe Zusatzverluste entstehen vor allem durch Verunreinigungen mit Schwermetall-Ionen der Elemente Vanadium, Chrom, Mangan, Eisen, Kobalt und Nickel. Der hierdurch verursachte Verlustmechanismus entspricht demjenigen, der oben als Ultraviolettabsorption beschrieben wurde.

2.8.2 Dämpfung durch Rayleigh-Streuung

Licht wird an kleinen Unregelmäßigkeiten im Ausbreitungsmedium *gestreut*, d. h. von derartigen Störstellen werden Lichtanteile, deren Energie der ursprünglichen Lichtwelle entzogen worden ist, in alle Richtungen ausgestrahlt. Beim größten Teil der gestreuten Lichtenergie ermöglicht die Strahlrichtung keine Führung am Faserkern, so daß Mantel- und Strahlwellen entstehen, die für die Nutzwelle verloren sind.

Ein kleiner Teil des gestreuten Lichtes wird jedoch auch vorwärts und rückwärts als Kernwelle geführt.

Bei den vorwärts gestreuten Anteilen ergibt sich bei Mehrmodenfasern eine Modenkonversion. Die rückwärts gestreuten Anteile sind immerhin so groß, daß sie nachgewiesen und für Meßzwecke verwendet werden können.

Als Verursacher von Streuvorgängen könnte man zunächst an Verunreinigungen im Glas wie kleine Bläschen oder sonstige Einschlüsse denken. Diese werden jedoch in heutigen Glasfasern weitestgehend vermieden, so daß sie praktisch keine Rolle spielen. Ein ganz prinzipieller und nicht vermeidbarer Streumechanismus ist jedoch die *Rayleigh-Streuung*. Dabei handelt es sich um die Streuung von Licht an Unregelmäßigkeiten, deren Abmessungen kleiner als die Wellenlänge sind. Dieses Phänomen ist vom sichtbaren Licht her wohlbekannt, denn durch Streuung an winzigen Dichteschwankungen der Atmosphäre wird die blaue Farbe des Himmels verursacht. Derartige Dichteschwankungen treten auch bei Gläsern auf, die ja keine geordnete Kristallstruktur aufweisen, sondern aus einem ungeordneten, statistisch verteilten Verband der sie bildenden Moleküle bestehen.

Gläser, die aus mehreren Stoffen zusammengesetzt sind (Mehrkomponentengläser), weisen neben den Dichteschwankungen zusätzlich noch Schwankungen in ihrer Zusammensetzung auf, das heißt, Moleküle der unterschiedlichen Stoffe sind nicht ganz gleichmäßig verteilt. Beide Schwankungen verursachen prinzipiell die gleiche Wellenlängenabhängigkeit der Streuverluste. Sie nehmen mit der *vierten Potenz* der Wellenlänge ab, so daß für den Anteil des Dämpfungskoeffizienten, der durch die Rayleigh-Streuung verursacht wird, die Beziehung

$$\alpha_R = \frac{A_R}{\lambda^4} \qquad (2.11)$$

gilt. Darin ist A_R eine Materialkonstante, deren Größe von der Glassorte abhängt. Für reines Quarzglas ist $A_R = 0{,}8\ \mu m^4\ dB/km$, bei den meisten dotierten Quarzgläsern liegt dieser Wert um $1\ \mu m^4\ dB/km$.

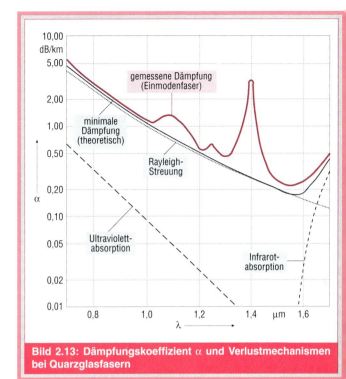

Bild 2.13: Dämpfungskoeffizient α und Verlustmechanismen bei Quarzglasfasern

Bild 2.13 verdeutlicht, daß die Glasfaserdämpfung im Wellenlängenbereich bis 1,5 µm wesentlich durch die Rayleigh-Streuung bestimmt wird. Der von ihr verursachte Anteil α_R ist bis in den sichtbaren Spektralbereich hinein größer als der durch die Ultraviolett-Absorption verursachte.

2.8.3 Dämpfung durch Geometriestörungen

Bereits durch den Herstellungsprozeß von Glasfasern treten Abweichungen von der idealen kreiszylindrischen Form auf. Viele dieser Abweichungen wie geringe Elliptizitäten oder allmähliche Durchmesserschwankungen haben auf die Dämpfung keinen Einfluß. Unregelmäßige Grenzflächen zwischen Kern und Mantel können bei Stufenfasern zu Modenumwandlungen führen, wobei auch Mantelmoden und somit Verluste auftreten. Im allgemeinen können derartige Geometriestörungen bei der Faserherstellung heute aber so gering gehalten werden, daß dadurch keine wesent-

2. Kapitel

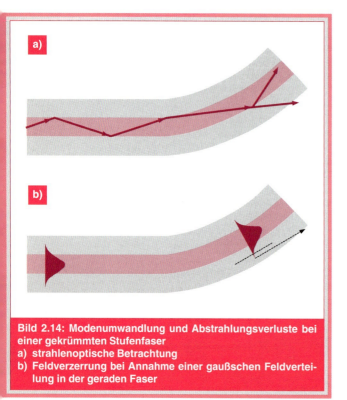

Bild 2.14: Modenumwandlung und Abstrahlungsverluste bei einer gekrümmten Stufenfaser
a) strahlenoptische Betrachtung
b) Feldverzerrung bei Annahme einer gaußschen Feldverteilung in der geraden Faser

chen oder durch Einbetten in genügend weiche und nachgiebige Stoffe stark vermindert werden.

Bei der Verlegung von Glasfasern sind Krümmungen oder Biegungen erforderlich, um notwendige Richtungsänderungen zu realisieren. Man kann sie zur Unterscheidung von Mikrokrümmungen auch *Makrobiegungen* nennen. Bei ihnen können wir uns ein anschauliches Bild von den Vorgängen machen, die zu Krümmungsverlusten führen. Wir ziehen dazu wieder die Strahlenoptik heran und betrachten den in Bild 2.14a dargestellten, zu einem Mode in einer Stufenfaser gehörenden Strahlenverlauf. Der Neigungswinkel des Strahls bleibt im geraden Bereich der Faser erhalten. Im gekrümmten Faserteil ändert er sich jedoch, was der Umwandlung in einen anderen Mode entspricht. Im weiteren Krümmungsverlauf kann, wie dies in Bild 2.14a rechts dargestellt ist, der Grenzwinkel der Totalreflexion überschritten werden, so daß das Licht sich als Mantel- oder Strahlungsmode weiter ausbreitet und für die geführte Lichtübertragung verloren ist. Demzufolge ergeben sich aufgrund einer Krümmung bei Mehrmodenfasern jedenfalls Modenumwandlungen und, bei genügend kleinen Krümmungsradien, auch Zusatzverluste.

Die obige Betrachtungsweise veranschaulicht die Verhältnisse bei Mehrmodenfasern, würde jedoch bei Einmodenfasern zu geringe Empfindlichkeiten gegen Krümmungen ergeben. Bei ihnen erinnern wir uns an die glockenförmige Energieverteilung des Grundmodes, die bis in den Mantel hineinragt (siehe Bilder 2.7 und 2.14b). In Krümmungen ist ein Mode mit veränderter Feldverteilung, die sich als verzerrte Glockenkurve darstellt, ausbreitungsfähig. Die Geschwindigkeit der Feldanteile muß von der Kurveninnenseite zur Kurvenaußenseite hin zunehmen. Die äußersten Anteile, die sich im Mantel mit einer höheren Geschwindigkeit als der im Material mit der Brechzahl n_M möglichen, nämlich schneller als mit c/n_M, ausbreiten müßten, können dem Mode nicht folgen und werden abgestrahlt.

Diese in Bild 2.14b veranschaulichte Überlegung macht auch das Krümmungsverhalten von Einmodenfasern verständlich. Bei großen Krümmungsradien ist kei-

lichen Zusatzverluste verursacht werden. Von größerer Bedeutung sind *Mikrokrümmungen*, die bei der mit Kunststoffmänteln üblichen Umhüllung der Fasern, also bei der Verkabelung, entstehen. Es handelt sich dabei um unregelmäßig verteilte Verbiegungen der Faser mit Krümmungsradien von einigen Zehntel Millimetern und Auslenkungen von einigen Mikrometern. Sie entstehen, wenn eine Faser an eine rauhe Oberfläche angedrückt wird. Derartige Mikrokrümmungen verursachen, insbesondere wenn ihre Periodenlänge etwa 0,3 mm beträgt, einen Energieaustausch zwischen bestimmten geführten Moden und Strahlungsmoden. Die Empfindlichkeit von Fasern gegen Mikrokrümmungen wird wesentlich durch die Auslegung bezüglich Kerndurchmesser und Brechzahlunterschied zwischen Kern und Mantel beeinflußt. Bei Einmodenfasern sind in dieser Beziehung dispersionsverschobene und dispersionsarme Fasern besonders empfindlich. Mikrokrümmungen können durch das Verlegen der Fasern in dünnen Röhr-

ne Zusatzdämpfung meßbar. Von einem bestimmten Radius an setzt dann eine Zusatzdämpfung ein, die bei weiterer Verkleinerung des Radius sehr rasch zunimmt. Es gibt also einen *Grenzradius*, bei dessen Unterschreitung merkliche Krümmungsverluste einsetzen. Dieser Grenzradius ist von der Brechzahldifferenz zwischen Kern und Mantel und vom Verhältnis der Betriebswellenlänge zur Grenzwellenlänge abhängig, was leicht verständlich wird, wenn wir uns die von diesen Parametern abhängige und in Bild 2.7 veranschaulichte Ausdehnung des Feldes in den Mantel vergegenwärtigen.

Die zulässigen Krümmungsradien liegen bei Standardfasern in der Größenordnung 40 mm. Dispersionsverschobene und insbesondere dispersionsarme Fasern sind gewöhnlich empfindlicher gegen Krümmungen. Bei Mehrmodenfasern können im allgemeinen kleinere Krümmungsradien zugelassen werden als bei Einmodenfasern.

2.9 BPM-Simulation der Lichtausbreitung

Die bisherige Charakterisierung von optischen Wellenleitern über ihre Eigenmoden ist oft nicht ausreichend. Bei Änderungen der Wellenleiterstruktur entlang der Ausbreitungsrichtung (Verzweiger, Spleiße, Koppler, Taper) müssen neben den geführten Eigenmoden auch Strahlungsfelder mit einbezogen werden. Das gleiche gilt für die Einkopplung und Auskopplung von Lichtsignalen und für den Entwurf von integriert-optischen Schaltungen. Wie in anderen Gebieten der Wissenschaft und Technik benötigt man hier eine genaue numerische Simulation der jeweiligen Lichtausbreitung.

Die numerische Simulation optischer Schaltungen beinhaltet ganz andere Anforderungen als diejenige der Mikroelektronik. Dort ist meist eine Modellierung durch ein Netzwerk aus konzentrierten Elementen und dessen Simulation ausreichend. Optische Schaltungen sind dagegen extrem lang im Vergleich zur Wellenlänge. Es müssen daher Wellenphänomene berücksichtigt werden. Einfache strahlenoptische Techniken sind bei Schaltungen aus einmodigen Wellenleitern wegen ihrer geringen Querabmessungen nicht zulässig.

Optische Schaltungen werden vorzugsweise mit dem Algorithmus der BPM-Methode (aus der englischen Bezeichnung beam propagation method) numerisch simuliert. Diese Methode wurde ursprünglich zur Berechnung der Ausbreitung von Laserstrahlen in der Atmosphäre und zur Berechnung von Mehrmoden-Gradientenfasern angewendet. Sie hat die Vorteile, daß neben geführten Wellen auch Strahlungsfelder mitberechnet werden und daß nahezu beliebig komplexe Strukturen unter Einbeziehung von Krümmungen, Wechselwirkungen, Gittern und anisotropen oder nichtlinearen Medien analysiert werden können.

Die BPM-Methode basiert auf der Helmholtz-Gleichung der skalaren Optik für die Feldverteilung E(x,y,z):

$$\frac{\partial^2 E}{\partial x^2} + \frac{\partial^2 E}{\partial y^2} + \frac{\partial^2 E}{\partial z^2} + \left(\frac{2\pi}{\lambda}\right)^2 n^2(x,y,z) \cdot E = 0. \quad (2.12)$$

Man kann diese Gleichung aus den Maxwellschen Gleichungen unter der Voraussetzung einer schwachen Wellenführung ableiten, das heißt, daß sich die ortsabhängige Brechzahl n(x,y,z) = n̄ + Δn(x,y,z) nur sehr wenig entlang der Strecke λ einer Wellenlänge ändert und abrupte Änderungen (sogenannte Brechzahlsprünge) nur klein sind. Die meisten optischen Wellenleiterstrukturen haben diese Eigenschaften.

Der BPM-Algorithmus wird in Bild 2.15 schematisch dargestellt. Die Lichtausbreitung, die entlang der z-Achse stattfindet, beginnt bei z=0, wo die Eingangsfeldverteilung E(x,y,0) gleich dem einfallenden Lichtfeld und somit bekannt ist. Sie wird mit Schritten Δz (typisch 2 μm bis 10 μm) fortschreitend neu berechnet. Dazu wird die Feldverteilung in der jeweiligen Startebene fouriertransformiert, was physikalisch einer Zerlegung in einen Satz ebener Wellen entspricht. Diese ebenen Wellen breiten sich zunächst in einem fiktiven homogenen Medium mit der Wellenzahl k = n̄ · (2π/λ) entlang der Strecke Δz aus, d.h. ihre Amplituden werden mit den entsprechenden Phasenfaktoren multipliziert. Die Führung durch den Wellenleiter wird berücksichtigt,

2. Kapitel

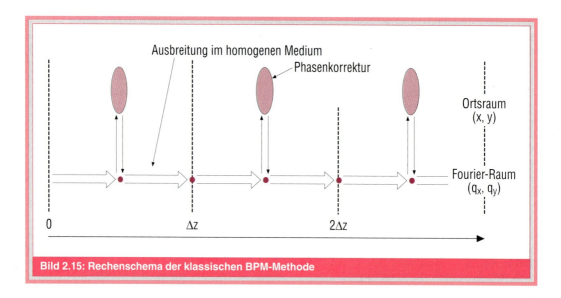

Bild 2.15: Rechenschema der klassischen BPM-Methode

indem nach der Rücktransformation in den Ortsbereich ein Korrekturfaktor für die Phase einbezogen wird. Er entspricht physikalisch der Transformation des Lichtfeldes durch eine dünne Linse mit der lateralen Brechzahlverteilung gemäß $\Delta n(x,y,z)$.

Durch wiederholte Anwendung dieser Schritte kann die Ausbreitung einer beliebigen Eingangsfeldverteilung entlang der Wellenleiterstruktur berechnet werden. Die vielen notwendigen Fouriertransformationen werden digital durch Abtasten der Feldverteilung an $M \cdot N$ Abtastpunkten mit den Intervallen Δx, Δy ausgeführt. Numerisch effizient geschieht dies über moderne FFT-Routinen (FFT: Fast Fourier Transform).

Die Nachteile der hier beschriebenen klassischen BPM-Methode sind, daß reflektierte Felder *a priori* vernachlässigt und daß Polarisationseffekte nicht erfaßt werden. Verbesserte Versionen, z.B. vektorielle FD-BPM-Verfahren (FD: finite difference), können dies weitgehend beheben. Wegen des enormen Speicherplatz- und Rechenzeitbedarfs ist jedoch ihr Einsatz nur mit Hilfe von Großrechneranlagen sinnvoll.

Weiterführende Literatur:

G.Grau, W.Freude: Optische Nachrichtentechnik. Eine Einführung. Springer Verlag, Berlin, 1991.

R.Th.Kersten: Einführung in die optische Nachrichtentechnik. Springer-Verlag, Berlin, 1983.

S.Geckeler: Lichtwellenleiter für die optische Nachrichtenübertragung. Springer-Verlag, Berlin, 1986.

H.-G.Unger: Optische Nachrichtentechnik, Teil I. Optische Wellenleiter. Alfred-Hüthig-Verlag, Heidelberg, 1993.

Reinhard März: Integrated Optics. Design and Modeling. Artech House, Boston, 1994.

3. Materialien für die optische Nachrichtentechnik und deren Eigenschaften

Dr. rer. nat. H. Hillmer

3. Kapitel

3.1 Halbleiter

Halbleiter stellen eine Materialklasse dar, welche zahlreiche Aspekte unseres modernen Lebens entscheidend geprägt und revolutioniert hat, wie z.B. die Computertechnik, die Telekommunikation, die Regelungstechnik, die Unterhaltungselektronik und die Medizintechnik. Diese vielfältigen Einsatz-Möglichkeiten wurden primär dadurch eröffnet, daß es erstens durch stete Optimierung der Wachstumsprozesse gelungen war eine Vielfalt verschiedener Halbleiterkristalle in phantastischen Reinheitsgraden herzustellen, daß zweitens durch Dotierung und Materialwahl die physikalischen Eigenschaften über viele Größenordnungen gezielt eingestellt werden können und daß drittens Bauelemente entwickelt wurden, welche die herausragenden Materialeigenschaften aufs Vortrefflichste zu nutzen wissen. Selbst die anfänglichen Randbedingungen, daß bei dem Übereinanderwachsen von Schichten unterschiedlicher Halbleitermaterialien auf identische Gitterkonstante (Gitteranpassung) geachtet werden mußte, sind inzwischen unbedeutender. Im Gegenteil, moderne optoelektronische Bauelemente enthalten sehr oft sogenannte verspannte Halbleiterschichten, deren Gitterkonstante von der des Substrats abweicht. Dabei handelt es sich z.B. um gezielt verspannte dünne Halbleiterschichtenfolgen oder um eine dicke gitterfehlangepaßte Pufferschicht auf dem Substrat, wobei die Kristalloberfläche der Pufferschicht wieder die „natürliche" Gitterkonstante der Pufferschicht aufweist und nahezu defektfrei ist. Eine weitere Möglichkeit Materialeigenschaften maßzuschneidern (engl.: material engineering), ist durch den Einsatz niederdimensionaler Halbleitersysteme (Quantenfilme, Quantendrähte und Quantenpunkte) gegeben. Eine Voraussetzung für diese Heterostrukturen ist das Wachsen quasi-abrupter Übergänge zwischen verschiedenen Materialien. Engt man die üblicherweise dreidimensionale Bewegungsfähigkeit der Ladungsträger auf wenige Nanometer künstlich ein, so treten interessante Quantisierungseffekte in zwei- ein- oder nulldimensionalen Ladungsträgersystemen mit neuartigen Materialeigenschaften auf. Die folgenden Kapitel sollen in die Grundlagen der Halbleiterphysik einführen und einen Eindruck vermitteln von den vielfältigen Möglichkeiten, moderne Halbleitermaterialien mit maßgeschneiderten Eigenschaften herzustellen.

3.1.1 Grundlagen, Kristallstruktur

Halbleiter überspannen zwischen Isolatoren und metallischen Leitern einen sehr weiten Bereich elektrischer Leitfähigkeit. Einstellen läßt sich diese für Bauelementeanwendungen essentielle Größe u.a. über die Materialwahl und die Dotierung mit Fremdatomen. Im Gegensatz zu den Metallen nimmt die Leitfähigkeit der Halbleiter wie bei den Isolatoren mit steigender Temperatur zu. Bei den Halbleiterkristallen trifft man sowohl Elementhalbleiter an, welche nur aus einer Atomsorte der IV. Hauptgruppe des Periodischen Systems der Elemente bestehen, wie z.B. Silizium (Si) und Germanium (Ge), als auch Verbindungshalbleiter, welche aus typischerweise zwei, drei oder vier verschiedenen Elementen aus der II., III., V. oder VI. Hauptgruppe bestehen wie z.B Gallium-Arsenid (GaAs), Indium-Phosphid (InP), Gallium-Indium-Arsenid (GaInAs) oder Aluminium-Gallium-Indium-Arsenid (AlGaInAs). Metalloxid-Halbleiter wie z.B. Cu_2O sind nicht in dieser Klassifikation vertreten, spielten in der Optoelektronik bisher auch keine Rolle und werden im Rahmen dieses Buches nicht betrachtet. Halbleiter unterteilt man in a) kristalline (periodische) Strukturen, b) amorphe (ungeordnete) Strukturen und c) polykristalline Strukturen (ungeordnete Zusammensetzung von Mikrokristalliten). In Kap. 3.1 werden nur kristalline Halbleiter behandelt. Alle hier betrachteten Halbleiter kristallisieren im Diamant- oder im kubischen Zinkblendegitter (Bild 3.1a und 3.1b). Im Si-Kristall (Diamantgitter) ist jedes Si-Atom zu seinen vier nächsten Nachbarn mit identischen Bindungsabständen kovalent gebunden, wobei die betreffenden Atome ein regelmäßiges Trapez aufspannen. Der Gesamtkristall entsteht durch mehrfaches, lückenloses Aneinandersetzen des in Bild 3.1a dargestellten Würfels. Man kann den Gesamtkristall jedoch auch durch Kombination zweier um $^1/_4$ der Würfel-Raumdiagonalen schräg gegeneinander versetzter kubisch-flächenzentrierter Gitter [3.1] aufbauen.

Als nächstes soll mit InP ein binärer III/V-Verbindungshalbleiter betrachtet werden, der aus einer identischen Anzahl von Atomen der III. und der V. Hauptgruppe des Periodischen Systems zusammengesetzt ist. Es sind jeweils abwechselnd ein In- und ein P-Atom kovalent mit leicht ionischem Anteil aneinander gebunden. In Bild 3.1b identifiziert man z.B. die dunklen Kugeln mit den In- und die hellen Kugeln mit den P-Atomen. Analog ist der Aufbau von II/VI-Halbleitern wie z.B. CdS und ZnS zu verstehen. Diese beiden Halbleiter kristallisieren zusätzlich auch im hexagonalen Zinkblendegitter. Für die Optolektronik sind heute ternäre, quaternäre und pentanäre Verbindungshalbleiter besonders interessant geworden. In ternären Materialien können z.B. zwei Elemente der III. Hauptgruppe und ein Element der V. Hauptgruppe enthalten sein (z.B. $Al_zGa_{1-z}As$ mit $0 \leq z \leq 1$ oder $Ga_{1-x}In_xAs$ mit $0 \leq x \leq 1$), wobei z.B. im ersten Fall im Vergleich zum GaAs gerade der Bruchteil (1-z) der Ga-Atome durch den Bruchteil (z) an Al-Atomen ersetzt wurde. Entsprechend sind die in der Photonik äußerst wichtigen quaternären Verbindungshalbleiter $Al_zGa_{1-x-z}In_xAs$ aus drei Gruppe III Elementen und einem Gruppe V Element und $Ga_{1-x-z}In_xAs_yP_{1-y}$ aus je zwei Elementen der Gruppe III und V zusammengesetzt [3.2].

Die Kristallstrukturen spiegeln den geometrischen Zustand am absoluten Temperatur-Nullpunkt (T = 0) wider. Bei höheren Temperaturen schwingen die Atome thermisch um ihre Ruhelagen. In einem anschaulichen Bild denkt man sich jede der Bindungen durch eine kleine Feder ersetzt. Die Schwingungen der einzelnen Atome sind dann als Teil der durch den Kristall laufenden mechanischen Wellen (Phononen) anzusehen. Die Phononen treten mit den Ladungsträgern in Wechselwirkung und sind an einer Vielzahl von physikalischen Mechanismen wesentlich beteiligt, wie z.B. dem Zurückkehren des Halbleiters aus verschiedenartigen energetischen Nichtgleichgewichtszuständen zum stabilen Gleichgewicht, ferner an der Wärmeleitung und quantitativ maßgeblich am elektrischen Widerstand bei Raumtemperatur.

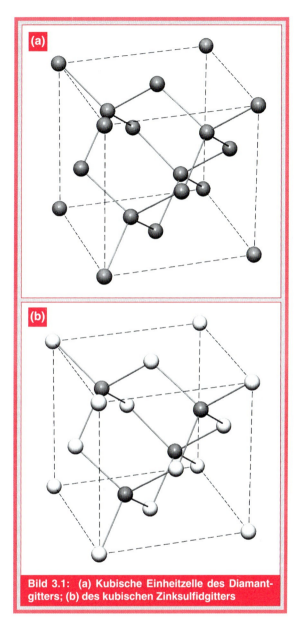

Bild 3.1: (a) Kubische Einheitzelle des Diamantgitters; (b) des kubischen Zinksulfidgitters

Bezüglich der elektronischen Energiezustände sind zur Vorbereitung auf das folgende Kapitel einige vorläufige Bemerkungen nötig. Von den Energie-Termschemata isolierter Atome oder Moleküle unterscheidet sich der Halbleiter beträchtlich, insbesondere durch die stark verbreiterten, energetisch erlaubten Zustände, welche als Energiebänder bezeichnet werden. Durch Annäherung von z.B. zwei identi-

3. Kapitel

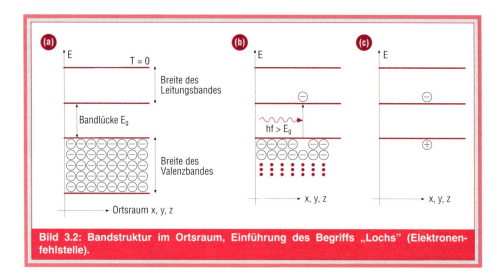

Bild 3.2: Bandstruktur im Ortsraum, Einführung des Begriffs „Lochs" (Elektronenfehlstelle).

schen Atomen nimmt deren Wechselwirkung zu, was letztlich zu einer energetischen Aufspaltung jedes einzelnen Niveaus führt. Analog dazu führt die Wechselwirkung von N_z identischen Atomen zu einer Aufspaltung der atomaren Niveaus in N_z extrem dicht übereinander liegenden Zuständen [3.3]. Jeder Zustand ist jedoch aufgrund des Elektronenspins noch zweifach entartet. Bei der großen Zahl von Atomen ($5 \cdot 10^{22}/cm^3$ in Si) entstehen mehrere Energiekontinua (Bänder). Die Bänder weisen eine individuelle energetische Breite und dazwischenliegende Energielücken (Bandlücken) auf [3.4]. Analog zu den Atomen sind die energetischen Zustände bis zu einer bestimmten Grenze mit Elektronen besetzt (Pauli-Prinzip). Eine charakteristische Eigenschaft von Halbleitern ist jedoch, daß es bei T = 0 keine teilweise gefüllten Bänder gibt. Das energetisch am höchsten liegende, besetzte Valenzband ist vollständig mit Elektronen gefüllt und wird durch eine Bandlücke E_g von dem darüberliegenden bei T = 0 völlig leeren Leitungsband getrennt (Bild 3.2a). Wird z.B. durch eine Lichtwelle (Lichtquant = Photon) die Energie $hf > E_g$ zugeführt, so kann ein Elektron aus dem Valenzband in das leere darüberliegende Leitungsband angehoben werden, wobei im Valenzband eine Elektronenfehlstelle zurückbleibt (Bild 3.2b). Sowohl das Elektron im Leitungsband, als auch das Elektronenensemble im Valenzband sind dadurch im Ortsraum plötzlich beweglich

geworden. Im Valenzband kann beispielsweise ein Elektron, das der Elektronenfehlstelle benachbart ist, auf deren Platz hüpfen und dadurch einen gegenseitigen Platzwechsel verursachen. Durch Zusammenwirkung aller Valenzbandelektronen kann die Elektronenfehlstelle komplizierteste Bewegungen ausführen. Eine sehr elegante Beschreibung dieses Vorgangs erreicht man, wenn, anstatt alle Elektronenbewegungen im Valenzband zu betrachten, vielmehr die Bewegung der Elektronenfehlstelle(n) beschrieben wird (Bild 3.2c). In diesem Formalismus führt man für die Elektronenfehlstelle ein Quasiteilchen ein, das positiv geladene „Loch".

3.1.2 Dotierte Halbleiter und Leitungsmechanismen

Um den Leitungsmechanismus zu verstehen, werden Gitterstrukturen in Bild 3.3 schematisch in der Ebene dargestellt. Bild 3.3a und 3.3b zeigen reine (undotierte) Si- und InP-Flächengitter. Jedes Si-Atom stellt aufgrund seiner Vierwertigkeit im Periodischen System vier Valenzelektronen aus seiner äußeren Schale für die Bindung im Kristall zur Verfügung, so daß jedes Atom schließlich mit seinen vier nächsten Nachbarn über je ein Elektronenpaar verbunden ist (Elektronenbrücken, kovalente Bindung). Im III/V Halbleiter InP liegt eine entsprechende Bindungsgeometrie vor, mit dem Unterschied, daß von acht Elektronen, welche ein P-Atom umgeben, fünf vom P und die restlichen drei von den benachbarten In-Atomen beigesteuert werden. Diese bindenden Valenzelektronen sind im gezeigten Si- oder InP-Gitter fest lokalisiert und bewegen sich bei T = 0 in völliger Dunkelheit auch in einem angelegten elektrischen Feld nicht. Bei höherer Temperatur kann jedoch ein sehr kleiner Teil der Bindungen aufgebrochen werden, wobei die Aktivierungsenergie aus dem Wärmehaushalt des Kristalls (Fachausdruck: Phononensystem) stammt. Diese Aktivierungsenergie entspricht gerade der Bandlücke E_g (Größenordnung 1 eV). Wird ein Valenzelektron aus einer Bindung herausgelöst und mindestens die Energie E_g zugeführt, so ist dieses Elektron im Kristall frei beweglich und befindet sich im Energieraum gesehen (Bild 3.2c) nun im Leitungsband. In einem angelegten elektrischen Feld bewegt sich nun das Loch im Mittel in Richtung der elektrischen Feldstärke und das Leitungsbandelektron im Mittel in Gegenrichtung. Mit steigender Temperatur wächst die Zahl aufgebrochener Bindungen an, weshalb es zu einer für die Halbleiter charakteristischen Zunahme der freien Ladungsträger und damit der Leitfähigkeit kommt. Diese Eigenleitfähigkeit ist relativ schwach und für reale Bauelemente i.a. nicht ausreichend. Eine effiziente Steuerung der Zahl freier Elektronen und Löcher gelingt hingegen durch eine gezielte Dotierung mit Fremdatomen, wobei wie im Folgenden erläutert, eine Fremdleitung erreicht wird. Dotiert man z.B. wie in Bild 3.3d gezeigt den Si Kristall mit dem fünfwertigen Phosphor (P), so wird das fünfte Elektron im Si-Gitter nicht zur Bindung benötigt. Es ist nur noch relativ schwach an den P-Rumpf gebunden. Durch Zuführung einer charakteristischen Aktivierungsenergie (hier 45,3 meV) löst es sich vom P-Atom, wird ins Leitungsband angehoben und ist im Ortsraum frei beweglich. Am P-Atom bleibt eine lokalisierte einfach positive Ladung zurück. Da der fünfwertige Phosphor im vierwertigen Si-Gitter ein Elektron abgeben kann, spielt er die Rolle eines Donators. Entsprechend ist im InP der Schwefel (S) in Bild 3.3e auf einem P-Platz ebenfalls ein Donator. In diesem Fall bleibt nach der Aktivierung des überzähligen Elektrons am Schwefel eine lokalisierte positive Ladung zurück, welche in Bild 3.3f als Quadrat eingezeichnet ist. Aufgrund der geringen Aktivierungsenergie (auch Donator-Bindungsenergie genannt) liegt das Donatorniveau energetisch dicht unterhalb der Leitungsband-Unterkante E_L.

Löcherleitung hingegen erreicht man nach Bild 3.3g durch Dotierung eines Halbleiters mit sogenannten Akzeptoren. Dotiert man z.B. den Si-Kristall mit dem dreiwertigen Bor (B), so fehlt zur Bindung im Si-Gitter ein Elektron. Gerade invers zur Elektronenleitung, kann dieses Elektron durch Zuführung einer charakteristischen Aktivierungsenergie (B in Si: 45 meV) aus dem Valenzband bereitgestellt werden. Am B-Atom befindet sich nun eine überzählige lokalisierte negative Ladung (Quadrat in Bild 3.3i). Das Loch im Valenzband hingegen ist frei beweglich. Da das dreiwertige B im vierwertigen Si-Gitter ein Elektron aufnehmen kann spielt es die Rolle eines Akzeptors. Entsprechend ist im InP das Beryllium (Be) in Bild 3.3h auf einem In-Platz ebenfalls ein Akzeptor. Aufgrund der geringen Aktivierungsenergie (auch Akzeptor-Bindungsenergie genannt) liegt das Akzeptorniveau energetisch dicht unterhalb der Valenzband-Oberkante E_V. Die Störstellen-Bindungsenergien sind experimentell gut zugänglich und lassen sich aber auch mit einem einfachen quantenmechanischen Modell gut berechnen. Ein thermisch aktiviertes Donator-Elektron bewegt sich um den positiv geladenen Donator-Rumpf analog zu dem Elektron im Wasserstoffatom, jedoch nicht im Vakuum, sondern in einem neutralen „Gitterhintergrund" der Dielektrizitätskonstante ε. Deshalb sind die Ionisationsenergien, verglichen mit dem Wasserstoff, um etwa den Faktor $1/\varepsilon^2$ verkleinert. Da die Donator- und die Akzeptorbindungsenergien im Vergleich zur Bandlücke sehr gering sind, ist die Fremdleitung somit wesentlich stärker als die Eigenleitung. Sie läßt sich zudem über die Dotierungskonzentrationen in idealer Weise einstellen. Die Fremdleitung steigt, wie die Eigenleitung als thermisch aktivierter Prozeß, mit zunehmender Temperatur an.

Im Halbleiterkristall können verschiedene Kräfte auf die freien Elektronen und Löcher einwirken, wie z.B. Gitterkräfte und

3. Kapitel

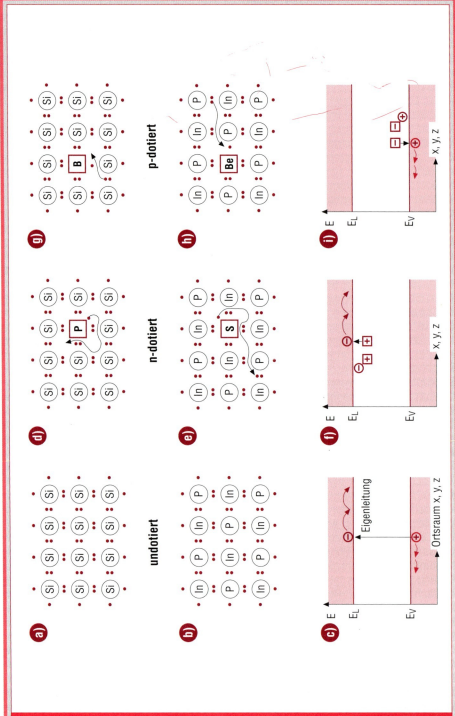

Bild 3.3: Schematische Darstellung der planarisierten Gitterstruktur von undotiertem, n-dotiertem sowie p-dotiertem Si und InP. Darunter ist schematisch das korrespondierende Bänderschema im Ortsraum gezeigt (E_L; E_V: Leitungsband- bzw. Valenzbandkantenenergie)

externe Kräfte (von elektrischen und magnetischen Feldern oder durch Temperaturgradienten verursacht). Im Rahmen eines klassischen Modells läßt sich die Bewegungsgleichung als Kräftegleichgewicht schreiben:

$$\text{äußere Kräfte + Gitterkräfte} = m\, d^2x/dt^2, \quad (3.1)$$

wobei m die Elektronenmasse, x eine Ortskoordinate und t die Zeit darstellt. Leider erweist sich die Berücksichtigung der Gitterkräfte als sehr kompliziert. Unter Verwendung einiger Näherungen gelingt es durch eine aufwendige Umformung von Gl. (3.1) die Gitterkräfte zu eliminieren und in eine eingeführte, effektive Größe (die effektive Masse m^*) zu transferieren. In einem streng periodischen Potential der Kristallatome läßt sich demzufolge die Wirkung der Gitterkräfte auf ein Elektron bzw. ein Loch durch eine effektive Elektronen- bzw. Löchermasse pauschal erfassen:

$$\text{äußere Kräfte} \approx m^*\, d^2x/dt^2. \quad (3.2)$$

Das bedeutet jedoch, daß sich ein Ladungsträger in einem periodischen Potential ungestört d.h. widerstandslos bewegt. Der Ladungsträger fühlt sich somit im Kristallgitter äußerst wohl; er läßt sich zudem durch eine externe Kraft leichter beschleunigen als im Vakuum, da in den meisten Halbleitern $m^* < m$ gilt. Dieser Formalismus ist jedoch nur für streng periodische, statische Gitter, d.h. bei T = 0, gültig. Erst Abweichungen von der Kristallperiodizität (Gitterschwingungen, Phononen) bewirken eine Einschränkung des Bewegungsdranges. Der Ladungsträger wird an Phononen regelrecht gestreut und dadurch abgebremst oder von seiner ursprünglichen Ausbreitungsrichtung abgelenkt. Es kommt dadurch zu einem sich immer wiederholenden Abbremsen, Ablenken und Wiederbeschleunigen im Feld und damit zu einer Art Zick-Zack Bewegung. Dies führt in einem konstanten elektrischen Feld **E** zu der auch experimentell beobachteten stationären gemittelten Geschwindigkeit **v** parallel zum Feld. Durch das Einsetzen eines zusätzlichen, phänomenologischen Reibungsterms in Gl. (3.2), welcher die Relaxationszeit τ_n (Bedeutung einer mittleren stoßfreien Zeit) enthält, läßt sich die Elektronenbeweglichkeit μ_n einführen:

$$\mathbf{v}_n = -\mu_n\, \mathbf{E} = -(\tau_n\, e/m^*)\, \mathbf{E}. \quad (3.3)$$

Die Gesamtstromdichte **j** setzt sich additiv aus der Elektronen- und der Löcherstromdichte zusammen, wobei folgende Indizes verwendet werden: n für elektronenbehaftete und p oder h für löcherbehaftete Größen.:

$$\mathbf{j} = (-e\, \mu_n\, c_n + e\, \mu_p\, c_p)\, \mathbf{E}. \quad (3.4)$$

Hierbei gibt e die Elementarladung, c_n die Elektronenkonzentration im Leitungsband und c_p die Löcherkonzentration im Valenzband an. Das bisher eingeführte Bänderschema im Ortsraum ist jedoch zur Beschreibung vieler physikalischer Effekte in Halbleiter-Bauelementen nicht ausreichend. Für die Ermittlung der Bandstruktur im Impulsraum (**k**-Raum) ist jedoch ein beträchtlicher mathematischer und numerischer Aufwand nötig, der den Rahmen dieses Buches bei Weitem sprengt, so daß auf die sehr gute Literatur [3.4] verwiesen werden muß. Dort werden verschiedene Methoden beschrieben, die Bandstruktur E(**k**) unter Einbeziehung experimenteller Daten zu berechnen. Ausgangspunkt ist jedoch immer die Schrödinger Gleichung für ein einzelnes Elektron im periodischen Gitterpotential. Im Rahmen dieses Kapitels wollen wir uns unmittelbar mit dem Ergebnis dieser Rechnung befassen, das in Bild 3.4 für InP gezeigt ist. Für die physikalischen Eigenschaften des Halbleiters sind folgende Merkmale besonders wichtig:

1) Im allgemeinen stellt E(**k**) eine stark richtungsabhängige Funktion im vierdimensionalen Raum dar, die zu einem Impuls-Wellenvektor **k** die korrespondierende Energie E liefert. Der Vektor **k** = (k_x, k_y, k_z) ist im „reziproken Gitter" definiert, jedoch im Ortsraum (x, y, z) orientiert. Der Begriff des reziproken Gitters ist in Ref. [3.1] sehr anschaulich eingeführt.

3. KAPITEL

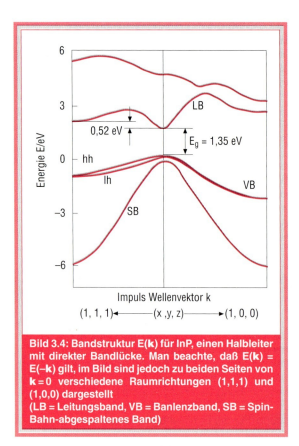

Bild 3.4: Bandstruktur E(**k**) für InP, einen Halbleiter mit direkter Bandlücke. Man beachte, daß E(**k**) = E(–**k**) gilt, im Bild sind jedoch zu beiden Seiten von **k** = 0 verschiedene Raumrichtungen (1,1,1) und (1,0,0) dargestellt
(LB = Leitungsband, VB = Banlenzband, SB = Spin-Bahn-abgespaltenes Band)

2) Das Leitungsbandminimum liegt hier ebenso wie das Valenzbandmaximum bei einem Impuls-Wellenvektor von **k** = 0. Halbleiter mit diesem Merkmal spielen in der Optoelektronik eine zentrale Rolle (der Grund dafür wird in Kap. 3.1.5 erläutert) und werden Halbleiter mit direkter Bandstruktur genannt. Halbleiter, bei denen das Valenzbandmaximum bei **k** = 0 liegt und die tiefsten Leitungsbandminima bei |**k**| > 0 liegen, nennt man Halbleiter mit indirekter Bandstruktur. Beispiele hierfür sind Si und Ge, welche heute bei elektronischen Bauelementen eine dominierende Rolle spielen.

3) Das Valenzband ist bei **k** = 0 entartet und spaltet für |**k**| > 0 in das schwere Löcherband (hh, engl.: heavy hole) und das leichte Löcherband (lh, engl.: light hole) auf. Da $1/m^*$ proportional zur Bandkrümmung ist, entspricht die stärkere Krümmung des leichten Löcherbandes einer kleineren (d.h. „leichteren") effektiven Masse, und die schwächere Krümmung des schweren Löcherbandes einer größeren (d.h. „schwereren") effektiven Masse, wodurch die Namensgebung der Bänder sofort evident wird. In der Nähe von **k** = 0 ist die Krümmung nahezu parabolisch und der Ladungsträger verhält sich beinahe wie ein freies Teilchen, jedoch mit geänderter effektiver Masse m* (Zahlenbeispiel für InP in Richtung (1,1,0) : m^*_n = 0,08 m, m^*_{hh} = 0,56 m, m^*_{lh} = 0,12 m). Demnach läßt sich das Elektron am leichtesten und das schwere Loch am schwersten beschleunigen. Ein freies Teilchen besitzt nur kinetische Energie, welche sich als $m^* \mathbf{v}^2/2 = h^2 \mathbf{k}^2/(8\pi m^*)$, also in parabolischer Form ausdrücken läßt (h: Plancksches Wirkungsquantum).

4) In den Richtungen (1, 1, 1) und (1, 0, 0) existieren im Leitungsband bei größeren **k**-Werten weitere lokale Minima. Der Bewegungsvorgang eines Elektrons läßt sich im E(**k**) Diagramm wie folgt veranschaulichen: Ist kein Feld angelegt und ist das Leitungsband mit nur einem einzigen Elektron besetzt, so findet man es bei T = 0 im Zustand **k** = 0. Nach Einschalten des Feldes wird das Elektron beschleunigt, **k** nimmt stetig zu, bis es z.B. zur Wechselwirkung mit einem Phonon kommt. Dabei treten Energie- und Impulsänderungen auf, welche durch den Energie- und den Impulserhaltungssatz beschrieben werden. In den meisten Fällen besitzt das Elektron nach dem Stoß in der ursprünglichen Bewegungsrichtung eine kleinere Impulskomponente. Beim Anlegen sehr starker Felder gelingt es dem Elektron jedoch mitunter, ein Nebenminimum zu erreichen bevor es zu einem Stoß mit einem Phonon kommt. Dort besitzt es jedoch aufgrund der hier vorliegenden größeren effektiven Masse eine geringere Beweglichkeit. Interessierte Leser seien hier auf eine interessante Anwendung dieses Effekts in der Gunn-Diode verwiesen. Eine ausführliche Beschreibung elektrischer Leitfähigkeit ist in Ref. [3.4] beschrieben, wobei besonders auf verschiedene Streumechanismen eingegangen wird, wie z.B. Wechselwirkung mit geladenen Störstellen, Wechselwirkung mit akustischen und optischen Phononen sowie den Einfluß von Legierungsfluktuationen.

3.1.3 Ladungsträger-Statistik und elektronische Eigenschaften

Die Zahl und die energetische Verteilung der Elektronen im Leitungsband, sowie der Löcher im Valenzband ist sehr von der Temperatur, der Bandlücke und der Dotierung abhängig. Da Elektronen Fermiteilchen sind, wird die Besetzungswahrscheinlichkeit der Zustände durch die Fermistatistik beschrieben. Befinden sich das Leitungs- und Valenzband miteinander im thermodynamischen Gleichgewicht, so gelingt die Beschreibung der Besetzungswahrscheinlichkeit mit einer einzigen Verteilungsfunktion, der Fermiverteilung f(E), die Werte im Bereich zwischen 0 und 1 annimmt :

$$f(E) = \{1 + \exp((E - E_f)/k_B T)\}^{-1} \quad (3.5)$$

wobei k_B die Boltzmann Konstante und E_f die Fermi-Energie ist, welche die entscheidende, energetische Lage des Wendepunktes der Funktion markiert ($f(E_f) = 0{,}5$). Bild 3.5 veranschaulicht die wichtige Rolle dieser Funktion in verschieden dotierten Halbleitern. Die vertikale Energie-Achse ist in allen Teilbildern identisch. In der linken Spalte ist jeweils dieselbe Bandstruktur E(**k**) dargestellt. In der Fläche kann jedoch nur eine bestimmte **k**-Richtung dargestellt werden, wodurch eine Vorstellung der Dichte der wirklich besetzbaren Zustände als Funktion der Energie erschwert wird. Zunächst betrachten wir einen nach allen drei Raumrichtungen weit ausgedehnten, homogenen, d.h. dreidimensionalen (3D) Halbleiter.

Die Zustandsdichte im Energieraum D(E) hat für 3D-Halbleiter mit parabolischer Bandstruktur E(**k**) einen parabelförmigen Verlauf, der jeweils in der zweiten Spalte schematisch dargestellt ist. Besetzbare Zustände sind im **k**-Raum äquidistant verteilt, und die Zustandsdichte D(E) ist im Energieraum aufgrund der Krümmung der Bänder eine mit E stark variierende Funktion. In einem betrachteten Energieintervall liegen aufgrund der geringeren Krümmung des schweren Löcherbandes mehr Zustände als im leichten Löcherband. Deshalb nimmt die Zustandsdichte D(E) mit steigender effektiver Masse zu. Zunächst betrachten wir in der obersten Reihe einen undotierten Halbleiter im thermodynamischen Gleichgewicht. Die Fermi-Energie liegt nahe der Bandlückenmitte. Die Besetzungswahrscheinlichkeit f(E) für Elektronen im Leitungsband nimmt oberhalb E_L mit steigender Energie stark ab. Analog verhält sich die Besetzungswahrscheinlichkeit 1 - f(E) für Löcher im Valenzband, die unterhalb von E_v mit abnehmender Energie stark zurückgeht. In der letzten Bildspalte in Bild 3.5 ist die Zahl der Elektronen bei der Energie E im Energieintervall dE dargestellt, welche sich anschaulich ergibt aus dem Produkt: Dichte der Zustände mal Besetzungswahrscheinlichkeit mal Energieintervall, d.h. $D_n(E) f(E) dE$. Die Gesamtzahl der Elektronen im Leitungsband in einem Kubikzentimeter Halbleitermaterial, kurz die Elektronenkonzentration c_n genannt, ergibt sich durch das Aufsummieren der Zahl der Elektronen in allen Energieintervallen von der Leitungsbandunterkante E_L bis zur Leitungsbandoberkante

$$c_n = \int_{E_L}^{\infty} D_n(E) \cdot f(E) dE. \quad (3.6)$$

Ohne das Ergebnis zu ändern, kann die obere Integrationsgrenze bis ∞ ausgedehnt werden, da oberhalb der Leitungsbandoberkante die korrespondierende Zustandsdichte gleich Null ist. Entsprechend ergibt sich die Löcherkonzentration im Valenzband zu

$$c_p = \int_{-\infty}^{E_v} D_p(E) \cdot f(E) dE. \quad (3.7)$$

Im betrachteten Fall eines undotierten Halbleiters gilt $c_n = c_p$ was durch Gleichheit der schraffierten Flächen im rechten oberen Teilbild (Bild 3.5) angedeutet ist. Die Gesamtzahl der in der E(**k**) Funktion eingezeichneten stellvertretenden Elektronen und Löcher ist dementsprechend auch identisch (linkes oberes Teilbild).

Die Gln. (3.6) und (3.7) erlauben aufgrund der komplizierten mathematischen Form von f(E), sowie den im allgemeinen in numerischer Form vorliegenden Zustandsdichteverläufen nur eine numerische Lö-

3. Kapitel

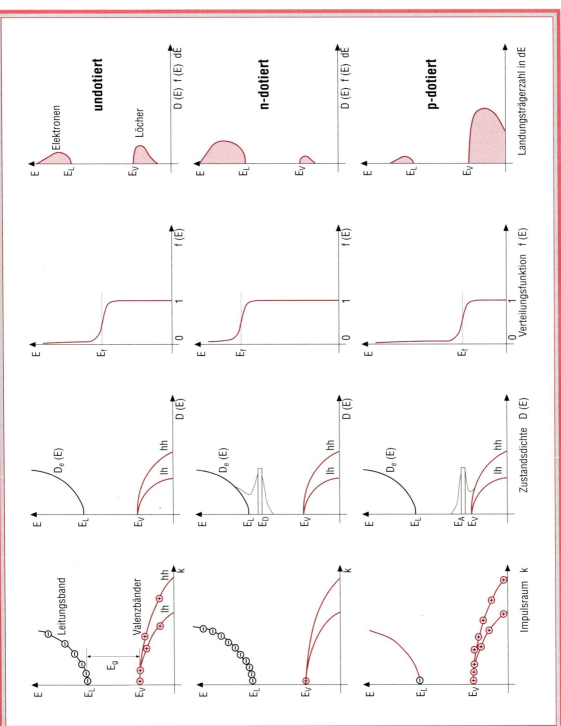

Bild 3.5: Bandstruktur E(**k**), Verteilungsfunktion f(E), Zustandsdichte D(E) und energetische Ladungsträgerverteilung für einen undotierten (oben), n-dotierten (mitte) und p-dotierten direkten Halbleiter (unten). hh: schweres Loch; lh: leichtes Loch; E_f: Fermienergie, E_V, E_L: Valenzband- bzw. Leitungsbandkantenenergie.

sung. Befindet sich die Fermienergie innerhalb der Bandlücke und mindestens einige $k_B T$ von den Bandkanten entfernt, so ist das Leitungs- und Valenzband nicht extrem hoch mit Ladungsträgern aufgefüllt. Da hierbei nur kleinere k-Vektoren involviert sind, ergibt sich der günstige Umstand, daß eine analytische Form der Zustandsdichte existiert. Unter diesen Bedingungen kann ferner die Fermiverteilung näherungsweise durch die wesentlich unkompliziertere Boltzmannverteilung $b(E) = \exp\{(E_f-E)/kT)\}$ ersetzt werden. Aus Gl. (3.6) und Gl. (3.7) folgt dann jeweils eine analytische Form für c_n und c_p

$$c_n = N_L \exp\{(E_f-E_L)/k_B T)\}$$
und
$$c_p = N_V \exp\{(E_V-E_f)/k_B T)\}, \qquad (3.8)$$

wobei N_L und N_V durch

$$N_L = 2h^{-3} (2\pi m_{d,n} k_B T)^{1.5}$$
und
$$N_V = 2h^{-3} (2\pi m_{d,p} k_B T)^{1.5} \qquad (3.9)$$

gegeben sind. Dabei spielen die enthaltenen Zustandsdichtemassen m_d nicht die Rolle von effektiven Massen, sondern sind als Ersatzmassen anzusehen, die den komplizierten Bandverlauf von $E(\mathbf{k})$ enthalten. Für InP ist z.B. $m_{d,p} = \{(m^*_{hh})^{1.5} + (m^*_{lh})^{1.5}\}^{2/3}$ und $m_{d,n} = m^*_n$. Die Gleichungen (3.8) und (3.9) gelten auch für dotierte Halbleiter, bei denen jedoch die zusätzlich besetzbaren Zustände der Störstellenniveaus in der Zustandsdichte berücksichtigt werden, wodurch sich die Lage der Fermienergie entsprechend verschiebt und den Störstelleneinfluß bereits vollständig beschreibt. In n-dotierten Halbleitern (Bild 3.5, zweite Zeile der Teilbilder) ist die Fermienergie stark in Richtung E_L angehoben. Bei extrem starker Dotierung spricht man von Entartung, da dann E_f im Leitungsband liegt. Die Störstellenniveaus verbreitern in diesem Sonderfall extrem und wachsen mit der Leitungsbandunterkante zusammen (gestrichelt). In p-dotierten Halbleitern (Bild 3.5, dritte Zeile der Teilbilder) ist die Fermienergie stark in Richtung E_V abgesenkt. Bei extrem starker Dotierung entartet auch hier der Halbleiter und E_f liegt dann im Valenzband. Die Störstellenniveaus verbreitern und wachsen mit der Valenzbandoberkante zusammen (gestrichelt).

Das Produkt $c_n \cdot c_p$ ist eine temperaturabhängige „Konstante", wodurch diese Gleichung vom Typ eines Massenwirkungsgesetzes ist. Bei festgehaltener Temperatur kann z.B. c_p nur auf Kosten von c_n anwachsen, da das Produkt konstant ist. Es sei nochmals erwähnt, daß die Lage des Ferminiveaus alle Arten von Dotierungen einschließlich der Kompensation gleichzeitig zu beschreiben vermag. Im thermodynamischen Gleichgewicht existiert für alle Elektronen im Leitungs- und Valenzband eine Fermienergie, welche aus der Neutralitätsbedingung (Summe aller positiven Ladungen = Summe aller negativen Ladungen) berechnet werden kann. Der Halbleiter kann jedoch z.B. durch Strominjektion oder Lichteinstrahlung in einen Zustand gebracht werden, in dem das Leitungsband mit dem Valenzband nicht mehr im Gleichgewicht ist, und keine gemeinsame Fermienergie existiert. In den meisten Fällen sind jedoch die Elektronen unter sich und die Löcher unter sich im Gleichgewicht und es existiert pro Band eine individuelle Quasi-Fermienergie und eine individuelle Ladungsträgertemperatur, welche von der Gittertemperatur verschieden ist. Die hochinteressanten Nichtgleichgewichtsphänomene und deren Dynamik sind für optoelektronische Bauelemente von großer Wichtigkeit, sie sprengen jedoch leider den Rahmen dieses Kapitels, weshalb auf die weiterführende Literatur verwiesen werden muß [3.4; 3.5].

3.1.4 Quanteneffekte, verspannte Halbleiter-Heterostrukturen

In modernen optoelektronischen Bauelementen werden zunehmend Halbleiter-Heterostrukturen eingesetzt, in denen eine Folge von Materialien verschiedener Zusammensetzung übereinander aufgewachsen werden. Wird zwischen zwei Materialien größerer Bandlücke eine Schicht

3. KAPITEL

geringerer Bandlücke eingebettet, deren Dicke in der Größenordnung der Elektronenwellenlänge liegt, so tritt analog zu den Energiezuständen im Atom, eine Quantisierung der Ladungsträgerbewegung auf (Bild 3.6a). Man spricht dann von einer Quantenfilmstruktur (engl.: quantum well (QW)), deren Eigenschaften sich mit Hilfe der Quantenmechanik beschreiben lassen, wobei sich das Elektron in einem Leitungsband-Potentialtopf und das Loch in einem Valenzband-Potentialtopf aufhält [3.6; 3.7]. Bild 3.6b zeigt den Potentialtopf des Elektrons im Leitungsband. Die Bewegung des Ladungsträgers ist senkrecht zur Filmebene stark eingeschränkt und quantisiert, wobei die Quantenmechanik die Aufenthaltswahrscheinlichkeiten als Quadrat der gestrichelt eingezeichneten Wellenfunktionen angibt. Eine quasifreie Bewegung im Halbleiterkristall liegt in diesem Fall nur noch in der Filmebene vor. Diese zweidimensionale (2D) Bewegung spiegelt sich in einer 2D- Bandstruktur $E(k_x,k_y)$ wider (Bild 3.6c).

Die Leitungs- und Valenzbänder werden durch die Quantisierung in Subbänder aufgespalten, wobei leichte und schwere Löcher aufgrund ihrer unterschiedlichen Massen getrennte Subbandsysteme ausbilden. Die Lokalisierung der Ladungsträger in z - Richtung hat tiefgreifende Konsequenzen für die Zustandsdichte. Während in 3D-Halbleitern für parabolische Bänder $D(E) \propto E^{1/2}$ gilt (Bild 3.5 und Bild 3.7a), ergibt sich aus einer 2D-Bandstruktur $E(k_x,k_y)$ pro Subband ein konstanter, energieunabhängiger Beitrag zur Zustandsdichte. Durch das Zusammenwirken aller Subbänder ergibt sich die in Bild 3.6d und 3.7b dargestellte stufenförmige Zustandsdichte.

Schränkt man die Bewegung der Ladungsträger in einer weiteren Raumrichtung ein (z.B. in z- und y-Richtung, wie in Bild 3.7c), so erhält man ein eindimensionales Ladungsträgersystem (1D) und somit einen Quantendraht mit hyperbelartig verlaufenden Zustandsdichtezweigen. Eine Einschränkung der Ladungsträgerbewegung in allen Raumrichtungen erzeugt einen Quantenpunkt, d.h. ein nulldimensionales Ladungsträgersystem (0D) mit nadelförmiger Zustandsdichte (Bild 3.7d). Für viele physikalische Eigenschaften des Halbleiters (z.B. Ladungsträgerbeweglichkeiten, Einfang von Ladungsträgern in Quantenfilme und insbesondere Absorption oder Emission von Licht) spielt jedoch die Zustandsdichte eine zentrale Rolle. Beim Entwurf optoelektronischer Bauelemente können mit der Wahl der Dimensio-

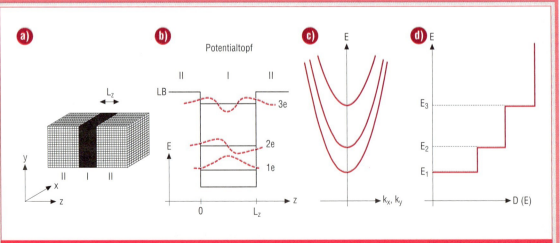

Bild 3.6: (a) Quantenfilmstruktur im Ortsraum, (b) Potentialtopf im Leitungsband mit drei quantisierten Niveaus und den entsprechenden Wellenfunktionen (gestrichelt), (c) Bandstruktur im 2D Impuls Wellenvektorraum (k_x, k_y), (d) korrespondierende Zustandsdichte $D(E)$

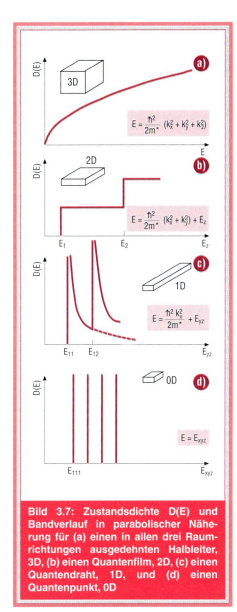

Bild 3.7: Zustandsdichte D(E) und Bandverlauf in parabolischer Näherung für (a) einen in allen drei Raumrichtungen ausgedehnten Halbleiter, 3D, (b) einen Quantenfilm, 2D, (c) einen Quantendraht, 1D, und (d) einen Quantenpunkt, 0D

wachsen werden [3.8]. 1D- und 0D- Strukturen versprechen in der Theorie aufgrund ihrer vorteilhaften Zustandsdichten und der modifizierten effektiven Massen, z.B. in Halbleiterlasern eingesetzt, ausgezeichnete Bauelemente-Eigenschaften. Diese Strukturen sind sehr attraktiv, ihre Realisierung ist momentan jedoch noch im Forschungsstadium und von einem praktischen Einsatz sehr weit entfernt.

Mit der Wahl des Halbleitermaterials und der Wahl der Ladungsträgerdimensionalität sind jedoch noch nicht alle Möglichkeiten ausgeschöpft, um für Bauelemente-Anwendungen bestimmte, d.h. quasi künstliche Materialien mit neuartigen und herausragenden physikalischen Eigenschaften maßzuschneidern. Durch definierte Gitterfehlanpassung lassen sich wichtige Größen wie Massen oder Zustandsdichten ebenfalls gezielt verändern. Hierzu ist jedoch zunächst die Variation der Gitterkonstante a mit der Komposition zu betrachten. In Bild 3.8 ist die Gitterkonstante für verschiedene ternäre Verbindungen

nalität des Ladungsträgersystems gewünschte Eigenschaften verstärkt und unerwünschte unterdrückt werden. Die Realisierung von 2D-Halbleiterheterostrukturen erfolgt mit modernen Epitaxieverfahren wie der MBE und der MOCVD (vgl. Kap. 5). Von diesen Grundstrukturen ausgehend lassen sich 1D- und 0D-Strukturen durch geeignete laterale Strukturierung (z.B. Ätzen oder Implantation) herstellen, die in manchen Fällen epitaktisch nochmals be-

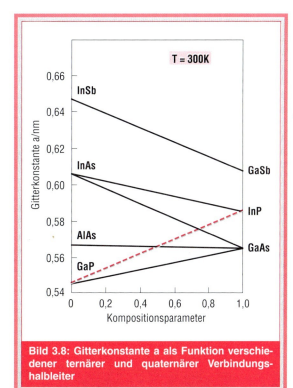

Bild 3.8: Gitterkonstante a als Funktion verschiedener ternärer und quaternärer Verbindungshalbleiter

3. Kapitel

dungshalbleiter, welche durch ein geeignetes „Mischungsverhältnis" aus jeweils zwei binären Komponenten entstehen dargestellt.

Diese linearen Zusammenhänge werden als Vegard`sches Gesetz bezeichnet. Für die Materialwahl ist jedoch ferner die gleichzeitige Variation der Bandlücke ein entscheidendes Kriterium (Bild 3.9). Das abfallend schraffierte Gebiet I beschreibt das quaternäre $Ga_{1-x}In_x As_{1-y} P_y$. Das ansteigend schraffierte Gebiet II beschreibt das quaternäre $Al_zGa_{1-x-z}In_xAs$. Für diese zwei in der Optoelektronik sehr wichtigen quaternären Verbindungshalbleiter: $Al_zGa_{1-x-z}In_xAs$ (Bild 3.10) und $Ga_{1-x-z}In_xAs_yP_{1-y}$ (Bild 3.11), ist die Variation der Bandlücke (in der Einheit eV) und der Gitterkonstante (in der Einheit nm) als Funktion der Komposition dargestellt.

Gemäß Bild 3.9 und der gestrichelten Linie in Bild 3.10, besitzt $Al_{0.48}In_{0.52}As$ und $Ga_{0.47}In_{0.53}As$ dieselbe Gitterkonstante wie InP, das als scheibenartiges Substratmaterial mit bis zu 75 mm Durchmesser kommerziell verfügbar ist. Beispielsweise kann $Ga_{0.47}In_{0.53}As$ (E_g = 0,75eV) aufgrund der Gitteranpassung in beliebiger Dicke auf $Al_{0.48}In_{0.52}As$ (E_g = 1,43 eV) oder InP (E_g = 1,34 eV) aufgewachsen werden, oder zwischen diesen Materialien eingebettet werden.

Verkleinert man jedoch ausgehend von x = 0,53 den In - Gehalt des $Ga_{1-x}In_xAs$, so nimmt nach Bild 3.9 die Gitterkonstante ab. Bild 3.12a zeigt schematisch die Gitterstruktur einer in Gedanken abgelösten kräftefreien Epitaxieschicht (z.B. $Ga_{0.64}In_{0.36}As$) mit einer kleineren Gitterkonstante a_2 als die Gitterkonstante a_1 des Substratmaterials (InP). Von den zahlreichen Situationen, welche beim Aufwachsen von $Ga_{0.64}In_{0.36}As$ auf InP eintreten können, sind in den Bildern 3.12b und 3.12c die beiden Extremfälle gezeigt. In Bild 3.12b wird dem $Ga_{0.64}In_{0.36}As$ in x- und y-Richtung die größere Gitterkonstante des InP aufgezwungen. Man spricht von einer biaxial zugverspannten Schicht (engl.: tensile strain). Aufgrund der Gesetze der Kontinuumsmechanik verkleinert sich dafür in z-Richtung die Gitterkonstante. Bild 3.12c zeigt den Grenzfall der vollständigen Spannungsrelaxation, bei dem die Kristallstruktur 2 (hier z.B. eine $Ga_{0.64}In_{0.36}As$ Epitaxieschicht) in hinreichendem Abstand von der Heterogrenzfläche ihre natürliche Gitterkonstante a_2 aufweist. An der Grenzfläche der beiden Kristallstrukturen liegen Gitterfehler vor, sogenannte Versetzungen [3.1]. Im allgemeinen reichen diese viel weiter in beide Kristallvolumina hinein, als in Bild 3.12c angedeutet ist. Eine verspannte Deckschicht oder Zwischenschicht ist jedoch nur bis zu einem von der Schichtdicke L_z und der Verspannung abhängigen Limit stabil. Die maximal mögliche

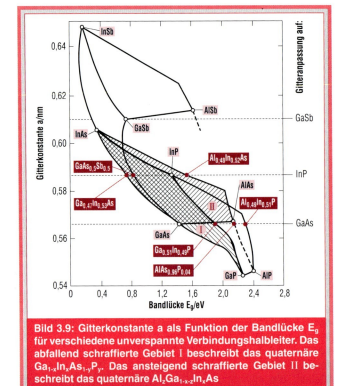

Bild 3.9: Gitterkonstante a als Funktion der Bandlücke E_g für verschiedene unverspannte Verbindungshalbleiter. Das abfallend schraffierte Gebiet I beschreibt das quaternäre $Ga_{1-x}In_xAs_{1-y}P_y$. Das ansteigend schraffierte Gebiet II beschreibt das quaternäre $Al_zGa_{1-x-z}In_xAs$

Schichtdicke (kritische Schichtdicke), bei der noch keine Gitterrelaxation auftritt, nimmt mit wachsender Verspannung ab. Für eine einseitig freiliegende, verspannte Deckschicht (Bild 3.12b) ist bei identischer Gitterfehlanpassung diese kritische Schichtdicke nur ungefähr halb so dick wie für eine verspannte eingebettete Schicht (Bilder 3.12d und f), bei welcher die Verspannung an beiden Heterogrenzflächen zur Hälfte abgefangen werden kann. Reale Halbleiterkristalle sind im Gegensatz zu den in den Bildern 3.12 a - f dargestellten Kristallausschnitten in x- und y-Richtung wesentlich weiter ausgedehnt. Ferner ist zur Vereinfachung nur die kubische Einheitszelle (vgl. Bild 3.1) der Kantenlänge a (Gitterkonstante) vielfach aneinandergesetzt, ohne auf Details der atomistischen Struktur einzugehen.

Vergrößert man jedoch, ausgehend von $x = 0{,}53$, den In-Gehalt des $Ga_{1-x}In_xAs$, so nimmt nach Bild 3.9 die Gitterkonstante zu. Dem als Beispiel betrachteten $Ga_{0,3}In_{0,7}As$ wird in x- und y-Richtung die kleinere Gitterkonstante des InP aufgezwungen.

Man spricht dabei von einer druckverspannten Schicht (engl.: compressive strain). Aufgrund der Gesetze der Kontinuumsmechanik vergrößert sich dafür in z-Richtung die Gitterkonstante. Die in der xy-Ebe-

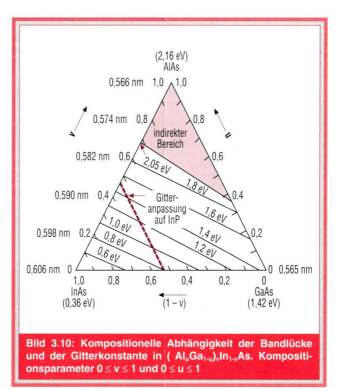

Bild 3.10: Kompositionelle Abhängigkeit der Bandlücke und der Gitterkonstante in $(Al_uGa_{1-u})_vIn_{1-v}As$. Kompositionsparameter $0 \leq v \leq 1$ und $0 \leq u \leq 1$

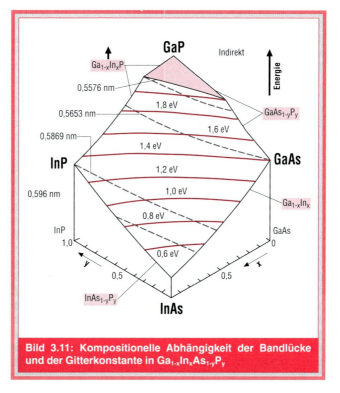

Bild 3.11: Kompositionelle Abhängigkeit der Bandlücke und der Gitterkonstante in $Ga_{1-x}In_xAs_{1-y}P_y$

3. Kapitel

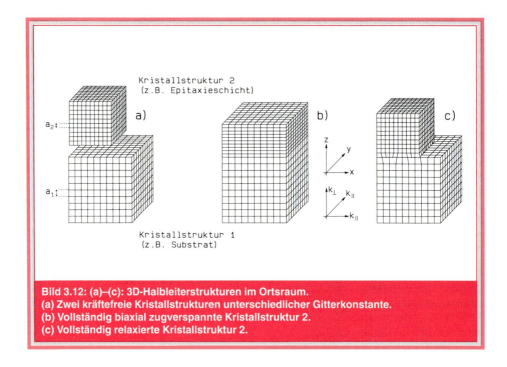

Bild 3.12: (a)–(c): 3D-Halbleiterstrukturen im Ortsraum.
(a) Zwei kräftefreie Kristallstrukturen unterschiedlicher Gitterkonstante.
(b) Vollständig biaxial zugverspannte Kristallstruktur 2.
(c) Vollständig relaxierte Kristallstruktur 2.

ne vorliegende biaxiale Druckverspannung läßt sich zerlegen in einen hydrostatischen (allseitigen) Druck plus einer in z-Richtung orientierten uniaxialen Zugspannung. Entsprechend läßt sich die in Bild 3.12b gezeigte, in der xy-Ebene vorliegende biaxiale Zugverspannung zerlegen in einen hydrostatischen (allseitigen) Zug plus einer in z-Richtung orientierten uniaxialen Druckspannung. Diese Zerlegungen erweisen sich bei der Berechnung verschiedener Kenngrößen {wie z.B. der Bandstruktur $E(\mathbf{k})$} von verspannten Halbleitergittern als sehr praktisch [3.9].

In den Bildern 3.12d - f sind die soeben eingeführten biaxial zug- und druckverspannten Strukturen zusammen mit einer entsprechenden unverspannten Struktur an Hand von Flächengittern einander gegenübergestellt. Die punktiert dargestellte, in z - Richtung wenig ausgedehnte $Ga_{1-x}In_xAs$ Schicht ist hierbei zwischen zwei in x-, y- und z-Richtung weit ausgedehnten InP Schichten eingebettet. Bild 3.12e zeigt den unverspannten Fall, in dem die $Ga_{1-x}In_xAs$ Schicht dieselbe Gitterkonstante aufweist wie die des InP-Gitters, was durch geeignete Wahl des In- und Ga-Gehaltes erreicht wird. Bild 3.12d zeigt biaxial druckverspanntes $Ga_{0.3}In_{0.7}As$, das in der xy-Ebene eine verkleinerte und in z-Richtung eine vergrößerte Gitterkonstante besitzt. Bild 3.12f zeigt biaxial zugverspanntes $Ga_{0.64}In_{0.34}As$, das in der xy - Ebene eine verlängerte und in z - Richtung eine verkürzte Gitterkonstante aufweist. Die zwei auf Grund der Symmetrie wichtigen Komponenten des Impuls-Wellenvektors sind folgendermaßen definiert: in der xy - Ebene (parallel zur Ebene der Heterogrenzfläche, d.h. in der biaxialen Spannungsebene) liegt die parallele Komponente $k_{\parallel}$ des Vektors; in der z-Richtung (Wachstumsrichtung, uniaxiale Spannungsrichtung, d.h. senkrecht zur Heterogrenzfläche) liegt die senkrechte Komponente $k_{\perp}$ des Vektors.

Die Bilder 3.12g - i stellen die zu den Bildern 3.12d - f korrespondierenden Bandstrukturen dar. Bild 3.12h zeigt die aus Bild 3.4 bereits geläufige Bandstruktur $E(\mathbf{k})$ eines 3D-Volumenhalbleiters mit direkter Bandlücke. Das schwere Lochband (hh) und leichte Lochband (lh) sind bei $\mathbf{k} = 0$ energetisch entartet. In der senkrechten und parallelen Richtung liegt das hh - Band jeweils über dem lh - Band. Durch das Verspannen dieser Schicht (Bilder

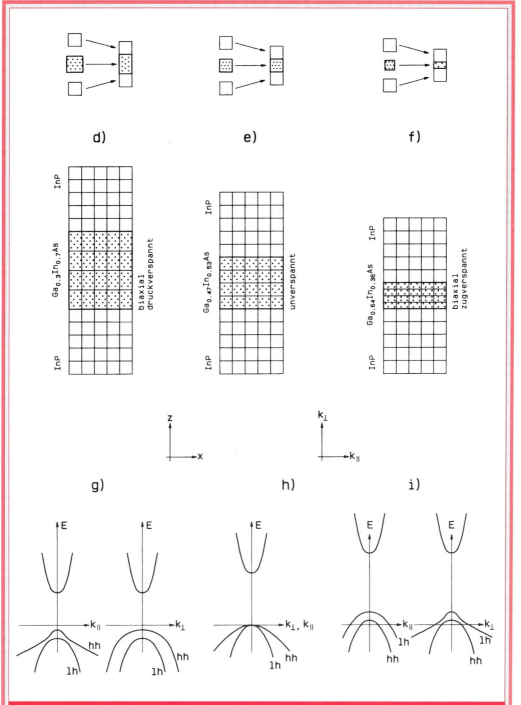

Bild 3.12 (d – i): Unverspannte sowie biaxial druck- und zugverspannte 3D-Halbleiterstrukturen. Die Teilbilder (d)–(f) zeigen Gitterstrukturen im Ortsraum und die Teilbilder (g)–(i) stellen die korrespondierenden 3D-Bandstrukturen E(k) dar. Dabei gibt $k_\perp$ die Richtung senkrecht und $k_\parallel$ die Richtung parallel zur Heterogrenzfläche an (hh = schweres Loch; lh = leichtes Loch)

3. Kapitel

3.12g und 3.12 i) wird die Valenzbandkante bei $\mathbf{k} = 0$ durch den hydrostatischen Anteil energetisch verschoben und die Entartung durch den uniaxialen Anteil aufgehoben, d.h. es kommt zu einer zusätzlichen Energieentartung.

Bild 3.12g zeigt eine Absenkung der Valenzbandkanten unter biaxialer Druckverspannung. In paralleler Richtung (linkes Teilbild) kommt es durch die Aufspaltung scheinbar zu einer Überkreuzung des schweren und des leichten Löcherbandes. Quantenmechanisch ist dies jedoch ausgeschlossen, weshalb das hh - Band bei kleinen $k_\parallel$-Werten der Krümmung des ursprünglichen leichten Löcherbandes folgt und dann am fiktiven Überkreuzungspunkt gemäß der schwächeren Krümmung des ursprünglichen schweren Löcherbandes verläuft, ohne daß eine reale Überkreuzung des hh- und des lh-Bandes auftritt. Demzufolge weist das lh - Band bei kleinen $k_\parallel$ eine schwere Masse und bei größeren $k_\parallel$ eine leichte Masse auf. Das rechte Teilbild zeigt den Verlauf $E(k_\perp)$, wobei bei $\mathbf{k} = 0$ dieselben Energiewerte wie im linken Teilbild auftreten müssen. Die Krümmung des hh - Bandes besitzt für alle $k_\perp$ den Charakter eines schweren Loches; die Krümmung des lh - Bandes zeigt für alle $k_\perp$ den Charakter eines leichten Loches.

Bild 3.12i demonstriert eine Anhebung der Valenzbandkanten unter biaxialer Zugverspannung. In paralleler Richtung (linkes Teilbild) ist das lh - Band jedoch für alle $k_\parallel$ schwach gekrümmt (schwere effektive Masse!) und das hh - Band ist für alle $k_\parallel$ stark gekrümmt (leichte effektive Masse!). In senkrechter Richtung (rechtes Teilbild) kommt es bei der Aufspaltung scheinbar ebenfalls zu einer Überkreuzung des ursprünglichen schweren und des leichten Löcherbandes.

Das hh-Band liegt jedoch hier unterhalb des lh-Bandes und weist bei kleinen $k_\perp$ einen Schwerloch-Charakter auf und zeigt bei größeren $k_\perp$ einen Leichtloch-Charakter. Umgekehrt zeigt das lh - Band bei kleinen $k_\perp$ eine leichte Masse bei größeren $k_\perp$ eine schwere Masse. Bild 3.12i zeigt im linken und rechten Teilbild bei $\mathbf{k} = 0$ identische Energiewerte.

Besonders interessierte Leser seien mit einigen Hinweisen an die Literaturzusammenstellung unter Ref. [3.9] verwiesen: Die senkrechte und parallele Richtung sind in der Literatur leider nicht durchgängig in der gleichen Weise definiert. Ferner kann folgende Tatsache zur Konfusion beitragen, daß in vielen Artikeln ein Halbleiter betrachtet wird, der bei konstant gehaltener Zusammensetzung in einer gedachten „Druckkammer" verspannt wird. In diesem Fall verursachen die hydrostatische und uniaxiale Verspannung die einzigen Energieverschiebungen. Biaxial zugverspannte Strukturen weisen für diesen hypothetischen Fall eine kleinere Bandlücke auf als biaxial druckverspannte Halbleiter. In der Realität wird die Verspannung der Schicht jedoch überwiegend durch eine Kompositionsänderung erreicht. Zur Energieverschiebung des Leitungsbandes gegen die Valenzbänder durch die hydrostatische und uniaxiale Verspannung kommt überkompensierend der Einfluß der Bandkantenvariation durch die Änderung der chemischen Zusammensetzung hinzu. Dadurch verhalten sich die Bandlücken im Vergleich zu oben unter Zug- und Druckverspannung gerade umgekehrt: zugverspannte Strukturen weisen eine größere Bandlücke, als druckverspannte Halbleiter auf, wenn die Verspannung durch eine Kompositionsänderung hervorgerufen wird. Durch die Verspannung verschieben sich jedoch nicht nur die Bänder, es werden zudem die Krümmungen (effektive Massen) der Bänder modifiziert. Auch hier überlagert sich die durch die Verspannung und die Kompositionsänderung ausgelöste Variation der Massen. Für die Bauelementeanwendung können durch die Ausnutzung gezielter Verspannungen in Halbleiterheterostrukturen folgende attraktive Eigenschaften maßgeschneidert werden: Die Valenzbänder weisen bei $\mathbf{k} = 0$ in paralleler und senkrechter Richtung jeweils inverse Krümmungen auf. In paralleler Richtung weist das höherliegende und dadurch thermisch stärker besetzte Löcherband bei $\mathbf{k} = 0$ in einer druckverspannten Struktur eine kleine und in einer zugverspannten Struktur eine große effektive Masse auf. Druckverspannte Halbleiterschichten werden daher besonders als aktives Schichtmaterial für Halbleiterlaser verwendet (um die Elektronen- und Löchermasse größenmäßig besser anzugleichen, vgl. Kap. 4.6) und zugverspannte Halbleiterschichten werden oft als aktives Schichtmaterial für Halbleiterverstärker verwendet (um die Polarisationsabhängigkeit zu reduzieren, vgl. Kap. 4.5).

Abschließend sei nochmals betont, daß in Bild 3.12 nur 3D-Halbleiterschichten behandelt werden. Dies ist u.a. daran zu erkennen, daß das Valenzband im unverspannten Fall bei **k** = 0 entartet ist (Bild 3.12h). Aus didaktischen Gründen wurden hier die Einflüsse der Quantisierung und der Verspannung separat behandelt. Da jedoch aufgrund der limitierenden kritischen Schichtdicke die stark verspannten Filme meist sehr dünn sein müssen, treten zusätzlich Quanteneffekte auf. In beiden Fällen kommt es bei **k** = 0 zu einer Aufhebung der Entartung der Valenzbandstruktur E(**k**), wodurch sich mehrere Phänomene mischen und die Anschaulichkeit leider sehr leidet. Aus diesem Grund werden hier verspannte Quantenfilm-Strukturen nicht detailliert behandelt. Das im nächsten Abschnitt erläuterte Bild 3.16 zeigt jedoch Emissionsspektren solcher Strukturen.

3.1.5 Optische Eigenschaften

Für optoelektronische Heterostruktur-Bauelemente spielen die Bandlückenenergien der verwendeten Halbleiter eine zentrale Rolle. Neben der Quantenfilmdicke und den effektiven Massen bestimmen die Bandlücken des Quantenfilms und des Barrierenmaterials die energetische Lage der quantisierten Niveaus und so den Spektralbereich, in dem diese Strukturen Licht absorbieren oder emittieren. In Bild 3.13 ist der Bereich der Bandlücken-Wellenlängen dargestellt, der durch Variation der Komposition für verschiedene ternäre und quaternäre Halbleiter-Zusammensetzungen überstrichen werden kann. Es zeigt sich, daß ein sehr großer Wellenlängenbereich lückenlos abgedeckt werden kann, wodurch die Leistungsfähigkeit moderner Halbleitermaterialien demonstriert wird. Es sei noch besonders erwähnt, daß gerade für $\lambda < 600$ nm und für $\lambda > 3$ µm zur Zeit intensiv an neuartigen, hier nicht dargestellten Materialien geforscht wird. Auf dem kurzwelligen Gebiet denkt man z.B. an möglichst kurzwellige Halbleiterlaser zur Realisierung extrem hoher optischer Speicherdichten, auf dem langwelligen Sektor sucht man u.a. leistungsfähige Sendelaser für Schwermetall Fluoridfaser Systeme. Da die meisten optoelektronischen Bauelemente Lichtwellenleiter enthalten, ist ferner die optische Brechzahl eine zentrale Kenngröße [3.10], welche in Bild 3.14 für das Beispiel $Al_zGa_{1-x-z}In_xAs$ [3.11] als Funktion des Aluminiumgehaltes für drei verschiedene Wellenlängen dargestellt ist [3.10]. Variiert man die Zusammensetzung der Halbleiter in Wachstumsrichtung während der Epitaxie (vgl. Kap.5.1.1) abrupt (stufenförmig) oder kontinuierlich, so lassen sich Lichtwellenleiter herstellen (vgl. Kap. 5.2.2).

Im folgenden wird kurz auf die physikalischen Prozesse eingegangen, welche mit der Absorption und Emission von Licht in Halbleitern mit direkter Bandstruktur verknüpft sind, der Aktualität wegen sogleich für Quantenfilmstrukturen, aber ohne Einbuße an Allgemeingültigkeit. Bild 3.15b zeigt eine unverspannte Quantenfilm-Struktur mit jeweils einem gebundenen Elektronen-, einem schweren Loch- und einem leichten Loch-Zustand. 1e bezeichnet das 1. Elektronen-Niveau der Quantenzahl l = 1 und 1hh dementsprechend das 1. schwere Lochniveau (l = 1). Die einfachste Auswahlregel für optische Übergänge in Quantenfilmen erfordert die Erhaltung der Quantenzahl im Elektronen- und Loch-Potentialtopf, d.h. $\Delta l = 0$. 1ehh bezeichnet daher einen Übergang vom 1. Elektronen- zum 1. schweren Loch-Niveau. In den Bildern 3.15c und 3.15d sind die korrespondierenden Subbänder in der Bandstruktur E(**k**) gezeigt. Wird Licht variabler Energie eingestrahlt, so absorbiert der Halbleiter oberhalb der Bandlücke E_g' stark zunehmend, bis ein Plateau erreicht wird (Bild 3.15c). Dieses Plateau ist für Quantenfilmstrukturen charakteristisch und eine direkte Folge der Zustandsdichte (Bilder 3.6d und 3.7b). Wegen $\Delta l = 0$ weist der spektrale Verlauf der Absorption z.B. 2 Plateaus auf, wenn das unterste schwere und leichte Subband existieren (Bild 3.15c, eingesetztes Teilbild). Existieren in dickeren Töpfen auch höhere Subbänder (Bild 3.15a), so treten weitere Stufen in der spektralen Absorption auf. Die Absorption ist einer kombinierten Zustandsdichte aus Leitungs-

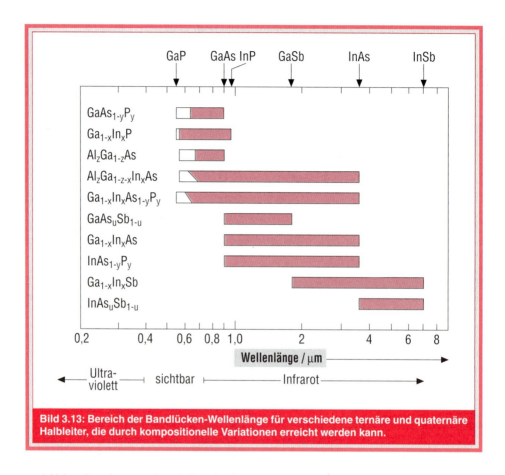

Bild 3.13: Bereich der Bandlücken-Wellenlänge für verschiedene ternäre und quaternäre Halbleiter, die durch kompositionelle Variationen erreicht werden kann.

und Valenzband proportional. Durch die Absorption von Licht befindet sich der Halbleiter in einem Nichtgleichgewichtszustand. Zunächst streben die Elektronen im Leitungsband und die Löcher im Valenzband innerhalb ihrer Bänder durch Wechselwirkung mit dem Phononensystem und Rekombinationsprozessen jeweils thermische Verteilungen an, deren charakteristische Temperaturen zwischen den Bändern verschieden sind und mit steigender Intensität der kontinuierlichen Lichteinstrahlung weiter von der Gittertemperatur entfernt liegen.

Schaltet man das Lichtfeld ab, so stellt sich im Halbleiter durch Rekombinationsprozesse wieder das ursprüngliche thermische Gleichgewicht zwischen den Bändern ein (die energetische Verteilung aller Ladungsträger gehorcht nun wieder einer einzigen Fermi-Verteilung). Bei strahlenden Rekombinationsprozessen fällt ein Elektron aus dem Leitungsband unter Aussendung eines Photons auf den Platz eines Loches im Valenzband zurück (Bild 3.15d). Man spricht von einer Elektron-Loch-Paar Rekombination. Für diese Prozesse gilt Energie- und Impulserhaltung. Demnach entspricht die Photonenenergie gerade der Energiedifferenz zwischen dem Elektron- und dem Lochzustand. Da Photonen einen vernachlässigbar kleinen Impuls aufweisen, erfolgt der optische Rekombinationsmechanismus in der Bandstruktur $E(\mathbf{k})$ vertikal. In Halbleitern mit direkter Bandstruktur ist die optische Absorption und Emission sehr effizient. Bei indirekten Halbleitern lassen sich die Zustände im Leitungsband nahe $\mathbf{k} = 0$ nicht effizient genug besetzen, wodurch fast keine direkten Rekombinationsprozesse stattfinden können. Elektronen, welche sich in einem Nebenminimum befinden, können hingegen nicht mit den Löchern im Valenzband in der Nähe von $\mathbf{k} = 0$ strahlend rekombinieren, da das Photon die große Impulsdifferenz nicht ausgleichen kann. Ein strahlender Rekombinationsprozeß ist hier nur unter gleichzeitiger Absorption oder Emission eines Phonons möglich, wodurch die Impulserhaltung garantiert wird [3.5]. Die strahlende Rekombination indirekter Halbleiter ist daher um etwa vier Größenordnungen schwächer als in direkten Halbleitern. Dies ist der Grund, weshalb in Lasern oder LEDs fast nur Halbleiter mit direkter Bandstruktur verwendet werden (eine Ausnahme ist z.B. die Intravalenzband-Lasertätigkeit in Ge).

Der Nichtgleichgewichtszustand kann jedoch auch durch elektrische Ladungsträgerinjektion erreicht werden. Innerhalb des Leitungs- und des Valenzbandes habe sich wie oben jeweils ein thermisches Gleichgewicht eingestellt. Durch strahlende Rekombinationsprozesse können im Prinzip alle diejenigen Elektron - Loch Paare rekombinieren, welche einen identischen Impuls-Wellenvektor **k** aufweisen (Bild 3.15d). Die spektrale Emissionskurve verläuft im Wesentlichen von der Bandlücken-Energie bis zur Auffüllungsgrenze der Ladungsträger in den Bändern. Daher gehen in die spektrale Form des Emissionsspektrums neben der Zustandsdichte auch die Besetzungsfunktionen ein [3.5]. Anschaulich gesprochen muß berücksichtigt werden, ob die Anfangszustände (angeregte Elektronenzustände im Leitungsband) besetzt und die Endzustände frei sind, d.h. geeignete Löcher-Positionen besetzt sind.

Bild 3.15a und 3.15b zeigen die Elektronen- und Löcher-Potentialtöpfe zweier Quantenfilm-Strukturen, welche identische Materialkompositionen aufweisen, sich jedoch in der Quantenfilmdicke L_z unterscheiden. Quantenmechanische Modellrechnungen zeigen [3.7], daß mit abnehmendem L_z die Quantisierungsenergien im Elektronen- und Löchertopf ansteigen, d.h., daß sich die Elektronenniveaus energetisch nach oben und die Löcher-Niveaus nach unten verschieben. In breiten Quantenfilmen findet man eine größere Anzahl, in dünneren eine kleinere Anzahl quantisierter Energieniveaus. Es existiert pro symmetrischem Potentialtopf jedoch immer mindestens ein Niveau. Die quantenmechanischen Modellrechnungen beschreiben die experimentellen Resultate

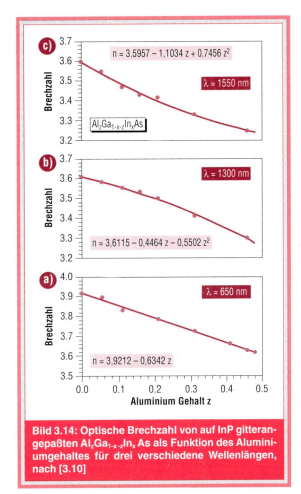

Bild 3.14: Optische Brechzahl von auf InP gitterangepaßten $Al_zGa_{1-x-z}In_xAs$ als Funktion des Aluminiumgehaltes für drei verschiedene Wellenlängen, nach [3.10]

hervorragend. Bild 3.16 zeigt Emissionsspektren nach optischer Anregung (Photolumineszenz) von besonderen Quantenfilmstrukturen [3.12]. Das Quantenfilm-Material ist zugverspanntes quaternäres $Al_zGa_{1-x-z}In_xAs$, das Barrierenmaterial ist druckverspanntes quaternäres $Al_wGa_{1-w-y}In_yAs$, wobei der Grad der Verspannungen, sowie die Quantenfilm- und Barrierenbreiten gerade so gewählt sind, daß sich die Verspannung insgesamt kompensiert. Man spricht dann von einer kompensiert-verspannten Struktur, welche den Vorteil hat, daß im Prinzip beliebig viele Töpfe und Barrieren aneinandergereiht werden können, ohne daß die kritische Schichtdicke erreicht wird. Bild 3.16 zeigt an diesem Beispiel, wie durch Wahl der Quantenfilmdicke L_z die Emissionsenergie eingestellt werden kann. Variiert man Mate-

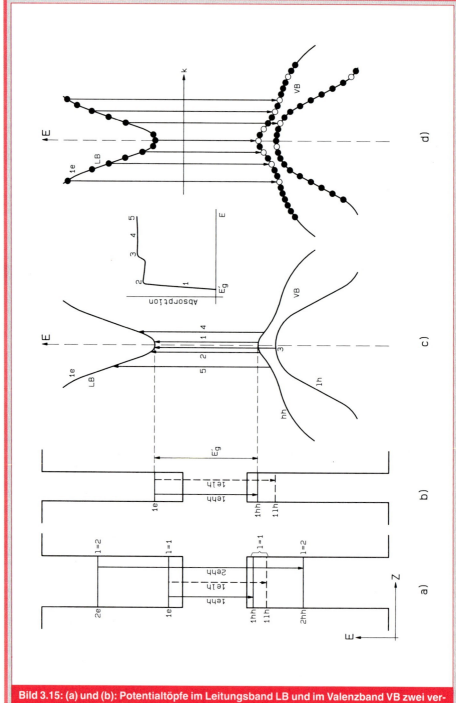

Bild 3.15: (a) und (b): Potentialtöpfe im Leitungsband LB und im Valenzband VB zwei verschieden dicker Quantenfilm-Strukturen. (c) Bandstruktur E(**k**) der in (b) gezeigten Quantenfilmstruktur. Dabei sind optische Absorptionsprozesse eingezeichnet. Im eingesetzten Teilbild ist schematisch das korrespondierende Absorptionsspektrum dargestellt. (d) zeigt strahlende Rekombinationsprozesse.

Materialien für die optische Nachrichtentechnik und deren Eigenschaften

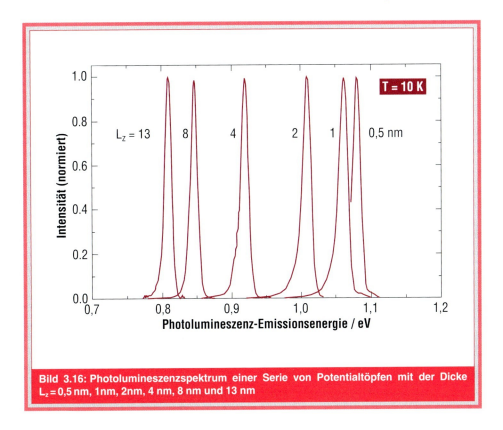

Bild 3.16: Photolumineszenzspektrum einer Serie von Potentialtöpfen mit der Dicke $L_z = 0,5$ nm, 1 nm, 2 nm, 4 nm, 8 nm und 13 nm

rialien, Kompositionsverhältnisse, Verspannungsgrade und Schichtdicken, so lassen sich im Zusammenspiel dieser Größen heute gezielt Halbleiter-Heterostrukturen und Bauelemente mit gewünschten Eigenschaften maßschneidern.

3.2 Anorganische Gläser

Die Materialklasse der Gläser ist heute sowohl in der Technologie als auch im Alltagsgebrauch in außerordentlich großem Umfang vertreten. Diese Vielfalt liegt in der Möglichkeit begründet z.B. in Quarzglas (Siliziumdioxid SiO_2) eine große Anzahl verschiedener Oxide in den unterschiedlichsten Mischungsverhältnissen beimengen zu können und dadurch Gläser mit sehr unterschiedlichen physikalischen Eigenschaften herstellen zu können. Obwohl Glas einer der ältesten vom Menschen synthetisierten Festkörper ist, sind die physikalischen Ursachen für dessen so geschätzte Transparenz immer noch nicht vollständig ergründet. Im Gegenteil, alle Ursachen für lichtabsorbierende Defekte treten in Glas in konzentrierter Form auf: Die Netzstruktur ist fern von einer Idealstruktur, unstöchiometrisch und mit hohen Konzentrationen von Verunreinigungen behaftet. Die Eigenschaften als elektrischer Isolator liegen in einer großen Bandlücke begründet, welche aber aufgrund dieser Tatsachen mit Störtermen geradezu übersät sein müßte. Diesen physikalischen Paradoxa zum Trotz zeichnen sich Gläser jedoch durch eine außergewöhnlich hohe Transparenz aus. Die Transparenz ist in optischen Glasfasern in bestimmten Spektralbereichen besonders ausgeprägt und verhalf u.a. der optischen Nachrichtenübertragungstechnik zum Durchbruch. Im folgenden werden als Beispiel drei Glasarten angeführt, welche sich bezüglich Transmissionseigenschaften, Herstellungskosten, Handhabbarkeit und Einsatzfeldern wesentlich voneinander unterscheiden. In

3. KAPITEL

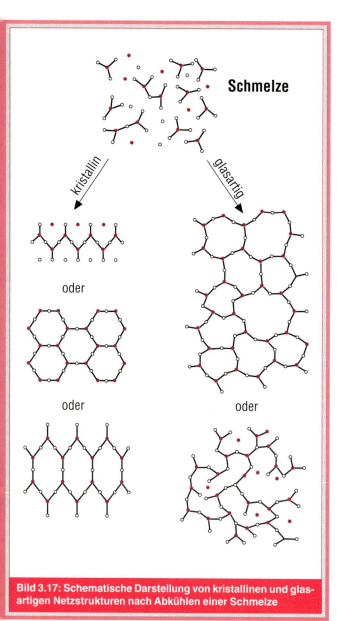

Bild 3.17: Schematische Darstellung von kristallinen und glasartigen Netzstrukturen nach Abkühlen einer Schmelze

3.2.1 Grundlagen und Struktur

Ein Festkörper wird als amorph bezeichnet, wenn er keine Periodizität in der Anordnung seiner molekularen Bestandteile auf einer Längenskala aufweist, welche größer als das etwa Vierfache der Größe dieser Bestandteile ist. Daher kann Glas als amorpher Festkörper charakterisiert werden. Beispielsweise weist Quarzglas (SiO_2) keine langreichweitige Ordnung für Distanzen größer als 1 nm auf, wobei der durchschnittliche Abstand zwischen den Si-Atomen etwa 0,36 nm beträgt. Als Festkörper bezeichnet man ein steifes Material, das nicht zu fließen beginnt, wenn man es moderaten Kräften, Spannungen oder Drehmomenten aussetzt. Um diese Charakterisierung zu quantifizieren: Festkörper weisen Viskositäten oberhalb von 10^{15} poise auf. Trotz der stark anwachsenden Verbreitung und Bedeutung von Gläsern ist es überraschend, wie wenig bisher über den glasartigen Zustand bekannt ist. Im Gegensatz dazu kann aufgrund der nahezu perfekten Ordnung in kristallinen Festkörpern deren Struktur relativ unproblematisch aufgeklärt werden, mit Hilfe von Streuung und Beugung von Strahlung an der Kristallstruktur (z.B. mit der Röntgenstrahlbeugung). Im Gegensatz dazu müssen Gläser ohne die Mithilfe dieser Periodizität charakterisiert werden. Die für die Gläser charakteristische langreichweitige Unordnung erschwert gerade strukturelle Studien und deren Interpretation erheblich. Gläser weisen jedoch zumindest eine kurzreichweitige Ordnung auf einer Skala von 0,2 nm bis 1 nm auf. Diese lokale Ordnung kann mit viel computergestütztem Aufwand und mit speziellen experimentellen Verfahren untersucht werden, welche Röntgenstrahl-, Neutronenstrahl- und Elektronenbeugung mit anderen Analysetechniken verbinden. Durch Unterkühlung einer Schmelze können sowohl kristalline, wie auch glasartige Strukturen entstehen (Bild 3.17). Übersichtsarbeiten zu Glasstrukturen sind in [3.13] zu finden. Die Gebiete lokaler Ordnung können dabei aus einzelnen Atomgruppen (z.B. Tetraedern, oder allgemeiner: Vielflächnern) bestehen. Die Art und Weise, wie diese Atomgruppen beim Abkühlen der Schmelze aneinandergeket-

der Reihe :(a) Na_2O-B_2O_3-SiO_2 (b) SiO_2-GeO_2 (c) ZrF_2-BaF_2-LuF_3-ThF_4-GdF_4-AlF_3 verschiebt sich die spektrale Lage des Dämpfungsminimums von (a) nach (c) immer mehr ins Infrarote, wobei gleichzeitig die maximale optische Transmission erheblich zunimmt und die Handhabbarkeit rapide verschlechtert wird.

tet werden bestimmt, ob es sich bei dem entstandenen Festkörper um ein Glas oder um einen Kristall handelt. Während des Abkühlens versuchen sich die Atome in einer Konfiguration mit niedriger Energie anzuordnen. Dabei kann sich sowohl eine kristalline als auch eine glasartige Struktur ausbilden. Beim Glas werden wesentliche Züge, welche die Unordnung in der Schmelze charakterisieren, in der Struktur eingefroren. Die Vielflächner sind an ihren Ecken aneinandergekettet und bilden so ein kompliziertes dreidimensionales Netzwerk.

3.2.2 Optische Eigenschaften von Quarzglas

Reines Quarzglas (SiO_2) ist eines der reinsten Materialien, das kommerziell verfügbar ist. Es stellt ein wichtiges Ausgangsmaterial für Glasfasern, Prismen und Linsen dar. Das reinste Quarzglas wird durch Gasphasenoxidation oder durch Hydrolyse von $SiCl_4$ gewonnen. Die Herstellung von Glasfasern wird ausführlich in Kap.4.1 beschrieben.

Für den Einsatz von Glasfasern in optischen Telekommunikationssystemen sind primär drei Eigenschaften entscheidend: der optische Verlust (Lichtdämpfung), die Dispersion und die Festigkeit. Der optische Verlust rührt in Fasern von verschiedenen Absorptionsprozessen und der Lichtstreuung her. In modernen Fasern ist es gelungen, die Schwächung des Lichtes aufgrund von Restverunreinigungen (Fremdatome, man spricht von extrinsischen Störstellen) durch spezielle Reinigungs- und Herstellungsverfahren ganz erheblich zu reduzieren. In Fasern auf der Basis von SiO_2 liegen im spektralen Dämpfungsminimum die optischen Verluste heute bereits bei weniger als 0,2 dB/km (Ein Verlust in dieser Größenordnung entspricht über 1 km Strecke einer Transmission von 95 %, 10 dB/km entsprechen einer Transmission von 10 %, 20 dB/km von 1 % u.s.w.). In Bild 4.3 in Kap. 4 ist der Einfluß verschiedener intrinsischer Verlustmechanismen als Funktion der Wellenlänge λ des geführten Lichtes dargestellt. Im ultravioletten Spektralbereich (UV)) dominieren die elektronischen Absorptionsprozesse. Im sichtbaren Spektralbereich und im nahen Infrarot (IR) bis 1,2 µm dominiert die Rayleigh-Streuung an Inhomogenitäten. Im langwelligen Bereich steigen die optischen Verluste durch die Anregung von Schwingungen der atomaren Bindungen (Fachausdruck: Phononen) wieder stark an. Je nach verwendeter Glasart verschieben sich die Absorptionsprofile im IR und im UV spektral. Dies ist physikalisch sofort verständlich, da sich analog zu den Betrachtungen in Kapitel 3.1 die elektronische Bandstruktur und damit das spektrale UV-Absorptionsprofil je nach der Struktur und der Art der den Festkörper aufbauenden Atome stark ändert. Auf der anderen Seite verändern die Massen der Atome und Bindungsstärken die spektrale Lage der IR-Absorption beachtlich. Je nach Anwendungszweck (Leistungsfähigkeit, Wellenlängenfenster, Kosten) kann demnach eine Faser mit entsprechender Glasart gewählt werden. Da die spektrale Charakteristik der Rayleigh-Streuung physikalisch vorgegeben ist, erreicht man eine effiziente Reduzierung des optischen Verlustes nach Bild 4.1 durch eine Verschiebung der IR-Absorption ins Langwellige, vorausgesetzt man würde die Unterdrückung der extrinsischen Verluste in allen Systemen in gleicher Weise beherrschen. Dies hat zur Wahl von Fasern geführt, welche auf SiO_2 - GeO_2 - Gläsern basieren. In diesem System beherrscht man die Unterdrückung von extrinsischen Absorptionen, z.B. durch Übergangsmetalle und OH^--Störstellen, am besten. Absorptionen, die durch OH^--Vibrationen hervorgerufen werden, treten bei 1,38 µm und 1,24 µm auf. Bild 4.1 zeigt die geringsten optischen Verluste bei 1,55 µm. Während bei 1,3 µm ebenfalls nur geringe optische Verluste vorliegen, profitiert man jedoch dort zusätzlich davon, daß die spektralen Dispersion Null ist.

3.2.3 Dotiertes Glas

Durch das definierte Dotieren der Glasfasern können gezielt zusätzliche energetische Zustände in das Bänderschema der Gläser integriert werden. Beispiele für Dotierstoffe sind aus dem periodischen System der Elemente z.B. die „Seltenen Erden" wie Erbium (Er), Neodym (Nd), Praseodym (Pr), Thulium (Tm) und Holmium

(Ho). Diese Dotierstoffe erlauben z.B. die Realisierung von optisch gepumpten Faserverstärkern (vgl. Kap. 4.5) oder Faserlasern.

Alle Seltenen Erden haben dieselbe äußere Elektronenkonfiguration $5s^2 5p^6 6s^2$ (d.h. komplett gefüllte Schalen), während die Zahl der Elektronen, welche die innere 4f Schale besetzen, die optischen Eigenschaften wesentlich bestimmen. Seltene Erden werden meist in dreifach ionisierten Zuständen (z.B. Er^{3+}, Nd^{3+}, Pr^{3+}) eingebaut, indem zwei 6s Elektronen und ein 4f Elektron entfernt werden. Die verbleibenden 4f Elektronen werden durch die vollständig aufgefüllten und weiter außen liegenden 5s- und 5p-Schalen nahezu perfekt abgeschirmt. Die Emissions- und Absorptions-Wellenlängen sind daher weniger von externen Feldern (z.B. herrührend von den Wirtsatomen d.h. der Glasmatrix) als von den Ionen der Seltenen Erden selbst bestimmt. In der Glasmatrix werden diese Elemente entweder auf Netzwerkplätzen oder auf Zwischennetzwerkplätzen eingebaut. Die Wirtsmatrix verursacht erstens die energetische Aufspaltung entarteter Zustände, sowie deren energetische Verbreiterung. Insbesondere der zweite Mechanismus ist für den Einsatz in Faserverstärkern sehr erwünscht, da der spektrale Verstärkungsbereich dadurch ausgedehnt wird.

Dotiert man Gläser mit Seltenen Erden, so werden die atomaren Niveaus durch den Einfluß der sie umgebenden Glasmatrix nicht wesentlich verändert. Treffenderweise spricht man bei einer derartigen Konstellation von einem Gast-Wirts-Verhältnis (in dem vorliegenden Fall beim Glas von der Wirtsmatrix und beim Dotierstoff vom Gast). Physikalisch gesehen erfordert ein auf Glas basierender optischer Verstärker, daß der Gast im Energieraum mindestens drei geeignete Energieniveaus aufweist (Bild 3.18).

Durch eine externe Lichtquelle (z.B. einen Pumplaser) wird den Seltenen Erd-Ionen Energie zugeführt, indem Elektronen durch resonante Lichteinstrahlung aus einem Grundzustand E_1 in einen Energiezustand E_3 angehoben werden. Diese Energie wird dort eine kurze Zeit gespeichert und teilweise an die zu verstärkende Signalwelle transferiert (stimulierte Emission). In dem Fall, in welchem die Energie eines Signalphotons gerade der Energiedifferenz $E_3 - E_2$ entspricht, kann dieses Photon ein Elektron, das sich im Energiezustand E_3 befindet, veranlassen, in den Energiezustand E_2 überzugehen. Dieser Vorgang läuft unter Aussendung eines Photons der Energie $E_3 - E_2$ ab, wodurch der gewünschte Verstärkungseffekt eintritt. Bei der Auswahl geeigneter Dotier-Atome ist auf zwei Dinge zu achten: Erstens muß ein Ion gefunden werden, welches nach Einbau in die Glasmatrix, eine Energiedifferenz $E_3 - E_2$ aufweist, die dem gewünschten Spektralbereich (z.B. um 1,3 µm oder z.B. um 1,55 µm) entspricht. Zweitens muß das Energieniveausystem eine optische Anregung des Übergangs $E_3 - E_1$ ermöglichen, die mit einem existierenden, verläßlichen und kostengünstigen Pumplaser realisiert werden kann. Er-dotiertes SiO_2-GeO_2-P_2O_5-Glas erfüllt diese und weitere Bedingungen für 1,55 µm hervorragend und führte zu einer revolutionären Entwicklung im 1,55-µm-Fasterfenster, ausgelöst durch diesen leistungsfähigen und extrem rauscharmen Faserverstärker.

Mit Neodym (Nd) war im SiO_2-GeO_2-P_2O_5-Glas auch bald ein Kandidat für das 1,3-µm-Transmissionsfenster gefunden. Allerdings erwiesen sich die spektralen Verstärkungsprofile als etwas zu langwellig. Als ein sehr aussichtsreicher Dotierstoff erwies sich schließlich Praseodym (Pr). Leider erlebte man eine Überaschung, nachdem Pr in die SiO_2-GeO_2-P_2O_5 Matrix dotiert wurde: die Lebensdauer des angeregten Zustandes E_3 stellte sich mit 1 µs [3.14; 3.15] als viel zu kurz heraus, im Vergleich zu den 10 ms, welche beispielsweise in Er-dotierten Glas gemessen wurden. Ein alternatives Wirtsmaterial wurde in den ursprünglich für die Telekommunikation über ultralange Distanzen untersuchten Schwermetall-Fluorid-Gläsern gefunden. Es ist momentan die aussichtsreichste Konstellation, um bei 1,3 µm einen leistungsfähigen Faserverstärker zu realisieren, der jedoch verglichen mit dem Er-dotierten Faserverstärker aus den in Kap. 3.2.4 genannten Gründen noch in der Entwicklungsphase steckt.

Bilder 3.19 (a) und (b) zeigen die spektrale Absorptions- und Emissions-Charakteristik von Er^{3+} und Nd^{3+}-dotiertem SiO_2-

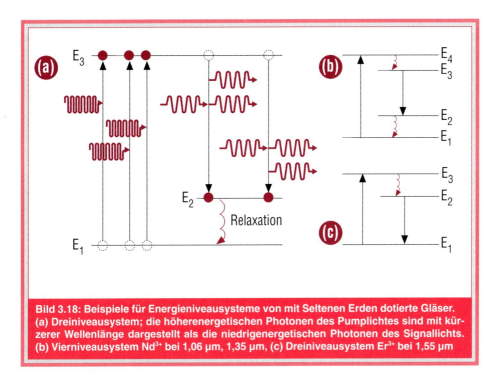

Bild 3.18: Beispiele für Energieniveausysteme von mit Seltenen Erden dotierte Gläser. (a) Dreiniveausystem; die höherenergetischen Photonen des Pumplichtes sind mit kürzerer Wellenlänge dargestellt als die niedrigenergetischen Photonen des Signallichts. (b) Vierniveausystem Nd^{3+} bei 1,06 μm, 1,35 μm, (c) Dreiniveausystem Er^{3+} bei 1,55 μm

GeO_2-P_2O_5-Glas. Er-dotiertes Glas läßt sich am effizientesten bei 980 nm und 1,48 μm, sowie weniger wirksam bei 820 nm pumpen.

Verstärkungsbänder liegen bei 1,55 μm und ermöglichen dort innerhalb von etwa 30 nm die extrem rauscharme Verstärkung optischer Signale. Das genaue spektrale Emissionsprofil variiert sehr stark mit der Zusammensetzung, typisch ist jedoch immer eine spektrale Doppelpeak-Struktur. Nd-dotiertes Glas besitzt drei wichtige Emissions-Bänder bei 1,32 μm, 1,06 μm und 0,9 μm.

Für das 2. Telekommunikationsfenster (II) liegt das entsprechende Emissionsband leider etwas zu langwellig. Bemerkenswert ist, daß es aufgrund der komplizierten Mehrniveau-Systeme, zu einem spektralen Überlapp der Absorptions- und Emissionsbänder kommen kann {bei 1,55 μm im Falle (a) und bei 0,9 μm im Falle (b)}. Die Spektren können bezüglich spektraler Bandenlagen und relativer Maxima verändert werden, indem die Wirtsmatrix, d.h. die Glaszusammensetzung modifiziert wird. Eine gute und umfangreiche Übersichtsarbeit zu dotierten Gläsern und Faserverstärkern zeigt Ref. [3.16] und interessante Beiträge zu speziellen Details sind in den Literaturstellen [3.17 bis 3.19] enthalten.

3.2.4 Fluoridglas

Fluoridgläser wurden ab dem Jahre 1974 synthetisiert und untersucht [3.20]. Bald danach erkannte man, daß, verglichen mit Quarzgläsern, die Fluoridgläser Transparenzeigenschaften besitzen, welche spektral wesentlich weiter in den langwelligen Bereich hineinreichen. Der Grund dafür ist die spektrale Verschiebung der Multi-Phononen-Absorptionskante durch den Einbau wesentlich schwererer Ionen. Da die Rayleigh-Streuung mit wachsender Wellenlänge sehr stark abnimmt, sind die Fluoridgläser potentielle Kandidaten, um bei längeren Wellenlängen Fasern mit geringsten optischen Verlusten zu realisieren. Nachdem die Möglichkeiten, welche diese neue Materialklasse für die Telekommunikation bietet, erkannt waren, folgten bald

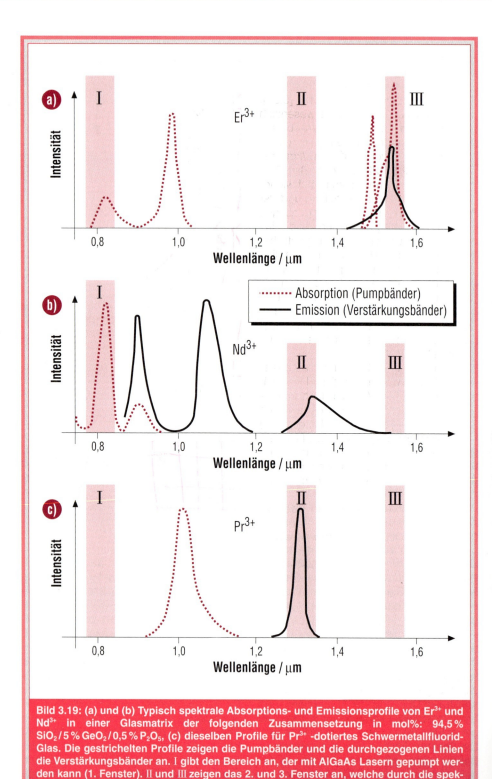

Bild 3.19: (a) und (b) Typisch spektrale Absorptions- und Emissionsprofile von Er^{3+} und Nd^{3+} in einer Glasmatrix der folgenden Zusammensetzung in mol%: 94,5 % SiO_2 / 5 % GeO_2 / 0,5 % P_2O_5, (c) dieselben Profile für Pr^{3+}-dotiertes Schwermetallfluorid-Glas. Die gestrichelten Profile zeigen die Pumpbänder und die durchgezogenen Linien die Verstärkungsbänder an. I gibt den Bereich an, der mit AlGaAs Lasern gepumpt werden kann (1. Fenster). II und III zeigen das 2. und 3. Fenster an, welche durch die spektrale Dämpfungscharakteristik der Quarzglasfaser definiert sind.

theoretische Abschätzungen der Grenzen der Transmission sowie optimaler Spektralbereiche. Bei einer Trägerwellenlänge von $\lambda = 3{,}5\,\mu m$ wurden die theoretischen Verluste mit 10^{-3} dB/km abgeschätzt [3.21]. Neuere Abschätzungen, in die wesentlich verbesserte experimentelle Ergebnisse einflossen, ergaben eine geringstmögliche Abschwächung von 10^{-2} dB/km bei $\lambda = 2{,}5\,\mu m$ [3.22; 322a], wie in Bild 3.20 dargestellt ist. Technologische Schwierigkeiten bei der Materialherstellung und der Faserpräparation, sowie die ungünstigen mechanischen Eigenschaften und das Verhalten in feuchter Umgebungsluft, haben die Euphorie aber wieder erheblich gedämpft. Die momentan praktisch erzielten Dämpfungswerte der Fluoridfasern zeigen, daß noch viel Forschungs- und Entwicklungsarbeit auf dem Weg zum Fernziel, der zwischenverstärkerfreien transozeanischen optischen Fasersysteme geleistet werden muß.

Wie auch bei den auf Quarzglas basierenden Fasern werden bei den Fluoridgläsern die optischen Verluste nach intrinsischen und extrinsischen Mechanismen eingeteilt, wobei eine weitere Unterteilung in Absorptions- und in Streuverluste erfolgt. Die drei Quellen der intrinsischen Verluste sind die UV-Absorption, die Rayleigh-Streuung und die Multiphononen-Absorption.

Extrinsische Verluste können überwiegend auf Störstellen-Absorption und die Streuung an in der Glasmatrix eingeschlossenen Mikrokristalliten zurückgeführt werden. Im periodischen System der Elemente absorbieren die meisten Übergangselemente und Seltenen Erden im nahen IR, so daß eine sehr aufwendige Reinigungstechnologie verwendet werden muß. In den Fluoridgläsern ist die Bildung von Mikrokristalliten wesentlich wahrscheinlicher als in Quarzgläsern. Ein weiteres Problem der Fluoridfasern ist ihre Brüchigkeit und ihre Empfindlichkeit gegenüber externen Einflüssen wie Feuchtigkeit. Da Fluoridfasern gewissermaßen wasserlöslich sind, kann auf eine hermetisch abdichtende, schützende Vergütung (engl.: coating) z.B aus MgO oder MgF_2 nicht verzichtet werden.

Trotz der großen technologischen Schwierigkeiten ist es gelungen, auf einem kurzen Fluoridfaserstück eine Dämpfung von nur 0,025 dB/km zu erreichen [3.23]. Eine Sammlung von interessanten Übersichtsartikeln ist in Ref. [3.24] enthalten.

Durch die Dotierung von Fluoridfasern mit Tm, Ho, Er, Pr und Nd können neben der Anwendung in Faserverstärkern auch Faserlaser hergestellt werden, welche in den Wellenlängenbereichen zwischen $0{,}5\,\mu m$ und $3\,\mu m$ emittieren. Fluoridfasern können wesentlich intensiver als Quarzglasfasern mit anderen Stoffen dotiert werden und versprechen dadurch in Faserverstärkern eine höhere Effizienz. Bild 3.21 zeigt die spektrale Kleinsignal-Verstärkung eines Fluoridfaserverstärkers nach Ref. [3.15].

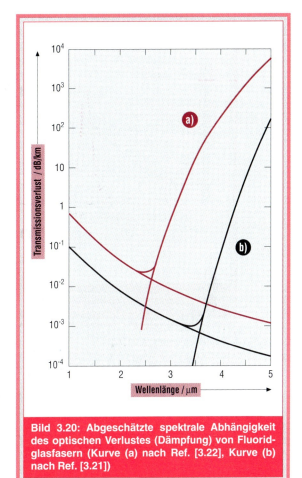

Bild 3.20: Abgeschätzte spektrale Abhängigkeit des optischen Verlustes (Dämpfung) von Fluoridglasfasern (Kurve (a) nach Ref. [3.22], Kurve (b) nach Ref. [3.21])

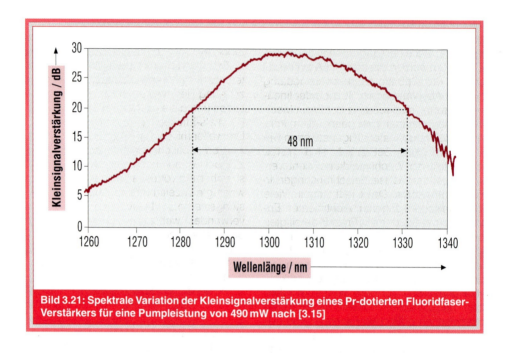

Bild 3.21: Spektrale Variation der Kleinsignalverstärkung eines Pr-dotierten Fluoridfaser-Verstärkers für eine Pumpleistung von 490 mW nach [3.15]

3.3 Polymere

Polymere sind in der modernen Photonik zu einer essentiellen Materialklasse avanciert, der für die Zukunft eine noch steigende Bedeutung vorausgesagt wird und die zukünftig einen wichtigen Platz einnehmen wird neben III/V-Halbleitern, Element-Halbleitern und anorganischen Materialien wie Lithium Niobat ($LiNbO_3$). Polymere sind makromolekulare Strukturen, in denen unzählige kleine molekulare Untereinheiten (Monomere) aneinandergekoppelt und verkettet sind.

Das Molekulargewicht der Polymere variiert dabei je nach Typ und Struktur zwischen einigen 10000 und Unendlich bei vernetzten Strukturen. Polymere sind für optoelektronische System-Anwendungen nicht nur wegen der kostengünstigen Herstellungsmöglichkeiten von optischen Wellenleitern interessant, sondern vor allem auch wegen ihrer optisch nichtlinearen Eigenschaften zweiter und dritter Ordnung und der damit verbundenen Möglichkeiten elektrooptische und opto-optische Schaltvorgänge zu realisieren.

In der Vergangenheit wurden nichtlineare optische Eigenschaften vor allem in anorganischen Kristallen und Halbleitern untersucht. Heutzutage stehen organische und polymere Festkörper für die nichtlineare Optik in optoelektronischen Systemen im Brennpunkt des Interesses, insbesondere deshalb, weil die Materialnichtlinearitäten häufig sehr groß sind und sich die für Produktionsprozesse von optischen Chips notwendigen großflächigen Substrate auf einfache Weise und in hoher optischer Qualität herstellen lassen.

Darüber hinaus bietet die schier unerschöpfliche Vielfalt an verfügbaren und zukünftig zu entwickelnden optisch nichtlinearen Chromophor-Verbindungen und Polymermatrizen durch geschickte Kombination von Materialprofilen die Möglichkeit, die für die Anwendung so wichtigen Eigenschaften wie die optische Nichtlinearität, die optische Transparenz sowie die Temperatur- und Langzeitstabilität und die Strukturierbarkeit synthetisch maßzuschneidern. Dieses bedeutende Anwendungspotential der Polymere motiviert derzeit eine Vielzahl von Arbeitsgruppen, immer besser auf die Anwendung in optischen Netzen hin ausgerichtete Eigenschaftsprofile zu realisieren und das in der Polymertechnik liegende Potential der Integrierbarkeit mit anderen Bauelement- und Materialtechnologien zu nutzen.

3.3.1 Nichtlineare Optik

Die nichtlineare Optik hat in der letzten Zeit aufgrund ihrer vielfältigen Anwendungen in der Optoelektronik an Bedeutung gewonnen. Während im Bereich der linearen Optik i.a. die Frequenz der in ein Medium eingestrahlten optischen Welle konstant bleibt und Materialeigenschaften wie Brechzahl und Absorptivität sich infolge der optischen Wechselwirkung nicht verändern, gelten diese Einschränkungen in der nichtlinearen Optik nicht mehr. Viele der Effekte, welche vom nichtlinearen Energieaustausch der am Prozeß beteiligten Wellen verursacht werden, können für Funktionen in der optischen Informationsverarbeitung genutzt werden. Beispiele sind die optische Verstärkung, die elektro-optische Modulation, optisches Schalten und die Erzeugung von Summen- und Differenzfrequenzen. Alle diese Prozesse sind mit den elektromagnetischen Materialgleichungen verknüpft, welche die in der elektrischen Feldstärke **E** nichtlinearen Anteile der Polarisation **P** enthalten. Entscheidend sind hierbei die nichtlinearen optischen Materialeigenschaften oder genauer die Suszeptibilitätstensoren, welche die Polarisation mit quadratischen, kubischen und höheren Potenzen der elektrischen Feldstärken verknüpfen.

$$P_i(f) = P_i^0 + \chi_{ij}^{(1)}(-f)\, E_j(f) +$$
$$\chi_{ijk}^{(2)}(-f;f_1,f_2)\, E_j(f_1)\, E_k(f_2) +$$
$$\chi_{ijkl}^{(3)}(-f;f_1,f_2,f_3)\, E_j(f_1)\, E_k(f_2)\, E_l(f_3) + \ldots \quad (3.10)$$

In Gl. (3.10) beschreibt $\chi_{ij}^{(1)}$ einen Prozeß erster Ordnung und deckt somit den gesamten Bereich der linearen Optik ab (Brechung und Absorption). $\chi_{ijk}^{(2)}$ beschreibt folglich einen Prozeß zweiter und $\chi_{ijkl}^{(3)}$ einen Prozeß dritter Ordnung. Hierbei ist eine Summation über identische Indizes angenommen. Die Tensoren weisen wichtige Symmetrie-Eigenschaften auf: Während für die Tensoren geradzahliger Stufe $\chi_{ij}^{(1)}$ und $\chi_{ijkl}^{(3)}$ (die Stufe ist durch die Zahl der Indizes bestimmt), die nichtlinearen Tensorkomponenten auch in zentrosymmetrischen Materialien von Null verschieden sind, ist eine strukturelle Nichtzentrosymmetrie für die Existenz von Komponenten der Tensoren ungeradzahliger Stufe ($\chi_{ijk}^{(2)}$) zwingend notwendig.

Zwei für die Anwendung besonders interessante $\chi^{(2)}$- Anwendungen sind die Erzeugung der zweiten optischen Harmonischen und die elektro-optische Modulation (Pockels-Effekt), beides Spezialfälle der Dreiwellenmischung. Die Erzeugung der zweiten optischen Harmonischen kann z.B. bei der hochdichten optischen Datenspeicherung vorteilhaft eingesetzt werden, wenn gleichzeitig kostengünstige und leistungsstarke Dauerstrich-Laserdioden verwendet werden, die im sichtbaren Spektralbereich emittieren.

Mit der Frequenzverdopplung erfolgt näherungsweise eine Halbierung der Lichtwellenlänge und man erreicht aufgrund kleinerer beugungsbegrenzter Fokusse ungefähr eine Vervierfachung der Speicherdichte. Der Pockels-Effekt (linear elektro-optischer Effekt) bildet die Grundlage für das elektro-optische Schalten und beschreibt die Änderung der Brechzahl eines Materials durch das Anlegen eines niederfrequenten elektrischen Feldes. Damit diese Effekte auftreten können, müssen wie oben bereits teilweise erwähnt zwei Bedingungen erfüllt sein: erstens darf das Material kein Symmetriezentrum aufweisen und zweitens muß sich zur Erzielung maximaler Effizienz der Frequenzverdopplung das Licht im Kristall in der Richtung ausbreiten, in der die optische Doppelbrechung des Festkörpers die natürliche Dispersion auslöscht, was zu dem Zustand gleicher Brechzahlen bei der fundamentalen und der zweiten harmonischen Frequenz führt.

Dies ist als „Phasenanpassung" bekannt und ermöglicht die Konversion eines Teils des Lichtes in die zweite Harmonische. Ferner muß das Material eine langreichweitige strukturelle Ordnung zeigen und optische Transparenz im Spektralbereich der fundamentalen und der zweiten harmonischen Welle aufweisen, um optische Verluste zu vermeiden. Der für schnelle elektrooptische Modulation mit Schaltzeiten im Sub-Pikosekundenbereich wesentliche Pockels-Koeffizient r ist direkt proportional zur nichtlinearen Suszeptibilität zweiter Ordnung $\chi^{(2)}$. Der Pockels-Effekt bewirkt eine Deformation des Brechzahlellipsoids unter Einwirkung eines externen elektrischen Feldes gemäß

$$\Delta (1/n^2)_i = \sum_{j=1}^{3} r_{ij} E_j, \quad r_{ij} \sim \chi^{(2)} \quad (3.11)$$

wobei n die Brechzahl ist (i läuft von 1 bis 6). Ist die Materialnichtlinearität groß genug, lassen sich selbst mit kleinen Feldern (5 V/µm) in Mikrointerferometern so große Brechzahlunterschiede und damit optische Gangdifferenzen erzeugen, so daß Licht voll durchmoduliert werden kann. Dabei wird deutlich, daß neben den nichtlinearen Eigenschaften auch insbesondere die Strukturierbarkeit eines Materials von entscheidender Bedeutung ist.

Der mit $\chi^{(3)}$ behaftete Term führt zum Vierwellenmischen (Effekte dritter Ordnung) und beschreibt als Spezialfälle die Frequenzverdreifachung und den Kerr - Effekt. Für die Anwendung besonders interessant ist die intensitätsabhängige Brechzahl eines $\chi^{(3)}$ - Materials. Hiermit lassen sich z.B. Resonatorstrukturen realisieren, die je nach Anwesenheit einer optischen Schaltwelle die Blockierung oder die Transmission einer optischen Signalwelle realisieren (all optical switching). Die Suszeptibilität $\chi^{(3)}$ muß allerdings groß genug sein, um eine ausreichende Änderung in den Ausbreitungseigenschaften eines optischen Strahls über die Bauelementelänge L zu verursachen. Gleichzeitig dürfen aber auch die Absorptionsverluste nur sehr gering sein, was zu einer Beschränkung auf nichtresonante Effekte zwingt. Konjugierte Polymere sind typische optisch nichtlineare Materialien 3.Ordnung, die für die Anwendung in „all-optical devices" untersucht werden, für die aber bisher noch zu kleine optische Nichtlinearitäten erreicht wurden. Völlig neue Perspektiven eröffnen hier neueste Entwicklungen wie „Optical Cascading". Hiermit lassen sich um Größenordnungen stärkere Effekte erzeugen und in Bauelementen nutzen, die vollkommen optisch arbeiten.

3.3.2 Prinzipien des strukturellen Aufbaus

Polymere lassen sich, wie in Bild 3.22 schematisch dargestellt, in zwei Gruppen

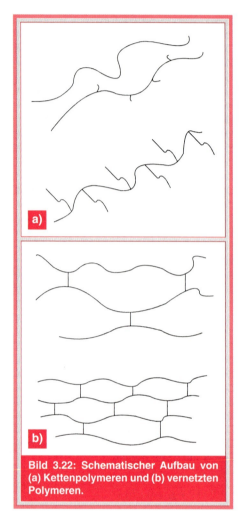

Bild 3.22: Schematischer Aufbau von (a) Kettenpolymeren und (b) vernetzten Polymeren.

klassifizieren: (a) lineare Polymere (Bild 3.22a) (oben: Hauptkettenpolymere, unten: Seitenkettenpolymere) und (b) kovalent vernetzte Polymere (Bild 3.22b).

Lineare Polymere zeigen i.a. thermoplastisches Verhalten. Oberhalb der sogenannten Glastemperatur nimmt die Beweglichkeit der molekularen Komponenten stark zu und Verformung wird möglich. Analog zu den anorganischen Gläsern (Kap.3.2) kennzeichnet die Glastemperatur jene Temperatur, bei der sich beim Abkühlen der Schmelze ein Festkörper bildet.

Polydicetylen (Bild 3.23a) stellt ein simples organisches $\chi^{(3)}$ -Polymer mit konjugierten Bindungen dar, weist jedoch schlechte physikalische und mechanische Eigenschaften auf. Diese lassen sich verändern und verbessern, z.B. durch den Einbau aromatischer Ringe, die gezielte Substitution mit Stickstoff (N), Schwefel (S) und Sauerstoff (O), sowie den gezielten Anbau von Seitengruppen (Bilder 3.23 b - f).

3.3.3 Struktur-Eigenschaftsbeziehungen bei optisch nichtlinearen Polymeren

Die Einsetzbarkeit von Polymeren als nichtlinear optische Materialien in Bauelementen kann mit zwei wesentlichen Freiheitsgraden beeinflußt werden. Der eine wird durch den molekularen Träger der op-

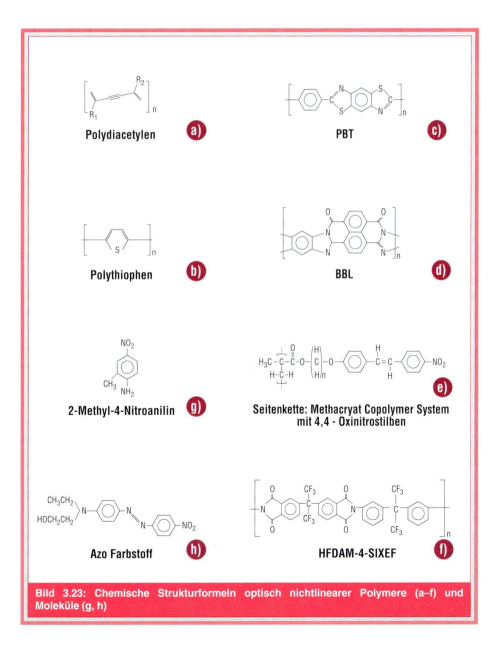

Bild 3.23: Chemische Strukturformeln optisch nichtlinearer Polymere (a–f) und Moleküle (g, h)

tischen Nichtlinearität d.h. den optisch nichtlinearen Chromophor, der andere durch die Polymermatrix repräsentiert (in Spezialfällen, wie z.B. bei manchen konjugierten $\chi^{(3)}$-Polymeren können diese beiden Funktionseinheiten zusammenfallen). An die optisch nichtlinearen Chromophore werden in der Regel die Anforderungen nach hoher molekularer Hyperpolarisierbarkeit, hoher Temperaturbeständigkeit und nach einer mit der spezifischen Anwendung verträglichen Absorptions-Charakteristik gestellt. Die Polymermatrix soll einerseits eine hohe Chromophordichte erlauben, andererseits hohe thermische Stabilität garantieren, bei gleichzeitiger guter Verarbeitbarkeit zu dünnen Filmen, sowie andererseits hohe optische Qualität und niedrige Dämpfung ermöglichen, speziell bei den für Telekommunikations-Anwendungen relevanten Wellenlängen im Infrarotbereich.

Insbesondere für $\chi^{(2)}$-Anwendungen wie z.B. den schnellen elektrooptischen Modulator können heute dank des enorm ausgeweiteten Potentials der organischen Chemie Moleküle mit besonders großen Nichtlinearitäten maßgeschneidert werden, wofür sich heute der englische Begriff „molecular engineering" eingebürgert hat [3.25; 3.26; 3.27]. Für die Realisierung der erforderlichen hohen molekularen Nichtlinearitäten spielt die π-Elektronendichte insbesondere in langgestreckten konjugierten Molekülen eine besondere Rolle (Bild 3.23) [3.28]. Aus diesen Molekülen werden für die Anwendung in der Photonik spezielle Materialien synthetisiert, was auf zwei Wegen geschehen kann. Im ersten Fall ist es für eine Reihe verschiedener Moleküle gelungen, Molekülkristalle zu züchten, die eine 40-fach wirksamere Frequenzverdopplung als das anorganische dielektrische Material $LiNbO_3$ aufweist. Leider ist die Wellenleiterherstellung aus diesen Materialien immer noch sehr problematisch. Im zweiten und wesentlich vielversprechenderen Fall hat man erreicht, die optisch nichtlinearen Moleküle in Polymeren zu integrieren. Dabei müssen wegen der erwähnten notwendigen Nichtzentrosymmetrie geeignete Elektron-Donatoren und -Akzeptoren wie z.B. Amino- oder Nitrogruppen an die konjugierten Strukturen geknüpft werden. Diese sogenannten optisch nichtlinearen Chromophore (Bild 3.23 g, h) können nun entweder in der Polymermatrix gelöst (Bild 3.23 h) oder mit wesentlich besseren Ergebnissen kovalent in der Hauptkette oder als Seitengruppen (Bild 3.23e) gebunden werden. Beispiele hierfür sind: der in Bild 3.23 h dargestellte Azo-Farbstoff, der als Molekül in Polymeren z. B. in Polymethylmethacrylat (PMMA) gelöst werden kann, sowie das in Bild 3.23e gezeigte Oxynitrostilben, das als Seitenkette im Methacrylatgerüst eingebaut werden kann. Im Rahmen dieser Einführung können nur wenige Substanzen als Beispiel angesprochen werden. Es sei an dieser Stelle empfohlen, sich mit Hilfe der Literatur mit den vielfältigen chemischen Strukturen und deren physikalischen Eigenschaften vertraut zu machen.

Da für $\chi^{(2)}$-Anwendungen nicht nur die mikroskopische d.h. molekulare Struktur nichtzentrosymmetrisch sein muß, sondern auch die Ausrichtung der Chromophore polar sein muß, ist eine einmalige Ausrichtung der Chromophore in einem starken elektrischen Feld notwendig (Polung). Dies geschieht im beweglichen Zustand des Polymers oberhalb der Glastemperatur. Nach dem Abkühlen auf Betriebstemperatur wird dieser nichtzentrosymmetrische Zustand eingefroren. Die Langzeitstabilität dieser Orientierungsordnung auch bei hohen Temperaturen ist ein wesentliches Einsatzkriterium, wobei die Polymere in ihrer Stabilität immer noch weit hinter den III/V-Halbleitern, den Elementhalbleitern und den anorganischen Dielektrika zurückstehen.

3.3.4 Optische, elektronische und mechanische Eigenschaften

Im folgenden werden nacheinander einige wichtige Eigenschaften der Polymere angesprochen, wie z. B. mechanische Stabilität, optische Dämpfung, elektrische Leitfähigkeit und Suszeptibilität.

Organische und polymere Festkörper sind gut zu verarbeiten, weisen gute mechanische Eigenschaften auf und sind kostengünstig zu produzieren. Die Flexibilität bezüglich der Prozessierung ist ein wichtiger Vorteil, worin sich organische, optisch nichtlineare Polymere gegenüber anorganischen, optisch nichtlinearen Materialien auszeichnen.

Für Anwendungen in Bauelementen ist jedoch auch die zeitliche und thermische Stabilität von optischen Eigenschaften äußerst wichtig. Bild 3.24 zeigt als Beispiel die Degradation des elektro-optischen Koeffizienten r_{33} über der Zeit. Hier konnten in den letzten Jahren erhebliche Fortschritte durch den Einsatz von speziellen Hauptkettenstrukturen mit hoher Steifigkeit erzielt werden, welche die Position der Polymere gegenüber den in dieser Hinsicht vorteilhafteren Halbleitern und anorganischen Dielektrika deutlich verbessert hat, so daß nun die deutlich höheren Nichtlinearitäten und die extreme mögliche Bandbreite sowie die hervorragende Verarbeitbarkeit und Strukturierbarkeit zum Einsatz kommen können.

Polymerfasern werden in der Zukunft bei der optischen Datenübertragung über kurze Distanzen eine immer wichtigere Rolle spielen.

Bild 3.25 zeigt die spektrale Dämpfung einiger Polymerfasern [3.29]. In Polymerfasern stellen wie in Glasfasern Streuung und Absorption Verlustmechanismen dar. Die Streuung findet im Material an Strukturen in der Größenordnung der Lichtwellenlänge statt, wie z.B. Inhomogenitäten, Dotierklustern, Verunreinigungen und Oberflächenkratzern. Absorptionsverluste resultieren erstens aus Anregungen von Streckschwingungen der Seitenketten-Moleküle und der Polymerketten sowie zweitens von elektronischen Anregungen der Dotierstoffe und Verunreinigungen. In ISO/PMMA-Fasern wurde bei 1,3 µm beispielsweise eine Lichtschwächung von 20 dB/km ermittelt, welche sich durch Deuterieren und die damit verbundene Reduktion der Absorption typischerweise noch um den Faktor 10 reduzieren läßt (PMMA: Polymethylmethacrylat).

Durch den Einbau von Metallen oder organometallischen Gruppen in Polymeren kann die elektrische Leitfähigkeit beträchtlich erhöht und gezielt eingestellt werden. Betrachtet man die elektronischen Eigenschaften, so findet man Polymere mit hervorragend isolierenden, halbleitenden bis hin zu metallischen Eigenschaften (Bild 3.26). In halbleitenden Polymeren, welche über eine entsprechend breite energetische Bandlücke E_g verfügen, kann Photoleitung ausgenutzt werden. Photoleitung ist ein durch äußere Lichtinjektion induziertes An-

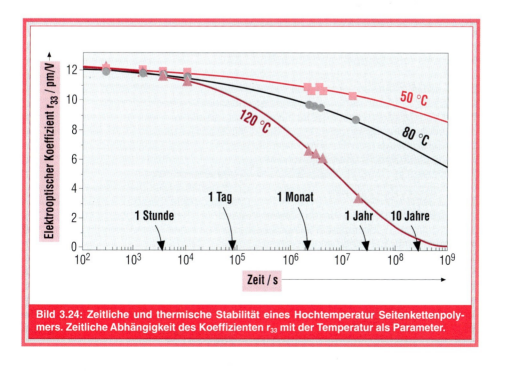

Bild 3.24: Zeitliche und thermische Stabilität eines Hochtemperatur Seitenkettenpolymers. Zeitliche Abhängigkeit des Koeffizienten r_{33} mit der Temperatur als Parameter.

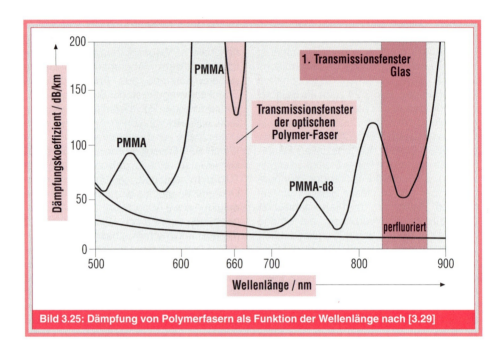

Bild 3.25: Dämpfung von Polymerfasern als Funktion der Wellenlänge nach [3.29]

wachsen des Stromflusses bei angelegtem elektrischem Feld. Dabei wird genau wie bei Element- oder III/V-Halbleitern durch die Absorption eines Photons ($E_{phot} > E_g$) ein Elektron-Loch Paar generiert, bestehend aus einem frei beweglichen Elektron im Leitungsband und einem frei beweglichen Loch im Valenzband (vgl. Kap. 3.1.2). Deshalb besitzt dieser Prozeß ein spektrales Schwellenverhalten.

Für konkrete Anwendungen muß ferner ein präzises Einstellen der Lebensdauer der freien Ladungsträger und eine Reduzierung des Ladungsträgereinfangs in tiefen Störstellen erreicht werden. Es wird erwartet, daß leitende Polymere und organische Molekülkristalle in der Molekular-Elektronik zukünftig eine sehr wichtige Rolle spielen [3.30; 3.31].

Im folgenden werden weitere Zahlenwerte optisch nichtlinearer Kenngrößen anhand einiger Beispiele angesprochen. In PMMA gelöste Azo-Farbstoff Moleküle (Bild 3.23h) erzielen nach einer Polung im elektrischen Feld bei $6 \cdot 10^6$ V/cm einen elektrooptischen Koeffizient von r_{33} = 2,4 pm/V für eine Molekülkonzentration von c_{mol} = $2,7 \cdot 10^{20}$ cm^{-3}. Der Einbau als Molekül-Seitenkette dagegen erlaubt die Realisierung wesentlich stärkerer Nichtlinearitäten wie z.B. Oxynitrostilben (Bild 3.23e) als Seitenkette im Methacrylat-Gerüst. Eine Untersuchung der Suszeptibilität $\chi^{(3)}$ ist als Funktion von c_{mol} für eine sehr große Zahl verschiedener Molekülstrukturen durchgeführt worden.

Dabei wurde viel an Einsicht darüber gewonnen, wie sich bestimmte optisch nichtlineare Eigenschaften durch gezielte Änderung der chemischen Struktur maßschneidern lassen. Interessierte Leser seien an dieser Stelle an die weiterführende Literatur verwiesen [3.28; 3.29; 3.32; 3.33; 3.34]. Dieses Kapitel über Polymere ist als Einführung und als erste Orientierungshilfe gedacht, die durch das Studium einer im folgenden angefügten Auswahl von Fachliteratur vertieft werden kann. Ein aktueller, sehr ausführlicher Übersichtsartikel über optisch nichtlineare Polymere zweiter Ordnung stellt Ref. [3.33] dar. Zwei Sammlungen von Einzelbeiträgen aktueller Arbeiten zu Polymeren sind folgenden Themen gewidmet: Polymere in der Lichtwellenleitertechnik und der integrierten Optoelektronik [3.29] und grundlegende Eigenschaften mit Schwergewicht auf die Größen $\chi^{(2)}$ und $\chi^{(3)}$ [3.32].

MATERIALIEN FÜR DIE OPTISCHE NACHRICHTENTECHNIK UND DEREN EIGENSCHAFTEN

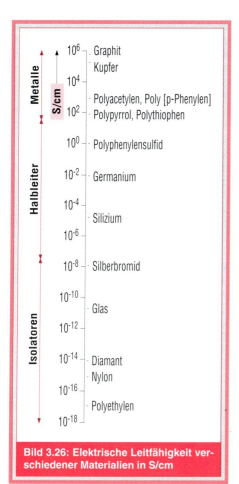

Bild 3.26: Elektrische Leitfähigkeit verschiedener Materialien in S/cm

Verfahren ähnelt gewissermaßen dem Halbleiterwachstum mit der „atomic layer MBE" (siehe Kap. 5.1) ist aber sehr aufwendig und liefert, im Gegensatz zur Aufschleudertechnik, noch nicht die erforderliche optische Qualität (Streuverluste) und mechanische Stabilität. Die Definition von Streifen-Wellenleitern erfolgt danach durch photolithographische Techniken, in Kombination mit Ätz-, Implantations-, Aufdampf- und Einlegiertechniken.

Bild 3.27 zeigt eine Raster-Elektronen-Mikroskop-Aufnahme eines optisch nichtlinearen Polymers mit hoher Glastemperatur [3.27]. Typische Wellenleiterbreiten liegen für Polymere auf Si-Substraten zwischen 5 µm und 64 µm [3.29]. Die Prozeßbeherrschung bei Filmherstellung und Polung ist essentiell für die resultierende optische Qualität des Wellenleiters. Heute werden bei 1,55 µm Dämpfungsverluste von 0,5 dB/cm in hocheffizienten elektrooptischen Polymer-Bauelementen erreicht und von deutlich unter 0,5 dB/cm in rein passiven Komponenten. Falls Kunststoffsubstrate verwendet werden, sind sehr einfache und äußerst kostengünstige Multikanal-Steckverbindungen realisierbar [3.29].

3.3.5 Herstellung von optischen Wellenleitern

Polymere mit optisch nichtlinearen Chromophoren können mit verschiedenen Verfahren auf Glas- oder Halbleiter-Substrate aufgebracht werden, wie z.B. durch Aufschleudern, durch Tauchbeschichtung oder durch Anwendung der Langmuir-Blodgett-Methode.

Die beiden erstgenannten Methoden erfordern eine Orientierung der Moleküle im elektrischen Feld (Polung). Bei der Langmuir-Blodgett-Methode wird eine Lage von Molekülen nach der anderen auf der Substrat-Oberfläche abgeschieden, so daß die Gesamtschichtdicke durch die Zahl der Tauchzyklen präzise einstellbar ist. Dieses

Bild 3.27: Eine durch reaktives Ionenätzen hergestellte Wellenleiterstruktur aus einem optisch nichtlinearen Polymer mit hoher Glastemperatur und geringer Dämpfung (< 1 dB/km) nach [3.27]

3.3.6 Vergleich mit anderen Materialsystemen

Die Tabellen 3.1 und 3.2 enthalten wichtige bauelementerelevante Kenngrößen [3.34] im Vergleich zwischen elektrooptischen $\chi^{(2)}$ - Polymeren, $\chi^{(3)}$ - Polymeren, $LiNbO_3$ und GaAs.

Dabei ist n_2 die intensitätsabhängige Brechzahl, α der Absorptionskoeffizient und τ_s die Schaltzeit von 10 % auf 90 % Lichtintensität eines auf der Brechzahlvariation basierenden interferometrischen Schalters, in dem das entsprechende optisch nichtlineare Material eingesetzt ist.

Für einen solchen Schalter ist die Wahl der Wechselwirkungslänge sehr wichtig, da das Produkt $n_2 \cdot L$ die Effizienz des Schaltvorgangs bedingt.

Für die in Tabelle 3.2 betrachteten Materialien ist dieses Produkt jeweils $2,5 \cdot 10^{-6}$ cm^3/MW. Dieses zeigt, wie sehr die quantitativen Unterschiede zwischen den Materialien stark variierende Bauelementelängen (Wechselwirkungslängen) erfordern, um nominell identische Bauelementeeigenschaften zu erzielen. Polymere sind gemäß den Tabellen 3.1 und 3.2 in den anwendungsrelevanten Kenngrößen den klassischen Anorganika ebenbürtig und übertreffen diese in den hier betrachteten Aspekten teilweise erheblich.

In den gewählten Spektralbereichen müssen die Materialien selbstverständlich eine hohe Transparenz, d.h. einen geringen Dämpfungskoeffizienten α aufweisen. Bei GaAs müßte man deshalb in diesem Beispiel mit Photonenenergien arbeiten, die kleiner als die fundamentale Bandkante E_g sind (vgl. Kap. 3.1.1). Bei SiO_2 entspricht $\alpha = 10^{-5}$ (bei $\lambda = 700$ nm) einer Dämpfung von 4,3 dB/km.

Betrachtet man nur die Absorption, so wird das Licht in den Materialien GaAs, SiO_2 bzw. Polydiacetylen auf der Wechselwirkungsstrecke jeweils mit dem Faktor 10^{-11}, 0,78 bzw. 0,94 gedämpft.

Deshalb ist GaAs als Material für einen derartigen Schalter nicht geeignet. Für GaAs bieten sich wesentlich effizientere Mechanismen an, wie der Quantum-Confined-Stark-Effekt in Quantenfilmstrukturen oder der Franz-Keldysch Effekt [3.5].

Tabelle 3.1: Materialvergleich bezüglich bauelementerelevanter Eigenschaften ($\chi^{(2)}$-Polymer vs. Anorganika)

Material	GaAs	LiNbO$_3$	elektro-optische Polymere
Elektro-optischer Koeffizient r_{33}/pm/V	1,5	31	50
Dielektrische Konstante ϵ	12	28	3,5
Brechzahl n	3,5	2,2	1,6
$n^3 r_{33}$ /pm/V	64	330	205
$(n^3 r_{33} /\epsilon)$ / (pm/V)	5,4	12	59
Optische Dämpfung bei $\lambda = 1,3$ µm in dB/cm	2	0,2	0,5
Spannungs-Längen Produkt in Vcm	5	5	6

Tabelle 3.2: Materialvergleich bezüglich bauelementerelevanter Eigenschaften ($\chi^{(3)}$-Polymer vs. Anorganika)

Material	n_2/(cm^2/MW)	α/cm^{-1}	τ_s/s	Bauelementelänge L/mm
GaAs	~ 10^{-7}	~ 1	10^{-8}	250
SiO$_2$	~ 10^{-10}	~ 10^{-5}	<10^{-13}	$2,5 \cdot 10^5$
Polydiacetylen	~ 10^{-5}	~ 0,25	<10^{-12}	2,5

3.3.7 Anwendungen von Polymeren in der Photonik

Folgende Anwendungen wurden bereits gezeigt: Passive optische Wellenleiter, optisch steuerbare Verstärker, Filter, Polarisationskonverter, elektro-optische Modulatoren (Bild 3.28), optisch steuerbare Schalter, Pulserzeugung, Frequenzverdopplung, Frequenzvervielfachung, Frequenzkonversion (Summen- und Differenzfrequenz-Erzeugung).

Trotz der Vielfalt an möglichen passiven sowie semiaktiven Bauelementen und dem erreichten hohen technischen Niveau, sind noch Anstrengungen hinsichtlich der Integration mit aktiven Komponenten wie Lasern, Verstärkern und Empfängern zu unternehmen. Ferner bleibt anzumerken, daß es bei den aktiven Bauelementen noch erhebliche Schwierigkeiten gibt. Bisher existieren keine befriedigend arbeitenden elektrisch gepumpten Verstärker oder Schalter. Eine weitere Anwendungsmöglichkeit, bisher jedoch noch Vision, ist der optische Computer, da sich mit Polymeren prinzipiell optische Speicher und informationsprozessierende Elemente realisieren lassen [3.30; 3.31].

Die künftige Anwendung in größerem Stil wird jedoch vermutlich die optische Polymerfaser (PMMA oder Polycarbonat) bringen, da sie eine sehr kostengünstige Alternative zur Glasfaser darstellt, wenn es um die Datenübertragung über kurze Entfernungen geht.

Anwendungsbeispiele sind dabei Computer-Verbindungen, lokale Netze und die Hausverkabelung. Die Übertragung erfolgt dabei im roten Spektralbereich, was die Verwendung kostengünstiger Laser-Lichtquellen (vgl. Kap. 4.6) erlaubt.

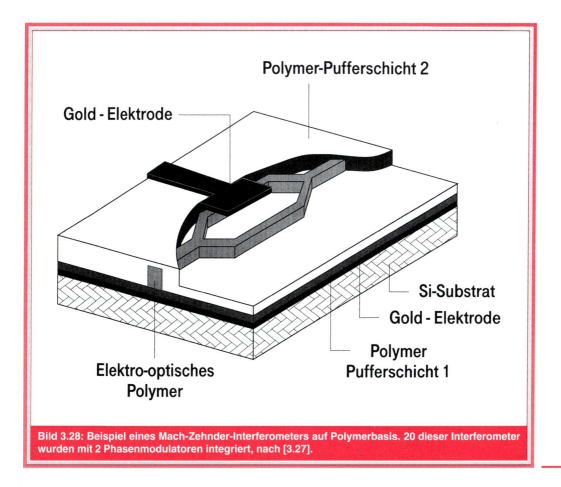

Bild 3.28: Beispiel eines Mach-Zehnder-Interferometers auf Polymerbasis. 20 dieser Interferometer wurden mit 2 Phasenmodulatoren integriert, nach [3.27].

3.4 Lithium Niobat

3.4.1 Herstellung und Struktur

Von Lithium Niobat (LiNbO$_3$) sind keine natürlichen Vorkommen bekannt, so daß es synthetisch erzeugt werden muß. Gezüchtet wird es mit Hilfe des Czochalski-Verfahrens in einkristalliner Form, orientiert nach verschiedenen kristallographischen Richtungen. LiNbO$_3$ besitzt ferroelektrische Eigenschaften, wobei in den gezüchteten zylinderförmigen Einkristallen mit einem Durchmesser bis zu 8 cm eine Vielzahl von individuellen Domänen vorliegt. Diese Einkristalle werden in einzelne Scheiben zersägt und diese dann anschließend poliert. Die Scheiben werden Substrate genannt, sind typischerweise 1 mm dick und bilden das Ausgangsmaterial für auf LiNbO$_3$ basierende Bauelemente. Die Substrate erfüllen höchste Anforderungen bezüglich Homogenität und Reinheit. LiNbO$_3$ besitzt trigonale Kristallsymmetrie.

3.4.2 Grundlagen und optische Eigenschaften

In LiNbO$_3$ werden häufig die optisch nichtlinearen Eigenschaften (siehe kurze Einführung in Kap. 3.3.1) genutzt, was längere Wechselwirkungsstrecken des Lichtes der Wellenlänge λ mit dem Material erforderlich macht. Dabei zahlt sich der große optische Transparenzbereich von 350 nm < λ < 4,5 µm aus, der die Realisierung auch längerer Bauelemente ermöglicht. LiNbO$_3$ ist ein optisch doppelbrechendes (einachsiges) Material mit einer Brechzahl, die wesentlich größer als die von Glas ist, was jedoch Antireflexionsbeschichtungen für die Lichteinkopplung erforderlich macht. Die Brechzahlen für den ordentlichen Strahl n_o und den außerordentlichen Strahl n_e sind in Tabelle 3.3 für einige Wellenlängen angegeben.

LiNbO$_3$ ist ein herausragendes elektrooptisches Material. Bei $\lambda = 630$ nm wurde für den elektrooptischen Koeffizienten r_{33} im Experiment $31 \cdot 10^{-12}$ m/V ermittelt, was sehr nah an dem theoretisch berechneten Wert von $36 \cdot 10^{-12}$ m/V liegt. Dies erlaubt z.B. die Realisierung von Modulatorbauelementen, die mit relativ geringen Spannungen zwischen 5 V und 10 V betrieben werden können. LiNbO$_3$ besitzt trigonale Kristallsymmetrie und weist aufgrund des zentralsymmetrischen Aufbaus nichtverschwindende nichtlineare Terme 2. Ordnung auf. An dieser Stelle sei auf die umfangreiche Zusammenstellung aller wichtigen Materialeigenschaften [3.35] und einen sehr guten Übersichtsartikel [3.36] verwiesen.

Die Möglichkeit Wellenleiterstrukturen zu realisieren, ist für den überwiegenden Teil von optoelektronischen Bauelementen von grundlegender Wichtigkeit. Aus diesem Grund wird im Folgenden auf verschiedene Möglichkeiten eingegangen, welche eine Änderung der Brechzahl in LiNbO$_3$ erlauben. Momentan werden dazu vor allem drei Verfahren genutzt: die Eindiffusion von Titan, der Protonenaustausch und die Ionenimplantation.

1. Durch Eindiffusion von Ionen der Übergangsmetalle [3.37; 3.38] aus dem periodischen System der Elemente lassen sich die Brechzahlen n_o und n_e gezielt erhöhen, wobei sich besonders Titan bewährt hat. Bild 3.29 zeigt die Abhängigkeit der Brechzahländerung als Funktion der Titankonzentration bzw. der Eindringtiefe. Die Brechzahlen nehmen mit steigender Konzentration zu, allerdings zeigen die ordentliche und die außerordentliche Brechzahl unterschiedliche funktionelle Abhängigkeiten (Bild 3.30). Wellenleiter werden wie folgt realisiert: Aufdampfen eines Metallfilms (z.B. Titan), photolithographische Strukturierung und thermische Eindiffusion. Die aufgedampfte Ti-Schichtdicke liegt dabei typi-

Tabelle 3.3: Brechzahlen von stöchiometrischen LiNbO$_3$ bei 25 °C nach [3.39 und 3.25]

λ / nm	n_o	n_e
420	2,4144	2,3038
532	2,3281	2,2314
630	2,2906	2,2001
1064	2,2367	2,1547
1200	2,2291	2,1481
1400	2,2208	2,1410
1600	2,2139	2,1351
1800	2,2074	2,1297

scherweise zwischen 30 nm und 100 nm. Die Eindiffusion wird bei Temperaturen zwischen 1000 °C und 1100 °C in einer Argon- oder Sauerstoff-Atmosphäre vorgenommen, wobei sich ein Konzentrationsprofil bis zu mehreren Mikrometern Tiefe ergibt (Bild 3.29). Durch streifenförmige Eindiffusion von Ti^{4+} kann die Brechzahl konzentrationsabhängig bis zu 0,01 erhöht werden, was die Realisierung planarer optischer Wellenleiter erlaubt. Die Wellenleiterverluste in Ti : $LiNbO_3$ können bei sorgfältiger Präparation (Reinraum, qualitativ höchstwertige Masken und sehr reines Ti) bei λ = 1,15 µm kleiner als 0,03 dB/cm betragen. Ein Nachteil von $LiNbO_3$ ist jedoch, daß durch intensive Lichteinwirkung, also speziell durch das geführte Licht, eine optisch induzierte Brechzahländerung und damit eine partielle Zerstörung der eingeprägten Wellenleitungseigenschaften durch die Umladung von Störstellen hervorgerufen werden kann. Diese Einschränkungen spielen jedoch für λ > 1,1 µm keine Rolle mehr.

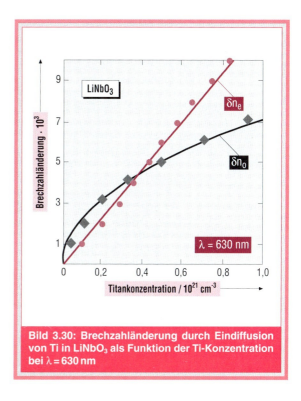

Bild 3.30: Brechzahländerung durch Eindiffusion von Ti in $LiNbO_3$ als Funktion der Ti-Konzentration bei λ = 630 nm

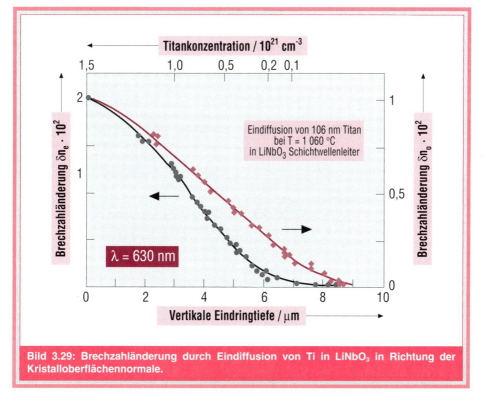

Bild 3.29: Brechzahländerung durch Eindiffusion von Ti in $LiNbO_3$ in Richtung der Kristalloberflächennormale.

2. Eine Brechzahländerung kann auch durch Protonenaustausch vorgenommen werden [3.40; 3.41]. Im Oberflächenbereich des $LiNbO_3$ werden dabei Li^+ Ionen durch Protonen ausgetauscht [3.40; 3.41]. Zunächst wird eine Metallmaske auf der Oberfläche des $LiNbO_3$ photolithographisch definiert. Das Substrat wird danach in eine flüssige Protonenquelle getaucht, wobei z.B. Benzoesäure mit 1% Lithiumbenzoat bei Temperaturen zwischen 200°C und 400°C verwendet werden kann. Durch den Protonenaustausch entsteht $H_xLi_{1-x}NbO_3$, wobei in unverdünnten Säuren x bis zu 0,7 betragen kann. Die außerordentliche Brechzahl kann dadurch um bis zu 0,12 angehoben werden und die ordentliche Brechzahl bis zu 0,04 abgesenkt werden. Durch eine anschließende Temperung kann das Brechzahlprofil in vertikaler Richtung noch ausgedehnt werden. Aus einem annähernd stufenförmigen Profil entsteht dabei ein glockenförmiges [3.42]. Dies wird durch die starke Zunahme der Diffusionskonstanten mit der Temperatur ermöglicht. Wellenleiter, welche durch Protonenaustausch realisiert wurden, zeigen, verglichen mit Ti-diffundierten Wellenleitern, eine um etwa den Faktor zehn geringere Empfindlichkeit gegenüber durch hohe Lichtleistungen hervorgerufene Brechzahlvariation. Bei λ = 700 nm konnte der $LiNbO_3$-Wellenleiter eines Heterodyninterferometers Lichtleistungen bis zu 7,5 mW [3.43] problemlos führen.

3. Brechzahlvariationen können schließlich auch durch Ionenimplantation erreicht werden [3.44 bis 3.47]. Ionenimplantation bietet sich vor allem dann an, wenn durch hohe Ionenkonzentrationen (z.B. Ti) eine starke Brechzahländerung für stark führende optische Wellenleiter erreicht werden soll oder sich die gewünschten Ionen mit anderen Verfahren nicht in das $LiNbO_3$ einbringen lassen. Die Kristalldefekte, welche durch die Implantation in großem Ausmaß entstehen, müssen jedoch thermisch ausgeheilt werden. Mit dem Ausheilen ist wie bei den bereits erwähnten Verfahren eine Diffusion der Fremdionen in tiefere Bereiche des Substrats verbunden. Kürzlich gelang die Implantation von Nd- und Er-Ionen in $LiNbO_3$ und ermöglichte die Herstellung von Wellenleiter-Lasern und Verstärkern [3.47].

Im folgenden sind einige optoelektronische Komponenten zusammengestellt, welche bisher in $LiNbO_3$ realisiert werden konnten. Zunächst wurde eine Vielzahl von passiven Komponenten realisiert: Gitterfilter, Strahlteiler, Gitterkoppler, Resonatoren, Polarisatoren und Linsen. Daneben existieren einige aktive Komponenten, welche a) elektrooptische Effekte ausnützen wie optische Modulatoren und Schalter, welche b) akustooptische Effekte einsetzen wie Bragg-Reflektoren, Polarisationsdreher, Polarisationskonverter und Wellenlängenfilter und welche c) auf optisch nichtlineareren Effekten basieren, wie: Frequenzverdoppler, Frequenzvervielfacher, Frequenzmischer, parametrische Verstärker, Oszillatoren, Wellenleiter-Laser und Wellenleiterverstärker. Eine Übersicht zu Bauelementen auf $LiNbO_3$-Basis für die optoelektronische Integration und viel weiterführende Literatur ist in Ref. [3.48 – 3.55] zu finden.

Abschließend folgt ein Vergleich mit anderen Materialsystemen. Während in Glas und Silizium passive Komponenten realisiert werden können, kommen in $LiNbO_3$ zusätzlich Bauelemente hinzu bei denen die Lichtausbreitung aktiv gesteuert werden kann. Die größte Komponentenvielfalt läßt sich jedoch momentan und sicherlich auch in Zukunft auf der Basis von Verbindungshalbleitern realisieren. Die Anwendung aller genannten Komponenten leidet jedoch an deren Polarisationsabhängigkeit, d.h. den Bauelementen muß Licht mit geeignetem Polarisationszustand zugeführt werden.

3.5 Literaturverzeichnis Kap. 3

[3.1] Ch. Kittel: Einführung in die Festkörperphysik. Oldenburg Verlag München Wien (1980).

[3.2] W. Harth; H. Grothe: Sende- und Empfangsdioden für die optische Nachrichtentechnik. Teubner Verlag Stuttgart (1984).

[3.3] K. J. Ebeling: Integrierte Optoelektronik. Springer Verlag Heidelberg (1992).

[3.4] W. Heywang; H. W. Pötzl: Bänderstruktur und Stromtransport. Band 3 der Serie Halbleiter Elektronik, Springer Verlag, Berlin (1976).

[3.5] O. Madelung: Grundlagen der Halbleiterphysik. Heidelberger Taschenbücher Band 71, Springer Verlag (1970).

[3.6] W. Greiner: Theoretische Physik Quantenmechanik, Band 4. Verlag Harri Deutsch Frankfurt (1979).

[3.7] R. Dingle: Festkörperprobleme, Advances in Solid State Physics, Band 15. Herausgeber H. J. Queisser, Vieweg Verlag (1975).

[3.8] J. L. Merz; P. M. Petroff: Making quantum wires and boxes for optoelectronic devices. Materials Science and Engineering 9 (1991) S. 275-284.

[3.9] E. P. O`Reilly: Valence band engineering in strained-layer structures. Semiconductor Science and Technology 4 (1989) S.121-137.
T. Y. Wang; G. B. Stringfellow: Strain effects in $Ga_xIn_{1-x}As$/InP single quantum wells grown by organometallic vapor phase epitaxy with $0 \leq x \leq 1$. Journal of Applied Physics 67 (1990)1, S. 344-352.
S. L. Chuang: Efficient band-structure calculations of strained quantum wells. Physical Review 43 (1991)12, S. 9649-61.
S. C. Jain, M. Willander and H. Maes: Stresses and strains in epilayers, stripes and quantum structures of III-V compound semiconductors. Semiconductor Science and Technology 11 (1996) S. 641-671.

[3.10] H. W. Dinges; H. Burkhard; H. Hillmer; R. Lösch; W. Schlapp: Spectroscopic ellipsometry: a useful tool to determine the refractive indices and to study the interfaces of $In_{.52}Al_{.48}As$ and $In_{.53}Al_xGa_{.47-x}As$ layers on InP in the wavelength range from 280 to 1900nm. Techn. Digest ICFSI-4 Jülich , World Scientific Singapore, (1993) S. 676.

[3.11] H. Hillmer; R. Lösch; W. Schlapp: Compositional influence on photoluminescence linewidth and Stokes shift in InAlGaAs heterostructures grown by MBE. Journal of Applied Physics 77 (1995) 10, S. 5440-5442.

[3.12] H. Hillmer; R. Lösch; F. Steinhagen; W. Schlapp; A. Pöcker; H. Burkhard: MBE-grown strain-compensated AlGaInAs/AlGaInAs/InP MQW laser structures. Electronic Letters 31 (1995) 16, S. 1346–1347.
H. Hillmer, R. Lösch; W. Schlapp and H. Burkhard: MBE growth and study of strain-compensated AlGaInAs / AlGaInAs /InP quantum wells. Physical Review B, 52 (1995) 24, S. R 17025–R 17027.

[3.13] R.H. Doremus: Glass science, Wiley-Interscience, New York (1993).

[3.14] T. Whitley; R. Wyatt; D. Szebesta; S. T. Davey: Towards a practical 1.3μm optical fibre amplifier. British Telecom Technol Journal 11 (1993) 2, S.115-27.

[3.15] T. Whitley, R. Wyatt; D. Szebesta; S. T. Davey; J. R. Williams: Quarter-Watt output at 1.3 μm from a Pr-doped fluoride fiber amplifier with a diode pumped Nd-YLF laser. IEEE Photonics Technology Letters 4 (1993) S.399-401.

[3.16] P. Urquhart: Review of rare earth doped fibre lasers and amplifier. IEE Proceedings 135, (1988), S. 385.

[3.17] M. Yamada; M. Shimizu; M. Horiguchi; M. Okayusa; E. Sugita: Gain characteristics of an Er^{3+}-doped multicomponent glass single-mode optical fibre. IEEE Phot. Technol. Lett. 2 (1990) S.656.

[3.18] K. Suzuki; Y. Kimura; M. Nakazawa: Pumping wavelength dependence on gain factor of a 0.98µm pumped Er^{+3} fibre amplifier. Appl. Phys Lett. 55 (1989) S. 2573.

[3.19] R. S. Quimby: Output saturation in a 980-nm pumped erbium-doped fiber amplifier. Applied Optics 30 (1991) S. 2546.

[3.20] Mi. Poulain; Ma. Poulain; J. Lucas; P. Brun: Material Research Bull. 10 (1975) S.243-46.

[3.21] S. Shibata; M. Horiguchi; K. Jinguji; K. Mitachi; T. Kanamori; T. Manabe: Electronic Letters 17 (1981) S. 775–777.

[3.22] P. W. France; S. F. Carter; M. W. Moore; C. R. Day: Progress in fluoride fibers for optical transmission. Brit. Telecom. Techn. Journal 5 (1987) S.28-44.

[3.22a] P. W. France; M. C. Bierley; S. F. Carter; M. W. Moore; J. R. Williams; C. R. Day: Extended Abstract for the 5th International Symposium on Halide Glasses, Shizuoka, Japan (1988) S.64-69.

[3.23] I. D. Aggarwal; G. Lu; L. E. Busse: Material Science Forum 32-33 (1988) S. 495.

[3.24] I. D. Aggarwal; G. Lu: Fluoride glass fiber optics. Academic Press Inc., London (1991).

[3.25] M. Eich; B. Reck; D.Y. Yoon; C.G. Willson; G.C. Bjorklund: Novel second-order nonlinear optical polymers via chemical cross-linking-induced vitrification under electric field. Journal of Applied Physics 66 (1989) 7, S.3241-3247.

[3.26] M. Eich; G.C. Bjorklund; D. Y. Yoon: Poled amorphous polymers for second order nonlinear optics. Polymers for Advanced Technologies 1 (1990) S. 189-198.

[3.27] M. Eich; H. Beisinghoff; B. Knödler; M. Ohl; M. Sprave; J. Vydra; M. Eckl; P. Strohriegl; M. Dörr; R. Zentel; M. Ahlheim; M. Stähelin; B. Zysset; J. Liang; R. Levenson; J. Zyss: Electro-optical properties and poling stability of high glass transition polymers. Proceedings of SPIE, Nonlinear Optical Properties of Organic Materials VII, 2285, (1994) S. 104-115.

[3.28] W. R. Salaneck; J. L. Bredas: Conjugated polymers. Solid State Communications (1994) S. 31-36..

[3.29] L. A. Hornak: Herausgeber: Polymers for lightwave and integrated optics. Verlag Marcel Dekker Inc., New York (1992).

[3.30] G. Mahler: SFB 329: Physikalische und chemische Grundlagen der Molekularelektronik, Physikalische Blätter 47 (1991) 9, S.831-36.

[3.31] G. Mahler and H. Körner, Optically driven quantum networks: an approach to programmable matter?, Inst. Phys., Conference Series No 127, chapter 7, IOP Publishing (1992) S.257-60.

[3.32] J. A. Emerson; J. M. Torkelson: Herausgeber: Optical and electrical properties of polymers. Material research society symposium, Technical Digest, MRS Band 214, Pittsburgh (1991).

[3.33] D. F. Burland; R. D. Miller; C. A. Walsh: Second-order nonlinearity in poled-polymer systems. Chem. Rev. 94, 31-95 (1994).

[3.34] G. H. Meeten: Herausgeber: Optical Properties of Polymers. Elsevier Applied Science and Publishers, London (1986).

[3.35] S. C. Abrahams: Properties of Lithium Niobate. EMIS Datareviews Series No. 5, veröffentlicht von INSPEC, The Institution of Engineers, London, (1989).

[3.36] A. Räuber: Chemistry and physics of Lithium Niobat. Current Topics in Materials Science. Band 1 (Herausgeber E. Kaldis), North-Holland Publishing Company, (1978) S. 481.

[3.37] R. V. Schmidt; I. P. Kaminov: Metal-diffused optical waveguides in $LiNbO_3$. Applied Physics Letters 25 (1974) S. 458.

[3.38] H. Lüdtke; W. Sohler; H. Suche: Characterization of Ti : $LiNbO_3$ optical waveguides. Digest of workshop on integrated optics, (Herausgeber: R.Th. Kersten und R. Ulrich), Technische Universität Berlin (1980) S. 122.

[3.39] M. Börner; R. Müller; R. Schiek; G. Tommer: Elemente der integrierten

Optik. Teubner Verlag, Stuttgart (1990).

[3.40] J. L. Jäckel; C. E. Rice; J. J. Veselka: Proton exchange for high-index waveguides in LiNbO$_3$. Applied Physics Letters 47(1982) S. 607.

[3.41] V. Hinkov; E. Ise: Control of birefringence in Ti: LiNbO$_3$ optical waveguides by proton exchange of lithium ions. IEEE J. Lightwave Technol. LT-4 (1986) S. 444.

[3.42] S. M. Sze: Physics of Semiconductor Devices. 2. Auflage, John Wiley & Sons, New York (1981).

[3.43] P. G. Suchoski; J. P. Waters; M. R. Fernald: Miniature fiber-optic laser vibrometer system utilizing phase-insensitive probe and multifunction integrated optic chip. Technical Digest IOOC`89, Kobe, Japan, Band 5 (1989) S. 64.

[3.44] C. Buchal; P. R. Ashley; D. K. Thomas: Titanium-implanted optical waveguides in LiNbO$_3$. Materials Science and Engineering (A)109 (1989) S.189.

[3.45] J. Heibei; E. Voges: Refractive index profiles of ion implanted fused silica. Phys. Stat. Sol. (A) 57 (1980) S.609.

[3.46] C. Buchal; S. Mohr: Ion implantation, diffusion and solubility of Nb and Er in LiNbO$_3$. J. Materials Research 6 (1991) S. 1.

[3.47] R. Brinkmann; C. Buchal; S. Mohr; W. Sohler; H. Suche: Anealed Erbium-implanted single-mode LiNbO$_3$ waveguides. Technical Digest Integrated Photonics Research, OSA, Washington D.C., Band 5, paper PD1-1, (1990).

[3.48] E. Voges; A. Neyer: Integrated-optic devices on LiNbO$_3$ for optical communication. Journal of Lightwave Technology LT-5(1987)9, S. 1229-1238.

[3.49] W. Sohler in Waveguide optoelectronics, J. H. Marsh und R. M. De La Rue (Herausgeber), Kluwer Academic Publishers, Dordrecht (NL) (1992), S. 361-394, Chapter 14: Rare earth doped LiNbO$_3$ waveguide amplifiers and lasers.

[3.50] H. Herrmann in Taschenbuch der Telekom Praxis 1994, B. Seiler (Herausgeber), Schiele & Schön, Berlin (31. Jahrgang), S. 172-198, Integriert-akustooptische Schaltkreise in LiNbO$_3$ für die optische Nachrichtenübertragung.

[3.51] R. Brinkmann, W. Sohler, H. Suche and C. Wersig: Fluorescence and laser operation in single-mode Ti-diffused Nd: MgO: LiNbO$_3$ waveguide structures. IEEE Journal of Quantum Electronics 28 (1992) S. 466-470.

[3.52] J. Söchtig: Ti:LiNbO$_3$ stripe waveguide Bragg reflector gratings, Electronic Letters 24 (1988) S. 844-845.

[3.53] J. Söchtig, R. Groß, I. Baumann, W. Sohler, H. Schütz and R. Widmer: DBR waveguide laser in erbium-diffusion doped LiNbO$_3$. Electronic Letters 31 (1995) S. 551-552.

[3.54] R. Brinkmann, M. Dinand, I. Baumann, Ch. Harizi, W. Sohler and H. Suche: Acoustically tunable wavelength filter with gain. IEEE Photonics Technology Letters 6 (1994) S. 519-521.

[3.55] H. Suche, D. Hiller, I. Baumann and W. Sohler: Integrated optical spectrum analyzer with internal gain, IEEE Photonics Technology Letters 7 (1995) S. 505-507.

PHYSIK, KOMPONENTEN UND SYSTEME

4.
Bausteine für die optische Nachrichtentechnik

Dr.-Ing. W. Heitmann
Dr. rer. nat. A. Mattheus
Dr. rer. nat. H. Burkhard
Dr.-Ing. M. Rocks

4. Kapitel

4.1 Herstellung, Dämpfung und mechanische Eigenschaften von Glasfasern

Gegenüber konventionellen Übertragungsmedien wie Kupferdrähten und Koaxialkabeln weisen Fasern aus Glas eine Reihe wichtiger Vorteile auf: Sie ermöglichen die Übertragung sehr großer Bandbreiten mit geringer Dämpfung. Dabei sind sie wesentlich leichter als metallische Leitungen und haben ein geringeres Volumen. Störungen durch elektromagnetische Induktion treten nicht auf und das Nebensprechen zwischen den Einzeladern läßt sich vollständig vermeiden. Wegen dieser Vorteile haben die Glasfasern bei Seekabeln und im Fernnetz die metallischen Leiter vollständig verdrängt und werden jetzt in zunehmendem Umfang auch im Ortsnetz (Zugangsbereich) eingesetzt.

4.1.1 Werkstoffe zur Herstellung von Glasfasern

4.1.1.1 Glas

Zur Herstellung von Glasfasern für die optische Nachrichtentechnik wird heute fast ausschließlich reines oder dotiertes Quarzglas verwendet. Als dotiertes Quarzglas bezeichnet man Gemische aus Siliziumdioxid (SiO_2) mit Germaniumdioxid (GeO_2), Phosphorpentoxid (P_2O_5) und Bortrioxid (B_2O_3) sowie Silizium-Fluor-Verbindungen (Si_XF_Y) mit Konzentrationen der Dotierstoffe bis zu etwa 20 Molprozent.

Wenn Schmelzen dieser Oxide abkühlen, gibt es keinen sprunghaften Übergang vom flüssigen zum festen Aggregatzustand, weil sich die Atome nicht zu kristallinen Strukturen ordnen. Es existiert zwar in Silikatgläsern ein tetraederförmiges Quarzmolekül, diese Tetraeder fügen sich jedoch zu einem unregelmäßigen Netzwerk zusammen (vgl. Kap. 3.2).

Beimengungen anderer Oxide zum Quarzglas (Dotierungen) verändern den Erweichungspunkt, die Brechzahl, die Festigkeit, den Ausdehnungskoeffizienten sowie andere Eigenschaften des Glases. Der besonders wichtige Einfluß von Dotierstoffen auf die Brechzahl kann dem Bild 4.1 entnommen werden. Danach führt der Einbau von Boroxid und Fluor zu einer Verringerung der Brechzahl, der Einbau anderer Oxide, (z.B. GeO_2, P_2O_5) dagegen zu einer Brechzahlerhöhung des Glases.

Die durch Dotierung erreichbare Brechzahldifferenz ist allerdings relativ klein, so daß nur begrenzte numerische Aperturen zu erzielen sind. Die Herstellung hochreiner Quarzgläser sowie deren Dotierung erfolgt überwiegend durch Abscheidung aus der Gasphase, nach Verfahren, auf die im weiteren noch näher eingegangen wird. Die mechanischen Eigenschaften von Gläsern sind vergleichbar mit denen kristalliner Stoffe. Glas ist elastisch bis zum Dehnungsbruch, seine Sprödigkeit ist dadurch gekennzeichnet, daß unter Zug- und Druckbelastung keine dauerhafte plastische Verformung eintritt. Die Festigkeit einer Faser mit optimaler Oberfläche übertrifft die eines Stahldrahtes gleichen Durchmessers, jedoch führen bereits kleinste Oberflächenbeschädigungen (Mikrorisse) zu einer drastischen Minderung der Festigkeit.

4.1.1.2 Kunststoffe

Die Oberfläche der Glasfasern muß beim Ziehen durch eine Primär-Schutzschicht (engl.: primary coating) gegen Beschädigungen geschützt werden, noch ehe ein Kontakt mit einer anderen festen Grenzfläche erfolgt. Für diese Schutzschichten werden verschiedene Kunststoffe verwendet, so zum Beispiel: Polyesterharze, temperaturstabile Polyamide und Mehrkomponenten-Kunststoffe auf Silikonbasis. Am häufigsten werden zur Zeit UV-härtende Acrylate eingesetzt. Der in flüssiger Form auf die Faser aufgebrachte Kunststoffilm härtet entweder thermisch oder mittels UV-Bestrahlung.

An die Kunststoffe für die Schutzschichten werden eine Reihe von Anforderungen gestellt: Sie müssen die Faser homogen und konzentrisch einschließen und dürfen ihre Eigenschaften innerhalb eines weiten Temperaturbereichs (etwa -20 °C bis +70 °C) und über lange Zeiträume (30 Jahre) nicht verändern. Die Schutzschichten müssen sich problemlos von der Faseroberfläche entfernen lassen (wichtig für die Verbindungstechnik) und sollen in vielen Fällen Licht der Betriebswellenlänge (z.B.

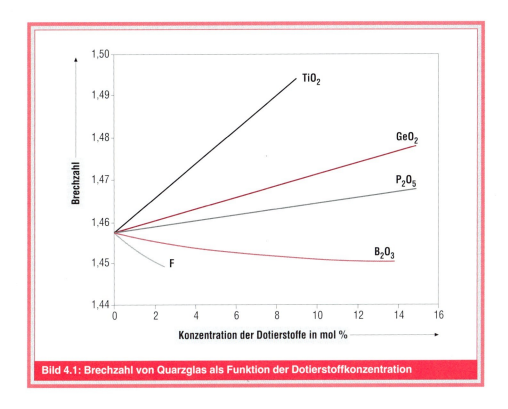

Bild 4.1: Brechzahl von Quarzglas als Funktion der Dotierstoffkonzentration

1300 nm) stark absorbieren, um die Ausbreitung von Mantelmoden zu verhindern.

Zur Zeit wird in einigen Ländern intensiv an der Entwicklung von Fasern gearbeitet, die vollständig aus Kunststoffen bestehen. Als Kernmaterial werden hauptsächlich Polymethylmethacrylat (PMMA) und Polystyrol (PS) eingesetzt. Der Mantel wird u.a. aus PMMA, Polytetrafluoroäthylen (PTFE) oder Silikonen hergestellt. Die Dämpfungswerte der Kunststoffasern liegen zur Zeit noch um 2 bis 3 Größenordnungen über den Werten von Quarzglas-Fasern. Trotzdem erscheinen sie aus wirtschaftlichen und einer Reihe von anderen Gründen für den praktischen Einsatz auf kurzen Übertragungsstrecken (Größenordnung 100 m) für Spezialanwendungen als eine interessante Neuentwicklung (vgl. Kap. 3.3 und Kap. 4.1.7).

4.1.2 Dämpfung in Glasfasern

In der optischen Nachrichtentechnik werden heute fast ausschließlich Standard-Einmodenfasern (SEMF) für den Wellenlängenbereich zwischen 1250 nm und 1600 nm und einem Dispersionsminimum bei etwa 1300 nm eingesetzt. Die wesentlichen Dämpfungsursachen für diese Fasern sind Streuung und Absorption [4.1]. Zusätzlich können unter bestimmten Bedingungen noch Krümmungs- und Mikrokrümmungsverluste auftreten. Merkliche Krümmungsverluste entstehen, wenn bei einer einzelnen Faserwindung ein Durchmesser von 20 mm unterschritten wird. Bei großen Windungszahlen, die sich beim Aufspulen von langen Fasern ergeben, ist im allgemeinen ein Spulendurchmesser von 150 mm ausreichend, um die Krümmungsverluste unter 0,01 dB/km zu halten. Meßspulen für hochgenaue Dämpfungsmessungen haben einen Durchmesser von 300 mm [4.1].

Mikrokrümmungsverluste entstehen, wenn primärbeschichtete Fasern gegen eine rauhe Oberfläche gedrückt werden, beispielsweise dadurch, daß sie mit hoher Zugkraft auf eine Spule mit rauher Mantelfläche gewickelt werden und dabei in der Faser Krümmungen in der Größenordnung der übertragenen Wellenlänge (ca. 1 µm) entstehen. In modernen optischen Kabeln werden die Glasfasern so geschützt eingebettet, daß normalerweise weder Krümmungs- noch Mikrokrümmungsverluste auftreten.

4.1.2.1 Streuverluste

In hochwertigen Standard-Einmodenfasern wird die Dämpfung in den zur Übertragung verwendeten Transmissionsfenstern bei 1300 nm und 1550 nm hauptsächlich durch Streuung verursacht. Die Streuung entsteht überwiegend durch Dichtefluktuationen im molekularen Bereich, die beim Abkühlen des Glases während des Ziehprozesses eingefroren werden. Dazu kommen Dichteschwankungen durch die Dotierstoffe und ungleichmäßige Dotierkonzentrationen. Diese Inhomogenitäten sind im Vergleich zur Wellenlänge λ der übertragenen Strahlung sehr klein. Die Streulichtintensität ist dem Kehrwert der 4. Potenz von λ proportional und wird als Rayleigh-Streuung bezeichnet (vgl. Kap. 2.8.2).

Neben der Rayleigh-Streuung tritt eine wellenlängenunabhängige Zusatzstreuung auf, die durch Störungen im Faseraufbau mit typischen Abmessungen von λ oder Vielfachem davon verursacht wird. Einer der möglichen Gründe für diese Störungen können Durchmesserschwankungen der Faser sein, die durch die automatische Nachregelung der Ziehgeschwindigkeit bei der Faserproduktion entstehen.

Für die Streuverluste α_R in der Glasfaser gilt die Formel

$$\alpha_R = A_R / \lambda^4 + B . \qquad (4.1)$$

Dabei ist α_R und B in dB/km, die Wellenlänge λ in µm und A_R in µm$^4 \cdot$ dB/km angegeben. Zur Bestimmung des Koeffizienten A_R, der als Rayleigh-Streukoeffizient bezeichnet wird, und des wellenlängenunabhängigen Verlustes B in dB/km wird die sogenannte $1/\lambda^4$-Analyse eingesetzt. Dabei wird der gemessene spektrale Dämpfungskoeffizient α als Funktion von $1/\lambda^4$ dargestellt [4.1]. Wie Bild 4.2 zeigt, kann die Meßkurve mit einer Geraden approximiert werden, die in erster Näherung die Streuverluste α_R darstellt. Aus der Steigung der Geraden wird der Rayleigh-Streukoeffizient A_R bestimmt, der wellenlängenunabhängige Verlust ergibt sich aus

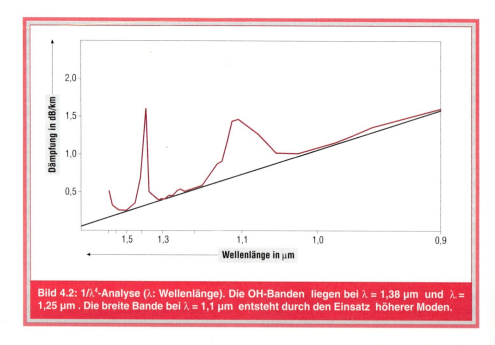

Bild 4.2: $1/\lambda^4$-Analyse (λ: Wellenlänge). Die OH-Banden liegen bei $\lambda = 1{,}38$ µm und $\lambda = 1{,}25$ µm. Die breite Bande bei $\lambda = 1{,}1$ µm entsteht durch den Einsatz höherer Moden.

dem Abschnitt der Geraden auf der Dämpfungsachse.

Für eine genaue Analyse der Streuverluste muß u.a. berücksichtigt werden, daß der Rayleigh-Streukoeffizient A_R keine Konstante ist, sondern eine geringfügige Wellenlängenabhängigkeit aufweist. Der wellenlängenabhängige Rayleigh-Streukoeffizient A_λ kann für eine bestimmte Wellenlänge λ nach der Formel

$$A_\lambda = (n_\lambda / n_0)^8 A_0 \qquad (4.2)$$

berechnet werden. Dabei ist A_0 der Rayleigh-Streukoeffizient bei einer Bezugswellenlänge λ_0 (z.B. bei 1,3 µm), n_0 die Brechzahl des Kernmaterials bei dieser Wellenlänge und n_λ die Brechzahl bei der Wellenlänge λ [4.1] .

4.1.2.2 Absorptionsverluste

Zur Herstellung von Fasern auf Quarzglasbasis sind eine Reihe von Verfahren entwickelt worden, die es ermöglichen, extrem reine Gläser herzustellen. Schon geringste Spuren von Metallen oder Seltenen Erden verursachen in Gläsern so hohe Absorptionsverluste, daß die Fasern für die optische Nachrichtenübertragung unbrauchbar werden. Die heute eingesetzten Herstellungstechnologien für Vorformen, also für die zylindrischen Glaskörper, aus denen die Fasern gezogen werden, reduzieren die Verunreinigungskonzentrationen auf Werte unter 0,1 ppm [ppm: part per million (10^{-6})] und für besonders stark absorbierende Stoffe auf etwa 1 ppb [ppb: part per billion (USA) (10^{-9})]. Die Verunreinigungskonzentrationen aller störenden Stoffe außer die der OH-Ionen konnten inzwischen so herabgesetzt werden, daß keine meßbare Zusatzabsorption entsteht. Die noch verbleibenden Absorptionsverluste sind die Ultraviolett (UV)-Absorption α_{UV} die OH-Absorption α_{OH}, die durch OH-Ionen im Quarzglas verursacht wird und die Infrarot (IR)-Absorption α_{IR}.

Die UV-Absorption von Quarzglas entsteht durch die Ausläufer der Bandkante bei etwa 0,16 µm, sowie durch Strukturstörungen und Dotierstoffe. Bei reinem Quarzglas nimmt α_{UV} erst unterhalb von 0,2 µm merkliche Werte an. Wenn aber die Stöchiometrie des Glases gestört ist oder Dotierstoffe eingebaut sind, kann die UV-Absorption bis in den infraroten Spektralbereich zur Faserdämpfung beitragen. Eine allgemein verwendbare Formel zur Berechnung der UV-Absorption ist nicht bekannt. Generell kann jedoch festgestellt werden, daß für die heute produzierten Einmodenfasern für Wellenlängen oberhalb von 1 µm praktisch keine UV-Absorption vorhanden ist. [4.1].

Die OH-Absorption ist dagegen in den spektralen Dämpfungskurven mit einer Hauptbande bei 1,38 µm und einer kleinen Nebenbande bei 1,25 µm deutlich erkennbar. Eine OH-Ionenkonzentration von 1 ppm entspricht im Absorptionsminimum bei 1,38 µm einer Dämpfung von 60 dB/km. Übliche Werte für das Absorptionsmaximum bei den heute produzierten Standard-Einmodenfasern sind 0,6 dB/km bis 0,1 dB/km. Die OH-Absorption liefert auch außerhalb der erkennbaren Banden noch kleine Beiträge zur Faserdämpfung. Bei 1,3 µm liegt dieser Anteil bei 1 %…2 % des Maximalwertes bei 1,38 µm, bei 1,55 µm beträgt der Anteil weniger als 1 % [4.2].

Oberhalb von 2 µm sind die Quarzglasfasern wegen starker Absorptionsbanden im langwelligen Infrarotbereich praktisch undurchlässig. Die Ausläufer dieser Absorptionsbanden zu kürzeren Wellenlängen verursachen die Infrarotabsorption α_{IR}, die oberhalb von etwa 1,5 µm einen Beitrag zur Faserdämpfung liefert. Da die Streuverluste mit zunehmender Wellenlänge absinken, die Infrarotabsorption jedoch ab 1,6 µm steil ansteigt, bestimmen die beiden Komponenten die Lage des Dämpfungsminimums, das bei (1,57 ± 0,1) µm liegt. Zur Berechnung von α_{IR} sind Formeln veröffentlicht worden, die zu sehr unterschiedlichen Ergebnissen führen. Für 1,55 µm schwanken die Werte für den Absorptionskoeffizienten zwischen 0,004 dB/km [4.1] und 0,02 dB/km [4.3].

4.1.2.3 Gesamtverluste von Einmodenfasern

Die Gesamtverluste α_λ von Einmodenfasern auf Quarzglasbasis können für den

4. Kapitel

Wellenlängenbereich zwischen 1250 nm und 1650 nm nach der Formel

$$\alpha_\lambda = (n_\lambda / n_0)^8 A_0 / \lambda^4 + B + \alpha_{OH} + \alpha_{IR} \qquad (4.3)$$

berechnet werden. Der spektrale Verlauf der einzelnen Komponenten und der Gesamtverluste ist in Bild 4.3 dargestellt.

Außerhalb der OH-Absorptionsbanden stellen die Rayleigh-Streuverluste, also der erste Term von Formel (4.3) bis etwa 1570 nm mit Abstand den größten Anteil der Gesamtverluste dar.

In der Tabelle 4.1 sind die nach dem jetzigen Stand der Technik erreichten Dämpfungswerte für einige Typen von Einmodenglasfasern zusammengestellt.

Wie die Tabelle 4.1 zeigt, haben die Dämpfungskoeffizienten der dispersionsverschobenen Einmodenfaser (vgl. Kap. 2.7.3) trotz der etwa 3fachen GeO_2-Dotierungskonzentration im Kernmaterial die Werte für die Standard-Einmodenfasern fast erreicht [4.4]. Für den Bereich um 1,55 µm stellen dispersionsverschobene Einmodenfasern eine wichtige Alternative zu Standard-Einmodenfasern dar, zumal für diesen Wellenlängenbereich mit dem Erbiumfaser-Verstärker ein technologisch ausgereifter optischer Verstärker zur Verfügung steht. Dispersionsverschobene Einmodenfasern werden heute hauptsächlich für Seekabel eingesetzt. Einmodenfasern mit reinem Quarzglaskern haben bis jetzt noch wenig Anwendung gefunden, weil ihre Herstellung relativ teuer ist und der Dämpfungsgewinn im Vergleich zu Standard-Einmodenfasern mit GeO_2-dotiertem Kernmaterial nicht allzu groß ist. Die Entwicklung auf diesem Gebiet ist jedoch noch nicht abgeschlossen. 1986 wurde bei der japanischen Firma Sumitomo ein 10 km langes Faserstück mit einer Dämpfung von 0,15 dB/km gezogen. Das ist der bisher niedrigste an Fasern gemessene Dämpfungswert [4.5]. Die Anforderungen der Deutschen Telekom an die Dämpfungskoeffizienten für Glasfasern in optischen Kabeln können den „Technischen Lieferbedingungen" [4.6] entnommen werden.

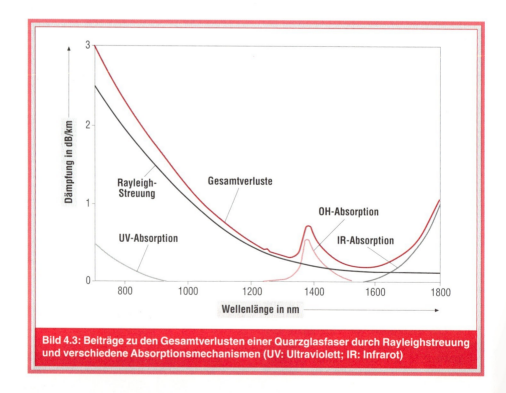

Bild 4.3: Beiträge zu den Gesamtverlusten einer Quarzglasfaser durch Rayleighstreuung und verschiedene Absorptionsmechanismen (UV: Ultraviolett; IR: Infrarot)

Tabelle 4.1: Dämpfungskoeffizienten von Einmodenfasern bei den Wellenlängen 1,31 µm und 1,55 µm

Fasertyp	Dämpfungskoeffizient in dB/km bei 1,31 µm	bei 1,55 µm
Standard-Einmodenfasern mit GeO_2-dotiertem Kern	0,36 – 0,32	0,22 – 0,18
Einmodenfasern mit reinem SiO_2 Kern	0,35 – 0,31	0,21 – 0,17
Dispersionsverschobene Einmodenfasern	0,42 – 0,38	0,23 – 0,19

4.1.2.4 Zusatzverluste durch Wasserstoff in Fasern

Gase mit kleinen Atom- bzw. Moleküldurchmessern wie z.B. Wasserstoff können in Quarzglasfasern eindiffundieren und erhebliche Veränderungen des spektralen Dämpfungsverlaufs hervorrufen. Dabei entstehen sowohl reversible Dämpfungserhöhungen, die beim Ausdiffundieren wieder vollständig zurückgehen, als auch irreversible Zunahmen der Verluste, die durch chemische Reaktionen im Fasermaterial verursacht werden. Als reversible Dämpfungserhöhungen durch eindiffundierten Wasserstoff treten Gruppen von Absorptionsbanden in verschiedenen Spektralbereichen auf. Eine besonders starke Absorptionsbande entsteht bei 1,24 µm. [4.7] Die Zeitspanne bis zum völligen Abklingen der Absorptionsbanden beim Ausdiffundieren des Wasserstoffs beträgt für eine Quarzglasfaser mit 125 µm Außendurchmesser etwa 3 Wochen. An irreversiblen Effekten werden eine Erhöhung der OH-Absorptionsbanden und eine Anhebung der gesamten spektralen Dämpfungskurve beobachtet. Die im Einzelfall auftretenden Effekte hängen in komplexer Weise von der Temperatur, dem Fasertyp, den Dotierstoffen und der Wasserstoffkonzentration ab.

Wasserstoff entsteht in einem optischen Kabel beispielsweise durch Ausdiffusion aus den verschiedenen für den Kabelaufbau verwendeten Kunststoffen. Anfänglich wurden beim Aufbau optischer Kabel verschiedene Metalle (Kupfer, Eisen, Aluminium) für metallische Leitungen, mechanische Verstärkung oder als Schutzmantel verwendet. In feuchter Umgebung (Erdreich, Seewasser) kann sich dann durch elektrolytische Effekte Wasserstoff bilden.

Durch eine Reihe von Maßnahmen wie die Verwendung geeigneter Dotierstoffe (GeO_2, F), Diffusionssperrschichten auf der Faseroberfläche aus Kohlenstoff, SiN_XO_Y, SiC und TiC, wasserstoffabsorbierende Füllungen im Kabel und das Vermeiden von elektrolytischen Effekten ist es gelungen, den Einfluß von Wasserstoff auf die Dämpfung optischer Kabel soweit zu verringern, daß innerhalb eines Zeitraumes von mindestens 30 Jahren kein nennenswerter Zuwachs der Verluste zu erwarten ist. Ein Prüfverfahren für die Wasserstoffempfindlichkeit von Glasfaserkabeln ist in [4.6] angegeben.

4.1.2.5 Temperaturabhängigkeit der Faserverluste

Die Dämpfung optischer Kabel ist beim heutigen Stand der Verkabelungstechnik praktisch temperaturunabhängig. Im Bereich zwischen -20 °C und +70 °C können bei sorgfältiger Verkabelung Dämpfungsänderungen unter 0,1 dB/km erreicht werden. Bei speziell beschichteten Fasern läßt sich die untere Temperaturgrenze für einen Dämpfungszuwachs um 0,1 dB/km auf −60 °C herabsetzen.

Dämpfungserhöhungen von Fasern in optischen Kabeln bei tiefen Temperaturen sind im allgemeinen auf Mikroknickverluste durch zunehmende Sprödigkeit der Primärbeschichtungen der Fasern zurückzuführen. Intrinsische Dämpfungsänderungen des Fasermaterials infolge von Temperaturänderungen sind sehr gering. Bei einer Temperaturerhöhung um 10 °C nimmt die Dämpfung von Quarzglasfasern bei 1300 nm und bei 1550 nm um etwa 0,001 dB/km zu. Dieser Effekt muß erst dann berücksichtigt werden, wenn Fasern

4. KAPITEL

sehr weit außerhalb der üblichen Temperaturbereiche eingesetzt werden sollen [4.8].

4.1.2.6 Dämpfungsmessungen an Einmodenfasern

Der spektrale Dämpfungskoeffizient α_λ (wird auch als Dämpfungsbelag bezeichnet) kann nach der Gleichung

$$\alpha_\lambda / (dB/km) = (10\ km/L) \log(P_0/P) \quad (4.4)$$

berechnet werden. Dabei ist P_0 die in die Faser eingekoppelte Lichtleistung, P die am Faserende austretende Lichtleistung und L die Faserlänge in der Einheit Kilometer. Das übliche Meßverfahren für α_λ ist das Abschneideverfahren (cut-back Verfahren). Dabei wird zunächst die Lichtleistung P durch eine lange Faser (typisch sind etwa 10 km) gemessen, anschließend werden etwa 2 m vom Fasereingang abgeschnitten und ohne Veränderung der eingekoppelten Lichtleistung die Lichtleistung P_0 durch den kurzen Faserabschnitt gemessen. Als Faserlänge wird die Längendifferenz zwischen langer und kurzer Faser eingesetzt. Das Meßverfahren ist inzwischen so ausgereift, daß sich die Ergebnisse auf 0,5 % reproduzieren lassen. Das entspricht im Dämpfungsminimum einem Wert von 0,001 dB/km [4.1].

Für Dämpfungsmessungen an verkabelten Glasfasern wird im allgemeinen das Rückstreu-Meßverfahren eingesetzt [4.9; 4.10]. Dieses Verfahren hat den Vorteil, daß kein Vergleichsstück benötigt wird und daß die Längshomogenität des Dämpfungskoeffizienten sowie Dämpfungssprünge an Spleiß- und Steckverbindungen gemessen und Brüche geortet werden können. Zudem ist für Messungen mit geringen Genauigkeitsanforderungen auch nur die Einkopplung der Meßstrahlung in ein Faserende erforderlich. Für die Ermittlung genauer Werte muß allerdings von beiden Faserenden gemessen werden.

Rückstreumessungen werden heute praktisch nur noch mit kommerziellen Geräten durchgeführt, die als OTDR (engl.: Optical Time Domain Reflectometer) bezeichnet werden. Sie sind mit ein bis vier Laserlichtquellen hoher Ausgangsleistung ausgestattet, die wahlweise an den Lichtwellenleiter angeschlossen werden können und eine Folge kurzer Lichtimpulse in die Faser einstrahlen. Die zurückgestreute Lichtleistung P_S wird über einen Strahlenteiler auf einen Detektor geleitet und als Funktion der Impulslaufzeit registriert.

Für P_S gilt die Formel:

$$P_S = P_0 \cdot C_S \cdot \Delta t \cdot v_g \cdot e^{-2\alpha z}. \quad (4.5)$$

Dabei ist P_0 die eingestrahlte Lichtleistung, C_S die Rückstreukonstante, Δ_t die Impulsdauer, v_g die Gruppengeschwindigkeit (vgl. Kap. 1.4); $v_g = c/n_g$; c die Vakuumlichtgeschwindigkeit, n_g die Gruppenbrechzahl, α der Dämpfungskoeffizient und z der Abstand vom Fasereingang. Bei logarithmischer Darstellung der Gleichung (4.5) erhält man für Bereiche mit konstantem Dämpfungskoeffizienten eine Gerade, aus deren Steigung der Wert für α bestimmt werden kann. Bild 4.4 zeigt ein typisches Rückstreudiagramm. Am Faseranfang und am Ende tritt ein starker Impuls auf, der durch die Fresnelreflexion der

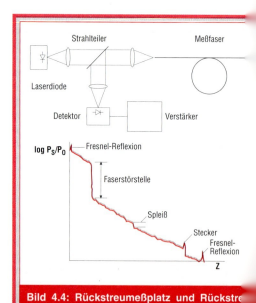

Bild 4.4: Rückstreumeßplatz und Rückstreu-Meßkurve

Endflächen bedingt ist. Spleiße ergeben Stufen im Rückstreudiagramm, aus deren Höhe die Spleißdämpfung bestimmt werden kann, während die Lage auf der Abszisse die Entfernung vom Fasereingang angibt. Steckverbindungen verursachen ähnliche Impulse wie Faserendflächen. Beim Rückstreu-Meßverfahren beträgt die Meßungenauigkeit etwa ± 0,01 dB/km. Zur Kalibrierung eines OTDR setzt man u.a. Eichfasern ein, die nach dem Abschneideverfahren mit hoher Genauigkeit vermessen werden.

4.1.3 Herstellung von Vorformen für Glasfasern

4.1.3.1 Glasabscheidung aus der Gasphase (CVD-Verfahren)

Die Herstellung von Vorformen (engl.: preforms) für Fasern auf Quarzglasbasis basiert auf chemischen Reaktionen in der Gasphase. Die Abscheidung hochreiner Gläser aus der Gasphase wird allgemein Chemical Vapor Deposition (CVD)-Verfahren genannt. Das Glas wird dabei auf der Außenfläche eines rotierenden Stabes (Aluminiumoxid, Quarzglas), auf der Innenfläche eines rotierenden Quarzglasrohres oder auf der Stirnseite eines rotierenden Quarzstabes abgeschieden.

Die Grundsubstanzen bei diesen Verfahren sind hochreine, flüssige Chloride (z.B. $SiCl_4$, $GeCl_4$ usw.). Die Aufbereitung der Gasgemische erfolgt in einer komplexen Gasstation, in der die in Flüssigkeitsverdampfern erzeugten flüchtigen Chloride mit dem Trägergas Sauerstoff (ggf. auch Helium) sowie den Trocknungsgasen Chlor und Freon vermischt werden. Die Steuerung der Ventile und Massendurchflußregler erfolgt über einen Prozeßrechner.

Die zur Abscheidung des Glases notwendige Energie wird entweder von außen durch einen Brenner oder Ofen oder durch ein Zusammenwirken von einem Plasma und hoher Temperatur erzeugt. In jedem Fall erfolgt die Glaserzeugung durch Flammenhydrolyse oder durch Oxidation der Chloride.

Die Reaktionsgleichung für die Abscheidung von Quarzglas lautet:

$$SiCl_4 + O_2 \xrightarrow{1700\,°C} SiO_2 + 2Cl_2 \quad (4.6)$$

Für andere Chloride gilt:

$$GeCl_4 + O_2 \xrightarrow{1700\,°C} GeO_2 + 2Cl_2$$
$$4POCl_3 + 3O_2 \xrightarrow{1700\,°C} 2P_2O_5 + 6Cl_2.$$

Werden dem Siliziumtetrachlorid die Chloride anderer Elemente wie z.B. Germanium oder fluorabspaltende Gase als Dotierstoffe beigefügt, so erhält man Gläser, deren Brechzahl von der des reinen Quarzglases abweicht. Die Reaktionsgleichung lautet dann z.B.

$$\left.\begin{array}{c}SiCl_4\\+\\CCl_2F_2\end{array}\right\} + O_2 \xrightarrow{1700\,°C} SiO_2-Si_xF_y \quad \text{Mantelglas}$$

$$\left.\begin{array}{c}SiCl_4\\+\\GeCl_4\end{array}\right\} + O_2 \xrightarrow{1700\,°C} SiO_2-GeO_2 \quad \text{Kernglas}.$$

(4.7)

Die Beimischung von fluorabspaltenden Gasen wie CCl_2F_2 oder CF_4 ergibt Gläser, deren Brechzahl niedriger ist als die des reinen Quarzglases, während die Beimischung von Germaniumchlorid die Brechzahl erhöht.

4.1.3.2 Das MCVD-Verfahren

Das Modified Chemical Vapor Deposition (MCVD)Herstellungsverfahren wurde in den Bell Laboratorien, USA, entwickelt und findet inzwischen weitverbreitete Anwendung. Sein Grundprinzip besteht darin, daß die Oxidation unter hohen Temperaturen im Innern eines Quarzglasrohres stattfindet, welches von außen durch einen Brenner oder Ofen erhitzt wird [4.11].

Den konstruktiven Aufbau einer MCVD-Anlage zeigt die Prinzipdarstellung in Bild 4.5. Ein Quarzglasrohr wird in eine Glasdrehbank eingespannt. Am rotierenden Rohr fährt außen ein Wasserstoff-Sauerstoff-Brenner entlang und erhitzt eine schmale Zone. Dabei werden von einer

4. Kapitel

Seite die gasförmigen Ausgangsmaterialien in das Rohr eingeleitet. Das andere Rohrende ist an einen Abzug angeschlossen. In der Reaktionszone wird eine Temperatur von 1500 °C bis 1800 °C erzeugt. In Bewegungsrichtung des Brenners (Durchflußrichtung des Gases) setzen sich durch Thermophorese auf einer Länge von einigen Rohrdurchmessern Glaspartikel auf der Rohrinnenwand ab. Beim Brennervorschub werden diese porösen Glaspartikel geschmolzen und bilden einen dünnen Glasfilm auf der Innenfläche des Trägerrohres. Voraussetzung für die Erzeugung gleichmäßiger Schichten ist eine ausreichende Stabilisierung der Prozeßparameter, besonders der Brennertemperatur und der Durchflußmengen.

Beim MCVD-Verfahren werden auf der Innenseite des Quarzrohres je nach Fasertyp, der aus der Vorform gezogen werden soll, etwa 10 bis 100 Mantelschichten von 1 µm bis 10 µm Dicke abgeschieden. Häufig verwendete Dotierstoffe für das Mantelmaterial sind Fluor für Fasern mit depressed cladding-Brechzahlprofil oder eine Mischung von Fluor und P_2O_5, mit der die Brechzahl von reinem Quarzglas eingestellt wird (vgl. Kap. 2.4). Die Dotierungen bewirken neben einer Änderung der Brechzahl auch noch eine Absenkung der Erweichungstemperatur und verringern die Diffusion von OH- und Alkali-Ionen aus dem Trägerrohr erheblich.

Nach Abscheidung des Mantelglases wird in der gleichen Weise Schicht für Schicht das Kernglas aufgebracht, wobei dem Siliziumtetrachlorid zur Brechzahlerhöhung Germaniumtetrachlorid beigefügt wird. Bei konstanter $GeCl_4$-Konzentration entsteht so die Vorform für eine Stufenfaser. Wenn die $GeCl_4$-Konzentration von Schicht zu Schicht in definierter Weise erhöht wird, erhält man eine Vorform für eine Gradientenfaser. Für Einmodenfasern werden nur wenige Kernglasschichten abgeschieden, für Multimodefasern dagegen etwa 50 bis 100.

Nach Beendigung des Abscheidevorgangs wird das Rohr auf 2000 °C bis 2400 °C erhitzt und in einem bis vier Brennerdurchläufen zu einem massiven Glaszylinder – der sog. Vorform – kollabiert. Der gesamte Prozeß der Glasabscheidung und des Kollabierens dauert mehrere Stunden.

Bild 4.6 zeigt den schematischen Ablauf der Herstellung einer Vorform nach dem MCVD-Verfahren mit der Abscheidung der Schichten (Teil A) und dem Kollabieren (Teil B) sowie ein typisches Brechzahlprofil des Rohres und der Vorform.

Wie schon erwähnt, erfordert der MCVD-Prozeß eine genaue Steuerung der Abscheidetemperatur, weil sonst Profilstörungen in der Faser entstehen, welche die Übertragungseigenschaften erheblich beeinträchtigen. Während des Kollabiervorgangs verdampft aus der innersten Kernschicht ein Teil der GeO_2-Dotierung. Dadurch wird die Brechzahl in der Achse der Vorform und damit auch der Faser verringert. Diese Störung wird als „dip" im

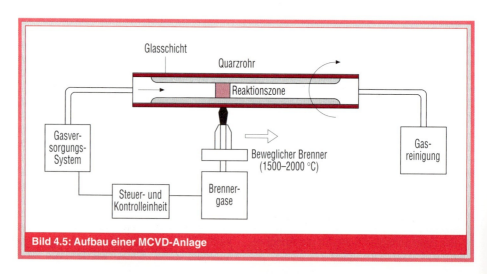

Bild 4.5: Aufbau einer MCVD-Anlage

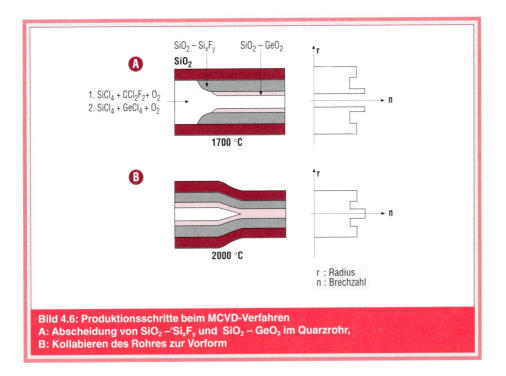

Bild 4.6: Produktionsschritte beim MCVD-Verfahren
A: Abscheidung von $SiO_2 - Si_xF_y$ und $SiO_2 - GeO_2$ im Quarzrohr,
B: Kollabieren des Rohres zur Vorform

Brechzahlprofil bezeichnet. Die Profilstörung läßt sich verringern, wenn während des Kollabiervorgangs mit einer bestimmten $GeCl_4$-Konzentration im Sauerstoffstrom gespült wird oder vor dem letzten Brennerdurchlauf beim Kollabieren die innere Grenzfläche abgeätzt wird.

Der wesentliche Vorteil des MCVD-Verfahrens liegt darin, daß die Glasabscheidung in einem geschlossenen System abläuft. Dadurch werden (hoher Reinheitsgrad der Ausgangssubstanzen vorausgesetzt) gasförmige und sonstige Verunreinigungen (Staub, Wasser) sowohl während der Abscheidung als auch während des Kollabierens vermieden. Als Nachteil ist zu nennen, daß die Effektivität der Umwandlung der teuren, hochreinen Chloride in Vorformmaterial relativ gering ist. Beim $SiCl_4$ werden etwa 50 % erreicht, beim $GeCl_4$ dagegen nur ca. 10 %.

Die Abmessungen der MCVD-Vorformen waren anfänglich aus verfahrenstechnischen Gründen so gering, daß nur Fasern mit einer maximalen Länge von etwa 20 km daraus gezogen werden konnten. Inzwischen sind Rohre aus hochreinem synthetischen Quarzglas entwickelt worden, die beim MCVD-Verfahren sowohl als Substratrohre als auch als Überfangrohre eingesetzt werden. Die Dämpfung dieses Rohrmaterials ist so gering, daß es den größten Teil des Fasermaterials ersetzen kann. Zur Vorformherstellung werden in einem Substratrohr, das etwa 9 % des endgültigen Vorformquerschnitts ausmacht, nach dem MCVD-Verfahren das Kernmaterial und ein kleiner Teil des Mantelmaterials niedergeschlagen. Insgesamt beträgt dieser Anteil nur ca. 4 % des späteren Faserquerschnitts. Nach dem Kollabieren wird auf den Quarzstab ein Überfangrohr aus synthetischem Quarzglas von etwa 50 mm Außendurchmesser aufgeschmolzen, das ca. 87 % der Querschnittsfläche ausmacht. Von einem Meter einer solchen Vorform können ungefähr 150 Faserkilometer mit 125 μm Außendurchmesser gezogen werden. Damit spielen die Kosten für die Abscheidung des MCVD-Materials nur noch eine untergeordnete Rolle für die Wirtschaftlichkeit des Verfahrens. In den Bell Laboratorien wird an einer weiteren Verringerung des Anteils von MCVD-Material gearbeitet, so daß wahrscheinlich in Zukunft Faserlängen bis zu 300 km aus MCVD-Vorformen gezogen werden können. [4.12]

4.1.3.3 Das OVD-Verfahren

Das Outside Vapor Deposition (OVD)-Verfahren wurde bei der Firma Corning in USA entwickelt und ist dort sowie auch bei mehreren mit Corning kooperierenden Firmen (z.B. Siecor in Neustadt) im Einsatz. Bei diesem Verfahren erfolgt der Aufbau der Vorform von außen auf einem Trägerstab aus Quarzglas oder Keramik. Wie Bild 4.7 zeigt, fährt ein Brenner über dem rotierenden Trägerstab hin und her. Den Brennergasen werden $SiCl_4$ und die entsprechenden Dotierstoffe wie z.B. $GeCl_4$ beigemischt und die Chloride in der Flamme oxydiert. Auf dem Trägerstab werden bis zu 1000 Schichten in poröser Form (Glasruß) niedergeschlagen. Zunächst wird das Kernmaterial mit der höheren Brechzahl aufgebracht, anschließend werden die Schichten für den Mantelbereich niedergeschlagen, die aus reinem Quarzglas bestehen. Nach dem Abkühlen des porösen Hohlzylinders läßt sich der Trägerstab wegen der unterschiedlichen thermischen Ausdehnungskoeffizienten herausziehen [4.13].

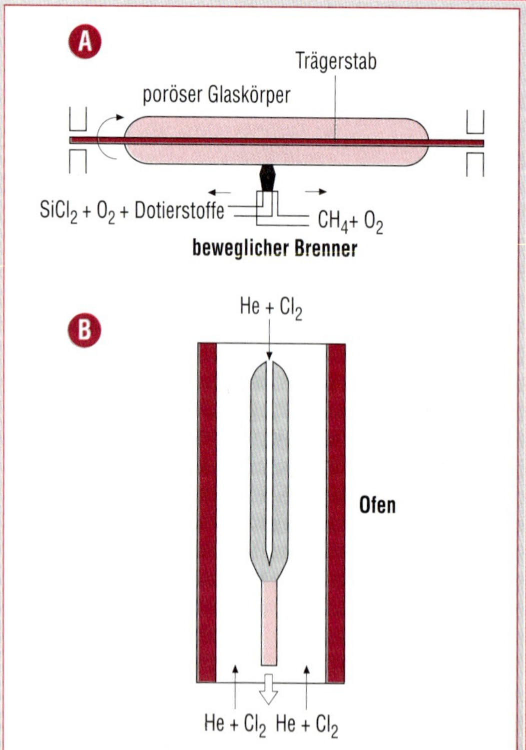

Das feinporige Vorformmaterial enthält aufgrund des Herstellungsverfahrens eine hohe OH-Ionenkonzentration, die bei den daraus hergestellten Fasern eine starke Zusatzabsorption bewirken und die Fasern damit praktisch unbrauchbar machen würde. Durch einen mehrstündigen Reinigungs- und Temperprozeß bei hohen Temperaturen in einem Chlorgas-Helium Gemisch wird der Wasserstoff der OH-Ionen über eine chemische Reaktion in HCl überführt und der poröse Hohlkörper anschließend zu einem massiven Stab zusammengeschmolzen. Die Chlortrocknung ist so effektiv, daß das Maximum der OH-Bande bei 1,38 µm auf etwa 0,5 dB/km reduziert wird.

Das OVD-Verfahren bietet ebenfalls die Möglichkeit, sehr große Vorformen herzustellen. Aus einer OVD-Vorform können heute bereits über 100 Faserkilometer gezogen werden. Vorformen für Faserlängen von über 300 km befinden sich in der Entwicklung.

4.1.3.4 Das VAD-Verfahren

Das Vapor-phase Axial Deposition (VAD)-Verfahren wurde in Japan entwickelt (Firmen Sumitomo und NTT) und wird praktisch nur dort zur Vorformproduktion eingesetzt. Den prinzipiellen Aufbau einer VAD-Apparatur zeigt Bild 4.8.

Das Vorformmaterial wird wie beim OVD-Verfahren hergestellt. Der Unterschied besteht darin, daß die Glaspartikel aus der Flammenhydrolyse nicht an der Mantelfläche, sondern an der Stirnseite eines senkrecht angeordneten, rotierenden Trägerstabes niedergeschlagen werden, der langsam nach oben gezogen wird. Wenn alle Prozeßparameter konstant gehalten werden, entsteht ein großvolumiger, poröser Zylinder mit gleichmäßigem Außendurchmesser und kontinuierlich zunehmender Länge. Der Trägerstab bildet dabei nur den Ausgangspunkt des Zylinders. Die eigentliche Vorform wächst ohne Träger auf

Bild 4.7: Schematische Darstellung des OVD-Verfahrens
A: Abscheidung, B: Trocknung und Verglasung

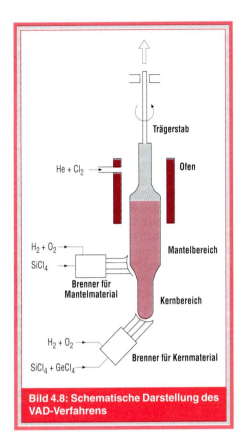

Bild 4.8: Schematische Darstellung des VAD-Verfahrens

und ist daher auch im Achsenbereich homogen und frei von Profilstörungen. Das stellt einen wichtigen Vorteil des Verfahrens bei der Herstellung von Vorformen besonders für Einmodenfasern dar.

Die Erzeugung eines Gradientenbrechzahlprofils über dem porösen Vorformquerschnitt basiert darauf, daß die Abscheiderate der Dotierstoffe von der Temperatur in der Reaktionszone abhängt. Bei definierter Anordnung zweier oder auch mehrerer Brenner mit abgestimmter Düsengestaltung und unterschiedlichen Winkeln zur Stirnfläche des Trägerstabes wird so eine von der Außenfläche zur Vorformachse ansteigende Abscheiderate der Dotierstoffe erreicht. Dabei werden den Brennern nach Bedarf brechzahlerhöhende oder brechzahlerniedrigende Dotierstoffe zugeführt. Zur Erzeugung von Vorformmaterial aus reinem Quarzglas werden rechtwinklig zur Vorformachse weitere Brenner angeordnet, denen neben dem Brenngas und Sauerstoff nur $SiCl_4$ zugeführt wird.

Beim Abziehen der porösen Vorform wird diese durch einen ringförmigen Graphitofen geführt und dort bei etwa 1500 °C zur transparenten glasigen Vorform gesintert. Wegen der wie beim OVD-Verfahren auch hier auftretenden Verunreinigungen mit OH-Ionen wird durch die Heizzone ein Gemisch aus Chlorgas und Helium geleitet und der Wasserstoff als HCl aus der Vorform entfernt.

Zur Herstellung von Fasern mit besonders niedrigem OH-Ionengehalt wird der poröse Vorformzylinder in einem separaten Prozeß mehrere Stunden bei hohen Temperaturen in einem Cl_2-He-Gasgemisch nachbehandelt. Die spektralen Dämpfungskurven von Fasern aus diesen Vorformen zeigen zwischen 1 µm und 1,7 µm einen glatten Verlauf ohne OH-Absorptionsbanden.

Die Vorteile des VAD-Verfahrens liegen darin, daß Kern- und Mantelmaterial in einem Arbeitsgang ohne Träger abgeschieden werden können, und daß es möglich ist, sehr große Vorformen herzustellen. Zur Vergrößerung der Vorform wird der nach dem VAD-Verfahren produzierte Stab häufig noch in ein Rohr aus synthetischem Quarzglas eingeschmolzen, das dann den äußeren Mantelbereich der Faser bildet, der bei Einmodenfasern die Dämpfung praktisch nicht beeinflußt.

Nachteilig ist beim VAD-Verfahren, daß ein hoher regelungstechnischer Aufwand erforderlich ist und daß es mit dem Verfahren bisher nicht gelungen ist, komplexe Ringstrukturen für dispersionsgeglättete (= dispersionsflache) Einmodenfasern (vgl. Kap. 2.7.3) herzustellen. Die Faser mit der niedrigsten bisher gemessenen Dämpfung (0,15 dB/km bei 1,55 µm) wurde aus einer VAD-Vorform gezogen. Eine Fülle technologischer Details der Vorform- und Faserherstellung unter besonderer Berücksichtigung des VAD-Verfahrens sind in einem Buch von T. Izawa und S. Sudo [4.14] beschrieben.

4.1.3.5 Zusammenfassung und Wertung der Verfahren zur Vorformherstellung

Die nachfolgende Tabelle 4.2 gibt einen Überblick über die wichtigsten Verfahren zur Herstellung von Vorformen für Glasfasern.

4. KAPITEL

Tabelle 4.2: Kurzdarstellung der CVD-Verfahren zur Vorformherstellung

Verfahren	Chemische Reaktion	Abscheidung	Entstehung des Brechzahlprofils
OVD	Flammenhydrolyse	Außenseite Keramikstab	Einzelschichten
MCVD	1500 – 1800 °C	Innenseite Quarzrohr	Einzelschichten
VAD	Flammenhydrolyse	axiale Abscheidung Start: Quarzstab	kontinuierlicher Aufbau

4.1.4 Faserziehtechnologie

Die Vorformen mit typischen Längen von 1 m bis 2 m und Durchmessern von 20 mm bis 80 mm werden in einer Ziehanlage zu Fasern ausgezogen. Als Standard für die optische Nachrichtentechnik hat sich ein Außendurchmesser von 125 µm durchgesetzt.

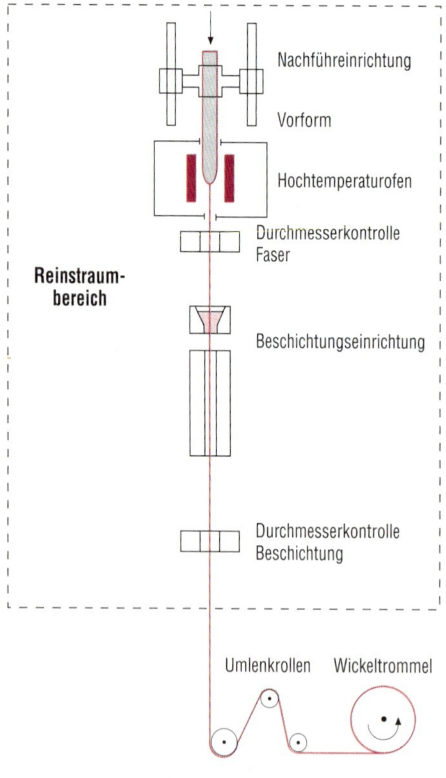

Im Prinzip ist das Ziehverfahren einfach: Die Vorform wird am Ende bis zur Erweichung auf Temperaturen zwischen 1900 °C und 2200 °C erhitzt, eine Faser abgezogen und diese nach Durchlaufen einer Beschichtungseinrichtung auf eine Trommel gewickelt.

In der Praxis ist jedoch eine komplexe, aufwendige Verfahrenstechnik erforderlich, um aus einer Vorform eine hochwertige Faser für die optische Nachrichtentechnik herzustellen. Das Schema einer Faserziehanlage ist in Bild 4.9 dargestellt. Diese Anlagen werden auch als Ziehtürme bezeichnet und sind bis zu 25 m hoch. Die Aufstellung eines Ziehturms erfordert schon wegen der Höhe spezielle Gebäude, schwingungsdämpfende Fundamente und Reinraumbedingungen. Häufig wird mit zweistufigen Reinräumen gearbeitet, d.h. im eigentlichen Ziehbereich wird eine noch höhere Reinraumklasse eingehalten als im übrigen Gebäude. Dieser Aufwand ist erforderlich, um die ungewollte Einlagerung von Staubpartikeln in die Faseroberfläche und die Primärschicht zu vermeiden.

Für den Ziehvorgang wird die Vorform in eine Nachführeinrichtung gespannt und in einen Hochtemperaturofen gefahren. Hauptsächlich werden widerstandsbeheizte Graphitöfen mit Schutzgasspülung (Argon) oder induktionsbeheizte Zirkonoxidöfen eingesetzt. In der Ofenmitte verringert sich im Bereich der sogenannten Ziehzwiebel der Vorformdurchmesser innerhalb weniger Zentimeter auf den Faserdurchmesser. Nach Austritt aus dem Ofen durchläuft die Faser eine optische Durchmesser-Kontrolleinrichtung, die über ein Rückkopplungssignal die Abziehgeschwindigkeit steuert. Nach der Einstellung bestimmter Parameter wie Ofentemperatur, Nachführgeschwindigkeit der Vor-

Bild 4.9 : Faserziehanlage

form und Ziehgeschwindigkeit werden kleine Durchmesserabweichungen der Faser durch die Rückkopplungssteuerung ausgeglichen. Auf diese Weise kann auch bei großen Faserlängen der Durchmesser auf weniger als 1 µm konstant gehalten werden [4.15].

Ehe die Faser mit einer festen Oberfläche in Kontakt kommt, muß eine Schutzschicht aufgebracht werden. Andernfalls würden Oberflächenbeschädigungen entstehen, die Festigkeit und Langzeitstabilität der Fasern wesentlich verringern. An die Eigenschaften dieser Schutzschicht werden eine Vielzahl von Anforderungen gestellt, die sich im allgemeinen nicht mit einer Einfachschicht realisieren lassen. Deshalb wird häufig eine Doppelschicht aufgebracht: Eine innere weiche Schicht, welche die Faser vor Mikroknickverlusten schützt und eine härtere Außenschicht als mechanischer Schutz. Wesentlich ist, daß die Schichten homogen und konzentrisch auf die Faser aufgebracht werden.

Als Beschichtungsmaterialien werden überwiegend UV-härtende Acryllacke verwendet (vgl. Kap. 4.1.1.2). Die Faser durchläuft einen Behälter mit flüssigem Kunststoff, dessen Austrittsdüse so bemessen ist, daß eine vorgegebene Schichtdicke aufgebracht wird. In einer anschließenden Härtezone wird der Kunststoff durch Bestrahlung mit hoher UV-Lichtleistung ausgehärtet. Ehe die Faser in das Beschichtungsbad eintaucht, muß ihre Temperatur auf etwa 50 °C abgesunken sein. Bei Ziehgeschwindigkeiten zwischen 5 m/s und 15 m/s, die inzwischen üblich sind, werden relativ lange Kühlstrecken benötigt. Das wird durch große Abstände zwischen dem Ziehofen und dem Kunststoffbehälter erreicht. Bei sehr hohen Ziehgeschwindigkeiten werden besondere Kühlstrecken mit Helium als Kühlgas eingefügt.

Die beschichteten Fasern durchlaufen dann ein optisches Meßsystem, das die Dicke der Schutzschicht kontrolliert und werden über Umlenkrollen geleitet, mit denen die Zugkraft eingestellt werden kann, und schließlich auf eine Trommel gewickelt. Übliche Faserlängen bei einem Ziehvorgang liegen zwischen 20 km und 100 km.

4.1.5 Dispersionskompensierende Fasern

In den optischen Kabelnetzen der DeutschenTelekom wurden bisher fast ausschließlich Standard-Einmodenfasern mit einem Dispersionsminimum bei 1,3 µm verwendet. Für die Übertragung sehr hoher Bitraten besteht ein wachsendes Interesse, die Übertragungsstrecken auch bei 1,55 µm zu nutzen, zumal in diesem Bereich leistungsfähige Erbiumfaser-Verstärker zur Verfügung stehen und außerdem die Faserdämpfung deutlich niedriger ist als bei 1,3 µm Wellenlänge. Der Übertragung in SEMF bei 1,55 µm steht jedoch ein relativ großer Dispersionskoeffizient von etwa 17 ps / (nm · km) bei dieser Wellenlänge entgegen. Zum Ausgleich der Dispersion können dispersionskompensierende Fasern (engl.: dispersion compensating fiber (DCF)) eingesetzt werden (vgl. Kap. 6.2.3), die sich durch eine hohe negative Dispersion in diesem Wellenlängenbereich auszeichnen. Die negative Dispersion wird durch ein spezielles Brechzahlprofil erreicht. Eine von der Firma Sumitomo entwickelte DCF-Faser hat ein parabolisches Brechzahlprofil mit 3,3 µm Kerndurchmesser. Der Kern ist mit einem Ring mit abgesenkter Brechzahl umgeben, anschließend folgt ein undotierter Quarzglasmantel [4.16].

Durch die hohe Dotierungskonzentration im Kernmaterial steigt die Faserdämpfung. Da sowohl große negative Dispersion als auch niedrige Dämpfung gefordert werden, wird ein Gewinnfaktor (engl: Figure of Merit (FOM)) definiert.

Als typische Werte werden ein Dispersionskoeffizient von −63 ps / (nm · km) und ein Dämpfungskoeffizient von 0,43 dB/km angegeben, was einem Gewinnfaktor von 147 ps / (nm · dB) entspricht. Ähnliche Werte gelten für dispersionskompensierende Fasern von der Firma Corning (USA). Die DCF- Fasern werden mit Standard-Einmodenfasern zusammengeschaltet und dabei die Teillängen so gewählt, daß sich als gemittelter Dispersionskoeffizient ein Wert unter 1 ps / (km · nm) ergibt. Auf diese Weise können Bitraten von über 10 Gbit/s im Wellenlängenbereich um 1,55 µm über mehrere hundert Kilometer übertragen werden.

4.1.6 Mechanische Eigenschaften von Glasfasern

Für den praktischen Einsatz von Glasfasern ist deren mechanische Stabilität von großer Bedeutung. Einerseits muß dabei sichergestellt sein, daß die optischen Eigenschaften nicht durch äußere mechanische Einflüsse, z.B. Mikrokrümmungen, verändert werden, andererseits sind hohe Zugfestigkeit und Langzeitstabilität unerläßlich.

Aus der Bindungsenergie der SiO_2-Moleküle ergibt sich für Quarzglas eine sehr hohe theoretische Zugfestigkeit von ca. 18 GN / m^2 (Wert für harten Stahldraht: 1 GN / m^2), die jedoch in der Praxis auch von den besten Fasern nicht annähernd erreicht wird (1 GN = 1 Giganewton). Ursache hierfür sind Fehlstellen auf der Faseroberfläche und in der Glasstruktur, die zu Mikrorissen führen. Bei äußerer Zugspannung entsteht an der Wurzel der Mikrorisse eine Spannungskonzentration, die beim Übersteigen der Bindungskraft zum Faserbruch führt. Wegen der unterschiedlichen Art der Mikrorisse streuen die Festigkeitswerte einer Faser erheblich. Will man also nicht jedes einzelne Faserstück prüfen, müssen zur Bestimmung eines für die Praxis geeigneten Festigkeitswertes statistische Methoden angewendet werden. Solche Methoden wurden 1939 von dem Schweden P. Weibull erstmalig vorgeschlagen. Nach ihm sind der Exponent χ in der Gleichung (4.8) und die Art der Darstellung von Versuchsergebnissen in einem Diagramm benannt.

Nach Weibull ergibt sich unter der Annahme, daß nur ein Fehlermechanismus für den Bruch verantwortlich ist, die Bruchwahrscheinlichkeit P bei einer Zugkraft σ, also P(σ) zu

$$P(\sigma) = 1 - \exp\left(-L\,\frac{\sigma - \sigma_{min}}{\sigma_0 - \sigma_{min}}\right)^{\chi}. \quad (4.8)$$

L: normierte Faserlänge;
σ_{min}: Zugkraft, unterhalb der kein Bruch auftritt;
σ_0: Zugkraft mit einer Bruchwahrscheinlichkeit von 63,2 %;
χ: Weibull-Koeffizient.

Zur Ermittlung der Brucheigenschaften einer Faser wird ein möglichst großes Probenkollektiv (50 bis 100) von gleichlangen Faserstücken (0,5 m...20 m) mit gleichförmiger Ziehgeschwindigkeit (bis zu einem Zehntel der Einspannlänge/min) bis zum Bruch belastet und die Bruchkraft σ gemessen. Die ermittelten Bruchkräfte werden in geeignete Klassen eingeteilt und die Zahl der Fasern ermittelt, die in jede Klasse fallen. Von Klasse zu Klasse wird die Zahl der bis dahin bereits gebrochenen Fasern als Prozentsatz des Kollektivs ausgedrückt und auf der Ordinate in doppelt logarithmischem Maßstab eingetragen (vgl. Bild 4.10), die zugehörige Bruchkraft als Abszisse in einfach logarithmischem Maßstab. Infolge der Klasseneinteilung ergibt sich eine Kette von Punkten, von denen jeder aussagt, daß bei Erreichen der Bruchkraftklasse x insgesamt y % der Fasern des Kollektivs gebrochen sind. Erfüllen die Meßwerte die Gleichung (4.8) und die ihr zugrunde liegenden Voraussetzungen, so liegen sie auf einer Ge-

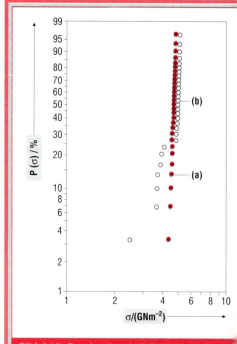

Bild 4.10: Bruchwahrscheinlichkeit als Funkt[ion] der Zugspannung (Weibull-Diagramm); (a) u[nd] (b) sind zwei verschiedene Probenkollektive

raden, die entsprechend dem Wert des Weibull-Exponenten χ mehr oder weniger steil verläuft.

Bild 4.10 zeigt das Weibull-Diagramm für zwei Glasfaserproben. Die maximale Bruchdehnungskraft ist etwa 5 GN/m^2, ein Wert, der für die Praxis charakteristisch ist und damit deutlich unter dem theoretischen Wert liegt. Das Probenkollektiv (a) zeigt eine sehr gute Annäherung an den zu erwartenden linearen Verlauf. In diesem Fall ist es zulässig, die Meßwertgerade in Richtung der (im Diagramm nicht darstellbaren) Bruchwahrscheinlichkeit 0 % zu verlängern und damit eine Bruchkraft zu ermitteln, bei der es unwahrscheinlich ist, daß irgendeine Faser der untersuchten Art reißt. Häufig ergeben sich jedoch, insbesondere im unteren Bereich der Bruchwahrscheinlichkeit, beachtliche Abweichungen, wie sie das Probenkollektiv (b) zeigt. Diese Abweichungen beweisen, daß das Bruchverhalten nicht nur einem einzigen physikalischen Mechanismus folgt. Neben Fehlstellen in der Glasstruktur sind als Hauptursache für die höhere Bruchwahrscheinlichkeit die Verunreinigungen und Oberflächenbeschädigungen zu nennen, die in den einzelnen Produktionsschritten der Glasfaser auftreten. Diese bestimmen die mechanischen Eigenschaften der Faser in hohem Maße. Zur Erfassung dieser letztgenannten Einflüsse wird im allgemeinen der 1 %-Wert des Weibull-Diagramms, das heißt die Bruchkraft, bei der 1 % der Prüflinge bricht, zur Charakterisierung der Faser herangezogen. In der Praxis liegt der 1 %-Wert zwischen 0,5 GN/m^2 und 2,0 GN/m^2.

Bei den Faserherstellern wird im allgemeinen eine kontinuierliche Prüfung der Zugfestigkeit durchgeführt. Die Fasern durchlaufen dazu nach der Beschichtung einen sogenannten „Proof-Test", bei dem die Fasern über ihre ganze Länge (eingespannt in ein Zugrollensystem) für etwa eine Sekunde einer Zugbelastung ausgesetzt werden, die etwa dem dreifachen der in der Praxis erwarteten Maximalbelastung entspricht. Auf diese Weise werden größere Störstellen, die durch statistische Methoden unerkannt bleiben würden, eliminiert und damit gewährleistet, daß für den Kabelaufbau nur Fasern mit ausreichend hoher Festigkeit verwendet werden [4.17].

4.1.7 Lichtleitfasern aus Kunststoffen

Für relativ kurze Übertragungsstrecken (Größenordnung 100 m) stellen Kunststoff-Lichtleitfasern (engl.: Plastic Optical Fibers (POF)) ein interessantes Übertragungsmedium dar. Zur Herstellung dieser Fasern werden als Kernmaterial hauptsächlich polymerisierte Kunststoffe wie Polymethylmethacrylat (PMMA) oder Polystyren verwendet. Als Mantelsubstanzen benutzt man u.a. fluorierte Polymere, Silikone oder PMMA mit einer Brechzahldifferenz von 2 % bis 6 % gegenüber dem Kernmaterial. Durch den großen Brechzahlunterschied werden numerische Aperturen bis zu 0,5 erreicht [4.18]. Ein Herstellungsverfahren, bei dem Kern- und Mantelmaterial in einem Spinnkopf umeinander gepreßt werden, ist schematisch in Bild 4.11 dargestellt [4.19].

Bisher wurden aus Kunststoffen fast ausschließlich Multimode-Stufenfasern mit einem typischen Außendurchmesser von 1 mm hergestellt. Die Fasern weisen für Wellenlängen zwischen 500 nm und 900 nm einige Transmissionsbereiche mit Dämpfungskoeffizienten zwischen 100 dB/km und 300 dB/km auf. Diese noch sehr hohen Verluste werden durch Verunreinigungsabsorption und durch Ausläuferabsorption starker Schwingungsbanden sowie durch Streuung an Inhomogenitäten verursacht. Die nutzbaren Spektralbereiche liegen etwa um 580 nm und 650 nm. Mit verbesserter Reinheit und Homogenität und deuterierten Kunststoffen könnte die Dämpfung bei 650 nm Wellenlänge etwa auf 10 dB/km reduziert werden.

Kunststoff-Lichtleitfasern können bei guter Flexibilität und Bruchfestigkeit mit relativ großen Durchmessern (bis zu 1 mm) hergestellt werden und sind dadurch leicht zu handhaben. Der große Kerndurchmesser in Verbindung mit der großen numerischen Apertur ermöglichen eine einfache Verbindungs- und Anschlußtechnik mit geringen Präzisionsanforderungen.

Neuerdings wird in Japan an der Entwicklung von Gradientenfasern auf Kunststoffbasis gearbeitet [4.20; 4.21]. Vorformen für diese Fasern werden nach einem Grenzschicht-Gel-Polymerisationsverfahren hergestellt. Dazu wird ein Rohr aus

4. Kapitel

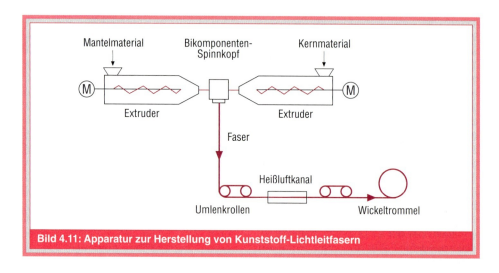

Bild 4.11: Apparatur zur Herstellung von Kunststoff-Lichtleitfasern

PMMA mit einer flüssigen Mischung aus zwei Monomeren unterschiedlicher Brechzahl gefüllt und auf ca. 90 °C erwärmt. Dabei löst sich die Rohrinnenwand etwas an und bildet ein Gel. Dann findet eine langsame Polymerisation von der Rohrwand bis zur Achse statt, bei der sich das Gel verfestigt. Während der Polymerisation wird das Monomer mit der höheren Brechzahl durch Diffusion in Achsenrichtung konzentriert, so daß ein parabolischer Brechzahlverlauf entsteht, der etwa 66 % des Vorformdurchmessers ausfüllt. Aus diesen Vorformen wurden Fasern mit einem Außendurchmesser von 0,5 mm gezogen, die eine typische Übertragungsbandbreite von 0,5 GHz · km aufwiesen. Die Dämpfung betrug 90 dB/km bzw. 113 dB/km bei 570 nm bzw. 650 nm Wellenlänge. Aufgrund dieser Werte stellt die Kunststoff-Gradientenfaser für breitbandige Kurzstreckennetze eine interessante Alternative zu den heute verwendeten Koaxialkabeln dar. Nach Plänen der japanischen Firma NEC soll mit der Einführung dieser Fasern für lokale Netze schon in Kürze begonnen werden [4.22].

4.2 Faserverbindungen

4.2.1 Einführung

Bei jedem komplexen Übertragungssystem stellt sich die Frage, welche Schnittstellen für die Verbindung der einzelnen Bauelemente und Geräte am besten geeignet sind. Bei faseroptischen Übertragungssystemen ergibt sich die Antwort von selbst: Die einfachste und natürlichste Schnittstelle ist die Stirnfläche einer Glasfaser. Folglich ist sowohl bei Laborversuchen als auch bei der Kabelverlegung im Betrieb das Problem zu lösen, Glasfasern entweder dauerhaft oder lösbar miteinander zu verbinden, um die optischen Signale zwischen den einzelnen Baugruppen transportieren zu können. Unter diesem Gesichtspunkt ist die optische Telekommunikationstechnik von der Verfügbarkeit stabiler, dämpfungsarmer, preiswerter und wartungsfreier Glasfaserverbindungen abhängig.

Auch bei relativ kurzen Entfernungen werden optische Kabelverbindungen fast immer aus mehreren Teilstücken zusammengefügt. Außerdem ist in Gebäuden aus Brandschutzgründen die Verwendung besonderer Kabeltypen (Innenkabel, Aufteilungskabel) vorgeschrieben, die mit den verlegten Außenkabeln verbunden werden müssen; hierfür sind dauerhafte feste Faserverbindungen erforderlich.

Optische Leitungsendgeräte, z.B. Sender und Empfänger, Zwischenregeneratoren, optische in-line Verstärker und fast alle faseroptischen Meßgeräte werden dagegen mit lösbaren Verbindungen, also optischen Steckern, an das Glasfaserkabel angeschlossen. Die meisten optischen

Bauelemente (z.B. Lasersender, Empfangsdioden, optische Richtkoppler) eines Glasfaserübertragungssystems werden standardmäßig mit einem angefügten Faserstück (engl.: pigtail) geliefert.

Sowohl bei dauerhaften als auch bei lösbaren Glasfaserverbindungen werden die Stirnflächen zweier Glasfasern im geringstmöglichen Abstand und axial fluchtend gegenübergestellt. Werden nun die Glasfasern durch Schmelzen, durch Kleben mit einem lichtdurchlässigen Kleber oder allein durch mechanisches Fixieren dauerhaft in dieser Lage festgehalten, so bezeichnet man diese Verbindung als optischen Spleiß. Wenn diese Verbindung jederzeit ohne Hilfsmittel lösbar und wieder zusammenfügbar ist, handelt es sich um eine optische Steckverbindung. An einer derartigen Koppelstelle von zwei Glasfasern wird nun die übertragene Lichtleistung durch verschiedene Ursachen gedämpft, die im folgenden Kapitel beschrieben werden.

4.2.2 Physikalische Grundlagen

Die Verluste an der Koppelstelle von zwei Glasfasern unterteilt man in faserbedingte (intrinsische) Verluste, verbindungstechnische (extrinsische) Verluste und Verluste durch Reflexionen und Fehler der Faserendflächen.

Die intrinsischen Verluste treten selbst bei optimaler mechanischer Kopplung beider Glasfasern und fehlerfreien Endflächen auf und sind auf die Unterschiede der zu verbindenden Glasfasern hinsichtlich Kerndurchmesser, Strahldurchmesser, numerischer Apertur und Brechzahlprofil zurückzuführen. Die extrinsischen Verluste werden durch Fehljustage der Faserstirnflächen, also durch radialen Versatz, Winkelfehler und Abstand verursacht. Zusätzlich sind noch Fehler der Faserendflächen, wie falscher Schnittwinkel, Unebenheit, Rauhigkeit und Schmutz von Bedeutung. Nachfolgend wird auf die physikalischen Grundlagen im einzelnen eingegangen.

Ein Glas-Luft Übergang

Wir betrachten zunächst nur eine einzelne Glasfaser, in der sich Licht mit der Leistung P_0 ausbreitet (Bild 4.12a). An einer Reflexionsstelle, z.B. einer Faserendfläche, wird Licht mit den Leistungen P_r und P_t reflektiert bzw. transmittiert. Der Reflexionskoeffizient $R = P_r/P_0$ und der Transmissionskoeffizient $T = P_t/P_0$ beschreiben die relativen Anteile des reflektierten und durchgelassenen Lichtes an einer einzigen Reflexionsstelle. Ist die Glasfaseroberfläche senkrecht, ergeben sich aus der Fresnelformel [4.23]

$$R = \left[\frac{n_k - n_a}{n_k + n_a} \right]^2, \qquad (4.9)$$

$$T = 1 - R, \qquad (4.9a)$$

wobei n_k und n_a die Brechzahlen des Faserkerns und des Außenraums sind. Dieser Außenraum kann z.B. aus Luft ($n_a = 1$), Glycerin ($n_a = 1{,}497$ bei 20 °C) oder Opanol B3 ($n_a = 1{,}4729$ bei 20 °C) bestehen. Man erhält an der senkrechten Endfläche einer Standard-Einmodenfaser (SEMF) mit $n_k = 1{,}46$ (bei 1300 nm Wellenlänge) und $n_a = 1$ eine Reflexion von $R = 0{,}035$.

Zwei Glas-Luft Übergänge

Stehen sich zwei Fasern im Abstand z gegenüber (Bild 4.12b), tragen die beiden Stirnflächen mit den Reflexionskoeffizien-

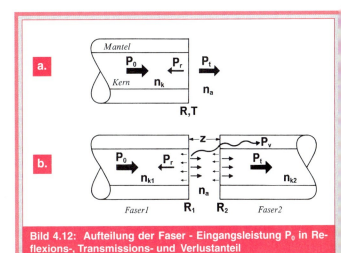

Bild 4.12: Aufteilung der Faser - Eingangsleistung P_0 in Reflexions-, Transmissions- und Verlustanteil
a) bei einer Einzelfaser, b) an der Stoßstelle zweier Fasern

ten R_1 und R_2 zur Gesamtreflexion bei. Das in Faser 1 ankommende Licht mit der Leistung P_0 wird in drei Anteile mit den Leistungen P_t, P_r und P_v aufgespalten, d.h. es gilt die Leistungsbilanz

$$P_0 = P_t + P_r + P_v. \qquad (4.10)$$

In den Kern der ersten Faser wird P_r reflektiert, in den Kern der zweiten Faser wird P_t eingekoppelt. Der dritte Anteil mit der Leistung P_v geht verloren, z.B. durch seitlichen Austritt bei zu großem Versatz von beiden Fasern oder durch Entweichen in die Fasermäntel. Gesamtreflexion und Gesamttransmission (siehe Bild 4.12b) werden wiederum auf die Eingangsleistung wie folgt normiert, wobei hier mit den Symbolen P_r, P_t die gesamte, also durch den Einfluß beider Glas-Luft Übergänge reflektierte bzw. transmittierte Leistung gemeint ist:

$T_r = P_r / P_0$	Reflexionsfaktor	(4.11a)
$T_t = P_t / P_0$	Transmissionsfaktor	(4.11b)
$L_r = -10 \cdot \lg (P_r / P_0)$ dB	Rückflußdämpfungsmaß	(4.11c)
$L_t = -10 \cdot \lg (P_t / P_0)$ dB	Einfügedämpfungsmaß	(4.11d)

Beispielsweise entspricht $T_r = 0{,}01$ dem Rückflußdämpfungsmaß 20 dB.

Wenn die beiden Fasern in Bild 4.12b senkrechte Endflächen haben, bilden sie einen optischen Resonator, nämlich ein planparalleles Faser-Fabry-Perot Interferometer (Faser-FPI). Das Licht wird dann unendlich oft zwischen beiden Endflächen hin- und herreflektiert. Die resultierende Amplitude in Reflexions- und Transmissionsrichtung ist die Summe all dieser unendlich vielen einzelnen Amplituden. Der Reflexionsfaktor T_r hängt u.a. von der Wellenlänge λ des Lichtes, von den Reflexionskoeffizienten R_1 und R_2 und vom Abstand z zwischen den Endflächen ab. Wenn beide Fasern identisch sind (gleiche Kerndurchmesser, gleiche Reflexionskoeffizienten $R_1 = R_2 := R$), liegt der Reflexionsfaktor in den Grenzen $0 \leq T_r \leq \rho / (1 + \rho)$ mit $\rho := 4R / (1 - R)^2$. Ein planes FPI mit einer Reflexion von $R = 0{,}035$ pro Oberfläche hat demnach einen maximalen Reflexionsfaktor von $T_r = 0{,}13$ bzw. ein minimales Rückflußdämpfungsmaß von $L_r = 8{,}8$ dB. Dieses Beispiel zeigt, daß zwei sich senkrecht gegenüberstehende Faserflächen mit einem Luftspalt eine ungeeignete Faserverbindung ist, weil für die meisten Systeme ein Rückflußdämpfungsmaß oberhalb von 50 dB gefordert wird. Ein Faser-FPI ist allerdings nicht wie in diesem Beispiel immer nur ein störender Bestandteil in einem optischen Übertragungssystem, sondern es kann auch sehr wirkungsvoll als optisches Filter eingesetzt werden (s. Kap. 4.4).

Für die Transmission von Faser 1 in Faser 2 spielt in der Regel der Aufbau beider Fasern und ihre relative Lage zueinander eine größere Rolle als die Reflexionskoeffizienten der Stirnflächen. Dies wird im folgenden an einem für die Praxis wichtigen Beispiel erläutert. Wir nehmen an, daß sich zwei Einmodenfasern mit den Kerndurchmessern d_1 und d_2 im Abstand z und mit dem vertikalen Versatz x und dem Kippwinkel γ gegenüberstehen (Bild 4.13).

In Faser 1 mit der Kernbrechzahl n_{k1} breitet sich im stationären Zustand (der schon nach wenigen Metern Faserlänge erreicht ist) ein Gaußstrahl mit dem konstanten Fleckradius w_1 aus. Der doppelte Fleckradius wird Fleckweite oder Strahldurchmesser genannt. Beim Fleckradius ist die Intensität auf $1/e^2$ der maximalen Intensität I_0 abgefallen. In Faser 2 mit der Kernbrechzahl n_{k2} wird ein Gaußstrahl mit dem Fleckradius w_2 geführt. Wenn die Wellenlänge des Lichtes größer als die cutoff-Wellenlänge λ_c ist, d.h. im Einmodenbetrieb der Faser, sind beide Fleckweiten etwas größer als die jeweiligen Kerndurchmesser. Sobald der Gaußstrahl aus der Faser 1 in den Außenraum mit Brechzahl n_a austritt, weitet er sich auf (Bild 4.13). Der Fleckradius am Ort z läßt sich mit der Gleichung

$$w^2(z) = w_1^2 \cdot \left[1 + \left(\frac{z}{z_0} \right)^2 \right] \qquad (4.12)$$

darstellen, wobei der konfokale Parameter

$$z_0 = \pi w_1^2 n_a / \lambda \qquad (4.12a)$$

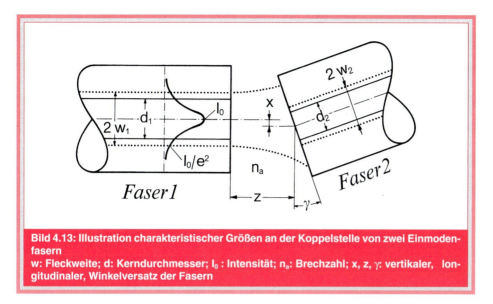

Bild 4.13: Illustration charakteristischer Größen an der Koppelstelle von zwei Einmodenfasern
w: Fleckweite; d: Kerndurchmesser; I_0 : Intensität; n_a: Brechzahl; x, z, γ: vertikaler, longitudinaler, Winkelversatz der Fasern

als charakteristische Größe eingeführt wird. Je kleiner der Fleckradius w_1 in der Faser ist, desto mehr weitet er sich nach dem Austritt auf. Der Transmissionsfaktor T_t hängt davon ab, wie dieser aufgeweitete Strahl mit dem Gaußstrahl in Faser 2 überlappt. Unter Vernachlässigung von Reflexionen erhält man für γ = 0° nach [4.24]

$$T_t = T_{long} \cdot \exp\left[-T_{long} \frac{x^2}{2}\left(\frac{1}{w_1^2} + \frac{1}{w_2^2}\right)\right] \quad (4.12b)$$

mit dem longitudinalen Einkoppelwirkungsgrad

$$T_{long} = \frac{4 w_1^2 w_2^2}{(w_1^2 + w_2^2)^2 + \left[\frac{\lambda z}{\pi n_a}\right]^2} \quad (4.12c)$$

Den größtmöglichen Transmissionsfaktor erhalten wir ohne longitudinalen und vertikalen Versatz (also mit z = 0 und x = 0). Bild 4.14 zeigt das Einfügedämpfungsmaß bei der Verbindung von zwei Einmodenfasern mit unterschiedlichem Fleckradius.

Nur wenn beide Fleckradien gleich groß sind, kann das Licht vollständig in die zweite Faser eingekoppelt werden. Ist w_1 größer als w_2, wird ein Teil des Lichtes aus dem Kern von Faser 1 direkt in den Mantel von Faser 2 eingekoppelt. Ist umgekehrt w_1 kleiner als w_2, wird der Gaußstrahl beim Eintritt in den größeren Kern der zweiten Faser zu stark aufgeweitet, so daß ein Teil des Lichtes in den Fasermantel gelangt und verlorengeht. Besonders große Fleckweitenunterschiede kommen u.a. in Erbiumfaser-Verstärkern vor (vgl. Kap. 4.5.1). Dort muß eine Einmodenfaser (mit $2w_1 \approx 11$ μm) mit einer erbiumdotierten Faser (mit $2w_2 \approx 3{,}7$ μm) verbunden werden, was den Transmissionsfaktor auf $T_r \approx 0{,}36$ begrenzt.

Stoßen zwei gleichartige Fasern aufeinander, ist $w_1 = w_2$ und die Gleichungen (4.12b) und (4.12c) vereinfachen sich zu

$$T_t = T_{long} \cdot e^{-T_{long} \frac{x^2}{w_1^2}}, \quad (4.13a)$$

$$T_{long} = \frac{1}{1 + \left(\frac{z}{2 \cdot z_0}\right)^2}. \quad (4.13b)$$

Der radiale Versatz x wirkt sich wesentlich stärker auf den Transmissionsfaktor aus als der longitudinale Abstand z. Dies geht aus einem Vergleich der beiden Kurven in Bild 4.15 hervor. Die linke Kurve zeigt das Einfügedämpfungsmaß L_t als Funktion von x/w_1 für z = 0, während rechts L_t in Abhängigkeit von z/z_0 (für x = 0) dar-

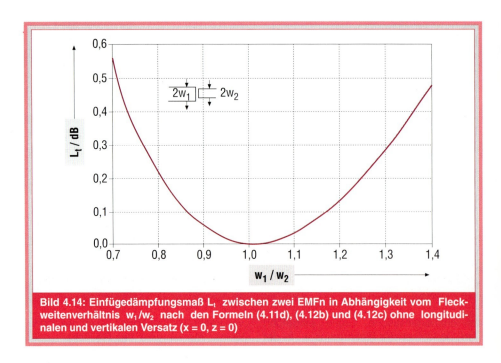

Bild 4.14: Einfügedämpfungsmaß L_t zwischen zwei EMFn in Abhängigkeit vom Fleckweitenverhältnis w_1/w_2 nach den Formeln (4.11d), (4.12b) und (4.12c) ohne longitudinalen und vertikalen Versatz ($x = 0$, $z = 0$).

gestellt ist. Für $w_1 = 5{,}5\ \mu m$ und $\lambda = 1{,}3\ \mu m$ ergibt sich für $z = 0$ und $x = 2\ \mu m$ $L_t = 0{,}57$ dB, während wir für $x = 0$, $z = 50\ \mu m$ und $n_a = 1$ (Luft) $L_t = 0{,}48$ dB erhalten. Das Einfügedämpfungsmaß reagiert somit etwa 25 mal empfindlicher auf einen vertikalen als auf einen longitudinalen Versatz.

In den folgenden Überlegungen wird auch eine gegenseitige Verkippung beider Fasern mit einbezogen ($\gamma \neq 0°$). Es zeigt

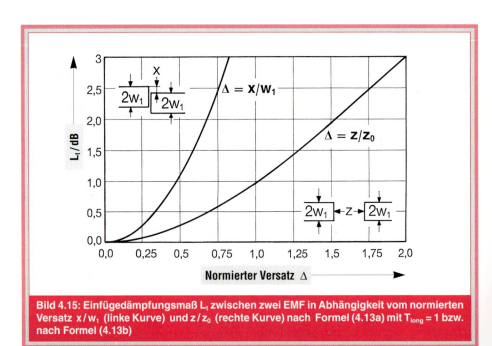

Bild 4.15: Einfügedämpfungsmaß L_t zwischen zwei EMF in Abhängigkeit vom normierten Versatz x/w_1 (linke Kurve) und z/z_0 (rechte Kurve) nach Formel (4.13a) mit $T_{long} = 1$ bzw. nach Formel (4.13b).

sich, daß der Kippwinkel γ zwischen beiden Fasern ebenso kritisch ist wie der vertikale Versatz. Für x = z = 0 und bei Vernachlässigung von Fresnelreflexionen ergibt sich nach [4.24]

$$L_t = \frac{10}{\ln(10)} \left(\frac{n_a \pi w_1}{\lambda}\right)^2 \cdot \gamma^2 \text{ dB}. \quad (4.14)$$

Für w_1 = 5,5 µm, λ =1,3 µm, n_a = 1 , γ = 1,5 ° folgt aus Gleichung (4.14) ein Einfügedämpfungsmaß L_t = 0,53 dB. Mit einer Flüssigkeit passender Brechzahl (engl.: index-matching Flüssigkeit) mit der Brechzahl $n_a \approx n_k$ kann zwar nach (4.9) die Fresnelreflexion deutlich verkleinert werden, allerdings vergrößert sich nach (4.14) die Einfügedämpfung als Funktion des Kippwinkels. In Bild 4.16 ist die Einfügedämpfung als Funktion des Kippwinkels γ für zwei verschiedene Brechzahlen des Zwischenraums dargestellt.

4.2.3 Kabel- und Faseraufbau

Die im Rohzustand sehr empfindlichen Glasfasern werden erst durch eine Anzahl von Schutzmaßnahmen beim Fertigungsprozeß zu einem robusten und dauerhaften Übertragungsmedium. Bei der Herstellung einer optischen Faserverbindung ist es nun erforderlich, diesen Faserschutz in geeigneter Weise zu entfernen; der Aufbau von Kabeln und Faserhüllen sowie deren Funktion soll deshalb hier kurz dargestellt werden.

Unmittelbar nach der Herstellung (Faserziehen) wird die Glasfaser mit einem sogenannten Primärschutz (Primärcoating) versehen, der meistens aus einer dünnen, lackartigen Beschichtung auf Acrylharz- oder Silikonbasis besteht. Hierdurch wird die Faser gegen chemische und mechanische Einflüsse geschützt. Insbesondere sollen Mikrorisse (engl.: micro cracks) und nachfolgende Faserbrüche verhindert werden. Außerdem ist durch Farbbeimischung eine Kennzeichnung möglich.

Anschließend werden die Fasern mit einer weiteren Umhüllung (Sekundärcoating) geschützt, um zu verhindern, daß hohe und tiefe Temperaturen sowie Längs-, Quer- und Biegekräfte auf die Faser einwirken und Zusatzverluste hervorrufen. Es kommen drei verschiedene Arten zur Anwendung, die sich nach der weiteren Verwendung der Faser richten. Bei der festen Ummantelung (engl.: tight buffer jacket)

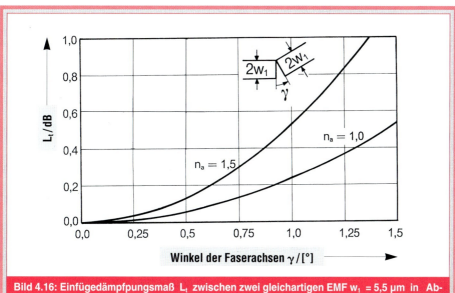

Bild 4.16: Einfügedämpfungsmaß L_t zwischen zwei gleichartigen EMF w_1 = 5,5 µm in Abhängigkeit vom Winkel γ zwischen den beiden Faserachsen nach den Formeln (4.14) und (4.11d) für λ = 1,3 µm und für die Brechzahlen n_a =1,0 bzw. n_a = 1,5 des Koppelmediums

4. Kapitel

wird die Faser mit einer relativ festaufliegenden Kunststoffhülle versehen. Häufiger werden die Fasern jedoch lose in einer Hohlader geführt (engl.: loose buffer jacket); hierbei ist die Faser etwas länger als die Hülle und bildet eine langgezogene Wendel (Bild 4.17).

Zur Dämpfung gegen Schwingungen und zur Abdichtung gegen Feuchtigkeit werden die Hohladern mit einem Gel gefüllt. Oft werden mehrere Fasern (max. 10) gemeinsam in eine Hülle eingebettet (Bündelader); die Abdichtung gegen Feuchtigkeit erfolgt ebenfalls mit einem Gel bzw. mit einem quellfähigen Pulver. Aus den Fasern bzw. Faserbündeln mit der Sekundärumhüllung wird durch Verseilung (Normal- oder S / Z-Verseilung) das Kabel hergestellt, dessen Grundaufbau bei den meisten Kabeltypen ähnlich ist: Um ein Zentralelement aus glasfaserverstärktem Kunststoff (GFK-Stützelement) werden die lichtführenden Glasfasern mit Polstern und eventuellen Blindelementen gewickelt; es folgen Bewicklung, Zugentlastung und der Außenmantel. Die Längswasserdichtigkeit wird durch eine Füllung aus hochviskoser, fettähnlicher Paste (Petrolat), vereinzelt auch durch Papier- oder Quellvlieswicklungen erreicht. Je nach Verwendungszweck enthalten die Glasfaserkabel Kupferadern, Metallumhüllungen, Bewehrungen und Tragelemente, jedoch ist auch die Herstellung metallfreier Kabel für die Verwendung in der Nachbarschaft von Hochspannungsleitungen möglich.

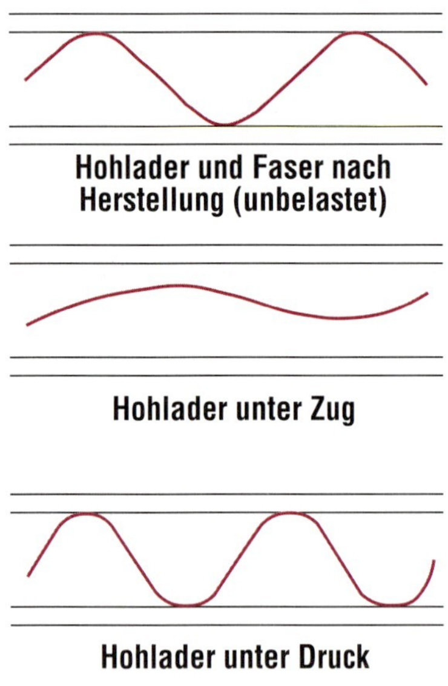

4.2.4 Vorbereiten einer Faserverbindung

Ein großer Zeitanteil bei der Herstellung einer Faserverbindung wird zur Vorbereitung und Nachbehandlung benötigt. Darunter verstehen wir das Entfernen aller Kabelummantelungen bis hin zum Primärcoating und das Brechen der Faser sowie Maßnahmen, die Spleiß- oder Steckverbindung mechanisch zu schützen.

Während zur Entfernung des Kabelmantels auf die bekannten Hilfsmittel aus der Kupferkabeltechnik, wie z. B. Absetzwerkzeuge zurückgegriffen wird, sind für die Behandlung und Vorbereitung der Glasfasern neue, spezielle Werkzeuge und Chemikalien anzuwenden. Dieses gilt gleichermaßen für die Herstellung einer optischen Spleiß- oder Steckverbindung. Eine Glasfaser ist sehr empfindlich gegen Einkerbungen an der Oberfläche, da diese mit großer Wahrscheinlichkeit nach einiger Zeit zu einem Faserbruch führen. Besonders gefährdet sind hierbei die durch Biegung oder Dehnung beanspruchten Stellen der Glasfaser, also die Bereiche der Spleißstelle oder der Steckverbindung. Allgemein werden deshalb vom Hersteller für die verschiedenen Kabeltypen Mindestbiegeradien angegeben. Die vorgeschriebenen Werte sind jedoch relativ groß, da außer der mechanischen Gefährdung zusätzlich eine Dämpfungserhöhung bei starker Faserkrümmung eintritt. Die minimalen Radien betragen für Außenkabel je nach Faserzahl und Kabeldurchmesser ca. 250 mm ... 550 mm und für Aufteilkabel, z. B. Pigtailkabel ca. 50 mm....60 mm.

Dehnungsbeanspruchungen der Faser treten einerseits beim Einziehvorgang, andererseits auch als Dauerbelastung bei senkrechtem Kabelverlauf, z. B. in Häu-

Hohlader und Faser nach Herstellung (unbelastet)

Hohlader unter Zug

Hohlader unter Druck

Bild 4.17: Faser mit Primär- und Sekundärcoating bei Zug und Druck im Kabel und im entlasteten Zustand.

sern und bei Trassenführung mit Gefälle auf. Die zugelassenen maximalen Zugbelastungen betragen für Aufteilkabel ca. 400 N. Grundsätzlich wird die Langzeitzugfestigkeit der Glasfasern durch Feuchtigkeitseinwirkung stark beeinträchtigt.

Nach dem Entfernen des Kabelmantels (Absetzen) und der Freilegung der Glasfaseradern bzw. -bündel einschließlich der Reinigung muß das Sekundärcoating entfernt werden, ohne daß die Glasfaser eingekerbt oder gequetscht wird. Hierfür werden ebenfalls Werkzeuge benutzt, die aus der Abisoliertechnik für Metalldrähte bekannt sind und die Schutzhülle ohne Verletzung der Glasfaser rundherum einschneiden, so daß diese dann abgezogen werden kann. Dieses Verfahren wird für Hohl-, Bündel- und Festadern gleichermaßen verwendet. Die Anwendung thermischer Abisoliergeräte hat sich nicht durchgesetzt.

Bild 4.18: Werkzeuge zum Entfernen des Primärcoatings: Miller - Zange (links) und Zange mit ringförmigen Messern (rechts)

Anschließend werden die Fasern mit einem Einwegtuch von dem verbleibenden Gel befreit und sind nun zum Entfernen von einigen Zentimetern des Primärschutzes (Primärcoating) vorbereitet. Eine chemische Auflösung des Primärcoatings oder eine Freilegung mit einer Schlinge aus Nylonfäden [4.25] sind Verfahren, die weitgehend der Vergangenheit angehören. Heutzutage wird das Primärcoating fast ausschließlich mit mechanischen Präzisionswerkzeugen entfernt, wobei die sog. „Miller-Zange" oder ringförmige Messer am häufigsten eingesetzt werden.

In den beiden Backen der Miller-Zange (Bild 4.18, linke Seite) befinden sich zwei V-Nuten, mit denen das Primärcoating an vier Punkten eingekerbt und anschließend abgerissen wird. Ringförmige Messer bestehen aus zwei halbrunden Klingen, zwischen welche die Faser gelegt wird (Bild 4.18, rechte Seite). Sobald man die beiden Klingen zusammendrückt, wird das Primärcoating rundherum eingeschnitten, so daß es sich dann abziehen läßt. Reste des Primärcoatings müssen zum Schluß chemisch entfernt werden, da ansonsten unerwünschte Rückstände ein gutes Spleißergebnis (Kap. 4.2.5) erschweren oder bei optischen Steckern die Klebung der Faser gefährdet ist. Aus Gesundheitsgründen ist 99%iges Isopropanol anderen Lösungsmitteln, wie z.B. Aceton, vorzuziehen. Die Endflächen werden mit kommerziell verfügbaren Faserbrechgeräten hergestellt. Dabei wird die Faser i.a. gebogen, einer Zugbelastung ausgesetzt und anschließend mit einer Schneide angeritzt. Die Endflächen sollen möglichst eben und rechtwinklig zur Faserachse verlaufen. Von der Güte der Bruchfläche hängt das Spleißergebnis bzw. die Qualität des Nachschliffs bei der Steckerherstellung ab. Die am häufigsten auftretenden Fehler sind Ausbrüche, Nasen oder sonstige Unebenheiten sowie Schnittwinkelabweichungen (Bild 4.19). Während für Gradien-

Bild 4.19: Mögliche Fehler der Faserendfläche nach dem Brechen

tenfasern noch Abweichungen bis 3 Grad zulässig sind, darf bei Einmodenfasern der Winkelfehler beim Brechen nicht größer als 1 Grad sein. Die Kontrolle der Endflächen wird mit einem Mikroskop durchgeführt, das in Spleißgeräten schon eingebaut ist.

4.2.5 Spleißverbindungen

Mit dem Begriff Spleiß wird die dauerhafte Verbindung von Glasfasern bezeichnet. Die wichtigsten Spleißarten sind der Schmelzspleiß, der Klebespleiß und der mechanische Spleiß. Bei der Deutschen Telekom AG (DTAG) haben sich nach über 15jähriger Erfahrung Schmelzspleiße (thermischer Spleiß) am besten bewährt. Dabei werden die beiden Glasfasern nach dem Ablösen des Primärcoatings und dem Herstellen des senkrechten Endflächen zunächst aufeinander ausgerichtet, so daß sich die Stirnflächen genau gegenüberstehen. Anschließend werden die Fasern an dieser Stoßstelle durch äußere Wärmeeinwirkung bis zum Schmelzpunkt erhitzt und zusammengeschweißt. Elektrische Lichtbogenspleißgeräte haben sich hier gegenüber anderen Verfahren, wie z.B. Gasflammenspleißen oder Lasergeräten, eindeutig durchgesetzt. Im folgenden werden die Hauptursachen für das Auftreten von Dämpfungen bei thermischen Spleißen kurz beschrieben [4.26]

Der axiale Kernversatz x, der Winkel γ und der Zwischenraum z zwischen den beiden Fasern sowie unterschiedliche Kern- und damit Strahldurchmesser w_1 und w_2 beider Fasern verursacht die in Kapitel 4.2.2 beschriebenen und für Einmodenfasern (EMF) exakt berechenbaren Verlustmechanismen. Die unterschiedliche chemische Beschaffenheit von Kern- und Mantelglas führt beim Schmelzprozeß zu weiteren Störungen, die im folgenden genannt werden: Dem SiO_2 des Faserkerns

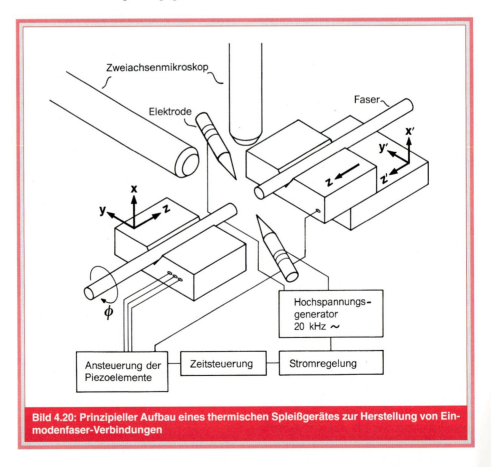

Bild 4.20: Prinzipieller Aufbau eines thermischen Spleißgerätes zur Herstellung von Einmodenfaser-Verbindungen

wurde beim Herstellungsprozeß zur Erhöhung der Brechzahl GeO_2 hinzugefügt. Beim Schmelzen der Fasern vermischen sich Kern- und Mantelglas teilweise miteinander. Dadurch wird das Brechzahlprofil an der Fügestelle verändert. Durch die hohen Temperaturen von bis zu 2000 °C bei der elektrischen Glimmentladung wird das GeO_2 in GeO und O aufgespalten, wodurch zusätzliche Absorptionsbanden im zweiten und dritten optischen Fenster (um 1,3 µm bzw. um 1,55 µm Wellenlänge) auftreten [4.27]. Weiterhin erniedrigt die Ge-Dotierung den Erweichungspunkt des Kernglases gegenüber dem Mantelglas um ca. 100 Grad. Folglich ist beim Verschmelzen beider Fasern das Kernglas dünnflüssiger als das Mantelglas, so daß jede Fließbewegung des Mantels den Kern verbiegen kann [4.28]. Die meisten Hersteller von thermischen Spleißgeräten achten daher darauf, daß beim Schmelzprozeß beide Fasern völlig ruhig liegen. Bei einem Gerät (FASE II Palmtop Spleißgerät) wird allerdings ein Faserende gezielt einer Vibration ausgesetzt, um die Oberflächenspannung zu erhöhen. Allgemein begünstigt die Oberflächenspannung des Glases im zähflüssigen Zustand die Zentrierung der Faserachsen.

Bei den heute gebräuchlichen Lichtbogenspleißgeräten (Bild 4.20) werden die zu verbindenden Glasfasern zwischen zwei rechtwinklig zur Faserachse stehenden Elektroden (meistens aus Wolfram) positioniert. Zwischen diesen Elektroden wird ein Hochspannungslichtbogen (ca. 5 kV bei 5 mA...20 mA) erzeugt, dessen Brenndauer und Intensität manuell bzw. automatisch gesteuert wird. Die Frequenz zur Hochspannungserzeugung liegt bei 20 kHz, um Vibrationen der Fasern beim Spleißen durch den Lichtbogendruck zu verhindern (es sei denn, ein Faserende soll gezielt einer Vibration ausgesetzt werden (s.o.)). Die Lichtbogentemperatur beträgt bis zu 2000 °C. Allgemein bewährt haben sich Faserhalterungen mit V-Nut und einem weichen Andruckpolster. Die Fasern werden mit einem Zweiachsenmikroskop mit orthogonaler Beobachtungsrichtung begutachtet und positioniert. In einigen Spleißgeräten werden die Fasern mit Mikrometerschrauben zunächst grob aufeinander ausgerichtet (in Bild 4.20 als x'- y'- z' Positionierung dargestellt). Bei anderen Geräten werden die Fasern in präzise fluchtende Halterungen (z.B. V-Nuten) gelegt, so daß nur noch eine Grobverstellung in z'- Richtung notwendig ist. Im Anschluß an die Grobjustierung werden zur Feineinstellung in den drei Raumrichtungen (x, y, z) piezokeramische Stellglieder mit einer Reproduzierbarkeit von ca. 0,1µm eingesetzt. Vereinzelt ist eine Drehung der Faser um die Längsachse möglich (s. Drehwinkel ϕ in Bild 4.20), um Winkelfehler ausgleichen bzw. Anpassungen bei polarisationserhaltenden Fasern durchführen zu können. Zur Ausrichtung der Einmodenfaserkerne sind mehrere Meßverfahren bekannt, die nachfolgend kurz beschrieben werden (Bild 4.21)

a. Durchlichtverfahren (engl.: Remote Injection and Remote Detection System (RIRDS), Bild 4.21a):

An einem Faserende wird Licht eines optischen Senders S eingekoppelt. Das am anderen Faserende ankommende optische Signal dient zur Optimierung der Faserkernposition und wird als Information zum Spleißplatz übertragen. Hier kann eine manuelle oder automatische Ausrichtung erfolgen. Von allen Methoden ermöglicht das Durchlichtverfahren die genaueste Bestimmung der Spleißdämpfung, weil direkt das transmittierte Licht entlang der Faserstrecke gemessen wird. Allerdings setzt diese Methode voraus, daß die Faserenden am Ort des Senders S und des Empfängers E zugänglich sind. Dies ist im praktischen Einsatz nicht immer der Fall. Bricht z.B. zwischen zwei Vermittlungsstellen eine Faser im Feld, müßten Sender und Empfänger an den Faserenden in den Vermittlungsstellen installiert werden, was aufgrund der Entfernung von mehreren Kilometern sehr unpraktisch ist. Viel günstiger ist es, wenn beim Spleißvorgang ausschließlich der Koppelstellenbereich benutzt wird. Dieses ist mit dem Biegekoppler-Verfahren möglich.

b. Biegekopplerverfahren (engl.: Local Injection and Detection System (LID)) oder Lichtmeßsystem (LMS); (Bild 4.21b):

Im Bereich der Spleißstelle werden beide Fasern um einen Biegekern mit etwa 7 mm Durchmesser gewickelt. Das von einer Lumineszenzdiode (LED) eingekoppelte Infrarot-Meßlicht wird mit einer Photodiode (PD) detektiert. Zwischen die LED und Faser 1 und zwischen Faser 2 und PD wird index-matching Flüssigkeit passender Brechzahl eingefügt, um die Ein- und Auskopplung des Meßlichtes überhaupt erst zu ermöglichen. Die folgenden Voraussetzungen müssen erfüllt sein, um das Biegekopplerverfahren anwenden zu können:

1. Der Faserdurchmesser mit Primärcoating muß innerhalb einer vorgegebenen Toleranz liegen (250 µm ± 20 µm) .
2. Das Primärcoating muß für das Infrarotlicht durchlässig sein. In alten SEMF war dies nicht immer der Fall, so daß das

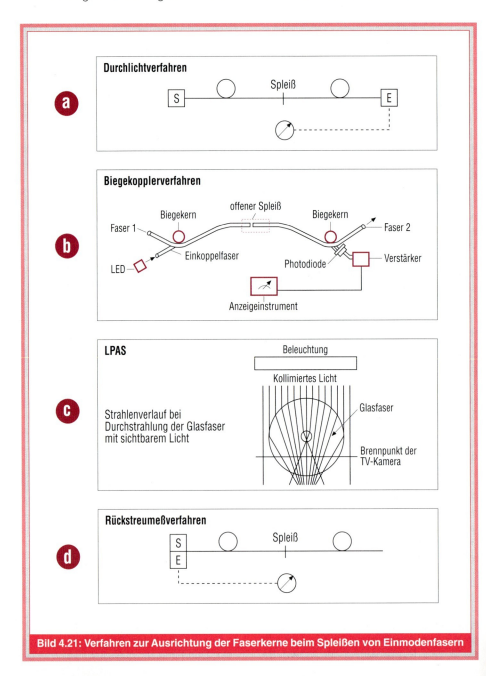

Bild 4.21: Verfahren zur Ausrichtung der Faserkerne beim Spleißen von Einmodenfasern

coating mit Aceton entfernt werden mußte. In neueren Fasern sind die farbcodierten coatings für das Meßlicht grundsätzlich durchlässig.
3. Das Primärcoating muß das Mantellicht abstreifen ($n_{coating} > n_{Mantel}$).

Diese drei Bedingungen sind durch die Einführung einheitlicher Lieferbedingungen für Glasfaserkabel erfüllt. Wenn jedoch Meßlicht unterhalb der cut-off Wellenlänge der Fasern eingekoppelt wird (z.B. 850-nm-Meßlicht bei einer 1300-nm-Faser), werden mehrere Moden angeregt. Bei ungünstiger Intensitätsverteilung der Moden besteht dann die Gefahr einer Fehljustierung.

Alle notwendigen Hilfsvorrichtungen für das Biegekopplerverfahren sind in das Spleißgerät eingebaut. Es können somit Hilfskräfte eingespart werden, und außerdem werden keine zusätzlichen Meßgeräte an den Faserenden benötigt. Da die Einfügedämpfung im Gegensatz zum Durchlichtverfahren nicht direkt gemessen wird, ist eine Kalibrierung seitens des Herstellers notwendig.

c. Visuelle Kernausrichtung (engl.: Lense Profile Alignment System (LPAS)) nach Bild 4.21c:

Es wird hierbei die unterschiedliche Helligkeit der Faser bei seitlicher Durchstrahlung mit sichtbarem Licht ausgenutzt. Die Auswertung erfolgt über eine TV-Kamera und bewirkt eine rechnergesteuerte automatische Ausrichtung der Faserkerne. Diese von der japanischen Firma Fujikura veröffentlichte Methode erfordert ebenfalls keine zusätzlichen Geräte und Hilfsmittel.

d. Ausrichtung der Faserkerne mit dem Rückstreumeßplatz (Bild 4.21d):

Am anderen Ende des anzuspleißenden Faserstücks wird ein Rückstreumeßplatz angeschlossen und die Information zur aktuellen und schließlich optimalen Kernausrichtung zum Spleißplatz übermittelt. Diese Methode erfordert eine zusätzliche Hilfskraft und ist nur eine Behelfslösung.

Der Spleißvorgang selbst läuft in zwei Arbeitsgängen ab. Zuerst erfolgt das Vorbrennen (engl.: prefusion), bei dem durch kurzes Erhitzen der Faserstirnflächen eventuell abgelagerter Staub weggebrannt wird. Außerdem werden die Kanten verrundet sowie die Faserstirnflächen leicht ballig geformt, um eine Blasenbildung beim nachfolgenden Zusammenschweißen zu vermeiden.

Beim Zusammenschweißen werden die Glasfaserstirnflächen durch Anschmelzen in einen teigigen Zustand versetzt und axial zusammengeführt. Während bei älteren Geräten Vorschub-, Strom- und Zeitsteuerung manuell erfolgte, werden diese Vorgänge bei den jetzt auf dem Markt befindlichen Geräten automatisch gesteuert. Die Automatisierung geht bis hin zum „Schweißen auf Knopfdruck", wie z.B. bei dem bei der DTAG für den täglichen Betrieb überwiegend eingesetzten Typ X60 der Firma RXS (Bild 4.22).

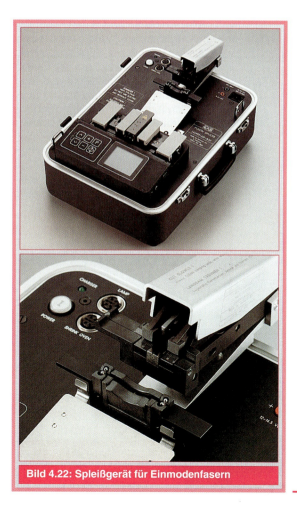

Bild 4.22: Spleißgerät für Einmodenfasern

Die Vorjustierung über Mikrometerschrauben entfällt hier, weil die Fasern in präzise fluchtende Halterungen gelegt werden. Die Feineinstellung und der Spleißprozeß werden vollautomatisch durchgeführt, wobei die Einfügedämpfung nach dem Biegekopplerverfahren gemessen wird. Jeweils am Transmissionsmaximum wird die Justierung beendet bzw. der Lichtbogen abgeschaltet [4.29] (s. Bild 4.23). Zwischen dem Knopfdruck und dem fertigen Spleiß vergehen höchstens 90 Sekunden.

In den Technischen Lieferbedingungen (TL) der Telekom wird nach EN188100 bei identischen SEMF ein maximales Einfügedämpfungsmaß $L_{t,max} = 0{,}06$ dB gefordert, während bei nicht identischen SEMFn $L_{t,max} = 0{,}1$ dB verlangt wird. Diese Lieferbedingungen beziehen sich auf SEMFn, und nicht auf beliebige EMFn. In dieser TL ist $L_{t,max} = \bar{x} + s$ mit Mittelwert $\bar{x}$ und Standardabweichung s, ermittelt aus einer Vielzahl von Spleißen. Identische SEMFn stammen immer von einem Faserziehprozeß. Fasern desselben Typs und Herstellers, die aber bei verschiedenen Ziehprozessen hergestellt wurden (und damit auf verschiedene Rollen aufgewickelt sind), sind bereits nicht identische Fasern. Bei Erbiumfaser-Verstärkern werden zwei extrem unterschiedliche EMFn miteinander verschweißt, nämlich eine SEMF und eine erbiumdotierte EMF mit etwa 9 µm bzw. etwa 3 µm Kerndurchmesser (d.h. mit ca. 11 µm bzw. 3,7 µm Fleckweite). Bei einer rein mechanischen Verbindung dieser Fasern könnten nach den Formeln (4.12b) und (4.12c) bestenfalls 36 % ($L_t = 4{,}4$ dB) des Lichtes an dieser Stoßstelle übertragen werden. Bei geschicktem Spleißen kann allerdings ein kontinuierlicher, trompetenförmiger Übergang beider Kerne realisiert werden, der die Fleckweiten adiabatisch transformiert und Einfügedämpfungsmaße unter 1 dB ermöglicht. Dazu wird z.B. die Koppelstelle beider Fasern mehrmals wie folgt gespleißt: Mit dem ersten Spleiß werden die beiden Fasern wie oben beschrieben thermisch miteinander verbunden. Für die folgenden Spleiße werden die automatische Justierung in den drei Raumrichtungen und die Stromregelung abgeschaltet. Statt dessen wird ein konstanter Entladungsstrom gewählt, der niedriger als beim ersten Spleiß sein muß, damit nur die Fließbewegung der Kerngläser unterstützt wird ohne dabei die Faserposition zu verschieben.

Inzwischen sind auch Geräte entwickelt worden, mit denen mehrere Fasern gleichzeitig gespleißt werden können [4.30] (Bild 4.24). Insbesondere im Zugangsnetzbereich wird die Verlegung von Faserbündeln mehr und mehr in Betracht gezogen, und das gleichzeitige Spleißen aller Fasern in solch einem Bündel spart erheblich Arbeitszeit ein.

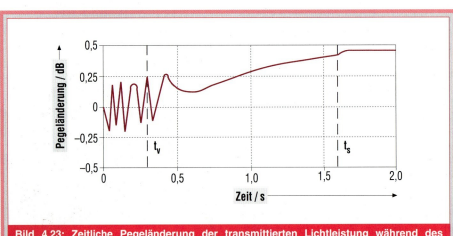

Bild 4.23: Zeitliche Pegeländerung der transmittierten Lichtleistung während des Spleißvorgangs bei automatischer Vorjustierung und geregelter Schweißzeit (t_v: Ende der Vorjustierung, t_s: Ende des Schweißvorgangs)

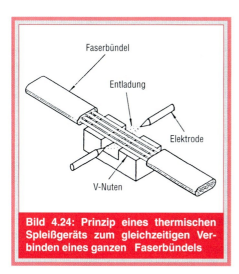

Bild 4.24: Prinzip eines thermischen Spleißgeräts zum gleichzeitigen Verbinden eines ganzen Faserbündels

Mechanische Spleiße werden durch eine präzise und dauerhafte Positionierung der beiden zu verbindenden Glasfasern in einer Crimphülse oder einer mechanischen Halterung mit V-Nuten hergestellt, meistens unter Anwendung von Flüssigkeit zur Anpassung der Brechzahl. Klebespleiße werden ähnlich hergestellt, wobei die Brechzahlanpassung und die mechanische Festigkeit durch einen Spezialkleber erfolgen. Es lassen sich bei diesen Verbindungsarten Einfügedämpfungen von etwa 0,1 dB erreichen und stabil halten. Allerdings unterliegt das Rückflußdämpfungsmaß im Feldeinsatz starken Schwankungen (von 50 dB bis zu 27 dB in einigen Fällen), weil die Brechzahl der index-matching Flüssigkeit bzw. des Spezialklebers temperaturabhängig ist [4.31]. Weiterhin ist das Verhalten der index-matching Substanzen bei Alterung über mindestens 15 Jahre noch nicht präzise bekannt. Schließlich verlangen mechanische Spleiße vom Monteur i.a. mehr Geschick und Arbeitszeit als Schmelzspleiße. Mechanische Spleiße sind überall dort von Vorteil, wo die Investitionskosten für die thermischen Spleißgeräte ins Gewicht fallen. Beispielsweise verwenden einige kleinere amerikanische Netzbetreiber fast ausschließlich mechanische Spleiße (vorzugsweise den sog. Fiberlok-Spleiß), weil bei der relativ kleinen Anzahl der in diesen Unternehmen durchzuführenden Spleiße die Anschaffung zahlreicher Lichtbogenspleißgeräte unwirtschaftlich wäre. Bei der Deutschen Telekom wird nur in Ausnahmefällen auf mechanische Spleiße zurückgegriffen [4.32].

4.2.6 Optische Steckverbindungen

In Kapitel 4.2.2 wurden physikalische Grundlagen erläutert, die die wichtigsten Steckerkenngrößen, nämlich die Einfüge- und Rückflußdämpfungsmaße (L_t und L_r), bestimmen. Es wurde gezeigt, wie diese Größen von intrinsischen Faserparametern (z.B. den Kerndurchmessern), mechanischen Eigenschaften (Kernversatz, Faserabstand, Kippwinkel) und Reflexionskoeffizienten abhängen. In diesem Kapitel werden die verschiedenen Realisierungsmöglichkeiten für optische Steckverbindungen beschrieben.

Bei den meisten Steckverbindungen werden die Fasern an ihren Stirnflächen zusammengefügt, wobei der vertikale Abstand und der Winkelversatz der Faserkerne so klein wie möglich gehalten werden soll. Die Vielfalt der auf dem Markt angebotenen Stecker, die auf diesem Prinzip beruhen, mag auf den ersten Blick verwirrend wirken. Grundsätzlich unterscheiden sich diese Steckverbindungen jedoch nur in einigen wenigen Konstruktionsmerkmalen, die in Bild 4.25 dargestellt sind.

Wie das Bild veranschaulicht, werden unterschiedliche Endflächen gewählt. Senkrechte Stirnflächen sind am leichtesten mit sehr hoher Oberflächenqualität herzustellen, allerdings ist bei ihnen die Fresnelreflexion (Gleichung (4.9)) am größten. Bei schrägen Endflächen können Rückflußdämpfungsmaße über 60 dB erreicht werden, jedoch sind solche Stirnflächen schwerer herzustellen als senkrechte. Die Fasern müssen hier nach dem Brechen mit exakt demselben Neigungswinkel geschliffen werden, da ansonsten ein resultierender Kippwinkel γ zwischen beiden Fasern entsteht.

Weiterhin gibt es mehrere Möglichkeiten für den Kontakt beider Fasern. Wenn sich beide Stirnflächen berühren, spricht man von PC-Steckern (engl.: physical contact (PC)). Hierbei werden die Fasern meistens durch Federdruck zusammengehalten. Der Brechzahlsprung an der Endfläche ist

4. Kapitel

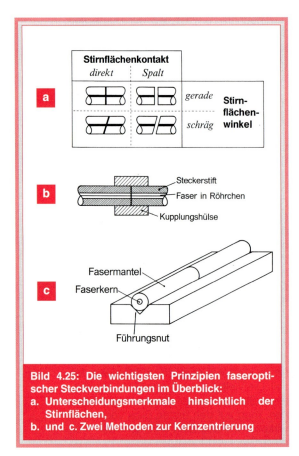

Bild 4.25: Die wichtigsten Prinzipien faseroptischer Steckverbindungen im Überblick:
a. Unterscheidungsmerkmale hinsichtlich der Stirnflächen,
b. und c. Zwei Methoden zur Kernzentrierung

oder Glycerin) zwischen die beiden Faserstirnflächen eingefügt, während man bei trockenen Steckern auf ein zusätzliches Material zur Verminderung des Brechzahlsprungs verzichtet. Der Nachteil von Index-Anpassungsflüssigkeiten ist ihr ungeklärtes Langzeitverhalten, die Gefahr der Staubbindung sowie ein zusätzlich notwendiger Arbeitsgang (entweder vom Hersteller oder vom Anwender).

Die Kernzentrierung kann grundsätzlich auf zwei verschiedene Arten verwirklicht werden.

Methode 1

Jede Faser wird in einem hochpräzisen Steckerstift (z.B. einem Metallzylinder) an einer genau definierten Position montiert. Dabei wird die Faser so in den Stift eingeklebt, daß sich der Kern exakt mittig im Stift befindet. Beide Stifte werden dann in eine ebenso präzise Kupplung (z.B. eine zylindrische Metallhülse) geschoben (Bild 4.25b). Bei diesem Verfahren werden keinerlei Anforderungen an die mechanischen Toleranzen der Faser selbst gestellt. Wenn die Lage des Kerns innerhalb der Faser zu ungenau definiert ist, wird die Faser beim Verkleben so lange verschoben, bis der Kern an der gewünschten Stelle bezüglich dieses Stiftes liegt.

Methode 2

Bei gleichartigen Fasern mit engen Toleranzen des Manteldurchmessers und der Zentrizität des Kerns braucht man auf das Hilfsmittel zusätzlicher Stifte zur Kernzentrierung nicht zurückzugreifen. Es genügt hier, beide Fasern in eine V-Nut oder irgend eine andere axial fluchtende Halterung zu legen (Bild 4.25c). Die Faserkerne sind dann von selbst zentriert. Diese Methode kann ohne weiteres bei der Verbindung heutiger SEMF verwendet werden, da der Durchmesser des Fasermantels mit $d = 125\ \mu m \pm 1\ \mu m$ definiert ist und der Kern höchstens $\delta x = 0{,}3\ \mu m$ außerhalb der Mitte des Fasermantels liegen darf. Damit ist der radiale Versatz von zwei SEMF-Kernen immer kleiner als $x = 2 \cdot \delta x = 0{,}6\ \mu m$, was bei einer halben Fleckweite von $w_1 = 5{,}5\ \mu m$ nach den Formeln (4.11) bis (4.13) zu einem Einfügedämpfungsmaß von höchstens 0,05 dB führt.

dann am kleinsten und wäre bei idealer Oberfläche theoretisch gleich Null. Jedoch können durch diesen direkten Kontakt die Fasern schon bei geringster Verschmutzung verkratzt werden. Im Gegensatz hierzu sind aber auch Steckerkonstruktionen bekannt, bei denen sich die Stirnflächen in einem geringen, genau definierten Abstand gegenüberstehen, der zwischen 10 µm und 20 µm liegt. Solche Stecker mit Spalt sind weniger anfällig gegen Verkratzen. Allerdings ist hier der Brechzahlsprung größer, was zu einer höheren Einfügedämpfung und zu Reflexionen führt. Außerdem sind zusätzliche mechanische Arbeitsgänge notwendig, um einen reproduzierbaren Spaltabstand von wenigen µm zu verwirklichen. Schließlich werden trockene von feuchten Steckern unterschieden. Bei feuchten Steckern wird eine index-matching Flüssigkeit (z.B. Opanol

Im folgenden wird der Aufbau und die Montage optischer Steckverbindungen nach Methode 1 im einzelnen erläutert. Nach DIN 47 256 und DIN 47 257 sind Stiftdurchmesser von 2,5 mm standardisiert worden. Bei der Herstellung eines Steckerstiftes wird die Faser zunächst in einem dünnen Röhrchen verklebt, nachdem das Primärcoating entfernt wurde. Dieses Röhrchen wird anschließend in den 2,5-mm-Stift mit Hilfe mechanischer Feinstversteller und optischer Meßvorrichtungen so eingeklebt, daß der Faserkern genau in der Mitte des Stiftes liegt. Beim Aushärten des Klebers kann das Röhrchen jedoch geringfügig verschoben werden. Durch das sogenannte „Nachprägen" wird der Faserkern wieder in das Zentrum der Stirnfläche gedrückt. Hierbei ist allerdings die Gefahr sehr groß, daß die Faser mit einem kleinen Fehlwinkel von typischerweise $\gamma = 0{,}5\,°$ im Stift liegt, was nach Formel (4.14) zu einer zusätzlichen Einfügedämpfung von etwa 0,06 dB bei diesem Winkel führt (s. auch Bild 4.16). Alternativ zum Nachprägen kann der Stift nach dem Einkleben der Faser auf das Nennmaß geschliffen werden, wobei der lichtführende Faserkern als Bezug dient.

Anschließend wird die Frontseite des Steckerstiftes geschliffen und poliert, wobei die Unebenheiten im Faserkernbereich weniger als $\lambda/5$ betragen müssen. Ein Vergleich von Bild 4.26 mit Bild 4.27 zeigt, wie wichtig eine sorgfältige Oberflächenbehandlung der Steckerfrontseiten ist [4.33]. Auf diesen Abbildungen sind die Fernfelder von zwei Fasersteckern mit unterschiedlicher Endflächenqualität zu sehen. In Bild 4.26 wurde die Faserfrontseite mit Schmirgelpapier behandelt, das eine Korngröße von 9 µm hatte. Diese grobe Körnung führt zu tiefen Einfurchungen der Glasfaser und zu einem zerklüfteten Profil des Fernfeldes. Die optische Leistung in diesen unregelmäßigen Intensitäts-Nebenmaxima des Fernfeldes kann nicht in die zweite Faser eingekoppelt werden, was zu einem relativ großen Beitrag beim Einfügedämpfungsmaß von 1,8 dB führt. Wird hingegen die Steckerendfläche mit 0,3-µm-gekörntem Schmirgelpapier poliert (Bild

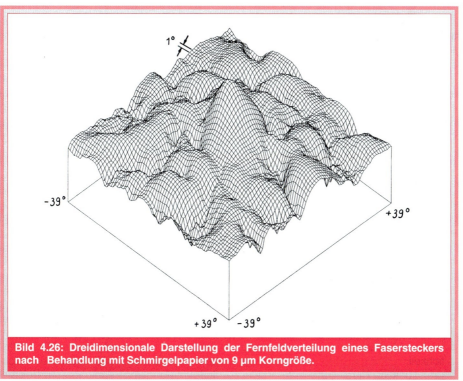

Bild 4.26: Dreidimensionale Darstellung der Fernfeldverteilung eines Fasersteckers nach Behandlung mit Schmirgelpapier von 9 µm Korngröße.

4. KAPITEL

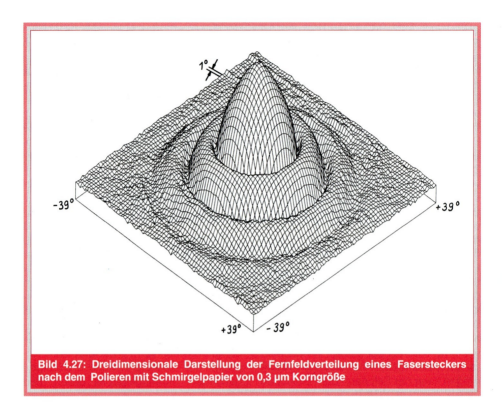

Bild 4.27: Dreidimensionale Darstellung der Fernfeldverteilung eines Fasersteckers nach dem Polieren mit Schmirgelpapier von 0,3 μm Korngröße

4.27), ist das zugehörige Fernfeld praktisch ideal. Die konzentrischen Ringe im Fernfeld gehören auch zum Nutzfeld, weil eine mathematische Analyse zeigt, daß die Intensitätsverteilung in einer EMF nicht exakt gaußförmig ist [4.34]. Bei dem in Bild 4.27 gezeigten Stecker beträgt der von der Oberflächengüte herrührende Beitrag zur Einfügedämpfung nur 0,002 dB.

Zum Zusammenfügen der Steckerstifte dient die Steckerhülse (Steckerbuchse), die nur ein möglichst kleines radiales Spiel der Stifte zulassen darf. Die wichtigsten betrieblichen Forderungen für Steckverbindungen sind:

- geringes Einfügedämpfungsmaß:
  $L_t \leq 0,4$ dB,
- hohes Rückflußdämpfungsmaß:
  $L_r \geq 55$ dB,
- Reproduzierbarkeit der Werte L_t und L_r,
- Vibrationsfestigkeit,
- Verschleißfestigkeit,
- leichte Montage und Reinigungsmöglichkeit,
- preisgünstige Herstellung.

In DIN 47 256 und DIN 47 257 werden diese Anforderungen im Detail definiert. In Bild 4.28 ist eine Steckverbindung für Einschubsysteme dargestellt, die alle Spezifikationen nach DIN erfüllt. Der Steckerstift wird hier von einer zusätzlichen Führungshülse umgeben, die zur Vorzentrierung und zum Schutz des Stifts dient. Eine Feder sorgt für den gleichmäßigen axialen Andruck.

Eine hohe mechanische Präzision der Steckerbauteile an der Koppelstelle ist die wichtigste Voraussetzung, um die geforderte niedrige Einfügedämpfung und die hohe Rückflußdämpfung zu erzielen. Zusätzlich wird mit einem Verdrehschutz die Reproduzierbarkeit dieser Werte ermöglicht, weil sich dann bei jeder Steckung die Fasern in derselben Position gegenüberstehen. Bei der Steckverbindung von polarisationserhaltenden Fasern oder mit schräg geschliffenen Endflächen ist der Verdrehschutz zwingend notwendig. Zur Zeit wird mit 8° schräg konvex geschliffenen Endflächen das höchste Rückflußdämpfungsmaß erreicht. Zum Beispiel wird bei dem HRL-Stecker (engl. high return loss (HRL)) der Firma Diamond $L_r \geq 70$ dB im gesteckten und ungesteckten Zustand erreicht.

Um die übrigen Anforderungen erfüllen zu können, ist sowohl das Steckerprinzip als auch die Auswahl der geeigneten Werkstoffe wichtig. Neben den in der Präzisionsmechanik üblichen Werkstoffen Messing, Neusilber und Edelstahl werden auch Hartmetall (Wolframkarbid) und keramische Werkstoffe verwendet. Von großer Bedeutung sind Abriebfestigkeit und der temperaturabhängige Ausdehnungskoeffizient, der in der Größenordnung des Faserwerkstoffs „Quarzglas" liegen soll. Bei der Auswahl des Klebstoffes bzw. des Klebeverfahrens ist insbesondere die Frage der Langzeitstabilität zu beantworten.

Die Herstellungskosten können deutlich verringert werden, wenn möglichst viele Bauteile des Steckers aus möglichst preiswerten Materialien mit einfachen Massenproduktionsverfahren angefertigt werden. Aus diesem Grund hat sich bei neueren Steckern das Material Plastik in zunehmendem Maße durchgesetzt. Nur an den wirklich notwendigen Stellen der Steckverbindung werden hochpräzise Metallteile verwendet.

Beim sogenannten „OPTOCLIP"-Stecker der Firma Deutsch wurden die mechanischen Präzisionsteile auf ein Minimum beschränkt. Die Steckverbindung wurde für den Kontakt von SEMF konzipiert. In Bild 4.29 ist zu sehen, nach welchem Prinzip das Herzstück, die Faserkupplung, arbeitet. Anstelle einer Stift-Hülse-Anordnung (s. Methode 1, Bild 4.25b) werden hier beide Fasern in die Nut geschoben, die von zwei hochpräzisen aneinanderliegenden Zylindern gebildet wird. In dieser Nut zentrieren sich die Fasern von selbst. Es wird also Methode 2 (Bild 4.25c) zur Kernzentrierung gewählt. Durch Federkraft wird der Kontakt der Endflächen aufrecht erhalten. Schließlich wird, ebenfalls über Federkraft, jede Faser mit einer Kugel fixiert. Damit befinden sich bei dieser Steckverbindung die einzigen Präzisionsteile in der Kupplung, während alle anderen Teile des Steckers aus preiswerten, nicht unnötig präzisen Bauteilen aufgebaut sind. Um die Rückflußdämpfung zu verringern, wird zwischen

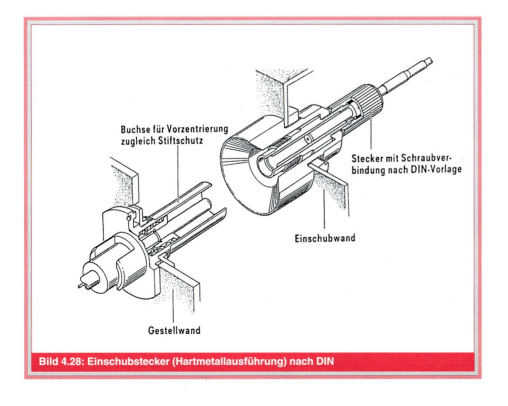

Bild 4.28: Einschubstecker (Hartmetallausführung) nach DIN

4. KAPITEL

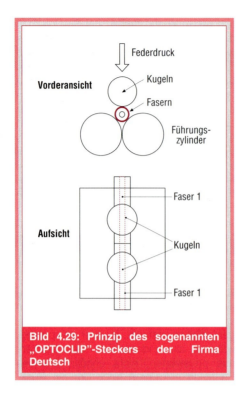

Bild 4.29: Prinzip des sogenannten „OPTOCLIP"-Steckers der Firma Deutsch

die beiden senkrechten Stirnflächen automatisch index-matching Flüssigkeit eingefügt. Beim Stecker ist es wichtig, daß das vom Primärcoating befreite Faserende durch eine Schutzkappe vor der Bruchgefahr bewahrt wird. Diese Kappe wird erst dann hochgeklappt, wenn der Stecker in die Kupplung eingeführt wird.

Ein weiteres Beispiel für die neue Generation von Steckern ist die SC-Serie (engl. standard connector) der Firma Diamond (Bild 4.30). Auch hier wurden nur im zentralen Steckerbereich teure Materialien verwendet. Die Steckereigenschaften wurden aber gegenüber herkömmlichen Modellen insgesamt verbessert. Auch bei anderen Herstellern sind die optischen Eigenschaften, Bedienungsfreundlichkeit, mechanische Belastbarkeit und Herstellungskosten im Vergleich zu früheren Modellen in den letzten Jahren deutlich verbessert worden. Im Rahmen dieses Buches können jedoch nicht alle technischen Fortschritte auf diesem Gebiet genannt werden, so daß für weitere Einzelheiten auf die einschlägige Literatur und auf Fachmessen verwiesen wird. Insbesondere für den Zugangsnetzbereich werden zukünftig Vielfachstecker an Bedeutung gewinnen, mit denen sich ein ganzes Faserbündel lösbar miteinander verbinden läßt [4.35]. In Bild 4.31 ist ein gängiges Konstruktionsprinzip am Beispiel eines Steckers mit 4 Einzelfasern zu sehen. Die Fasern liegen in V-Nuten, deren Position sehr genau bzgl. zweier Führungsstifte eingehalten wird. Heute werden Stecker für bis zu 16 Einzelfasern angeboten. Der Mittelwert und die Standardabweichung des Einfügedämpfungsmaßes (Formel (4.11d)) für die 16 Faserverbindungen wird typischerweise mit $L_t = 0{,}19$ dB $\pm$ 0,13 dB angegeben [4.36]. Fünf solcher Stecker können in einem kompakten Gehäuse zu einem Stapelstecker für 80 Einzelfasern zusammengefaßt werden. Alle 80 Fasern lassen sich als gemeinsamer Block mit einem einzigen Handgriff verbinden und wieder lösen. Für die 80 Einzelfasern ist $L_t = 0{,}23$ dB $\pm$ 0,16 dB erreicht worden [4.36].

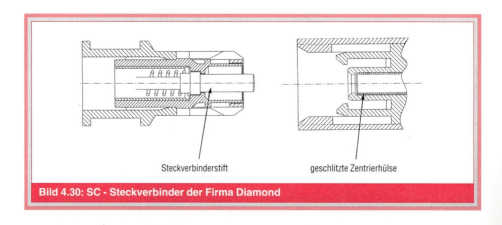

Bild 4.30: SC - Steckverbinder der Firma Diamond

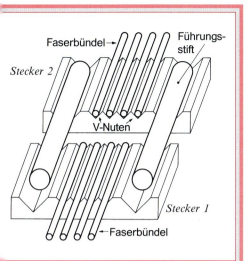

Bild 4.31: Prinzip eines Vielfachsteckers zum lösbaren Verbinden eines Faserbündels am Beispiel von 4 Einmodenfasern

4.3 Optische Koppler

In optischen Übertragungssystemen stellt sich wiederholt die Aufgabe, das von einer Faser ankommende Licht auf mehrere Fasern zu verteilen (sog. Demultiplexer) bzw. die von mehreren Fasern ankommenden optischen Signale auf einer Faser zu vereinigen (sog. Multiplexer). Um diese Funktionen ausführen zu können, wurden schon im Frühstadium der optischen Nachrichtentechnik neue Bauteile entwickelt, nämlich faseroptische Koppler.

Der Grundgedanke eines faseroptischen Kopplers mit je zwei Ein- und Ausgängen (ein sogenannter 2 x 2-Koppler) ist in Bild 4.32 zu sehen. Die Kerne beider Fasern werden in dem sogenannten Koppelbereich so dicht zusammengefügt, daß ein Teil des Lichtes von einem Faserkern in den anderen gelangt. Das von einer Faser (z.B. Faser 1) ankommende Licht mit der Leistung P_1 wird dann auf alle vier Fasern verteilt. Außerdem geht ein Teil des Lichtes mit der Leistung P_V verloren. Folglich gilt die Leistungsbilanz

$$P_1 = P_1' + P_2' + P_3 + P_4 + P_V. \qquad (4.15)$$

Das in die Eingangsfasern reflektierte Licht sowie der Verlust sind Störungen, die möglichst klein gehalten werden sollen, d.h. idealerweise sollte $P_1' = P_2' = P_V = 0$ gelten. Man hat folgende Kenngrößen für faseroptische Koppler eingeführt:

$$SR = P_4 / P_3 \qquad \text{Splitting Ratio (Teilungsverhältnis)} \qquad (4.16)$$

$$CR = \frac{P_4}{P_4 + P_3} \cdot 100\,\% \qquad \text{Coupling Ratio (Koppelverhältnis)} \qquad (4.17)$$

$$EL = 10 \cdot \lg\left(\frac{P_1}{P_3 + P_4}\right) dB \qquad \text{Excess Loss (Einfügedämpfungsmaß)} \qquad (4.18)$$

$$D = 10 \cdot \lg \frac{P_1}{P_2'} \, dB \qquad \text{Directivity (Nebensprechdämpfungsmaß)} \qquad (4.19)$$

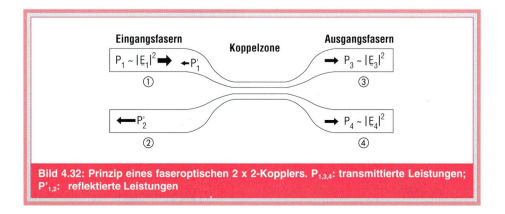

Bild 4.32: Prinzip eines faseroptischen 2 x 2-Kopplers. $P_{1,3,4}$: transmittierte Leistungen; $P'_{1,2}$: reflektierte Leistungen

4. Kapitel

Man unterscheidet Schmelzkoppler von Schleifkopplern, deren Produktionstechniken im folgenden kurz angedeutet werden. Um Schmelzkoppler zu erzeugen, werden zwei (oder mehrere) Fasern im Koppelbereich zunächst eng zusammengefügt (z.B. durch Verdrillen beider Fasern). Anschließend werden sie in diesem Bereich bis zum Schmelzen erhitzt und auseinander gezogen. Durch diesen Ziehprozeß werden beide Fasern dünner, und die Kerne rücken dichter zusammen. Einen Schleifkoppler erhält man, wenn man zwei Fasern über eine gewisse Länge bis zu den Kernen abschleift und anschließend mit kleinem Faserkernabstand wieder zusammensetzt.

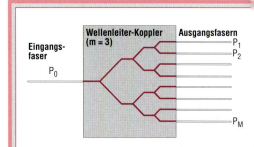

Bild 4.33: Realisierungsmöglichkeit eines Kopplers mit M = 8 Ausgangsfasern mit Hilfe eines integrierten Wellenleiterkopplers mit m = 3 Stufen

Die Lichtausbreitung von Kopplern mit EMF läßt sich mit einem sehr einfachen physikalischen Modell beschreiben. Für die elektrische Feldstärke $\underline{E}$ und die optische Leistung P gilt $P = \text{const} \cdot |\underline{E}|^2$ (const. ist eine universelle physikalische Konstante). Im Koppelbereich können sich zwei Moden mit unterschiedlichen Phasengeschwindigkeiten ausbreiten. Die Feldamplitude $\underline{E}_1$ des in Faser 1 eingestrahlten Lichtes wird gleichmäßig auf diese beiden Moden aufgeteilt, die am Ende des Koppelbereiches die Phasendifferenz Φ haben. Die Feldstärken $\underline{E}_3$ und $\underline{E}_4$ in den Ausgangsfasern (Bild 4.32) sind die Summen bzw. Differenzen beider Moden, was zu dem Ergebnis führt [4.37]

$$\underline{E}_3 \approx \underline{E}_1 \sqrt{1 + \cos \Phi} \,, \qquad (4.20)$$

$$\underline{E}_4 \approx \underline{E}_1 \cdot \sqrt{1 - \cos \Phi} \cdot e^{j\pi/2} \,, \qquad (4.21)$$

mit einer gemeinsamen komplexen Amplitude $\underline{E}_1$. Die Phasendifferenz zwischen den Amplituden $\underline{E}_3$ und $\underline{E}_4$ beträgt also immer 90°. Die Größe Φ bestimmt das Koppelverhältnis, das sich aus (4.17) ergibt

$$CR = \frac{|\underline{E}_4|^2}{|\underline{E}_3|^2 + |\underline{E}_4|^2} \cdot 100\% = 0{,}5 \cdot (1 - \cos \Phi) \cdot 100\%. \qquad (4.22)$$

Auf dem Markt werden Koppler mit Koppelverhältnissen zwischen 1% und 99% angeboten. In der Praxis ist meistens eine gleichmäßige Aufteilung des ankommenden Lichtes, also CR = 50 %, gefragt. Zur Charakterisierung der Koppler ist auch die Polarisations- und Wellenlängenabhängigkeit der Größen EL, CR, SR und D (siehe Gleichungen (4.16) bis (4.19)) wichtig.

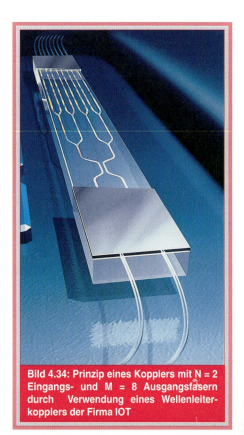

Bild 4.34: Prinzip eines Kopplers mit N = 2 Eingangs- und M = 8 Ausgangsfasern durch Verwendung eines Wellenleiterkopplers der Firma IOT

Allgemein werden Koppler mit N Eingangsfasern und M Ausgangsfasern als NxM-Koppler bezeichnet. Die Produktion rein faseroptischer Schmelz- oder Schleifkoppler mit vier oder mehr Ein- bzw. Ausgängen ist äußerst schwierig. Aus diesem Grund hat es sich bewährt, bei Kopplern mit einer großen Zahl von Faserein- und -ausgängen einen integrierten Wellenleiter im Koppelbereich einzusetzen. Das Prinzip ist in Bild 4.33 zu sehen. Es wird ein integrierter Wellenleiter verwendet, der das Licht von einem Eingang mit der Leistung P_0 über kaskadierte Y-Verzweiger mit m > 1 Stufen auf $M = 2^m$ Ausgänge mit den Leistungen P_k, k = 1...M, verteilt. Das Koppelverhältnis für den k-ten Ausgang

$$CR_k = \frac{P_k}{\sum_{j=1}^{M} P_j} \qquad (4.23)$$

kann durch die interne Struktur der Wellenleiter bestimmt werden. Aufgrund großer technologischer Fortschritte in den letzten Jahren ist es inzwischen möglich, selbst sehr komplexe integrierte Wellenleiterstrukturen mit genau definierten optischen Eigenschaften reproduzierbar herzustellen.

Der Eingang und alle Ausgänge dieses Wellenleiterkopplers werden schließlich möglichst verlustarm an Einmodenfasern angekoppelt. Selbstverständlich gibt es auch integriert optische Wellenleiterkoppler mit mehreren Eingängen. In Bild 4.34 ist als Beispiel dafür ein 2 x 8-Koppler der Firma IOT, hergestellt durch Ionenaustausch in Glas, angegeben.

4.4 Faseroptische Frequenzfilter

Nicht nur in elektrischen, sondern auch in optischen Übertragungssystemen gehören Frequenzfilter zu den Schlüsselbausteinen. Die ersten optischen Filter wurden für spektroskopische und laserphysikalische Anwendungen entwickelt und meistens für kollimierte Lichtstrahlen optimiert [4.38]. Dazu gehören Interferenzfilter, Strichgitter und Fabry-Perot Interferometer. Im Prinzip können alle diese Filter auch in Glasfaserübertragungssystemen eingesetzt werden. Allerdings muß dabei das aus der Eingangsfaser kommende Licht zunächst mit einer Linse kollimiert werden (d.h. es wird in einen Parallelstrahl transformiert), bevor es durch das Filter gestrahlt und mit einer zweiten Linse in die weiterführende Faser eingekoppelt wird. Diese Lösung ist technisch ziemlich aufwendig, weil zum einen die Reflexion der Faserenden und der Linsen klein gehalten werden muß (z.B. mit einer Antireflexbeschichtung) und zum anderen die Linsen und die Fasern genau und dauerhaft zueinander positioniert werden müssen. Aus diesem Grunde wurden in den letzten Jahren optische Filter in rein fasertechnischer Bauweise unter Umgehung jeglicher Freistrahloptik entwickelt. Einige typische Vertreter dieser neuen Filtergeneration werden im folgenden vorgestellt.

In zukünftigen Wellenlängen-Multiplexsystemen werden z.B. Tiefpaßfilter mit hoher Transmission im 1300-nm-Fenster und hoher Dämpfung im 1550-nm-Fenster benötigt. In der Vergangenheit wurden hierzu erbiumdotierte Fasern verwendet, die eine hohe Absorption im 3.Fenster haben [4.39]. Es wurde eine Dämpfung unter 0,9 dB um 1300 nm und über 25 dB zwischen 1465 nm und 1580 nm erreicht. Inzwischen ist für solche Tiefpaßfilter eine technisch weitaus einfachere und bessere Lösung gefunden worden, nämlich Spulen aus Einmodenfasern ohne jegliche Fremddotierung [4.40]. Bei konstantem Biegeradius einer Faser nimmt nämlich die Dämpfung mit wachsender Wellenlänge zu. Bild 4.35 zeigt den spektralen Dämpfungsverlauf einer Faserspule mit 50 Windungen und 16,2 mm Durchmesser für drei verschiedene Temperaturen (-25 °C, 21 °C, 65 °C) [4.41].

Während die Dämpfung im gesamten zweiten optischen Fenster (um 1300 nm Wellenlänge) unter 1 dB liegt, wächst sie auf weit über 40 dB im dritten optischen Fenster (um 1550 nm Wellenlänge). Damit kann in einem Wellenlängenmultiplexsystem das Licht im 1550-nm-Fenster wirksam unterdrückt werden. Die Filterkante wird mit höheren Temperaturen geringfügig zu größeren Wellenlängen hin verschoben, was ohne Bedeutung bei praktischen Anwendungen ist.

4. KAPITEL

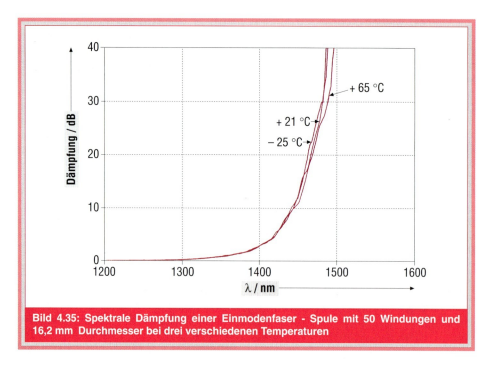

Bild 4.35: Spektrale Dämpfung einer Einmodenfaser - Spule mit 50 Windungen und 16,2 mm Durchmesser bei drei verschiedenen Temperaturen

Neben Kantenfiltern kommen vor allem Bandpaßfilter in optischen Wellenlängenmultiplexsystemen zum Einsatz. Faseroptische Mach-Zehnder Interferometer (MZI) und Fabry-Perot Interferometer (FPI) haben hier die größte praktische Bedeutung erlangt. Bei einem MZI wird das von einer Faser ankommende Licht der Leistung P_0 mit Hilfe eines 2x2 Kopplers auf zwei Arme aufgeteilt und in einem zweiten 2x2 Koppler wieder zusammengeführt (Bild 4.36a).

Der geometrische Gangunterschied ΔL zwischen den beiden Armen, gekennzeichnet durch den Kreis, der z.B. durch Dehnung einer Faser im Interferometer kontinuierlich verstimmt werden kann, beeinflußt die Aufteilung der optischen Leistungen P_1 und P_2 in die beiden Ausgangs-

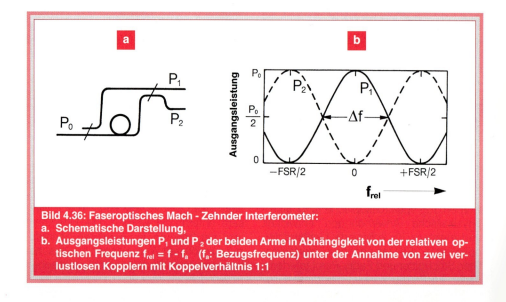

Bild 4.36: Faseroptisches Mach - Zehnder Interferometer:
a. Schematische Darstellung,
b. Ausgangsleistungen P_1 und P_2 der beiden Arme in Abhängigkeit von der relativen optischen Frequenz $f_{rel} = f - f_a$ (f_a: Bezugsfrequenz) unter der Annahme von zwei verlustlosen Kopplern mit Koppelverhältnis 1:1

fasern. Wenn beide Koppler ein Teilungsverhältnis SR = P_2/P_1 = 1 haben, Verluste vernachlässigbar klein sind (d.h. es gilt: $P_0 \approx P_1 + P_2$) und das Licht in den beiden Armen sich im zweiten Koppler mit demselben Polarisationszustand überlagert, erhält man

$$P_1 = P_0 \cdot \cos^2(\pi(f-f_a)/FSR) \quad (4.24)$$

mit dem Freien Spektralbereich FSR = $c/(n_k \cdot \Delta L)$, der Brechzahl n_k des Faserkerns und der optischen Bezugsfrequenz f_a. Die Transmission P_1/P_0 des MZI als Funktion der optischen Frequenz ändert sich also periodisch mit dem FSR. Bei der relativen optischen Frequenz $f_{rel} = f - f_a$ = $N_0 \cdot$ FSR hat die Leistung P_1 jeweils ein Maximum. Die ganze Zahl N_0 wird Interferometerordnung genannt. In Bild 4.36b sind die Ausgangsleistungen P_1 und P_2 über der relativen optischen Frequenz nach Formel (4.24) aufgetragen. Die Transmissionshalbwertsbreite Δf entspricht dem halben Freien Spektralbereich.

Bei einem Faser-FPI stehen sich zwei senkrechte Faserendflächen mit den Reflexionskoeffizienten R_1 und R_2 im Abstand z gegenüber (Bild 4.37a). Durch spezielle Beschichtungen lassen sich für R_1 und R_2 Werte von 0,01 % bis über 99,999 % realisieren. Das Licht wird unendlich oft zwischen diesen beiden Endflächen hin- und herreflektiert. Bei jeder Reflexion wird ein Teil des Lichtes in die Ein- bzw. Ausgangsfaser eingekoppelt. Die resultierenden Amplituden $\underline{E}_r$ und $\underline{E}_t$ ergeben sich aus der Überlagerung aller Amplituden in Reflexions- und Transmissionsrichtung. Wenn die Kohärenzlänge des Lichtes bedeutend länger als $2 \cdot z$ ist, was bei schmalbandigen Lichtquellen der Fall ist (wovon wir im folgenden ausgehen), werden die Amplituden sowohl in Betrag als auch in Phase überlagert (Vielfachinterferenz).

Grundsätzlich ist es nicht notwendig, zwischen die beiden Reflexionsstellen eine zusätzliche optische Komponente einzufügen. Befindet sich jedoch nur Luft zwischen den Endflächen der Ein- und Ausgangsfaser, wird das Licht nach den Gesetzen der Gaußstrahloptik aufgeweitet (Gleichung 4.12). Um einen zu großen Verlust bei der Einkopplung des Lichtes in die Ein- und Ausgangsfaser infolge dieser Aufweitung zu verhindern (s. Gleichungen (4.12c) und (4.13a,b)), wird häufig eine

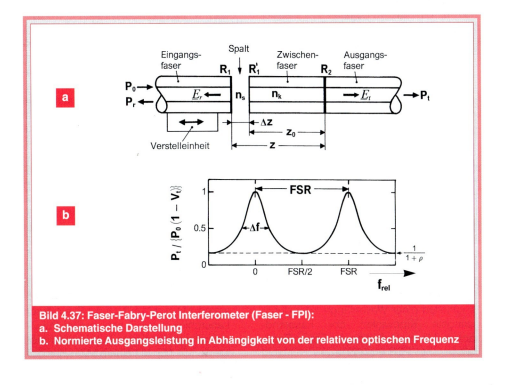

Bild 4.37: Faser-Fabry-Perot Interferometer (Faser - FPI):
a. Schematische Darstellung
b. Normierte Ausgangsleistung in Abhängigkeit von der relativen optischen Frequenz

Zwischenfaser der Länge z_0 und der Kernbrechzahl n_k eingebaut (Bild 4.37a). Es gibt nun mehrere Möglichkeiten, um die optische Weglänge im Interferometer zwischen den beiden Reflexionsstellen R_1 und R_2 durchstimmen zu können. Zum einen kann die Zwischenfaser erwärmt oder gedehnt werden, was zur Vergrößerung der geometrischen Länge z_0 führt. Eine andere Möglichkeit ist ein kleiner Spalt der Länge Δz mit der Brechzahl n_s, wie in Bild 4.37a angedeutet. Damit wird die oben erwähnte Gaußsche Strahlaufweitung auf diesen kleinen Spalt beschränkt. Hier ist außerordentlich wichtig, die störende Reflexion R'_1 im Interferometer möglichst klein zu halten. Dazu kann z.B. in den Spalt eine indexmatching Flüssigkeit mit der Brechzahl $n_s \approx n_k$ gefüllt werden, um die Fresnelreflexion zu minimieren. Alternativ kann auch die Endfläche der Zwischenfaser gegenüber Luft entspiegelt werden. Durch axiale Verschiebung der Eingangsfaser (z.B. mit einer Piezoverstelleinheit) läßt sich die Länge Δz des Luftspalts verändern. Der Verstellweg wird dabei etwas kleiner als die Spaltbreite Δz gewählt.

Wenn Ein- und Ausgangsfaser identisch sind (gleiche Kerndurchmesser, gleiche Reflexionskoeffizienten $R_1 = R_2 := R$), ergibt sich für den Transmissions- und Reflexionsfaktor des FPI [4.42]

$$T_t = (1-V_t) \cdot \frac{1}{1 + \rho \cdot \sin^2(\delta)} \quad (4.25a)$$

$$T_r = (1-V_r) \cdot \frac{\rho \cdot \sin^2(\delta)}{1 + \rho \cdot \sin^2(\delta)} \quad (4.25b)$$

mit den Verlustfaktoren V_t und V_r ($0 \leq V_r, V_t \leq 1$), $\rho = 4R / (1-R)^2$ und der Phasenlage $\delta = 2\pi \cdot z_{opt} / \lambda$, wobei $z_{opt} = z_0 \cdot n_k + \Delta z \cdot n_s$ die optische Weglänge im Interferometer ist. Zwischen der Vakuumwellenlänge λ und der optischen Frequenz f besteht die Beziehung $c = \lambda \cdot f$. Die Verlustfaktoren entstehen u.a. durch Verunreinigungen bei der Beschichtung, leichte Rauhigkeiten der Oberfläche von wenigen Bruchteilen einer Wellenlänge oder durch geringste Kippwinkel der Faserendflächen. Mit der Definition des Freien Spektralbereichs $FSR = c/(2 \cdot z_{opt})$ vereinfacht sich der Phasenausdruck zu $\delta = \pi \cdot f / FSR$. Bei festem Abstand z ändert sich der Transmissionsfaktor T_t als Funktion der optischen Frequenz periodisch mit dem Freien Spektralbereich in den Grenzen $(1-V_t) / (1 + \rho) \leq T_t \leq (1-V_t)$. Die Finesse $F = FSR / \Delta f$ nach Bild 4.37b ist ein Maß für die Filtergüte des FPI. Für hinreichend große Reflexionskoeffizienten ($R \geq 0{,}8$) gilt unter idealen Bedingungen (z.B. perfekten Faseroberflächen und -beschichtungen) $F = \pi \sqrt{R} / (1-R)$. Faser-FPI mit $10\,\text{GHz} \leq FSR \leq 10\,\text{THz}$ und $F = 100$ sind von mehreren Herstellern kommerziell verfügbar.

Im folgenden werden die wichtigsten Eigenschaften eines FPI mit einem MZI verglichen und Schlußfolgerungen für den praktischen Einsatz gezogen.

1. Bei einem MZI hat man im Unterschied zu einem FPI in Transmissionsrichtung zwei Faserausgänge. Dies ist für einige meßtechnische Anwendungen wichtig, z.B. für die gleichzeitige experimentelle Bestimmung von optischer Amplitude und Augenblicksfrequenz [4.43].
2. Bei einem FPI ist nach Gleichung (4.25a) eine vollständige Unterdrückung des eingespeisten Lichtes in Transmissionsrichtung nicht möglich. Bei einem MZI kann die Eingangsleistung in jeder Ausgangsfaser vollständig durchgelassen bzw. vollständig unterdrückt werden. Nicht zuletzt deshalb erfreut sich das MZI in optischen Vielkanalübertragungssystemen (z.B. Heterodyn- und WDM-Systemen) großer Beliebtheit. In solchen Systemen kann bei konstantem Trägerfrequenzabstand jeder Kanal auf eine andere Faser geleitet werden [4.44].
3. Im Gegensatz zu einem MZI wird bei einem Faser-FPI Licht in die Eingangsfaser zurückreflektiert. Damit ist das FPI ein wellenlängenselektiver Spiegel, was zum Beispiel zum Aufbau schmalbandiger Lasersender mit externem Resonator ausgenutzt wird [4.45].
4. Die Filtergüte (Finesse) läßt sich bei einem FPI über den Reflexionskoeffizienten R einstellen, und ein damit sehr schmalbandiges optisches Filter realisieren. Mit einem FPI kann z.B. ein durch Laserchirp spektral sehr breiter Puls in einen fourierlimitierten Puls transformiert werden [4.46]. Mit einem MZI wäre dies

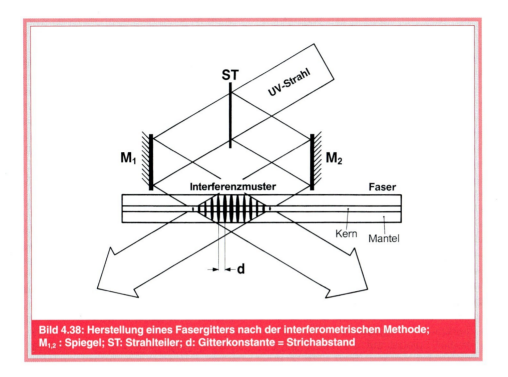

Bild 4.38: Herstellung eines Fasergitters nach der interferometrischen Methode; $M_{1,2}$: Spiegel; ST: Strahlteiler; d: Gitterkonstante = Strichabstand

nicht ohne weiteres möglich, weil für diese Anwendung sowohl die Filterbandbreite Δf als auch der FSR optimiert werden muß. Ein MZI hat die feste Finesse $F = 2$ und ist damit wesentlich breitbandiger.

Zu den vielversprechendsten optischen Filtern gehören die Fasergitter (FG) [4.47]. Bei ihnen wird die Brechzahl des Faserkerns periodisch im Abstand d verändert (Bild 4.38). An jedem dieser Orte der Brechzahländerung wird Licht reflektiert. Alle reflektierten optischen Amplituden werden in Betrag und Phase aufsummiert. In Reflexionsrichtung tritt konstruktive Interferenz (also maximale Intensität) auf, falls die Bragg-Bedingung

$$d = \frac{\lambda_B}{2 \cdot n_{k,eff}} \cdot N_0 \qquad (4.26)$$

erfüllt ist, die die Bragg-Wellenlänge λ_B des Lichtes, die effektive (d.h. örtlich gemittelte) Kernbrechzahl $n_{k,eff}$ und die Ordnung N_0 des Gitters miteinander in Beziehung setzt. Hierbei ist N_0 eine natürliche Zahl. Für eine gewünschte Wellenlänge λ_B erhält man damit einen wellenlängenselektiven faseroptischen Spiegel. Der Schlüssel für ein praktisches Herstellungsverfahren von Fasergittern ist die Photosensitivität der in den Faserkern dotierten Fremdatome.

Sie ermöglicht es, die Brechzahl des Faserkerns gleichmäßig und ohne mechanische Eingriffe in Abständen von wenigen Mikrometern irreversibel zu verändern. Blaugrünes Licht [4.48] oder Ultraviolett (UV)-Licht um 240 nm Wellenlänge [4.49] bricht z.B. im Faserkern Valenzbindungen bei den Ge-Fremdatomen auf. Dadurch wird die Brechzahl des Faserkerns nach Bestrahlung gegenüber der Kernbrechzahl ohne Bestrahlung um bis zu etwa 10^{-3} vergrößert. Im Faserkern ist der Reflexionskoeffizient R einer einzigen bestrahlten Stelle relativ klein, nämlich nach Gleichung (4.9) höchstens $R = ((n_1 - n_0)/(n_1 + n_0))^2 \leq (0{,}03 / 2 \cdot 1{,}5))^2 = 10^{-6}$. Daher muß eine große Zahl von Brechzahlstufen durch Lichtbestrahlung in den Faserkern geschrieben werden, damit bei der Bragg-Wellenlänge die reflektierte Leistung in der Größenordnung der eingekoppelten Leistung liegt.

Im folgenden werden die wichtigsten Techniken zur Herstellung eines Fasergitters erläutert:

1. Einzelstrichbeschriftung:
Ein UV-Strahl wird auf eine bestimmte Stelle der Faser fokussiert. Nachdem dort der Faserkern beschrieben worden ist (d.h. die Brechzahl erhöht wurde), wird das UV-Licht abgeschaltet. Anschließend wird die Faser um den Abstand d weiterbewegt, und die nächste Stelle des Faserkerns wird beschrieben. Bei dieser Methode sind die Anforderungen an die UV-Optik vergleichsweise gering. Allerdings dauert die sukzessive Beschriftung sehr lange, und der gleichmäßige mechanische Faservorschub ist technisch aufwendig.

2. Interferometrische Methode:
Ein kollimierter UV-Strahl wird in zwei Teilstrahlen aufgespalten, die mittels zweier Spiegel auf der Faser wieder überlagert werden (Bild 4.38). Dabei entsteht ein gleichmäßiges Interferenzmuster. Der Abstand d zwischen den Interferenzmaxima muß über den Winkel zwischen den beiden Teilstrahlen sehr genau kontrolliert werden. Im Gegensatz zur Einzelstrichbeschriftung genügt eine einzige Bestrahlung mit UV-Licht, um das FG zu erzeugen, allerdings lassen sich so nur Gitter mit äquidistantem Strichabstand erzeugen.

3. Maskentechnik:
Auf ein dünnes Silizium (Si)-Substrat wird mit Hilfe der Elektronenstrahllithographie ein Transmissionsgitter geschrieben, das eine 1:1-Abbildung des gewünschten FGs ist. Die Schärfe der Spaltkanten auf dem Substrat liegt im Submikrometerbereich, also in Bruchteilen der Spaltbreite. Mit dieser Si-Maske können dann gleichartige FG in Serienproduktion angefertigt werden. Dazu wird UV-Licht senkrecht auf die Maske gestrahlt. Das dabei im Durchlicht entstehende Beugungsmuster wird holographisch so abgebildet, daß jeder Spalt der Si-Maske maßstabsgetreu als heller Lichtstreifen auf dem Faserkern erscheint. Mit jeweils einer einzigen UV-Bestrahlung läßt sich dann ein FG nach dem anderen herstellen. Im Gegensatz zur interferometrischen Methode kann jede gewünschte Maskenform produziert werden (also nicht nur Gitter mit gleichem Strichabstand d).

Es würde den Rahmen dieses Kapitels sprengen, alle Anwendungen von FGn für optische Kommunikationssysteme aufzuführen. Hier werden nur einige typische Einsatzmöglichkeiten erläutert (s. Bild 4.39). Weitere Einzelheiten sind in der Arbeit von Kashyap [4.47] und den dort genannten Literaturstellen zu finden.

Bei gleichem Strichabstand d ist das FG ein schmalbandiger Reflektor für Licht im Wellenlängenbereich $\Delta\lambda$ (Reflexionshalbwertsbreite) um die mittlere Wellenlänge λ_B. Die Zahl der Striche und die Gleichmäßigkeit des Abstandes bestimmen den Reflexionsfaktor T_r und die Halbwertsbreite $\Delta\lambda$. Es wurden $T_r > 99\%$ und $0,05 \text{ nm} \leq \Delta\lambda \leq 20 \text{ nm}$ erreicht [4.47]. Ein einmodiger Lasersender mit genau definierter Emissionswellenlänge kann z.B. sehr preiswert hergestellt werden, indem solch ein Faser-Reflexionsgitter an einen entspiegelten Fabry-Perot-Laser (FP-Laser) angekoppelt wird (Bild 4.39a). Der Lasersender emittiert monochromatisches Licht bei der Reflexionswellenlänge λ_B des FGs, das hier gleichzeitig als externer Resonator, Spiegel mit $R \approx 20\%$ und wellenlängenselektives Element dient. Dieser FG-Laser ist eine Alternative zu den teuren DFB- und DBR-Lasern (vgl. Kap. 4.6.2.5), die im Halbleiterlaserchip ein Gitter haben. Die Reflexionswellenlänge eines FGs ist nach dem heutigen Stand der Technik leichter zu kontrollieren als die Emissionswellenlänge eines DFB- oder DBR-Lasers. Für optische Übertragungssysteme mit dichtem Wellenlängenmultiplex würde mit den genannten FG-Lasern das Problem entfallen, DFB- oder DBR-Laser genau passender Wellenlänge zu selektieren.

Fasergitter sind ein vielversprechendes Hilfsmittel bei der Lösung des Dispersionsproblems hochbitratiger Übertragungssysteme [4.50], das nicht immer durch die Wahl des Dispersionsnullpunktes auf der Übertragungsfaser umgangen werden kann [4.51]. Die hohe chromatische Dispersion der SEMF im 1550-nm Fenster läßt sich passiv durch dispersionskompensierende Fasern (vgl. Kap. 6.2.3.4) aus-

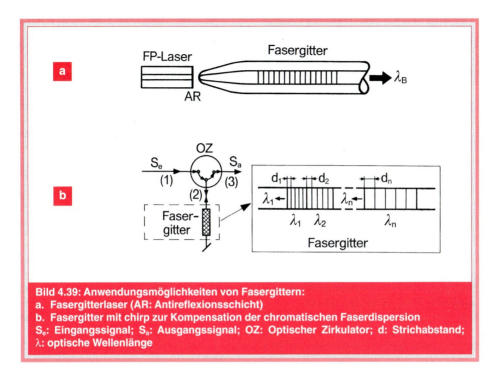

Bild 4.39: Anwendungsmöglichkeiten von Fasergittern:
a. Fasergitterlaser (AR: Antireflexionsschicht)
b. Fasergitter mit chirp zur Kompensation der chromatischen Faserdispersion
S_e: Eingangssignal; S_a: Ausgangssignal; OZ: Optischer Zirkulator; d: Strichabstand;
λ: optische Wellenlänge

gleichen [4.52]. Die gleiche Funktion wie eine DCF erfüllt ein FG mit variablem Strichabstand (ein sogenanntes „chirped grating") [4.53; 4.47] (nach Bild 4.39b). Am Ende der Glasfaserübertragungsstrecke wird das durch die chromatische Dispersion verzerrte optische Signal S_e in einen optischen Zirkulator (OZ), also eine Einwegleitung in Glasfasertechnik, eingespeist.

Das von dem zweiten Arm des OZ ausgekoppelte Licht wird auf ein „gechirptes" FG gestrahlt, von wo aus es auf den OZ zurückreflektiert und in den Arm (3) weitergeleitet wird. Im Ausgangssignal S_a ist die chromatische Dispersion durch dieses FG kompensiert, was im folgenden kurz erläutert wird. Am Anfang des FGs wird der Strichabstand d_1 so gewählt, daß Licht der Wellenlänge λ_1 nach Gleichung (4.26) reflektiert wird. Im nächsten Teilstück des Gitters beträgt der Gitterabstand d_2, was zur Reflexion bei λ_2 führt. Am Ende des Gitters wird Licht der Wellenlänge λ_n zurückgestrahlt. In Reflexionsrichtung haben also verschiedene Wellenlängen eines ankommenden Lichtpulses verschiedene Laufzeiten im Gitter erfahren. Damit können also die spektralen Laufzeitunterschiede auf einer faseroptischen Übertragungsstrecke infolge chromatischer Dispersion ausgeglichen werden. Je nach Vorzeichen der chromatischen Dispersion kann im „gechirpten" FG zuerst die kürzere Wellenlänge (wie in Bild 4.39) oder zuerst die längere Wellenlänge reflektiert werden.

4.5 Optische Verstärker

Die in den letzten Jahren entwickelten optischen Verstärker sind sehr leistungsfähige Komponenten für zukünftige Nachrichtennetze. Mit diesen Systembausteinen lassen sich (schwache) optische Signale ohne Umsetzung in die elektrische Ebene direkt verstärken; dem optischen Nachrichtentechniker steht also das Analogon zum elektrischen Verstärker zur Verfügung.

Es gibt folgende wichtige Verstärkerarten:
■ Erbiumfaser-Verstärker (EFV),
■ Halbleiterverstärker (HV),
■ Praseodymfluoridfaser-Verstärker (PFV),
■ Raman-Faserverstärker (RFV).

4. Kapitel

Es wird hier nur auf die beiden erstgenannten Verstärkerarten intensiv eingegangen, da nur sie derzeitig eine praktisch herausragende Bedeutung in der optischen Übertragungstechnik haben.

Bei den HVn ist von Vorteil, daß sie klein sind, für die Verstärkung von Wellenlängen aus dem 2. und 3. Fenster dimensioniert werden können und wenig elektrische Leistung für ihren Betrieb verbrauchen. Nachteilig ist der relativ hohe Kopplungsverlust zur Glasfaser. In den letzten Jahren wurden infolge des rasanten Fortschritts in der Halbleiterlaser-Technologie nahezu polarisationsunabhängige HV entwickelt, auch gibt es Lösungsvorschläge zur Realisierung eines möglichst hohen Faser-Koppelwirkungsgrades. Diese Verstärkerart wird sowohl in Glasfaser-Übertragungssystemen, als auch in optoelektronischen und optischen integrierten Schaltkreisen (vgl. Kap. 5.2) eingesetzt.

Bei den drei anderen Verstärkerarten besteht das Signallicht verstärkende Medium aus speziellen Glasfasern. PFV eignen sich für die Verstärkung von Licht aus dem 2. Fenster und EFV für Licht aus dem 3. Fenster, allerdings müssen sie dabei mit Strahlung aus Quellen passender Wellenlänge optisch gepumpt werden. Beim Ramanfaser-Verstärker [4.54] wird der nichtlineare Raman-Effekt zur Lichtverstärkung ausgenutzt.

Die intrinsische Verstärkungsbandbreite wird von der Art des Materials und dem Verstärkungsmechanismus bestimmt. Die Verstärkungsbandbreite von Halbleiterverstärkern beträgt ca. 10 THz. Die Bandbreite eines Erbiumfaser-Verstärkers beträgt dagegen aufgrund der Übergänge zwischen diskreten Niveaus der Erbiumionen und deren räumlich inhomogener Verteilung im Glas nur etwa 3,8 THz ($\Delta\lambda \cong 30$ nm). Ein Raman-Faserverstärker besitzt eine Bandbreite von ca. 1 THz, wohingegen ein Faser-Brillouin-Verstärker, der den nichtlinearen Brillouin-Effekt in der Faser ausnutzt, mit 10 MHz Bandbreite extrem schmalbandig verstärkt.

4.5.1 Erbiumfaser-Verstärker

Das Herz eines Erbiumfaser-Verstärkers [4.55] ist die optisch "gepumpte" mit Erbium dotierte Glasfaser. Für die Klärung der bei der Verstärkung ablaufenden physikalischen Vorgänge wird auf Kap. 3.2.3 verwiesen.

Durch Einfluß der Pumpleistung P_P mit der Pumpwellenlänge λ_P soll das Signallicht P_1 mit Wellenlänge λ_1 innerhalb eines möglichst großen Dynamikbereiches und möglichst hoher optischer Bandbreite Δf rauscharm um den Faktor G_s verstärkt werden (Bild 4.40).

Es gilt für einen bestimmten Bereich der Eingangsleistung die Beziehung $P_2 = G_s \cdot P_1$, wobei aber bedacht werden muß, daß der Verstärkungsfaktor G_S u.a. von P_1, P_P, λ_P und λ_1 abhängt. Die Rauschzahl F' beschreibt das Verhältnis von Signal-Rausch-Verhältnis (SRV) am Ausgang (2) des Verstärkers zu dem am Eingang (1):
$(SRV)_2 = F' \cdot (SRV)_1$.

Minimales Rauschen liegt an der Quantengrenze vor, wenn der Verstärker linear und phasenunempfindlich arbeitet. In diesem Fall ist $F' = 2$ bzw. $F = 10 \lg F'$ dB = 3 dB. Das bedeutet, daß das Unschärfe-Produkt für die gleichzeitige Messung zweier konjugierter Meßgrößen um einen Faktor 2 größer ist, als es die Heisenberg'sche Unschärferelation vorhersagt.

Bei konstanter Pumprate im Verstärker ist die Signalverstärkung G_S für kleine Eingangssignale konstant und verringert sich, wenn die Eingangssignalleistung groß wird.

Zur Bestimmung des linearen Kennlinienbereichs ermittelt man die Sättigungsausgangsleistung P_S als die verstärkte Signal-Ausgangsleistung, bei der die Verstärkung um 3 dB vom ungesättigten Wert abweicht (vgl. Bild 4.40). Wenn P_S hoch ist, hat der Verstärker einen großen dynamischen Bereich und kann als Leistungsverstärker verwendet werden.

P_s hängt bei Erbium- und Praseodymfluoridfaser-Verstärkern im wesentlichen von der Faserlänge, der Faserdotierung mit Fremdatomen und von der Pumpleistung ab.

Nach Bild 4.41a besteht ein EFV im wesentlichen aus einer 20 m ... 200 m langen erbiumdotierten Faser (EF), einem optischen Koppler (K) zur Vereinigung von Signallicht (P_1) und Pumplicht der Pumplichtquelle (P_P) (vgl. Kap. 4.5.1.1). Zwei weitere grundsätzliche EFV-Konfiguratio-

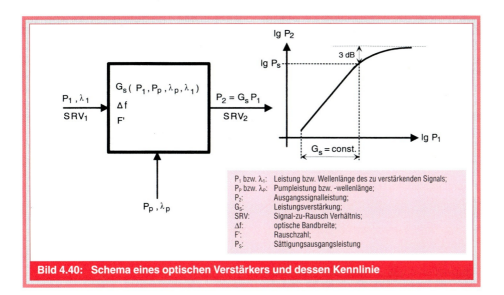

Bild 4.40: Schema eines optischen Verstärkers und dessen Kennlinie

nen zeigen die Bilder 4.41 b und 4.41 c. Sie unterscheiden sich hauptsächlich vom ersten Bild durch die umgekehrte Richtung der Einspeisung des Pumplichts. Während beim „Vorwärtspumpen" Pump- und Signallicht gleiche Richtung haben, sind sie beim „Rückwärtspumpen" entgegengesetzt gerichtet.

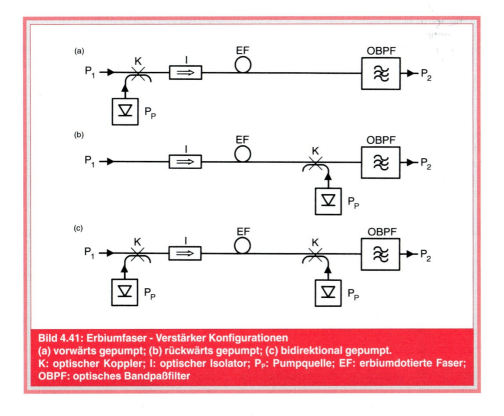

Bild 4.41: Erbiumfaser - Verstärker Konfigurationen
(a) vorwärts gepumpt; (b) rückwärts gepumpt; (c) bidirektional gepumpt.
K: optischer Koppler; I: optischer Isolator; P_P: Pumpquelle; EF: erbiumdotierte Faser; OBPF: optisches Bandpaßfilter

4. Kapitel

Aus Sicht des Verstärkerrauschens ist das Vorwärtspumpen die bessere Methode [4.56]. Dagegen läßt sich mit Rückwärtspumpen in bestimmten Fällen eine höhere Verstärkerausgangsleistung erzielen. Beim bidirektional gepumpten EFV lassen sich, auf Kosten einer zusätzlich erforderlichen Pumpquelle, beide Vorteile kombinieren. Mit dem optischen Isolator (I) läßt sich bei den Konfigurationen (b) und (c) das Eintreten von Pumplaserstrahlung in den Sendelaser verhindern. Die optischen Bandpaßfilter (OBPF) verhindern weitgehend die Übertragung von verstärkter spontaner Emission in den Empfänger, wo diese nur Zusatzrauschen erzeugen würde.

Aus physikalischen Gründen werden als Pumpwellenlängen etwa 980 nm oder 1480 nm verwendet; die damit zu verstärkenden Signale liegen im optischen Wellenlängenbereich von 1530 nm bis 1560 nm, also im 3. Fenster. Bild 4.42 zeigt einen typischen spektralen Verstärkungsverlauf mit durchschnittlichen Verstärkungswerten. Die Verstärkerbandbreite (auch optische Bandbreite genannt) von 30 nm (Δf = 3800 GHz) wird von keinem elektrischen Verstärker erreicht.

In Abhängigkeit von der Pumpleistung (20 mW ... 100 mW), der Faserlänge und der Dotierungsstärke kann das Verstärkungsmaß durchaus 40 dB betragen.

Die in Bild 4.41 gezeigten Basiskonfigurationen können zu Ausgangsleistungen P_2 zwischen 10 dBm und 24 dBm führen, wobei der höchste Wert mit dem bidirektionalen Pumpschema erzielt wird [4.57]. EFV und PFV lassen sich als Faserbausteine mit geringen Koppelverlusten direkt in die Glasfaser des Übertragungssystems einbauen. Sie verstärken das Signal polarisationsunabhängig. Da zusätzlich zu diesen beiden wichtigen Vorteilen speziell der EFV auch noch mit relativ geringen Pumpleistungswerten (einige zehn Milliwatt) auskommt, hat er sich als universeller Verstärkerbaustein in Glasfaserübertragungssystemen weltweit durchgesetzt.

4.5.1.1 Pumplaser für Faserverstärker

Zum optischen „Pumpen" (d.h. Erzeugung von optischer Verstärkung durch Schaffung von Besetzungsinversion, vgl. auch Kap. 3.2.3) von speziellen Glasfasern, die in geringer Konzentration seltene Erdmetalle wie z. B. Erbium, Yttrium, Neodym oder Praseodym im Faserkern enthalten, werden spezielle Laser benötigt, die mit ihrer Emissionswellenlänge auf die jeweiligen Absorptions-Spektralbereiche abgestimmt sind. Wegen der geringen spektralen Breite der Absorptionslinien der seltenen Erdme-

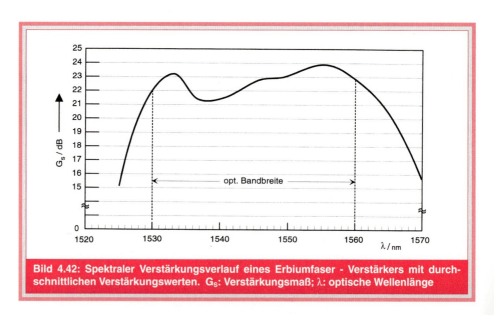

Bild 4.42: Spektraler Verstärkungsverlauf eines Erbiumfaser - Verstärkers mit durchschnittlichen Verstärkungswerten. G_S: Verstärkungsmaß; λ: optische Wellenlänge

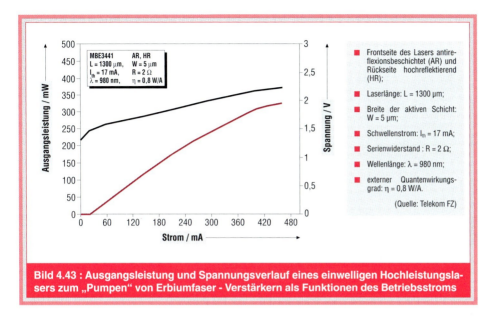

Bild 4.43 : Ausgangsleistung und Spannungsverlauf eines einwelligen Hochleistungslasers zum „Pumpen" von Erbiumfaser - Verstärkern als Funktionen des Betriebsstroms

talle in Gläsern muß die Laseremission genauestens darauf abgestimmt werden. Bei Erbium in SiO_2-Fasern liegt z.B. die wirksamste Absorptionslinie bei 982 nm, die Laserlinie darf davon aber höchstens 5 nm abweichen, wenn sich die Effizienz nicht allzu drastisch ändern soll. Dieses bedeutet aber, sich der technologischen Herausforderung zu stellen, möglichst viel Laserleistung (einige hundert Milliwatt) bei fester Wellenlänge mit sehr hohem Koppelwirkungsgrad in die entsprechenden Glasfasern einzukoppeln.

Die derzeitig für Erbiumfaser-Verstärker verfügbaren Laser basieren für 982 nm Emissionswellenlänge auf dem Materialsystem InGaAs/AlGaAs/GaAs und für die ebenfalls mögliche – zwar nicht ganz so effiziente – Wellenlänge 1480 nm auf dem Materialsystem InGaAsP/InP. Für die Anwendung solcher Laser in der optischen Nachrichtentechnik sind höchste Zuverlässigkeit bei extrem hohen Leistungen und niedrigem Preis gefordert. Hierbei sind schon große Fortschritte erzielt worden: Solche Laser degradieren über mehrere zehntausend Stunden nur sehr geringfügig, trotz hoher Leistungen im Bereich von 100 mW ... 200 mW und erhöhter Umgebungstemperatur (50 °C). Es gibt noch eine zweite Variante solcher Laser, in denen die das Element Aluminium enthaltenden Schichten durch phosphorhaltige Schichten ersetzt sind: (AlGaAs → InGaP). Auf diesem Wege könnte man das gegen Alterungseinflüsse eventuell anfällige aluminiumhaltige Material vermeiden. In künftigen Forschungsprogrammen muß hierzu allerdings noch endgültige Klärung erfolgen. Um einen hohen Einkoppelwirkungsgrad des vom Laser abgestrahlten Lichts in die Glasfaser zu erreichen, müssen die Fleckweiten der im Laser wie in der Faser geführten Strahlung möglichst gut übereinstimmen. Die Fleckweite einer Erbiumfaser ist ca. 4 µm und damit recht groß im Vergleich zur üblichen Laseremissionsfläche von ca. 0,8 x 1,5 µm².

Durch Verringerung der Stärke der Wellenführung im Laserwellenleiter infolge Veränderung der Schichtstruktur dehnt sich das Wellenfeld räumlich aus; damit wird die Lichteinkopplung in die Faser erleichtert. Die Vergrößerung der strahlenden Laserfläche hat aber noch einen anderen Vorteil: die Leistungsdichte auf dem Austrittsspiegel wird geringer, damit verringert sich die Wahrscheinlichkeit für die optisch induzierte Zerstörung der Laserendflächen (engl.: catastropic optical damage (COD)), deren Ursachen bislang nicht völlig geklärt sind. In InGaAs/GaAs/AlGaAs Lasern mit 70 % Aluminiumgehalt in den Deckschichten liegt die kritische optische Leistungsdichte oberhalb von 10 MW/cm². Die räumlich wie spektral einwelligen Laser sind in der Lage, 300 mW ... 400 mW Lichtleistung abzustrahlen (Bild 4.43).

4. Kapitel

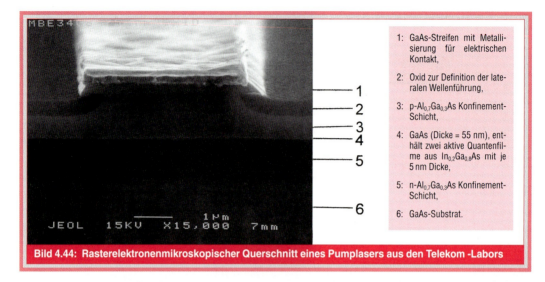

1: GaAs-Streifen mit Metallisierung für elektrischen Kontakt,

2: Oxid zur Definition der lateralen Wellenführung,

3: p-$Al_{0.7}Ga_{0.3}As$ Konfinement-Schicht,

4: GaAs (Dicke = 55 nm), enthält zwei aktive Quantenfilme aus $In_{0.2}Ga_{0.8}As$ mit je 5 nm Dicke,

5: n-$Al_{0.7}Ga_{0.3}As$ Konfinement-Schicht,

6: GaAs-Substrat.

Bild 4.44: Rasterelektronenmikroskopischer Querschnitt eines Pumplasers aus den Telekom -Labors

Zur Erzielung guter Temperaturstabilität müssen die Laser einen hohen T_0- Wert (s. Kap. 4.6.1) besitzen. T_0- Werte, die für Laser aus dem Telekom-Forschungszentrum gelten, liegen für den Bereich von Raumtemperatur bis 50 °C bei $T_0 = 400$ K (zum Vergleich: kommerzielle Produkte aus dem gleichen Materialsystem haben $T_0 = 140$ K), so daß diese Laser bei Temperaturvariationen ihre Eigenschaften nur geringfügig ändern. Die in den Telekomlabors angewandte Technik zur Laser-Wellenleiter-Herstellung basiert auf einer sehr einfachen Oxydationsmethode [4.58], die durch nur wenige Nanometer dicke epitaktisch eingebaute GaAs-Schichten, die weder elektrisch noch optisch einen negativen Einfluß auf das Laserverhalten haben, reproduzierbar gesteuert wird (Bild 4.44).

Die so hergestellten Laser besitzen so geringe optische Streu- und Absorptionsverluste α_s im Vergleich mit den Spiegel-

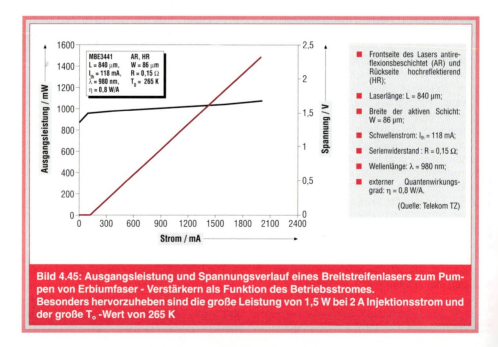

- Frontseite des Lasers antireflexionsbeschichtet (AR) und Rückseite hochreflektierend (HR);
- Laserlänge: L = 840 µm;
- Breite der aktiven Schicht: W = 86 µm;
- Schwellenstrom: I_{th} = 118 mA;
- Serienwiderstand : R = 0,15 Ω;
- Wellenlänge: λ = 980 nm;
- externer Quantenwirkungsgrad: η = 0,8 W/A.

(Quelle: Telekom TZ)

Bild 4.45: Ausgangsleistung und Spannungsverlauf eines Breitstreifenlasers zum Pumpen von Erbiumfaser - Verstärkern als Funktion des Betriebsstromes. Besonders hervorzuheben sind die große Leistung von 1,5 W bei 2 A Injektionsstrom und der große T_0 -Wert von 265 K.

verlusten α_m, daß noch 1,5 mm lange Laser nahezu die gleiche externe Quantenausbeute ($\alpha_m/(\alpha_m + \alpha_s)$) besitzen wie solche mit nur ca. 300 µm Länge (vgl. Kap. 4.6.2.4). Selbst Laser mit 80 µm breiten Wellenleitern und ca. 1 mm Länge haben noch stabile, longitudinal einwellige Emission, sie sind allerdings dann in lateraler Richtung multimodig. Die Kennlinie eines solchen Lasers ist in Bild 4.45 bis zu einem Strom von 2 Ampere dargestellt. Die dabei einseitig abgestrahlte optische Leistung beträgt 1,5 Watt bei 980 nm Wellenlänge.

4.5.2 Halbleiterverstärker

Die zum besseren Verständnis dieses Kapitels notwendigen Kenntnisse der Halbleiterphysik und der Laserstrukturen findet der Leser in den Kapiteln 3.1, 4.6.2 und 4.6.3.

In einem Verstärker mit Fabry-Perot (FP) Resonator (Bild 4.46), der unterhalb der Schwelle zur Selbsterregung betrieben wird, ist die Bandbreite durch die Fabry-Perot (FP) Resonanzen begrenzt. Das $\sqrt{G_{sr}}B$-Produkt eines solchen FP-Halbleiterlaserverstärkers (FP-HLV) beträgt einige 10 GHz, wobei G_{sr} die resonante Signalverstärkung und B die Verstärkerbandbreite sind. Antireflexionsbeschichtungen auf beiden Spiegeln machen aus dem FP-HLV einen FP-Halbleiterverstärker (FP-HV), bei dem die Bandbreite bis zu 10 THz betragen kann. Das Kriterium für Verstärkungsschwankungen von weniger als 1 dB ist $G_{sr}\sqrt{R_1R_2} < 0,05$, wobei G_{sr} die Signalverstärkung (in dB) für einen einfachen Signaldurchgang durch das Halbleiterelement ist und R_1, R_2 die Intensitätsreflexionsvermögen am Ein- und Ausgang bedeuten. Für ein G_{sr} von 20 dB bzw. 30 dB ist demnach ein Reflexionsvermögen von weniger als 0,05 % bzw. 0,005 % erforderlich. Die Bandbreite wird ebenfalls durch die Abhängigkeit der Verstärkung von der Polarisation des Eingangssignals reduziert. In einem herkömmlichen Halbleiterverstärker ist die TE-Moden-Verstärkung um mehrere dB größer als die für die TM-Moden, da die optischen Konfinementfaktoren (Konfinement = Verhältnis von Lichtintensität in der aktiven Schicht zur Gesamtintensität) gewöhnlich unterschiedlich sind. In Volumenhalbleitern schafft ein symmetrischer Wellenleiter Abhilfe [4.59].

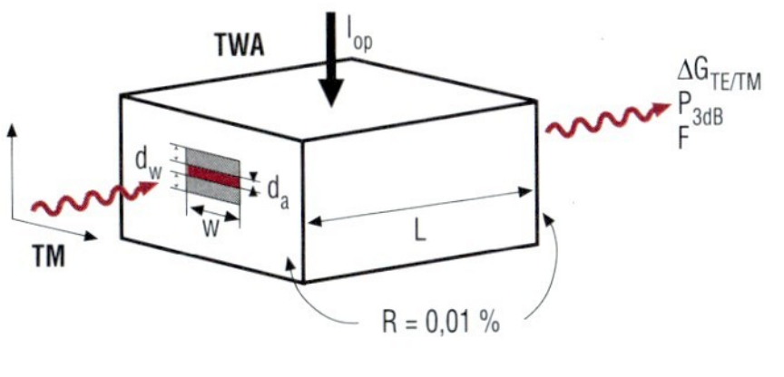

In Verstärkern auf der Basis von Quantenfilmen (vgl. Kap. 3.1.4) ist schon durch das Material vorgegeben, daß der Verstärkungswert des TE-Modes wesentlich höher als der des TM-Modes ist. Hier kann auch ein symmetrischer Wellenleiter nicht korrigierend einwirken. Vielmehr müssen durch geeignete Wahl von Kombinationen von druck- und zugverspannten Quantenfilmen der TE- und TM-Gewinn aneinander angeglichen werden. Bei Halbleiterverstärkern für den 1,3-µm- und 1,5-µm-Wellenlängenbereich ist dieses schon hervorragend gelungen.

In 1,3-µm-Verstärkern wurde Polarisationsunabhängigkeit in Multi-Quantenfilmlasern mit zugverspannten Barrieren bzw. schwach zugverspannten Quantenfilmen erreicht [4.60]. Für den 1,55-µm-Bereich wurde die Polarisationsunabhängigkeit der Verstärkung durch den Einbau von druck- und zugverspannten Quantenfilmen nebeneinander erreicht [4.61].

Bild 4.47 zeigt ein vereinfachtes Bandschema des druck- und zugverspannten aktiven Bereichs. Für den zugverspannten Quantenfilm erzeugen Übergänge vom Leitungsband zum leichten Löcherband (lh)Verstärkung sowohl für das TE- wie

TWA	Travelling Wave Amplifier;
L	Verstärkerlänge;
I_{op}	Betriebsstrom;
$\Delta G_{TE/TM}$	Differenz der Verstärkungswerte für TE- und TM-Polarisation;
P_{3dB}	3dB- Sättigungsausgangsleistung;
F	Rauschzahl;
w, d_a, d_w	Breite und Dicke der aktiven Schicht und Dicke der Wellenführungsschicht

Bild 4.46: Schematische Darstellung eines Halbleiterverstärkers [4.59]. Die Endflächen sind auf 0,01% entspiegelt

4. Kapitel

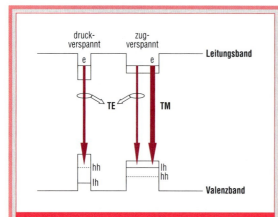

Bild 4.47: Vereinfachtes Energiebandschema von zug- und druckverspannten Quantenfilmen [4.60]. Der druckverspannte Quantenfilm ergibt nur Verstärkung für die transversal elektrische Polarisation (TE), während der zugverspannte hauptsächlich Verstärkung für die transversal magnetische Polarisation (TM) und nur geringfügig TE-Verstärkung liefert. Die Stärke der Pfeile entspricht qualitativ diesen Verhältnissen. lh: light hole (leichtes Loch); hh: heavy hole (schweres Loch)

auch das TM-polarisierte Licht, wobei die TM-Verstärkung wesentlich größer ist. Für den druckverspannten Quantenfilm erzeugen die Übergänge vom Leitungs- zum schweren Löcherband die TE-Verstärkung. Dabei ist der Verstärkungskoeffizient für TM-polarisiertes Licht verschwindend klein. Es ist jedoch schwierig, die Polarisationsunabhängigkeit über die ganze Verstärkungsbandbreite zu realisieren.

Mit je 3 kompressiv und drei zugverspannten Quantenfilmen haben die o.g. Autoren [4.61] die besten Ergebnisse erreicht.

Bild 4.48 stellt den gemessenen Verlauf der Verstärkung für die beiden Polarisationsrichtungen TE und TM über dem Wellenlängenbereich von 1270 nm bis 1330 nm dar [4.60].

In Bild 4.49 sind für den Wellenlängenbereich um 1,5 µm TE- und TM-Verstärkung für drei verschiedene Injektionsströme vergleichend dargestellt [4.61].

In einem praktischen Laserverstärker ist die Rauschzahl größer als 2 (wie oben angegeben), da die Besetzungsumkehr nicht vollständig ist und außerdem der Verstärkereingang nicht reflexionsfrei und die Verstärkung nicht unendlich hoch sind.

Es ist dann

$$F' = 2 n_{SP} \chi \qquad (4.27)$$

mit
n_{SP}: spontaner Emissionsfaktor bzw. Inversionsparameter und
χ: Zusatzrauschkoeffizient gemäß

$$\chi = (1 + R_1 G_S)(G_S - 1)/(1 - R_1)G_S \qquad (4.28)$$

R_1: Reflexionsfaktor des Eingangsspiegels;
G_S: Verstärkung für einfachen Signaldurchgang.

$2 n_{SP} \chi$ korrespondiert mit dem Rauschbeitrag durch amplitudenmäßige Überlagerung von Signal und spontaner Emission. Bei hohen Verstärkungswerten muß zusätzlich der Beitrag durch spontan-spontane Überlagerung berücksichtigt werden. Er ist proportional zur spektralen Breite und kann deshalb durch Filterung verringert werden.

Die Zusatzrauschbeiträge können durch Materialparameter und strukturelle Parameter begrenzt werden. Experimentell wurden so bisher für Halbleiterverstärker Werte für $F = 10 \lg F'$ dB zwischen 5 dB und 7 dB realisiert.

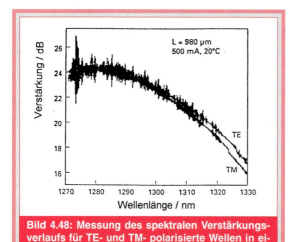

Bild 4.48: Messung des spektralen Verstärkungsverlaufs für TE- und TM- polarisierte Wellen in einem Halbleiterverstärker. Der Injektionsstrom beträgt 500 mA bei 20 °C Temperatur. L: Laserlänge

BAUSTEINE FÜR DIE OPTISCHE NACHRICHTENTECHNIK

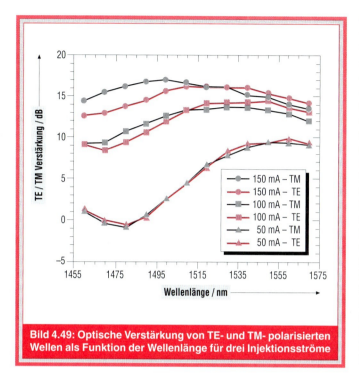

Bild 4.49: Optische Verstärkung von TE- und TM- polarisierten Wellen als Funktion der Wellenlänge für drei Injektionsströme

für die elektrische Signalaufbereitung sowie Erzeugung und Steuerung der optischen Signale nach der Photodetektion entfallen. Solche Verstärker können als einfache, flexible Repeater betrachtet werden, die auch Änderungen der Datenrate und des Datenformats zulassen, sie sind signaltransparent. Außerdem kann ein solcher Verstärker mit großer Verstärkungsbandbreite gleichzeitig optische Signale im Wellenlängenmultiplex (WDM) und im Frequenzmultiplex (FDM) verstärken.

Leistungsverstärker (c), auch Boosterverstärker genannt, kompensieren die Einfügedämpfung und die Verluste durch Leistungsaufteilung (engl.: power splitting), z. B. in passiven optischen Netzen (PONen) oder in optischen Vermittlungssystemen.Technische Anforderungen an die Verstärkertypen (a), (b), (c) sind:

4.5.3 Anforderungen an optische Verstärker für Systemanwendungen

Es gibt drei typische Anwendungen für die Verstärker:
(a) als Vorverstärker
(b) als Zwischenverstärker oder Repeater
(c) als Leistungsverstärker

Ein optischer Vorverstärker (a) wird im Zusammenhang mit einem Photodetektor, z. B. einer PIN-Diode (vgl. Kap. 4.7.2.1), eingesetzt. Hierdurch wird die Empfängerempfindlichkeit, die bei Direktempfang mit einer PIN-Diode oder Lawinenphotodiode durch thermisches Rauschen begrenzt wird, wesentlich verbessert. Zwischenverstärker (b) werden als in-line Verstärker in Übertragungssystemen eingesetzt, um die bis zur Verstärkereinsatzstelle aufgelaufene Faserdämpfung zu kompensieren. Sie ermöglichen es, die dämpfungsbegrenzte Übertragungsstrecke zwischen zwei Netzwerkelementen zu verlängern. Die somit verringerte Anzahl von optoelektronischen Zwischenverstärkern verbilligt das Übertragungssystem, da beträchtliche Kosten

(1) hinreichend große
    Kleinsignalverstärkung   (a), (b), (c)

(2) große Verstärkungs-
    bandbreite   (a), (b), (c)

(3) Polarisations-
    unempfindlichkeit   (a), (b), (c)

(4) hohe Sättigungs-
    ausgangsleistung   (b), (c)

(5) kleine Rauschzahl   (**a**), (**b**), (**c**)

(6) Verwendung von optischer
    Schmalbandfilterung   (**a**), (b), (c)

a, b, c bedeutet: erforderlich

a, b, c bedeutet: **unbedingt** erforderlich.

4. Kapitel

4.6 Strahlungsquellen für die optische Nachrichtenübertragung

Aufgrund ihrer überragenden Bedeutung für die optische Übertragungstechnik werden in diesem Kapitel nur Laser für den nahen Infrarotbereich, nicht aber Lumineszensdioden (LEDn) beschrieben. Mit modernsten Techniken sind sogenannte Quantenfilmstrukturen herstellbar, durch die Halbleiterlaser hervorragende Eigenschaften bekommen; deshalb werden hier Laser aus derartigen Strukturen vorrangig behandelt. Für moderne, leistungsfähige Glasfaser-Übertragungssysteme sind solche Quellen unverzichtbar. Konventionelle Laser mit „massiven" aktiven Schichten sowie LEDn haben für zukünftige Anwendungen im optischen Netz nur noch eine untergeordnete Bedeutung.

Charakteristische Größen von Lasern für den Einsatz im Netz sind u.a.:

- Strom-Leistungskennlinie
- Fleckweite des Wellenleiters (Abstrahlcharakteristik)
- Emissionsspektrum
- Modulationsverhalten (Modulationsgeschwindigkeit, dynamische Linienbreite)
- Reaktion auf optische Rückwirkung
- Lebensdauer
- Preis

4.6.1 Physikalische Grundlagen

Halbleiterlaser unterscheiden sich grundsätzlich von anderen Lasern durch die Zahl der am Lasereffekt beteiligten Energieniveaus. Bei Gas- (CO_2, He-Ne, N_2 etc.) und Festkörperlasern (z. B. Rubin, Nd:YAG etc.) ist die Zahl diskret, während die Niveaus in einem Halbleiterlaser quasikontinuierlich verteilt sind. Die ca. 10^{22} Niveaus/cm^3 stellen zunächst eine große Komplikation bei der Behandlung des Problems dar. Da aber in vielen Halbleitern die Zeit zwischen zwei Streuprozessen der freien Ladungsträger innerhalb eines jeden Bandes sehr kurz ist im Vergleich zur mittleren Lebensdauer eines Elektron-Loch-Paares, läßt sich das Konzept der Quasi-Fermi-Niveaus anwenden. Dieses Konzept vereinfacht die Behandlung eines Systems mit kontinuierlicher Energieniveau-Verteilung beträchtlich, da die Besetzungswahrscheinlichkeit von vielen Niveaus durch eine einzige Größe beschreibbar wird. Dies bedeutet, daß sich innerhalb von Valenz- und Leitungsband unabhängige „Gleichgewichtszustände" einstellen; zwischen beiden Bändern in einem angeregten Halbleiter besteht dann aber kein thermisches Gleichgewicht.

Die einfachste technische Realisierung eines Halbleiters stellt ein pn-Übergang dar. Die Anregung des Lasers erfolgt durch einen elektrischen Strom in Flußrichtung durch diesen pn-Übergang. Dabei werden Elektronen in das p-Typ Material und Löcher in das n-Typ Material injiziert. Der Überschuß an Elektronen im p-Gebiet und an Löchern im n-Gebiet stellt eine Inversion der Besetzung der Energiebänder dar und führt zur stimulierten Emission von Photonen, wenn die Anregung genügend groß ist. Man nennt das Gebiet mit Inversion in der Nähe des pn-Übergangs die akti-

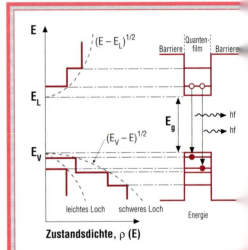

Bild 4.50 Lage der Elektronen- und Löcher-Energiezustände in einem massiven (dreidimensionalen) Halbleiterkristall (gestrichelt) und einem Halbleiter-Quantenfilm (durchgezogen) in Abhängigkeit von der Zustandsdichte (= Zahl der besetzbaren Zustände pro Energieintervall). Der rechte Teil des Bildes zeigt die durch Quantisierung entstehenden diskreten Energieniveaus für die Elektronen im Leitungsband und die leichten und schweren Löcher in den Valenzbändern. E_L, E_V markieren den unteren Rand des Leitungsbandes und den oberen Rand des Valenzbandes eines 'massiven' Halbleiters [4.62]. E_g: Bandlücke; h: Plancksches Wirkungsquantum; f: optische Frequenz.

ve Zone. In Heteroübergängen spielen zusätzlich Potentialbarrieren an der aktiven Zone eine wichtige Rolle, so daß die Inversion auf einen engen räumlichen Bereich von wenigen 10 nm bis 100 nm Dicke begrenzt werden kann. Der spektrale Bereich der Emission hängt von der Art des Halbleiters ab und wird durch dessen Bandlückenenergie E_g (auch Energielücke oder Bandabstand genannt) bestimmt. Die Energielücke entspricht der Mindestenergie, die benötigt wird, um ein im Valenzband gebundenes Elektron aus seiner Bindung zu befreien und als frei bewegliches Elektron im Leitungsband zur Leitfähigkeit beitragen zu lassen (vgl. Kap. 3.1.1).

Das aktive Material, das durch Barrieren begrenzt wird, kann entweder ein homogenes Halbleitermaterial mit kleinerem Bandabstand sein oder auch eine Folge von extrem dünnen Schichten, die abwechselnd von ebenfalls nur wenige Nanometer dicken Barrieren begrenzt sind. In solchen „dünnen" Schichten verhalten sich die injizierten Ladungsträger anders als in „dicken" Schichten. Dies beruht auf den sogenannten Quanteneffekten – Aufspaltung von quasikontinuierlichen Energiebändern in diskrete Energieniveaus – die in nur wenige Atomlagen dicken Schichten auftreten (Bild 4.50). Solche Schichten heißen Quantenfilme oder Quantentöpfe (engl.: quantum wells (QW)).

In fast allen modernen Halbleiterlasern für optische Nachrichtenübertragung sind solche Quantenfilme enthalten, da sie die Eigenschaften durchweg verbessern – z. B. wächst die Verstärkung mit zunehmendem Injektionsstrom stärker als in massiven Schichten (Bild 4.51). Die Schwellenstromdichte für den Laserbetrieb konnte auf diese Weise in Quantenfilmlasern mit breiten Streifen für 1,55 µm Emissionswellenlänge auf weniger als 100 A/cm² reduziert werden.

Die strahlende Rekombination der Ladungsträger kann auf zwei Wegen erfolgen, spontan oder stimuliert. Bei der spontanen Emission erfolgt die Energieabgabe eines Elektron-Lochpaares nach einer mittleren Lebensdauer völlig unkorreliert mit anderen Emissionsprozessen. Die stimulierte Emission dagegen hängt vom elektrischen Feld der Lichtwelle am Ort des Elektron-Lochpaares ab, ist also stark korre-

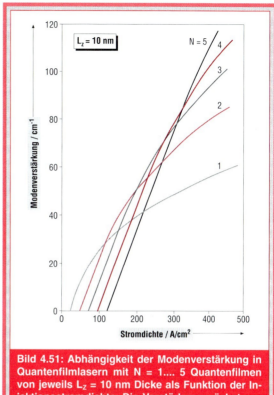

Bild 4.51: Abhängigkeit der Modenverstärkung in Quantenfilmlasern mit N = 1.... 5 Quantenfilmen von jeweils L_z = 10 nm Dicke als Funktion der Injektionsstromdichte. Die Verstärkung wächst wesentlich stärker mit der Stromdichte als in massiven aktiven Schichten [4.63]

liert. Dies ist das Funktionsprinzip des LASERS (Light Amplification by Stimulated Emission of Radiation, im Folgenden **Laser** geschrieben). Die Raten von spontaner und stimulierter Rekombination durchlaufen oberhalb der Bandkantenenergie mit wachsender Energie jeweils Maxima, diese liegen allerdings bei unterschiedlichen Energien. Das Verhältnis der spontanen zur stimulierten Rate nennt man Inversionsfaktor: $n_{SP} = (1-\exp[(E_g - (F_L - F_v))/kT])^{-1}$. Hierbei sind F_L und F_v die Quasi-Ferminiveaus im Leitungs- und Valenzband des Halbleiters mit dem Bandabstand E_g, k die Boltzmann-Konstante und T die Temperatur in Kelvin. n_{SP} hat an der Laserschwelle typischerweise Werte zwischen 1,5...2,5. Die spontane Rate ist stets größer als die stimulierte, auf der das Laserprinzip basiert. Ein noch so großer Pumpstrom ändert an der Situation nichts; ein gepumpter

Halbleiter allein kann nur Strahlung emittieren, die dem einer Lumineszensdiode (LED), wie sie in vielen Geräten des täglichen Lebens zum Einsatz kommt, gleicht. Laserstrahlung, also hauptsächlich stimulierte Emission, entsteht erst durch den Einsatz eines verstärkenden Mediums im Zusammenwirken mit einem Resonator. Durch die Rückkopplung wird die stimulierte Emission zum dominierenden Effekt, der Strahlungsleistungen ermöglicht, die viele Größenordnungen höher sind als die von einer LED erzeugten.

Die oben erwähnte lokale Begrenzung der freien Elektronen und Löcher in einem eng begrenzten räumlichen Bereich durch Potentialbarrieren und die Anwesenheit in einem optischen Resonator reicht jedoch noch nicht aus, um einen Laser zum Anschwingen zu bringen. Zusätzlich ist noch ein Wellenleiter nötig, der das Licht im Resonator führt. Wellenleiter, verstärkendes Medium und Resonator bewirken, daß stimuliert emittierte Photonen sich nach Richtung, Phase und Frequenz dem vorhandenen Strahlungsfeld anpassen. Die freien Ladungsträger werden durch Potentialbarrieren zusammengehalten, die Photonen – d. h. die Lichtwelle – durch Brechzahlsprünge in der Struktur.

Glücklicherweise ist die Brechzahl eines Mediums mit kleinem Bandabstand i. a. größer als die eines Mediums mit großem Bandabstand. Daher wird das Licht in einer Laserstruktur automatisch geführt. Ist diese Führung – z. B. bei Quantenfilmen – zu schwach, so muß man zusätzlich noch ein Medium einfügen, das für die emittierten Photonen zwar noch „durchsichtig" ist, aber genügend Führung für die Welle gewährleistet.

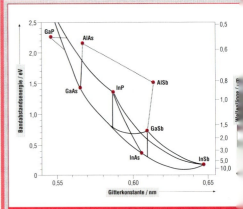

Bild 4.52: Bandabstandsenergien und Gitterkonstanten verschiedener binärer und ternärer Verbindungshalbleiter. Die durchgezogene vertikalen Linien bezeichnen drei wichtige Zusammensetzungen: InGaAsP gitterangepaßt an InP, GaInAsSb gitterangepaßt an GaSb und AlGaAs (fast) gitterangepaßt an GaAs [4.64].

In Tabelle 4.3 sind die Bandabstände verschiedener binärer, ternärer und quaternärer Halbleiter und ihre korrespondierenden Emissionswellenlängen dargestellt. Man erkennt die große Vielfalt an Möglichkeiten zur Lichterzeugung in sehr verschiedenen spektralen Bereichen. Zur Zeit reicht die Spanne mit den aufgeführten Materialsystemen von ca. 630 nm bis 1650 nm. Bild 4.52 zeigt den Zusammenhang zwischen Bandabstand und Gitterkonstante verschiedener binärer Verbindungen. Danach läßt sich durch Kombination verschiedener binärer Halbleiter eine Vielzahl von quaternären Verbindungen mit Gitteranpassung z. B. auf dem Substrat InP herstellen (vgl. auch Kap. 3.1.4).

Tabelle 4.3: Bandabstände verschiedener binärer, ternärer und quaternärer Halbleiter

Material	Bandabstand E_g /eV	Frequenz f / THz	Wellenlänge λ / nm
$In_{0,45}Ga_{0,55}P$/GaAs	1,93	468	642 / 1. Fenster
$Al_{0,2}Ga_{0,8}As$/GaAs	1,67	405	743 / 1. Fenster
GaAs	1,42	345	873 / 1. Fenster
InP	1,35	326	919 / 1. Fenster
$In_{0,72}Ga_{0,28}As_{0,61}P_{0,39}$/InP	0,954	231	1 300 / 2. Fenster
$In_{0,53}Ga_{0,47}As$/InP	0,75	182	1 650 / 3. Fenster

BAUSTEINE FÜR DIE OPTISCHE NACHRICHTENTECHNIK

Zum Anschwingen eines Lasers muß eine genügend große Spannung U_D in Durchflußrichtung angelegt werden. Dabei verschieben sich die Quasiferminiveaus [4.65] im Leitungs- und Valenzband um diesen Spannungswert gemäß $F_L - F_v = e \cdot U_D$ (e: Elementarladung) gegeneinander (Bild 4.53). Steigert man die von außen angelegte Spannung so weit, daß sich die Quasiferminiveaus um den Wert der Bandlückenenergie unterscheiden, so ist die notwendige Bedingung für den Lasereffekt erfüllt: die Inversion der Bänder ist so groß, daß sich die Absorption des aktiven Materials bis zur völligen Transparenz gewandelt hat. Das bedeutet, daß ein verlustfreier Resonator bereits an der Schwelle zum Anschwingen ist. Nur ein minimaler Überschuß an Verstärkung – d.h. an Injektionsstrom – läßt die stimulierte Emission überwiegen. Ein realer Resonator hat natürlich Verluste, und daher muß die Verstärkung

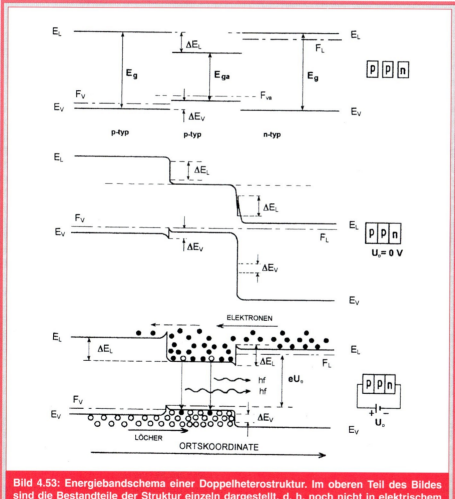

Bild 4.53: Energiebandschema einer Doppelheterostruktur. Im oberen Teil des Bildes sind die Bestandteile der Struktur einzeln dargestellt, d. h. noch nicht in elektrischem Kontakt, in der Mitte in Kontakt im thermischen Gleichgewicht, unten mit einer Vorspannung in Durchflußrichtung, die die Quasiferminiveaus gegeneinander verschiebt und zu Lichtemission führt.
E_g: Bandlücke; F_v, F_L: Quasi-Ferminiveaus im Valenz-bzw. Leitungsband; ΔE_v, ΔE_L: Diskontinuitäten der Valenz- bzw. Leitungsbänder an der Grenze zwischen den verschiedenen Materialien; E_{ga}: Bandabstandsenergie des aktiven Materials; F_{va}: Fermienergie im aktiven Material

4. KAPITEL

soweit erhöht werden, daß auch diese gedeckt sind. Daraus versteht sich gemäß Bild 4.54 das Schwellenverhalten eines Lasers.

Die Schwellenstromdichte eines Halbleiterlasers läßt sich in nicht zu großen Temperaturbereichen durch den Zusammenhang $j_{th}(T) = j_0 \exp((T-T_1)/T_0)$ beschreiben. Dabei ist T die absolute Temperatur, T_1 die Bezugstemperatur und T_0 ein für das Material und die Betriebsbedingungen charakteristischer Parameter (in Kelvin (K)). T_0-Werte liegen für Laser für das 3. Fenster typischerweise um 60 K ... 100 K; für Laser im 1. Fenster können Werte von 250 K ... 300 K erreicht werden, diese Laser sind also wesentlich temperaturunempfindlicher.

Als zwei wichtige Materialsysteme seien für den langwelligen Bereich genannt:
- InGaAsP auf InP-Substrat und
- InAlGaAs auf InP-Substrat.

Mit den jeweils ternären Grenzfällen InGaAs und InAlAs läßt sich der spektrale Bereich des 2. und 3. Fensters abdecken (1,3 µm und 1,55 µm). Daneben ist noch das GaAs in Verbindung mit dem ternären AlGaAs von Bedeutung. Dieses Materialsystem deckt das 1. Fenster (um 850 nm) ab.

Mit InGaAlP und GaAs als Substratmaterial ergibt sich die Möglichkeit, die Emissionswellenlänge noch weiter ins kurzwellige Gebiet bis ca. 630 nm zu schieben. Solche Laser konkurrieren schon jetzt mit Helium-Neon-Lasern.

Noch ganz andere Möglichkeiten ergeben sich dadurch, daß Quantenfilme auf Halbleitern epitaktisch aufgewachsen werden, ohne daß Gitteranpassung vorliegt. Dieses ist möglich, da die Quantenfilme sehr dünn (wenige Nanometer) sind und die auftretende elastische Verspannungsenergie zerstörungsfrei aufnehmen können. Darüber hinaus lassen sich auch Filme aufwachsen, die abwechselnd zug- und druckverspannt sind – z. B. werden häufig die aktiven Quantenfilme druckverspannt und die Barrieren zugverspannt. Es ergeben sich so völlig neue Möglichkeiten und Gesichtspunkte, die Eigenschaften von Halbleiterlasern gezielt zu verändern, um nahezu ideale Anpassung an den Einsatzbereich zu gewinnen. Als Beispiele seien einerseits Pumplaser für Erbiumfaser-Verstärker (vgl. Kap. 4.5.1.1) genannt, die auf verspannten InGaAs-Quantenfilmen auf GaAs-Substrat basieren und bei 980 nm Wellenlänge viele hundert Milliwatt an optischer Leistung abgeben können, und andererseits verspannte In(Al)GaAs-Quantenfilme auf InP für höchste Modulationsgeschwindigkeiten (≥ 20 Gb/s).

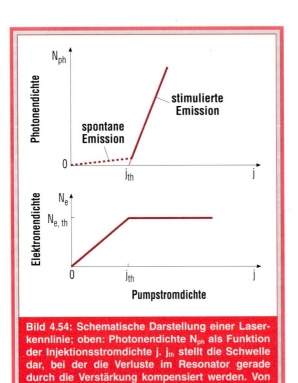

Bild 4.54: Schematische Darstellung einer Laserkennlinie; oben: Photonendichte N_{ph} als Funktion der Injektionsstromdichte j. j_{th} stellt die Schwelle dar, bei der die Verluste im Resonator gerade durch die Verstärkung kompensiert werden. Von diesem Wert ab bleibt die Ladungsträgerdichte (= Elektronendichte) N_e – und damit die Verstärkung auf dem Wert $N_{e,th}$ konstant – (unten) [4.66]

4.6.2. Laserstrukturen

4.6.2.1 Allgemeine Eigenschaften

Je nach Anwendungsbereich – zweites oder drittes Fenster – müssen die optischen Sender eine einzelne Frequenz oder dürfen ein Frequenzgemisch emittieren. Erstere Bedingung erfordert eine einmodige Schwingung in jeder der drei orthogonalen Raumrichtungen des Laserresonators. Hinzu kommt, daß die Polarisation der emittierten Strahlung stabil ist, denn verschieden polarisierte Moden haben im

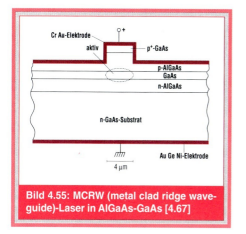

Bild 4.55: MCRW (metal clad ridge waveguide)-Laser in AlGaAs-GaAs [4.67]

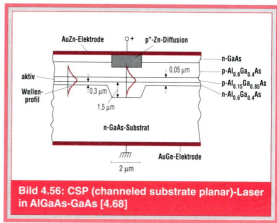

Bild 4.56: CSP (channeled substrate planar)-Laser in AlGaAs-GaAs [4.68]

allgemeinen auch verschiedene Frequenzen, da sich die jeweiligen effektiven Brechzahlen des Wellenleiters für beide Polarisationsrichtungen unterscheiden. Einmodigkeit in Richtung senkrecht zum Substrat läßt sich im allgemeinen durch die epitaktisch gewachsene Schichtstruktur erreichen. Sie soll nur den Film-Grundmode führen können (vgl. Kap. 2.3). Diese Bedingung gilt allerdings nicht unbedingt strikt, da der Grundmode gewöhnlich viel effektiver an die aktive Schicht gekoppelt ist als höhere Moden. Stabile Einmodigkeit in lateraler Richtung – also parallel zu den epitaktischen Schichten – kann auf vielfache Weise durch transversale Wellenleiterstrukturen erreicht werden. Diese Strukturen können jedoch grundsätzlich in zwei Gruppen eingeteilt werden. Bei der ersten Gruppe ist die Dicke der die aktive Schicht einhüllenden oder an sie angrenzenden Wellenleiterschicht so variiert, daß eine laterale Wellenleitungsstruktur entsteht. Stegwellenleiter (engl.: ridge waveguides) (Bild 4.55) [4.67] und sogenannte „channelled substrate" Laser [4.68] – hierbei wird vor dem epitaktischen Bewachsen ein flacher Kanal in das Substrat geätzt, der nachher flach aufgefüllt wird – fallen in diese Kategorie (Bild 4.56). Sie besitzen eine relativ geringe Effizienz der Ladungsträgerinjektion und besitzen eine relativ große parasitäre Kapazität, die das hochfrequente Modulationsverhalten beeinträchtigt. In der zweiten Gruppe wird ein sehr schmaler Streifen aktiven Materials mit Halbleitermaterial mit größerem Bandabstand, also kleinerer Brechzahl, umgeben. Eine solche Struktur besitzt eine starke optische und elektrische Führung. Allerdings erfordert eine solche Struktur üblicherweise ein Durchtrennen der aktiven Schicht und ein

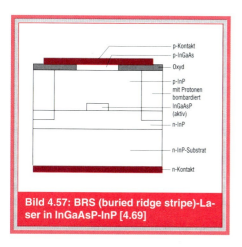

Bild 4.57: BRS (buried ridge stripe)-Laser in InGaAsP-InP [4.69]

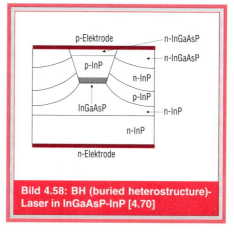

Bild 4.58: BH (buried heterostructure)-Laser in InGaAsP-InP [4.70]

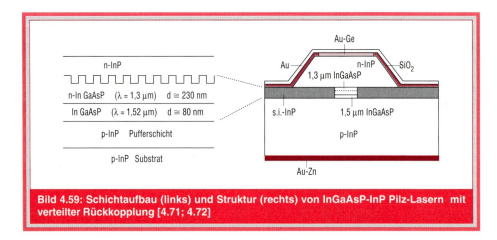

Bild 4.59: Schichtaufbau (links) und Struktur (rechts) von InGaAsP-InP Pilz-Lasern mit verteilter Rückkopplung [4.71; 4.72]

nachfolgendes epitaktisches Wiederbewachsen mit möglicherweise negativen Folgen für die Alterungsbeständigkeit. Die Eigenschaften solcher „vergrabener" (engl.: buried) Strukturen (Bilder 4.57; 4.58; 4.59) sind jedoch in fast allen sonstigen Aspekten den Strukturen der ersten Gruppe überlegen.

4.6.2.2 Spektrale Rückwirkungsempfindlichkeit

Durch die Einkopplung des vom Halbleiterlaser emittierten Lichts in die Glasfaser wird prinzipiell ein weiteres resonanzfähiges System angekoppelt. Bereits eine Rückkopplungsleistung, die um 6 Größenordnungen unter der abgestrahlten Laserleistung liegt (- 60 dB) führt dazu, daß der einmodige Laser nicht mehr mit seiner ursprünglichen Frequenz schwingt, sondern mit einer der vielen möglichen Eigenfrequenzen, die der externe Resonator (Faser) besitzt. Da die Faserparameter aber sowohl mechanischen als auch thermischen Schwankungen unterliegen, bleibt das gesamte schwingungsfähige System nicht stabil sondern durchläuft Modensprünge, die zu Rauschen (Phasenrauschen, Intensitätsrauschen) führen. Besonders nachteilig ist, daß mit zunehmender externer Resonatorlänge die Empfindlichkeit des Lasers gegenüber Rückkopp-

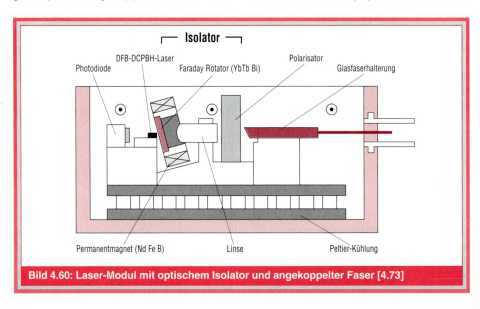

Bild 4.60: Laser-Modul mit optischem Isolator und angekoppelter Faser [4.73]

lung steigt; bei 1 m Faserlänge stören bereits Pegel von -70 dB. Bei multimodigen Lasern tritt eine Bevorzugung z. B. eines einzigen Modes auf; das Spektrum wird eingeengt und schwerpunktverschoben. Auch inkohärente externe Reflexionen, wie z. B. die durch die Faser-Raleighstreuung erzeugte Rückstreuleistung, führen zu zusätzlichem Laserrauschen. Das kann bei Systemen mit hohen Bitraten zu einer erheblichen Einbuße an Signal-zu-Rausch-Abstand am Empfänger führen. Reflexionsstörungen lassen sich nach Bild 4.60 durch den Einsatz eines optischen Isolators zwischen Laser und Faser vermeiden.

4.6.2.3 Laserrauschen

Zufälligen Schwankungen unterliegen in einem Halbleiterlaser die Intensität, d. h. die mittlere Zahl von Photonen (Intensitätsrauschen), die Lichtfrequenz (Frequenzrauschen) und die Phasenlage der Lichtwelle (Phasenrauschen). Das Intensitätsrauschen äußert sich in statistischen Schwankungen der Ausgangsleistung. Die Ursache dafür ist das Rauschen der spontanen Emission. Es ist üblich, diese Schwankungsgröße als von der Frequenz abhängigen RIN-Wert (engl.: relative intensity noise) anzugeben. In optischen Übertragungssystemen mit direkter Detektion ist hierdurch der vom Sender herrührende Rauschanteil im System gegeben. Bei rauscharmen Lasern liegt der statische RIN-Wert bei ca. -150 dB/Hz. Der Frequenzverlauf des RIN ist für einen $\lambda/4$-phasenverschobenen DFB-Laser (vgl. Kap. 4.6.3) in Bild 4.61a dargestellt. Die Überhöhung im Bereich der Relaxationsschwingung kann das Signal-zu-Rausch-Verhältnis im System merklich verschlechtern. Mit dem Laser-Intensitätsrauschen ist immer auch ein Phasen- bzw. Frequenzrauschen verbunden. Bild 4.61b zeigt die Frequenzabhängigkeit des Frequenzmodulationsrauschens.

Das Rauschen der Phase bei der Frequenz Null bestimmt direkt die Linienbreite des Lasers: es wird mit zunehmender Ausgangsleistung geringer, d. h. auch die Linienbreite verringert sich. Im Gegensatz zu Systemen mit Laser-Intensitätsmodulation und empfängerseitiger Direktdetektion (vgl.

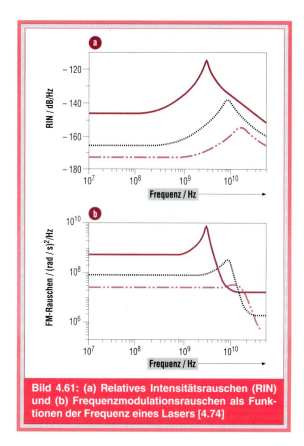

Bild 4.61: (a) Relatives Intensitätsrauschen (RIN) und (b) Frequenzmodulationsrauschen als Funktionen der Frequenz eines Lasers [4.74]

Kap. 6.1.2) stört das Phasenrauschen besonders in Übertragungssystemen mit optischem Überlagerungsempfang, bei denen Phase oder Frequenz des Sendelasers moduliert und detektiert werden (vgl. Kap. 6.1.3).

4.6.2.4 Fabry-Perot-Laser

In konventionellen Fabry-Perot-Lasern fungieren die beiderseitigen parallelen Kristallspaltflächen, die die Laser in Längsrichtung begrenzen, als Spiegel, sie stellen also das optische Rückkopplungselement dar. An diesen Spiegeln tritt auch die Laserstrahlung aus, man spricht von Lasern als „Kantenemitter". Sogenannte „Oberflächenemitter" werden in Kap. 4.6.6 beschrieben. Da das Reflexionsvermögen der Grenzfläche Halbleiter-Luft nur äußerst wenig von der Wellenlänge abhängt, existiert keine longitudinale Modenauswahl,

4. Kapitel

und daher können viele longitudinale stehende Wellen, die als Wellenlängenvielfache in den Resonator passen, gleichzeitig anschwingen. Die spektrale Breite der Laser-Verstärkungskurve bestimmt dann im wesentlichen die Anzahl der longitudinalen Moden.

Der Frequenzabstand der Moden Δf wird durch die Resonatorlänge (= Laserlänge) L und die effektive Gruppenbrechzahl n_{eff} der zweidimensionalen Wellenleiterstruktur bestimmt: $\Delta f = c_0/2Ln_{eff}$ mit c_0 als Vakuum-Lichtgeschwindigkeit. Typischerweise liegen diese Frequenzabstände zwischen 100 GHz und 150 GHz.

Speziell im 3. Fenster ist aber einwellige Emission erforderlich, da im Spektralbereich um 1550 nm Standardeinmodenfasern eine beträchtliche Dispersion (Dispersionskoeffizient: M = 17 ps/nm km) besitzen. Einwelligkeit kann durch mehrere Techniken erzielt werden:

- ■ Ein **extrem kurzer Resonator** vergrößert den longitudinalen Modenabstand, aber die Verluste α_m durch die Abstrahlung vergrößern sich ebenso ($\alpha_m = L^{-1} \cdot \ln(1/R)$), da die Laserlänge L kleiner wird (R bedeutet den Reflexionsfaktor der Grenzfläche zwischen Resonator und dem Außenraum), und führen zu höheren Schwellenstromdichten. Außerdem werden durch direkte Strommodulation wieder mehrere Moden gleichzeitig angeregt.
- ■ **Lichtinjektion aus einem zweiten Laser** (engl.: injection locking) ergibt zwar auch einwellige Emission, doch müssen die optischen Frequenzen beider Laser genau aufeinander abgestimmt werden und eine optische Einwegleitung (Isolator) muß die Lichtrückkopplung in den injizierenden Laser unterbinden.
- ■ Laser mit einem **externen Resonator** können einen der vielen Fabry-Perot-Moden begünstigen und schwingen einwellig; der externe Resonator muß dabei aber eine extrem hohe mechanische Stabilität haben, was für den Systemeinsatz viel zu teuer ist.
- ■ Die am häufigsten angewandte Technik besteht in einem in den Resonatorwellenleiter **integrierten Beugungsgitter**, das die gewünschte Frequenzselektivität gewährleistet.

Bild 4.62: Schema eines in einem Laser zur Frequenzselektion eingesetzten Beugungsgitters

4.6.2.5 Laser mit verteilter Rückkopplung

Die Integration eines Phasengitters in den Resonatorwellenleiter durch periodische Variation der effektiven Brechzahl kann zur Erzielung von Einwelligkeit auf verschiedene Weise nutzbar gemacht werden (Bild 4.62). Wegen der Kopplung der Lichtwelle an den periodischen Brechzahlverlauf innerhalb des Resonators nennt man diese Strukturen indexgekoppelt. Solche einwelligen Laserstrukturen mit einem integrierten Beugungsgitter (Bild 4.63) können in zwei Klassen eingeteilt werden.

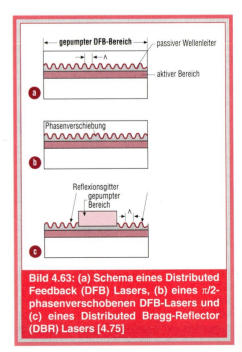

Bild 4.63: (a) Schema eines Distributed Feedback (DFB) Lasers, (b) eines $\pi/2$-phasenverschobenen DFB-Lasers und (c) eines Distributed Bragg-Reflector (DBR) Lasers [4.75]

Wenn die aktive Schicht und das Gitter gemeinsam über die gesamte Resonatorlänge reichen, dann wird der Laser „distributed feedback laser" (DFB-Laser: Laser mit verteilter Rückkopplung) genannt. Wenn aber ein aktiver Bereich mit einem oder zwei passiven, das Gitter enthaltenden Bereichen kombiniert wird, spricht man von einem „distributed Bragg reflector-laser" (DBR-Laser). In diesem Fall fungieren die passiven Gitterbereiche als wellenlängenselektive „Spiegel".

4.6.3 Distributed Feedback Laser (DFB-Laser)

In einem DFB-Laser mit homogenem Gitter und vollständig antireflexionsbeschichteten Endflächen sind die zwei der Bragg-Wellenlänge ($\lambda_B = 2n_{eff} \cdot \Lambda$, Λ: Gitterkonstante) benachbarten Moden entartet, haben also die gleiche Schwellenverstärkung; und der eigentliche Bragg-Mode kann nicht anschwingen, da für ihn die Phasenumlaufbedingung nicht erfüllt ist. Es schwingen also zwei Moden gleichzeitig mit gleicher Amplitude. Der Bereich zwischen diesen beiden Moden heißt Stopband; es ist modenfrei und breiter als der Abstand der übrigen Moden. Die Bereichsbreite hängt von der Gitteramplitude, der Laserlänge und der Feldverteilung der Lichtwelle am Gitterort ab. Jede absichtliche oder unabsichtliche Störung in der Laserstruktur begünstigt aber den einen oder anderen Mode und führt zu der eigentlich gewollten einwelligen Emission. Sind beispielsweise die Endflächen des Lasers nicht vollständig reflexionsfrei, so wird die jeweilige Phasenlage in bezug auf das Gitter auch den einen oder anderen Mode begünstigen. Diese Phasenlage ist aber unkontrollierbar und die spektrale Selektivität dann nicht immer ausreichend. Dieses Problem eines DFB-Lasers kann theoretisch durch die Einführung einer $\lambda/4$- bzw. $\pi/2$-Phasenverschiebung im mittleren Bereich des Gitters gelöst werden (Bild 4.63b), denn dadurch wird die Phasenbedingung für den Bragg-Mode erfüllt. Falls die Endflächen vollständig reflexionsfrei gemacht werden und das Gitter den $\pi/2$-Phasensprung aufweist, schwingt nach Bild 4.64 stets der Bragg-Mode im Zen-

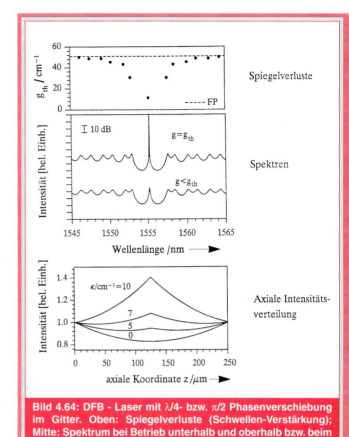

Bild 4.64: DFB - Laser mit $\lambda/4$- bzw. $\pi/2$ Phasenverschiebung im Gitter. Oben: Spiegelverluste (Schwellen-Verstärkung); Mitte: Spektrum bei Betrieb unterhalb und oberhalb bzw. beim Schwellenstrom; unten: Axiale Intensitätsverteilung [4.76]

trum des Stopbandes an, und zwar mit der niedrigst notwendigen Verstärkung.

Die Ausbeute ist zwar im Prinzip 100 %, doch gibt es nichtlineare Effekte (räumliches Lochbrennen), die in vielen Fällen oberhalb der Schwelle zur Ladungsträgerverarmung längs der Laserachse und damit zu Brechzahlvariationen führen. Besonders in indexgekoppelten DFB-Lasern mit $\lambda/4$-Phasenverschiebung kommt es wegen der um die Phasenverschiebung herum auftretenden Überhöhung der axialen Photonendichte (Bild 4.64 unten) zum räumlichen Lochbrennen. Diese Überhöhung der axialen Intensitätsverteilung um die Phasenverschiebung herum hängt von der Stärke der Kopplung der Lichtwelle an das Gitter ab. Sie ist groß, wenn die relative periodische Brechzahlvariation groß ist und das Gitter im Bereich hoher Feldstärke der Lichtwelle liegt. Für ein Indexgitter m-ter Ordnung mit

4. Kapitel

rechteckigem Profil und dem Tastverhältnis δ/Λ läßt sich der Kopplungsfaktor angeben als $\varkappa = 4 \cdot \Delta n_{eff} \cdot \sin(m\pi\delta/\Lambda)/\lambda_B$ (δ: Breite eines Gittersteges, Λ: Gitterkonstante). Δn_{eff} läßt sich durch Lösung der Wellengleichung in transversaler und lateraler Richtung berechnen. Damit läßt sich $\varkappa$ auch schreiben als

$$\varkappa = \Gamma_g(n_2^2 - n_1^2) \sin(m\pi\delta/\Lambda)/\lambda_B\, n_{eff} \,, \quad (4.29)$$

wobei n_2, n_1 die das Gitter begrenzenden Brechzahlen sind und Γ_g der Füllfaktor des Gitters ist. Mit steigendem Injektionsstrom oberhalb der Laserschwelle wird die axiale Verteilung der Ladungsträger – hauptsächlich an der Stelle mit hoher Photonendichte – abgebaut, wobei die Brechzahl dort wächst und somit das longitudinale Gewinnprofil derart verformt, daß ein oder mehrere Seitenmoden mit ihren flacheren Photonenverteilungen im Vergleich zum Bragg-Mode begünstigt werden. Diese axial inhomogene Wechselwirkung von Photonen und Ladungsträgern kann zu Modensprüngen bzw. mehrmodigem Betrieb führen. Dieses ist ein grundlegendes Problem von stark indexgekoppelten DFB-Lasern, denn hierdurch können Instabilitäten auftreten, die alle Eigenschaften des Lasers negativ beeinflussen.

Eigenschaften von DFB-Lasern

Zur Optimierung der Lasereigenschaften und der Ausbeute an einwelligen Lasern mit hoher Seitenmodenunterdrückung können verschiedene Wege beschritten werden:
- verteilte Phasenverschiebungen im Gitter
- axial variierender Kopplungsfaktor oder Übergitter
- variable Gitterperiode
- inhomogene Strominjektion
- Gewinn- bzw. Verlustgitter.

Komplex gekoppelte Strukturen [4.77] mit Gewinn- und/oder Verlustgitter (Bilder 4.65; 4.66) besitzen im Vergleich zur reinen Indexkopplung eine stabilere Einmodigkeit, eine größere Ausbeute an einmodigen Bauelementen sowie unter Umständen höhere externe Quantenausbeuten. Ferner ist auch die Amplituden-Phasenkopplung (α-Parameter, auch α-Faktor genannt) solcher komplex gekoppelter DFB-Laserstrukturen geringer, was für die dynamische Linienverbreitung unter direkter schneller Modulation von Vorteil ist [4.77].

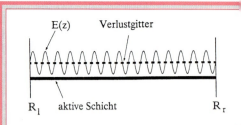

Bild 4.65: Prinzip der Verlust-Kopplung: ein absorbierendes Gitter selektiert den Mode geringster Überlappung der Lichtwelle mit den absorbierenden Teilen des Gitters. E: Feldstärke; R_l, R_r: Reflexionsfaktoren

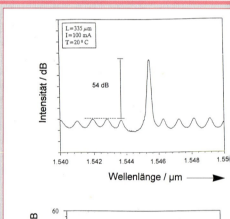

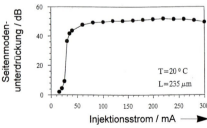

Bild 4.66: Spektrum eines verlustgekoppelten DFB - Lasers bei einem Strom von 100 mA (oben). Das Seitenmodenunterdrückungsverhältnis in dB als Funktion des Injektionsstromes ist im unteren Bildteil dargestellt und beweist die große Stabilität gegenüber Modensprüngen. L: Laserlänge; MQW: Multi Quantum Well (Struktur mit vielen Quantenfilmen)

Der α-Parameter ist in Halbleiterlasern eine überaus wichtige Größe. Er beschreibt den Zusammenhang zwischen einer durch Ladungsträgerinjektion bedingten Verstärkungsänderung und der daraus resultierenden Phasenänderung der momentanen Laser-Schwingungsfrequenz

$$\alpha = -\frac{4\pi}{\lambda_0} \cdot \frac{dn}{dN} \bigg/ \frac{dg}{dN} \qquad (4.30)$$

N: Ladungsträgerdichte,
λ_0: zentrale Emissionswellenlänge,
n: Brechzahl,
g: Verstärkung.

Die für hochfrequente direkte Modulation der DFB-Laser gewünschten Eigenschaften wie z.B. geringer chirp (chirp: Variation der Laserfrequenz bei Strommodulation) und geringe Rückwirkungsempfindlichkeit gegenüber externen Reflexionen hängen vom α-Parameter ab. Er sollte möglichst klein sein. Realistische Werte für „bulk" DFB-Laser (mit „massiven" aktiven Schichten) liegen typischerweise im Bereich von 5...10 und für Quantenfilmlaser (engl.: multiple quantum well laser, MQW-Laser) im Bereich von 2...4.

Die aus einer Klein-Signal-Analyse der Ratengleichungen für Photonen und Ladungsträger abgeleitete Intensitätsmodulationsantwort ist

$$R(f) = H(f) \cdot f_r^4 / [(f^2 - f_r^2)^2 + f^2 \Gamma^2/(2\pi)^2], \quad (4.31)$$

wobei f_r die Relaxationsoszillationsfrequenz, $\Gamma = K f_r^2 + 1/\tau_n$ die Dämpfungsrate mit K als Dämpfungs-K-Faktor und τ_n die Lebensdauer der freien Ladungsträger ist. H(f) beschreibt den Einfluß des Serienwiderstandes R und der parasitären Kapazität C

$$H(f) = 1/[1 + (2\pi R C f)^2]. \qquad (4.32)$$

Die Relaxationsfrequenz f_r, der Dämpfungs-K-Faktor und die RC-Zeitkonstante begrenzen dementsprechend die Modulationsbandbreite

$$f_{3dB}(f_r) = \sqrt{1 + \sqrt{2}}\ f_r = 1{,}55\ f_r \qquad \text{Begrenzung durch die Relaxationsfrequenz,}$$

$$f_{3dB}(K) = 2\sqrt{2\pi}/K = 8{,}89/K \qquad \text{Begrenzung durch den Dämpfungs-K-Faktor,}$$

$$f_{3dB}(RC) = 1/2\pi RC \qquad \text{Begrenzung durch die parasitären Kapazitäten.}$$

Die o.g. Beziehungen beschreiben das experimentell beobachtete Verhalten recht gut. In Bild 4.67 sind berechnete Kurven für das Intensitäts – wie auch das Frequenzmodulationsverhalten als Funktion der Modulationsfrequenz dargestellt [4.78]. Zusätzlich ist auch der jeweilige Phasenverlauf dargestellt. Auf Grund der großen Fortschritte in der MQW-Laser-Technologie sind Laser mit dreidimensionalen aktiven Schichten stark in den Hintergrund getreten und sollen auch hier nicht weiter behandelt werden. MQW-Laser haben wegen der Quantisierungseffekte sehr hohe Relaxationsoszillationsfrequenzen f_r und einen geringen chirp. Die relative Leitungsband-Diskontinuität $\Delta E_L/\Delta E_g$ (ΔE_g: Differenz der Bandkantenenergien zwischen Quantenfilm und Barriere) ist allerdings bei dem gebräuchlichsten Materialsystem InGaAsP/InP nur 0,3...0,4, und daher ist es sehr wichtig, daß die MQW aktive Schichtenfolge optimiert wird, um einen genügend großen Quanteneffekt zu erreichen. Andererseits bietet das – noch nicht so intensiv untersuchte Materialsystem InAlGaAs/InP – eine relative Leitungsband-Diskontinuität von 0,6...0,7 und ist somit wesentlich vorteilhafter, da Barrieren aus diesem Material die wesentlich leichter beweglichen Elektronen wirksamer eingrenzen können. Bild 4.68 zeigt Messungen und zum Vergleich die simulierte Antwortfunktion auf die Amplitudenmodulation eines DFB-Lasers aus diesem Material mit einer 3 dB-Bandbreite von 25 GHz [4.79].

In den Bildern 4.69 und 4.70 sind Strukturen aus solchen Materialsystemen schematisch dargestellt. In der SIBH-Struktur (semiisolierende vergrabene Heterostruktur; engl.: semi-insulating buried heterostructure (SIBH)) sowie der „Pilz"-Struktur ist der pn-Übergang auf die Fläche der ak-

4. KAPITEL

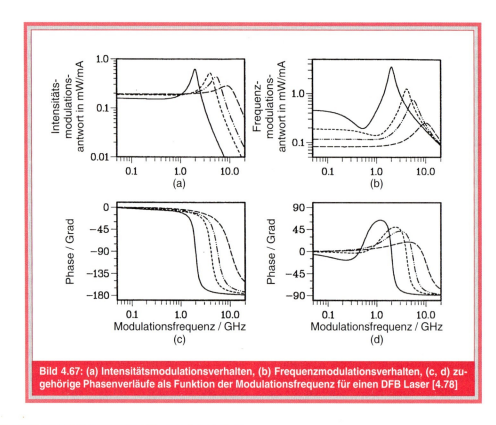

Bild 4.67: (a) Intensitätsmodulationsverhalten, (b) Frequenzmodulationsverhalten, (c, d) zugehörige Phasenverläufe als Funktion der Modulationsfrequenz für einen DFB Laser [4.78]

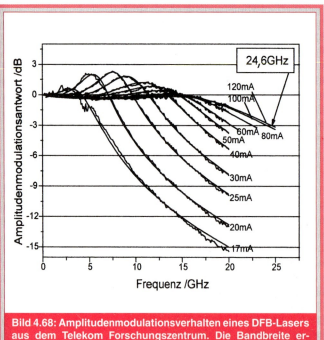

Bild 4.68: Amplitudenmodulationsverhalten eines DFB-Lasers aus dem Telekom Forschungszentrum. Die Bandbreite erreicht 25 GHz.

tiven Schicht begrenzt. Deshalb wird die parasitäre Kapazität sehr klein, was eine hohe Modulationsfrequenz zuläßt. Der Serienwiderstand, der im Zusammenhang mit der parasitären Kapazität begrenzend wirkt, hängt u.a. von der Größe der Kontaktfläche ab und kann wesentlichen Einfluß haben. In dieser Hinsicht besitzt der Pilzlaser wegen seiner größeren Kontaktfläche Vorteile gegenüber dem SIBH-Laser mit einer ca. 2 µm breiten, trockengeätztem Mesa, die mit semi-isolierendem InP planar wiederbewachsen wurde. Mit solchen Strukturen wurden bisher im Telekom Forschungszentrum und bei AT&T 25 GHz (3-dB-Grenzfrequenz) erreicht. Die üblicherweise benutzten Rategleichungen für die Ladungsträger- und Photonen-Bilanz einschließlich der instantanen Laserfrequenz basieren auf der Annahme homogener Verteilung längs der Laserachse. Häufig werden daraus abgeleitete Beziehungen zur Interpretation der Meßergebnisse herangezogen, obwohl besonders in π/2-phasenverschobenen DFB-Lasern eine Überhöhung der Photonendichte und damit verknüpft eine Absenkung der Ladungsträgerdichte vorliegt. Man erhält unter dieser Einschränkung für die Relaxationsfrequenz

$$f_r = \frac{1}{2\pi}\left(\frac{v_g}{e \cdot V_{mod}} \eta_i \frac{dg/dn}{(1+\varepsilon S)}(I - I_{th})\right)^{1/2}, \quad (4.33)$$

wobei V_{mod} das Modenvolumen, η_i die interne Quantenausbeute, v_g die Gruppengeschwindigkeit, dg/dn die differentielle Verstärkung, ε der nichtlineare Verstärkungskoeffizient und S die Photonendichte ist. Die Photonendichte S läßt sich durch die Modenverluste α_S und die Schwellenverstärkung der DFB-Mode α_m ausdrücken

$$S = \frac{2\eta_i}{ev_g \cdot V_{mod}} \cdot \left(\frac{I - I_{th}}{\alpha_m + \alpha_s}\right). \quad (4.34)$$

Der K-Faktor ist hier

$$K = \frac{(2\pi)^2}{v_g}\left\{\frac{\varepsilon}{dg/dn} + \frac{1}{\alpha_m + \alpha_s}\right\}. \quad (4.35)$$

Zum Verständnis der Entwurfsprozedur für einen DFB-Laser sind in den Bildern 4.71 bis 4.75 die Abhängigkeiten der Relaxationsfrequenz, der differentiellen Verstär-

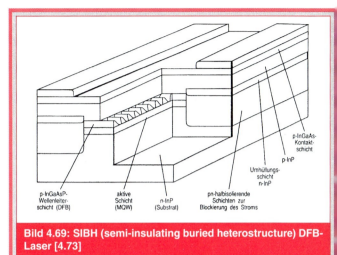

Bild 4.69: SIBH (semi-insulating buried heterostructure) DFB-Laser [4.73]

kung und des K-Faktors sowie der -3 dB-Frequenz, bedingt durch den K-Faktor [4.81], d.h. die Dämpfung von der Zahl der aktiven Quantenfilme, für $\lambda/4$-phasenverschobene DFB-Laser mit gitterangepaßten Quantenfilmen aus dem Materialsystem InGaAs/InGaAsP/InP für $\lambda = 1550$ nm dargestellt [4.80].

Zur Erzielung noch höherer Modulationsfrequenzgrenzen können die Quantenfilme und eventuell auch die Barrieren ge-

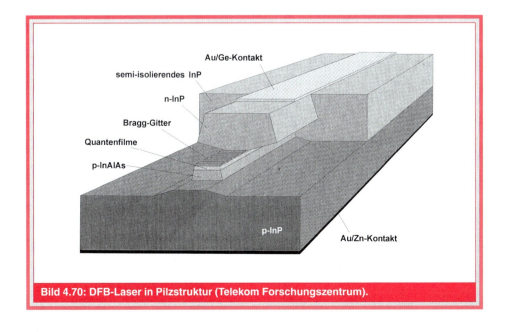

Bild 4.70: DFB-Laser in Pilzstruktur (Telekom Forschungszentrum).

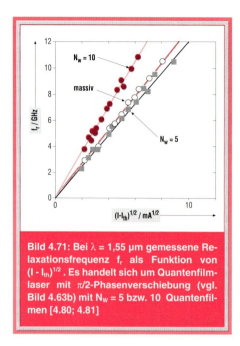

Bild 4.71: Bei λ = 1,55 µm gemessene Relaxationsfrequenz f_r als Funktion von $(I - I_{th})^{1/2}$. Es handelt sich um Quantenfilmlaser mit $\pi/2$-Phasenverschiebung (vgl. Bild 4.63b) mit N_w = 5 bzw. 10 Quantenfilmen [4.80; 4.81]

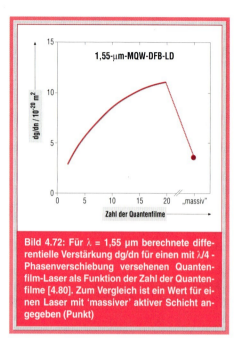

Bild 4.72: Für λ = 1,55 µm berechnete differentielle Verstärkung dg/dn für einen mit λ/4-Phasenverschiebung versehenen Quantenfilm-Laser als Funktion der Zahl der Quantenfilme [4.80]. Zum Vergleich ist ein Wert für einen Laser mit 'massiver' aktiver Schicht angegeben (Punkt)

gensinnig verspannt – oder die Barrieren – eventuell zusätzlich – p-dotiert werden (modulationsdotiert). Mit InGaAs-Quantenfilmen auf GaAs wurden so -3 dB-Modulationsfrequenzen von 30 GHz erreicht [4.82]. Mit druckverspannten InGaAs-Quantenfilmen und zugverspannten InAlGaAs-Barrieren wurden im Forschungszentrum der Telekom Laser für 1550 nm Wellenlänge realisiert, die Grenzfrequenzen von 25 GHz haben (Bild 4.68). Laser mit druckverspannten InGaAs-Quantenfilmen und gitterangepaßten InAlGaAs- Barrieren haben bei 10 Gbit/s und 40 mA Modulationsam-

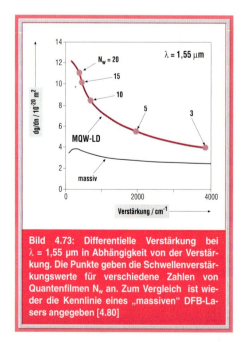

Bild 4.73: Differentielle Verstärkung bei λ = 1,55 µm in Abhängigkeit von der Verstärkung. Die Punkte geben die Schwellenverstärkungswerte für verschiedene Zahlen von Quantenfilmen N_w an. Zum Vergleich ist wieder die Kennlinie eines „massiven" DFB-Lasers angegeben [4.80]

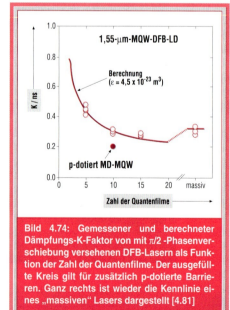

Bild 4.74: Gemessener und berechneter Dämpfungs-K-Faktor von mit $\pi/2$-Phasenverschiebung versehenen DFB-Lasern als Funktion der Zahl der Quantenfilme. Der ausgefüllte Kreis gilt für zusätzlich p-dotierte Barrieren. Ganz rechts ist wieder die Kennlinie eines „massiven" Lasers dargestellt [4.81]

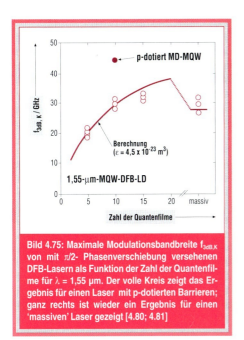

Bild 4.75: Maximale Modulationsbandbreite $f_{3dB,K}$ von mit $\pi/2$- Phasenverschiebung versehenen DFB-Lasern als Funktion der Zahl der Quantenfilme für $\lambda = 1,55$ µm. Der volle Kreis zeigt das Ergebnis für einen Laser mit p-dotierten Barrieren; ganz rechts ist wieder ein Ergebnis für einen 'massiven' Laser gezeigt [4.80; 4.81].

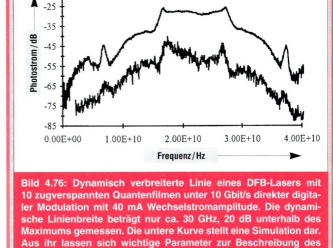

Bild 4.76: Dynamisch verbreiterte Linie eines DFB-Lasers mit 10 zugverspannten Quantenfilmen unter 10 Gbit/s direkter digitaler Modulation mit 40 mA Wechselstromamplitude. Die dynamische Linienbreite beträgt nur ca. 30 GHz, 20 dB unterhalb des Maximums gemessen. Die untere Kurve stellt eine Simulation dar. Aus ihr lassen sich wichtige Parameter zur Beschreibung des Laserverhaltens ableiten [4.83].

plitude einen chirp von nur 30 GHz bei einem Wert von 20 dB unterhalb des Maximums der dynamisch verbreiterten Linie (Bild 4.76).

4.6.4 Distributed Bragg-Reflektor (DBR)-Laser

Ein DBR-Laser (Bild 4.63c) hat theoretisch gegenüber dem DFB-Laser den Vorteil, daß der Gitterbereich rein passiv und transparent ist, da der Verstärkungsbereich davon getrennt ist.

Daher kann der Strom in dem aktiven Bereich die durch das Gitter ausgewählte Frequenz nicht beeinflussen, da im passiven Bereich keine nichtlinearen Wechselwirkungen stattfinden. Allerdings ist die genaue Länge des verstärkenden Bereichs äußerst wichtig, da sie die relative Phase der beiden Bragg-Reflektoren bestimmt.

Für einen DFB-Laser sollte diese Phasendifferenz ein ungeradzahliges Vielfaches von $\pi/2$ sein. Dieser genaue Wert der Phasenverschiebung ist jedoch technologisch nicht kontrollierbar und reproduzierbar, und daher ergibt sich ein Ausbeuteproblem. Darüber hinaus ist die technologische Realisierung eines DBR-Lasers schwieriger als die eines DFB-Lasers, was auch an den Zahlen der jeweiligen Veröffentlichungen abzulesen ist.

Im DBR-Laser ist der Kopplungsgrad zwischen aktivem Bereich und den beiden passiven Gitterbereichen ein ganz entscheidender Faktor. Es sind sowohl Schwellenstrom und externer Quantenwirkungsgrad stark von der Kopplung des aktiven Wellenleiters an die beiden passiven Wellenleiter abhängig. Dieses Problem tritt im DFB-Laser nicht auf. Die beiden passiven Teile müssen darüber hinaus sehr verlustarm sein, zumal sie recht lang sind, um ein gutes Seitenmodenunterdrückungsverhältnis (SMUV) zu erreichen. Wegen der Phasenverschiebungen im aktiven und den passiven Bereichen liegen die Moden in einem DBR-Laser im allgemeinen nicht symmetrisch zur Bragg-Wellenlänge (vgl. Kap. 4.6.3). Durch Änderung der Länge des aktiven Bereichs läßt sich die Abweichung der Emissionswellenlänge von der Bragg-Wellenlänge beeinflussen. Die Feinabstimmung der aktiven Zone zur genauen Einstellung der Oszillationsfrequenz ist aber ein schwieriger Fabrikationsschritt. Nur wenn die aktive Zone kurz (≤ 100 µm) ist, ist die Toleranz der Phasendifferenz im Koppelbereich groß genug. Je kürzer der aktive Bereich ist, desto größer wird auch das SMUV. Allerdings müssen dann die Verluste im passiven Gitterbereich noch geringer gemacht werden, da sonst die Schwellenstromdichte im aktiven Bereich zu groß wird, was Probleme mit der Alterungsbeständigkeit mit sich bringen kann. Eine hohe Schwellenstromdichte bedingt bei Lasern für das 2. und 3. Fenster aber auch eine geringere externe Quantenausbeute und ein geringeres T_o (vgl. Kap. 4.6.1).

Zu diesen Nachteilen kommt noch eine technologische Komplikation bei der Herstellung wegen der Notwendigkeit Gitterbereiche auf nicht planaren Flächen zu realisieren, was zu photolithographischen Problemen führt. Auch im Hinblick auf das Temperaturverhalten zeigen sich Unterschiede zum DFB-Laser: beim DFB-Laser wächst die Bragg-Wellenlänge durch die Brechzahlvergrößerung bei Temperaturerhöhung. Sie folgt somit der Richtung der Verschiebung des Maximums der Gain-Kurve mit der Temperatur. Beim DBR-Laser liegen die Verhältnisse anders, da die Injektion der Ladungsträger nicht im Bereich des Gitters erfolgt, so daß die optische Gitterperiode nicht wie beim DFB-Laser wächst.

Somit wandert mit zunehmender Temperatur das Maximum der Verstärkungskurve über die Bragg-Wellenlänge hinweg in langwellige Richtung und dadurch liegt schließlich der Bragg-Mode auf der kurzwelligen Seite des Gain-Spektrums. Wenn die Verschiebung größer als ein halber Modenabstand wird, kann ein eigentlich unerwünschter Modensprung auftreten. Experimentell wurden bisher bei 1550-nm-DFB-Lasern modensprungfreie Temperaturbereiche von mehr als 100 °C und bei DBR-Lasern bis zu 70 °C ermittelt.

Es gibt aber auch einige vorteilhafte Eigenschaften: die mit Gitter versehenen passiven Wellenleiter können vorteilhaft direkt als Modenfilter zur Selektion des TE-Modes ausgebildet werden und die Integration eines externen Wellenleiters an den DBR-Laser stellt ein relativ geringes Problem dar. Da die relativ langen passiven DBR-Wellenleiter für die Bragg-Wellenlänge ein relativ großes Reflexionsvermögen besitzen, ist die Empfindlichkeit gegen externe Reflexionen geringer als im DFB-Laser.

4.6.5 Durchstimmbare Laser

Eine steuerbare Änderung der Emissionswellenlänge eines Lasers läßt sich über verschiedene Mechanismen erreichen, wobei am häufigsten eine Variation der effektiven Brechzahl zur Anwendung kommt. Diese Bauelemente zeichnen sich durch mindestens zwei Steuerströme aus, wobei mindestens einer davon zur Einstellung der effektiven Brechzahl genutzt wird. Die Einstellung wird dadurch ermöglicht, daß die Brechzahl sowohl von der Ladungsträgerdichte als auch von der Temperatur abhängt. Beispielsweise führt eine Erhöhung des Injektionsstroms sowohl zu einem Ansteigen der Ladungsträgerdichte in einer betrachteten Schicht, als auch zum Anwachsen der Temperatur im Laser. In den meisten Bauelementen wird der ersten Möglichkeit aufgrund der wesentlich schnelleren Ansprechzeit der Vorzug gegeben, und die thermischen Effekte werden durch geeignete spezielle Bauformen und exzellente thermische Ankopplung an eine Wärmesenke minimiert. Für den besonders interessierten Leser sei noch erwähnt, daß eine Änderung der Brechzahl mit der Ladungsträgerdiche über Mechanismen wie z.B. den Plasmaeffekt oder die axiale optische Gewinnmodulation erfolgt.

In den letzten Jahren wurden verschiedenartige Laserbauelemente realisiert, welche sich bezüglich des erforderlichen technologischen Aufwandes (der Kosten), der Zahl erforderlicher Steuerströme, der Notwendigkeit von Mikroprozessoren zur Steuerung, der Durchstimmungsgeschwindigkeit, kontinuierlicher oder nicht kontinuierlicher Durchstimmung, sowie der Linienbreite beträchtlich voneinander unterscheiden. Im folgenden werden verschiedene Typen durchstimmbarer Laser bezüglich dieser Kriterien verglichen, wobei sich die angegebenen Durchstimmungsbereiche auf Absolutwellenlängen in der Nähe von λ = 1,55 µm beziehen.

4.6.5.1 Laser mit externem Resonator

Die Durchstimmung ist in diesen Lasern mit Hilfe eines externen wellenlängenselektiven Elements möglich [4.84]. Dies kann entweder sehr effizient über die Drehung eines externen Gitters (ersetzt einen Laserspiegel) erreicht werden oder durch einen externen Reflektor und z.B. ein drehbares Fabry-Perot Filter im Resonator. Der Durchstimmungsbereich ist hierbei durch die kleinere der folgenden Größen limitiert: entweder durch die spektrale Verstärkungsbreite des Halbleitermaterials oder den spektralen Filterbereich des wellenlängenselektiven Elements. Die Durchstimmung erreicht in Ausnahmefällen knapp 10 % der absoluten Wellenlänge und die Linienbreiten liegen im Bereich von etwa 10 kHz. Leider ist dieser Lasertyp durch den externen Resonator sehr unhandlich und teuer. Da die Wellenlängenselektion mechanisch erfolgt, liegt die Durchstimmungsgeschwindigkeit im Millisekundenbereich. Geringere Durchstimmungsbereiche (10 nm...30 nm), dafür jedoch eine schnellere Abstimmbarkeit im Mikrosekundenbereich erreicht man mit elektrooptischen oder akustooptischen Elementen im externen Resonator.

4.6.5.2 Thermische Durchstimmung

In diesen Lasern wird entweder die Temperatur des gesamten Laserbauelements auf einem temperaturregelbaren Block (z.B. mit Peltier-Steuerung) verändert, oder nur die Temperatur nahe der laseraktiven Zone geändert. Im letztgenannten Fall wird die Temperaturänderung entweder durch ein elektrisch steuerbares Heizfeld erreicht oder es wird mit dem Injektionsstrom selbst durch ohmsche Verlustleistung oder durch nichtstrahlende Rekombinationsprozesse Wärme erzeugt. Da beide Prozesse, insbesondere der erste, der relativ trägen Wärmeleitung unterliegen, ist die thermische Durchstimmung stets ein langsamer Vorgang. Weitere Nachteile ergeben sich bei hoher Betriebstemperatur durch Verschlechterung der optischen Lasereigenschaften, wie z.B. Zunahme der optischen Linienbreite, Ansteigen der Schwelle oder Abnahme der optischen Ausgangsleistung. Die thermische Abstimmung ist jedoch am kostengünstigsten.

Im folgenden werden die hybrid aufgebauten durchstimmbaren Laser verlassen und monolithisch aufgebaute Bauelemente betrachtet.

4.6.5.3 Multisektions DFB-Laser

Dieser Lasertyp besitzt einen Resonator, besteht jedoch in axialer (= longitudinaler) Richtung aus zwei oder drei (manchmal vier oder fünf) individuell elektrisch ansteuerbaren Sektionen (Bild 4.77a). Das DFB-Gitter und die laseraktive Zone erstrecken sich bei dieser Bauart über den gesamten Resonator. Durch die gleichzeitige Variation mehrerer Steuerströme ist es möglich, neben der Wellenlängenänderung einen anderen Laserparameter (z.B. Ausgangsleistung, Linienbreite) konstant zu halten. Dieser Lasertyp ermöglicht hohe Ausgangsleistungen und kleine Linienbreiten, da alle Sektionen aktiv sind. Aus dem gleichen Grund kann die Wellenlängenabstimmung innerhalb weniger Nanosekunden erfolgen. Die Herstellungskosten dieses Lasertyps sind verglichen mit den weiter unten aufgeführten Bauformen am geringsten. Mehrsektions-DFB-Laser, welche an ihren beiden Facetten mit optischen Präzisionsvergütungen versehen werden, verhalten sich bezüglich ihrer Durchstimmung ähnlich. Die Ansteuerung eines derartigen Lasers erfordert nur eine einfache Ansteuerung und keinen Mikroprozessor. Betrachtet man nur diese Eigenschaften, so wäre dieser Lasertyp überlegen, wenn nicht der Frequenzdurchstimmungsbereich, verglichen mit den unten aufgeführten Lasern, sehr gering wäre. (2-Sektionslaser: 1 nm...2 nm; 3-Sektionslaser mit zwei Steuerströmen: 2 nm...3 nm [4.84; 4.85]).

4.6.5.4 DBR-Laser

Es handelt sich hierbei meist um 3-Sektionslaser, wobei die Sektionen jedoch nach Bild 4.77b sehr unterschiedlich aufgebaut sind. Von links nach rechts liegen die Bragg-Sektion, die Sektion zur Phasenanpassung und die Sektion zur optischen Verstärkung nebeneinander in axialer Richtung. Das Durchstimmungsprinzip des DBR-Lasers ähnelt mehr einem Laser mit externem Resonator, als dem Mehrsektions DFB-Laser. Aufgrund der zusätzlichen passiven Sektionen sind die Durchstimmungsgeschwindigkeit (knapp 1 ms) und die Linienbreite ungünstiger als beim

DFB-Laser. Die Abstimmung mit drei individuellen Steuerströmen erfordert eventuell einen Mikroprozessor. Es wird ein Durchstimmungsbereich bis zu 5 nm (kontinuierlich) und bis zu 9 nm mit Modensprüngen erreicht. Die Produktionskosten liegen höher als beim DFB-Laser [4.84; 4.86].

4.6.5.5 Tunable Twin Guide-Laser (TTG-Laser)

Die Durchstimmung erfolgt durch Änderung der Brechzahl, hier jedoch durch Strominjektion in eine passive parallel zur aktiven Schicht verlaufende Wellenleiterschicht (Bild 4.77c). Der bestechende Vorteil des TTG-Lasers ist die Ansteuerung mit nur zwei Steuerströmen, was eine Mikroprozessorsteuerung überflüssig macht. Der TTG-Laser läßt sich mit einem Steuerstrom typischerweise über 7 nm kontinuierlich durchstimmen. Die theoretisch möglichen Durchstimmungsbereiche des DBR- und des TTG-Lasers lassen sich aus der Brechzahländerung (durch z.B. den Plasmaeffekt etwa mit $\Delta n/n < 1\%$) angeben, was bei 1,55 µm etwa 15 nm bewirkt. Leider sind die Linienbreiten aufgrund des Schrotrauschens in der passiven Wellenleiterschicht sehr groß. Die Produktionskosten des TTG-Lasers sind etwa mit denen des DBR-Lasers vergleichbar [4.87].

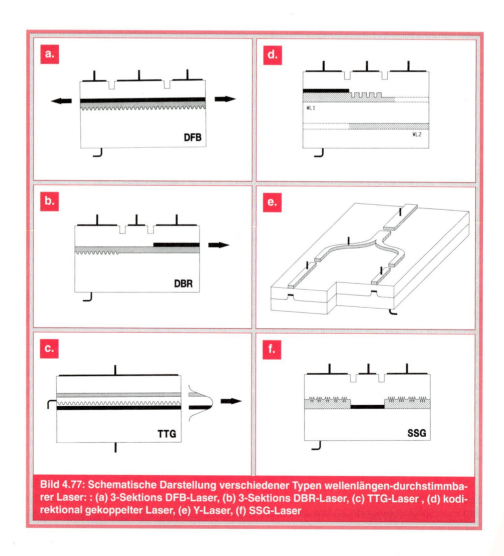

Bild 4.77: Schematische Darstellung verschiedener Typen wellenlängen-durchstimmbarer Laser: : (a) 3-Sektions DFB-Laser, (b) 3-Sektions DBR-Laser, (c) TTG-Laser , (d) kodirektional gekoppelter Laser, (e) Y-Laser, (f) SSG-Laser

4.6.5.6 Kodirektional gekoppelte Laser

Bei diesem Lasertyp (Bild 4.77d) wird die Filterwirkung einer kodirektionalen Lichtkopplung zwischen zwei Wellenleitern (WL1, WL2) ausgenutzt (bei der kontradirektionalen Kopplung eines Gitters, wie sie bei DFB-, DBR-, und TTG-Lasern existiert, wird das Licht bei einem Streuvorgang in seiner Ausbreitungsrichtung invertiert, bei der kodirektionalen Kopplung bleibt die Ausbreitungsrichtung erhalten). Die Gitterperioden des kodirektionalen Gitters sind dabei um ein bis zwei Größenordnungen breiter als die der kontradirektionalen Gitter. Die beiden Wellenleiter laufen wie beim TTG-Laser in axialer Richtung parallel zueinander, sind jedoch wesentlich weiter voneinander in vertikaler Richtung getrennt. Die Durchstimmung wird durch die Einstellung der Brechzahldifferenz beider Wellenleiter erreicht. Der erreichbare Durchstimmungsbereich ist sehr groß (> 50 nm) und ungefähr um das Verhältnis der Gitterperioden von ko- zu kontradirektionaler Kopplung größer als beim DBR-Laser. Von diesen Lasertypen existieren viele Variationen wie z. B. mit axial durchgehendem oder nicht durchgehendem Wellenleiter sowie mit 3 oder 4 Sektionen (Bild 4.77d). Für das Bauelement sind 2...3 Steuerströme und eventuell eine Mikroprozessorsteuerung erforderlich. Die Modenstruktur ist spektral nicht immer ganz einwandfrei. Dieser Lasertyp bietet nur eine langsame Durchstimmung mit Mikroprozessorunterstützung. Die Kosten dieses Lasers können aufgrund der komplizierten Struktur und der erforderlichen individuellen Charakterisierung sehr hoch werden [4.87; 4.88].

4.6.5.7 Y-Laser

Dieser Laser enthält kein DFB-Gitter, sondern weist einen lateral y-förmig verzweigten Laser-Wellenleiter auf (Bild 4.77e).
Die Modenselektion findet interferometrisch statt, da die Brechzahl in beiden Zweigen sektionsweise unabhängig eingestellt werden kann. Der Laser weist im allgemeinen mit 2 bis 4 Steuerströmen ein kompliziertes Ansteuerverhalten auf, wodurch der Einsatz eines Mikroprozessors unabdingbar erforderlich ist, wenn alle Wellenlängen erreicht werden sollen. Der diskontinuierliche Durchstimmungsbereich reicht bis zu 40 nm, wobei die Seitenmodenunterdrückung manchmal jedoch nur 20 dB beträgt.

Die Kosten des Y-Lasers können aufgrund der erforderlichen Charakterisierung jedes einzelnen Lasers und der Speicherung der Daten auf einem individuellen Chip sehr hoch werden [4.89].

4.6.5.8 Superstructure grating DBR-laser oder sampled grating laser (SSG-Laser)

Dieser Laser ist eine sehr interessante, stark modifizierte Version eines DBR-Lasers. Die mittlere Sektion enthält die laseraktiven Schichten, die beiden äußeren Sektionen spezielle DFB-Gitter mit leicht veränderter Übergitterperiodizität (Bild 4.77f). Jedes dieser Übergitter besitzt daher ein Supermoden-System mit leicht unterschiedlichem Modenabstand [4.90; 4.91]. Die Durchstimmung erfolgt durch Abstimmen dieser beiden Modensysteme auf eine gemeinsame spektrale Modenposition. Erreicht wurde mit derartigen Bauelementen ein Durchstimmungsbereich von 80 nm bei einmodiger Abstrahlung, und bis zu 108 nm mit multimodiger Emission.

Der komplizierte Abstimmungsmechanismus erfordert eine äußerst zeitaufwendige Vermessung jedes einzelnen Lasers, die Abspeicherung auf einem individuellen Chip sowie eine Mikroprozessorsteuerung. Dies ist insbesondere zur Vermeidung vieler Wellenlängenlücken erforderlich, welche bei der Verwendung nur eines Steuerstroms auftreten würden. Die Bauelementekosten sind aufgrund des hohen technologischen Aufwandes und der aufwendigen Charakterisierung und Steuerung sehr hoch. Von dieser Bauelementart existieren mehrere Ausführungsformen: mit superperiodisch gitterfreien Abschnitten [4.90], mit kompliziert unterstrukturierten Perioden [4.91] sowie mit einer Kombination mit kodirektional gekoppelten Lasern [4.92].

4.6.5.9 DFB-Laser mit gekrümmtem Wellenleiter (Bent Waveguide DFB-Laser)

Der Mehrsektions DFB-Laser ist allen anderen Lasertypen überlegen bezüglich Ausgangsleistung, Durchstimmungsgeschwindigkeit, Linienbreite, Modulationsbandbreite und Herstellungskosten. Leider läßt er sich aber typischerweise um nur 2 nm durchstimmen. Dies war eine wesentliche Motivation zur Entwicklung eines Mehrsektions-Lasers mit gekrümmtem Wellenleiter zur Erzeugung von DFB-Gittern mit axial variabler Gitterperiode (Bild 4.78). Der Resonator enthält im Gegensatz zu herkömmlichen Lasern einen gekrümmt verlaufenden optischen Wellenleiter auf einem homogenen DFB-Gitterfeld [4.93]. Diese Methode ermöglicht eine gezielte, quasi beliebige und kontinuierliche axiale Variation der Gitterperiode mit außergewöhnlich hoher Präzision und ist verglichen mit Lasern, welche gerade Wellenleiter aufweisen, mit keinen Zusatzkosten bei der Produktion verbunden. Die Möglichkeit, durch eine spezielle Wellenleiterkrümmung bestimmte Lasereigenschaften maßzuschneidern wird hierbei genutzt, um den Durchstimmungsbereich zu vergrößern. Es wurden etwa 5,5 nm ohne Wellenlängenlücken und mehr als 11 nm mit Wellenlängenlücken erreicht. Die Produktionskosten sind mit denen von konventionellen Mehrsektions DFB-Lasern vergleichbar. Da alle Sektionen aktiv sind, erfolgt die Wellenlängenänderung sehr rasch (wenige Nanosekunden). Durch die verwendeten axial variablen DFB-Gitter lassen sich ferner axial verteilte Phasenverschiebungen realisieren, wobei sich, verglichen mit konventionellen DFB-Lasern, die Stabilität einmodiger Oszillation noch erheblich stabilisieren läßt und sich dadurch höhere Ausgangsleistungen sowie dadurch bedingt sogar noch kleinere Linienbreiten erzielen lassen.

4.6.6 Oberflächenemittierende Laser

Die bisher beschriebenen Halbleiterlaser sind Kantenemitter. Das Licht breitet sich in einem einige hundert Mikrometer langen Wellenleiter aus und wird an den Spaltflächen des Chips abgestrahlt. Bei einem oberflächenemittierenden Laser er-

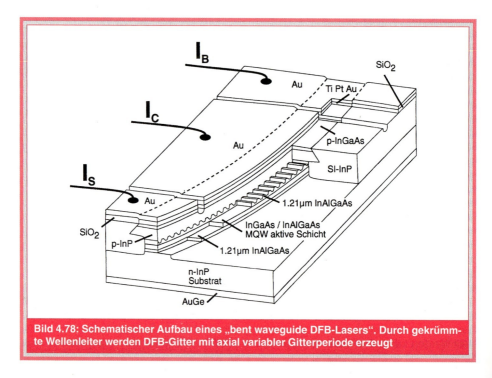

Bild 4.78: Schematischer Aufbau eines „bent waveguide DFB-Lasers". Durch gekrümmte Wellenleiter werden DFB-Gitter mit axial variabler Gitterperiode erzeugt

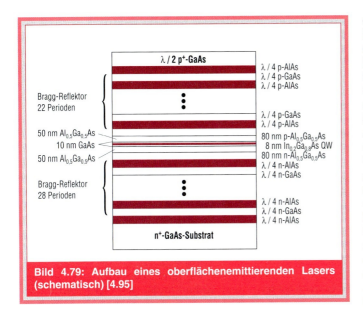

Bild 4.79: Aufbau eines oberflächenemittierenden Lasers (schematisch) [4.95]

folgt die Abstrahlung senkrecht zur Halbleiter-Schichtfolge. Die Länge des Resonators ist sehr kurz, typischerweise beträgt sie nur wenige Mikrometer. Um kleine Schwellenströme zu gewährleisten, müssen die Resonatorspiegel sehr hoch reflektierend sein (> 99 %).

Durch den extrem kurzen Resonator ist der longitudinale Modenabstand sehr groß, so daß einwellige Emission erreicht werden kann. Der Durchmesser des rotationssymmetrischen Resonators beträgt typisch 6 µm...8 µm. Dadurch ist die Fleckweite des von der Oberfläche abgestrahlten Bündels von etwa der gleichen Größe. Da die Glasfaser-Fleckweite ebenfalls bei ca. 10 µm liegt, erreicht man einen Einkoppelwirkungsgrad von mehr als 90 % mit großen Justiertoleranzen. Solche Laser sind somit besonders gut für optische Nachrichtenübertragungszwecke geeignet. Bild 4.79 zeigt den schematischen Aufbau eines oberflächenemittierenden Lasers mit InGaAs-Quantenfilmen für 980 nm Emission und Bragg-Reflektoren, die aus alternierenden λ/4-Schichtfolgen von AlAs und GaAs bestehen. Der n-substratseitige Spiegel besitzt 28, der obere 22 Perioden und wird durch eine λ/2-GaAs-Schicht abgeschlossen. Der aktive InGaAs Quantenfilm von 8 nm Dicke ist in 10 nm dickes GaAs eingebettet, das wiederum in 50 nm dickes $Al_{0,5}Ga_{0,5}As$ auf je-

der Seite eingepackt ist. Die Emissionslinienbreite liegt unterhalb 0,1 nm, und die Seitenmodenunterdrückung ist besser als 30 dB. Durch die hohe Reflektivität des Auskoppelspiegels ist der differentielle Quantenwirkungsgrad allerdings auf ca. 4 % begrenzt; dadurch wird wegen der kaum vermeidbaren Erwärmung auch die maximale Dauerstrich-Ausgangsleistung im Grundmode auf weniger als 1 mW begrenzt. Es können aber auch mehr als ein Quantenfilm zur Verstärkung verwendet werden. Solche Laser haben dann bessere Eigenschaften.

Laser, die auf GaAs-Substraten basieren (Emissionswellenlänge im 1. Fenster), funktionieren bei Raumtemperatur im Dauerstrichbetrieb äußerst gut. Die Schwellen-

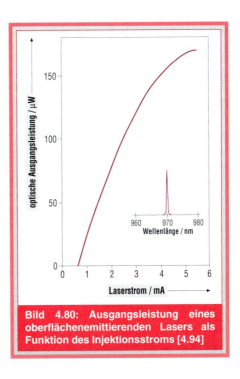

Bild 4.80: Ausgangsleistung eines oberflächenemittierenden Lasers als Funktion des Injektionsstroms [4.94]

ströme liegen im sub-Milliamperebereich [4.94; 4.95]. Die abgestrahlten Leistungen sind nach Bild 4.80 allerdings mit weniger als 1 mW im Vergleich zu Kantenemittern recht bescheiden. Bei größerem Querschnitt erreicht man höhere Leistungen, allerdings nicht im Grundmode.

Für die Strahlungsemission im 2. Fenster sind ebenfalls brauchbare Oberflächenemitter entwickelt worden; für das 3. Fenster existieren bis heute allerdings noch keine Laser, die bei Raumtemperatur im Dauerstrich hinreichend gut funktionieren.

4.7 Strahlungsempfänger

4.7.1 Physikalische Grundlagen

Am Ende der optischen Übertragungsstrecke muß das ankommende Lichtsignal wieder in ein elektrisches Signal umgewandelt werden. Als Photodetektoren kommen in der optischen Nachrichtentechnik nur Halbleiter-Sperrschichtphotodioden in Frage. Sie arbeiten prinzipiell so, daß ein absorbiertes Lichtquant ein Elektron-Loch-Paar erzeugt. An diese Photodioden, bei denen der innere Photoeffekt ausgenutzt wird, werden folgende allgemeine Anforderungen gestellt:
- hohe Empfindlichkeit im gewünschten optischen Frequenzbereich,
- kurze Ansprechzeiten,
- lineare Kennlinie,
- geringes Eigenrauschen,
- Unempfindlichkeit gegenüber Änderungen in der Temperatur und in der Versorgungsspannung,
- geringere Abmessungen,
- lange Lebensdauer.

In der in Sperrichtung betriebenen Diode werden die einfallenden Photonen in der trägerverarmten Sperrschicht absorbiert (Bild 4.81). Die dadurch erzeugten Elektron-Loch-Paare werden im Feld der Raumladungszone (elektrisches Feld) rasch getrennt, da es die Elektronen zur n-Schicht und die Löcher zur p-Schicht zieht. Träger aus anderen Gebieten müssen erst in die Raumladungszone diffundieren, um getrennt werden zu können. Rekombinieren sie während dieses langsamen Prozesses vorher, tragen sie nicht zum Photostrom bei. Entsprechend dem Ladungstransport durch die Sperrschicht fließt ein Photostrom der Größe

$$I_{ph} = (\eta e/hf) \cdot P \qquad (4.36)$$

(P: einfallende optische Leistung;
h: Planck'sches Wirkungsquantum;
f: optische Frequenz;
e: Elementarladung)

im Außenkreis, der einen detektierbaren Spannungsabfall am Lastwiderstand R_L hervorruft.

Mit η wird der Quantenwirkungsgrad gekennzeichnet, der die Zahl der in der Sperrschicht getrennten Ladungsträger zur Zahl der absorbierten Photonen ins Verhältnis setzt.

Um einen hohen Quantenwirkungsgrad zu erreichen, muß das Halbleitermaterial der zu detektierenden optischen Frequenz angepaßt sein; d. h. der Bandabstand zwischen Leitungs- und Valenzband muß geringer sein, als die Energie der einfallenden Strahlung beträgt. Die Größe

$$S = \eta e/hf \qquad (4.37)$$

wird auch Empfindlichkeit des Detektors genannt. Für η = 90 % und f = 353 THz (λ = 850 nm) ergibt sich beispielsweise S = 0,62 A/W.

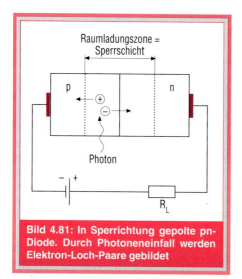

Bild 4.81: In Sperrichtung gepolte pn-Diode. Durch Photoneneinfall werden Elektron-Loch-Paare gebildet

4.7.2 Photodiodenarten

Der gemäß Formel (4.36) erzeugte Photostrom I_{ph} läßt sich auch durch das Halbleitermaterial mit dem Absorptionskoeffizienten α (Eindringtiefe der Strahlung $1/\alpha$) und der Dicke d beschreiben:

$$I_{ph} = (1-R)(1-\exp(-\alpha d))\, eP/hf. \quad (4.38)$$

(R : Reflexionsfaktor an der Grenzfläche Luft-Halbleiter). Durch Vergleich mit Formel (4.36) erhält man dann für den Quantenwirkungsgrad

$$\eta = (1-R)(1-\exp(-\alpha d)). \quad (4.39)$$

Will man eine besonders hohe Quantenausbeute erreichen, so muß man reflexionsmindernde Schichten aufbringen. Dazu kann man z. B. Si_3N_4 verwenden. Eine einzige Schicht mit einer Dicke von $\lambda/(4n_A)$ (n_A : Brechzahl der Si_3N_4-Schicht) kann das Reflexionsvermögen R auf Werte unterhalb von 0,01 reduzieren; die Quantenwirkungsgradformel vereinfacht sich dann zu $\eta \approx 1 - e^{-\alpha d}$. In Bild 4.82 ist der Verlauf des Absorptionskoeffizienten α als Funktion der optischen Wellenlänge für einige Halbleitermaterialien dargestellt (Si, GaAs, Ge, InGaAsP, InGaAs).

4.7.2.1 PIN-Dioden

In einer pin-Diode wird zwischen der p-leitenden und der n-leitenden Zone eine intrinsische (eigenleitende, nicht dotierte) Schicht eingefügt. Der Aufbau einer pin-Diode für die Detektion von Strahlung aus dem 1. Fenster ist in Bild 4.83a wiedergegeben. Auf einem hochdotierten n-Substrat ist epitaktisch eine eigenleitende (oder schwach n-leitende) Schicht aufgewachsen worden, in die eine hochdotierte flache p-Schicht eindiffundiert ist. Die Dicke der i-Schicht muß der Eindringtiefe des Lichts angepaßt werden. Die angelegte Sperrspannung fällt über der i-Zone ab und erzeugt dort ein konstantes elektrisches Feld (Bild 4.83b). Bei entsprechend hoher Sperrspannung ist die i-Schicht praktisch ladungsträgerfrei, neu gebildete Elektron-Loch-Paare werden mit maximaler Driftgeschwindigkeit abgesaugt.

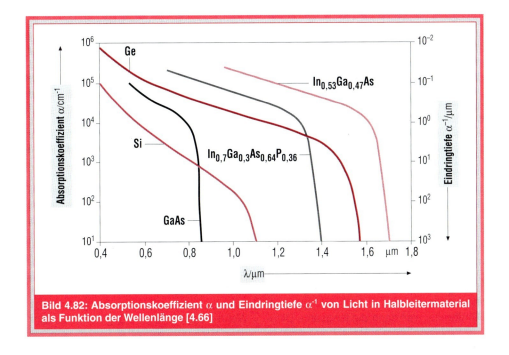

Bild 4.82: Absorptionskoeffizient α und Eindringtiefe α^{-1} von Licht in Halbleitermaterial als Funktion der Wellenlänge [4.66]

4. Kapitel

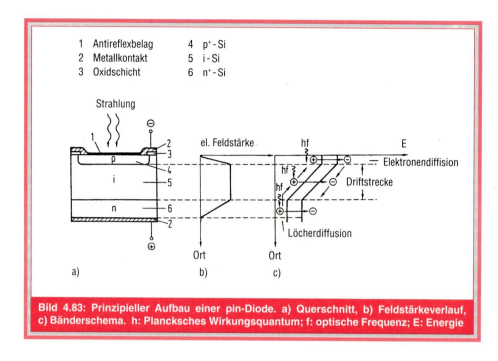

Bild 4.83: Prinzipieller Aufbau einer pin-Diode. a) Querschnitt, b) Feldstärkeverlauf, c) Bänderschema. h: Plancksches Wirkungsquantum; f: optische Frequenz; E: Energie

Grundsätzlich werden jedoch gemäß Bild 4.83c, je nach Größe des Absorptionskoeffizienten, in jeder der drei Zonen (p, i und n) Elektron-Loch-Paare erzeugt. Da nach Bild 4.83b die relativ höchste Feldstärke in der i-Schicht herrscht, driften die erzeugten Elektronen und Löcher in jeweils entgegengesetzte Richtungen. In den p- und n-Gebieten, in denen nur eine geringe Feldstärke herrscht, erfolgt die Ladungsträgerbewegung durch Diffusion. Dabei diffundieren die Elektronen vom p-Gebiet und die Löcher vom n-Gebiet in die i-Zone und tragen dann ebenfalls zum Photostrom bei.

Die Dicken der p- und n-Schicht beeinflussen somit den Quantenwirkungsgrad. Falls die p-Schicht dicker als $1/\alpha$ ist, wird – bei Lichteinstrahlung über die p-Schicht – der größte Teil der Strahlung in dieser Schicht absorbiert; der Quantenwirkungsgrad ist dann niedrig, denn nur diejenigen Elektronen erreichen das i-Gebiet, die nicht schon im hochdotierten p-Bereich rekombiniert sind. Deshalb muß die p-Schicht möglichst dünn sein. Diese Anforderung unterstützt gleichzeitig den Wunsch nach hoher Basisbandsignal-Bandbreite, weil dann die langsame Diffusion in dieser Schicht weitgehend vermieden wird. Bei einer Dicke der p-dotierten Schicht d_P wird die Diffusionszeit für ein Elektron gemäß $t_{diff} = d_p^2 \, e/\mu_n kT$ berechnet. Für $d_P = 0{,}3 \, \mu m$ und einer Elektronenbeweglichkeit $\mu_n = 2500 \, cm^2/Vs$ für InP ergibt sich dann $t_{diff} = 20 \, ps$. Wegen der quadratischen Abhängigkeit muß die Dicke d_P beim Photodiodenentwurf sorgfältig geplant werden.

Ähnliche Überlegungen gelten auch für das n-Gebiet, nur sind die Verhältnisse dort deshalb weniger kritisch, weil der größte Teil der Strahlung bereits in der i-Schicht absorbiert worden ist.

4.7.2.2 Lawinenphotodioden

Lawinenphotodioden (engl.: avalanche-photo-diode (APD)) werden ebenfalls wie die pin-Dioden in Sperrichtung vorgespannt, jedoch mit einer 4- bis 10fach höheren Spannung. Dadurch entsteht in einer passend gewählten Raumladungszone eine Ladungsträgervervielfachung des Faktors M infolge von Stoßionisation. Bild 4.84 zeigt das Schema und den Feldstärkeverlauf einer Silizium-APD (Si-APD). Wenn die optische Leistung durch die dünne p^+-Schicht eingestrahlt wird, wird sie

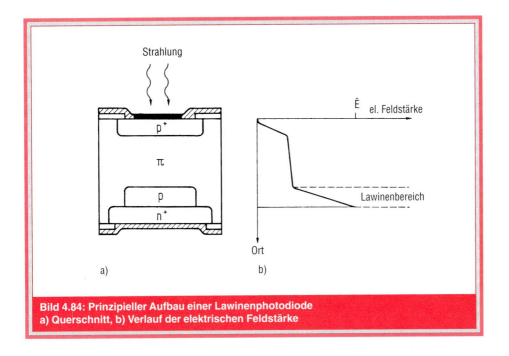

Bild 4.84: Prinzipieller Aufbau einer Lawinenphotodiode
a) Querschnitt, b) Verlauf der elektrischen Feldstärke

fast vollständig in der π-Driftzone (entspricht der i-Zone bei der pin-Diode) absorbiert, und dort werden Elektronen und Löcher getrennt. Viele Elektronen driften dann auch in den p-n$^+$-Übergang mit dem Feldstärkespitzenwert $\hat{E}$, wo dann die Ladungsträgervervielfachung = Ladungsträgermultiplikation des Faktors M (auch Lawinenverstärkungsfaktor genannt) stattfindet.

Übliche Verstärkungswerte M liegen zwischen 20 und 150, es wurden aber auch schon deutlich höhere Werte erreicht. Da die Lawinenverstärkung ein statistischer Prozeß ist, nimmt mit wachsendem M auch die Geräuschleistung stark zu. Darüber hinaus benötigen Lawinenphotodioden eine hohe Betriebsspannung (Si: 150V … 400 V; Ge: 40 V), die zudem in Abhängigkeit von der Temperatur nachgeregelt werden muß. Während bei der pin-Diode der Photostrom der Lichtleistung über mehrere Dekaden direkt proportional ist, besitzen die Lawinenphotodioden nichtlineare Kennlinien (bedingt durch die Stromvervielfachung) und sind deshalb nur in Digitalübertragungssystemen sinnvoll einsetzbar. Dafür sind sie – abhängig vom optischen Frequenzbereich und der Modulationsfrequenz – etwa 10 dB empfindlicher als pin-Dioden.

4.7.3 Demodulationseigenschaften

Statische Demodulation

Die Demodulation der Strahlungsleistung an der Photodiode läßt sich durch die Strom/Leistungs-Kennlinie (i/p-Kennlinie) (Bild 4.85) kennzeichnen. Langsame zeitliche Änderungen der Leistung werden bei Beachtung von Formel (4.37) gemäß

$$i_E(t) = S\, p_E(t) = (\eta\, e/hf)\, p_E(t) \quad (4.40)$$

in einen elektrischen Strom überführt.

4.7.3.1 Dynamische Demodulation

Mit steigender Basisbandfrequenz des optischen Signals, also mit steiler werdenden Anstiegsflanken des Digitalsignals $p_E(t)$ in Bild 4.85 wirken sich die internen Photodiodenparameter, z. B. die Sperrschichtkapazität und ohmsche Widerstände auf die Signalumwandlung aus. Gemäß Bild 4.86 können Photodioden in erster Näherung als Stromquelle mit nachgeschaltetem Tiefpaß aufgefaßt werden. Darin be-

4. Kapitel

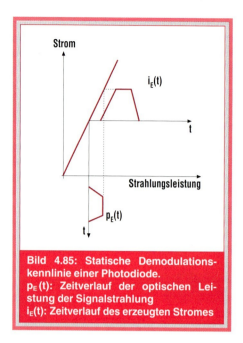

Bild 4.85: Statische Demodulationskennlinie einer Photodiode.
$p_E(t)$: Zeitverlauf der optischen Leistung der Signalstrahlung
$i_E(t)$: Zeitverlauf des erzeugten Stromes

Da bei hoher Dotierung der Bahnwiderstand R_B mit weniger als 1 Ω vernachlässigbar klein gegenüber R_L (z. B. 50 Ω) ist, muß zur Erreichung einer hohen Grenzfrequenz die Kapazität C möglichst klein sein. C-Werte von weniger als 1 pF sind für pin-Dioden realistisch. Die absolute Grenze in der Ansprechgeschwindigkeit einer pin-Diode ist durch die Laufzeit der Ladungsträger in der Raumladungszone gegeben. Es läßt sich zeigen, daß der i-Bereich dann die optimale Breite d_{opt} hat, wenn die Laufzeit der Ladungsträger im i-Bereich und die Dioden-Zeitkonstante $C(R_L+R_B)$ gleich sind. Für heute übliche Diodenparameter (Driftsättigungsgeschwindigkeit bei einer hohen Feldstärke im i-Bereich: 10^7 cm/s; $R_L = 50$ Ω, Diodenfläche = 10^{-4} cm², Permittivität = 10^{-12} As/Vcm) ergibt sich ein Wert für d_{opt} von etwa 2,2 µm. Ist der i-Bereich dicker, erhöht sich zwar der Quantenwirkungsgrad, aber die Grenzfrequenz verringert sich.

deuten: C: spannungsabhängige Sperrschichtkapazität; R_S: Sperrschichtwiderstand, R_B: Bahnwiderstand; R_L: Lastwiderstand = Empfängereingangswiderstand.

Die Grenzfrequenz der Anordnung ergibt sich unter der Voraussetzung $R_S \gg R_L$ näherungsweise zu

$$f_{gr,E} = \frac{1}{2\pi C (R_L + R_B)} \qquad (4.41)$$

und liegt für nicht zu große Lastwiderstände typisch zwischen 1 GHz und 3 GHz. Neueste Entwicklungen von GaAs- und InGaAs-Photodioden erlauben Grenzfrequenzen bis 100 GHz.

Wie schon erwähnt, werden Ladungsträgerpaare zu einem gewissen Teil auch in den n- und p-Gebieten erzeugt. Die Ladungsträger müssen dann erst in das Gebiet der Raumladungszone diffundieren, um von dort zur anderen Seite abgesaugt zu werden. Der träge Prozeß der Diffusion kann zu Impulsverformungen führen, die man nach ihrer Entstehungsweise Diffusionsschwänze nennt. Die hochdotierten Gebiete müssen deshalb sehr dünn ausgelegt werden. Die Grenzfrequenz einer APD ist grundsätzlich kleiner als die einer pin-Diode, weil die Elektronen zunächst über die Raumladungszone in das Lawinenverstärkungsgebiet driften und die Löcher der dort zusätzlich erzeugten Elektron-Loch-Paare wieder zur anderen Seite zurückdriften müssen.

Auch beim Durchlaufen der Raumladungszone werden zu einem geringen Teil weitere Ladungsträgerpaare erzeugt. Damit erhöht sich die Verweildauer der Ladungsträger in der Verstärkungszone und als Folge nimmt die Verstärkung bei höheren Basisbandfrequenzen ab. Während die Bandbreite bei niedrigen Verstärkungen wie bei der pin-Diode durch Zeiteffekte (Driftzeit, RC-Konstante) begrenzt ist, ist der Zusammenhang bei hohen Verstärkungen durch ein für jeden APD-Typ charakteristisches Bandbreite-Verstärkungs-Pro-

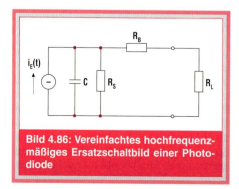

Bild 4.86: Vereinfachtes hochfrequenzmäßiges Ersatzschaltbild einer Photodiode

dukt gegeben, das z. B. für Si-APDn typischerweise zwischen 100 GHz und 300 GHz liegt.

4.7.3.2 Rauschverhalten

Für den Empfang sehr geringer optischer Signalleistungen sind die Rauscheigenschaften der Photodiode von Bedeutung, denn diese bestimmen die untere Leistungsgrenze für die noch detektierbaren Signale [4.96]. Läßt man das zusammen mit dem Nutzsignal von der Strecke kommende Rauschen außer Betracht, so sind für das Rauschen im Lichtempfänger (Detektor) die folgenden Rauschquellen maßgebend.

1. Thermisches Rauschen der Widerstände $R = R_L + R_B$:

$$\overline{i_{th}^2} = \frac{4kTB}{R} \:. \qquad (4.42)$$

2. Schrotrauschen des mittleren Signalstromes I_S:

$$\overline{i_S^2} = 2eI_S B \:. \qquad (4.43)$$

3. Schrotrauschen des Dunkelstroms I_D:

$$\overline{i_{SD}^2} = 2eI_D B \:. \qquad (4.44)$$

(B: Signalbandbreite, T: absolute Temperatur, k: Boltzmannkonstante, e: Elementarladung).

Der auch ohne Lichteinfall vorhandene Dunkelstrom setzt sich aus einem Oberflächenleckstrom und einem Raumladungsdunkelstrom zusammen. Das Schrotrauschen hat seine Ursache in den statistischen Stromschwankungen, die durch den ebenfalls zufällig erfolgenden Photoneneinfall bewirkt werden.

Bei Lawinenphotodioden wird außer dem Signalstrom auch das Schrotrauschen verstärkt. Dieses Rauschen steigt jedoch nicht – wie eigentlich zu erwarten – mit M^2, sondern näherungsweise mit M^{2+x} an. Der Zusatzrauschfaktor $F_D = M^x$ gibt die Erhöhung des Schrotrauschens durch die regellose Natur der Ladungsträgervervielfachung an. Dabei ist die Größe x abhängig von: der optischen Frequenz, dem verwendeten Diodenmaterial und vom Multiplikationsfaktor M selber. Für M > 20 gelten näherungsweise folgende Richtwerte für die unterschiedlichen Materialien: Germanium: x = 0,8…1; Silizium: x = 0,2…0,5; InGaAsP: x = 0,6…0,8.

Am Empfänger setzt sich die Geräuschleistung aus den Rauschanteilen des Detektors und des nachfolgenden Verstärkers zusammen. Für kleines M überwiegt das von M unabhängige thermische Rauschen. Allerdings bleibt dann die mit M^2 steigende Signalleistung und deshalb auch das Signal-zu-Rausch Verhältnis (SRV) klein. Hingegen sind bei großem M die Schrotrauschquellen gegenüber dem thermischen Rauschen dominant, denn deren Beitrag steigt mit M^{2+x} überproportional, d. h. auch in diesem Fall ist das SRV klein. Dazwischen gibt es eine optimale Verstärkung M_{opt} für ein günstigstes SRV, bei der das Schrotrauschen der APD etwa so groß ist wie der Gesamtbeitrag aller übrigen Rauschquellen.

4.7.4 Photodiodenmaterialien

Silizium-Photodioden

Si-Photodioden zeigen für optische Frequenzen aus dem ersten Fenster von 375 THz bis 333 THz (0,8 µm …0,9 µm) aus folgenden Gründen optimale Demodulationseigenschaften:

- Mit etwa 10 µm ist die Strahlungseintrittstiefe groß genug, um eine nennenswerte Strahlungsabsorption im Strahlungseintrittsbereich der Diode zu verhindern.
- Die Größe x, die den Zusatzrauschfaktor F_D bestimmt, ist klein, so daß Si-APDn nur geringes Zusatzrauschen aufweisen.
- Der Dunkelstrom beträgt weniger als 0,1 nA.
- Die Sperrschichtkapazität kann Werte von C < 0,3 pF annehmen.
- Der Quantenwirkungsgrad ist höher als 90 %.
- Die Entwicklung der Siliziumtechnologie ist heute praktisch abgeschlossen und läßt Elemente höchster Qualität bei geringen Kosten zu.

Deshalb ist die Si-Photodiode eine zuverlässige, quanteneffektive, rauscharme Komponente zur Detektion von Digitalsignalen mit Bitraten bis zu einigen Gbit/s, die allerdings leider nicht für die Detektion von Signalen mit optischen Frequenzen aus dem zweiten und dritten Übertragungsfenster verwendet werden kann. Gerade diese beiden Fenster sind aber für die moderne optische Nachrichtentechnik interessant. In Tabelle 4.4 sind die Materialien bzw. Materialsysteme mit einem Kreuz gekennzeichnet, die in den einzelnen Fenstern eine Strahlungsdetektion gestatten. Als Herstellungstechnologien für Si-Photodioden werden Epitaxie, Ionenimplantation und Diffusion herangezogen (vgl. Kap. 5.1).

Tabelle 4.4: Materialien, die für die Strahlungsdetektion in den drei Fenstern der optischen Nachrichtentechnik geeignet sind

	Si	Ge	InGaAs	InGaAsP
1. Fenster	X	(X)		
2. Fenster		X	X	X
3. Fenster		X	X	

Germanium-Photodioden

Ge-Photodioden gestatten prinzipiell die Detektion optischer Frequenzen von 500 THz bis 187,5 THz (0,6 µm...1,6 µm), jedoch wird bis 0,9 µm die Si-Diode wegen deren höheren Quantenwirkungsgrades und geringen Rauschens verwendet. Somit wird in der Praxis mit Ge-Detektoren Strahlung aus dem 2. und 3. Fenster detektiert. Wie bei den Si-Dioden können auch hier Entspiegelungsschichten aufgebracht werden, so daß ein fast vollständiger Strahlungseintritt in die Diode möglich ist. Quantenwirkungsgrade zwischen 80 % und 90 % sind typischerweise üblich. Die Durchbruchs-Sperrspannung liegt mit weniger als 30 V bei nur etwa einem Zehntel von der, die bei Si-Dioden möglich ist. Lawinenverstärkungsfaktoren von bis zu 10 sind praktisch ausnutzbar, denn der Zusatzrauschfaktor ist dann schon mit etwa $F_D = 10^x = 10$ ($x = 1$ vorausgesetzt) sehr hoch. Auch der Dunkelstrom ist mit etwa 30 nA bei 90 % der zulässigen Sperrspannung weit über dem vergleichbaren Wert für Si-Dioden. Ge-Dioden lassen sich u.a. mit Hilfe der Ionenimplantationstechnologie herstellen.

Ternäre und quaternäre Photodioden

Für die Detektion von Strahlung aus dem 2. und 3. Übertragungsfenster konzentrieren sich heute die Arbeiten auf das auch bei den Sendern verwendete Materialsystem InGaAsP. Wenn als strahlungsabsorbierendes Material $In_{0,53}Ga_{0,47}As$ genommen wird, ist eine Verwendung über den gesamten Bereich des 2. und 3. Fensters mit einem Quantenwirkungsgrad von etwa 80 % möglich. Es lassen sich sowohl pin-Dioden als auch Lawinenphotodioden herstellen. Bei der pin-Diode reichen schon kleine Sperrspannungen (5 V...10 V) aus, damit sich die Raumladungszone über den Absorptionsbereich erstreckt, in dem die Ladungsträger mit $\eta > 80\%$ erzeugt werden sollen. Da diese Absorptionsschicht nur etwa 2 µm bis 4 µm dick ist, erfolgt eine schnelle Ladungsträgertrennung, so daß Bitraten von einigen Gbit/s einwandfrei detektiert werden können. Die Sperrschichtkapazität beträgt dabei 0,1 pF...0,6 pF, der Dunkelstrom in vielen Fällen weniger als 1 nA. Wegen dieser niedrigen Dunkelstromwerte sind InGaAs pin-Photodioden zusammen mit in GaAs-Technik realisierten Verstärkern integrierbar. InGaAs/InP Lawinenphotodioden haben einen komplizierteren Aufbau, als in Bild 4.84 angegeben, denn ihre Struktur neigt kurz vor Erreichen des Lawinendurchbruchs zu hohen Dunkelströmen. Deshalb werden diese Dioden als SAM-Lawinenphotodioden (SAM: separated absorption and multiplication) nach Bild 4.87 mit getrennten absorbierenden und verstärkenden Bereichen ausgeführt [4.73]. Ab 100 V Sperrspannung setzt die Lawinenverstärkung ein, der Dunkelstrom beträgt dann weniger als 10 nA. Es sind Verstärkungsfaktoren bis zu 100 realisierbar, jedoch sind aufgrund des Zusatzrauschens nur Werte bis zu 10 ausnutzbar, denn der Zusatzrauschfaktor beträgt dann etwa $F_D = 10^{0,6} = 4$. Mit diesen APDn sind Bitraten bis zu 2 Gbit/s detektierbar. Allerdings ist aufgrund der hohen Sperrspannung die Verlustleistung dann in der gleichen Größenordnung wie

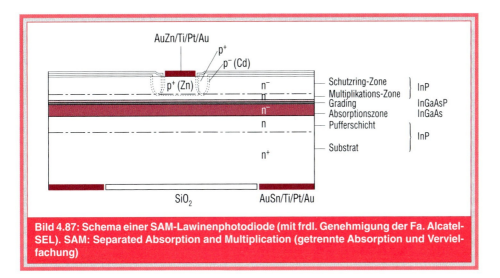

Bild 4.87: Schema einer SAM-Lawinenphotodiode (mit frdl. Genehmigung der Fa. Alcatel-SEL). SAM: Separated Absorption and Multiplication (getrennte Absorption und Vervielfachung)

die von Ge-APDn. Arbeiten aus Japan (NEC) und USA (AT&T) und auch Deutschland (Alcatel-SEL) berichten über APDn mit einer 3-dB-Bandbreite von 7 GHz...8 GHz bei Verstärkungsfaktoren um 10.

4.7.5 Photodiodenstrukturen

Die einfachste Struktur für eine Photodiode ist die Planarstruktur. Der Durchmesser des Strahlungseintrittsfensters kann mit Werten zwischen 50 µm und 150 µm dem Faseraußendurchmesser angepaßt werden. Ein Antireflexionsbelag und eine passende Dicke der i-Schicht führen zu hohem Quantenwirkungsgrad und hoher Grenzfrequenz. Als Detektoren für optische Frequenzen des 2. und 3. Fensters setzen sich immer mehr die schon von den Sendern bekannten Doppel-Heterostrukturen aus ternären oder quaternären Mischkristallen durch (Bild 4.88). Der entscheidende Gewinn, den diese Struktur bringt, liegt darin, daß der Quantenwirkungsgrad weniger stark vom Abstand zwischen Sperrschicht und Diodenoberfläche abhängt, denn InP ist mit dem Bandabstand 1,35 eV (vgl. Tabelle 4.3) für geringere Frequenzen

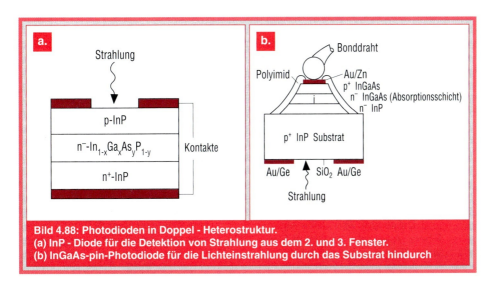

Bild 4.88: Photodioden in Doppel - Heterostruktur.
(a) InP - Diode für die Detektion von Strahlung aus dem 2. und 3. Fenster.
(b) InGaAs-pin-Photodiode für die Lichteinstrahlung durch das Substrat hindurch

als 326,1 THz (höhere Wellenlängen als 0,92 µm) für Strahlung aus dem 2. und 3. Fenster transparent. Somit entfallen auch die Diffusionszeiten der Ladungsträger aus dem p- und n-InP in die Sperrschicht.

Nach Tabelle 4.3 läßt sich beispielsweise mit einer $In_{0,72}Ga_{0,28}As_{0,61}P_{0,39}$/InP-Quaternärdiode Strahlung ab 230,7 THz (bis 1,3 µm) und mit einer $In_{0,53}Ga_{0,47}As$/InP-Ternärdiode Strahlung ab 181,8 THz (bis 1,65 µm) bei einem Quantenwirkungsgrad von bis zu 80 % detektieren.

Auch bei den Lawinenphotodioden sind wieder die planare Struktur und die Mesastruktur vorherrschend.

4.8 Literaturverzeichnis Kap. 4

[4.1] W. Heitmann: Attenuation Analysis of Silica-Based Single-Mode Fibers. Journal of Optical Communications 11 (1990) 4, S. 122-129.

[4.2] M. Bredol; D. Leers; L. Bosselar; M. Hutjens: Improved Model for OH Absorption in Optical Fibers. Journal of Lightwave Technology 8 (1990) 10, S. 1536-1540.

[4.3] S.S. Walker: Rapid Modeling and Estimation of Total Spectral Loss in Optical Fibers. Journal of Lightwave Technology LT-4 (1986) 8, S. 1125-1131.

[4.4] C. Brehm; P. Dupont et al.: Improved Drawing Conditions for Very Low Loss 1.55 µm Dispersion-Shifted Fiber. Fiber and Integrated Optics 7 (1988) S. 333-341.

[4.5] H. Kanamori; H. Yokota et al.: Transmission Characteristics and Reliability of Pure-Silica-Core Single-Mode Fibers. Journal of Lightwave Technology LT-4 (1986) 8, S. 1144-1150.

[4.6] FTZ 78,TL7: Außenkabel für Fernmeldelinien Glasfaserkabel der Ausführung A-(ZS)DF(L)2Y mit Einmodenfasern. Technische Lieferbedingungen, Deutsche Bundespost Telekom, FTZ Z45-Dr.V, TL-Nr. 6015-3007 (1993).

[4.7] J. Stone: Interactions of Hydrogen and Deuterium with Silica Optical Fibers: A Review. Journal of Lightwave Technology LT5 (1987) 5, S. 712-733.

[4.8] W. Heitmann: Temperature Dependence of the Spectral Attenuation of a Silica-Based Fiber. Journal of Optical Communications 8 (1987) 3, S. 102-107.

[4.9] R. Novak: Rückstreu-Dämpfungsmeßmethode an Glasfasern. Technische Mitteilungen Schweizer PTT Bern, (1985) 1.

[4.10] J. Rybach: LWL-Rückstreumeßtechnik: Wie genau ist das OTDR? Nachrichtentechnische Zeitschrift 44 (1991) 8, S. 558-563.

[4.11] D.P. Jablonowski; U.C. Peak; L.S. Watkins: Optical Fiber Manufacturing Techniques. Technical Journal AT&T 66 (1987) 1, S. 33-44.

[4.12] P.F. Glodis; H. Schaper et al.: The Application of Synthetic Silica Tubing for Large Preform Manufacture using MCVD. Proceedings International Wire & Cable Symposium (1994) S. 105-113.

[4.13] M.G. Blankenship; C.W. Deneka: The outside vapor deposition method of fabricating optical waveguide fibers. IEEE Journal of Quantum Electronics QE18 (1982), S. 1418-1423.

[4.14] T. Izawa; S. Sudo: Optical Fibers: Materials and Fabrication, KTK Scientific Publishers/Tokyo, Editor: T. Okoshi.

[4.15] J.Irven; J.G. Lamb; I.E. Little; B.A. Perrett: Anlagen zur Herstellung von optischen Fasern. Elektrisches Nachrichtenwesen 59 (1985) 4, S. 421-428.

[4.16] M. Onishi; C. Fukuda; H. Kanamori; M. Nishimura: High NA Double Cladding Dispersion Compensating Fiber for WDM Systems. Proceedings ECOC'94, Vol. 2, S. 681-684.

[4.17] A.Sander: Probleme der Qualität und Zuverlässigkeit optischer Fasern unter besonderer Berücksichtigung der mechanischen Eigenschaften. Deutsche Bundespost FTZ, Technischer Bericht: 452 TBR62 (1986).

[4.18] T. Kaino: Preparation of Plastic Optical Fibers for Near-IR Region Transmission. Journal of Polymer Science: Part A: Polymer Chemistry 25 (1987) S.37-46.

[4.19] P. Herbrechtsmeier: Lichtwellenleitertechnik-Trends in der Entwicklung und Anwendung. Chemische-Ingenieurs-Technik 59 (1987) 8, S. 637-644.

[4.20] Y. Koike: High-Bandwidth Low-Loss Polymer Fibres. Proceedings ECOC'92 Vol. 2, S. 679-686.

[4.21] T. Ishigure; E. Nihei; Y. Koike: Graded-index polymer optical fiber for high-speed data communication. Applied Optics 33 (1994) 19, S. 4261-4266.

[4.22] Anonym: Neue Kunststoff-Gradientenfaser schafft 2,5 GBit/s. Funkschau 2/95, S. 26.

[4.23] M.Born; E.Wolf: Principles of Optics. Pergamon Press, 6. revidierte Ausgabe (1987).

[4.24] D.Marcuse: Loss Analysis of Single Mode Fiber Splice. Bell System Technical Journal 56 (1977) S.703-710.

[4.25] Optische Kommunikationssysteme. Hrsg. W. Haist, Damm-Verlag (1989).

[4.26] R.Engel: Spektrales Dämpfungsverhalten von Fügestellen einmodiger Lichtwellenleiter. Fortschrittsberichte VDI, Reihe 21: Elektrotechnik.

[4.27] P.C.Schultz: Ultraviolett Absorption of Titanium and Germanium in Fused Silica. Sammelband des 11. Internationalen Glaskongresses, Prag (1977) S.155-162.

[4.28] Y.Kato; S.Seikai; N.Shibata; S.Tachigami; Y.Toda; O.Watanabe: Arc fusion splicing of single mode fibers. 2: A practical splice machine. Applied Optics 21 (1982) 11, S. 1916-1921.

[4.29] W.Knob; W.Lieber: Dämpfungsarmer LWL-Spleiß aus dem Lichtbogen. Telcom report 13 (1990) 2, S. 62-65.

[4.30] M.Hamada; T.Yanagi et al.: Improved Splice Loss of Optical Fiber Ribbon at Altitudes. Proceedings Forty-Third IWCS Fort Mount, New Jersey (1994) S. 638-643.

[4.31] M.Kihara; S.Nagasawa; T.Tanifuji: Temperature Dependence of Return Loss for Optical Fiber Connectors with Refractive Index-Matching Material. IEEE Photonics Technology Letters 7(1995)7, S.795-797.

[4.32] G.Neumann: Glasfaserkabelmontagetechnik; Einführung von mechanischen, lösbaren und wiederverwendbaren Glasfaser-Verbindern und deren Haltern. Verfügung FTZ N 25-7 A 4415-2/16/4 (14.Sept.1993).

[4.33] H.Gruhl; H.Richter: Investigations of the insertion loss of single-mode fiber connectors in dependance of the roughness of their front faces. MICRO SYSTEM Technologies 91, vde-Verlag Berlin/Offenbach, Hrsg.: Rudolph Krahn, Herbert Reichl.

[4.34] E.G.Neumann: Single-Mode Fibers. Springer Verlag, Springer Series in Optical Sciences, Band 57 (1988).

[4.35] Y.Kikuchi; Y.Nomura; H.Hirao; H.Yokosuka: High Fiber Count Optical Connectors. Proceedings Forty-Second IWCS Fort Mount, New Jersey (1993) S.238-243.

[4.36] T.Ueda; H.Ishida; O.Tsuchiya; T.Kakii; T.Yamanishi: Development of 16-fiber. connectors for high-speed low-loss cable connection. Proceedings Forty-Second IWCS Fort Mount, New Jersey (1993) S. 244-249.

[4.37] Christian Hentschel: Fiber Optics Handbook. Hewlett-Packard, 2. Ausgabe (1988).

[4.38] Bergmann, Schäfer: Lehrbuch der Experimentalphysik, Band 3: Optik. Walter de Gruyter Verlag (1978) 7. Auflage.

[4.39] I.J.Wilkinson; T.Finegan; B.J.Ainslie: Application of rare-earth doped fibres as lowpass filters in passive optical networks. Electronics Letters 27(1991)3, S.230-232.

[4.40] W.Heitmann; H.Strube: German Patent Application P 41 34 959.8 (23.10.1991).

[4.41] W.Heitmann: Optical fibre lowpass filters. Proceedings EFOC&N´93 Den Haag (1993): Papers on Fibre Optic Communications, S. 139-140.

[4.42] W.Demtröder: Laser Spectroscopy. Springer Verlag, Springer Series in Chemical Physics, Band 5 (1981).

4. Kapitel

[4.43] R.A.Saunders; J.P.King; I.Hardcastle: Wideband chirp measurement for high bit rate sources. Electronics Letters 30 (1994) 16, S.1336-1338.

[4.44] K.Oda; M.Fukutoku; H.Toba; T.Kominato: 128 channel, 480 km FSK-DD transmission experiment using 0.98 µm pumped erbium-doped fibre amplifiers and a tunable gain equaliser. Electronics Letters 30 (1994) 12, S. 982-984.

[4.45] J. Debeau; L. P. Barry; R. Boittin: Wavelength tunable pulse generation at 10 GHz by strong filtered feedback using a gain-switched Fabry-Perot laser. Electronics Letters 30 (1994) 1, S.74-75.

[4.46] E.Yamada; K.Suzuki; M.Nakazawa: Subpicosecond optical demultiplexing at 10 GHz. with zero-dispersion, dispersion-flattened, nonlinear fibre loop mirror controlled by 500 fs gain-switched laser diode. Electronics Letters 30 (1994) 23, S.1966-1968.

[4.47] R.Kashyap: Photosensitive Optical Fibers: Devices and Applications. Optical Fiber Technology 1 (1994), S. 17-34.

[4.48] K. O. Hill; Y. Fujii; D. C. Johnson; B.S.Kawasaki: Photosensitivity in optical waveguides: Application of reflection filter fabrication. Applied Physics Letters 32 (1978) 10, S. 647-649.

[4.49] G.Meltz; W.W.Morey; W.H.Glenn: Formation of Bragg gratings in optical fibres by transverse holographic method. Optics Letters 14 (1989) 15, S. 823-825.

[4.50] A.Mattheus: Multigigabit-per-second data transmission on standard monomode fibers in the optical window. Proceedings EFOC&N´94 (1994) Heidelberg: Papers on Optical Communication Systems, S.59-62.

[4.51] A.Mattheus; I.Gabitov; A.J.Boot; C.T.H.F.Liedenbaum; J.J.E.Reid; L.F.Tiemeijer: Analysis of Periodically Amplified Soliton Propagation on Long-Haul Standard-Monomode Fiber Systems at 1300 nm Wavelength. Proceedings ECOC'94 Florenz (1994) Vol. 1, S.491-494.

[4.52] C.Das; U.Gaubatz; E.Gottwald; K.Kotten; F.Küppers; A.Mattheus; C.J.Weiske: Straight-line 20 Gbit/s-transmission over 617 km dispersion compensated standard-single-mode fibre. Electronics Letters 31 (1995) 4, S. 305-307.

[4.53] K.O.Hill; S.Thériault et al.: Chirped in-fibre Bragg grating dispersion compensators: Linearisation of dispersion characteristic and demonstration of dispersion compensation in 100 km, 10 Gbit/s optical fibre link. Electronics Letters 30 (1994) 21, S.1755-1756.

[4.54] K.Mochizuki: Optical fibre transmission systems using stimulated Raman scattering. Journal of Lightwave Technology LT-3 (1985) S. 688-694.

[4.55] A.Bjarklev: Optical fiber amplifiers, design and systems applications. Verlag Artech House Boston, London (1993).

[4.56] R.Olshansky: Noise figure for erbium doped optical fibre amplifiers. Electronic Letters 24 (1988) S. 1363-1364.

[4.57] P.A.Leilabady et al.: Analog transmission characteristics of +18 dBm erbium amplifier pumped by diode pumped Nd:YAG laser. Proceedings of ECOC/IOOC'91 Paris (1991), post deadline paper, S. 5-8.

[4.58] J.M.Dellasasse; N. Holonyak Jr.; A.R. Sugg; T.A. Richard; N. El-Zein: Hydrolyzation oxidation of Al_x-$Ga_{1-x}As$-AlAs-GaAs quantum well heterostructures and superlattices. Applied Physics Letters 57 (1990) S. 2844-2864.

[4.59] T. Saitoh; T.Mukai: Structural design for polarization insensitive travelling-wave semiconductor laser amplifiers. Optical and Quantum Electronics 21 (1989) S. 47-58.

[4.60] P.J.A.Thijs; L.F.Tiemeijer; J.J.M. Binsma; T. van Dongen: Progress in longwavelength strained-layer InGaAs(P) Quantum-well semiconductor lasers and amplifiers. IEEE Journal of Quantum Electronics QE-30 (1994) S. 477-499.

[4.61] M.A.Newkirk; B.I. Miller; U. Koren; M.G.Young; M. Chien; R.M. Jopson;

C.A. Burrus: 1.55 µm multi-quantum-well semiconductor optical amplifier with tensile and compressively strained wells for polarization-independent gain. IEEE Photonics Technology Letters 4 (1993) S. 406-408.

[4.62] M.Fukuda: Reliability and Degradation of Semiconductor Lasers and LEDs. Artech House, Boston-London (1991) S. 69-75.

[4.63] Y.Arakawa; A.Yariv: Quantum Well Lasers-Gain, Spectra, Dynamics, IEEE Journal of Quantum Electronics QE-22 (1986) S.1887..

[4.64] J.E.Bowers; M.A.Pollack: Semiconductor Lasers for Telecommunications (in Optical Fibre Telecommunications II), S.E. Miller and I.P. Kaminov (Ed.) San Diego, Academic Press (1988) S. 512.

[4.65] M.Fukuda: Reliability and Degradation of Semiconductor Lasers and LEDs. Artech House, Boston-London (1991) S. 28.

[4.66] K.J.Ebeling: Integrierte Optoelektronik, Springer Verlag (1992) 2. Auflage, S. 311.

[4.67] M.C.Amann: Lateral waveguiding analysis of 1.3 µm InGaAsP-InP metal clad ridge-waveguide MCRW lasers. AEÜ Archiv für Elektrische Übertragung (1985) S. 311-316.

[4.68] T.Kuroda; M.Nakamura; K.Aiki; J.Umeda: Channeled-substrate-planar structure AlGaAs lasers: An analytical waveguide study. Applied Optics 17 (1978) S. 3264-3267

[4.69] M.C.Amann; W.Thulke: Current confinement and leakage currents in planar buried-ridge structure laser diodes on n-substrate. IEEE Journal of Quantum Electronics, QE-25 (1989) S. 1595-1602.

[4.70] H.Kano; K.Sugiyama: Operation characteristics of buried stripe GaInAsP/InP DH lasers made by melt back method. Journal of Applied Physics 50 (1979) S. 7934-7938

[4.71] H.Burkhard; E.Kuphal; H.W.Dinges: Extremely low threshold current 1.52 µm InGaAsP/InP MS-DFB lasers with second-order grating. Electronics Letters 22 (1986) S. 802-803.

[4.72] H.Burkhard; E.Kuphal: InGaAsP/ InP mushroom stripe lasers with low cw-threshold and high output power. Japanese Journal of Applied Physics 22 (1983) S. L721-L723.

[4.73] O.Hildebrand; M.Erman: Entwicklung optoelektronischer Bauelemente bei Alcatel. Elektrisches Nachrichtenwesen, 4. Quartal (1992) S. 12-21

[4.74] H.Olesen; B.Tromborg; H.E.Lassen: Stability and dynamic properties of multi-electrode laser diodes using a Green´s function approach. IEEE Journal of Quantum Electronics QE-29 (1993) S. 2282-2301

[4.75] H.Kawaguchi: Bistabilities and Nonlinearities in Laser Diodes, Artech House, Boston-London (1994) S. 25.

[4.76] S.Hansmann; H.Burkhard; H.Walter; H.Hillmer: A tractable large-signal dynamic model-Application to strongly coupled Distributed Feedback lasers. Journal of Lightwave Technology 12 (1994) S. 952-956.

[4.77] S.Hansmann: Spektrale Eigenschaften von Halbleiterlasern mit verteilter Rückkopplung. Dissertation an der Technischen Hochschule Darmstadt (14.11.1994).

[4.78] B.Tromborg; H.E.Lassen; H.Oleson: Travelling wave analysis of semiconductor lasers: modulation responses, mode stability and quantum mechanical treatment of noise-spectra. IEEE Journal of Quantum Electronics QE-30 (1994) S.939-956.

[4.79] F.Steinhagen; H.Hillmer; R.Lösch; W.Schlapp; H.Walter; R.Göbel; E.Kuphal; H.L. Hartnagel; H.Burkhard: AlGaInAs/InP 1.5 µm MQW DFB laser diodes exceeding 20 GHz bandwidth. Electronics Letters 31(1995) S. 274-275.

[4.80] K. Uomi; M. Aoki; T. Tsuchiya; A. Takai: Dependence of high speed properties on the number of Quantum wells in 1.55 µm InGaAs/InGaAsP MQW l/4 shifted DFB-lasers. IEEE Journal of Quantum Electronics QE-29 (1993) S. 355-360.

[4.81] M. Aoki; K.Uomi; T.Tsuchiya; M.Suzuki; N. Chinone: Enhanced relaxation oscillation frequency and reduced nonlinear K-factor in InGaAs/

InGaAsP MQW λ/4-shifted DFB lasers. Electronics Letters 26 (1990) S. 1841-1842.

[4.82] J.D.Ralston; S.Weisser; E.C.Larkins; I.Esquivias; P.J.Tasker; J.Fleissner; J.Rosenzweig: Modulation bandwidths up to 30 GHz under CW bias in strained $In_{0.35}Ga_{0.65}As$/GaAs MQW lasers with p-doping. 13th IEEE International Semiconductor Laser Conference, Takamatsu/Japan, 1992, Paper PD5.

[4.83] H.Burkhard; S.Mohrdiek; H.Schöll; H.Hillmer; S. Hansmann; A. Mattheus: Effect of injected light and optical feedback on directly modulated MQW lasers and OTDM multigigabit-per-second system performance. SPIE Proceedings Vol. 2399, 1995, Bellingham, Washington 98227 USA, Physics and Simulation of Optoelectronic Devices III.

[4.84] S.Murata; I.Mito: Frequency-tunable semiconductor lasers. Optical and Quantum Electronics 22 (1990) S. 1-15.

[4.85a] N.K.Dutta; A.B.Piccirelli; T.Cella; R.L.Brown: Electronically tunable distributed feedback lasers: Applied Physics Letters 48 (1986) S.1501-1503.

[4.85b] K. Yoshikuni; G.Motosugi; T.Matsuoka: Broad wavelength tuning under single-mode oscillation with a multielectrode distributed feedback laser. Electronic Letters 22 (1986) S. 1153-55.

[4.85c] H.Hillmer; H.-L.Zhu; H.Burkhard: Enhanced tunability of asymmetric three-section InGaAsP/InP distributed feedback lasers. Journal of Applied Physics 73 (1993) S. 1035-1038.

[4.86a] Y.Tohmori; K.Komori; S.Arai; Y.Suematsu: 1.5-1.6 mm GaInAsP/InP bundle-integrated-guide (BIG) distributed-bragg-reflector (DBR) lasers. Transactions of the IEICE 70, (1987) S. 494-503.

[4.86b] T.L.Koch; U.Koren; B.I.Miller: High performance tunable 1.5 mm InGaAs/InGaAsP multiple quantum well distributed Bragg reflector lasers. Applied Physics Letters 53 (1988) S. 1036-1038.

[4.87] M. C. Amann; S. Illek: Tunable laser diodes utilizing transverse tuning scheme. Journal of Lightwave Technology 11 (1993) S. 1168.

[4.88] R. Alferness; U. Koren; L.L. Buhl; B. I. Miller; M.G. Young; T.L. Koch; G.Raybon and C.A.Burrus: Broadly tunable InGaAsP/InP laser based on a vertical coupler filter with 57 nm tuning range. Applied Physics Letters 60 (1992) S. 3209 ff.

[4.89] M.Schilling; K.Dütting; W.Idler;, D.Baums; G.Laube; K.Wünstel; O.Hildebrand: Asymmetrical Y-Laser with single current tuning response. Electronics Letters 28 (1992) S. 1698.

[4.90] V. Jayaraman; A.Mathur; L.A.Coldren; P. D.Dapkus: Extended tuning range in sampled grating DBR lasers. IEEE Photonic Technology Letters 5 (1993) S. 489-491.

[4.91] Y.Tohmori; Y.Yoshikuni; H.Ishii; F.Kano; T.Tamamura; Y.Kondo: Over 100 nm wavelength tuning in superstructure grating (SGG) DBR lasers. Electronic Letters 29 (1993) S. 352-354.

[4.92] M. Öberg; S. Nilsson; K. Streubel; J. Wallin; L. Bäckbom and T. Klinga: 74 nm wavelength tuning range of an InGaAsP/InP vertical grating assisted codirectional coupler laser with rear sampled grating reflector. IEEE Photon. Technology Letters 5 (1993) S. 735-738.

[4.93] H. Hillmer; H.-L. Zhu; A. Grabmaier; S. Hansmann and H. Burkhard: Novel tunable semiconductor lasers using continuously chirped distributed feedback gratings with ultrahigh spatial precision. Applied Physics Letters 65 (1994) S. 2130-2132.

[4.94] T.Wipiejewski; K.Panzlaff; E.Zeeb; K.J.Ebeling: Submilliamp vertical cavity laser diode structure with 2.2 nm continuous tuning. Proceedings ECOC´92 Berlin (1992), paper ThPD 11.4.

[4.95] R.S.Geels; L.A.Coldren: Submilliamp threshold vertical-cavity laser diodes. Applied Physics letters 57 (1990) S. 1605-1607.

[4.96] S.D.Personick: Receiver design for digital fibre optic communication systems: II, Bell System Technology Journal 52 (1973) S. 875-886.

5. Optoelektronische Schaltungen

Dr. rer. nat. E. Kuphal,
Dr. rer. nat. H. Kräutle,
Dr.-Ing. R. Zengerle,
Dipl.-Chem. H.-J. Tessmann

5. Kapitel

5.1 Technologie der III-V-Halbleiter

Die in der optischen Nachrichtentechnik eingesetzten Einzelbauelemente und integrierten Schaltungen basieren auf Verbindungshalbleitern bestehend aus Elementen der Gruppe III (Al, Ga, In) und der Gruppe V (P, As, Sb) des Periodensystems. Die Erzeugung dieser III-V-Halbleiter und die Verarbeitung zu Bauelementen erfordert eine Technologie, die sich sehr stark von der Siliziumtechnologie unterscheidet. Der erste Schritt in der technologischen Prozeßkette ist die Herstellung des einkristallinen Substrats, hier bestehend aus GaAs oder InP. Die Substrate werden nicht beim Bauelementhersteller, sondern in Spezialfirmen produziert. Weltweit gibt es etwa 10 Anbieter von GaAs- und InP-Substraten, davon nur einen in Deutschland (Freiberger Elektronikwerkstoffe). Die heute verfügbare Wafergröße von GaAs beträgt 50, 75 und 100 mm im Durchmesser; bei InP ist 50 mm der Standarddurchmesser, und 75 mm werden bereits vereinzelt angeboten. Beide Materialien werden als n- oder p-Typ-Halbleiter und auch als semi-isolierendes (s.i.) Substrat angeboten. Die Defektdichten, gemessen als etch pit density (epd), hängen vom Kristallzuchtverfahren und Dotierstoff ab und liegen bei n- und p-Typ-Material typischerweise im Bereich 10^2 cm^{-2} bis 10^3 cm^{-2} und bei s.i. Material im Bereich 10^4 cm^{-2} bis 10^5 cm^{-2}. Zum Vergleich: Bei Silizium sind fast defektfreie Substrate mit 200 mm Durchmesser Stand der Technik, allerdings gibt es kein s.i. Si.

Das Substrat wird mittels Epitaxieverfahren mit dünnen einkristallinen Halbleiterfilmen beschichtet, aus denen mit Hilfe von Strukturierungstechniken die Bauelemente präpariert werden. Zu diesen Techniken gehören Photo- bzw. Elektronenstrahllithographie mit nachfolgenden Trocken- oder Naßätzverfahren zur geometrischen Definition der Strukturen, ferner die Beschichtung mit dielektrischen Schichten, die Metallisierung für ohmsche Kontakte, Schottkykontakte oder Widerstände sowie Diffusions- oder Implantationsverfahren zur lokalen Dotierung bzw. Isolierung. In Kap. 5.1.1 werden die Epitaxieverfahren und in Kap. 5.1.2 die Strukturierungstechniken beschrieben.

5.1.1 Epitaxieverfahren

Epitaxie bedeutet das Aufbringen dünner einkristalliner Schichten auf einem einkristallinen Substrat von definierter kristalliner Orientierung (im Gegensatz etwa zur Abscheidung amorpher oder polykristalliner Filme mittels Aufdampfen oder Sputtern). Die gewünschten elektrischen und optischen Eigenschaften der epitaktischen Halbleiterschichten hängen entscheidend von der kristallinen Perfektion und den eingebauten Dotierstoffen ab. Mittels Epitaxie wird die Materialzusammensetzung (z. B. binäre Halbleiter GaAs, InP oder Mischkristalle $Al_xGa_{1-x}As$, $In_{1-x}Ga_xAs$, $Al_xIn_{1-x}As$, $In_{1-x}Ga_xAs_yP_{1-y}$) und die damit verbundenen Eigenschaften wie Bandabstand, Emissionswellenlänge, Brechzahl und Absorptionskoeffizient definiert. Die Dicke der einzelnen Heteroschichten wird durch die Aufwachszeit und der Leitungstyp (n, p oder s.i.) sowie die Ladungsträgerkonzentration durch den Einbau von Dotierstoffen kontrolliert. Epitaxie kann auf planaren oder strukturierten Substraten stattfinden, kann auch selektiv auf teilweise maskierten Wafern erfolgen, etwa zum Überwachsen von bereits teilweise strukturierten Bauelementen. Üblicherweise werden für ein modernes elektrooptisches Bauelement 2 bis 4 epitaktische Schritte benötigt.

Das erste verfügbare Epitaxieverfahren für III-V-Halbleiter war 1963 [5.1] die Flüssigphasenepitaxie (engl.: liquid phase epitaxy (LPE)), mit deren Hilfe wichtige Bauelemente wie der Doppelheterostrukturlaser auf GaAs- und auf InP-Substrat, pin-Photodioden, Avalanche-Photodioden, Gunn-Elemente, Bipolartransistoren, pin-FET-Empfänger u.v.a. erstmals realisiert werden konnten. Etwas später folgte die Entwicklung der aufwendigeren Gasphasenepitaxie (engl.: vapour phase epitaxy (VPE)). Aber erst seit dem Durchbruch modernster Epitaxieverfahren in den letzten 10 Jahren, nämlich der Molekularstrahlepitaxie (engl.: molecular beam epitaxy (MBE)), der metallorganischen Gasphasenepitaxie (engl.: metalorganic vapour phase epitaxy (MOVPE)) und Mischformen zwischen diesen beiden, ist das Wachstum von völlig neuartigen Schichtfolgen wie Multi-Quantenfilmstrukturen (engl.: multi quantum well (MQW)) mit Quanteneffekten bei Schicht-

OPTOELEKTRONISCHE SCHALTUNGEN

dicken < 20 nm, Übergittern (periodische Folge von dünnen Heterostrukturen), verspannten Schichten und anderen niederdimensionalen Strukturen möglich geworden. Diese Verfahren haben zu einer wahren Revolution in der Entwicklung neuer elektronischer und optischer Bauelemente geführt. Alle genannten Epitaxieverfahren haben Vorteile für spezielle Anwendungsfälle, so daß für die hier betrachteten Bauelemente nicht nur ein Verfahren ausreicht. So stehen z. B. im Forschungszentrum der Deutschen Telekom die Verfahren LPE, VPE, MOVPE und MBE zur Verfügung. Alle genannten Verfahren erzeugen heutzutage Schichten von hoher kristalliner Perfektion und Reinheit, welche durch elektrische, optische und röntgenographische Methoden nachgewiesen werden kann. Die Vor- und Nachteile der verschiedenen Epitaxieverfahren werden im folgenden beschrieben.

5.1.1.1 Flüssigphasenepitaxie (LPE)

Bei der LPE (liquid phase epitaxy) wird die epitaktische Schicht aus einer metallischen Lösung abgeschieden; z.B. ist eine Lösung bestehend aus 99,4 % Ga und 0,6 % As bei 700 °C im Gleichgewicht mit festem GaAs. Wird nun der As-Gehalt etwas erhöht oder die Temperatur um wenige Grad abgesenkt, so entsteht eine Übersättigung, die als treibende Kraft für die epitaktische Abscheidung dient. Die LPE ist also ein Prozeß nahe dem thermodynamischen Gleichgewicht zwischen flüssiger und fester Phase und liefert aus diesem Grunde eine hervorragende Kristallqualität. Im Gegensatz zu diesem Wachstum aus der Lösung werden Substratkristalle aus der Schmelze gezüchtet, z.B. GaAs am Schmelzpunkt von 1238 °C aus einer Schmelze bestehend aus 50 % Ga und 50 % As. Während bei der Züchtung aus der Schmelze die hohen Temperaturgradienten zur Erzeugung von Fehlstellen beitragen, liegen die Abscheidetemperaturen aller Epitaxieverfahren erheblich niedriger, so daß Epischichten generell eine höhere Kristallqualität als Substrate aufweisen.

Die technische Realisierung des LPE-Prozesses ist in Bild 5.1 dargestellt. In einem horizontalen Schiebetiegel aus Graphit befinden sich das Substrat sowie un-

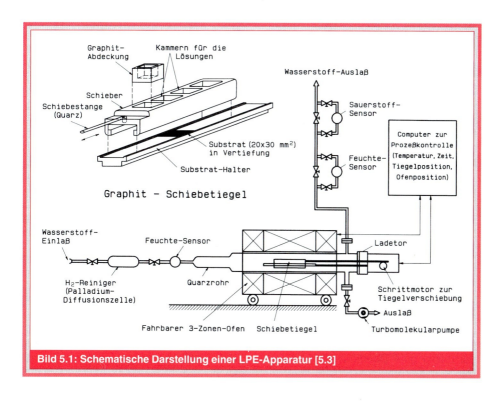

Bild 5.1: Schematische Darstellung einer LPE-Apparatur [5.3]

terschiedliche metallische Lösungen. Diese werden mittels rechnergesteuerter Schiebebewegung nacheinander auf das Substrat auf- und wieder abgeschoben. Die Abscheidung findet unter H_2 und Atmosphärendruck und Temperaturen im Bereich 500 °C – 750 °C statt. Die Zusammensetzung einer Lösung bestimmt die Zusammensetzung der jeweiligen Epischicht. Der Zusammenhang zwischen Lösungs- und Festkörperzusammensetzung ist durch fest-flüssig-Phasendiagramme gegeben, die experimentell als Funktion der Temperatur bestimmt wurden [5.2]. Die Wachstumsgeschwindigkeit r_g ist bestimmt durch die Diffusion der gelösten Elemente im Lösungsmittel (z. B. As in der Ga-Lösung) zur Grenzfläche. Somit ist r_g diffusionsbegrenzt und leider zeitlich nicht konstant. Der zeitliche Verlauf von r_g und der Schichtdicke d ist bei isothermer Abscheidung gegeben durch [5.3]

$$r_g(t) \sim \Delta T(D/t)^{1/2} \quad \text{und} \quad d(t) \sim \Delta T(Dt)^{1/2}. \quad (5.1)$$

D ist der Diffusionskoeffizient in der Lösung. Die Schichtdicke ist proportional zur Übersättigung ΔT, d.h. der Differenz der Sättigungstemperatur der Lösung und der Tiegeltemperatur. Typische Wachstumsraten liegen im Bereich $r_g = (5\ldots 100)$nm $(t/s)^{-1/2}$. Man sieht, daß r_g gerade bei Beginn des Wachstums sehr hoch ist, was die reproduzierbare Erzeugung dünner Schichten sehr erschwert. Da ΔT nur wenige °C beträgt, ist es erforderlich, die Tiegeltemperatur auf ca. 0,1 °C genau zu kontrollieren und die Lösungszusammensetzung, die meist durch Abwiegen der Einzelelemente erreicht wird, extrem genau einzuhalten. Messungen der Dickenreproduzierbarkeit und -homogenität ergaben, daß bei nominell 150 nm dicken Schichten die Standardabweichung der Dicke 20 % von Schicht zu Schicht und 7 % auf einem Wafer der Größe 30 x 20 mm² beträgt [5.3]. Dieser Nachteil bewirkt, daß die LPE für Schichtdicken unter 150 nm nicht zuverlässig einsetzbar ist und somit als Produktionstechnik für viele moderne Bauelemente ausscheidet. Ein weiterer Nachteil ist die nur mäßig gute Oberflächenmorphologie: Das ausgeprägt laterale LPE-Wachstum führt auf leicht fehlorientierten Substraten zu einer „Stufenbündelung", die sich makroskopisch als Wellenmuster äußert. Desweiteren kann zwar s.i. InGaAs, nicht aber das für Isolationszwecke so wichtige s.i. InP hergestellt werden.

Die Vorteile der LPE sind: Sie ist ein preiswertes Verfahren, sie ist im Vergleich zu den Gasphasenepitaxien ein sehr ungefährliches Verfahren, weil die Quellmaterialien kompakt, fest, kaum giftig, nicht pyrophor, wasserunlöslich und somit leicht zu deponieren sind. Die Umweltbelastung ist somit minimal. Die LPE hat von allen Epitaxieverfahren den höchsten Depositionswirkungsgrad, denn die metallischen Lösungen können wieder gesättigt und somit wiederverwendet werden.

Mittels LPE können alle III-V-Materialien einschließlich der phosphorhaltigen Verbindungen realisiert werden. Gitteranpassung von Heterostrukturen ist dank des „lattice-pulling"-Effekts [5.4] leicht zu erreichen. Die LPE hat ferner eine stark planarisierende Wirkung. Diese Eigenschaft ist heute der Hauptanwendungsgrund für die LPE in Komponenten der optischen Nachrichtentechnik: Sie wird u.a. zum seitlichen planaren Zuwachsen von BH-Lasern (engl. buried heterostructure (BH)) mittels isolierender n-p-n-Schichten eingesetzt. Eine weitere Besonderheit ist die stark orientierungsabhängige Nukleation: Die relative Wachstumsgeschwindigkeit verschiedener Materialien auf niedrigindizierten InP-Flächen hat folgende Reihenfolge [5.5]:

InP	(100) >	(111)B >>	(111)A
$In_{0,53}Ga_{0,47}As$	(100) >>	(111)A >	(111)B
$In_{0,75}Ga_{0,25}As_{0,55}P_{0,45}$	(100) >>	(111)B >	(111)A.

Die Millerschen Indizes in der Gleichung (5.2) definieren die Lage der Gitterebenen; A und B bedeuten eine In- bzw. P-reiche Oberfläche.

Diese Eigenschaft kann z.B. zur Erzeugung einer Laserstruktur mit vergrabener aktiver Schicht mittels eines einzigen LPE-Schrittes auf einem strukturierten Substrat benutzt werden, wie in Bild 5.2 dargestellt ist. Der Vorteil dieses Verfahrens besteht darin, daß die Flanken der aktiven Schicht zu keinem Zeitpunkt der Atmosphäre aus-

OPTOELEKTRONISCHE SCHALTUNGEN

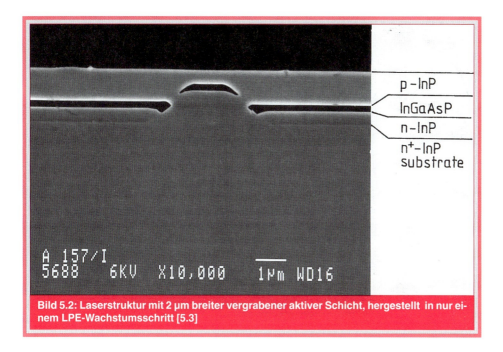

Bild 5.2: Laserstruktur mit 2 µm breiter vergrabener aktiver Schicht, hergestellt in nur einem LPE-Wachstumsschritt [5.3]

gesetzt wurden, so daß die Bildung nichtstrahlender Rekombinationszentren verringert wird. Trotz des strukturierten Substrats ist die Oberfläche dieser Schicht völlig planar!

Insgesamt liegt aber die Attraktivität der LPE in der sehr preiswerten Herstellung einfacher Strukturen mit größeren Schichtdicken und hoher Lumineszenzausbeute, wie sie für Lumineszenzdioden (engl.: light emitting diode (LED)), insbesondere solche aus GaP (grün), AlGaAs (rot), GaAs (880 nm) und InGaAsP (1,3 µm) erforderlich sind.

5.1.1.2 Gasphasenepitaxie (VPE)

Die VPE wie auch die MOVPE (vgl. Kap. 5.1.1.3) und MBE (vgl. Kap. 5.1.1.4) haben gegenüber der LPE den großen Vorteil, daß die Schichtdicke proportional zur Wachstumszeit ist und daß die Wachstumsgeschwindigkeit proportional zum Massenfluß der Gruppe-III-Gase ist. Bei allen Gas-Verfahren müssen die Elemente des Halbleiters als gasförmige Komponenten vorliegen. Bei der Hydrid-Gasphasenepitaxie (Thietjen-Verfahren) [5.6], der gebräuchlichsten Variante der VPE, wird z.B. zur Erzeugung von InP Indiumchlorid (InCl) mit dem Hydrid PH_3 zur Reaktion gebracht. InCl ist allerdings nur bei hohen Temperaturen gasförmig, weshalb man es durch Reaktion von HCl mit elementarem Indium in einer Quellenzone bei hoher Temperatur erst kurz vor der Wachstumszone erzeugt.

Die Wirkungsweise der Hydrid-VPE ist in Bild 5.3 veranschaulicht. Man erkennt einen Doppelkammerreaktor [5.7] mit den erforderlichen Gasflüssen. In jeder Kammer kann nur eine bestimmte Materialzusammensetzung erzeugt werden. Zur Erzeugung einer Doppelschicht wird das Substrat mechanisch in ca. 2 s von der einen in die andere Kammer umgesetzt. Im dargestellten Beispiel wird in der unteren Kammer undotiertes InP und in der oberen Kammer Fe-dotiertes s.i. InP erzeugt. Bild 5.3 enthält auch eine schematische Darstellung des Hydrid-Prozesses sowie die Bruttoreaktion zur Abscheidung von InP.

Die wesentlichen Vorteile der Hydrid-VPE sind:

- Die VPE ist ähnlich wie die LPE ein Nahe-Gleichgewichtsprozeß, denn die Reaktion ist umkehrbar: Erhöht man auf der rechten Seite der Abscheidereakti-

5. Kapitel

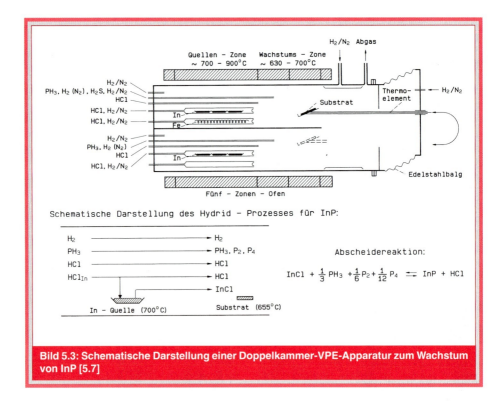

Bild 5.3: Schematische Darstellung einer Doppelkammer-VPE-Apparatur zum Wachstum von InP [5.7]

onsgleichung die HCl-Konzentration, so wird das InP angeätzt, und es entstehen wieder InCl und Phosphor-Verbindungen. Also kann die „Wachstumsrate" je nach Zugabe von freiem HCl von Anätzen bis Abscheiden kontinuierlich eingestellt werden. (Dies entspricht der Einstellung einer Untersättigung oder Übersättigung bei der LPE.) Es sind sehr hohe Wachstumsraten bis 100 µm/h möglich [5.7].

- Die VPE ist besonders geeignet für selektives Wachstum. Abscheidung auf dem Maskenmaterial (z.B. SiO_2) wird unterdrückt, da kein chemisches Gleichgewicht mit dem Maskenmaterial besteht.
- Die VPE planarisiert sehr gut und eignet sich daher besonders zum Auffüllen und Überwachsen strukturierter Oberflächen. Es kann auch s.i. InP erzeugt werden, welches beim Auffüllen und Planarisieren bevorzugt zum Einsatz kommt.
- Dank des hohen Depositionswirkungsgrades und niedrigen erforderlichen V/III-Verhältnisses (< 3) ist die VPE ein preisgünstiges Produktionsverfahren, insbesondere zur Herstellung stark lumineszierender LEDs.

Nachteile der VPE sind:
- Die Wachstumsrate hängt von Schwankungen der Substratorientierung ab, und die Oberflächenmorphologie ist nur mäßig gut.
- Al-haltige Schichten werden mangels einer geeigneten gasförmigen Al-Halogenverbindung mit der VPE praktisch nicht hergestellt.
- Die VPE ist relativ unflexibel bzgl. des Wachstums von komplexen Schichtstrukturen, denn für jede unterschiedliche Materialzusammensetzung ist eine eigene Quellenzone erforderlich. Es wurden zwar in der Anfangszeit auch InGaAsP/InP DH-Laser (DH: Doppel-Heterostruktur) mittels VPE erzeugt [5.8], dies Verfahren wurde aber später durch die flexiblere MOVPE abgelöst.
- Zur Erzeugung sehr dünner Schichten (z.B. MQW-Schichten) ist die VPE nur bedingt geeignet, da hierfür die Wachstumsrate im allgemeinen zu hoch ist.

OPTOELEKTRONISCHE SCHALTUNGEN

Bild 5.4 zeigt das Zuwachsen eines Pilz-Lasers mittels VPE-InP [5.9]. In Bild a) ist die aktive InGaAsP-Schicht bereits seitlich etwas zugewachsen. Die VPE hat die günstige Eigenschaft, daß sie zunächst die unterätzten Bereiche lückenlos auffüllt. Bild 5.4 b zeigt dann die endgültige Auffüllung des gesamten Gebietes seitlich des Pilzes, ohne daß es zu einer störenden Wachstumsüberhöhung kommt.

Zusammenfassend wird festgestellt, daß die Vorteile der VPE in der wirtschaftlichen LED-Produktion und ihren günstigen Eigenschaften beim Auffüllen, Planarisieren und selektiven Wachstum liegen.

5.1.1.3 Metallorganische Gasphasenepitaxie (MOVPE)

Die MOVPE, auch MOCVD (engl. metalorganic chemical vapour deposition) genannt [5.10, 5.11], ist heute dasjenige Epitaxieverfahren, welches am häufigsten zur Erzeugung moderner optoelektronischer Bauelemente eingesetzt wird.

Hiermit werden die Materialsysteme InGaAsP und InGaAlAs gleichermaßen gut beherrscht. Bei der MOVPE werden für die Gruppe-III-Elemente metallorganische (MO) Verbindungen und im allgemeinen für die Gruppe-V-Elemente Hydride benutzt. Es existieren heute für alle benötigten Elemente diverse MO-Verbindungen, die den Anforderungen des gewünschten Dampfdrucks bei Raumtemperatur, der geeigneten Zerfallstemperatur und der chemischen Reinheit genügen [5.12]. Da die Komponenten bei Raumtemperatur gasförmig vorliegen, kann man sie mit Massenflußreglern und Ventilen leicht während des Wachstums an- und abschalten, mischen und ihre Konzentration variieren. Somit ergibt sich eine hohe Flexibilität für das Wachstum komplexer Schichtstrukturen.

Das Schema einer MOVPE-Anlage ist in Bild 5.5 dargestellt. Die MO-Verbindungen befinden sich meist als Flüssigkeiten in Waschflaschen, und beim Durchspülen von Wasserstoff (H_2) wird das MO-Gas herausgeleitet. Die Gasströme aus den MO-Quellen und den Hydrid-Kanälen (z.B. AsH_3) werden im Gasmischsystem gemischt und entweder ins Reaktionsrohr (Run) oder in den Auspuff (Vent) geleitet. Die Abscheidung findet unter H_2 als Trägergas bei Drücken zwischen 20 mbar und Atmosphärendruck und bei Temperaturen im Bereich 550 °C bis 700 °C statt. Der Reaktor in Bild 5.5 ist für ein 50 mm-Substrat geeignet, welches zur Verbesserung der Schichthomogenität auf einem rotierenden Substratträger liegt. Darüber hinaus gibt es Produktionsanlagen, z.B. sog. Planetenreaktoren [5.14] für die gleichzeitige sehr homogene Beschichtung von zwölf 50 mm-Substraten.

Bei Verwendung der MO-Verbindung Trimethylindium (In(CH_3)$_3$) und des Hydrids Phosphin (PH_3) lautet die Brutto-

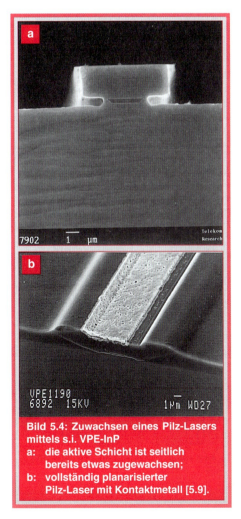

Bild 5.4: Zuwachsen eines Pilz-Lasers mittels s.i. VPE-InP
a: die aktive Schicht ist seitlich bereits etwas zugewachsen;
b: vollständig planarisierter Pilz-Laser mit Kontaktmetall [5.9].

5. KAPITEL

reaktionsgleichung zur Abscheidung von InP

$$\text{In}(CH_3)_3 + PH_3 \rightarrow \text{InP} + 3CH_4. \quad (5.3)$$

Die Ausgangsstoffe zerfallen pyrolythisch teilweise im Gasraum über dem Substrat und teilweise im adsorbierten Zustand auf dem Substrat. Die Methylreste (CH_3) verbinden sich mit H^+-Ionen aus dem Zerfall des Phosphins zu Methan (CH_4), welches als flüchtige Verbindung den Reaktionsraum verläßt. Auf diese Weise wird der Einbau des Kohlenstoffs aus den MO-Verbindungen in die Schicht unterdrückt.

Die wesentlichen Vorteile der MOVPE sind:

■ Die MOVPE ist ebenso wie die MBE ein Nicht-Gleichgewichtsprozeß zwischen Gas- und Festphase in dem Sinne, daß die Reaktionsgleichung (5.3) nicht umkehrbar ist. Es ist nur Abscheidung, aber keine Anätzung mit anschließender Wiedererzeugung der Ausgangskomponenten möglich. Das Wachstum ist somit weniger sensitiv auf die Bindungsenergien an der Substratoberfläche. In der Praxis bedeutet dies, daß das Wachstum weniger von der Fehlorientierung und von Substratstörungen abhängt und damit glatter wird als bei einem Gleichgewichtsprozeß (LPE, VPE).

■ Die Wachstumsrate liegt im Bereich 1 bis 4 Monolagen/s, entsprechend 1 bis 4 µm/h. Eine Monolage InP entspricht 0,29 nm. Damit ist die MOVPE zur Erzeugung aller modernen Schichtstrukturen mit Schichtdicken von wenigen Monolagen [5.15] bis einige µm geeignet. Bild 5.6 demonstriert das sehr gleichmäßige Wachstum dünner Schichten anhand des Tiefenprofils einer MQW-Laserschicht mit je 7 nm dicken InGaAs-Quantentöpfen und 6 nm dicken InGaAsP-Barrieren. Die Flankensteilheit ist hier durch die Tiefenauflösung der Sekundärionenmassenspektrometrie (SIMS) begrenzt.

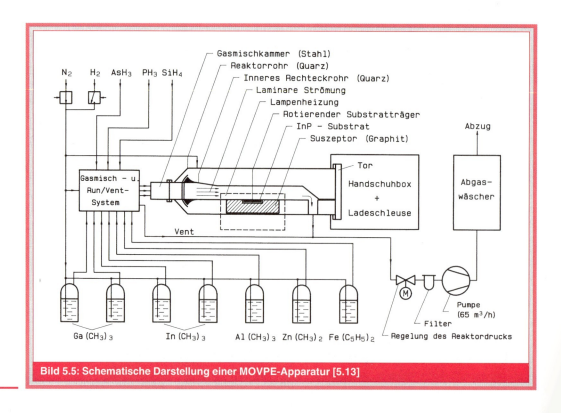

Bild 5.5: Schematische Darstellung einer MOVPE-Apparatur [5.13]

OPTOELEKTRONISCHE SCHALTUNGEN

- Die Anwendung der Niederdruck-MOVPE gestattet eine hohe Strömungsgeschwindigkeit über dem Substrat (mehrere m/s), so daß die Gase durch Umschalten schnell ausgetauscht werden können und somit scharfe Heterogrenzen erzeugt werden können. Grenzflächen von nur 1 bis 2 Monolagen Dicke sind z.B. im System InGaAs/InP erreichbar [5.15].
- MOVPE-Schichten zeichnen sich durch eine sehr hohe Lumineszenzausbeute aus; insbesondere ist sie bei den indiumhaltigen Materialien wesentlich höher als bei der MBE. Dies hängt mit der bei diesen Materialien höheren Wachstumstemperatur und damit größeren Oberflächenbeweglichkeit bei der MOVPE zusammen.
- Alle erforderlichen n- und p-Dotierungen sind erreichbar. Insbesondere wird eine hohe p-Dotierung bis $7 \cdot 10^{19}$ cm^{-3} im InGaAs mit dem ortsfesten Akzeptor Kohlenstoff erzielt [5.16], was u.a. für die Basisschicht in Heterobipolartransistoren (HBTs) wichtig ist. Ferner wird s.i. Fe-dotiertes InP für Isolationsschichten routinemäßig mittels MOVPE hergestellt [5.13].
- Die MOVPE eignet sich sehr gut für selektives Wachstum, da die partiell zerlegten MO-Komponenten, die auf dem Maskenmaterial adsorbiert sind, dank ihrer hohen Beweglichkeit zur freien Halbleiteroberfläche wandern, wo sie eingebaut werden.
- Sie eignet sich auch sehr gut zum Überwachsen nichtplanarer Strukturen. Bild 5.7 zeigt eine MOVPE-InGaAsP-Laserstruktur mit einem eingeätzten Bragg-Gitter mit Phasenverschiebung, das mittels MOVPE anlösungsfrei mit InP überwachsen wurde. Vorteilhaft ist bei der MOVPE, daß die Oxidschicht auf der zu bewachsenden Schicht (hier dem Bragg-Gitter) durch die H$^+$-Ionen aus dem Zerfall der Hydride reduziert wird. Somit konnten auch InGaAlAs-Gitter erfolgreich überwachsen werden [5.13].

Nachteile der MOVPE sind:
- Zur Erzeugung reiner Schichten sind relativ hohe V/III-Verhältnisse erforderlich (>50), was hohen Gasverbrauch bedingt.

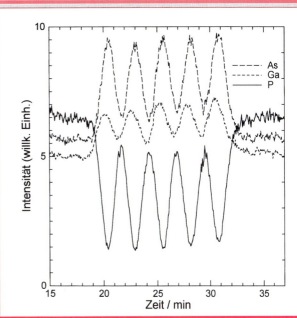

Bild 5.6: Tiefenprofil der Elemente As, Ga und P einer MOVPE-MQW-InGaAsP/InGaAs Laserstruktur [5.13], gemessen mittels SIMS (s. Text)

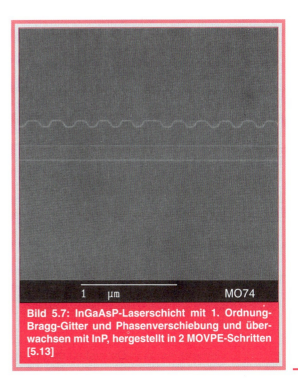

Bild 5.7: InGaAsP-Laserschicht mit 1. Ordnung-Bragg-Gitter und Phasenverschiebung und überwachsen mit InP, hergestellt in 2 MOVPE-Schritten [5.13]

5. Kapitel

- Die im allgemeinen verwendeten Hydride sind hochtoxisch, was eine aufwendige Sicherheitstechnik erfordert. Zunehmend werden heute aber stattdessen metallorganische As- und P-Verbindungen verwendet, z.B. Tertiärbutylarsin und -phosphin [5.12]. Diese sind wesentlich ungefährlicher als AsH_3 und PH_3 sind und erlauben zudem das Wachstum bei einem viel geringeren V/III-Verhältnis.
- Da das Prozeßgas beim tangentialen Strömen über das Substrat an reaktiven Molekülen verarmt, wird eine gute laterale Homogenität der Epischicht nur durch Optimierung der Prozeßparameter und durch eine geeignete Reaktorgeometrie (z.B. Planetenreaktor) erreicht.
- Das planare Zuwachsen von Mesastrukturen mittels MOVPE gelingt nicht ohne weiteres wie mit den Gleichgewichtsprozessen VPE und LPE. Es wurden aber schon sehr befriedigende Ergebnisse erzielt, a) wenn der Mesa unter der Maske ca. 1 µm unterätzt wird [5.13] oder b) wenn den Prozeßgasen HCl zugegeben wird oder c) wenn das Zuwachsen mit gepulsten Gasflüssen erfolgt.

5.1.1.4 Molekularstrahlepitaxie (MBE)

Seit die MBE erstmals Ende der 1960iger Jahre durch Cho und Arthur verwendet wurde, um GaAs-Epischichten zu erzeugen, wurde dieses Verfahren sehr schnell weiterentwickelt [5.17, 5.18]. In der MBE erfolgt das Schichtwachstum durch Reaktion zwischen Molekül- oder Atomstrahlen und der Substratoberfläche, die auf erhöhter Temperatur im Ultrahochvakuum (UHV) gehalten wird. Bild 5.8 zeigt das Prinzip einer MBE-Anlage. Die Materialzusammensetzung der Epischichten und ihre Dotierung hängen von den Verdampfungsraten der entsprechenden Elemente in den Effusionszellen (Öfen) ab, welche sehr genau temperaturstabilisiert werden. Die Öfen der hier beschriebenen Feststoff-MBE enthalten die flüssigen Elemente Ga, Al und In sowie die festen, sublimierenden Elemente As, Si (n-Dotierstoff) und Be (p-Dotierstoff). Der Dampfdruck jedes einzelnen Elementes im Molekülstrahl wird mit einer Ionisationsmeßröhre gemessen und durch Anpassung der Ofentemperatur nachgeregelt. Der Arbeitsdruck im Molekülstrahl der Gruppe-V-Komponente beträgt ca. 10^{-5} mbar.

Da dieser Druck einer freien Weglänge der Moleküle entspricht, die größer als der Abstand zwischen Ofen und Substrat ist, sind somit Gasphasenreaktionen ausgeschlossen, was den Abscheidemechanismus wesentlich vereinfacht. Um reine, undotierte Schichten zu erzeugen, ist im Rezipienten ein um 5 Größenordnungen geringerer Hintergrunddruck, also ca. 10^{-10} mbar, erforderlich. Zur Verbesserung des Vakuums ist die Umgebung der Öfen und des Substrats mit Kühlschilden versehen, die von flüssigem Stickstoff durchströmt werden. Das Substrat, das sich im Fokus der Strahlkeulen der Effusionszellen befindet, wird indirekt von der Rückseite beheizt und zur besseren Schichthomogenität rotiert. Die Substrattemperatur wird mit einem Pyrometer gemessen.

Beim Wachstum z.B. von GaAs haben die auf das Substrat auftreffenden Ga-Atome den Haftkoeffizienten S = 1. Die aus der As-Quelle austretenden As_4-Moleküle werden auf dem Substrat zu As_2 zerlegt und haben ebenfalls S = 1, sofern sie Ga-Partner entsprechend der Reaktion

$$2Ga + As_2 \rightarrow 2GaAs \qquad (5.4)$$

finden. Treffen sie aber auf ein bereits eingebautes As-Atom, so gilt S = 0. Wird also der Gruppe-V-Fluß im Überschuß angeboten, so stellt sich die Stöchiometrie von GaAs von selbst ein, und der Gruppe-III-Fluß bestimmt die Wachstumsrate (wie bei VPE und MOVPE).

Die wesentlichen Vorteile der MBE sind:
- Die Wachstumsgeschwindigkeit von typisch 1 µm/h (1 Monolage/s) ist so gering, daß die auftreffenden Atome sich durch Oberflächenmigration auf den richtigen Gitterplätzen arrangieren können. Somit wird die Oberfläche des gewachsenen Films sehr glatt.
- Blenden vor den Öfen mit Schließzeiten von 0,1 s ermöglichen das Wachstum

OPTOELEKTRONISCHE SCHALTUNGEN

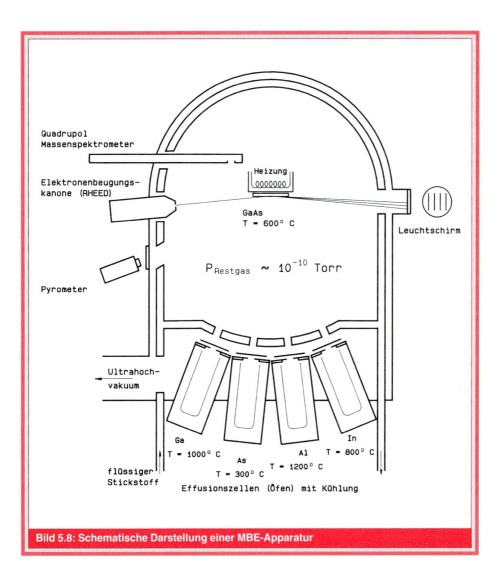

Bild 5.8: Schematische Darstellung einer MBE-Apparatur

extrem dünner Schichten bis herab zu einer Monolage, atomar glatte Heterogrenzflächen sowie δ-förmige Dotierungsprofile.
- Die MBE eignet sich hervorragend für das System AlGaAs/GaAs, und viele neue Phänomene an Heterostrukturen, MQW-Strukturen und Übergittern wurden erstmals an MBE-AlGaAs/GaAs-Schichten erforscht [5.19]. Die MBE ist heute ein etabliertes Produktionsverfahren für High Electron Mobility Transistoren (HEMTs) und kurzwellige Laser.
- Aber auch für langwellige Laser und HEMTs im System InGaAs/InAlAs/InGaAlAs auf InP-Substrat sowie für pseudomorphe HEMTs im System InGaAs/AlGaAs/GaAs eignet sich die MBE sehr gut.

Bild 5.9 zeigt eine kompensiert verspannte 1,55 µm-MBE-MQW-Laserstruktur bestehend aus kompressiv verspannten InGaAlAs-Potentialtöpfen und zugverspannten InGaAlAs-Barrieren zwischen unverspannten quaternären Schichten auf einem InP-Substrat [5.20]. Die Gleichmäßigkeit der einzelnen Schichtdicken sowie ihre laterale Homogenität und Reproduzierbarkeit ist bei der MBE sehr gut.

5. Kapitel

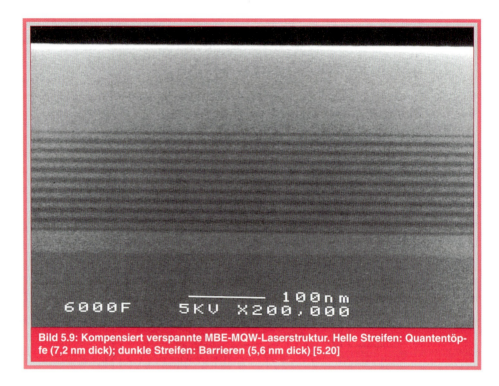

Bild 5.9: Kompensiert verspannte MBE-MQW-Laserstruktur. Helle Streifen: Quantentöpfe (7,2 nm dick); dunkle Streifen: Barrieren (5,6 nm dick) [5.20]

■ Da der Prozeß im UHV stattfindet, läßt sich das Wachstum in situ z.B. mittels Elektronenbeugung unter streifendem Einfallswinkel (reflection high energy electron diffraction (RHEED)) beobachten. RHEED gibt Informationen über die Oberflächenrekonstruktion (z.B., ob die Oberfläche As-reich oder Ga-reich ist), über die Oberflächenqualität (2-dimensionales oder 3-dimensionales Wachstum) und über die Wachstumsrate anhand der RHEED-Oszillationen. Diese Oszillationen kommen folgendermaßen zustande: Die RHEED-Intensität ist bei einer geschlossenen Monolage sehr hoch; sie nimmt ab, wenn sich die nächste Monolage in kleinen Inseln bildet, und sie nimmt wieder zu, wenn die nächste Monolage nahezu aufgefüllt ist. Somit lassen sich die Monolagen zumindest in der Anfangsphase des Wachstums abzählen.

Nachteile der MBE sind:

■ Mit der Feststoff-MBE konnten bisher phosphorhaltige Materialien, also das für die optische Nachrichtentechnik so wichtige InP und InGaAsP, praktisch nicht erzeugt werden. Neuerdings gibt es dazu aber Ansätze, wobei ventilgesteuerte Phosphor-Crackerzellen eingesetzt werden, die P_4 zu P_2 zerlegen. Die genaue Kontrolle von zwei Gruppe-V-Flüssen, nämlich As und P beim InGaAsP, wird allerdings als sehr schwierig angesehen.

■ Selektive Epitaxie ist kaum möglich, da die Gruppe-III-Atome auf dielektrischen Masken haften und polykristallines Wachstum verursachen.

■ Starke p-Dotierung von InGaAs mit Hilfe des ortsfesten Dotierstoffes Kohlenstoff ist bisher nicht gelungen.

■ Die chemische Reduktion von Oxiden auf der Probe ist im UHV nicht möglich. Oxide werden hier durch Abheizen entfernt, was bei Al-haltigen Proben allerdings kaum möglich ist.

■ Zum Planarisieren und Zuwachsen von Mesastrukturen ist die MBE als Nicht-Gleichgewichtsprozeß nicht geeignet.

5.1.1.5 Gasquellen-MBE (GSMBE), Metallorganische MBE (MOMBE)

In den letzten Jahren wurden vielversprechende Mischformen zwischen Feststoff-MBE und MOVPE entwickelt, die allesamt UHV-Prozesse sind, bei denen aber die Feststoffquellen teilweise oder ganz durch Gasquellen ersetzt werden. Bei der GSMBE (engl.: gas source MBE) werden die Gruppe-III-Elemente aus elementarem Al, Ga und In verdampft, während die Gruppe-V-Elemente aus gecrackten Hydriden stammen. Die GSMBE bietet aber außer den quasi unerschöpflichen Hydridquellen kaum Vorteile gegenüber einer Feststoff-MBE mit Cracker-Zellen. Werden für die Gruppe-III-Elemente metallorganische Quellen, z.B. die Alkyle TMIn und TEGa, verwendet, so spricht man von MOMBE (engl.: metalorganic MBE) oder CBE (engl.: chemical beam epitaxy) [5.17]. Dabei wird das As_2 und P_2 aus dem thermischen Zerfall von Hydriden oder, seltener, wegen der geringeren Giftigkeit, aus Trimethylarsin (TMAs) und Triethylphosphin (TEP) gewonnen. Bei der MOMBE (= CBE) ist der Wachstumsmechanismus völlig anders als bei der Feststoff-MBE, weil die teilweise zerlegten MO-Verbindungen wie bei der MOVPE eine hohe Oberflächenbeweglichkeit haben, aber Gasphasenreaktionen im Gegensatz zur MOVPE ausgeschlossen sind. Man verbindet somit die Vorteile aus MBE und MOVPE: Der Vorteil der hohen Grenzflächenschärfe und Homogenität und des relativ geringen V/III-Verhältnisses wird verbunden mit dem Vorteil, daß auch die phosphorhaltigen Verbindungen gewachsen werden können, selektive Epitaxie möglich ist (kein Wachstum auf den Masken), starke Kohlenstoffdotierung im InGaAs erreicht wird und s.i. Fe-dotiertes InP realisierbar ist.

Allerdings ist der apparative Aufwand sehr hoch, weil die Probleme beider Verfahren, das UHV bei der MBE und das komplexe Gasmischsystem bei der MOVPE, sich addieren. Mittels MOMBE wurden bereits sehr gute Schichtresultate erzielt [5.21], aber die Materialzusammensetzung hängt viel empfindlicher von der Substrattemperatur ab als bei den beiden zugrunde liegenden Verfahren.

Zusammenfassend ist festzustellen, daß für die Erzeugung der Halbleiterkomponenten der optischen Nachrichtentechnik die drei Epitaxieverfahren VPE, MOVPE und MBE erforderlich sind, weil sie sich gegenseitig ergänzen und daß die LPE für die hier betrachteten Anwendungen durch die VPE ersetzbar ist.

5.1.2 Strukturierungstechniken

Die Realisierung von optischen und elektronischen Bauelementen erfordert technologische Verfahren, mit denen sich räumlich begrenzte Gebiete mit unterschiedlichen Eigenschaften herstellen lassen, um Licht oder elektrische Ladungsträger zu führen. Bei diesen Bauelementen müssen aus den epitaktischen Schichten (siehe Kap. 5.1.1) räumlich begrenzte Bereiche geätzt, lokal verändert, passiviert und kontaktiert werden. Bild 5.10 zeigt einen Strukturierungsprozeß für einen Heterobipolartransistor mit einem diffundierten oder implantierten Basiskontakt.

Neben den aktiven Bereichen (eigentliches Bauelement) beeinflussen passive Bereiche, wie Kontakte, Zuleitungen mit ohmscher, kapazitiver und induktiver Belastung die Eigenschaften der Schaltungen (z.B. die Grenzfrequenz). Technologische Prozesse, die neben der Epitaxie wesentlich die Leistungsfähigkeit der Bauelemente und deren Strukturen beeinflussen, sind die Lithographie, das Ätzen, die Diffusion, die Ionenimplantation, das Tempern, die Passivierung und die Metallisierung.

5.1.2.1 Lithographie

Die Abmessungen der in der Optoelektronik verwendeten Strukturen und Schaltungen sind im Mikrometer- und Submikrometerbereich. Zur Strukturierung werden Maskierungen benötigt, die mit Lithographieverfahren hergestellt werden. Die Verfahren werden entsprechend den Anforderungen an den Durchsatz und die Strukturierungsgenauigkeit gewählt.

Beim Kontaktlithographieverfahren wird eine Maske in direkten Kontakt mit einer mit Photolack beschichteten Probe gebracht und mit einer UV-Lampe homogen be-

5. Kapitel

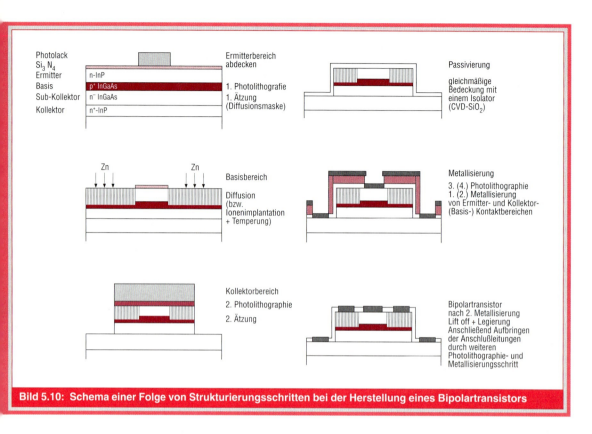

Bild 5.10: Schema einer Folge von Strukturierungsschritten bei der Herstellung eines Bipolartransistors

leuchtet. Hierbei werden im anschließenden Entwicklungsprozeß bei Verwendung von Positivlack die belichteten und beim Negativlack die unbelichteten Bereiche weggelöst. Einige Lacke lassen sich je nach Vorbehandlung (Flutbelichtung) sowohl als Positiv- als auch als Negativlack benutzen (Image-Reversal) [5.22]. Das Kontaktverfahren ist insbesondere für große Flächen und Stückzahlen interessant, erfordert jedoch planare Oberflächen und ist durch die Justiergenauigkeit und die Streuung des Lichtes an den Maskenkanten im allgemeinen auf Strukturbreiten größer 1 µm begrenzt. Auf planaren Oberflächen können mit speziellen „Phase-Shift"-Masken auch kleinere Strukturbreiten erzeugt werden.

Bei nicht-planaren Oberflächen setzt man deshalb die Mikroprojektion ein, beispielsweise bei Oberflächen mit Mesastrukturen, wie Bipolartransistoren, Wellenleitern, Kopplern usw. und wenn hohe Justiergenauigkeit gefordert wird. Hierbei wird ein verkleinertes Bild der Maske mit Hilfe eines Linsensystems auf die Scheibenoberfläche abgebildet. Eine genaue Justierung direkt auf Strukturen entsprechend der Vergrößerung ist möglich, und die Anforderungen an die Maske sind geringer. Jedoch ist erstens die belichtete Fläche relativ klein, so daß durch Verfahren der Scheibe eine schrittweise Belichtung erfolgen muß (Waferstepper), und zweitens ist die Strukturgenauigkeit durch die Auflösung des Linsensystems begrenzt (ca. 0,5 µm für die 360 nm Quecksilberlinie).

Benötigt man Strukturen im Nanometer-Bereich, z.B. für spezielle Wellenleiterkopplerstrukturen, Gitter für DFB-Laser oder Hochfrequenzbauelemente, so stoßen photolithographische Verfahren an ihre Grenzen. Dann wird vor allem die Elektronenstrahl- und in begrenztem Maße die Ionenstrahllithographie eingesetzt. Insbesondere werden damit Masken direkt auf belackte Waferoberflächen geschrieben.

Jedoch ist dieses Verfahren sehr zeit- und kostenintensiv und wird in der Fertigung nur für ganz spezielle Bauelemente angewandt. Bei der Großfertigung kann für nm-Strukturbreiten die Röntgenlithographie eingesetzt werden, wobei an die Masken und Justierung extrem hohe Forderungen gestellt werden.

In vielen Fällen dienen diese Lackstrukturen zur weiteren Strukturierung von Maskierungen (z.B. aus SiN_x) für nachfolgende Prozeßschritte wie Diffusion, Ionenimplantation, lokale Beschichtung wie Galvanisieren, Aufdampfen usw. Hierbei wird die Lackmaske direkt auf die darunterliegende Isolator-, Metall- oder Halbleiterschicht durch einen Ätzschritt übertragen.

5.1.2.2 Ätzverfahren

Um Ladungsträger oder Licht zu führen, müssen Gebiete mit bestimmten Eigenschaften von benachbarten abgegrenzt werden. Dies wird meistens dadurch erreicht, daß man die umgebenden Bereiche abträgt und, wenn nötig, mit anderen Materialien wieder auffüllt. Es werden Naß- oder Trockenätzverfahren eingesetzt. Beim Naßätzprozeß ruft eine Flüssigkeit, z.B. eine Säure, durch Kontakt mit der Materialoberfläche eine chemische Reaktion hervor. Das Material kommt zur Lösung und wird in der Flüssigkeit abtransportiert. Da die Bildung löslicher Verbindungen von der Zusammensetzung der Ätzflüssigkeit abhängt, werden Materialien unterschiedlicher Zusammensetzung auch unterschiedlich angegriffen. Zum Beispiel bilden HCl-haltige Lösungen mit InP lösliche Chlorverbindungen, lösen jedoch kaum Arsenverbindungen. Andererseits löst $H_2O_2+H_2SO_4$ das GaAs oder InGaAs, aber nur in geringem Maße InP. Dies erlaubt es, Mehrschichtsysteme selektiv zu ätzen. Oft hängt bei Kristallen der Ätzangriff von der Kristallrichtung ab, was zu anisotropen Ätzstrukturen mit unterschiedlichen Ätzflanken führen kann. Dies und die laterale Unterätzung kann ein Vorteil sein, wie beim Ätzen von Pilzlasern oder für selbstjustierende Kontakte, kann aber auch von Nachteil sein, wenn es auf Strukturgenauigkeit ankommt.

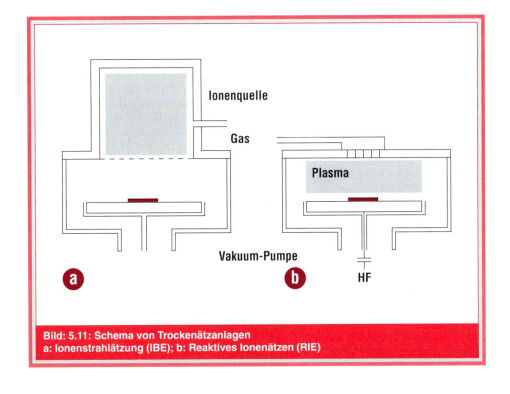

Bild: 5.11: Schema von Trockenätzanlagen
a: Ionenstrahlätzung (IBE); b: Reaktives Ionenätzen (RIE)

5. Kapitel

Bei extrem feinen Strukturen möchte man die Maske, die ein Gebiet vor dem Ätzangriff schützt, maßgerecht in das Substrat mit möglichst steilen Kanten übertragen. Dieses Problem löst weitgehend die Trockenätztechnik [5.23]. Flüssigkeiten werden durch Gase ersetzt. Die entstehenden flüchtigen Reaktionsprodukte können bei Niederdruck entsprechend der hohen Diffusionsgeschwindigkeit, mehr als tausendmal schneller als in flüssigen Medien, entfernt werden. Ersetzt man nur die Flüssigkeit durch reaktive Gase, so wird der Ätzangriff gleichfalls isotrop sein (Gasätzung). Deshalb werden die Gase ionisiert (hierbei können auch Edelgase eingesetzt werden) und durch Anlegen eines elektrischen Feldes auf die Oberfläche hin beschleunigt. Dadurch werden Atome der Oberfläche zerstäubt [5.24]. In Bild 5.11a ist das Schema einer Ionenstrahlätzanlage (engl.: ion beam etching (IBE)) skizziert. Bild 5.7 zeigt ein mittels Ar-Ionen geätztes DFB-Gitter, das anschließend überwachsen wurde. Der Kantenwinkel der geätzten Struktur kann durch Kippen der Probe gegenüber dem Ionenstrahl in gewissen Bereichen eingestellt werden. Dieses Verfahren zeigt jedoch eine geringe Selektivität bezüglich unterschiedlicher Materialien und führt zu Problemen bei der Wahl des Maskierungsmaterials. Dieser Nachteil kann weitgehend behoben werden, wenn eine chemische Komponente eingeführt wird.

Benutzt man Ionen chemisch reaktiver Gase, so zeigen diese außer dem mechanischen Abtrag noch einen Abtrag durch die chemische Reaktion mit dem Substrat. In der Ionenquelle bzw. allgemein in einem Plasma wird der größte Teil der Gasmoleküle angeregt und z.T. ionisiert. Diese sind dann noch reaktionsfreudiger als die neutralen Moleküle bei der reinen Gasätzung. Im allgemeinen reicht hierfür ein Parallelplattenreaktor aus (s. Bild 5.11b). Hier wird an den Substratteller eine hochfrequente Spannung (13,5 MHz) angelegt. Dadurch wird ein Plasma erzeugt, in dem reaktive und ionisierte Moleküle entstehen, die

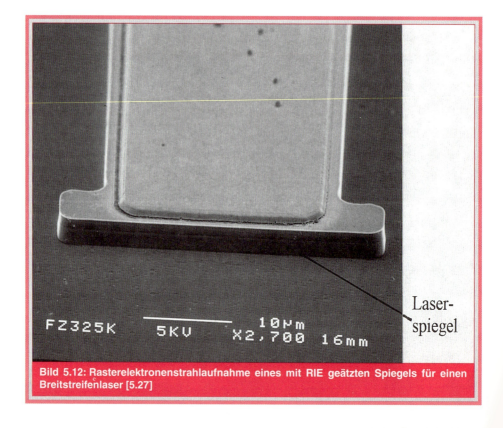

Bild 5.12: Rasterelektronenstrahlaufnahme eines mit RIE geätzten Spiegels für einen Breitstreifenlaser [5.27]

durch den an der Kathode (=Substratteller) ausgebildeten Spannungsabfall (Kathodenfall) auf die Probe hin beschleunigt werden. Diese Technik wird reaktives Ionenätzen oder kurz RIE (engl.: reactive ion etching) genannt. Ätzt man beispielsweise eine GaAs/GaAlAs Schichtenfolge mit CCl_2F_2, so wird GaAs leicht abgetragen, da sich flüchtige Chloride bilden. Der Ätzvorgang stoppt jedoch auf Al-haltigen Schichten, da nichtflüchtiges AlF_3 entsteht, das eine geringe Sputterwahrscheinlichkeit besitzt [5.25]. Die Auswahl von Ätzgasen, die ein selektives Ätzen wie beim Naßätzen erlauben, ist allerdings gering. Im Falle Indium-haltiger Materialien ist der Dampfdruck von $InCl_3$ so gering, daß nur bei erhöhter Temperatur brauchbare Ätzraten auftreten. Deshalb wurde für In-Verbindungen ein Prozeß entwickelt, der mit CH_4 flüchtige Reaktionsprodukte, wie Alkyle, erzeugt [5.26]. Gleichzeitig werden auf Lack- oder Isolatorschichten Polymere abgeschieden, welche die maskierten Bereiche vor dem Ätzangriff schützen. Der Umschlag vom Ätzen zur Abscheidung von Polymeren auf dem Halbleiter bzw. auf der Maske hängt kritisch von der Ionenenergie und der Gaszusammensetzung ab. Dies erlaubt, den Prozeß so zu führen, daß im InP-System die Seitenflächen geschützt werden und somit praktisch senkrechte Flanken geätzt werden können.

Dieser Prozeß wird bereits zum Ätzen von Laserspiegeln, zur Strukturierung von HBTs und Lichtwellenleitern im InGaAsP-System eingesetzt [5.27] (Bild 5.12). Eine Kombination von RIE und IBE ist das reaktive Ionenstrahlätzen (engl.: reactive ion beam etching (RIBE)), das größere Flexibilität besitzt, da der Druck, die Ionenenergie und Ionendichte unabhängig voneinander eingestellt werden können [5.28]. Bild 5.13 zeigt als Beispiel eine mittels RIBE geätzte Lichtwellenleiterstruktur.

Neben den klassischen Ätzverfahren gibt es noch Verfahren, die mit einem fokussierten Laser-, Elektronen- oder Ionenstrahl das Ätzen unterstützen und sogar ohne Masken auskommen. Sie sind jedoch sehr kosten- und zeitintensiv [5.29].

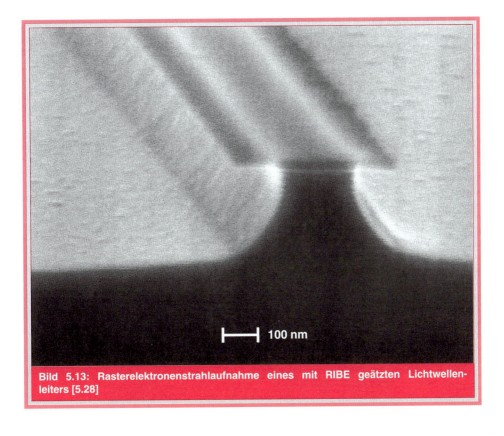

Bild 5.13: Rasterelektronenstrahlaufnahme eines mit RIBE geätzten Lichtwellenleiters [5.28]

5. Kapitel

5.1.2.3 Diffusion

Die Diffusion beruht auf dem Effekt, daß Atome durch thermische Bewegung wandern. Dadurch können z.B. Dotierstoffatome in einen Kristall eingebracht und in diesem verteilt werden. Dieser Vorgang läßt sich mit Hilfe einer Aktivierungsenergie E_a und der Temperatur T beschreiben ($\sim \exp(-E_a/kT)$, k: Boltzmannkonstante). Das drückt sich bei gegebener Temperatur in einem Zeit$^{1/2}$-Gesetz für das Eindringen eines Dotierstoffes in Materie aus (Ficksche Diffusion). Die Dotierstofftiefenverteilung entspricht bei einem konstanten Angebot auf der Oberfläche der sogenannten Fehlerfunktion. Die maximale Konzentration in einem Festkörper an der Oberfläche ist durch die chemische Löslichkeit des Dotierstoffes in dem zu diffundierenden Material gegeben und hängt ebenfalls von der Temperatur ab. In vielen Fällen, insbesondere von Zn, Mg und Be in III-V-Materialien, hängt deren Diffusion außerdem noch von Defekten, Heteroübergängen, internen elektrischen Feldern und auch davon ab, ob diese über Gitter- oder Zwischengitterplätze erfolgt [5.30]. Tendenziell lassen sich hohe Dotierstoffkonzentrationen mit steilem Konzentrationsgefälle durch einen Diffusionsprozeß bei hohen Temperaturen und kurzen Temperzeiten erreichen. Jedoch sind hohe Temperaturen bei III-V-Halbleitermaterialien, insbesondere bei InP, nachteilig, da der Dampfdruck von Phosphor sehr hoch ist und dieser deshalb von der Oberfläche abdampft. Um diesen Effekt auszugleichen, muß während des Tempervorganges ein P-Dampfdruck aufrechterhalten werden, der die Zersetzung der Substratoberfläche verhindert. Dies wird z.B. dadurch erreicht, daß man bei der Zn-Diffusion ZnP als Dotierstoffquelle benutzt. Zu diesem Zweck werden diese Substanzen mit der Probe in eine evakuierte Quarzampulle eingeschmolzen (geschlossene Diffusion). Eine weitere Möglichkeit, die ohne die aufwendigen Ampullen auskommt, ist die Diffusion in einem halboffenen System. Hier wird

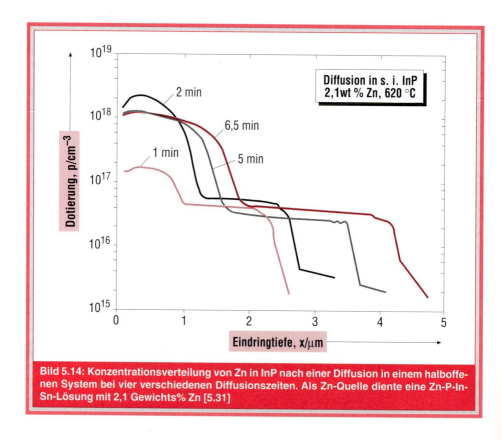

Bild 5.14: Konzentrationsverteilung von Zn in InP nach einer Diffusion in einem halboffenen System bei vier verschiedenen Diffusionszeiten. Als Zn-Quelle diente eine Zn-P-In-Sn-Lösung mit 2,1 Gewichts% Zn [5.31]

z.B. die InP-Probe zusammen mit einer Zn-P-In-Sn-Lösung in ein Graphitboot gelegt, das mit einem Deckel versehen ist. Dieses Boot wird in einem Quarzrohr evakuiert (der Deckel ist nicht vakuumdicht, so daß die Atmosphäre entweichen kann). Dann wird mit reinem H_2 gespült. Während des Diffusionsvorganges baut sich automatisch ein P-Partialdampfdruck auf, der weitgehend erhalten bleibt, da durch die Ritzen zwischen Deckel und Boot nur sehr geringe Mengen entweichen können. In Bild 5.14 sind Diffusionsprofile wiedergegeben, die in einem halboffenen System erzeugt wurden [5.31]. Die Zn-Profile zeigen jeweils zwei charakteristische Konzentrationen, die von zwei verschiedenen Diffusionsmechanismen (über Gitterleerstellen und über Zwischengitterplätze) herrühren. Dieser Prozeß läßt sich in herkömmlichen Diffusionsöfen oder in RTA-Anlagen (engl.: rapid thermal annealing) durchführen. Ein Hauptanwendungsgebiet dieser Technik ist die Herstellung der p^+-Schichten für pin-Photodioden.

Im Gegensatz zu anderen Verfahren, wie der Ionenimplantation (Kap. 5.1.2.4), können lokal hohe p^+-Dotierungen erreicht werden, ohne das Kristallgitter zu zerstören. Außerdem ist es preiswert und für die Massenproduktion geeignet. Nachteile sind die schlechte Reproduzierbarkeit und daß die Dotierstoffverteilung kaum beeinflußt werden kann. Auch kann die erforderliche thermische Belastung andere Gebiete negativ beeinflussen (z.B. Dotierstoffausdiffusion aus der Basisschicht eines Bipolartransistors oder die Zerstörung von Quantenstrukturen).

Neben diesen klassischen Verfahren gibt es u.a. noch laserstimulierte lokale Diffusion, die ohne Maskierung auskommt und flache, hochdotierte Gebiete herzustellen erlaubt [5.32].

5.1.2.4 Ionenimplantation

Bei der Suche nach Möglichkeiten, die Dotierstoffkonzentration im Material genauer und in definierter Tiefe zu verändern, hat sich die Ionenimplantation als günstige Methode erwiesen [5.33]. Für Si-Bauelemente hat sie sich als Standardtechnologie etabliert. Bei diesem Verfahren werden Atome ionisiert und mit Hilfe eines Beschleunigers in das Material hineingeschossen. Dort kommen sie nach einer Abbremsstrecke, die von der Energie des Ions und vom Material abhängt, zur Ruhe. Dies erlaubt, Atome in definierte Tiefen einzubringen (zu implantieren). Allerdings zerstören diese Ionen auf ihrem Bremsweg durch Stöße mit Gitteratomen das Kristallgitter. Deshalb muß ein implantierter Kristall zum „Ausheilen" dieser Schäden getempert werden. Hierbei können die von der Diffusion her bekannten Probleme der Dotierstoffumverteilung und chemische Reaktionen auftreten [5.34, 5.35] (Bild 5.15). Der Ausheilschritt ist auch notwendig, um die implantierten Dotierstoffe auf einen Gitterplatz einzubauen, damit sie elektrisch aktiv werden. Die Schädigung hat auch einen Vorteil, denn durch das dadurch erzeugte hohe Angebot von freien Gitterplätzen können Dotierstoffatome leichter auf einen Gitterplatz eingebaut werden, was sogar zu Dotierstoffkonzentrationen führen kann, die den bei einer reinen Diffusion durch das thermodynamische Gleichgewicht gegebenen Wert übertreffen (vgl. Bild 5.15, oberflächennaher Bereich). Für optische und optoelektronische Bauelemente ist eine gute Rekonstruktion des Kristallgitters extrem wichtig, denn die nichtstrahlende Rekombination ist von Defekten abhängig. Zum Ausheilen der Defekte müssen Temperaturen bis dicht unterhalb des Schmelzpunktes gewählt werden. Deshalb wird dieses Verfahren selten für aktive Bereiche optoelektronischer Bauelemente eingesetzt. In Randbereichen, wie für Kontaktbereiche, Isolationszwecke, Brechzahländerungen in passiven Elementen sowie in amorphe Substrate wie Gläser oder organische Schichten, ist die Ionenimplantation von großem Nutzen [5.36, 5.37].

In einigen Materialien, z.B. GaAs, zeigen amorphe Gebiete hochisolierende Eigenschaften. Diese Gebiete lassen sich leicht durch H^+-Implantation herstellen, wobei H^+ den Vorteil hat, daß es wegen der kleinen Masse tief in den Festkörper eindringen kann. Der Nachteil ist ihre hohe Diffusivität. Durch Temperschritte kann die Isolatoreigenschaft verloren gehen. Daher werden für bestimmte Anwendungen Atome bevorzugt, die, im Gitter eingebaut, tiefe Stör-

5. Kapitel

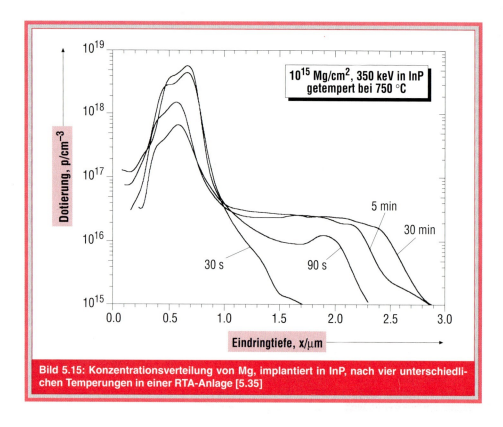

Bild 5.15: Konzentrationsverteilung von Mg, implantiert in InP, nach vier unterschiedlichen Temperungen in einer RTA-Anlage [5.35]

stellen erzeugen und die Isolatoreigenschaft nach einer Wärmebehandlung beibehalten. Für die Erzeugung der seitlichen elektrischen Isolation von GaAs-Lasern werden Sauerstoffionen als relativ leichte Ionen verwendet, wodurch eine relativ dicke isolierende Schicht hergestellt werden kann [5.38]. Daneben können Übergangsmetalle wie Fe, Cr, V, Hf, usw. zur Herstellung isolierender Schichten in III-V-Halbleitern verwendet werden [5.39, 5.40]. Die isolierende Schicht ist jedoch wegen der geringen Eindringtiefe der Ionen sehr dünn. Außerdem begrenzt die relativ geringe chemische Löslichkeit ihre Anwendbarkeit.

Für elektronische Bauelemente läßt sich die Ionenimplantation ebenfalls einsetzen, vor allem zur Erzeugung von hochdotierten Kontaktbereichen [5.36] sowie für flache aktive Bereiche. Die Implantation bietet den großen Vorteil, daß planare Bauelemente hergestellt werden können. Für passive Bauelemente in der optischen Nachrichtentechnik ist die Ionenimplantation sehr vielversprechend. Vor allem in amorphen Substanzen wie Gläsern oder organischen Lacken kann lokal die Brechzahl geändert werden, wodurch einfache Koppler, Mach-Zehnder-Interferometer, usw. hergestellt werden können [5.37].

5.1.2.5 Passivierung

Nach der Herstellung sollen Bauelemente auch lange Zeit ihre Eigenschaften beibehalten und nicht durch Umwelteinflüsse degradieren. Deshalb werden häufig Passivierungsschichten aufgebracht, die einerseits schädliche Substanzen wie Alkali- und Halogenverbindungen, Sauerstoff u.a. von der Oberfläche fernhalten sollen und andererseits die Oberfläche so verändern, daß bestimmte Eigenschaften verbessert werden. Erreicht werden soll z.B. eine Reduzierung von Oberflächendefekten und unerwünschten Bandverbiegungen an Halbleiteroberflächen, damit keine Inversionsschichten sowie zusätzliche Kapazitäten und Oberflächenleckströme entstehen.

Am häufigsten wird SiO_2 verwendet [5.41]. Daneben gilt Si_3N_4 als exzellente Diffusionsmaske [5.42]. Außerdem werden Polyimid, Al_2O_3 u.a. eingesetzt. Die Wahl der Passivierungsschichten richtet sich nach deren elektrischen, optischen und mechanischen Eigenschaften. Benötigt werden im allgemeinen hochisolierende störstellenfreie Schichten, welche die Diffusion von Dotierstoffen unterdrücken, keinen mechanischen Streß ausüben und temperaturbeständig sind. Bei Passivierungsschichten für optische Bauelemente, z.B. als Vergütungsschichten für Laserspiegel und Photodetektoren, sind vor allem die Brechzahl und der Absorptionskoeffizient wichtig.

Neben der Zusammensetzung des Materials beeinflußt auch die Abscheidemethode die Grenzschicht. Beim Beschichten durch Sputtern und Plasma-CVD (engl.: chemical vapour deposition (CVD)) wird die Substratoberfläche durch Ionen beschossen, wodurch Störstellen erzeugt werden, ähnlich wie bei der Ionenimplantation. Hierdurch werden die Oberflächeneigenschaften negativ beeinflußt, was für InP bzw. InGaAs besonders gravierend ist, da deren Oberflächenzustandsdichte für den unbeschädigten Fall im Gegensatz zu GaAs sehr klein ist. Deshalb werden speziell für InP-Bauelemente häufig schonendere Techniken wie die „Remote Plasma-Enhanced-CVD" [5.43] oder „Photo-CVD" [5.44] eingesetzt.

In wenigen Fällen können durch chemische Behandlung wie Oberflächenoxidation, Sulfurierung oder ähnliche Verfahren freie Bindungen an der Oberfläche abgesättigt werden und so die Oberfläche passivieren [5.45]. Die exzellenteste Passivierung von III-V-Halbleiterbauelementen ist das selektive epitaktische Überwachsen mit semiisolierendem Material, sofern das Bauelement diesen Temperaturschritt verträgt (siehe Bild 5.4).

5.1.2.6 Metallisierung

Nach der Strukturierung müssen noch Kontakte und Leitungen für die elektrischen Anschlüsse aufgebracht werden. Die Metallisierung erfolgt durch Aufdamp-

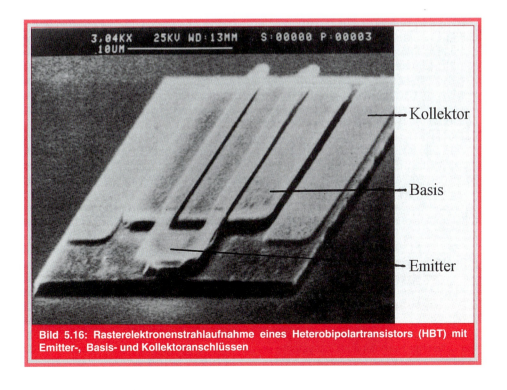

Bild 5.16: Rasterelektronenstrahlaufnahme eines Heterobipolartransistors (HBT) mit Emitter-, Basis- und Kollektoranschlüssen

fen, Sputtern oder Galvanisieren. Für Schottkykontakte, z. B. für Metall-Halbleiter-Metall- (engl.: metal-semiconductor-metal (MSM)) Photodioden oder die Gate-Metallisierung von Feldeffekttransistoren, werden Metalle mit hoher Austrittsarbeit wie Pt, Au oder Cr aufgedampft [5.46], um eine möglichst hohe Barriere für die Elektronen zu erhalten. Zuvor müssen jedoch die ohmschen Kontakte (mit möglichst geringer Barriere zum Halbleiter) aufgedampft und zur Verringerung des Kontaktwiderstandes getempert werden. Neben den traditionellen Au-Zn-, bzw. Ni/Au-Zn für p- und Ge-Au, bzw. Ni/Au-Sn-Schichten für n-Gebiete [5.47] werden auch nicht legierte, gesinterte Kontakte wie Ti/Pt/Au oder Pd/Ge/Au bzw. Pd/Au/Pt/LaB$_6$ eingesetzt. Letztere werden mit Dotierstoffen implantiert, um die Dotierung unter dem Kontakt zu erhöhen. Dies führt zu einem geringeren Kontaktwiderstand [5.48]. Dasselbe wird erreicht, wenn schon bei der Epitaxie eine hochdotierte Halbleiterschicht mit kleinem Bandabstand aufgebracht (Kap. 5.1.1) oder mit Hilfe der Ionenimplantation (Kap. 5.1.2.4) oder Diffusion (Kap. 5.1.2.3) eine hochdotierte Schicht erzeugt wird.

Als letzter Schritt müssen noch die Anschlußleitungen zu Nachbarelementen und zu den Außenkontakten aufgebracht werden. Hierfür werden weitere Isolatorschichten, Photolithographie- und Metallisierungsschritte benötigt. Bei integrierten Bauelementen sind außerdem noch Ätzschritte zur Trennung der einzelnen Bauelemente notwendig. Ein Beispiel eines einfachen Heterobipolartransistors auf InP ist in Bild 5.16 zu sehen [5.49].

Das Ziel, unterschiedliche Bauelemente mit optimalen Eigenschaften herzustellen, kann nur erreicht werden, wenn die verschiedenen technologischen Schritte auf das jeweilige Bauelement abgestimmt und für jedes Materialsystem optimiert werden.

5.2 Integrierte optoelektronische Schaltungen

5.2.1 Einleitung

Der wirtschaftliche Einsatz leistungsfähiger optischer Kommunikationssysteme erfordert – in gewisser Analogie zur Mikroelektronik – die Entwicklung von Techniken, die es ermöglichen, eine Reihe von optischen und elektronischen Schaltungsfunktionen auf engstem Raum einfach und zuverlässig zu vereinen. Mikrooptische Aufbautechniken sind hierbei vor allem als Übergangstechnik hilfreich, wegen der teilweise erforderlichen genauen Justierungen im Submikrometerbereich aber auch aufwendig und teuer. Es liegt daher nahe, optoelektronische Funktionselemente wie Laser und Photodioden, optische Wellenleiter-Strukturen wie Schalter und Frequenzfilter sowie rein elektronische Bauelemente wie Transistoren und Widerstände auf einem Halbleiterchip, dem OEIC (engl.: opto-electronically integrated circuit) zusammenzufassen.

Für integrierte Schaltkreise, bei denen lediglich optische und optoelektronische Funktionen integriert sind, wird häufig auch der Begriff PIC (engl.: photonic integrated circuit) verwendet. Der nunmehr nahezu ausschließlich etablierte Einsatz der Einmodenfaser im Netz ist eine wesentliche Voraussetzung für eine derartige Schaltungsintegration.

Der Wunsch, mehrere optische Funktionselemente auf einem Chip zu integrieren, kann aber auch aus dem technischen Zwang resultieren, Schaltungsstrukturen mit speziellen, sehr hohen Anforderungen z. B. an die Stabilität bestimmter Parameter, zu realisieren. Ein Beispiel hierfür sind Schaltkreise für den optischen Überlagerungsempfang. Die hier aufgezeigte Entwicklung steckt allerdings noch in den Anfängen. Schaltungen mit einer Reihe ähnlicher Strukturen, wie vieltorige optische Verzweiger, die sich faseroptisch oder mikrooptisch nur umständlich herstellen lassen, werden jedoch bereits jetzt im Netz verwendet.

Der Anwendungsbereich optoelektronisch integrierter Schaltungen ist keineswegs auf die Nachrichtenübermittlung beschränkt, sondern findet, neben zahlreichen Anwendungen in der Meßtechnik, Verwendung bei der optischen Signalverarbeitung. Der gesamte Themenbereich, auch was die optische Kommunikation im speziellen betrifft, ist inzwischen äußerst umfangreich geworden.

Im folgenden werden daher nur die nach dem derzeitigen Kenntnisstand in der

Optoelektronische Schaltungen

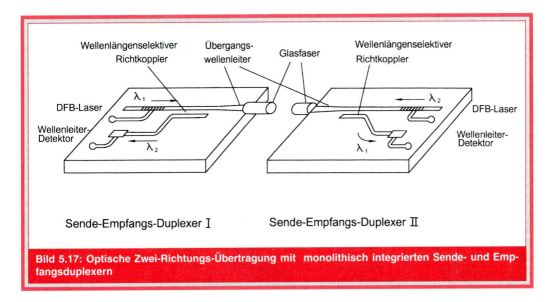

Bild 5.17: Optische Zwei-Richtungs-Übertragung mit monolithisch integrierten Sende- und Empfangsduplexern

Kommunikationstechnik wesentlichen Aspekte detailliert behandelt. Da Glasfasern wegen ihrer geringen Dämpfung im wesentlichen in den optischen Fenstern um 1,3 µm und 1,5 µm (2. und 3. Fenster) eingesetzt werden, sind die nachfolgenden Betrachtungen auf diese Bereiche beschränkt.

Als ein in naher Zukunft attraktiver Anwendungsfall integrierter Optoelektronik im Kommunikationssystem sei zur Einführung in Bild 5.17 der prinzipielle Aufbau zweier Sende- und Empfänger-Chips für eine bidirektionale Übertragung über eine Glasfaser dargestellt. Eine eingehende Betrachtung der einzelnen Komponenten erfolgt in den anschließenden Abschnitten.

Auf dem linken (in der Vermittlungsstelle) befindlichen Chip befindet sich ein DFB-Halbleiterlaser (Emissionswellenlänge $\lambda_1 = 1,55$ µm), dessen Licht über eine Wellenlängenweiche und eine Fleckweitenanpassung in die Übertragungsfaser eingekoppelt wird. Auf der Gegenseite durchläuft das Licht in umgekehrter Reihenfolge die Fleckweitenanpassung sowie die Wellenlängenweiche und gelangt auf eine Wellenleiter-Photodiode. Für den Signalpfad des vom Sender auf dem rechten Chip emittierten Lichts gilt sinngemäß dasselbe, nur beträgt die Sendewellenlänge hier $\lambda_2 = 1,3$ µm.

Basiselement für alle Komponenten zur optoelektronischen Schaltungsintegration ist der integrierte optische Wellenleiter, dem wir uns zunächst zuwenden.

5.2.2 Optische Wellenleiter

5.2.2.1 Das Prinzip der optischen Wellenleitung

Um Licht in einem optischen Wellenleiter [5.50-5.56] – sei es eine Glasfaser oder ein ebener Wellenleiter – zu führen, muß dessen Brechzahl größer sein als die seiner Umgebung (vgl. Bild 5.18a). Prinzipiell besteht die Grundstruktur des Wellenleiters in einer optischen Schaltung, der planare Wellenleiter, aus einem dielektrischen Schaltungsträger, dem Substrat mit der Brechzahl n_1, auf dem sich ein wellenleitendes Dielektrikum mit der Brechzahl n_2 befindet. Als Deckschicht dient entweder Luft oder ein weiteres Dielektrikum der Brechzahl n_3.

Bei diesem Aufbau kann Licht infolge wiederholter Totalreflexion an den Grenzflächen des Wellenleiters geführt werden. Die Zahl der bei einer festen Wellenlänge ausbreitungsfähigen Eigenwellen (Moden) hängt von der Brechzahldifferenz sowie den Strukturabmessungen ab. Diese Para-

5. Kapitel

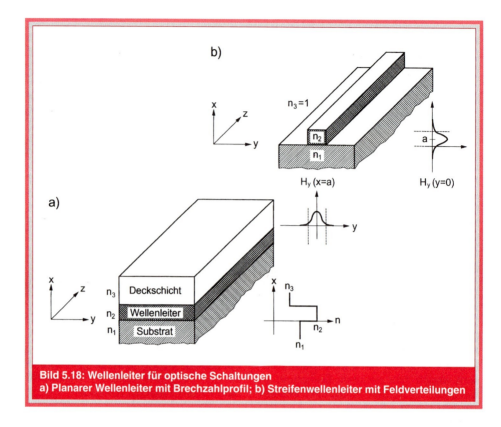

Bild 5.18: Wellenleiter für optische Schaltungen
a) Planarer Wellenleiter mit Brechzahlprofil; b) Streifenwellenleiter mit Feldverteilungen

meter werden in der Regel so gewählt, daß nur ein Mode (jedoch zumeist in zwei Polarisationen) ausbreitungsfähig ist. Somit ist die Kompatibilität zur einwelligen Glasfaser als Übertragungsmedium gewahrt. Eine nützliche Größe zur Beschreibung der Lichtausbreitung in einem Wellenleiter ist die sogenannte effektive Brechzahl n_{eff}, die das Verhältnis zwischen der Lichtgeschwindigkeit c im Vakuum und der tatsächlichen Ausbreitungsgeschwindigkeit c_{wl} der geführten Welle, also der Quotient

$$n_{eff} = c / c_{wl} \qquad (5.5)$$

ist. Für geführte Wellen gilt die Bedingung:

$$n_2 > n_{eff} > n_1, n_3 \qquad (5.6)$$

Eine ebenfalls häufig verwendete Größe ist die Ausbreitungskonstante β. Sie ist definiert als

$$\beta := \frac{2\pi}{\lambda_o} \cdot n_{eff} \qquad (5.7)$$

mit λ_o als Lichtwellenlänge im Vakuum. Bei einem Wellenleiter nach Bild 5.18a erfolgt eine Wellenführung nur in vertikaler Richtung, d. h. längs der x-Koordinate. Bei einigen Anwendungen ist dies zwar erwünscht (wenn z. B. ein breites, geführtes Lichtbündel mittels einer integrierten Linse fokussiert werden soll; weitere vielseitige Anwendungen finden sich vor allem in der optischen Signalverarbeitung), bei Anwendungen mit dem Ziel, möglichst viele unterschiedliche Funktionselemente auf engem Raum anzuordnen, die durch optische Leitungen verbunden sind, ist jedoch eine zusätzliche seitliche Begrenzung der Wellenleitung erforderlich.

Dies wird mit optischen Streifenwellenleitern nach Bild 5.18b erreicht. Hier erfolgt die seitliche Wellenführung (d. h. in y-Richtung) infolge der Brechzahldifferenz $n_2 - n_3$. Einige Bauelemente, wie insbesondere Halbleiterlaser benötigen gerade diese Führung, um mit hohem Wirkungsgrad arbeiten zu können.

Im Vergleich zur Glasfaser bestehen bei den Eigenschaften integrierter optischer Wellenleiter einige Besonderheiten. So sind sie in der Regel hinsichtlich ihres Brechzahlverlaufs asymmetrisch zur x-Achse aufgebaut. Als Folge davon kann Licht erst ab einer gewissen Minimaldicke (der „cut-off" Dicke) geführt werden. Wesentlich gravierender jedoch ist die ausgeprägte Polarisationsabhängigkeit der Wellenführung.

So weist eine geführte Welle, deren transversales elektrisches Feld in Richtung der x-Achse polarisiert ist, im allgemeinen eine andere Ausbreitungsgeschwindigkeit auf, als eine Welle mit einem in y-Richtung polarisierten elektrischen Feld. Dies erschwert den Entwurf optischer Wellenleiter-Schaltungen oftmals ganz erheblich.

Betrachten wir zum Beispiel die Verteilung der magnetischen Feldstärke in einem Streifenwellenleiter (vgl. Bild 5.18b), so wird deutlich, daß sowohl in x-Richtung als auch in y-Richtung das Feld an den Feldgrenzen nicht abrupt zu null abklingt, sondern sich – je nach erfolgter Dimensionierung – merklich in die angrenzenden Bereiche ausdehnt, weshalb dielektrische Wellenleiter auch als „offene Wellenleiter" bezeichnet werden.

Sind die Brechzahldifferenzen zwischen Streifenwellenleiter und Umgebung sowie dessen Lateralabmessungen ausreichend groß, so erstrecken sich die Feldausläufer nur wenig über den Bereich des Streifens hinaus und wir sprechen von einer „starken" Wellenführung.

Die effektive Brechzahl eines Wellenleiters liegt jetzt nahe bei n_2. Dehnen sich dagegen die Feldausläufer weit in die Umgebung aus, was z. B. mit geringer Brechzahldifferenz erreicht werden kann, so liegt eine „schwache" Wellenführung vor, die effektive Brechzahl nähert sich dem Werte von n_1.

5.2.2.2 Grundstrukturen optischer Streifenwellenleiter

Für optische Streifenwellenleiter gibt es – je nach Anwendungsfall und verwendetem Material – unterschiedliche Ausführungsformen. Eine Zusammenstellung wichtiger Strukturen ist in Bild 5.19 wiedergegeben. Die einfachste Form eines Streifenwellenleiters (Bild 5.19a) haben wir bereits kennengelernt. Sie besteht aus einem dielektrischen Streifen auf einem Substrat. Eine Abwandlung des einfachen Streifenwellenleiters stellt der Rippenwellenleiter dar (Bild 5.19b). Bei diesem ist die Dicke des dielektrischen Films mit der Brechzahl n_2 so gewählt, daß die zur Wellenführung notwendige Minimaldicke außerhalb des Streifens unterschritten, im Streifen selbst jedoch überschritten wird. Besteht die „Rippe" hingegen aus einem Streifen mit einer Brechzahl, die sich von der des Filmes unterscheidet, so liegt ein streifenbelasteter Filmwellenleiter vor (Bild 5.19c).

Befindet sich der brechzahlerhöhende Bereich nicht mehr oberhalb der Substratoberfläche (Bild 5.19d), so liegt ein vergrabener Streifenwellenleiter vor.

5.2.2.3 Wellenleiterverluste

Die Energie, die eine sich längs eines Wellenleiters ausbreitende Lichtwelle mit sich führt, wird in einem realen Wellenleiter nicht konstant bleiben, sondern mehr oder weniger rasch abnehmen, d. h. die Welle wird infolge von Verlusten gedämpft. Die Gründe hierfür sind unterschiedlicher Natur [5.52-5.54]. Prinzipiell können wir aber drei Verlustmechanismen unterscheiden: Absorption, Streuung und Strahlung.

Absorptionsverluste spielen vornehmlich bei Wellenleitern aus Halbleitermaterialien eine wesentliche Rolle. Hier führt die Energieabnahme zu einer Ladungsträgererzeugung, also der Bildung von Elektronen und Löchern [5.57].

Verluste infolge Streuung [5.56] treten in optischen Wellenleitern auf zweierlei Weise auf, nämlich als Volumenstreuung und als Oberflächenstreuung. Volumenstreuung wird durch Unvollkommenheiten des Wellenleitermaterials, wie Verunreinigungen oder Defekte in der Kristallstruktur, verur-

5. Kapitel

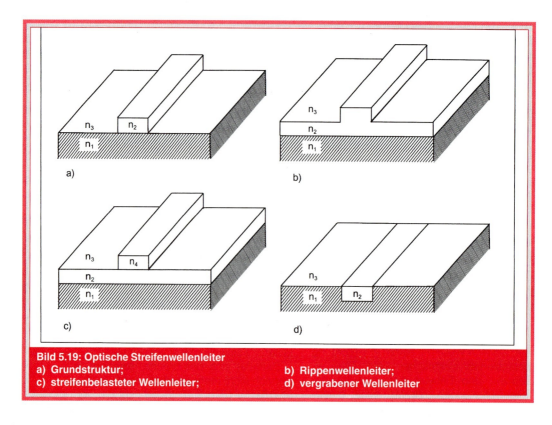

Bild 5.19: Optische Streifenwellenleiter
a) Grundstruktur;
b) Rippenwellenleiter;
c) streifenbelasteter Wellenleiter;
d) vergrabener Wellenleiter

sacht. Im allgemeinen können diese Verluste aber gegenüber der Oberflächenstreuung vernachlässigt werden. Unebenheiten an der Grenzfläche unterschiedlicher Dielektrika, wie sie – mehr oder weniger – bei allen Herstellungsverfahren auftreten, führen durch Abstrahlung der Wellenenergie in die Nachbarbereiche eines Wellenleiters selbst bei geringen Rauhigkeiten (Größenordnung um 0,1 µm) zu merklichen Verlusten. Oberflächenstreuung bildet z. B. den Hauptanteil der Verluste bei den ansonsten sehr verlustarmen integrierten Glaswellenleitern.

Strahlungsverluste entstehen wie die Streuverluste durch Abstrahlung von Wellenenergie in die Umgebung des Wellenleiters, haben aber andere Ursachen. Wesentliche Strahlungsverluste bei optischen Wellenleitern entstehen an Krümmungen [5.56]. Beim dem „offenen" optischen Streifenleiter, dehnt sich bekanntermaßen das Feld der geführten Welle bis in die Nachbargebiete des Streifens aus. Diese, theoretisch bis ins Unendliche reichende laterale Feldausdehnung, führt bei gekrümmten Wellenleitern dazu, daß sich der Feldausläufer einer geführten Welle auf der Krümmungsaußenseite ab einer bestimmten Entfernung vom Krümmungsmittelpunkt schneller als mit Vakuum-Lichtgeschwindigkeit ausbreiten müßte. Dies ist jedoch physikalisch unmöglich, deshalb treten Verluste durch Wellenabstrahlung auf. Diese also prinzipiell unvermeidbaren Verluste lassen sich jedoch mit großen Krümmungsradien und geeigneter Wahl des Wellenleiteraufbaus (starke Wellenführung durch große Brechzahlunterschiede) gering halten.

Die Werte der Dämpfungskoeffizienten als Maß für die Wellenleiterdämpfung liegen bei optischen Streifenwellenleitern je nach Aufbau und Material in der Größenordnung von 0,01 dB/cm...3 dB/cm. Beim Vergleich dieser Werte mit der Faserdämpfung, die im für die Nachrichtenübertragung relevanten Wellenlängenbereich zumeist weit weniger als 1 dB/km (!) beträgt, erweist sich der Wellenleiter „Glasfaser" als geradezu konkurrenzlos dämpfungsarm. Da aber integrierte optische Schaltelemente auf einer Fläche von höchstens einigen cm² angeordnet sind, reichen die erzielbaren minimalen Dämpfungswerte in den meisten Fällen aus, um brauchbare Schaltungen aufzubauen. Dies gilt insbesondere auch für Halbleiterschaltungen, bei denen in den letzten Jahren erhebliche Fortschritte erzielt wurden.

5.2.2.4 Materialien für optische Schaltungen

Da in Kapitel 3 bereits verschiedene Materialsysteme ausführlich beschrieben worden sind, sei hier nur noch einmal kurz auf die derzeit wesentlichen Materialien und deren Auswahlkriterien für optische und optoelektronische Schaltelemente eingegangen. Im einzelnen sind dieses:
- Gläser
- Polymere
- Ferroelektrika
- Halbleiter.

Gläser eignen sich vorwiegend für passive Verzweigungsstrukturen und optische Frequenzfilter. Polymere eignen sich zusätzlich auch z. B. für optische Wege-Schalter. Abstimmbarkeit der Bauelemente ist durch den thermooptischen Effekt (Abhängigkeit der Brechzahl von der Temperatur) möglich. Bei Polymeren kann zusätzlich der elektrooptische Effekt (Abhängigkeit der Brechzahl von einem angelegten elektrischen Feld) verwendet werden.

Ferroelektrika (ihr Name besagt, daß – in Analogie zu ferromagnetischen Substanzen – durch das Anlegen eines elektrischen Feldes Elementardipole bleibend ausgerichtet werden können) besitzen relativ günstige elektrooptische Eigenschaften, d. h. das Anlegen elektrischer Felder ändert die Brechzahl merklich. Dies geschieht aber auch hier nur in einem bescheidenen Rahmen und führt zu langen Strukturen bis in den Millimeter-Bereich. Wichtigster Vertreter ist das Lithium Niobat (LiNbO$_3$), ein synthetisches kristallines Oxid.

Die direkte Integration mit lichtemittierenden Strukturen ist nicht möglich, wohl aber können durch spezielle Dotierstoffe wie Erbium extern gepumpte Lichtquellen hergestellt werden [5.58]. Ob jedoch solche Bauelemente in Betriebssystemen ihren Einsatz finden werden, ist noch unklar. Halbleiter mit direktem Bandübergang hingegen, basierend auf InP [5.50] und weiteren Mischkristallen (z. B. InGaAsP), erlauben die Herstellung optoelektronischer Sender und Empfänger. Zusätzlich weisen Wellenleiter aus demselben Material in Verbindung mit speziellen Überstrukturen (z.B. Quantenfilmen) hohe elektrooptische Koeffizienten auf und eignen sich daher auch für schalt- und abstimmbare Bauelenemte.

Silizium als Basismaterial der Mikroelektronik wird in den letzten Jahren zunehmend auch als Substrat für die optische Schaltungsintegration verwendet. Wellenleiterstrukturen lassen sich z. B. durch Eindiffusion von Germanium in Silizium-Wafer (die für Wellenlängen > 1,2 µm transparent werden) realisieren [5.59]. Die erzielbaren Verluste liegen bei 0,3 dB/cm. Eine weitere Möglichkeit besteht in der Oxidation von Silizium zu Siliziumdioxid und Abscheiden von Germaniumdioxid mittels Flammenhydrolyse. Die ermittelten Verluste sind noch geringer, so werden für den Dämpfungskoeffizienten Minimalwerte im Bereich von 0,02 dB/cm erreicht [5.60].

5.2.3 Bauelemente für die optische Schaltungsintegration

5.2.3.1 Optische Verzweiger

Die einfachste Art, das in einem (einwelligen) Streifenleiter geführte Licht aufzuteilen, stellt die Y-Verzweigung dar. Eine solche Struktur ermöglicht es, je nach Geometrie, die einfallende Lichtleistung in einem festen, vorgegebenen Verhältnis (in den überwiegenden Fällen wird eine gleichgewichtige Leistungsaufteilung angestrebt) auf die beiden Ausgangswellenleiter zu verteilen (Bild 5.20a). Allerdings ist diese Aufteilung prinzipiell stets mit Verlusten verbunden. Um diese gering zu halten, wird der Öffnungswinkel des „Y" klein gehalten (wenige Grad) und die Struktur innerhalb der Gabelung mit einem Übergangsbereich versehen.

Neuerdings werden für optische Verzweiger mit festem Aufteilungsverhältnis vielwellige (MMI: Multimode-Interferenz)

5. KAPITEL

Strukturen favorisiert [5.61]. Diese sind wegen ihres einfachen Aufbaus und den oftmals reduzierten Anforderungen an die Herstellungstoleranzen besonders attraktiv. Ihre Funktion beruht auf dem Prinzip der Selbstabbildung [5.62]. Infolge konstruktiver Interferenz wird bei korrekter Wahl der Länge des vielwelligen Bereichs (Bild 5.20b) das an einem Eingang 1 oder 3 eingekoppelte Feld am Ende an mehreren Stellen (hier zwei) verlustarm auf die Ausgänge verteilt. Eine aufwendige Kopplerstruktur (wie nachfolgend beschrieben) wird hierbei umgangen.

Ein sehr wichtiger optischer Verzweiger – der sich auch sonst noch auf vielfältige Weise nutzen läßt – ist der Richtkoppler [5.55], dessen Funktionsprinzip kurz erläutert sei (vgl. Bild 5.21). Er besteht aus zwei Streifenleitern, die über den Bereich der Länge L einen geringen Abstand d (1 µm...10 µm) aufweisen. Das Feld einer in einem Streifenleiter geführten Welle ist, wie bereits erwähnt, nicht auf diesen beschränkt, sondern klingt allseitig nach außen hin exponentiell ab. Ist der Abstand eines zweiten Wellenleiters so gering, daß der Feldausläufer der im ersten Wellenleiter geführten Welle im zweiten Wellenleiter noch nicht abgeklungen ist, kann Wellenenergie vom ersten in den zweiten Wellenleiter übertreten, da die Eigenwellen beider Wellenleiter miteinander verkoppelt sind. Das Maß für die Stärke der Wellenkopplung ist der sogenannte Koppelkoeffizient κ. Sind unter der Annahme fehlender Wellenkopplung die Phasengeschwindigkeiten (Gleichung (1.5)) zweier sich in den beiden Wellenleitern ausbreitenden Wellen indentisch (dies erfordert nicht notwendigerweise die Strukturgleichheit beider Wellenleiter), so wird die Energie einer sich im Wellenleiter I ausbreitenden Welle allmählich in den Wellenleiter II übergekoppelt. Abhängig von der Größe der Überlappung der beiden Individualfelder d. h. Größe des Kopplungskoeffizienten wird nach einer bestimmten Laufstrecke, der Koppellänge l_k die Wellenenergie vollständig von Wellenleiter I in den Wellenleiter II übergetreten sein. Ist die tatsächliche Wechselwirkungslänge L größer als l_k, so wird entlang der Wellenleiter wieder Licht in den ursprünglichen Wellenleiter zurückgekoppelt, bis es sich bei der doppelten Koppellänge wieder vollständig im ursprünglichen Wellenleiter befindet. Dieser Vorgang einer räumlichen Energieoszillation zwischen zwei Wellenleitern wiederholt sich entlang der gesamten Länge L. Grundsätzlich ergibt sich eine vollständige Lei-

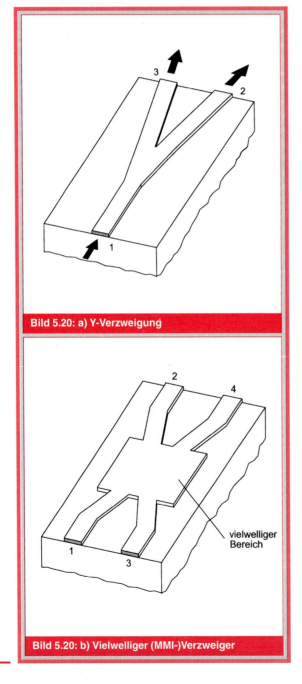

Bild 5.20: a) Y-Verzweigung

Bild 5.20: b) Vielwelliger (MMI-)Verzweiger

stungsüberkopplung von Tor 1 am Kopplereingang nach Tor 4 am Kopplerausgang wenn die Ausbreitungskonstanten der Eigenwellen in beiden Wellenleitern gleich sind und das Produkt κ · L ein ungeradzahliges Vielfaches von π/2 beträgt, also gilt:

$$\kappa \cdot L = (2m+1) \cdot \pi/2 \qquad (5.8)$$

mit m = 0, 1, 2, 3...

Durch geeignete Wahl der Länge L läßt sich ein definiertes Verhältnis zwischen den Ausgangsleistungen am Ende beider Wellenleiter einstellen. Der am häufigsten verwendete Richtkoppler ist der sogenannte 3-dB-Koppler, bei dem eine Gleichverteilung der Leistung auf beide Ausgänge erfolgt. Die für eine gewünschte Leistungsaufteilung erforderliche Kopplerlänge hängt stark vom minimalen Wellenleiterabstand ab. Je größer der Abstand zwischen den Wellenleitern gewählt wird, desto geringere Fertigungstoleranzen müssen diesbezüglich eingehalten werden, allerdings geht dies auf Kosten der Bauteillänge, die dann durchaus einige Millimeter betragen kann.

Um einen klar definierten Koppelbereich zu erhalten, muß außerhalb dessen der Abstand zwischen den Streifenleitern ausreichend groß sein. Eine verschärfte Abstandsforderung ergibt sich, wenn am Ende der Streifenleiter Fasern angekoppelt werden sollen. Um Abstrahlverluste in den Übergangsbereichen gering zu halten, wurden anstelle der in Bild 5.21 gezeigten linearen Wellenleiter spezielle Übergänge in Form eines „S" entwickelt, die stattliche Längen im Millimeterbereich insbesondere z. B. bei schwach führenden Glaswellenleitern aufweisen können. Durch Kaskadierung vieler Verzweiger lassen sich komplexe Strukturen wie Sternkoppler aufbauen. So wurden bereits Verzweigungen mit dem Aufteilungsverhältnis 1: 32 und mehr, insbesondere auf Glas realisiert.

5.2.3.2 Optische Frequenzfilter

Optische Frequenzfilter werden bei optischen Kommunikationssystemen auf viel-

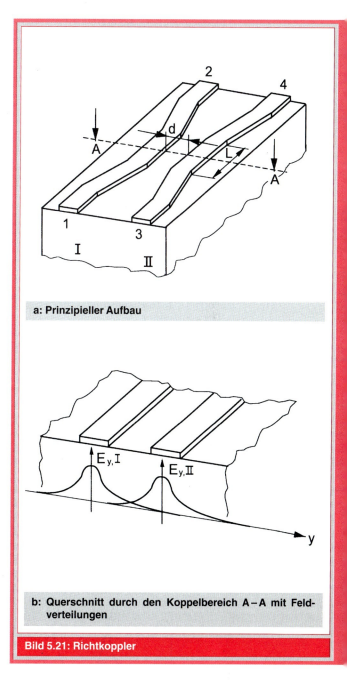

a: Prinzipieller Aufbau

b: Querschnitt durch den Koppelbereich A–A mit Feldverteilungen

Bild 5.21: Richtkoppler

fältige Weise – integriert und mikrooptisch – eingesetzt. Von der Fülle möglicher Strukturen seien nur Strukturen auf Streifenleiterbasis betrachtet, da diese eine einfache Integrationsmöglichkeit und verlustarme Koppelbedingungen zur Glasfaser bieten.

5. Kapitel

Nicht abstimmbare Frequenzfilter werden vorzugsweise auf Materialien hergestellt, die einen möglichst geringen Temperaturkoeffizienten aufweisen um bei Temperaturschwankungen die systemtechnisch vorgegebenen Toleranzfelder der Filtercharakteristiken einhalten zu können. Dies sind insbesondere Glas und Silizium-Verbindungen. Ihre Verschaltung mit aktiven Strukturen erfolgt im Rahmen einer Mikro-Aufbautechnik (siehe Kapitel 5.3).

5.2.3.2.1 Richtkoppler als Frequenzfilter

Werden in den bereits betrachteten symmetrischen Richtkoppler Lichtwellen unterschiedlicher Frequenz eingekoppelt, so läßt sich dieser auch als Frequenzfilter einsetzen. Die Feldverteilungen der Wellen in optischen Streifenleitern weisen nämlich eine deutliche Frequenzabhängigkeit auf. So wird das Feld in einem Streifenleiter zu längeren Wellenlängen hin weniger gut geführt, die Feldverteilung reicht also weiter in die Umgebung hinaus. Dies verändert den Koppelkoeffizienten κ. Das Produkt $\kappa \cdot L$ und damit die Leistungsaufteilung am Kopplerende ist also frequenzabhängig. Ein Beispiel für die entstehende Filtercharakteristik zeigt Bild 5.22. Es ergibt sich ein alternierendes Überkopplungsverhalten mit einer nicht äquidistanten Verteilung der Minima und Maxima. Die 3-dB-Bandbreite beträgt im gewählten Beispiel bei 1,5 µm etwa 40 nm. Lichtwellen der Wellenlänge λ_1 und λ_2, die bei Tor 1 eingekoppelt werden, treten getrennt an den Toren 2 und 4 aus. Das Filter läßt sich also als Frequenzdemultiplexer, oder in umgekehrter Richtung als optischer Multiplexer verwenden. Geringere Kanalabstände als hier gezeigt erfordern sehr lange Strukturen. Mit noch vertretbarer Baulänge (ca. 10 mm) für ein Filter lassen sich minimale Kanalabstände von wenigen Nanometern realisieren.

Ein gravierender Nachteil schmalbandiger symmetrischer Richtkoppler ist die hohe Empfindlichkeit der Frequenzcharakteristik gegenüber Fertigungstoleranzen, die z.B. beim lateralen Wellenleiterabstand

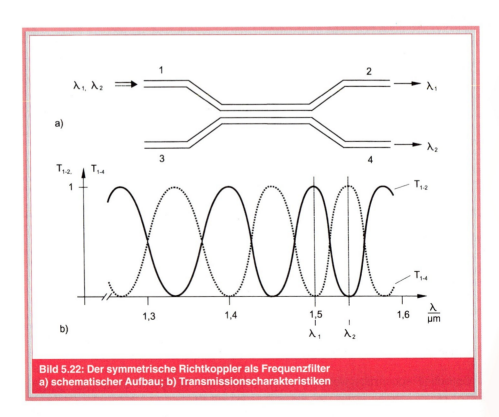

Bild 5.22: Der symmetrische Richtkoppler als Frequenzfilter
a) schematischer Aufbau; b) Transmissionscharakteristiken

im Bereich weniger Nanometer liegen müßte, so daß eine brauchbare Komponente nur dann realisierbar ist, wenn sie breitbandig ausgelegt werden kann oder aber während der Fertigung abgleichbar ist. Für bestimmte Anwendungsfälle ist das nichtperiodische Übertragungsverhalten über der Wellenlänge erwünscht.

Deutlich geringere Empfindlichkeiten hinsichtlich der Herstellungsparameter weist eine Richtkopplerstruktur auf, die aus zwei unterschiedlichen Wellenleitern besteht. Bei geeigneter Auslegung (Gleichheit der Ausbreitungskonstanten bei einer Wellenlänge) ist es möglich, vollständige Leistungsüberkopplung von einem Wellenleiter zum anderen nur für einen kleinen Wellenlängenbereich zu erhalten, d. h. das Filter wirkt wie ein Bandpaß. Realisiert wurden mit solchen Strukturen bereits Filterbandbreiten im Bereich von 1 nm (in InP) [5.63].

5.2.3.2.2 Periodische Wellenleiter

Zur Realisierung hochselektiver optischer Frequenzfilter mit nicht periodischer Durchlaßcharakteristik eignen sich vor allem Wellenleiter, denen eine Gitterstruktur, d. h. eine ortsperiodische Modulation eines Wellenleiterparameters (wie der Streifenleiterdicke in Bild 5.23) überlagert ist. Derartige Strukturen haben wegen ihres Einsatzes in Halbleiterlasern in den letzten Jahren eine erhebliche Bedeutung erlangt [5.50].

Zum einfachen Verständnis ihrer Funktionsweise [5.56; 5.64] kann jeder Gitterstreifen als Streuzentrum für eine geführte Welle angesehen werden. Die so generierten Streuwellen überlagern sich unter bestimmten Bedingungen wegen der Äquidistanz der Gitterstreifen phasenrichtig zu einer neuen, geführten Welle, die sich im vorliegenden Fall in umgekehrter Ausbreitungsrichtung aufbaut. Bei diesem Vorgang der verteilten Reflexion nimmt die Amplitude der einfallenden Welle ab. Diese Erscheinung – sie wird in Analogie zur Beugung von Röntgenstrahlung in Kristallen auch Bragg-Reflexion genannt – tritt nur in einem sehr schmalen Frequenzband auf und eignet sich daher sehr gut zur optischen Frequenzselektion. Bedingung für das Auftreten der Bragg-Reflexion ist, daß die Gitterkonstante Λ ein ganzzahliges

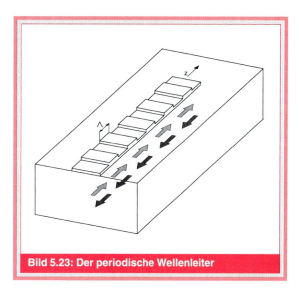

Bild 5.23: Der periodische Wellenleiter

Vielfaches der halben Wellenlänge λ_{WI} der geführten Welle ist, also

$$\Lambda = m \cdot \frac{\lambda_{WI}}{2} \qquad (5.9)$$

mit m = 1, 2, 3 ... gilt.

Anschaulich betrachtet hängt das Selektionsvermögen davon ab, wie viele der Gitterstege die einfallende Welle „sieht", bis sie vollständig reflektiert wird. Somit ergeben lange Gitterstrukturen mit geringer periodischer Modulation besonders schmalbandige Filter.

Neben diesen einfachen Gittern wurden zwischenzeitlich eine Reihe komplexer Strukturen mit längs des Gitters definiert eingebauten Abweichungen von der gleichförmigen Gitterperiode entwickelt, was die Frequenzcharakteristik modifiziert und insbesondere bei Halbleiterlasern dessen Eigenschaften erheblich verbessern kann (vgl. Kap. 4.6).

5.2.3.2.3 Wellenleiter-Interferenz-Filter

Frequenzfilter mit periodischer Durchlaßcharakteristik lassen sich nach dem Prinzip des Mach-Zehnder Interferometers auch auf Wellenleiterbasis aufbauen. Hierzu wird (Bild 5.24) das eingekoppelte Licht

5. KAPITEL

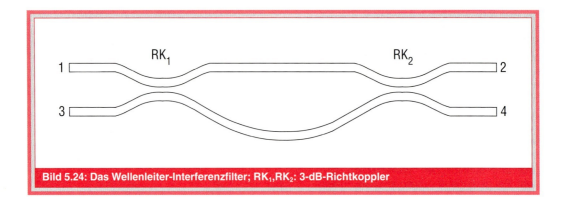

Bild 5.24: Das Wellenleiter-Interferenzfilter; RK_1, RK_2: 3-dB-Richtkoppler

mittels eines 3-dB-Richtkopplers (RK_1) zu gleichen Leistungsanteilen in zwei unterschiedlich lange Zweige aufgeteilt und an deren Ende in einem weiteren 3-dB-Richtkoppler (RK_2) wieder zusammengeführt. Wird die Wellenlänge des z. B. bei Eingang 1 eingekoppelten Lichts geändert, so wird das Licht abwechselnd zu den Ausgängen 2 oder 4 geleitet, so daß sich eine periodische Filtercharakteristik ergibt. Bandbreite bzw. Kanalabstand sind umgekehrt proportional zur optischen Weglängendifferenz in den beiden Interferometerarmen. Mit speziellen Anordnungen konnten unter Verwendung von Glaswellenleitern Bandbreiten von weniger als 0,1 nm erzielt werden [5.65].

Eine Abart der beschriebenen Filterstruktur ist ein zweiwelliges Interferometerfilter, bei dem die getrennten Wellenleiterarme durch einen einzelnen, breiten Wellenleiter ersetzt wurden, so daß dieser zwei sich überlagernde Eigenwellen führen kann. Wegen der relativ geringen Unterschiede in den Ausbreitungskonstanten dieser Wellen lassen sich aber nur große Kanalabstände (etwa 30 nm) erzielen.

5.2.3.2.4 Phased-Array Multiplexer

Die Wellenlängenabhängigkeit des Transmissionsverhaltens einer Vielfach-Parallelschaltung unterschiedlich langer Wellenleiter kann ausgenutzt werden, um einen Vielkanal Wellenlängen (De-) Multiplexer zu realisieren [5.66]. Wie in Bild 5.25 gezeigt, besteht ein solches Filter aus einem vielwelligen (planaren) Eingangsaufteiler, der das in den Chip eingekoppelte Frequenzspektrum in der Gesamtheit der einzelnen Kanäle auf die Vielfach-Wellenleiter-Struktur aufteilt. Am Ende des „Phased Array", dessen Wellenleiter sich durch verschieden abgestufte optische Weglängen unterscheiden, befindet sich eine zweite, vielwellige Struktur, an deren Ende die einzelnen Kanäle durch konstruktive Interferenz – nach Frequenzen getrennt – in die Ausgangswellenleiter gekoppelt werden. Die Wirkungsweise des Phased Array entspricht der eines Beugungsgitters, das in einer sehr hohen Beugungsordnung betrieben wird. Bei optimierter Dimensionierung weisen diese Multiplexer eine sehr geringe Polarisationsabhängigkeit mit guter Kanalselektion (> 20 dB) sowohl auf Glas-, Polymer- als auch auf InP-Basis auf.

5.2.3.3 Modulatoren

Zur Informationsübertragung muß das Licht einer optischen Quelle (in der Regel ein Halbleiterlaser) moduliert werden. Dies kann durch direkte elektrische Ansteuerung der Quelle selbst erfolgen, oder aber, bei konstanter Ausgangsleistung der Quelle, mittels externer Modulatoren. Die letztgenannte Lösung bietet eine größere Flexibilität in der Optimierung der Eigenschaften der Lichtquellen. So läßt sich der Laser auf ein möglichst schmales Emissionsspektrum, der Modulator dagegen auf höchste Modulationsfrequenz auslegen. Die Modulation selbst kann durch Änderung der Intensität, der Frequenz oder Phase als auch durch Variation der Polarisation des emittierten Lichts erfolgen. Hochbitratige Systeme arbeiten mit Modulationsfrequenzen von weit über 1 GHz, Laborsysteme mit 40 GHz und mehr.

5.2.3.3.1 Physikalische Grundlagen der Abstimmbarkeit von Schaltelementen

Um Licht zu modulieren bzw. zu schalten wird eine Vielzahl physikalischer Effekte ausgenutzt, von denen hier nur die derzeit vom Anwenderstandpunkt wichtigsten diskutiert seien [5.50; 5.52; 5.67; 5.68].

Die Funktion der meisten der bislang realisierten Modulatoren und Schalter beruht auf dem linearen elektrooptischen Effekt (dem Pockels-Effekt). Dieser tritt in Festkörpern (z.B. Kristallen) ohne Symmetriezentrum auf. Bei diesem Effekt ändert sich die Brechzahl der betreffenden Materialien linear mit der Größe des einwirkenden elektrischen Feldes. Größe und Art der Änderung sind im allgemeinen neben der Größe und Richtung des einwirkenden elektrischen Feldes auch von der Ausbreitungsrichtung und Polarisation des Lichtes relativ zur Kristallstruktur abhängig. Leider sind – auch unter optimierten Bedingungen – die erreichbaren Brechzahländerungen sehr gering. Sie erreichen bei den bislang bekannten Materialien Werte um ein Promille. Auch bei den neuerdings favorisierten Polymeren ist eine Erhöhung um Größenordnungen nicht zu erwarten. Die lange Zeit besonders intensive Nutzung von Lithium Niobat (LiNbO$_3$) als Substratmaterial beruht – obwohl auf ihm direkt keine optischen Quellen integriert werden können – auf den vergleichsweise ungewöhnlich hohen Werten seiner maximalen elektrooptischen Koeffizienten (vgl. Tabelle 5.1).

Tab. 5.1: Elektrooptischer Koeffizient in verschiedenen Materialsystemen

Materialsystem	Elektrooptischer Koeffizient in 10^{-12} m/V
LiNbO$_3$	31
Polymere	40
Organische Kristalle	87
GaAs	1,4
InP	1,4

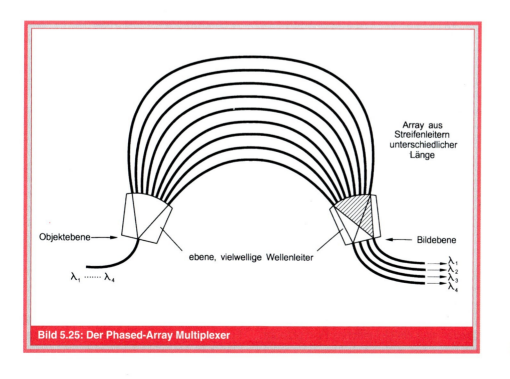

Bild 5.25: Der Phased-Array Multiplexer

Halbleiter wie GaAs und InP weisen erheblich geringere Werte auf. Allerdings besteht bei diesen Materialien die Möglichkeit durch Einbettung von Schichten mit Dicken im Nanometerbereich (sogenannte Quantenfilme) große Brechzahländerungen (bis in den Prozentbereich) zu nutzen [5.67; 5.69]. Da die die Brechzahländerung hervorrufenden Effekte (z. B. Quantum Confined Stark Effect = QCSE-Effekt) aber zugleich mit einer drastischen Absorptionsänderung einhergehen, läßt sich die volle Dynamik der Brechzahländerungen oftmals nicht ausnutzen. Eine weitere Art in Halbleitern die Brechzahlen zu variieren, besteht in einer lokalen Änderung der Ladungsträgerkonzentration durch Ladungsträger-Injektion bzw. Verarmung.

Eine gänzlich andere Art, Brechzahlen zu ändern, ermöglichen akustische Wellen. Hierbei werden elektrische Wechselfelder über einen elektroakustischen Wandler in sich wellenförmig ausbreitende Material-Dichteschwankungen umgesetzt, die ihrerseits lokal die Brechzahl ändern [5.70]. Das Einsatzpotential derartiger Strukturen in Kommunikationssystemen ist hoch, jedoch müssen die Übertragungsparameter derartiger heute verfügbarer Bauelemente noch erheblich verbessert werden.

In Materialien auf Glas- und SiO_2-Basis mit sehr kleinen oder verschwindenden elektrooptischen Koeffizienten, aber auch bei Polymeren, ermöglicht der thermooptische Effekt, d. h. die Abhängigkeit der Brechzahl von der Temperatur, die Abstimmbarkeit bzw. Schaltbarkeit der Bauelemente, allerdings liegen die Schaltzeiten im Millisekundenbereich.

5.2.3.3.2 Phasen- und Frequenzmodulatoren

Zu den einfachsten Modulatoren in optischen Schaltungen gehören die Phasenmodulatoren. Diese bestehen lediglich aus einem einwelligen Streifenleiter auf einem elektrooptischen Substrat (vgl. Bild 5.26). Durch Anlegen einer elektrischen Spannung an die zu beiden Seiten des Wellenleiters angeordneten Elektroden wird im Streifenleiter ein elektrisches Feld erzeugt. Als Folge der sich ändernden Brechzahlverteilung Δn_{eff} ändert sich die Ausbreitungsgeschwindigkeit der geführten Welle und damit auch deren Ausbreitungskonstante β um $\Delta\beta$. Nach der Beziehung

$$\Delta\Phi = \Delta\beta \cdot L = \frac{2\pi}{\lambda} \cdot \Delta n_{eff} \cdot L \quad (5.10)$$

bewirkt das Durchlaufen eines Modulators der Länge L eine zusätzliche Phasendrehung $\Delta\Phi$. Beim einfachen, mittengespeisten Modulator, der wie ein diskretes Bauteil wirkt (Bild 5.26a), wird die maximale Modulationsfrequenz im wesentlichen durch die Zeitkonstante aus Elektrodenkapazität und Abschlußwiderstand R_0 (in der Regel 50 Ohm) bestimmt. Diese liegt bei einigen GHz.

Wesentlich höhere Grenzfrequenzen lassen sich nach dem Wanderwellenprinzip erzielen (Bild 5.26b). Zur Steuerung dient ein sich als Mikrowelle entlang der Elektrodenanordnung ausbreitendes elektromagnetisches Feld („Wanderwelle"), das parallel zum Lichtleiter geführt ist. Der Modulator stellt jetzt elektrisch eine mit ihrem Wellenwiderstand R_0 abgeschlossene Leitung dar. Die Grenzfrequenz wird hier durch die Laufzeitdifferenz zwischen Mikro- und Lichtwelle längs des Modulators bestimmt. Die obere Grenzfrequenz realisierter Modulatoren liegt derzeit bei mehr als 40 GHz. Da die durch das elektrische Feld verursachte Ladungsverschiebung besonders schnell erfolgt, liegt (theoretisch) die obere Grenzfrequenz bei mehr als 1 THz (=1000 GHz).

Frequenzmodulatoren lassen sich aus Phasenmodulatoren, die zu Interferometern verschaltet werden (ähnlich den anschließend bei den Intensitätsmodulatoren gezeigten Strukturen), realisieren. Auf eine eingehendere Beschreibung wird verzichtet, da sowohl Phasen- als auch Frequenzmodulatoren ihr Hauptanwendungsgebiet in kohärenten Systemen finden, deren betrieblicher Einsatz derzeit nicht zur Diskussion steht.

5.2.3.3.3 Intensitätsmodulatoren

Intensitätsmodulatoren können auf den Funktionsprinzipien Abstrahlung, Absorption oder Verzweigung basieren. Der ein-

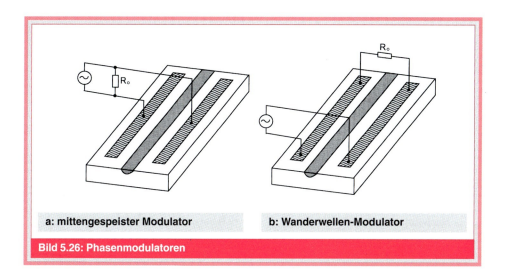

Bild 5.26: Phasenmodulatoren
a: mittengespeister Modulator
b: Wanderwellen-Modulator

fachste Intensitätsmodulator, der „cut-off" Modulator, arbeitet nach dem Abstrahlprinzip. Er besteht aus einem Streifenleiter in einem elektrooptischen Material. Er ist so dimensioniert, daß der Grundmode einer Polarisation gerade eben noch geführt wird, sofern kein elektrisches Feld anliegt. Liegt dagegen ein geeignet orientiertes Feld ausreichender Amplitude an, so wird bei Erniedrigung der effektiven Brechzahl des Wellenleiters seine Fähigkeit zur Wellenführung aufgehoben: Das Licht wird dann abgestrahlt. Wegen der Schwierigkeit, einen solchen Modulator zuverlässig zu fertigen, werden in der Praxis zumeist andere Strukturen bevorzugt.

Auf dem Prinzip der Elektroabsorption lassen sich ebenfalls Modulatoren aufbauen. Diese nutzen z. B. den Franz-Keldysh-Effekt aus, bei dem die „Absorptionskante" im Halbleiter, d. h. der Wellenlängenbereich, in dem ein Halbleiter vom transparenten in den undurchsichtigen Zustand übergeht, unter dem Einfluß eines elektrischen Feldes verschoben werden kann. Die geringe Verschiebbarkeit dieser „Kante" führt jedoch zu relativ hohen Durchgangsdämpfungen. Unter Verwendung von Quantenfilmen lassen sich effizientere Absorptionsmodulatoren aufbauen. Sie nutzen den bereits erwähnten QCSE-Effekt, um mittels elektrischer Felder die Absorption zu ändern. Mit solchen Strukturen können Bitraten von über 20 Gbit/s moduliert werden [5.71].

Ein häufig verwendeter Modulator ist wie ein Mach-Zehnder Interferometer aufgebaut (Bild 5.27a). Das im einwelligen Streifenleiter von links eintreffende Licht wird in einer ersten Y-Verzweigung zu gleichen Leistungsanteilen auf zwei identische, parallele, unverkoppelte Wellenleiter aufgeteilt und nach einer gewissen Laufstrecke in einer zweiten Y-Verzweigung wieder zusammengeführt. Diese Zusammenführung erfolgt dann nahezu verlustlos, wenn die Phasenfronten der beiden Teilwellen in der Verzweigung zusammenfallen, wie dies z. B. bei exakt symmetrischem Modulatoraufbau gegeben ist. Ist der optische Laufweg für beide Teilwellen jedoch verschieden, was hier bei geeigneter Elektrodenanordnung mit Hilfe des elektrooptischen Effekts durch Anlegen eines elektrischen Feldes geschehen kann, so entsteht eine Phasenverschiebung zwischen den Teilwellen, die zu einer partiellen Abstrahlung in der zweiten Y-Verzweigung führt. Bei Gegenphasigkeit erfolgt sogar eine vollständige Abstrahlung und damit eine Unterbrechung des Lichtaustritts am Modulatorausgang. Derartige Modulatoren lassen bei optimierter Auslegung der elektrischen Leitungen sehr hohe Grenzfrequenzen zu. So wurden 75 GHz bei einer Steuerspannung von nur 5 V für einen $LiNbO_3$-Modulator erreicht [5.72]. Steuerbare optische Verzweiger lassen sich in der Regel einerseits als Modulatoren, andererseits aber auch als optische Schalter verwenden. Das am häufigsten dazu ver-

5. KAPITEL

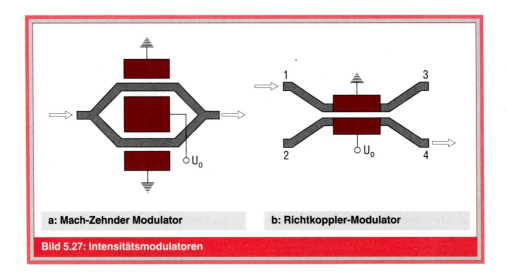

a: Mach-Zehnder Modulator **b: Richtkoppler-Modulator**

Bild 5.27: Intensitätsmodulatoren

wendete Bauteil ist der steuerbare symmetrische Richtkoppler nach Bild 5.27b. Ausgangspunkt sei eine Dimensionierung, bei der ohne Einfluß eines elektrischen Feldes das bei Tor 1 eingekoppelte Licht am Ende der Koppelstrecke vollständig in den anderen Wellenleiter übergekoppelt wird, dessen Tor 4 zugleich Modulatorausgang ist. Durch geeignete Elektrodenanordnung läßt sich bei angelegter Spannung bestimmter Größe eine gezielte Unsymmetrie einstellen, die dazu führt, daß statt an Tor 4 alles Licht an Tor 2 erscheint. Dies entspricht einem Modulationsgrad von 100 %.

5.2.3.4 Schalter

Optische (Wege-) Schalter dienen der räumlichen Steuerung von Licht. Sie sollten wegen der oft gewünschten Hintereinanderschaltung (Kaskadierung) in Schaltmatrizen neben einer sehr hohen Übersprechdämpfung insbesondere sehr niedrige Einfügedämpfungen aufweisen. Die Schaltspannungen zur elektrischen Ansteuerung sollten im Bereich weniger Volt liegen. Polarisationsunabhängigkeit ist zur Vermeidung von Polarisationsstellern dringend erwünscht. Hier werden zunächst die wesentlichen Grundstrukturen optischer Schalter, als Grundbaustein optischer Schaltnetzwerke, für die in Kap. 5.2.4 ein Beispiel angegeben wird, betrachtet.

5.2.3.4.1 Schaltbarer Richtkoppler

Ein Richtkoppler als optischer Schalter ist der Intensitätsmodulator nach Bild 5.27b, sofern Tor 1 als Eingang und die Tore 3 und 4 als die schaltbaren Ausgänge betrachtet werden. Diese einfache Struktur weist jedoch bei suboptimalem Abgleich funktionale Nachteile, wie hohes Nebensprechen, auf. Dieses Problem kann mit einer Anordnung nach Bild 5.28, bei der beide Schaltzustände abgleichbar sind, [5.73], vermieden werden. Mit optimierten Richtkopplern lassen sich heute sowohl auf InP- als auch auf $LiNbO_3$-Basis bei Steuerspannungen von wenigen Volt Schaltfrequenzen im Bereich einiger Gigahertz erreichen.

5.2.3.4.2 X-Schalter

Eine besonders kompakte Schalterstruktur stellt der sogenannte X-Schalter dar [5.74]. Hier (siehe Bild 5.29), werden zwei sich kreuzende Streifenleiter so dimensioniert, daß sie im Kreuzungsbereich zweiwellig sind. Licht, das in Eingang 1 eingekoppelt wird, regt im Kreuzungsbereich zwei Moden mit unterschiedlichen Ausbreitungsgeschwindigkeiten an. Im ideal dimensionierten Fall überlagern sich die beiden Moden im feldfreien Fall so, daß infolge konstruktiver Interferenz das Licht am Ausgang 4 auftritt, der Schalter sich also im gekreuzten Zustand befindet. Durch Anlegen einer Spannung an die Elektroden wird bei korrektem optoelektronischen Schaltungsentwurf das Licht am Ausgang 3 erscheinen. Diese Schaltung arbeitet auf $LiNbO_3$-Basis noch bei Schnittwinkeln von bis zu 3°. Derartige Schalter eignen sich wegen ihres kurzen Aufbaus ohne Wellenleiterkrümmungen im Bereich der Schalter selbst zur Vielfach-Kaskadierung. Nachteilig ist ihr relativ aufwendiger Herstellungsprozeß.

5.2.3.4.3 Digitaler optischer Schalter

Alle bislang vorgestellten Schalter haben den gemeinsamen Nachteil, daß eine deutliche Abhängigkeit der Schalteigenschaften von der Polarisation des Lichts vorliegt. Mittels teilweise aufwendiger Zusatzmaßnahmen – deren Diskussion hier zu weit führen würde – ist es jedoch möglich, diese Abhängigkeit zu minimieren. Ein weiterer Nachteil bleibt aber, daß der zuverlässige Betrieb wenigstens bei einem der beiden Schaltzustände eine genaue Einhaltung der Steuerspannung erfordert, die u. U. sogar pro Schalter individuell geregelt werden muß. Dieses Problem läßt sich mit sogenannten „digitalen" optischen Schaltern umgehen. Die charakteristische Eigenschaft eines digitalen optischen Schalters ist sein eindeutiges Schaltverhalten beim Über- bzw. Unterschreiten bestimmter Schwellen der Ansteuerungsparameter.

Bild 5.30 zeigt zwei Realisierungen eines solchen Schalterkonzepts [5.75]. Beide Schalter, sowohl die Y-Weiche als auch der X-Schalter sind symmetrisch aufgebaut. Beim Anlegen einer Spannung an eine der Elektroden wird infolge Ladungsträgerinjektion bzw. elektrooptischem Effekt die Symmetrie der Struktur aufgehoben. So bewirkt eine Schaltspannung an den linken Elektroden eine Brechzahlerniedrigung beim betreffenden Wellenleiter, so daß bei geeigneter Dimensionierung (dazu muß allerdings die Schalterstruktur relativ lang sein) nach dem Prinzip der „Modenentwicklung" die einfallende Lichtwelle in den Ausgangswellenleiter mit der höheren effektiven Brechzahl übergekoppelt wird. Oberhalb einer bestimmten

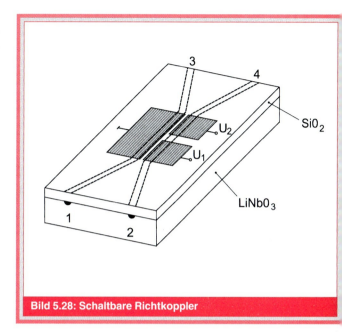

Bild 5.28: Schaltbare Richtkoppler

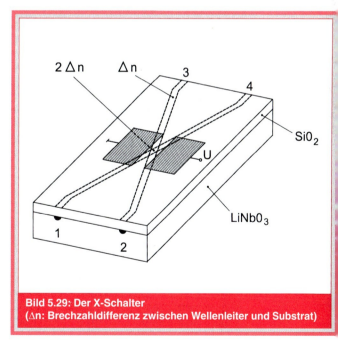

Bild 5.29: Der X-Schalter
(Δn: Brechzahldifferenz zwischen Wellenleiter und Substrat)

Schwelle läßt sich ein solches Verhalten für beide Polarisationen einstellen. Zum Schalten in den anderen Ausgangswellenleiter ist lediglich die Steuerspannung an die andere Elektrode zu legen. Digitales, polarisationsunabhängiges Schalten ist also auf einfache Weise möglich.

5. Kapitel

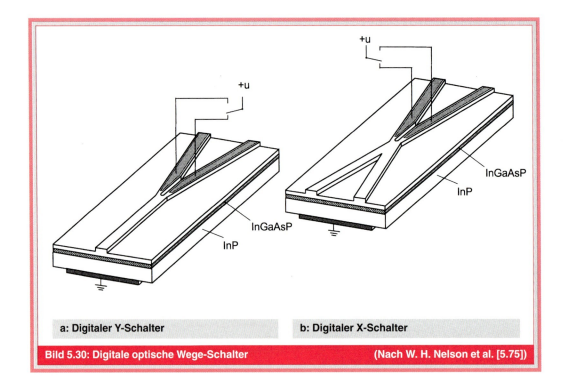

a: Digitaler Y-Schalter **b: Digitaler X-Schalter**

Bild 5.30: Digitale optische Wege-Schalter (Nach W. H. Nelson et al. [5.75])

5.2.4 Schaltungsintegration

Anhand einiger ausgewählter Beispiele soll hier der Stand der Arbeiten zur optoelektronischen Schaltungsintegration beleuchtet werden, soweit sie für die Telekommunikation von grundsätzlicher Bedeutung sind.

5.2.4.1 Integrierbare Sender, Empfänger und Halbleiterverstärker

Integrierbare Sender, Empfänger und Halbleiterverstärker haben bestimmten grundsätzlichen Anforderungen zu genügen, um auf einem Chip mit anderen Komponenten integrierbar zu sein. Dazu müssen alle Komponenten als Wellenleiterstruktur ausgebildet sein. Die beim Laser erforderliche Resonatorstruktur darf nicht aus Bruchkanten bestehen, sondern muß mit sogenannten verteilten (Gitter-) Resonatoren oder geätzten Spiegeln realisiert werden. Derartige Strukturen wurden bereits in Kap. 4.6 ausführlich beschrieben.

5.2.4.2 Optische Schaltmatrizen

In zukünftigen photonischen Netzen werden in großem Umfang Schaltnetzwerke aus optischen Wegeschaltern benötigt.

Das unmittelbare Schalten des optischen Signales ohne mehrfache elektrooptische Umwandlung bietet insbesondere wegen der dann vorliegenden Transparenz für die Digitalsignale erhebliche Vorteile. Umfangreiche optische Schaltmatrizen weisen derzeit in der Regel hohe Einfügungsdämpfungen auf.

In Bild 5.31 ist eine Lösung aufgezeigt, wie durch Einfügen optischer Verstärker eine verlustkompensierte 4 x 4 Schaltmatrix aus insgesamt 16 Schaltern integriert werden kann [5.76].

Der einzelne Schalter besteht hierbei aus einer Wellenleiter-Kreuzung, zwei Y-Schaltern und einem optischen Verstärker (vgl. Kap. 4.5.2). Das hier verfolgte Konzept hat zudem ein sehr gutes Übersprechdämpfungsmaß von über 50 dB.

OPTOELEKTRONISCHE SCHALTUNGEN

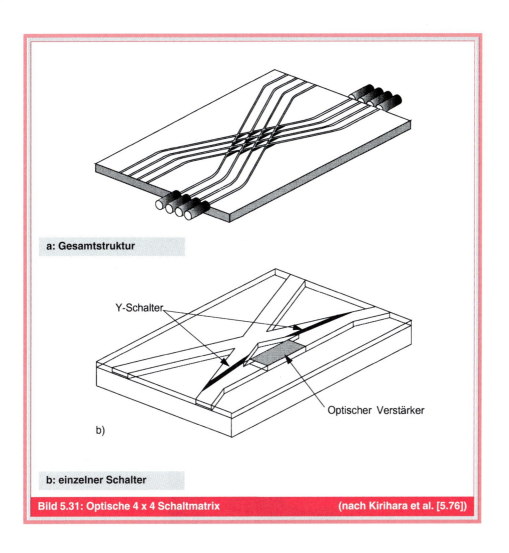

a: Gesamtstruktur

b) Y-Schalter, Optischer Verstärker

b: einzelner Schalter

Bild 5.31: Optische 4 x 4 Schaltmatrix   (nach Kirihara et al. [5.76])

5.2.4.3 Laser mit integrierter Fleckweitenanpassung

Die kostengünstige, verlustarme, aber zuverlässige Verbindung von optoelektronisch integrierten Schaltungen (engl.: opto-electronically integrated circuits (OEIC)) mit dem Übertragungsmedium Glasfaser ist eine wesentliche Voraussetzung für Anwendungen dieser Schaltkreise in zukünftigen optischen Kommunikationssystemen. Um dies zu gewährleisten, wird eine Transformation der (in der Regel elliptischen) Fleckweite von 1 µm – 2 µm einer geführten Welle auf dem Chip auf die (kreisrunde) Fleckweite von 8 µm –12 µm der Faserwelle benötigt. Die derzeit noch verbreitete Methode des Einsatzes aufwendiger, mikrooptischer Techniken (wie z. B. speziell bearbeiteter Faserenden) hat den gravierenden Nachteil, daß wenigstens an einer Stelle Justiertoleranzen im Bereich von 0,2 µm eingehalten werden müssen. Das läßt sich nur mit aktiven Justiertechniken erreichen. Hinzu kommen Probleme mit der Langzeitstabilität sowie erhöhte Kosten wegen geringer Eignung für eine Massenproduktion. Die genannten Nachteile können erheblich verringert werden, wenn die Fleckweitentransformation auf dem Chip selbst stattfindet. Dies kann mittels eines Wellenleiter-Tapers erfolgen, d. h. einer Struktur, bei der einer oder mehrere Wellenleiterparameter (z. B. Breite

5. Kapitel

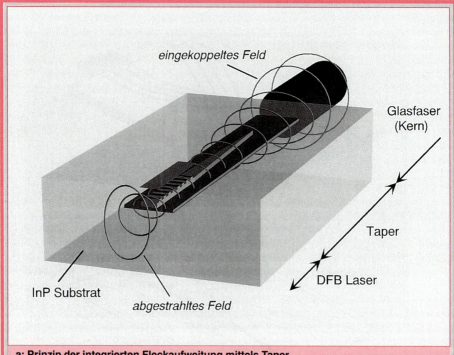

a: Prinzip der integrierten Fleckaufweitung mittels Taper

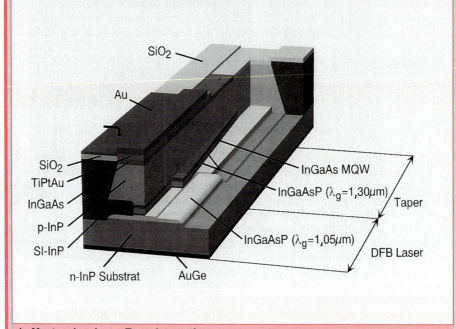

b: Muster einer Laser-Taper Integration
(nach R. Zengerle, H. Burkhard et al., Deutsche Telekom AG)

Bild 5.32: Halbleiterlaser mit integrierter Fleckweitenanpassung

OPTOELEKTRONISCHE SCHALTUNGEN

oder Höhe) sich allmählich entlang der Ausbreitungsrichtung ändern [5.77; 5.78].

Ein erster Schritt für kostengünstige Sendermodule stellt die Integration eines Halbleiterlasers mit einem solchen Fleckweitentransformator dar, wie dies in Bild 5.32 dargestellt ist. Die Wellenleiterstruktur zur Fleckweitenanpassung besteht im vorliegenden Fall aus einem längshomogenen, faserfleckweitenangepaßten unteren Wellenleiter, auf dem sich ein keilförmig auslaufender oberer Wellenleiter befindet, dessen Fleckweite am laserseitigen Ende der des Halbleiterlasers entspricht. Der Laser selbst ist ein DFB-Pilzlaser (vgl. Kap. 4.6.2).

5.2.4.4 Bidirektionales Übertragungsmodul

Schlüsselkomponenten für zukünftige interaktive Breitbanddienste sind kostengünstige Sende-/ Empfangsduplexer. Eine der ersten monolithischen Realisierungen eines solchen Bauelements ist in Bild 5.33 gezeigt. Auf einem Chip integriert sind ein wellenlängenselektiver Richtkoppler, ein Laser mit Monitordiode sowie eine Empfängerdiode. Die bislang erreichten Leistungsmerkmale von senderseitig 0,3 mW am Fasereingang und 0,1 A/W auf der Empfängerseite sind sicher noch verbesserungsfähig. Große Probleme bereitet bei derartigen Anordnungen das noch nicht ausreichend hohe Nebensprechdämpfungsmaß, das sich aus einem elektrischen und einem optischen Anteil zusammensetzt.

5.2.4.5 Optischer Überlagerungsempfänger

Was die Vielfalt der integrierten Schaltelemente angeht, so ist in jüngster Zeit ein bedeutsamer Fortschritt erzielt worden. Während eines rund sechsjährigen Entwicklungszeitraumes ist es gelungen, einen monolithisch integrierten Heterodyn-Empfänger-Chip zu realisieren [5.80]. Diese komplexe Struktur besteht aus 7 unterschiedlichen Halbleiter-Bauelementen, die auf einem Chip zu einem Komplex von 17 Schaltelementen zusammengefaßt wurden. Zu den Schaltelementen gehören ein

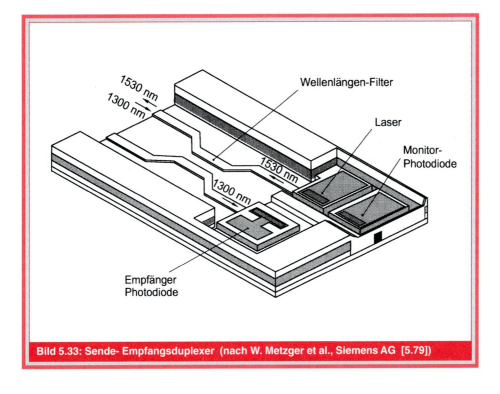

Bild 5.33: Sende- Empfangsduplexer (nach W. Metzger et al., Siemens AG [5.79])

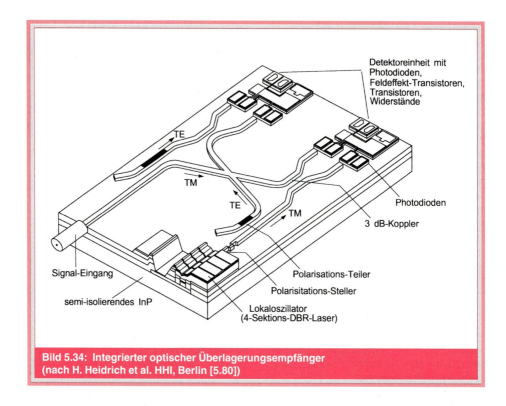

Bild 5.34: Integrierter optischer Überlagerungsempfänger (nach H. Heidrich et al. HHI, Berlin [5.80])

4-Sektions-DBR-Laser als Lokaloszillator, ein Polarisationssteller, mehrere Polarisationsteiler, Richtkoppler, Photodioden und Feldeffekttransistoren (Bild 5.34). Wie umfangreich und zeitintensiv eine derartige Technologie sein kann, mag die Gesamtzahl von 150 (derzeit noch nicht optimierten) Einzelprozeßschritten erahnen lassen.

5.2.4.6 Heterointegration

Die Silizium-Technologie ist, als Basis nahezu der gesamten Mikroelektronik, von allen Halbleitertechnologien am weitesten entwickelt. Die Grenzen ihrer Leistungsfähigkeit sind nach wie vor noch nicht abzusehen, so liegen mit diesem Material realisierte Schaltgeschwindigkeiten heute im Bereich von weit über 10 GHz.

Es liegt daher nahe, zu versuchen, optoelektronische Komponenten mittels Heterointegration unmittelbar auf dem Silizium-Chip mit zu integrieren. Voraussetzung dieses Unterfangens ist es, Wege zu finden, die unterschiedlichen Kristallstrukturen der erforderlichen Halbleiter (die u. a. unterschiedliche Gitterkonstanten aufweisen) durch spezielle Zwischenschichten störungsfrei übereinander zu wachsen [5.81]. Die bislang erzielten Erfolge sind eher bescheiden, so daß derzeit nicht absehbar ist, ob sich eine solche Technologie durchsetzen wird.

5.2.5 Grenzen der Schaltungsintegration und Ausblick

Betrachten wir den derzeitigen Entwicklungsstand der Integration optischer Schaltungen, so spielte bis vor wenigen Jahren $LiNbO_3$ eine zentrale Rolle. Hauptgründe hierfür waren die materialbedingten hohen elektrooptischen Koeffizienten sowie die relative Verlustarmut mit einem Dämpfungskoeffizienten von weniger als 1 dB/cm und die geringen Koppelverluste zur Glasfaser aufgrund der relativ großen Fleckweite der geführten Wellen.

Die optoelektronische Schaltungsintegration auf Halbleiterbasis, insbesondere auf dem für die Nachrichtenübermittlung so wichtigen InP, hat gerade in den letzten

Jahren erhebliche Fortschritte erzielt. Das Ziel, systemtechnisch einsetzbare Schaltkreise zu entwickeln, deren Leistungsmerkmale denen diskret aufgebauter Strukturen nahe kommt, ist allerdings bislang nur in sehr bescheidenem Umfang bei der Integration ganz weniger unterschiedlicher Komponenten (weniger als 10) gelungen. Derzeit ist nicht abzusehen, ob eine komplexe optoelektronische Schaltungsintegration auf InP jemals wirtschaftlich erreichbar ist.

Die optoelektronische Schaltungsintegration wird daher heute anders bewertet als noch vor wenigen Jahren. Schwerpunkt der Forschungs- und Entwicklungsaktivitäten bilden derzeit insbesondere gezielte „Kleinstintegrationen" von ganz wenigen Bauelementen (u. U. nur zwei oder drei), eben dort, wo ein echtes Einsatz- und Verbilligungspotential sichtbar wird. Folgerichtig wird einer geeigneten hybriden Integrations- und Aufbautechnik zunehmend Beachtung geschenkt (vgl. Kap. 5.3.3).

Aus einer Reihe physikalischer Gründe lassen sich optoelektronische Schaltkreise bei weitem nicht so verkleinern, wie dies bei der integrierten Mikroelektronik möglich ist. Daher wird ein monolithisch integrierter optoelektronischer Baustein eine vergleichsweise um mehrere Größenordnungen geringere Packungsdichte aufweisen. Ein wesentlicher Grund dafür sind die Eigenschaften der für die optischen Komponenten verwendbaren Materialien, insbesondere die niedrigen elektrooptischen Koeffizienten. Dies führt oftmals zu sehr ungünstig strukturierten Bauelementen großer Länge (im Millimeterbereich), hingegen mit minimaler Breite (wenige Mikrometer).

Zwecks effektiver Flächennutzung werden derartige Strukturen häufig parallel zueinander angeordnet und mittels Wellenleiter untereinander verbunden sein. Da die Richtungsänderung der geführten Wellen mittels Spiegel aufwendig und verlustbehaftet ist, werden zumeist gekrümmte Wellenleiter eingesetzt. Diese weisen jedoch Abstrahlungsverluste auf, die zwar durch entsprechend geringe Krümmungen klein gehalten werden können, allerdings nur auf Kosten erheblichen Platzbedarfs. Da bei Abstrahlung im Chip die Gefahr störender Einkopplung in benachbarte Strukturen besteht, erhält die Minimierung solcher Verluste ein besonderes Gewicht. Andererseits verringert dies die Integrationsdichte weiter. Dies gilt insbesondere auch im Falle der Integration von Halbleiterlasern (Sendeleistung mehrere Milliwatt) mit empfindlichen Photodioden (Eingangsleistung z. B. 100nW !).

Bei der integrierten Optoelektronik werden strukturell erheblich unterschiedliche Funktionselemente (z. B. Laser, Detektoren sowie Transistoren und Widerstände) als auch Verbindungselemente (Lichtleiter und elektrische Leitungen) zum Einsatz kommen. Ein OEIC besitzt dann zwar einen niedrigen Integrationsgrad, ist aber dennoch ein hochkomplexes Gebilde. Eine mit der Siliziumtechnologie vergleichbare zügige Fortentwicklung der Integrationsdichte kann daher nicht erwartet werden.

Zukünftige Übermittlungsverfahren wie optische Übertragung mit Überlagerungsempfang oder die Vermittlung im optischen Frequenzvielfach stellen extreme Anforderungen an die Frequenzstabilität und auch an andere Leistungsmerkmale der erforderlichen Komponenten. Ein wirtschaftlicher Einsatz dieser Verfahren ohne Verwendung von Integrationstechniken ist voraussichtlich aber nicht denkbar. Die erfolgreiche Entwicklung einer leistungsfähigen optoelektronischen Schaltungsintegration entscheidet daher wahrscheinlich über den zukünftigen Einsatz neuer komplexer optischer Übertragungs- und Vermittlungsverfahren im Kommunikationsnetz der Netzbetreiber.

5.3 Aufbau- und Verbindungstechnik

Im zunehmenden Maße werden optoelektronische Hybridschaltungen realisiert. Dabei können z.B. ein Halbleiterlaser mit Treiberschaltung oder Photodioden mit nachfolgenden Verstärkern zusammen mit angekoppelten Glasfasern hybrid integriert werden. Hierbei müssen dann Lösungen für die Zusammenschaltung der optischen Bausteine, z.B. effektive Kopplung zwischen Glasfaser und Laser bzw. Glasfaser und Photodiode sowie die elektrische Einbettung des so entstandenen optischen Submoduls in die Hybridschaltung gefunden werden.

5.3.1. Die Bedeutung hybrider Technologien für die Aufbau- und Verbindungstechnik

Moderne Elektronikbaugruppen realisieren auf kleinstem Raum eine Vielzahl von Funktionen. Dabei kommt der Aufbau- und Verbindungstechnik (AVT) eine besondere Bedeutung zu. Der Begriff Aufbau- und Verbindungstechnik umfaßt alle technologischen Teilprozesse, die zur Herstellung von elektronischen Baugruppen eingesetzt werden. Dazu gehören die Leiterplattentechniken wie surface-mount-technology (SMT) und chip-on-board (COB)-Technik, die Schichtschaltungstechniken (Hybridtechniken), die Gehäusetechniken sowie die Bondtechniken.

Als praktikable Wege zur Miniaturisierung elektronischer Baugruppen haben sich in der Vergangenheit besonders die Hybridtechnik und die monolitische Integration herauskristallisiert. Zeitweise wurden sie als konkurrierende Techniken angesehen. Insbesondere die Einführung der anwenderspezifischen monolitischen Technologien (ASIC), die sehr hohe Integrationsgrade verbunden mit moderaten Herstellungskosten, auch bei geringeren Stückzahlen, ermöglichen, verdrängte die bis dahin vorherrschenden Hybridtechniken. Die Entwicklung immer höher monolitisch integrierter Schaltkreise führte zu erhöhten Anforderungen an die Aufbau- und Verbindungstechnik. In den meisten Fällen ist eine verbesserte Funktionalität mit einer drastischen Steigerung der Anzahl der Eingangs- und Ausgangsverbindungen verbunden. Die Anzahl der Signalanschlüsse N nimmt nach der RENTschen Regel ($N \sim \sqrt{N_G}$) mit der Anzahl der Gatter N_G auf einem Chip zu [5.82]. Anschlußzahlen von 300 bis 500 sind heute durchaus üblich. Die Folge ist eine Reduzierung der einzelnen Bondpadflächen und damit auch der Leiterbahnbreiten auf dem Substrat.

Weitere Forderungen resultieren aus der Tatsache, daß bei stark expandierender Telekommunikation Schaltungen benötigt werden, die bei einer sehr hohen Integrationsdichte auch sehr hohe Datenraten (z. Z. 10 Gbit/s.....40 Gbit/s) zu übertragen haben. Dies bedingt den Einsatz der elektrischen Mikrostreifenleitertechnik. Weitere Probleme ergeben sich aus der Notwendigkeit, immer höhere Verlustleistungen über immer kleinere Flächen abzuleiten. Bei komplexen Schaltungen tritt eine Leistungsdichte von bis zu 2 W/cm² auf, was Substratmaterialien mit einer hohen Wärmeleitfähigkeit und geringem thermischen Ausdehnungskoeffizienten verlangt.

Durch den Einsatz neuer leistungsfähiger Technologien, wie z.B. der Mehrlagentechnik, der multi-chip-module-(MCM)-Technik und der Verwendung von Kunststoffen ($\varepsilon_r = 2{,}1$) in Verbindung mit der COB - Technik wird angestrebt, diesen Anforderungen gerecht zu werden [5.83]. Keine der oben genannten Techniken ist alleine in der Lage, alle Bedürfnisse gleichzeitig zu erfüllen.

Erweitert man die elektronischen Schaltungen durch Baugruppen, die auch optische Signale erzeugen, weiterleiten, detektieren, modulieren oder anderweitig verarbeiten können, müssen verschiedenartige Basismaterialien miteinander verbunden werden. Neben den bekannten hochfrequenztechnischen Problemen treten dann die Beherrschung der Materialwechselwirkungen und die Probleme bei der optomechanischen Lichtein- und -auskopplung in den Vordergrund. Dabei ist weit mehr als bei reinen elektronischen Schaltungen auch den Umgebungsbedingungen (Temperatur, Luftdruck, Feuchte, mechanische Einflüsse) Beachtung zu schenken, da diese die häufig notwendige und kostenintensive Präzisionsmechanik im Submikrometerbereich empfindlich stören können. Hier können hochentwickelte Verfahren der Aufbau- und Verbindungstechnik helfen, komplizierte Hybridschaltungen bei vertretbaren Kosten mit sehr guten elektrischen und optischen Eigenschaften aus vorhandenen Einzelbauelementen zusammenzusetzen.

Obwohl noch für viele Einzelprobleme intelligente Lösungen gefunden werden müssen kann doch schon gesagt werden, daß für die kostengünstige Realisierung höchstfrequenztauglicher optoelektronischer Schaltungen den hybriden Aufbau- und Verbindungstechniken eine sehr hohe Bedeutung zukommt.

5.3.2. Elektronische Hybridschaltungen

Der in diesem Zusammenhang häufig verwendete Begriff Hybridtechnik beschreibt die Herstellung von aktiven und passiven elektronischen Bauelementen aus unterschiedlichen Materialien mit unterschiedlichen Technologien auf einem gemeinsamen Substrat [5.84]. Es wird damit allgemein der Begriff Integrierte Schichtschaltung verbunden [5.82].

In Bild 5.35 sind die wesentlichen Elemente einer Schichtschaltung vereinfacht dargestellt. Die charakteristischen Elemente einer typischen Schichtschaltung sind Substrat, Leiterbahn- und Widerstandsschichten, Dielektrikum sowie innere und äußere Bond- und Lötverbindungen. Dazu kommen je nach Anwendungsfall diskrete passive und aktive elektronische Bauelemente wie z.B. Halbleiterchips oder/und SMT- Bauelemente.

Hybride Schichtschaltungen werden nach der Art und Dicke der verwendeten Materialien für die Herstellung der Leiterbahn- und Widerstandsschichten in Dünnfilm- und Dickschichtschaltungen klassifiziert. Von Dickschichtschaltungen spricht man, wenn mittels Siebdrucktechniken aufgetragene Pasten durch einen anschließenden thermischen Prozeß ihre elektrischen Eigenschaften erhalten. Aufgrund der im Verarbeitungsprozeß auftretenden hohen Temperaturen für das Formieren (Einbrennen) der Siebdruckpasten kommen für Standarddickschichtschaltungen temperaturstabile Keramiksubstrate zum Einsatz [5.85]. Für jede Paste ist ein genau vorgeschriebenes Temperaturprofil einzuhalten. Erreicht wird die geforderte Präzision mit Durchlauföfen, die ein gleichmäßiges Durchfahren mehrerer Temperaturzonen ermöglichen.

Beim Einfahren in den Ofen wird das Substrat mit etwa 50 K/min erwärmt. Dabei entweichen die flüchtigen Bestandteile der Pasten und werden abgesaugt. Hat das Substrat die Plateautemperatur von ca. 850 °C erreicht, so sintern die festen Pastenbestandteile zusammen. In der Abkühlzone wird das Substrat wiederum mit ca. 50 K/min abgekühlt. Dabei erhärtet das Gefüge ohne Spannungsrisse. Bild 5.36 zeigt ein typisches Beispiel einer Dickschichtschaltung.

Für Dünnfilmschaltungen, deren Herstellung durch Vakuumbeschichtungsverfahren erfolgt, werden sowohl Glas- als auch Keramiksubstrate eingesetzt [5.86; 5.87; 5.88; 5.89].

Wie in der Halbleitertechnik, werden in der Regel die Substrate ganzflächig beschichtet. Deshalb gleicht auch die Herstellung der Strukturen (Leiterbahnen, Widerstände, Kondensatoren) den bekannten photolithografischen Verfahren aus der Halbleiterherstellung. Im Bild 5.37 ist der technologische Ablauf der Dünnfilmstrukturerzeugung schematisch dargestellt.

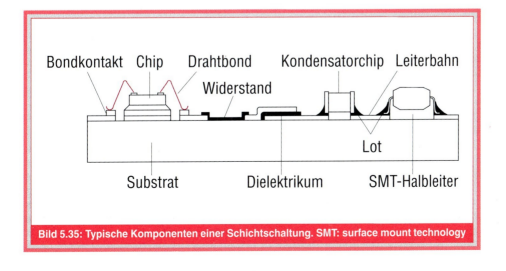

Bild 5.35: Typische Komponenten einer Schichtschaltung. SMT: surface mount technology

5. KAPITEL

Bild 5.36: Beispiel einer Dickschichtschaltung. ROM's (engl.: read only memory) mit Zugriffszeiten von weniger als 1 ns als gedruckte PIN - Diodenmatrix

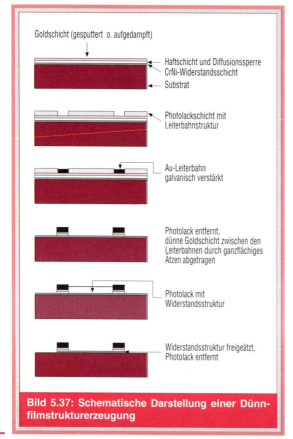

Bild 5.37: Schematische Darstellung einer Dünnfilmstrukturerzeugung

Für hohe Frequenzen ist der Layoutentwurf nach den Regeln der Mikrostreifenleitertechnik zu gestalten, d.h. eine störungsfreie und verlustarme Übertragung hoher Datenraten erfordert:

- einen geringen ohmschen Leiterbahnwiderstand bei kleinen Leiterbahnbreiten und kleinen Verlustfaktoren des Substrates;
- einen angepaßten Wellenwiderstand;
- einen kleinen Kopplungsgrad zwischen den Leiterbahnen.

Im Bild 5.38 sind die wesentlichen Merkmale einer Mikrowellen - Streifenleiteranordnung schematisch dargestellt [5.82].

Über den Abstand a zwischen den Leiterbahnen sind beide Leitungen miteinander kapazitiv verkoppelt. Das Verhältnis der Spannungen wird dabei durch den Kopplungsfaktor

$$k_e = \frac{C'_k}{C' + C'_k}$$

bestimmt. C'_k und C' sind dabei die Kapazitäten zwischen den Leiterbahnen bzw. zwischen den Leiterbahnen und der Rückseitenmetallisierung. Das Verhältnis der Leiterbahnbreite w zur Substratdicke d wird vom Wellenwiderstand Z_L der Leitung

OPTOELEKTRONISCHE SCHALTUNGEN

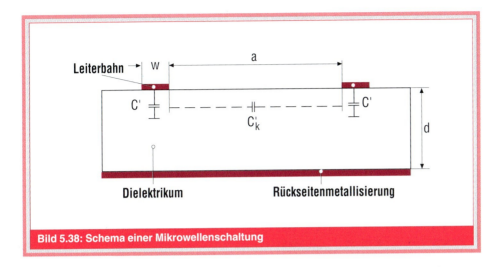

Bild 5.38: Schema einer Mikrowellenschaltung

und vom ε_r des Substratmaterials festgelegt. Bei Verwendung von Al_2O_3 - Keramik mit einem ε_r = 9,8 und einem geforderten Wellenwiderstand von 50 Ω ergibt sich ein Verhältnis w/d $\cong$ 1. Danach entspricht die Leiterbahnbreite etwa der Dicke des Keramiksubstrates. Typische Keramiksubstrate haben eine Dicke von 635 µm. Um Nebensprechen zwischen benachbarten Signalleitungen gering zu halten, müssen die Abstände untereinander ein Vielfaches der Substratdicke (a > 3d) betragen.

Bild 5.39 zeigt einen Frequenzteiler für die Bitrate 10 Gbit/s als Dünnfilm - Streifenleiterschaltung mit Siliziumchips und Mikrowellenbauelementen für die Taktaufbereitung [5.90].

Vor der Realisierung einer elektronischen Schaltung sollte geprüft werden, welche Aufbau- und Verbindungstechnik für den speziellen Fall optimale Ergebnisse erwarten läßt. Hat man sich für die Schichttechnik entschieden, ist weiter zu prüfen, welche der beiden genannten Varianten effizienter ist. In der Tabelle 5.2 sind einige wesentliche Kriterien aufgeführt, die für die Festlegung der zu verwendenden Technologie herangezogen werden sollten.

Eine Analyse der Kriterien (mit + bzw. - wird eine positive bzw. negative Wertung gekennzeichnet) zeigt, daß für die Dickschichttechnik überwiegend ökonomische Aspekte sprechen. Werden jedoch hohe Anforderungen an die Schichtparameter und Packungsdichte gestellt, sollte man sich für die Dünnfilmtechnik entscheiden.

Durch die Weiterentwicklung von Technologien und Materialien ist eine Anwendung beider Verfahren auf einem gemeinsamen Substrat heute möglich.

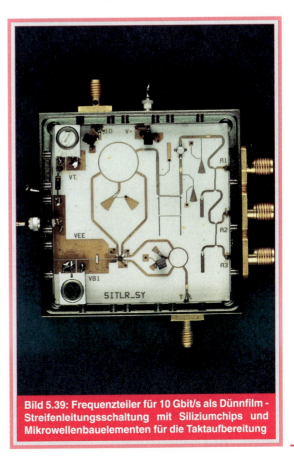

Bild 5.39: Frequenzteiler für 10 Gbit/s als Dünnfilm - Streifenleitungsschaltung mit Siliziumchips und Mikrowellenbauelementen für die Taktaufbereitung

Tab. 5.2: Entscheidungskriterien für die Auswahl der optimalen Schichttechnologie

	Dünnfilm-technik	Wertung	Dickschicht-technik	Wertung
Investitionskosten	hoch	–	gering	+
Automatisierbarkeit	Teilarbeitsgänge	–	alle Arbeitsgänge	+
Kosten/Hybrid	hoch	–	gering	+
Anzahl der realisierbaren Lagen	ca. 4…5	–	theoretisch unbegrenzt	+
Widerstandswerte	< 1 MΩ	–	> 10 MΩ	+
Rauschen	sehr gering	+	gering	–
Toleranz der Widerstände (getrimmt)	ca. 0,01…0,05 %	+	> 0,1 %	–
Stabilität der Widerstände	ca. 0,05…0,2 %	+	ca. 0,1…0,5 %	–
Temperaturkoeffizient in ppm/K	± 10…50 (abhängig von der Schichtherstellung)	+	+ 50… + 150 oder – 50… + 150, (abhängig von Paste und Schichtwiderstand)	–
Herstellung von Kondensatoren	eingeschränkt möglich	–	gut möglich	+
Schichtwiderstand der Leitschichten	1 mΩ/□ … 100 mΩ/□	–	< 5 mΩ/□	+
Verdrahtungsraster	10 µm…50 µm	+	150 µm…200 µm	–
Grenzfrequenz	sehr hoch (> 10 GHz)	+	niedrig (< 2 GHz)	–

5.3.2.1 Widerstandsabgleich in Hybridschaltungen

Einer der größten Vorteile der Hybridtechnik ist die Möglichkeit, durch nachträgliches Abgleichen (Trimmen) der passiven Bauelemente technologiebedingte Sollwertabweichungen auszugleichen.

Insbesondere Widerstände (eingeschränkt gilt das auch für Kondensatoren) können durch geeignete Verfahren auf höchste Präzision getrimmt werden.

Einige Verfahren gestatten den Abgleich der Schaltungen unter Betriebsbedingungen.

So können gezielt elektrische Funktionen der Baugruppe auf ein Optimum getrimmt werden (Funktionsabgleich).

Folgende Widerstandsparameter können durch Trimmen beeinflußt werden:
- Flächenwiderstandswert $R_\square$;
- Temperaturkoeffizient (TKR);
- Rauschindex N;
- Langzeitstabilität.

Deshalb ist bei der Festlegung des Schaltungslayouts zu berücksichtigen, daß die Widerstände nach der Strukturierung möglichst wenig vom Zielwert abweichen, um so den Trimmeinfluß gering zu halten.

Der Flächenwiderstand $R_\square$ bezeichnet den Widerstand einer quadratischen Fläche. Er wird bestimmt durch die Gleichung

$$R_\square = \varrho / D$$

(ϱ: spezifischer Widerstand der Schicht; D: Dicke der Schicht).

Zur Berechnung des Widerstandes einer Fläche ist der $R_\square$ mit dem Quotienten aus Länge l und Breite b zu multiplizieren: $R = R_\square \cdot l / b$.

Der Temperaturkoeffizient (TKR) ist ein Maß für die Änderung des Widerstandes bei Änderung der Temperatur:

$$TKR = \frac{R_{T1} - R_T}{R_T \cdot \Delta T} \cdot 10^6 \text{ in ppm/K}.$$

(R_{T1}, R_T: Widerstandswerte bei den Temperaturen T1 und T; $\Delta T = T1 - T$).

Das Rauschen eines Widerstandes kennzeichnet spontane Änderungen des Stromflusses. Zur Charakterisierung des

Stromrauschens verwendet man den Rauschindex

$$N = 20\log \frac{U_R}{U_E} \text{ dB}$$

mit U_R: Rauschspannung in μV;
U_E: Eingangsspannung in V.

Die Langzeitstabilität ist ein Ausdruck für die zeitliche Konstanz eines Widerstandes in Relation zur elektrischen Belastung und Umwelteinflüssen (Temperatur und Luftfeuchtigkeit). Sie ist im starken Maße vom Material der Widerstandsschicht abhängig.

Zum Abgleich von Widerständen in der Dickschichttechnik werden häufig die Verfahren Laserabgleich und Sandstrahlabgleich verwendet. Trotz niedrigerer Anschaffungs- und Betriebskosten verliert der Sandstrahlabgleich gegenüber dem Laserabgleich jedoch an Bedeutung. Weitere Möglichkeiten des Materialabtrages sind das Fräsen oder Ritzen mit Hartmetall- oder Diamantwerkzeugen.

Die wichtigsten Abgleichverfahren in der Dünnfilmtechnik sind neben dem Laserstrahlabgleich der Elektronenstrahlabgleich und das Trimmen mit Elektroerosion. Weiterhin besteht die Möglichkeit des Abgleichs durch Hochspannungsimpulse und durch anodische Oxidation bei Tantalwiderständen.

Bei der anodischen Oxidation wird ein Teil des Widerstandes in Tantaloxid umgewandelt und damit der Widerstandswert erhöht.

5.3.2.2 Montage und Kontaktierung von elektrischen bzw. optoelektronischen Bauelementen in Hybridschaltungen

In Hybridschaltungen werden neben passiven und aktiven SMD – Bauteilen (engl.: surface mounted devices (SMD)) auch ungehäuste Halbleiterbauelemente mit unterschiedlichen Montage- und Kontaktierungstechnologien eingesetzt.

5.3.2.2.1 Montage von SMD-Bauelementen

SMD - Bauelemente können auf die Schaltung gelötet oder geklebt werden. Das dominierende Kontaktierverfahren für SMD - Bauelemente ist das Löten. Neben Flamm-, Widerstands-, Laser- und Kolbenlöten wird in der Hybridtechnik hauptsächlich das Reflowlöten verwendet. Dabei wird das Lotmaterial schon vor der Bestückung aufgetragen. Bei Pin - Abständen unter 0,4 mm erfolgt die Lotaufbringung galvanisch. Möglich ist auch die Verwendung von Lotformteilen.

Das Lot läßt sich jedoch auch als Paste auftragen. Das hat den Vorteil, daß die Paste zugleich zur Fixierung der Bauelemente eingesetzt werden kann und damit der Einsatz von Kleber entfällt. Nach dem Aufsetzen des Bauteils erfolgt das Wiederaufschmelzen (engl.: reflow) [5.91] durch Infrarotstrahlung, heiße Gase, Flammen, Laserstrahlen oder durch Dampfkondensationswärme einer hochsiedenden Flüssigkeit mit einem Siedepunkt von ca. 215 °C (Dampfphasenlöten). Mit letzterer Technik können lokale Überhitzungen auf der Schaltung während des Lötens vermieden werden.

Als Montage- und Kontaktierungstechnologie gewinnt das Kleben zunehmend an Bedeutung. Der Kleber besteht aus Epoxidharz, Härtemittel sowie metallischen Zusätzen zur Erzielung von elektrischer Leitfähigkeit [5.92].

Gegenüber dem Löten sind die Temperaturwechselstabilität, Dauertemperaturfestigkeit, höhere Elastizität, bessere Umweltverträglichkeit sowie niedrigere Prozeßtemperaturen von Vorteil. Nachteilig wirken sich die schlechtere elektrische und thermische Leitfähigkeit, höhere Materialkosten sowie die fehlende Eigenschaft der selektiven Benetzung aus.

5.3.2.2.2 Montage und Kontaktierung ungehäuster Halbleiterbauelemente

Bei ungehäusten Halbleiterchips erfolgt die Montage und die Kontaktierung mehrheitlich in zwei Schritten. Zuerst wird der Halbleiter auf dem Substrat befestigt (Die - Bonden).

5. Kapitel

Dabei müssen die unterschiedlichen Wärmeausdehnungskoeffizienten des Trägersubstrates, des Kontaktiermittels sowie des Halbleiterchips berücksichtigt werden, da sonst bei hohen Temperaturdifferenzen eine Zerstörung des Halbleiters oder der Verbindung zum Substrat die Folge sein kann.

Für ungehäuste Chips ist das Kleben mit niederohmigem Ein- und Zweikomponentenkleber die dominierende Montagetechnologie. Die Art des Klebers bestimmt Aushärtetemperatur und Aushärtezeit. Allgemein gilt: je höher die Aushärtetemperatur, desto kürzer die Aushärtezeit.

Bei hohen Verlustleistungen, Verarbeitungs- und Anwendungstemperaturen ist das eutektische Anlegieren vorteilhafter. Den Vorteilen von sperrschichtfreien niederohmigen Verbindungen und einer hohen mechanischen Festigkeit stehen die Nachteile von hohen Prozeßtemperaturen und einer relativ hohen Ausschußquote gegenüber.

Da das Anlegieren die Haftqualität schon befestigter Chips negativ beeinflußt, kann innerhalb der Hybridtechnik nur eine begrenzte Anzahl von Chips pro Substrat befestigt werden.

Nach der Montage erfolgt die elektrische Kontaktierung der montierten Chips hauptsächlich durch folgende Drahtbondverfahren [5.93]:

- Thermokompressionsbonden;
- Thermosonicbonden;
- Ultraschallbonden [5.94].

Dabei werden Drähte mit einem Durchmesser von 18 µm bis 500 µm (typisch 25 µm) auf die Kontakte des Bauelementes und des Substrates geschweißt.

Forderungen nach kürzeren Kontaktierzeiten und besserem Hochfrequenzverhalten der Verbindungen führten zur Entwicklung von folgenden Simultankontaktierverfahren:

- Flip - Chip Bonden;
- TAB (engl.: tape automated bonding);
- Beam - Lead Bonden.

Beim Flip - Chip Bonden werden die Kontakte des aktiven Bauelements mit kugelförmigen Lothügeln (engl.: bump) aus unterschiedlichen Materialien versehen. Danach wird der Chip mit der Strukturseite nach unten (engl.: face down) auf die Kontaktflächen des Substrates aufgesetzt und mit einem vom Bumpmaterial abhängigen Verfahren befestigt (z.B. Thermokompressionsbonden bei Goldbumps oder Reflowlöten bei Pb/Sn-bumps).

Beim TAB wird ein Band (engl.: tape), z.B. Polyimidfolie, als Zwischenträger zur Kontaktierung von Halbleitern mit aufgebrachten Bumps eingesetzt [5.95]. Auf dem Band sind die Leiterbahnen und die Anschlüsse für die Kontakte zum Chip im inneren Bereich und die Kontakte zum Substrat im äußeren Bereich aufgebracht. Die Kontaktierung erfolgt durch Thermokompressions- oder im Reflowlötverfahren.

Bei Beam - Leads handelt es sich um Kontaktbändchen aus Gold, die galvanisch auf den Anschlüssen der Halbleiter aufgebracht worden sind. Ihre Breite beträgt ca. 100 µm und sie ragen ca. 200 µm über den Chiprand hinaus. Die Chips werden mit der aktiven Seite nach unten auf dem Substrat positioniert und die Beam - Leads kontaktiert. Die Tabelle 5.3 zeigt Merkmale unterschiedlicher Kontaktierungstechnologien [5.96].

Tab. 5.3: Merkmale unterschiedlicher Kontaktierungstechnologien

Bondtechnik	Drahtbonden	Tape Automated Bonding (TAB)	Flip-Chip Bonden
Verbindungsdurchmesser	25 µm	50 µm	100 µm
Verbindungslängen	1 mm	1 mm	100 µm
Anschlußflächenkantenlänge	200 µm	100 µm	400 µm
typische Pin-Anzahl	250	400	600
Pin-Induktivität	1 nH … 2 nH	1 nH	0,05 nH … 0,1 nH
Induktivität untereinander	100 pH	5 pH	1 pH

5. Kapitel

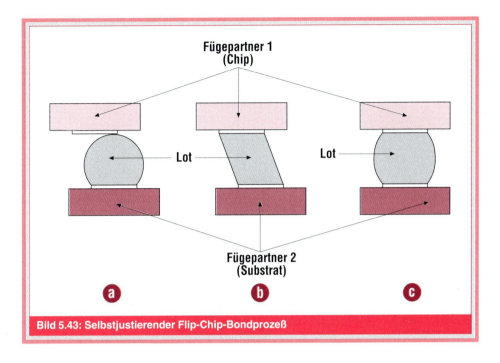

Bild 5.43: Selbstjustierender Flip-Chip-Bondprozeß

werden. Dazu ist es notwendig, daß sowohl die Lothügel auf dem Substrat als auch die Lötpads auf dem Chip mit geringer lateraler Lageabweichung und hoher Volumenkonstanz plaziert werden. Im Bild 5.43 sind die drei Stufen (a), (b), (c) des Justierprozesses schematisch dargestellt.

Für die Faser - Empfänger Kopplung ist die den selbstjustierenden Verfahren eigene Positioniergenauigkeit von 1 µm....2 µm völlig ausreichend. Um die geforderten Toleranzen von 0,1 µm.... 0,2 µm einer Laser - Faser Kopplung passiv zu realisieren, sind weitere konstruktive Maßnahmen erforderlich.

Eine wesentliche Verbesserung des Koppelwirkungsgrades wird die Einführung von Halbleiterlasern mit integriertem Wellenleitertaper (vgl. Kap. 5.2.4.3) bzw. von oberflächenemittierenden Halbleiterlaserdioden mit Vertikalresonator (vgl. Kap. 4.6.6) bringen.

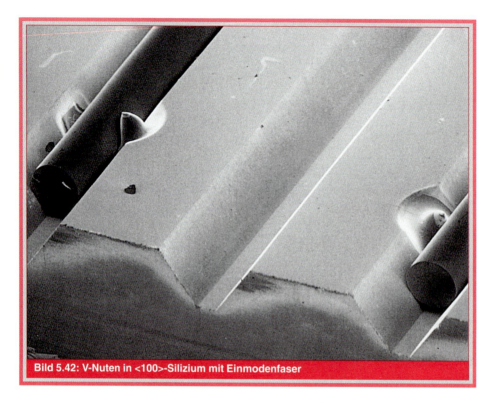

Bild 5.42: V-Nuten in <100>-Silizium mit Einmodenfaser

Kostengünstigere Koppelverfahren basieren auf dem Prinzip der passiven Justierung, allerdings zu Lasten des Koppelwirkungsgrades. Unter passiver Justierung ist das Zusammenfügen der Komponenten mit Hilfe von selbstjustierenden Mikrostrukturen auf dem Substrat zu verstehen.

Das setzt hochpräzise Bearbeitungsverfahren und geeignete Materialien zur Herstellung der erforderlichen selbstjustierenden Mikrostrukturen voraus. Als Substratmaterial für optische Hybride hat sich in jüngster Zeit Silizium etabliert [5.99], denn es bietet folgende die optische Hybrid - Aufbautechnik unterstützende Merkmale:

- geringe Materialkosten;
- gute mechanische Stabilität;
- relativ gute Wärmeleitfähigkeit;
- verhältnismäßig gute Übereinstimmung der thermischen Ausdehnungskoeffizienten von Si und III-V-Halbleitermaterialien;
- in der Halbleiterindustrie perfektionierte Bearbeitungstechnologie und dadurch einfache Herstellung von Justierhilfen wie z.B. V - bzw. U - Nuten;
- die hohe Substratleitfähigkeit verbunden mit den Vorteilen der Flip - Chip Bondtechnik erlaubt die Herstellung sehr guter elektrischer kapazitäts- und induktivitätsarmer Verbindungen, die dann auch für hohe Bitraten geeignet sind.

Die Herstellung der V - Nuten in <100> Silizium erfolgt durch anisotropes naßchemisches Ätzen in Kaliumhydroxidlösung (KOH). Die Seitenwände des V - Profils sind mit einem Winkel von 54,74° gegen die Horizontale geneigt [5.100].

Bild 5.42 zeigt V - Nuten in <100> Silizium. Die Fasern wurden durch Laser - Mikroschweißen befestigt. Die Schweißpunkte sind klar erkennbar.

Mit dem gleichen Verfahren kann bei Verwendung von <110>-Silizium ein rechteckförmiges Profil erreicht werden. Weitere Möglichkeiten der anisotropen Strukturierung sind Plasmaätzen und Materialabtragung mittels Excimerlaser.

Für die selbstjustierende Chipmontage kann die Oberflächenspannung des geschmolzenen Lotes in Verbindung mit der Flip - Chip Bondtechnik vorteilhaft genutzt

5. Kapitel

Unter aktiver Positionierung ist die Justage der Faser zum bereits mechanisch und elektrisch montierten Chip unter Betriebsbedingungen bei Auswertung der eingekoppelten Lichtleistung zu verstehen. Die erforderliche Wärme zum Aufschmelzen des Lotes wird in diesem Falle durch einen integrierten Dünnfilmwiderstand erreicht. Andere Methoden dafür sind Laserlöten, Heißluftlöten, Kleben mit UV - aushärtendem Kleber (UV: ultraviolett) und Mikroschweißen.

Die Ankopplung einer Einmodenfaser an einen Halbleiterlaser oder an einen Schichtwellenleiter einer optoelektronisch integrierten Schaltung (OEIC) ist infolge der nach räumlicher Form und Durchmesser unterschiedlichen Modenfelder sehr problematisch.

Um das Ziel, möglichst viel Lichtleistung bei geringsten Reflexionen (<1%) überzukoppeln zu erreichen, werden an die optische AVT höchste Anforderungen gestellt, denn die Montagetoleranzen liegen dabei im Submikrometerbereich (0,1 µm...0,2 µm). Auch beim Einsatz von mikrooptischen Komponenten (mit Taper versehene Faser, sphärische oder asphärische Linsen) muß an mindestens einer Stelle der Schaltung die hohe Positioniergenauigkeit eingehalten werden. Auch hierbei ist die aktive Positionierung der Koppelelemente eine gute, aber auch sehr aufwendige Möglichkeit, diese enorme mechanische Präzision zu erreichen. Die Befestigung der Komponenten auf dem Submodule kann ebenfalls durch Kleben, Löten oder Laser - Mikroschweißen geschehen. Bild 5.41 zeigt eine durch Laser - Mikroschweißen fixierte Halbleiterlaser - Faser Koppelanordnung. Man erkennt Träger, Schweißpunkte und Faser. Die während des Schweißvorgangs auftretende Materialverwerfung führt zu einer leichten Verschiebung der Faser aus der ursprünglichen Position, was sich aber durch entsprechende Vorpositionierung berücksichtigen läßt. Mit diesem Verfahren sind reproduzierbare Koppelwirkungsgrade von ca. 55% erreichbar, was etwa 90% des theoretisch möglichen Wertes bei einer solchen Koppelanordnung entspricht [5.98].

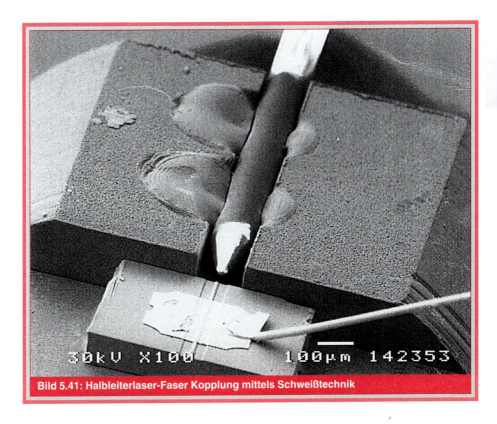

Bild 5.41: Halbleiterlaser-Faser Kopplung mittels Schweißtechnik

Um die Anzahl der erforderlichen Verbindungen und Leitungskreuzungen effektiv realisieren zu können, werden heute Mehrlagenanordnungen verwendet [5.97].

5.3.3 Optische Hybridschaltungen

Für die Anwendung in zukünftigen optischen Netzen sind monolitisch integrierte optische Baugruppen wünschenswert, die bereits eine Vielzahl von optischen und elektrischen Funktionen auf einem Chip vereinen (vgl. Kap. 5.2.4). Aufgrund der sehr unterschiedlichen Eigenschaften der Materialien für leistungsfähige optische und elektronische Basiskomponenten wie z.B. Laser, Empfänger, Glasfaser, Lichtwellenleiter und schnelle elektronische Ansteuerschaltungen, wird die monolitische optische Integration auch weiterhin sehr schwierig zu realisieren sein. Neben dem Nachteil der z.Z. noch sehr hohen Herstellungskosten besteht das Problem, daß vor allem die integrierten aktiven Elemente nicht die Kennwerte von verfügbaren diskreten Bauelementen erreichen. Einen Ausweg aus diesen Schwierigkeiten bietet die hybride optische AVT. Sie ist aufgrund ihrer hohen technologischen Flexibilität in der Lage, elektrische und optische Bauelemente ohne bedeutende material- und prozeßspezifische Einschränkungen kostengünstig und langzeitstabil zu kombinieren.

Eines der wichtigsten zu lösenden Probleme in der hybriden optischen AVT ist die kostengünstige Gestaltung der Schnittstelle zwischen Glasfaser und anderen optischen/optoelektronischen Bauelementen wie Photodiode, Laser und Schichtwellenleiter. Die Kopplung Faser - Photodiode stellt relativ geringe Anforderungen an die AVT, weil Empfängerdioden verhältnismäßig große aktive Flächen haben (Durchmesser : 40 µm ...100 µm). Für eine sehr gute Lichteinkopplung sind Toleranzen von 10 µm....15 µm einzuhalten, was technologisch leicht beherrschbar ist. Im Bild 5.40 ist ein optoelektronischer Gegentaktempfänger für Datenraten bis zu 2,5 Gbit/s abgebildet. Um optische Rückreflexionen zu vermeiden, sind die mit Leitkleber befestigten Dioden schräg (ca.10°....12°) zur Faser angeordnet. Die in Hülsen eingeklebten Fasern wurden aktiv positioniert und durch Löten auf dem Substrat fixiert.

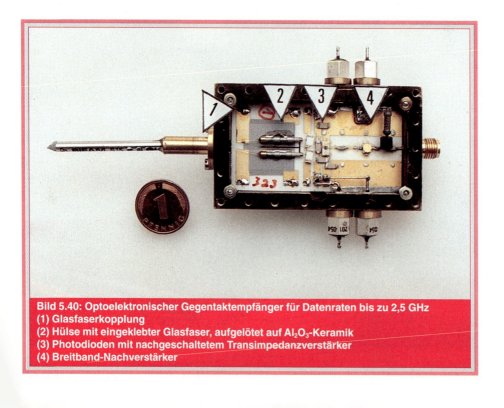

Bild 5.40: Optoelektronischer Gegentaktempfänger für Datenraten bis zu 2,5 GHz
(1) Glasfaserkopplung
(2) Hülse mit eingeklebter Glasfaser, aufgelötet auf Al_2O_3-Keramik
(3) Photodioden mit nachgeschaltetem Transimpedanzverstärker
(4) Breitband-Nachverstärker

5.4 Literaturverzeichnis Kap. 5

[5.1] H. Nelson: Epitaxial growth from the liquid state and its application to the fabrication of tunnel and laser diodes. RCA Review 24 (1963) S.603.

[5.2] E. Kuphal: Phase diagrams of InGaAsP, InGaAs and InP lattice-matched to (100)InP. J. of Crystal Growth 67 (1984) S.441-457.

[5.3] E. Kuphal: Liquid phase epitaxy. Applied Physics A52 (1991) S.380-409.

[5.4] G. Traeger; E. Kuphal; K.-H. Zschauer: Diffusion-limited LPE growth of mixed crystals: Application to InGaAs on InP.J. of Crystal Growth 88 (1988) S.205-214.

[5.5] N. Chand; A.V. Syrbu; P.A. Houston: LPE growth effects of InP, InGaAs and InGaAsP on structured InP substrates. J. of Crystal Growth 61 (1983) S.53.

[5.6] J.J. Tietjen; J.A. Amick: The preparation and properties of vapor-deposited epitaxial GaAsP using arsine and phosphine. J. of the Electrochemical Society 113 (1966) S.724-728.

[5.7] R. Göbel ; H. Janning: Hydride-VPE growth of InP and S.I. InP:Fe in H_2/N_2 ambient. J. of Crystal Growth 128 (1993) S.516-520.

[5.8] G.H. Olsen: Vapour-phase epitaxy of GaInAsP. In GaInAsP Alloy Semiconductors, ed. by T. P. Pearsall, 1982, J. Wiley Ltd, S.11-41.

[5.9] R. Göbel; H. Janning; H. Burkhard: S.I. InP:Fe hydride-VPE for mushroom type lasers. Proc. 7. Conf. on Semi-insulating Materials, Ixtapa, Mexico (1992) S.125-130.

[5.10] G.B. Stringfellow: Organometallic Vapor-Phase Epitaxy, Theory and Practice. Academic Press, Inc., Boston (1989).

[5.11] M. Razeghi: The MOCVD Challenge. Adam Hilger, Bristol (1989).

[5.12] A.C. Jones: Metalorganic precursors for vapour phase epitaxy. J. of Crystal Growth 129 (1993) S.728-773.

[5.13] E. Kuphal: Kristallzucht mittels metallorganischer Gasphasenepitaxie, in: Kleinste Strukturen. Herstellung und physikalische Phänomene. Hrsg. H. Bachmair und A. Schlachetzki, Ber. der Phys.-Techn. Bundesanstalt E50 (1995).

[5.14] H. Jürgensen: Large-scale MOVPE production systems. Microelectronics Engineering 18 (1992) 1&2, S.119-148.

[5.15] D. Grützmacher; J. Hergeth et al.: Mode of growth in LP-MOVPE Deposition of GaInAs/InP Quantum Wells. J. of Electronic Materials 19 (1990) 5, S. 471-479.

[5.16] S.A. Stockman; A.W. Hanson et al.: A Comparison of TMGa and TEGa for Low-Temperature MOCVD growth of CCl4-doped InGaAs. J. of Electronic Materials 23 (1994) 8, S.791-799.

[5.17] M.A. Herman; H. Sitter: Molecular Beam Epitaxy. Springer Series in Materials Science 7 (1989).

[5.18] E.H.C. Parker (Ed.): The Technology and Physics of Molecular Beam Epitaxy. Plenum Press, New York (1985)

[5.19] G. Weimann; W. Schlapp: MBE growth and transport properties of modulation-doped AlGaAs-GaAs heterostructures. Applied Physics Letters 46(1985)4, S.411-413.

[5.20] H. Hillmer; R. Lösch; F. Steinhagen; W. Schlapp; A. Pöcker; H. Burkhard: MBE grown strain-compensated AlGaInAs/AlGaInAs/InP MQW laser structures. Electron. Lett. 31 (1995) S. 1346–1348

[5.21] H. Heinecke; B. Baur; N. Emeis; M. Schier: Growth of highly uniform InP/GaInAs/GaInAsP heterostructures by MOMBE for device integration. J. of Crystal Growth 120 (1992) S.140-144.

[5.22] H. Moritz: Optical single layer Lift-off process. IEEE Transactions on Electron Devices, ED-32 (1985) S. 672-676.

[5.23] G. Franz: Oberflächentechnologie mit Niederdruckplasmen. Springer-Verlag Berlin Heidelberg New York (1994).

[5.24] B. Kempf; R. Göbel; H.W. Dinges; H. Burkhard: N_2/H_2O: A New Gas

Mixture for Deep Groove Ion Beam Etching of Long Wavelength Quaternary Mushroom Type Laser Structures. Extended Abstracts of the 22nd Conference on Solid State Devices and Materials, Sendai (1990) S.477-480.

[5.25] C.M. Knoedler; T.F. Kuech: Selective GaAs/Al$_x$Ga$_{1-x}$As reactive ion etching using CCl$_2$F$_2$. Journal of Vacuum Science Technology B 4 (1986) 5, S.1233-1236.

[5.26] U. Niggebrügge; M. Klug; G. Garus: A novel process for reactive ion etching on InP, using CH$_4$/H$_2$. Institute of Physics Conference Series No. 79 (1986) Chapter 6, S.367-372.

[5.27] H. Kräutle: unveröffentlichtes Ergebnis.

[5.28] R. Zengerle; H.J. Brückner; B. Hübner; W. Weiershausen: Low-loss beamwidth transformers on InP with reduced requirements on lithographic resolution. Journal of Vacuum Science Technology, B11 (1993) 6, S.2641-2644.

[5.29] S. Lipp; L. Frey; G. Franz; E. Demm; S. Petersen; H. Ryssel: Local Material Removal by Focused Ion Beam Milling and Etching. Nuclear Instruments and Methods, B106 (1995) S. 630–635

[5.30] B. Tuck: Atomic Diffusion in III-V Semiconductors. IOP Publishing Ltd (1988)

[5.31] E. Kuphal: unveröffentlichtes Ergebnis.

[5.32] H. Kräutle; W. Roth; A. Krings; H. Beneking: Local doping of GaAs by Laser Stimulated Diffusion from the Gas Phase. Materials Research Society Sympopium Proceedings Vol.29 (1984) S.353-357.

[5.33] H. Ryssel; I. Ruge: Ionenimplantation. Teubner Verlag, Stuttgart 1978.

[5.34] H. Kräutle: Annealing behavior of Si implanted InP. Journal of Applied Physics 63 (1988) 9, S. 4418-4421

[5.35] H. Kräutle: Annealing studies of Mg implanted InP. Application of Ion Beams in Materials Science, Editor T.Sebe and Y.Yamamoto, Hosey University Press (1987) S. 209-214.

[5.36] H. Kräutle: Implanted Planar GaInAsP/InP Hetero-Bipolar Transistor. Electronics Letters 22 (1986) 22, S.1191-1193.

[5.37] W.F.X. Frank; J. Kulisch; H. Franke; D.M. Rück; S. Brunner; R.A. Lessard: Optical waveguides in polymer materials by ion implantation. Photopolymer Device Physics, Chemistry, and Applications II, SPIE Vol. 1559 (1991) S.344-353.

[5.38] H. Beneking; N. Grote; H. Kräutle; W. Roth: Comparison between Laser isolated by Oxigen Implantation and SiO$_2$ Isolated Stripe Lasers. IEEE Journal of Quantum Electronics, QE-16 (1980) 5, S.500-502.

[5.39] H. Ullrich; A. Knecht; D. Bimberg; H. Kräutle ; W. Schlaak: Defect induced redistribution of Fe- or Ti-implanted and annealed GaAs, InAs, GaP, and InP. Journal of Applied Physics 72 (1992) 8, S.3514-3521.

[5.40] A. Knecht, M. Kuttler, H. Scheffler, T. Wolf, D. Bimberg, and H. Kräutle: Ion implantation of Zr and Hf in InP and GaAs. Nuclear Instruments and Methods B80/81 (1993) S.683-686.

[5.41] H. Kräutle: Passivation of InP for Optoelectronics. Material Science Forum (1995) S.199-208.

[5.42] W.X. Zou, G.A. Vawter, J.L. Merz, and L.A. Coldren: Behavior of SiN$_x$ films as masks for Zn diffusion. Journal of Applied Physics 62 (1987) 3, S. 828-831.

[5.43] W. Kulisch, F. Kiel, A. Bock, H.J. Frenck, and R. Kassing: Passivation of InP Surfaces. Third International Conference on Indiumphosphide and Related Materials, Cardiff (1992) S.571-574.

[5.44] H. Kräutle: Properties of Hg sensitized PVD-SiO$_2$ and Si$_3$N$_4$ Layers on InP. Technical Digest International Conference on VLSI and CAD (1989) S.401-403.

[5.45] N. Yokoi; H. Andoh; M.Takai: Surface Structure of (NH$_4$)$_2$S$_x$-treated GaAs (100) in an atomic resolution. Applied Physics Letters 64 (1994) 19, S. 2578-2580.

[5.46] K. Kajiyama; Y. Mizushima; S. Sakata: Schottky barrier height of n-InGaAs diodes. Applied Physics Letters 23 (1973) S.458-460.

[5.47] H. Kräutle; E. Woelk; J. Selders; H. Beneking: Contacts on GaInAs. IEEE Transactions on Electron Devices ED-32(1985)6, S.1119-1123.

[5.48] P. Ressel; H. Strusny; D. Fritzsche; H. Kräutle; K. Mause: Shallow Ohmic Contacts to p-InGaAs based on Pd/Ge with implanted Zn or Cd. Materials Research Society Symposium Proceedings Vol 318,Interface control of electrical, chemical, and mechanical properties, Editors S. P. Muraka, K. Rose, T. Ohmi, and T. Seidel (1994) S.177-182.

[5.49] G. Pitz; H.L. Hartnagel; K. Mause; F. Fiedler; D. Briggmann: Fully Self-Aligned N-p-n InGaAs/InP HBTs with Evaluation of their Microwave Characteristics. Solid-State Electronics 35 (1992) 7, S.937-939.

[5.50] K.J. Ebeling: Integrierte Optoelektronik. Springer-Verlag, Berlin, Heidelberg, New York (1989).

[5.51] J.E. Midwinter; Y.L. Guo: Optoelectronics and Lightwave Technology. John Wiley & Sons, Chichester, New York, Brisbane (1992).

[5.52] A. Yariv: Optical Electronics. Holt-Saunders International Editions, New York (1985)

[5.53] G. Grau; W. Freude: Optische Nachrichtentechnik. Springer Verlag, Heidelberg (1991).

[5.54] L. Solymar; D. Walsh: Lectures on the Electrical Properties of Materials. Oxford Sciende Publications (1993).

[5.55] H.G. Unger: Optische Nachrichtentechnik. Studientexte Elektrotechnik, Hüthig Verlag Heidelberg Teil I,II (1992).

[5.56] D. Marcuse: Theory of Dielectric Optical Waveguides. Academic Press Boston (1991).

[5.57] R.H. Bube: Electrons in solids. Academic Press, Boston (1992).

[5.58] I. Baumann et al.: Acoustically tunable Ti:Er:LiNbO$_3$- waveguide laser. Proceedings of the ECOC'94 Florenz (1994) Vol.4, S.99-102.

[5.59] B. Schüppert; J. Schmidtchen; K. Petermann: Optical channel waveguides in silicon diffused from GeSi alloy. Electronics Letters 25 (1989) 22, S. 1500-1502.

[5.60] R. Ader; Y. Shani et al.: Measurement of very low-loss silica on silicon waveguides with a ring resonator. Appl. Phys. Lett. 58 (1991) S. 444 ff.

[5.61] I. Kim; R.C. Alferness et al.: Compact, broadband, polarization-insensitive 3 dB optical power splitter on InP. Electronics Letters 30 (1994) 12, S.953-954.

[5.62] R. Ulrich; G. Ankele: Self-imaging in homogeneous planar optical waveguides. Appl. Phys. Lett. 27 (1975) 6, S.337-339.

[5.63] C. Wu; C. Rolland et al.: A vertically coupled InGaAsP/InP directional coupler filter of ultranarrow bandwidth. IEEE Photonics Letters 3 (1991) 6, S.519-521.

[5.64] H.A. Haus: Waves and Fields in Optoelectronics. Prentice-Hall, London (1984).

[5.65] K. Inoue; N. Takato et al.: A four-channel optical waveguide multi/demultiplexer for 5-GHz spaced optical FDM transmission. Journal of Lightwave Technology 6 (1988) 2, S.339-345.

[5.66] M.R. Amersfort; C.R. de Boer et al.: High performance 4-channel PHASAR wavelength demultiplexer integrated with photodetectors. Technical digest IPR'92 New Orleans (1992) S.49-52.

[5.67] R. Dingle: Semiconductors and semimetals,Vol.24. Academic Press, San Diego (1987).

[5.68] M. Zirngibl; M.D.Chien et al.: An integrated seven channel WDM receiver. Proceedings of the IPR'94 San Francisco (1994) S.207-209.

[5.69] P.S. Zory: Quantum-Well-Lasers. Academic Press, Boston (1993).

[5.70] H. Herrmann; D.A. Smith; W. Sohler: Integrated acoustically tunable wavelength filters and switches and their network applications. Proceedings of the ECIO'93 Neuchatel (1993), S.10-1 bis 10-3.

[5.71] F. Devaux; P. Bordes et al.: High performance polarisation insensi-

tive MQW electroabsorption modulator with bandwidth over 20 GHz. Proceedings of the ECOC'94 Florenz (1994) Vol.2, S.981-984.
[5.72] K. Noguchi; H. Miyazawa; O. Mitomi: 75 GHz Ti:LiNbO$_3$ optical modulator. Proceedings of the OFC'94 San Jose (1994) S.76-77.
[5.73] H. Kogelnik; R.V. Schmidt: Switched directional couplers with alternating $\Delta\beta$. IEEE Journal Quant. Electron. QE-12 (1976); S.396-401.
[5.74] A. Neyer: Electrooptic X-switch using single-mode Ti:LiNbO$_3$ channel waveguides. Electronics Letters 19 (1983), S.553-554.
[5.75] W.H. Nelson; A.N.M. Masum et al.: Large angle 1.3 µm InP/InGaAsP digital optical switch with extinction ratios exceeding 20 dB. Technical Digest of the OFC'94 San Jose (1994) Vol.4, S.53-54.
[5.76] T. Kirihara; M. Ogawa et al.: Lossless and low-crosstalk characteristics in an InP-based 4 x 4 optical switch with integrated single-stage optical amplifiers. IEEE Photonics technology letters 6 (1994) 2, S.218-221.
[5.77] G. Müller; B. Stegmüller et al.: Tapered InP/InGaAsP waveguide structure for efficient fibre-chip coupling. Electronics Letters 27 (1991) 20, S.1836-1838.
[5.78] R. Zengerle; H. Brückner et al.: Low-loss fibre-chip coupling by buried laterally tapered InP/InGaAsP waveguide structure. Electronics Letters 28 (1992) 7, S.631-632.
[5.79] W. Metzger; J.G. Bauer et al.: Photonic integrated transceiver for the access network. Proceedings ECOC'94 Florenz (1994) Vol. 4, S.87-90.
[5.80] H. Heidrich; F. Fidorra et al.: Monolithically integrated heterodyne receivers based on InP. ECOC'94 Florenz (1994) Vol. 1, S.77-80.
[5.81] H. Mori; M. Sugo et al.: Integrated optoelectronic devices on Si substrates. Proceedings OFC'94 San Jose (1994) Vol.4, S. 6-7.
[5.82] H. Reichel: Hybridintegration. Hüthig Verlag (1988)
[5.83] V. Tiederle: Markt, Potential und Wirtschaftlichkeit der Chip-on-Bord-Technik. Verbindungstechnik in der Elektronik 6 (1994) 2, S.68-73.
[5.84] H. Gottschalk: Hybridtechnik auf Aluminiumnitrid. SMT/ASIC/Hybrid Nürnberg (1990) Tagungsband S.205-212.
[5.85] G. Shorthouse; A. Berzins; J. Smythe; J. Matthey: Advanced Thick Film Materials for Multi-Chip Modules. 9th European Hybrid Microelectronics Conference, Proceedings S.99-106.
[5.86] H. Frey; G. Kienel: Dünnschicht Technologie. VDI Verlag,1987.
[5.87] J.L. Vossen; W. Kern: Thin Film Processes. Academic Press Inc.1978
[5.88] E. John; W. Riedel: Hybridschaltkreise hoher Packungsdichte auf Basis der Einebenen-Dünnschichttechnologie. SMT/ASIC/Hybrid Nürnberg (1990) Tagungsband S.39-49.
[5.89] K. Buschick; D. Lenné; D. Metzger; A. Paredes; H. Reichl: Dünnfilmtechnologie auf Keramik mit Multichipeinbettung. Verbindungstechnik in der Elektronik 4 (1992) 3, S.112-116.
[5.90] G. Hanke: Hybride Technologien für Mikrowellenschaltungen. Telekom Praxis 69 (1992) 9, S.1-8.
[5.91] A. Rahn; R. Diehm; R. K. Ulrich; E.U. Beske: Der Reflow-Lötprozeß im Wandel. SMT Vol.7 (1994) 7, S.30-33.
[5.92] Anonym: Kleben statt Löten. productronic 13 (1993) 11, S. 16-20.
[5.93] C. Alfaro: Bessere Qualität bei Bondverbindungen.productronic 13 (1993) 10, S.94 - 96
[5.94] R. Guhr; F. Rudolf; G. Blasek: Ultraschall-Drahtbonden bei Infrarotsensoren. Verbindungstechnik in der Elektronik 3 (1991) 1, S.21-23.
[5.95] W. Möller; D. Knödler: Fine Pitch-Laserstrahllöten von TAB-Mikroschaltungen.Verbindungstechnik in der Elektronik 4 (1992) 1, S.14-18.
[5.96] G. Selvaduray; S. Singh: Modeling of Flip-Chip-Bonded and Wire-Bonded MCM Interconnects for Electrical Performance Comparison. Microcircuits & Electronic Packaging 17 (1994) 1, S. 28-35.

[5.97] Y. Baba; S. Segawa; S. Fukunaga; J. Shigemi; H. Ochi: High-Density Mulilayer Ceramic Substrate. Microcircuits & Electronic Packaging 16 (1993) 4,S.344-349.

[5.98] M. Becker; R. Güther; R. Staske; R. Olschewsky; H. Gruhl; H. Richter: Laser Micro - Welding and Micro-Melting for Connection of Optoelectronic Micro-Components. Laser'93 München, Proceedings, Springer Verlag (1994) S.457-460.

[5.99] G. Grand; C. Artigue: Hybridisation of Optoelectronic Components on Silicon Substrate. 20th European Conference on Optical Communication, Proceedings S.193-199.

[5.100] A. Cordes: Herstellung und Untersuchung selbstjustierender Laser-Faser-Koppler. Diplomarbeit, April 1994, Arbeitsbereich Halbleitertechnologie, TU Hamburg-Harburg.

PHYSIK, KOMPONENTEN UND SYSTEME

6.
Optische Übertragungssysteme

Dipl.-Ing. R. Ries
Dr.-Ing. B. Hein
Dipl.-Ing. N. Gieschen
Dr.-Ing. A. Gladisch

6. Kapitel

6.1 Grundlagen

Die optische Übertragungstechnik ist heute, gut 15 Jahre nach den ersten Systemversuchen im Netz der damaligen Deutschen Bundespost (heute: Deutsche Telekom AG), weitverbreitet und wird im Fernstreckennetz der Deutschen Telekom für die Neuinstallation von Übertragungslinien ausschließlich eingesetzt. Die Vorteile der optischen Übertragung beruhen ganz wesentlich auf den exzellenten Eigenschaften des Übertragungsmediums Glasfaser im Vergleich zu Kupferkoaxialleitungen. Sowohl die Glasfaser, als auch die optischen Sende- und Empfangselemente haben in diesen Jahren eine bemerkenswerte Entwicklung durchlaufen.

Die ersten betrieblich genutzten Systeme arbeiteten im sogenannten ersten optischen Fenster mit Lichtträgern um 350 THz (0,85 µm Wellenlänge) und Gradientenglasfasern. Die optischen Sender, es wurden sowohl Lumineszenzdioden (engl.: light emitting diode (LED)) als auch Halbleiterlaserdioden eingesetzt, waren aus GaAlAs, die als optische Empfänger eingesetzten Photodioden aus Si-Material aufgebaut. Die nächste Generation von Systemen nutzte die geringere Dämpfung der Gradientenfaser im sogenannten zweiten optischen Fenster bei etwa 230 THz (1,3 µm Wellenlänge). Dazu wurden auf dem neuartigen quaternären Halbleitermaterial InGaAsP basierende optische Sende-LEDn und Laser entwickelt. Ebenso waren neue Photodioden erforderlich, da Si-Photodioden nur für Licht im Frequenzbereich oberhalb 300 THz (unterhalb 1,0 µm) verwendet werden können. Mit der dritten Generation erfolgte der Übergang von der Gradientenglasfaser zur Einmodenfaser wegen der viel besseren Übertragungseigenschaften dieses Fasertyps, nachdem die mit dem Einsatz dieser Faser verbundenen Genauigkeitsanforderungen beim Verbinden besser beherrscht wurden. Zu Beginn setzte man neben Halbleiterlasern auch noch vereinzelt LEDn ein, wegen fallender Laserdiodenpreise und der geringen optischen Leistung von LEDn setzten sich Laserdioden jedoch sehr schnell durch. Der nächste Entwicklungssprung war wieder mit einem Wechsel der verwendeten Lichtträgerfrequenzen verbunden.

Im sogenannten dritten optischen Fenster um 200 THz (1,5 µm) weist die Einmoden-Quarzglasfaser minimale Dämpfungswerte auf. Da allerdings die Ausbreitungsgeschwindigkeit des Lichts im dritten optischen Fenster in der Faser stärker von der Frequenz abhängt, mußten die entsprechenden optischen Sender vergleichsweise spektral schmalbandig emittieren. Dieses Ziel wurde mit den Distributed feedback (DFB)-Lasern erreicht (vgl. Kapitel 4.6.3). Die Systeme der vierten Generation stellen den gegenwärtigen Stand der Technik dar. Die Übertragungsgeschwindigkeiten sind von 34 Mbit/s bei den Systemen der ersten Generation auf 2,5 Gbit/s bei heutigen Systemen angestiegen, die Streckenlängen konnten von anfangs 12 km auf mehr als 36 km vergrößert werden. 10-Gbit/s-Systeme werden demnächst im Netz der Telekom – zunächst versuchsweise – installiert.

6.1.1 Übertragungssysteme

Jedes Übertragungssystem läßt sich grob in die drei Funktionsgruppen Sender, Strecke und Empfänger unterteilen, wie in Bild 6.1 schematisch dargestellt ist. Am Eingang des Senders liegt die zu übertragende Information in der Form des zeitlichen Eingangssignals $i_1(t)$ vor. Der Sender erzeugt ein optisches Ausgangssignal $p_1(t)$ das zum einen möglichst gut vom Sender über die Strecke zum Empfänger gelangen kann und aus dem sich $i_2(t)$ wiedergewinnen läßt. Das gesendete Signal unterliegt auf der Strecke verschiedensten Einflüssen und erreicht den Empfänger mehr oder weniger stark verzerrt.

Der Empfänger hat die Aufgabe, aus dem eintreffenden Signal $p_2(t)$ die ursprüngliche Nachricht möglichst originalgetreu wiederherzustellen. Dazu ist erforderlich, daß zum einem die Verzerrungen, die das Signal während der Ausbreitung erfährt, hinreichend gut zu kompensieren sind; ferner muß die empfangene Leistung noch ausreichend groß sein, um von dem unvermeidbaren Rauschen, das in jeder Empfängerschaltung erzeugt wird, nicht unverhältnismäßig stark gestört zu werden.

Das Empfängerausgangssignal $i_2(t)$ setzt sich demzufolge aus dem Nutzsignal

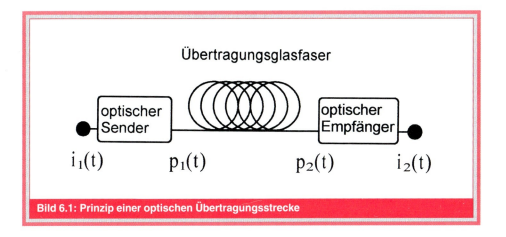

Bild 6.1: Prinzip einer optischen Übertragungsstrecke

und Störanteilen zusammen. Einige dieser Störsignale, z. B. Verzerrungen und Nebensprechen können durch geeignete Maßnahmen im Prinzip völlig reduziert werden, beim Rauschen ist das jedoch nicht ohne weiteres möglich. Als ein Maß zur Beurteilung der Empfangsqualität wird daher häufig das Signal-zu-Rausch Verhältnis (SRV) herangezogen, das als das Verhältnis der mittleren Signalleistung zur mittleren Rauschleistung definiert ist.

6.1.1.1 Analoge und digitale Übertragung

Grundsätzlich müssen zwei völlig unterschiedliche Methoden der Informationsübermittlung, die analoge und die digitale Übertragung, unterschieden werden.

Im Falle der Analogübertragung wird eine Eigenschaft des übertragenen Signals, z. B. die Amplitude oder die Frequenz einer vom Sender zum Empfänger übertragenen Welle, proportional zur Sendereingangsgröße $i_1(t)$ gesteuert. Die dazu erforderlichen Schaltungen sind vergleichweise einfach aufgebaut, diese Art der Übertragung wird in der Hörfunk- und TV-Verteilung bis heute fast ausschließlich angewandt [6.1; 6.2].

Ein grundsätzlicher Nachteil dieser analogen Übertragungsmethode ist ihre Störanfälligkeit. Dies bedeutet nun keineswegs, daß Analogübertragung vom Prinzip her unzuverlässig ist sondern vielmehr, daß bereits durch kleinste störende Signale der Empfänger nie genau das Originalsignal $i_1(t)$ wiederherstellen kann. Das Empfängerausgangssignal $i_2(t)$ unterscheidet sich wegen unvermeidlicher Rauscheffekte immer vom Originalsignal $i_1(t)$. Diese Tatsache ist insbesondere dann nachteilig, wenn große Entfernungen zu überbrücken sind und das Signal $i_2(t)$ nochmals, eventuell sogar über mehrere weitere Übertragungsstrecken gesendet werden muß. Dabei addieren sich die Störanteile von den einzelnen Streckenabschnitten und das SRV wird immer geringer.

Während bei der Analogübertragung die Nachricht durch eine stetige Größe (z. B. Amplitude, Phase, Frequenz) repräsentiert ist, die alle Werte in einem gewissen Bereich annehmen kann, sind bei einem digitalen Signal nur bestimmte diskrete Werte zulässig, wie in Bild 6.2 b dargestellt ist. Dadurch kann der digitale Empfänger prinzipiell das Originalsignal perfekt rekonstruieren, wenn sichergestellt ist, daß alle Störungen kleiner als das Minimum des Abstands benachbarter zulässiger Werte bleiben.

Diese Toleranz der Digitalübertragung gegenüber Störungen ist der Grund dafür, daß moderne optische Kommunikationssysteme meistens digital arbeiten. Thermisches Rauschen und Schrotrauschen wirken sich bei optischer Übertragung auf das SRV viel stärker als bei elektrischer Übertragung aus, wie das Bild 6.3 zeigt. Dargestellt ist das SRV in Abhängigkeit von der Dämpfung zwischen Sender und

6. Kapitel

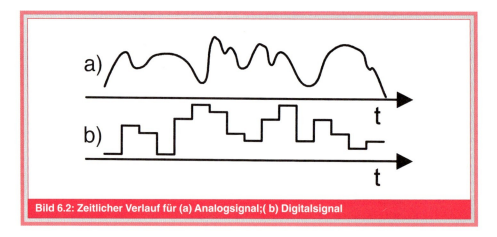

Bild 6.2: Zeitlicher Verlauf für (a) Analogsignal;(b) Digitalsignal

Empfänger für elektrische und eine optische Übertragung bei einer Übertragungsbandbreite von 1 GHz, die Sendeleistungen betragen 20 mW für das elektrische und 1 mW für das optische System.

Das SRV für die elektrische Übertragung ist trotz der für elektrische Systeme bescheidenen Sendeleistung auch bei hohen Dämpfungswerten wesentlich besser als das bei optischer Übertragung erreichbare SRV.

Die größere Toleranz der digitalen Übertragung bezüglich Störungen wird durch die Möglichkeit ergänzt, solche fehlertoleranten Codes zu verwenden, bei denen im Empfänger Übertragungsfehler automatisch erkannt und gegebenenfalls korrigiert werden können.

Ein Nachteil digitaler Übertragungsformate besteht in der hohen notwendigen Übertragungsbandbreite. So belegt ein analoger Telefonkanal eine Bandbreite von

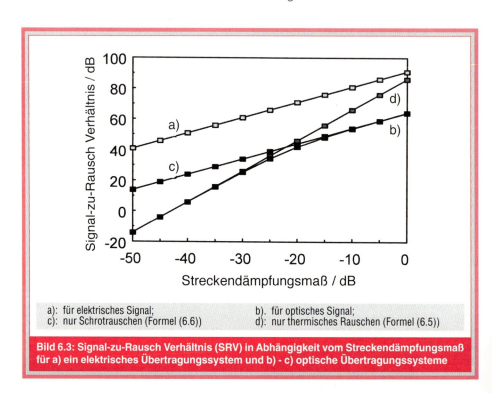

a): für elektrisches Signal; b). für optisches Signal;
c): nur Schrotrauschen (Formel (6.6)) d): nur thermisches Rauschen (Formel (6.5))

Bild 6.3: Signal-zu-Rausch Verhältnis (SRV) in Abhängigkeit vom Streckendämpfungsmaß für a) ein elektrisches Übertragungssystem und b) - c) optische Übertragungssysteme

etwa 3,5 kHz, ein digitaler Telefonkanal im Binärformat benötigt dagegen 32 kHz, entsprechend der Bitrate von 64 kbit/s.

Bei einem Digitalsignal im Binärformat werden nur zwei Werte unterschieden. Diese werden, entsprechend den physikalischen Eigenschaften der verwendeten Schaltungen, festgelegt und symbolisch üblicherweise mit 0 und 1 bezeichnet. Dieser logische Wert des Signals darf nicht mit dem physikalischen Wert der Signalgröße verwechselt werden, der durch die Art der verwendeten Schaltungen, und durch verschiedene Übertragungsparameter bestimmt ist.

In der Übertragungstechnik werden noch weitere verschiedene Arten digitaler Signalformate eingesetzt. Als Beispiele sollen hier, ohne Anspruch auf Vollständigkeit, neben dem binären Format mit zwei zulässigen Werten, das dreistufige ternäre Format und Formate mit bis zu 256 unterscheidbaren Stufen erwähnt werden. Im folgenden ist jedoch stets die binäre Übertragung gemeint, wenn nicht ausdrücklich auf ein anderes Format hingewiesen wird.

6.1.1.2 Sender für die optische Übertragung

Als Sender werden in optischen Kommunikationssystemen Bauteile verwendet, die elektromagnetische Strahlung im Bereich des sichtbaren oder kurzwelligen, ($f > 150$ THz bzw. $\lambda < 2$ µm) infraroten Lichts aussenden. Insbesondere sind dies Halbleiterlaserdioden und LEDn. Für spezielle Anwendungen kommen auch Festkörperlaser oder Faserlaser in Frage, falls die besonderen Eigenschaften dieser Quellen den dabei erforderlichen höheren Aufwand rechtfertigen. In Kapitel 4.6 wurden diese Bauteile bereits ausführlich behandelt, hier wird daher nur auf die für die Übertragung wichtigen Eigenschaften eingegangen [6.3; 6.4].

Laserdiode und LED können als Strom-Licht Wandler betrachtet werden, die sich elektrisch wie Dioden verhalten und in Flußrichtung betrieben werden. Beim Halbleiterlaser trennt der Schwellenstrom zwei Betriebsstrombereiche, unterhalb dieses Stromes erzeugt der Laser im wesentlichen inkohärentes Licht wie eine LED. Normalerweise werden Halbleiterlaser oberhalb des Schwellenstromes betrieben, wo durch den Laserprozeß eine effektive Umsetzung der zugeführten elektrischen Leistung in Licht erfolgt. Die abgegebene optische Leistung wächst oberhalb des Schwellenstroms nahezu linear mit dem Strom an, Abweichungen von der Linearität sind meist durch interne Erwärmung begründet. Bild 6.4 zeigt eine typische Strom-Leistungskennlinie einer Laserdiode, die Steilheit S_{LD} ist die Steigung dieser Kurve oberhalb des Knicks. Sie berechnet sich im Idealfall nach

$$S_{LD} = \eta_{diff} \cdot \frac{h \cdot f}{e}, \qquad (6.1)$$

mit
η_{diff}: differentieller Quantenwirkungsgrad;
$h \cdot f$: Photonenenergie;
e: Elementarladung.

In der Praxis wird dieser theoretische Wert nicht erreicht, weil sich die erzeugte Lichtleistung normalerweise auf zwei Spiegel verteilt und zusätzlich beim Einkoppeln des Lichts in die Glasfaser mit Verlusten von mehr als 50% gerechnet werden muß.

Halbleiterlaser reagieren sehr schnell auf Stromänderungen, deshalb kann die optische Ausgangsleistung durch Änderungen des Laserdiodenstroms sehr schnell moduliert werden. Das frequenzabhängige Verhalten wird durch eine vom Arbeitspunkt abhängige Strom-Leistungs-Übertragungsfunktion beschrieben. Charakteristisch für das Modulationsverhalten ist die sogenannte Relaxationsresonanz. Darunter versteht man eine je nach Laser verschieden stark ausgeprägte, resonanzartige Überhöhung der Modulationsübertragungsfunktion für Frequenzen im GHz-Bereich. Diese Resonanzfrequenz verschiebt sich bei Vergrößerung des Arbeitspunktstroms I_A zu höheren Frequenzen. Damit ist ein Anstieg der nutzbaren Modulationsbandbreite verbunden. Günstig ist eine innerhalb des Übertragungsfrequenzbandes möglichst flach verlaufende Modulationskurve, bei der die Relaxationsresonanz gut gedämpft ist. Bild 6.5 zeigt das Modulationsverhalten einer Laserdiode für verschiedene Arbeitspunkte,

6. Kapitel

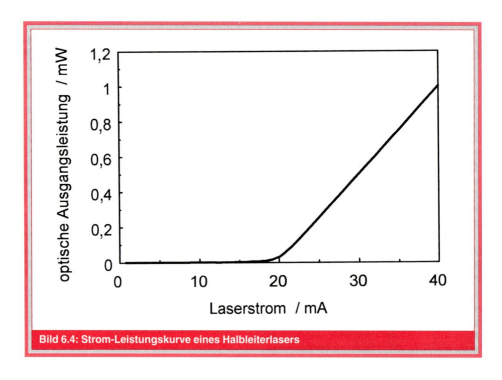

Bild 6.4: Strom-Leistungskurve eines Halbleiterlasers

die Änderung der Modulationsbandbreite ist dabei deutlich zu erkennen.

Bei den in modernen optischen Übertragungssystemen genutzten breiten Frequenzbändern von bis zu 10 GHz und mehr wirken sich neben den reinen Lasereigenschaften auch Effekte, die durch den Einbau der Diode in ein Gehäuse bedingt sind, störend aus. Im wesentlichen durch Induktivitäten der Stromzuführung und durch parasitäre Kapazitäten parallel zur Laserdiode kann der Modulationsfrequenzgang eines optischen Sendemoduls entscheidend beeinflußt werden [6.5]. Zu beachten ist, daß die Modulationsübertragungsfunktion vom Arbeitspunkt abhängt und deshalb nur für kleine Modulationsströme ausreichende Genauigkeit hat. Wegen nichtlinearer Vorgänge im Laser unterscheidet sich das tatsächliche Großsignalverhalten häufig drastisch von dem mit Hilfe der linearen Näherung der Übertragungsfunktion berechneten Verhalten. Effekte wie z. B. Modenkopplung [6.6] und Gewinnmodulation (engl.: gain switching) [6.7] beruhen auf diesen nichtlinearen Eigenschaften.

Änderungen des Laserdiodenstroms bewirken neben der Leistungsänderung auch eine Änderung der optischen Emissionsfrequenz. Verursacht wird dieses durch zwei teilweise gegenläufig wirkende Effekte. Zunächst ändert sich mit dem Strom die elektrische Verlustleistung in der Laserdiode. Wegen der begrenzten Wärmeleitfähigkeit des Laserkristalls bewirkt dies entsprechende Änderungen der Lasertemperatur und infolge dessen auch der Emissionsfrequenz. Bedingt durch die kleine thermische Zeitkonstante des optisch aktiven Bereichs der Laserdiode, ist dieser Effekt bis zu Frequenzen von einigen Megahertz (MHz) zu beobachten. Typische Werte für diese thermisch bedingte Frequenzdrift liegen zwischen 10 GHz/K und 20 GHz/K. Da die Wärmeleitfähigkeit verschiedener Laser sehr unterschiedliche Werte annehmen kann, unterscheiden sich die auf den Strom bezogenen Frequenzdriftkoeffizienten viel stärker. Der zweite erheblich schnellere Effekt ergibt sich durch die Amplituden-Phasenkopplung bei Laserdioden, deren Stärke durch den Linienverbreiterungsfaktor α, auch α-Faktor genannt, angegeben wird [6.8; 6.9]. Dadurch werden Frequenzänderungen mit typischen Werten von 300 MHz/mA bis 1000 MHz/mA bewirkt. Eine Auswertung

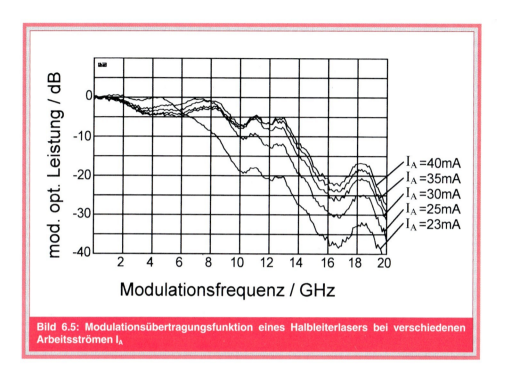

Bild 6.5: Modulationsübertragungsfunktion eines Halbleiterlasers bei verschiedenen Arbeitsströmen I_A

der Bilanzgleichungen ergibt dafür nach [6.10] die Näherungsformel

$$\Delta f(t) = \frac{-\alpha}{4 \cdot \pi} \cdot \frac{\frac{d}{dt} P(t)}{P(t)} \qquad (6.2)$$

(P(t): modulierte Laserleistung).

Das von Laserdioden im Dauerstrichbetrieb erzeugte Licht kann in guter Annäherung als eine Lichtwelle mit im wesentlichen konstanter Intensität und optischer Mittenfrequenz angesehen werden. Durch laserinterne Prozesse sind diesen Mittelwerten aber Schwankungen überlagert, die als Intensitäts- bzw. als Frequenzrauschen bezeichnet werden.

Die spektrale Dichte des Intensitätsrauschens wird üblicherweise auf die mittlere optische Ausgangsleistung bezogen und als sogenannter RIN-Wert (engl.: relative intensity noise (RIN)) angegeben.

Dieses Rauschen des optischen Senders setzt dem Signal-Rausch-Verhältnis in optischen Übertragungssystemen mit Intensitätsmodulation eine obere Grenze. Rauscharme Laserdioden weisen RIN-Werte von etwa –155 dB/Hz auf.

Laserdioden sind vom Funktionsprinzip her selbsterregte rückgekoppelte Verstärker, bei denen die Rückkopplung durch Reflexionen an beiden Enden des laserinternen Wellenleiters realisiert wird. Da diese Reflexionen mit etwa 30% relativ gering sind, kann zusätzlich reflektiertes Licht, das z. B. von einem Glasfaserstecker kommt, den Laserbetrieb erheblich stören, wobei das Intensitäts- und Frequenzrauschen um mehrere Zehnerpotenzen gegenüber ungestörtem Betrieb zunehmen kann. Externe Reflexionsfaktoren von nur 0,01% der optischen Leistung verursachen bereits einen deutlichen Anstieg des Rauschens und können damit die Ursache für erhöhte Bit-Fehlerraten in optischen Übertragungssystemen sein. Abhilfe schafft die Verwendung optischer Einwegleitungen zwischen Laser und angeschlossener Glasfaserstrecke. Solche sog. optischen Isolatoren lassen das Licht in einer Richtung mit nur geringen Verlusten von weniger als 1 dB passieren, in der entgegengesetzten Richtung weisen sie aber hohe Verluste (Reflexionsdämpfung) von mehr als 30 dB auf. Dadurch kann extern reflektiertes Licht auf den Laser nicht mehr störende Pegel abgeschwächt werden, bei höheren Anforderungen werden zwei Isolatoren in Reihe geschaltet, wodurch eine Reflexionsdämpfung von mehr als 60 dB erreicht wird.

Heutige Systeme verwenden meist zwei Arten von Laserdioden, die sich vor allem hinsichtlich ihres optischen Spektrums stark unterscheiden können. Der Fabry-Perot Laser ist der ältere und einfacher aufgebaute Lasertyp. Er hat hohe Steilheits- und Ausgangsleistungswerte, dafür weist aber das Spektrum häufig, zumindest unter Modulation, mehrere diskrete Emissionslinien im Abstand von etwa 100 GHz auf. Die gesamte Emissionsbandbreite kann daher Werte von bis zu 1000 GHz annehmen. DFB-Laser erzeugen demgegenüber nur eine optische Linie im Spektrum. Erreicht wird dies durch den Einbau eines Gitterfilters in die Laserdiode, dies reduziert allerdings den Wirkungsgrad und die erzielbare Ausgangsleistung. Die Emissionsbandbreite (= Linienbreite) von DFB-Laserdioden liegt zwischen 1 MHz und 100 MHz im Dauerstrichbetrieb, bei Störungen durch externe Reflexion sowie bei Modulation liegen die Linienbreiten normalerweise zwischen 10 GHz und 100 GHz.

Ausgangsleistungen optischer Sendermodule mit Glasfaseranschluß liegen im Bereich von 0,5 mW bis etwa 5 mW, die Steilheiten nach Formel (6.1) bei etwa 10 µW/mA bis 200 µW/mA.

6.1.1.3 Glasfaserstrecke

Die Übertragung des Signals vom Sender zum Empfänger erfolgt in einer Glasfaser. Die mehrmodige Gradientenfaser mit 50 µm Kerndurchmesser, die früher für optische Nachrichtenübertragungszwecke verwendet wurde, ist im Netz der Deutschen Telekom durch die Einmodenfaser abgelöst worden. Letztere weisen im Vergleich zu Gradientenfasern deutliche Vorteile in bezug auf Bandbreite, Dämpfung und bei der Fertigung auf. Dafür werden die durch den wesentlich kleineren Durchmesser von etwa 10 µm des in der Faser geführten Lichtfeldes verursachten Schwierigkeiten in Kauf genommen.

Wichtigste Kenngröße einer Glasfaser ist deren Dämpfungsmaß A:

$$A = 10 \cdot \log \left(\frac{P_1}{P_2} \right) \text{dB} \qquad (6.3)$$

P_1: Eingangsleistung;
P_2: Leistung am Faserende.

Die Dämpfungseigenschaften von Glasfasern charakterisiert man durch den spektralen Dämpfungskoeffizienten in dB/km (vgl. Kap. 4.1.2 und Kap. 2.8).

Die Dispersion ist die zweite wichtige physikalische Größe, die die Ausbreitung von Licht in der Glasfaser beeinflußt und die Übertragung optischer Pulse beeinträchtigt. Die Ursache dafür liegt in der Frequenzabhängigkeit der Phasengeschwindigkeit einer geführten Lichtwelle (vgl. Kap. 2.7).

Dadurch treffen die verschiedenen spektralen Komponenten eines gesendeten Impulses zu unterschiedlichen Zeitpunkten am optischen Empfänger ein, wodurch der ursprüngliche Impuls zeitlich verlängert wird. Für die Stromübertragungsfunktion einer Übertragungsstrecke bedeutet dieses eine Bandbegrenzung, die Grenzfrequenz sinkt mit steigender Weite des Senderspektrums und mit dem totalen Wert der Dispersion, der zur Glasfaserlänge proportional ist (vgl. Formeln (2.8) bis (2.10)). Für die im deutschen Telekomnetz verwendeten Standardeinmodenglasfasern sind Dispersionskennwerte von etwa 0,13 ps/(GHz·km) (entspricht 17 ps/(nm·km)) im dritten optischen Fenster typisch. Im zweiten Fenster liegt bei diesem Fasertyp eine Nullstelle der Dispersion, dort kann mit Werten unter 0,028 ps/(GHz·km) (entsprechend 5 ps/(nm·km)) gerechnet werden.

6.1.1.4 Empfänger

Im optischen Empfänger wird das empfangene Lichtsignal wieder in ein elektrisches Signal umgewandelt und verstärkt, sodaß es elektrisch weiterverarbeitet werden kann. Dazu stehen zwei Arten von Photodioden zur Verfügung, die den inneren photoelektrischen Effekt in einem Halbleiter ausnutzen (siehe auch Kap. 4.7).

In den einfacher herzustellenden PIN-Photodioden wird dabei im Idealfall für jedes auftreffende Photon mit der Energie $E = h \cdot f$ ein Elektron-Loch Paar erzeugt, das dann im äußeren Stromkreis einen Stromfluß bewirkt, den sogenannten Photostrom. Die bei realen Photodioden auftretenden Verluste charakterisiert man durch den Quantenwirkungsgrad η_{ph}, das ist die Wahrscheinlichkeit, mit der jedes Photon ein Elektron erzeugt. Die Empfindlichkeit einer Photodiode, auch als Steilheit S_{PD} bezeichnet, ist als das Verhältnis von Photostrom zu auftreffender optischer Leistung definiert. Sie ergibt sich zu

$$S_{PD} = \eta_{ph} \cdot \frac{e}{h \cdot f} \cdot \qquad (6.4)$$

In den Lawinenphotodioden (engl.: avalanche photo diode (APD)) (vgl. Kap. 4.7.2.2) wird der Photostrom bereits intern durch eine Lawinenvervielfachung verstärkt. Dabei werden allerdings höhere Spannungen als bei der PIN-Diode benötigt; wegen der ausgeprägten Temperaturabhängigkeit dieser Bauelemente ist zusätzlich eine Stabilisierung des Arbeitspunktes erforderlich. Die Eigenschaften und Anwendungsgebiete verschiedener Photodiodenarten sind in Kap. 4.7 dargestellt.

Die sehr geringen Photodiodenströme $I_2 = i_2(t)$, die je nach optischer Empfangsleistung $P_2 = p_2(t)$ im Bereich von 1 nA bis 1 mA liegen können, müssen mittels elektronischem Verstärker vor der Weiterverarbeitung auf geeignete Werte verstärkt werden. Wegen der hohen Bandbreiten und des niedrigen Photostroms stören bereits das thermische Rauschen des Eingangslastwiderstands sowie das Transistorrauschen erheblich. Das Photostromsignal, das durch die Eigenschaften von Lasersender, Glasfaserstrecke und Photodiode mit beeinflußt ist, weist entsprechende Verzerrungen, Amplitudenabweichungen und zeitliche Verschiebungen der Übergänge zwischen benachbarten Bits auf. Durch eine als Regeneration bezeichnete Bearbeitung des verstärkten Signals wird daraus wieder ein nahezu ideales Digitalsignal mit wohldefinierten Strom- bzw. Spannungspegeln für die logischen Werte 0 und 1 zurückgewonnen. Dies erfolgt in zwei Schritten. Zunächst wird mit Hilfe eines Taktoszillators mit Phasenregelung (PLL) der Signaltakt für

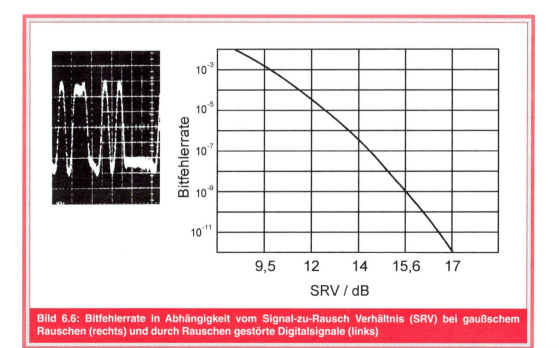

Bild 6.6: Bitfehlerrate in Abhängigkeit vom Signal-zu-Rausch Verhältnis (SRV) bei gaußschem Rauschen (rechts) und durch Rauschen gestörte Digitalsignale (links)

das empfangene Signal erzeugt. Dieser Signaltakt wird dann benutzt, um das verstärkte Signal abzutasten, d. h. für jedes Bit wird der empfangene Signalpegel mit einem Referenzwert verglichen. Liegt der Signalpegel oberhalb des Referenzwertes wird dies vom Empfänger als empfangene logische 1, anderenfalls als logische 0 gewertet. Empfangsfehler treten auf, falls ein gesendetes 1-Bit beim Empfänger zum Abtastzeitpunkt einen Signalpegel unterhalb des Referenzpegels erzeugt, oder falls für eine gesendete 0 ein Signal größer als der Referenzpegel vorliegt. Sieht man von Signalverzerrungen, die durch geeignete Systemauslegung im Prinzip vermieden werden können, einmal ab, bleibt als Störgröße nur das Rauschen. Das SRV bestimmt infolgedessen die Wahrscheinlichkeit dafür, daß Bits falsch empfangen werden. Unter der Annahme, daß die Rauschleistung für 0- und 1-Bits des Empfangssignals gleich groß ist und daß die Rauschamplitude durch eine normalverteilte Wahrscheinlichkeitsdichte beschrieben werden kann, läßt sich die Bit-Fehlerwahrscheinlichkeit als Funktion des SRV berechnen. Bild 6.6 zeigt die durch Rauschen gestörten Signalpegel mit idealem Abtastzeitpunkt und mittigem Referenzpegel sowie die Kurve für die Bit-Fehlerwahrscheinlichkeit in Abhängigkeit vom SRV des Empfangssignals vor der Entscheiderstufe.

Für eine möglichst fehlerfreie Übertragung ist ein großes SRV anzustreben. Da ein größerer Signalpegel nur auf Kosten von Übertragungsstreckenlänge oder durch höhere Laserleistung möglich ist, kommt der Rauschoptimierung optischer Empfänger große Bedeutung zu. Dabei ist die Verstärkerbandbreite eine wichtige Größe, weil sie an die Signalbandbreite angepaßt sein muß. Bei zu geringer Bandbreite kommt es zu Impulsnebensprechen (Intersymbolstörungen) und dadurch verursachten Bitfehlern [6.11]. Andererseits steigt bei zu großer Bandbreite die Rauschleistung an, wodurch das SRV entsprechend verringert wird. Die wichtigsten Rauschgrößen sind das thermische Rauschen $\overline{i_{th}^2}$ des Verstärkereingangswiderstands R

$$\overline{i_{th}^2} = \frac{4 \cdot k \cdot T \cdot B}{R} \qquad (6.5)$$

und das Schrotrauschen $\overline{i_s^2}$ von Photostrom i_{ph} und Photodioden-Dunkelstrom:

$$\overline{i_s^2} = 2 \cdot e \cdot \overline{i_{ph}} \cdot B \cdot F_{APD} \qquad (6.6)$$

k: Boltzmannkonstante
 (k = 1,38 · 10^{-23}Ws/K);
T: absolute Temperatur;
B: Empfängerbandbreite;
R: Empfängereingangswiderstand;
e: Elementarladung (e = 1,602 · 10^{-19}As);
F_{APD}: Zusatzrauschfaktor der APD.

Insbesondere bei sehr breitbandiger Übertragung bzw. bei sehr hohen geforderten SRV-Werten ist gegebenenfalls zusätzlich das Rauschen des optischen Senders mit zu berücksichtigen. Die Kurven in Bild 6.7 zeigen die auf Grund der verschiedenen Rauschursachen (Ohmscher Widerstand, Photostrom, Laser-RIN) zu erwartenden SRVse. Betrachtet wird dabei ein 2,5-Gbit/s System mit einer Modulationsbandbreite von 2 GHz für einen rauscharmen Laser (RIN = -150 dB/Hz).

6.1.1.5 Charakteristika eines Übertragungssystems

Die Anforderungen, die an ein Übertragungssystem gestellt werden, lassen sich im wesentlichen in zwei Kategorien einordnen. Es sind dies die Reichweite, d. h. die mit dem System überbrückbare Streckenlänge und die Übertragungskapazität. Darunter versteht man die maximal mögliche Übertragungsbitrate für eine vorgegebene Fehlerwahrscheinlichkeit.

Die zulässige Streckenlänge ergibt sich aus den Werten der Sendeleistung, der benötigten Eingangsleistung des Empfängers sowie dem Dämpfungsbelag der Glasfaserstrecke incl. Stecker- und Spleißverlusten, die Sender und Empfänger verbindet. In der Praxis sind ausreichende Systemreserven vorzusehen, um zu vermeiden, daß eine Übertragungsstrecke durch alterungsbedingte Verschlechterung von Systemkomponenten vorzeitig ausfällt.

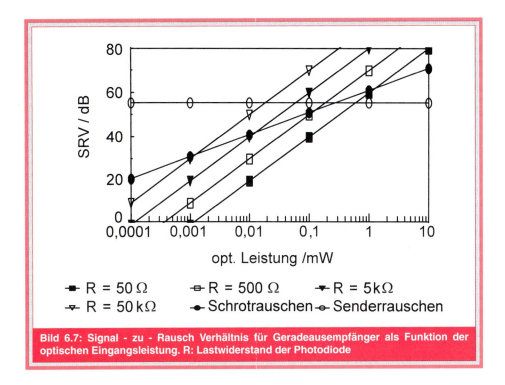

Bild 6.7: Signal - zu - Rausch Verhältnis für Geradeausempfänger als Funktion der optischen Eingangsleistung. R: Lastwiderstand der Photodiode

6.1.2 Digitale Übertragungssysteme mit Geradeausempfang

Alle heute eingesetzten optischen Übertragungssysteme nutzen das Prinzip des Geradeausempfangs. Dabei wird die Intensität des optischen Sendesignals moduliert, das Signal läuft durch eine Glasfaser zum optischen Empfänger und wird dort in einer Photodiode wieder in ein elektrisches Signal zurückgewandelt.

6.1.2.1 Laser-Intensitätsmodulation

Als einfachstes Beispiel soll hier ein typisches Geradeaussystem, bei dem die optische Senderausgangsleistung direkt über den Laserstrom moduliert wird, betrachtet werden. Ein typischer Wert für die mittlere Laserausgangsleistung ist $\overline{P} = 1\,\text{mW}$ ($\triangleq 0\,\text{dBm}$). Der zur Intensitätsmodulation (IM) des Lasers erforderliche Strom von bis zu 50 mA kann von Treiberschaltungen, die an die niedrige dynamische Impedanz des Lasers von etwa 10 Ohm angepaßt sind, bereitgestellt werden.

Bits mit dem logischen Wert 1 werden z. B. durch eine hohe optische Leistung von $P(1) = 1,9\,\text{mW}$ übertragen, den Bits für die logische 0 ist eine optische Leistung von $P(0) = 0,1\,\text{mW}$ zugeordnet. Zu beachten ist, daß der Laser während der 0-Bits nicht vollständig abgeschaltet wird, da sonst mit Verzerrungen und Störungen durch Impulsnebensprechen gerechnet werden muß. Infolgedessen wird ein geringer Gleichlichtanteil mit übertragen, dessen Größe durch das Auslöschungsverhältnis

$$\eta = \frac{P(1) - P(0)}{P(0)} \qquad (6.7)$$

charakterisiert wird. Da 1- und 0-Bits gleich häufig auftreten, eventuell muß durch eine geeignete Codierung des Quellensignals dafür gesorgt werden, ergibt sich die mittlere optische Leistung $\overline{P}$ als das arithmetische Mittel der Leistungen $P(1)$ und $P(0)$.

Berücksichtigt man die bei der Übertragung auftretenden Verluste, ergibt sich für den mittleren Photostrom des optischen

6. KAPITEL

Empfängers mit den Formeln (6.1), (6.4) der Wert

$$I_2 = I_1 \cdot S_{LD} \cdot \eta_{\kappa opp} \cdot T_{21} \cdot S_{PD} \quad (6.8)$$

Es steht $\eta_{\kappa opp}$ für den Einkoppelwirkungsgrad des Lichts in die Glasfaser und T_{21} für die Transmission der Glasfaserstrecke ($T_{21} = P_2/P_1$ gemäß Bild 6.1 mit $P = p(t)$. Mit typischen Werten für $S_{LD} = 0,1$ mW/mA, $\eta_{\kappa opp} = 0,25$, $S_{PD} = 0,8$ mA/mW und angenommenem $T_{21} = 1$ ergibt sich ein Stromübertragungsfaktor von 0,02, das heißt das vom Photodetektor gelieferte elektrische Signal ist um 34 dB gegenüber dem Sendereingangssignal abgeschwächt [6.12]. Bei der Berechnung des elektrischen Empfangspegels ist zu beachten, daß durch 1 dB optische Zusatzdämpfung das elektrische Ausgangssignal des optischen Empfängers um 2 dB reduziert wird.

Durch die Modulation des optischen Trägers entsteht ein Spektrum mit zwei Seitenbändern der Breite Δf_{FM}, das im Fall reiner Intensitätsmodulation die doppelte Weite der Basisbandbreite Δf_{IM} aufweist. Die Intensitätsmodulation über den Laserdiodenstrom hat aber wegen des α-Faktors (Formel (6.2)) in jedem Fall eine zusätzliche, meistens unerwünschte Frequenzmodulation des Lichts zur Folge, die das optische Spektrum erheblich stärker verbreitert (engl.: chirp). Die endgültige Breite des Spektrums Δf_{FM} läßt sich dann näherungsweise mit

$$\Delta f_{FM} = \sqrt{1 + \alpha^2} \cdot \Delta f_{IM} \quad (6.9)$$

berechnen. Der α-Faktor liegt für die meisten Laser im Bereich von 2 bis 5.

Das optische Sendesignal durchläuft die Glasfaser zum optischen Empfänger, wobei es um den Faktor T_{21} in der Leistung abgeschwächt wird. Nach optoelektronischer Wandlung wird es dann einer elektrischen Entscheiderschaltung zugeführt, um daraus das ursprüngliche digitale Signal wiederzugewinnen. Dazu ist es erforderlich, daß sich die Signalwerte, die die logische 0 bzw. 1 darstellen, trotz zusätzlich wirkender Stör- und Rauscheffekte, genügend gut voneinander unterscheiden lassen.

6.1.2.2 Externe Modulation

Zur Fernübertragung bietet die Verwendung optischer Träger im dritten Fenster mit Frequenzen um 200 THz (1,5 µm Wellenlänge) den Vorteil niedrigster Dämpfungswerte in der Glasfaser. In direkt modulierten optischen Übertragungssystemen mit Bitraten von 2,5 Gbit/s und mehr wirkt sich dort zunehmend die durch den Laserchirp verursachte Verbreiterung des Sendespektrums, zusammen mit den relativ hohen Glasfaser-Dispersionskennwerten von 0,13 ps/(GHz·km) (entspricht 17 ps/(nm·km)) begrenzend aus. Durch externe Modulation des optischen Trägers läßt sich diese Verbreiterung im Spektrum weitgehend vermeiden, dadurch sind größere verstärkerfreie Streckenlängen zu erzielen (vgl. Kap. 6.2.3.2).

Der Aufbau des optischen Senders wird dadurch allerdings aufwendiger. Zunächst wird eine mit konstantem Strom betriebene Laserdiode zur Erzeugung des Trägers benötigt. Da Halbleiterlaser im Dauerstrichbetrieb wesentlich empfindlicher auf extern reflektiertes Licht reagieren, ist ein hochwertiger optischer Isolator erforderlich, der den Laser von der externen Beschaltung optisch entkoppelt. Die optische Trägerwelle durchläuft dann den optischen Modulator, dessen optische Transmission vom Wert einer angelegten Spannung abhängt.

Mittels Spannungsvariation läßt sich die Intensität der optischen Welle modulieren. Im Vergleich zur direkten Modulation einer Laserdiode benötigt ein externer Modulator eine deutlich größere elektrische Modulationsleistung, je nach Bandbreite werden bis zu 10 V an 50 Ω benötigt. Bei den hohen Bandbreiten, für die der Einsatz externer Modulatoren erst Vorteile bringt, ist der Aufbau entsprechend breitbandiger und leistungsstarker Treiberschaltungen sehr problematisch. Aus den genannten Gründen, wegen der Zusatzkosten und des zusätzlichen optischen Verlustes von mindestens 2 dB wird diese Modulationstechnik bisher sehr selten eingesetzt.

6.1.3 Digitale Übertragungssysteme mit Überlagerungsempfang

Mit Hilfe der Überlagerungstechnik läßt sich sowohl der Dynamikbereich optischer Übertragungssysteme als auch die Kanalselektion bei Systemen mit mehreren optischen Trägern wesentlich verbessern. Bild 6.8 zeigt den Empfänger für ein solches System. Der entscheidende Unterschied zu Systemen mit Geradeausempfang ist, daß zusätzlich zu dem von der Glasfaserstrecke empfangenen Signal eine zweite Lichtwelle eines sogenannten lokalen Oszillators (Lokallaser) auf die Photodiode einwirkt. Dadurch entsteht im Photostrom

$$i_2(t) = S_{PD} P(t) \propto \quad (6.10)$$
$$\propto S_{PD} (a_{sig}(t) + a_{lo}(t))^2 \propto S_{PD} \cdot [a_{sig}^2 + a_{lo}^2 + 2 \cdot a_{sig} a_{lo} \cos(2\pi f_{ZF} t + \Delta\varphi(t))]$$

eine Komponente mit der Differenzfrequenz (= Zwischenfrequenz) $f_{ZF} = |f_{sig} - f_{lo}|$ und der Differenzphase $\Delta\varphi(t)$ von Signallaser- und Lokallaserwelle. Es werden mit a_{sig} und a_{lo} die Feldamplituden der Signal- bzw. der Lokallaserwelle bezeichnet. Wegen der im Spektrum des Signals vorhandenen Modulationsseitenbänder muß die Zwischenfrequenz etwa 3...5fach größer als die Signalbandbreite sein. Sind die Trägerfrequenzen von Signalwelle und der Lokallaserwelle genau gleich, spricht man von Homodynempfang. Hierbei wird keine Zwischenfrequenz erzeugt, die Seitenbänder der Signalwelle werden unmittelbar ins Basisband umgesetzt. Im Unterschied dazu wird der Empfang mit $f_{ZF} > 0$ als Heterodynempfang bezeichnet.

Da sich der Lokallaser am Empfängerstandort befindet, kann dessen Amplitude a_{lo} wesentlich größer als die des durch die Übertragungsstrecke abgeschwächten empfangenen Signals a_{sig} sein. Folglich ist auch das Photostromsignal beim Überlagerungsempfang wesentlich größer als beim Geradeausempfang. Deshalb ist die Systemempfindlichkeit nicht mehr durch das thermische Rauschen (Formel (6.5)), sondern durch das Schrotrauschen (Formel (6.6)) begrenzt. Da im Photostrom der Signalanteil $a_{sig} \cdot a_{lo}$ entsteht, der zur Feldamplitude des optischen Sendesignals a_{sig} proportional ist, kann die Demodulation in der elektrischen Ebene durchgeführt werden. Damit erschließt sich die Überlagerungstechnik das volle Spektrum der verschiedenen Modulationsarten, die auch in der Hochfrequenztechnik üblich sind. Neben der Amplitudenmodulation, die der Intensitätsmodulation bei Geradeausempfang am ähnlichsten ist, sind auch Frequenzmodulation und Phasenmodulation des optischen Trägers üblich.

Eine Schwierigkeit, die bei der Realisierung optischer Systeme mit Überlagerungstechnik auftritt, ist die erforderliche Stabilisierung der Emissionsfrequenzen von Sendelaser und Lokallaser. Voraussetzung für eine möglichst rauscharme Verstärkung des Photostromsignals sind gut an die Signalbandbreite angepaßte Verstärker. Falls die Emissionsfrequenzen der Laserdioden zeitlich schwanken, hat dies entsprechende Änderungen der Zwischenfrequenz des Photostromsignals zur Folge. Ein Beispiel möge dies verdeutlichen. Beide Laser schwingen im dritten optischen Fenster bei etwa 194 THz mit einem Frequenzabstand von der Größe der Zwischenfrequenz, die für ein 2,5 Gbit/s System z. B. bei 7 GHz liegen könnte. Die vom System geforderte Stabilität der Zwischenfrequenz von z. B. 1 MHz bedeutet, daß die Frequenzschwankungen beider Laser insgesamt 1 MHz nicht überschreiten dürfen, was wegen der thermisch bedingten Frequenzdrift von Laserdioden von etwa 20 GHz/K sehr aufwendige Stabilisierungsschaltungen bedingt.

Für eine effektive Überlagerung von Signalwelle und der Welle des Lokaloszillators müssen beide im gleichen Polarisationszustand auf die Photodiode treffen, denn Wellen, deren Polarisation zueinander orthogonal sind, ergeben kein Überlagerungssignal.

Daher ist es notwendig, die Polarisation des empfangenen Signals zu kontrollieren und der des Lokaloszillators anzupassen. Wegen der nicht bekannten und zeitlich schwankenden Doppelbrechung der Übertragungsglasfaser hat der Polarisationszustand des empfangenen Signals statistischen Charakter. Durch Polarisationseinsteller in Verbindung mit einer aktiven Regelung kann jedoch erreicht werden,

6. Kapitel

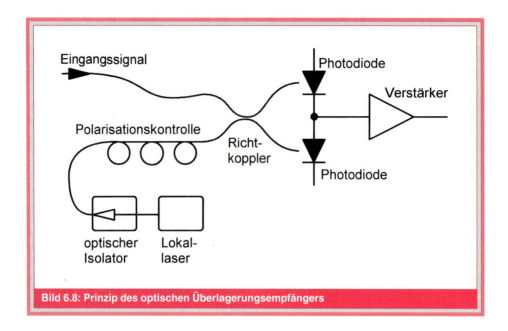

Bild 6.8: Prinzip des optischen Überlagerungsempfängers

daß beide Wellen mit dem gleichen Polarisationszustand auf die Photodiode gelenkt werden.

Eine zweite Methode der Polarisationsanpassung besteht darin, getrennte Empfänger für die zueinander orthogonalen Polarisationen zu verwenden. Das aus der Übertragungsglasfaser ankommende Signal wird dafür mittels einer Polarisationsweiche in zwei orthogonale Polarisationszustände aufgeteilt, und diese werden dann getrennt detektiert.

Der Vorteil der höheren Empfindlichkeit von Überlagerungssystemen hat mit dem Aufkommen der Erbiumfaser-Verstärker stark an Bedeutung verloren. Optische Vorverstärkung im Empfänger ermöglicht auch mit Geradeausempfang Empfindlichkeiten, die mit denen von Überlagerungsempfängern vergleichbar sind.

Durch elektrische Filterung des empfangenen Signals in der Zwischenfrequenzebene bzw. im Basisband bei Homodynempfang, kann eine wesentlich höhere Trennschärfe für nahe benachbarte optische Kanäle realisiert werden, als das mit einem Filter im optischen Bereich möglich ist. Deshalb bietet der optische Überlagerungsempfang speziell für optische Trägerfrequenzsysteme Vorteile gegenüber dem optischen Geradeausempfang.

6.1.3.1 Amplitudenmodulation

Amplitudenmodulation (AM) ist bezüglich der Anforderungen an die relative Stabilität der verwendeten Laser das am wenigsten empfindliche aller Modulationsverfahren für Überlagerungssysteme.

Um Empfangsstörungen durch Frequenzdrift der Laser auszuschließen, muß die Zwischenfrequenzverstärkerbandbreite größer als die Modulationsbandbreite zzgl. möglicher Schwankungen der Zwischenfrequenz sein.

Dadurch steigt zwar auch die Rauschleistung entsprechend an und der Empfänger wird etwas unempfindlicher, als für den Fall mit optimal angepaßter Bandbreite möglich wäre. Dennoch sind die so erzielten Empfindlichkeiten viel besser als die von optischen Geradeausempfängern. In der Praxis können Frequenzschwankungen von etwa 10 % der Übertragungsbitrate zugelassen werden, ohne daß es zu merklichen Empfindlichkeitseinbußen kommt.

Bei Digitalübertragung wird die Amplitude, den logischen 0-1-Symbolen entsprechend, zwischen zwei Werten hin- und hergeschaltet, man spricht dann von Amplitudenumtastung (engl.: amplitude shift keying (ASK)).

6.1.3.2 Frequenzmodulation

Ähnlich tolerant bezüglich Schwankungen der Emissionsfrequenz von Sende- und Lokallaser verhält sich die optische Frequenzmodulation (FM). Ein Vorteil dieser Modulationsart ist, daß der optische Sender, dessen Spitzenausgangsleistung in der Regel begrenzt ist, eine höhere mittlere Leistung abgeben kann als es bei AM der Fall ist. Mit FM lassen sich im Vergleich zu AM um den Faktor zwei (entsprechend 3 dB) höhere Empfängerempfindlichkeiten erzielen. Bei Digitalübertragung wird die optische Frequenz, den logischen 0-1-Symbolen entsprechend, zwischen zwei Werten hin- und hergeschaltet. Man spricht dann von Frequenzumtastung (engl.: frequency shift keying (FSK)).

6.1.3.3 Phasenmodulation

Die Modulation der optischen Phase (Phasenmodulation (PM)) stellt die höchsten Anforderungen an die Frequenzstabilität der verwendeten Laser. Von allen Verfahren ermöglicht dieses aber auch die höchste Systemempfindlichkeit. Bei Digitalübertragung wird die Phasenlage der optischen Welle, den logischen 0-1-Symbolen entsprechend, zwischen zwei Werten hin- und hergeschaltet. Man spricht dann von Phasenumtastung (engl.: phase shift keying (PSK)). Bei der Differenzphasenumtastung (DPSK) wird nur der Phasenunterschied jeweils benachbarter Bits moduliert. Ein Bit mit dem logischen Wert 1 wird beispielsweise durch einen Phasenwechsel um π dargestellt, eine 0 durch konstante Phase zweier aufeinanderfolgender Bits. Mit diesem Modulationsschema kann die Anforderung an die Stabilität der Emissionsfrequenz etwas reduziert werden, allerdings sinkt auch die theoretisch mögliche Empfängerempfindlichkeit im Vergleich zu reiner Phasenmodulation um den Faktor 2. Um die Empfindlichkeit verschiedener Empfänger und Empfangsverfahren unabhängig von der Übertragungsbitrate miteinander vergleichen zu können, erweist es sich als vorteilhaft, nicht die empfangene Leistung, sondern die empfangene Energie pro Bit zu betrachten. Üblicherweise wird diese in Photonen/Bit angegeben. Die Tabelle 6.1 gibt eine Übersicht über die mit unterschiedlichen Übertragungsverfahren möglichen, und soweit praktisch realisiert, auch den tatsächlich erreichten Empfindlichkeiten. Zu beachten ist, daß diese Werte meistens in Laborexperimenten erreicht wurden, betrieblich eingesetzte Systeme sind normalerweise deutlich unempfindlicher spezifiziert. Zum Teil ist dies durch den aus Kostengründen einfacheren Aufbau solcher Systeme bedingt, zusätzlich wirkt sich aber aus, daß aus Gründen der Systemsicherheit eine gewisse Verschlechterung der Eigenschaften während der Lebensdauer einkalkuliert ist. Weitergehende Informationen und Literaturhinweise zum optischen Überlagerungsempfang findet der Leser in [6.13].

Tabelle 6.1: Mit verschiedenen Übertragungsverfahren erreichbare Empfindlichkeiten

Modulationsverfahren	Detektion	Empfindlichkeit (Theorie) in Photonen pro Bit	Empfindlichkeit (Praxis) in Photonen pro Bit	erforderliche Frequenzstabilität, bezogen auf die Bitrate
IM	geradeaus	10	4 000	–
IM und optischer Verstärker	geradeaus	20	112	–
ASK	heterodyne	36	345	10 %
ASK	homodyne	18	133	10 %
FSK	heterodyne	36	710	10 %
DPSK	heterodyne	22	90	0,1 %
PSK	heterodyne	18	76	0,01 %
PSK	homodyne	9	20	0,01 %

IM: Intensitätsmodulation; ASK: Amplitudenumtastung; FSK: Frequenzumtastung; PSK: Phasenumtastung; DPSK: differentielle Phasenumtastung

6. Kapitel

6.1.4 Multiplextechnik

Häufig ist die in einem Nutzkanal zu übertragende Informationsmenge viel kleiner als die Übertragungskapazität einer Übertragungsstrecke. Dann bietet es sich an, eine solche Strecke für die gleichzeitige Übertragung mehrerer Nutzkanäle zu verwenden und dadurch besser auszunutzen. Dieses Verfahren wird als Multiplexen bezeichnet, es stehen dazu verschiedene technische Möglichkeiten zur Auswahl, auf die im folgenden eingegangen wird (Bild 6.9).

Raummultiplex
(engl.: Space Division Multiplex (SDM))

Hierbei werden separate Übertragungssysteme für die Einzelkanäle verwendet. Die einzelnen Kanäle werden dann parallel und weitgehend unabhängig voneinander vom Sendeort zum Empfangsort übertragen. Entsprechend groß ist der Aufwand, insbesondere für den optischen Teil des Übertragungssystems, da für jeden Kanal ein optischer Sender und Empfänger sowie eine Übertragungsglasfaser benötigt wird. Bezüglich der Betriebssicherheit wirkt sich vorteilhaft aus, daß durch den Ausfall eines Senders bzw. Empfängers nur der betroffene Kanal gestört wird.

Zeitmultiplex
(engl.: Time Division Multiplex (TDM))

Die verschiedenen Kanäle werden in zeitlich nacheinander folgenden Zeitabschnitten (Zeitschlitzen) übertragen. Dazu werden auf der Sendeseite die einzelnen Kanäle mittels eines geeigneten Schalters (Multiplexer) zeitlich ineinander verschachtelt. Das optische Signal wird über eine Glasfaser zum Empfänger übertragen. Auf der Empfängerseite trennt ein ähnlicher Schalter (Demultiplexer) die einzelnen Kanäle wieder voneinander. Das Multiplexen und Demultiplexen kann in der elektrischen oder in der optischen Ebene erfolgen. Elektrisches Zeitmultiplex wird derzeitig in Betriebssystemen verwendet. Die Multiplexer und Demultiplexer bedingen zwar einen unter Umständen erheblichen Mehraufwand auf der Sende- und Empfangsseite, andererseits lassen sich so optische Sender, Empfänger und viel Glasfaser einsparen.

Frequenzmultiplex
(engl.: Frequency Division Multiplex (FDM))

Den verschiedenen Kanälen werden unterschiedliche optische Träger und klar trennbare Frequenzbereiche im optischen Spektrum zugeordnet. Mit Hilfe von Filtern werden die einzelnen Signale auf der Sen-

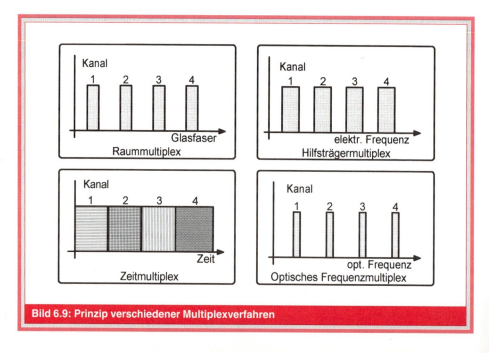

Bild 6.9: Prinzip verschiedener Multiplexverfahren

deseite kombiniert und in eine einzige Übertragungsfaser eingekoppelt. Auf der Empfängerseite werden die Kanäle wieder durch entsprechende optische Filterweichen getrennt und jeder Kanal auf einen separaten optischen Empfänger geführt. Dem Zusatzaufwand für die optischen Filter zum Multiplexen und Demultiplexen stehen Einsparungen an Übertragungsglasfaser gegenüber.

Hilfsträgermultiplex
(engl.: Subcarrier Multiplex (SCM))

Dieses ist ein elektrisches Trägerfrequenzmultiplexverfahren. Jedem Kanal ist ein elektrischer Träger und ein Frequenzbereich in der elektrischen Ebene zugeordnet. Mit dem elektrischen Multiplexsignal wird ein optischer Sender moduliert. Auf der Empfangsseite wird das optische Signal mit einer Photodiode detektiert, das Demultiplexen der Kanäle erfolgt in der elektrischen Ebene.

Bei allen genannten Verfahren wird die Übertragungsbandbreite der Faser in der Praxis nur zu einem sehr geringen Teil ausgenutzt.

6.1.4.1 Elektrische Multiplextechnik

Wie bereits erwähnt, kann die Bildung eines Multiplexsignals im Zeit- oder im Frequenzbereich und in der elektrischen oder in der optischen Ebene erfolgen. Frequenzmultiplex ist bei der Trägerfrequenztechnik auf Koaxialleitungen weit verbreitet. Auch die heutigen BK-Netze (BK: Breitbandkommunikation) für die Verteilung von Fernsehprogrammen über Koaxialkabel nutzen elektrische Frequenzmultiplextechnik. In optischen Übertragungssystemen wurde diese Technik in der Vergangenheit relativ selten angewandt, sie bekommt jedoch in Form des Hilfsträgermultiplex zunehmende Bedeutung. Bild 6.10 zeigt schematisch den Aufbau eines solchen Systems. Jedem Signal wird ein Hilfsträger mit definierter Frequenz fest zugewiesen. Die modulierten Trägersignale werden anschließend im elektrischen Multiplexer summiert und das Gesamtsignal dann dem Sendelaser zugeführt. Auf der Empfangsseite wird das Signal vom optoelektronischen Empfänger (Photodiode) in die elektrische Ebene umgesetzt und mit dem elektrischen Demultiplexer sowie den elektrischen Demodulatoren die ursprünglichen Einzelsignale wiederhergestellt.

Mit dem Aufkommen der Digitalübertragung hat die Bedeutung des Multiplexens im Zeitbereich stark an Bedeutung gewonnen. In der Vergangenheit ist die sogenannte Plesiochrone Digitale Hierarchie (PDH) entstanden, die bereits 1972 international standardisiert wurde. Entsprechend dem jeweils vorhandenen Stand der Technik wurden dabei zunächst 30 Sprachkanäle mit je 64 kbit/s zu einem Signal mit

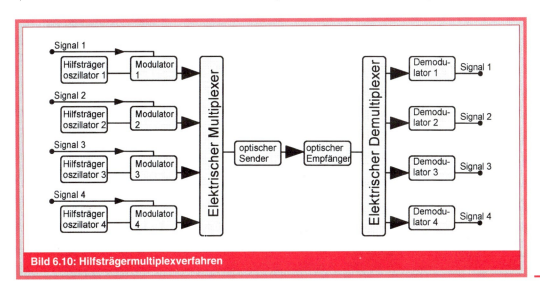

Bild 6.10: Hilfsträgermultiplexverfahren

6. Kapitel

2,048 Mbit/s zusammengefaßt. Vier dieser Kanäle ergeben ein 8,448 Mbit/s Signal, weitere Ausbaustufen sind 34,368 Mbit/s, 139,264 Mbit/s, 565 Mbit/s und 2,4 Gbit/s. Bei der plesiochronen Technik entsteht ein Problem beim Zugriff auf einen Unterkanal des Multiplexsignals, weil dabei das Multiplexsignal komplett in seine Einzelkanäle zerlegt werden muß, selbst wenn die meisten Kanäle nicht benötigt werden.

Mit der Multiplextechnik nach der Synchronen Digitalen Hierarchie (SDH) wird der Zugriff auf einzelne Kanäle des Multiplexsignals wesentlich vereinfacht. Dazu bedient man sich einer Basisübertragungsbitrate von 155,52 Mbit/s. Dieses Signal wird in bestimmter Struktur auch als STM -1 (STM: Synchrones Transport Modul) bezeichnet. Die Informationen werden in der Form von Blöcken übertragen, wobei jeder Block eine Länge von $9 \cdot 270$ Byte (1 Byte = 8 Bit) aufweist. Diese Blöcke werden „Container" genannt, innerhalb eines jeden Blocks unterscheidet man den sogenannten Overhead und die Nutzinformation. Im Overheadblock werden Zusatzinformationen übertragen, die u. a. dem zuverlässigen Übertragen und Wiederauffinden der eigentlichen Nutzinformation dienen. Durch Auswerten dieser mitübertragenen Zusatzinformation kann ohne weiteres auf jeden Unterkanal des STM-1 Signals zugegriffen werden [6.14; 6.15]. Durch Zusammenfassen von jeweils 4 STM-1 Kanälen erhält man ein STM-4 Signal, wiederum 4 dieser STM-4 Signale ergeben im Multiplex ein STM-16 Signal mit einer Bitrate von etwa 2,5 Gbit/s.

Das Multiplexen erfolgt mit Hilfe integrierter elektronischer Schaltungen, die, verglichen mit optischen Sendern und Empfängern, vergleichsweise einfach und kostengünstig hergestellt werden können. Deshalb ist bei heute üblichen Bitraten von maximal 2,5 Gbit/s die Übertragung im Zeitmultiplex meistens das günstigste der oben genannten Multiplexverfahren.

6.1.4.2 Optische Zeitmultiplextechnik

Die Modulation von Laserdioden mit Bitraten von mehr als 10 Gbit/s stellt hohe Anforderungen sowohl an den Laser als auch an die elektronischen Treiberschaltungen. Diese Probleme lassen sich teilweise umgehen, indem das Zeitmultiplex-

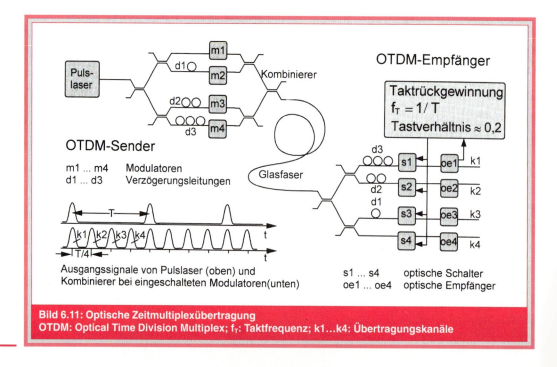

Bild 6.11: Optische Zeitmultiplexübertragung
OTDM: Optical Time Division Multiplex; f_T: Taktfrequenz; k1…k4: Übertragungskanäle

signal im optischen Bereich (engl.: optical time division multiplex (OTDM)) gebildet wird. In Bild 6.11 ist schematisch eine Anordnung zum optischen Multiplexen von vier Kanälen gezeigt. Äußerst wichtig ist für das Funktionieren dieses Prinzips, daß sich die optischen Trägerfrequenzen in den vier Kanälen nicht zu stark unterscheiden, damit es nicht wegen der Faserdispersion zu Impulsnebensprechen kommt. Daher teilt man üblicherweise das Licht nur **eines** Lasers (wie im Bild gezeigt) auf vier Wege auf. Es wird ein im Pulsbetrieb arbeitender Laser benutzt, der Pulse ausreichend kurzer Dauer erzeugt. Auf jedem der vier optischen Wege am Laserausgang werden die Pulse gegeneinander um eine Pulslänge verzögert und dann separat in den Modulatoren m1...m4 moduliert. Dadurch entsteht eine bitweise zeitliche Verschachtelung der Digitalkanäle, die dann als Zeitmultiplexsignal mittels Richtkopplern in eine Glasfaser eingespeist werden. Auf der Empfangsseite erfolgt die Demultiplexbildung dadurch, daß mit Hilfe der optischen Schalter s1...s4 nur die zum betreffenden Kanal gehörenden Bits den Empfängerdioden oe1...oe4 zugeleitet und dort detektiert werden.

Es ist wesentlich einfacher, eine periodische Folge optischer Pulse mit Pulsdauern von 20 ps zu erzeugen als einen Laser mit 50 Gbit/s direkt zu modulieren. Hierfür stehen geeignete optische Quellen zur Verfügung, z. B. modengekoppelte Laserdioden, mit denen sich Pulsdauern von unter 10 ps und Pulswiederholraten von über 10 GHz realisieren lassen. Die Verwendung von derart gepulsten Quellen hat den Vorteil, daß die optischen Modulatoren und die Treiberelektronik nicht auf die hohe Streckenbitrate hin ausgelegt sein müssen, sondern nur für die Bitrate der Einzelkanäle.

Verglichen mit elektrischem Zeitmultiplex ist der erforderliche Aufwand erheblich höher. Es werden die optischen Leistungsteiler zum Aufteilen und Zusammenführen des Lichts benötigt, weiterhin externe Modulatoren zusammen mit den erforderlichen Treiberschaltungen. Deshalb wird sich dieses Verfahren nur für solche Bitraten durchsetzen, für die elektrisches Multiplexen z. B. wegen der begrenzten Modulationsbandbreite der Laserdioden, nicht möglich ist.

6.1.4.3 Optische Frequenzmultiplextechnik

Glasfasern sind für einen weiten Spektralbereich transparent genug, um dort als Übertragungsmedium genutzt zu werden, z. B. umfaßt der Bereich des zweiten und dritten optischen Fensters ein Frequenzband von 52 THz Breite. Selbst das viel schmalere Verstärkungsband Erbiumfaser-Verstärker ist mit 4 THz Breite wesentlich größer als irgendeine derzeit genutzte Signalbandbreite. In heutigen Systemen, in denen nur ein Träger verwendet wird, wird die Faserkapazität nur zu einem kleinen Bruchteil genutzt.

Ein besserer Nutzungsgrad ist durch optisches Frequenzmultiplex (engl.: optical frequency division multiplex (OFDM)), bisher meistens als Wellenlängenmultiplex (engl.: wavelength division multiplex (WDM oder λ-MUX)) bezeichnet, möglich. Hierbei werden eine Anzahl modulierter optischer Träger, deren Frequenzen sich unterscheiden, in einer Glasfaser gleichzeitig übertragen (Bild 6.12). Auf der Sendeseite wird für jeden Kanal ein separater Laser vorgesehen, die optischen Signale aller Laser werden mit Hilfe von frequenzabhängigen Koppelanordnungen, z. B. Faserrichtkoppler, Interferometer, etc. in eine Glasfaser eingekoppelt. In dieser laufen die Signale zum Empfänger, wo durch entsprechende Filter bzw. frequenzselektive Koppelanordnungen die Kanäle wieder getrennt und optoelektronischen Empfängern zugeleitet werden. Wegen der großen Wichtigkeit der WDM-Technik in zukünftigen optischen Nachrichtennetzen wird außer in diesem einführenden Kapitel in Kapitel 6.5 näher darauf eingegangen.

Voraussetzung für OFDM ist die Festlegung der zu verwendenden Trägerfrequenzen. Während dies für eine Zweipunktverbindung normalerweise kein Problem darstellt, sind besonders in ausgedehnten Netzen mit einer Vielzahl von Sende- und Empfangsstationen diese Festlegungen (Frequenzbelegungsplan, Frequenzstandards) ganz entscheidend für störungsfreies Funktionieren der Übertragung.

Eine wichtige Größe in OFDM-Systemen ist der Kanalabstand. In der Regel werden die Kanäle in einem festen Raster ange-

6. Kapitel

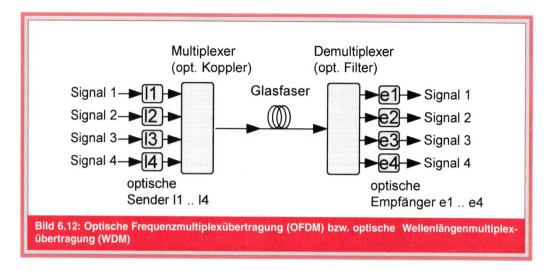

Bild 6.12: Optische Frequenzmultiplexübertragung (OFDM) bzw. optische Wellenlängenmultiplexübertragung (WDM)

ordnet, d.h. die Abstände benachbarter Kanäle sind gleich groß. Nun gibt es zwei Möglichkeiten, den Kanalabstand zu messen, nämlich im Frequenz- oder im Wellenlängenraster. Wählt man ein Frequenzraster, so ergeben sich im Wellenlängenbereich ungleichmäßige Kanalabstände und umgekehrt. Die Art des Kanalrasters hat Einfluß auf die Art der verwendeten Kanalfilter und Koppelelemente und hängt von den Eigenschaften der Bauteile ab, die verfügbar sind bzw. realisierbar erscheinen.

Insbesondere in räumlich weit ausgedehnten Netzen mit OFDM sind absolute optische Frequenz-/Wellenlängenstandards wichtig. Zur Vermeidung von gegenseitigen Störungen der Kanäle muß sichergestellt sein, daß der optische Träger eines jeden Kanals die vorgesehene Lage hat. Die erforderliche Genauigkeit der Stabilisierung der optischen Trägerfrequenzen wird im wesentlichen vom Kanalabstand und der spektralen Breite des modulierten Trägers bestimmt. Auf der Empfangsseite ist eventuell eine Stabilisierung der Kanalfilter auf die jeweiligen Trägerfrequenzen vorzusehen.

In OFDM-Systemen mit vielen Kanälen ist eine große Anzahl verlustbehafteter optischer Filter und Koppler erforderlich. Es ist daher von Vorteil, das zur Übertragung genutzte spektrale Band in Bereiche zu legen, für die optische Verstärker zur Verfügung stehen, um so die durch Bauteile verursachten Leistungsverluste ausgleichen zu können.

Im Vergleich mit elektrischen Filtern sind die Eigenschaften optischer Filter in bezug auf Trennschärfe, Weitabselektion und Form der Durchlaßkurve schlechter. Dies ist durch deren einfachen Aufbau bedingt. Praktische Filter- und Koppleranordnungen werden heute noch meist in Form mikrooptischer Aufbauten realisiert, die Anforderungen an Positioniergenauigkeit der verschiedenen Komponenten und an die mechanische Stabilität des Aufbaus sind relativ hoch. Die Verluste im Durchlaßbereich kommerzieller Filter liegen zwischen 2 dB und 5 dB. Mit Gitter- und Interferenzfiltern sind Filterbandbreiten von 100 GHz und mehr realisierbar. Schmalere Durchlaßbereiche bis unter 100 MHz erzielt man mit Fabry-Perot Filtern. Kennzeichnend ist für diesen Filtertyp ein periodisches Transmissionsverhalten, wodurch vielfach ein zweites Filter zur Verbesserung der Weitabselektion erforderlich wird.

Alle genannten Filter weisen eine eher runde Durchlaßkurve auf. Sollen Verformungen des Signalspektrums vermieden werden, muß die Filterbandbreite relativ groß im Vergleich zur Signalbandbreite sein. Daraus folgt zwangsläufig ein großer Kanalabstand im Vergleich zur Signalbandbreite, um Nebensprechen benachbarter Kanäle auszuschließen.

Mit der Anzahl der Kanäle in einem OFDM-System wächst im allgemeinen auch die optische Leistung in der Glasfaser. Geht man von einer Leistung von 1 mW pro Kanal aus, sind immerhin 50 Kanäle möglich, ohne die aus Sicherheitsgründen festgesetzte Grenze der zulässigen Leistung von 50 mW in der Glasfaser zu überschreiten. Zu prüfen ist allerdings besonders für sehr lange Übertragungsstrecken, ob bei diesen relativ hohen Leistungswerten durch nichtlineare Effekte in der Glasfaser Übertragungsstörungen verursacht werden können.

Mit 50 Kanälen zu je 2,5 Gbit/s wird eine Übertragungskapazität von 125 Gbit/s erreicht. Dies ist zwar weit von dem oben genannten Wert von 52 THz Bandbreite entfernt, die Glasfaser wird aber wesentlich besser genutzt als mit den derzeit genutzten Systemen. Besonders für Kapazitätserweiterungen von bestehenden Übertragungsstrecken, wo die Verlegung zusätzlicher Glasfasern mit großem Aufwand verbunden wäre, ist OFDM in Betracht zu ziehen.

OFDM-Systeme erfordern beim derzeitigen Stand der Technik einen erheblichen zusätzlichen Aufwand bei Sender und Empfänger, der mit der Anzahl der Kanäle schnell wächst. Besonders bei der Planung neuer Strecken, für die die Anzahl der Glasfasern im Kabel passend gewählt werden kann, ist daher zu prüfen, ob nicht eine Übertragung im Raummultiplex, oder eine Kombination von OFDM mit relativ geringer Kanalzahl und Raummultiplex eine kostengünstigere Lösung zur Bereitstellung der benötigten Übertragungskapazität darstellt.

6.1.5 Analoge optische Übertragungssysteme

Es wird angestrebt, die derzeitigen Fernsehverteilsysteme über Koaxialkabel (Koax-BK-Netz) für ausgewählte Kunden durch solche zu ergänzen, welche die Analogkanäle über Glasfaser möglichst nahe zum Kunden bringen. Aus Kostengründen müssen solche sog. optischen TV-Verteilsysteme mit geringstem Aufwand erstellt werden und an die derzeit üblichen TV-Empfänger in Analogtechnik angepaßt sein. Bei einer Übertragung der TV-Signale in digitaler Form würde der für jeden angeschlossenen Kunden erforderliche D/A-Wandler das System so teuer machen, daß es nicht mit dem Koax-BK-Netz konkurrieren kann. Trotz erheblicher technischer Schwierigkeiten sind daher analog arbeitende optische TV-Verteilsysteme entwickelt worden. Insbesondere an die Sendelaser müssen hohe Anforderungen bezüglich Rauscharmut und Linearität gestellt werden. Eine Alternative ist ein System mit elektrischen Hilfsträgern (vgl. Kap. 6.1.4.1), die mit den TV-Kanälen frequenzmoduliert sind. Der Sendelaser wird dann mit den frequenzmodulierten Hilfsträgern in der Intensität moduliert. Dadurch werden die Schwierigkeiten, hervorgerufen durch Rauschen und Verzerrungen erheblich reduziert; nachteilig ist aber, daß dabei jeder angeschlossene Kunde einen zusätzlichen FM-Demodulator braucht, um das Signal mit dem handelsüblichen Fernsehgerät nutzen zu können.

6.1.5.1 Amplitudenmodulation (AM)

Die im Prinzip einfachste Möglichkeit zur analogen Übertragung bietet die direkte Intensitätsmodulation der optischen Ausgangsleistung einer Laserdiode, indem der durch den Laser fließende Strom entsprechend gesteuert wird. Selbst unter der Annahme, daß die Laserkennlinie oberhalb des Schwellenstromes linear verläuft und der optische Empfänger einen der auftreffenden Lichtleistung proportionalen Photostrom erzeugt, wird diese Art der Übertragung praktisch stark durch Rauschen begrenzt, ebenso durch die bei direkter Modulation der Laserdiode unvermeidliche Frequenzmodulation des optischen Trägers.

Vom prinzipiellen Aufbau her unterscheiden sich diese Systeme, was den optischen Teil betrifft kaum von einem digital arbeitenden System. Statt mit einem digitalen Signal wird der Sendelaser nun aber direkt mit dem elektrischen Frequenzmultiplexsignal (BK-450 Signal) moduliert. Dieses enthält z. Zt. im wesentlichen 36 TV-Kanäle, die im Frequenzbereich von 47 MHz bis 450 MHz in einem festen Frequenzraster angeordnet sind. Nahezu alle Schwierigkeiten die beim Aufbau eines solchen Übertragungssystems entstehen, sind in dem am Ausgang des optischen Empfängers geforderten Wert des SRVes

6. KAPITEL

von 49 dB für das TV-Signal begründet. Störend wirkt sich hier bereits das Eigenrauschen des Sendelasers aus. Geeignete Laser, deren Eigenrauschen niedrig genug ist, können nur sehr aufwendig selektiert werden. Durch hochwertige optische Einwegleitungen müssen externe optische Rückkopplungen vermieden werden, die sonst zu einem Ansteigen des Laserrauschens führen würden. Das Schrotrauschen wirkt sich wegen der großen Anzahl der Kanäle sehr viel stärker aus. Kleinste Nichtlinearitäten der Laserkennlinie verursachen durch die Erzeugung von Oberwellen und Intermodulationsprodukten weitere Störungen [6.16]. Die Laserhersteller charakterisieren die für Analogübertragung geeigneten Laserdioden deswegen zum einen durch den RIN-Wert, zusätzlich aber auch durch einen CSO-Wert (engl.: composite second order distortion) und einen CTB-Wert (engl.: composite triple beat). Der CSO-Wert gibt im wesentlichen das Maß der Oberwellenbildung an, während der CTB-Wert durch die Größe der Intermodulationsprodukte bestimmt wird. Bei guten Analoglasern liegen diese Werte zwischen -65 dB und -75 dB, die erreichbaren RIN-Werte sind größer als -160 dB/Hz.

Nach Bild 6.13 wird der Laser bei einer mittleren Ausgangsleistung von P_m betrieben. Für jeden einzelnen TV-Kanal steht im Mittel eine optische Leistung $P_{kan} = P_m \cdot c^* / k_{kan}$ (k_{kan}: Kanalanzahl) zur Verfügung. Störungen durch Verzerrungen sind für $c^* \leq 1$ minimal; es stört dann insbesondere bei großen Kanalzahlen das Schrotrauschen relativ stark. Für größere Werte von c^* reduziert sich der Einfluß des Schrotrauschens, jedoch können dann Verzerrungen auftreten. Da die Momentanamplituden für die einzelnen Kanäle voneinander unabhängig sind, ist die Amplitude des Summensignals nahezu normalverteilt. Der Erwartungswert dieser Amplitude wächst etwa mit $\sqrt{k_{kan}}$. Es ist sehr unwahrscheinlich, daß in allen Kanälen gleichzeitig die maximale Amplitude auftritt, daher kann für jeden einzelnen Kanal

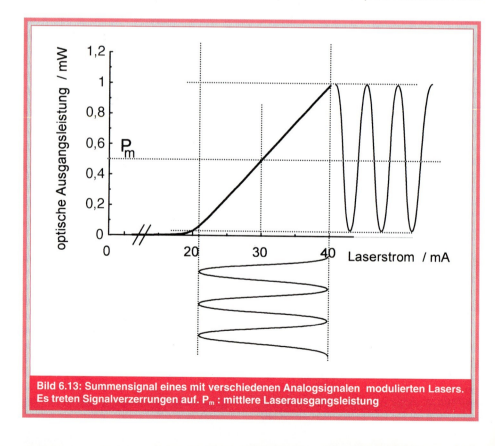

Bild 6.13: Summensignal eines mit verschiedenen Analogsignalen modulierten Lasers. Es treten Signalverzerrungen auf. P_m: mittlere Laserausgangsleistung

im Mittel etwas mehr Leistung bereitgestellt werden. In der Praxis werden Systeme mit $1{,}4 \leq c^* \leq 2$ zur Übertragung von 40 Kanälen eingesetzt.

6.1.5.2 Frequenzmodulation

Etwas günstiger in bezug auf Rauschen verhält sich analoge Frequenzmodulation (FM). Aus der Theorie der Modulation [6.17] ist bekannt, daß durch geeignete Wahl des Modulationsindex zwar die benötigte Bandbreite des modulierten Signals ansteigt, damit verbunden ist aber ein beträchtlicher Gewinn im SRV bei der Demodulation in Höhe von

$$\frac{SRV_{BB}}{SRV_{mod}} = 3 \cdot \beta^2. \qquad (6.11)$$

SRV_{BB} und SRV_{mod} sind die Signal-Rausch-Verhältnisse im Basisband und im modulierten Signal, β ist der Bandbreitedehnfaktor. Bei den mit optischer Übertragung verfügbaren großen Bandbreiten stellt die mit dem FM-Verfahren verbundene Dehnung der Basisbandspektren keinen schwerwiegenden Nachteil dar. Ein entscheidender Nachteil ist jedoch, daß dieses Verfahren nicht mit den herkömmlichen Empfangsgeräten kompatibel ist. Jeder Empfänger benötigt daher einen entsprechenden Demodulator. Insgesamt ist deswegen der Aufwand bei Frequenzmodulation erheblich größer als bei Amplitudenmodulation.

Aus Bild 6.14 wird deutlich, daß infolge der Banddehnung mit FM um bis zu 20 dB höhere Signal-zu-Rausch-Verhältnisse als bei AM erreichbar sind und FM, nur von diesem Standpunkt betrachtet, deshalb insbesondere für optische TV-Verteilsysteme das günstigere der beiden erwähnten Modulationsverfahren ist.

6.2 Systeme für Fernnetzanwendungen

Die optische Übertragungstechnik wird in Deutschland im Fernnetz seit 1982 eingesetzt, und sie hat sich wegen ihrer Wirtschaftlichkeit (große Regeneratorabstände) sehr schnell durchgesetzt. Zu Beginn wurden Gradientenfasern verwendet, die aber sehr schnell von Einmodenfasern abgelöst wurden, da deren Übertragungsbandbreite erheblich größer ist. Im gesamten Netz der Deutschen Telekom werden deshalb nur noch Standardeinmodenfasern verwendet. Die optischen Übertragungssysteme für Fernnetzanwendungen sind mittlerweile auch so kostengünstig geworden, daß selbst Transatlantikverbindungen mit Glasfasersystemen erheblich wirtschaftlicher sind als Satellitenübertragungssysteme.

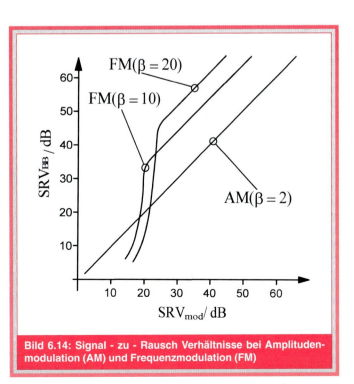

Bild 6.14: Signal - zu - Rausch Verhältnisse bei Amplitudenmodulation (AM) und Frequenzmodulation (FM)

6. KAPITEL

Für das Fernnetz wurde zunächst das 1300-nm-Fenster (2. Fenster) der Glasfaser verwendet. Wegen der niedrigeren Faserdämpfung im 1550-nm-Fenster (3. Fenster) und wegen der Verfügbarkeit optischer Faserverstärker in diesem Wellenlängenbereich gewinnt das letztere aber zunehmend an Attraktivität.

6.2.1 Struktur von Fernnetzen

Die Digitalisierung der Übertragungs- und der Vermittlungstechnik ermöglicht eine weitgehende Strukturänderung der bestehenden Fernnetze. Während früher eine strenge hierarchische Struktur mit den Knoten-, Haupt- und Zentralvermittlungsstellen vorherrschte, bei der es nur begrenzte Querwegeverbindungen gab (nur die 8 Zentralvermittlungsstellen in der alten Bundesrepublik waren vollständig vermascht), ermöglicht die neue synchrone Technik zusammen mit der elektronischen Vermittlung eine beliebige Vermaschung der Knoten, so daß große Verkehrsströme auf möglichst direktem Weg zu den Zielknoten geleitet werden können. Gleichzeitig wird das Fernnetz auf zwei Netzebenen reduziert. Weitere Angaben finden sich in [6.14].

Bild 6.15 zeigt die prinzipielle Struktur des zukünftigen Netzes. Die oberste Ebene besteht aus dem Weitverkehrsnetz, das den überregionalen Verkehr abwickelt, darunter liegen die Regionalnetze. Die Knoten eines Regionalnetzes sind einem Knoten des Weitverkehrsnetzes zugeordnet, bei einem entsprechenden Verkehrsaufkommen gibt es auch Querverbindungen zu anderen Weitverkehrsknoten oder direkt zu Knoten anderer Regionalnetze. Die unterste Netzebene bilden die Zugangsnetze (vgl. Kap. 6.4). Nähere Angaben zu diesem Netzbereich finden sich weiter unten in diesem Kapitel.

Die Anforderungen an die Übertragungstechnik für das Fernnetz sind zum einen die Bereitstellung der erforderlichen Übertragungskapazität und zum anderen die Übertragung über entsprechend lange Verbindungsleitungen zwischen den Netzknoten. Beide Aspekte werden in den folgenden Kapiteln näher betrachtet.

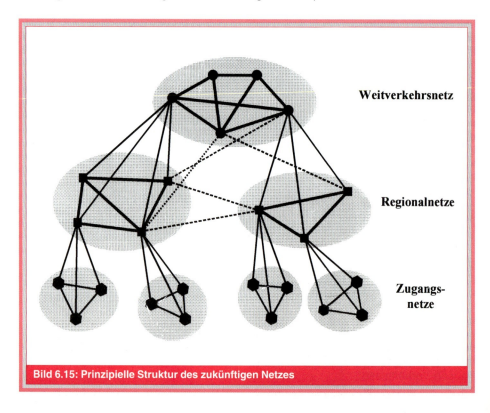

Bild 6.15: Prinzipielle Struktur des zukünftigen Netzes

6.2.2 Kaskadierung von Übertragungssystemen

Die Verbindungsleitungen zwischen den Knoten des heutigen Weitverkehrsnetzes sind sehr häufig über hundert Kilometer lang. In Spezialnetzen und in zukünftigen Overlaynetzen für Breitbanddienste können noch größere Entfernungen von mehreren hundert Kilometern zwischen Netzknoten auftreten. Extrem lange Leitungen mit mehreren tausend Kilometern Leitungslängen haben interkontinentale Seekabelsysteme. Da die Länge der überbrückbaren Glasfaserstrecke begrenzt ist, müssen in solchen Fällen mehrere Systeme kaskadiert werden. Üblich war bisher der Einsatz von Regeneratoren mit vollständiger Regeneration der Signale in der elektrischen Ebene, zukünftig wird der Ersatz solcher Regeneratoren durch rein optische Verstärker eine immer stärkere Rolle spielen.

6.2.2.1 Reichweitenbegrenzungen durch Faserdämpfung und Leistungsgrenzen

Die maximal erreichbare Streckenlänge bei Glasfaserübertragungssystemen wird wesentlich durch die Faserdämpfung und die Faserdispersion bestimmt. In Tabelle 6.2 sind die Mindestanforderungen der Deutschen Telekom für Standardeinmodenfasern für den Einsatz bei großen Reichweiten angegeben. Die Parameter neu produzierter Fasern weisen teilweise deutlich bessere Werte auf.

Tabelle 6.2: Faserparameter und technische Lieferbedingungen

Faserparameter	Technische Lieferbedingung für Standardeinmodenfasern (große Reichweite)
Dämpfungskoeffizient α für 1285 nm – 1330 nm	$\leq$ 0,38 dB/km
Dämpfungskoeffizient α bei 1310 nm bei 1550 nm	$\leq$ 0,36 dB/km $\leq$ 0,25 dB/km
Dispersionskoeffizient für 1285 nm – 1330 nm bei 1550 nm	$\leq$ 3,5 ps/(nm · km) $\leq$ 19 ps/(nm · km)

Für die Planung von Übertragungsstrecken müssen neben der Faserdämpfung auch die Zusatzdämpfung durch Spleiße (Verbindungsstelle zweier Fasern) und die Instandhaltungsreserve dazugerechnet werden. Letztere ist nötig, da während der Kabelnutzungsdauer (i.a. werden 20 Jahre angenommen) Faserbrüche z. B. durch Bauarbeiten auftreten können, die dann durch Reparaturspleiße wieder behoben werden müssen. Für das Netz der Deutschen Telekom wird deshalb für Planungen bei 1300 nm ein kilometrischer Gesamtdämpfungskoeffizient von 0,5 dB/km und bei 1550 nm von 0,376 dB/km angenommen. Bei neu verlegten Strecken sind die tatsächlichen Dämpfungswerte wegen der verbesserten Faserherstellung erheblich niedriger. In anderen Ländern werden deshalb teilweise auch niedrigere Dämpfungswerte für die Planungen verwendet. Für Systemberechnungen müssen neben der Streckendämpfung noch die Einfügedämpfungen von optischen Steckern (ca. 0,5 dB/Stecker) und eine Reserve von einigen dB für Systemalterungen hinzugerechnet werden.

Herkömmliche optische Sender arbeiten mit Sendeleistungen von etwa 1 mW (entsprechend 0 dBm), es werden jedoch auch Lasersender mit Ausgangsleistungen von mehreren mW angeboten. Für Weitverkehrssysteme im Langstreckeneinsatz werden in den optischen Empfängern Lawinenphotodioden eingesetzt, da mit diesen die Empfindlichkeit gegenüber PIN-Photodioden um ca. 5 dB gesteigert werden kann.

Durch den Einsatz von optischen Verstärkern können die Systemwerte erheblich verbessert werden. Kommerziell einsatzreif sind z. Z. nur Erbiumfaser-Verstärker für das 1550-nm-Fenster (3. Fenster). Mit solchen Verstärkern kann die Sendeleistung beträchtlich erhöht werden. Aus Sicherheitsgründen ist die maximal zulässige Leistung in der Faser begrenzt, damit keine Augenschäden auftreten können. Das menschliche Auge kann Lichtstrahlen oberhalb von ca. 780 nm nicht erkennen. Die absoluten Zahlen der optischen Sendeleistungen sind zwar sehr gering, wegen des kleinen Lichtfleckdurchmessers der Einmodenfaser sind die Leistungsdichten jedoch sehr hoch. Sie betragen bei 1 mW

Leistung in der Faser mehr als 10 MW/m² (MW: Megawatt), das Sonnenlicht hat im Vergleich dazu maximal 1 kW/m² auf der Erdoberfläche. Beim Austritt des Lichtes aus der Glasfaser verteilt sich dieses zwar in einem relativ großen Winkel von ca. 10°, bei zu dichtem Betrachtungsabstand können jedoch bei 1300-nm-Licht Schäden auf der Netzhaut auftreten, wenn die Leistung zu hoch ist. Für 1550-nm-Licht ist das Auge nicht mehr durchlässig, dafür ist jedoch die Hornhaut des Auges gefährdet. Aus diesen Gründen wurde international für das 1550-nm-Fenster eine Grenze von +17 dBm (50 mW) festgelegt, bei der man von einem sicheren System ausgeht. Im 1300-nm-Fenster liegt die Grenze bei +14 dBm. Bei höheren Leistungen muß das optische Übertragungssystem sich bei einer Streckenunterbrechung selbständig abschalten. Dieser Abschaltemechanismus ist im Netz der Deutschen Telekom grundsätzlich bei allen optischen Übertragungssystemen vorgesehen.

Bei hohen optischen Sendeleistungen treten auch nichtlineare Effekte in der Faser auf (vgl. Kap. 1.14), die teilweise erhebliche Übertragungsstörungen verursachen können. Neben der Selbstphasenmodulation (Kerr-Effekt), die im Kapitel 6.2.3.5 noch näher behandelt wird, kann auch die Brillouin-Streuung bei den hier betrachteten Sendeleistungen erhebliche Übertragungsstörungen verursachen. Die Brillouin-Streuung wird im folgenden näher betrachtet.

Brillouin-Streuung

Im Glas treten durch thermische Molekülbewegungen statistische Dichteschwankungen auf, wodurch Schallwellen erzeugt werden. Bei der induzierten Brillouin-Streuung wird bei hoher Feldstärke des Lichtes über Elektrostriktion diejenige Schallwelle verstärkt, die in Richtung der optischen Welle läuft. Die Schallwelle verursacht periodische Dichteschwankungen.

Dadurch wird ein Teil der Lichtwelle zurückreflektiert. Die Reflexion ist dann am stärksten, wenn die Wellenlänge der Schallwelle halb so groß ist wie die Wellenlänge der Lichtwelle im Glas, weil dann alle Reflexionen konstruktiv interferieren. Aufgrund des Dopplereffektes verringert sich die Frequenz der reflektierten optischen Welle um die Schallwellenfrequenz. Bei 1550 nm Signalwellenlänge hat die Schallwelle, die die höchste Reflexion bewirkt, eine Frequenz von ca. 11 GHz (Schallwellengeschwindigkeit in Glas: 5960 m/s).

Die rücklaufende optische Welle ist somit um diese Frequenz niedriger wie die Signalwelle und mit ihr wird ein Teil der zu übertragenen Leistung wieder längs der Strecke zurückreflektiert. Der Effekt hängt stark von der spektralen Leistungsdichte des Lichtes ab.

In hochbitratigen Systemen müssen einwellige Laserdioden mit einem schmalen optischen Spektrum in den Sendern eingesetzt werden, damit die Länge der Übertragungsstrecke nicht zu sehr durch Dispersionseffekte begrenzt wird. Solche DFB- oder DBR-Laser (vgl. Kap. 4.6.3/4.6.4) haben im unmodulierten Zustand Linienbreiten von einigen MHz. Wird unmoduliertes Laserlicht mit einer spektralen Breite von 10 MHz auf eine Faserstrecke geschickt, so tritt der Effekt der Lichtrückstreuung schon bei wenigen Milliwatt Sendeleistung auf, schon in Leistungsbereichen unterhalb von 10 mW kann die Hälfte der Signalenergie reflektiert werden. Wird das Laserspektrum durch die Modulation verbreitert, so kann der Effekt stark reduziert werden, wenn man die zulässige Leistungsgrenze von +17 dBm einhält.

Bei einer reinen Amplitudenmodulation ist der schmalbandige Träger im Spektrum enthalten. Deshalb kann die Brillouin-Streuung bei Lasern mit kleinem Chirp (Veränderung der optischen Sendefrequenz während der Modulation) oder bei externer Modulation relativ stark sein. Durch Ausnutzung des Laserchirpens kann die spektrale Leistungsdichte jedoch verringert werden. Dem Modulationsstrom wird zusätzlich ein Sinussignal mit einer kleinen Amplitude aufgeprägt. Dadurch wird das Trägerlicht zusätzlich frequenzmoduliert. Der gleiche Effekt kann mit Hilfe eines externen Phasenmodulators erzielt werden. In [6.18] sind einige experimentelle Untersuchungen zur Brillouin-Streuung angegeben.

Neben der Sendeleistungserhöhung kann auch die Empfängerempfindlichkeit durch den Einsatz optischer Vorverstärker erheblich verbessert werden. Wegen der

Breitbandigkeit des Rauschens ist für eine hohe Empfängerempfindlichkeit jedoch der Einsatz eines optischen Filters zwischen dem optischem Verstärker und der Photodiode nötig. Bei schmalen Filtern muß außerdem die Filtermittenfrequenz auf die Lasersendefrequenz geregelt werden. Mit moderaten optischen Filterbandbreiten kann eine Verbesserung der Empfängerempfindlichkeit von ca. 10 dB erreicht werden.

In Tabelle 6.3 sind die Daten kommerzieller Systeme der synchronen Leitungstechnik (SL) angegeben. Für die 10-Gbit/s-Systeme, die bei Drucklegung noch in der Entwicklungsphase waren, sind mögliche Systemwerte angenommen worden. Da APDn für diese Bitrate schwierig herzustellen sind, wurde ein PIN-Photodiodenempfänger betrachtet.

Die Angabe der Empfängerempfindlichkeit bezieht sich auf eine Bit-Fehlerrate von 10^{-10}, wie sie für Fernnetzanwendungen mindestens gefordert wird. Zukünftig wird diese Grenze auf 10^{-12} herabgesetzt, wodurch sich die Empfindlichkeit praktisch um ca. 1,5 dB...2 dB verschlechtert. Aus dem Leistungsbudget, das sich aus der Differenz zwischen Sendeleistung und Empfängerempfindlichkeit ergibt, wurde mit den oben angegebenen kilometrischen Dämpfungsmaßen errechnet, wie groß die Streckenabschnitte aufgrund der Dämpfungsbegrenzung maximal sein können. Dabei wurde eine Systemreserve von 4 dB berücksichtigt. Die angegebenen Streckenlängen sind nur grobe Richtmaße, da sich z. B. durch Anpassung der planerischen Dämpfungwerte an tatsächliche niedrigere Streckendämpfungen teilweise erheblich größere Streckenlängen erreichen lassen. Wird z. B. bei dem 2,5-Gbit/s-System mit optischem Leistungs- und Vorverstärker und dem Leistungsbudget von 53 dB eine Streckendämpfung von 0,26 dB/km angenommen statt 0,376 dB/km, was bei neuverlegten Strecken ein realistischer Wert ist, so kann dieses System statt 130 km dämpfungsmäßig 180 km überbrücken. Bei dieser und einigen anderen Streckenlängen, die in der Tabelle gekennzeichnet sind, treten jedoch u. U., wie weiter unten erläutert wird, Dispersionsprobleme auf.

Tabelle 6.3: Systemwerte optischer Übertragungssysteme

Bitrate in Mbit/s	Sendeleistung in dBm	Empfängertyp	Empfängerempfindlichkeit in dBm	Leistungsbudget in dB	maximale Streckenlänge in km
1 300 nm (α = 0,5 dB/km)					
155 (SL 1)	0	APD	–38	38	65
622 (SL 4)	0	APD	–34	34	60
2488 (SL 16)	+2	APD	–27	29	50
1 550 nm (α = 0,376 dB/km)					
155 (SL 1)	+2	APD	–40	42	100
622 (SL 4)	+2	APD	–36	38	90
2488 (SL 16)	+2	APD	–29	31	70
10 Gbit/s (SL 64)	+2	PIN	–20	22	45**
1 550 nm mit optischem Sende-Leistungsverstärker					
2488 (SL 16)	+13	APD	–29	42	100
10 Gbit/s (SL 64)	+13	PIN	–20	33	75**
1 550 nm mit optischem Sende-Leistungsverstärker und optischem Vorverstärker					
2488 (SL 16)	+13	APD + optischer Verstärker	–40	53	130**
10 Gbit/s (SL 64)	+13	PIN + optischer Verstärker	–30	43	100**

**: Bei diesen Systemen treten Dispersionsprobleme auf
SL: Synchrone Leitungsausrüstung; APD: Lawinenphotodiode; PIN: pin-Photodiode

6.2.2.2 Reichweitenbegrenzungen durch die Faserdispersion

Bei höheren Bitraten begrenzt die Faserdispersion die maximale Reichweite und nicht mehr die Faserdämpfung. Lassen sich bei 155 Mbit/s und 622 Mbit/s wegen der niedrigen Dispersion im 1300-nm-Fenster noch mehrwellige Laser einsetzen, so müssen im 1550-nm-Fenster wegen der hohen Faserdispersion einwellige Laserdioden, z. B. DFB-Laser, verwendet werden. Bei mehrwelligen Lasern sind bei diesen Wellenlängen wegen der Modendispersion (vgl. Kap. 2.7.1) nur kurze Übertragungsstrecken möglich. Einwellige Laser werden generell ab 2,5 Gbit/s auch bei 1300 nm eingesetzt, wenn große Faserlängen zu überbrücken sind.

Bei einwelligen Lasern spielt praktisch nur noch die chromatische Dispersion eine Rolle. Bei hohen Bitraten hat auch die Polarisationsmodendispersion (PMD) einen gewissen Einfluß. Sie hat ihre Ursache in den unterschiedlichen Ausbreitungsgeschwindigkeiten der beiden orthogonal zueinander polarisierten Moden. Die PMD ist stark abhängig vom Herstellungsprozeß der Fasern und Kabel. Erste Feldmessungen haben gezeigt, daß insbesondere ältere Kabel relativ hohe PMD-Werte haben können. Dann kann der Einfluß der PMD auf die maximal erreichbare Streckenlängen bei 10 Gbit/s größer sein als der der chromatischen Dispersion. Prinzipiell läßt sich der PMD-Wert durch entsprechende Herstellungsprozesse jedoch klein halten.

Die chromatische Dispersion setzt sich aus der Materialdispersion und der Wellenleiterdispersion zusammen. Bei der Standardeinmodenfaser hat die chromatische Dispersion (vgl. Kap. 2.7.3) bei ca. 1310 nm eine Nullstelle. Wird ein hochbitratiges Übertragungssystem in der Nähe dieser Nullstelle betrieben, so können damit große Streckenlängen realisiert werden.

Interessanter ist jedoch wegen der Verfügbarkeit optischer Faserverstärker das 3. Wellenlängenfenster. Die Standardeinmodenfaser hat hier jedoch eine relativ hohe chromatische Dispersion ($\approx 17\,\mathrm{ps}/(\mathrm{nm}\cdot\mathrm{km})$). Durch einen speziellen Brechzahlverlauf (Änderung der Wellenleiterdispersion) kann jedoch die Nullstelle der chromatischen Dispersion in den Bereich um 1550 nm verschoben werden. Solche sog. dispersionsverschobenen Fasern werden vor allem in Seekabelsystemen eingesetzt, in einigen Ländern werden sie jedoch auch in nationalen Fernnetzen verwendet. Diese Fasern haben im Vergleich zur Standardeinmodenfaser eine etwas höhere Dämpfung (10%...20%), im Netz der Deutschen Telekom sind jedoch solche Fasern bisher nicht verlegt worden.

In herkömmlichen optischen Übertragungssystemen werden die Laserdioden direkt über den Strom moduliert. Die effektive Brechzahl des Laserresonators und damit die Sendefrequenz hängt von der Ladungsträgerdichte ab. Wird der Laserstrom statisch erhöht, dann sinkt die Sendefrequenz. Bei konventionellen Lasern liegt die Änderung bei einigen hundert MHz/mA. Beim Modulieren eines Lasers über den Strom treten im Laserresonator dynamische Vorgänge auf. Durch den Laserstrom wird die Anzahl der Ladungsträger aufgebaut und durch das sich im Resonator befindende Lichtfeld durch induzierte Emission wieder abgebaut. Bei höherer Ladungsträgerdichte steigt auch die Verstärkung und damit nimmt der Ladungsträgerabbau zu.

Dieses Wechselspiel bewirkt dynamische Ladungsträgerschwankungen und damit auch effektive Brechzahlschwankungen. Generell erfolgt im zeitlichen Verlauf eines Sendepulses im Mittel ein Ladungsträgerabbau, dadurch steigt die effektive Brechzahl und die Lasermittenfrequenz sinkt, d. h. es tritt längs des zeitlichen Verlaufs des Pulses eine "Rotverschiebung" des Spektrums ein. Dieser Effekt wird "Chirpen" genannt und er bewirkt neben der Modulationsbandbreite, die bei Modulation einer Trägerschwingung auftritt, eine zusätzliche Verbreiterung des optischen Sendespektrums. Niedrigere Frequenzen breiten sich im Bereich oberhalb der Dispersionsnullstelle der Standardfaser langsamer aus, das Laserchirpen bewirkt deshalb prinzipiell eine zusätzliche Pulsverbreiterung bei der Übertragung, da die rückseitige Pulsflanke sich wegen der Rotverschiebung langsamer ausbreitet als die Vorderseite. Wegen der komplexen Vorgänge in den Lasern kann dies neben einer mehr oder weniger linearen Verbreiterung auch, je nach Verlauf der Sendefrequenzschwankungen im zeitlichen Verlauf des Pulses, eine stärkere Störung der Pulsform bedeuten.

Die Formel (6.12) [6.19; 6.20] gibt an, wie groß bei direkt modulierten Lasern mit einem Linienverbreiterungsfaktor α (auch α-Faktor genannt) die maximale Streckenlänge infolge Dispersionsbegrenzung ist. Als Kriterium wird dabei angenommen, daß infolge der Pulsverbreiterung sich die Augenöffnung im Empfänger so verringert hat, daß ein Verlust an Empfängerempfindlichkeit (engl.: penalty) von 1 dB aufgetreten ist:

$$L_{1dB} \approx 0{,}8 \frac{c}{(\sqrt{(1+\alpha^2)}+\alpha)M\lambda^2 r_b^2} \quad (6.12)$$

L_{1dB}: maximale Streckenlänge für ca. 1 dB Empfindlichkeitsverlust
c: Lichtgeschwindigkeit
α: Linienverbreiterungsfaktor des Lasers
M: Dispersionskoeffizient
λ: Wellenlänge des Signals (im 3. Fenster)
r_b: Bitrate des Signals.

Die Näherungsformel gilt nicht in der Nähe der Dispersionsnullstelle, weil dann auch höhere Dispersionsterme eine Rolle spielen. Die Berechnung der Dispersionsgrenze wird dann sehr komplex. Neben höheren Termen der chromatischen Dispersion haben dann auch nichtlineare Effekte einen starken Einfluß. Liegt die Sendewellenlänge dicht genug an der Dispersionsnullstelle, dann lassen sich auch bei 10-Gbit/s-Systemen Dispersionsgrenzen von einigen tausend Kilometern erreichen. Eine 10-Gbit/s-Übertragung über 9.000 km dispersionsverschobene Faser mit 274 optischen Zwischenverstärkern (Verstärkerabstand 33 km bei 0,22 dB/km Faserdämpfung) wird in [6.21] berichtet. Verwendet wurde externe Modulation, die Sendewellenlänge lag um ca. 1 nm neben der Dispersionsnullstelle der gesamten Strecke, wobei die einzelnen Streckenabschnitte verschiedene Dispersionsnullstellen hatten.

In [6.22] wird von einem 100-Gbit/s-Übertragungsexperiment über 500 km dispersionsverschobene Faser berichtet. Der Verstärkerabstand betrug 40 km...50 km und zur Signalerzeugung wurde ein modengekoppelter Faserringlaser verwendet, der einen chirpfreien Pulszug erzeugte. Dieser wurde dann mit einem externen Modulator mit 6,3 Gbit/s moduliert und die 100 Gbit/s wurden mit Hilfe optischen Zeitmultiplexens erzeugt. Um das Dispersionsproblem zu lösen, wurde die Sendewellenlänge genau auf die Dispersionsnullstelle der Gesamtstrecke eingestellt.

Für ein Betriebssystem würde dies bedeuten, daß die Sendewellenlänge überwacht und gegebenenfalls geregelt werden müßte. Die Dispersionswerte der einzelnen Streckenabschnitte waren etwas unterschiedlich, dadurch kam es auch zu Schwankungen der Pulsbreiten längs der Strecke. Nach 500 km war die Empfangspulsbreite aber nur minimal größer als die Sendepulsbreite. Zur Begrenzung der nichtlinearen Effekte wurde die Sendeleistung auf 1 mW begrenzt.

Aus Formel (6.12) ist ersichtlich, daß die Dispersionsbegrenzung umgekehrt proportional mit der Dispersion M und umgekehrt quadratisch mit der Bitrate r_b abnimmt. Für einen α-Faktor von 4 (konventioneller DFB-Laser), eine Wellenlänge von $\lambda = 1550$ nm und einen Dispersionswert von $M = 15$ ps/(nm·km) ergibt sich für die maximale Streckenlänge für 1 dB Empfindlichkeitsverlust L_{1dB} folgender vereinfachter Ausdruck:

$$\frac{L_{1dB}}{km} \approx \frac{800}{\left(\frac{r_b}{Gbit/s}\right)^2} \quad . \quad (6.13)$$

Bei $r_b = 2{,}5$ Gbit/s liegt die dispersionsbegrenzte Länge bei ca. 130 km, bei 10 Gbit/s sind es nur noch ca. 8 km.

Weiter unten in diesem Kapitel werden Techniken vorgestellt, mit denen z. B. mit externer Modulation praktisch chirpfreie Signale erzeugt werden können. Für ein optisches Signal, dessen spektrale Breite nur durch die Informationsbandbreite begrenzt wird, läßt sich aus (6.12) mit $\lambda = 1550$ nm, $M = 15$ ps/(nm·km), $\alpha = 0$ (chirpfreies Signal), für das 1550-nm-Fen-

6. Kapitel

ster folgende maximale Übertragungstreckenlänge L_{1dB} angeben:

$$\frac{L_{1dB}}{km} \approx \frac{6500}{\left(\frac{r_b}{Gbit/s}\right)^2} . \quad (6.14)$$

Mit obigen Werten liegt bei chirpfreien Signalen die dispersionsbegrenzte Länge für r_b = 2,5 Gbit/s bei ca. 1.000 km, während sie für 10 Gbit/s auf nur noch ca. 65 km schrumpft.

Die mit den Formeln errechneten Grenzlängen sind keine absoluten Grenzen, sondern sie geben nur an, daß mit dieser Länge ein bestimmter Verlust an Empfängerempfindlichkeit verbunden ist. In der Regel wird als Grenze 1 dB festgelegt. Sind höhere Verluste akzeptabel, weil z. B. genügend Systemreserve vorhanden ist, dann können auch größere Streckenlängen erreicht werden. In Bild 6.16 ist der Empfindlichkeitsverlust in Abhängigkeit von der Streckenlänge für ein 10-Gbit/s-Signal mit chirpfreier externer Modulation angegeben [6.20]. Die Kurve zeigt, daß der Empfindlichkeitsverlust mit der Streckenlänge steil ansteigt, so daß bei Zulassung von 4 dB Empfindlichkeitsverlust an Stelle von 1 dB die Dispersionsgrenze von 65 km auf nur 105 km ansteigt.

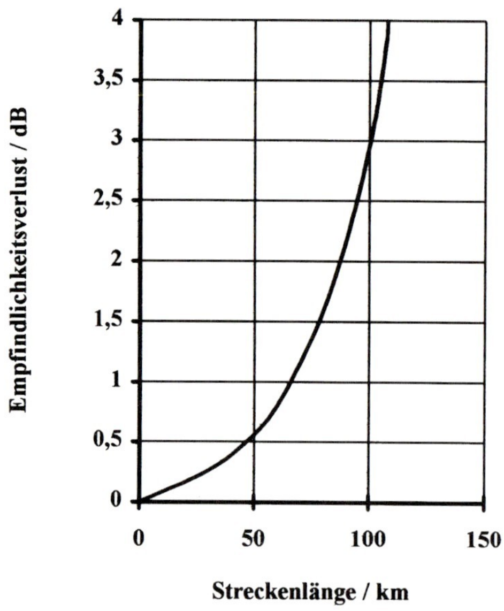

Weiter unten in diesem Kapitel werden Übertragungstechniken beschrieben, mit denen die Dispersionsprobleme verringert bzw. praktisch vollständig gelöst werden können.

6.2.2.3 Regeneratoren

Bei größeren Übertragungsstrecken zwischen Netzknoten müssen die Signale wieder aufgefrischt werden. In konventionellen Systemen werden dazu Regeneratoren eingesetzt. Das optische Signal wird zunächst in ein elektrisches umgewandelt und danach in der elektrischen Ebene vollständig regeneriert. Dazu wird das empfangene Signal zunächst verstärkt und anschließend einem Amplitudenentscheider zugeführt, der bei einem binären Signal zwischen dem '0'- und dem '1'-Pegel entscheidet. Dieses Signal wird anschließend mit Hilfe des Taktes auch zeitlich regeneriert, wobei das Taktsignal aus dem empfangenen Signal gewonnen wird. Insgesamt findet eine 3R-Regeneration (engl.: reamplification/reshaping/retiming) von Amplitude, Pulsform und zeitlicher Pulslage statt. Nach der vollständigen Regeneration findet wieder eine elektro-optische Wandlung statt, und das Signal wird auf den nächsten Streckenabschnitt geschickt.

In den Regeneratoren findet gleichzeitig eine Qualitätsüberwachung des Datenstroms und eine Betriebsüberwachung des Regenerators statt. Diese Informationen, wie z. B. Bit-Fehlerrate, Alarmsignale für Laserüberwachung, usw., werden bei einem standardisierten synchronen Datenstrom (vgl. Kap. 6.3.1) gemeinsam mit dem Nutzsignal-Datenstrom übertragen. An den Endstationen werden diese Informationen ausgelesen, und es kann somit bei einer Übertragungsstörung festgestellt werden, in welchem Streckenabschnitt die Probleme auftreten.

Die maximal möglichen Regeneratorabstände sind abhängig von den System-

Bild 6.16: Empfindlichkeitsverlust infolge der Faserdispersion. Chirpfreies Signal bei 1550 nm auf der Standardeinmodenfaser

bitraten. Bei herkömmlichen Systemen ohne optische Verstärker liegen sie bei unter 40 km, durch Einsatz von optischen Leistungsverstärkern können sie bei 2,5 Gbit/s auf etwa 100 km erweitert werden. Nähere Angaben finden sich in Tabelle 6.3.

6.2.2.4 Einsatz optischer Verstärker

Neben der im vorigen Abschnitt behandelten vollständigen digitalen Regeneration optischer Signale in kaskadierten Übertragungsstrecken besteht auch die Möglichkeit, durch den Einsatz optischer Verstärker (vgl. Kap. 4.5) größere Übertragungslängen zu ermöglichen. Dabei kann auf eine Umsetzung der optischen Signale in die elektrische Ebene verzichtet werden, ebenso entfällt die normalerweise im Regenerator vorgenommene Takt- und Pulsformaufbereitung. Ein optischer Verstärker wirkt demzufolge als reiner Amplitudenregenerator, das heißt, nur die durch Faserdämpfung verursachte Abnahme des Signalpegels wird ausgeglichen.

Ein Regenerator stellt das ursprüngliche Digitalsignal im Prinzip wieder perfekt her. Deswegen können nahezu beliebig viele Streckenabschnitte kaskadiert werden, um eine benötigte Länge einer Übertragungsstrecke zu realisieren. Die maximale Länge wird nur durch den sich akkumulierenden Jitter (zeitliche Schwankungen der Taktlage) begrenzt. Durch die digitale Arbeitsweise bedingt, ist aber eine Strecke mit solchen Regeneratoren wenig flexibel in bezug auf die Übertragungsbitrate. Soll nachträglich die Übertragungskapazität vergrößert werden, ist dazu der Austausch aller Regeneratoren in der Strecke erforderlich. Demgegenüber arbeiten optische Verstärker nahezu unabhängig von der Übertragungsbitrate auf der Strecke (Bild 6.17). Für eine Kapazitätserhöhung einer Strecke mit Verstärkern müssen nur die Leitungsendeinrichtungen ausgetauscht werden, was bei langen Strecken ein wesentlicher Vorteil ist.

Der Nachteil der optischen Amplitudenregeneration ist deren analoge Arbeitsweise. Insbesondere durch Rauschen, das jeder optische Verstärker in Form der spontanen Emission erzeugt, wird auf längeren Strecken mit vielen Verstärkern die Signalqualität reduziert. Außerdem wirken sich, insbesondere bei hohen Übertragungsgeschwindigkeiten, die durch die Faserdispersion verursachten Pulsverzerrungen auf das System sehr negativ aus. Die Planung einer Übertragungsstrecke mit optischen Verstärkern muß daher Rausch- und Dispersionseffekte sehr sorgfältig mit berücksichtigen [6.23; 6.24; 6.25; 6.26].

Optische Verstärkung wird durch stimulierte Emissionsprozesse bewirkt. Untrennbar damit verbunden ist das Auftreten von spontaner Emission, durch die ein statistisch schwankender Anteil an Licht erzeugt wird, der als optisches Rauschen in Erscheinung tritt. Dieses Rauschen wird beim Durchlaufen der Strecke genauso verstärkt wie das Signal. Da jeder Verstärker zusätzliches optisches Rauschen erzeugt, wächst mit der Anzahl der Verstärker in der Strecke auch der Anteil an kumulierter optischer Rauschleistung [6.27; 6.28].

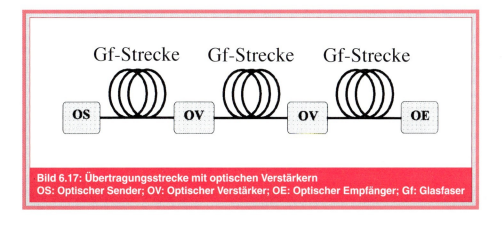

Bild 6.17: Übertragungsstrecke mit optischen Verstärkern
OS: Optischer Sender; OV: Optischer Verstärker; OE: Optischer Empfänger; Gf: Glasfaser

6. Kapitel

Als Mindestwert der Rauschleistungsdichte am Ausgang eines Verstärkers ergibt sich ein Wert, der einer spektralen Rauschleistungsdichte von einem Photon je Hz Bandbreite am Verstärkereingang entspricht. Rauscharme Faserverstärker weisen ein Eigenrauschen auf, das nur wenig über dem theoretischen Minimalwert liegt. Zur Charakterisierung der Rauscheigenschaften von Verstärkern dient der Rauschfaktor F', der als Quotient der Signal-Rausch-Verhältnisse (SRV) an Eingang SRV_1 und Ausgang SRV_2 definiert ist (s. auch Kapitel 4.5). Die Rauschzahlen F = 10 lg F'dB realer Faserverstärker liegen im Bereich von 3 dB bis 10 dB.

Das Zusatzrauschen eines als optischer Regenerator verwendeten Faserverstärkers macht sich um so gravierender bemerkbar, je kleiner die optische Signalleistung am Verstärkereingang ist. Besonders auf sehr langen Übertragungslinien (Gesamtlänge 1.000 km bis 10.000 km) mit einer entsprechend großen Anzahl von Streckenverstärkern ist daher wichtig, daß die Signalleistung nicht zu stark absinkt. Unter diesem Gesichtspunkt wäre es optimal, eine möglichst große Anzahl von Verstärken mit entsprechend niedriger Verstärkung zu verwenden, die in sehr kurzen Abständen aufeinander folgen und so die Signalleistung auf einem relativ konstanten hohen Pegel halten. Diese Lösung ist schon aus Kostengründen nicht sinnvoll. Außerdem bewirken Zusatzverluste im Verstärker (durch interne Komponenten und durch Spleiße) und die, wenn auch sehr geringe Polarisationsabhängigkeit der Verstärkung, daß der optimale Verstärkerabstand, für den das SRV maximal wird, deutlich größer ist. Je nach Faserdämpfung und der Gesamtstreckenlänge ergeben sich optimale Verstärkerfeldlängen zwischen 20 km bis etwa 60 km [6.29]. Insbesondere bei Strecken mit Gesamtlängen von unter 1.000 km kann das optimal mögliche SRV wesentlich besser sein, als für die geforderte Übertragungsqualität notwendig ist. In diesem Fall lassen sich durch Wahl von größeren, nicht optimalen Verstärkerfeldlängen einige optische Verstärker einsparen, ohne daß die Übertragungsqualität dadurch leidet.

Das SRV am Ausgang der Photodiode des optischen Empfängers wird im wesentlichen von den Rauschzahlen der Streckenverstärker und der Faserdämpfung zwischen den Verstärkern bestimmt. Im Bild 6.18 ist über der Streckenposition der optische Signalpegel aufgetragen. Angenommen werden Verstärkerausgangsleistungen von +10 dBm bei einer Verstärkung von 20 dB, Zusatzdämpfung im Verstärker von 2,5 dB und ein Faserdämpfungskoeffizient von 0,25 dB/km.

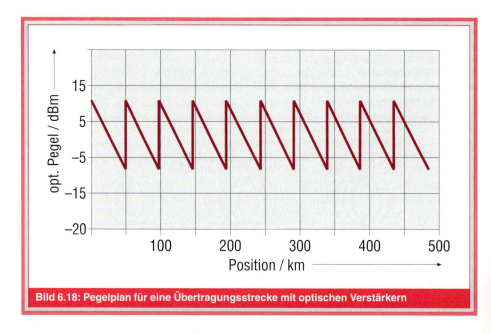

Bild 6.18: Pegelplan für eine Übertragungsstrecke mit optischen Verstärkern

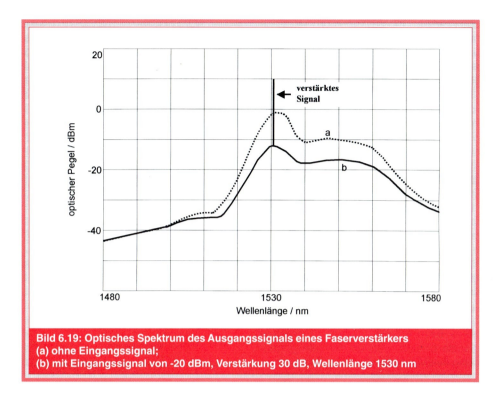

**Bild 6.19: Optisches Spektrum des Ausgangssignals eines Faserverstärkers
(a) ohne Eingangssignal;
(b) mit Eingangssignal von -20 dBm, Verstärkung 30 dB, Wellenlänge 1530 nm**

Der Wert der totalen Dispersion einer Übertragungsstrecke wächst proportional zu deren Länge. Durch optische Verstärkung wird nur die Amplitude des optischen Signals wieder hergestellt, die ursprüngliche Pulsform hingegen kann nicht restauriert werden. Da gerade im Verstärkungsband der Erbiumfaser-Verstärker (1525 nm…1565 nm) die Dispersion der im Netz der Deutschen Telekom verwendeten Standardeinmodenfasern mit bis zu 19 ps/(nm·km) relativ groß ist, muß durch besondere Maßnahmen sichergestellt werden, daß die Pulsform nicht unzulässig verzerrt wird. Es sind verschiedene Methoden bekannt, die dieses ermöglichen. Als Beispiel sollen hier die Dispersionskompensation, dispersionsunterstützte Übertragung, spektrale Inversion und Solitonenübertragung nur genannt werden, da auf diese Verfahren weiter unten eingegangen wird.

Übertragungsstrecken mit optischer Verstärkung ermöglichen Verbindungen mit Lichtträgern, deren Wellenlängen zwischen ca. 1530 nm und ca. 1570 nm (ca. 196 THz bis ca. 191 THz) liegen. Es ist naheliegend, in diesem 5.000 GHz breiten Übertragungsband mehrere optische Träger gleichzeitig zu übertragen und so durch optische Frequenzmultiplextechnik die Kapazität der Faser besser auszunutzen (siehe Kap. 6.1.4.). Dabei ist allerdings zu beachten, daß die Verstärkungs- und Rauscheigenschaften von Faserverstärkern eine stark ausgeprägte Frequenzabhängigkeit aufweisen können. In Bild 6.19 ist beispielhaft das Ausgangsspektren eines Faserverstärkers über der Wellenlänge aufgetragen (Kurve a). Deutlich ist das Verstärkungsmaximum für Lichtfrequenzen um 1530 nm zu erkennen, für andere Frequenzen im Übertragungsband kann die Verstärkung um mehr als 5 dB geringer sein.

Bei der Kaskadierung von optischen Verstärkern treten diese Frequenzabhängigkeiten immer deutlicher in Erscheinung. Ohne besondere Maßnahmen würde dies in einem System mit optischem Frequenzmultiplex dazu führen, daß die optische Leistung in den Kanälen, deren Trägerlicht besser verstärkt wird, auf Kosten der Leistung weniger gut verstärkter Kanäle zunimmt. Um für alle optischen Träger gleiche Übertragungsbedingungen sicherzustellen, muß die Frequenzabhängigkeit der Streckenverstärker durch geeignete Maßnahmen kompensiert werden. Eine Möglichkeit, dies zu realisieren, besteht darin, daß jedem optischen Verstärker ein optisches Filter mit einer geeigneten Durchlaßkurve nachgeschaltet wird, so daß die Schwankungen der resultierenden Verstärkung innerhalb der Verstärkungsbandbreite im zulässigen Rahmen bleiben. Es ist offensichtlich, daß die zulässigen Schwankungen für den einzelnen Verstärker um so kleiner sind, je größer die Anzahl der Verstärker in der Übertragungsstrecke ist. Die Form der Kurve des Verstärkungsspektrums ändert sich je nach Ausgangsleistung des Faserverstärkers. Die Kurven a und b in Bild 6.19 zeigen die Ausgangsspektren mit und ohne angelegtes Eingangssignal. Ähnliche Änderungen ergeben sich dann auch in der Verstärkungskurve. Beim Anlegen mehrerer Eingangssignale beeinflussen die Signale gegenseitig ihre Verstärkungen. Die Zeitkonstanten liegen jedoch im Bereich von Millisekunden, deshalb tritt in Übertragungssystemen praktisch kein Nebensprechen zwischen den Kanälen auf. Da die Absorptionseigenschaften der zur Kompensation verwendeten Filter normalerweise stabil sind, müssen diese Filter für einen bestimmten Betriebszustand der Verstärker, charakterisiert durch Verstärkungswert und optische Ausgangsleistung, optimiert sein. Für abweichende Verstärkungs- bzw. Leistungswerte verschlechtert sich die Kompensation der Frequenzabhängigkeit unter Umständen drastisch. Dies kann z. B. beim Abschalten oder Ausfallen eines oder mehrerer optischer Kanäle auftreten. Auch aus diesem Grund ist eine Überwachung der Betriebsbedingungen der Verstärker unbedingt erforderlich.

6.2.3 Dispersionsmanagement

In herkömmlichen Übertragungssystemen wird der maximale Regeneratorabstand durch die Streckendämpfung bestimmt. Beim Einsatz von Faserverstärkern in langen Übertragungsstrecken bzw. bei hohen Bitraten spielt jedoch die Faserdispersion insbesondere im 1550-nm-Fenster

Tabelle 6.4: Übersicht über die verschiedenen Verfahren zum Dispersionsmanagement. FM/IM: Frequenzmodulation/Intensitätsmodulation

- **Übertragung in Bereichen niedriger Dispersion**
  – Standardeinmodenfaser im 1300-nm-Fenster
  – dispersionsverschobene Faser
- **Reduzierung des Laserchirpens**
  – Laser mit kleinem Chirp
  – externe Modulation
  – Injection Locking
- **Ausnutzung des Laserchirpens**
  – externe Modulation mit Prechirping
  – FM/IM-Konversion
  – Dispersionsunterstützte Übertragung (DST: dispersion supported transmisson)
- **Passive Kompensation der Dispersion**
  – dispersionskompensierende Faser
  – Fasergitter
- **Aktive Kompensation der Dispersion**
  – spektrale Inversion
  – Selbstphasenmodulation
  – Solitonenübertragung

der Standardeinmodenfaser eine begrenzende Rolle, wenn die herkömmliche Technik der Direktmodulation von Laserdioden angewendet wird. Es gibt jedoch eine Reihe von Techniken, mit denen das Dispersionsproblem gelöst bzw. verringert werden kann.

In Tabelle 6.4 sind verschiedene Verfahren zum Dispersionsmanagement zusammengestellt. Sie werden in den folgenden Abschnitten näher behandelt. Ein Schwerpunkt bei den folgenden Überlegungen werden Systeme mit 10 Gbit/s sein, da bei 2,5 Gbit/s das Dispersionsproblem noch nicht so gravierend ist.

6.2.3.1 Übertragung in Bereichen niedriger Dispersion

Übertragung im 1300-nm-Fenster
Bei der Standardeinmodenfaser hat die chromatische Dispersion um 1310 nm eine Nullstelle (vgl. Kap. 2.7.3), prinzipiell könnten im 1300-nm-Fenster deshalb wegen der relativ schwachen Pulsverlängerung große Übertragungsstrecken ohne vollständige Regeneration auch mit Bitraten

von 10 Gbit/s realisiert werden. Zum Ausgleich der Faserdämpfung wären dann jedoch optische Verstärker nötig, die es für diesen Wellenlängenbereich jedoch z. Z. nur als Labormuster gibt. Eine Weiterentwicklung wird in absehbarer Zeit solche Verstärker zur Einsatzreife bringen.

Verwendung dispersionsverschobener Fasern

Durch die Verwendung von dispersionsverschobenen Fasern (engl.: dispersion shifted fiber (DSF)) kann das Dispersionsproblem im 1550-nm-Fenster prinzipiell beträchtlich gemildert werden. Bei diesem Fasertyp wird durch einen speziellen Brechzahlprofilverlauf im Kern erreicht, daß sich Material- und Wellenleiterdispersion bei etwa 1550 nm kompensieren, d. h. diese Fasern weisen im 1550-nm-Fenster ähnliches Dispersionsverhalten wie Standardeinmodenfasern im 1300-nm-Fenster auf. Wesentliche Einsatzgebiete dieser Fasern sind vor allem Seekabelsysteme, bei denen es auf extreme Streckenlängen ankommt. Nachteile sind, daß zum einen wegen des kleineren Kerndurchmessers und einer damit verbundenen Lichtkonzentration nichtlineare Effekte eher einsetzen bzw. stärker auftreten und daß die Faserdämpfung bei 1550 nm im Vergleich zur Standardeinmodenfaser etwas höher ist. Hinzu kommt, daß wegen des komplizierteren Brechzahlverlaufs und vor allem wegen der geringen weltweiten Produktion diese Fasern z. Z. noch teurer sind als Standardeinmodenfasern. Durch die Kabelgrundkosten und vor allem die Verlegekosten ist der Preisunterschied bei den reinen Fasern für verlegte Strecken jedoch nicht so bedeutend.

6.2.3.2 Reduzierung des Laserchirpens

Wird die Technik der Direktmodulation mit konventionellen (chirpenden) Lasern angewendet, dann ist die erreichbare Streckenlänge infolge des starken Dispersionseffektes bei 10 Gbit/s nach Formel (6.13) auf weniger als 10 km begrenzt. Eine Möglichkeit, das Problem zu mildern, besteht in der Verringerung bzw. Ausschaltung des Chirpens. Durch spezielle Laserstrukturen (Quantenfilmstrukturen nach Kap. 3.1.4 und Kap. 4.6.1) läßt sich der α-Faktor, der die Größe des Laserchirpens angibt, beträchtlich verringern.

Praktisch vollständig eliminieren bzw. extrem reduzieren läßt sich das Laserchirpen durch Verwendung eines externen Modulators, durch "Injection Locking" oder durch Frequenzmodulation des Laserlichtes mit anschließender Konversion in eine Intensitätsmodulation (FM/IM-Konversion). Allen diesen drei Verfahren ist gemeinsam, daß das Signalspektrum des Sendelichtes praktisch auf die Signalbandbreite begrenzt wird. Bei 10 Gbit/s beträgt mit solchen chirpfreien Signalen dann nach Formel (6.14) die maximale Streckenlänge bei 1 dB Empfindlichkeitsverlust etwa 65 km im 1550-nm-Fenster der Standardeinmodenfaser.

Externe Modulation

Bei der externen Modulation wird das unmodulierte Licht eines Lasers mit einem externen Modulator moduliert, wodurch das Laserchirpen verhindert wird. Eingesetzt wurden zunächst Mach-Zehnder-Modulatoren auf Lithium Niobat-Basis, Erfolge in der Halbleitertechnologie haben jedoch mittlerweile zu speziellen Modulatoren geführt, die ähnlich wie Halbleiterlaser aufgebaut sind, und bei denen durch Anlegen eines elektrischen Feldes ein Wellenleiter, der normalerweise das Licht absorbiert, transparent wird. Solche Modulatoren haben den Vorteil, daß sie relativ einfach zusammen mit dem Laser auf einem Chip integriert werden können. Zusätzlich läßt sich durch spezielle Strukturen und Einstellung eines bestimmten Arbeitspunktes erreichen, daß der Modulator einen negativen Chirp erzeugt und somit teilweise die Dispersion kompensiert werden kann. In [6.30] wird demonstriert, daß mit solch einem absorptiven Modulator mit negativer Chirpeinstellung 10 Gbit/s über 100 km Standardeinmodenfaser bei 1550 nm übertragen werden können bei einem Empfindlichkeitsverlust von ca. 2 dB gegenüber mehr als 4 dB Empfindlichkeitsverlust bei chirpfreier Übertragung. Ein Nachteil der externen Modulatoren ist die hohe Einfügedämpfung, die in der Regel bei 4 dB bis 6 dB liegt, und die für Halbleiterbauelemente recht hohe Modulations-

6. Kapitel

spannung. Für ein gutes Auslöschungsverhältnis werden bei 10 Gbit/s für manche Komponenten weit mehr als 2 V Hub benötigt, bei noch höheren Bitraten kann dieser sogar auf bis zu 10 V ansteigen. Solche Spannungshübe mit der erforderlichen Bandbreite können bisher nur mit sehr teuren hybriden Verstärkern erzeugt werden. Schon heute abzusehende Weiterentwicklungen lassen jedoch erwarten, daß die benötigten Modulationsspannungen verringert werden können.

Injection Locking

Bei der Injection Locking-Technik wird Licht eines "Master Lasers" in einen "Slave Laser" injiziert. Zwischen Master Laser und Slave Laser befindet sich eine optische Einwegleitung (optischer Isolator), damit kein Licht in den Master Laser zurückreflektiert wird und dadurch der Laser in der Emission gestört wird. Der Slave Laser wird konventionell über den Laserstrom moduliert. Die Anordnung ist damit die gleiche wie bei der externen Modulation. An Stelle des Modulators tritt hier nur ein weiterer Laser. Stimmen beide Lasermittenfrequenzen annähernd überein, so wird durch das Master-Laserlicht das Chirpen des Slave Lasers unterdrückt. Ein Vorteil dieses Verfahrens ist die Modulierbarkeit über den Strom. Mit integrierten Treiberschaltungen auf Siliziumbasis können auch bei 10 Gbit/s Modulationsstromamplituden von 40 mA erreicht werden, was für Ausgangsleistungen von einigen Milliwatt ausreichend ist. Nachteile sind die Abstimmung beider Laserfrequenzen aufeinander und die nötige optische Isolation des Master Lasers vor Rückwirkungen aus dem Slave Laser. Eine Integration beider Bauelemente ist damit nicht ohne weiteres möglich. Bild 6.20 zeigt die Signale und die dazugehörigen Augendiagramme eines Übertragungsexperimentes bei 10 Gbit/s über 50 km Standardeinmodenfaser [6.31]. Mit Direktmodulation des Lasers bei abgeschaltetem Master Laser ist das Auge durch die Pulsverzerrungen infolge der Dispersion so weit geschlossen, daß keine fehlerfreie Signaldetektion mehr erfolgen kann (mittleres Signal). Durch das Injection Locking wird das Laserchirpen unterdrückt, und die Dispersionseffekte werden so weit reduziert, daß eine Signaldetektion möglich wird (unteres Signal).

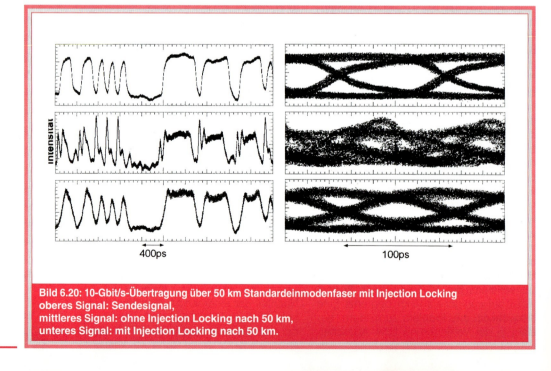

Bild 6.20: 10-Gbit/s-Übertragung über 50 km Standardeinmodenfaser mit Injection Locking
oberes Signal: Sendesignal,
mittleres Signal: ohne Injection Locking nach 50 km,
unteres Signal: mit Injection Locking nach 50 km.

6.2.3.3 Ausnutzung des Laserchirpens

Das zunächst in den meisten Fällen unerwünschte Laserchirpen kann auch dazu genutzt werden, mit Hilfe des Modulationsstroms frequenzmoduliertes Laserlicht zu erzeugen. Gleichzeitig wird natürlich auch bei dieser Methode der Frequenzmodulation über die Höhe des Laserstromes die Amplitude des Laserlichtes moduliert, was hier jedoch ein unerwünschter Effekt ist. Im folgenden werden drei Verfahren kurz beschrieben, die sich diesen Chirp-Effekt zunutze machen.

Externe Modulation mit "Prechirping"

Bei der externen Modulation wird die Bandbreite des optischen Signals im wesentlichen auf die Bandbreite des Modulationssignals begrenzt, um den Einfluß der Dispersion klein zu halten. Der Laser gibt dabei nur ein Licht mit konstanter Amplitude und Frequenz ab. Bei der Prechirping-Methode wird der Laserstrom zusätzlich mit einem geringen sinusförmigen Modulationsstrom mit der Frequenz des Signaltaktes beaufschlagt. Dadurch wird im wesentlichen eine zusätzliche Frequenzmodulation des Laserlichtes erzeugt. Dieses frequenzmodulierte Signal wird anschließend über den externen Modulator amplitudenmoduliert, wobei eine RZ-Codierung (engl.: return-to-zero (RZ)) verwendet wird, d. h. bei der Übertragung einer "1" wird ein Einzelpuls gesendet. Durch Anpassung der zeitlichen Lage zwischen dem frequenzmodulierten Laserausgangslicht und der Amplitudenmodulation im externen Modulator kann nun erreicht werden, daß die steigenden Pulsflanken eine Rotverschiebung und die fallenden eine Blauverschiebung erhalten, d. h. infolge der Dispersion breitet sich die Pulsvorderseite langsamer aus als die Rückseite. Dadurch wird eine Pulskompression erzielt, die teilweise die Wirkung der Dispersion kompensiert. Bei dieser Methode muß die Größe des Frequenzhubs grob an die Streckenlänge angepaßt werden, was einen gewissen Nachteil darstellt.

FM/IM-Konversion

Bei der Methode der FM/IM-Konversion (FM/IM: Frequenzmodulation / Intensitätsmodulation) wird im Laser ein frequenzmoduliertes Signal erzeugt, welches anschließend durch einen optischen Frequenzdiskriminator in ein amplitudenmoduliertes Signal umgewandelt wird. Der Laserfrequenz f_1 entspricht dabei einer "1", f_2 entspricht einer "0". Durch spezielle Laserstrukturen lassen sich hohe Chirpwerte erreichen mit über 500 MHz/mA Frequenzänderung, so daß nur geringe Modulationsströme nötig sind, um einen hohen Frequenzhub zu erreichen. Bei 10 Gbit/s kommt man dann z. B. mit Modulationsstromamplituden von 10 mA...20 mA aus. Dies ist ein Vorteil des Verfahrens im Vergleich zu externen Modulatoren, wo relativ hohe Spannungshübe erforderlich sind. Als optische Diskriminatoren werden z. B. Fabry-Perot-Filter verwendet. Die Mittenfrequenz dieser Filter muß auf die Laserfrequenz geregelt werden. In einem Laborexperiment wurde gezeigt, daß bei 10 Gbit/s 116 km Übertragungslänge möglich ist mit einem Empfindlichkeitsverlust von 5,5 dB [6.32]. Wegen der Erfolge bei der Integration von Intensitätsmodulatoren zusammen mit dem Laser hat dieses Verfahren jedoch an Attraktivität eingebüßt.

Dispersionsunterstützte Übertragung (engl.: dispersion supported transmission (DST))

Bei der DST- Methode wird wie bei der FM/IM-Methode ein frequenzmoduliertes Signal erzeugt. Zur Umwandlung in ein amplitudenmoduliertes Signal wird hier jedoch die Faserdispersion ausgenutzt. In Bild 6.21 wird das Prinzip sehr vereinfacht näher erläutert. Wird der Frequenzhub so eingestellt, daß nach der Übertragung über die Faserstrecke die Wellen mit der höheren Frequenz gerade um eine Bitperiode früher ankommen als die Wellen mit der niedrigeren Frequenz, so entsteht am Empfänger ein dreistufiges Signal. Durch einfache Tiefpaßfilterung (Integration) kann aus diesem Signal das ursprüngliche Sendesignal wiedergewonnen werden. Ein Nachteil dieser Methode ist, daß der Frequenzhub an die Streckenlänge angepaßt werden muß. Zusätzlich ist auch eine Anpassung der Filterung im Empfänger nötig. Wird ein Empfindlichkeitsverlust bis zu einigen dB in Kauf genommen, so sind die Parametereinstellungen (Frequenzhub des

6. Kapitel

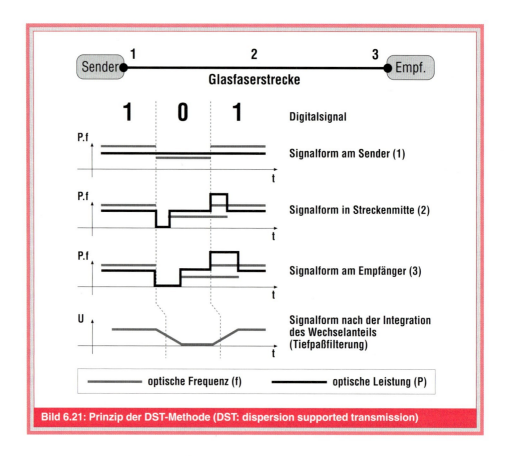

Bild 6.21: Prinzip der DST-Methode (DST: dispersion supported transmission)

Senders, Filterbandbreite im Empfänger) nicht kritisch. In Laborexperimenten wurde gezeigt, daß mit dieser Methode Standardeinmodenfaserstrecken bis zu ca. 250 km Länge nur mit optischen Zwischenverstärkern überbrückt werden können [6.33]. Bei größeren Streckenlängen ist jedoch eine Signalregeneration nötig, da der Empfindlichkeitsverlust dann stark ansteigt.

6.2.3.4 Passive Kompensation der Dispersion

Durch spezielle Verläufe der Brechzahl im Faserkern kann erreicht werden, daß die chromatische Dispersion im 1550-nm-Fenster hohe negative Werte annimmt. Diese Spezialfasern werden dispersionskompensierende Fasern (engl.: dispersion compensating fibre (DCF)) genannt. Die erzielbare chromatische Dispersion kann sehr hoch sein, solche Fasern weisen dann jedoch auch häufig hohe Dämpfungswerte auf. Es muß deshalb bei der Herstellung ein Kompromiß zwischen der erreichbaren negativen chromatischen Dispersion und der Faserdämpfung erzielt werden. Als eine Art Gütemaß hat sich der Wert Dispersion/Dämpfung in (ps/(nm · dB)) herauskristallisiert. DCF sind kommerziell erhältlich. Diese Fasern haben z. B. negative chromatische Dispersionswerte von -100 ps/(nm·km) bei 1550 nm und Faserdämpfungswerte von etwa 0,5 dB/km. Zur Kompensation einer 50 km langen Standardeinmodenfaser mit 15 ps/(nm · km) müßte dann eine etwa 7 km lange DCF verwendet werden, die eine zusätzliche Dämpfung von ca. 4 dB aufweist. Eine exakte Kompensation der Dispersion ist nur bei einer Wellenlänge möglich. Die DCF kann jedoch eine solche Steilheit im Dispersionsverhalten aufweisen, daß im gesamten 1550-nm-Fenster ähnlich niedrige Dispersionswerte wie im 1300-nm-Fenster der Standardeinmodenfaser erreicht werden, d. h. es können mehrere hochbitratige Systeme mit optischer

Frequenzmultiplextechnik in einem Fenster realisiert werden. In Bild 6.22 sind der gemessene Dispersionsverlauf einer Standardeinmodenfaser, einer DCF und der Kombination beider Strecken angegeben. Die Dispersionsnullstelle der Kombination beider Fasern liegt bei ca. 1550 nm, im gesamten Fenster von 1500 nm bis 1600 nm ist die Dispersion kleiner als $2\,\text{ps}/(\text{nm}\cdot\text{km})$.

Im Vergleich zu Strecken mit dispersionsverschobenen Fasern hat die Kombination Standardeinmodenfaser und DCF mit den angegebenen Dämpfungswerten nur eine um wenige dB höhere Dämpfung. Der Unterschied relativiert sich noch, wenn auch noch die Zusatzdämpfungen, die z. B. durch Spleiße und Stecker verursacht werden, und die Systemreserve dazugenommen werden. Ein weiterer Vorteil dieser Kombination ist, daß nichtlineare Effekte weitaus geringer sind als bei einer Faser, die generell eine kleine Dispersion aufweist, weil nichtlineare Effekte wie Selbstphasenmodulation und Vierwellenmischung (wichtig bei optischen Frequenzmultiplexsystemen) von der Höhe der Dispersion abhängen.

Die DCF wird als Modul geliefert. Mit Hilfe der Kompensationstechnik kann eine schon installierte Standardeinmodenfaserstrecke im 1550-nm-Fenster dispersionskompensiert werden, und gleichzeitig läßt sich diese Strecke durch den Einsatz von Wellenlängenmultiplexern im 1300-nm-Bereich betreiben.

Die Leistungsfähigkeit der Dispersionskompensation wurde in einem Übertragungsexperiment demonstriert [6.34]. Es wurde gezeigt, daß ein 10-Gbit/s-Signal über eine Standardeinmodenfaserstrecke von 617 km Länge übertragen werden kann. Verwendet wurde ein direkt modulierter Laser, der kein speziell niedriges Chirpverhalten aufwies. Nach jeweils ca. 50 km Faserstrecke wurde ein DCF-Modul zur Kompensation der Streckendispersion und ein Faserverstärker zum Ausgleich der Streckendämpfung und der DCF-Dämpfung eingefügt.

Eine passive Kompensation der Dispersion kann auch mit anderen Bauelementen wie z. B. Fasergittern erreicht werden. Bei diesen Komponenten ist jedoch der Wellenlängenbereich, über den eine Kompensation möglich ist, wesentlich geringer als

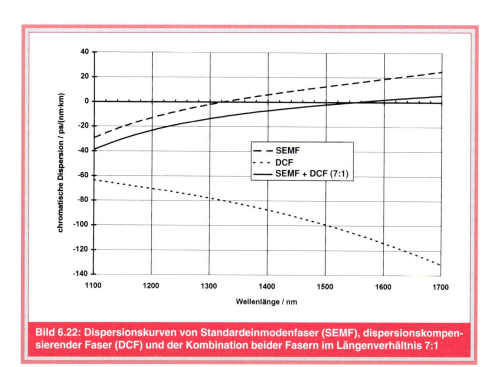

Bild 6.22: Dispersionskurven von Standardeinmodenfaser (SEMF), dispersionskompensierender Faser (DCF) und der Kombination beider Fasern im Längenverhältnis 7:1

bei der DCF. Mit Fasergittern lassen sich zur Zeit nur einige Nanometer Fensterbreite erreichen. Mit speziellen Strukturen kann jedoch auch eine Kompensation von mehreren optischen Trägerwellen in optischen Frequenzmultiplexanwendungen kompensiert werden. Da diese Technik noch sehr jung ist, sind zukünftig noch weitere Fortschritte zu erwarten.

6.2.3.5 Aktive Kompensation der Dispersion

Neben der passiven Kompensation können auch aktive Verfahren eingesetzt werden. Eine Möglichkeit besteht in der Spiegelung des Signalspektrums in der Streckenmitte und eine andere in der Ausnutzung des nichtlinearen Kerr-Effektes.

Spektrale Inversion

Bei der Methode der spektralen Inversion wird in der Mitte der Übertragungsstrecke das Signalspektrum gespiegelt. Dadurch werden optisch höherfrequente Signalanteile niederfrequenter und umgekehrt. Auf dem zweiten Teil der Strecke werden bei gleicher Streckendispersion somit die Signalverzerrungen bzw. Pulsverlängerungen, die auf dem ersten Streckenabschnitt durch die Dispersion erzeugt wurden, wieder aufgehoben. Bild 6.23 zeigt den prinzipiellen Systemaufbau für die spektrale Inversion. In der Streckenmitte wird das Übertragungssignal mit einem lokalen Laser gemischt. Unter Ausnutzung nichtlinearer Effekte entstehen durch Vierwellenmischung Differenzspektren zwischen dem Übertragungssignalspektrum S_1 und dem lokalen Pumplaserspektrum S_P. In dem Bild sind beispielhaft Signalspektren gezeigt. Das neue Spektrum S_2 entspricht dem gespiegelten Signalspektrum mit der Frequenz $f_2 = 2 f_P - f_1$. Mit einem schmalbandigen optischen Filter wird es herausgefiltert, und dieses Signal wird über den zweiten Streckenabschnitt übertragen. Für die Vierwellenmischung werden nichtlineare Effekte z. B. in Halbleiterlaserverstärkern oder auf einem Stück dispersionsverschobener Faser verwendet. Bei dem beschriebenen Verfahren ist ein entsprechend leistungsstarker lokaler Laser mit einem schmalen Spektrum erforderlich. Wegen der Polarisationsabhängigkeit der ausgenutzten Effekte ist in der Regel auch eine Polarisationskontrolle nötig. Die Frequenzen von Sende- und Lokallaser müssen wegen der Verwendung eines schmalbandigen optischen Filters frequenzmäßig entweder genügend stabil sein, oder es ist eine Nachregelung der Filtermittenfrequenz erforderlich. Ein Vorteil des Verfahrens ist die optische Transparenz, wenn das optische Filter breit genug für das Signalspektrum ist. Bei einer Bitratenerhöhung müssen nur die Endeinrichtungen ausgetauscht werden. Je höher die Bitrate gewählt wird, desto genauer muß für die Inversion die Streckenmitte (genauer: Dispersionsmitte der Gesamtstrecke) verwendet werden, was bei einer verlegten Kabelstrecke nicht immer möglich ist. Gegebenenfalls müssen deshalb weitere Maßnahmen zur Dispersionskompensation ergriffen werden. Prinzipiell ist dieses Verfahren jedoch sehr leistungsfähig. In [6.35] wurde die Übertragung eines 10-Gbit/s-Signals über 360 km Standardeinmodenfaser im 1550-nm-Fenster demonstriert. Im Sender wurde externe Modulation zur Vermeidung von Laserchirpen verwendet. Die spektrale Inversion erfolgte nach 200 km Strecke, ausgenutzt wurde dabei die Vierwellenmischung auf einer 21 km langen dispersionsverschobenen Faser. Der Signalleistungspegel am Eingang der Faser betrug -0,5 dBm, der Pumpleistungspegel war +8,9 dBm. Das durch die Vierwellenmischung neu erzeugte Spektrum hatte nach der DSF einen mittleren Leistungspegel von nur -25 dBm, da die Effektivität dieses Effektes in der DSF nur sehr gering ist.

Kerr-Effekt / Selbstphasenmodulation

Bei hohen Lichtfeldstärken entstehen Verschiebungen von Ladungen im Glasmaterial durch die Wechselwirkung mit dem Lichtfeld. Durch diese Ladungsverschiebungen wird die effektive Brechzahl der Glasfaser verändert (Kerr-Effekt) und damit auch die Ausbreitungsgeschwindigkeit des Lichtes. Die Phasengeschwindigkeit der Lichtwelle hängt somit von der lokalen Lichtintensität ab (Selbstphasenmodulation). Eine höhere Intensität vergrößert die Brechzahl und verringert damit die Phasengeschwindigkeit. Bei einem Puls bewegt sich deshalb die Pulsspitze (hohe

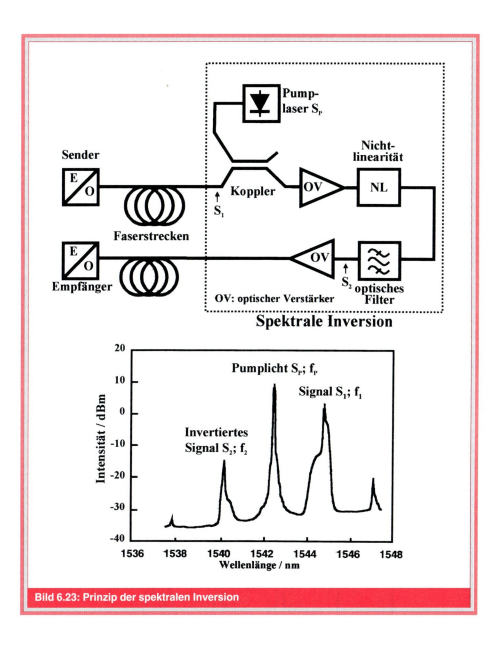

Bild 6.23: Prinzip der spektralen Inversion

Leistung) langsamer als die beiden Pulsflanken. Dieser Effekt führt zu einer spektralen Änderung des Pulses (Chirpen), die Vorderseite des Pulses erfährt eine Rotverschiebung, die Rückseite eine Blauverschiebung. Die Abhängigkeit der Brechzahl der Glasfaser von der Lichtintensität ist nur sehr gering. Sie beträgt nur etwa $3 \cdot 10^{-20}$ m²/W, d. h. bei 10 mW in der Standardeinmodenfaser ($125 \cdot 10^6$ W/m² bei 80 µm² effektiver Lichtfleckfläche) ist die Änderung mit ca. $3,8 \cdot 10^{-12}$ zur normalen Brechzahl mit 1,5 extrem klein. Bei langen Übertragungsstrecken integriert sich jedoch der Effekt, da in die Phasenänderung die Streckenlänge proportional eingeht, und kann auch schon bei kleinen Leistungen große Auswirkungen haben. Wie stark die Wirkung ist, hängt neben der Streckenlänge auch vom Fasertyp ab, da z. B. dispersionsverschobene Fasern kleinere Kerndurchmesser und damit höhere

6. Kapitel

Lichtintensitäten aufweisen. Weiterhin hat das Zusammenspielen mit der Faserdispersion einen erheblichen Einfluß. Dieser Effekt kann dazu benutzt werden, um die Dispersion zumindest teilweise zu kompensieren. In Bild 6.24 sind einige experimentelle Ergebnisse zur Selbstphasenmodulation angegeben. Gezeigt wird jeweils ein einzelner Sendepuls und der Empfangspuls nach jeweils 50 km bzw. 100 km Übertragung über Standardeinmodenfasern. Die linke Bildreihe wurde für eine Pulsspitzenleistung im Sender von 1 mW ermittelt. Dies entspricht der Sendeleistung von konventionellen Lasersendern. Es zeigt sich, daß infolge der Dispersion die Pulslänge von anfänglich 40 ps sich nach 50 km praktisch verdoppelt und nach 100 km verdreifacht hat. Wird die Pulsspitzenleistung jedoch auf 100 mW erhöht, so hat der Puls nach 50 km die gleiche Breite wie der Sendepuls. Der Effekt der Dispersion wurde durch die Selbstphasenmodulation aufgehoben. Breitet sich der Puls anschließend ohne optische Verstärkung weiter aus, so tritt auch hier eine Pulsverlängerung ein, da infolge der Faserdämpfung die Pulsleistung so weit abgesunken ist, daß die Selbstphasenmodulation praktisch keine Auswirkungen mehr hat. Bei weiterer Erhöhung der Pulsspitzenleistung auf 250 mW oder sogar 1 W treten jedoch Seitenpulse auf. Die Dispersion kann somit nicht beliebig kompensiert werden, die maximal zulässige Pulsspitzenleistung ist begrenzt.

Im Bereich oberhalb der Dispersionsnullstelle haben die chromatische Dispersion der Faser und die Selbstphasenmodulation, die durch die nichtlineare Brechzahl der Faser entsteht, entgegengesetzte Wirkungen. Prinzipiell kann somit, wie schon das obige Experiment zeigt, die Pulsverbreiterung durch die Dispersion mit der Selbstphasenmodulation zumindest teilweise kompensiert werden. Durch zu starke nichtlineare Effekte bzw. Überkompensation können jedoch erhebliche Pro-

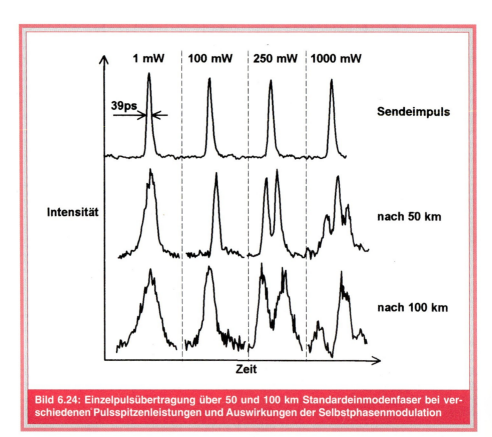

Bild 6.24: Einzelpulsübertragung über 50 und 100 km Standardeinmodenfaser bei verschiedenen Pulsspitzenleistungen und Auswirkungen der Selbstphasenmodulation

bleme bei der Übertragung auftreten. Eine Dispersionskompensation im 1550-nm-Fenster ist mit dieser Technik und herkömmlichen Übertragungsverfahren wie Direktmodulation und externe Modulation nur sehr eingeschränkt möglich. Die Technik der aktiven Kompensation durch die Selbstphasenmodulation spielt jedoch bei der Solitonenübertragung die Schlüsselrolle. Diese Technik wird im folgenden Kapitel gesondert vorgestellt.

6.2.3.6 Solitonenübertragung

Für extrem lange Verbindungen, wie z. B. Interkontinentalverbindungen über Seekabel, ist es aus wirtschaftlichen Gründen wünschenswert, eine Übertragungstechnik zu verwenden, bei der die Signale über tausende Kilometer gesendet werden können, ohne daß zwischendurch eine vollständige Regeneration stattfinden muß. Die einzigen aktiven Systemkomponenten auf der Strecke sind dann optische Verstärker, die nur die Faserdämpfung ausgleichen. Eine solche Strecke wäre optisch transparent. Bei einer Erhöhung der Übertragungsbitrate zur Kapazitätserweiterung müßten nur die Endgeräte ausgetauscht werden. Pulse, die die Eigenschaft haben, daß sich ihre Form längs der Übertragungsstrecke nicht ändert, werden Solitonen genannt. Bei der Solitonenübertragung werden in Abweichung zu herkömmlichen Übertragungstechniken, die die NRZ-Kodierung (engl.: non return-to-zero (NRZ)) verwenden, nur RZ-Pulse (engl.: return-to-zero) übertragen, d. h. bei einer zu übertragenden "1" wird ein einzelner kurzer Puls gesendet, bei mehreren unmittelbar aufeinanderfolgenden 1-Symbolen werden mehrere kurze Pulse hintereinander gesendet.

Solitäre Wellen wurden wissenschaftlich schon Ende des letzten Jahrhunderts bei der Beobachtung von Wasserwellen mit hohen Amplituden auf der Themse erforscht. Die ersten Untersuchungen von Solitonenpulsen auf Glasfasern fanden Anfang der 80er Jahre statt, zum Ausgleich der Faserdämpfung wurde der Raman-Effekt zur Verstärkung ausgenutzt [6.36]. Nach der Verfügbarkeit der Erbiumfaser-Verstärker kam es zu einer intensiveren Untersuchung. Bei der Solitonenübertragung wird die Selbstphasenmodulation des Kerr-Effektes zur Kompensation der Dispersion ausgenutzt. Dieser Effekt wurde weiter oben beschrieben. Eine Solitonenübertragung ist somit nur in Dispersionsbereichen oberhalb der Dispersionsnullstelle möglich. Unterhalb der Nullstelle haben Dispersion und die Selbstphasenmodulation die gleiche Wirkung. In diesem Bereich existieren sogenannte "dunkle Solitonen", d. h. es gibt stabile "Lichteinbrüche", die sich längs der Faser wie Solitonen bewegen.

Bei einer idealen Solitonenübertragung müßte die Pulsleistung ständig so hoch sein, daß die Dispersion exakt kompensiert wird, die Faser müßte somit dämpfungslos sein. Bei realen Faserstrecken nimmt jedoch die Pulsleistung längs der Strecke exponentiell ab. Es hat sich jedoch gezeigt, daß die Solitonenübertragung so stabil sein kann, daß die Kompensation über eine bestimmte Streckenlänge nur im Mittel eingehalten werden muß. Die Bedingung dafür ist, daß die Solitonenperiode, die noch weiter unten erläutert wird, groß gegenüber dem Verstärkerabstand ist. Bei realisierten Solitonenübertragungssystemen wird deshalb ein Puls mit einer höheren Leistung als die Solitonenleistung P_s auf die Strecke geschickt. Solange die Pulsspitzenleistung höher ist als P_s tritt eine Überkompensation ein, der Puls wird kürzer. Im letzten Streckenabschnitt, in dem die Pulsleistung kleiner ist als P_s, überwiegt dann wieder die Dispersion, die eine Pulsverlängerung bewirkt. Die Sendepulsleistung wird so eingestellt, daß nach der Faserstrecke der Ausgangspuls wieder die gleiche Pulslänge hat wie der Sendepuls. Mit Hilfe eines optischen Verstärkers wird die Amplitude auf die benötigte Pulsleistung angehoben, und die Pulse können über den nächsten Streckenabschnitt übertragen werden. Bei dieser "dynamischen Solitonenübertragung" muß die über den Verstärkerabstand gemittelte Leistung gleich der fundamentalen Solitonenleistung P_s einer verlustlosen Strecke sein. Sie darf sich allerdings nur im Bereich zwischen dem 0,5-fachen und 1,5-fachen Wert von P_s bewegen. Diese Bedingung begrenzt den maximalen Verstärkerabstand, da sie bei zu hoher Streckendämpfung nicht eingehalten werden kann. Die Bedingung der Leistungsobergrenze ist auch aus Bild 6.24 ersichtlich. Dort wurde demonstriert, daß bei zu hohen Pulsspitzenleistungen (1 W) Pulsspaltungen auftreten, es können Solitonen höherer Ordnungen entstehen, die periodisch ihre Form und die Pulslänge ändern.

Solitonenpulse ergeben sich mathematisch aus der Wellengleichung der Faser unter Berücksichtigung von Dispersion, Dämpfung und Nichtlinearität. Die Form dieser nichtlinearen Differentialgleichung, bekannt unter "nichtlinearer Schrödinger-Gleichung", ist im folgenden angegeben:

$$j \frac{\partial E}{\partial x} + \frac{1}{2}\frac{\partial^2 E}{\partial t^2} + jk_1 E + k_2 |E|^2 E = 0 . \qquad (6.15)$$

$E = E(x,t)$ ist die Einhüllende der elektrischen Welle, im Faktor k_1 steckt die Faserdämpfung und in k_2 der nichtlineare Faserkoeffizient. Ohne Dämpfung ist ein sekansförmiger Impuls die Eigenlösung dieser Differentialgleichung, bei Berücksichtigung der Dämpfung gibt es keine Eigenlösungen, die Differentialgleichung muß dann in jedem Fall numerisch gelöst werden.

Die Pulsspitzenleistung des Fundamentalsolitons kann mit folgender zugeschnittenen Größengleichung berechnet werden (Formel (5.22) in [6.37]):

$$P_s \approx 10 \, \frac{\lambda^3 A_{eff} M}{\tau^2} \qquad (6.16)$$

P_s: Pulsspitzenleistung für das Fundamentalsoliton in mW
λ: Wellenlänge in µm
A_{eff}: effektive Faserquerschnittsfläche in µm^2
M: Faserdispersionskoeffizient in ps/(nm·km)
τ: Solitonenpulslänge in ps .

Die nötige Pulsspitzenleistung des Fundamentalsolitons ist proportional zur Faserdispersion und umgekehrt proportional zum Quadrat der Pulslänge, d. h. bei einer Verdopplung der Bitrate muß die Leistung um den Faktor 4 ansteigen. Solitonen einer höheren Ordnung N benötigen eine um den Faktor N^2 höhere Leistung.

Die effektive Querschnittsfläche beträgt bei Standardeinmodenfasern etwa 80 µm^2, bei dispersionsverschobenen Fasern ca. 50 µm^2. Für ein 10-Gbit/s-System ist, wie noch weiter unten erläutert wird, eine Pulslänge von 20 ps sinnvoll. Bei einer Wellenlänge von 1550 nm beträgt die erforderliche Leistung für eine DSF bei einer Dispersion von 1 ps/(nm·km) etwa 5 mW, während für eine Standardeinmodenfaser mit 15 ps/(nm·km) schon ca. 110 mW Pulsspitzenleistung für das Fundamentalsoliton nötig sind. Die niedrige Solitonenleistung bei der DSF zeigt auch, daß bei niedrigen Dispersionswerten nichtlineare Effekte schon bei wenigen Milliwatt eine Rolle spielen.

Die Solitonenperiode ist die Streckenlänge, innerhalb der sich die Pulsformen der Solitonen höherer Ordnung periodisch ändern, wenn die Strecke dämpfungslos ist. Sie ist unabhängig von der Ordnung N des Solitons. Nach der Solitonenperiode haben die Pulse wieder ihre ursprüngliche Form erreicht. Sie ist somit ein Skalierungsmaß für Änderungen der Pulsform infolge der Dispersion. Ist der Verstärkerabstand wesentlich kleiner als die Solitonenperiode, dann sind die Pulse sehr stabil und unempfindlich gegenüber Parameterschwankungen, bei Abständen nahe der Solitonenperiode können Instabilitäten auftreten. Die Solitonenperiode kann mit der folgenden zugeschnittenen Größengleichung berechnet werden [6.37]:

$$z_0 = 0{,}95 \, \frac{\tau^2}{M \lambda^2} \qquad (6.17)$$

z_0: Solitonenperiode in km
τ: Solitonenpulslänge in ps
M: Faserdispersionskoeffizient in ps/(nm·km)
λ: Wellenlänge in µm .

Bild 6.25 zeigt die Veränderung der Pulsstruktur des Solitons 1. Ordnung längs der Solitonenperiode auf einer dämpfungslosen Strecke. Die Pulsspitzenleistung hat den 4-fachen Wert der des Fun-

Optische Übertragungssysteme

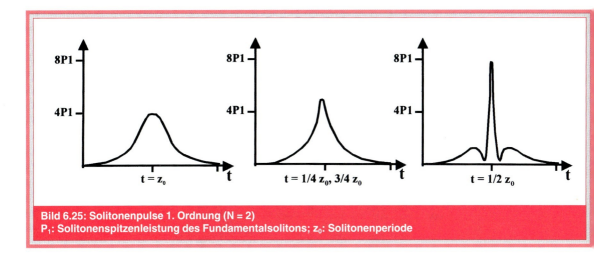

Bild 6.25: Solitonenpulse 1. Ordnung (N = 2)
P_1: Solitonenspitzenleistung des Fundamentalsolitons; z_0: Solitonenperiode

damentalsolitons. Bei einem 10-Gbit/s-Signal mit 20 ps breiten Solitonenpulsen und einer Wellenlänge von 1550 nm beträgt die Solitonenperiode bei einer dispersionsverschobenen Faser mit einer angenommenen Dispersion von 1 ps/(nm·km) 158 km, während sie bei einer Standardeinmodenfaser bei einer Dispersion von 15 ps/(nm·km) auf ca. 10 km geschrumpft ist. Bei langen Strecken darf der Verstärkerabstand aus Stabilitätsgründen nicht größer als die Solitonenperiode sein. Obige Berechnung zeigt nun, daß im 1550-nm-Fenster der Standardeinmodenfaser nur relativ kurze Verstärkerabstände zulässig sind. Eine praktikable Solitonenübertragung über längere Strecken ist deshalb im 1550-nm-Fenster bei diesem Fasertyp nicht möglich, anders sieht es jedoch im 1300-nm-Fenster aus, wo die Dispersion klein ist. Durch Vergrößern der Pulslänge kann zwar die Solitonenperiode stark vergrößert werden, dies kann jedoch, wie noch weiter unten gezeigt wird, zu erheblichen gegenseitigen Pulsstörungen führen.

Bei der Solitonenübertragung gibt es zwei Effekte, die insbesondere bei langen Strecken erhebliche Störungen verursachen können: Interaktionen zwischen benachbarten Pulsen und Pulsjitter durch den Gordon-Haus-Effekt. Beide Probleme werden im folgenden kurz behandelt.

Überlappen sich zwei benachbarte Solitonenpulse, so beeinflussen sie sich gegenseitig, da die lokale Brechzahl von der lokalen Lichtintensität beeinflußt wird. Abhängig von der Phasenbeziehung der Lichtwellen ziehen sich benachbarte Pulse an (Phasenunterschied = 0°) oder sie stoßen sich ab (Phasenunterschied = 180°). Damit die gegenseitige Beeinflussung nicht zu stark wird, müssen die Pulse entsprechende Abstände haben. Für lange Strecken mit einigen tausend Kilometern Länge haben sich Pulsabstände mit etwa der 5-fachen Pulsbreite als guter Kompromiß erwiesen. Für ein 10-Gbit/s Signal mit 100 ps Pulsabstand bedeutet dies eine Pulsbreite von 20 ps. Bild 6.26 zeigt die Simulation einer Solitonenübertragung bei 1550 nm auf einer Standardeinmodenfaser bei einer Bitrate von 10 Gbit/s mit einer relativ hohen Pulsbreite von 32 ps [6.38]. Bei den ersten beiden Pulsen wurde ein Pulsjitter angenommen, der Abstand betrug nur 90 % der Bitperiode. Der Verstärkerabstand war 24 km. Im Bild ist deutlich die gegenseitige Anziehung der beiden Pulse zu erkennen, nach ca. 150 km sind sie vollständig verschmolzen. Dies zeigt die Notwendigkeit eines genügenden Abstandes zwischen den einzelnen Solitonenpulsen. Durch eine alternierende Phasenlage benachbarter Pulse (abstoßender Effekt) kann das Problem zwar gemildert werden, das System wird damit jedoch auch komplexer.

Der Gordon-Haus-Effekt beschreibt den Einfluß der verstärkten spontanen Emission (engl.: amplified spontaneous emission (ASE)) auf das Jitterverhalten der Solitonenpulse. In langen Übertragungs-

6. Kapitel

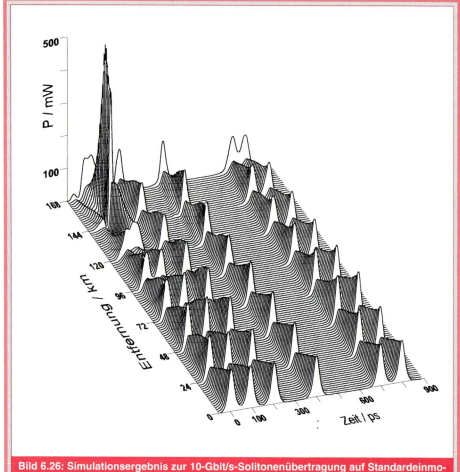

Bild 6.26: Simulationsergebnis zur 10-Gbit/s-Solitonenübertragung auf Standardeinmodenfaser bei 1550 nm. (Verstärkerabstand: 24 km; Pulsbreite: 32 ps; bei den ersten beiden Pulsen wurde ein Pulsjitter eingefügt)

strecken mit faseroptischen Zwischenverstärkern summiert sich das Rauschen auf, und die ASE wird immer stärker. Sie moduliert über den nichtlinearen Kerr-Effekt die Ausbreitungsgeschwindigkeit und das optische Spektrum des Solitonenpulses. Wegen der statistischen Verteilung des Rauschens treten statistische Schwankungen in der Ausbreitungsgeschwindigkeit und damit Schwankungen der Übertragungszeit eines Solitons auf. Formel (6.18) [6.39] gibt die Varianz des Jitters an.

Mit M = 0,44 ps/(nm·km), α = 0,2 dB/km, einer Pulslänge von 20 ps, einem Verstärkerabstand von 40 km und einer Rauschzahl von 6 dB beträgt die Standardabwei-

$$\langle \partial t^2 \rangle = 4150 \frac{\alpha}{A_{eff}} F_r' h(G) \frac{M}{\tau} L_{ges}^3 \quad (6.18)$$

$\langle \partial t^2 \rangle$: Varianz des Jitters in ps²
α: Faserdämpfungskoeffizient in dB/km
A_{eff}: effektive Faserkernfläche in µm²
F_r': Rauschfaktor der Faserverstärker
h(G): eine Funktion der optischen Verstärkung G; h(G) >1
M: Faserdispersionskoeffizient in ps/(nm·km)
τ: Solitonenpulslänge
L_{ges}: gesamte Streckenlänge in Tausend km

chung des Jitters bei einer 10-Gbit/s-Übertragung ca. 7 ps nach 6.000 km und ca. 15 ps nach 9.000 km Streckenlänge. Zur Reduzierung dieses starken Jitters gibt es verschiedene Vorschläge. Beispielsweise können in bestimmten Streckenabständen mit Hilfe externer Modulatoren Pulsformungen und eine zeitliche Regeneration stattfinden [6.40] (optische Signalregeneration), oder der Effekt wird mit Hilfe leicht verstimmter Filter unterdrückt [6.41]. Bei der Filtertechnik muß dann jedoch die Sendefrequenz kontrolliert und geregelt werden, und die Filter müssen in der Mittenfrequenz stabil genug sein. Die optische Signalregeneration erfordert aktive Systemkomponenten, und wegen der Taktregeneration muß eine Festlegung der Bitrate erfolgen. Durch diese Maßnahmen verliert die optische Strecke ihre Transparenz, d. h. bei einer Systemänderung müssen auch diese zusätzlichen Komponenten ausgetauscht oder angepaßt werden. Mit solchen Techniken wurde jedoch in Ringexperimenten demonstriert, daß die Solitonenübertragung prinzipiell über mehrere millionen Kilometer funktioniert [6.40].

Die Kapazität von Solitonenübertragungssystemen kann mit optischen Frequenzmultiplexverfahren (vgl. Kap. 6.1.4.3) noch erhöht werden. Durch den Frequenzunterschied haben die Signale der einzelnen Kanäle verschiedene Ausbreitungsgeschwindigkeiten, was dazu führt, daß Solitonenpulse sich überholen. Dabei beeinflussen sie sich gegenseitig durch den nichtlinearen Effekt. Bei einer dämpfungslosen Strecke wäre die Beeinflussung symmetrisch, die Pulsformen würden sich nicht ändern, es fände nur eine kleine zeitliche Verschiebung statt. Bei realen Strecken mit Dämpfung hängt es von der Interaktionslänge ab, ob merkliche Pulsveränderungen und zusätzlicher Pulsjitter auftreten. Ist die Strecke kurz gegenüber dem Verstärkerabstand oder geht sie über mehrere Verstärkerabschnitte, dann ist die Beeinflussung praktisch symmetrisch. Liegt die Streckenlänge jedoch in der Größenordnung des Verstärkerabstandes, dann beeinflussen sich die Pulse nur auf dem ersten Streckenabschnitt solange die Pulsleistungen hoch sind, der langsame Puls wird an der Pulsrückseite, der schnellere an der Pulsvorderseite verformt, die Pulsformen werden unsymmetrisch. Bei der Wahl des optischen Kanalabstandes in mehrkanaligen Solitonensystemen muß auf diesen Effekt Rücksicht genommen werden. In [6.42] wird eine Solitonenübertragung mit 8 x 2,5 Gbit/s über 10.000 km dispersionsverschobene Faser mit einem Dispersionskoeffizient von ca. 0,6 ps/(nm·km) vorgestellt. Der Verstärkerabstand in dem Ringexperiment betrug 45 km. Wegen des kleinen Kanalabstandes von nur 0,2 nm ging die Interaktionslänge zwischen den Solitonen immer über einige Verstärkerketten hinweg, die gegenseitige Beeinflussung war somit nicht groß.

Zusammenfassung zur Solitonenübertragung

Mit Hilfe der Solitonenübertragung können sehr hohe Bitraten über tausende Kilometer nur mit optischen Zwischenverstärkern übertragen werden. Solitonenpulse stabilisieren sich selbst, wenn der Pulsabstand so groß ist, daß keine gegenseitigen Beeinflussungen stattfinden und wenn der Verstärkerabstand klein gegenüber der Solitonenperiode ist. Damit haben Parameterschwankungen wie z. B. die Pulsform der Sendepulse, unterschiedliche Dispersionskoeffizienten auf einzelnen Streckenabschnitten und Leistungsschwankungen der Pulse kaum Einfluß auf die Übertragungsgüte. Die Übertragung muß bei großen Streckenlängen in Bereichen niedriger Faserdispersion stattfinden, d. h. im 1300-nm-Fenster von Standardeinmodenfasern oder im 1550-nm-Fenster von dispersionsverschobenen Fasern. Mit zusätzlichen Maßnahmen, die jedoch einer mehr oder weniger vollständigen optischen Signalregeneration entsprechen, konnte im Labor nachgewiesen werden, daß eine Solitonenübertragung praktisch über unbegrenzte Streckenlängen möglich ist.

6.2.3.7 Vergleich der verschiedenen Techniken

Die wichtigsten Techniken für 10-Gbit/s-Übertragungssysteme sind nochmals in zwei Tabellen zusammengefaßt. Dabei wurde bei Streckenlängen über 100 km vom Einsatz optischer Zwischenverstärker ausgegangen. In Tabelle 6.5 werden die Faserwellenlängenbereiche mit niedriger Disper-

6. KAPITEL

Tabelle 6.5: 10-Gbit/s-Systemtechnik in Bereichen niedriger Faserdispersion

Technik	1300-nm-Standardeinmodenfaser / 1550-nm-dispersionsverschobene Faser (DSF)		
	Anwendungsbereiche	Wichtige Vorteile	Wichtige Nachteile
Direkt modulierter Laser	mittlere Strecken	herkömmliche Technik	
Externe Modulation; Dispersionsnullstelle	Langstrecken einige tausend Kilometer	extrem lange Strecken erreichbar	– nichtlinare Effekte sind stärker – Regelung der Senderwellenlänge eventuell nötig
Solitonenübertragung	Langstrecken einige tausend Kilometer	extrem lange Strecken erreichbar	– komplexere Technik

sion betrachtet. Bei kleinen Dispersionswerten können auch mit der herkömmlichen Technik der Direktmodulation große Strecken überbrückt werden. Für das 1300-nm-Fenster gilt generell, daß z. Z. optische Verstärker nur als Labormuster zur Verfügung stehen. Extrem lange Strecken mit mehreren tausend Kilometern lassen sich durch eine Übertragung bei der Dispersionsnullstelle oder mit der Solitonentechnik realisieren. Bei der ersteren Technik bestehen die wesentlichen Probleme in der Vermeidung nichtlinearer Effekte und einer Regelung der Sendewellenlänge, die Solitonentechnik erfordert einen höheren Systemaufwand gegenüber konventioneller Übertragung.

Tabelle 6.6 gibt einen Überblick über die Techniken für das 1550-nm-Fenster der Standardeinmodenfaser. Bis ca. 100 km

Tabelle 6.6: Systemtechnik für hohe Bitraten im 1550-nm-Fenster der Standardeinmodenfaser

Technik	1550-nm-Standardeinmodenfaser		
	Anwendungsbereiche	Wichtige Vorteile	Wichtige Nachteile
Externe Modulation	Kurzstrecken: bis ca. 100 km	– Laser und Modulator integrierbar	– hohe Modulationsspannungen nötig
Injection Locking	Kurzstrecken: bis ca. 100 km	– über Strom modulierbar	– Integration wegen erforderlicher optischer Einwegleitung z. Z. nicht möglich – Abstimmung Master-/Slavelaserfrequenz
Dispersion supported transmission (DST)	mittlere Strecken: bis ca. 250 km	– niedriger Modulationsstrom	– grobe Anpassung der Systemparameter an Streckenlänge nötig – spezieller Empfänger nötig
Dispersionskompensierende Fasern	große Strecken: einige hundert, bei guter Kompensation (Anpassung an Sendewellenlänge), auch tausende Kilometer erreichbar	– optisch transparente Strecke – gute Kompensation über das gesamte Fenster erreichbar – robuste, passive Technik	– Einfügedämpfung
Spektrale Inversion	große Strecken: einige hundert Kilometer	– optisch transparenter Kanal – Systeminstallation nur an einer einzigen Stelle nötig – auch Kompensation nichtlinearer Effekte	– verhältnismäßig komplexe Technik – Faserzugriff in der Streckenmitte erforderlich

bietet die externe Modulation eine einfache Systemlösung. Für größere Entfernungen bis ca. 250 km ist die DST-Technik eine gute Methode, sie hat jedoch den Nachteil, daß Parameteranpassungen von Sender und Empfänger an die Streckenlänge nötig sind. Dies kann bei Ersatzschaltungen in der optischen Ebene Schwierigkeiten bereiten, wenn sich die Streckenlänge bei einer Umschaltung stark ändert. Für Streckenlängen von einigen hundert Kilometern kommen aus heutiger Sicht dispersionskompensierende Methoden mit speziellen Fasern (evtl. auch Fasergittern) oder die komplexere aber auch sehr leistungsfähige Technik der spektralen Inversion in Frage.

6.2.4 Seekabelsysteme

Die höchsten Anforderungen an die optische Übertragungstechnik stellen interkontinentale Seekabelsysteme mit Streckenlängen von tausenden Kilometern dar. In Tabelle 6.7 sind Daten einiger Seekabelsysteme angegeben. Nähere Informationen finden sich in [6.43].

Lange Seekabelsysteme unterscheiden sich von Landverbindungen vor allem dadurch, daß es nicht wirtschaftlich ist, Systemkomponenten, z.B. zur Erhöhung der Übertragungskapazität, auszutauschen. Wegen der extrem hohen Reparaturkosten müssen deshalb auch alle Systeme sehr zuverlässig arbeiten, bzw. es müssen für kritische Komponenten (z.B. Pumplaser von Faserverstärkern) redundante Teile mit eingebaut werden. Die Systeme werden in der Regel für eine Lebensdauer von 25 Jahren ausgelegt. Während dieser Zeit sollten nicht mehr als 3 Reparaturen auf der gesamten Strecke nötig sein.

Wegen der niedrigeren Faserdämpfung bei 1550 nm wurde dieser Wellenlängenbereich ab 1991 für Seekabelsysteme erschlossen. Um die Dispersionsprobleme zu lösen, werden dafür dispersionsver-

Tabelle 6.7: Daten einiger Seekabelsysteme. TAT: Transatlantic Telephon cable system; FLAG: Fiber optical Link Around the Globe; CANTAT: CANadian Transatlantic Telephon cable system

Bezeichnung	Inbetriebnahme	Länge	Bitrate	Kosten
Europa – Nordamerika: elektrische Regeneratoren				
TAT 8 USA – Großbritannien USA – Frankreich	1988	6.400 km 6.200 km	2 x 280 Mbit/s	ca. 390 Mio. US $
TAT 9 Kanada, USA, Großbritannien, Frankreich, Spanien	1991	9.300 km	2 x 560 Mbit/s	ca. 400 Mio. US $
TAT 10 USA – Deutschland	1992	7.200 km	2 x 560 Mbit/s	ca. 500 Mio. US $
TAT 11 USA – Großbritannien USA – Frankreich	1993	6.360 km 6.190 km	3 x 560 Mbit/s	ca. 300 Mio. US $
CANTAT 3 Kanada – Deutschland	1994	7.500 km	2 x 2,5 Gbit/s	ca. 400 Mio. US $
im Bau: Europa – Nordamerika; optischer Verstärker				
TAT 12 USA – Großbritannien	1995	5.980 km	2 x 5 Gbit/s	zusammen ca. 740 Mio. US $
TAT 13 USA – Frankreich	1996	6.320 km	2 x 5 Gbit/s	
in der Planung: England – Japan (teilweise Landverbindung) mit optischen Verstärkern/Regeneratoren				
FLAG Großbritannien – Thailand – Japan	1997	27.300 km	2 x 5 Gbit/s	ca. 1,2 Mrd. US $

schobene Fasern eingesetzt. Die bis 1994 verlegten Systeme verwenden alle elektrische Regeneratoren, wobei die Regeneratorabstände bei ca. 50 km liegen. Ab 1995 werden an Stelle der Regeneratoren Faserverstärker eingesetzt. Bei TAT 12/13 (engl.: transatlantic telephone cable system (TAT)) liegen die Verstärkerabstände bei ca. 45 km. Das extrem lange FLAG-Kabel (engl.: fiber optical link around the globe (FLAG)) führt von Großbritannien über das Mittelmeer, den Indischen Ozean, durch Thailand und das Südchinesische Meer nach Japan und hat eine Länge von insgesamt 27.300 km. Auf der Strecke werden insgesamt 667 Verstärker in Abständen von ca. 40 km eingesetzt. Längs dieser Strecke befinden sich mehrere Anlandepunkte.

Zur Versorgung der Regeneratoren bzw. Verstärker mit Energie wird ein Strom über metallische Leiter im Kabel geschickt. Alle Systeme sind in Reihe geschaltet und das Meerwasser dient als Rückleiter. Bei TAT-8 beträgt die Versorgungsspannung 7.500 V an jeder Endstation bei einem Strom von 1,6 A.

TAT 12/13 und das FLAG-System zeigen, welche Übertragungskapazität und welche Streckenlängen mit der optischen Übertragungstechnik mittlerweile realisiert werden können. Um extrem lange Übertragungslängen nur mit optischen Verstärkern aufbauen zu können, müssen folgende Bedingungen erfüllt sein:

- die Faserdämpfung soll möglichst niedrig sein ($\alpha \leq 0{,}22$ dB/km);
- die optischen Eingangsleistungen an den optischen Verstärkern müssen hoch genug sein, damit trotz des aufsummierten Faserverstärkerrauschens der Signal-Rausch-Abstand am Ende der Strecke hoch genug für eine geringe Fehlerrate ist;
- die Sendewellenlänge muß in der Nähe des Dispersionsminimums der Faser liegen;
- das Sendespektrum muß schmal sein;
- die Leistung in der Faser darf nicht zu hoch sein, damit keine störenden nichtlinearen Effekte auftreten;
- der Modenfelddurchmesser der Faser sollte möglichst groß sein, damit infolge geringerer optischer Leistungsdichte nichtlineare Effekte nicht störend wirken.

Die in Tabelle 6.7 angegebenen Kosten zeigen, daß ein starker Preisverfall eingetreten ist, wenn man die Kosten pro Sprachkanal (64 kbit/s) betrachtet. Zukünftige Seekabelsysteme werden bei noch höheren Bitraten betrieben werden, zur Lösung des Dispersionsproblems wird dann möglicherweise die Solitonenübertragung eingesetzt.

6.2.5 Anwendung von optischem Frequenzmultiplex in Fernnetzen

Die Kapazität einer Glasfaserübertragungsstrecke kann neben der Erhöhung der Bitrate auch durch Anwendung von optischem Frequenzmultiplex (engl.: optical frequency division multiplexing (OFDM), vgl. Kap. 6.1.4.3) vergrößert werden. Die OFDM-Technik kann z.B. dann eingesetzt werden, wenn Elektronik oder andere Komponenten für höherbitratige Systeme nicht zur Verfügung stehen. Ein wesentlicher Vorteil ist jedoch, daß die Dispersionsprobleme wegen der niedrigeren Bitrate erheblich geringer sind und daß wegen der höheren Empfängerempfindlichkeit bei gleicher Sendeleistung größere Übertragungsstrecken überbrückt werden können. Das letztere gilt jedoch nur, wenn die Summe aller Sendeleistungen bei einem OFDM-System unterhalb der Leistung bleibt, die aus Sicherheitsgründen maximal zugelassen ist. Wird diese Grenze auch beim einkanaligen System schon ausgenutzt, dann bietet ein OFDM-System keine Verbesserung im Leistungsbudget, da die Verbesserung in der Empfängerempfindlichkeit durch die verringerte Sendeleistung der einzelnen Kanäle praktisch aufgehoben wird.

Neben den erwähnten Vorteilen hat die OFDM-Technik jedoch auch einige Nachteile. Im folgenden werden keine Systeme mit optischem Überlagerungsempfang berücksichtigt, da mit ihnen zwar prinzipiell eine enorme Anzahl von Kanälen übertragbar ist, sie aber wegen der Komplexität z. Z. nicht wirtschaftlich sind, so daß sie in absehbarer Zeit nicht zum betrieblichen Einsatz kommen werden. Folgende kritische Punkte sind bei der OFDM-Technik zu beachten:

- Die Laserdioden müssen bei einer bestimmten Sendefrequenz arbeiten (teurere Bauelemente);
- eine Regelung der Sendefrequenz ist u.U. nötig (abhängig vom Kanalabstand), da sich die Lasersendefrequenz mit Laserstrom und Temperatur ändert;
- die optischen De-/Multiplexer müssen bei kleinen Kanalabständen temperaturstabilisiert oder sogar (z.B. über die Temperatur) geregelt werden, um den Filterkamm stabil zu halten;
- die Überwachung mehrerer optischer Kanäle ist komplexer als bei einem einkanaligen System;
- bei Übertragungsstrecken mit vielen optischen Zwischenverstärkern müssen zusätzliche Maßnahmen ergriffen werden, damit die Verstärkung für alle optischen Kanäle etwa gleich groß ist (die Verstärkungskennlinie der Faserverstärker weist über den Bereich des Verstärkungsfensters starke Schwankungen auf). Eine Möglichkeit besteht darin, die Kanäle nur in dem Verstärkungsbereich zu realisieren, wo die Verstärkungskennlinie flach ist. Bei vielen Kanälen bedeutet dies jedoch einen engen Kanalabstand, wodurch zum einen die Komplexität der benötigten Bauelemente steigt und zum anderen steigt auch die Wahrscheinlichkeit der Störung durch nichtlineare Effekte. Eine andere Möglichkeit ist die Verwendung zusätzlicher optischer Filter, die eine Angleichung der Verstärkung der unterschiedlichen Kanäle bewerkstelligen. Weitere Anmerkungen zu diesem Punkt finden sich in Kap. 6.2.2.4.
- Nichtlineare Effekte können die Übertragung stark stören.

Der letzte Punkt, der Einfluß nichtlinearer Effekte, wird im folgenden noch näher erläutert. Neben der bereits in vorherigen Abschnitten erwähnten Selbstphasenmodulation und der Brillouin-Streuung sind bei OFDM-Systemen die Vierwellenmischung und die stimulierte Raman-Streuung von Bedeutung.

Die Ursache der Vierwellenmischung ist, wie bei der Selbstphasenmodulation, die Nichtlinearität der Brechzahl der Faser. Breiten sich mehrere Lichtwellen unterschiedlicher Frequenz auf der Faser aus, so entstehen durch die Nichtlinearität neue Lichtwellen mit den Frequenzen $f_n = f_i + f_j - f_k$ ($k \neq i,j$). Bei zwei Wellen mit den Frequenzen f_1 und f_2 werden die Seitenbänder $2f_1 - f_2$ und $2f_2 - f_1$ erzeugt, bei drei beteiligten Signalen sind es schon 9 neue Wellen. Haben die Signalwellen gleiche Frequenzabstände, dann können die neu erzeugten Wellen in benachbarte Kanäle fallen und dort Übertragungsstörungen verursachen. Die Frequenzen der einzelnen Kanäle können jedoch prinzipiell so gewählt werden, daß die neuen Mischprodukte in nicht belegte Frequenzbänder fallen. Die Effektivität der Vierwellenmischung ist abhängig von der Leistungsdichte, aber auch der Kanalabstand und die Faserdispersionswerte spielen eine große Rolle. Bei großer Faserdispersion wird die Phasenanpassung der beteiligten Wellen gestört, wodurch der Effekt der Vierwellenmischung stark gemindert wird, jedoch muß dann bei Gbit/s-Systemen ein Dispersionsmanagement (Kap. 6.2.3) eingesetzt werden. Der Effekt der Vierwellenmischung wird auch durch größere Kanalabstände vermindert. Aus den vorherigen Überlegungen wird deutlich, daß im 1550-nm-Fenster das Problem der Vierwellenmischung bei dispersionsverschobenen Fasern im Vergleich zu Standardeinmodenfasern deutlich größer ist. Wegen des kleineren Kerndurchmessers ist die Leistungsdichte höher und außerdem ist die Faserdispersion wesentlich kleiner. Durch entsprechende Systemauslegung kann das Problem der Vierwellenmischung jedoch gelöst werden. Der Effekt begrenzt die möglichen Kanalzahl in Abhängigkeit von der optischer Sendeleistung und der Länge der Übertragungsstrecke.

Bei der Raman-Streuung handelt es sich um Wechselwirkungen mit Molekülschwingungen. Die Photonen einer Lichtwelle können Energie an die Glasmoleküle abgeben, wodurch diese in einen angeregten Zustand übergehen. Das gestreute Licht hat dann eine niedrigere Energie, die Lichtfrequenz ist um die Schwingungsfrequenz der Moleküle (Stokes-Frequenz) verringert. Dieser Effekt spielt bei einkanaligen Übertragungssystemen praktisch keine Rolle, da die optische Leistung in der Größenordnung von einem Watt liegen muß, um einen deutlichen Effekt zu erzeugen. Gebräuchliche Sendeleistungen sind um Größenordnungen niedriger. Breiten sich zwei oder mehr Lichtwellen unterschiedlicher Frequenzen in der Faser aus, dann regt die höherfrequente Lichtwelle die Molekülschwingungen an, während die Welle mit der niedrigeren Frequenz dann durch die induzierte Raman-Streuung eine Verstärkung erfahren kann, d.h. die Energie der Molekülschwingung wird an die niederfrequente Lichtwelle abgegeben. Weil das Raman-Verstärkungsspektrum der Glasfaser sehr breitbandig ist (im 1550-nm-Fenster ca. 100 nm), muß der Effekt bei OFDM-Systemen generell beachtet werden. Prinzipiell erfahren durch den stimulierten Raman-Prozeß die Kanäle mit der höheren Wellenlänge eine Verstärkung auf Kosten der Kanäle mit der niedrigeren Wellenlänge. Bei wenigen Kanälen spielt der Effekt praktisch keine Rolle, er wird aber mit wachsender Kanalzahl und großen Streckenlängen immer stärker.

Laborexperimente haben gezeigt, daß mit Hilfe von OFDM-Systemen die Übertragungskapazität auch für lange Strecken erheblich gesteigert werden kann. Alle Experimente werden z.Z. im 1550-nm-Fenster wegen der Verfügbarkeit von Faserverstärkern durchgeführt. In [6.44] wird von einem Experiment berichtet, bei dem 8 Signale mit je 5 Gbit/s im optischen Frequenzmultiplex über eine 8.000 km lange Strecke, die nur mit Faserverstärkern bestückt war, übertragen werden konnten. Der Kanalabstand betrug 0,53 nm (ca. 65 GHz) und der Verstärkerabstand 45 km (Streckendämpfung 0,2 dB/km). Zum Unterdrücken der nichtlinearen Wechselwirkungen wurden allerdings Fasern mit negativer und mit positiver Dispersion in einer bestimmten Konfiguration hintereinandergeschaltet. Außerdem wurden die Sendeleistungen niedrig gehalten. Die Gesamtleistung aller Kanäle war kleiner als 2 mW. In [6.45] wird von der Übertragung von 16 Signalen mit je 10 Gbit/s über 1.000 km Standardeinmodenfaser berichtet. Der Kanalabstand betrug hier 80 GHz und der Verstärkerabstand 40 km. Zur Verringerung des Dispersionsproblems wurde externe Modulation angewendet und jeder Streckenabschnitt wurde zusätzlich mit einer 7,5 km langen dispersionskompensierenden Faser zur Kompensation der Dispersion versehen. Wegen des breiten belegten Bandes (15 x 80 GHz = 1200 GHz, entspricht ca. 9,6 nm) war die Verstärkung der Kanäle unterschiedlich. Zum Verstärkungsausgleich wurden deshalb längs der Strecke mehrere optische Spezialfilter eingesetzt. Die Übertragungsexperimente zeigen, daß in der Zukunft die Kapazität von Übertragungsstrecken mit Hilfe von OFDM noch erheblich ausgeweitet werden kann.

6.3 Synchrone Netze

Die synchrone Übertragungstechnik setzt sich weltweit als Standardtechnik durch und löst die plesiochrone Technik ab [6.14]. Die neue Multiplextechnik der synchronen Hierarchie bietet bessere Möglichkeiten, die Verkehrsströme im gesamten Netz mit Hilfe eines Managementsystems zu steuern. Um die Wirtschaftlichkeit des Netzes zu erhöhen, sollte die Kapazität möglichst gut und gleichmäßig ausgelastet sein. Hinzu kommt, daß zukünftig auf Kundennachfrage ein kurzfristiges Bereitstellen von Festverbindungen, auch nur für begrenzte Zeiträume, immer wichtiger wird. In einem modernen Netz müssen deshalb folgende wesentlichen Funktionen realisiert werden können:

- Führungsoptimierung der Verkehrsströme;
- Erkennen von Übertragungsengpässen und Umlenken der Signalströme;
- Erkennen von Übertragungsstörungen (z.B. Kabelbruch) und Schalten von Ersatzwegen;
- Schalten von Festverbindungen.

6.3.1 Synchrone Netzbausteine

Die zukünftige Netzstruktur wurde schon im Kapitel 6.2.1 näher beschrieben. Zur Realisierung der oben angegebenen Funktionen werden in einem synchronen Netz in der Fernverkehrsnetzebene Schaltknoten benötigt, mit denen die Verkehrsströme gelenkt werden können. Weitere Bausteine, die im Zugangsbereich Anwendung finden, sind Add-Drop-Multiplexer zum Ein- und Auskoppeln einzelner Signale und Multiplexer in Terminalfunktion als Schnittstelle zu den Kunden. In Bild 6.27 sind diese Bausteine dargestellt.

Optische Übertragungssysteme

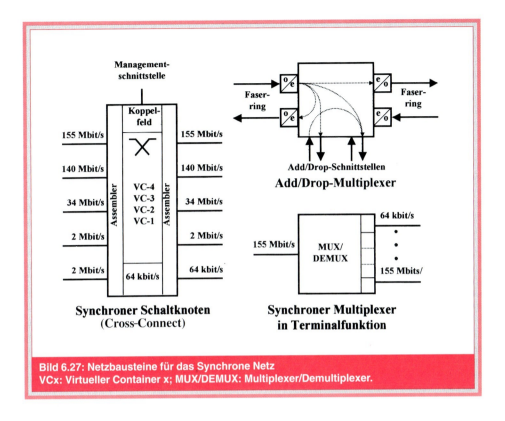

Bild 6.27: Netzbausteine für das Synchrone Netz
VCx: Virtueller Container x; MUX/DEMUX: Multiplexer/Demultiplexer.

Der Schaltknoten ist auch unter den Begriffen digitaler Cross-Connect (DCC) oder lokaler Cross-Connect (LCC) bekannt. Er hat die Aufgabe, je nach Ausführung, Signalströme zwischen 2 Mbit/s und 155 Mbit/s im Netz zu lenken.

Zusätzlich kann ein Koppelfeld eingebaut sein, mit dem bis zur untersten Ebene von 64 kbit/s Signalströme gelenkt werden können. Der DCC hat Schnittstellen zur plesiochronen Hierarchie mit 2 Mbit/s, 34 Mbit/s und 140 Mbit/s (europäische Hierarchie) und zur synchronen 155-Mbit/s-Ebene. An den Ein- und Ausgängen sitzen Assembler, die die Funktion von synchronen Multiplexern und Demultiplexern haben. Das Kernstück des Schaltknotens ist ein Koppelfeld, mit dem, je nach Ausführung, die Container VC-1 bis VC-4 blockierungsfrei geschaltet werden können. Zusätzlich ist gegebenenfalls auch ein Schalten auf der 64-kbit/s-Ebene möglich.

Mit den Schaltknoten können somit die eingehenden Signalströme beliebig zerlegt und zu neuen Bündeln zusammengefaßt werden. Kontrolliert wird der Knoten über eine eigene Schnittstelle zum Managementsystem.

Add-Drop Multiplexer werden in Ringnetzen im Zugangsbereich eingesetzt. Im nächsten Kapitel werden solche Netzstrukturen kurz vorgestellt.

6.3.2 Synchrone Ringe im Zugangsbereich

In den Zugangsnetzen werden weltweit verstärkt Ringnetzstrukturen eingesetzt. In der Bundesrepublik sind mittlerweile in den wichtigsten Ortsnetzen solche Doppelringsstrukturen in Betrieb, die unter dem Namen Variables Intelligentes Synchrones Optisches Netz (VISYON) bekannt sind [6.14]. Bild 6.28 zeigt die Struktur eines solchen Netzes.

Die Schnittstelle zum Regionalverkehr bilden Schaltknoten, die prinzipiell die gleiche Funktion wie die DCC auf der Fernnetzebene haben, bei VISYON jedoch Lokaler Cross-Connect genannt werden. Der Verkehr auf dem Ring wird mit Hilfe der

6. Kapitel

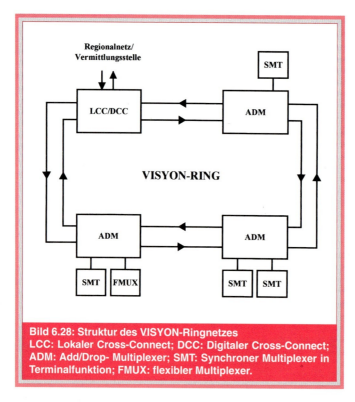

Bild 6.28: Struktur des VISYON-Ringnetzes
LCC: Lokaler Cross-Connect; DCC: Digitaler Cross-Connect;
ADM: Add/Drop- Multiplexer; SMT: Synchroner Multiplexer in
Terminalfunktion; FMUX: flexibler Multiplexer.

Add-Drop Multiplexer (ADM) gesteuert. Der Doppelring hat den großen Vorteil, daß im Fehlerfall (z. B. Faserbruch) der Verkehr umgelenkt werden kann. Liegt die Verkehrsauslastung unter 50%, so kann der gesamte Datenstrom umgeschaltet werden. Bei einer höheren Auslastung können nur Kanäle mit einer höheren Priorität geschützt werden. Die Ersatzschaltung funktioniert in Bruchteilen von Sekunden, d. h. ein Kunde merkt praktisch nichts von der Umschaltung.

Einsatzgebiete für die Ringnetze sind zunächst die Anknüpfung der Ortsvermittlungsstellen an die zugeordnete Knotenvermittlungsstelle. Mit der zukünftigen Reduzierung der Anzahl der Ortsvermittlungsstellen hat das Ringnetz dann die Funktion, den Kommunikationsverkehr des Bereichs zu sammeln und der Bereichsvermittlungsstelle zuzuführen.

Ein weitere wichtige Funktion der VISYON-Systeme ist die Möglichkeit, Kunden sehr flexibel und kurzfristig Festverbindungen zur Verfügung stellen zu können. Zum Anschluß von Kunden werden Synchrone Multiplexer in Terminalfunktion (SMT) benötigt. Diese können mit verschiedenen Schnittstellenkarten bestückt sein, die je nach Bedarf vom Managementsystem aktiviert werden können, so daß einem Kunden z. B. Festverbindungen mit unterschiedlichen Übertragungskapazitäten zu verschieden Zeiten zur Verfügung gestellt werden können. Bei geringerem Bedarf werden auch abgemagerte Versionen, die flexible Multiplexer (FMUX), verwendet. Diese können maximal eine Bitrate von 2 Mbit/s verarbeiten.

6.4 Optische Übertragungstechnik für Zugangsnetze

Der rasche technische Fortschritt in Elektronik und Übertragungstechnik und die damit verbundenen großen Kostensenkungspotentiale sowie die Entwicklung neuer Dienste haben auch erhebliche Auswirkungen auf die Netzgestaltung der Zugangsnetze.

Da, wie in den nachfolgenden Kapiteln erläutert werden wird, die Glasfaser als 'Backbone' in zukünftigen Breitband-Zugangsnetzen notwendig ist, werden die vorhandenen Kupferkabel irgendwann einmal gegen Glasfaserkabel ausgetauscht werden müssen.

Die Wahl der richtigen Zeitpunkte für diese Maßnahmen und die Definition der zukünftigen Netzstruktur sind die Grundvoraussetzung, um einen Evolutionspfad mit dem geringsten Kostenrisiko zu finden. Neue Glasfasernetze in sog. 'green field'-Situationen können heute schon zu vergleichbaren Kosten wie Kupfernetze aufgebaut werden [6.46].

OPTISCHE ÜBERTRAGUNGSSYSTEME

Tabelle 6.8: Breitbandige Teilnehmerdienste

Anwendung		Bitrate zum Teilnehmer	Bitrate vom Teilnehmer
Verteildienste	TV-Programm	5 Mbit/s	–
	Enhanced TV (EDTV)	8 Mbit/s	–
	High Definition (HDTV)	20 Mbit/s	–
Interaktive Dienste	Audio on Demand (AoD)	384 Mbit/s	100 bit/s
	Video on Demand (VoD) – Filme, Nachrichten – Sport, Musik-Clips	 2 Mbit/s 5 Mbit/s	 100 bit/s 100 bit/s
	Teleshopping	> 5 Mbit/s	> 1 kbit/s
	Spiele – Interaktiv Nutzer → Server – Interaktiv Server → Nutzer	 5 Mbit/s 5 Mbit/s	 > 64 kbit/s > 64 kbit/s
	Videokonferenz – mittlere Qualität – TV-Qualität – Enhanced TV	 2 Mbit/s 5 Mbit/s 8 Mbit/s	 2 Mbit/s 5 Mbit/s 8 Mbit/s
	Home working	> 3 Mbit/s	64 kbit/s
	Multimedia Workstation	2 Mbit/s	2 Mbit/s

Tabelle 6.8 zeigt eine Auswahl aus der Vielzahl von neuen möglichen breitbandigen Teilnehmerdiensten, die derzeit intensiv diskutiert werden. Der Bandbreitebedarf für diese Dienste kann mit der üblichen 2-Draht Kupferleitung nicht realisiert werden.

6.4.1 Charakteristische Merkmale der Zugangsnetze

Das Zugangsnetz dient zur Anschaltung der Teilnehmer an die zugeordneten Netz- und Vermittlungsknoten.

Die übergeordneten Netzknoten dienen zur Lenkung des Verkehrs. In ihnen werden die Kommunikationskanäle ausgekoppelt, abgezweigt oder durchgeschaltet. Hier befinden sich auch die Zugänge zu den Vermittlungseinrichtungen und die Übergänge zu den Servern für die Verteildienste. Die Übergabepunkte zu den Teilnehmern bzw. zu den höheren Netzebenen sind durch übertragungstechnische Schnittstellen als Netzabschlüsse definiert und realisiert.

Innerhalb eines Kommunikationsnetzes hat das Zugangsnetz die Aufgabe, den Teilnehmern (allgemeiner: den Quellen bzw. Senken der Kommunikationsströme) den Zugang zu den Vermittlungseinrichtungen bzw. den Servern zu ermöglichen. Jeder Teilnehmer muß zunächst von seinem Standort aus an einen Versorgungsknoten angeschlossen werden, damit er die angebotenen Dienste überhaupt in Anspruch nehmen kann. Bei n ≥ 1 möglichen Teilnehmern sind somit auch n Netzanschlüsse erforderlich. Für den Anschluß der Teilnehmer sind grundsätzlich alle nachrichtentechnischen Mittel, leitergebundene Medien (Kupfer-, Koax- oder Glasfaserkabel) und Funk geeignet. Außerdem gehören zum Zugangsnetz noch die für die Fernmeldeeinrichtungen notwendigen Anlagen wie Dienstgebäude, Kabeltrassen, Gehäuse für Fernmeldeanlagen, Sendemasten u. a. m. Der Netzplaner hat die Aufgabe, dieses Netz unter langfristigen Gesichtspunkten, entsprechend den heutigen und den zukünftig zu erwartenden Teilnehmerbedürfnissen, wirtschaftlich zu planen. Am Vergleich zwischen Fern- und Zugangsnetz läßt sich darstellen, wie komplex diese Aufgabe ist.

Im Fernnetz (vgl. Kap. 6.2) wird der Fernmeldeverkehr konzentriert in Punkt-zu-Punkt Verbindungen zwischen den verschiedenen Netz- und Vermittlungsknoten

6. Kapitel

geführt. Es werden nur wenige Übertragungssystemklassen mit standardisierten Schnittstellen benötigt, die dementsprechend kostengünstig beschafft werden können.

Im Zugangsnetz hingegen sind sehr unterschiedliche Anforderungen zu erfüllen. Es müssen für das technische Zusammenwirken zwischen der Teilnehmervermittlungsstelle und den Endstellen die sog. BORSCHT- Funktionen implementiert sein [6.47]. Unter diesem Kunstwort sind die Funktionen

- **B**attery (Speisen),
- **O**vervoltage Protection (Schutz gegen Fremdspannungen),
- **R**inging (Rufen),
- **S**ignalling (Zeichengabe),
- **C**oding (Codierung),
- **H**ybrid (Gabel, Richtungstrennung)
- **T**esting (Überwachung u. Funktionsprüfung)

zusammengefaßt.

Die Teilnehmer selbst sind nicht homogen über den Zugangsbereich verteilt, sondern es gibt lokale Bereiche mit hohen Teilnehmerdichten, z. B. in Stadtzentren und Blocksiedlungen, aber auch große Bereiche, wie z. B. in ländlichen Gebieten, in denen die Teilnehmer nur vereinzelt auftreten. Ausgehend vom jeweiligen Kommunikationsbedarf können sehr unterschiedliche Teilnehmergruppen wie Privatkunden, kleinere bzw. größere Geschäftskunden unterschieden werden, denen entsprechend zugeschnittene übertragungstechnische Lösungen angeboten werden müssen.

Das größte und zugleich wichtigste Zugangsnetz ist das Fernsprechanschlußnetz. Andere Zugangsnetze sind z. B. das Telexnetz, das diensteintegrierende digitale Fernmeldenetz (ISDN), das Breitbandverteilnetz (BK-Netz) aber auch die Monopolübertragungswege und die Mobilfunknetze mit den Anschlußleitungen für die Kopfstationen. Diese unvollständige Aufzählung zeigt ein weiteres wichtiges Merk-

Tabelle 6.9: Charakteristische Merkmale des Zugangsnetzes im Vergleich zum Transportnetz

Merkmal	Zugangsnetz	Transportnetz
Netzstruktur	komplexe Netzstrukzur mit P-MP-, MP-P- und P-P-Verbindungen, hybride Netze möglich	nur P-P-Verbindungen
Verkehrsstruktur	Verteildienste (asymmetrischer Verkehr) Kommunikationsdienste (symmetrischer Verkehr	gerichteter Verkehr
Netzfunktionen	Netzschnittstelle, BORSCHT-Funktion	Transport und Routing
Systemvielfalt	sehr groß, viele dienstespezifische Übertragungssysteme	gering
Übertragungsgeschwindigkeit	geringe bis mittlere Bitraten je Dienst (kbit/s bis Mbit/s), zukünftig bis zu 155 Mbit/s je Teilnehmer möglich (ATM-Systeme)	hoch, konzentrierter Verkehr (STM-1, STM-16, STM-64...)
Reichweite	gering, typ. < 20 km	groß, typ 50 km – 100 km
Umwelteinflüsse	hoch, da sie in unklimatisierter Umgebung (Temperaturbereich z. B. –20 °C...+80 °C) arbeiten müssen	gering, i. a. klimatisierte Umgebung vorhanden
Kosteneinfluß – Systeme	– groß, komplexe Systme mit vielen Endgeräten, große Schnittstellenvielfalt, schlechte Auslastung	– moderate Transportkosten, wenige Schnittstellen
– Netzinstallation	– sehr groß, Verlegekosten überwiegen	– gering wegen guter Auslastung (großer Aufteilungsfaktor)

P-P: Punkt-zu-Punkt; P-MP: Punkt-zu-Multipunkt; ATM: Asynchroner Transfer Mode; STM: Synchrones Transport Modul

mal der Zugangsnetze: Es müssen die unterschiedlichsten Kommunikationsarten unterstützt werden. Es gibt Netze für Dialogdienste, sog. IS-Netze (engl.: interactive services (IS)) für bidirektionale Kommunikation (z. B. Fernsprechnetz und ISDN-Netz) und Verteil- oder DS-Netze (engl.: distributive services (DS)), Netze, bei denen die von den Servern bereitgestellten Informationen verteilt werden.

Der Netzplaner steht somit vor der Aufgabe, die verschiedenen dienstespezifischen Teilnehmeranschlußnetze mit den unterschiedlichsten Anforderungen für die Versorgung eines größeren räumlichen Bereichs (unterschiedliche Anschlußlängen) zu minimalen Kosten realisieren zu müssen. Die charakteristischen Merkmale des Zugangsnetzes und im Vergleich dazu die des Transportnetzes sind in Tabelle 6.9 zusammengestellt.

Für den Netzbetreiber ist das Zugangsnetz einer der größten Investitionsbereiche des Fernmeldenetzes. So muß beim Fernsprechnetz im Prinzip jeder Haushalt als potentieller Teilnehmer arbeitsintensiv und damit teuer an eine Vermittlungsstelle angeschlossen werden. Zu den hohen Bereitstellungskosten kommen noch die Kosten für die betrieblichen Schaltmaßnahmen und die Instandhaltung der Leitungen. Der Ausnutzungsgrad dieser Zugangsleitungen ist aber im Normalfall sehr schlecht. Um deren Wirtschaftlichkeit zu verbessern, strebt der Netzbetreiber danach, den Nutzungsgrad durch das Anbieten neuer Dienste, die ohne aufwendige technische Zusatzmaßnahmen realisiert werden können, zu erhöhen (z. B. Fax, Btx, Service 130, u. a.) und das Netz zu automatisieren, um die flexible und bedarfsgerechte Zuweisung der Dienste **'just in time'** zu ermöglichen, und um gleichzeitig den sehr personalintensiven Betriebsaufwand zu reduzieren. Hierfür sind aber moderne Betriebsführungs- und Managementsysteme notwendig.

Im derzeitigen Anschlußnetz mit *Kupferleitern* kann die letztgenannte Maßnahme nicht realisiert werden. *Netze auf Funkbasis* können diese Forderung, soweit es die Flexibilität betrifft, zumindest teilweise erfüllen. In einem solchen Netz ist es jedoch für den Teilnehmer nachteilig, daß er für die Betriebsbereitschaft der Endeinrichtungen (u. a. Batteriewechsel) selbst verantwortlich ist; andererseits leidet der Netzbetreiber unter der für Funknetze üblichen Kapazitätsbegrenzung. Allein optische Netze bieten hier eine umfassende Lösung an.

Die beiden wesentlichen übertragungstechnischen Eigenschaften der Glasfaser, geringe Dämpfung und extrem große Bandbreite, befreien Netzplaner und Systemdesigner von den Zwängen, die durch die bisher verfügbaren Übertragungsmedien (metallischer Leiter bzw. Luft/Vakuum) vorgegeben sind. Beispielsweise begrenzt bei Telefonnetzen die Teilnehmerschleife mit symmetrischer 0,4-mm-Kupferdoppelader die mögliche Länge der Teilnehmeranschlußleitung auf etwa 5 km (1200 Ω) und ist somit bei der Netzbereichsplanung der bestimmende Faktor für die Standortfestlegung der Vermittlungsknoten. Die geringe Dämpfung der Glasfaser läßt aber Versorgungsbereiche mit erheblich größeren Anschlußlängen zu. Standorte können somit eingespart und die Netzknoten nach technischen und nach wirtschaftlichen Gesichtspunkten optimiert und räumlich festgelegt werden. In Verbindung mit der riesigen Übertragungskapazität der Glasfaser kann als Ziel die Errichtung einer universellen diensteneutralen 'Netzplattform' auf der Basis eines durchgehenden Glasfasernetzes angestrebt werden. Die derzeitig bekannten und zukünftig möglichen Dienste können dann, entweder in separaten 'logischen' Netzen oder bei der Anwendung spezieller Multiplextechniken auch in getrennten 'physikalischen' Netzen, auf dieser gemeinsamen Netzplattform übertragen werden.

Weltweit sind daher bereits seit einigen Jahren die Anstrengungen der Netzbetreiber darauf gerichtet, Wege zu finden, wie glasfasergestützte Übertragungssysteme bei vertretbaren Kosten zügig und zukunftssicher in die vorhandenen Netze integriert werden können [6.48; 6.49].

6.4.2 Gestaltung optischer Zugangsnetze

Am Beispiel des Fernsprechanschlußnetzes ist leicht zu zeigen, daß der Aufwand für das Verlegen und für die Installation der Anschlußkabel den überwiegenden Anteil der Anschlußkosten ausmacht. Im internationalen Durchschnitt liegen die Kosten für die Herstellung eines Teilnehmeranschlusses bei etwa 1 300 US$. Dieser Betrag kann sich sogar im Einzelfall, bei besonders aufwendigen Erdarbeiten oder in dünn besiedelten Gebieten auf bis zu 5 000 $ pro Anschluß erhöhen. Für die Überbrückung der letzten 300 m bis zum Kunden müssen ca. 50% der gesamten Ortsnetzinvestitionen aufgewandt werden [6.50].

Beim Fernsprechnetz wird das Zugangsnetz auf der Teilnehmerseite durch den Abschlußpunkt des allgemeinen Liniennetzes (APL) und an der Vermittlungsstelle durch den Hauptverteiler (HVt) abgeschlossen. Das Leitungsnetz ist ein einfaches Sternnetz, jeder Teilnehmer ist über eine eigene Kupferdoppelader mit dem Netzknoten verbunden, während das Kabelnetz topologisch eine Baumstruktur aufweist. Vom HVt aus werden die Kabelverzweiger (KVz), die Schaltpunkte im Feld, über die Hauptkabel (HK) angeschlossen. HK führen die Kupferdoppeladern für einen begrenzten Versorgungsbereich in einem gemeinsamen Kabel, um Kabel- und Verlegekosten zu minimieren. Bei den zwischen dem KVz und den Teilnehmern verlegten Verzweigungskabeln (VzK) ist dieses nur noch begrenzt möglich. Der letzte Abschnitt zur Versorgung der einzelnen Grundstücke erfordert in jedem Fall die Verlegung eines individuellen Kabels.

Doch selbst ohne die Berücksichtigung der Kosten für die Kabelstrecke zeigt ein einfacher Vergleich des Komponentenbedarfs, daß ein Glasfaseranschluß grundsätzlich erheblich teurer sein muß als die einfache Zweidraht-Kupferleitung. Während die Kupferleitung direkt mit dem Teilnehmergerät verbunden wird, sind an beiden Enden der Glasfaserstrecke noch jeweils aktive opto-elektronische Komponenten notwendig, die außerdem zusätzlich noch ein aufwendiges Speisekonzept für die Stromversorgung erfordern. Die direkte Umsetzung der Fernsprechnetzstruktur auf ein optisches Zugangsnetz, d.h. der Austausch der Kupferleitungen durch Glasfaserstrecken ist wegen der entstehenden Kosten für den einzelnen Teilnehmeranschluß daher nur in Ausnahmefällen, z. B. wenn bei entsprechendem Kommunikationsbedarf die Wirtschaftlichkeit gesichert ist, zu rechtfertigen.

Die Herausforderung beim Entwurf optischer Netzarchitekturen liegt darin, bereits durch eine geschickte Kombination physikalischer und logischer Topologien die Systemkosten optischer Zugangsnetze zu minimieren und gleichzeitig die Optionen für zukünftige Entwicklungen offenzuhalten. Physikalische Topologien beschreiben die linientechnische Netzgestaltung, d. h. das Trassen-, Kabel- und Fasernetz, während die logischen Topologien angeben, wie die Signale mit nachrichtentechnischen Mitteln über das physikalische Netz geleitet werden.

6.4.2.1 Komponenten zur Netzgestaltung

Bild 6.29 zeigt schematisch die Struktur eines optischen Zugangsnetzes. Eine Kopfstation als netzseitiger Glasfaserabschluß, (engl.: optical line termination (OLT)) wird über das optische Verzweigungsnetz (engl.: optical distribution network (ODN)), mit den n Stück teilnehmerseitigen Glasfaserabschlüssen (engl.: optical network unit (ONU)) verbunden. Es ist üblich, die Schnittstellen des ODN mit S (engl.: send) und R (engl.: receive) zu bezeichnen. In Richtung OLT zur ONU liegt die Schnittstelle S am Ausgang des OLT und R am Eingang des ONU. Für den Betrieb in Gegenrichtung sind die Bezeichnungen entsprechend umgekehrt.

Neben den aktiven Netzabschlüssen und den Glasfaserstrecken werden noch optische Koppel- und Selektionselemente für die Gestaltung der physikalischen Infrastruktur benötigt. Hierzu gehören gemäß Bild 6.30 optische Leistungskoppler/-teiler (Theorie in Kap. 4.3), die als Abzweig- und Sternkoppler eingesetzt werden, optische Multiplexer, Demultiplexer und Filter für die wellenlängenselektive Führung optischer Kanäle. Grundsätzlich werden die Funktionen dieser Bausteine in allen Ebenen eines optischen Netzes benötigt. Im Zugangsnetz muß allerdings zusätzlich darauf geachtet werden, daß die Komponenten kostengünstig herstellbar sind.

OPTISCHE ÜBERTRAGUNGSSYSTEME

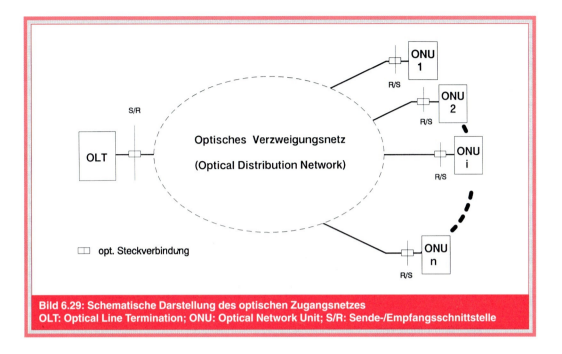

Bild 6.29: Schematische Darstellung des optischen Zugangsnetzes
OLT: Optical Line Termination; ONU: Optical Network Unit; S/R: Sende-/Empfangsschnittstelle

Leistungskoppler/-teiler

Optische Leistungskoppler sind passive Komponenten zum Zusammenfassen bzw. Aufteilen von optischen Signalen. Sie werden entweder als Faser-Schmelzkoppler [6.51] oder integriert-optisch als Planarkoppler [6.52] hergestellt. Beim Schmelzkopplertyp ist der symmetrische und reziproke 2x2-Koppler, der durch das definierte Verschmelzen zweier Glasfaserstücke entsteht, das Basiselement, aus dem durch Kombination einzelner Elemente Koppler mit einer größeren Anzahl von Ein- und Ausgangstoren hergestellt werden. Grundsätzlich können Koppelelemente mit beliebigen Koppelverhältnissen hergestellt werden.

Basiselement der planaren Version hingegen ist der Y-Verzweiger vom Typ 1 x 2, aus dem wiederum durch weitere Untersetzung Verzeiger vom Typ 1 x n hergestellt werden können.

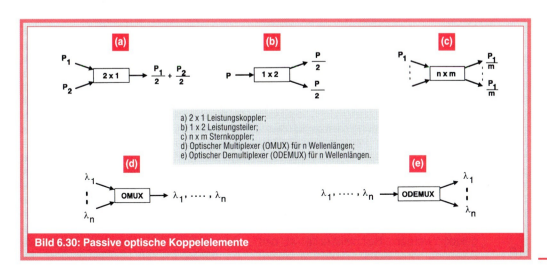

a) 2 x 1 Leistungskoppler;
b) 1 x 2 Leistungsteiler;
c) n x m Sternkoppler;
d) Optischer Multiplexer (OMUX) für n Wellenlängen;
e) Optischer Demultiplexer (ODEMUX) für n Wellenlängen.

Bild 6.30: Passive optische Koppelelemente

6. Kapitel

Koppler mit einer größeren Anzahl von Ein- und Ausgangstoren werden auch als Sternkoppler bezeichnet. Als passive Leistungskoppler mit n Eingängen und m Ausgängen dienen sie zur gleichmäßigen optischen Leistungsaufteilung und -kopplung. Üblich sind symmetrisch-reziproke Sternkoppler mit n = m Ein- und Ausgängen und asymmetrische Sternkoppler vom Typ 1 x m und 2 x m.

Optische Multiplexer / Demultiplexer

Jede optische Trägerwellenlänge (-frequenz) kann unabhängig von den anderen für die Übertragung genutzt werden. Um die Trägerwellen unabhängig voneinander aus- und einzukoppeln, werden selektive Koppelelemente, die optischen Multiplexer/Demultiplexer, benötigt. Sie unterscheiden sich von Leistungskopplern dadurch, daß die Ein- und Auskoppelpfade für die gewünschte Wellenlänge im Idealfall keine Einfügedämpfung besitzen, während sie für die anderen Wellenlängen eine sehr hohe Sperrdämpfung aufweisen.

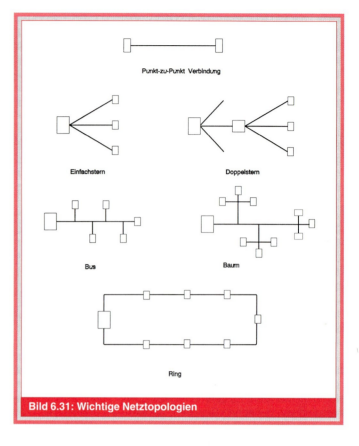

Bild 6.31: Wichtige Netztopologien

6.4.2.2 Übersicht möglicher Netztopologien

Aus den topologischen Netztypen, wie
- Liniennetzen für Punkt-zu-Punkt (P-P) Kommunikation

und

- Stern- sowie Busnetzen für Punkt-zu-Multipunkt (P-MP), bzw. Multipunkt-zu-Punkt (MP-P) Kommunikation

können alle anderen Netzstrukturen hergeleitet werden. Beispielsweise ist das Baumnetz eine Kombination aus Linien- und Sternnetz, während ein Ringnetz als ein Bus aufgefaßt werden kann, bei dem beide Enden an einem gemeinsamen Ort zusammentreffen.

Netze mit Punkt-zu-Multipunkt Struktur haben den grundsätzlichen Vorteil, daß sie bei n Teilnehmern nur insgesamt n+1 Netzabschlüsse benötigen, während in einfachen Liniennetzen immer $2 \cdot n$ Netzabschlüsse erforderlich sind. Bild 6.31 zeigt einige wichtige Netztopologien.

Liniennetz

Ein Zugangsnetz, bei dem jeder Teilnehmer über eine eigene Glasfaser mit dem Netzknoten verbunden ist, ist ein reines Liniennetz in Einfachsternstruktur. Es ist leicht einzusehen, daß bei dieser Topologie die totale Leitungslänge als die Summe der einzelnen Leitungslängen maximal wird. Da keine Verzweigungselemente in den einzelnen Anschlußleitungen vorhanden sind, wird die maximale Reichweite bei vorgegebenem Leistungsbudget nur durch das Dämpfungsmaß des eingesetzten Übertragungsmediums bestimmt und ist ebenfalls maximal. Ein Beispiel für ein reines Liniennetz ist die Kupferleitung im Fernsprechanschlußnetz zwischen HVt und Telefonanschlußdose, während das Kabelnetz bzw. die Trasse eine Baumstruktur aufweist.

Busnetz

Bei dem Busnetz sind die Teilnehmer über optische Koppelelemente mit der gemeinsam genutzten Glasfaser verbunden. Physikalisch handelt es sich um ein P-MP-Netz. Kommunikation über solche Netztopologie ist nur in Verbindung mit einem Protokoll, mindestens zur Koordinierung der Sendezeiten der angeschlossenen Teilnehmer, möglich. Werden die beiden Enden des Busses am gleichen Ort zusammengeführt, ergibt sich ein Ringnetz, das sich z. B. für den Aufbau von unterbrechungsfreien Netzen, sogenannten *selbstheilenden* Ringen, eignet.

Wird vereinfachend angenommen, daß die einzelnen Teilnehmer in regelmäßigen Abständen direkt an den Faserbus angeschlossen werden, d. h. der Abstand zwischen zwei Teilnehmern sei L_o und es sei keine Stichleitung vom Bus zu den jeweiligen Teilnehmerstationen vorhanden, so ergibt sich die Gesamtlänge des Busnetzes (L_G) zu $L_G = n \cdot L_o$ (n: Anzahl der Teilnehmer). Die Teilnehmer werden über Koppler (Koppelfaktor k) an den Bus angekoppelt. Hierbei wird der k-fache Anteil der Kopplereingangsleistung zum Teilnehmer hin ausgekoppelt, während im Idealfall der verbleibende (1−k)-fache Anteil in Richtung zum nächsten Teilnehmer weitergesendet wird. Unter Vernachlässigung der Streckendämpfung steht dann am Eingang des n-ten Empfängers (n = 1,2,...) nur noch eine Signalleistung in Höhe von P_n zur Verfügung

$$P_n = P_T \cdot k[(1-k) \cdot \varepsilon]^{(n-1)} \qquad (6.19)$$

P_T: Sendeleistung der Kopfstation;
ε: Zusatzdämpfungsfaktor des Kopplers

Der Bus muß so dimensioniert werden, daß die Empfangsleistung noch am letzten Empfänger für die vorgegebene Signalqualität ausreicht. Bei konstantem Koppelfaktor müssen die Empfänger fähig sein, eine hohe Signaldynamik verarbeiten zu können.

Wenn andererseits der Bus so ausgelegt wird, daß jeder Empfänger den gleichen Signalpegel empfängt, muß jeder Koppler entsprechend seiner Position im Bus ein anderes Koppelverhältnis aufweisen. Aus wirtschaftlicher und betrieblicher Sicht bietet dieses Buskonzept wegen der Vielzahl der notwendigen unterschiedlichen Komponenten keine sinnvolle Lösung, und es ist auch schlecht für die Anwendung in selbstheilenden Ringnetzen geeignet. Der grundsätzliche Nachteil aller optischen Busnetze ist die starke, exponentiell mit der Zahl der Koppler ansteigende Einfügungsdämpfung entlang des Busses, die nur geringe Teilnehmerzahlen (typisch: weniger als 20) zuläßt.

Günstigere Eigenschaften hat ein optischer Bus mit Wellenlängenmultiplexübertragung. Hierbei wird dann für jede Teilnehmerstation eine eigene optische Trägerwellenlänge für die Übertragung eingesetzt. Die optischen Multiplexer und Demultiplexer als Ein- und Auskoppelelemente weisen dann im Idealfall keine Koppelverluste auf. In der Realität bestimmen allerdings auch hier die immer vorhandenen (wenn auch geringen) Einfügedämpfungen die maximal mögliche Anzahl der an den Bus anschaltbaren Teilnehmerstationen.

Doppelsternnetz

Beim Doppelsternnetz führt eine Glasfaser als Zuführungsleitung bis in Teilnehmernähe, an die dann die einzelnen Teilnehmer jeweils über eine eigene Anschlußleitung angeschlossen sind. In passiven Netzen wird als Koppelelement ein Sternkoppler eingesetzt.

Bei gleicher teilnehmerseitiger Leitungslänge zum Sternkoppler erhalten hier, im Gegensatz zum Busnetz, alle Teilnehmer die gleiche Empfangsleistung. Die Anzahl der von einem Doppelsternnetz zu versorgenden Teilnehmer ist um mindestens eine Größenordnung höher als bei Busnetzen. Die erforderliche Gesamtleitungslänge ist bei Sternnetzen aber größer und liegt zwischen dem Leitungsbedarf eines reinen Liniennetzes (Einfachstern) und einer Bus-

6. Kapitel

struktur. Auch bei Doppelsternnetzen ist grundsätzlich ein Protokoll notwendig, um eine kollisionsfreie Zeitmultiplexübertragung zu ermöglichen.

Zusammenfassend kann festgestellt werden, daß es die ideale Netztopologie nicht gibt. Es muß jeweils im Einzelfall ein Optimum hinsichtlich Leistungsfähigkeit und Kosten gefunden werden. Im Hinblick auf die zukünftig erheblich größeren Zugangsbereiche (vgl. Kap. 7.4) ist es sinnvoll, das Zugangsnetz in die funktionalen Abschnitte *Zuführungsnetz* (engl.: feeder network) und *Verzweigungsnetz* zu unterteilen.

Als Zuführungsnetz wird hier der Netzabschnitt zwischen der Vermittlungsstelle und einem Konzentrationspunkt im Zugangsbereich verstanden, auf dem der Verkehr bereits konzentriert geführt wird. Die Übertragungstechnik hat hier nur reine Transport- und Routingaufgaben, wobei z.B. die bewährte SDH-Technik eingesetzt werden kann. Weil der Verkehr in der Regel nur über wenige aber leistungsfähige Netzknoten geführt werden muß, können hier (zum Ring geschlossene) Busnetze optimal eingesetzt werden. Das Verzweigungsnetz ist der teilnehmernahe Netzbereich vom Konzentrationspunkt aus abwärts bis hin zum Teilnehmeranschluß. Für das Verzweigungsnetz als das eigentliche Teilnehmeranschlußnetz bieten Sternstrukturen maximale Flexibilität bei minimalem Aufwand.

Aus Bild 6.32 ist schematisch ersichtlich, daß die Zuführungsnetzkosten von allen n Teilnehmern gemeinsam getragen werden, demgegenüber aber die Kosten pro Zweig im Verzweigungsnetz jedem Teilnehmer in voller Höhe zuzurechnen sind.

Wenn ein diensteneutraler Teilnehmeranschluß realisiert werden soll, bietet ein Glasfaseranschluß dafür optimale Voraussetzungen. Mehrfachnutzung, d.h. die gleichzeitige Nutzung der Faser für die Versorgung der angeschlossenen Teilnehmer mit den unterschiedlichsten Schmal- und Breitbanddiensten ist möglich, und die dabei weitestgehende Nutzung der gleichen physikalischen Infrastruktur bedeutet erhebliche Kosteneinsparungen beim Netzausbau.

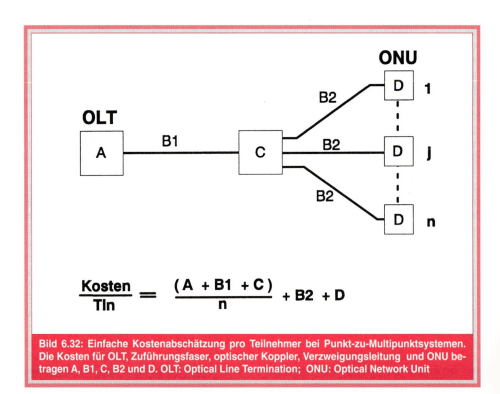

Bild 6.32: Einfache Kostenabschätzung pro Teilnehmer bei Punkt-zu-Multipunktsystemen. Die Kosten für OLT, Zuführungsfaser, optischer Koppler, Verzweigungsleitung und ONU betragen A, B1, C, B2 und D. OLT: Optical Line Termination; ONU: Optical Network Unit

Optische Übertragungssysteme

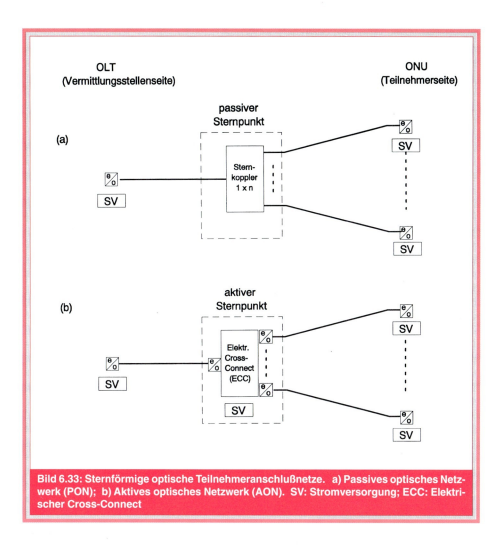

Bild 6.33: Sternförmige optische Teilnehmeranschlußnetze. a) Passives optisches Netzwerk (PON); b) Aktives optisches Netzwerk (AON). SV: Stromversorgung; ECC: Elektrischer Cross-Connect

6.4.2.3 Passives optisches Netz

Wie Bild 6.33a zeigt, werden im passiven optischen Netz (PON) im Sternpunkt keine aktiven signalverarbeitenden Komponenten eingesetzt. Das optische Netz besteht nur aus Glasfaserkabeln (vgl. Kap. 4.2.3), Spleißen (vgl. Kap. 4.2.5), Steckern (vgl. Kap. 4.2.6) und den passiven Koppel- und Verzweigungselementen für den Anschluß der einzelnen Teilnehmer. Im Netz selbst ist zwar keine elektrische Stromversorgung (SV) notwendig, Speisung wird aber in jedem Fall für die optischen Netzabschlüsse benötigt. Obwohl alle topologischen Netzstrukturen grundsätzlich für die Verwendung in PON geeignet sind, werden gewöhnlich Fasernetze vom Typ Doppel- oder Mehrfachstern bevorzugt. Beim Doppelstern wird das Sendesignal für die Übertragung in Richtung zum Teilnehmer (Abwärtsrichtung oder engl.: downstream) am OLT in eine Glasfaser eingespeist, die an einem Sternkoppler endet. An jedem Ausgang des Sternkopplers kann dann jeweils eine ONU oder, im Falle eines Mehrfach-Sternnetzes, ein weiterer Sternkoppler über eine eigene Glasfaser angeschlossen werden. Die optischen Sender für die entgegengesetzte Übertragungsrichtung von den Teilnehmern zur Vermittlungsstelle (Aufwärtsrichtung oder engl.: upstream) befinden sich an den ONU's. Diese Signale werden dann am Sternkoppler zusammengefaßt und anschließend gemeinsam auf einer Glasfaser zum OLT übertragen. Für eine störungsfreie Übertragung auf diesem physikalischen Punkt-zu-Multipunkt Netz muß ein geeignetes Übertragungssystem eingesetzt werden, um die einzelnen Übertragungskanäle von bzw. zu den Teilnehmern zu übertragen.

PON-Architekturen haben den Vorteil, daß sie den bedarfsgerechten Teilausbau der Netze begünstigen und außerdem besonders zukunftssicher sind. Bei Inbetriebnahme des Netzes wird zunächst nur der relativ preiswerte Sternkoppler benötigt. Zusätzlicher Übertragungsbedarf erfordert nur Änderungen an den aktiven Endpunkten (OLT und ONU). Da im Netz nur passive Komponenten vorhanden sind, ist das Verzweigungsnetz (ODN) optisch transparent.

Bei einem Systemwechsel sind grundsätzlich keine Eingriffe ins PON erforderlich, es müssen nur OLT und die ONU's ausgetauscht werden. Weitere logische Netze können auf der gleichen physikalischen Infrastruktur, z.B. durch Nutzung unterschiedlicher Frequenzbänder, leicht eingefügt werden. Bei geeigneter Planung und der Verlegung von Reservefasern (engl.: dark fibres) können die teuren Installations- und Verlegearbeiten im Netz auf ein Minimum reduziert werden. Ein genereller Nachteil aller PON-Architekturen ist, daß jeder Teilnehmer grundsätzlich alle vom OLT ausgesendeten Signale empfangen kann. Es müssen besondere Maßnahmen getroffen werden, um die Vertraulichkeit (engl.: privacy) der Übertragung sicherzustellen.

Auch müssen für die Fehlerlokalisierung im Falle eines Faserbruchs zusätzliche Hilfsmeßkreise vorhanden sein, da einfache Rückstreumessungen (engl.: optical time domain reflectometry (OTDR)) in Sternkopplernetzen keine eindeutigen Aussagen über den Fehlerort liefern, wenn der Fehler vom OLT aus gesehen hinter dem Sternkoppler auftritt.

In PONen wird die maximal mögliche Anzahl der ONU's, die ein OLT über das ODN versorgen kann, durch die verfügbare optische Sendeleistung bestimmt. Mit Hilfe optischer Verstärker (OV) kann zwar der Aufteilungsfaktor verbessert werden, da aber der OV zweckmäßigerweise am Sternkoppler eingefügt wird, geht wegen der nun im Feld notwendigen Stromversorgung ein wesentlicher Vorteil der passiven Struktur verloren. Außerdem fügt die begrenzte Verstärkungsbandbreite des OVs, auch wenn sie einige 10 nm betragen kann, grundsätzlich ins PON einen 'Flaschenhals' ein, wodurch auch die optische Transparenz eingeschränkt wird. In Tabelle 6.10 ist das Einfügedämpfungsmaß des ODN in Abhängigkeit vom Aufteilfaktor und von der Faserlänge aufgetragen. Man erkennt, daß gängige Sternkoppler von 1 x 16 bzw. 1 x 32 schon 13,1 dB bzw. 17 dB Aufteilungsverlust ins System einfügen.

Tabelle 6.10: Einfügedämpfungsmaß bei einem optischen Verteilnetz (ODN) in Abhängigkeit vom Aufteilfaktor

Sternkoppler Aufteilfaktor	Aufteilungsverlust*) in dB	ODN Einfügedämpfungsmaß in dB Distanz zwischen R- und S-Referenzpunkten				
		1 km	5 km	10 km	15 km	20 km
1	0,0	1,35	3,55	6,35	9,05	11,80
2	3,5	4,85	7,50	9,65	12,55	15,30
4	6,7	8,05	11,60	13,05	15,75	18,50
8	9,8	11,15	13,35	16,15	18,85	21,60
16	13,1	14,45	16,65	19,45	22,15	24,90
32	17,0	18,35	20,55	23,35	26,05	28,80
64	20,8	22,15	24,35	27,15	29,85	32,60
128	25,2	26,55	28,55	31,55	34,25	37,00

Annahmen: Dämpfungsmaß der Faser: 0,35 dB/km; 2 Spleiße pro km mit einem Einfügedämpfungsmaß von 0,1 dB/Spleiß; 2 optische Stecker mit je 0,4 dB Einfügedämpfungsmaß.
*) praktische Werte

6.4.2.4 Aktives optisches Netz

Kennzeichnend für ein aktives optisches Netz (AON) nach Bild 6.33b ist der aktive elektronische Verteiler (Multiplexer oder Cross-Connect) zwischen den Netzabschlüssen. AONe bestehen aus vielen Punkt-zu-Punkt Verbindungen. Die Vertraulichkeit ist dadurch gewährleistet, daß der aktive Sternpunkt jeder ONU in Abwärtsrichtung nur den sie betreffenden Informationskanal zuweist. Üblicherweise werden AONe als Sternnetze realisiert. Zwischen OLT und aktivem Sternpunkt werden die einzelnen Kanäle hochbitratig im Zeitmultiplex übertragen. Auf dem Abschnitt zwischen dem aktiven Sternpunkt und den ONU's werden jeweils nur geringe, zur Versorgung der jeweiligen ONU erforderliche Bitraten übertragen. An die optischen Sender und Empfänger im Verzweigungsnetz werden somit grundsätzlich geringere Anforderungen gestellt, als sie bei der PON-Struktur erfüllt sein müssen. Diesem Vorteil stehen aber einige gewichtige Nachteile gegenüber. So ist für den aktiven Sternpunkt eine Stromversorgung im Feld notwendig, und wegen der elektrooptischen bzw. optoelektrischen Wandlung vor und hinter dem elektronischen Cross-Connect ist die doppelte Anzahl von teuren aktiven Sende- und Empfangskomponenten erforderlich. Ein gradueller Netzausbau ist nur bedingt möglich, denn der elektronische Verteiler muß selbst bei nur geringer Teilauslastung des Netzes bereits bei dessen Inbetriebnahme im Kern vollständig installiert werden.

In Tabelle 6.11 befindet sich ein Vergleich von PON mit AON anhand wichtiger Kriterien.

6.4.2.5 Hybridnetze

Aus technischen oder wirtschaftlichen Gründen kann es sinnvoll sein, die Glasfaser im Zugangsnetz nicht ganz bis zum Teilnehmer zu führen, sondern für den letzten Netzabschnitt bereits vorhandene Übertragungsnetze weiter zu benutzen oder auch Funknetze neu einzurichten. Solche Hybridnetze sind für den Netzbetreiber aus Kostengründen sehr interessante Alternativen zum reinen Kupfernetz bzw. zum rein optischen Netz im Zugangsbereich.

Im ersten Fall sind dies die vorhandenen Breitbandverteilnetze auf Koaxialleitungen, die für die bidirektionale Kommunikation erweitert werden müssen, bzw. Kupferleitungsnetze, die mit leistungsfähigen Digitalübertragungssystemen, der sog. asymmetrischen digitalen Teilnehmeranschlußleitung (engl.: asymmetric digital subscriber line (ADSL)), der hochbitratigen digitalen Teilnehmeranschlußleitung (engl.: high-bit rate digital subscriber line (HDSL)) oder sogar der äußerst hochbitratigen digitalen Teilnehmeranschlußleitung VHDSL (engl.: very high-bit rate digital subscriber line (VHDSL)) für die Megabit/s-Übertragung ausgerüstet worden sind [6.53]. Die Kombination von optischen Systemen und Funknetzen, allgemein auch Radio in the Loop (RITL) oder Wireless Lo-

Tabelle 6.11: Vergleich der Eigenschaften von passiven optischen Netzen (PON) und aktiven optischen Netzen (AON)

Merkmal	PON (Stern)	AON (Stern)
Netzstruktur	Punkt-zu Multipunkt	Punkt-zu-Punkt
Anzahl opt. Sender u. Empfänger	n + 1	2 (n + 1)
Verteiler im Netz (VtN)	pass. Sternkoppler	elektr. Cross-Connect
Stromversorgung im VtN	nein	ja
opt. Transparenz vorhanden	ja	nein
Abhörsicherheit gewährleistet	durch zusätzliches Mittel (Protokoll, Codierung)	ja
Fehlerlokalisierung	aufwendig	einfach
Evolutionsfähigkeit	ja	nein, vollständiger Systemwechsel oder opt. Bypass notwendig

cal Loop (WLL) genannt, eignet sich vorwiegend für die Versorgung von neuen Ausbaugebieten mit geringerem Breitbandbedarf bzw. von dünn besiedelten Gebieten. Hybridnetze haben den Vorteil, daß die grundsätzlich sehr hohen Kosten für die Leitungsverlegung auf den 'ersten 100 m' erheblich reduziert werden können, und daß sich diese Netze schnell errichten lassen.

6.4.3 Übertragungsverfahren für optische Zugangsnetze

Ausgehend von der Kommunikationsart, lassen sich Netze für interaktive Dienste (IS) und Netze für Verteildienste (DS) unterscheiden. Die Netze für interaktive Dienste haben in Abwärtsrichtung eine Punkt-zu-Multipunkt und in Aufwärtsrichtung eine Multipunkt-zu-Punkt-Struktur. Bei bidirektionaler Kommunikation müssen zwei Übertragungskanäle (einer für jede Verkehrsrichtung) zwischen den miteinander kommunizierenden Teilnehmern bereitgestellt werden.

Einfacher im Aufbau sind die nur der Informationsaussendung dienenden Punkt-zu-Multipunkt Verteilnetze. Der OLT benötigt für diese Kommunikationsform nur einen Sender, während die ONU's nur mit optischen Empfängern ausgerüstet sind. Entsprechend der optischen Modulationsart des Basisbandsignals im optischen Zugangsnetz lassen sich analoge optische Übertragungsnetze und digitale optische Übertragungsnetze (vgl. Kap. 6.1.1.1) unterscheiden. Digitale optische Übertragungssysteme mit intensitätsmodulierten Signalen sind wegen der größeren Störunempfindlichkeit und der einfach zu realisierenden optoelektronischen Wandler für optische Zugangsnetze besonders gut geeignet. Hinzu kommt, daß insbesondere IS-Netze in einem zunehmend digitalen Umfeld eingesetzt werden. Wegen der sehr hohen Anforderungen, speziell an die Eigenschaften der optischen Sender, werden analoge optische Systeme (vgl. Kap. 6.1.5) nur für die Anwendung in hybriden DS-Netzen für die TV-Übertragung in Betracht gezogen. Auf der Teilnehmerseite ist dann keine weitere Signalumsetzung mehr erforderlich, und die vorhandenen TV-Empfänger können ohne Umrüstung weiterhin verwendet werden. Der Vergleich von AON-und PON -Toplogie hinsichtlich übertragungstechnischer Wege zeigt, daß ein AON optische Punkt-zu-Punkt Übertragungsstrecken enthält, während beim PON ohne spezielle Vorkehrungen immer optische Punkt-zu Multipunkt bzw. Multipunkt-zu-Punkt Verbindungen auftreten. Die Konzentration des Nachrichtenverkehrs erfolgt beim AON im aktiven Verteiler außerhalb des Einflußbereichs der Teilnehmer. Beim PON hingegen ist die Teilnehmerstation für die Einhaltung der Sendebedingungen verantwortlich. Die ausgesendeten Signale müssen zeitlich so am Sternkoppler eintreffen, daß die Signale der anderen Teilnehmer nicht gestört werden. Die Konzentration der Kanäle erfolgt erst im OLT.

Im Rahmen dieses Beitrags stehen wegen ihrer Besonderheit die interaktiven Übertragungskonzepte für PONe im Mittelpunkt. Übertragungssysteme für digitale DS- PON-Systeme können hiervon abgeleitet werden, und die optische Übertragungstechnik der Punkt-zu-Punkt Verbindungen, wie sie in AON-Systemen auftreten, wurde bereits in Kap. 6.1.2 beschrieben.

6.4.3.1 Bidirektionale Übertragung

Bei interaktiven Diensten müssen die Informationen zwischen den beteiligten Teilnehmern bzw. zwischen den Teilnehmern und dem Server in beiden Übertragungsrichtungen, d. h. hin und zurück, übertragen werden.

6.4.3.1.1 Zweifaserbetrieb im Raummultiplex

Die technisch einfachste Lösung ist das Raummultiplexverfahren (vgl. Kap. 6.1.4), auch Fasermultiplex genannt, wie es in Bild 6.34a am Beispiel des PON dargestellt ist. Das ODN besteht aus zwei i. a. identischen physikalischen Einzelnetzen, die in entgegengesetzten Richtungen betrieben werden. Neben den geringen technischen Anforderungen sind weitere Vorteile dieses Verfahrens die Nebensprechfreiheit und die ungeschmälerte Leistungsbilanz. Ein genereller Nachteil ist der notwendige Aufwand, denn das ODN muß praktisch dupliziert werden.

6.4.3.1.2 Einfaserbetrieb

Im sehr kostenintensiven Zugangsnetz sind die Einfaserlösungen von besonderem Interesse. Es wird ja hierbei nicht nur die zweite Faser eingespart, auch der Aufwand für Stecker, Spleiße und Koppelelemente wird halbiert, und in Vorfeldeinrichtungen und Koppelfeldern wird der Platzbedarf reduziert. An jedem Ende der Faser wird nun aber eine zusätzliche Komponente für die Ankopplung von Sender und Empfänger an die Glasfaser benötigt (Bild 6.34b). Dieses Bauteil, der Duplexer (D), bewirkt die Richtungstrennung von Sende- und Empfangssignal. Erkauft wird dieser wirtschaftliche Vorteil aber durch eine größere Störanfälligkeit gegenüber Reflexionen, die auf der Übertragungsstrecke auftreten können, siehe hierzu auch Kap. 6.4.4.

Für den Einfaserbetrieb sind folgende Methoden geeignet:
- Richtungsmultiplex (engl.: direction division multiplex (DDM)),
- Zeitkompressionsmultiplex (engl.: time compression multiplex (TCM)),
- Wellenlängenmultiplex (engl.: wavelength division multiplex (WDM)),
- Codemultiplex (engl.: code division multiplex (CDM)).

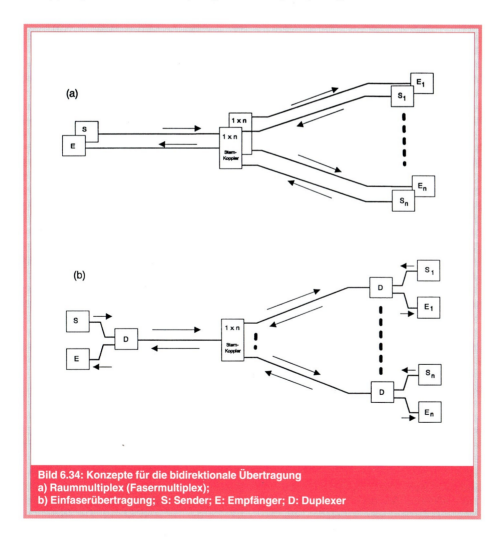

Bild 6.34: Konzepte für die bidirektionale Übertragung
a) Raummultiplex (Fasermultiplex);
b) Einfaserübertragung; S: Sender; E: Empfänger; D: Duplexer

6. KAPITEL

Die wichtigsten Gesichtspunkte der einzelnen Verfahren werden, soweit sie nicht schon in Kap. 6.1.4 erläutert worden sind, nachfolgend betrachtet.

Richtungsmultiplex

Als Richtungsmultiplex (DDM) oder ganz allgemein auch als Duplexbetrieb bezeichnet man die Methode, bei der für beide Übertragungsrichtungen die gleiche optische Wellenlänge verwendet wird. Die Signalübertragung erfolgt in Frequenzgleichlage im Vollduplexbetrieb. Obwohl dieses Verfahren nur den minimal möglichen zusätzlichen Aufwand erfordert, ist es wegen der großen Nebensprechempfindlichkeit nicht unproblematisch, und es bedarf großer Sorgfalt bei der Herstellung des Netzes. Als Duplexer werden preiswerte optische 3-dB-Leistungskoppler mit guter Richtcharakteristik (engl.: directivity) verwendet. Da jeder Leistungskoppler aber eine Einfügedämpfung von etwa 3,5 dB besitzt, wird das verfügbare Leistungsbudget dadurch aber um ca. 7 dB reduziert. Wegen ihrer geringeren Einfügedämpfung und der sehr guten Reflexionsunterdrückung sind optische Zirkulatoren (reflexionsfreie Dreitore) noch besser geeignet. Zirkulatoren sind derzeit aber nur als Hybridkomponenten zu einem sehr hohen Preis erhältlich. Aufgrund der hohen Nebensprechempfindlichkeit ist dieses Verfahren in PONen nicht üblich.

Zeitkompressionsmultiplex

Bei der bidirektionalen Übertragung im Zeitmultiplex wird das sog. *Ping-Pong-Verfahren*, auch als time compression multiplexing (TCM) bezeichnet, eingesetzt. TCM ist ein Zeit-Getrenntlageverfahren mit Halbduplexübertragung. Die Signalübertragung in den beiden Übertragungsrichtungen erfolgt abwechselnd zeitlich nacheinander (Bild 6.35). Die Signale werden in gleicher Frequenzlage übertragen. Reflexionen bleiben ohne Einfluß, wenn die Umschaltpause zwischen der Signalübertragung in Hin- und Rückrichtung größer ist als die doppelte Signallaufzeit. Damit ist sichergestellt, daß möglicherweise vorhandene Reflexionen sicher abgeklungen sind und kein Nebensprechen verursachen können. An den Empfänger sind höhere Anforderungen zu stellen, da die Signale bei diesem Verfahren notwendigerweise im Burstbetrieb mit einer mehr als doppelt so hohen Geschwindigkeit übertragen werden müssen.

Bild 6.35b zeigt den zeitlichen Ablauf bei TCM Übertragung. Das Signal von Station A in Richtung B wird während der Zeitdauer T_{AB} gesendet und erscheint um die Signallaufzeit t_L verzögert am Empfänger B. Nach einer zusätzlichen Schutzzeit t_S antwortet die Station B mit dem Sendesignal (Dauer T_{BA}) in Richtung Station A. Die Antwort erscheint dann ebenfalls um die Signallaufzeit t_L verzögert an der Station A. Hier wird wieder eine Schutzzeit t_S eingefügt und die nächste Burstperiode T_{Burst} kann neu beginnen. T_{Burst} ergibt aus dem Zeitdiagramm zu

$$T_{Burst} = T_{AB} + T_{BA} + 2\,(t_L + t_S)\,. \qquad (6.20)$$

Wenn vereinfachend angenommen wird, daß $T_{AB} = T_{BA} = T_{Bit}$ sei, dann ergibt sich die für die Übertragung einer Quellbitrate r_b notwendige Kanalbitrate $r_{Kanal} = (2 \cdot T_{Burst} \cdot r_b) / [T_{Burst} - 2(t_L + t_S)]$. Während man zunächst beim Halbduplexbetrieb wegen der notwendigen Pause für die Dauer der Übertragung der Gegenrichtung eine Kanalbitrate in Höhe der doppelten Quellbitrate erwarten würde, zeigt sich, daß, bedingt durch die immer vorhandene Signallaufzeit, die notwendige Kanalbitrate während einer Burstperiode immer größer als die doppelte Quellbitrate sein muß, selbst wenn keine Schutzzeit eingefügt werden würde. Die Anforderungen an den Burstempfänger nehmen mit zunehmender Leitungslänge zu. Für die Ankopplung an die Glasfaser sind die gleichen Komponenten wie beim DDM geeignet. Deshalb wird auch hier das verfügbare Leistungsbudget um etwa 7 dB reduziert.

Wellenlängenmultiplex

WDM-Verfahren sind Frequenzgetrenntlageverfahren mit voller Duplexfähigkeit. Die beiden Übertragungskanäle nutzen unterschiedliche Wellenlängenbereiche auf der Glasfaser für die Übertragung, beispielsweise die Wellenlänge 1300 nm für die eine Übertragungsrichtung und 1500 nm für die Gegenrichtung. Zur Trennung

OPTISCHE ÜBERTRAGUNGSSYSTEME

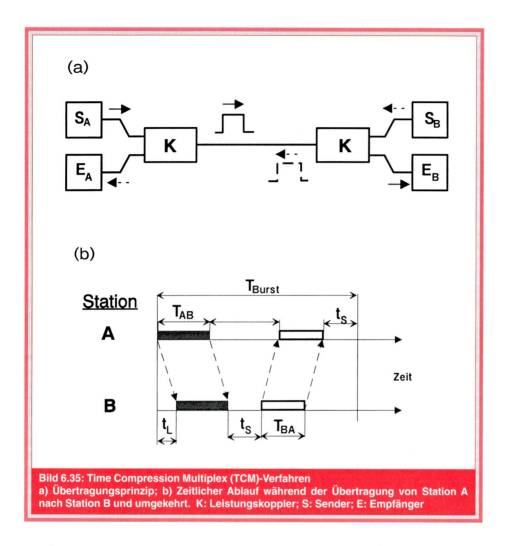

Bild 6.35: Time Compression Multiplex (TCM)-Verfahren
a) Übertragungsprinzip; b) Zeitlicher Ablauf während der Übertragung von Station A nach Station B und umgekehrt. K: Leistungskoppler; S: Sender; E: Empfänger

der Übertragungsrichtungen an den Enden der Glasfaserstrecke werden vorzugsweise wellenlängenselektive Koppler (WDM-Koppler) eingesetzt. Die Einfügedämpfung für den gewünschten Kanal liegt hierbei in der Größenordnung von nur etwa 0,5 dB, während der Einfluß des unerwünschten Kanals durch eine hohe Nebensprechdämpfung (typ. >30 dB) reduziert wird. Wegen der geringeren Einfügedämpfung ist die Wirkung von Reflexionen auf die Übertragungssysteme größer als bei DDM.

Codemultiplex

Beim CDM [6.54] nach Bild 6.36 werden die Signale im Frequenzgleichlageverfahren im Vollduplexbetrieb übertragen. Die Bitströme der beiden Übertragungskanäle werden dabei, jeder für sich, mit einer eigenen Codefolge sehr großer Bitrate multipliziert und damit über ein weites Frequenzband 'verschmiert'. Diese Spektrumspreizung wird auf der Empfängerseite durch eine nochmalige Multiplikation mit der gleichen Codefolge aufgehoben. Während das erwünschte Signal wieder hergestellt wird, werden nun alle Störsignale, die z. B. durch Reflexionen und Nebensprechen hervorgerufen werden, durch die hohe Taktrate über das gesamte Frequenzband verteilt. Damit fällt in den Empfangsbereich nur ein geringer Anteil dieses Störsignals, der als Rauschen detektiert wird. Damit dieses Verfahren hoch wirksam ist, werden Codefolgen mit guten

6. Kapitel

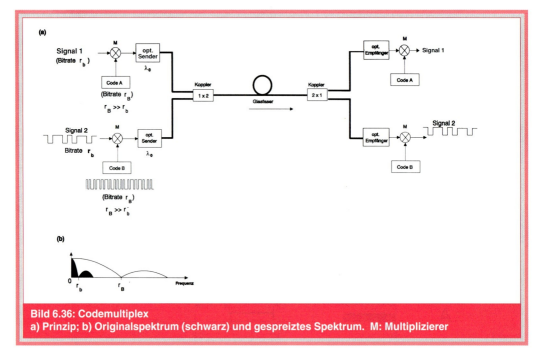

Bild 6.36: Codemultiplex
a) Prinzip; b) Originalspektrum (schwarz) und gespreiztes Spektrum. M: Multiplizierer

Kreuz- und Autokorrelationseigenschaften benötigt. Ein Vorteil der CDM-Technik ist, daß der Prozeßgewinn G proportional zum Verhältnis r_B/r_b (r_B: Leitungsbitrate; r_b: Signalbitrate) ist. Für optische Übertragungssysteme sind Werte für G in der Größenordnung von 5000 möglich, z. B. bei r_b = 2 Mbit/s und r_B = 10 Gbit/s.

Die sich hieraus ergebende erforderliche sehr große Übertragungsbitrate bedingt breitbandige optische Empfänger. Die im Vergleich zu schmalbandigen Empfängern geringere Empfindlichkeit verringert das Leistungsbudget allerdings wieder. Als Koppelelemente sind hier einfache und preiswerte 3-dB-Leistungskoppler geeignet. Damit wird aber auch hier wieder das verfügbare Leistungsbudget um ca. 7 dB reduziert. Die Übersicht in Tabelle 6.12 faßt die Merkmale der bidirektionalen Übertragungsverfahren in einem qualitativen Vergleich zusammen.

Tabelle 6.12: Merkmale bidirektionaler Übertragungsverfahren

Merkmal	Raummultiplex (SDM)	Richtungsmultiplex (DDM)	Zeitkompressionsmultiplex (TCM)	Wellenlängenmultiplex (WDM)	Codemultiplex (CDM)
Anzahl der Fasern	2	1	1	1	1
opt. Übertragungsbitrate bei Nutzkanalbitrate r_b	r_b	r_b	$> 2r_b$	r_b	$\gg r_b$
Nutzkanalbitrate	beliebig	beliebig	moderat	beliebig	moderat
Reflexionsempfindlichkeit	nicht vorhanden	groß	gering	gering	nicht vorhanden
optischer Empfänger	einfach	einfach	Burstempfänger	einfach	Breitbandempfänger (max. Bandbreite)
elektrischer Empfänger	einfach	einfach	komplex	einfach	komplex
Duplexer	Keiner	3-dB Koppler oder Zirkulator	3-dB Koppler	Wellenlängenkoppler	3 dB-Koppler

6.4.3.2 Zugriffstechniken in passiven optischen Netzen

In passiven optischen Netzen nutzen mehrere Teilnehmer gemeinsam ganz oder teilweise den gleichen Übertragungskanal. Deshalb sind für eine störungsfreie Übertragung Multiplexverfahren zur gemeinsamen Übertragung der Kanäle und Zugriffstechniken für das Ein- und Auskoppeln der individuellen Teilnehmerkanäle erforderlich. Jeder Teilnehmer muß in der Lage sein, den ihm zugewiesenen Nachrichtenkanal sicher aus dem Summensignal her-

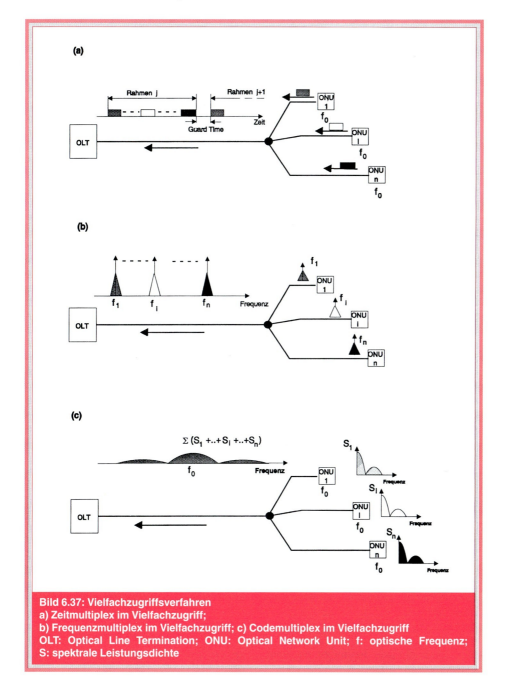

Bild 6.37: Vielfachzugriffsverfahren
a) Zeitmultiplex im Vielfachzugriff;
b) Frequenzmultiplex im Vielfachzugriff; c) Codemultiplex im Vielfachzugriff
OLT: Optical Line Termination; ONU: Optical Network Unit; f: optische Frequenz;
S: spektrale Leistungsdichte

ausfiltern zu können. Hierbei werden prinzipiell die gleichen Multiplextechniken wie bei der bidirektionalen Übertragung über eine Faser eingesetzt, allerdings müssen nun nicht nur zwei Übertragungsrichtungen bereitgestellt werden, sondern in jeder Übertragungsrichtung wird zusätzlich eine größere Anzahl voneinander unabhängiger Kanäle übertragen. Erschwerend kommt bei solchen Netzen die sog. Asymmetrie der Übertragung hinzu. Abwärts, also bei der Übertragung vom OLT aus, werden die Kanäle von nur einem Sender abgesetzt und von den einzelnen ONU's individuell empfangen. Die Koordinierung der Aussendung ist deshalb unproblematisch. Die Übertragung der Kanäle in Aufwärtsrichtung ist dagegen erheblich komplizierter. Weil die einzelnen Sender in den ONU's sich an unterschiedlichen geographischen Standorten befinden, ist grundsätzlich eine Abstimmung untereinander bei der Aussendung von Digitalsignalen notwendig, um gegenseitiges Stören zu vermeiden.

Für die Abwärtsrichtung sind die bereits an anderer Stelle dieses Buches erläuterten Zeitmultiplex (TDM)-, Wellenlängenmultiplex (WDM)-, und Codemultiplex (CDM)verfahren geeignet, wobei derzeitig ausschließlich das Zeitmultiplexverfahren verwendet wird.

Geeignete Vielfachzugriffsverfahren für die Aufwärtsrichtung sind
- Zeitmultiplex im Vielfachzugriff (engl.: time division multiple access (TDMA)),
- Frequenzmultiplex im Vielfachzugriff (engl.: frequency division multiple access (FDMA))
- Codemultiplex im Vielfachzugriff (engl.: code division multiple access (CDMA))

wobei der Multiplexvorgang und der Zugriff grundsätzlich in der elektrischen oder in der optischen Lage erfolgen kann (Bild 6.37).

6.4.3.2.1 Zugriff im Zeitmultiplex

Im PON ist Zeitmultiplexübertragung (TDM) (vgl. Kap. 6.1.4) nur für die in Abwärtsrichtung laufenden Signale geeignet. Jede ONU empfängt den gesamten Bitstrom und sucht sich den für ihn bestimmten Datenstrom heraus.

Zeitmultiplex im Vielfachzugriff

Für den Verkehr in Aufwärtsrichtung muß verhindert werden, daß die Datenströme der einzelnen ONU's am OLT kollidieren. In diesem Fall wird das auch aus der Satellitentechnik bekannte TDMA-Verfahren im Burstbetrieb eingesetzt, um den individuellen Kanalzugriff zu ermöglichen. Jeder ONU sendet seine Daten nur in dem für ihn bestimmten Zeitschlitz zur OLT, so daß dann die Daten der angeschlossenen ONU's in richtiger Reihenfolge empfangen werden können. Außerhalb der Burstperiode bleiben die Sender in den ONU's abgeschaltet. Kritisch ist die Bestimmung des Sendezeitpunktes. Da die Übertragungswege zu den einzelnen ONU's im Normalfall unterschiedlich lang sind, muß die Laufzeit vor Inbetriebnahme des Systems eingemessen und für jeden ONU individuell durch den Einbau von Verzögerungsleitungen so ausgeglichen werden, daß virtuell gleiche Übertragungslaufzeiten zwischen OLT und den ONU's vorliegen (Bild 6.38). Zusätzlich zu diesem als Grob-Ranging bezeichneten Verfahren wird während der Übertragung noch eine Fein-Ranging Prozedur durchgeführt, die Laufzeitschwankungen, z.B. durch Temperatureinflüsse ausgleichen soll. Außerdem wird auch beim TDMA-Verfahren noch eine zusätzliche Pausen- oder Schutzzeit (P) (engl.: guard time) zwischen den einzelnen Datenpaketen eingefügt (Bild 6.38a).

Um bei diesem Burstbetrieb eine schnelle und sichere Takt- und Trägersynchronisation zu garantieren, ist eine entsprechende Dimensionierung der Empfängerschaltung im OLT notwendig.

Auch bei TDMA gilt wie beim TCM-Verfahren, daß die Summenbitrate immer größer ist als die Summe der Bitraten der Einzelkanäle. Hieraus folgt, daß bei höheren Kanalbitraten bzw. bei größerem Aufteilungsfaktor bereits sehr schnell recht hohe Bitströme zu verarbeiten sind (Tabelle 6.13). Wegen der notwendigen Schutzzeiten verschlechtert sich das Verhältnis Brutto- /Nettobitrate und die Anforderungen an das Ranging nehmen zu. Der Einsatz des TDM/TDMA-Verfahrens (TDM/TDMA in Abwärts-/Aufwärtsrichtung) im Breitband-PON gestattet deshalb nur geringe Systemgrößen, d.h. es kann nur

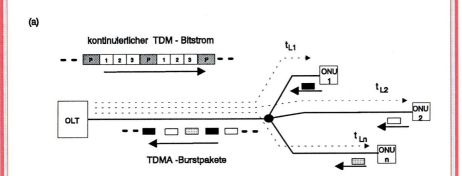

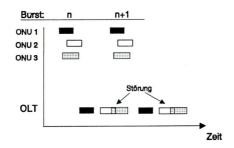

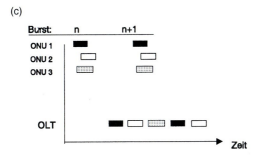

Bild 6.38: Ranging im passiven optischen Netz (PON) mit Zeitmultiplex im Vielfachzugriff (TDMA)
a) Übertragung in Aufwärtsrichtung;
b) Kollision der Datenbursts infolge nicht angepaßter Laufzeiten von der ONU zum Sternpunkt;
c) Verhinderung der Kollision durch Ranging.
OLT: Optical Line Termination; ONU: Optical Network Unit

6. KAPITEL

Tabelle 6.13: Anstieg der Systembitrate im passiven optischen Netz (PON) als Funktion von Aufteilungsfaktor und ONU - Größe

Aufteilungs-faktor	Bitrate je ONU in Mbit/s	Mindestsystem-bitrate im PON in Mbit/s
16	2	32
16	8	128
16	16	256
32	2	64
32	8	256
32	16	512
64	2	128
64	8	512
64	16	1 024

ONU: Optical Network Unit

eine kleine Anzahl von Teilnehmern in einem PON versorgt werden. Ein besser geeignetes und flexibleres Konzept für Breitbandübertragung im PON auf Zeitmultiplexbasis ist der Einsatz der sogenannten asynchronen Technik, das Asynchrone Transfer Modus-(ATM-)Verfahren. Das Übertragungskonzept, ATM-Betrieb auf PON, wird auch APON genannt.

ATM auf PON

Während beim TDM jedem Teilnehmer ein Kanal mit definierter Bitrate zugewiesen wird, unabhängig davon, ob diese Übertragungskapazität zu jedem Zeitpunkt benötigt wird, geht ATM von einer paketweisen Übertragung aus. Grundelement des ATM-Verfahrens sind Datenpakete fester Länge, die nacheinander übertragen werden. Jedes Paket besteht aus 53 Byte, davon sind 48 Byte für die Informationsübertragung (engl.: payload) und 5 Byte für die Adressierung (engl.: header) vorgesehen. Diese Zellen können den Teilnehmern je nach Übertragungsbedarf individuell zugewiesen werden [6.55]. Alle Dienstesignale werden in eine Folge von Zellen eingebettet. Es besteht kein fester Zusammenhang zwischen den einzelnen Zellen, die Zuordnung zu den Diensten wird erst nach Auswertung der header am Ziel wiederhergestellt. ATM-Verbindungen werden im Zeitmultiplex betrieben. Eine ATM-Verbindung kann deshalb auch von mehreren Diensten genutzt werden, wobei die verfügbaren Zellen je nach Bedarf flexibel zugewiesen werden. Man erreicht somit eine dynamische Bandbreitenzuweisung und jeder Dienst belegt nur die Bandbreite, die tatsächlich erforderlich ist. Im Extremfall können sogar alle Zellen nur einem Dienst zugewiesen werden, der dann mit maximaler Übertragungsrate übertragen wird. Die Gesamtheit aller Zellen, die von einem bestimmten Dienst belegt werden, wird als 'virtueller Kanal' bezeichnet.

Beim derzeitigen technologischen Stand und wegen ihrer Flexibilität werden APON-Systeme für den Betrieb von breitbandfähigen Teilnehmerzugangsnetzen favorisiert und kommerzielle Systeme sind in Vorbereitung. Im Rahmen von europäischen Forschungsprojekten wurde das sogenannte BAF-System definiert (BAF: broadband access facilities) [6.56]. Das dort konzipierte APON soll als exemplarisches Beispiel beschrieben werden.

Das BAF- APON ist als Zweifasersystem für die Übertragung von interaktiven und Verteildiensten konzipiert, siehe Bild 6.39. Interaktive Dienste werden über das eigentliche APON durchgeführt, während der Verteildienst im WDM auf dem gleichen ODN übertragen wird. Die Dienstetrennung wird vor den ONU's mit WDM-Multiplexern vorgenommen. Das System ist für einen Aufteilungsfaktor 1 x 32 ausgelegt, d.h. 32 ONU's werden von einem OLT gespeist. Das PON wird im Zeitmultiplex bei einer Wellenlänge von 1310 nm betrieben. Für die Überlagerung der Verteildienste ist die Wellenlänge 1550 nm vorgesehen. An die ONU's können insgesamt 81 Teilnehmer bidirektional mit einer Bitrate von 155 Mbit/s angeschlossen werden. Intern im PON beträgt die TDM-Übertragungsrate in Abwärts- und Aufwärtsrichtung jeweils 622 Mbit/s (STM-4), es wirkt daher bereits als verteilter Konzentrator. Bei der Auslegung des APON's wurde von einem statistischen Kommunikationsverhalten ausgegangen. Der Dimensionierung liegt eine mittlere Übertragungskapazität von ca. 5 Mbit/s je ONU zugrunde, obwohl im Einzelfall eine ONU die gesamte Übertragungskapazität für die Dauer der Verbindung zugewiesen bekommen kann. Bei der Aussendung wird an die ATM-Pakete jeweils ein Overheadbyte mit Synchronisierungs- und Steuerfunktionen angehängt. Auch bei

OPTISCHE ÜBERTRAGUNGSSYSTEME

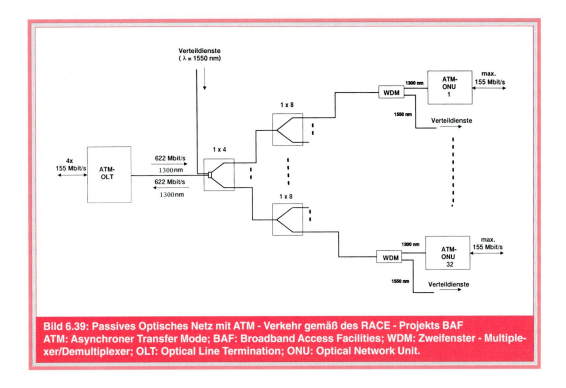

Bild 6.39: Passives Optisches Netz mit ATM - Verkehr gemäß des RACE - Projekts BAF
ATM: Asynchroner Transfer Mode; BAF: Broadband Access Facilities; WDM: Zweifenster - Multiplexer/Demultiplexer; OLT: Optical Line Termination; ONU: Optical Network Unit.

APON's muß eine störungsfreie Übertragung in Aufwärtsrichtung sichergestellt sein, so daß keine Überlappung der Burstpakete unterschiedlicher ONU's stattfindet. Da die den einzelnen ONU's zugewiesene Übertragungskapazität von Verbindung zu Verbindung variieren kann und wegen der höheren Übertragungsgeschwindigkeit ist hier die Rangingprozedur sehr aufwendig [6.57]. Wegen der höheren Übertragungsgeschwindigkeit steigen auch die Anforderungen an die Burstempfänger.

6.4.3.2.2 Frequenzmultiplex im Vielfachzugriff

Optische Frequenzmultiplextechnik

Zunächst werden die Möglichkeiten betrachtet, welche die optische Frequenzmultiplextechnik gemäß Kap. 6.1.4.3 im Zugangsnetz bietet. Dem allgemeinen Sprachgebrauch folgend wird, abhängig vom Abstand zwischen den Einzelkanälen, unterschieden in Wellenlängenmultiplex (WDM), dichtes Wellenlängenmultiplex (DWDM) und optisches Frequenzmultiplex bzw. sehr dichtes Wellenlängenmultiplex (OFDM bzw. engl.: high density WDM (HDWDM)) (Tabelle 6.14). Derzeitig wird der Einsatz von WDM-Technik mit Kanalabständen um 4 nm diskutiert.

Empfänger und Sender in WDM-Systemen sind im optischen Teil aufwendiger als bei Zeitmultiplex-Systemen, da sie entweder optische Selektionsmittel besitzen und/oder optisch in der Frequenz abstimmbar sein müssen. Der elektrische Teil

Tabelle 6.14: Wellenlängenmultiplex (WDM), Dichtes Wellenlängenmultiplex (DWDM), Optisches Frequenzmultiplex (OFDM) mit typischen Kanalabständen

Bezeichnung	Multiplexebene	Kanalraster
WDM	optisch	$n \cdot 10$ nm
DWDM	optisch	$n \cdot 1$ nm
OFDM (HDWDM)	optisch	$n \cdot 1$ GHz

engl.:high density WDM (HDWDM); $n \geq 1$

hingegen ist einfacher zu realisieren, da die gesamte Multiplexfunktion entfällt. WDM-Netze können danach unterschieden werden, wie die Kanalwahl durchgeführt wird:
1. feste Sendefrequenz, feste Empfangsfrequenz;
2. feste Sendefrequenz, abstimmbarer Empfänger;
3. abstimmbarer Sender, fester Empfänger;
4. abstimmbarer Sender, abstimmbarer Empfänger.

Im ersten Fall ist offensichtlich nur eine feste Verbindung zwischen zwei festen Partnern möglich. Für ein WDM-System muß der Sender einen optischen Trägerkamm erzeugen, bei dem dann jeweils eine feste Frequenz einem bestimmten Empfänger zugeordnet ist. Der Empfänger muß mit einem optischen Selektionselement (Filter, Demultiplexer) ausgerüstet sein, um störungsfrei empfangen zu können. In diesem Fall wird auch auf einem PON eine Punkt-zu-Punkt Verbindung realisiert. Tabelle 6.15 zeigt die charakteristischen Daten möglicher frequenzselektiver Komponenten. WDM-Netze, in denen Sender und Empfänger die Merkmale 2, 3 und 4 besitzen, haben zusätzlich noch eine Vermittlungsfunktion, da jeder Sender individuell mit jedem Empfänger verbunden werden kann (vgl. Kap. 6.5).

Bei Frequenzmultiplex im Vielfachzugriff (FDMA) entfallen alle die Systemteile, welche die zeitliche Synchronisation der Einzelkanäle betreffen, was zur Vereinfachung der Systeme erheblich beiträgt.

WDM-Zugangsnetze sind schon bereits in vielen Demonstratoren realisiert worden, z.B. im MUNDI- [6.58] und im COBRA-Projekt [6.59] und haben dort ihre Universalität bewiesen. Das Hauptproblem, die Herstellung kostengünstiger, feldtauglicher WDM-Laser und Demultiplexer ist aber noch ungelöst. Sollte es allerdings gelingen, integrierte Empfänger für Systeme mit optischem Überlagerungsempfang (vgl. Kap. 6.1.3) preiswert herzustellen, ist zu erwarten, daß OFDM-Netze im Zugangsbereich bevorzugt eingeführt werden. Sie haben den Vorteil, daß im Idealfall nur ein integrierter Heterodynempfänger als optischer Tuner notwendig ist, an den dann die je nach Systemauslegung (Bitrate) erforderliche elektronische Empfängerschaltung angeschlossen werden kann. Die notwendige Frequenzüberwachung kann mit elektrischen Methoden im in-Band Verfahren realisiert werden.

Hilfsträgermultiplextechnik

Hilfsträgermultiplex (engl.: subcarrier multiplex (SCM)) gemäß Kap. 6.1.4 (Bild 6.10) ist eine elektrische Trägerfrequenztechnik, bei der die Einzelkanäle bereits im elektrischen Bereich auf Hilfsträger aufmoduliert werden und deren Gesamtheit dann den Laserstrom moduliert. Für die Abwärtsrichtung in Zugangsnetzen wird am OLT jedem Kanal ein elektrischer Hilfsträger mit definierter Frequenz fest zugewiesen und in der ONU vom optischen Empfänger wieder in die elektrische Ebene umgesetzt. Anschließend wird mit elektrischen Filtern der gewünschte Kanal selektiert. Bei der Übertragung in Aufwärtsrichtung wird von jeder Station nur ein modulierter Hilfsträger definierter Frequenz auf den Sendelaser gegeben. Die OLT empfängt gleichzeitig die Summe aller gesendeten Signale und setzt diese wiederum in die elektrische Ebene um. Anschließend werden die Kanäle in einer

Tabelle 6.15: Übersicht optischer Filter

Typ	Abstimmbereich in nm	3-dB-Bandbreite in nm	Kanalzahl	Einfügedämpfungsmaß in dB	Abstimmgeschindigkeit
FP-1-stufig	50	0,5	10	2	Millisekundenbereich
FP-Tandem	50	0,01	100	5	Millisekundenbereich
Mach-Zehnder	5…10	0,01	100	5	Millisekundenbereich
EOTF	10	1	10	5	Millisekundenbereich
AOTF	100…300	2	10	5	Millisekundenbereich

FP: Fabry Perot; EOTF: electro optical tunable filter; AOTF: acusto optical tunable filter

elektrischen Filterbank wieder getrennt. SCM-Systeme sind voll transparent und technisch einfach zu realisieren, da für die Signalverarbeitung nur elektrische Komponenten benötigt werden und bei der Übertragung von Digitalsignalen keine großen Anforderungen an den Sendelaser gestellt werden. Sie sind für mittlere Bitraten (je nach Kanalzahl, 2 Mbit/s…10 Mbit/s) geeignet.

6.4.3.2.3 Codemultiplex im Vielfachzugriff

Das Prinzip der Codemultiplexübertragung (CDM) zeigt Bild 6.36 für zwei Kanäle. Bei gleichzeitiger Übertragung von $n \geq 2$ Teilnehmersignalen in eine Richtung wird jedes Sendesignal mit einer teilnehmerindividuellen Codesequenz C_j ($j = 1…n$) moduliert. Auf der Empfängerseite kann dann mit einem Korrelationsempfänger das Signal von Teilnehmer $1 \leq j \leq n$ durch Multiplikation des Spektralgemisches mit der Codesequenz C_j wieder herausgefiltert werden. Es müssen Codes mit sehr guten Kreuzkorrelationseigenschaften gewählt werden.

Zusammenfassend läßt sich sagen, daß in heute realisierten optischen Zugangsnetzen ausschließlich der Zugriff im Zeitmultiplex (TDM/TDMA) verwendet wird, daß aber den Zugriffstechniken im Wellenlängen- bzw. Frequenzbereich hohe Chancen eingeräumt werden, wenn die Netzanforderungen hinsichtlich Kapazitätserweiterung, Transparenz und Flexibilität steigen und wenn es gleichzeitig gelingt, preiswerte WDM-Komponenten herzustellen.

6.4.4 Störeinflüsse

Die optische Signalübertragung kann durch eine Vielzahl von Effekten störend beeinflußt werden. Hierzu gehören u.a. Dispersion und Polarisation aber auch die stimulierte Brillouin Streuung, die z.B. begrenzend auf die optische Sendeleistung einwirkt. In optischen Zugangsnetzen ist aber auf zwei Effekte besonders zu achten:
- verteilte und feste Reflexionen, die bei bidirektionaler Übertragung in Punkt-zu-Multipunkt oder Multipunkt-zu-Punkt Netzen Probleme verursachen können, und
- die Erzeugung neuer Frequenzen durch nichtlineare Prozesse, die bei der Auslegung von optischen Mehrträgersystemen berücksichtigt werden müssen.

Störungen durch Reflexionen

Die Kostenvorteile bei Einfaserbetrieb müssen gegen eine grundsätzlich geringere Toleranz hinsichtlich der nicht idealen Eigenschaften des realen Übertragungskanals abgewogen werden. Rayleigh-Streuung, Nahnebensprechen, das Nebensprechen, verursacht durch die nicht ideale Isolation zwischen Sende- und Empfangskanal im Duplexer, und Fernnebensprechen, hervorgerufen durch Reflexionen an Stoßstellen auf der Strecke, sind die Ursache dafür, daß Anteile des gesendeten Nutzsignals reflektiert werden. Diese Signalanteile überlagern sich dem aus der Gegenrichtung kommenden Nutzsignal und können die Empfangsqualität störend beeinflussen. Neben der Störbeeinflussung muß auch noch die Wirkung dieser Störleistung auf die Sicherheitsabschaltung der optischen Sender berücksichtigt werden. Der störende Interferenzpegel muß nicht nur hinreichend klein sein, um die Übertragungsqualität nicht zu beeinträchtigen, sondern er muß sogar so gering sein, daß, bei Ausfall des Sendesignals der Gegenstation im Falle einer Faserunterbrechung, die LOS-Erkennung (engl.: loss of signal (LOS)) sicher funktioniert.

Im einfachsten Fall besteht das Übertragungssystem bei Duplexbetrieb nach Bild 6.34b aus Sender und Empfänger, die jeweils über den Duplexer an die beiden Enden der Faserstrecke angekoppelt werden. Dieses Modell wird den folgenden Betrachtungen zugrunde gelegt.

Nebensprechen durch Rayleigh-Streuung

Die Rayleigh-Streuung (vgl. Kap. 2.8.2 und Kap. 4.1.2.1) ist bei jeder Glasfaserübertragung vorhanden und kann auch durch keine technischen Maßnahmen unterdrückt werden. Das eingekoppelte Licht wird hierbei diffus gestreut, wobei bei bidirektionaler Übertragung auf einer Faser der Anteil des Streulichtes, der zum Sender zurückgestreut wird, die Störung verursacht, da er sich mit dem von der Gegenstation kommende Signal überlagert. Dieser Effekt ist wellenlängenabhängig und baut sich mit zunehmender Faserlänge bis zu einem Maximalwert auf. Der Anteil der rückgestreuten Leistung R(L) ergibt sich nach [6.60] zu:

$$R(L) = P_s \frac{bn}{\alpha c} (1 - e^{-2\alpha L}) \quad (6.21)$$

mit
P_s: optische Leistung des Sendesignals
$b = \frac{0{,}038 \cdot \lambda^2}{(n \cdot w_0)^2}$: Rayleigh-Rückstreufaktor
L: Faserlänge
α: Dämpfungsmaß
n : Gruppenbrechzahl
c: Lichtgeschwindigkeit
w_0: Fleckweite
λ: Wellenlänge.

Für große Streckenlängen (L >20 km) vereinfacht sich dieser Ausdruck zu

$$R(L \to \infty) = P_s \frac{bn}{\alpha c} .$$

Durch Rayleigh-Streuung wird bei einer Wellenlänge von λ = 1550 nm (α = 0,2 dB/km) im 'worst case' ein Anteil von etwa -32 dB der ausgestrahlten optischen Sendeleistung P_s von der Faserstrecke aus zum Sender reflektiert. Bei einer Wellenlänge von λ = 1300 nm reduziert sich dieser Wert auf etwa -34 dB (α = 0,4 dB/km). Dieser Störpegel, vermindert um die Einfügedämpfung des Koppelelements, tritt auch am Eingang des optischen Empfängers auf.

Nebensprechen durch Fresnelreflexionen (Fernnebensprechen)

Während die Rayleigh-Streuung bereits bei der Herstellung der Glasfaser 'eingebaut' wird, lassen sich feste Reflexionen an Stoßstellen und Übergängen grundsätzlich durch hinreichende Spezifikationen der Komponenten und saubere Aufbautechnik beherrschen.

Kenngröße für das Verhältnis von anliegender zu reflektierter optischer Leistung an einem Bauteil ist das Rückflußdämpfungsmaß L_r nach Formel (4.11c).

Bei Präzisionssteckern und Fusionsspleißen lassen sich Werte für L_r > 50 dB erreichen.

Im ungünstigsten Fall befindet sich die erste Reflexionsstelle direkt hinter der Anschlußstelle des Richtkopplers an die Übertragungsstrecke, vor der Steckverbindung. Bezeichnet man mit P_s die optische Sendeleistung und das Einfügedämpfungsmaß des Richtkopplers mit A_e in dB, dann beträgt der Leistungspegel des störenden Interferenzsignals L_{FEXT} auf dem Photodetektor

$$L_{FEXT}/dBm = 10 \lg P_s \, dBm - 2A_e - L_r . \quad (6.22)$$

Insbesondere beim duplexbetriebenen PON ist darauf zu achten, daß eventuell ungenutzte Koppleausgänge reflexionsfrei abgeschlossen werden.

Nebensprechen durch unzureichende Isolation (Nahnebensprechen)

An die Komponenten zur Richtungstrennung sind besonders hohe Anforderungen hinsichtlich einer hinreichenden Nebensprechdämpfung (engl.: directivity (D)) nach Formel (4.19)) zu stellen, um das direkte Nahnebensprechen des starken optischen Senders auf den eigenen Empfänger so stark zu reduzieren, daß die Übertragungsqualität nicht beeinflußt wird und der Pegel der überkoppelnden optischen Sendeleistung unter der Ansprechschwelle für die LOS-Detektion liegt.

Für Koppler/Verzweiger die auf Faserbasis bzw. integriert-optisch als Planarelement hergestellt worden sind, können Nebensprechdämpfungswerte von D > 50 dB erzielt werden. Bei der Verwendung von konzentrierten Elementen ist dieser Wert üblicherweise schlechter.

Der absolute Störleistungspegel L_{NEXT} ergibt somit zu

$$L_{NEXT}/dBm = 10 \lg P_s \, dBm - D . \quad (6.23)$$

Die Reflexionseinflüsse auf das System werden dadurch kompensiert, daß bei der

OPTISCHE ÜBERTRAGUNGSSYSTEME

Systemauslegung für dessen Leistungsbudget ein Zuschlag p_r (p_r: Reflexionspenalty) vorgesehen wird. p_r läßt sich gemäß [6.61] aus der empirischen Formel

$$p_r/dB = (10 \lg P_s \, dBm - L_r - E_e + 15)^2/45 \qquad (6.24)$$

ermitteln.

Hierbei bezeichnet E_e die Empfindlichkeit des Empfängers in dBm, L_r das Reflexionsdämpfungsmaß des Systems in dB und P_S die mittlere optische Sendeleistung. Diese Gleichung gilt dann, wenn die Ungleichung $10 \lg P_s \, dBm \geq L_r + E_e - 15$ erfüllt ist, im entgegengesetzten Fall kann davon ausgegangen werden, daß mögliche Reflexionen ohne störenden Einfluß bleiben.

Nebensprechen durch nichtlineare Fasereffekte

Bei optischen Mehrträgersystemen können durch stimulierte Brillouin-Streuung und Vierwellenmischung zusätzliche optische Träger erzeugt werden, die unerwünscht in die Übertragungskanäle fallen. Diese Effekte, die im Fernnetz gleichermaßen störend wirken, wurden dort bereits erläutert (Kap. 6.2.2.1 und Kap. 6.2.5).

6.4.5 Der teilnehmerseitige Glasfaserabschluß

6.4.5.1 Optical Network Unit

In optischen Zugangsnetzen wird die Glasfaserstrecke in der Optical Network Unit (ONU) abgeschlossen. Dort werden die
- vom OLT kommende optischen Signale in elektrische Signale gewandelt, aufbereitet und an die elektrischen Teilnehmerschnittstellen übergeben, und
- die von den Teilnehmerschnittstellen kommenden elektrischen Signale gebündelt und in für die optische Übertragung geeignete Signale gewandelt.

Die hierfür notwendigen Funktionsblöcke zeigt Bild 6.40.

Ein sehr wichtiger Aspekt bei der Konzeption optischer Zugangsnetzsysteme ist die Verfügbarkeit preiswerter optischer Netzabschlüsse auf der Teilnehmerseite. Deshalb ist ein flächendeckender Einsatz nur zu erwarten, wenn gleichzeitig konstruktive Randbedingungen wie
- geringer Leistungsverbrauch,
- stabiler Betrieb über weite Temperaturbereiche,
- kompakter und robuster Aufbau

zu preiswerten Komponenten führen.

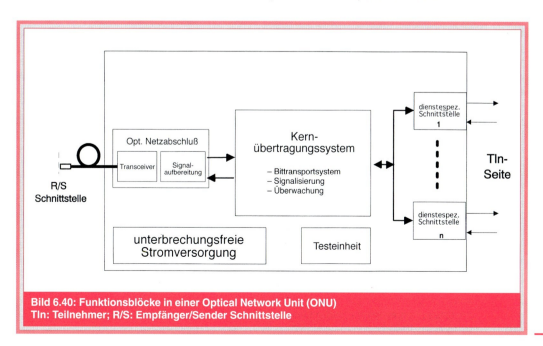

Bild 6.40: Funktionsblöcke in einer Optical Network Unit (ONU)
Tln: Teilnehmer; R/S: Empfänger/Sender Schnittstelle

Da leicht einzusehen ist, daß das Netzabschlußkonzept und das Übertragungsverfahren nicht unabhängig voneinander sind, muß zumindest versucht werden, Gemeinsamkeiten so weit wie möglich zu nutzen, um kostensenkende Fertigungsvorteile über große Stückzahlen zu erreichen. Eine Schlüsselkomponente in der ONU bei allen Systemen ist aber der Abschluß der optischen Übertragungsstrecke durch den optoelektronischen Transceiver (engl.: **Trans**mitter / Re**ceiver**), der Kombination aus optischem Sender und optischem Empfänger. Obwohl manchmal auch die auf einer gemeinsamen Platine kombinierte Einheit von separatem optischen Sender und Empfänger bei Zweifasernetzen als Transceiver bezeichnet wird, wird hier unter dem Transceiver die Komponente verstanden, welche die optische Übertragungsstrecke auf einer bidirektional betriebenen Glasfaser abschließt. Insbesondere für den teilnehmerseitigen Netzabschluß in der ONU ist man speziell daran interessiert, diese Komponente in einer kompakten, einfach herzustellenden Einheit zu integrieren, in der Hoffnung, damit kostengünstige und für den Massenmarkt geeignete Komponenten zu erhalten [6.62].

Bei optischen Komponenten haben Justage- und Einkoppeltechnik einen erheblichen Einfluß auf die Kostengestaltung, da sie zumindest bei den derzeit geringen Stückzahlen noch überwiegend manuell gefertigt werden. Kostentreibend ist weiter die Herstellung der aktiven Komponenten, insbesondere der Laserdioden. Wesentliche Verbesserungen können hier erreicht werden, wenn es gelingt, die notwendigen Bauelementeeigenschaften, wie weite Arbeitsbereiche (Temperatur) und geringer Stromverbrauch, durch vereinfachtes toleranzunempfindliches Chipdesign zu realisieren. Notwendig ist auch die Verbesserung der Charakterisierung, d.h. es muß möglich sein, ungeeignete Komponenten bereits auf dem Wafer zu selektieren und nicht erst, wie es derzeit noch der Fall ist, nach der Montage der Lasereinheit. Weitere Anforderungen bestehen hinsichtlich minimalem Leistungsverbrauch, hoher Betriebssicherheit, großer mechanischer Robustheit und langer Lebensdauer. Damit die ONU auch in wechselnder Umgebung mit großen Temperaturschwankungen eingesetzt werden kann, müssen insbesondere die optischen Sender so ausgelegt sein, daß ein sicherer Betrieb auch ohne die üblicherweise erforderlichen aufwendigen Stabilisierungsmaßnahmen möglich ist.

6.4.5.2 Transceiver

Für die bidirektionale Übertragung der Informationen auf nur einer Faser wird an jedem Ende der Glasfaserstrecke ein Transceiver benötigt. Wie bereits erwähnt, muß der Aufwand für die teilnehmerseitigen Komponenten minimiert werden, während bei der Gestaltung der OLT-seitigen Kopfstation diese Forderung wegen der Kostenumlegung auf viele Teilnehmer von erheblich geringerer Bedeutung ist. Dieses ist auch der Grund, daß für die Anwendung in Zugangsnetzen auch Übertragungskonzepte von Interesse sind, bei denen ein wesentlicher Teil des Aufwandes zur Kopfstation hin verlagert wird, z.B. dadurch, daß sehr leistungsstarke hochwertige optische Sender eingesetzt werden, während der Sender im optischen Netzabschluß beim Teilnehmer nur aus einer passiven Komponente besteht, die einen Teil dieser Sendeleistung auskoppelt, mit dem 'Aufwärtssignal' moduliert und zur Gegenstelle zurückschickt.

Grundsätzlich lassen sich drei Transceivertypen unterscheiden.

- *Standard-Transceiver*: Ein optisches Sendeelement (LED oder Laserdiode) und eine Photodiode werden über einen Duplexer miteinander gekoppelt;
- *Laser-Transceiver:* Die Laserdiode wird abwechselnd als Sender und als Empfänger betrieben;
- *Reflexions-Transceiver*: Dieser Transceivertyp hat nur eine Photodiode als aktives optisches Element. Als Sendeelement dient ein passiver Reflexionsmodulator.

Beim derzeitigen Stand der optoelektronischen Integrationstechnik ist für die Integrationstiefe bei gleichzeitiger Universalität anzustreben, daß der Transceiver auch sämtliche elektronischen Kontroll- und Regelkreise für die optoelektronische Umsetzung mit enthält. Die Schaltkreise für die system- und dienstespezifische Elektronik werden zweckmäßiger als separate elektronische Schaltkreise realisiert und extern angeschaltet.

Technologische Lösungskonzepte reichen vom 'mikrooptisch-hybriden' [6.63] über den 'planar-optischen' [6.64] bis zum 'monolitisch integriert-optischen' Transceiver [6.65]. Stand der Technik ist der mikrooptisch-hybride Transceiver, obwohl auch hier noch fertigungstechnische Optimierungen notwendig und möglich sind. Monolitisch integrierte optische Transceiver sind als Labormuster verfügbar, die übertragungstechnischen Eigenschaften müssen aber noch verbessert werden, bevor an einen Einsatz gedacht werden kann. Auch ist bisher noch zweifelhaft, ob bei diesen doch schon sehr komplexen integrierten optoelektronischen Strukturen die Ausbeute eine kostengünstige Fertigung erlaubt. Tabelle 6.16 enthält einen Vergleich der technischen Daten für die oben genannten Transceivertechnologien.

Standard-Transceiver

In der Minimalversion besteht dieser Transceivertyp aus dem optischen Sender, dem optischen Empfänger und dem Koppelelement zur Ankopplung an die Glasfaser (Bild 6.41). Diese Ausführung des Transceivers bietet hinsichtlich möglicher Systemanwendungen die größtmögliche Flexibilität. Üblicherweise werden aus Kostengründen ungekühlte Fabry-Perot Laser als Sender und PIN-Dioden als Empfänger eingesetzt. Das Koppelelement ist je nach gewünschter Anwendung entweder ein einfacher Leistungsteiler/-koppler (bei TCM-Systemen) oder ein wellenlängenselektiver Koppler bei WDM-Systemen.

Transceivermodule müssen robust und kompakt sein. Dies setzt eine sorgfältige Aufbautechnik voraus, um optisches und elektrisches Nebensprechen zu vermeiden.

Optisches Nahnebensprechen kann durch Streulicht oder Reflexionen innerhalb des Transceivers hervorgerufen werden, während die Ursache für optisches Fernnebensprechen Fresnelreflexionen in der optischen Verbindungsstrecke sind. Bei typischen optischen Empfangsleistungen in der Größenordnung von 100 nW und optischen Sendeleistungen in Milliwatt-Be-

Tabelle 6.16: Vergleich technischer Daten für verschiedene Transceivertechnologien

Parameter	Transceiverbauform			
	mikrooptisch-hybrid		planar-optisch	integriert-optisch
Wellenlänge in nm – Sender – Empfangskanal 1 – Empfangskanal 2	1300 1300 –	1300 – 1550	1300 1300 1550	1300 1300 1550
Laser	FP	FP	DFB	DFB
typ. Sendeleistungspegel in dBm	–4	0	–5	–5
Bitrate in Mbit/s	155	622	29	622
Responsivity in A/W – Empfangskanal 1 – Empfangskanal 2	0,4	0,7	0,25	0,35 0,7
Einfügedämpfungsmaß in dB	5	5	10	6,2
Nebensprechdämpfungsmaß in dB – 1300 nm/1300 nm – 1300 nm/1550 nm	30	50	> 30 dB	8,7 11,8
Größe	10 x 10 x 10 mm³		ca. 40 x 10 mm²	ca. 4 x 1 mm²
Anwendung	TCM	WDM-Duplex bzw. TCM	TCM, zusätzlicher Empfangskanal für Verteilsystem vorhanden (WDM-Overlay)	TCM, zusätzlicher Empfangskanal für Verteilsystem vorhanden (WDM-Overlay)

FP: Fabry Perot; TCM: Time Compression Multiplex; WDM: Wavelength Division Mutiplex; DFB: Distributed Feedback

6. KAPITEL

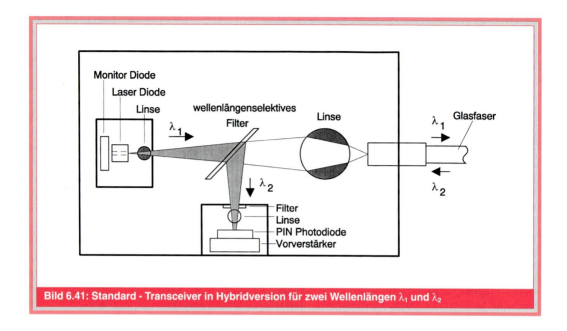

Bild 6.41: Standard - Transceiver in Hybridversion für zwei Wellenlängen λ_1 und λ_2

reich sind Nebensprechdämpfungsmaße von 40 dB...50 dB erforderlich, um Übertragungsstörungen durch Nebensprechen zu vermeiden. Auch auf der elektrischen Anschlußseite muß durch geeignete konstruktive Maßnahmen ein Überkoppeln des Treiberstroms der Laserdiode auf den Pfad des Photodiodenstrom ausgeschlossen werden.

Laser-Transceiver

Laserdioden die mit inverser Vorspannung betrieben werden, arbeiten als Photodetektoren (engl.: reverse laser), allerdings mit einer schlechteren Detektionsempfindlichkeit (engl.: responsivity) und, bedingt durch die größeren internen Kapazitäten, auch einer geringeren Bandbreite als konventionelle PIN-Dioden [6.66]. Trotzdem bietet sich diese Schaltungsvariante bei TCM-Systemen, die im Halbduplexbetrieb bei mittleren Bitraten arbeiten, für eine kostengünstige Transceiverlösung an. Photodetektor und Koppler sind in diesem Fall nicht erforderlich und somit entfällt auch die Einfügedämpfung von 3 dB durch den Koppler, siehe Bild 6.42. Die Glasfaser wird direkt an die Laserdiode angekoppelt. Schnelles Umschalten zwischen Sender- und Empfängerbetrieb ist notwendig, um die Schutzzeit nicht unnötig zu verlängern und um den Übertragungswirkungsgrad nicht durch große Pausen zu verschlechtern. Insbesondere beim Umschalten vom Sende- in den Empfangsbetrieb sind die parasitären Kapazitäten die Ursache für die großen Zeitkonstanten (Größenordnung einige 100 µs). Hier muß mit elektronischen Schaltmaßnahmen die Entladestromcharakteristik verkürzt werden [6.67]. Auch muß das elektrische Nebensprechen durch eine geeignete Aufbautechnik (Schirmung und gute Masseführung) und entkoppelte Anordnung von Sender und Empfänger verhindert werden.

Reflexions-Transceiver

Dieses Konzept basiert darauf, daß die aufwendigste Komponente im Transceiver, der optische Sender, durch einen passiven reflektiven Modulator ersetzt werden kann [6.68]. Ein Teil der ankommenden optischen Signalleistung wird auf diesen Modulator geleitet, moduliert und zum Empfänger zurückgesendet (Bild 6.43). Ein grundsätzlicher Nachteil bei dieser Variante ist die erforderliche hohe optische Sendeleistung an der Kopfstation, die ausreichend sein muß, um die Übertragungsstrecke zweimal zu überbrücken und auch noch die Einfügedämpfung des optischen Modulators abzudecken.

OPTISCHE ÜBERTRAGUNGSSYSTEME

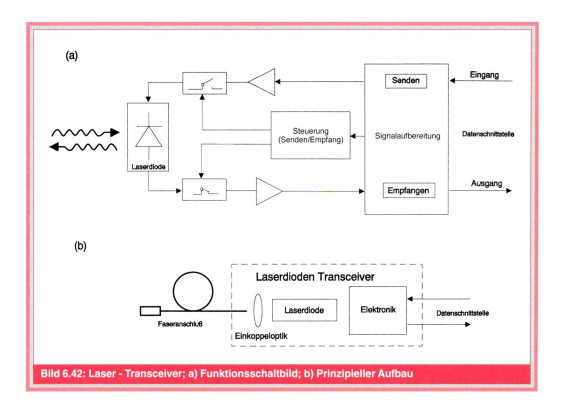

Bild 6.42: Laser - Transceiver; a) Funktionsschaltbild; b) Prinzipieller Aufbau

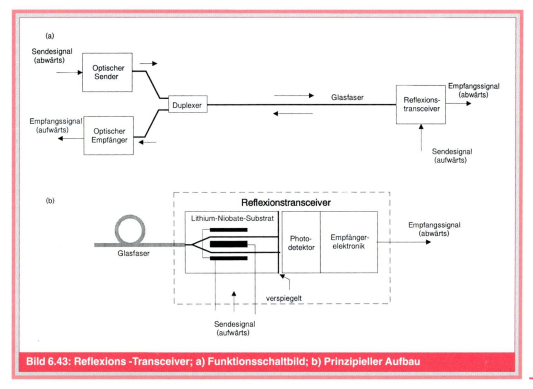

Bild 6.43: Reflexions -Transceiver; a) Funktionsschaltbild; b) Prinzipieller Aufbau

6. Kapitel

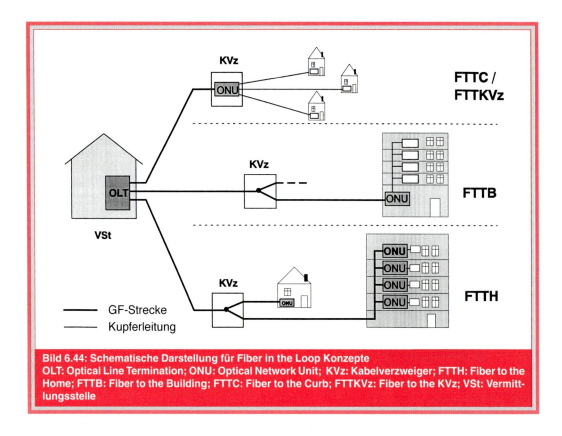

Bild 6.44: Schematische Darstellung für Fiber in the Loop Konzepte
OLT: Optical Line Termination; ONU: Optical Network Unit; KVz: Kabelverzweiger; FTTH: Fiber to the Home; FTTB: Fiber to the Building; FTTC: Fiber to the Curb; FTTKVz: Fiber to the KVz; VSt: Vermittlungsstelle

6.4.6 Fiber in the Loop

Allgemein wird der Begriff fiber in the loop (FITL) für den Einsatz optischer Systeme in Teilnehmer-Zugangsnetzen verwendet. Folgende Bezeichnungen sind mittlerweile aber ebenfalls zur weiteren Unterscheidung von Netzkonzepten gebräuchlich (Bild 6.44):

- Fiber to the zone (FTTZ): Das optische Netz endet im Versorgungsbereich. Die Teilnehmer werden anschließend mit anderen Mitteln (Kupferleitungen oder Funk) an den optischen Netzabschluß angeschlossen.
- Fiber to the curb (FTTC): Das optische Netz endet an der 'Bordsteinkante' (engl.: curb, bzw. kerb). Der ONU wird in einer Vorfeldeinrichtung, i.a.. im Kabelverzweiger (KVz) untergebracht; in diesem Fall spricht man von Fiber to the KVz (FTTKVz). Die zu versorgenden Teilnehmer werden üblicherweise über Kupferleitungen angeschlossen.
- Fiber to the building (FTTB): Das optische Netz endet im Gebäude. Diese Lösung wird bei Mehrfamilien- bzw. bei Geschäftshäusern angewandt. Die Teilnehmer werden hausintern über Kupferleitungen an den ONU angeschlossen.
- Fiber to the home (FTTH): Das optische Netz endet direkt beim Teilnehmer, wo die Endgeräte an den ONU angeschlossen werden. Weitere gebräuchliche Bezeichnungen sind auch noch Fiber to the Office (FTTO) bzw. Fiber to the Desk (FTTD), wenn es sich um Geschäftskundennetze handelt.
- Telefon über PON (TPON): PON-Konzepte die speziell für die Übertragung von Telefon- und anderen Schmalbanddiensten ausgelegt sind. Dieses Konzept wurde erstmalig von British Telecom vorgeschlagen.
- ATM über PON (APON): Es werden bestimmte Dienste in digitaler ATM-Technik über PONe übertragen (vgl. Kap. 6.4.3.2.1).

6.4.7 Evolutionspfade zu Breitband-Zugangsnetzen

Als Breitband-Zugangsnetze werden hier Netze bezeichnet, bei denen jedem Teilnehmer eine Übertragungskapazität von mehr als 2 Mbit/s zugewiesen werden kann. Sicher kann man davon ausgehen, daß auf längere Sicht die Einführung neuer Multimedia-Dienste einen stark steigenden Bedarf an Übertragungskapazität hervorruft. Sicher ist auch, daß hierfür Glasfasernetze notwendig sind, welche die notwendigen Übertragungsbandbreiten zu wirtschaftlichen Konditionen anbieten können. Der Netzbetreiber muß aber in jedem Fall zunächst Wege finden, um die notwendige Infrastruktur zu schaffen, d.h. das Glasfasernetz immer weiter zum Teilnehmer hin auszubauen.

Grundsätzlich ist festzustellen, daß es keine optimale technische Lösung für alle denkbaren Fälle gibt.

Jeder Netzbetreiber muß, ausgehend von der vorhandenen bzw. nicht vorhandenen Infrastruktur, seine Ausbaustrategie so festlegen, daß

- der kurz- bis mittelfristige Kommunikationsbedarf bei minimalem Kapitaleinsatz abgedeckt wird und das gewählte Konzept gleichzeitig die Möglichkeit für
- den langfristigen Ausbau zu einer einheitlichen 'Netzplattform' gewährleistet.

Beim Ausbau vorhandener Netze werden in den meisten Fällen zunächst nur hybride FTTC/FTTB-Lösungen möglich sein. Das Glasfasernetz versorgt größere ONU's, die im KVz oder in größeren Gebäuden untergebracht werden. Von hier aus werden für 'die ersten 100 m' die vorhandenen Kupferleitungen weiter genutzt, die dafür mit ADSL/(V)HDSL-Systemen erweitert werden müssen (vgl. Kap. 6.4.2.5).

Über einen weiteren mittelfristigen Netzausbau zum sogenannten 'all optical network' können zum jetzigen Zeitpunkt nur Vermutungen angestellt werden. Welcher Weg eingeschlagen wird hängt entscheidend davon ab,

- wie sich der Bandbreitebedarf je Teilnehmer durch die zukünftigen Multimediadienste entwickelt, und
- wie sich die Kosten für die notwendigen optischen und elektronischen Komponenten zukünftig entwickeln.

Aussichtsreiche Kandidaten für optische Breitband-Zugangsnetze sind derzeitig das APON und das PON mit WDM-Übertragung. Zum jetzigen Zeitpunkt (Herbst 1996) liegen die Preferenzen aber bei der Entwicklung von APONen. Der Grund ist darin zu suchen, daß bei diesem Konzept der moderate Aufwand bei den optischen Komponenten durch eine sehr komplexe Steuer- und Übertragungstechnik kompensiert werden kann. Diese elektronischen Komponenten können aber in großen Stückzahlen preiswert produziert werden. Möglicherweise kann aber die Vielträgertechnik durch die derzeit forcierten Bemühungen bei der Entwicklung von Komponenten für WDM-Fernverkehrssysteme profitieren.

6.5 Netze mit Wellenlängenmultiplex

Die theoretisch mögliche Übertragungskapazität der Einmodenglasfaser steht in einem krassen Gegensatz zu den bisher technisch genutzten Datenraten. Trotzdem tragen die im Verhältnis zu Kupferkabeln große Bandbreite und die Möglichkeit, ohne Regeneratoren große Längen zu überbrücken mit dazu bei, daß die Übertragungskosten pro Bit in den vergangenen zehn Jahren stark gefallen sind. Optische Übertragungssysteme der synchronen digitalen Hierarchie (SDH) mit 2,5-Gbit/s (STM-16) werden gegenwärtig eingeführt und die kommerzielle Verfügbarkeit von 10-Gbit/s-Systemen (STM-64) ist bereits absehbar. Betrachtet wird nun ein vereinfachtes Schichtenmodell eines Telekommunikationsnetzes, das aus Verbindungsschicht, Pfadschicht und Schicht der physikalischen Übertragung (Übertragungsschicht) besteht (Bild 6.45) [6.69].

In der Verbindungsschicht werden mit Hilfe von Signalisierung die gewünschten End-zu-End Verbindungen für bestimmte Zeitabschnitte auf- und abgebaut. Die Pfadschicht stellt dieser Schicht ein Transportnetz zur Verfügung, das durch Managementsysteme entsprechend den Verkehrsanforderungen und Kundenwünschen (z.B. gemietete Festverbindungen) konfiguriert wird. Der unmittelbare Datentransport, derzeitig die einzige Aufgabe

6. Kapitel

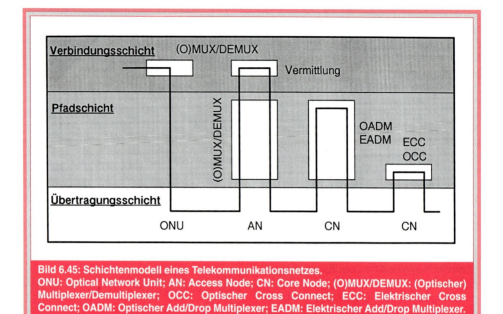

Bild 6.45: Schichtenmodell eines Telekommunikationsnetzes.
ONU: Optical Network Unit; AN: Access Node; CN: Core Node; (O)MUX/DEMUX: (Optischer) Multiplexer/Demultiplexer; OCC: Optischer Cross Connect; ECC: Elektrischer Cross Connect; OADM: Optischer Add/Drop Multiplexer; EADM: Elektrischer Add/Drop Multiplexer.

der optischen Übertragungstechnik, erfolgt in der untersten Schicht. Da insbesondere die unvermeidlichen Wandlungen von optischen in elektrische und von elektrischen in optische Signale kostenaufwendig sind, stellt sich die Frage, welche Rolle die rein optische Signalverarbeitung in den anderen Schichten spielen könnte. Durch die Erfahrungen mit dem aufwendigen Systemmanagement in den Netzwerkelementen der SDH-Systeme wird diese Problemstellung um die Frage ergänzt, ob durch optische Techniken das Netzmanagement signifikant vereinfacht werden kann. Eine Analyse der weltweiten Forschungsarbeiten zeigt, daß sowohl für Anwendungen der Optik in der Pfadschicht als auch in der Verbindungsschicht viele Beispiele existieren.

Für große universelle Telekommunikationsnetze ist die Nutzung optischer Techniken im Bereich der Pfadschicht sinnvoll, während die Verbindungsschicht auf lange Zeit, abgesehen von einigen lokalen Breitbandnetzen, noch eine reine Domäne der Elektronik bleiben wird.

Im folgenden soll ein grober Überblick über diese Aktivitäten gegeben werden, wobei nur Anwendungen für optisches Frequenzmultiplex (OFDM) bzw. für Wellenlängenmultiplex (WDM) betrachtet werden. Das Funktionsprinzip von OFDM und WDM wurde bereits im Kap. 6.1.4.3 beschrieben, deshalb wird hier nur auf die funktionellen Vorteile dieser Multiplextechnik eingegangen. Aber bereits an einem einfachen Punkt-zu-Punkt System wird ein Vorteil deutlich: die unterschiedlichen optischen Träger können unterschiedliche Signaltypen mit unterschiedlichen Modulationsformen transportieren. So ist es zum Beispiel denkbar, daß einige Wellenlängen STM-16-Signale transportieren, während parallel dazu andere Wellenlängen STM-4-Signale oder analoge TV-Kanäle tragen. Das Netz gewinnt damit erheblich an Flexibilität, weil insbesondere schnell auf veränderte Kundenanforderungen reagiert werden kann.

6.5.1 Wellenlängenmultiplex in der Verbindungsschicht

Vermittelnde Breitbandnetze mit Wellenlängenmultiplexnutzung basieren in den meisten Fällen auf einer physikalischen Sternstruktur und dem sogenannten „broadcast and select" Verfahren. Dabei werden die Sendesignale aller angeschlossenen Teilnehmer, denen jeweils unterschiedliche Wellenlängen (optischen

Frequenzen) zugeordnet sind, mit einem optischen Sternkoppler zusammengefaßt. Das Summenspektrum wird dann jedem Teilnehmer zurückgesendet, um diesem einen Zugriff auf alle Kanäle zu ermöglichen. Die Vermittlungsfunktion wird dadurch realisiert, daß jede Station mit einem hinsichtlich der Wellenlänge (optischen Frequenz) selektiven Empfänger ausgestattet ist und daß entweder die Empfänger oder die Sender oder eventuell auch beide abgestimmt werden können. Solche Netze und deren Kopplungen wurden bereits in [6.70; 6.71] beschrieben.

Die Vorteile der Sternstruktur sind
- die optische Transparenz im zweiten und dritten Fenster,
- die Transparenz für nahezu beliebige Datenraten und Modulationsverfahren,
- die einfache Erweiterbarkeit des Sterns durch Anschluß weiterer Sternkoppler und die Möglichkeit der Nutzung optischer Verstärker.

Unter der Annahme, daß sich einige dieser Netzwerke für lokale Anwendungen etablieren, wird sich auch der Wunsch nach Kommunikation zwischen diesen Netzen ergeben. Die Netzkopplung muß dann so erfolgen, daß keine zusätzliche Infrastruktur notwendig wird, d.h. daß das existierende Verbindungsleitungsnetz genutzt werden kann. Unter Beachtung dieser Randbedingungen kann die Kopplung entweder *optisch transparent* oder über *Gateways* erfolgen.

In dem Fall, in dem die zu verbindenden Netzwerke aufeinander abgestimmte technische Parameter besitzen, ist die transparente Kopplung die günstigste Lösung; es können dann die Sternkoppler der Netze mit einer Einmodenfaser untereinander verbunden werden. So erhält man ein neues, großes optisch transparentes Sternnetz, in dem aber die verfügbare optische Bandbreite B gemäß $B = N_0 \cdot M \cdot \Delta f$ (M: Anzahl der Einzelnetze; N_0: Anzahl der Teilnehmer im Einzelnetz; Δf: Kanalabstand) auf alle Teilnetze aufgeteilt werden muß (Bild 6.46). Diese Begrenzung kann dann umgangen werden, wenn die Verbindung mit optischen Netzwerkelementen erfolgt, die den Aufbau bestimmter optischer Wege gestatten [6.72].

In dem Fall, daß die zu koppelnden Netze keine aufeinander abgestimmten tech-

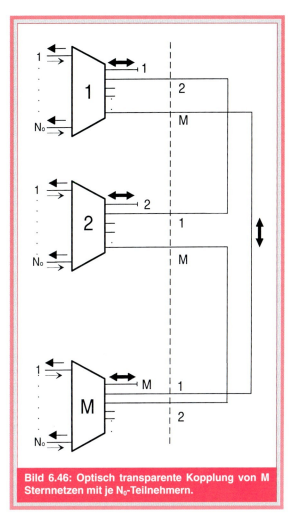

Bild 6.46: Optisch transparente Kopplung von M Sternnetzen mit je N_0-Teilnehmern.

nischen Parameter haben, oder daß keine optisch transparente Verbindungsleitung zur Verfügung steht, muß ein optoelektronisches Gateway verwendet werden. Hierbei steht dann in jedem der M Einzelnetze die gesamte optische Bandbreite B zur Verfügung (Bild 6.47).

6.5.2 Wellenlängenmultiplex in der Pfadschicht

6.5.2.1 Allgemeine Erläuterung

Vermittelnde Netzwerke, die, wie eben erläutert, WDM dahingehend nutzen, daß einzelnen Teilnehmern statisch oder dynamisch unmittelbar optische Kanäle zuge-

6. KAPITEL

höchstbitratigen Kanal Ausschau gehalten; dafür bieten sich passive optische frequenzselektive Bauelemente, wie z.B. Gitter an, mit denen eine sehr einfache Zuordnung von Wellenlängenkanal und Raumlage (Eingangs- oder Ausgangsfaser) realisiert werden kann. In der Pfadschicht werden im wesentlichen drei optische Netzwerkelemente benötigt [6.73]:

- Optische Multiplexer und Demultiplexer (OMUX/ODEMUX);
- Optischer Add-Drop Multiplexer(OADM);
- Optischer Cross-Connector (OCC).

6.5.2.2 Wellenlängenmultiplexer/ -demultiplexer und deren Anwendung

Gemäß Kap. 6.1.4.3 bündelt ein Wellenlängenmultiplexer oder optischer Multiplexer (OMUX) viele optische Kanäle von unterschiedlichen Quellen auf einer Faser. Mit dem empfangsseitigen optischen Demultiplexer (ODEMUX) werden dann die verschiedenen Wellenlängen wieder getrennt. Aus der Literatur sind vielfältige Lösungen zur Realisierung der Elemente OMUX bzw. ODEMUX bekannt (Tabelle 6.17). Besonders wichtig ist davon das n x n-Phased Array (in Kap. 5.2.3.2.4 ist in Bild 5.25 ein 1 x 4-Phased Array dargestellt), das neben einfacher Multiplex- und Demultiplexfunktion auch eine vollständige Permutation von Wellenlängen bezüglich unterschiedlicher Eingänge erlaubt, d. h. wird eine Gruppe von n Wellenlängen auf Eingang 1 des Phased Arrays gegeben, so erscheinen die Kanäle 1 bis n auf den Ausgängen 1 bis n.

Wird eine weitere Gruppe gleicher Wellenlängen zusätzlich auf Eingang 2 gegeben, so erscheinen die Kanäle 1 bis n-1 dieser Gruppe auf den Ausgängen 2 bis n und der Kanal n liegt auf Ausgang 1.

Multiplexer/Demultiplexer sollten aus Systemsicht folgende Eigenschaften besitzen:
- geringe Dämpfung,
- geringes Kanalnebensprechen (engl.: crosstalk) (je nach Anwendung -12 dB ...-30 dB),
- Polarisationsunabhängigkeit,
- flache Übertragungsfunktion im Durchlaßbereich (wegen der Kaskadierbarkeit),

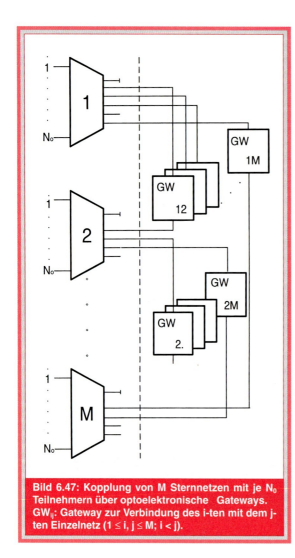

Bild 6.47: Kopplung von M Sternnetzen mit je N_0 Teilnehmern über optoelektronische Gateways. GW_{ij}: Gateway zur Verbindung des i-ten mit dem j-ten Einzelnetz ($1 \leq i, j \leq M; i < j$).

ordnet sind, werden vermutlich immer nur eine untergeordnete Bedeutung, z.B. als Lösungsvorschlag zur Realisierung von Breitbandinselnetzen haben.

Die größten Potentiale der Optik und insbesondere des Wellenlängenmultiplex liegen vielmehr im Bereich der Pfadschicht. Es ist bekannt, daß einzelne optische Wellenlängenkanäle nur bei Datenraten von einigen Gigabit/s optimal genutzt werden und außerdem, daß die dazu notwendigen zeitorientierten Signalverarbeitungsprozesse wegen z. Zt. noch fehlender optischer Speicher weiterhin elektronisch bewältigt werden müssen. Deshalb wird auch nach Schaltmöglichkeiten für den ganzen

- hohe Wellenlängenstabilität (um die Wellenlängenüberwachung zu vereinfachen).

Multiplexer und Demultiplexer sind Basisbaugruppen für OADM und OCCen, sie sind aber auch bei Punkt-zu-Punkt Verbindungen mit WDM-Betrieb unverzichtbar, wenn eine Betriebsbitratenerhöhung gefordert wird. Es besteht dabei der Vorteil, daß von strengen Multiplexhierarchien abgewichen werden kann und daß einzelne Wellenlängenkanäle mit verschiedenen Datenraten nutzbar sind (Bild 6.12).

6.5.2.3 Optische Add-Drop Multiplexer und deren Anwendung

Ein OADM trennt aus einer Gruppe von Kanälen einen Kanal oder auch mehrere Kanäle heraus und leitet diese auf einen anderen Ausgang, wobei gleichzeitig Kanäle der entsprechenden Wellenlängen mit neuem Dateninhalt von einem zweiten Eingang in die Gruppe eingefügt werden (Bild 6.48). Die Betriebsparameter (Nebensprechen, Dämpfung etc.) müssen denen des einfachen Multiplexers entsprechen.

Die typische physikalische Netzstruktur mit OADM ist das WDM-Ringnetz, das aus $m \geq 1$ OADMn und einem zentralen Knoten, welcher Zugänge zu Vermittlungsstellen, anderen Diensteanbietern oder höheren Netzebenen ermöglicht, besteht. Ringnetze können uni- oder bidirektional arbeiten und sind zusätzlich mit Ersatzfasern versehen, auf die im Fall eines Faserbruches umgeschaltet wird [6.74]. Ein solches WDM-Ringnetz entspricht gemäß der Wellenlängenanzahl mehreren „virtuellen" Ringen.

Jeder dieser Ringe kann mit einer individuellen Datenrate betrieben werden und mit einer an die geographischen Gegebenheiten angepaßten Zahl von OADMn ausgestattet sein. Die unmittelbare Zusammenschaltung eines OADMs mit einem konventionellen elektrischen Add-Drop Multiplexer (EADM) zur Kanalextraktion ist nicht zwingend notwendig, da es auch möglich ist, einen Wellenlängenkanal über einen OADM auszukoppeln, um ihn dann ohne elektrooptische Wandlung einem anderen Netzwerkelement zuzuleiten.

Tabelle 6.17: Prinzipien für optische Multiplexer und Demultiplexer

Prinzip	Kanalabstand in nm	Nebensprechen	Bemerkungen
Gitterstruktur	1...5	< –30 dB	sowohl in volumenoptischer als auch in integriert optischer Ausführung möglich
kaskadierte Mach Zehnder Interferometer	0,1...5	< –15 dB	Anpassung der Phasen ist problematisch. Nur eine integriert optische Ausführung ist sinnvoll
Interferenzfilter	> 1	< –30 dB	volumenoptische Ausführung. Vorteilhaft ist flache Übertragungsfunktion
Phased Array	0,1...2	< –15 dB	integriert optisch; III-V Halbleiter oder Glas
Teiler mit Filter	0,1...5		nur als DEMUX; hohe Verluste
Fabry Perot Interferometer	0,1...5	< –17 dB	integriert oder diskret
Mach Zehnder Interferometer	0,8...5	< –20 dB	integriert
Fasergitter	0,5...5	< –30 dB	direkt in Einmodenfaser geschrieben
Akustooptisches Filter	4...5	< –20 dB	integriert; erfordert elektrische Ansteuerung
Interferenzfilter	1...5	< –25 dB	nur volumenoptische Ausführung

6. KAPITEL

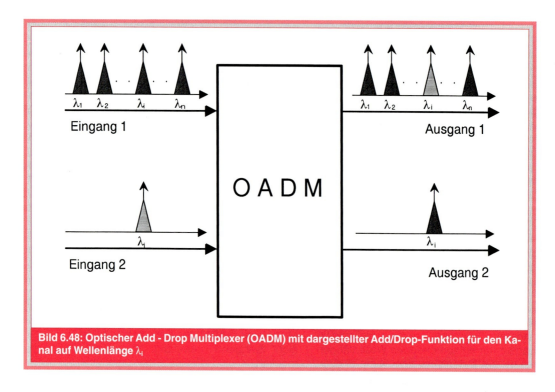

Bild 6.48: Optischer Add - Drop Multiplexer (OADM) mit dargestellter Add/Drop-Funktion für den Kanal auf Wellenlänge λ_i

6.5.2.4 Optische Cross-Connectoren und deren Anwendung

Die Funktion des optischen Cross-Connectors (OCC) besteht darin, Wellenlängenkanäle bezüglich ihrer Lage im Raum (Faser) und ihrer Wellenlänge (Frequenz) umzuschalten. Demzufolge besteht im allgemeinen ein Wellenlängenmultiplex-OCC (WDM-OCC) mit N Eingangs- und M Ausgangsfasern aus N Stück WDM-Demultiplexern am Eingang, M Stück Multiplexern am Ausgang, einer Raumstufe und einer Frequenzstufe, mit der optische Kanäle von einer Wellenlänge auf eine andere umsetzbar sind (Bild 6.49).

Aus der Literatur sind einige Realisierungen für Raum- und Frequenzstufen und deren Kombination bekannt, von denen drei wichtige in Tabelle 6.18 aufgeführt sind.

Tabelle 6.18: Projektbezogene Realisationen von optischen Cross - Connectoren

Raumstufe	Frequenzstufe	Bemerkungen	Projekt/Quelle
Leistungsteiler mit Fabry-Perot Filter bzw. Schalter in InP- oder LiNbO$_3$-Technologie	nicht optisch transparent	4 Kanäle je 2,5 GBit/s (STM-16)	MWTN / [6.75]
Schalter in LiNbO$_3$-Technologie	nicht optisch transparent	8 Kanäle je 2,5 Gbit/s (STM-16)	ONTC / [6.76]
Mechanische Schalter und Leistungsteiler	nicht optisch transparent	8 Kanäle je 2,5 Gbit/s (STM-16) Systeme arbeiten mit optischem Überlagerungsempfang	COBRA / [6.77]

LiNbO$_3$: Lithium Niobat; InP: Indium Phosphit.

OPTISCHE ÜBERTRAGUNGSSYSTEME

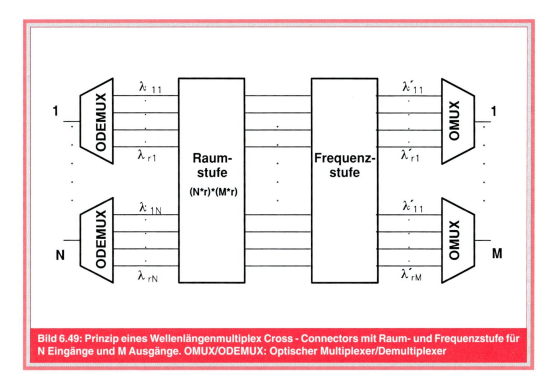

Bild 6.49: Prinzip eines Wellenlängenmultiplex Cross - Connectors mit Raum- und Frequenzstufe für N Eingänge und M Ausgänge. OMUX/ODEMUX: Optischer Multiplexer/Demultiplexer

Die Frequenzumsetzung einzelner Kanäle beruht entweder auf Vierwellenmischung in Glasfasern oder in Halbleiterverstärkern oder auf der Verstärkungs- bzw. Phasenmodulation in Halbleiterlaserverstärkern (vgl. Kap. 4.5.2).

Gegenwärtig sind Frequenzstufen aber nur mit sehr viel Aufwand und mit schlechten technischen Parametern zu realisieren, daher ist es notwendig, die Cross-Connectoren so zu entwerfen, daß möglichst wenig Frequenzumsetzungen notwendig sind, oder daß ganz auf die transparente Frequenzumsetzung verzichtet werden kann.

Mit OCCen kann ein optisches Maschennetz aufgebaut werden, das aus mehreren logischen Netzen besteht, die durch die jeweilige Wellenlänge definiert sind bzw. die einzelne Wellenlängenpfade zur Verfügung stellen. Die optischen Cross-Connectoren müssen dann bei Verwendung von Wellenlängenkonversion den Übergang zwischen diesen logischen Netzen ermöglichen, außerdem können auf diese Weise auch im Bedarfsfall Ersatzwege über Wellenlängenpfade geschaltet werden (Bild 6.50).

6.5.3 Systemgrenzen

6.5.3.1 Grenzen durch Rauschakkumulation und Nebensprechen

Da in den Knoten, die mit OCC, OMUX, ODEMUX und OADM ausgestattet sind, die Verluste der Übertragungsstrecke und die der passiven Komponenten mit optischen Verstärkern kompensiert werden müssen, ist wegen der Rauschakkumulation die Anzahl der Knoten begrenzt, die von einem Signal optisch transparent durchlaufen werden können [6.78].

Die Unterdrückung von unerwünschten Signalen durch wellenlängenselektive Komponenten läßt sich aus physikalischen und technischen Gründen nicht ideal durchführen, deshalb entstehen unerwünschte Nebensprechsignale in den Nutzkanälen [6.79]. Grundsätzlich unterscheidet man zwei Formen des Nebensprechens:.

1. Alle am Nebensprechen beteiligten Kanäle und der Nutzkanal haben weit voneinander entfernte Wellenlängen (Frequenzen). Dann sind alle denkbaren opti-

6. Kapitel

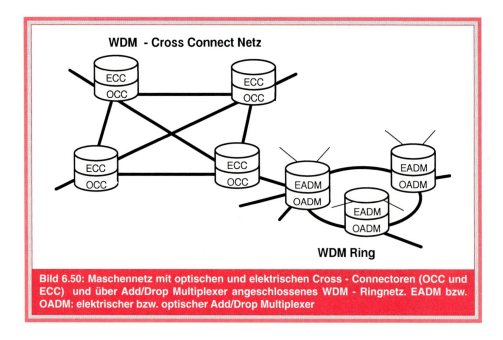

Bild 6.50: Maschennetz mit optischen und elektrischen Cross - Connectoren (OCC und ECC) und über Add/Drop Multiplexer angeschlossenes WDM - Ringnetz. EADM bzw. OADM: elektrischer bzw. optischer Add/Drop Multiplexer

schen Signalfrequenzdifferenzen wesentlich größer als die elektrische Empfängerbandbreite und die Störung ist proportional zur Summe der Nebensprechleistungen. Die theoretische Verschlechterung der Nutzkanalempfindlichkeit p in dB durch das Nebensprechen eines einzelnen Kanals ist hierbei durch

$$p = -10 \lg (1-ü) \, dB$$

gegeben, wobei ü die unerwünschte relative optische Nebensprechleistung ($0 \leq ü \leq 1$) im Nutzkanal ist [6.79]. Im dem Fall, daß die Signalfrequenzdifferenzen der einzelnen Nebensprechkanäle untereinander bzw. mit dem Nutzkanal innerhalb der Empfängerbandbreite liegen, entsteht ein Überlagerungsrauschen (engl.: carrier beat noise), das die Systemempfindlichkeit erheblich verringern kann [6.80]. Hier läßt sich die Verschlechterung der Nutzkanalempfindlichkeit p in dB beim Nebensprechen eines Kanals nach

$$p = -5 \lg (1 - 4q^2 ü) \, dB$$

(q = 5,9 für eine Bit-Fehlerrate von 10^{-9}) ermitteln, dabei muß $0 \leq 4q^2 ü \leq 1$ gelten.

Bild 6.51 zeigt die theoretische und gemessene Empfindlichkeitseinbuße beim Nebensprechen von einem Störkanal in den 2,5-Gbit/s-Nutzkanal.

6.5.3.2 Grenzen für WDM -Systeme durch nichtlineare Effekte

Insbesondere bei sehr langen optisch transparenten Verbindungen sind Grenzen durch nichtlineare Effekte vorgegeben (vgl. Kap. 6.2.2.1 und Kap. 6.2.5). Die dominierenden Effekte sind dabei dann die stimulierte Raman-Streuung, Vierwellenmischung und Kreuzphasenmodulation. Aus Bild 6.52 ist ersichtlich, daß die Raman-Streuung um so mehr systemlängenbegrenzend wirkt, je größer der optische Kanalabstand wird, allerdings liegen die dazu erforderlichen optischen Leistungen von mehr als 10 dBm im oberen Drittel des für Nachrichtenübertragungssysteme üblichen Bereiches. Die Vierwellenmischung wirkt nach Bild 6.53 diesem Trend entgegen, denn hier sinkt die zulässige Leistung pro Kanal mit abnehmendem Kanalabstand. Schon für kleine Leistungen (–10 dBm...0 dBm) sind Einwirkungen auf das System zu erwarten, allerdings ist die Vierwellenmischung in Glasfasern mit ho-

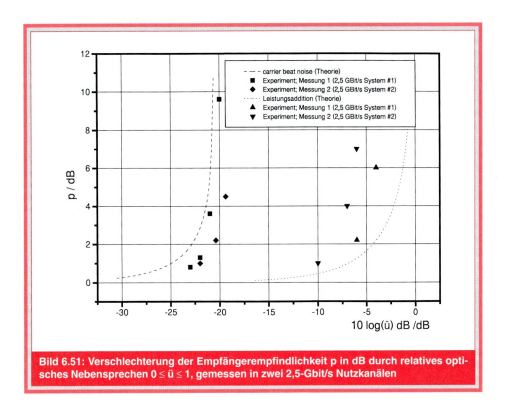

Bild 6.51: Verschlechterung der Empfängerempfindlichkeit p in dB durch relatives optisches Nebensprechen $0 \leq ü \leq 1$, gemessen in zwei 2,5-Gbit/s Nutzkanälen

hem Dispersionsanteil (z.B. im 1,5-μm-Fenster in der Standardeinmodenfaser) unwirksam. In solchen Fasern ist dann nur noch die Raman-Streuung zu beachten.

6.5.4 Mögliche Anwendungen von Wellenlängenmultiplextechnik im Netz

Bereits durch die Einführung von SDH-Technik mit digitalen elektrischen Cross-Connectoren und elektrischen Add-Drop Multiplexern, sowie durch die vergrößerte Kapazität digitaler Vermittlungsstellen kann die Anzahl der Netzebenen von derzeitig vier auf drei verringert werden. Außerdem ist es möglich, den geographischen Zuständigkeitsbereich für eine Vermittlungsstelle erheblich zu vergrößern. Damit ist aber dann verbunden, daß die Netzwerkelemente Add-Drop Multiplexer und Cross-Connect verstärkt im Zugangsbereich eingesetzt werden müssen. Wenn man insbesondere an ein universelles Zugangsnetz denkt, das es erlaubt, auf einer physikalischen Struktur logische Zugangsnetze für beliebige (sich noch entwickelnde) Dienste schnell und flexibel zu konfigurieren, wird die Bedeutung dieser Netzwerkelemente sichtbar.

Fernnetz

Es erfolgt die Konfiguration des Netzes nach Verkehrsanforderung und Ersatzschaltefunktion. Die Einführung einer optischen Netzebene darf nur als Ergänzung aber nicht isoliert vom existierenden SDH-Transportnetz verstanden werden. Zum Beispiel gibt es Situationen, in denen digitale elektrische Cross-Connectoren (ECCen) erheblich entlastet werden könnten, wenn bereits in der optischen Ebene der Verkehr, der für diese ECCen nicht relevant ist, an ihnen vorbeigeleitet wird. Die Kombination von feiner und grober Granularität durch ECCen und OCCen liefert einen entscheidenden Flexibilitätsgewinn und führt dazu, daß bei gleichen Verkehrsannahmen durch OCCen die Größe der ECCen erheblich verringert werden kann. Außerdem brauchen für Ersatzschal-

6. KAPITEL

tefunktionen keine Reservefasern bereitgehalten werden, da deren Funktion von nicht genutzten Wellenlängenkanälen auf anderen bereits existierenden Fasern übernommen werden kann. Vergleichbares gilt auch für Ringnetze, wobei durch optische Add-Drop Multiplexer Transitverkehr an elektrischen Add-Drop Multiplexern vorbeigeführt werden kann. Es wird erwartet, daß sich das Netzmanagement auch erheblich vereinfachen läßt.

Zugangsnetz

Aufgabe der Cross-Connectoren und Add-Drop Multiplexer ist, Wege zwischen den Teilnehmern und der Bereichsvermittlungsstelle bzw. zwischen Teilnehmern und Diensteanbietern oder auch Mietverbindungen sowie Ersatzschaltungen auf einem physikalischen Netz zur Verfügung zu stellen.

Grundsätzlich sind zwei Lösungen bei der Anwendung von WDM denkbar.

1. Diensteorientiertes WDM

Einzelne Kanäle oder Kanalgruppen können für jeweils unterschiedliche Dienste genutzt werden. Mit den zur Verfügung stehenden Wellenlängen lassen sich logische Netze für unterschiedliche

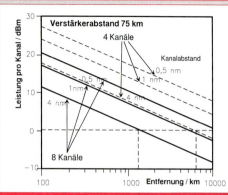

Bild 6.52: Leistungsgrenzen in Wellenlängenmultiplexsystemen durch Raman - Streuung

Dienste konfigurieren, wobei das virtuelle Zugangsnetz durch die zugeordnete Wellenlänge gekennzeichnet ist. Die optische Transparenz der einzelnen WDM-Kanäle spricht für eine dienstebezogene Lösung. Beispielsweise könnte ein Kanal aus dem 1,3-µm-Fenster und ein Kanal am unteren Ende des dritten Fensters (1,5 µm) für Telefon und Schmalband-ISDN reserviert sein, während die anderen Kanäle des 3. Fensters für diverse Breitbanddienste, z.B. Videover-

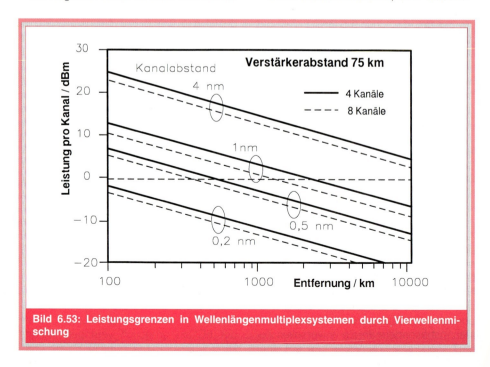

Bild 6.53: Leistungsgrenzen in Wellenlängenmultiplexsystemen durch Vierwellenmischung

teildienste und interaktive Breitbanddienste vorgesehen sind.

2. Gleichberechtigte Kapazitätserweiterung

Im Gegensatz zum diensteorientierten Ansatz sind bei einem hierarchischen Ansatz alle Wellenlängenkanäle im Netz gleichberechtigt, d.h. jede zusätzliche Wellenlänge transportiert die Nachrichteninhalte vieler Dienste im Zeitmultiplexverfahren. Für ein solches Vorgehen spricht, daß die WDM-Systeme vermutlich einfacher an die existierenden Netzmanagementsysteme adaptierbar und in die gegenwärtig vorherrschenden Multiplexhierarchie einbettbar sind.

6.5.5 Schlußbetrachtung

Wellenlängenmultiplex bietet die Möglichkeit der effektiven Nutzung optischer Techniken im Netz. Durch die Netzwerkelemente OADM, OMUX, ODEMUX und OCC kann eine vergrößerte Flexibilität, verbesserte Funktionssicherheit und natürlich eine größere Gesamtkapazität des Netzes realisiert werden. In einem Szenario, das auf die langfristige Einführung von WDM zielt, wird ein erster zukunftsweisender Schritt in der Nutzung des Zweifenstermultiplex (1,3-µm-Systeme, 1,5-µm-Systeme) gesehen. Bereits dieser Ansatz bietet alle Vorteile des WDM auf einem niedrigen Niveau. Auf die vorhandene Infrastruktur, z. B. auf die VISYON-Ringe (vgl. Kap. 6.3.2) werden dann zusätzlich 1,5-µm-Systeme aufgeschaltet, ohne daß sich an den existierenden 1,3-µm-Systemen etwas ändert. Dieses ist insbesondere dann vorteilhaft, wenn an einigen Punkten eines bereits installierten 1,3-µm-Ringes mit STM-1 Verkehr zusätzliche Kapazitäten gefordert werden. Die konventionelle Lösung wäre die Umrüstung des gesamten Ringes auf STM-4 Systeme. Bei Einsatz von Wellenlängenmultiplextechnik könnte der STM-1 Ring im zweiten optischen Fenster bestehen bleiben und man nutzt für die zusätzliche Kapazität ein 1,5-µm-System, das auch auf einer anderen Hierarchiestufe arbeiten kann. Ähnliche Anwendungen von Fenstermultiplex sind auch für optische Ersatzschaltungen denkbar. Vom Systemstandpunkt aus gesehen sind die optischen Verstärker (vgl. Kap. 4.5) kritische Elemente, da sie jeweils nur für ein Fenster verfügbar sind und deshalb bei der Verwirklichung des Zweifenstermultiplex hinderlich sind. Hinsichtlich der optischen Cross-Connect Funktion ist eine praktisch einsetzbare Frequenzstufe noch nicht absehbar. Optische Raumstufen sind als Faserschalter bereits bis zu 32 x 32 verfügbar, so daß optische Rangierverteiler als Ergänzung zu den bestehenden ECCen in den nächsten Jahren Anwendung finden werden.

6.6 Literaturverzeichnis Kap. 6

[6.1] H. D. Lüke: Signalübertragung. 2. Auflage, Springer Verlag, Berlin, Heidelberg, New York, 1979.

[6.2] Herter; Röcker; Lörcher: Nachrichtentechnik. Carl Hanser Verlag, München, Wien 1984.

[6.3] F. Sporleder; G. Garlichs; B. Hein; R. Herber; H. Richter; R. Ries: Optische Übertragungstechnik für flächendeckende Teilnehmeranschlüsse. Der Fernmeldeingenieur, Heft 4, April 1992.

[6.4] G. Grau: Optische Nachrichtentechnik. Springer Verlag, Berlin, 1981.

[6.5] R. S. Tucker: High-Speed Modulation of Semiconductor Lasers. IEEE Journal of Lightwave Technology, Vol. LT-3(1985)6, S. 1180-1192.

[6.6] H. A. Haus; A. Mecozzi: Noise of Mode-Locked Lasers. IEEE Journal of Quantum Electronics, 29 (1993) 3.

[6.7] M. Osinski; M. J. Adams: Picosecond Pulse Analysis of Gain-Switched 1,55 µm InGaAsP Lasers. IEEE Journal of Quantum Electronics, Vol. QE-21 (1985)12, S. 1929-1936.

[6.8] C. H. Henry: Phase Noise in Semiconductor Lasers. Journal of Lightwave Technology, Vol. LT-4(1986)3, S. 298-311.

[6.9] M. Osinski; J. Buus: Linewidth Broadening Factor in Semiconductor Lasers- An Overview. IEEE Journal of Quantum Electronics, Vol. QE-23 (1987)1, S. 9-29.

[6.10] T. L. Koch; J. E. Bowers: Nature of Wavelength Chirping in Directly Modulated Semiconductor Lasers. Electronics Letters, 20 (1984) 25, S. 1038-1039.

[6.11] T. M. Shen: Power Penalty in Bit Error Rate due to Limited Transmission Bandwidth. Electronics Letters, 23 (1987)18, S. 927-928.

[6.12] D. A. Atlas; B. de Largy; A. Rosiewicz; R.Panock: 20 GHz Bandwidth High Dynamic Range 1,3 µm Buried Heterostructure Laser Modules. Journal of Optical Communications, 15(1994)6, S. 231-237.

[6.13] M. Rocks; N. Gieschen: Kohärente optische Übertragungsysteme: Stand der Technik und Anwendungsfelder. Nachrichtentechnik, Elektronik 42(1992)5, S. 166-170.

[6.14] S. Allmis; G. Bickert; P. Janeck; U.Merz; V. Römpke: Das Konzept Synchrones Netz Teil 2: Technischer Teil. Der Fernmeldeingenieur, Heft 5, Mai 1992.

[6.15] O. Fundneider: Synchrone Digitalhierarchie und Asynchroner Transfermodus. Telekom Praxis 4(1994) S. 29-36.

[6.16] S. P. Chen; S. Beyer; A. Böcher; D.Leichert; A.Kraudi-Homann: Intermodulationsstörungen in Breitband-CATV-Verteilnetzen. NTZ 48 (1995)2 S. 22-26.

[6.17] P. F. Panter: Modulation, Noise, and Spectral Analysis. Mac Graw-Hill Book Company, New York 1965, S. 427-460.

[6.18] O. Gautheron: Experimental Investigation of Stimulated Brillouin Scattering and Self-Phase Modulation Effects on Long Distance 2.5 Gbit/s Repeaterless Transmission. ECOC' 93 Montreux Schweiz (1993), paper TuC4.5.

[6.19] A. P. Mozer: Optical Fiber Communication Systems and their Physical Limitation. Journal of Optical Communications 7 (1986) 2, S. 42-48.

[6.20] A. F. Elrefaie; R. E. Wagner; et al.: Chromatic Dispersion Limitations in Coherent Lightwave Transmission Systems. Journal of Lightwave Technology 6 (1988) 5, S. 704-709.

[6.21] H. Taga; N. Edagawa et al.: 10 Gb/s, 9000 km IM-DD transmission experiments using 274 Er-doped fiber amplifier repeaters. OFC'93 San Jose (1993) paper PD1.

[6.22] S. Kawanishi; H. Takara; et al.: 100-Gbit/s 500-km optical transmission experiment. OFC'95 San Diego (1995), paper ThL2.

[6.23] C. Rolland; L. E. Tarof; A. Somani: Multigigabit Networks: The Challenge. IEEE LTS (1992) 5, S. 16-26.

[6.24] P. A. Humblet; M. Azizoglu: On the Bit Error Rate of Lightwave Systems with Optical Amplifiers. Journal of Lightwave Technology 9(1991)11, S. 1576-1582

[6.25] M. Murakami; T. Kataoka; T. Imai; K. Hagimoto; M. Aiki: 10 Gbit/s, 6000 km Transmission Experiment Using Erbium-Doped Fibre In-Line Amplifiers. Electronics Letters 28 (1992) 24, S. 2254-2255.

[6.26] H. Ibrahim; J. F. Bayon; A. Madani; J. Moliac; L. Rivoallan; D. Ronarch; E.le Coquil: Fibre-Equaliser Second order Distortion Compensation in 1,55 µm Lightwave CATV Transmission System. Electronics Letters 29(1993)3, S. 315-317.

[6.27] T. Li; M. C. Teich: Performance monitoring of a lightwave system incorporating a cascade of Erbium-doped fibre amplifiers. Optics Communications 91(1992)1, S. 45-45.

[6.28] I. J. Hirst; A. J. Jeal; J. Brannan: Performance Monitoring of Long Chains of Optical Amplifiers. Electronics Letters 29 (1993) 3, S. 255-256.

[6.29] E. Lichtmann: Optical amplifier spacing in ultralong lightwave systems. Electronics Letters 29 (1993) 23, S. 258-260.

[6.30] J. A. J. Fells et al.: Transmission beyond the dispersion limit using a negativ chirp electroabsorption modulator. Electronics Letters 30 (1994)14, S. 14-15.

[6.31] S. Mohrdiek; H. Burkhard; H. Walter: Chirp reduction of directly modulated semiconductor lasers at 10 Gb/s by strong CW light injection. Journal of Lightwave Technology 12 (1994) 3, S. 418-424.

[6.32] Y. Sorel et al.: 10 Gbit/s transmission experiment over 165 km of dispersive fibre using ASK-FSK modulation and direct detection. Electronics Letters 29(1993)12, S. 973-975.

[6.33] B. Wedding, B. Franz, B. Clesca, P. Bousselet: Repeaterlesss Optical Transmission via 182 km of Standard Singlemode Fibre Using a High Power Booster Amplifier. Electronics Letters 29 (1993) 17, S. 1498-1500.

[6.34] C. Das; U. Gaubatz; E. Gottwald; K. Kotte; F. Küppers; A. Mattheus; C. J. Weiske: Straight line 20 Gbit/s transmission over 617 km dispersion compensated standard-singlemode-fibre. Electronics Letters 31 (1995) 4, S. 305-307.

[6.35] A. H. Gnauck; R. M. Jopson; et al.: 10-Gb/s 360-km transmission over dispersive fiber using midsystem spectral inversion. IEEE Photonics Technology Letters 5 (1993) 6, S. 663-666.

[6.36] L. F. Mollenauer; K. Smith: Demonstration of soliton transmission over more than 4000 km in fiber with loss periodically compensated by Raman gain. Optics Letters 13 (1988), S. 675-677.

[6.37] A. Hasegawa: Optical Solitons in Fibers. Springer-Verlag, 1990, 2. Auflage.

[6.38] A. Mattheus; S. K. Turitsyn: Pulse Interaction in Nonlinear Communication Systems Based on Standard Monomode Fibers. ECOC'93 Montreux (1993), paper MoC2.3.

[6.39] J. P. Gordon; L. F. Mollenauer: Effects of fiber nonlinearities and amplifier spacing on ultra-long distance transmission. IEEE Journal Lightwave Technology 9 (1991) 2, S. 170-173.

[6.40] M. Nakazawa; K. Suzuki; et al.: Experimental demonstration of soliton data transmission over unlimited distances with soliton control in time and frequency domains. Electronics Letters 29 (1993) 9, S. 729-730.

[6.41] L. F. Mollenauer; E. Lichtman, et al.: Demonstration, using sliding-frequency guiding filters, of error-free soliton transmission over more than 20 Mm at 10 Gbit/s, single channel, and over more than 13 Mm at 20 Gbit/s in a two-channel WDM. Electronics Letters 29(1993)10, S. 910-911.

[6.42] B. M. Nyman; S. G. Evangelides; et al.: Soliton WDM Transmission of 8x2.5 Gb/s, error free over 10 Mm. OFC'95 San Diego (1995), paper PD21.

[6.43] J. Thiennot; F. Pirio; et al.: Optical Undersea Cable Systems Trends. Proceedings of the IEEE 81 (1993) 11, S. 1610-1623.

[6.44] N. S. Bergano; C.R.Davidson; et al.: 40 Gb/s WDM Transmission of eight 5 Gb/s channels over Transoceanic distances using conventional NRZ modulation format. OFC' 95 San Diego (1995), paper PD19-2.

[6.45] K. Oda; M. Fukutoku et al.: 16-Channel x 10 Gbit/s Optical FDM Transmission Over a 1000 km Conventional Single-Mode Fiber Employing Dispersion-Compensating Fiber and Gain Equalization. OFC '95 San Diego (1995), paper PD22-2.

[6.46] W. Weipert: The evolution of the Access Network in Germany. IEEE Communication Magazine 32 (1994)2, S.50-55.

[6.47] K. Bergmann: Lehrbuch der Fernmeldetechnik, Schiele & Schön, Berlin (1986) Bd.1, S. 240-242.

[6.48] D. Eberling; W.Henkel et.al.: Gestaltung und Planung von Glasfaseranschlußnetzen. taschenbuch der telekom-praxis '95, Schiele & Schön, Berlin (1994) S.18-39.

[6.49] C. E .Hoppit; D. E. Clark: The provision of telephony over passive optical networks. BT Technol. Journal 7(1989) S. 101-114.

[6.50] Ortsnetz ohne Strippen. Deutsche Telekom -VISION 4(1995)6, S. 44-45.

[6.51] D. Rund: Glasfaser-Schmelzkoppler-Technologie und Einsatz in FITL-Systemen. VDI-Berichte Bd.1199 (1995) S.1-17.

[6.52] R. Fuest; M. Wiederspahn: Integriert-optische Verzweiger für passive optische Teilnehmernetze. Taschenbuch der Fernmeldetechnik '95, Schiele & Schön, Berlin (1994) S.220-240.

6. Kapitel

[6.53] H. - W. Wellhausen: Neue Nutzungsmöglichkeiten vorhandener Kupferanschlußnetze. Nachrichten Technische Zeitschrift 48 (1995) 4, S.18-27.

[6.54] J. A. Salehi, C. Brackett: Code division multiple-access techniques in optical fiber networks. IEEE Transact. on Communications 37 (1989) 8, S.824-842.

[6.55] W. Verbiest; G. Van der Plas; D. Mestdagh: FITL and B-ISDN: A Marriage with a Future. IEEE Communications Magazine 31 (1993) 6, S. 60-66.

[6.56] T. Plümer: Broadband Access Facilities-Ein Zugangsnetz für alle Dienste. Bericht Telekom Forschung, Forschungsgruppe FZ 211 (Juni 1994).

[6.57] C. A. Eldering; G. Van der Plas; J. De Groote: Burst and bit synchronization methods for passive optical networks. Proceedings 4th Workshop on Optical Local Loop, Versailles (1992) S. 38-44.

[6.58] D. Payne; A. M. Hill et.al.: MUNDI-Multiplexed network for distributive and interactive services. Proceedings 4th Workshop on Optical Local Loop, Versailles (1992) S.173-178.

[6.59] G. Khoe; G. Heydt, et.al.: Coherent Multicarrier Technology for Imolementation in the Customer Access. IEEE Journal on Lightwave Technology 11 (1993) 5/6, S. 695-713.

[6.60] F. Ebskamp: Bidirectional optical transmission over one single-mode fiber. Teleteknik (1988) 1, S. 47-52.

[6.61] A. Yoshida: Design considerations for optical duplex transmission. Electronics Letters 25 (1989) 25, S. 1723-1725.

[6.62] M. Frödrich; I. Marlow et.al.: Technische Gestaltung von OPAL-Netzen. Taschenbuch der Fernmeldepraxis '95. Schiele & Schön, Berlin (1994) S. 41-105.

[6.63] H. -L. Althaus; G. Kuhn; K. Panzer: BIDI-Modul für bi-direktionale optische Übertragung im Teilnehmerbereich. Siemens Components 31 (1993) S. 54-57.

[6.64] I. Ikushima; S. Himi et.al.: High Performance Compact Optical WDM Transceiver Module for Passive Double Star Subscriber Systems. Journal of Lightwave Technology, 13 (1995) 5, S. 517-524.

[6.65] G. M. Foster; J. R. Rawsthorne et. al.: OEIC WDM transceiver modules for local access networks. Electronics Letters 31 (1995) 2, S.132-133.

[6.66] N. Kashima: Optical Transmission for the Subscriber Loop. Artech House, London (1993) S. 211-218.

[6.67] H. Kimura; Y. Suzuki; Y. Tohmori; M. Nakamura: Novel technologies for LD transceiver in TCM transmission. Proceedings 6th Workshop on Optical Access Networks, Kyoto (1995) paper 2.1.

[6.68] C. Gibassier; J. Abiven: Cost-effective solutions for point-to-point links in local acccess networks. Proceedings 6th Workshop on Optical Access Networks, Kyoto (1995) paper 2.5.

[6.69] M. N. Huber: Evolution of Photonic Networking; Photonic versus Microelectronics. Intern. Switching Symposium, Berlin (1995), paper C 7.1, Techn. Digest, Band II S.372-376.

[6.70] A. Gladisch; D. Dzenus; N. Gieschen; A. Mattheus et. al.: Remote controlled absolute frequency stabilization of subscriber lasers for an experimental CMC-LAN. ECOC 92, Berlin (1992), Proceedings Vol.1, S.433-436.

[6.71] J. Saniter; et al: An optical FDM local area network based on passive bypassed star coupler. EFOC&N , Heidelberg (1994), Techn. Digest S. 142-145.

[6.72] A. Gladisch; N. Gieschen; M. Rocks: Optical frequency switching between OFDM networks. EFOC&N, Brighton (1995), Proceedings Vol. 2, S. 236-239.

[6.73] S. Johansson: Transparent optical multicarrier networks. ECOC 92, Berlin (1992), Proceedings Vol. 2, S.781-786.

[6.74] E. Almström; et al.: A uni-directional self healing ring using WDM technique. ECOC 94, Florenz (1994), Techn. Digest Vol. 1, S. 873-877.

[6.75] J. Chidgey : Multiwavelength transport networks. IEEE Communication Magazine Vol. 32 (1994) 12, S. 28-35.
[6.76] A. Brackett; et. al.: A scalable multiwavelength multihop optical network. IEEE Journal of Lightwave Technology 5 (1993) 5, S. 736-753.
[6.77] G. Depovere; et.al.:Laboratory demonstration of a 2.5 Gbit/s SDH compatible optical cross connect network. ECOC 94, Florenz (1994), Techn. Digest Vol.1, S. 571-574.
[6.78] M. J. O`Mahony: The potentials of multi wavelength transmission. ECOC 94, Florenz (1994),Techn. Digest Vol.1, S. 907-913.
[6.79] R. J. Hoss: Fiber Optic Handbook, Prentice Hall (1990), S. 238-239.
[6.80] E. L. Goldstein; L. Eskildsen; A.F.Elrefaie: Performance implications of component crosstalk in transparent lightwave networks. IEEE Journal of Lightwave Technology 6 (1994) 5, S. 657-660.

PHYSIK, KOMPONENTEN UND SYSTEME

7. Zukunftsperspektiven der Photonik

Dr.-Ing. M. Rocks

7. Kapitel

In diesem den ersten Teil des Buches abschließenden Kapitel sollen Entwicklungslinien für die Kommunikationstechnik auf photonischer Basis aufgezeigt werden. Der Begriff "Photonik" beinhaltet in diesem Zusammenhang alle optischen und elektronischen Aspekte, die bei der Realisierung von modernster optischer Nachrichtentechnik beachtet werden müssen. Es werden hier unter anderem einige wichtige Themen aus den ersten 6 Kapiteln nochmals aufgegriffen um geschlossen zeigen zu können, welches Potential die Photonik dem Nachrichtentechniker bereitstellt. Daraus läßt sich ableiten, an welchen Stellen gegenwärtige und zukünftige Forschungs- und Entwicklungsaktivitäten ansetzen müssen.

Die optische Nachrichtentechnik wurde in den letzten 20 Jahren von einer Laborkuriosität zu einem heute die gesamte leitergebundene Übertragungstechnik dominierenden Verfahren entwickelt. Um diese gewaltige wissenschaftliche und ingenieurtechnische Leistung besser zu verstehen, wagen wir – auch in diesem zukunftsorientierten Kapitel – einen kurzen Rückblick auf das, was man heute 'elektronische' Übertragungstechnik nennen würde.

Lee de Forest erfand 1906 die verstärkende Elektronenröhre mit drei Elektroden (Triode). Erst nach 30 Entwicklungsjahren zeigte dieses bahnbrechende Bauelement hinreichend gute Werte für Verstärkung, abgegebene Leistung und Linearität, um in Trägerfrequenzsystemen als Standard-Serienprodukt, wenn auch mit großem Volumen und hoher Verlustwärme, eingesetzt zu werden. Weitere 20 Jahre dauerte es, bis sich die inzwischen technisch ausgereifte Elektronenröhre (mit kleiner Heizleistung und geringen Abmessungen) auf breiter Front im Betrieb von Übertragungsanlagen durchsetzen konnte. Nochmals 20 Jahre waren notwendig, um mit Hilfe des inzwischen in USA erfundenen Transistors in das 'Halbleiterzeitalter' vorzustoßen. In dieser etwa 70jährigen von mehreren Entwicklungssprüngen gekennzeichneten Zeit wurden die Fundamente für den heute bekannten Stand der Mikroelektronik gelegt.

In einem anderen Zweig der Übertragungstechnik verlief die Entwicklung etwas anders. Der Engländer Reeves meldete 1936 ein Übertragungssystem mit Pulscodemodulation (PCM) zum Patent an. Obwohl die von ihm ersonnene Schaltung sehr einfach war und mit wenigen Röhrenfunktionen auskam, zeigte sich sehr bald, daß mit der verfügbaren Röhrentechnik wirtschaftliche und zuverlässige Lösungen nicht erreichbar waren. Erst nach der Erfindung des Transistors entstanden etwa 20 Jahre nach der Patentanmeldung in den Vereinigten Staaten von Amerika (USA) erste Versuchssysteme. 10 Jahre später, nach der Entwicklung von integrierten Halbleiterschaltungen, setzte sich die PCM - Technik schließlich durch.

Ein weiteres Beispiel ist der Feldeffekt - Transistor, dessen Prinzip schon 1935 von O. Heil zum Patent angemeldet wurde, der aber rund 30 Jahre warten mußte, bis die zur Herstellung bipolarer Silizium - Transistoren entwickelte Planartechnologie die Möglichkeit eröffnete, praktisch brauchbare Bauelemente nach diesem Prinzip herzustellen. Heute ist er, insbesondere in Form der C-MOS-Technologie, in Milliardenzahlen verfügbar und bei Preisen von Pfennigbruchteilen pro Funktion nicht mehr aus der Technik wegzudenken.

Auch bei den heute schon in vielen Kinderzimmern anzutreffenden Computern verlief die Entwicklung ähnlich den eben genannten Beispielen. Der Bauingenieur K. Zuse entwickelte bereits 1934 Ideen zu einer Rechenmaschine, deren mechanische Version, die schon nach dem Binärprinzip arbeitete, er 1938 fertiggestellt hatte. Zeitgemäße Zwischenschritte über relais- und röhrengestützte Rechner führten unter ständiger Nutzung von Innovation und Synergien mit verwandten Gebieten zum weltweiten Siegeszug der Rechner.

Diese willkürlich gewählten Beispiele sollen eindringlich darauf hinweisen, daß einmal eingeleitete und in der Fachwelt als sinnvoll erachtete Entwicklungen von einem gewissen Stadium ab eine kaum noch zu bremsende Eigendynamik bekommen. Dieses gilt auch für die optische Nachrichtentechnik mit ihrer etwa 25jährigen Entwicklungsgeschichte. Nach ersten, Mitte der sechziger Jahre vorgenommenen und nicht sehr erfolgreich verlaufenen optischen Übertragungsexperimenten durch die Atmosphäre, sind etwa 35 Jahre seit

Erfindung des Lasers (1960) und 27 Jahre seit der Erfindung der nachrichtentechnisch nutzbaren Glasfaser (1968) vergangen. In diesem an der Technikgeschichte gemessenen kurzen Zeitraum sind neben Analogübertragungssystemen über Glasfaser vorwiegend komplette Glasfaser - Digitalübertragungssysteme mit Nutzbitraten bis zu einigen zehn Gigabit pro Sekunde entwickelt worden. Dabei muß berücksichtigt werden, daß die optische Nachrichtentechnik durch den technologischen Stand von Mikrowellen- und Halbleitertechnik in den frühen sechziger Jahren äußerst günstige Startbedingungen vorfand.

In der Geschichte der Telekommunikation spielt die ständige Erhöhung der Trägerfrequenz eine dominierende Rolle, denn mit steigender Trägerfrequenz steigt auch prinzipiell die zu übertragende Informationsmenge.

Wie Bild 7.1 zeigt, wurde bis Anfang der sechziger Jahre der cm/mm-Wellenbereich erschlossen. Dann erfolgte aber mit der Erfindung des Halbleiterlasers und seiner Abstrahlung kohärenter Wellen ein Sprung über vier Größenordnungen in der Frequenz (Wellenlänge), und damit begann das Zeitalter der ultrabreitbandigen optischen Kommunikationssysteme.

Die weltweit ständig steigende Flut wissenschaftlicher und anwendungsbezogener Veröffentlichungen sowie Konferenzen für die optische Nachrichtentechnik zeigt das breite Interesse, in immer kürzerer Zeit neue Szenarien und zugehörige Details zu erarbeiten. Dabei wird versucht, sich immer mehr den durch die Physik vorgegebenen Grenzen im Experiment zu nähern. Daß hierbei ab einem bestimmten Entwicklungsstand die Schritte immer kleiner und mühsamer werden, ist mit den Erfahrungen von Hochleistungssportlern, neue Rekorde zu erringen, vergleichbar.

Trotzdem ist ein Ende dieser Entwicklung nicht abzusehen, denn neue Bauelemente, wie z.B. optische Verstärker, Glasfasern mit integrierten Gittern, Multi – Quantum Well (MQW)Laser, Mehrsektionslaser, schnelle optoelektronische Modulatoren, nichtlineare optische Übertragungselemente, u.a. erschließen für die Photonik neue Anwendungsfelder.

Derzeitig richten sich u.a. die Forschungsaktivitäten auf das

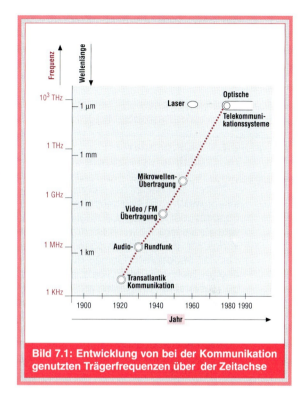

Bild 7.1: Entwicklung von bei der Kommunikation genutzten Trägerfrequenzen über der Zeitachse

- Ausloten der Grenzen der Zeitmultiplextechnik,
- auf optische Übertragung in Vielträgertechnik

und auf
- optische Vermittlungstechnik.

Die Beherrschung dieser Verfahren ist Voraussetzung dazu, das Netz der Zukunft auf höchste Leistungsfähigkeit auszurichten. Während die hauptsächliche Anwendung der optischen Übertragungstechnik im zukünftigen Weitverkehrsnetz und im internationalen Netz als sicher gilt (von terrestrischen Richtfunkstrecken und Satellitenstrecken als zusätzliche Resourcen abgesehen) und für diesen Bereich auch Überlegungen zum Einsatz der optischen Vermittlungstechnik eingesetzt haben, werden im teilnehmernahen Bereich noch die nächsten 10 Jahre bis 20 Jahre lang verschiedene Techniken, abhängig von ihrer Leistungsfähigkeit und ihren Kosten, miteinander konkurrieren. Dazu gehören Kommunikationskanäle über die lokalen Netze in Bus-, Stern- oder Ringstruktur auf

7. KAPITEL

der Basis von Zweidraht-, Koaxial- oder Glasfaserleitungen, aber auch die Anschlüsse für Satelliten - Direktkommunikation und terrestrische Funkstrecken.

7.1 Optische Breitbandübertragung

7.1.1 Multigigabit-Zeitmultiplexübertragung

Neben den bekannten technischen Vorteilen, welche die Digitalübertragung gegenüber der Analogübertragung bietet, wird als weitere Tatsache ein dramatischer Verfall für die Übertragungskosten über der Zeit beobachtet. Gemäß Bild 7.2 verringern sich bei den Glasfaser-Übertragungssystemen die Kosten pro Mbit/s und km z.B. von 1980 bis zum Jahr 2000 um etwa 3 Größenordnungen und ein Ende dieses Trends ist nicht absehbar. Das ist sicherlich ein gewichtiger Grund dafür, daß der Digitalübertragungstechnik zweifellos die Zukunft gehört. Deshalb wird nur diese im folgenden betrachtet.

In Bild 7.3 ist das Schema eines hierarchisch geordneten Fernsprechnetzes gezeigt. Wenn Teilnehmer A und B miteinander kommunizieren wollen, werden die Teilnehmersignale in der Vermittlungsstelle V_{11} in einen Zeitmultiplexrahmen oder in ein Frequenzmultiplexraster eingefügt und zur übergeordneten Vermittlungsstelle V_{21} gesendet. Von dort führen Datenautobahnen zu der dem Teilnehmer B zugeordneten Vermittlungsstelle V_{2N}, über die in Verbindung mit V_{1M} dann schließlich B zu erreichen ist. Im Netz der fernen Zukunft werden vermutlich alle Vermittlungsvorgänge optisch sein und in der Netzebene 1 werden dann aus Kapazitäts- und Kostengründen faseroptische Verbindungen höchster Kapazität eingesetzt. Auf diesen Breitband-Übertragungsstrecken kann dann optische Vielträgertechnik in Kombination mit höchstbitratigen Systemen verwendet werden.

Da die 10-Gbit/s-Übertragungstechnik in nächster Zeit einsatzreif ist und dann sicherlich für lange Zeit einen hohen Prozentsatz der Einsatzfälle abdecken kann, werden in der dann folgenden Generation 40-Gbit/s- bis 100-Gbit/s-Systeme [7.2] in Zeitmultiplextechnik (TDM - Technik) eingesetzt. Diese Prognose wird solange tragen, wie die TDM -Technik Kostenvorteile

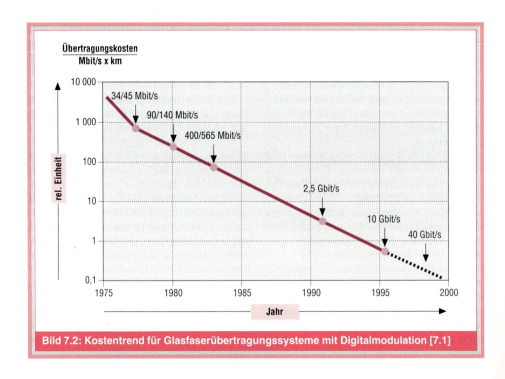

Bild 7.2: Kostentrend für Glasfaserübertragungssysteme mit Digitalmodulation [7.1]

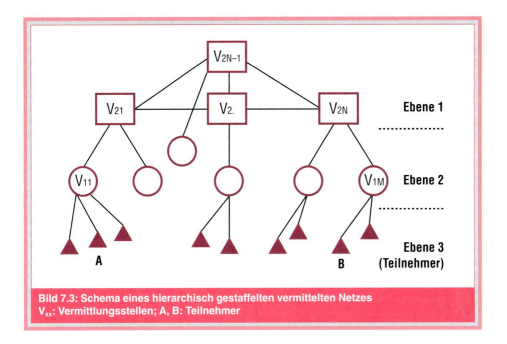

Bild 7.3: Schema eines hierarchisch gestaffelten vermittelten Netzes
V_{xx}: Vermittlungsstellen; A, B: Teilnehmer

gegenüber jeder anderen möglichen optischen Übertragungstechnik bietet. Im Zusammenhang mit diesen Multigigabit/s - Systemen gibt es noch viele offene Probleme, von denen hier nur einige wichtige genannt werden:

- Entwurf und Entwicklung elektronischer Schaltkreise zur Modulation/Demodulation und zum Multiplexen/Demultiplexen von Signalen,
- Aufzeigen von Möglichkeiten, um Einflüsse von Faserdispersion und Fasernichtlinearitäten zu eliminieren bzw. nutzbringend einzusetzen,
- Einsatz von optischen Regeneratoren.

Wenn auch heute noch keine kommerzielle 10-Gbit/s-Elektronik auf breiter Basis verfügbar ist, ist doch abzusehen, daß mit bereits verfügbarer Labortechnologie Silizium (Si) - Bausteine für 40 GHz und Galliumarsenid (GaAs)-Bausteine für 60 GHz realisierbar sein werden. Deshalb sind Erzeugung und Empfang von optischen Zeitmultiplexsignalen bis zu 40 Gbit/s sicher absehbar. Da aber die schaltungstechnischen Schwierigkeiten für noch höhere Bitraten, z.B. für 100 Gbit/s, erheblich ansteigen, soll schon hier auf die Möglichkeit der optischen Vielträgertechnik hingewiesen werden. Durch Nutzung von optischen Frequenzen mit Kanalabständen von wenigen 10 GHz läßt sich damit prinzipiell eine nahezu unbegrenzte Übertragungskapazität realisieren. Im 2.Fenster (Trägerwellenlängen um 1,3 µm) ist aufgrund der Faser-Dispersionsnullstelle die Bandbreite am höchsten, allerdings läßt sich aufgrund des im Vergleich zum 3.Fenster (Trägerwellenlängen um 1,55 µm) höheren Faser-Dämpfungskoeffizienten nur 70 % .... 80 % der dort möglichen Verstärkerfeldlänge erreichen.

Das einfachste und vermutlich auch billigste vorstellbare System für 10 Gbit/s ist bei Trägerwellenlängen aus dem 2.Fenster realisierbar. Es ist dann aber gemäß Bild 7.4 auf Feldlängen von 50 km....70 km, abhängig von den geforderten Systemreserven, begrenzt. Die Verwendung von speziellen Halbleiterlaser - Verstärkern gestattet nach heutigem Kenntnisstand auch schon Feldlängen von 89 km [7.3].

Für die Realisierung längerer Strecken als durch die Grenzkurven in Bild 7.4 angegeben, sind optische Verstärker bzw. Regeneratoren erforderlich. Für den Bereich des 2.Fensters gibt es kommerzielle Halbleiterverstärker, aber aus verschiede-

7. Kapitel

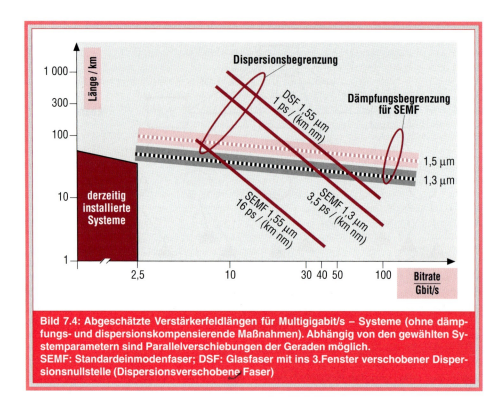

Bild 7.4: Abgeschätzte Verstärkerfeldlängen für Multigigabit/s – Systeme (ohne dämpfungs- und dispersionskompensierende Maßnahmen). Abhängig von den gewählten Systemparametern sind Parallelverschiebungen der Geraden möglich.
SEMF: Standardeinmodenfaser; DSF: Glasfaser mit ins 3. Fenster verschobener Dispersionsnullstelle (Dispersionsverschobene Faser)

nen Gründen, z.B. Unempfindlichkeit gegenüber nichtlinearen Effekten, Kompatibilität zur Glasfaser,... werden seit einigen Jahren auch 1,3-µm-Faserverstärker erforscht, die eine mit Praseodym oder Neodym dotierte Fluoridglasfaser als lichtverstärkendes Medium nutzen. Dazu lassen sich aus Tabelle 7.1 die wichtigsten technischen Daten ersehen. Als qualitative Aussage gilt, daß bei optischen Praseodymverstärkern die Pumpeffizienz und bei optischen Neodymverstärkern die Verstärkung im Vergleich zum jeweils anderen Typ geringer ist.

Da die Fluoridfaser mechanisch recht instabil ist und sich beim Spleißen recht störrisch verhält, sind zukünftige technologische Verbesserungen zur Erhöhung von Zuverlässigkeit, Lebensdauer und Handhabbarkeit wünschenswert. Es ist bekannt, daß außer Fluoridglasfasern noch Halogenid- oder Chalkogenidfasern aufgrund ihrer aus theoretischer Sicht guten Fluoreszenzeigenschaften als Basis für Faserverstärker infrage kommen, jedoch ist aufgrund deren voraussehbaren toxischen, hygroskopischen und fragilen Eigenschaften über solche Fasern bisher nur sehr selten berichtet worden.

Für die heute verlegten Standardeinmodenfasern (SEMF) (etwa 1,5 Mio. Faserkilometer alleine in Deutschland) ist der 1,3-µm-Faserverstärker von höchstem Interesse, jedoch wird man bei Neuanlagen

Tabelle 7.1: Derzeitig erreichte Bestwerte für 1,3-µm-Faserverstärker

Fluoridglasfaser dotiert mit	Pumpwellenlänge in nm	Pumpleistung in mW	Verstärkung in dB	Ausgangswellenlänge in nm	Referenz
Praseodym	1 017	300	38,2	1 280...1 320	[7.4]
Neodym	820	50	10	1 343	[7.5]

speziell für den Weitverkehr überlegen müssen, ob nicht die Glasfaser mit ins 3.Fenster verschobener Dispersionsnullstelle (DSF), die dann eine sehr effiziente Nutzung des 3.Fensters gestattet, die bessere Alternative ist. Effizienz ist dabei in dem Sinne zu verstehen, daß trotz der etwa 10 % .... 20 % höheren DSF - Dämpfung deren Bandbreite mit der von Standardfasern im 2. Fenster vergleichbar ist, und daß kommerziell verfügbare Erbiumfaser-Verstärker einsetzbar sind.

Eine weitere Möglichkeit besteht darin, die Standardeinmodenfaser mit Trägerwellenlängen aus dem 3. Fenster zu nutzen. Da hier zwar die Dämpfung geringer als im 2. Fenster ist, dafür aber Dispersionskoeffizienten um etwa 16 ps/(km nm) zu erwarten sind, tritt bei höchsten Bitraten eine Bandbreitenbegrenzung auf; gemäß Bild 7.4 ist die erreichbare Feldlänge für Bitraten über 8 Gbit/s schon durch die Faserdispersion begrenzt.

Diese Begrenzung kann im gewissen Rahmen durch Entzerrungs- und Kompensationsmaßnahmen aufgehoben werden. Solche Verfahren wurden bereits in Kap. 6.2.3 beschrieben, deshalb werden hier die wichtigsten davon nur noch kurz erwähnt:

1. **"Dispersionskompensierende Faser" (DCF)**
Es wird eine Spezialglasfaser mit hohem negativen Dispersionskoeffizienten (M ≈ - 90 ps/(km nm)) im 3.Fenster in den optischen Übertragungsweg geschaltet. Durch die so erreichte lineare Dispersionskompensation wird das System auch für hohe Bitraten dämpfungsbegrenzt. Das Verfahren ist optisch äußerst breitbandig und feldtauglich, allerdings haben solche DCF bisher einen Dämpfungskoeffizienten von min. 0,4 dB/km, den es zu verbessern gilt.

2. **"Optische Phasenkonjugation" (OPK)**
Die Idee bei diesem sehr eleganten Verfahren ist, das durch die Basisbandmodulation erzeugte optische Spektrum etwa in der Mitte des Übertragungsweges mittels Vierwellenmischung derart zu invertieren, daß auf der zweiten Hälfte der Strecke der Dispersionseinfluß der ersten Hälfte kompensiert wird. Der Wert für die damit tatsächlich erreichbare Bandbreite ist z.Zt. noch Gegenstand intensiver Forschung.

3. **"Elektronische Dispersionskompensation"(EDC)**
Beim optischen Überlagerungsempfang - nicht aber beim Direktempfang- besteht ein linearer Zusammenhang zwischen Detektorstrom und Feldstärke der optischen Welle. Deshalb kann bei ersterem Verfahren eine lineare Signalentzerrung in der Zwischenfrequenzebene mit Hilfe aus der Mikrowellentechnik bekannter Verfahren vorgenommen werden.

4. **"Dispersionsunterstützte Übertragung" (DUÜ)**
Bei dieser Methode wird der Laserchirp (Änderung der optischen Frequenz während der elektrischen Modulation) bei der Übertragung der digitalen Null bzw. Eins in Verbindung mit der Faserdispersion für eine gezielte Signalverzerrung verwendet. Die Entzerrung geschieht dann elektrisch mit Hilfe eines speziellen Empfängers.

Die für die genannten Verfahren in Tabelle 7.2 angegebenen experimentellen Ergebnisse sind im Vergleich zu den in Bild 7.4 angegebenen Feldlängen beachtlich und lassen gewiß noch Raum für Verbesserungen. Bei zusätzlichem Einsatz von optischen Verstärkern ist eine regeneratorfreie, optisch transparente 10-Gbit/s-Übertragungsstrecke, z. B. zwischen Berlin und Frankfurt, in den Bereich des Möglichen gerückt.

Eine Antwort auf die Frage „welches Verfahren hat die meisten Chancen in der Zukunft?" kann zur Zeit noch nicht gegeben werden, denn da werden neben der reinen Funktionalität auch betriebliche Gesichtspunkte wie Wartung, Systemüberwachung, Langzeitstabilität, Kosten eine große Rolle spielen.

Zur Übertragung höchster Bitraten über mehrere tausend Kilometer muß die Solitonenübertragung bei 1,3 µm Wellenlänge auf SEMF verwendet werden [7.10]. Ein optisches Soliton ist ein spezieller optischer Puls, bei dem sich eine durch die Faserdispersion verursachte Impulsverlän-

Tabelle 7.2: Experimentelle Ergebnisse für Multigigabit/s-Systeme mit Dispersionsmanagement im 3. Fenster

Verfahren	Bitrate in Gbit/s	Feldlänge in km	Bemerkungen	Referenz
DCF	10	150	bitratenunabhängig	[7.6]
OPK	10	360	Fasermitte muß zugänglich sein	[7.7]
EDC	8	188	optischer Überlagerungsempfang mit PSK	[7.8]
DUÜ	10	204	spezieller elektr. Empfänger erforderlich	[7.9]

DCF: Dispersionskompensierende Faser; OPK: Optische Phasenkonjugation; EDC: Elektronische Dispersionskompensation; DUÜ: Dispersionsunterstützte Übertragung; PSK: Phasenumtastung

gerung durch die Fasernichtlinearität, welche durch periodische Signalverstärkung etwa alle 40 km immer wieder aktiviert wird, kompensieren läßt. Dieses für die Glasfaserübertragung noch recht junge Verfahren eignet sich am besten für den einkanaligen Betrieb und kann bei transozeanischen Strecken angewandt werden. Prinzipiell leidet es aber an der unbedingten exakten Balance zwischen Faserdispersion und Fasernichtlinearität sowie an den hohen Systeminvestitionen, sodaß bis heute noch keine echten Feldversuche durchgeführt worden sind.

7.1.2 Optische Regeneration der Zeitmultiplexsignale

Bei den bekannten in den Glasfasernetzen verwendeten Regeneratoren wird das Zeitmultiplexsignal zunächst opto/elektrisch (o/e) gewandelt, dann nach Zeitlage, Amplitude und Form regeneriert und nach einer elektro/optischen (e/o) Wandlung in den nächsten Faserabschnitt eingespeist. Dieses Verfahren ist in künftigen transparenten optischen Netzen durch die rein optische Regeneration zu ersetzen.

Gemäß Bild 7.5 muß dafür die Taktfrequenz aus dem optischen Digitalsignal (Daten) regeneriert werden, die dann ihrerseits die optische Entscheiderstufe steuert.

Nach einer optischen Verstärkerstufe läßt sich auf diesem Wege das Signal nach Amplitude und Zeitlage regenerieren. Wenn auch die internationalen Forschungsarbeiten auf diesem Gebiet noch ganz am Anfang stehen, sind doch schon erstaunliche Ergebnisse erzielt worden. Für die Taktregeneration ist der Effekt der Selbstpulsation von Zweisektions-DFB (2-S DFB)- Lasern sehr vielversprechend. Dabei pulsiert das Laser-Ausgangslicht, abhängig von den gewählten elektrischen Gleichströmen durch die beiden Lasersektionen, mit Frequenzen bis zu 80 GHz [7.11]. Wird zusätzlich in den Laser ein Digitalsignal mit der Taktfrequenz f_t, die nicht weiter als 150 MHz von der Pulsationsfrequenz entfernt liegen darf, optisch injiziert, rastet die Frequenz des selbstpulsierenden Lasers auf die Frequenz f_t ein und dieser ist dann auch in der Lage, längere Nullfolgen im Eingangssignal zu überbrücken.

Für den optisch getakteten Entscheider können Zweisektions-Fabry-Perot (2-S FP)-Laser verwendet werden, denn wenn eine der beiden Sektionen als strahlungsabsorbierende Region betrieben wird, zeigen diese Laser eine ausgeprägte Bistabilität in Abhängigkeit vom eingeprägten elektrischen Strom und vom Leistungspegel des injizierten optischen Signals. Wenn Takt- und Datensignal mit jeweiligen Leistungen von etwa 1 mW in den 2-S FP-Laser einstrahlen, ist bereits die Regeneration von 10-Gbit/s- Daten – allerdings noch mit schlechter Qualität – gelungen [7.12]; die Theorie sagt voraus, daß eine Verdoppelung auf 20 Gbit/s möglich ist.

Weitere Forschung im Bereich der nichtlinearen optischen Effekte ist notwendig, um die Funktionsweise des rein optischen Regenerators zu verbessern.

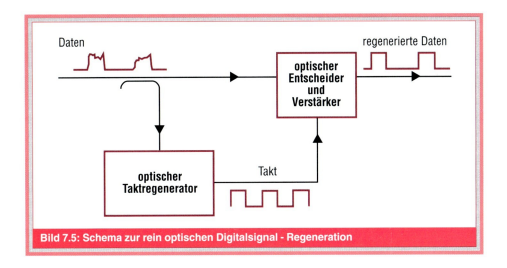

Bild 7.5: Schema zur rein optischen Digitalsignal - Regeneration

7.1.3 Vielträgertechnik

Durch Nutzung mehrerer optischer Träger auf einer Glasfaser läßt sich die Anzahl der aktuell zu übertragenden Kanäle vervielfachen, außerdem wird dadurch die Systemfunktionalität hinsichtlich Wegeführung, Vermittlung und zeitlicher Entkopplung von Datenströmen erhöht. Diese Verfahren sind unter den Namen Wellenlängenmultiplex (WDM) für Direktdetektionssysteme und optisches Frequenzmultiplex (OFDM) für Systeme mit optischem Überlagerungsempfang bekannt. In naher Zukunft werden WDM-Systeme im 3. Fenster in Kombination mit dem Erbiumfaser - Verstärker große Bedeutung erlangen. Die dafür zusätzlich notwendigen Komponenten wie optische Multiplexer / Demultiplexer, Laser- und Empfängerdiodenzeilen, optische Add - Drop Multiplexer, durchstimmbare optische Filter, oder die Integration verschiedener solcher Bausteine stehen - zumindest als Laborversion - schon in begrenztem Umfang zur Verfügung.

Anwendungspotential für WDM

Kurzfristig läßt sich im aktuellen SDH - Weitverkehrsnetz (SDH: Synchrone Digitale Hierarchie) ein höherer Bandbreitebedarf durch bereits verlegte Reservefasern, die dann auch je mit 2,5 Gbit/s betrieben werden, decken. Aber auch die Bitratenerhöhung auf 10 Gbit/s pro Faser oder WDM - Betrieb auf einer Faser müssen in Betracht gezogen werden. Dabei wird sich diejenige der folgenden Optionen durchsetzen, die zum gewünschten Einsatzzeitpunkt am kostengünstigsten zu realisieren ist:

■ Einfaserbetrieb mit 10 Gbit/s;
■ Einfaserbetrieb mit WDM und 4 x 2,5 Gbit/s;
■ 4 - Fasermultiplex mit je 2,5 Gbit/s;

Entscheidungsrelevant werden dabei Fragen des Systemmanagements, Preis, Verfügbarkeit und Verhalten von Hochgeschwindigkeitselektronik, von optischen bzw. optoelektronischen Komponenten und von verfügbaren Fasern in der betrachteten Region sein. Da zur Zeit nur der Faserbestand festliegt, alle anderen Parameter aber noch veränderlich sind, kann heute keine eindeutige Empfehlung für oder gegen eine der genannten Optionen gegeben werden. Ähnliche Betrachtungen können natürlich auch für andere Bitraten, z. B. 40 Gbit/s, 100 Gbit/s, angestellt werden.

Im Zugangsnetz, in dem es nicht so sehr auf hohe Reichweiten ankommt, bietet der Vielträgerbetrieb zusätzliche Möglichkeiten, um bereits verlegte Glasfasern in PON - Struktur (PON: passives optisches Netz) besser und flexibler nutzen zu können. Das in Bild 7.6 gezeigte zukünftige beispielhafte Systemkonzept läßt vermittelten bidirek-

7. KAPITEL

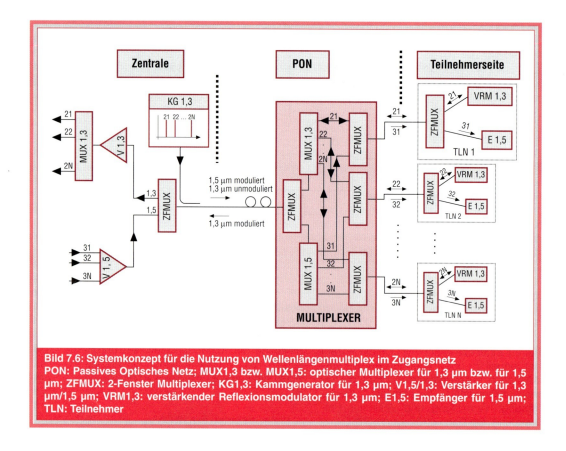

Bild 7.6: Systemkonzept für die Nutzung von Wellenlängenmultiplex im Zugangsnetz
PON: Passives Optisches Netz; MUX1,3 bzw. MUX1,5: optischer Multiplexer für 1,3 µm bzw. für 1,5 µm; ZFMUX: 2-Fenster Multiplexer; KG1,3: Kammgenerator für 1,3 µm; V1,5/1,3: Verstärker für 1,3 µm/1,5 µm; VRM1,3: verstärkender Reflexionsmodulator für 1,3 µm; E1,5: Empfänger für 1,5 µm; TLN: Teilnehmer

tionalen Breitbandverkehr und unidirektionale Informationsverteilung auf einer Faser zu. Es wurde derart entworfen, daß im System möglichst viele gleichartige optische und optoelektronische Bausteine an verschiedenen Stellen verwendet werden können, um eine kostengünstige Massenfertigung zu unterstützen. In der Zentrale werden über einen Verstärker (V1,5) N modulierte optische Kanäle im 3. Fenster (31,32,...3N) und von einem Kammgenerator (KG1,3) N unmodulierte Wellenlängen (21,22,...2N) in Abwärtsrichtung gesendet. In der Multiplexerschaltung (MULTIPLEXER), der aus Einfenster - Multiplexern (MUX1,3 und MUX1,5) und Zweifenster - Multiplexern (ZFMUX) besteht und am Ort des Kabelverzweigers lokalisiert sein kann, wird den Teilnehmern je eine Wellenlänge aus jedem Fenster zugeordnet. Während beispielsweise Teilnehmer 1 (TLN1) seine Breitbandinformation auf Wellenlänge 31 über Empfänger E1,5 erhält, sendet er seine Nachricht mit Hilfe des verstärkenden Reflexionsmodulator (VRM1,3), indem er die ankommende Wellenlänge 21 des Kamms im VRM1,3 moduliert. Diese modulierte Wellenlänge durchläuft jetzt in Aufwärtsrichtung das PON, wird in der Zentrale über den ZFMUX und den Verstärker (V1,3) dem Einfenster - Demultiplexer (MUX1,3) zugeführt, an dessen Ausgang dann weitere Vermittlungsstufen angeschlossen werden. Die teilnehmerseitige Verwendung des Reflexionsmodulators hat den Vorteil, daß damit an dieser kostensensitiven Stelle kein großer Aufwand für wellenlängenstabilisierende Maßnahmen anfällt. Falls im MULTIPLEXER die Bausteine MUX1,3 und MUX1,5 in der Wellenlänge abstimmbar sind, läßt sich über zusätzliches Wellenlängenmanagement eine sehr hohe Systemflexibilität erreichen.

OFDM mit Überlagerungsempfang

Innerhalb des Jahrzehnts von 1980....1990 wurden Übertragungssysteme mit optischem Überlagerungsempfang [7.13] hauptsächlich vor dem Hintergrund der damit erreichbaren größeren Empfängerempfindlichkeit, und damit einer größeren Verstärkerfeldlänge erforscht. In der Zwischenzeit wurde der optische Faserverstärker mit seinen exzellenten Eigenschaften verfügbar, deshalb trat der Aspekt der Empfindlichkeit zugunsten der mit diesem Prinzip realisierbaren optischen Vielkanaltechnik mit Kanalabständen von wenigen Gigahertz merkbar in den Hintergrund. Bei dieser optischen Frequenzmultiplextechnik (OFDM - Technik) müssen folgende Techniken beherrscht werden:

- Stabilisierungsverfahren für die Laserfrequenz,
- Filterung/Selektion von optischen Frequenzen,
- Erzeugung und Verarbeitung von optischen Frequenzkämmen,
- Verschiebung/Konversion von optischen Frequenzen.

Die Laserlinienbreiten lassen sich mit den heute verfügbaren Quantum – Well – und Gitterstrukturen bis auf einige 10 KHz absenken, jedoch muß die Lasermittenfrequenz aufgrund ihrer hochgradigen Abhängigkeit von Strom und Temperatur stabilisiert werden, was mit einer Langzeitdrift von etwa 1 GHz dann gelingt, wenn hochpräzise Strom- und Temperaturregelkreise eingesetzt werden.

Eine weitere Verbesserung um bis zu zwei Größenordnungen ist dann möglich, wenn die Laserausgangsfrequenz mit passiven Elementen, z.B. Fabry-Perot-Interferometer, oder mit anderen absolut genauen optischen Frequenznormalen, wie den Absorptionslinien von atomaren oder molekularen Gasen, verglichen wird und dann automatisch über Strom und Temperatur nachgeregelt wird [7.14]. Die erforderliche Frequenzstabilität hängt vom jeweiligen Anwendungsfall ab. Es ist vorstellbar, daß für WDM - Systeme mit geringen Kanalzahlen aufwendige Stabilisierungsschaltungen entfallen können, für OFDM - Systeme dagegen sind sie aber unverzichtbar.

Während bei WDM - Anwendungen mit optischen Kanalabständen von mehr als 2 nm die Kanaltrennung auf der Empfangsseite durch Resonatorfilter oder durch akusto-optische Filter erfolgt, wird beim optischen Überlagerungsempfang die Kanalselektion mit einem empfangsseitigen durchstimmbaren Laser als Lokaloszillator vorgenommen. Dabei ist eine derart scharfe Filterung möglich, daß sich optische Kanalabstände von 5 GHz leicht realisieren lassen. Bild 7.7 zeigt ein Verteilnetz in Sterntopologie, bei dem sich jeder Teilnehmer einen oder mehrere der M angebotenen OFDM - Kanäle auswählt. Ein Beispiel für bidirektionalen Verkehr zeigt Bild 7.8. Jedem der N Teilnehmer (Tln) wird eine verfügbare optische Frequenz aus dem Frequenzkamm bereitgestellt (im dargestellten Beispiel sendet Tln j auf der Frequenz f_j, $1 \leq j \leq N$), die dieser dann - mit seiner Nachricht moduliert - in den optischen Sternpunkt sendet. Von dort erhält er aber auch alle Trägerfrequenzen der anderen Teilnehmer incl. seiner eigenen, so daß dadurch sowohl eine Signalverteilung als auch bidirektionaler Nachrichtenaustausch möglich ist. Bei diesem Vorschlag hat das Systemmanagement eine ganz wichtige Funktion, da es für die Vertraulichkeit im System, für die passende Frequenzvergabe, für die Frequenzstabilisierung und für die Überwachung des Verbindungsauf- und abbaus zuständig ist. Auf

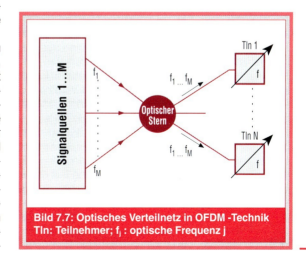

Bild 7.7: Optisches Verteilnetz in OFDM -Technik
Tln: Teilnehmer; f_j : optische Frequenz j

7. Kapitel

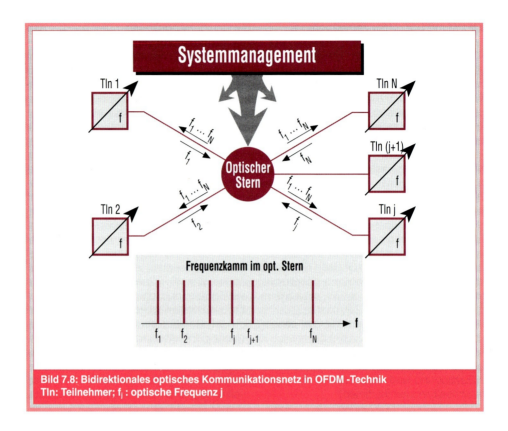

Bild 7.8: Bidirektionales optisches Kommunikationsnetz in OFDM-Technik
Tln: Teilnehmer; f_j : optische Frequenz j

diese Weise wird eine vermittelte optisch transparente Kommunikation zwischen allen Teilnehmern ermöglicht, was ein erster Schritt zum vollständig optischen Netz sein kann.

Absolut genaue Laserfrequenzen sind in der optischen Nachrichtentechnik immer dann notwendig, wenn der Nachrichtentransport auf optischen Trägern zwischen voneinander unabhängigen Knoten erfolgt und die Kenntnis über die Lage der verwendeten optischen Frequenzen unverzichtbar ist. Die größte Flexibilität erhält man bei der Übertragung und Vermittlung von optischen Signalströmen im Netz, wenn die pro Regeneratorabschnitt verwendeten optischen Trägerfrequenzen frei wählbar sind. Die dazu notwendigen optischen Frequenzkonverter können über den Umweg der o/e-Wandlung mit einer Photodiode und anschließender e/o-Wandlung mit einem Laser der passenden Frequenz realisiert werden. Soll allerdings die optische Transparenz gewahrt bleiben, muß ein Verfahren zur direkten Frequenzkonversion gewählt werden, was allerdings immer mit einer Verschlechterung des aktuellen Signal - zu - Rausch Verhältnisses verbunden ist. Ein mögliches Verfahren zur Frequenzkonversion ist die Ausnutzung der Vierwellenmischung in nichtlinearen optischen Medien wie der Faser [7.15] oder in einem Halbleiterlaserverstärker [7.16]. Durch gemeinsames Auftreten von Pumplicht der Frequenz f_p und Signallicht der Frequenz f_s wird infolge der Materialnichtlinearität eine neue optische Frequenz f_k erzeugt. Auf diese Weise ist eine Frequenzkonversion um bis zu 4 THz möglich, allerdings sind die Verfahren noch nicht reif für die praktische Anwendung.

7.2 Optische Vermittlung

Bis 1998 wird im Bereich der Deutschen Telekom der vollständige Wechsel von der elektronischen Analog- zur elektronischen Digitalvermittlung vollzogen worden sein. Derzeitig stellt sich aber schon die neue

Frage, ob im Umfeld der Glasfasertechnik nicht auch die Digitalvermittlung rein optisch erfolgen muß, damit die mehrfache Wandlung von optischen in elektrische Signale und umgekehrt innerhalb einer Verbindung entfällt. Die Ziele dieser Überlegungen sind

- erste Schritte zum intelligenten Breitbandnetz einleiten,
- Erhöhung der realen Netzkapazität,
- Erhöhung der Übertragungsqualität,
- Verminderung der Kosten pro aufgebauter Verbindung,
- Vereinfachung des Systemmanagements.

Wie im vorherigen Kapitel gezeigt, wird in zukünftigen optischen Netzen die WDM - und OFDM -Technik verstärkt vorhanden sein. Eine Vermittlungseinheit muß demnach in der Lage sein, solche Signale zu verarbeiten. Im allgemeinsten Fall besteht sie gemäß Bild 7.9 aus der Hintereinanderschaltung von Raum-, Frequenz- und Zeitstufen. In der Raumstufe wird dem einlaufenden Datensignal (Eingangssignal) ein Weg von der Eingangsfaser auf die richtige Ausgangsfaser freigeschaltet. Die Frequenzstufe hat die Funktion, einen optischen Träger aus einem vorhandenen Frequenzpool zu nehmen und mit dem Eingangssignal zu belegen, d.h. es erfolgt ein Übertrag der Basisband-Information von einer optischen Trägerfrequenz auf eine andere. Da das Basisband aus einem Zeitmultiplexsignal besteht, kann in der Zeitstufe ein Informationsaustausch zwischen in der Vermittlungseinheit vorhandenen Zeitkanälen vorgenommen werden.

Die Raumstufe besteht aus zwei- oder dreidimensionalen kaskadierten Schaltmatrizen, die in unterschiedlichster Technologie (mechanisch, elektro/optisch planar, holografisch) herstellbar sind. Problematisch ist dabei das Kanalübersprechen, das mit steigender Kanalanzahl immer mehr systembegrenzend wirkt. Die Frequenzstufe ist aufgrund ihrer Möglichkeiten zur frequenzselektiven Kanalsortierung vermittlungstechnisch sehr bedeutsam. Zu deren Realisierung steht u.a. die bereits oben erwähnte Vierwellenmischung in nichtlinearen optischen Medien zur Verfügung. Hier stört allerdings die Rauschakkumulation bei kaskadierten Konvertern, so daß für diesen Zweck andere als die bisher realisierten Verfahren, z.B. optisch parametrische Verstärkung, oder andere nichtlineare Materialien, z.B. Polymere, erforscht werden müssen. Die Zeitstufe erfordert für ihre Funktionalität optische Speicher für die optischen Digitalsignale. Hier besteht noch hoher Innovationsbedarf, denn nach heutigen Vorschlägen soll die temporäre Signalspeicherung durch Ver-

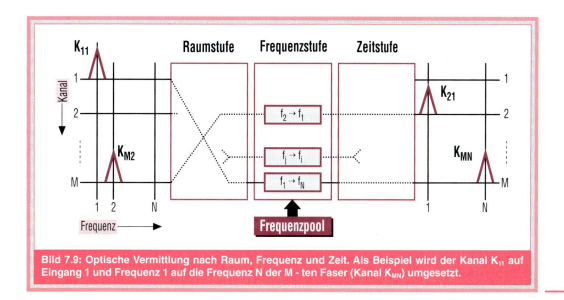

Bild 7.9: Optische Vermittlung nach Raum, Frequenz und Zeit. Als Beispiel wird der Kanal K_{11} auf Eingang 1 und Frequenz 1 auf die Frequenz N der M - ten Faser (Kanal K_{MN}) umgesetzt.

zögerungsleitungen oder schaltbare, verstärkende Laufzeitschleifen realisiert werden, was für optische Multigigabit/s- Signale einschließlich deren zeitlichen Synchronisation mit vielen noch ungelösten Problemen belastet ist.

Nicht an allen Stellen des Netzes wird zur Realisierung von optischen Vermittlungsfunktionen immer die volle Funktionalität der oben beschriebenen Vermittlungseinheit mit Raum-, Frequenz- und Zeitstufe erforderlich sein, oft reichen auch schon Teile davon aus. Das zukünftige optische Netz wird sich vermutlich evolutionär zu einer Struktur mit nur wenigen Schichten entwickeln. Dabei kann es auf dem Prinzip der Leitungsvermittlung , dem der Paket/Zellvermittlung oder der Kombination von beiden basieren. In der untersten Schicht steht das Glasfasernetz als universales Übertragungsmedium bereit. In der obersten Schicht, der teilnehmernahen Verbindungsschicht, werden die gewünschten Verbindungen bedarfsgerecht bereitgestellt. Zwischen diesen beiden liegt als verbindendes Glied die sog. Pfadschicht, in der die erforderlichen optischen Pfade, z. B. durch die gewählten Wellenlängen, definiert werden.

Es gibt Visionen, daß das physikalische Netz nur noch aus einem Kernnetz mit den Funktionalitäten Verbindungsaufbau, Ersatzschaltung und einem Zugangsnetz mit den Merkmalen Signalkonzentration und Signalaufteilung bestehen wird. Die optischen Vermittlungseinheiten befinden sich im Übergangsbereich zwischen Zugangsnetz und Kernnetz.

In einem solchen neustrukturierten Netz wird die Anzahl der Vermittlungseinrichtungen drastisch reduziert sein, die dann aber ein Vielfaches der heute üblichen Teilnehmeranschlußzahlen unterstützen müssen. Da im Zuge dieser Entwicklung auch ganze Netzhierachieebenen wegfallen werden, müssen die heute üblicherweise verwendeten Wegesuchverfahren durch neue ersetzt werden. Weiterhin wird sich das Glasfasernetz auf nur wenige Knotentypen abstützen, in denen dann Netzwerkelemente mit unterschiedlichen Funktionalitäten, z.B. mit den o.gen. Vermittlungsfunktionen, installiert sind. Drei wichtige solcher Knotentypen werden kurz erläutert.

Knoten zur optischen Vermittlung

Solche Knoten werden im oder sehr nahe am Zugangsbereich installiert. Sie sollen die vom Teilnehmer kommenden optischen Digitalsignale entsprechend dem aktuellen Netzstatus verarbeiten. Es wird dort beispielsweise die Konzentration von optischen Zeitmultiplexdaten verschiedener Quellen vorgenommen, aber auch zeitliche Multiplex- und Demultiplexvorgänge durchgeführt.

Aus Flexibilitätsgründen muß die Vermittlung in Raum-, Zeit- und Frequenzstufen möglich sein. In diesem Netzbereich kann aus Kostengründen kein blockierungsfreier Betrieb garantiert werden, allerdings muß das lokale Netzmanagement den Fall der Datenkollision behandeln können, damit sich keine ernsthaften Netzstörungen dauerhaft festsetzen.

In sehr naher Zukunft wird die Digitalsignalübertragung im Asynchronen Transfermode (ATM) [7.17], als das vom ITU empfohlene Übertragungsverfahren für Breitbandsignale, an vielen Stellen des Netzes erfolgen. Die Vermittlung von reinen optischen ATM - Signalen erfordert Zeitstufen mit den bereits erwähnten Problemen. Deshalb ist nach heutigem Kenntnisstand die Realisierung von solchen optischen ATM - Vermittlungsstellen eher unwahrscheinlich.

Knoten mit optischer Add - Drop Funktion

Ein Netzwerkelement mit Add - Drop Funktion kann an der Schnittstelle zwischen Zugangsnetz und Kernnetz, aber auch vorzugsweise im Kernnetz eingesetzt werden. Es ist in der Lage, an Netzverzweigungen einzelne oder auch Gruppen von optischen Trägerfrequenzen aus einer WDM - oder OFDM - Verbindung herauszulösen oder zu einer solchen hinzuzufügen.

Knoten mit optisch transparenter Cross - Connect Funktion

Mit diesen Netzwerkelementen, die vorzugsweise mit Frequenz- und Raumstufen ausgestattet sind, werden vom Netzmanagement gesteuerte, zeitlich befristete, bedarfsorientierte Punkt-zu Punkt Verbindungen im Kernnetz geschaltet, über die dann transparente optische Pfade geleitet werden können.

Da darüber die gesamten Multigigabit/s - Kanäle übertragen werden, müssen passende Algorithmen eine strenge Blockierungsfreiheit garantieren, ferner muß auch optische Wegeersatzschaltung für den Störungsfall vorgesehen sein. Man erhält höchste Netzflexibilität ohne dabei einen Verlust an Transparenz bzgl. Bitrate, Übertragungsformat und Codierung zu riskieren, wenn im optischen Cross - Connect eine gezielte Umsetzung der optischen Frequenz/Wellenlänge auf eine neue vorgesehen ist. Hier bekommen dann die bereits oben erwähnten Verfahren zur optischen Frequenzstabilisierung und - filterung höchste Bedeutung.

Wenn auch die Vielzahl von abzusehenden Netzanforderungen das Konzept der vollständig optischen Vermittlung attraktiv erscheinen läßt, leidet doch aus heutiger Sicht deren Realisierung an den überall sichtbaren technologischen Schranken. Das gilt sowohl für deren Größe (die bisher übliche Anzahl von etwa 8000 Teilnehmern pro Vermittlungseinheit im Zugangsnetzbereich ist dabei sicher zu hoch) als auch für die verfügbaren Techniken für die einzelnen Vermittlungsstufen. Da die Realisierung der Zeitstufen besonders problematisch erscheint, werden in naher Zukunft Konzepte zur verstärkten Verwendung von Raum- und Frequenzstufen benötigt.

7.3 Technologien und Schlüsselkomponenten

Aus den beschriebenen Entwicklungslinien läßt sich ableiten, auf welchen photonischen Arbeitsgebieten Forschungs- und Entwicklungsbedarf besteht. Dabei stehen immer die Ziele

- Verbesserung der Funktionseigenschaften der Baugruppen

und
- Verringerung der Kosten

im Vordergrund.

7.3.1 Basistechnologien

Alle bisher für den Übertragungswellenlängenbereich von 1,3 µm bis 1,6 µm intensiv untersuchten Basismaterialien haben ihre speziellen Stärken und Schwächen. Mit den III-V-Verbindungshalbleitern (InP, GaAs) ist aufgrund des breiten Spektrums an ausgezeichneten Materialeigenschaften (optische Verstärkung, Elektrolumineszenz, Absorption, linearer und nichtlinearer optischer Effekt) die Realisierung einer Vielzahl wichtiger elektronischer und opto/elektronischer Bauelemente (z.B. Photodiode, Laser, Verstärker) möglich. Neueste technologische Entwicklungen bei den Schichtsystemen gestatten es, Laser mit extrem geringem Schwellenstrom unter 5 mA, aber auch solche mit Modulationsgeschwindigkeiten bis zu 100 Gbit/s herzustellen. Andererseits ist aber heute bereits absehbar, daß speziell bei optoelektronischen Schaltungen die Möglichkeiten zur monolitischen Integration begrenzt sind, und daß aller Voraussicht nach die Integrationsdichte, wie sie aus der Halbleiterchip-Fertigung geläufig ist, nie erreicht werden kann. Das liegt insbesondere daran, daß optische Wellenleiter nur schwache Krümmungen aufweisen dürfen, die Schaltungen damit a'priori einen hohen Flächenbedarf haben, und daß die Epitaxie- und Ätzprozesse bei Schaltungen mit optischen und optoelektronischen Bauelementen sehr aufwendig sind. Derzeitig liegt der Integrationsweltrekord bei 17 Bauelementen, die zu einem optischen Überlagerungsempfänger auf einem 0,6 x 9 mm^2 großen Chip kombiniert worden sind [7.18].

Mit dem Basismaterial für die Glasfaser, dem Quarzglas (SiO$_2$), lassen sich auch andere sehr nützliche passive Bauelemente herstellen. Wenn die Glasfaser selber als "Rohmaterial" zur Komponentenherstellung (z.B. Filter, Teiler, Koppler) verwendet wird, liegt ein Vorteil in der relativ problemlosen mechanischen Anbindung der Komponenten an die Übertragungsglasfaser. Bekanntestes Beispiel ist der bereits erwähnte Faserverstärker mit erbium-, neodym- oder praseodymdotierten Faserstücken. Hier besteht aber noch Forschungsbedarf für wellenlängenangepaßte Pumplaser und deren effektive Ankopplung an die das Signallicht verstärkende Faser.

Ob sich Faserbauelemente wie Filter, Teiler, Koppler, Multiplexer gegenüber der unten beschriebenen planaren Technologie durchsetzen können, wird einerseits der Marktpreis, andererseits aber auch für den speziellen Einsatzfall die Robustheit gegenüber Umwelteinflüssen entscheiden. Als besonders interessant wird die Technik eingeschätzt, germaniumdotierte Glasfasern derart mit ultraviolettem (UV) - Licht zu bestrahlen, daß sich deren Kernbrechzahl lokal gezielt ändert [7.19]. Dieses ist die Grundlage für wichtige Faserbauelemente auf der Basis von frequenzselektiven Gittern z.B. Filter, Reflektor, Dispersionskompensator.

Mit SiO_2 auf Silizium - Substrat ist die Realisierung planarer Schaltungen (z.B. Schalter, Sternkoppler, Schaltmatrizen, Multiplexer, Demultiplexer) möglich, die auch bereits bei niedriger Integrationsdichte ein Kosteneinsparungspotential für das Gesamtsystem bedeuten können. Besonders interessant werden solche Bausteine, wenn sie verlustfrei sind, d.h. wenn sie dem System ihre Funktionalität ohne Einfügeverluste zur Verfügung stellen. Dieses kann durch Dotierung der planaren Wellenleiter mit den Elementen Erbium oder Praseodym erreicht werden, was für das Signallicht beim optischen Pumpen mit Licht passender Wellenlänge verstärkend wirkt.

Andere wichtige Materialien als Träger für photonische Komponenten sind Lithium Niobat, Glas und Polymere. Während es photonische Lithium - Niobatbausteine schon seit Mitte der siebziger Jahre gibt und etwa zur gleichen Zeit mit der Herstellung von Wellenleitern in Glas mittels Ionenaustausch begonnen wurde, also viele Erfahrungen für beide Materialsysteme vorliegen, bestehen bei den photonischen Komponenten in Polymertechnologie noch viele ungelöste Probleme. Das betrifft vor allem das Temperaturverhalten solcher Bauelemente im geforderten Temperaturbereich von - 40 °C bis + 85 °C, aber auch die Frage, ob deren technische Eigenschaften für eine Dauer von 20 Jahren unverändert bleiben.

Während für passive Wellenleiterstrukturen in Glassubstrat die Vorteile

- hohe Transparenz im Wellenlängenbereich von 0,4 µm - 1,6 µm (speziell: 0,001 dB/cm bei 1,3 µm und 0,015 dB/cm bei 1,55 µm),
- isotrope optische und mechanische Eigenschaften,
- sehr genaue Anpassung der Brechzahl an die von Glasfasern,
- qualitätsgerechte Massenproduktion ist möglich,

gelten, ist für derzeitig verwendete Polymere bekannt, daß aus solchem Material hergestellte Komponenten einen sehr viel höheren Dämpfungskoeffizienten haben (derzeitige Bestwerte: bei λ = 1,3 µm etwa 0,06 dB/cm und bei λ = 1,65 µm etwa 0,1 dB/cm). Andererseits können diese Wellenleiterbauelemente mittels Präge- und Spritzgußverfahren wahrscheinlich sehr kostengünstig hergestellt werden, was ihnen aus dieser Perspektive viele Masseneinsatzfelder eröffnet. Da außerdem ihr thermooptischer Koeffizient gegenüber Quarzglas um ein bis zwei Größenordnungen höher ist, können thermooptische Schalter mit verhältnismäßig geringen Schaltleistungen realisiert werden.

Es hat sich in den letzten Jahren gezeigt, daß der Masseneinsatz von leistungsfähigen optischen Übertragungssystemen im Zugangsnetzbereich an den Kosten für das Gesamtsystem scheitert. Bei diesen sog. Fiber-to-the-Home (FTTH)-Systemen muß nämlich nicht nur die Doppelader zwischen Vermittlungsstelle und Teilnehmer durch eine Glasfaser ersetzt werden, sondern es müssen zusätzlich noch zwei elektrooptische Wandler an den Faserenden und teilnehmerseitig ein Stromanschluß installiert werden. Selbst unter der optimistischen Annahme von Kostengleichheit zwischen Kupferkabel und Glasfaserkabel erhöhen allein die Wandler die Anschlußkosten um ein Vielfaches. Deshalb müssen die elektrooptischen Schnittstellen, z.B. Laser mit Ansteuerschaltung, Photodiode mit nachgeschaltetem Verstärker oder ein kompletter Transceiver (= Transmitter + Receiver) so kostengünstig wie möglich hergestellt werden. Leider müssen z. Zt. mehr als 50 % der Kosten für die Aufbautechnik solcher Module aufgewendet werden, also u. a. für den Aufwand der Faser-Chip

Kopplung und/oder für die Justage von Bauteilen innerhalb des Hybridmoduls. Um diese Kosten zu reduzieren, müssen konsequenterweise künftige Module auch hinsichtlich einer automatisierbaren Fertigung entworfen werden. Beim Hybridaufbau des in Bild 6.41 skizzierten Transceivers sendet der Laser beispielsweise auf einer Wellenlänge λ_1 aus dem 2. Fenster, die PIN - Photodiode empfängt die Wellenlänge λ_2 aus dem 3. Fenster. Die Wellenlängentrennung erfolgt mit einem wellenlängenselektiven Filter. Der Hauptteil der Kosten für solch ein Modul, das tausendfach bei den OPAL-Systemen [7.20] eingesetzt worden ist, entsteht durch die Justage von Photodiode und Laser zur Faser, was noch teilweise manuell geschieht. Das Arbeitsgebiet der Aufbautechnik von Hybridmodulen steht heute erst am Anfang und wird zunehmend in das Tätigkeitsfeld von Forschungs- und Entwicklungsinstituten aufgenommen. Damit ist ein wichtiger Zwischenschritt in Richtung photonische Netze eingeleitet, die mit leistungsfähigen aber auch kostengünstigen Vermittlungs- und Übertragungssystemen ausgestattet sind.

7.3.2 Photonische Schlüsselkomponenten

In den vorangestellten Kapiteln wurden Komponenten und Baugruppen unterschiedlichster Art genannt, die aufgrund ihrer Funktionalität in photonischen Netzen unbedingt erforderlich sind. Für den Zugangsnetzbereich sind das kostengünstige Sende- und Empfangsmodule, Transceiver, OFDM - Empfänger, WDM - Komponenten, Filter und passive Verbindungskomponenten; für den Weitverkehrsbereich Optoelektronik für Multigigabit/s-Systeme, wie Lasermodulatoren, höchstbitratige Pulslichtquellen, Zeit- bzw. Wellenlängenmultiplex/-demultiplexeinrichtungen und Komponenten für die rein optische Digitalsignalverarbeitung. Für das Gebiet der optischen Vermittlung sind hauptsächlich optische Frequenzkonverter, optische Speicher, optische Schalter und Schaltmatrizen mit niedrigem Nebensprechen sowie zweidimensionale Felder für optische Sender und Empfänger zu nennen. Da es derzeitig die wenigsten der genannten Bausteine mit ausreichend guten Leistungsmerkmalen gibt wird deutlich, daß neben der intensiven Durchleuchtung von optischen Nachrichtensystemen, Konzepten und Szenarien auch größte Anstrengungen in den Bereichen der Technologie- und Komponentenentwicklung erforderlich sind, um zukünftige für alle Zwecke ausreichend dimensionierte und flexible Nachrichtennetze zeitgerecht zur Verfügung zu haben.

7.4 Schlußbetrachtung

Der rasche technische Fortschritt in Elektronik und Übertragungstechnik und die damit verbundenen großen Kostensenkungspotentiale sowie die Entwicklung neuer Dienste haben erhebliche Auswirkungen auf die zukünftigen Nachrichtennetze. Dabei sind folgende Trends erkennbar:

- vollständige Netzdigitalisierung;
- Reduzierung der Netzebenen und erhebliche Verringerung der Anzahl der Vermittlungsstellen pro neuer Netzebene;
- Vergrößerung der geographischen Bereiche pro Vermittlungsstelle;
- Einführung von neuen elektrischen Netzwerkelementen wie Cross-Connectoren und Add-Drop Multiplexern auf der Basis der SDH-Technik;
- Nutzung von Wellenlängenmultiplextechnik und der dazu notwendigen optischen Netzwerkelemente und Managementsysteme;
- Einführung von ATM - Übertragungs- und Vermittlungsverfahren;
- Diensteintegration im Breitband - ISDN;
- Automatisierung von Betriebsführung und Netzverwaltung durch TMN - Systeme (TMN: Telecommunication Management Network).

Diese Maßnahmen sind für den Netzbetreiber zunächst sehr kostenintensiv, sie versprechen aber andererseits nach ihrer Einführung eine hohe Wirtschaftlichkeit. Deshalb überdenkt die Deutsche Telekom schon heute grundsätzlich die weitere Netzausbau- und Erweiterungsstrategie.

Da der Zugangsnetzbereich in höchstem Maße kostensensibel ist (z.B. Austausch von vorhandenen Kupferkabeln gegen Glasfaserkabel) muß insbesondere dort ein Evolutionspfad zum künftigen Breitbandnetz mit geringstem Kostenrisiko gefunden werden.

7.5 Literaturverzeichnis Kap. 7

[7.1] H.Ohnsorge; H.Eisele; O.Hildebrand; K.Lösch; B.Stahl: Die Weiterentwicklung der Kerntechnologien für die Telekommunikation. Elektrisches Nachrichtenwesen (1994) Heft 3.

[7.2] T.Morioka; S.Kawanishi; H.Takara; O.Kamatani: Penalty-free 100Gbit/s optical transmission of <2ps supercontinuum transform-limited pulses over 40 km. Electronics Letters 31 (1995) 2, S.124-125.

[7.3] H. de Waardt; L. F. Tiemeijer; B. H. Verbeek: 89 km 10Gbit/s repeaterless transmission experiments using direct laser modulation and two SL-MQW laser preamplifiers with low polarization sensitivity. IEEE Photonics Technology Letters 6 (1995) 5, S. 645-647.

[7.4] Y.Miyajima; T.Sugawa; Y.Fukasaku: 38,2 dB amplification at 1.31µm and possibility of 0,98 µm pumping in Pr - doped fluoride fiber. Electronics Letters 27 (1991) S.1706-1707.

[7.5] Y.Miyajima; T.Sugawa; T.Komukai: Nd-doped fluoride fiber amplifier module with 10 dB gain and high pump efficiency.Technical Digest of Topical Meeting on Optical Amplifiers and their Applications, Snowmass (1991) S.16-17.

[7.6] J.M.Dugan et al.: All-optical fiber based 1550 nm dispersion compensation in a 10Gbit/s, 150km transmission experiment over 1310nm optimized fiber. Proceedings OFC, San Jose(1992) paper PD-14.

[7.7] R.M.Jopson et al.:10Gbit/s 360 km transmission over normal-dispersion fiber using mid-system spectral inversion. Proceedings OFC/IOOC (1993) paper PD-3.

[7.8] N.Takachio et al.: Optical synchronous heterodyne detection transmission experiment using fiber chromatic dispersion equilization. IEEE Photonics Technology Letters 4(1992)14, S.278-280.

[7.9] B.Wedding; B.Franz: Unregenerated optical transmission at 10Gbit/s via 204km standard fiber using a direct modulated laser diode. Electronics Letters 29 (1993) 4, S. 402-404.

[7.10] A.Mattheus; I.Gabitov et.al.:Analysis of periodically amplified soliton propagation on long-haul standard-monomode fiber systems at 1300 nm wavelength. Proceedings ECOC'94 Florenz (1994) Vol. 1, S. 491-494.

[7.11] U.Feiste; D.J.As; A.Erhardt; M.Möhrle; D.Franke: Investigations on the stability of an all-optically extracted clock at 18GHz using selfpulsating DFB-laser. Proceedings ECOC'94 Florenz (1994) Vol. 1, S. 487-490.

[7.12] K.Weich; R.Eggemann; J.Hörer; D.J.As;M.Möhrle; E.Patzak: 10 Gbit /s all-optical decision using two section semiconductor lasers. Electronics Letters 30 (1994) 10, S.784-785.

[7.13] M.Rocks; N.Gieschen: Kohärente optische Übertragungssysteme: Stand der Technik und Anwendungsfelder. Nachrichtentechnik Elektronik 42 (1992) 5, S. 166-170.

[7.14] A.Gladisch; L.Giehmann; M.Rocks: Distribution of a common reference line for transmitter laser frequency stabilization in OFDM broadband communication systems. Journal of Optical Communications 17 (1996) 3, S. 103–105.

[7.15] K. Inoue: Tunable and selective wavelength conversion using fiber four-wave mixing with two pump lights. IEEE Photonics Technology. Letters 6 (1995) 12, S. 1451-1453.

[7.16] G. Großkopf; L. Küller; R. Schnabel; H. G. Weber: Semiconductor laser optical amplifiers in switching and distribution networks. Optical and Quantum Electronics 21(1989) Sonderheft S. 59-74.

[7.17] W.Frohberg; K.Helbig; H.Stürz: ATM-Einführung in öffentlichen Netzen. Nachrichtentechnik Elektronik 44 (1994) 1, S. 5-10.

[7.18] R.Kaiser; D.Trommer et al.: Monolitically integrated polarization diversity heterodyne receivers on GaInAsP/InP. Electronics Letters 30 (1994) 17, S.1446-1447.

[7.19] R.Kashyap: Photosensitive optical fibers:Devices and applications. Optical fiber Technology 1 (1994) 1, S. 17-34.

[7.20] M.Rocks: Implementation of the access network in Germany. Optics and Photonics News 6 (1995) 2, S. 33-39.

II. Pilotprojekte

8. Das BERKOM-Testnetz

Dipl.-Ing. J. Kanzow
Dipl.-Ing. A. Bläse

8. Kapitel

8.1 Ausgangssituation und das BERKOM-Projekt

Seit 1977 befaßte sich die Deutsche Bundespost sehr intensiv mit der Glasfasertechnik und deren Einsatzmöglichkeiten in Fernmeldenetzen. In praktischen Versuchen wurde damals begonnen, die neue Technik zu erproben. In diesen Versuchen, die meist in Berlin durchgeführt wurden, lag von Anbeginn an das Schwergewicht auf dem Einsatz der Glasfaser im Ortsnetz und dort wiederum beim Teilnehmer-Anschluß, weil dieser Netzbereich technisch und ökonomisch entscheidend ist, wenn es um die Einführung neuer breitbandiger Fernmeldedienste und um den Übergang zu einem alle Fernmeldedienste umfassenden Integrierten Fernmeldenetz geht. Der Nachweis der technischen Machbarkeit eines solchen Universalnetzes, in dem alle Fernmeldedienste über nur eine einzige physische (Glasfaser) Teilnehmer-Anschlußleitung übertragen werden, gelang in den BIGFON (Breitbandiges Integriertes Glasfaser Fernmelde Ortsnetz)-Versuchen, die 1983 in Berlin und sechs weiteren Städten in der Bundesrepublik begannen. Von jenem Zeitpunkt an war klar, daß es aus technischer Sicht nur noch eine Frage von wenigen Jahren bis zum Übergang vom Kupferkabel zum Glasfaserkabel und von getrennten Netzen zum Integrierten Netz zu sein brauchte, im wesentlichen bestimmt von vorhersehbaren technischen Entwicklungsschritten in der Digitaltechnik und in der Optoelektronik. Erheblich weniger klar war hingegen, welche Anwender und welche Anwendungen die Breitbanddienste eines künftigen Breitband-ISDN nutzen würden. Angesichts der hohen Investitionen und des mehrjährigen zeitlichen Vorlaufs, den der Aufbau eines neuen Fernmeldenetzes wie des Breitband-ISDN erfordert, wurde die Frage der Nutzung eines solchen Netzes sehr schnell zur Schlüsselfrage. Denn einerseits war es nicht zu vertreten, den Aufbau des Netzes zu beginnen ohne zu wissen, von wem es wie in welchem Umfang und ab wann genutzt werden würde, ebensowenig aber war es angesichts des langen Aufbauzeitraums angebracht, eine Infrastrukturmaßnahme von voraussichtlich großer volkswirtschaftlicher Bedeutung so lange zurückzustellen, bis die Nachfrage nach den Dienstleistungen eines solchen Netzes drängend und dann auf Jahre hinaus nicht zu bedienen sein würde.

Die Deutsche Bundespost entschloß sich in dieser Situation 1985 erstmals neue Wege zur gleichzeitigen Entwicklung der drei miteinander korrespondierenden Bereiche Telekommunikationsnutzung, Telekommunikations-Endsysteme und öffentliche Telekommunikationsnetze zu beschreiben und startete zu diesem Zweck - in Abstimmung mit dem Berliner Senat - 1986 das Projekt BERKOM (BERliner KOMmunikationssystem). Neu war vor allem, daß sich die Deutsche Bundespost mit BERKOM über den engeren Bereich ihrer Aufgabenstellung, öffentliche Telekommunikationsnetze zu errichten und zu betreiben, hinaus mit dem von der Telekommunikation berührten „Gesamtsystem" von Anwendungen, Endsystem und Netz zu befassen begann.

Die BERKOM-Projektleitung wurde von 1986 bis Ende 1992 der Deutschen Telepost Consulting GmbH (DETECON) übertragen. Ziel war es hierbei, den ganzheitlichen, anwendungbezogenen Projektansatz von Beginn an mit externen Sachverstand aus der Industrie und Wissenschaft im Projektmanagement zu unterstützen.

Das BERKOM-Arbeitsprogramm gliederte sich in die Bereiche
- Marktstudien
- Anwendungprojekte
- Integrierte Dienste
- Endsystementwicklung
- Netzadapter und Gateways

In über 100 Teilprojekten wurde dieses Arbeitsprogramm mit Partnern aus der Industrie und Wissenschaft sowie einer Vielzahl von Pilotanwendern durchgeführt. Hierbei wurde sehr schnell klar, daß die Aufgabenstellung von BERKOM nicht nur eine regionale Bedeutung für Berlin besitzt, sondern die Ergebnisse für die Telekom national und international von großer Relevanz sind.

Die Ausführungen zum BERKOM-Arbeitsprogramm würden an dieser Stelle den Rahmen des vorliegenden Beitrags zum BERKOM-Testnetz bei weitem überschreiten. An dieser Stelle sei deshalb auf das Buch „BERKOM-Breitbandkommunikation im Glasfasernetz" (R. v. Decker's

Verlag, Heidelberg, ISBN 3-7685-2491-4) verwiesen.

Die Aufgabenstellung von BERKOM ist mit erweiterter Zielsetzung am 1. Januar 1993 in die eigens hierfür gegründete Telekom-Tochtergesellschaft DeTeBerkom GmbH überführt worden.

8.2 Zielsetzung des BERKOM-Testnetzes

Das Ziel des BERKOM-Projektes, Dienste, Anwendungen und Endsysteme für das Breitband-ISDN zu entwickeln, schloß die Entwicklung des Breitband-ISDN-Netzes ausdrücklich nicht mit ein. Dennoch war es von Projektbeginn an klar, daß zur Erprobung und Demonstration der Anwendungsentwicklungen ein Breitbandnetz für BERKOM benötigt werden würde. Dieses Netz sollte möglichst ähnlich dem künftigen Breitband-ISDN sein, damit die Entwicklung von Endeinrichtungen soweit wie möglich zukunftssicher erfolgen konnte.

Die Forderung nach einem Breitband-ISDN ähnlichen Breitbandnetz bedeutete in der Praxis vor allem die Bereitstellung von Breitband-Vermittlungen, da die Glasfaser als Anschlußleitung nebst der zugehörigen optoelektronischen Übertragungstechnik angesichts der 1985 begonnenen breiten Einführung optischer Weitverkehrssysteme als verfügbar angesehen werden konnte. Gemessen am weltweiten Stand der Standardisierung des Breitband-ISDN und der Entwicklung von Breitband-Vermittlungssystemen wäre allerdings die Suche nach Breitband-Vermittlungen wenig erfolgversprechend gewesen, wenn in der Bundesrepublik Deutschland nicht seit längerer Zeit bereits aufgrund der allgemeinen Zielvorstellungen der Deutschen Bundespost zur Einführung des Breitband-ISDN und durch Fördermaßnahmen des Bundesforschungsministeriums erleichtert - in der Fernmeldeindustrie mit der Entwicklung von Breitband-Vermittlungssystemen begonnen worden wäre. So war es möglich, bereits im Jahre 1987 mit dem Aufbau der ersten Vermittlungseinrichtung zu beginnen und sie 1988 in Betrieb zu nehmen.

Die Entwicklung der Breitband-Vermittlungstechnik in der Bundesrepublik Deutschland ging bis 1986 von einem Konzept aus, in dem das Breitband-ISDN als eine Weiterentwicklung des ISDN mit 64 kbit/s definiert war.

Wesentliche Kennzeichen waren Leitungsvermittlung, Multiplex von ISDN-Basis (B)-, 2 Mbit/s-H1- und 140-Mbit/s-H4-Kanälen auf der Anschlußleitung mit einer Summenbitrate von 154 Mbit/s sowie der Signalisierung in einem gemeinsamen D-Kanal. Im Jahre 1986 begann die internationale Diskussion über ein neues Vermittlungsprinzip ATM (Asynchronous Transfer Mode), das in der Folgezeit als Grundlage für die Empfehlungen des CCITT (heute ITU) zum Breitband-ISDN angenommen wurde. Dies führte dazu, daß auch in der Bundesrepublik die Entwicklung des leitungsvermittelten Breitband-ISDN über den erreichten Stand hinaus nicht mehr fortgesetzt wurde, was für den Aufbau des BERKOM-Testnetzes zur Folge hatte, daß statt der geplanten drei zunächst nur zwei Vermittlungssysteme realisiert werden sollten. Erfreulicherweise entschloß sich der dritte Partner 1987, eine Laborvermittlungsstelle, die bereits nach dem ATM-Prinzip arbeitete, für das Testnetz zu liefern. Diese ATM-Vermittlung komplettierte 1989 das BERKOM-Netz und stellte zugleich eine Weltpremiere da, weil erstmals ein ATM-System für den Wirkbetrieb aufgebaut worden war. Entsprechend groß war das internationale Interesse an der Inbetriebnahme dieser Vermittlung.

Für das BERKOM-Projekt bedeutet das Vorhandensein verschiedener Vermittlungs-Systeme, daß Anwendungsprojekte und deren Endsysteme mit Netzen völlig unterschiedlicher Leistungsmerkmale verbunden werden können, so daß eine anwendungsbezogene Bewertung der einzelnen Leistungsmerkmale möglich wird. Damit wird erstmals erreicht, daß die wesentlichen Einrichtungen eines neuen öffentlichen Fernmeldenetzes entwickelt werden können unter Berücksichtigung nicht nur technologischer und technischer sondern auch anwendungsspezifischer Gesichtspunkte. Besonders bedeutsam dabei ist auch, daß diese Gesichtspunkte bereits in einem sehr frühen Entwicklungsstadium bekannt werden und sich daher relativ leicht und ohne Zeitverlust in der Entwicklung umsetzen lassen.

8. Kapitel

Mit der Einführung des Breitband-ISDN Pilotnetzes der Telekom Anfang 1994 ist das BERKOM-Testnetz um eine sogenannte Abgesetzte ATM-Einheit (AAE) erweitert worden. Diese AAE ist mit den nationalen und internationalen ATM-Pilotnetzen verbunden. BERKOM-Testnetzteilnehmer erhalten somit Zugang zu den jeweils dem neuesten Stand der internationalen Standardisierung angepaßten ATM-Schnittstellen.

Die Beschaltungsmöglichkeiten der AAE sind durch angeschlossene ATM-Inhouse-Vermittlungen verschiedener Hersteller erweitert worden, um zum einen Erfahrungen im Zusammenwirken dieser unterschiedlichen Systeme mit der öffentlichen ATM-Technik zu sammeln und zum anderen Testnetzteilnehmer schrittweise von der synchronen Vermittlungstechnik auf die ATM-Technik umschalten zu können.

Das BERKOM-Testnetz gehört formal nicht zum BERKOM-F&E-Programm, sondern wird von der Deutschen Telekom für die Projektarbeit zur Verfügung gestellt und betrieben. In den nachfolgenden Abschnitten werden die technischen Einrichtungen des BERKOM-Netzes im Überblick beschrieben.

8.3 Technische Einrichtungen des BERKOM-Testnetzes

8.3.1 BERKOM-Vermittlungsstelle der Alcatel SEL AG

Die erste BERKOM-Testnetzvermittlungsstelle ist 1988 von der SEL AG geliefert worden. Sie basiert auf dem Prinzip einer Leitungsvermittlung und kann neben den 64 kbit/s-ISDN-Kanälen auch 2 Mbit/s- und 140 Mbit/s-Kanäle für interaktive Dienste vermitteln.

Den Kern der Breitbandvermittlung bildete zunächst eine System-12-Vermittlungsstelle, wie sie bereits im ISDN-Pilotprojekt eingesetzt wurde. Mit der 1990 durchgeführten Systemmodifikation ist die Vermittlungsstelle an die ISDN-Serientechnik mit 1TR6-Signalisierung angepaßt und experimentell um Komponenten für Verteildienste erweitert worden. Koppelfelder, Multiplexer und die optische Übertragungstechnik sind ebenfalls während dieser Maßnahmen gegen neuentwickelte Baugruppen ausgetauscht worden. Die folgende Beschreibung bezieht sich auf den Systemstand, wie er sich zur Zeit im BERKOM-Testnetz befindet (Bild 8.1).

Das Gesamtsystem besteht aus dem Vermittlungssystem, der optischen Übertragungstechnik und den Netzabschlüssen mit ihren Teilnehmerschnittstellen.

Netzabschlüsse und Teilnehmerschnittstellen

Für Dialogdienste wird die Teilnehmerschnittstelle SB angeboten. Sie enthält in einem Gesamtmultiplexrahmen mit einer Summenbitrate von 153,600 Mbit/s folgende Einzelkanäle:

1 H_4-Kanal mit H_4*135,168 Mbit/s in 139,264 Mbit/s
4 H_1-Kanäle mit je 1920 kbit/s in 2048 kbit/s (davon nur einer vermittelt)
2 B-Kanäle mit je 64 kbit/s
1 D-Zeichengabekanal mit 16 kbit/s

Um die Einzelkanäle nutzbar zu machen, werden Terminaladapter mit den Schnittstellen R_{B1} (H_1-Kanal) und R_{B4} (H_4-Kanal) zur Verfügung gestellt. Die ISDN-So-Schnittstelle wird direkt am Netzabschluß (NT) als logischer Bus und physischer Stern herausgeführt. Für die genannten Kanäle werden die vermittlungstechnischen Funktionen von einem erweiterten D-Kanalprotokoll in Analogie zum ISDN-Signalisierungsprotokoll 1TR6 gesteuert.

Die Protokollerweiterung besteht im Wesentlichen aus der Ergänzung von Oktetts für die Breitbandkanalbezeichnung (channel identifier) und die Breitbanddienstekennung (service octets). Das Verfahren zum Verbindungsauf- und -abbau ist bei Breitband- und Schmalbandkanälen gleich, d. h. es können alle Kanäle einzeln und in unterschiedlicher Richtung unabhängig voneinander vermittelt werden. Zur Unterstützung der BERKOM-Projektpartner ist ein ISDN-Telefon mit erweitertem D-Kanalprotokoll zur Steuerung der Vermittlung vorhanden. Diese Steuerungsfunktionen können auch von den Endsystemen übernommen werden. Für die beschrie-

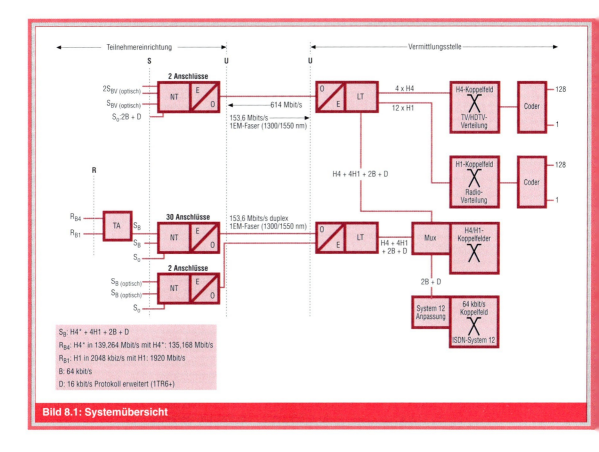

Bild 8.1: Systemübersicht

ne Teilnehmerschnittstelle SB sind am Vermittlungssystem 32 Anschlußleitungen mit den entsprechenden Breitband-Netzabschlüssen (NT) vorhanden. Im NT erfolgt netzseitig die elektrooptische Wandlung des CMI-codierten 153,600 Mbit/s-Signals.

Teilnehmerseitig werden am NT zwei SB-Schnittstellen (optional vier) in Vierdraht-Koaxialtechnik und eine S₀-Busschnittstelle angeboten. Die SB-Schnittstellen entsprechen den ITU-Empfehlungen G.703, sind aber an die Übertragungsgeschwindigkeit von 153,600 Mbit/s angepaßt worden. Die Schnittstellen R_{B1} und R_{B4} der Terminaladapter entsprechen vollständig der Empfehlung G.703. Zwei der 32 Terminaladapter sind als Kompakt-NT mit optischer S_B-Teilnehmerschnittstelle entwickelt worden. Die hierfür eingesetzten Laser entstammen der preisgünstigen CD-Spieler- bzw. Laserdruckertechnologie und arbeiten mit einer Wellenlänge von 800 nm. Dieser Netzabschluß hat gegenüber der Vorversion nur 20 % der Abmessungen und kommt mit der halben Leistung aus. Bei Stromausfall gewährleistet eine Notbatterie für zwei Stunden den weiteren Betrieb.

Mit der 1990 durchgeführten Systemmodifizierung wurden in die Vermittlungsstelle Verteilfunktionen für die digitale Rundfunk- und TV-Übertragung integriert. Teilnehmerseitig wird hierfür an zwei Kompakt-NT zusätzlich zur S_B-Schnittstelle die ebenfalls optische Schnittstelle S_{BV} zweifach angeboten. S_{BV} besteht aus vier S_B-Rahmen und hat somit eine Gesamtübertragungsgeschwindigkeit von 614,400 Mbit/s.

Drei S_B-Zeitrahmen werden für Verteildienste und ein S_B-Zeitrahmen für Dialogdienste oder auch für Verteildienste genutzt. Somit ist eine Übertragung von drei bzw. vier TV-Kanälen (H_4) und 12 Rundfunkkanälen (H_1) zum Teilnehmer möglich. Der Teilnehmer kann über das erweiterte D-Kanalprotokoll aus jeweils 128 möglichen Programmen wählen.

8. Kapitel

Übertragungstechnik

Die 34 Breitband-NT sind über jeweils eine Einmoden-Glasfaser an die Vermittlungsstelle angeschlossen worden. Zum Teilnehmer werden die Signale mit einer Wellenlänge von 1300 nm und vom Teilnehmer mit 1550 nm im Wellenlängenmultiplex übertragen. Die optischen Baugruppen wurden vollständig in den Breitband-NT und den Leitungsabschlüssen (LT) der Vermittlungsstelle integriert, was gegenüber der Standardbauweise für Übertragungstechnik bei der Telekom (7R) zu erheblichen Platzeinsparungen geführt hat. Eine LT-Baugruppe enthält die optischen Komponenten für drei Dialog-Teilnehmerleitungen. Für die optische Übertragung am U- und S-Bezugspunkt ist von SEL ein hochintegrierter Chipsatz in 2,5 µm- bzw. 1,8 µm-Bipolartechnik entwickelt worden. Vergleichbare Komponenten waren z.B. in den BIGFON-Versuchen bei wesentlich geringerer Leistungsfähigkeit um das 1200-fache größer. Ein Sende- und Empfangschipsatz hat einen Raumbedarf von nur noch 25 cm^3.

Mit den entwickelten Übertragungssystemen lassen sich Leitungsdämpfungen von 20 dB (1300nm) und 18 dB (1550nm) überbrücken. Praktisch ergibt sich daraus, unter Berücksichtigung der wellenlängenbezogenen Dispersion, eine maximale Anschlußleitungslänge von über 30 Kilometern sowohl für die 153,6 Mbit/s als auch für die 614,4 Mbit/s-Übertragungstechnik.

Breitbandvermittlungssystem

Die Breitbandvermittlung besteht neben der ISDN-System-12-Vermittlung aus den Systemmodulen Koppelfeld für Dialogdienste, Koppelfeld für Verteildienste, Multiplexer für 150 Mbit/s bzw. 600 Mbit/s und die optischen Leitungsabschlüsse (LT). Die ISDN-Vermittlung übernimmt die Auswertung des D-Kanalprotokolls, vermittelt die B-Kanäle und steuert über ein internes Local Area Network (LAN) die Breitbandkoppelfelder.

Die Breitbandkoppelfelder für Dialog- und Verteildienst wurden in 1,5 µm-CMOS-Technologie realisiert. Sowohl die H_1 als auch die H_4-Koppelfelder sind mit den gleichen VLSI-Koppelbausteinen bestückt. Die VLSI- Koppelbausteine haben eine blockierungsfreie 16x16 Struktur. Durch die dreistufige Koppelfeldanordnung sind 64 Eingänge auf 64 Ausgänge vermittelbar. Die Verteilkoppelfelder sind dreistufig mit 48 Eingängen auf 48 Ausgängen aufgebaut. Optional ist eine Erweiterung auf 128 Ein-/Ausgänge möglich. Die Verteilvermittlung für 140 Mbit/s kann bei Bedarf auch für die Verteilung von HDTV-Signalen mit 280 Mbit/s (= 2x140 Mbit/s) verwendet werden. Die Multiplex/Demultiplex-Baugruppen fassen die von der ISDN-Vermittlung kommenden Schmalbandkanäle (2B+D) mit den H_4- und H_1-Kanälen zu einem Gesamtmultiplexrahmen zusammen. Dieser Multiplexrahmen für Dialogdienste kann entweder direkt über einen Leitungsabschluß LT zum Dialogteilnehmer oder über einen optischen Transceiver in die Verteilvermittlung geführt werden. Dort wird der Multiplexrahmen für die Dialogdienste mit den Multiplexrahmen für die Verteildienste zusammengefaßt und als Summensignal von 4x153,5 Mbit/s =614,4 Mbit/s nach der optischen Wandlung zum Verteil-Teilnehmer übertragen. Die Alcatel SEL-Vermittlungsstelle wurde noch bis Mitte 1996 für Anwendungsprojekte mit dem Schwerpunkt im Bereich Telemedizin in Betrieb gehalten.

8.3.2 BERKOM Vermittlungsstelle der Philips Kommunikations Industrie AG

Die Testnetzvermittlungsstelle der PKI AG basiert wie die SEL-Vermittlungsstelle auf dem Prinzip einer Leitungsvermittlung für Kanalbitraten von 64 kbit/s (B-Kanäle), 2 Mbit/s (H_1-Kanäle) und 140 Mbit/s (H_4-Kanäle). Ein gemeinsamer Prozessor vermittelt die B-Kanäle, wertet die D-Signalisierungskanäle aus und steuert die H1- und H4-Koppelfelder. Das PKI-Vermittlungssystem tss bildet den Systemkern der Anlage.

Seit 1989 wird die Vermittlungsstelle mit 32 Testnetzanschlüssen im BERKOM-Projekt betrieben (Bild 8.2).

Netzabschlüsse und Teilnehmerschnittstellen

An der Teilnehmerschnittstelle (R-Bezugspunkt) stehen neben dem ISDN-Basisanschluß mit seinen beiden B-Kanälen

Das BERKOM-Testnetz

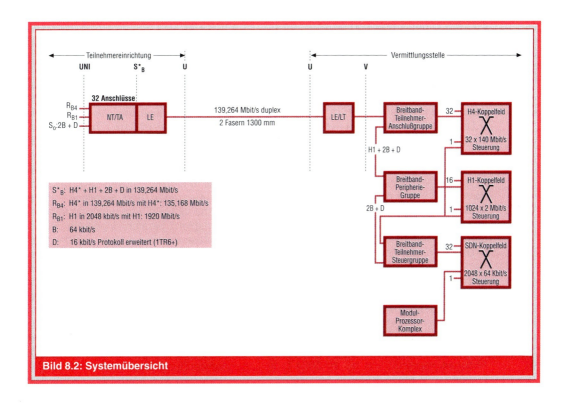

Bild 8.2: Systemübersicht

und einem D-Signalisierungskanal jeweils eine R_{B1}- und eine R_{B4}-Schnittstelle zur Verfügung. Die R_{B1}-Schnittstelle enthält den H_1-Kanal mit einer Nutzbitrate von 1920 kbit/s in 2.048 kbit/s.

Der H_4^*-Kanal wird mit einer Nutzbitrate von 135,168 Mbit/s in 139,264 Mbit/s (R_{B4}) übertragen. Die R_{B1} und R_{B4}-Schnittstellen entsprechen der ITU-Empfehlung G.703 und sind im wesentlichen mit den entsprechenden Schnittstellen der SEL-Vermittlungsstelle identisch.

Für die Signalisierung zwischen der Teilnehmereinrichtung und der Vermittlungsstelle wird das erweiterte ISDN-Zeichengabeverfahren nach FTZ-Richtlinie 1TR6 eingesetzt. Die Erweiterung des 1TR6-Protokolls besteht hauptsächlich in der Aufnahme von Service Oktetts für Breitband-Dienste und die Auswertung von Kanal-Identifikationsoktetts für die Breitbandkanäle. Mit der erweiterten Signalisierung ist eine gleichzeitige Vermittlung der Schmal- und Breitband-Kanäle in verschiedene Verkehrsrichtungen bzw. zu verschiedenen Kommunikationspartnern möglich. Der ISDN-Basisanschluß kann für alle handelsüblichen ISDN-Schmalband-Endgeräte genutzt werden. Die Signalisierung ist abwärtskompatibel zum „Serien-ISDN" mit 1TR6-Signalisierung.

Im Teilnehmernetzabschluß werden die zu vermittelnden Einzelkanäle zu einem Zeitmultiplexsignal zusammengefaßt, CMI-codiert und über ein Glasfaserübertragungssystem mit 139,264 Mbit/s zum Vermittlungssystem übertragen. Für die Übertragung werden pro Teilnehmeranschluß zwei Glasfasern (Einmoden- oder Mehrmodenfasern) benötigt. Unter Berücksichtigung der Systemreserve und der Übergangsdämpfung am Glasfaserverteiler können Anschlußleitungslängen bis zu 45 Kilometer ohne Regenerator realisiert werden.

Breitbandvermittlungssystem

Das Breitband-Vermittlungssystem ist in drei Hauptfunktionseinheiten untergliedert: Der Modul-Prozessor-Komplex, die Koppelfelder mit zentraler Taktversorgung und die Anschlußgruppen.

Die optischen Signale der Teilnehmeranschlußleitung werden im Leitungsabschluß (LT) der Vermittlungsstelle in elektrische Signale gewandelt. In den Anschlußgruppen wird der Datenstrom nach erfolgter Rahmensynchronisation in Einzelkanäle aufgespalten, einer Phasen/Bit-Anpassung unterzogen und an die betreffenden Koppelfelder weitergeleitet.

Das digitale Koppelfeld für 64 kbit/s-Kanäle vermittelt über eine Zeitstufe Nutz- und Kontrollinformationen blockierungsfrei von jedem beliebigen Eingang auf jeden beliebigen Ausgang. Die dreifach redundante Auslegung der Zeitstufe gewährleistet eine hohe Verfügbarkeit. Das Koppelfeld ist in Ausbaustufen zu je 512 Kanälen bis maximal 2048 Kanäle ausbaubar.

Das H_1-Koppelfeld vermittelt standardisierte 2-Mbit/s-Kanäle sowie Vielfache davon mit n von 1 bis 64. Der Datenstrom wird durch eine blockierungsfreie, quadratische Koppelmatrix nach dem 4/1-Zeitstufenprinzip vermittelt. Je nach Ausbaustufe können an das H_1-Koppelfeld bis zu 16 Breitband-Peripherie-Gruppen mit einer Anschaltekapazität von bis zu 1024 bidirektionalen 2 Mbit/s-Kanälen angeschlossen werden. Für die Vermittlung von 140 Mbit/s-Kanälen ist ein H_4-Koppelfeld nach dem Raummultiplexprinzip zur Anschaltung von maximal 32 Kanälen vorhanden. Am Eingang des Koppelfeldes wird über acht Multi-/Demultiplexer eine Taktanpassung des Signals vorgenommen, damit die von verschiedenen Breitband-Teilnehmer-Anschlußgruppen ankommenden Daten bitsynchron weitervermittelt werden können. Vier Raumstufen garantieren eine blockierungsfreie Durchschaltung des Verbindungsweges. Das Gesamtsystem wird mit einem zentralen Systemtakt von 139,264 MHz versorgt.

Der Modul-Prozessor-Komplex steuert und überwacht die vermittlungstechnischen Abläufe, die Verfügbarkeit des Gesamtsystems sowie Bedienungs- und Wartungsfunktionen. Der Prozessor-Komplex führt eine ständige Eigendiagnose durch und tauscht Meldungen mit den Koppelfeldern, den Anschlußgruppen und dem Bedienungsrechner aus. Aus Gründen der Ausfallsicherheit ist der Prozessor-Komplex doppelt vorhanden.

Die PKI-Vermittlungsstelle wurde nach der Verlagerung der Testnetzteilnehmer auf ATM-Anschlüsse Ende 1995 abgeschaltet.

8.3.3 BERKOM-Vermittlungstelle der Siemens AG

Für die Vermittlung von Breitbanddiensten im Breitband-ISDN ging die internationale Standardisierung seit 1987 vom Einsatz des Asynchronen Transfermodus (ATM) aus. Im Gegensatz zum Sychronen Transfermodus (STM), der für jede Verbindung eine fest vorgegebene Kanalbitrate innerhalb eines Multiplexrahmens benötigt, wird der Bitstrom beim ATM in Zellen übertragen und vermittelt. Verschiedene virtuelle Verbindungen können mit variablen Bitraten innerhalb eines Transportkanals hergestellt werden, in dem entsprechend der Bitrate mehr oder weniger Zellen innerhalb des Zellrahmens mit Daten gefüllt werden.

Siemens hat 1989 das weltweit erste ATM-Vermittlungssystem im BERKOM-Testnetz in Berlin errichtet. Verschiedene Anwender und Endsystemhersteller konnten somit das Zusammenspiel von Breitbandanwendung und ATM-Vermittlungsprinzip testen. Um frühzeitig Erfahrungen über die Integration von Schmalbanddiensten in die zumindest übergangsweise hybriden Netzstrukturen eines künftigen Breitband-ISDN sammeln zu können, ist am ATM-Knoten ein ISDN-Vermittlungssystem vom Typ EWSD angeschaltet worden.

Im folgenden Bild wird die Struktur des Gesamtsystems gezeigt (Bild 8.3).

Die ATM-Einrichtungen bestehen aus den Gruppen Vermittlungseinrichtung, Übertragungs- und Multiplexeinrichtungen sowie den Teilnehmereinrichtungen.

ATM-Vermittlungseinrichtung

An den ATM-Knoten können maximal 16 Anschlußleitungen mit einer Transportbitrate von 139,264 Mbit/s angeschlossen werden. Die Anschlußgruppe mit ihren 16 Modulen dient als Bindeglied zwischen der Teilnehmeranschlußleitung und dem ATM Koppelfeld und überwacht die Einhaltung der angemeldeten Bitrate. Bei Überschreiten der angemeldeten Spitzenbitrate wird die betreffende Verbindung vom Anschlußmodul blockiert.

Außerdem werden im Anschlußmodul die empfangenen Zellen anhand der virtuellen Kanalnummer überprüft, ob für diese Zellen auch eine Verbindung aufgebaut

DAS BERKOM-TESTNETZ

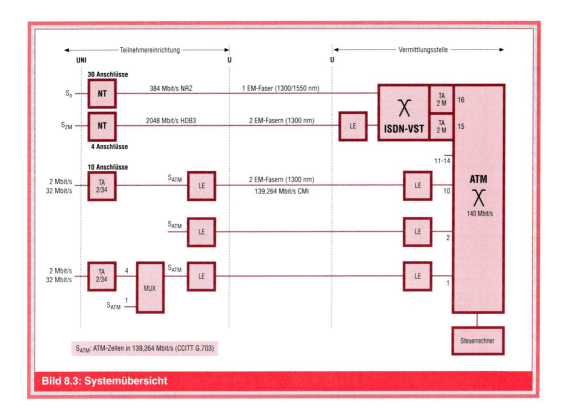

Bild 8.3: Systemübersicht

wurde. Besteht eine Verbindung, dann wird die Zelle weitergeleitet, andernfalls wird sie verworfen. Aus Zuverlässigkeitsgründen ist ein Anschlußmodul an zwei unterschiedliche Koppelelemente des Koppelfeldes angeschlossen.

Das ATM-Koppelfeld besteht aus zwei Scheiben mit jeweils sechs einzelnen Koppelmodulen. Diese sechs Module sind so durch Leitungen verbunden, daß sich eine zweistufige, geklappte Gruppierung ergibt. Insgesamt hat jede Koppelfeldscheibe 16 Anschlüsse mit einer Transportbitrate von jeweils 139,264 Mbit/s. Ein Koppelmodul ist in der Lage, acht Eingänge auf acht Ausgänge zu vermitteln. Jedem Eingang ist ein Pufferspeicher zugeordnet. Insgesamt können zu jedem Teilnehmer maximal 32 verschiedene virtuelle Verbindungen aufgebaut werden (Bild 8.4).

Die Vermittlungssteuerung des ATM-Knotens ist nur mit den Anschlußgruppen verbunden, jedoch nicht mit den Koppelfeldscheiben. Damit auch das ATM-Koppelfeld gesteuert werden kann, wurden spezielle ATM-Zellen definiert, die nur innerhalb der ATM-Vermittlung Gültigkeit haben. Sie können in der Anschlußgruppe eingespeist und von dort über das Koppelnetz geleitet werden. Für die Systemsteuerung und Bedienung wird ein Personal Computer eingesetzt, der über eine Modemstrecke angeschlossen ist. Für die abgesetzte Bedienung kann ein Remote-PC eingesetzt werden.

ATM-Übertragungs- und Multiplexeinrichtungen

Von den 16 Anschlußports des ATM-Knotens sind 10 mit übertragungstechnischen Einrichtungen für die Schaltung von BERKOM-Testnetzanschlüssen innerhalb Berlins ausgerüstet worden.

Als Glasfaser-Übertragungstechnik sind handelsübliche Leitungsendgeräte 140 Mbit/s (Typ LA140ON) für Monomodefasern eingesetzt worden. Im praktischen Einsatz können hiermit Anschlußleitungslängen bis zu 47 Kilometer ohne Regenerator realisiert werden. Die Leitungsausrü-

8. Kapitel

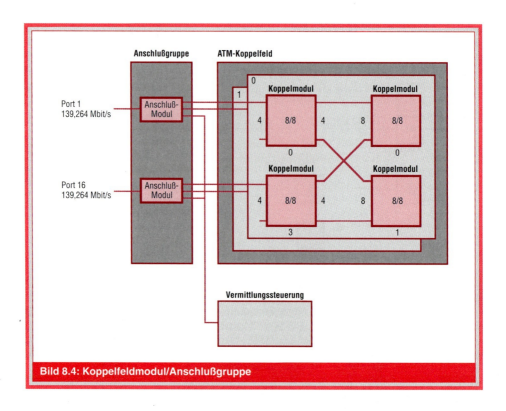

Bild 8.4: Koppelfeldmodul/Anschlußgruppe

stung stellt kundenseitig die Netzschnittstelle S_{ATM} dar. S_{ATM} ist eine bidirektionale Schnittstelle mit einer Bitrate von 139,264 Mbit/s, die physikalisch entsprechend der ITU-Empfehlung G.703 durch einen CMI-codierten Datenstrom an einem koaxialen unsymmetrischen 75 Ω-Anschluß charakterisiert ist.

Logisch ist die S_{ATM}-Schnittstelle durch eine Struktur gekennzeichnet, bei der die paketierten Nutzdaten asynchron in Zellen mit einer Bitrate von 139,264 Mbit/s übertragen werden. Die Zellen bestehen jeweils aus 30 Datenoktetts (Byte) und einem 2 Byte-langen Zellkopf (Header). In den Lücken zwischen den Nutzdatenzellen werden Synchronisierzellen der gleichen Länge übertragen. Nach Abschluß der Systementwicklung wurden in der internationalen Standardisierung eine Zellgröße von 53 Byte bei einem Zellkopf mit 5 Byte vereinbart.

Das erste Header Byte der Nutzdatenzelle enthält die für das Routing durch den ATM-Knoten ausschlaggebende virtuelle Kanalnummer mit den Werten von 0 bis 31. Das zweite Headerbyte kennzeichnet, ob es sich bei der betreffenden Zelle um eine Nutzdaten- oder eine Synchronisierzelle handelt.

Die Netzschnittstelle S_{ATM} läßt sich durch einen statistischen ATM-Multiplexer vervierfachen. Der Multiplexer besitzt vier 139,264 Mbit/s-Eingangsleitungen für jeweils bis zu acht virtuelle Verbindungen, die er auf eine gemeinsame 139,264 Mbit/s-Leitung multiplext. In der Richtung zum Endgerät werden die einzelnen ATM-Zellen anhand ihrer virtuellen Kanalnummern zum entsprechenden Teilnehmeranschluß weitergeleitet.

Damit der ATM-Multiplexer keine Signalisierungsmeldungen auswerten muß, ist jedem Teilnehmeranschluß ein fester Wertebereich für die zugelassenen virtuellen Kanalnummern zugeordnet.

Teilnehmereinrichtungen

Für den Anschluß von Endsystemen mit einer synchronen Datenschnittstelle von 2,048 Mbit/s bzw. 34,368 Mbit/s an der S_{ATM}-Schnittstelle sind Terminaladapter entwickelt worden. Die synchronen Daten der Endsystemseite werden im Terminaladapter byteweise in Blöcken von jeweils 30 Datenbytes zusammengefaßt und mit Zellkopf versehen. Diese Nutzdatenzellen aus 32 Oktetts werden mit der Datenrate 139,264 Mbit/s auf der ATM-Seite ausgegeben. Die virtuellen Kanalnummern können am Terminaladapter über Schalter eingestellt werden.

Mit den Terminaladaptern konnte erfolgreich der Zeitraum bis zur ersten Verfügbarkeit eines ATM-Adapters auf VME-Bus-Basis überbrückt werden.

ISDN-Vermittlungseinrichtung

Über zwei Terminaladapter 2 Mbit/s ist eine ISDN-Vermittlungstelle vom Typ EWSD mit dem ATM-Knoten verbunden worden.

Die Vermittlungstelle besteht aus dem Koordinationsprozessor CP 113 und dem Koppelnetz DE 4 (12000 Teilnehmerleitungen). Die Anschlußgruppen sind für zwei 2 Mbit/s-Verbindungsleitungen zum ATM-Knoten, vier ISDN-Primärratenanschlüssen und 34 ISDN-Basisanschlüssen ausgerüstet worden. Davon sind 32 Basisanschlüsse mit den Komponenten für eine Monomode-Glasfaseranschlußleitung ausgerüstet worden.

Für beide Übertragungsrichtungen wird dabei nur eine gemeinsame Faser benötigt. Die Richtungstrennung wird durch unterschiedliche Lichtwellenlängen (1300 und 1500 nm) realisiert. In der Vermittlung werden für acht Basisanschlüsse jeweils zwei Baugruppen benötigt. Hierin sind die optischen Komponenten enthalten. Beim Teilnehmer sind die optischen Komponenten im Netzabschluß integriert.

Mit den eingesetzten Lasern können Anschlußleitungslängen bis zu 47 Kilometern ohne Regenerator realisiert werden. Eine Verbindung zwischen ISDN- und ATM-Anschluß kann nur über eine tranparent, voreingestellte virtuelle ATM-Verbindung erfolgen. Eine Umsetzung der ISDN-Signalisierung wurde für die beschriebenen technischen Einrichtungen nicht realisiert. Dennoch nimmt das Thema Interworking zwischen ISDN und ATM im gegenwärtigen Arbeitsprogramm einen gewichtigen Stellenwert ein. Erste prototypische Realisierungen auf der Baisis aktueller ATM-Standards werden seit Anfang 1995 im BERKOM-Testnetz erprobt.

8.3.4 Anschluß des BERKOM-Testnetzes an das öffentliche ATM-Netz der Deutschen Telekom

Anfang 1994 ist neben dem oben beschriebenen ATM-Vermittlungssystem, das noch heute für Testnetzteilnehmer genutzt wird, eine sogenannte Abgesetzte ATM-Einheit (AAE) von Siemens mit 10 Anschlußeinheiten in Betrieb genommen worden. Jeder dieser Ports erlaubt die Übertragung und Vermittlung von ATM-Zellen mit bis zu 155 Mbit/s.

Die ATM-Zellen werden in VC4-Containern eines SDH Übertragungssystems transportiert (STM-1). Zwei der 10 Ports sind mit optischen Baugruppen ausgestattet, die eine direkte optische Kopplung mit ATM-Inhouse-Systemen erlauben. Über das Netzmanagementzentrum der Deutschen Telekom in Köln können Verbindungen aus dem BERKOM-Testnetz in die nationalen und internationalen ATM-Netze geschaltet werden. Die Beschreibung der öffentlichen ATM-Technik ist Kapitel 10 dieses Buches vorbehalten.

8.4. Entwicklung und weiterer Einsatz des BERKOM-Testnetzes

In der zweiten BERKOM-Projektphase hat sich ab 1994 die Gewichtung der Themenbereiche der ersten Phase in bezug auf den Einsatz des BERKOM-Testnetzes etwas verändert.

Zwar werden weiterhin Anwendungsprojekte u. a. aus den Bereichen Telemedizin, Bürokommunikation, Ausbildung/Fernlernen und Informationssysteme in einer frühen Projektphase durch die Bereitstellung von Testnetzanschlüssen in Berlin unterstützt.

Es ist jedoch beabsichtigt, die Projektpartner frühzeitig in das netztechnische Regelangebot der Deutschen Telekom zu überführen. Auch zeichnet sich die Tendenz ab, daß Anwendungsprojekte in den genannten Bereichen selten auf Berlin beschränkt bleiben und die „Reichweite" des BERKOM-Testnetzes somit zu klein ist.

Künftig wird ein Schwerpunkt beim Einsatz des BERKOM-Testnetzes in der netz-

8. Kapitel

nahen Endsystem- und Diensteintegration liegen. Zusammen mit Projektpartnern aus der Industrie und Wissenschaft werden entsprechende Konzepte entwickelt und gemeinsam in möglichst vielfältigen Netzszenarien im Zusammenspiel mit innovativen Endsystem- und Diensteplattformen erprobt.

Das Projekt Berliner ATM LAN Interconnection (BALI) steht exemplarisch für diese Testnetzaktivitäten und soll an dieser Stelle näher beschrieben werden.

Zur Vorbereitung des Einsatzes von ATM in kommerziellen Anwendungsfeldern, wie zum Beispiel im Medizinbereich, im Druckgewerbe oder bei der Bürokommunikation, haben die DeTeBerkom und die mit ihr verbundenen Projektpartner bereits 1993 damit begonnen, am Markt verfügbare ATM-Produkte einzukaufen und intensiv auf ihre Praxistauglichkeit hin zu untersuchen. Darüber hinaus startete die DeTeBerkom im Frühjahr 1993 zusammen mit der TU Berlin und dem Forschungsinstitut FOKUS der GMD unter dem Namen BALI eine gemeinsame Initiative zum Aufbau einer lokalen ATM-Infrastruktur in Berlin. Die ATM-Inseln bei den drei BALI-Partnern wurden in der Folge dann über das BERKOM-Testnetz miteinander verbunden, wobei die verschiedensten Übertragungstechniken erprobt wurden.

Die ersten konkreten Einsatzerfahrungen mit kommerziell verfügbaren ATM-Produkten konnten noch vor der Verfügbarkeit des BALI-Verbundes auf verschiedenen Ausstellungen, Messen und Konferenzen gewonnen werden. Zur CeBIT'93 wurde ein homogener Verbund von ATM-Vermittlungen der Firma ForeSystems realisiert, wobei auch eine ATM-Weitverkehrsverbindung von Hannover zum Rechenzentrum der Universität Stuttgart geschaltet wurde. Die ATM-Zellen wurden dabei noch über eine VBN-Verbindung übertragen.

Zur Interop in Paris im Oktober 1993 konnte zum ersten Mal der Übergang von den lokalen ATM-Netzen in Berlin und Stuttgart zu dem auf DQDB basierenden MAN in Stuttgart demonstriert werden, das wiederum mit einem MAN der Telekom auf der Interop in Paris verbunden war. Der Übergang erfolgte hierbei mit Hilfe einer Workstation, die als IP-Router arbeitete.

Bis zum Sommer 1993 bestand der BALI-Netzverbund nur aus ATM-Komponenten eines Herstellers (Fore Systems). Dieses Unternehmen konnte bereits zu diesem frühen Zeitpunkt neben den ATM-Vermittlungen auch eine breite Palette an Netzadaptern anbieten, die es erlaubten, verschiedene Endsysteme direkt an ATM anzuschließen. Dies ist eine wichtige Voraussetzung, um die Vorteile von ATM für die in den BERKOM-Projekten entwickelten neuen Multimedia-Dienste und die neuen Multimedia-Anwendungen nutzbar zu machen.

Nach und nach wurden dann jedoch auch ATM-Komponenten anderer Hersteller in die Erprobung in BALI einbezogen. Diese boten zum Teile andere Schnittstellen oder neue Leistungsmerkmale, wie etwa die direkte Kopplung von Ethernets über ATM oder die Möglichkeit ISDN-TK-Anlagen über ATM zu koppeln. Dadurch konnten die Vorteile von ATM sowohl beim Einsatz für den direkten Zugang von Multimedia-Endgeräten zu einem ATM-Netz als auch die Nutzung von ATM für den Aufbau eines ATM-Backbones für herkömmliche lokale Netze demonstriert werden.

Zur CeBIT'94 wurde dann die ATM-Vermittlung des nationalen ATM-Pilotprojektes der Telekom von Siemens in Berlin in Betrieb genommen und über eine SDH-Übertragungsstrecke mit dem Messegelände in Hannover verbunden. Zu diesem Zeitpunkt wurde auch das BALI-Netz an das ATM-Pilotnetz in Berlin angeschaltet. Das BALI-Netz bestand damals aus inzwischen sechs ATM-Vermittlungen von drei verschiedenen Herstellern und einigen direkten ATM-Workstations, an die auch verschiedene weitere lokale Netze auf Basis von Ethernet und FDDI angeschlossen waren. Auf dem Messegelände in Hannover wurde außerdem ein sehr heterogener Verbund von ATM-Produkten verschiedener Hersteller in mehreren Messehallen zusammengeschaltet.

Als Demonstrationsanwendung zwischen Berlin und Hannover wurden die BERKOM-Teledienste "Multimedia Collaboration" und "Multimedia Mail" eingesetzt. Die wichtigste Erfahrung bestand zweifellos darin, daß man für diese Anwendungen, die durchschnittlich eine Datenrate von rund 1 bis 2 Mbit/s benötigen, eine ATM-Verbindung mit einer Spitzenbitrate von rund 60 Mbit/s im Weitverkehrsnetz reservieren mußte. Dies lag daran, daß die sendenden Workstations ihre Daten stoßweise, also ungeglättet, an das Netz abgaben. Die Prüffunktionen am Eingang des Weitverkehrsnetzes messen jedoch die mit dem Netzknoten vereinbarte Spitzenbitrate, die aus dem Abstand zweier aufeinander folgenden Zellen berechnet wird, und verwerfen alle ATM-Zellen, die früher als vereinbart auf eine vorausgehende Zelle folgen. Dies geschieht, um das Weitverkehrsnetz auch vor kurzfristigen Überlastungen zu schützen. In der Folge wurden dann zusammen mit den Herstellern der ATM-Adapterkarten Vorkehrungen getroffen, um den ATM-Zellstrom bereits an der Quelle zu glätten und so allzugroße Verkehrsspitzen zu vermeiden. Dieses sogenannte "Traffic Shaping" ist für einen stabilen Betrieb von größeren ATM-Netzen unabdingbar.

Im Sommer 1994 wurden dann weitere nationale ATM-Verbindungen während der Interop in Berlin und der BRIS-Konferenz in Hamburg realisiert und es wurde eine ATM-Verbindung zwischen der GMD in Birlinghoven bei Bonn und der GMD in Berlin aufgebaut.

Dann folgten im Herbst 1994 die internationale ATM-Verbindung von Berlin aus nach Japan zur ITU-Vollversammlung in Kyoto, Verbindungen im Rahmen der paneuropäischen ATM-Pilotversuche von Berlin nach Madrid, Brüssel, Paris, Oslo und Kopenhagen oder auch Testverbindungen von Berlin nach den USA. Ende Februar 1995 fand in Brüssel ein G7-Gipfeltreffen mit dem Thema "Zukünftige Informationsgesellschaft" statt. Anläßlich dieses Ereignisses und dann auch während der CeBIT'95 wurde erstmals ein transatlantisches Unterseekabel zwischen Deutschland und Kanada mit einer Übertragungskapazität von 155 Mbit/s für ATM-Verbindungen genutzt.

Zur Durchführung dieser aufgeführten Erprobungsvorhaben wurden in Berlin weitere BERKOM-Projektpartner an BALI an-

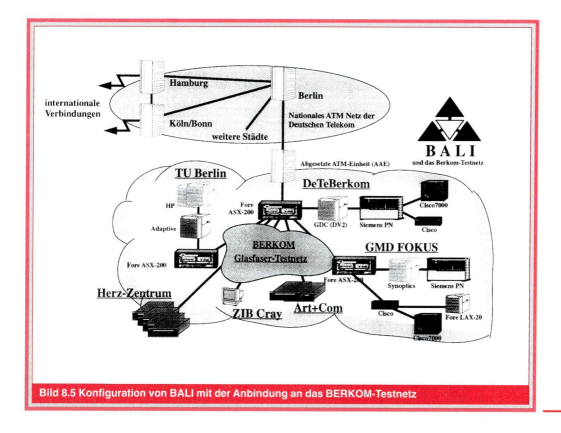

Bild 8.5 Konfiguration von BALI mit der Anbindung an das BERKOM-Testnetz

8. KAPITEL

gebunden: Art+Com, die verschiedene Anwendungen im Bereich der Visualisierung und Virtual Reality realisierten, das Rudolf Virchow Klinikum, das Deutsche Herzzentrum mit Anwendungen im Telemedizin-Bereich und ein Cray-Supercomputer am Konrad-Zuse-Zentrum (ZIB) der Technischen Universität Berlin. Dadurch ergibt sich mit Stand vom Mai 1995 die in Bild 8.5 schematisch aufgeführte Netzkonfiguration des BALI-Verbundes innerhalb des BERKOM-Testnetzes (Bild 8.5).

Die im BALI-Verbund eingesetzten ATM-Switche, -Router und -Hubs werden in Tabelle 8.1 aufgeführt. An die ATM-Switche sind Workstations der Firmen Sun, Hewlett Packard, IBM und Digital Equipment sowie PCs über ATM-Adapterkarten verschiedener Hersteller direkt angeschlossen. Über Router und Hubs sind verschiedene lokale Netze der BALI-Partner auf Basis von Ethernet, FDDI oder X.25 an den ATM-Backbone angebunden. Die Kopplung zwischen den zentralen ATM-Komponenten erfolgt fast durchgängig auf Basis von SDH-Punkt-zu-Punkt-Verbindungen mit 155 Mbit/s. Die Workstations und PCs sind vorwiegend mit TAXI-Schnittstellen bei 100 Mbit/s angeschlossen. Derzeit wird auch die Nutzung von Twisted-Pair-Kupferkabeln im Tertiärbereich zum Anschluß von PCs an ATM-Switche erprobt. Neben den BALI zurechenbaren ATM-Komponenten, die der Erprobung von ATM und neuen auf ATM basierenden Diensten und Anwendungen dienen, betreiben die BALI-Partner auch noch weitere von BALI getrennte ATM-Netze für ihre eigene Infrastruktur, ihren eigenen Produktionsbetrieb.

ATM hat sich inzwischen zu einer flexiblen, stabil verfügbaren Infrastruktur für die anwendungsorientierten Erprobungsvorhaben im BERKOM-Programm entwickelt. Die noch offenen Interoperabilitätsprobleme zwischen Produkten verschiedener Hersteller und die in Teilbereichen noch nicht zufriedenstellende Konformität zu den Standards des ATM-Forums und der ITU sind aufgezeigt worden und sind Gegenstand intensiver Diskussionen mit den Herstellern der ATM-Produkte.

Derzeit bauen die BALI Partner ATM-Testzentren auf, die der interessierten Industrie und den Anwendern für deren Test-

Tabelle 8.1: ATM-Komponenten im BALI-Verbund

ATM-Komponenten	Typ	Partner	Konfiguration
Fore ASX-200	Switch	DeTeBerkom	TAXI, SDH, T3/E3
Fore ASX-200	Switch	DeTeBerkom	TAXI, SDH
Fore ASX-100	Switch	DeTeBerkom	TAXI, SDH
GDC DV2	Switch	DeTeBerkom	TAXI, Ethernet, E1, E3, X.21
Siemens Hicom-Express	Switch	DeTeBerkom	SDH optisch, S_{2M}
Cisco A100	Switch	DeTeBerkom	TAXI, SDH
Cisco 7000	Router	DeTeBerkom	Ethernet, SDH, HSSI
Cellware TA/LAN	Adapter	DeTeBerkom	HSSI, SDH 155 Mbit/s elektrisch
Fore ASX-200	Switch	GMD FOKUS	TAXI, SDH
Fore ASX-200	Switch	GMD FOKUS	TAXI, SDH
Fore LAX-20	Ethernet-Hub	GMD FOKUS	SDH, Ethernet
Synoptics	Switch	GMD FOKUS	TAXI, SDH
Siemens Hicom-Express	Switch	GMD FOKUS	SDH optisch und elektrisch
Cisco A100	Switch	GMD FOKUS	TAXI, SDH
Cisco 7000	Router	GMD FOKUS	Ethernet, SDH, HSSI
Fore ASX-200	Switch	TU-Berlin	TAXI, SDH
N.E.T./Adaptive	Switch	TU-Berlin	TAXI, SDH
HP	Switch	TU-Berlin	TAXI, SDH
Fore ASX-200	Switch	Art+Com	TAXI, SDH
Fore ASX-200	Switch	Art+Com	TAXI, SDH
Sun-Workstation	Router	ZIB	TAXI, Cray-Anschluß (HIPPI)

belange angeboten werden. Ziel ist es, die zukünftigen ATM-Produkte auf Interoperabilität untereinander und auf Konformität zu Standards zu prüfen oder konkrete anwendungsorientierte Testszenarien für nationale und internationale Anwendungsprojekte zur Verfügung zu stellen. Darüber hinaus wird auch ein Managementlabor zur Erprobung von neuen Konzepten zum Management von ATM-Netzen aufgebaut.

Ein weiteres noch offenes Problem ist es, daß es derzeit kein anerkanntes Transportsystem oberhalb der ATM-Protokollebenen gibt, das die neuen Eigenschaften eines ATM-Netzes für die Anwendungen auch tatsächlich nutzbar macht, d.h. als neue Netzdienstequalitäten zur Verfügung stellt. Das heute meist verwendete IP-Protokoll kann die Anforderungen, die zum Beispiel aus der Übertragung von Audio- und Videoinformationen resultieren, nur sehr eingeschränkt erfüllen. Deshalb arbeiten hier verschiedene Arbeitsgruppen am Entwurf neuer Transportsysteme. Für die BERKOM-Projekte wurde ein neues Transportsystem auf Basis von XTP und ST-2 realisiert und in ATM-Netzen erprobt.

Um die Zusammenarbeit der existierenden ISDN-Infrastruktur mit ihren ISDN-TK-Anlagen, den ISDN-Endgeräten wie Telefon, Telefax und Bildfernsprecher, und den herkömmlichen ISDN-Diensten mit der neuen lokalen ATM-Infrastruktur und den neuen Multimedia-Telediensten zu erproben, wurde im BALI-Verbund eine ATM-Vermittlung von Siemens mit einer Hicom-ISDN-TK-Anlage dieses Herstellers gekoppelt. In diesem BERKOM-Projekt werden einige Interworking-Szenarien untersucht und prototypisch realisiert, um später einmal in der Lage zu sein, alle Kommunikationsnetze eines Unternehmens in ein Corporate Network integrieren zu können.

Zusammenfassend kann festgestellt werden, daß flexible, kurzfristig anpassungsfähige Testnetzstrukturen begleitend zum BERKOM-F&E-Programm erheblich zur erfolgreichen Erledigung der Aufgaben beigetragen haben. In keinem anderen Umfeld ist das Wechselspiel zwischen den Telekomnetzen, den Diensten, den Endsystemen und den Anwendungen so unkompliziert zu erproben. Dieses „Frühbeet" der Anwendungsentwicklung wird auch weiterhin seinen Beitrag für das BERKOM-Programm und damit zum Wohl der Telekom und ihrer Kunden leisten.

8.5 Literaturverzeichnis Kap. 8

[8.1]   H. Ricke; J. Kanzow; BERKOM-Breitbandkommunikation im Glasfasernetz; R. v. Decker´s Verlag, G. Schenck, Heidelberg; ISBN 3-7685-2491-4

9. OPAL Pilotprojekte

Dipl.-Ing. B. Orth

9. Kapitel

9.1 Überblick

Die Deutsche Bundespost Telekom hat bereits sehr frühzeitig die Bedeutung der Glasfasertechnik erkannt und im Rahmen verschiedener Projekte, zunächst die Breitband-orientierte Nutzung erprobt. Da jedoch erkannt wurde, daß die heutige Nachfrage nach Breitbanddiensten alleine nicht ausreichend ist um die hohen Investitionskosten eines Glasfasernetzes zu tragen und andererseits ein Glasfasernetz bei der Einführung von Breitbanddiensten zwingend erforderlich ist, entwickelte die Telekom neue technischen Konzepte. Diese technischen Konzepte haben das Ziel einen ökonomisch vertretbaren Glasfaserausbau im Anschlußbereich auf Basis existierender Dienste zu ermöglichen.

Vor diesem Hintergrund führte die DBP Telekom in den Jahren 1989 bis 1993 sieben Pilotprojekte unter dem Namen OPAL durch. OPAL ist die Abkürzung für Optische Anschlußleitung und steht für Pilotprojekte mit einer Technik, die international auch unter dem Begriff „Fibre in the Loop" bekannt ist.

Im Rahmen dieser Abhandlung wird die wesentliche Gestaltung dieser Pilotprojekte sowie Erkenntnisse daraus dargestellt.

9.2 Konzeptwettbewerb

Aufgrund der Überlegung, daß die zukünftige Nachfrage nach neuen und breitbandigen Diensten sich erst entwickeln kann, wenn die Telekommunikationsnetze in der Lage sind, diesen Bedarf zu decken, hat die Deutsche Bundespost bereits 1986 damit begonnen ein sogenanntes Glasfaser-Overlaynetz zu errichten. Dieses Overlaynetz soll die Voraussetzung zur Entwicklung und Erprobung neuartiger Breitbanddienste schaffen.

Als sehr viel erfolgversprechender, die erforderliche Netzvorleistung zu errichten, wird jedoch der Ansatz angesehen, Glasfasernetze bereits für Dienste von heute zu errichten und bei Nachfrage nach Breitbanddiensten hochzurüsten.

Der erste Meilenstein dieses neuen Weges war der Abschluß eines Kooperationsvertrages mit der Raynet Corporation, Menlo Park (USA). Bestandteil dieses Vertrages sind die Pilotprojekte OPAL 1 bis 3. Der nächste Schritt stellte der europaweite Konzeptwettbewerb „Wirtschaftlicher Einsatz der Glasfaser im Teilnehmeranschlußbereich dar. Dieser Wettbewerb sollte dazu dienen, aus neuen Konzepten für innovative Glasfasersysteme die für den Bedarf der Telekom geeigneten auszuwählen und anschließend in weiteren Pilotprojekten zu erproben. Die vorgelegten Konzepte deckten verschiedene Anwendungsbereiche ab.

Bild 9.1: Konzeptwettbewerb

a) Breitbandverteildienst
– Allgemein
– In dünn besidelten Gebieten
– Im Verbindungslinienbereich

b) Festverbindungen/vermittelte Dienste für analoge und digitale (bis 2 Mbit/s) Schnittstellen
– Allgemein
– In dünn besidelten Gebieten
– Im Verbindungslinienbereich

c) Kombination aus a) + b)

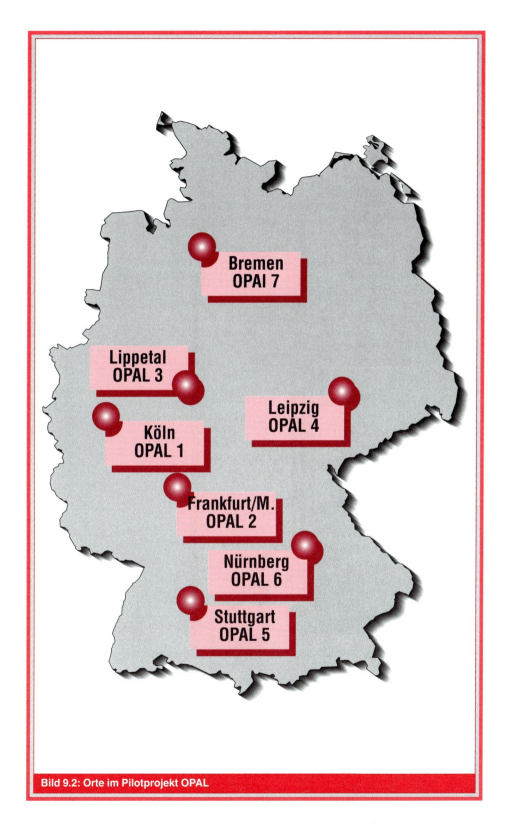

Bild 9.2: Orte im Pilotprojekt OPAL

9. Kapitel

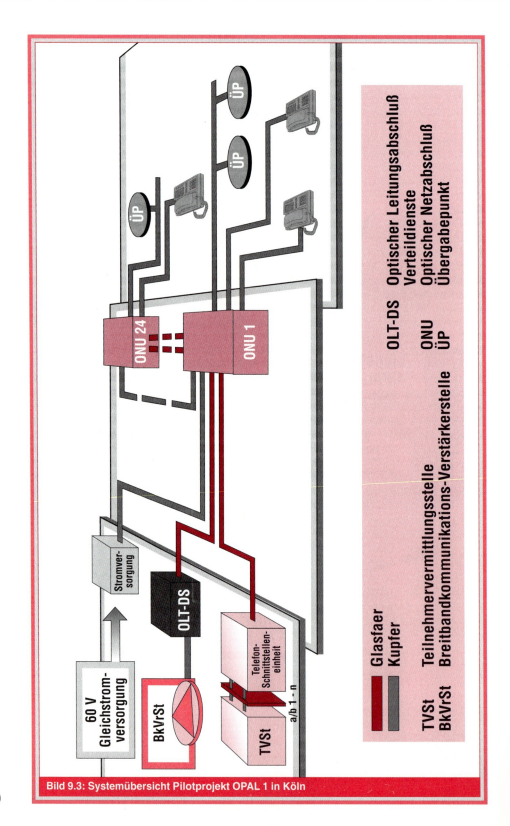

Bild 9.3: Systemübersicht Pilotprojekt OPAL 1 in Köln

9.3 Zielsetzungen der Pilot

Nach Abschluß des Konzeptwettbewerbes stand die „Passiv-Doppelstern-Architektur" als die von der Telekom bevorzugte Netzarchitekturen fest. Die Pilotprojekte sollten neben der technischen Erprobung auch dazu dienen, einen potentiellen Herstellerkreis für den baldigen Serieneinsatz zu gewinnen. Einige der Konzepte waren zum Zeitpunkt des Konzeptwettbewerbes noch nicht technisch realisiert. Andere Konzepte waren als Labormuster verfügbar. Daher war es notwendig, die technische Machbarkeit unter realen Bedingungen zu erproben.

Zusätzlich sollten die Erkenntnisse aus den Pilotprojekten bei der Spezifikation von zukünftigen Glasfasersystemen berücksichtigt werden.

Den Pilotprojekten OPAL der DBP TELEKOM war eine insgesamt sehr komplexe Zielsetzung unterlegt. Die Pilotprojekte sollen u.a.
- eine Realisierbarkeit unterschiedlicher innovativer Konzepte nachweisen,
- grundsätzliche Erkenntnisse über das im Bereich der Glasfasertechnik erreichte bzw. in einem überschaubaren Zeitraum erreichbare Leistungs- und Kostenniveau vermitteln und damit im notwendigen Umfang Anhaltspunkte für die Spezifizierung/Standardisierung der angestrebten Infrastruktur im Teilnehmeranschlußbereich liefern,
- eine frühzeitige Bereitstellung von
  - kostengünstigen
  - integrationsfähigen und optional für neue Diensteangebote hochrüstbares Glasfasersystemen für die heutige Versorgung diverser Kundensegmente mit verfügbaren, geeignet kombinierten Diensteangeboten herbeiführen.

9.4 Charakteristik der OPAL Pilotprojekte

9.4.1 OPAL 1

Im Pilotprojekt OPAL I wurde von Ende Mai 1990 bis Mitte 1992 die von der Firma Raynet entwickelte Bustopologie für die Versorgung von 192 privaten Teilnehmern erprobt. Als weltweite Neuheit war die Übertragung von Kabelfernsehsignalen (CATV) in AM-RSB auf Monomodefasern erprobt. Die Modulation von Lasern mit dem analogen AM-RSB-Signal war bis zu diesem Zeitpunkt, in Bezug auf die, wegen dem bei Amplitudenmodulation kritischen Signal zu Rauschverhältnis erforderlichen, relativ hohen Sendeleistungen als äußerst schwierig angesehen. Es wurde befürchtet, daß die eingesetzten Sendelaser bei der erforderlichen hohen Sendeleistung nur eine reduzierte Lebensdauer besitzen. Im Vergleich zu anderen Modulationsverfahren ist die AM-RSB-Modulation jedoch erforderlich, wenn der Einsatz von zusätzlichen Set Top Konvertern für analoge Fernsehsignale vermieden werden soll. Weitere Technische Besonderheiten bei diesem Pilotprojekt waren die physikalische Busstruktur und der Biegekoppler.

9.4.2 OPAL 2

Bei diesem Pilotprojekt in Frankfurt/Main sollten auch Busstrukturen in Kombination zu den Splitterstrukturen erprobt werden. Da das Pilotprojekt auf Geschäftskunden abzielt und das Pilotgebiet in der City von Frankfurt keine FTTC (Fibre-to-the-Curb) – Applikationen ermöglicht, erkannte man, daß die Vorteile einer Busstruktur mit dem Biegekoppler verlorengehen. Die letztlich errichtete Architektur war eine Splitterstruktur mit einem Splittingfaktor 1:16. Hier sind neben POTS, ISDN – Basisanschlüsse, sowie Primärmultiplexanschlüsse realisiert.

9.4.3 OPAL III und VII

Die im Pilotprojekt OPAL 1 nachgewiesene technische Machbarkeit von AM-RSB CATV versprach auch die kostengünstige Versorgung von ländlich strukturierten Gebieten. Denn zu diesem Zeitpunkt gab es von Seiten ländlicher Gemeinden eine große Nachfrage.

Ziel war Entwicklung kostengünstig einsetzbarer Glasfasersysteme. Zusätzlich wurde mit dem Pilotprojekt OPAL VII, die mögliche Abweichung von der für Kupfer-Koaxialnetze gültigen Bezugskette und deren Signalparameter untersucht.

9. KAPITEL

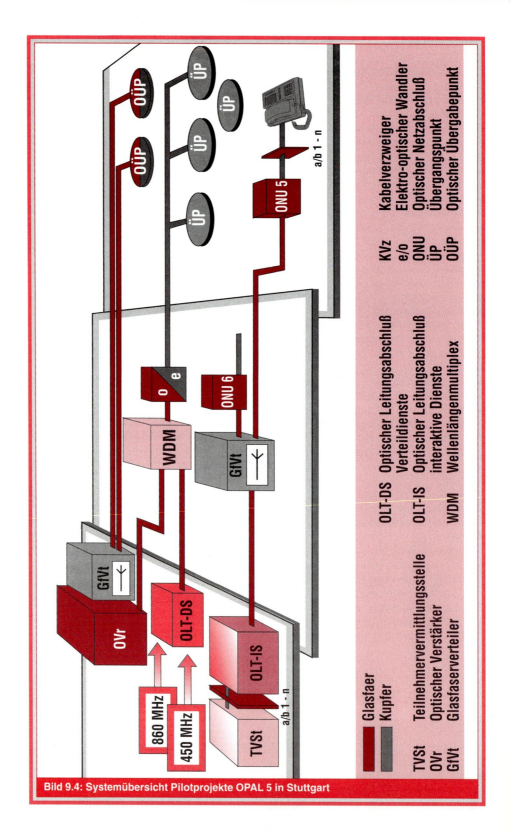

Bild 9.4: Systemübersicht Pilotprojekte OPAL 5 in Stuttgart

9.4.5 OPAL IV; V und VI

Diese Pliotprojekte sind Ausflüsse aus dem Konzeptwettbewerb. Die eingesetzten Systeme sind für ein kombiniertes Angebot von interaktiven Diensten und Breitbandverteildienst (IS und DS) konzipiert.

Hervorzuhebende technische Besonderheit des Pilotprojektes OPAL V ist die Realisierung des CATV-Dienstes im Bereich der optischen Wellenlänge von 1550 nm und die Nutzung von optischen Verstärkern.

Diese Verstärker ermöglichen die direkte optische Verstärkung des Signals ohne den Zwischenschritt der opto-elektrischen Wandlung.

9.5 Kenndaten der Pilotprojekte OPAL (Bild 9.5)

9.6 Ergebnisse und Zusammenfassung

Die Einsatzstrategie der Telekom wurde durch die Wiedervereinigung Deutschlands und den damit verbundenen Aufbau der Telekommunkationsinfrastruktur in den neuen Bundesländern beeinflußt. Denn die Telekom beschloß, in den Jahren 93 bis 95 mehr als 1,2 Mio Wohneinheiten [9.1] mit dieser Glasfasertechnik zu versorgen.

Die verschiedenen technischen Erkenntnisse aus den Pilotprojekten flossen in die entsprechenden Spezifikationen zukünftiger Systeme ein.

Im Rahmen der Pilotprojekte wurde als nachteilig erkannt, daß keine standardisierte Vermittlungsschnittstelle für interaktive Dienste (zum Beispiel. POTS, ISDN) zur Verfügung stand.

Dies führte zu den von der Telekom mitgetragenen intensiven Bemühungen bei

OPAL Nr.	Ort	Betrieb ab	Anzahl der Teilnehmer	Vermittlungsstelle	System Lieferant	Topologie	Bemerkungen
1	Köln	06.90	192	Elektromeachanisch	Raynet Corp.	Bus	In Betrieb
2	Frankfurt/Main	04.92	ca. 50	Siemens EWSD	Raynet Corp.	Passiver Doppelstern	Citybereich (Bankeviertel)
3	Lippetal	03.92/ 06.92/ 09.92	≤ 4.500		Raynet Corp.	Stern	3 Ausbauabschnitte; Spezifische Bauweisen
4	Leipzig	11.91	≤ 200	SEL Alcatel System 12	Siemens	Passiver Doppelstern	Wohn- und Geschäftsbereich
5	Stuttgart	04.91	≤ 200	SEL Alcatel System 12	SEL Alcatel	Passiver Doppelstern	Wohn- und Geschäftsbereich
6	Nürnberg	09.91	≤ 200	Elektro. mechanisch	FAST (AEG, ANT, PKI)	Passiver Doppelstern	Wohnbereich
7	Bremen	12.91	742		Bosch Telekom	Stern	Alternative zu OPAL 3

Bild 9.5: Kenndaten der Pilotprojekte OPAL

9. Kapitel

der ETSI Standardisierung der V5-Schnittstellen. Mittlerweile sind V5.1 und V5.2 sowohl bei ETSI als auch bei ITU-T [9.2] verabschiedet.

Die von der Telekom präferierte Doppelstern-Architektur ist als ursprünglich von British Telecom (BT) [9.3] beschriebenes Konzept zwischenzeitlich auch von anderen Netzbetreibern als zukunftsweisend anerkannt. Insbesondere die denkbaren Alternativen für zukünftige Dienste-Upgrades erleichtern die Entscheidung zur Implementation für Dienste von heute. Bei ETSI wurde ein erster europäischer Standard zur Beschreibung von solchen Glasfasersystemen im Teilnehmeranschlußbereich [9.4] (Optical Access Network, OAN) erarbeitet. Die Qualität der Pilotsysteme verspricht eine gute Ausgangsbasis für Seriensysteme zu sein. Es wurde die Realisierbarkeit unterschiedlicher innovativer Konzepte nachgewiesen, grundsätzliche Erkenntnisse über das erreichbare Leistungs- und Kostenniveau ermittelt.

Im Gegensatz zu den hier beschriebenen und in den OPAL-Pilotprojekten erprobten „passiven" Systemen (Passive Optical Network, PON) wurde im Rahmen der Beschaffung für den OPAL-Serieneinsatz ein sogenanntes „aktives" System [9.5] entwickelt.

Der wesentliche Unterschied zwischen dem „passiven" und dem „aktiven" Konzept ist, daß anstelle des bei PON gebräuchlichen optischen Splitters, beim „aktiven" System elektronische Multiplexer / Demultiplexer sowie zusätzliche Laser und Photodioden eingesetzt werden. Mit anderen Worten: das „aktive" System besteht aus kaskadierten Punkt-zu-Punkt Strecken. Insbesondere die größere Transportkapazität lassen das „aktiven" System attraktiv erscheinen. Mögliche Nachteile können die reduzierte Lebensdauer der Komponenten und die damit verbundenen höheren Betriebsaufwendungen sein. Dies könnte längerfristig bedeutsam sein, da auch „passive" Systeme zukünftig größere und dann flexiblere Transportkapazitäten bereitstellen können.

Es erscheint notwendig, die längerfristigen Anforderungen an Glasfasersysteme – und damit die Auswirkungen auf die Architektur – zu definieren um zu konsistenten Implementierungskonzepten zu kommen.

Zwischenzeitlich werden in den diversen Standardisierungsgremien Systemkonzepte diskutiert, die auf Basis breitbandiger, ATM-orientierter Übertragungstechnik, Transportkapazitäten für neue Dienste und Anwendungen ermöglichen. Eine mögliche Variante ist hierbei die Realisierung einer breitbandigen Overlaystruktur [9.6] bis zum Kabelverzweiger (KVz) und anschließende Hochgeschwindigkeitsübetragung auf den vorhandenen Kupferkabeln.

9.7 Literaturverzeichnis Kap. 9

[9.1] G. Tenzer, The Introduction of Optical Fibre in the Subscriber Loop in the Telekommunication Networks of DBP Telekom, March 1991, IEEE Communications

[9.2] ITU-T G.964 (V5.1) und G.965 (V5.2)

[9.3] Joint Deutsche Bundespost Telekom / British telecommunications plc Technical Advisory for a Fibre in the Loop TPON System

[9.4] prETS 300 463

[9.5] Kapitel 16.3, Regelausbau OPAL

[9.6] B. Orth, Next generation of FITL Systems, VII International Workshop on Optical Access Network

10. Die ATM-Projekte

Dipl.-Ing. G. Wachholz

10. Kapitel

10.1 Einführung

Die Aktivitäten in den Vereinigten Staaten unter dem Schlagwort „Information Super-Highway" haben eine Entwicklung in das Blickfeld der Öffentlichkeit gerückt, die die Telekommunikation der 90er Jahre maßgeblich prägt: Die Entwicklung hin zu Telekommunikationsnetzen immer größerer Übertragungskapazität, hin zu Breitbandnetzen.

Auslöser hierfür sind – neben den technologischen Voraussetzungen: optische Telekommunikationssysteme, Mikroelektronik und Software – eine wachsende Zahl neuer Telekommunikationsanwendungen, die eine immer größere Übertragungskapazität verlangen (Breitbandanwendungen). Dabei lassen sich zwei Gruppen unterscheiden:

- schnelle Datenanwendungen, wie die Vernetzung von LAN, die Übertragung von Druck- und CAD-Daten oder die ständige Kopplung von Großrechnern für Back-up-Zwecke, sowie
- multimediale Anwendungen, wie Videokonferenz, Ferndiagnose, Fernlehrgänge, Expertenzuschaltung und Zugriff auf Dokumentenarchive.

Derzeitiger Schwerpunkt sind dabei eindeutig die schnellen Datenanwendungen und hierunter wiederum die Vernetzung von LAN. Die multimedialen Anwendungen andererseits enthalten mittelfristig ein gewaltiges Entwicklungspotential.

Die reine Videokonferenz ist dabei aber in unserem Zusammenhang von geringerem Interesse, da durch immer weiter verbesserte Video-Kodierverfahren der Bedarf an Übertragungskapazität bei dieser Anwendung nicht zu, sondern abnimmt. Videokonferenzen mit Fersehbild-Qualität können heute bereits mit einer Übertragungskapazität von 384 kbit/s realisiert werden, so daß allein wegen dieser stark wachsenden Anwendung keine Breitbandnetze erforderlich wären.

Ein wesentliches Charakteristikum der genannten Breitbandanwendungen, das für die nachfolgenden Überlegungen eine bedeutende Rolle spielt, sei noch aufgeführt: Breitbandanwendungen weisen in vielen Fällen einen zeitlich stark schwankenden Bedarf an Übertragungskapazität auf. Man spricht auch von einer „burstigen" Verkehrsstruktur oder von einer hohen „Burstiness". Bild 10.1 zeigt die typische Verkehrsstruktur einer LAN-Vernetzung. Die Verkehrsspitzen gehen dabei hinsichtlich der benötigten Übertragungskapazität bis in eine Größenordnung von 10 Mbit/s (Ethernet, Token Ring) bzw. 30 Mbit/s (FDDI).

Für derartigen Telekommunikationsverkehr gilt es nun ein Netz bereitzustellen.

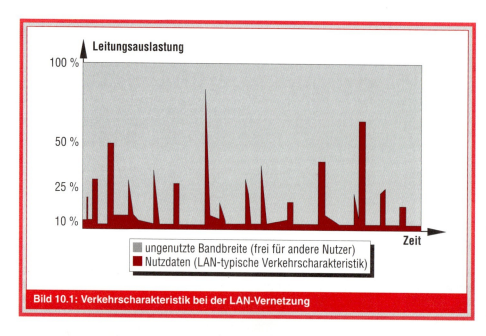

Bild 10.1: Verkehrscharakteristik bei der LAN-Vernetzung

10.2 Das Übermittlungsverfahren ATM

10.2.1 Hintergrund

Bis in die zweite Hälfte der 80er Jahre hinein wurde international die Idee verfolgt, ein vermittelndes Breitbandnetz (Breitband-ISDN) in ganz entsprechender Weise zu realisieren, wie das 64-kbit/s-ISDN. Ein Breitband-ISDN sollte ebenfalls ein leitungsvermittelndes Netz sein, nur sollten die Übertragungskanäle eine größere Kapazität aufweisen (sogenannte H-Kanäle).

Die Deutsche Telekom realisierte sogar ein leitungsvermittelndes Breitbandnetz, das sogenannte Vermittelnde Breitbandnetz (VBN), mit Übertragungskapazitäten bis zu 138,240 Mbit/s (H_4-Kanal). Es ist bis heute in Betrieb.

Leitungsvermittelnde Netze weisen aber einen wesentlichen Nachteil auf: ihre starre Kanalstruktur.

Diese zeigt sich erstens darin, daß bei zeitlich veränderlichem Kapazitätsbedarf für eine Telekommunikationsverbindung, die vom Netz bereitgestellte Übertragungskapazität nicht diesem Bedarf angepaßt werden kann. Statt dessen werden vom Netz Kanäle konstanter Kapazität zur Verfügung gestellt, die dann zu einem großen Teil der Zeit nur teilweise ausgenutzt werden. Zweitens kann nicht einmal diese konstante Kapazität frei gewählt werden, sondern nur im Rahmen eines sehr groben Rasters (z.B. 2/34/140 Mbit/s).

Besonders schwer wiegen diese Nachteile vor dem Hintergrund, daß die Übertragungswege den weitaus größten Anteil an den Kosten eines Telekommunikationsnetzes ausmachen.

Daher ist eine gute Ausnutzung der Übertragungswege sinnvoll, um dem Kunden kostengünstige Tarife anbieten zu können. Im Falle von Übertragungskanälen konstanter Kapazität ist dies aber nicht gewährleistet.

In der zweiten Hälfte der 80er Jahre wurde daher ein neues Übermittlungsverfahren entwickelt, daß wesentlich flexibler Kapazitäten bereitstellt: der Asynchronous Transfer Mode (ATM). Er wird im folgenden kurz beschrieben. Eine ausführliche Darstellung findet man z. B. in [10.1].

10.2.2 Beschreibung des Übermittlungsverfahrens ATM

Das Übermittlungsverfahren Asynchronous Transfer Mode (ATM) ist verwandt mit dem bekannten Paketübermittlungsverfahren gemäß ITU-T-Empfehlung X.25.

Wie dort wird auch bei ATM die zu übermittelnde Nutzinformation in Pakete gepackt und übermittelt. Bei ATM werden diese Pakete als Zellen bezeichnet (Bild 10.2). Sie haben – im Gegensatz zum Paketübermittlungsverfahren gemäß ITU-T-Empfehlung X.25 – eine konstante Länge von 53 Bytes. Hiervon entfallen 48 Bytes auf das Informationsfeld, das die Nutzinformation aufnimmt, und 5 Bytes auf den Zellkopf. Die konstante Länge der Zellen erleichtert, die Funktionen der Zellbehandlung in den Netzknoten als Hardware zu realisieren, und ist ein erster Faktor für die Eignung von ATM für hohe Übertragungsgeschwindigkeiten.

Ein weiterer Unterschied gegenüber dem Paketübermittlungsverfahren ist, daß die Zellen bei der Übertragung lückenlos aufeinander folgen. Falls gerade keine Nutzinformation zu übertragen ist, werden Leerzellen eingefügt, um diesen lückenlosen Zellstrom aufrecht zu erhalten. Dagegen können beim Paketübermittlungsverfahren Lücken zwischen den einzelnen Paketen auftreten. Dies hat zur Folge, daß auf jedes Paket neu aufsynchronisiert werden muß – ein Nachteil für hohe Übertragungsgeschwindigkeiten.

Zellen mit Nutzinformation treten – wie wir gesehen haben – bei ATM i. A. nicht regelmäßig auf, sondern entsprechend dem Bedarf der Informationsquelle. Dies ist der Grund, warum man bei ATM von einem „asynchronen" Übermittlungsverfahren spricht. Um Mißverständnissen vorzubeugen, sei noch betont, daß aus Sicht der Bitübertragung ATM ein synchrones Übermittlungsverfahren ist. „Asynchronität" im Sinne von ATM ist also nicht zu verwechseln mit „Asynchronität" im Sinne der Fernschreibtechnik (Start-Stop-System).

ATM ist ein verbindungsorientiertes Übermittlungsverfahren. Das bedeutet, daß vor Absenden der ersten Zelle mit Nutzinformation zunächst eine virtuelle Verbindung vom Absender zum Empfän-

10. Kapitel

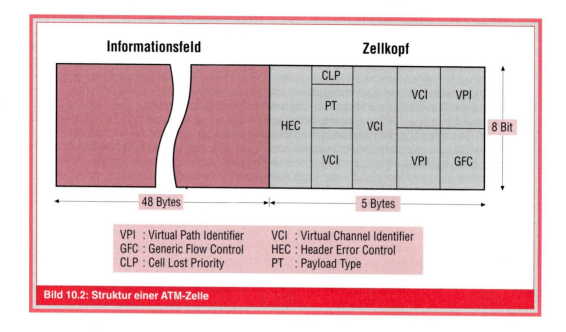

Bild 10.2: Struktur einer ATM-Zelle

ger aufgebaut wird. Bei reservierten Verbindungen geschieht dies durch einen Operator. Bei Wählverbindungen baut der Benutzer diese Verbindung selbst auf. Hierfür ist Zeichengabe zwischen den Endsystemen und den Netzknoten erforderlich. Im Gegensatz zum 64-kbit/s-ISDN gibt es bei ATM für die Übertragung der Zeichengabenachrichten keinen besonderen Kanal (D-Kanal), sondern die Zeichengabenachrichten werden – wie die Nutzinformation – über virtuelle Verbindungen zwischen Endsystemen und Netzknoten ausgetauscht.

Der Kopf der Zellen (Bild 10.2) enthält im wesentlichen den „Virtual Path Identifier" (VPI) und den „Virtual Circuit Identifier" (VCI), die dazu dienen, zu kennzeichnen, zu welcher virtuellen Verbindung eine Zelle gehört. Die Netzknoten bestimmen aufgrund dieser Adreßinformation und eines beim Verbindungsaufbau angelegten Tabelleneintrags die richtige abgehende Leitung über die eine beim Netzknoten ankommende Zelle weiterzuleiten ist.

Wie man sieht, ist die Adreßinformation in zwei Teile – VPI und VCI – unterteilt. Dies ermöglicht ein hierarchisches Adressieren und dies wiederum erleichtert das Weitervermitteln der Zellen in den Netzknoten. Werden z. B. zwei ATM-Inhouse-Netze über das öffentliche ATM-Netz miteinander verbunden, so können sämtliche virtuelle Verbindungen zwischen den ATM-Inhouse-Netzen mit dem gleichen VPI aber unterschiedlichen VCI adressiert werden und aus Sicht des öffentlichen ATM-Netzes über eine einzige virtuelle Verbindung, einen sogenannten Virtual Path (VP) transportiert werden. Die Netzknoten des öffentlichen ATM-Netzes müssen dann nur einen Teil der Adreßinformation, nämlich den VPI, auswerten. Der VCI ist in diesem Fall nur für die ATM-Inhouse-Netze von Interesse.

Ein weiteres Element des Zellkopfes ist das Feld „Header Error Control". Es dient einer einfachen Fehlersicherung des Zellkopfes. Für den Informationsteil einer Zelle übernimmt das ATM-Netz keine Fehlersicherung. Somit ist die Fehlersicherung bei ATM wesentlich einfacher als beim Paketübermittlungsverfahren. Der Grund dafür ist, daß das Paketübermittlungsverfahren noch für Kupfer-Übertragungssysteme mit vergleichsweise hohen Bitfehlerhäufigkeiten entwickelt wurde, während ATM i. d. R. auf optischen Übertragungssystemen eingesetzt wird.

Es wurde bereits darauf hingewiesen, daß ein ATM-Netz wesentlich flexibler die von einer Anwendung benötigte Übertragungskapazität bereitstellen kann, als ein

Die ATM-Pilotprojekte

leitungsvermittelndes Netz. Dies ist – wie wir gesehen haben – dadurch möglich, daß Zellen nicht unbedingt in regelmäßigen Zeitabständen, sondern bedarfsgerecht belegt werden. Möchte man Zellen mehrerer virtueller Verbindungen über eine Leitung übertragen, so kann man diese Leitung besonders gut ausnutzen, indem man die ankommenden virtuellen Verbindungen statistisch auf diese Leitung multiplext (Bild 10.3).

Zellen einer virtuellen Verbindung werden in „Lücken" (Leerzellen) anderer virtueller Verbindungen untergebracht. Hierdurch läßt sich die Leitung um ein mehrfaches besser ausnutzen, als wenn man für jede virtuelle Verbindung eine „Röhre" im Umfang der Spitzenzellrate reservieren würde.

In dieser optimierten Ausnutzung der Leitungen liegt der Hauptvorteil von ATM. Besonders deutlich wird dies vor dem Hintergrund, daß heute die Leitungen eines Netzes im Vergleich zu den Netzknoten und Endsystemen größenordnungsmäßig 80 % der Gesamtkosten ausmachen.

Abschließend sei noch bemerkt, daß anstelle des Begriffs „ATM-Netz" gerne auch vom „Breitband-ISDN" gesprochen wird. Beide Begriffe können in der Praxis durchaus synonym verwendet werden.

10.3 Das ATM-Projekt der Deutschen Telekom

10.3.1 Das Netz

Bild 10.4 zeigt die Standorte der Netzknoten des ATM-Netzes der Deutschen Telekom. Begonnen wurde – nach Vorbereitungen seit 1991 – im Laufe des Jahres 1994 unter der Bezeichnung „Breitband-ISDN-Pilotprojekt" mit der Inbetriebnahme der Standorte Berlin, Bonn, Köln und Hamburg [10.2]. Im Rahmen einer ATM-Kooperation zwischen der Deutschen Telekom und France Télécom – auch „deutsch-französisches ATM-Projekt" genannt – kamen die Standorte Heidelberg, Karlsruhe, Stuttgart und Ulm hinzu. Die übrigen Standorte gingen bis Mitte 1995 in Betrieb.

Bei den ATM-Netzknoten handelt es sich derzeit um Cross-Connect-Systeme bzw. um unselbständige „abgesetzte Einheiten" von diesen. Das bedeutet, daß derzeit reservierte ATM-Verbindungen aber noch keine Wählverbindungen angeboten wer-

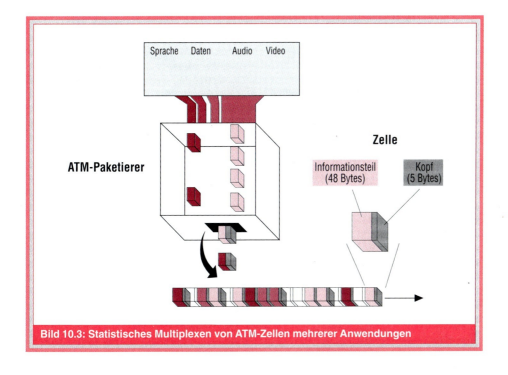

Bild 10.3: Statistisches Multiplexen von ATM-Zellen mehrerer Anwendungen

10. Kapitel

den. Für Letztere war zunächst eine hinreichende Stabilität der dafür notwendigen Zeichengabe-Standards erforderlich. Nachdem diese nunmehr gegeben ist, werden Wählverbindungen noch in 1996 realisiert werden. Verbunden sind die ATM-Netzknoten durch 155-Mbit/s-SDH-Leitungen. Diese Leitungen können natürlich auch in „höheren" Übertragungssystemen (600 Mbit/s und 2,5 Gbit/s) geführt werden.

Bild 10.4: ATM-Netzknoten der Deutschen Telekom

10.3.2 Die Anschlüsse

Die ATM-Netzknoten bieten drei Arten von Anschlüssen an das ATM-Netz an, um den unterschiedlichen Bandbreitenbedarf der ATM-Anwender zu erfüllen:
- 155-Mbit/s-SDH-Anschlüsse,
- 34-Mbit/s-PDH-Anschlüsse sowie
- 2-Mbit/s-PDH-Anschlüsse.

Beim 155-Mbit/s-SDH-Anschluß werden die ATM-Zellen in VC-4-Containern transportiert (vgl. ITU-T-Empfehlung I.432), beim 2- bzw. 34-Mbit/s-PDH-Anschluß unmittelbar im PDH-Rahmen (vgl. ETS 300 337).

Selbstverständlich werden die 155- und 34-Mbit/s-Anschlüsse mittels optischer Übertragungssysteme realisiert. Für die 2-Mbit/s-Anschlüsse stehen sowohl optische als auch Kupfer-Übertragungssysteme zur Verfügung. Die Benutzer-Netz-Schnittstellen sind beim 2- und 34-Mbit/s-Anschluß elektrisch, während sie beim 155-Mbit/s-Anschluß sowohl elektrisch als auch optisch – dieser Version gehört zweifelsfrei die Zukunft – angeboten werden.

Aus Anwendersicht ist noch zu bemerken, daß die genannten Übertragungsgeschwindigkeiten von 155 bzw. 34 bzw. 2 Mbit/s nicht der nutzbaren Übertragungskapazität entsprechen.

Der Grund hierfür liegt im SDH- bzw. PDH- und im ATM-Overhead und in der Tatsache, daß ATM-Systeme wegen des statistischen Charakters des Übermittlungsverfahrens ATM nie zu 100 % ausgelastet werden können. Hinzu kommt, daß ein Teil der Übertragungskapazität durch OAM-Zellen (OAM = Operation, Administration, Maintainance) und – im Falle der künftigen Nutzung von Wählverbindungen – von Zeichengabezellen belegt wird.

Hierzu macht Tabelle 10.1 detaillierte Angaben. Dabei wurde bei der Angabe der „realen" Kapazität der ATM-Informationsfelder gegenüber der „idealen" Kapazität insgesamt 20 % wegen der erwähnten begrenzten Auslastbarkeit von ATM-Systemen und für OAM- und Zeichengabe-Zellen abgezogen.

Standardisiert, aber derzeit noch nicht vorgesehen, sind 600-Mbit/s-SDH-Anschlüsse.

10.3.3 Die Telekommunikationsdienste

10.3.3.1 Überblick

Über das ATM-Netz der Deutschen Telekom werden zwei Telekommunikationsdienste angeboten und zwar ein
- verbindungsorientierter Breitband-Übermittlungsdienst (Broadband Connection Oriented Bearer Service) sowie ein
- verbindungsloser Breitband-Übermittlungsdienst (Connectionless Service [CL-Service]).

Diese Telekommunikationsdienste wiederum stellen eine Basis für die Abwicklung zahlreicher Telekommunikationsanwendungen dar.

Verteildienste, insbesondere die Verteilung von Fernsehprogrammen, werden nicht angeboten.

10.3.3.2 Der verbindungsorientierte Breitband-Übermittlungsdienst

Der verbindungsorientierte Breitband-Übermittlungsdienst stellt virtuelle ATM-Verbindungen zwischen zwei ATM-Anschlüssen bereit. Abhängig davon, ob gegenüber dem öffentlichen ATM-Netz nur

Anschlußart	Übertragungs-geschwindigkeit	Übertragungskapazität des ATM-Informationsfeldes „ideal"	Übertragungskapazität des ATM-Informationsfeldes „real"
155 Mbit/s	155.520 kbit/s	135.632 kbit/s	108.505 kbit/s
34 Mbit/s	34.368 kbit/s	30.720 kbit/s	29.184 kbit/s
2 Mbit/s	2.048 kbit/s	1.739 kbit/s	1.652 kbit/s

Tabelle 10.1: Übertragungskapazität von ATM-Anschlüssen

10. Kapitel

der Virtual Path Identifier (VPI) oder zusätzlich auch der Virtual Channel Identifier (VCI) zur Kennzeichnung der Zugehörigkeit der Zellen zu einer bestimmten virtuellen Verbindung verwendet wird, bezeichnet man diese virtuelle Verbindung als Virtual Path (VP) bzw. als Virtual Channel (VC).

Im Falle der VP-Verbindung kann der im Zellkopf in jedem Falle enthaltene VCI ebenfalls vom sendenden Benutzer belegt werden. Der VCI wird in diesem Fall Ende-zu-Ende durch das Netz durchgereicht und kann beim Empfänger für interne Adressierungszwecke verwendet werden.

Derzeit können VP- und VC-Verbindungen nur per Reservierung beim Netzmanagementzentrum in Köln auf- und abgebaut werden. Dabei ist vom Benutzer die gewünschte Spitzenzellrate anzugeben. Leider ist es derzeit noch erforderlich, im Netz Ressourcen für diese Spitzenzellrate zu reservieren. Eine dynamische Bandbreitenzuordnung (statistisches Multiplexen) wird aber noch in 1996 implementiert werden.

Für die Zukunft sind auch Wählverbindungen vorgesehen. Zusätzliche Leistungsmerkmale des Netzes, wie die Übermittlung der Rufnummer des Verbindungsursprungs zum Ziel, die Geschlossene Benutzergruppe und die Übermittlung einer Subadresse werden die Telekommunikation über Wählverbindungen unterstützen.

10.3.3.3 Der verbindungslose Breitband-Übermittlungsdienst (CL-Service)

Der verbindungslose Breitband-Übermittlungsdienst (Connectionless Service [CL-Service]) wurde vor allem zur Verfügung gestellt, um die Verbindung von LAN untereinander zu unterstützen.

Für diesen Dienst existieren weltweit zwei Versionen und zwar der
- Switched Multimegabit Data Service (SMDS), der in den USA spezifiziert wurde, und der
- Connectionless Broadband Data Service (CBDS), der auf der Basis des SMDS in Europa durch ETSI spezifiziert wurde.

Die Deutsche Telekom unterstützt SMDS, da, im Gegensatz zu CBDS, für diese Version bereits ein gewisses Angebot an Endsystemen vorhanden ist.

Realisiert wird der CL-Service mittels Connectionless Server (CL-Server). Diese sind wie ein Endsystem an die ATM-Netzknoten angeschlossen. Endsysteme (i. d. R. LAN), die den CL-Service nutzen möchten, werden über eine reservierte virtuelle ATM-Verbindung mit dem CL-Server verbunden. Der CL-Server ist ein Datagramm-Vermittlungssystem. Die vom Ursprungs-LAN gesandten Datagramme (IMPDU) werden über die virtuelle ATM-Verbindung – verpackt in Zellen – zum CL-Server transportiert. Der CL-Server entnimmt dem Datagramm die Zieladresse, ermittelt daraus die virtuelle ATM-Verbindung, die zum Ziel-LAN führt, und sendet das Datagramm, wiederum verpackt in Zellen, auf dieser virtuellen ATM-Verbindung weiter.

Natürlich kann man LAN auch ohne Nutzung des CL-Service unmittelbar über den verbindungsorientierten Breitband-Übermittlungsdienst miteinander verbinden. Sofern mehrere LAN aber untereinander Verkehr haben, ist die Nutzung des CL-Dienstes oft wirtschaftlicher, als eine direkte Vermaschung der LAN.

10.3.4 Die Netzübergänge

Wegen der großen Bedeutung der LAN-LAN-Kopplung hat die Deutsche Telekom Netzübergänge zwischen ihrem ATM-Netz und ihrem MAN (Metropolitan Area Network) – das auf der Grundlage des Protokolls DQDB betrieben wird – geschaffen. Die entsprechenden Einrichtungen werden als Interworking Units MAN (IWU MAN) bezeichnet.

Aufgabe der IWU MAN ist, die Datagramme aus den Zellen des ATM-Netzes in die Slots des MAN umzusetzen und umgekehrt. Da die Größe der Informationsfelder der Zellen mit der der Slots übereinstimmt, kann diese Umsetzung einfach zell- bzw. slotweise erfolgen. Neben dem Umpacken der Informationsfelder müssen auch die Adressen umgesetzt und die Übertragungsgeschwindigkeiten angepaßt werden.

Die IWU MAN kann von LAN des ATM-Netzes nicht unmittelbar, sondern nur über einen CL-Server erreicht werden. Umgekehrt kann auch die IWU MAN Datagram-

Die ATM-Pilotprojekte

me nur an diejenigen LAN des ATM-Netzes weitersenden, die am CL-Service teilnehmen.

Die Realisierung eines Netzübergangs zum 64-kbit/s-ISDN und Telefonnetz wird ebenso wie ein Netzübergang zum paketvermittelnden Datennetz der Deutschen Telekom (Datex-P-Netz) derzeit noch diskutiert. Auf Übergänge zu anderen Ländern wird im Folgenden noch näher eingegangen.

10.3.5 Die Endsysteme

Für die Unterstützung des Anschlusses von LAN (Ethernet, Token Ring, FDDI-Netze) an das ATM-Netz der Deutschen Telekom werden LAN-Adapter (TA LAN) bereitgestellt.

Die Router der LAN verfügen häufig über DXI/HSSI-Schnittstellen. Aufgabe des TA LAN ist, diese Schnittstelle an die Benutzer-Netz-Schnittstelle des ATM-Netzes anzupassen.

Die vom LAN gesendeten Datagramme (IMPDU) werden segmentiert und in ATM-Zellen verpackt. Für die aus dem ATM-Netz beim LAN ankommenden Datagramme läuft dieser Prozeß gerade umgekehrt. Ferner muß die in den vom LAN gesendeten Datagrammen enthaltene Zieladresse in den VPI und VCI der virtuellen Verbindung zum Ziel-LAN bzw. zum CL-Server umgesetzt werden. Bis zu 16 virtuelle ATM-Verbindungen zu unterschiedlichen Zielen kann der TA LAN gleichzeitig unterstützen.

Ein weiteres von der Deutschen Telekom bereitgestelltes Endsystem ist der ATM-Service-Switch. Dabei handelt es sich um ein ATM-Inhouse-Vermittlungssystem (Bild 10.5).

Der ATM-Service-Switch konzentriert den Verkehr mehrerer Inhouse-Schnittstellen auf einen 155-Mbit/s-Anschluß des ATM-Netzes. Er ermöglicht damit eine gute Auslastung dieses leistungsfähigen Anschlusses, die durch *eine* Anwendung allein in den meisten Fällen gar nicht erfol-

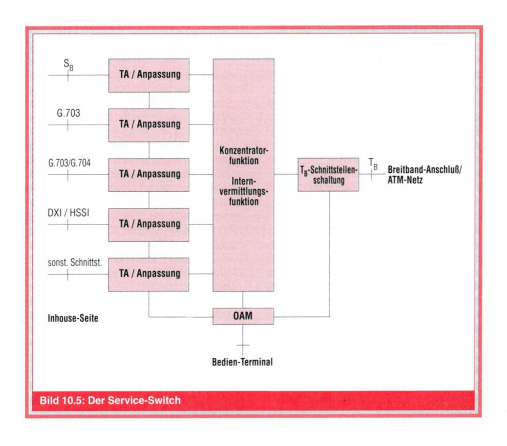

Bild 10.5: Der Service-Switch

gen kann. Er erlaubt zudem auch Internverbindungen zwischen den Inhouse-Anschlüssen. Die Inhouse-Seite des Service-Switch kann bedarfsgerecht konfiguriert werden (vgl. Bild 10.5).

10.3.6 Der Tarif

Der Tarif für das ATM-Netz der Deutschen Telekom umfaßt Entgelte für die Installation und Überlassung eines Breitband-Anschlusses sowie die Verbindungsentgelte. Im wesentlichen wird dieser Tarif durch die Preise der im ATM-Netz eingesetzten Monopolübertragungswege bestimmt.

Das Verbindungsentgelt hängt von Wochentag, Tageszeit, Verbindungsdauer, Entfernungszone und Spitzen-Zellrate ab. Künftig – im Zusammenhang mit einer bedarfsgerechten dynamischen Bandbreitenzuordnung im Netz (statistisches Multiplexen) – soll die übermittelte Anzahl von Zellen (Datenvolumen) wesentliches Tarifierungskriterium werden.

Für Verbindungen im verbindungslosen Breitband-Übermittlungsdienst (Connectionless Service [CL-Service]) werden dieselben Entgelte wie für den Datex-M-Dienst im Rahmen des MAN der Deutschen Telekom erhoben.

Im Rahmen des Pilotprojekts gibt es für neue Anwender eine „Schnupperphase" mit reduzierten Tarifen. Anwendungen, die der Deutschen Telekom für die Weiterentwicklung von ATM interessant erscheinen, können außerdem im Rahmen von Forschungsverträgen gefördert werden.

10.3.7 Anwender und Anwendungen

Die Nutzer des ATM-Netzes der Deutschen Telekom sind ausschließlich große Organisationen und Unternehmen. Derzeit sind schwerpunktmäßig Anwendungen aus folgenden Bereichen realisiert bzw. in der Vorbereitung:

- Universitäten und sonstige Forschungseinrichtungen (wobei ein besonderer Schwerpunkt im medizinischen Bereich liegt),
- Rundfunkanstalten (mit dem Schwerpunkt Bild- und Tonübertragung),
- Verlagshäuser und Druckereien (mit dem Schwerpunkt Druckdatenübertragung),
- andere Großunternehmen (mit dem Schwerpunkt Datenübertragung).

Eindeutiger Schwerpunkt bei den kommerziellen Anwendungen ist die LAN-LAN-Verknüpfung. Für diese Anwendung wurden daher von der Deutschen Telekom neben dem eigentlichen ATM-Netz zusätzliche Komponenten bereitgestellt, die in diesem Beitrag bereits vorgestellt wurden. Bild 10.6 gibt noch einmal einen Überblick über diese bedeutendste Anwendung im ATM-Netz.

Für Kleinunternehmen und Privatleute kommt eine Nutzung des ATM-Netzes, nicht zuletzt angesichts der Höhe der Tarife, noch kaum infrage.

10.4 Die internationalen ATM-Pilotprojekte unter Beteiligung der Deutschen Telekom

10.4.1 Überblick

ATM wird heute weltweit als *das* Übermittlungsverfahren der Zukunft gesehen. In allen bedeutenden Industrieländern werden Pilotprojekte und erste kommerzielle Angebote realisiert.

Die Deutsche Telekom beteiligte sich an einem umfangreichen europäischen ATM-Pilotprojekt, das nachfolgend näher beschrieben wird. Unabhängig davon wurden ATM-Netzknoten der Deutschen Telekom und von France Télécom im Rahmen einer engen ATM-Kooperation dieser beiden Unternehmen miteinander über 34- und 155-Mbit/s-Leitungen verbunden.

Daneben bestehen – gemeinsam mit France Télécom – enge Kontakte zu Netzbetreibern in die Vereinigten Staaten und Japan, mit dem Ziel, auch interkontinentale ATM-Telekommunikationsdienste zu erproben. Dabei müssen insbesondere die auf den Transatlantikkabeln eingesetzten, aber in Europa ungebräuchlichen, 45-Mbit/s-Übertragungssysteme auf 155-Mbit/s-Übertragungssysteme umgesetzt werden.

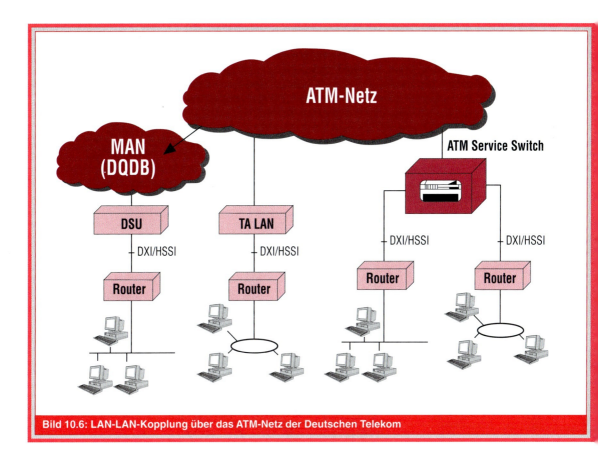

Bild 10.6: LAN-LAN-Kopplung über das ATM-Netz der Deutschen Telekom

10.4.2 Das Europäische ATM-Pilotprojekt

Im November 1992 wurde ein „Memorandum of Understanding" (MoU) über ein europäisches ATM-Pilotprojekt (European ATM Pilot) verabschiedet. Zu den fünf Initiatoren dieser Vereinbarung gehörte die Deutsche Telekom. In der Folgezeit hatten sich dem MoU fast alle west- und mitteleuropäischen Netzbetreiber angeschlossen: insgesamt waren es zuletzt 15. Ziel des vereinbarten ATM-Pilotprojekts war, ATM-Pilotnetze der verschiedenen europäischen Länder miteinander zu vernetzen und länderübergreifende ATM-Telekommunikationsdienste zu erproben. Insbesondere die Zusammenarbeit zwischen ATM-Systemen einer Vielzahl von Herstellern stellte dabei eine Herausforderung dar. Zudem war ein länderübergreifendes Verbindungsmanagement festzulegen und zu erproben.

Die Netzkonfiguration zeigt Bild 10.7. Als Übertragungssysteme wurden 34-Mbit/s-PDH- und teilweise auch bereits 155-Mbit/s-SDH-Systeme eingesetzt, wobei mehr und mehr von den 34-Mbit/s- durch 155-Mbit/s-Systeme ersetzt wurden. Der Übergang zwischen dem ATM-Netz der Deutschen Telekom und dem Netz des europäischen ATM-Pilotprojekts erfolgte im ATM-Netzknoten Köln.

Das europäische ATM-Pilotprojekt wurde nach erfolgreichen Tests im November 1994 offiziell eröffnet und lief bis Ende 1995.

Zwischenzeitlich wird in Europa ein kommerzielles Angebot von ATM-Telekommunikationsdiensten auf der Grundlage entsprechender bilateraler Absprachen zwischen den Netzbetreibern aufgebaut.

10. Kapitel

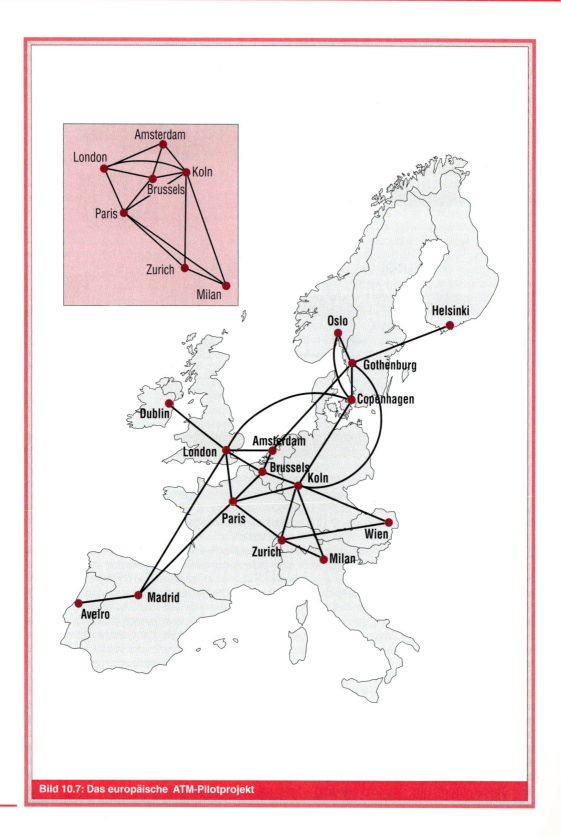

Bild 10.7: Das europäische ATM-Pilotprojekt

10.5 Ausblick

Weltweit befindet sich das Übermittlungsverfahren ATM auf dem Vormarsch. Das ATM-Netz der Deutschen Telekom ist technisch derart ausgereift, daß einer Überführung in einen kommerziellen Betrieb mit Jahresbeginn 1996 nichts mehr im Wege stand.

Als künftige Ergänzungen bleiben noch: das Angebot von Wählverbindungen, weitere Netzübergänge zu herkömmlichen Netzen sowie weitere ATM-Telekommunikationsdienste, die eine noch effektivere und damit kostengünstigere Nutzung des Netzes erlauben (z. B. statistisches Multiplexen).

ATM ist aber nicht nur für breitbandige Anwendungen geeignet. Auch der Telefondienst oder die Telekommunikationsdienste des ISDN könnten über ein ATM-Netz angeboten werden.

Die bereits genannten Vorteile von ATM würden eine merklich kostengünstigere Lösung erlauben als die heutige leitungsvermittelnde Technik. Somit bleibt zu erwarten, daß noch in diesem Jahrzehnt sich das ATM-Netz der Deutschen Telekom zu einer universellen „Transportplattform" weiterentwickeln wird.

10.6 Literaturverzeichnis Kap. 10

[10.1] G. Siegmund: ATM – Die Technik des Breitband-ISDN. 2. Aufl. R. v. Decker's Verlag G. Schenck Heidelberg 1994.

[10.2] G. Wachholz; W. Falkenburg et al.: Das Breitband-ISDN-Pilotprojekt der Telekom. Der Fernmelde-Ingenieur 47 (1993). Heft 10, S. 1-32, und Heft 12, S. 1-16.

11. Pilotprojekte „Interaktive Video Services"

Dipl.-Ing. H. Schneider

11. Kapitel

Kaum hat es in der Telekommunikation jemals eine so stürmische Entwicklung gegeben wie derzeit im Bereich der Informations- und Medientechnologie. Der technologische Fortschritt in Verbindung mit Digitalisierung und Komprimierung der Daten ermöglicht diese Entwicklung. Multimedia-Anwendungen, interaktives Fernsehen und Service-on-Demand sind einige aktuelle Schlagworte, die diese Entwicklung kennzeichnen. Das weitere Vordringen innovativer Techniken im Teilnehmeranschlußbereich, wie beispielsweise der Glasfasereinsatz, beschleunigen die Bereitstellung breitbandiger Anwendungen. Die Deutsche Telekom stellt sich dieser Herausforderung und möchte sich im entstehenden Multimediamarkt erfolgreich positionieren. Der volkswirtschaftliche Nutzen sowie die Vorteile einer effizienten Telekommunikation im privaten und geschäftlichen Bereich sind unbestritten.

Wegen der Komplexität des Themas Multimedia führt Telekom mehrere Pilotprojekte Interaktive Video Services (IVS) mit unterschiedlichen Netz-Transportplattformen durch. Es gilt, die richtige „Auffahrt" für den künftigen Multimedia-Informations-Highway zu finden.

11.1 Zielsetzungen der Pilotprojekte

Da weltweit in einem erheblichen Umfang Standards und technische Spezifikationen für Multimedia-Anwendungen fehlen und diese erst entwickelt werden müssen, ist es unerläßlich, Pilotprojekte durchzuführen und Erfahrungswerte zu sammeln. Auch im Kundenverhalten und bei der Nachfrageentwicklung können die Pilotprojekte wichtige Hilfestellungen und Aussagen für die Markterwartung liefern.

Die Entwicklung der Multimediadienste wird derzeit sehr stark durch die Überlegungen zur Einführung der neuen interaktiven Videodienste bestimmt. Eine bedeutende Rolle für die künftige Gestaltung der Netzplattform von Telekom spielen die Pilotprojekte Interaktive Video Services, die 1995/96 in Betrieb gehen.

Insgesamt sollen 5-6 Projekte auf den bei Telekom verfügbaren Transportplattformen BK-Koaxialnetz, Telefonnetz und Glasfasernetz OPAL realisiert werden; 4 davon in den Städten Hamburg, Köln/Bonn, Nürnberg und Leipzig werden maßgeblich von Telekom konzipiert, eine weitere von externen Initiatoren entwickelte

Ort	Berlin	Hamburg	Köln/Bonn	Stuttgart	Nürnberg	Leipzig
	Demo-Projekt					
Teilnehmer interaktive Dienste	50	100	100	2 500	100	100
Gebiet	Innenstadt	Innenstadt	noch offen	Großraum	Graßraum	noch offen
Beginn	1995	1996	1996	1996	1996	1996
Dauer	1 Jahr	1,5 Jahre (in Einzelfällen bis 2 Jahre)				
Dienste	PPC, PPV, Pay-Radio, near Video on demand, Service on Demand (Homeshopping)					
Besonderheiten				ATM bis zum Terminal	ATM-Switch	Multimedia Anwendungen
Verteiltechnik	BK-Koaxialnetz + Glasfaser	BK-Koaxialnetz	BK-Koaxialnetz + Glasfaser	BK-Koaxialnetz + Glasfaser	BK-Koaxialnetz +Telefonnetz (ADSL)	Glasfasernetz OPAL
Rückkanal-Technik	Telefonnetz	Telefonnetz	BK-Koaxialnetz + Glasfaser	BK-Koaxialnetz + Glasfaser	Telefonnetz + ADSL	Glasfasernetz OPAL

Bild 11. 1: Interaktive Video-Services (Übersicht über die Pilotprojekte)

Projektidee soll unter Beteiligung von Telekom in Stuttgart vorgesehen werden. Ein weiteres Pilotprojekt könnte für München in Betracht kommen. In Bild 11.1 werden die einzelnen Projekte in tabellarischer Form kurz beschrieben.

Mit den Pilotprojekten wird dienste- und technikbezogen der erreichte bzw. kurzfristig erreichbare Entwicklungsstand im Bereich der Interaktiven Video Services aufgezeigt; desweiteren sollen vorhandene Problembereiche ausgeleuchtet, Lösungsansätze herausgearbeitet sowie Entwicklungsrichtungen definiert und vorgegeben werden. Derzeit gibt es keine universell einsetzbaren Systeme, um die neuen Dienste für eine große Zahl von Teilnehmern bereitstellen zu können. Ziel ist es daher auch, die unterschiedlichen technischen Komponenten im Rahmen der Systemintegration zu einem funktionstüchtigen Gesamtsystem zusammenzufügen. Neben der Implementierung neuer Anwendungen stehen die technisch-betriebliche Erprobung innovativer Hard- und Softwarelösungen im Vordergrund. Marktanalysen und Trendaussagen im Nachfrage- und Kundenverhalten sollen abgeleitet werden, soweit dies in Pilotprojekten möglich ist.

Weiterhin soll ausgehend von den Erkenntnissen aus den Pilotprojekten eine Analyse und Bewertung alternativer Systemtechniken und Übertragungsmedien vorgenommen werden, um wesentliche Aussagen für einen späteren wirtschaftlichen Serieneinsatz zu gewinnen.

Im Vorgriff auf die Pilotprojekte wurde in Berlin ein Demonstrations-Projekt installiert und im Februar 1995 in Betrieb genommen. Mit diesem Projekt sollte die frühzeitige Präsenz von Telekom in dem entstehenden neuen Medienmarkt verdeutlicht und zudem der interessierten Öffentlichkeit die Möglichkeit geboten werden, die neuen Dienste anschaulich in konkreter Form kennenzulernen

11.2 Entwicklung von Video Services

Der Begriff Video Services umfaßt allgemein den Bereich der Video-Verteil- und Abrufdienste sowie der interaktiven Videodienste. Telekom erwartet, daß sich zunächst schwerpunktmäßig die neuen Video-Verteildienste etabliert werden; erst in einer späteren Phase (ab 1998/2000) wird mit einer großflächigen Bereitstellung interaktiver bzw. multimedialer Dienste gerechnet. Die Bereitstellung interaktiver Dienste ist aufgrund der Netzanpassungen mit erheblichem finanziellem Aufwand verbunden. Im Gegensatz zu den bisher bei „Kabelanschluß" analog übertragenen Ton- und Fernsehrundfunkprogrammen des Breitbandverteilnetzes wird bei den neuen Videodiensten die digitale Übertragungstechnik eingesetzt. Das bisherige Angebot bei Kabelanschluß hat sich auf reine Verteildienste beschränkt; die Tarifierung der Dienste wurde pauschal, d.h. nutzungsunabhängig festgelegt.

Für die neuen Videodienste ist dagegen eine nutzungsabhängige Tarifierung vorgesehen. Bei diesen sogenannten Pay-TV-Diensten entrichtet der Kunde Entgelte nur für die tatsächlich in Anspruch genommenen Inhalte bzw. Programme.

Die Pay-TV-Programme können unterteilt werden in „Pay-Per-Channel" (PPC) und „Pay-Per-View" (PPV). Bei PPC werden die Entgelte pro Monat und Kanal entrichtet. Die Entgelte sind hierbei unabhängig von der Nutzungsdauer.

Im Falle von PPV zahlt der Kunde nur das, was er an Inhalten gesehen hat, wobei die Tarifierung zeitabhängig festgelegt werden kann. Für beide Pay-TV-Angebote legt der Inhalteanbieter (Content Provider) die Beiträge und deren zeitliche Reihenfolge fest.

Das TV-Programm „Premiere" wird als PPC-Angebot in verschlüsselter Form (Scramble-Technik) übertragen. Ein unberechtigter Zugriff des Programms wird durch Verschlüsselung verhindert (siehe auch Kapitel Quellencodierstandards). Zum Empfang dieses Satellitenprogramms ist ein „Descrambler" erforderlich.

„Near-Video-on Demand" (NVoD) ist eine komfortablere Form des Pay-TV, bei dem in der Regel auch aktuelle Top-Filme angeboten werden. Die einzelnen Filme laufen jeweils zeitversetzt neu an, so daß der Kunde zum Beispiel im Viertel-Stunden-Rhythmus und ohne zu lange Wartezeiten die Angebote nutzen kann. Hinsichtlich der technischen Anforderungen an den Rückkanal des Übertragungssystems

11. Kapitel

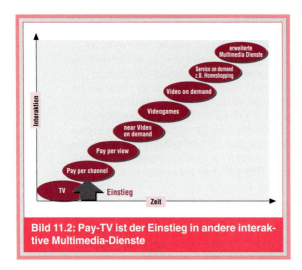

Bild 11.2: Pay-TV ist der Einstieg in andere interaktive Multimedia-Dienste

wird zwischen interaktiven Videodiensten (z. B. VoD, Homeshopping, Videogames) und nicht-interaktiven Videodiensten (z.B. PPC, PPV, NVoD) unterschieden. Die erwartete Entwicklung der neuen digitalen Videodienste wird in Bild 11.2 dargestellt. Über Pay-TV-Dienste erfogt der Einstieg in künftige interaktive Multimedia-Dienste.

Mit „Video-on Demand" (VoD) ist es möglich, sein eigenes Wunsch-Filmprogramm zusammenzustellen. Das umfassende Filmangebot bei VoD ist auf einem zentralen Speicher, dem Server abgelegt. Die Filmübertragung erfolgt über einen individuellen breitbandigen Vorwärtskanal, die Auswahl bzw. der Abruf über einen schmalbandigen Steuer- oder Rückwärtskanal. Hiermit kann der Nutzer auch Videorekorderfunktionen wie z. B. Vorlauf, Rücklauf, Stop, wählen.

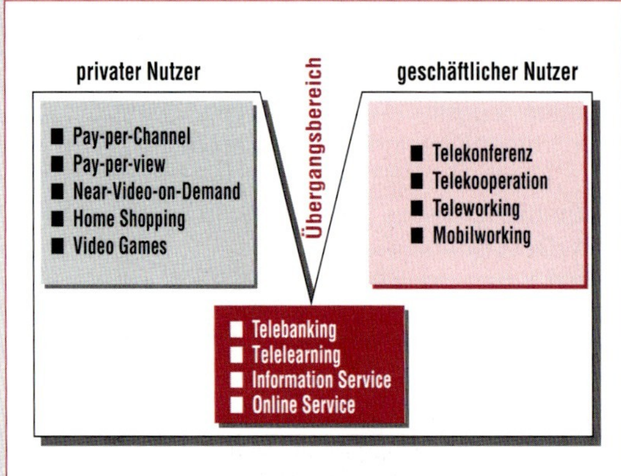

Darüber hinaus ist eine Vielzahl weiterer Diensteangebote möglich. Derzeit wird intensiv die Einführung von Anwendungen wie Telelearning, Telebanking, Video-Konferenz sowie speziellen Informationsdiensten diskutiert bzw. vorbereitet. Die Nutzung der Interaktiven Video Services wird schwerpunktmäßig im Bereich des Entertainments und der Consumer Dienste erwartet. Aber auch im geschäftlichen Bereich und unter Nutzung des PC als Endgerät wird ein hohes Bedarfspotential an Telekommunikationsdiensten erwartet, zumal durch Einsatz innovativer Techniken eine Effektivitätssteigerung in den betrieblichen Abläufen der Unternehmen möglich ist. Bild 11.3 zeigt für interaktive Dienste die Nutzungsprofile nach privaten und geschäftlichen Anwendungen auf. Die Nutzung vorhandener Dienste und Infrastrukturen (z. B. Datex-J als T-ONLINE-Dienst) kann hierbei die Einführung neuer Services erheblich beschleunigen. Mit T-ONLINE werden neue erweiterte Leistungsmerkmale bereitgestellt. Die „Kernsoftware für Intelligente Terminals" (KIT) beschreibt eine fensterorientierte multimediafähige Benutzeroberfläche. Mit ihr werden künftig nicht mehr vollständige Seiten übertragen, sondern einzelne Objekte mit Text-, Grafik-, Foto- oder Soundinformation. Zu den neuen Funktionen von Btx gehören neben der neuen Oberfläche KIT der Internetzugang und die E-Mail-Funktion.

Das Zusammenwachsen der Übertragungswege Telefonnetz, TV-Kabel und Satellit, das weitere Vordringen der Glasfasertechnik in den Teilnehmeranschlußbereich sowie die Entwicklung neuer multimedialer Dienste sind die Rahmenbedingungen für die zukünftige Entwicklung von Video Services. Beschleunigt wird diese Entwicklung durch die sich ergebenden Marktchancen für die Telekommunikationsindustrie und Medienbranchen aufgrund des großen, noch auszuschöpfenden Nachfragepotentials auch im Bereich aller deutschsprachigen Haushalte (ca. 40 Mio.).

Bild 11.3: Nutzungsprofile für Interaktive Video-Services

11.3 Netz- und Technikentwicklung

11.3.1 Gestaltung des Zugangsnetzes

Grundsätzlich eignen sich eine Vielzahl von Netzplattformen für die Übertragung der Videosignale zwischen Zentrale und Nutzer:

- Breitbandverteilnetz auf der Basis des Kupfer-Koaxialkabels
- Telefonnetz auf der Basis der Kupfer-Doppelader
- Hybridnetz auf der Basis von kombinierten Kupfer- und Glasfaserinfrastrukturen
- Glasfasernetze; Fibre to the Building/ Fibre to the Curb
- Mikro- oder picozelluläre Funknetze

Unter wirtschaftlichen Gesichtspunkten ist eine weitgehende Nutzung vorhandener Infrastrukturen sinnvoll. Für einen Großteil breitbandiger Dienste gilt die Verwendung von Hybridnetzen (Glasfaser + Kupfer) als zukunftssicher.

11.3.1.1 OPAL-Glasfasernetze

Beim Aufbau der Fernmeldeinfrastruktur in den neuen Bundesländern wurden in einem größeren Umfang Glasfaserübertragungstechniken (OPAL) in den Zugangsnetzen eingesetzt. Diese OPAL-Systeme dienen im wesentlichen zur Versorgung von Privatkunden mit Telefonanschlüssen. In einem kleineren Umfang wurden jedoch auch Breitbandverteilnetze über andere Glasfasersysteme realisiert. Im vorgesehenen Pilotprojekt Leipzig sollen die vorhandenen OPAL-Systeme einbezogen und erprobt werden für die Übertragung der interaktiven Videodienste.

11.3.1.2 Verwendung des Breitbandverteilnetzes

Für die Implementierung von Pay-TV und VoD bietet die großflächig vorhandene Infrastruktur der Breitbandverteilnetze sehr gute Voraussetzungen. Bild 11.4 beschreibt die Struktur dieses Koaxialkabelnetzes.

Die Breitbandverteilnetze können derzeit bis zu 31 Fernseh-, 30 UKW-(Stereo)-Hörfunk- und 16 digitale Hörfunkprogramme in sehr hoher technischer Qualität übertragen. Es ist geplant, durch die Digitalisierung der Übertragung und die Verwendung von Kompressionstechniken die Netzkapazität pro Kanal um den Faktor 4 - 10 zu erhöhen. Damit würden künftig im sogenannten Hyperbandbereich (300 - 450

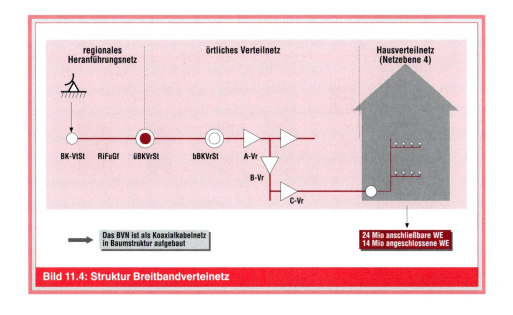

Bild 11.4: Struktur Breitbandverteinetz

11. KAPITEL

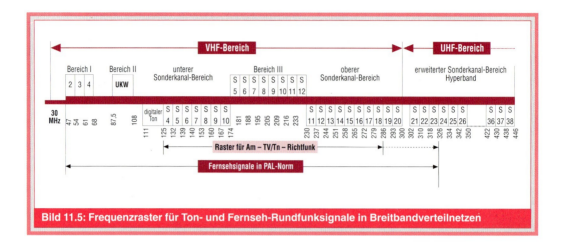

Bild 11.5: Frequenzraster für Ton- und Fernseh-Rundfunksignale in Breitbandverteilnetzen

MHz) neben 3 analogen TV-Kanälen in PAL-Qualität (302 - 326 MHz) weitere 15 digitale Kanäle (je 8 MHz Bandbreite) übertragen. Durch die Digitalisierung werden somit ausreichende Kanalkapazitäten geschaffen; hiermit ist es möglich, die Diensteangebotspalette wesentlich zu erweitern. Bild 11.5 beschreibt die Zusammenhänge bei der Kanalbelegung.

Die Breitbandverteilnetze von Telekom werden derzeit vorbereitet bzw. aufgerüstet zur Einspeisung von nicht-interaktiven digitalen Verteildiensten. Die Nutzung von VoD erfordert neben breitbandigen Informationskanälen in Vorwärtsrichtung schmalbandige Steuerkanäle in Rückwärtsrichtung zur Auswahl der Filmangebote durch den Nutzer.

Bild 11.6 beschreibt die wesentlichen systemtechnischen Elemente zur Bereitstellung eines Video-on-Demand bzw. allgemein Service-on-Demand-(SoD)-Dienstes.

Bei SoD-Diensten muß jeder Kunde einzeln über einen Vorwärtskanal verfügen, auf dem er den abgerufenen Inhalt individuell übertragen bekommen kann. Um Blockaden im Netz zu vermeiden, ist die verfügbare Kanalzahl und die zu versorgende Anzahl von Kunden aufeinander abzustimmen. Da nicht alle Kunden zur gleichen Zeit Abrufdienste nutzen werden, ist

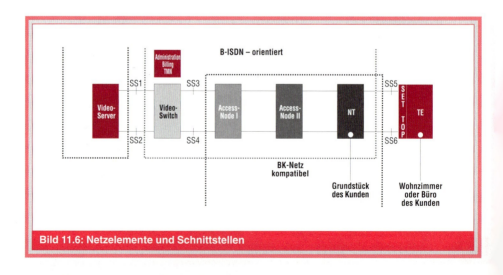

Bild 11.6: Netzelemente und Schnittstellen

somit die Frage der Gleichzeitigkeit entscheidend. Nach bisherigen Einschätzungen dürfte für die Netzdimensionierung ein Gleichzeitigkeitsfaktor von 0,2 ausreichend sein. Zur Realisierung des Rückkanals können vorhandene Doppeladern des Telefonnetzes genutzt werden.

11.3.1.3 Glasfaser-Overlaynetz (Hybridnetz)

Sollen bei Zugangsnetzen für Interaktive Video Services größere Teilnehmerzahlen versorgt werden, so wird eine entsprechend hohe Anzahl individueller Vorwärtskanäle erforderlich. Die Breitbandverteilnetze kommen hierbei relativ schnell an Beschränkungen hinsichtlich der verfügbaren Vorwärtskanäle. Durch Glasfaser-Overlay-Lösungen ist es möglich, die gewünschte Übertragungskapazität mit Hilfe der Glasfaser bis zu einem Verstärkerpunkt (A-, B- oder C-Vr) des BK-Netzes zu führen. Das optische Übertragungssystem stellt somit eine Bypass-Lösung zum koaxialen Netz dar. Für den praktischen Ausbau dürfte der letzte (aktive) Verstärkerpunkt, d.h. der C-Vr gewählt werden.

Hinter dem C-Vr wird das passive koaxiale Verteilnetz bis zum Übergabepunkt im Haus genutzt. Die privaten Hausverteilnetze (Netzebene 4) liegen nicht im Zuständigkeitsbereich der Deutschen Telekom. In vielen Fällen sind in dieser Netzebene Anpassungsmaßnahmen erforderlich, um die neuen Videodienste ohne Störbeeinflussungen in hoher Signalqualität bis zum Endgerät zu bringen. Bild 11.7 zeigt die prinzipielle Struktur der Glasfaser-Overlay-Lösung.

11.3.1.4 ADSL-Technik im Telefonnetz

Durch den Einsatz der ADSL-Technik (Asymmetrical Digital Subscriber Line) ist es auf den vorhandenen Kupferdoppeladern des Telefonnetzes möglich, SoD-Dienste bereitzustellen. Dabei wird in Richtung zum Kunden ein breitbandiger Vorwärtskanal und vom Kunden in Richtung Vermittlungsstelle ein schmalbandiger Rückkanal bereitgestellt. Bild 11.8 zeigt das Funktionsprinzip. Bei ADSL ist Telefon- und Videosignalübertragung gleichzeitig möglich. Ein Problem bei der ADSL-Technik ist die Einschränkung der Reichweite mit zunehmender Datenrate. So können bei 2 Mbit/s-Signalen ca. 3 km und bei 4 Mbit/s nur noch ca. 2 km Leitungslänge überbrückt werden. Weitere Beeinträchtigungen können durch Störbeeinflussungen, dem sogenannten „Nahnebensprechen", durch externe Störquellen oder z. B. durch Nutzung von PCM-Übertragungssystemen auf dem gleichen Kabelbündel auftreten. Telekom testet die ADSL-Technologie ausführlich im Rahmen des Pilotprojektes IVS in Nürnberg. Die ADSL-Tech-

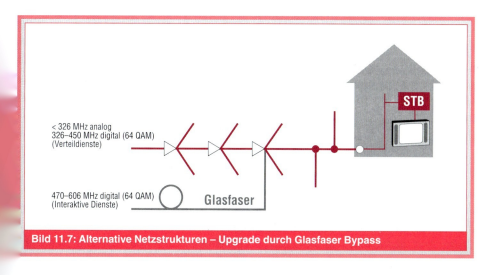

Bild 11.7: Alternative Netzstrukturen – Upgrade durch Glasfaser Bypass

11. KAPITEL

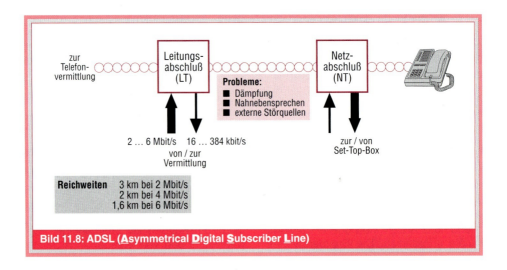

Bild 11.8: ADSL (**A**symmetrical **D**igital **S**ubscriber **L**ine)

nik wurde bereits im Rahmen der europäischen Standardisierungen bei ETSI spezifiziert. Die derzeit auf dem Weltmarkt verfügbaren Systeme sind lediglich kompatibel zum analogen Telefon. Der amerikanische ANSI-Standard beinhaltet eine ISDN-konforme Übertragung bei den ADSL-Geräten. An der Entwicklung von Geräten mit ISDN-Kompatibilität wird gearbeitet.

11.3.2 Multimedia Server

Um einen großen Kundenkreis kontinuierlich mit multimedialen Daten versorgen zu können, sind leistungsfähige Server erforderlich. So muß beispielsweise ein Video-Server für das Angebot „Video on Demand" viele Datenströme (Video-Streams) gleichzeitig und völlig unabhängig voneinander steuern und sie so ins Übertragungsnetz geben, daß beim Kunden der ausgewählte Film in geforderter Signalqualität ankommt. Dies bedingt sehr hohe technische Anforderungen an die Server (Bild 11.9). Die Architektur eines Video-Servers ist beispielhaft in Bild 11.10 dargestellt.

Der Standort des Servers ist im Regelfall im Bereich der Zentrale (Head End), d.h. im Bereich der übergeordneten BK-Verstärkerstelle.

11.3.3 Video Switch

Werden mehrere Server oder Serverhierarchien miteinander vernetzt, so ist eine vermittlungstechnische Einrichtung (switch) zur Steuerung der Informationsströme erforderlich. Derzeit sind hierfür überwiegend Cross Connect-Techniken gebräuchlich; künftig werden für switch-Funktionen ATM-Lösungen eingesetzt.

11.3.5 Quellencodierstandards und Signalqualität

Bei Service on Demand-Anwendungen wird für die Übertragung von Bild- und Tondaten das international akzeptierte MPEG-Verfahren (Moving Pictures Experts Group) eingesetzt. Bei den MPEG-2 co-

Bild 11.9: Anforderungen an Video-Server

- Hohe I/O-Bandbreite
- Sehr hohe Speicherkapazität
- Skalierbarkeit
- Abgabe kontinuierlicher Datenraten
- Echtzeit-Verhalten
- Echte Verfügbarkeit

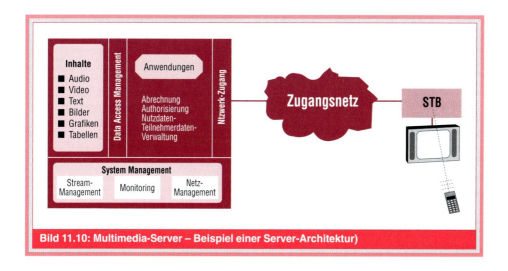

Bild 11.10: Multimedia-Server – Beispiel einer Server-Architektur

dierten Videosequenzen sind verschiedene Bildqualitätsstufen möglich. Je nach Qualitätsanforderung können z. B. Datenraten (MPEG-Streams) von 1 - 2 Mbit/s, 4 - 6 Mbit/s usw. ... 24 - 40 Mbit/s in verschiedene Qualitätsstufen eingeteilt werden. Mit den MPEG-Standards wird lediglich die Struktur des codierten Signals festgelegt. Damit ist es möglich, die Decoder so zu konzipieren, daß sie jedes standard-konforme Signal decodieren können und somit Kompatibilität für verschiedene Datenraten erreicht wird. Für die übertragenen Datenraten reicht es daher aus, lediglich Höchstgrenzen festzulegen. Die tatsächlich genutzte Übertragungsrate wird vom Coder bestimmt und im codierten Datenstrom signalisiert.

Um die Entwicklung von Multimedia-Anwendungen in offenen Systemumgebungen zu erleichtern und somit eine plattformübergreifende Kompatibilität sicherzustellen, ist eine weitere Standardisierung erforderlich. Mit dem MHEG-Standard (Multimedia and Hypermedia Information Coding Experts Group) soll ein universelles digitales Austauschformat für Multimedia definiert werden.

Für die Standbildübertragung wird derzeit der sogenannte JPEG-Standard verwendet. Hierbei gibt es keine Beschränkung für die erreichbare Bildqualität. Der bei JPEG mögliche progressive Bildaufbau stellt eine Besonderheit dar, wobei der Betrachter zunächst sehr schnell eine grobe Darstellung des Bildes erhält, das Bild dann sukzessive verfeinert wird, bis schließlich die volle Bildqualität erreicht ist.

Für die nicht-interaktiven Videodienste, d.h. für die reinen Verteildienste (z. B. Pay-per-Channel, Pay-per-View), wird zur Übertragung der sogenannte DVB-Standard verwendet. Das Digital Video Broadcast (DVB)-Gremium hat hierbei Quellenkodierung und Multiplexing für digitales Broadcasting (unter Berücksichtigung von MPEG2) spezifiziert.

Ergebnis ist ein DVB konformer IRD (Integrated Receiver Decoder). Hierbei wird das digital empfangene Signal durch den TV-Receiver verarbeitet und in ein analoges Signal umgewandelt. Der digitale Receiver bildet gewissermaßen die Brücke zwischen der digitalen Übertragung und dem analogen Endgerät. Das vom Benutzer gewünschte Programm wird aus dem digitalen Datenstrom selektiert. Die Deutsche Telekom wird in ihren Breitbandverteilnetzen diese IRD als Endgeräte für digital übertragene Verteildienste einsetzen. Dieser IRD wird auch als Set-Top-Box (STB) für nicht-interaktive Verteildienste bezeichnet.

11.3.6 Interaktive Set-Top-Box

Bei den Pilotprojekten „Interaktive Video Services" der Deutschen Telekom werden auch Abrufdienste wie Video-on-Demand,

11. KAPITEL

Homeshopping, Video-Games usw. angeboten. Hierfür ist eine erweiterte, interaktive Set-Top-Box erforderlich, die in ihren Funktionalitäten über den beschriebenen IRD nach DVB hinausgeht. So muß z. B. über den Rückkanal zur Steuerung der Abrufdienste eine Verbindung von der interaktiven STB zum Server möglich sein. Die Verarbeitung der Programme durch die STB beinhaltet neben dem Dekomprimieren der Videoinhalte gemäß MPEG2-Standard auch die Steuerung der Applikationen für die interaktiven Dienste.

Zielsetzung ist, verschiedene Set-Top-Box-Prototypen einzelner Hersteller in den Pilotprojekten zu erproben. Einzelne Hersteller orientieren sich bei ihren STB-Prototypen an dem Standard von Video-CD-Abspielgeräten (z. B. der CD-I-Player von Philips).

Die bisher bei verschiedenen Pilotprojekten (in USA und Europa) eingesetzten Prototypen der Endgeräte (STB) basieren auf properietären, d.h. firmenspezifischen Lösungen und sind zueinander nicht kompatibel.

Diensteanbieter, Netzbetreiber und Endgerätehersteller sind jedoch an einheitlichen technischen Schnittstellen, Protokollen und Funktionalitäten interessiert, damit alle Kunden über ihr Endgerät alle angebotenen Dienste nutzen können. Einheitliche Standards vermeiden „Decodertürme" bzw. eine Vielzahl unterschiedlicher Endgeräte beim Kunden und verbessern bei Massenproduktion durch Preisreduktionen die Voraussetzung einer wirtschaftlichen Markteinführung von Multimediadiensten.

In DAVIC (Digital Audio/Visual Council), einem Gremium, das sich mit interaktiven Diensten beschäftigt, werden derzeit die Grundlagen für eine Spezifikation der interaktiven STB erarbeitet.

Es ist zu erwarten, daß es künftig verschiedene Preisklassen von STB mit unterschiedlichen Funktionalitäten und Leistungsvermögen geben wird. Von einfacheren Ausführungen mit IRD-Funktionen bis hin zu komfortablen, multimedialen Endgeräten (incl. CD-Rom-Laufwerk, umfassendem Speicher usw.), die geeignet sind, als Terminal das Fernsehgerät und/oder den PC anzuschließen, liegt hier die Bandbreite.

11.3.7 Zugangskontrolle

Werden gebührenpflichtige Inhalte über ein Zugangsnetz mit Stern- oder Baumstruktur verteilt, so kann jeder angeschlossene Teilnehmer diese empfangen. Bei der Ausstrahlung von Pay-Programmen muß im Gegensatz zur Übertragung der herkömmlichen, werbefinanzierten Vollprogramme sichergestellt sein, daß diese nur von den jeweiligen Abonnenten empfangen werden können. Hierzu ist es sendeseitig erforderlich, ein durch das Studio bereitgestelltes TV-Signal zu verschlüsseln und empfangsseitig über den Decoder zu entschlüsseln. Für individuell nutzbare bzw. abgerufene Dienste ist daher eine Zugangskontrolle erforderlich, die sicherstellt, daß konkrete Inhalte nur unter bestimmten Voraussetzungen in Anspruch genommen werden können. Eine solche Zugangskontrolle (engl. Conditional Access, kurz CA) ist für interaktive und nicht interaktive Video-Services erforderlich. Sie stellt sicher, daß bei gebührenpflichtigen Inhalten eine unberechtigte Nutzung von Diensten ausgeschlossen wird. Ein CA-System liegt daher im Interesse des Service-Anbieters und bringt auch Vorteile für die Nutzer, indem es u.a. für bestimmte Zielgruppen individuelle Zugangsberechtigungen ermöglichen kann. So kann z. B. zum Schutz von Jugendlichen eine altersabhängige Zugangsberechtigung definiert werden. Die Zugangskontrolle stellt somit ein mehrstufiges Sicherheitssystem dar, das den berechtigten Kunden den Zugang zu verschlüsselten Daten ermöglicht. Bei interaktiven Video-Services wird durch das CA-System ausgeschlossen, daß Unberechtigte auf Kosten anderer bestimmte Inhalte anfordern.

Zur Übertragung der neuen digitalen Video-Services ist eine „Verschlüsselung" der Signale notwendig. Bei Pay-TV-Programmen (z. B. PPC, PPV) wird das Nutzsignal (Bild und/oder Ton) durch ein Scrambling-Verfahren verschlüsselt, d.h. unkenntlich gemacht. Nur ein geeigneter Descrambler ist in der Lage, das Nutzsignal zu genieren. Erst mit dem sogenannten Control-Word (CW), einem geheimen Schlüssel, der in regelmäßigen Abständen geändert wird, ist es möglich, das übertragene Signal zu descramblen. Bei zahlungssäumigen Kunden wird das neue Control-Word nicht an das Endsystem des Abonnenten weitergegeben. Ein Sperren von einzelnen Programmen/Diensten ist somit individuell pro Kunden möglich.

Eine Zugangskontrolle kann durch die Berechtigungskarte (Smart Card) am Endgerät und/oder durch entsprechenden Datenaustausch im Übertragungsnetz im Rahem eines CA-Systems erfolgen.

Im europäischen Raum sind verschiedene Sicherheitssysteme bekannt. Am bekanntesten sind:

■ EUROCRYPT

Bei diesem System sind das Scrambling-Verfahren und der Großteil der Zugangskontroll-Mechanismen in einer europäischen Norm spezifiziert. Das System gilt als sicher gegenüber „Piraten"-Nutzung.

■ Videocrypt

Insbesondere in England wird das Videocrypt-System für Pay-TV-Anwendungen verwendet. Das System wurde von Prof. Shamir und dem israelischen Geheimdienst entwickelt. Ein Nachteil dieses Sicherheitssystems ist, daß bei Verrat eines geheimen Schlüssels alle Chipkarten ausgetauscht werden müßten.

■ SYSTER/Nagravision

Der Name „SYSTER" wird vom französischen Begriff „system terrestrique" abgeleitet; „Nagravision" ergibt sich aus dem Namen des beteiligten Schweizer Erfinders Nagra. Der französische Anbieter CANAL+ verwendet dieses Sicherheitssystem. Ein „Knacken" des Systems soll äußerst aufwendig sein.

11.3.8 Benutzeroberfläche/ Navigation

Die Bereitstellung einer Vielzahl neuer Dienste erfordert, daß der Kunde sich problemlos einen Überblick über die angebotenen Inhalte verschaffen kann und sich ohne Schwierigkeiten im System zurechtfindet. Sowohl bei interaktiven wie auch bei nicht-interaktiven Diensten ist es deshalb erforderlich, kundenorietierte Zugangs-, Navigations- und Suchkonzepte so zu entwickeln, daß dem Nutzer eine einfache und leicht verständliche Bedienung/Handhabung ermöglicht wird. Diese sogenannte Benutzeroberfläche wird im wesentlichen durch die Gestaltung der Bedienfunktionen/-elemente, die Anzeige und Ausgabe des Services sowie die verwendeten Suchkonzepte bestimmt. Der geeigneten visuellen Darstellung kommt hierbei eine besondere Bedeutung zu. Es ist z. T. eine individuelle Gestaltung der Service-Oberfläche (lay-out) durch die jeweiligen Anbieter selbst zu erwarten, da die Firmen Wert auf ein einheitliches Erscheinungsbild legen.

„Bewegungen" des Nutzers innerhalb des Systems werden durch das sogenannte Navigationssystem ermöglicht. Über den Rückkanal werden Steuerungsbefehle, wie z. B. Videorekorder-Funktionen (Vorlauf, Rücklauf, Stop) bei VoD weitergegeben oder die Auswahl des gewünschten Inhalts vorgenommen.

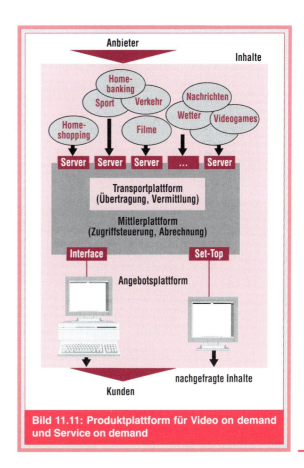

Bild 11.11: Produktplattform für Video on demand und Service on demand

11.3.9 Mittlerfunktion

Die Deutsche Telekom möchte sich im entstehenden Multimedia-Markt erfolgreich positionieren und wird sich keineswegs auf die reine Übertragungsleistung im Netz beschränken. Telekom sieht sich im Bereich der Interaktiven Video Services in einer Mittlerfunktion zwischen den Programm- oder Inhalteanbietern und den Konsumenten. Bild 11.11 stellt die Zusammenhänge anschaulich dar.

Für die Bereitstellung einer Mittlerplattform sind neben der Netzinfrastruktur u.a. die Bereiche

- Benutzeroberfläche/Navigationssystem
- Zugangskontrolle (Conditional Access)
- Kunden- und Nutzungsdatenverwaltung
- Abrechnung/Inkasso

zu berücksichtigen. Eine funktionstüchtige Multimedia-Plattform setzt daher das reibungslose Zusammenwirken komplexer Hard- und Softwaresysteme voraus. Das Telekom Tochter-Unternehmen „Multimedia-Software GmbH Dresden" wird sich an der Entwicklung entsprechender Softwaresysteme beteiligen.

12. Einsatz von Glasfasersystemen im Verbindungsnetz

Dipl.-Ing. K. Breitbach

12. KAPITEL

12.1 Einleitung

Die Deutsche Telekom hat bereits sehr früh (Anfang der 80er Jahre) mit dem Einsatz von Glasfasersystemen begonnen. Nach kurzem Einsatz der Multimode-Technik erfogte sehr schnell der Schwenk zur Einmodentechnik im 1300 nm-Bereich, der sich vor allem durch höhere Reichweiten anbot. Die auf diesen Glasfasern eingesetze Technik entsprach der Plesiochronen Digitalen Hierarchie (PDH).

Im Zuge der weltweiten Standardisierung entstand Ende der achtziger Jahre aus dem amerikanischen SONET (Synchronous Optical Network) die Synchrone Digitale Hierarchie (SDH). Neben der weltweiten Standardisierung der Schnittstellen von 155 Mbit/s (STM 1) und dem Vielfachen von STM 1 ermöglichte dieses Verfahren die kostengünstige Herstellung von Crossconnect-Systemen durch das byteweise Multiplexen der Bitraten oberhalb 2 Mbit/s (Bild 12.1). Die PDH multiplext in diesem Bereich bitweise, was bei der Erstellung von Crossconnect-Systemen zu erheblichen Entwicklungsaufwendungen geführt hätte. Des weiteren erlauben die in der SDH vorhandenen Overhead-Kanäle eine lückenlose Überwachung des Übertragungsnetzes und eine Vielzahl anderer Anwendungen.

Positiv ist ebenfalls zu bemerken, daß alle Bitraten der PDH in SDH-Systemen ohne Probleme geführt werden können und die ATM-Technologie auf der Transportebene die SDH benutzt. Die SDH besitzt also eine Kompatibilität zu der „alten" und zukünftigen Technik.

Die Deutsche Telekom stieg in diese neue SDH-Technologie frühzeitig ein und startete 1989 das Projekt SYNET (Synchrones Netz), in dem die Einführung der SDH in technischer, planerischer und betrieblicher Hinsicht ablief. Zu dem ursprünglichen Gedanken der Optimierung betrieblicher Abläufe kam sehr schnell die Notwendigkeit, vor dem Wegfall der Monopole ein konkurrenzfähiges Netz einsetzen zu können.

Neben den eingangs genannten Merkmalen erlaubt die Einführung der SDH-Technologie eine Reihe von Veränderungen in den betrieblichen und planerischen Abläufen der Netzbetreiber. Nebenbei ergibt sich, quasi als „Abfallprodukt", eine

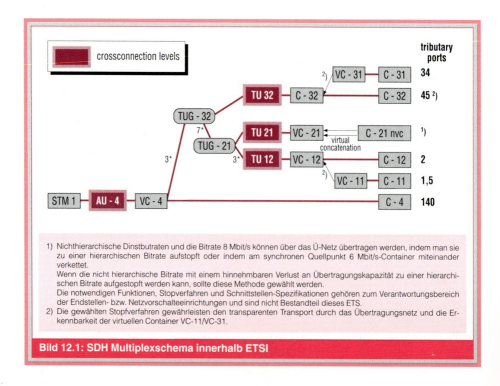

1) Nichthierarchische Dinstbutraten und die Bitrate 8 Mbit/s können über das Ü-Netz übertragen werden, indem man sie zu einer hierarchischen Bitrate aufstopft oder indem am synchronen Quellpunkt 6 Mbit/s-Container miteinander verkettet.
Wenn die nicht hierarchische Bitrate mit einem hinnehmbaren Verlust an Übertragungskapazität zu einer hierarchischen Bitrate aufgestopft werden kann, sollte diese Methode gewählt werden.
Die notwendigen Funktionen, Stopfverfahren und Schnittstellen-Spezifikationen gehören zum Verantwortungsbereich der Endstellen- bzw. Netzvorschalteeinrichtungen und sind nicht Bestandteil dieses ETS.
2) Die gewählten Stopfverfahren gewährleisten den transparenten Transport durch das Übertragungsnetz und die Erkennbarkeit der virtuellen Container VC-11/VC-31.

Bild 12.1: SDH Multiplexschema innerhalb ETSI

ganze Palette neuer Möglichkeiten im Dienstebereich. Neben diesen Aspekten hat die dramatische Preisentwicklung der SDH Komponenten das strategische Konzept massiv geprägt.

12.2 Komponenten der SDH-Technik

Die Deutsche Bundespost Telekom begann 1989 mit der Spezifikation und Ausschreibung von Digitalen Crossconnect-Systemen (DXC 4/0) den Einstieg in die SDH. Schnell folgte die Beauftragung von STM-4-und STM-16-Leitungsausrüstungen zur Verbindung dieser DXC 4/0. Konzeptionelle Überlegungen führten zu den Pilotprojekten VISYON (Variables Intelligentes SYnchrones Optisches Netz), in denen die SDH-Techniken für optische Ringe mit Bitraten von 155 und 622 Mbit/s getestet wurden. Neben dieser intelligenten SDH-Technik hat die DBP Telekom ebenfalls einfache Multiplexer 2/155 Mbit/s mit integrierten Leitungsendgerät, den sogenannten SMT63x2 eingeführt.

12.2.1 Einsatzstrategie

Aufgrund der Anfang 1990 vorliegenden Zeitpläne, Leistungsmerkmale und Preisstrukturen der DXC 4/0 und SDH Leitungssysteme sah die damalige Zielstrategie eine totale Durchdringung des Fernnetzes mit dieser Technik vor.

Um die gewonnene Flexibilität des Fernnetzes auch im Ortsnetz und Zugangsnetz nutzen zu können, beschloß man 1991 die Einführung der VISYON-Technologie.

Die flexible Technik war zum damaligen Zeitpunkt preiswerter als die starre PDH Technik.

Aus der VISYON-Technik wurde in einem Nebenangebot zu einem PDH-Leitungssystem 16x2 das Synchrone Multiplexterminal 63x2 (SMT63x2) zu einem attraktiven Preis angeboten. Der SMT 63x2 unterlag in den darauffolgenden Jahren einem enormen Preisverfall, der zum Überdenken der bisherigen Strategie des Einsatzes der DXC 4/0 und VISYON-Ringe führte. Aus wirtschaftlichen und taktischen Gesichtspunkten wurde die ursprüngliche Strategie wie folgt angepaßt:

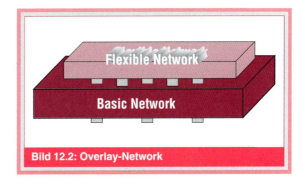

Bild 12.2: Overlay-Network

- Weiterführung des Aufbaus mit flexibler SDH-Technik zur Schaffung eines flächendeckenden Overlaynetzes (Bild 12.2)
- Herausnehmen der 64 kbit/s-Ebene aus den DXC 4/0 (jetzt DXC 4/1) und VISYON
- sofortiger Stop der Beschaffung von PDH-Technik (größer/gleich 2 Mbit/s)
- weiterer Ausbau des Basisnetzes nur mit SMT63x2 und SLA4 und SLA16

Neben den wirtschaftlichen und strategischen Gesichtspunkten beinflußten auch technische Schwierigkeiten der Auftragnehmer die weitere Vorgehensweise.

Die Beauftragung von intelligenter und einfacher SDH-Technik konfrontierte die Auftragnehmer und den Auftraggeber erstmalig mit einer mehr oder weniger umfänglichen Softwareentwicklung in der Übertragungstechnik. Da die Telekom frühzeitig bei den Lieferanten der DXC 4/1 den Zugang zum Source Code der DXC-Software durchgesetzt hat, konnten die Anforderungen hinsichtlich Softwarestruktur und -dokumentation während der Entwicklungsphase laufend überprüft werden. Auch im Nachhinein ist dieser Aufwand des Auftraggebers aus Gründen der späteren Pflegbarkeit der Software gerechtfertigt. Neue Softwareversionen werden heute von dem gleichen Team an Referenzanlagen abgenommen, daß seinerzeit die Softwareentwicklung begleitete. Erst nach der erfolgreichen Abnahme wird die neue Softwareversion in die in Betrieb befindlichen DXC 4/1 eingespielt. Das gleiche Prozedere in bezug auf die Softwareab-

12. Kapitel

nahme wurde auch für die VISYON-Ringe gewählt. Trotz all dieser Maßnahmen und harter kommerzieller Strafen gegen die Lieferanten betrugen die Verzögerungen in der Bereitstellung des vollen Leistungsumfangs der bestellten DXC 4/1 und VISYON-Ringe weit über ein Jahr. Dieser Verzug wurde unter anderem durch das Beschreiten neuer Wege in der Chip- und Software-Herstellung hervorgerufen, die in den Anfangsphasen der Entwicklung noch nicht voll beherrscht und vom Aufwand her unterschätzt wurden.

12.2.2 Leitungsendgeräte

Relativ reibungslos ging die Einführung von Leitungsendgeräten mit den Bitraten 622 Mbit/s (STM 4), 2,5 Gbit/s (STM 16) und dem SMT 63x2 (STM 1) als integriertem Multiplexer und Leitungsendgerät von statten (Bild 12.3). Diese Systeme arbeiten genauso wie ihre PDH Pendants bei einer Wellenlänge von 1300 nm. Die Ausgangsleistungen und Empfangsempfindlichkeiten wurden ebenso der PDH-Technik angeglichen, so daß die vorhandene Netzstruktur nicht angepaßt werden mußte. Die Möglichkeit plesiochrone Signale zu übertragen, wurde durch umschaltbare Portkarten 140/155 Mbit/s bzw. die Umsetzung des SDH Multiplexschemas erreicht. Die im Bild 12.3 dargestellte Technik bietet aus betrieblicher Sicht, abgesehen vom Performance Management und den Möglichkeiten der „in Service" Fehlereingrenzung, keine gravierenden Änderungen, d.h. die Flexibilität im Netz wird nicht erhöht. Hier ist der Einsatz von Crossconnect-Systemen und Add-/Drop-Multiplexern und einem On-line-Netzmanagement notwendig. Diese Systeme werden dem neuen flexiblen Übertragungsnetz zugerechnet.

12.2.3 Crossconnectoren

Der DXC 4/1 (Bild 12.4) beinhaltet eine Fülle von Eigenschaften, die Flexibilität und Einsparungen auch unter der Randbedignung einer vorhandenen PDH Infrastruktur ermöglicht. Mit der vorhandenen Q3-Schnittstelle zum Netzmanagement ist es möglich, Netzkonfigurationen (Neuschaltungen, Umschaltungen, Ersatzschaltungen und Aufhebungen) aller Bitraten zwischen 2 Mbit/s und 155 Mbit/s direkt und online auszuführen. Dabei spielt es keine Rolle, ob der zu behandelnde Verkehr aus einer Quelle der SDH oder der PDH kommt, da beide Multiplexschemen beherrscht werden. Das Koppelfeld ist auf eine blockierungsfreie Durchschaltbarkeit von maximal 128 STM-1-Äquivalenten ausgelegt. Neben den in Europa gebräuchlichen Bitraten 2, 34 und 140 Mbit/s bietet die SDH-Technolopie und somit der DXC

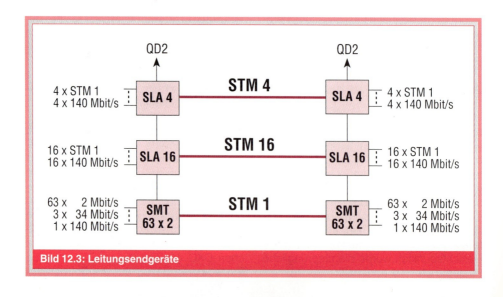

Bild 12.3: Leitungsendgeräte

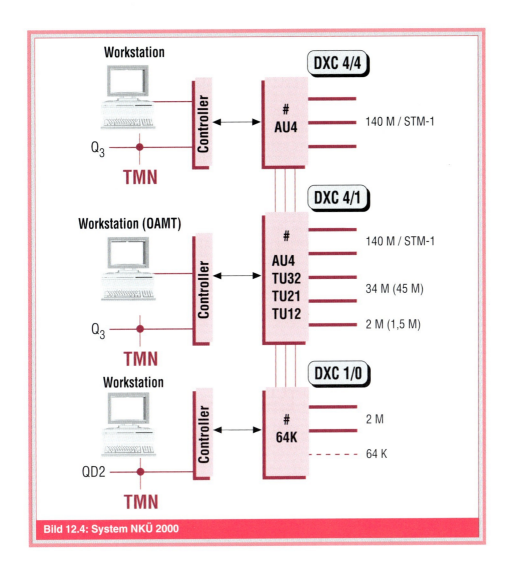

Bild 12.4: System NKÜ 2000

4/1 auch die Möglichkeit Bitraten des nordamerikanischen Standards 1,5 und 45 Mbit/s zu verarbeiten.

Der DXC 4/4 schaltet nur 140 Mbit/s-und 155 Mbit/s-Übertragungswege. Er bietet eine preiswerte Alternative zum DXC 4/1 in dieser Schaltebene und wird hauptsächlich zur schnellen Ersatzschaltung gestörter Übertragungswege eingesetzt. Die Koppelfeldgrößen liegen je nach Hersteller bei 256 oder 512 STM 1. Ansonsten entspricht sein Aufbau dem des DXC 4/1.

Der DXC 1/0 ist nicht der SDH-Welt zuzurechnen. Er schaltet auf der n*64 kbit/s-Ebene. Die Übertragungswege werden über 2 Mbit/s-Ports angeschaltet.

12.2.4 SDH-Ringe (VISYON)

Die VISYON-Ringe (Bild 12.5) entsprechen funktional einem über die Fläche verteiltem DXC 4/1. Die Flexibilität in diesem Ringnetz wird durch die Add-Drop-Funktion in den ADM und die Crossconnect-Funktion in den LXC erreicht. Die sternförmige Anbindung von Teilnehmern oder vorgezogener Knotenpunkte wird über die SMT 1 verwirklicht. Die Bitrate auf der Glasfaser im Ring entspricht STM 4 (622 Mbit/s); der SMT 1 wird mit 155 Mbit/s (STM 1) angebunden. Die Ringstruktur bietet enorme Sicheheitsvorteile, indem gestörter Verkehr automatisch im Millisekun-

12. Kapitel

denbereich über die Gegenrichtung ersatzgeschaltet werden kann. Im Ring finden zwei Arbeitsweisen Anwendung:

- unidirektionaler Ring (Bild 12.6)
- bidirektionaler Ring (Bild 12.7)

Beim unidirektionalen Ring wird die Hin- und Rückrichtung des Verkehrs über eine Faser (Ring) übertragen. Die zweite Faser dient nur der Ersatzschaltung.

Im bidirektionalen Ring werden Hin- und Rückrichtung abschnittsweise zwischen den betroffenen Netzknoten übertragen. Die Ersatzschaltekapazität wird aus den Netzressourcen des Ringes entnommen.

Die Deutsche Telekom hat sich für den ausschließlichen Einsatz bidirektionaler Ringe entschieden, da bei dieser Betriebsweise, unter kapazitiver Einschränkung der 1+1-Ersatzschaltung, die vorhandene Ringkapazität optimierter zu handhaben ist.

12.3 Netzstruktur

Die aus Sicht der Deutschen Telekom optimale Netzstruktur läßt sich nicht beliebig auf andere Netze übertragen. Dazu müssen die Randbedingungen ähnlich sein, die zu diesen Überlegungen führten.

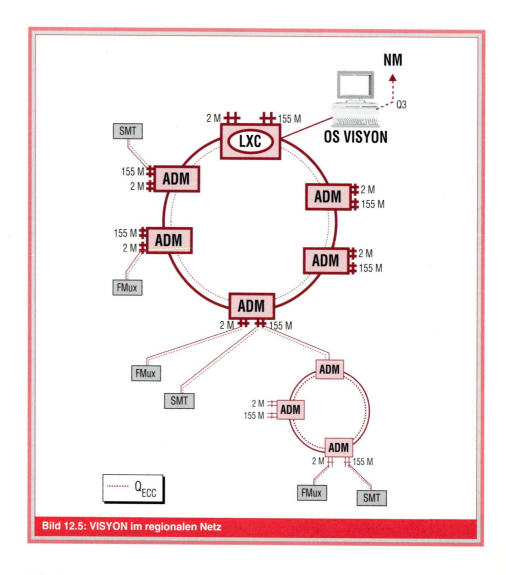

Bild 12.5: VISYON im regionalen Netz

EINSATZ VON GLASFASERSYSTEMEN IM VERBINDUNGSNETZ

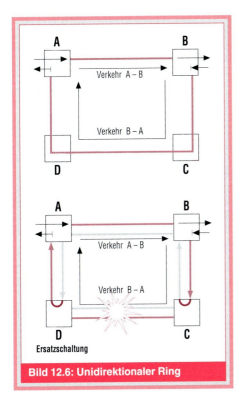

Bild 12.6: Unidirektionaler Ring

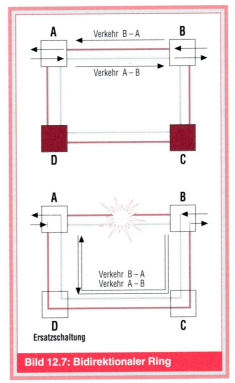

Bild 12.7: Bidirektionaler Ring

Die Beschreibung der nachfolgenden Netzstrutur (Bild 12.8) bezieht sich nur auf das flexible Übertragungsnetz. Die existierende Struktur des starren Basisnetzes (SDH/PDH) bleibt unverändert.

Die Netzebene 1 dient dem Transport hoher Bitraten (> 155Mbit/s) über große Entfernungen. Der Verkehr von Bitraten < 155Mbit/s wird in den Netzknoten der Netzebene 1 nicht aufgelöst. Hier bietet sich der Einsatz von DXC4/4 zur Ersatzschaltung gestörter Übertragungswege und Leitungsausrüstungen für STM4 und STM16 an.

Die Netzknoten der Netzebene 2 sind teilweise identisch mit denen der Netzebene 1. Hier wird der Verkehr kleiner/gleich 155Mbit/s neu zusammengeschaltet oder terminiert. Diese Netzebene ist der Einsatzort für DXC 4/1, für Leitungsausrüstungen STM4 und 16 und in wenigen Fällen für Richtfunksysteme der SDH. Die Netzebenen 1 und 2 sind beide dem Fernnetz zuzurechnen.

Die Netzebene 3 beschreibt die untere Netzebene. Hier sind in der Regel die Komponenten der Netzebenen 1 und 2 überdimensioniert. Ob hier die Technik der VISYON oder die einfacheren SMT63x2 eingesetzt werden oder ob Ringstrukturen oder Stern-/Maschenstrukturen vorteilhafter wären, hängt von den individuellen Verhältnissen der unteren Netzebene ab.

In der Netzebene 4 wird der Teilnehmerzugang im Zugangsnetz gewährleistet. Hier finden alle Komponenten der VISYON-Technik Anwendung.

12.4 Personelle Auswirkungen

Mit den Möglichkeiten der SDH, verbunden mit einem leistungsfähigen Netzmanagement, läßt sich der Personalafwand für den Betrieb des Übertragungsnetzes erheblich reduzieren. So wäre es bei einem voll ausgebauten gemanageten SDH-Netz möglich, die Betriebszentren auf die Hälfte zu reduzieren. Dabei ist allerdings zu beachten, daß die Qualifikation des Personals zur Bedienung des Network Managements höher sein muß. Die notwendige Qualifikation des Betriebspersonals stellt

12. KAPITEL

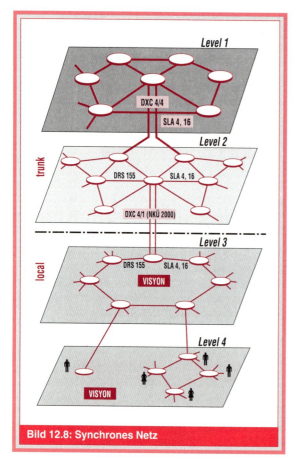

Bild 12.8: Synchrones Netz

die heutigen Anforderungen auf den Kopf. Das Schalten am OAMT verlangt ein höheres Wissen, als das Schalten am Verteiler; die Fehlereingrenzung und der Baugruppentausch ist einfacher, verglichen mit dem PDH-Umfeld. Bei allen Vergleichen des heutigen und zukünftigen Betriebsaufwandes muß man jedoch be-

PDH	SDH
1 Mux/LE 565 Mbit/s	1 Mux/LE 622 Mbit/s
4 Mux 34/140 Mbits/s	4 Mux 63 x 2 Mbits
(16 Mux/34 Mbit/s	
16 (64) Mux 2/34 (2/8) Mbit/s	–
21(85) Geräte + Verteiler	5 Geräte + Verteiler

Bild 12.9: Unterschiede PDH – SDH

achten, daß wir wenn überhaupt, erst sehr spät ein vollständiges, fernsteuerbares SDH-Netz haben werden. Der Betrieb des heterogen PDH/SDH-Netzes läßt weniger große Betriebseinsparungen zu.

Eine größere Ersparnis ist beim Planen und beim Aufbau der technischen Einrichtungen zu erwarten. Wo früher große Multiplexbäume zur Erweiterung des Netzes geplant und aufgebaut werden mußten (Bild 12.9), kann heute durch das Stecken von Baugruppenkarten in Baugruppenträgern eine Erweiterung vorgenommen werden, solange dieser noch aufnahmefähig ist. Die Baugruppen können in zentralen Lagern bevoratet werden und sind somit für Erweiterungen schnell greifbar.

12.5 Netzmanagement

Durch die eng gesetzten Zeitpläne im SYNET Projekt, die verhinderten, daß die Digitalisierung des Übertragungsnetzes in PDH-Technik fertiggestellt wurde, mußten Kompromisse im Aufbau eines homogenen, durchgängigen Netzmanagements eingegangen werden.

Der Deutschen Telekom standen schon 1985 die ersten Versionen des Netzmanagementsystems REBELL zur Verfügung. Mit diesem Hilfsmittel wurden schon weite Bereiche des Configuration Managements (CM) für das analoge und das PDH-Netz abgedeckt (Bild 12.10). Im Laufe der Jahre wurde auch das Fault Managemant (FM) in diesem System realisiert. REBELL verwaltet und überwacht das gesamte Übertragungsnetz der Deutschen Telekom in einem zentralen Rechner. Eine Anpassung dieses Systems an fernsteuerbare Netzelemente ist zu zeitaufwendig und mit einem hohen Realisierungsrisiko verbunden. Daher hat sich die Deutsche Telekom entschlossen, neben REBELL, als Zwischenlösung auch Systeme für Subnetze einzusetzen. So steuert das PROTOS (Prototype Operation System) online über eine offene, herstellerneutrale Q3 Schnittstelle das gesamte DXC 4/1-Netz; die Netzelemente der VISYON-Ringe werden über proprietäre Schnittstellen von herstellespezifischen Netzmanagementsystemen bedient. In dieser Zwischenlösung dient der Mensch als Vermittler zwischen dem Ge-

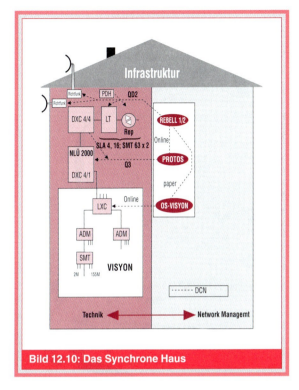

Bild 12.10: Das Synchrone Haus

samtnetzmanagement REBELL und den Subnetzsystemen.

Mit dem Projekt IRONMAN (Bild 12.11) soll diese Zwischenlösung beendet werden, die HOST-Anwendung REBELL in eine Client-Server-Architektur überführt werden und das PROTOS integriert werden. Dagegen wird zur Zeit diskutiert, die Funktion der VISYON-Netzmanagementsysteme auch unter IRONMAN weiter zu nutzen und sie über eine Q3-Schnittstelle mit Netzsicht an IRONMAN anzubinden.

Der Zeitplan sieht vor, über mehrere Migrationsschritte das Projekt IRONMAN bis 1998 fertigzustellen.

12.6 Zusammenfassung

Eine Analyse des SYNET-Projektes zeigt, daß ein Projekt dieser Größe nur überleben kann, wenn die ursprüngliche Ziele laufend den aktuellen „Umwelteinflüssen" angepaßt wird. In diesem Fall zählen zu den „Umwelteinflüssen" die unkalkulierbare Preisentwicklung in offenen Wettbewerben und die neue strategische Ausrichtung externer und interner Kunden des Übertragungsnetzes, wie beispielsweise die vorgezogene Volldigitalisierung des Vermittlungsnetzes und höhere Kundenanforderungen bezogen auf Qualität und Flexibilität an Festverbindungen.

Der Umgang mit den Lieferanten softwaregesteuerter Komponenten erforderte ebenfalls neue Konzepte in der Übertragungstechnik. Die wirtschaftlichen Erfolge durch den Einsatz der SDH-Technologie sind deutlich spürbar. Die Deutsche Telekom sparte mehrere hundert Millionen DM an Investitionen in den Jahren 1992 bis 1995 durch einen offenen und wettbewerbsintensiven Einkauf und den allgemein geringeren Bedarf an Geräten (Bild 12.9) zur Bereitstellung von Übertragungskapazität in der SDH. Die Optimierungen in der Aufbau- und Ablauforganisation der Deutschen Telekom wären ohne die Einführung der SDH in dieser Form nicht möglich gewesen.

Auch wenn das flexible SDH-Übertragungsnetz der Deutschen Telekom (Bild 12.12) eine Overlaystruktur auf lange Sicht behalten wird, stellt es ein äußerst konkurrenzfähiges und effektives Netz dar.

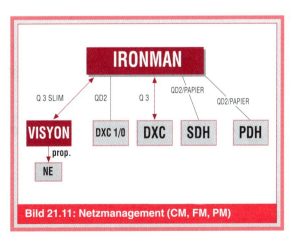

Bild 21.11: Netzmanagement (CM, FM, PM)

12. KAPITEL

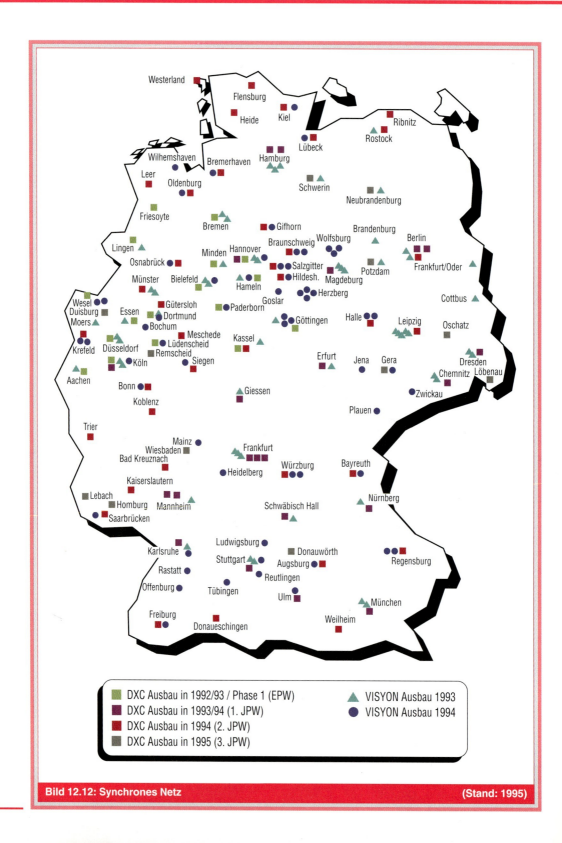

Bild 12.12: Synchrones Netz (Stand: 1995)

13.
Der Einsatz von Glasfasersystemen im Zugangsnetz

Dipl.-Ing. E. Flor
Dipl.-Ing. W. Kliemsch
Dipl.-Ing. B. Kredel
Dipl.-Ing. B. Seiler
Dipl.-Ing. W. Spickmann

13. Kapitel

13.1 Hintergründe und Zielsetzungen

13.1.1 Übersicht

Mit der Einführung der Glasfaser steht den Netzbetreibern ein neues Übertragungsmedium zur Verfügung, dessen Leistungsfähigkeit im Bereich der Telekommunikation einen gewaltigen Innovationsschub auslösen wird.

Die im Vergleich zum Kupfer nahezu unbegrenzte Bandbreite in Verbindung mit der geringen Dämpfung der Faser ermöglicht die Konzeption von Übertragungsnetzen, deren Kapazität mit den heute existierenden Schmalbandanwendungen einfach nicht mehr auszuschöpfen ist. Ausgerüstet mit modernen Übertragungssystemen der Bitraten 622 Mbit/s und 2,5 Gbit/s ist die Glasfaser heute das Standardübertragungsmedium der oberen und mittleren Netzebenen. Das entscheidende Problem bei der Einführung der Glasfaser ins Netz stellt jedoch der Teilnehmerzugang dar. Der Bereich unterhalb der Teilnehmervermittlung (TVSt) ist weiterhin eine Domäne des Kupfers. Seit mehr als einem Jahrhundert gewachsen und auf die Belange der Kupfertechnik und des Fernsprechens optimiert, stellt diese Netzebene den größten Anteil des Investitionsvolumens.

Während bei den langen Übertragungsstrecken im Fernnetz die Wirtschaftlichkeit des Einsatzes digitaler Glasfaser-Übertragungssysteme anstelle der bis dahin verwendeten analogen Kupfertechnik seit Anfang der achtziger Jahre gegeben ist, kommt die Einführung der Glasfaser im Teilnehmeranschlußbereich deutlich zögerlicher voran. Im wesentlichen ist dies in den hohen Tiefbau- und Systemkosten pro Teilnehmer begründet, da die Anschlußleitungen im Gegensatz zu Verbindungsleitungen ausschließlich von nur einem oder wenigen Teilnehmern genutzt werden und dementsprechend eine geringere Verkehrsmengenkonzentration aufweisen.

Es sind daher Ansätze erforderlich, die einen wirtschaftlich vertretbaren Einsatz von Glasfasersystemen im Teilnehmeranschlußbereich ermöglichen.

Grundsätzlich ergeben sich für den Glasfaserausbau im Teilnehmeranschlußbereich zwei grundsätzliche, als Doppelstrategie bezeichnete Vorgehensweisen (Bild 13.1):

- **Additiver Weg,**
  d. h., die Versorgung von Kunden mit zusätzlichen, neuen breitbandigen Diensten oder Anwendungen im Sinne einer Produktinnovation, für die eine Glasfaser als Übertragungsmedium erforderlich ist (z. B. Glasfaser-Overlaynetz).

- **Substitutiver Weg,**
  d. h., der wirtschaftliche Ersatz herkömmlicher Kupferanschlußleitungen für bestehende Schmalbanddienste wie z. B. Telefon, Telefax etc. und Kabelfernsehen im Sinne einer Rationalisierungsinnovation (z. B. Hauptkabel-Multiplexsysteme auf Gf-Basis, OPAL).

Sinnvoll und wirtschaftlich vertretbar ist ein Einsatz der Glasfaser als Alternative zu Kupferleitungen im Sinne einer Rationalisierungsinnovation vor allem dann,

- wenn in größeren Bereichen noch keine Netzinfrastruktur für Schmalbanddienste vorhanden ist, wie z. B. in den neuen Bundesländern,
- wenn örtlich in größerem Umfang Ersatz- und Erweiterungsinvestitionen (z. B. große Neubaugebiete, Gewerbegebiete usw.) getätigt werden,
- wenn eine grundsätzliche Neugestaltung des Anschlußnetzes erfolgt und Glasfaser-Systeme wirtschaftliche Vorteile gegenüber Kupfer-Systemen haben.

Beide Vorgehensweisen können allerdings nicht vollständig isoliert voneinander betrachtet werden. In den meisten Fällen beinhaltet der additive Ansatz zeitlich versetzt auch einen substitutiven Ansatz und umgekehrt.

Eine für neue Dienste eingeführte Glasfaserinfrastruktur wird – zumindest auch langfristig – zu einer Substitution der vorhandenen Kupferinfrastruktur für bestehende Schmalbanddienste führen. Als Beispiel sei hierzu eine Konzeptstudie der Deutschen Bundespost von 1984 angeführt, die bereits damals eine Migration eines Glasfaser-Overlaynetzes für ein vermittelndes Breitbandnetz über verschiedene Zwischenstufen hin zu einem Glasfaseruniversalnetz vorsah, das sowohl Schmalbandnetz (Telefon), Breitbandverteilnetz (Kabelanschluß) und vermittelndes Breitbandnetz (B-ISDN) mit einschließen sollte. Genauso werden Glasfasersysteme, die

Substitutiver Weg/ Rationalisierungsinnovation	Additiver Weg/ Produktinnovation
■ Ersatz- und Erweiterungsmaßnahmen im Hk- und Vzk-Bereich ■ Neubaumaßnahmen – Neubaugebiete – Neue Bundesländer (OPAL) ■ Neugestaltung des Zugangsnetzes	■ Neue Breitbanddienste für – Geschäftskunden (Glasfaseroverlaynetz) – Privatkunden (z. B. interaktive Videodienste)

Bild 13.1: Gründe für den Einsatz von Glasfasersystemen im Teilnehmeranschlußbereich

anstelle herkömmlicher Kupferanschlußleitungen für bestehende Schmalbanddienste eingesetzt werden, dazu führen, daß sich neue breitbandige Dienste schneller etablieren können, da mit der aufgebauten Glasfaserinfrastruktur bereits eine hervorragende Netzplattform vorhanden ist. Beispiel hierfür ist der Aufbau von 1,2 Mio. OPAL-Anschlüssen in den neuen Bundesländern, zur Versorgung der Haushalte mit Telefon- und Kabelfernsehanschlüssen. Diese Glasfaseranschlüsse bieten eine ideale technische Voraussetzung – durch entsprechende Um- bzw. Aufrüstung der Übertragungstechnik – für eine zukünftige Nutzung für Breitbanddienste.

Der Glasfaserbestand im Netz der Deutschen Telekom (Stand 31.12.95) beträgt rund 2,2 Mio Faserkilometer und rund 120 000 Kabelkilometer. Die Bestandszahlen verstehen sich als Summenwerte von Orts- und Fernliniennetz.

13.1.2 Die Einführung der Glasfaser durch neue Dienste

Schon frühzeitig kam der Wunsch auf, auch im Bereich der Anschlußleitung mit dem Einsatz von Glasfaserübertragungstechnik einen universellen Netzzugang zu schaffen und so das sprunghafte Ansteigen der Übertragungskapazität in der oberen Netzebene für neue Dienste zu nutzen. Als Anwendungen dachte man vor allem an schnelle Datenübertragung und Videokonferenz im geschäftlichen Bereich, aber auch für den privaten Kunden sah man eine Reihe von interessanten Anwendungen wie z. B. das Videotelefon.

Bild 13.2 gibt einen Überblick über die wesentlichen Aktivitäten der Deutschen Telekom zur Einführung der Glasfaser im Teilnehmeranschlußbereich. Ausgehend von den grundlegenden Erprobungsversuchen in Berlin, Bonn und Frankfurt (1978-82), die die grundsätzliche technische und betriebliche Machbarkeit nachweisen sollten, wurden mit dem Systemversuch BIGFON (Breitbandiges integriertes Glasfaser-Fernmeldeortsnetz, Inbetriebnahme 1984) und dem daraufaufbauenden Bildfernsprech-Versuchsnetz eine gemeinsame Glasfaser-Netzplattform für Schmalband-, Breitbandverteil- und Breitbanddialogkommunikation erprobt. Obwohl mit BIGFON ein eindrucksvoller Beweis der technischen Leistungsfähigkeit der Glasfasertechnik gelang, führte der Systemversuch nicht zur flächendeckenden Einführung, da, abgesehen von noch zu entwickelnder Serientechnik, den hohen Ausbaukosten ein nicht erkennbarer Bedarf an Breitbandindividualkommunikation gegenüberstand.

Zudem macht es keinen Sinn für die Bereitstellung existierender Schmalbanddienste ein neues, teures Netz zu bauen, nur um ein neues Medium – die Glasfaser – einzusetzen. In Westdeutschland mit seinem gut ausgebauten Telekommunikationsnetz lohnt sich der großflächige, systematische Aufbau einer Glasfaserinfrastruktur im Teilnehmeranschlußbereich nur dann, wenn den dafür erforderlichen

13. Kapitel

Vorhaben	Zielsetzung	Nutzung / Dienste	Datum (Betrieb)
Grundlegende Erprobungsvorhaben	Technische Erprobung von Glasfaser-Übertragungssystem im Ortsverbindungs- und -anschlußnetz	Fernsprechen	1978–1983
BIGFON (Breitbandiges Integriertes Glasfaser-Fernmeldeortsnetz)	Technische Erprobung von Glasfaser-Übertragungssystemen im Ortsanschlußliniennetz	– Schmalbandige Individualkommunikation (Fernsprechen) – Breitbandige Verteilkommunikation (Fernseh- und Tonrundfunk) – Breitbandige Individualkommunikation (Bildfernsprechen im Rahmen des Bildfernsprech-Versuchsnetzes)	1983–1986 1985–1987
Bildfernsprechversuchsnetz	Verbindung der BIGFON-Inselnetze zu einem zweistufigen, selbstfähigen Breitbandnetz für Bewegtbildanwendungen (Bildfernsprechen, 140 Mbit/s)	Bildfernsprechen	1985–1988
Glasfaser-Overlaynetz (bis 1994) Glasfaserinfrastruktur für Geschäftskunden (ab 1995)	Aufbau einer linientechnischen Glasfaserinfrastruktur im Teilnehmeranschlußbereich für 70 000 Geschäftskunden	Nutzung für Anwendungen des vermittelten Breitbandnetzes (VBN), des Videokonferenznetzes (geschlossen 1994), Primärmultiplexanschlüsse, Hauptkabel-Multiplexsysteme, Standard-Festverbindungen, B-ISDN (ATM) etc.	1986–
Videokonferenz-Versuchsnetz	Einführung und Förderung von Bewegtbildanwendungen zur geschäftlichen Kommunikation; Aufbau von Koppelnetzen in 13 Städten	Videokonferenzübertragungen (2 Mbit/s oder 140 Mbit/s; Aufbau der Verbindungen über eine zentrale Reservierungsstelle, ab 1989 Selbstwahlmöglichkeit	1985 (Demobetrieb) 1989 (Überführung ins VBN)
Vermitteltes Breitbandnetz (VBN)	Errichtung eines Selbstwahl-Breitbandnetzes zur Förderung und Erschließung von geschäftlichen Breitbandanwendungen; zweistufiges, hierarchisches Netz mit 3 Breitbanddurchgangs- und 13 Breitbandanschlußvermittlungsstellen für ca. 1000 Teilnehmer	Videokonferenzübertragungen, Rundfunkübertragungen (2 Mbit/s, 140 Mbit/s)	1988–1995 (abgemanagt)
MEDKOM (Medizinische Kommunikation)	Förderung von Breitbandanwendungen im medizinischen Bereich, Pilotbetrieb in Hannover, Übergangslösung im Bildfernsprech-Versuchsnetz im Vorgriff auf das VBN	Bewegtbildübertragung	1986 (Inbetriebnahme)
BERKOM (Berliner Kommunikationssystem)	Projekt zur Anwendungs-, Dienste-, Netz- und Geräteentwicklung	BERKOM-Testnetz mit STM- und ATM-Vermittlungen für Anwendungsprojekte aus den Bereichen Telemedizin, Telepublishing, CIM, Stadtplanung, Breitbandinformationssystem und Bürosysteme	1986–
OPAL-Pilotprojekte	Technische Erprobung passiver Glasfaser-Übertragungssysteme für den Teilnehmeranschlußbereich	Fernsprechanschlüsse und Breitbandverteilanschlüsse (BK)	1989–1994
OPAL	Aufbau einer Telekommunikations-Infrastruktur in der ehemaligen DDR für 1,2 Mio Haushalte	Fernsprechanschlüsse und Breitbandverteilanschlüsse (BK)	1993–1995
ISIS	Einsatz von Glasfasersystemen im Rahmen der Digitalisierung der Ortsvermittlungsstellen zur Reduzierung von Netzknoten	Fernsprechen	1995–

Bild 13.2: Die Glasfaser-Aktivitäten der Telekom im Teilnehmeranschlußbereich

Investitionen zusätzliche Einnahmen durch neue (Breitband-)Dienste gegenüberstehen.

D. h., der Einsatz von Glasfasertechnik ist unter den vorliegenden Randbedingungen nur über eine Produktinnovation sinnvoll, die aus einer Nachfrage nach breitbandigen Diensten zu erwarten ist, für die eine Glasfaser eine unabdingbare technische Voraussetzung ist. Ausgehend von der Erkenntnis, daß eine wirklich kaufkräftige Nachfrage nach breitbandigen Dialogdiensten zuerst bei den Geschäftskunden einsetzen wird, da für diese Nutzergruppe die breitbandigen Dienste einen tatsächlichen, finanziell quantifizierbaren Nutzen darstellen, wurde 1986 mit dem Aufbau eines Glasfaser-Overlaynetzes für Geschäftskunden begonnen. Dieses Gf-Overlaynetz wurde als linientechnische Infrastruktur für schon bestehende und zukünftige Breitbandanwendungen konzipiert und bislang von Breitbandnetzen wie dem Vermittelnden Breitbandnetz (VBN), dem Videokonferenz-Versuchsnetz oder für hochbitratigen Datenübertragungen genutzt. Seit 1995 wird der Ausbau des Glasfaser-Overlaynetzes unter der neuen Bezeichnung „Glasfaserinfrastruktur für Geschäftskunden" fortgesetzt.

In diesem Zusammenhang stellt sich die Frage, warum das Breitbandverteilnetz (BK-Netz) nicht mit Glasfasertechnik realisiert wurde, da die Voraussetzung einer Produktinnovation mit der damals neuen Dienstleistung „Kabelanschluß" zweifelsohne gegeben war und somit ein hervorragender Ansatz für eine großflächige Glasfasereinführung vorhanden gewesen wäre. Zum Zeitpunkt der Entscheidung im Jahr 1982, ein Breitbandverteilnetz zu bauen, war einerseits eine serienreife Glasfasertechnik hierfür nicht in dem Maße verfügbar, wie es für die von Anfang an unter hohem Erfolgsdruck stehende Netzausbauentscheidung erforderlich gewesen wäre. Andererseits stellte damals die Kupferkoaxialtechnik gegenüber der Glasfasertechnik die deutlich wirtschaftlichere Lösung dar. Warum ist also trotz der Euphorie der frühen achtziger Jahre bei den Systemversuchen wie BIGFON, dem Aufbau des Glasfaser-Overlaynetzes und verschiedener darauf aufbauender Breitbandnetze, wie dem VBN, dem Videokonferenznetz sowie verschiedener Projekte zur Anwendungsförderung wie BERKOM, MEDCOM etc. die großflächige Einführung der Glasfaser im Teilnehmeranschlußbereich als Übertragungsmedium für neue, interaktive Breitbanddienste noch nicht sehr weit vorangekommen?

An einer Weiterentwicklung des Teilnehmeranschlusses sind alle Beteiligten sehr interessiert: Die Kunden hoffen auf neue breitbandige Dienste zu akzeptablen Tarifen, die Deutsche Telekom möchte sich durch das Angebot einer breitbandigen Infrastruktur neue Einnahmequellen erschließen, und die Diensteanbieter können hier im geschäftlichen und auch vor allem im privaten Bereich auf einen größeren Absatzmarkt hoffen. Nicht zuletzt hat auch die Telekommunikationsindustrie ein großes Interesse daran, die durch den geringen Bedarf in den oberen Netzebenen stagnierenden Umsatzzahlen durch die Erschließung dieses sicher großen Marktpotentiales für Übertragungstechnik neu zu beleben. Trotzdem tritt man weltweit bei diesen Bemühungen auf der Stelle.

Der Grund liegt nicht in der Bereitstellung technischer Möglichkeiten. Hier hat jeder „progressive" Netzbetreiber und jeder größere Hersteller in Form von Pilotprojekten zumindest bei Messen bzw. durch Vorträge und Veröffentlichungen die technische Realisierbarkeit nachgewiesen. Das Problem liegt vielmehr im wirtschaftlichen Bereich. Ein ganzes Land innerhalb einer relativ geringen Zeit mit einer neuen Infrastruktur in der unteren Netzebene zu versorgen, erfordert ein gewaltiges Investitionsvolumen. Eine akzeptable Refinanzierung dieser immensen Aufwendungen könnte nur über Einnahmen aus neuen Diensten erfolgen.

Andererseits kreiert und produziert kein Diensteanbieter für einen neuen kostspieligen Breitbanddienst, wenn er nicht über ein entsprechendes Netz verfügen kann, das es ihm erlaubt, seine Produkte gewinnbringend an den Mann zu bringen, und kein Kunde ist bereit, z.B. für einen Videoanschluß höhere Gebühren zu entrichten, wenn alle seine Kommunikationspartner noch nicht über einen solchen Anschluß verfügen.

Dieses Henne-Ei-Problem kann nur gelöst werden, wenn eine der Parteien in Vorleistung geht. Dieser „Schwarze Peter"

13. KAPITEL

liegt automatisch beim Netzbetreiber. Bedenkt man, daß zum einen bei der Implementierung einer solchen Infrastruktur immense Geldmittel notwendig sind und zum anderen der Rückfluß des Geldes durch Einnahmen aus neuen Diensten mit einer Reihe von zusätzlichen Unsicherheiten versehen ist, so ergibt sich der logische Schluß, daß solange eine quantitative, wirklich tragfähige Nachfrage nach neuen Diensten nicht erkennbar ist, diese Netzumstellung nur aus den normalen Geldmitteln finanziert werden kann, wie sie für den Erhalt und die Erweiterung dieser Netzebene vorgesehen ist.

Das heißt, die zweifelsohne bei weitem leistungsfähigere Glasfaserübertragungstechnik muß sich an der seit Jahrzehnten eingeführten und optimierten Kupfertechnik im Anschlußbereich orientieren und finanziell messen lassen. Nur so ist einerseits ein heute nicht sicher abschätzbarer Zeitraum bis zur Erschließung von Finanzquellen durch neue Dienste überbrückbar, andererseits garantiert eine solche Vorgehensweise optimale Bedingungen für die Entwicklung neuer Anwendungen, da diese ohne Vorbelastung durch die Infrastruktur von Anfang an zu attraktiven Preisen angeboten werden können.

Diese Vorgehensweise ist nach einer kurzen Phase der Euphorie in den 80er Jahren heute akzeptiert, eine Lösung aber offensichtlich noch nicht existent.

Seit 1993 haben einige „neue" Ansätze für breitbandige Anwendungen insbesondere im Privatkundenbereich wie „Video on Demand", „Pay per View", „Teleshopping" etc. unter den Sammelbegriffen „Interaktive Videodienste" oder „Multimedia" die Diskussion um die Implementation von breitbandigen Netzplattformen neu belebt.

Die als „Communication Highways" oder „Datenautobahnen" bezeichneten Netzplattformen sind von ihrer technischen Konzeption nicht allein auf Glasfasernetze beschränkt, sondern können auch technisch weiterentwickelte oder umgerüstete Kupfernetze, wie das Telefonnetz (durch Einsatz von ADSL-Technik) und das Breitbandverteilnetz (durch Erweiterung des Frequenzspektrums und Implemeintierung eines Rückkanals) sein. Inwieweit der Produktansatz Multimedia bzw. interaktive Videodienste oder das Internet tatsächlich die großflächige Verbreitung von Glasfaserübertragungssystemen fördern oder nur die bessere Ausnutzung vorhandenen Kupfernetz-Ressourcen mit allenfalls hybriden Netzstrukturen nach sich ziehen, wird die Zukunft entscheiden.

13.1.3 Die Einführung der Glasfaser als Rationalisierungsinnovation

Aufgrund des vollständigen Neuaufbaus der Telekommunikationsnetze in den neuen Bundesländern hat dort großflächig die einmalige Chance bestanden, anstelle von herkömmlichen Kupfersystemen kostengünstige Glasfasersysteme im Teilnehmeranschlußbereich einzusetzen. Diese Systeme mit der Bezeichnung OPAL (Optische Anschlußleitung) dienen zur Übertragung von Schmalbanddiensten (z. B. Telefon) und zur Kabelfernsehverteilung und werden fast ausschließlich zur Versorgung von Privatkunden eingesetzt.

Das Ausbauvolumen umfaßt ca. 1,2 Mio. OPAL-Anschlüsse in den Jahren 1993 bis 1995. Mittel- bis langfristig sollen diese Systeme zusätzlich, durch Aufrüstung der Übertragungssysteme, zukünftigen Breitbandbedarf abdecken können.

Neben dem OPAL-Ausbau werden grundsätzlich bei allen Erweiterungs- und Ersatzmaßnahmen im Hauptkabelbereich die Möglichkeiten für den Einsatz von Glasfaser-Multiplexsystemen untersucht. Allerdings müssen diese auf den Telefondienst zugeschnittenen Maßnahmen den harten Bedingungen der Wirtschaftlichkeit gegenüber einer Doppeladerverstärkung oder Kupfer-Multiplexsystemen genügen.

Die im Zusammenhang mit der Digitalisierung der Vermittlungsstellen beabsichtigte Reduzierung der Netzknoten zur Kostensenkung bietet zusätzlich Ansätze für den Einsatz von Glasfasersystemen. Die mit der Netzknotenreduzierung verbundene Vergrößerung der Anschlußbereiche führt zu längeren Anschlußleitungen, die deutlich über die mit Kupferdoppeladern passiv überbrückbaren Entfernungen hinausgehen. Daher ist es erforderlich, geeignete Transportsysteme einzusetzen. Dies können Konzentrationseinrichtungen wie z. B. abgesetzte periphere Einrichtungen

(APE) am Sitz der ehemaligen Ortsvermittlungsstelle sein oder Gf-Systeme, die zumindest in der Ortsvermittlungsstelle oder gar im Kabelverzweiger (KVz) abgeschlossen sind. Letztere Lösung bietet sich immer dann an, wenn die Summe der zusätzlichen Investitionen in Linien- und Übertragungstechnik kleiner ist als die Einsparungen durch Auflösung von Vermittlungsstellen. Die Frage, welche Technik – Glasfaser- oder Kupfersysteme – eingesetzt wird, ist im Einzelfall durch Wirtschaftlichkeitsrechnungen zu überprüfen. Wie weit die Glasfaser dabei in Richtung Teilnehmer vorstößt, bleibt damit ebenfalls den Wirtschaftlichkeitsrechnungen vorbehalten. In jedem Fall ergibt sich durch die vollständige Neugestaltung der unteren Netzebene ein weiterer Ansatz, die Glasfaser als Mittel zur Rationalisierung ins Netz zu bringen.

13.2 Das Glasfaser-Overlaynetz

13.2.1 Konzeption

Aus den Erfahrungen der Betriebsversuche hat sich Mitte der achtziger Jahre gezeigt, daß die mit der Einführung der Glasfaser im Teilnehmeranschlußbereich verbundenen hohen, durch die Tiefbaukosten geprägten linientechnischen Investitionen (Bild 13.3) nur über Einnahmen aus neuen breitbandigen Diensten finanziert werden können. Es macht keinen Sinn, die bestehende Kupfer-Infrastruktur durch Glasfasersysteme für bestehende schmalbandige Dienste zu ersetzen. Dies würde eine Vergeudung der vorhandenen Netzressourcen bedeuten.

Ziel eines Glasfaser-Overlaynetzausbaus ist es,
- den Gf-Ausbau in Bereichen mit vorhandener Kupferinfrastruktur systematisch voranzutreiben und
- eine Netzplattform zu schaffen, auf der sich neue Dienste und Anwendungen entwickeln können.

Grundsätzlich tritt bei der Einführung neuer Dienste das „Henne-Ei-Problem" auf. Die Kunden müssen die neuen Dienste und ihre Anwendung erst kennen, bevor eine Nachfrage entstehen kann. Um diese Dienste anbieten zu können, braucht man eine geeignete technische Infrastruktur. Diese kann wiederum bei finanziell vertretbarem Risiko nur gebaut werden, wenn die Nachfrage qualitativ und quantitativ erkennbar ist.

Dieser Kreis kann dadurch durchbrochen werden, daß die Netzseite in Vorleistung geht und eine entsprechende Infrastruktur aufbaut. Für diese Form des angebotsorientierten Ausbaus muß bekannt sein, wo zukünftiger Bedarf auftritt, um einerseits zielgenau (wer, wo und wann) ausbauen zu können und andererseits die Ausbaukosten minimieren zu können. Ein stän-

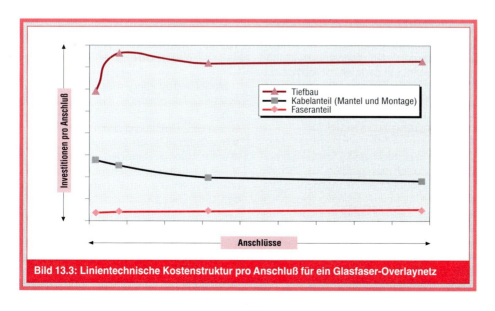

Bild 13.3: Linientechnische Kostenstruktur pro Anschluß für ein Glasfaser-Overlaynetz

diges Neuaufgraben von Hauptkabeltrassen würde zu unvertretbar hohen Kosten führen. Daher ist es erforderlich, die Glasfaserkabel in den Hauptkabeltrassen für den Endausbau einer vorgegebenen Zielnetzgröße zu dimensionieren. Dazu müssen die zukünftigen Breitbandteilnehmer durch sogenannte Bedarfserkennungsverfahren ermittelt werden. Die Mechanismen und Zusammenhänge eines systematischen Glasfaserausbaues sind in Bild 13.4 dargestellt.

Da der Bedarf an interaktiven breitbandigen Diensten zuerst im Bereich der geschäftlichen Kommunikation auf der Basis von z. B. Videokonferenzanwendungen, LAN-LAN-Kopplungen, schnellen Datentransferanwendungen etc. einsetzen wird, vollzieht sich der systematische Aufbau einer Glasfaser-Infrastruktur im Teilnehmeranschlußbereich in einem ersten Schritt als Overlaynetz für Geschäftskunden. Das Glasfaser-Overlaynetz bildet dabei eine linientechnische Basisinfrastruktur bis zum Kunden, die Grundlage für viele unterschiedliche heutige und zukünftige Netze wie z. B. VBN, IDN, B-ISDN etc. ist bzw. sein kann.

Um die Refinanzierbarkeit der Investitionen sicherzustellen, muß der systematische Glasfaserausbau mit der Diensteentwicklung und Anwendungseinführung zeitlich und inhaltlich so gekoppelt sein, daß die Zeitdifferenz zwischen Ausgaben und Einnahmen nicht zu groß wird. Entscheidend für die Wirtschaftlichkeit des Vorgehens ist die Koordinierung von Netzausbau und angebotsorientierter Vermarktung. Dies bedeutet, daß Diensteentwicklung und Marktöffnung parallel mit dem Netzausbau vorangetrieben werden müssen.

13.2.2 Ausbaustrategie

Da das Investitionsrisiko im Teilnehmeranschlußbereich am größten ist und die Tiefbauaufwendungen in erheblichem Umfang die Gesamtinvestitionen beeinflussen, kommt dem linientechnischen Ausbau eine besondere Bedeutung zu.

Die Gf-Infrastruktur sollte
- so günstig wie möglich und
- so bedarfs- bzw. zeitgerecht wie möglich ausgebaut werden.

Ein rein bedarfsorientierter, nur auf Erledigung aktueller Kundenaufträge gerichteter Netzausbau würde aufgrund von Planungsvorlaufzeiten zu zeitlichen Verzögerungen von bis zu zwei Jahren bei der Bereitstellung der Anschlüsse führen und ein kostspieliges Mehrfachaufgraben von Kabellinien im Hauptkabelbereich bedeuten. Daher ergibt sich die Forderung nach einem systematischen, angebotsorientierten Ausbau, bei dem die Hauptkabel von Anfang an für die in ihrem Bereich zu erwartete Kundenzahl dimensioniert werden. Dies führt zu einer Minimierung der linientechnischen Investitionen pro Teilnehmer.

Daher müssen für den Aufbau eines Glasfaser-Overlaynetzes bereits heute die Kunden bekannt sein, die mit hoher Wahrscheinlichkeit zukünftig Dienste benötigen, für die eine Glasfaser erforderlich ist. D. h., zur Steuerung des Netzausbaus sind Bedarfserkennungsverfahren nötig, die dafür Sorge tragen, daß die Glasfaserkabel zum richtigen Zeitpunkt, in der richtigen Dimensionierung nicht nur in der richtigen Straße, sondern auch beim „richtigen" Teilnehmer hausgenau ausgelegt sind.

Bevor der Netzausbau beginnen kann, muß aber noch die Frage geklärt werden, für welche Zielnetzgröße ausgebaut werden soll. Mit Hilfe von Modellbetrachtungen können verschiedene Szenarien durchgespielt und das Investitionsrisiko transparent gemacht werden.

13.2.3 Modellbetrachtungen/ Netzmodelle

Modellbetrachtungen sollen aufzeigen, welches die optimale Zielnetzgröße ist, d. h. für
- welche Teilnehmergröße,
- innerhalb welchen Zeitraumes,
- unter welchen Randbedingungen,
- wie ausgebaut werden muß,

um Rentabilität zu erreichen. Hierzu wurden 1983 erste Untersuchungen durchgeführt und 1990 -1992 durch die Entwicklung eines rechnergestützten "Strategischen Planungssystems" (SPS) verfeinert.

Das SPS besteht aus einem Netz-, Investitions-, Einnahme- und einem

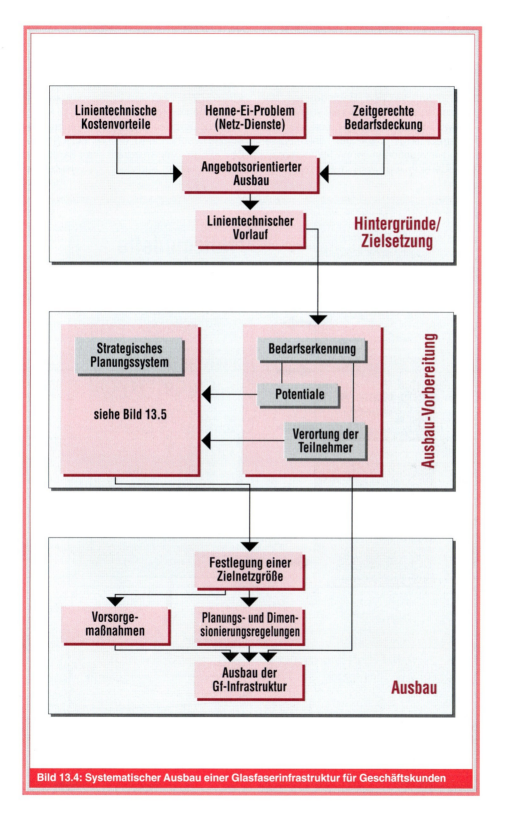

Bild 13.4: Systematischer Ausbau einer Glasfaserinfrastruktur für Geschäftskunden

13. Kapitel

betriebswirtschaftlichen Rechenmodell (siehe Bild 13.5).

Modellbetrachtungen wie z. B. das SPS können keine tatsächliche Entwicklung voraussagen, sondern nur transparent machen, unter welchen Bedingungen der Glasfasereinsatz rentabel sein könnte.

Obwohl das Hauptaugenmerk der Modellbetrachtungen auf den linientechnischen Investitionen im Teilnehmeranschlußbereich liegt, wird im Rahmen einer ganzheitlichen Modellbetrachtung innerhalb des SPS ein komplettes Netz mit Linien-, Übertragungs- und Vermittlungstechnik in Anschluß- und Verbindungsliniennetzebene auf der Basis von Investitionskosten berechnet und Einnahmeerwartungen gegenübergestellt.

Kernstück des SPS ist eine rechnergestützte Nachbildung aller Anschlußbereiche in Form von quadratischen Strukturen mit Hilfe von in Statistiken der Deutschen

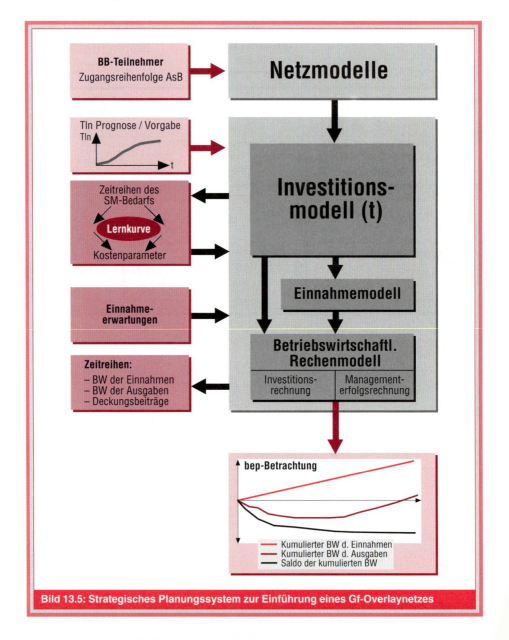

Bild 13.5: Strategisches Planungssystem zur Einführung eines Gf-Overlaynetzes

Telekom erfaßten Kenngrößen der Anschlußbereiche. Alle Eingangsdaten des SPS sind in Bild 13.6 dargestellt.

Als wesentliche Annahme des SPS wird davon ausgegangen, daß die Wahrscheinlichkeit eines Kunden, zukünftig als Nutzer von interaktiven Breitbanddiensten eine Glasfaser als Anschlußmedium zu benötigen, mit der Höhe seiner Fernmelderechnung korreliert. Ergänzt man diese Aussage mit den Erkenntnissen von BERKOM über potentielle Breitbandkunden, kann man aus der Gesamtmenge der Fernmeldekunden eine Rangliste zukünftiger Breitbandkunden erzeugen. Aus dieser Rangliste können bestimmte Breitbandkundenpotentiale definiert werden und den einzelnen Anschlußbereichen innerhalb des Netzmodells zugeordnet werden. Das Ergebnis kann in Form einer Übersichtskarte dargestellt werden (siehe Bild 13.7).

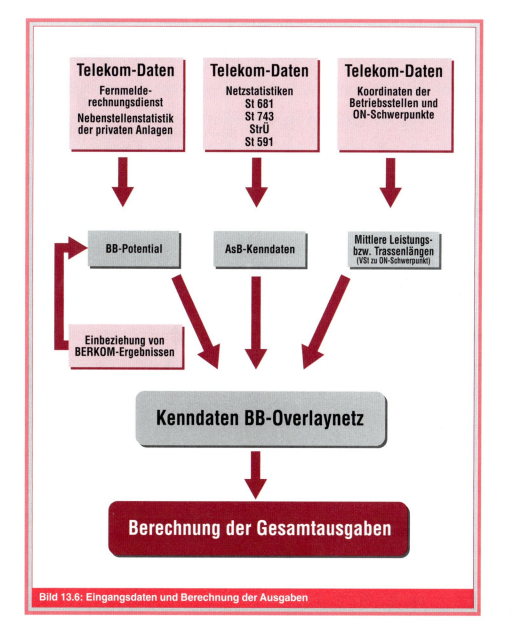

Bild 13.6: Eingangsdaten und Berechnung der Ausgaben

13. Kapitel

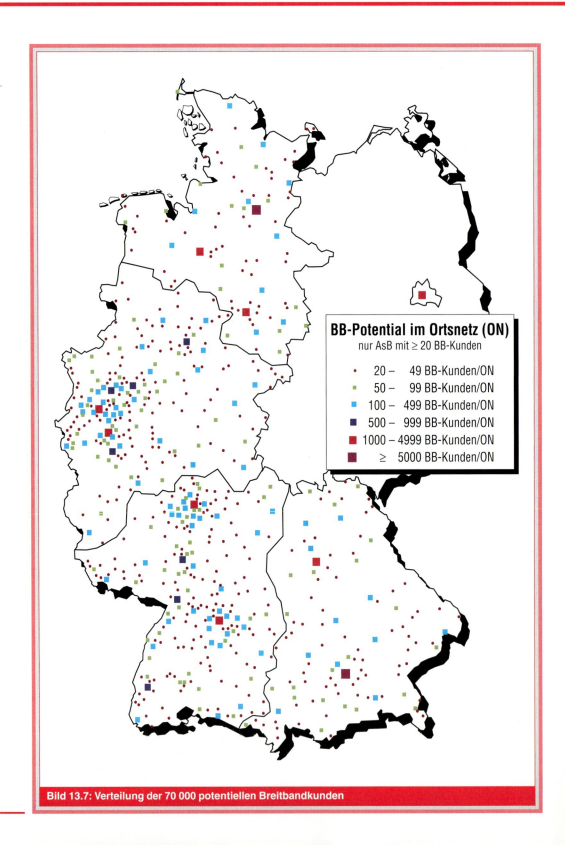

Bild 13.7: Verteilung der 70 000 potentiellen Breitbandkunden

Mit dem Netzmodell werden die erforderlichen Sachmittel, wie Tiefbaulängen, Kabellängen und Faserlängen ermittelt und mit dem Investitionsmodell in Investitionen umgesetzt.

Das Einnahmemodell basiert auf einer produkt- und diensteübergreifenden Annahme, daß jeder potentielle Breitbandkunde, einen bestimmten prozentualen Anteil seines momentanen Fernmeldeentgeltaufkommens zukünftig zusätzlich für neue Breitbanddienste ausgeben wird. Dieser Anteil wird sich wiederum jedes Jahr um einen bestimmten Prozentsatz steigern.

Durch Gegenüberstellen der Zeitreihen von Investitionen und Einnahmen läßt sich mit Hilfe des betriebswirtschaftlichen Rechenmodells der Zeitpunkt berechnen, ab wann bzw. unter welchen Annahmen (z. B. Netzgröße, Einnahmeparameter) ein solches Netz rentabel ist.

Die Ergebnisse der Modellbetrachtung haben die früheren Untersuchungen bestätigt und weiter präzisiert. Der damalige Ansatz kam zu dem Ergebnis, daß etwa 70 000 Kunden als potentielle Breitbandkunden für einen Glasfaseranschluß in Frage kommen würden. Aus wirtschaftlichen Gründen und zur Minimierung des finanziellen Risikos wurde der Ausbau von 80 Zentren (Ortsnetze), die etwa 2/3 der potentiellen Breitbandkunden umfassen, empfohlen.

Die neuere Studie auf der Basis des SPS hat die Beschränkung auf 70 000 potentielle Kunden aufgehoben. Es ist nachgewiesen worden, daß ein Ausbau der Glasfaser im Anschlußbereich
- für 70 000 Kunden im Haupt- und Verzweigungskabelbereich sowie
- für 200 000 Kunden im Hauptkabelbereich
- ohne Beschränkung auf eine bestimmte Anzahl von ausbauwürdigen Ortsnetzen rentabel sein kann.

13.2.4 Bedarfserkennungsverfahren

Für einen angebotsorientierten Netzausbau ist es wichtig zu wissen,
- wo und
- möglichst wann

ausgebaut werden soll, d. h. welcher Kunde wann Bedarf an Breitbanddiensten, die eine Glasfaser als Übertragungsmedium benötigen, haben wird.

Hierzu müssen mit Hilfe sogenannter Bedarfserkennungsverfahren Kriterien ermittelt werden, anhand der potentielle Breitbandteilnehmer ermittelt und hinsichtlich ihrer Anschlußdringlichkeit eingestuft werden können. Eine absolute Gewißheit auf die Frage, wer, und viel wichtiger noch wann eine Glasfaser als Anschlußleitung benötigen wird, können Bedarfserkennungsverfahren nicht geben, da die Entwicklung der Breitbanddienste nicht sicher vorausgesagt werden kann.

Bedarfserkennungsverfahren können nur Anhaltspunkte liefern, welcher Kunde bzw. welche Kundengruppe unter der Annahme, daß sich in absehbarer Zeit eine Nachfrage ergeben wird, zuerst Bedarf haben wird. Einen zeitlichen Bezug, wann ausgebaut werden soll, erhält man mittelbar über eine Klassifizierung der zukünftigen Breitbandteilnehmer, die Aufschluß darüber gibt, wann bzw. mit welcher Priorität ausgebaut werden soll.

Für die ersten Ausbauphasen ist in einem ersten Ansatz davon ausgegangen worden, daß der zukünftige Bedarf an breitbandigen Diensten mit dem heutigen Telekommunikationsbedarf korreliert. Die Wahrscheinlichkeit zukünftig Breitbandteilnehmer zu werden, wurde umso höher eingestuft, je höher das heutige Telekommunikationsaufkommen ist. Vereinfacht gesagt heißt dies, wer heute viel telefoniert, wird morgen Breitbanddienste nutzen. Dementsprechend wurden die Kunden durch Auswertung von Nebenstellenanlagenstatistik und Fernmelderechnungsdienstdaten hinsichtlich des Umfanges ihres Telekommunikationsaufkommens klassifiziert und bezüglich ihrer Ausbaupriorität gereiht.

Es liegt allerdings auf der Hand, daß ein hohes momentanes Telekommunikationsaufkommen zwar wichtige Hinweise auf zukünftigen Breitbandbedarf liefert, aber sicherlich nicht alleiniges Kriterium hierfür ist. So gibt es Kunden, die sehr hohe Telefonrechnungen haben, aber hinsichtlich ihres zukünftigen Breitbandbedarfs hinter Kunden mit geringem Telefonentgeltaufkommen rangieren. Zur Zeit werden verbesserte Verfahren erarbeitet, die auf einer Segmentation der Geschäftskunden unter Berücksichtigung von relevanten Wirtschafts- und Unternehmensdaten der Kunden beruhen.

13.2.5 Struktur und Umfang des Ausbaus

1986 wurde beschlossen, ein Glasfaser-Overlaynetz für geschäftliche Breitbandkommunikation als Basis für das vermittelnde Breitbandnetz, das Videokonferenznetz und sonstige Breitbandanwendungen zu bauen. Der Entscheidung gingen umfangreiche Untersuchungen voraus, die ein Teilnehmerpotential von rund 70 000 zukünftigen Breitbandkunden durch Auswertung der Nebenstellenanlagenstatistik und von Fernmelderechnungsdienstdaten identifizierte. Um den angebotsorientierten Ausbau möglichst wirtschaftlich zu gestalten und das Risiko zu minimieren, wurde der Umfang des Ausbaus auf 80 Ortsnetze, in denen sich 2/3 des ursprünglichen Teilnehmerpotentials befanden, beschränkt (siehe Bild 13.8).

Der Ausbau des Glasfaseroverlaynetzes vollzog sich bislang in drei Phasen:

- **Phase 1, 1986-1990**
  Ausbau der Hauptkabelbereiche von 29 Ortsnetzen
- **Phase 2, 1991- 1994**
  Ausbau der Hauptkabelbereiche von weiteren 51 Ortsnetzen sowie bei Bedarf und Einzelwirtschaftlichkeitsnachweis auch darüber hinaus
- **Phase 3, ab 1995**
  Ausbau von Haupt- und Verzweigungskabeln für eine Zielnetzgröße von 70 000 Kunden ohne Beschränkung der Ortsnetze mit der Absicht, diese Zielnetzgröße ab 1997 je nach Akzeptanz weiter zu erhöhen. Gleichzeitig wurde mit Beginn der Phase 3 der Name „Glasfaser-Overlaynetz" durch die Bezeichnung „Glasfaserinfrastruktur für Geschäftskunden" abgelöst.

Der Phase 3 ging eine erneute, umfangreiche Untersuchung zur wirtschaftlichen Erschließung des bislang ungenutzten Potentials für interaktive Breitbandanwendungen auf der Basis eines Glasfasernetzes voraus (siehe Kap. 13.2.3).

Lange im Vorfeld der Mitte der neunziger Jahre aufgekommenen euphorischen Diskussion um Datenautobahnen wurde eine Überprüfung des Glasfaser-Overlaynetzausbaus erforderlich, weil

- einerseits die Nachfrage nach neuen breitbandigen Diensten, die ein Glasfaser-Overlaynetz benötigen, nicht in dem Maße wie erwartet eingesetzt hat (Mitte der achtziger Jahre wurde beispielsweise von der deutschen Fernmeldeindustrie ein optimistischer Bedarf von 2 Mio. Glasfaseranschlüssen für das Jahr 1995 vorausgesagt. Tatsächlich fiel die Nachfrage zwei bis drei Zehnerpotenzen niedriger aus.) und
- andererseits gegenteilige technische Entwicklungen wie
  - die Verringerung der erforderlichen Übertragungsbandbreite durch Redundanzreduktionsverfahren und
  - die Entwicklung hochbitratiger regeneratorfreier Kupferübertragungssysteme für die Anschlußleitung (HDSL-/ADSL-Systeme) die Glasfasertechnologie scheinbar in den Hintergrund treten ließen.

Die Untersuchung hat die Bedeutung der Glasfaser für den zukunftssichernden Netzausbau im Teilnehmeranschlußbereich bestätigt. Als Ergebnis einer systematischen und gesamtheitlichen netz- und diensteübergreifenden betriebswirtschaftlichen Betrachtung mit Hilfe des SPS (siehe Kap. 13.2.3) wurde nachgewiesen, daß

- eine Beschränkung auf wenige (80) Ortsnetze aus Rentabilitätsgründen nicht erforderlich ist und
- sogar deutlich mehr als die urprünglich beabsichtigten Glasfaseranschlüsse ausgebaut werden können.

Ein Verzicht auf die Glasfaser als Motor für die Produktinnovation bei breitbandigen Diensten für Geschäftskunden, wie durch die oben zitierten technischen Entwicklungen durchaus naheliegend, würde langfristig in eine Sackgasse führen, da der Bandbreitenbedarf sich zweifelsohne mittel- bis langfristig schneller entwickeln wird als ihn die Kupfertechnik decken kann.

DER EINSATZ VON GLASFASERSYSTEMEN IM ZUGANGSNETZ

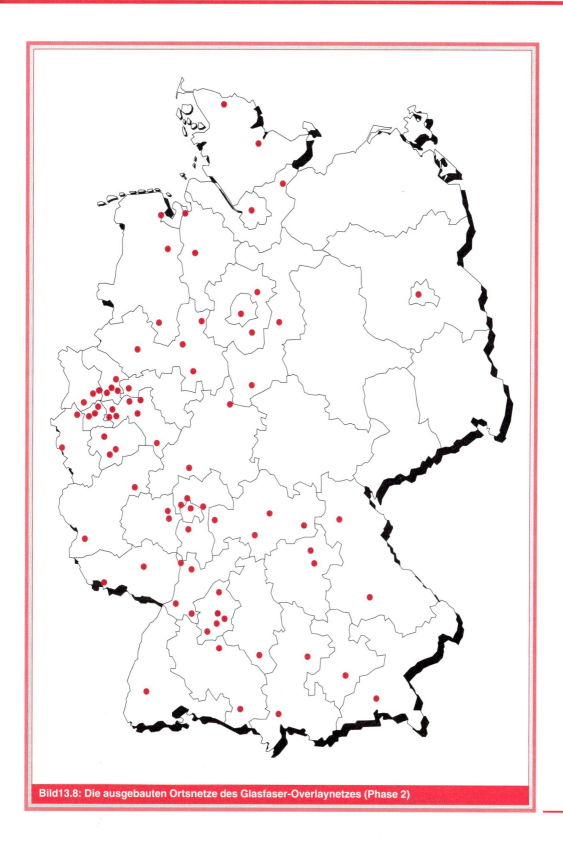

Bild 13.8: Die ausgebauten Ortsnetze des Glasfaser-Overlaynetzes (Phase 2)

13. Kapitel

13.3 Systemkonzepte und Komponenten für den Regelausbau OPAL

13.3.1 Einführung/ Grundgedanken

Bisher zeigten alle Glasfaser-Pilotprojekte, die bei der Telekom mit BIGFON schon in den frühen 80er Jahren begannen und mit OPAL (Optische Anschlußleitung) bis heute weitergeführt wurden, daß technische Lösungen zur Realisierung von Glasfaseranschlüssen existieren oder zumindest darstellbar sind, daß eine breit angelegte wirtschaftliche Implementierung auf der Basis eines Vergleichs mit Kupfer aber noch nicht in Sicht ist.

Mit der Wiedervereinigung wurde dieses Thema für die Telekom plötzlich wieder hochaktuell. Es zeigte sich, daß das Telekommunikationsnetz im östlichen Teil Deutschlands den Anforderungen einer modernen Kommunikationsgesellschaft nicht gewachsen war.

Die logische und auch kostspielige Entscheidung, in diesen Bundesländern ein komplett neues Netz auf der Basis der heute verfügbaren Technologien zu konzipieren und zu bauen, stellte eine besonders reizvolle Aufgabe für die Ingenieure der Telekom dar.

Basierend auf der digitalen Vermittlungstechnik der 3. Generation und unter Einbeziehung der synchronen Übertragungstechnik mit den Möglichkeiten, auch die breitbandigen Bitströme von zentraler Stelle aus flexibel handhaben zu können, bestand hier die Möglichkeit, das modernste Übertragungsnetz der Welt zu konzipieren. Die volle Nutzbarkeit dieses Netzes ist aber wiederum von der Gestaltung des Teilnehmerzugangs abhängig. Deshalb wurde erneut und diesmal ganz besonders konsequent versucht, die Probleme des Glasfaseranschlusses zu lösen.

Durch Beschluß des Vorstandes wurde ein Programm OPAL gestartet, das in zeitlicher wie auch in wirtschaftlicher Konkurrenz zum Kupferausbau in 1993 ca. 200 000 Wohneinheiten (WE) und in den Folgejahren 1994 und 1995 jeweils ca. 500 000 WE über Glas anschließbar machen soll.

Angestrebt wurde dabei, daß jedes Haus im Ausbaugebiet einen Glasfaseranschluß erhält (Fibre to the Building, FTTB), so daß später eine Hochrüstung auf neue Breitbanddienste nur durch gerätetechnische Änderung und eine Änderung der Hausverkabelung möglich ist. Die Variante „Fibre to the Home" (FTTH), bei der jeder Kunde über seinen eigenen Anschluß in der Wohnung verfügt, wurde als vorläufig nicht erforderlich und zu teuer eingeschätzt. Die Version „Fibre to the Curb" (FTTC), bei der die Glasfaser in KVz-ähnlichen Gehäusen auf dem Gehweg abgeschlossen und von dort der Teilnehmeranschluß über Kupfer erfolgt, wurde als nicht erwünschter Kompromiß zurückgestellt.

Die Situation erlaubte eine Neukonzeption aus einer „Günen Wiese" – Situation heraus und war damit einmalig günstig. Es wurde deshalb ein Lösungsansatz gewählt, der nicht einen Ersatz des Kupfers durch Glas anstrebte, sondern von vornherein eine Gesamtoptimierung der unteren Netzebene unter Einbeziehung aller Komponenten, also auch der Vermittlungstechnik, voraussetzte. Dieser Ansatz war erfolgreich. Die Ergebnisse der Ausschreibung zeigten, daß für die 500 000 Wohneinheiten des Programms OPAL 94 zumindest eine Kostengleichheit erreicht wurde, obwohl die verfügbaren Gebiete durch die zeitliche Konkurrenz mit dem Kupferausbau schon weitgehend aus dem ländlicheren Bereich stammten.

Zwar gibt es noch eine Reihe von technischen Problemen zu lösen, vor allem im Bereich der Installation und der Stromversorgung. Dabei ist auch eine neue Modellierung der etablierten Dienste mit zu betrachten. Die Abwendung von der für Kupfer standardisierten analogen und die Hinwendung zu einer digitalen Schnittstelle, bei der auch das Problem der Stromversorgung einschließlich der Batteriepufferung zum Kunden verlagert wird, würde einen ganz wesentlichen Schritt zur wirtschaftlichen Realisierung darstellen. Mit dem Programm OPAL 94 ist der Durchbruch der Glasfaseranschlußtechnik erfolgt. Sie ist heute schon erkennbar kostengünstiger, wenn man die Möglichkeit hat, eine Gesamtoptimierung durchzuführen, also überall dort, wo neue Netze gebaut werden.

13.3.2 Allgemeine Zielvorstellungen und Gestaltungsregeln

Nachdem in der Übertragungstechnik das klassische Kupferkabel im Fernliniennetz und Verbindungsliniennetz durch das Medium Glasfaser verdrängt wurde, stellt sich beim Vordringen in das Anschlußliniennetz die zu erreichende Wirtschaftlichkeit als Problem dar. Wo liegen die Ursachen? Richtigerweise wird die Wirtschaftlichkeit an den Kosten der derzeitig angebotenen Dienste und ihren technischen Lösungen mit Kupferkabel gemessen. Ein Blick auf die Struktur des Fernsprechnetzes macht ein zweites Problem deutlich. Können im Fernliniennetz und Verbindungsliniennetz die einfachen Informationsströme vieler Kunden konzentriert über große bis mittlere Entfernungen transportiert werden, müssen im Anschlußliniennetz teilnehmerbezogene kleine Informationsströme über kurze Entfernungen übertragen werden (64 kbit/s für den Telefonanschluß bei einer derzeitigen mittleren Anschlußleitungslänge von etwa 2 km). Ein bloßer Austausch des Mediums Kupfer gegen Glasfaser muß unter Beibehaltung der bestehenden Rahmenbedingungen aus wirtschaftlichen Gründen scheitern. Der in Bild 13.9 gezeigte Vergleich verdeutlicht den Mehraufwand für die optische Anschlußleitung, der durch die elektro-optische Wandlung, die örtliche Stromversorgung und nicht zuletzt durch die etwa drei- bis sechsfach höheren Kosten für die verkabelte Glasfaser bedingt ist. Warum also wird das Konzept OPAL, allgemein unter „Fibre in the Loop" (FITL) bekannt, von führenden Netzbetreibern intensiv verfolgt?

Einmal ist es das für den Telekommunikationsbereich prognostizierte Wachstum mit der Entwicklung zu Diensten mit hohen Übertragungsraten, die mit Kupferkabeln wirtschaftlich nicht mehr erreichbar sind. Weiterhin steht mit der Entwicklung der peripheren Bereiche ein kundenbezogener transparenter Übertragungsweg bereit, über den entsprechend dem Bedarf der gewünschte Dienst mit entsprechender Übertragungsrate flexibel zugeordnet werden kann. Schließlich ist es die begründbare Erwartung, daß

- mit der Entwicklung integrierter optischer und elektrooptischer Bausteine und deren Masseneinsatz
- durch die fortschreitende Digitalisierung des Fernmeldenetzes einschließlich der Endgeräte
- durch die Anpassung der Netzstruktur an die übertragungstechnischen Möglichkeiten der Glasfaser

deutliche Kostensenkungen eintreten.

Mit der Einführung der Glasfaser im Teilnehmeranschlußbereich sollen alle Fernmeldenetze mit ihren Diensten berücksichtigt werden. Aufgrund verschiedener Anforderungen – hingewiesen sei insbesondere auf den Breitbandverteildienst mit analogem Übertragungsverfahren – ist zunächst jedoch eine Übertragung auf physikalisch getrennten Glasfasern innerhalb einer einheitlichen Liniennetzstruktur

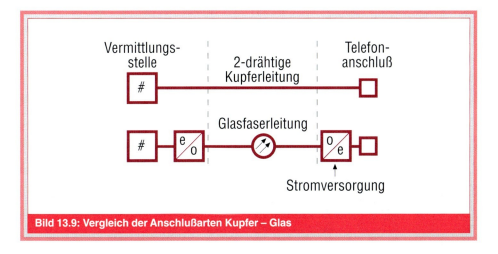

Bild 13.9: Vergleich der Anschlußarten Kupfer – Glas

notwendig. Dementsprechend wird folgende Aufteilung vorgenommen:
- Im OPAL-System für Interaktive Dienste (IS) werden die Übertragungswege des Telefonnetzes, des Integrierten Text- und Datennetzes (IDN), des Diensteintegrierenden Digitalen Fernmeldenetzes (ISDN) und der Monopolübertragungswege bis 3,4 kHz und 2 Mbit/s geführt.
- Das OPAL-System für Breitbandverteildienste (DS) übernimmt die Verteilung von Rundfunk- und Fernsehprogrammen bis 862 MHz.
- Für Monopolübertragungswege mit einer Übertragungskapazität von mehr als 2 Mbit/s sind separate Übertragungssysteme außerhalb OPAL erforderlich.

Aus wirtschaftlichen Gründen muß die OPAL-Übertragungs- und Netzarchitektur die zwei entscheidenden Vorteile der Glasfaser berücksichtigen:
1. Die zur Verfügung stehende große Bandbreite muß durch Zusammenfassung der teilnehmerseitigen Informationsströme genutzt werden.
2. Die geringe Dämpfung muß zu einer Vergrößerung der zulässigen Länge der Anschlußleitung führen.

Folgerichtig wird die OPAL-Übertragungsarchitektur als Punkt-zu-Multipunkt Verbindung ausgeführt, bei der eine Übertragung zwischen einem vermittlungsseitigen Endgerät (OLT) und mehreren teilnehmerseitigen Netzabschlüssen (ONU) erfolgt. Hierfür wurde unter vielen denkbaren Netzstrukturen schließlich unter Beachtung wirtschaftlicher und betrieblicher Aspekte für das IS eine Doppelsternnetzstruktur mit passiven und aktiven Verteilern gewählt.

Der bisher angebotene Breitbandverteildienst mit seinem für alle Kunden einheitlichen Signal wird im optischen Netzteil sternförmig und im elektrischen „Curb"-Bereich meist baumförmig als Punkt-zu-Multipunkt-Verbindung übertragen.

Für die Monopolübertragungswege mit einer Übertragungsrate größer als 2 Mbit/s werden unabhängig von OPAL zusätzlich Glasfasern für Punkt-zu-Punkt Verbindungen eingeplant.

Um allen perspektivischen Anforderungen entsprechen zu können, besteht die langfristige Zielsetzung, die Glasfaser möglichst bis in die Wohnung bzw. das Geschäft des Kunden zu führen (FTTH). Aus Kostengründen erfolgt jedoch die Anschaltung mehrerer Kunden Kupferleitungen an einen gemeinsamen optischen Netzabschluß (ONU) im Gebäude (Fibre to the Building, FTTB) oder in einem KVz am

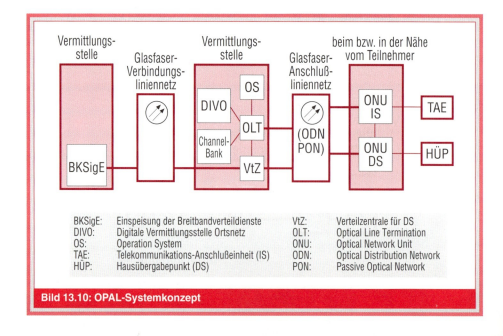

Bild 13.10: OPAL-Systemkonzept

BKSigE: Einspeisung der Breitbandverteildienste
DIVO: Digitale Vermittlungsstelle Ortsnetz
OS: Operation System
TAE: Telekommunikations-Anschlußeinheit (IS)
HÜP: Hausübergabepunkt (DS)
VtZ: Verteilzentrale für DS
OLT: Optical Line Termination
ONU: Optical Network Unit
ODN: Optical Distribution Network
PON: Passive Optical Network

Straßenrand in der Nähe der anzuschließenden Kunden (Fibre to the Curb, FTTC).

Interaktive Dienste und Breitbandverteildienste bilden im OPAL-Netz eine Verbundstruktur, die auf den effizienten Einsatz der beiden Massendienste Fernsprechen und Kabelfernsehen gerichtet ist (Bild 13.10). Durch eine flexible Festlegung der Netzpunkte „BK-Signaleinspeisung" (BKSigE) und „Verteilzentrale" (VtZ) läßt sich eine gute Anpassung an die Versorgungsstruktur der interaktiven Dienste erreichen.

Das OPAL-Übertragungssystem IS verfügt am OLT ausschließlich über digitale Schnittstellen und kann wirtschaftlich nur mit digitalen Vermittlungsstellen betrieben werden. Nicht von der digitalen Vermittlung unterstützte Dienste und Übertragungswege werden über eine „Channelbank" geführt. Für die Überwachung und Steuerung des OPAL-Übertragungssystems dient ein im Abschnitt 13.3.6 näher erläutertes Operation System (OS).

13.3.3 Technik für interaktive Telekommunikationsdienste

Das hier beschriebene OPAL-System soll für die Übertragung interaktiver Dienste Anwendung finden. Interaktive Dienste sind im Gegensatz zu den Verteildiensten wie etwa Kabelfernsehen, alle die Dienste, die kommunikativen Charakter haben und deshalb einen Hin- und einen Rückkanal für die Übertragung benötigen. Da OPAL für den absehbaren Grundbedarf des Teilnehmeranschlußbereiches entwickelt wurde, werden nur Dienste bis zu einer Datenrate von 2 Mbit/s berücksichtigt. Das sind in erster Linie die analogen Telefondienste und die Dienste des ISDN. Dazu kommen dann noch Festverbindungen und Datendienste des Integrierten Text- und Datennetzes (IDN).

Dort wo Glasfaseranschlußnetze zu installieren sind, soll das herkömmliche Kupfernetz vollständig ersetzt werden. Daraus erwächst die Anforderung, daß über OPAL alle Übertragungswege bis 2 Mbit/s angeboten werden müssen, für die der Deutschen Telekom AG vom Bundespostminister das Netzmonopol übertragen wurde. Diese Monopolübertragungswege müssen bundesweit und zu einheitlichen Tarifen angeboten werden.

13.3.3.1 Lösungen auf PON-Basis

13.3.3.1.1 Übertragungsverfahren

Ein OPAL-Übertragungssystem besteht aus einer vermittlungsseitigen Einrichtung, dem Optical Line Termination (OLT) am Standort der Vermittlungsstelle und mehreren teilnehmerseitigen Übertragungseinrichtungen, den Optical Network Units (ONU). Die ONUs befinden sich in unmittelbarer Nähe des Kunden (s. Bild 13.11).

Solch eine Punkt-zu-Multipunkt-Architektur erfordert im Gegensatz zu bisher üblichen PCM-Systemen mit Punkt-zu-Punkt-Übertragung ein neues Übertragungsverfahren. Das wurde mit dem TDM/TDMA-Verfahren gefunden, bei dem die Signale für beide Richtungen zeitlich nacheinander gesendet werden und bei dem die Signallaufzeit bedingt durch unterschiedliche Entfernungen zwischen OLT und ONU mittels eines speziellen Rangingverfahrens eingestellt wird.

Generell wird dabei zwischen Einfaser- und Zweifaserlösungen unterschieden. Die übertragungstechnisch einfachere Lösung ist die Verwendung von zwei Fasern, eine je Übertragungsrichtung. Der Vorteil dieser mit Simplex bezeichneten Lösung besteht darin, daß keine zusätzlichen optischen Koppler an Sender und Empfänger gebraucht werden und daß die Übertragungskapazität auf dem PON relativ hoch sein kann. Bei den Einfaserlösungen erfolgt die Richtungstrennung nicht wie bei der Zweifaserlösung durch Raummultiplex, sondern durch Zeit- bzw. Wellenlängenmultiplex. Ein Zeitmultiplexverfahren ist z.B. die Übertragung nach dem Ping-Pong-Prinzip, das in der englischsprachigen Literatur auch als TCM (Time Compression Multiplexing) bezeichnet wird. Dabei senden der OLT und die ONU abwechselnd (Bild 13.12).

Beim Wellenlängenmultiplex (WDM) wird „downstream" im 1550-nm-Fenster übertragen und „upstream" bei 1310 nm. In Richtung von der ONU zum OLT wird in jeder ONU ein Laser benötigt, in der Ge-

13. Kapitel

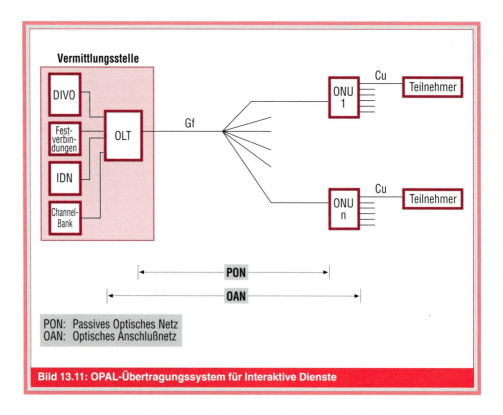

Bild 13.11: OPAL-Übertragungssystem für Interaktive Dienste

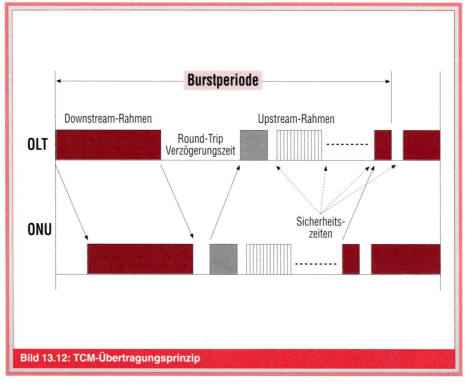

Bild 13.12: TCM-Übertragungsprinzip

genrichtung hingegen nur ein Laser im OLT. Da die Laser für 1310 nm nicht so teuer sind wie solche für 1550 nm, kommen sie dort zum Einsatz wo sie in größerer Stückzahl gebraucht werden, d.h. in der ONU.

13.3.3.1.2 Optical Line Termination

Der OLT stellt den vermittlungsseitigen Abschluß des OPAL-Systems dar. Auch wenn sein Aufbau hier im wesentlichen nur in Funktionalitäten beschrieben werden kann, da deren Realisierung von den einzelnen Anbieterfirmen im Detail sehr unterschiedlich gelöst wird, so lassen sich doch Funktionsgruppen darstellen (siehe Bild 13.13). Bestandteile sind die Tributary Units, das Kernübertragungssystem und der LT sowie Baugruppen für die Takt- und Stromversorgung des OLT. Zur Anbindung an das Operation System (OS) für OPAL ist jeder OLT mit einer Qx2-Schnittstelle ausgerüstet. Über die QD2-Schnittstelle lassen sich die Überwachungssignale der ONUs für die Breitbandverteildienste an den SISA-Konzentrator übertragen (s. Kap. 13.3.6).

Die Tributary Units (TU) stellen die netzseitigen Schnittstellen zur Vermittlungsstelle, zum Netz für die Festverbindungen, zum IDN und zu einer Channelbank dar. Es sind immer 2-Mbit/s-Schnittstellen, die in ihren elektrischen Parametern identisch sind und über das OS-OPAL auf den entsprechenden Dienst konfiguriert werden. Die Tributary-Unit-Schnittstellen entsprechen entweder der Spezifikation V5.1 für analoge Telefonanschlüsse und ISDN-Basisanschlüsse, V_{2M} für ISDN-Primärmultiplexanschlüsse oder der 2-Mbit/s-Schnittstelle für Festverbindungen gemäß den CCITT-Empfehlungen G.703, G.704. Wenn voraussichtlich ab 1996 die V5.2-Schnittstelle verfügbar sein wird, soll sie ebenfalls als Eingangsschnittstelle für OPAL-Systeme genutzt werden.

Der von der Telekom spezifizierte OLT soll mindestens eine äquivalente Übertragungskapazität von 800 x 64-kbit/s verarbeiten können, die wiederum auf mindestens vier PONs verteilt werden kann.

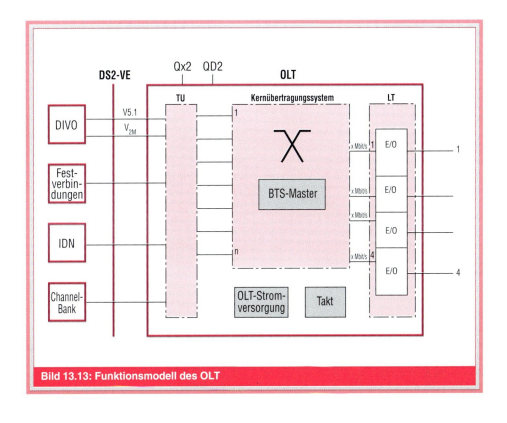

Bild 13.13: Funktionsmodell des OLT

13. KAPITEL

Im OLT erfolgt auch die teilweise oder vollständige Umsetzung des V5-Protokolls in ein firmenindividuelles Protokoll. Darauf soll im Kapitel 13.3.3.1.4 näher eingegangen werden.

An die Übertragungstechnik wird die Forderung der flexiblen Kanalzuordnung gestellt, d.h. jeder Zeitschlitz einer OLT-Eingangsschnittstelle soll blockierungsfrei auf jedes PON verteilt werden können. Innerhalb eines PON müssen die Kanäle ohne Einschränkung jeder ONU zugeordnet werden können. Diese Anforderungen verlangen im OLT eine Cross-Connect-Funktion auf der 64-kbit/s-Ebene, die allerdings nicht zwingend mit einem herkömmlichen m x m-Cross-Connector gelöst werden muß. Häufig werden die auf einen Bus geschalteten Kanäle der Eingangsschnittstellen über einen Time Slot Interchanger (TSI) an die Bittransportmaster weitergeleitet. Diese BTS-Master sind den einzelnen PON direkt zugeordnet. Sie übernehmen die Funktion des Multiplexens in den TDM/TDMA-Rahmen. Ihre Aufgabe ist es weiterhin den Rangingprozeß „ihres" PON zu überwachen und zu steuern. Im TDM/TDMA-Rahmen werden auch sämtliche Nachrichten zur Überwachung und Steuerung der ONUs übertragen.

Im LT (Line Termination) erfolgt die elektrisch-optische bzw. optisch-elektrische Wandlung der Signale und die Einkopplung in die Faser. Für die interaktiven Dienste ist der Wellenlängenbereich von 1270 bis 1350 nm spezifiziert. Bei Anwendung von Wellenlängenmultiplex erfolgt die Übertragung downstream zwischen 1490 und 1570 nm. Diese relativ breiten Wellenlängenfenster sind aus zwei Gründen erforderlich.

Da die optischen Sender im OLT und in den ONU eingesetzt werden, sind sie in hohen Stückzahlen erforderlich und stellen einen nicht zu vernachlässigenden Anteil an den Gesamtkosten dar. Bei in Massenfertigung erzeugten Lasern schwankt die Nominalwellenlänge in einem gewissen Bereich. Eine Kostenreduzierung wird zum einen dadurch erreicht, daß die Laser unabhängig von ihrer Transmissionswellenlänge bei 20 °C verwendet werden können. Außerdem gelten für die Laser in der ONU erweiterte Klimaforderungen von -25 °C bis +55 °C. Bei einem Verzicht auf Laserkühlung bzw. Heizung muß mit einer Wellenlängendrift von 0,4 nm/grd gerechnet werden.

Mit den für OPAL 94 auf dem Weltmarkt verfügbaren Sender- und Empfängerbauelementen ist abhängig vom angewendeten Übertragungsverfahren für das Passive Optische Netz ein Dämpfungsbudget von maximal 26 bis 34 dB verfügbar. Dieses Budget wird im wesentlichen von den beiden Komponenten Glasfaser und Koppler aufgebraucht. Bei einer maximalen Entfernung von 10 km zwischen OLT und ONU läßt sich so in der Regel ein Kopplerverhältnis von 1:32 erreichen. Bei einer Erhöhung der Reichweite muß zwangsläufig die Anzahl der ONU an einem PON zurückgehen. Um diesem Umstand gerecht werden zu können, wurden in der Spezifikation die drei Systemklassen A, B und C eingeführt.

Da für eine Einfaserlösung im Vergleich zur Zweifaserlösung eine Faser weniger benötigt wird und damit auch der für diese Faser erforderliche Koppler entfällt, erhält die Einfaserlösung einen Bonus bei Kopplerverhältnis und Nutzkanalzahl pro PON. Um auch bei einer Systemreichweite von 20 km und mehr das maximale Kopplerverhältnis von 1:32 erreichen zu können (Klasse C), werden i.a. ein digitales Zubringersystem und der Einsatz eines von der Vermittlungsstelle abgesetzten OLT erforderlich sein.

Der abgesetzte OLT soll sich nicht nur in einem Fernmeldedienstgebäude, sondern auch in einem KVz-ähnlichen Gehäuse im Freien unterbringen lassen. Über das digitale Zubringersystem werden die vermittlungsseitigen 2-Mbit/s-Schnittstellen vom Standort der DIVO zum abgesetzten OLT übertragen. Das Zubringersystem wird in der Regel ein SDH-System sein, das als Terminal Multiplexer betrieben wird. Zukunftsweisende Entwicklungen ermöglichen den wahlweisen Ersatz der 2-Mbit/s-TUs durch ein bis zwei STM-1-Schnittstellen. Damit kann der Zubringer in den OLT integriert werden.

Neben diesen rein übertragungstechnischen Elementen verfügt der OLT noch über Baugruppen für die Stromversorgung und den Takt. Der Betriebstakt soll aus einer der V5.1-Schnittstellen des OLT abgeleitet werden.

13.3.3.1.3 Optical Network Unit

Der gesamte vom OLT gesendete und über ein PON übertragene Rahmen wird von den ONUs empfangen und im LT optisch-elektrisch gewandelt (Bild 13.14). Daraus werden im Kernsystem der ONU die für diese ONU bestimmten Daten-, Signalisierungs-, und Überwachungskanäle entnommen, verarbeitet und auf einen Teilnehmerschnittstellenbus gegeben. In umgekehrter Richtung werden im ONU-Kernsystem die Teilnehmerdaten in Richtung OLT zusammengestellt, im LT elektrisch-optisch gewandelt und zu dem im Rangingprozeß festgelegten Zeitpunkt gesendet.

Das Übertragungsverfahren auf dem PON ist so flexibel gestaltet, daß jeder ONU wahlweise 1 bis 64 64-kbit/s-Kanäle zugewiesen werden können. Das ist zugleich auch die Mindestgröße für den Teilnehmerschnittstellenbus, auf den die Teilnehmerschnittstellenkarten (Service Units, SU) Zugriff haben. Die Service Units sind so gestaltet, das jeder SU-Steckplatz eine Service Unit unabhängig von ihrer Dienstart aufnehmen kann. Nur für 2-Mbit/s-Dienste ist eine Einschränkung auf bestimmte Steckplätze erlaubt. Diese Steckplätze müssen aber ohne Einschränkung auch mit jeder anderen SU bestückbar sein. Damit ist an jeder ONU ein beliebiger Dienstemix möglich, der lediglich durch die Kapazität von 64 x 64 kbit/s oder die Anzahl verfügbarer SU-Steckplätze begrenzt ist. Die Service Units sind wie alle anderen ONU- und OLT-Baugruppen als Steckkartenmodule ausgelegt, so daß beim Wunsch eines Kunden nach einem weiteren oder einem anderen Dienst nur die SU ergänzt bzw. ausgetauscht zu werden braucht. Jegliche Änderungen einer Service Unit dürfen den Betrieb anderer Service Units nicht beeinträchtigen. Schnittstellenkarten werden nicht bereits durch Stecken, sondern erst durch das Management-System konfiguriert. Wenn mehrere Teilnehmerschnittstellen auf einer Service Unit untergebracht sind, dann müssen diese einzeln konfigurierbar sein. Damit wird erreicht, daß unbeschaltete Schnittstellen keine Kanäle belegen, die für andere Dienste oder andere ONUs an diesem PON genutzt werden können. So kann die Kapazität der an einem PON bestückten Service Units größer sein als die gesamte PON-Kapazität. Das erlaubt es auch, einem Kun-

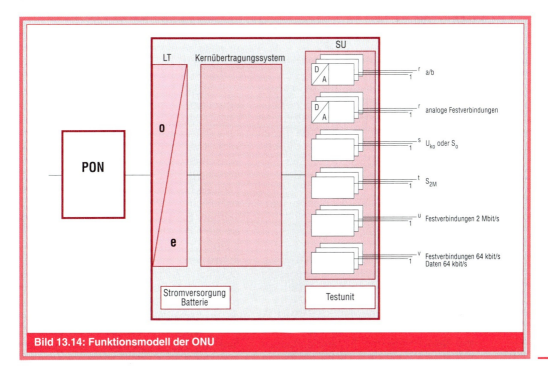

Bild 13.14: Funktionsmodell der ONU

den zu unterschiedlichen Zeiten verschiedene Dienste anzubieten, die nur über das Managementsystem konfiguriert werden müssen und nur die gerade benötigte Kapazität auf dem PON belegen.

So wie es möglich ist, Schnittstellen neu zu konfigurieren, können an ein PON auch neue ONUs angeschaltet und durch das Managementsystem konfiguriert werden, ohne den Betrieb anderer ONUs an diesem PON zu stören. Beim Bruch einer Glasfaser dürfen auch nur die ONUs gestört sein, die unmittelbar über diese Glasfaser betrieben werden.

Von der Telekom wurde eine Familie von fünf verschiedenen ONU-Typen spezifiziert, die es erlaubt eine ONU auszuwählen, die sich mit ihrer Größe der Anzahl der zu versorgenden Kunden pro Gebäude oder Curb bzw. der Zahl der Dienste für Geschäftskunden anpassen. Die LT- und Kernfunktionen sind für alle ONUs gleich. Auch in der Kapazität des Teilnehmerschnittstellenbusses gibt es keine Unterschiede. Sie unterscheiden sich lediglich in der Anzahl von Steckplätzen für die Service Units. Es sind die

- **ONU, Typ II**
  für bis zu 12 Teilnehmeranschlüsse,
- **ONU, Typ III**
  für bis zu 30 Teilnehmeranschlüsse und
- **ONU, Typ IV**
  für bis zu 60 Teilnehmeranschlüsse

spezifiziert. Neben diesen für den Einsatz in Gebäuden mit mehr als drei Wohneinheiten und im Curb vorgesehenen ONU mit flexibel bestückbaren Service Units gibt es auch kleinere, kompakte ONUs mit integrierten Teilnehmerschnittstellen. Die

- **ONU, Typ Ia**
  mit 4 analogen Hauptanschlüssen und
- **ONU, Typ Ib**
  mit 2 ISDN-Basisanschlüssen

sind für Ein- bis Dreifamilienhäuser vorgesehen. Bei veränderten Dienstewünschen des Kunden werden sie komplett getauscht.

Damit wurde versucht, eine ONU zu schaffen, die in ihrer Form und Größe auch von Teilnehmern mit Einfamilienhäusern akzeptiert werden kann. Da bei einem konsequenten Einsatz von Fibre-To-The-Building ONUs insbesondere für Ein- und Zweifamilienhäuser in großen Stückzahlen benötigt werden, ist es notwendig, eine auch preiswertere, integrierte Lösung zur Verfügung zu haben.

13.3.3.1.4 Schnittstellen

Bei den im Zeitraum 1990/91 von der Telekom realisierten Pilotprojekten OPAL 1 – 7 erfolgte die Anschaltung des OLT an die VSt über die „normalen" Teilnehmerschnittstellen am HVt (a/b-Schnittstelle für analoge Telefonanschlüsse, U_{K0}-Schnittstelle für ISDN-Basisanschlüsse). Als „Zwischenglied" diente eine sogenannte Channelbank, die die Anpassung der Teilnehmerschnittstellen an die Eingangsschnittstellen des OLT (2Mbit/s-Schnittstellen gem. CCITT-Empfehlung G.703/704) realisierte.

Diese Art der Anschaltung führte insbesondere bei den analogen Telefonanschlüssen zu einem hohen technischen Aufwand für die mehrfache A/D- bzw. D/A-Wandlung und die Umsetzung der Schleifensignalisierung von und zum Kunden sowie zu zusätzlichen Rückkopplungskreisen und zusätzlichen Signallaufzeiten. Für eine angestrebte wirtschaftliche Lösung erwies sich dieser Weg als nicht erfolgversprechend.

Die im Netz der Telekom eingesetzte Vermittlungstechnik zeigte mit den systemspezifischen digitalen Schnittstellen, die ursprünglich für den Anschluß sogenannter APE (Abgesetzte Periphere Einheit) entwickelt wurden, hier die Richtung für eine wirtschaftlichere Alternative. Durch die Anschaltung dieser APE an eine größere, zentrale Mutter-VSt können kleine, unwirtschaftliche Vermittlungsstellen abgelöst werden. Bei diesen Schnittstellen handelt es sich im weitesten Sinne um systeminterne, d.h. „innere" Schnittstellen zwischen den dezentral in einer APE untergebrachten Teilnehmermodulen und den übrigen zentralen technischen Einrichtungen einer digitalen VSt. Sie arbeiten mit einer systemindividuellen Zentralkanal-Zeichengabe und haben eine Konzentratorfunktion, d.h. es werden mehr Kunden über diese Schnittstelle angeschlossen als gleichzeitig aktiv sein können. Durch die Anwendung von PCM-Übertragungstechnik kann diese „innere" Schnittstelle in ihrer Reichweite nahezu beliebig weit verlängert werden, was zu einer Herauslagerung vermittlungstechnischer Funktionen aus dem Gebäude der VSt in die Nähe des Kunden (Peripherie) führt. Da es sich bei den APE ebenfalls um recht teure technische Einrichtungen handelt, die in entsprechenden Räumen oder Gebäuden untergebracht werden müssen, bietet der Ersatz von geplanten APE durch entsprechende OPAL-Systeme vergleichbarer Reichweite eine kostengünstigere Alternative.

Um künftig unabhängig von den systemindividuellen Schnittstellen der Herstellerfirmen der Vermittlungstechnik als Eingangsschnittstelle eines OPAL-Systems zu werden, übernahm die Telekom im Rahmen der internationalen Standardisierungs-Organisationen, insbesondere im ETSI, eine Vorreiterrolle bei der internationalen Standardisierung von digitalen Schnittstellen an DIVO zum Anschluß von Teilnehmernetzen (AN – Access Network). Diese Schnittstellenfamilie wird allgemein als V5.x-Schnittstelle bezeichnet und besteht derzeit aus der V5.1- und der V5.2-Schnittstelle.

Bei der V5.1-Schnittstelle, die dem Wettbewerb OPAL 94 zugrunde gelegt wurde, handelt es sich um eine 2 Mbit/s-Schnittstelle ohne Konzentratorfunktion für die Anschaltung von analogen Telefonanschlüssen und ISDN-Basisanschlüssen, auch in gemischter Beschaltung. Für diese Schnittstelle wurden die Standardisierungsarbeiten im Frühjahr 1993 im wesentlichen abgeschlossen. Sie wurde ab 1994 in die Vermittlungstechnik implementiert und steht somit für die Anschaltung von OPAL-Systemen von diesem Zeitpunkt an zu Verfügung.

Mit der konsequenten Einführung der V5.1-Schnittstelle als Schnittstelle zwischen der DIVO und dem OPAL-System wurden erstmalig die Voraussetzungen für einen weltoffenen, gleichberechtigten Wettbewerb zwischen den Anbietern von OPAL-Technik geschaffen. Damit wird der Telekom langfristig die Erzielung von kostengünstigen Einkaufspreisen ermöglicht, obwohl gegenwärtig mit der V5.1-Schnittstelle, im Vergleich zu den firmenindividuellen Schnittstellen, aufgrund der fehlenden Konzentratorfunktion ein höherer Hardwareaufwand betrieben werden muß.

Bei der Einführung der OPAL-Technik wurde davon ausgegangen, daß an den zukünftigen OPAL-Standorten auch synchrone Ortsnetzringe (VISYON – Variables Intelligentes Synchrones Ortsnetz) installiert werden. Daher sind auch die Eingangsschnittstellen des OLT für diese Dienste ausschließlich 2 Mbit/s-Schnittstellen gem. CCITT-Empfehlung G.703/704, innerhalb derer die einzelnen Dienste jeweils als ein Nutzkanal mit einer Datenrate von 64kbit/s übertragen werden.

Treten bestimmte Monopolübertragungswege und eine Vielzahl verschiedener Dienste mit jeweils geringer Häufigkeit innerhalb eines OLT auf, kann es erforderlich sein, sogenannte Channelbanks einzusetzen. Diese Channelbanks fungieren als „Sammler für selten vorkommende Dienste" und dienen der Anpassung der OLT-seitigen 2Mbit/s-Schnittstellen an die Übergabeschnittstellen zu den jeweiligen Netzen (s. Bild 13.15). Aus diesem Grund und um die Anschaltung mehrerer OLT an eine Channelbank zu ermöglichen, soll diese sowohl Cross-Connect- als auch Multiplexfunktionen gewährleisten können.

Als Übergabeschnittstellen zu den jeweiligen Netzen kommen vorwiegend digitale Schnittstellen mit einer Datenrate von 64kbit/s bzw. 2Mbit/s zur Anwendung. Es sind aber auch analoge Schnittstellen (a/b-Schnittstelle, Monopolübertragungsweg 1...) zu realisieren.

Die Einführung der digitalen V5.1-Schnittstelle zur Anschaltung von optischen Teilnehmeranschlußnetzen führt zu einer Herauslösung vermittlungstechnischer Funktionen aus der Vermittlungsstelle und zu deren Verlagerung in die Übertragungstechnik des Teilnehmeranschlußbereiches, speziell in die ONU mit den Teilnehmerschnittstellenkarten. Dies macht eine intensive Abstimmung zwischen Vermittlungs- und Übertragungstechnik erforderlich, um die notwendige Kompatibilität beider Teilbereiche zueinander zu gewährleisten.

Das Grundprinzip dieser Zusammenarbeit zwischen der DIVO und dem optischen Anschlußnetz besteht darin, daß die

13. Kapitel

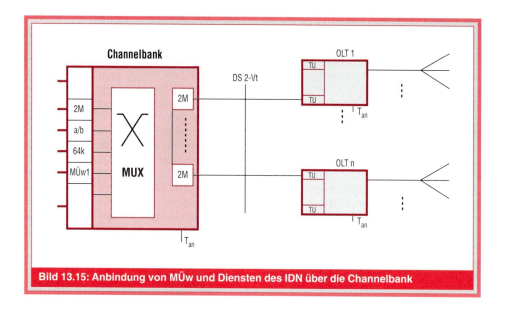

Bild 13.15: Anbindung von MÜw und Diensten des IDN über die Channelbank

vom Kunden kommenden Zeichen oder Signale in der ONU erkannt und ausgewertet und über systeminterne Signalisierungskanäle zum OLT übertragen werden. Der OLT setzt diese internen Meldungen in das festgelegte Protokoll der V5-Schnittstelle um und überträgt diese zur zugehörigen DIVO. In Richtung zum Kunden empfängt der OLT das V5-Protokoll und überträgt die entsprechenden Meldungen zu den betreffenden ONU. Hier erfolgt die Umsetzung in die analoge Zeichengabe zum Kunden. Die Vermittlungsstelle ist nach wie vor für den Verbindungsauf- und -abbau verantwortlich, d.h. sie übernimmt die Master-Rolle.

Für den einzelnen Kunden soll kein erkennbarer Unterschied zwischen einer Anschaltung an ein OPAL-System oder einer herkömmlichen Anschaltung über Kupfer-Doppeladern bestehen. Alle für den Netzabschluß (NTA-Network Termination Analog) definierten Schnittstellenbedingungen müssen uneingeschränkt erfüllt werden.

In der ONU wird auf den Teilnehmerschnittstellenkarten die Übergabeschnittstelle zum Kunden realisiert. Dabei richtet sich die Schnittstellenart nach dem Standort der ONU. Für ISDN-Basisanschlüsse ist bei einer Unterbringung der ONU direkt im Gebäude des ISDN-Kunden eine S_0-Schnittstelle vorgesehen. In allen anderen Fällen kommt die U_{K0}-Schnittstelle (Leitungsschnittstelle zum NTBA) nach der bei der Telekom gültigen FTZ-Richtlinie 1 TR 220 mit normalem Standard-NTBA zum Einsatz.

Bei der Realisierung eines ISDN-Primärmultiplexanschlusses ist generell von einer Unterbringung der ONU im Gebäude des Kunden (FTTB) auszugehen, da es sich hier fast ausschließlich um mittlere oder größere Geschäftskunden handelt. In diesem Fall wird die Funktion des Netzabschlusses beim Kunden (NT1-Funktion) auf der Teilnehmerschnittstellenkarte der ONU integriert, d.h. die ONU bildet gleichzeitig den ISDN-Netzabschluß mit allen zum Betrieb notwendigen Eigenschaften (z.B. Prüfschleifenschaltung). Als Kunden-Netz-Schnittstelle wird eine S_{2M}-Schnittstelle realisiert, die der international im ETSI standardisierten Schnittstelle entspricht.

Bei den innerhalb des Integrierten Datennetzes (IDN) angebotenen Diensten hat sich in der historischen Entwicklung eine Vielzahl unterschiedlicher Schnittstellen herausgebildet. Eine Realisierung dieser Schnittstellenvielfalt auf jeweils speziellen Schnittstellenkarten in der ONU wäre aufgrund der geringen benötigten Stückzahlen wirtschaftlich nicht zu vertreten. Daher hat sich die Telekom entschieden, daß die Realisierung der Datendienste über OPAL-Systeme einheitlich über 64kbit/s-Schnittstellen nach CCITT-Empfehlung G.703 erfolgt. Die Anpassung der jeweiligen Datenschnittstelle des Kunden an die 64kbit/s-Schnittstellenstruktur der ONU übernimmt eine Adaptation Unit (AU) beim Kunden, die nicht Bestandteil des OPAL-Systems ist, sondern vom Anbieter der Datendienste bereitzustellen ist.

Wie bereits erwähnt, besteht eine Hauptzielrichtung beim Einsatz der OPAL-Technik ab 1994 speziell in den neuen Bundesländern im Ausbau kompletter Anschlußbereiche in Glasfasertechnik. Ein parallel bestehendes Kupfernetz wird nicht weiter in Betrieb gehalten. Dies hat die Konsequenz, daß alle durch das Bundesministerium für Post und Telekommunikation festgelegten Monopolübertragungswege über Glasfasertechnik im Anschlußbereich darstellbar sein müssen. Innerhalb eines OPAL-Systems sind analoge MÜw und digitale MÜw mit einer Datenrate bis zu 2Mbit/s zu realisieren.

Die technische Realisierung der digitalen MÜw bereitet im Rahmen der OPAL-Systeme keine Probleme und ist bis auf den MÜw 10, der nicht auf den zentralen Netztakt synchronisiert ist, uneingeschränkt bei allen OPAL-Techniken enthalten.

Durch die derzeitigen Festlegungen des BMPT ist die Telekom gezwungen, auch die analogen MÜw flächendeckend anzubieten. Beim Einsatz digitaler Übertragungstechnik, wie bei OPAL, ist diese Realisierung, bedingt durch die Vielfalt der Signalisierungsverfahren, immer sehr kostenaufwendig. Dies führte in der Vergangenheit zu verschiedenen, firmenindividuellen Varianten und einer fehlenden Austauschbarkeit. Auch unabhängig vom Einsatz der OPAL-Technik ist für die flächendeckende Realisierung analoger Monopol-Üw eine einheitliche Lösungsvariante erforderlich. Dabei sollte eine Variante bevorzugt werden, bei der zunächst ein Monopol-Üw mit digitaler Schnittstelle von Kunde zu Kunde geschaltet wird; an dieser Schnittstelle wird dann durch einen Terminal-Adapter die Wandlung der analogen Schnittstelle einschließlich der Kennzeichengabe vorgenommen. Diese Lösung kann außer bei OPAL auch bei allen anderen aktiven Systemen im Teilnehmeranschlußbereich (z.B. Anschlußleitungsmultiplexer, ASLMX) eingesetzt werden und auch bei den bereits 1993 eingesetzten OPAL-Systemen nachgerüstet werden. Dies würde zu einer wesentlichen Reduzierung der Vielzahl verschiedener Teilnehmerschnittstellenkarten in den ONU führen.

13.3.3.1.5 Passive Komponenten

In Bild 13.16 ist die Glasfaser-Leitungsführung mit den funktional wichtigen Bauteilen dargestellt. Beginn bzw. Ende der Glasfaser-Leitung bilden die Stecker zur Anschaltung an die übertragungstechnischen Baugruppen im OLT-Gestell bzw. im Gehäuse-ONU. Die Leitungsführung durchläuft zwei Verteiler, in denen alle Glasfasern der Kabel beliebig verbunden werden können.

Zur Bildung der Punkt-zu-Multipunkt Verbindung können wahlweise ein oder zwei Koppler (passive Verteiler) in die Gf-Leitung eingeschaltet werden. Um die Fehlerortung im Liniennetz zu gewährleisten, darf auf einen durch Stecker begrenzten Leitungsabschnitt jedoch nur ein Koppler vorhanden sein.

Die Steckverbindung im Gf-Hauptverteiler ist eine organisatorisch-meßtechnische Schnittstelle. Sie gestattet gleichzeitig eine flexible Schaltbarkeit in der Leitungsführung zu anderen Netzen.

Im Glasfasernetz wird uneingeschränkt die Standard-Einmoden-Glasfaser mit einem Modenfelddurchmesser von 8,6 bis 9,5 µm, einen Manteldurchmesser von 125 µm + 1 µm (Mittelwert) und einen Faserdurchmesser von 235 bis 260 µm eingesetzt. Für die Ader- und Kabelkonstruktionen werden den Einsatzbereichen angepaßte Bauformen benutzt.

Alle Adern enthalten Einzelfasern und sind in bewährter gefüllter Hohladerkonstruktion ausgeführt. Die Voraussetzungen für die Einführung der alternativen Faserkonstruktion „Bändchen", bei der mehrere Einzelfasern zu einem einlagigen Band verklebt sind, sind wegen der zu erwartenden Kostennachteile bei niedriger Anzahl von Glasfasern im Kabel und der noch nicht befriedigend gelösten Verbindungstechnik z.Z. nicht gegeben. Alle Kabel sind zentral oder einlagig verseilt, sind gefüllt und haben einen Schichtenmantel. Die mechanischen Kennwerte, Gewichte und Abmessungen lassen die Anwendung aller

13. Kapitel

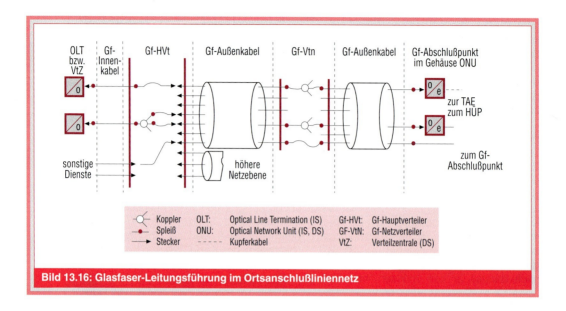

Bild 13.16: Glasfaser-Leitungsführung im Ortsanschlußliniennetz

gegenwärtig bekannten Lege- und Montagetechniken zu.

Auch für den Anschlußbereich müssen Spleiße und Stecker eine niedrige Einfügungsdämpfung und hohe Zuverlässigkeit aufweisen. Setzt man die uneingeschränkte Netzverfügbarkeit für alle Übertragungsarten voraus, muß zusätzlich eine Rückflußdämpfung von 50 dB erfüllt werden. Die bei OPAL zum Einsatz kommenden Gf-Verbindungen erfüllen diese Forderung. Die Einfügungsdämpfung der Fusionsspleiße ist im Mittel kleiner als 0,1 dB, die der Steckverbinder kleiner als 0,5 dB.

Für den Anschlußbereich werden Stecker mit Steck-Zieh-Verriegelung (Push-Pull) eingesetzt. Sie haben den Vorteil einer einfachen Handhabung und einer hohen Packungsdichte. Stecker werden ausschließlich in konfektionierter Form mit fest angeschalteter Ader oder angeschaltetem Kabel (Pigtail) verwendet, um den Montageaufwand „Vor-Ort" gering zu halten.

Der optische Koppler ist das markante Bauteil im PON mit Punkt-zu-Multipunkt Struktur. Mit ihm wird die in einer Glasfaser geführte Signalleistung passiv auf mehrere Glasfasern verteilt bzw. umgekehrt zusammengeführt. Hierbei wird die Eingangsleistung entsprechend dem Aufteilungsverhältnis gleichmäßig auf die Ausgangstore aufgeteilt, wobei Aufteilungsverhältnisse von 1 : 2 bis 1 : 32 zur Anwendung kommen. Die beiden gegenwärtig eingesetzten Kopplerarten, Fusionskoppler und planare Koppler, werden in Kassettenform (Länge 155 mm, Breite 92 mm, Höhe max. 9,5 bzw. 19 mm) mit fest angeschalteten 4 m langen Anschlußadern konfektioniert.

Der im Fernmeldegebäude eingesetzte Gf-Hauptverteiler (Gf-HVt) ist in Gestellbauweise (Höhe 2,2 m, Breite 0,6 m, Tiefe 0,3 m) aufgebaut. Er kann mit bis zu 8 Baugruppenträgern bestückt werden. Jeder Baugruppenträger ist für bis zu acht auch funktional unterschiedliche Baugruppen (Module) ausgelegt. An jedes Modul können bis zu 12 Glasfasern angeschaltet werden. Somit beträgt die Kapazität eines Gf-HVt-Gestells insgesamt 384 an Steckern anschließbare Glasfasern für Außenkabel und deren flexible Schaltung zu den Innenkabeln. Durch die modulare Bestückung kann das Gestell den verschiedenen Netz- und Anschlußbedingungen angepaßt werden.

Der im Liniennetz verwendete Gf-Netzverteiler (Gf-VtN) hat ähnliche Funktionen wie der Gf-HVt zu erfüllen. Jedoch werden alle Schaltverbindungen zwischen den Glasfasern der Kabel mit Schaltadern und Spleißverbindungen ausgeführt. Der Gf-VtN ist ebenfalls modular aufgebaut und wird mit Kassettengehäusen und Kassettenträgern entsprechend den Netzerfordernissen bestückt. Maximal kann das größte voll bestückte Gehäuse bis zu 44 Kassettengehäuse für je 12 Glasfasern und 30 Kassettenträger für Gf-Kopplerkassetten aufnehmen. Alle Bauteile sind in Gehäusen für Kabelverzweiger untergebracht, die auf der Straße aufgestellt werden.

13.3.3.2 Aktive Lösungen

13.3.3.2.1 Einführung

Mit der Einführung von OPAL 1994, über die als Turn-Key errichteten Baumaßnahmen von OPAL 1993 hinaus, wurde erstmals ein „aktives" System, Kurzbezeichnung HYTAS, gleichberechtigt neben den „passiven optischen Netzen" zugelassen. Die Gründe waren in einer Vielzahl vorteilhafter Systemeigenschaften zu sehen, die einen äußerst breitgefächerten Einsatz zulassen und zudem in Konkurrenz zu den passiven Systemen gleichermaßen einen wirtschaftlichen Einsatz gewährleisten.

Der ursprüngliche Haupteinsatz des HYTAS-Systems war für den flächendeckenden Einsatz, in gänzlich neuzuversorgenden, überwiegend ländlich strukturierten Bereichen in den neuen Bundesländern gedacht. Die HYTAS-Systemkomponenten erlauben jedoch den Einsatz in allen neu zu erschließenden Anschlußbereichen, von lockerer ländlicher Bebauung bis hin zu hochdichten Innenstadtbereichen.

Systemflexibilität, Systemleistungsfähigkeit, Zukunftssicherheit und die modulare Erweiterbarkeit haben zu einer Ausweitung der Einsatzbereiche geführt. Der Einsatz von OPAL-Technik in den alten Bundesländern ist unter Wirtschaftlichkeitsgesichtspunkten aufgrund der existierenden, relativ gut ausgebauten Kupfernetze ungleich schwieriger. Ein kompletter Ersatz der Kupfer-Vzk-Netze durch Glasfaser ist in den alten Bundesländern aus Kostengründen nicht möglich. Lösungen müssen daher die Gegebenheiten berücksichtigen und schrittweise die Glasfaser zum Kunden bringen. Die Entscheidung der Deutschen Telekom, das Netz bis Ende 1997 komplett zu digitalisieren, erzwingt den Austausch der noch vorhandenen analogen Vermittlungsstellen. Dies bietet die einmalige Gelegenheit, große Mengen an Beschaltungseinheiten im Netz mit der zukunftsicheren aktiven Technik auszurüsten. In einem ersten Schritt wird HYTAS-Technik mit einer Inhouse-Lösung („Super-ONU" im Gebäude) auf die TVSt konzentriert und später als Folge von Hk-Erweiterungen als Outdoor-Lösung („Super-ONU" am KVz) bis zum KVz oder sogar bis zum Kunden vorgezogen. Die Strategie, analoge Vermittlungstechnik durch Inhouse-Lösungen zu ersetzen und schrittweise die Glasfaser zum Kunden zu bringen, wird unter dem Arbeitsbegriff „ISIS" geführt. Alle Ausbauschritte, beginnend mit der der reinen Inhouse-Lösung, bis hin zum flächendeckenden Neuausbau und allen deckbaren Kombinationen, werden vom Network-Management (NM) voll unterstützt. Erreicht wird mit dieser Vorgehensweise die Errichtung einer diensteneutralen Infrastruktur, die vermittelte und nichtvermittelte Dienste bis 2 Mbit/s gleichermaßen bedienen kann. Die Betriebsstellen aller Lieferanten werden unter dem einheitlichen HYTAS-NM betrieben.

Die „passive" Technik und die „aktive" Technik unterscheiden sich vom Ansatz in sehr vielen Punkten. Allen OPAL-Technikkonzepten gemeinsam ist der Grundgedanke, die Glasfaser möglichst nahe zum Kunden zu bringen, im Idealfall bis ins Haus (FTTB). Das auf den ersten Blick wichtigste konzeptionelle Unterscheidungsmerkmal und Hauptgrund für die Namensgebung, ist der Ersatz des passiven Splitterpunkts durch einen aktiven Glasfaserverteiler (AGf). Die Einführung eines aktiven Splitterpunkts ermöglicht neue Wege, was das Speisekonzept der in Richtung der Kunden führenden Komponenten und Endgeräte betrifft, als auch die nun erheblich flexiblere Gestaltung der zu versorgenden Bereiche. Relativ hohe Übertragungsbitraten erlauben eine sehr viel freizügigere Versorgung der angeschlossenen Kunden mit 2 Mbit/s-Diensten, als dies bei passiven Systemen möglich ist. Im Hinblick auf künftige Dienste, werden somit mit der Technik von heute die Voraussetzungen für neue Anwendungen geschaffen.

Eine zusätzliche, für das aktive System charakteristische Gestaltungsvariante, ist die Auftrennung der ONU (Optical Network Unit)-Funktion in das ONT (Optical Network Termination), eine Einheit, die die Kernelemente enthält und in die abgesetzten Service Units (SU). Die SU werden über zwei DA an einen diensteneutralen Bus mit 2,54 Mbit/s an das ONT angeschaltet. Hiermit wird die Zuführung des Glasfaserkabels mit dem kompletten Schnittstellen-/Diensteangebot bis vor die „Haustür" ermöglicht, vermieden wird jedoch vor allem in Gebieten mit dünner bis mitteldichter Bebauungsstruktur die kostentreibende und aufwendige EVU-Hausversorgung. Das aktive System bietet mit einer Vielzahl von ONU- und ONT-Varianten (ETSI-Gestell, Inhouse, FTTC, Unterflur, Mini-KVz) eine optimale Anpassung an die örtlichen Gegebenheiten.

13.3.3.2.2 Systemübersicht

Bild 13.17 zeigt die typische Systemkonfiguration für eine flächendeckende Versorgung mit dem HYTAS-System, wie sie bei der Deutschen Telekom vor allem in den neuen Bundesländern vorgefunden wird. Die Bereichsabgrenzung der Mutter-VSt kann aufgrund der großen maximalen Entfernung zwischen OLT und ONT/ONU mit 50 km oder mehr sehr viel größer geschnitten werden, als es mit einem Kupfernetz je möglich wäre. Die Investitionen für den Neubau einer Vielzahl von Vermittlungsstellen können somit vermieden werden. Die Kaskadierbarkeit einzelner AON erfolgt über das Weiterschleifen eines Faserpaares von OLD zu OLD. Die Versorgung mittels kaskadierter AON ist vorteilhaft zur Erschließung relativ kleiner, trassenmäßig aufeinanderfolgender Ortsnetze.

Bild 13.18 zeigt eine OPAL-Minimallösung. Alle Komponenten, die sich bei Neuversorgung eines Bereichs im Feld befinden, werden nun auf einen Punkt in einem Gebäude konzentriert. Das Kupfernetz mit Hk und Vzk bleibt komplett erhalten und wird am Hauptverteiler abgeschlossen. Die ONU Typ V bilden, vergleichbar mit einer APE, die äußere Schnittstelle zur Vermittlungstechnik. Der typische Einsatzfall ist der Ersatz einer analogen Vermittlungsstelle durch die HYTAS-Technik. Um den Faserbedarf auf dem Abschnitt BVSt – alte TVSt möglichst gering zu halten, erfolgt bedarfsweise eine Multiplexbildung von bis zu vier OLT auf einem Faserpaar. Falls erforderlich, kann ein Zweitweg zur Ersatzschaltung eingerichtet werden.

Zwischen den in Bild 13.17 und Bild 13.18 gezeigten Netzkonfigurationen sind selbstverständlich Mischformen möglich, ja sogar für die Zukunft gefordert, da die Gesamtkonzeption eine Evolution der Glasfaser „nach vorne" zum Kunden beinhaltet. Bei notwendigen Hk-Erweiterungen können in einem ersten Schritt die ONU zum KVz vorverlagert werden oder aber für Geschäftskunden sogar bis ins Haus.

13.3.3.2.3 Systemkomponenten

Das aktive Netz gliedert sich in drei Technikschwerpunkte, in den OLT, als Abschluß des Glasfasernetzes, den aktiven Glasfaserverteiler im Netz (OLD) und die teilnehmerseitigen optischen Netzabschlüsse Optical Network Unit (ONU) bzw. Optical Network Termination (ONT).

■ Optical Line Termination (OLT) und Channelbank (CB)

Der OLT bildet, genau wie bei der passiven Technik, den Abschluß des OPAL-Netzes zur DIV und zum Ü-Netz. Der Standort des OLT ist die Bereichsvermittlungsstelle. Wie bei den passiven Systemen übernimmt der OLT in der aktiven Technik verschiedene Grundfunktionen.

Er stellt über 2 Mbit/s das Bindeglied zu den V-Schnittstellen und zum Ü-Netz dar, führt den Datenaustausch mit dem Managementsystem und stellt mittels Crossconnect gezielt die Verbindung zu den AON her.

Der OLT gliedert sich funktional grob in drei Blöcke:
■ Tributary Units (TU), die mit 2 Mbit/s G. 703 die elektrische Schnittstelle zur Vermittlungstechnik und zu den Ü-Wegen für Festverbindungen bilden,
■ Crossconnector (CC) mit Kernübertragungssystem und System Management Unit,
■ Multiplexer/Transceiver (OMTR/OMTR4/EMTR), die den Abschluß der aktiven optischen Glasfasernetze bilden.

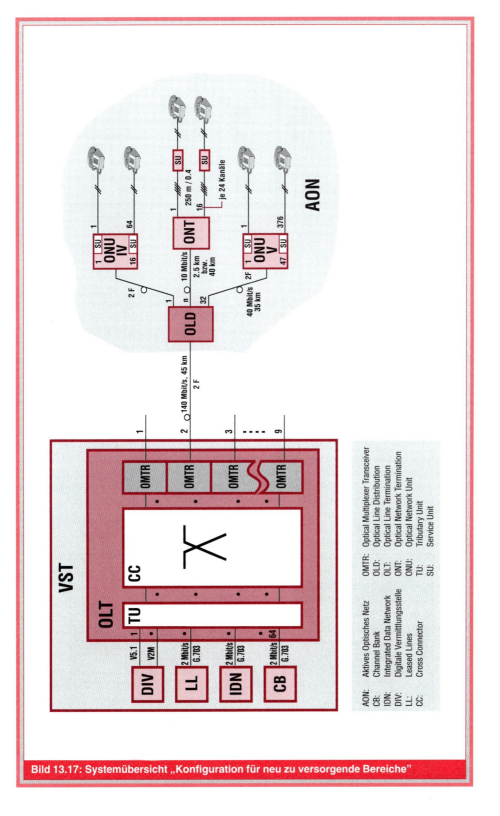

Bild 13.17: Systemübersicht „Konfiguration für neu zu versorgende Bereiche"

13. KAPITEL

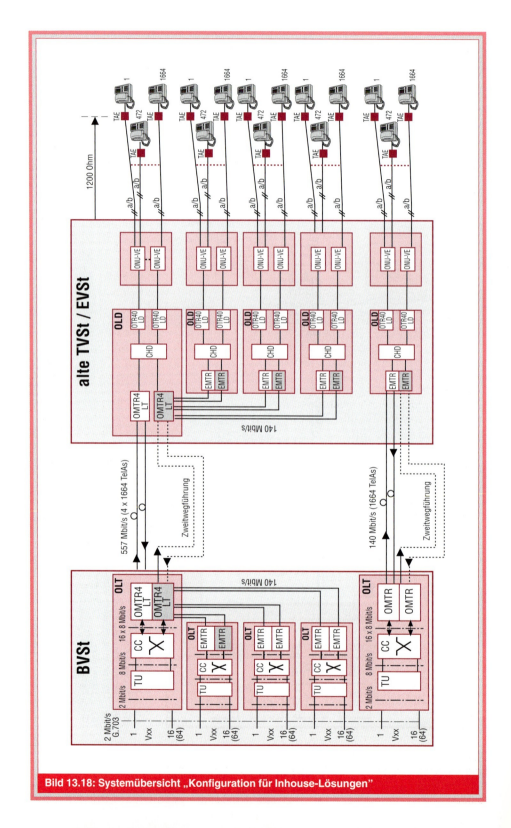

Bild 13.18: Systemübersicht „Konfiguration für Inhouse-Lösungen"

■ Tributary Units:

Seit Herbst 1995 kommt ein TU-Konzept zum Einsatz, das sowohl den Betrieb an V5.1-Schnittstellen unterstützt, als auch durch bereits implementierte Leistungsmerkmale den Einsatz konzentrierender Schnittstellen unterstützt.

Das Konzept sieht eine Aufteilung der TU-Funktionen auf zwei getrennte Baugruppen vor:
- die TU-2M, die lediglich Schnittstellenfunktion übernimmt und jeweils acht 2-Mbit/s-Schnittstellen gemäß CCITT G.703/G.704 realisiert,
- die TU-SIG, die die vermittlungsspezifischen Signalisierungs- und Protokollfunktionen für jeweils bis zu 120 Tln-Anschlüsse realisiert.

Die TU-2M ermöglicht die Anschaltung von V5.1-Schnittstellen und konzentrierenden Schnittstellen (z.B. V95 der Firma SEL-Alcatel), Primärmultiplexanschlüssen (V_{2M}) und 2 Mbit/s für Festverbindungen bzw. Channelbanks. In Abhängigkeit von den vermittlungsseitigen Schnittstellen kommen jeweils spezielle TU-Sig-Versionen zum Einsatz, die die entsprechenden Protokollversionen unterstützen.

■ Schnittstellen des OLT zur DIV:

Der OLT wird in der BVSt über digitale 2-Mbit/s-Schnittstellen G. 703 direkt an die DIV angeschlossen. Zum Einsatz kommen bisher überwiegend die ETSI-standardisierte V5.1-Schnittstelle für analoge Telefonanschlüsse und ISDN-Basisanschlüsse (BaAs) sowie die V_{2M}-Schnittstelle für ISDN-Primärmultiplexanschlüsse. Die V5.1-Schnittstelle unterstützt analoge Telefonanschlüsse (maximal 30), TK-Anlagen mit Durchwahl (IKZ), Notruftelefon und ISDN-Basisanschlüsse. Bei ISDN-BaAs wird nur Euro-ISDN mit E-DSS1-Protokoll unterstützt, BaAs mit 1TR6-Protokoll müssen, sofern die Anschlüsse in das OPAL-System übernommen werden, als ISDN-Festverbindung im OPAL-System geführt werden mit einer Uko-Anschaltung an die DIV. Seit Ende 1995 kommen überwiegend firmenspezifische konzentrierende Schnittstellen für analoge Telefonanschlüsse und ISDN-Basisanschlüsse zum Einsatz. Dies sind die V93-Schnittstelle für EWSD- und die V95-Schnittstelle für S12-Vermittlungstechnik.

■ Crossconnector:

Der Crossconnector ist ein zentrales Funktionselement, zur wahlfreien Rangierung der Kanäle zwischen Netzseite und Kundenseite als „elektronischer Hauptverteiler", d.h. beliebige Zuordnung einzelner ONU/ONT-Kanäle zu den netzseitigen 2 Mbit/s-Schnittstellen. Die Crossconnector-Kapazität beträgt maximal 1664x64 kbit/s, die über 832 „Basiscontainer" (Kapazität 2 B + D + Signalisierung) auf die AON verteilt wird. Anders als bei passiven Systemen kann die gesamte Crossconnector-Kapazität von 1664x64 kbit/s flexibel entweder auf ein AON gelegt werden oder aber auf bis zu 9 AON verteilt werden.

■ Multiplexer/Transceiver (OMTR/OMTR4/EMTR):

Die direkte Schnittstelle zum AON bilden die Multiplexer/Transceiver. Standardbaugruppe ist der optische Multiplexer/Transceiver (OMTR), der mittels einer Simplexübertragung von 140 Mbit/s über 2 Glasfasern die Verbindung zum OLD herstellt. Die maximale Felddämpfung von 30 dB erlaubt eine maximale Entfernung OLT – OLD von ca. 46 km. Zur Anschaltung an herkömmliche Ü-Systeme, die die Verbindung zum OLD herstellen, wird der elektrische Multiplexer/Transceiver (EMTR) mit einer CCITT-G.-703-Schnittstelle verwendet. Um Fasern auf dem Kabelabschnitt OLT – OLD einzusparen, kann optional die OMTR4-Baugruppe verwendet werden. Sie vereint einen Add/Drop-Multiplexer für 4 x 140 Mbit/s und eine Leitungseinrichtung mit optischer 557-Mbit/s-Schnittstelle. Die OMTR4-Baugruppe bietet die Möglichkeit, die Kapazität von bis zu 4 OLT auf ein optisches Leitungssignal zusammenzufassen und über ein Faserpaar zum OLD zu übertragen. Bis zu 3 OLT werden in diesem Fall mittels EMTR-Baugruppe elektrisch über 140 Mbit/s an die OMTR4-Baugruppe angeschaltet. Hauptanwendungsfall für OMTR4 sind Inhouseanwendungen. Eine automatische Umschaltung auf einen ggf. erforderlichen Zweitweg wird für alle MTR-Varianten in das Managementsystem integriert.

■ Channelbank:

Die Channelbank dient als Multiplexer für alle Leased Lines, die nicht direkt über

13. KAPITEL

die TU-2M mit 2 Mbit/s an das OLT angeschaltet werden können. Die erforderlichen Schnittstellen werden als entsprechende Line Cards in der Channelbank gesteckt und in Form von n x 64 kbit/s in ein 2-Mbit/s-Signal eingefügt. Über die TU-2M erfolgt der Zugang zum OLT.

Als Schnittstellenkarten sind verfügbar:
– analoge Schnittstelle 2-Draht für Monopolübertragungsweg (MÜw) 1
– analoge Schnittstelle 4-Draht für MÜw 1
– digitale Schnittstelle 64 kbit/s G. 703 z.B. für MÜw 6a
– digitale Schnittstelle Uko (2 B + D) z.B. für ISDN-BaAs mit 1TR6-Protokoll.

■ **Aktiver Glasfaserverteiler im Netz**

Im OLD werden die 140 Mbit/s-Signale, die vom OLT kommen auf bis zu 32 teilnehmerseitige Netzabschlüsse aufgeteilt. Die Unterbringung des OLD erfolgt wahlweise entweder in einem KVz 83 MXs oder bei Gebäudeinstallation in Systemgestellen mit 600 mm Breite.

■ **Optische Schnittstellen zu ONU und ONT**:

Zur Anschaltung von ONU und ONT werden im OLD „Optische Transceiver (OTR)"-Baugruppen gesteckt. Für Standardanwendungen kommen OTR 10-LD mit 10,24 Mbit/s zum Einsatz. Die maximal überbrückbare Entfernung beträgt im genutzten Wellenlängenbereich von 757 bis 813 nm ca. 2,5 km. Für alle Anwendungsfälle mit Reichweiten > 2,5 km steht die OTR10H-LD-Baugruppe zur Verfügung, die im genutzten Wellenlängenbereich von 1,3 mm bis zu 40 km überbrücken kann. Für die ONU TYP V mit bis zu 472 x 64 kbit/s kommen OTR40SH-LD-Baugruppen mit 40,96 Mbit/s zum Einsatz. Die maximal überbrückbare Entfernung beträgt im genutzten Wellenlängenbereich von 1,3 mm ca. 35 km.

■ **Optical Network Unit (ONU) bzw. Optical Network Termination (ONT).**

Für den teilnehmerseitigen Glasfaserabschluß werden ONU und ONT eingesetzt. Die ONU vereint das optische Übertragungssystem und die schnittstellenspezifischen Service Units (SU) in einem Gehäuse. Das ONT ist eine spezifische Komponente des aktiven Systems und bietet die Möglichkeit die Service Units abgesetzt vom optischen Netzabschluß zu betreiben (Bild 13.19).

Die Anbindung der Schnittstellenkarten erfolgt über herkömmliche Kupferkabel mit zwei Doppeladern bei einer maximalen Reichweite von 250 Metern. Auf diese Weise können dem Kunden alle Dienste bis hin zu 2 Mbit/s zur Verfügung gestellt werden.

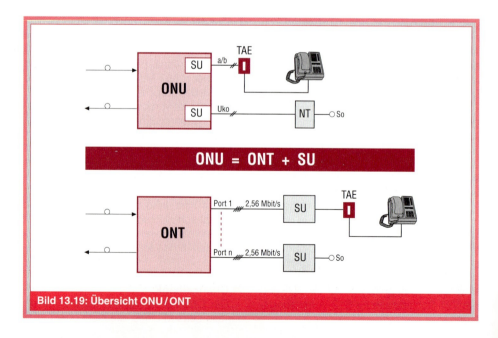

Bild 13.19: Übersicht ONU / ONT

Um den verschiedenen Anforderungen im Netz gerecht zu werden wurden ONU und ONT in verschiedenen Ausführungen entwickelt (Bild 13.20):

- **ONU-B**
  Installation im Gebäude (FTTB), Kapazität max. 64 x 64 kbit/s, d.h. dienste- orientiert, z.B. maximal 64 analoge TelAs, zusätzlich vorbereitet zur Aufnahme einer DS-ONU
- **ONU-C**
  Curb-Version der ONU mit 64 x 64 kbit/s
- **ONU-E**
  Gestellversion der ONU mit 64 x 64 kbit/s zur Übernahme bestehender Kupfernetze, z.B. am Ort kleiner analoger Vermittlungsstellen.
- **ONU Typ V**
  Die ONU Typ V wurde speziell zur Übernahme bestehender Kupfernetze entwickelt, sowohl als Gestellversion (OPAL-Inhouse bzw. ISIS mit einer maximalen Kapazität von 472 x 64 kbit/s), als auch als KVz-Version. Mit einer Kapazität von maximal 376 x 64 kbit/s bei Einbau in ein KVz-83-Gehäuse, besteht die Voraussetzung, komplette Verzweigerbereiche zu übernehmen. Die Curbversion der ONU V gibt es in zwei Varianten, in der „Zwei-KVz-Lösung" mit 376 Kanälen, mit starrer Verkabelung zwischen bestehendem KVz und der ONU oder in der „Ein-KVz-Lösung", mit max. 248 Kanälen Kapazität und der Möglichkeit das Cu-Vzk-Netz auf max. 4 EVs 80 abzuschließen. Die ONU Typ V Curbversion ist im Gegensatz zu den anderen ONU- und ONT-Typen aufgrund der höheren Leistungsaufnahme ortsgespeist.
- **ONT-B**
  Gebäudeversion des ONT mit maximal 16 Ports (4 Baugruppen zu je 4 Ports)
- **ONT-U**
  Unterflurversion des ONT (Unterbringung in einem kompakten Unterflurbehälter); max. 16 Ports
- **ONT-S**
  ONT installiert im KVz-92, max. 16 Ports
- **„ONU-S/U"**
  ONT-S und ONT-U können in Ausnahmefällen, z.B. wenn die maximale Buslänge überschritten wird und die Installation einer ONU-C nicht lohnt, mit einer SU-Baugruppe bestückt werden.

- **Service Units**
  Die SU dient zur Erzeugung der diensteabhängigen Teilnehmerschnittstelle. Für ONT-Anwendung werden die SU abgesetzt am 2,56 Mbit/s-Bus betrieben. Aus der 2,56 Mbit/s-Schnittstelle des Line Interface werden die in den zugeteilten Basiscontainern enthaltenen Nutzdaten entnommen und in das zur Weiterverarbeitung teilnehmerspezifisch notwendige Format umgewandelt. Je 2,56-Mbit/s-Port können mit den 12 verfügbaren Basiscontainern bis zu 24 TelAs geschaltet werden. Mischungen der verschiedenen SU-Typen sind möglich, z.B. 1 x 2Mbit/s + 2 x BaAs. Alle zum Betrieb eines aktiven Netzes für vermittelte und nichtvermittelte Dienste erforderlichen SU sind in den entsprechenden Ausführungen verfügbar.

Für vermittelte Dienste sind dies:
- SU für analoge TelAs ohne Durchwahl
- SU für analoge TelAs mit Durchwahl (IKZ-Signalisierung)
- SU für Notruftelefon
- SU für ISDN-BaAs mit NT-Funktion (So)
- SU für ISDN-BaAs ohne NT-Funktion (Uko)
- SU für ISDN-BaAs ohne NT-Funktion (Uko) für 1TR6-Anschlüsse (wie FV)
- SU für PMXAs

Für Leased Lines/Festverbindungen (FV) sind dies:
- SU für analoge FV 2-Draht, MÜw1
- SU für analoge FV 4-Draht, MÜw1
- SU für digitale FV 64 kbit/s, MÜw6a
- SU für digitale FV 64 kbit/s auf ISDN-Basis, MÜw 6b, 7, 8 (u.a. zur Kombination mit NTBA, PCM2/64k und TA-FV)
- SU für digitale FV 2 Mbit/s, MÜw9.

Im Netz vorhandene Anschlüsse, die die speziellen Eigenschaften der Kupfer-DA ausnutzen, z.B. Überwachungsschleifen auf Gleichstrombasis oder Data-Over-Voice-Anwendungen, müssen auf die im aktiven Netz verfügbaren SU adaptiert werden. Die SU sind für alle ONU- und ONT-Anwendungen, außer ONU Typ V, grundsätzlich mechanisch baugleich. SU gleichen Typs können daher abgesetzt beim Kunden in Gehäuserahmen gesteckt werden oder in entsprechende ONU-B-, ONU-C- und ONU-E-Baugruppenrahmen. Abweichend ist die

13. Kapitel

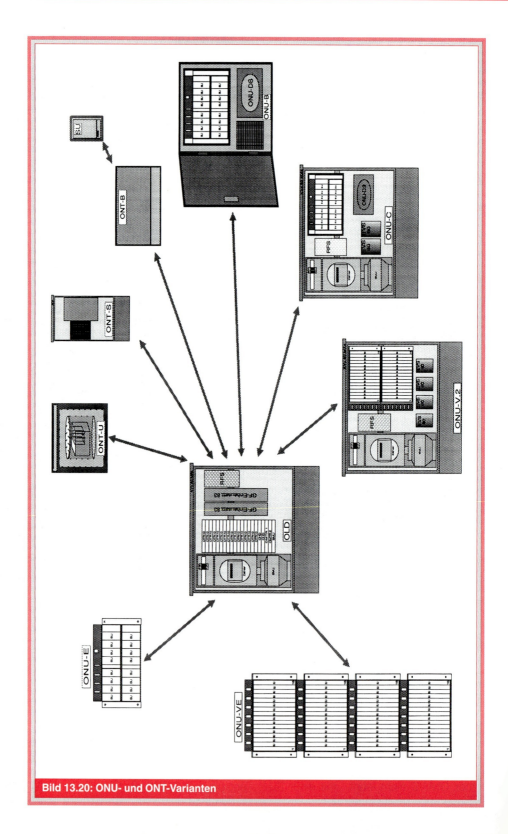

Bild 13.20: ONU- und ONT-Varianten

Konstruktion bei der ONU Typ V. Die SU für ONU V sind für eine höhere Packungsdichte (überwiegend Faktor 2) bei einem Einsatz in Baugruppenträgern konzipiert. SU für ONU V passen sich adaptiv an das vorhandene Netz an und decken einen Bereich von 300 Ohm bis 1200 Ohm ab. Die Konstruktion erfüllt die Klimaanforderungen für Inhouse- und Outdooranwendung.

13.3.3.2.4 Speisekonzept/Fernspeisung

Das von der Grundkonzeption dezentrale Speisekonzept der passiven Systeme birgt einige Nachteile. Insbesondere bei einem hohen FTTB-Anteil wird für jedes Haus ein EVU-Anschluß benötigt, der relativ hohe Installationskosten und damit verbunden

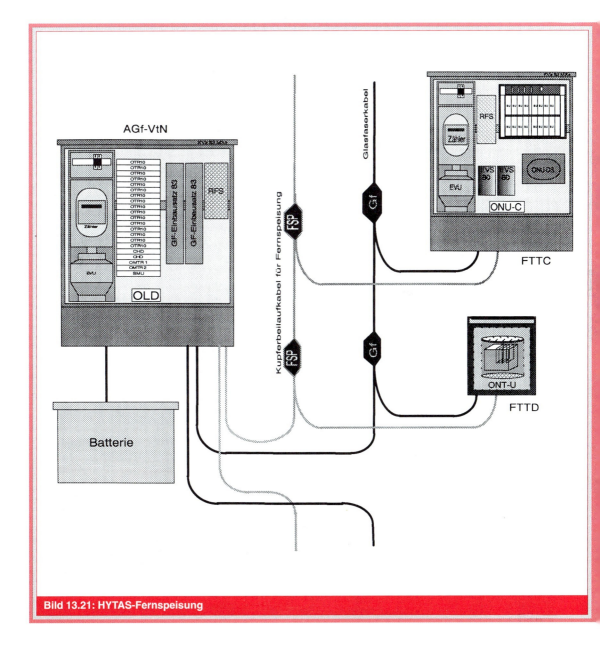

Bild 13.21: HYTAS-Fernspeisung

13. Kapitel

auch logistischen Aufwand und Zeitaufwand mit sich bringt. Um einen Netzausfall von 3 bis 4 Stunden zu überbrücken, werden alle ONU der passiven Systeme mittels dezentraler Batterien gepuffert. Für Wartungszwecke oder im Fehlerfall muß daher stets ein Zugang zu dem Haus des Kunden erfolgen, was vor allem bei Gebäuden mit relativ kleiner WE-Zahl einen erheblichen Abstimmungsaufwand mit den Eigentümern oder Mietern bedeutet. Der Einsatz eines aktiven Splitterpunkts im Netz bedingt einen 230V-EVU-Anschluß. Das bei HYTAS ausgewählte Speisekonzept nützt diese Gegebenheit, indem vom Standort des OLD alle dahinterliegenden aktiven Einrichtungen über ein zusätzlich zum Gfk verlegtes Kupferkabel (Querschnitte von 1,5 mm^2, 2,5 mm^2 und 4 mm^2) gespeist werden. Dieses Konzept macht ONU, ONT und SU von

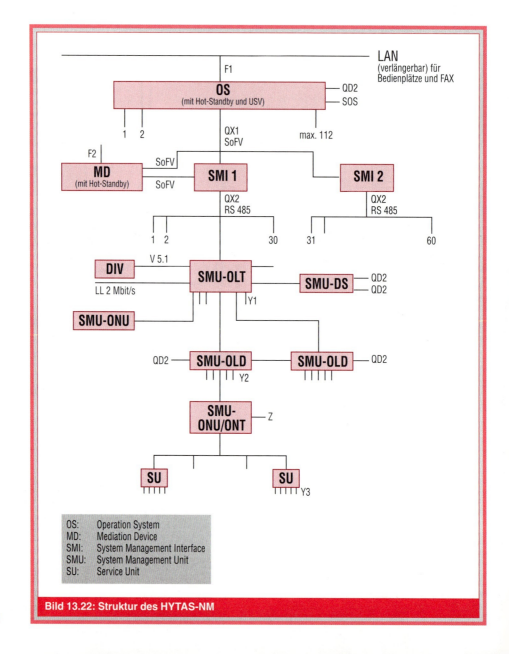

Bild 13.22: Struktur des HYTAS-NM

EVU-Anschlüssen in Kundennähe unabhängig. Die Pufferung erfolgt zentral beim OLD mit einem in einem Abzweigkasten installierten Batterieblock, der für Betriebspersonal jederzeit zugänglich ist (Bild 13.21).

Der KVz 83 MXs, in dem der OLT untergebracht ist, enthält einen EVU-Übergabepunkt. Die Netzspannung wird vom Fernspeisegerät RFS in eine Gleichspannung ≤ 120 V umgesetzt. Zur Pufferung der Fernspeisespannung bei Netzausfällen werden wartungsfreie Bleiakkumulatoren eingesetzt. Jeweils acht in Reihe geschaltete 12-V-Batterien bilden einen Block mit einer Nennspannung von 96 V und sind neben dem KVz-Gehäuse in einem AzK 83 untergebracht, wodurch allzu extreme Temperaturbedingungen vermieden werden. Für Outdoor-Lösungen mit ONU Typ V wird aufgrund der hohen Kanalzahl und der damit verbundenen hohen Leistungsaufnahme, von einer Fernspeisung abgesehen. ONU Typ V im KVz-Gehäuse erhalten eine 230-V-Ortsspeisung.

Alle Komponenten, die in ETSI-Systemgestellen aufgebaut werden, erhalten eine Speisung mit 60 V Gleichspannung. Die Pufferung wird durch den Batteriesatz der Betriebsstelle sichergestellt.

13.3.2.2.5 Network Management System

Das Network-Management (NM) für HYTAS ist ein übergreifendes NM für alle Systemkomponenten. Das NM für HYTAS erfüllt die gleichen grundsätzlichen Anforderungen, wie die NM für die passiven Systeme (s. entsprechende Ausführungen im Abschnitt 13.3.6 Betriebsführungssysteme). Alle HYTAS-Komponenten werden unabhängig von der jeweiligen Netzstruktur in das NM eingebunden. Das gilt sowohl für in die Fläche verteilte Neubaubereiche, als auch für reine Inhouselösungen und Mischformen (Bild 13.22).

Die wichtigsten Features des HYTAS-NM:
- Einsatz von Standard Hardware-Komponenten
- Sparc-Workstations für OS und MD
- Anbindung von maximal 60 Betriebsstellen an das OS (= 60 MD) mit ca. 500.000 Anschlüssen
- Anschluß von maximal 60 OLT an ein MD
- Als Betriebssystem wird UNIX V R4 (Solaris 2.X) verwendet. Die graphische Schnittstelle und Oberfläche basieren auf X11 und OSF/Motif.

13.3.4 Technik für distributive Dienste

13.3.4.1 Allgemeines

Um das Verständnis für die eingeschlagene Vorgehensweise zu erleichtern, zunächst einmal ein kurzer Überblick über die Ausgangssituation aus der Sicht des Breitbandverteildienstes. Im Bereich der alten Bundesrepublik ist neben dem gut ausgebauten Telefonnetz auf Kupferdoppeladerbasis in den letzten 15 Jahren auch ein beachtliches koaxiales Kabelfernsehnetz entstanden.

Zusammen mit den neuen Bundesländern sind derzeit (März '96) von insgesamt ca. 37 Mio. vorhandenen Haushalten 24.4 Mio. anschließbar und 16,0 Mio. tatsächlich angeschlossen. Mit einer Anschlußdichte von über 60 % hat sich so mit weitem Abstand vor den nachfolgenden Angeboten der zweitgrößte Dienst der Telekom entwickelt (Bild 13.23).

Während in der höheren Ebene des in Bild 13.24 dargestellten Breitbandverteilnetzes (BVN), dem BK-Verbindungsliniennetz, bereits seit Anfang der 90er Jahre analoge, optische Systeme Verwendung finden, macht sich der OPAL- Ansatz für die neuen Bundesländer die Realisierung des kompletten BVN als Teil eines gemeinsamen, optischen Zugangsnetzes zur Aufgabe.

Dabei war den Beteiligten von vornherein bewußt, daß sich angesichts
- des inzwischen als gleichwertig anzusehenden Satelliten-Individualempfangs,
- des sich abzeichnenden, hohen Engagements privater Anlagenbetreiber und
- des mit OPAL schon aus zeitlichen Gründen nicht realisierbaren Ausbauanteils

auf der Grundlage des bisherigen Dienststeangebotes nicht die bisher erzielte Penetration unmittelbar an das Telekomnetz angeschlossener Kabelkunden erreichen lassen würde.

13. Kapitel

Neben der Konkurrenzsituation des bereits im Wettbewerb stehenden Breitbandverteildienstes hat sich das politisch motivierte, hohe Ausbauvolumen mit herkömmlicher Kupfertechnik während der OPAL-Entwicklung als weitere Hypothek erwiesen. Unter Rentabilitätsgesichtspunkten sind für den IS/DS-Verbundausbau vor allem Bereiche mit mitteldichter Bebauung in oder am Rand von großen und mittleren Städten sowie die Kernbereiche von Kleinstädten und vereinzelt auch ländlichen Kommunen verblieben.

13.3.4.2 Vorgaben und Randbedingungen

Vorgaben in Form konkreter Entwicklungsziele nebst begleitender Dienste- und Migrationsstrategien sind für ein erfolgversprechendes Gesamtkonzept ebenso unverzichtbar wie die Analyse von Markttrends und verfügbare Netz- und Strukturdaten.

Zusammengefaßt mit den Feststellungen des vorhergehenden Kapitels lassen sich folgende Eckpunkte für das distributive Teilsystem formulieren:

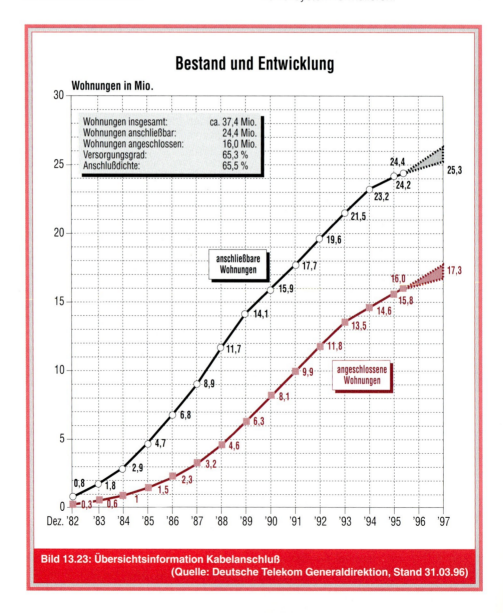

Bild 13.23: Übersichtsinformation Kabelanschluß
(Quelle: Deutsche Telekom Generaldirektion, Stand 31.03.96)

DER EINSATZ VON GLASFASERSYSTEMEN IM ZUGANGSNETZ

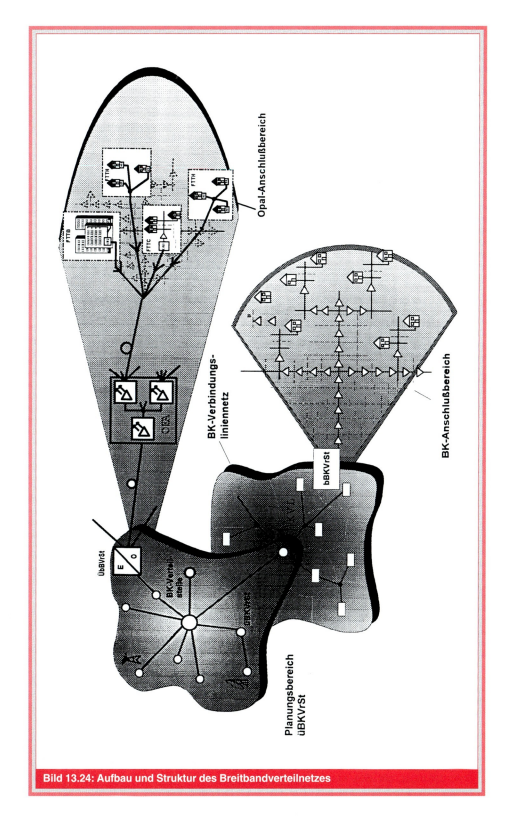

Bild 13.24: Aufbau und Struktur des Breitbandverteilnetzes

13. Kapitel

- Das OPAL-System soll den flächenhaften Verbundausbau von interaktiven und distributiven Diensten mit möglichst hohem „Glasanteil" unter Ausnutzung sämtlicher Synergien bewerkstelligen. Die „Stand-alone"-Lösung des IS-Systems muß sich gemäß Kap.13.3.1 bereits durch Mittel der Netzoptimierung kostengleich mit Kupferlösungen realisieren lassen. Dabei ist durch adäquaten Faservorrat in den nicht ohne weiteres mehr zugänglichen Netzbereichen eine vertretbare, infrastrukturelle Vorleistung für die spätere Aufrüstung mit DS und ggf. weiteren Diensten vorzusehen.
- Das DS-System geht in der für die Ausbaujahre 94-96 in den NBL vorgesehenen Form immer vom parallelen IS-Ausbau mit einem „passiven" oder „aktiven" IS-System aus. Eine eigenständige Lösung, wie sie für den Bereich bereits gut ausgebauter Kupferdoppeladernetze oder als Reinvestition für veraltete Koaxialkabelnetze vorstellbar wäre, stand bei der Entwicklung nicht im Vordergrund. Bei Bedarf ließe sich diese Anwendung jedoch mit bereits entwickelten optischen Komponenten eines „Systembaukastens" in ähnlicher Weise realisieren wie die Bereitstellung von Übergabepunkten mit höherer Signalqualität zur Anbindung privater Netze.
- Unter den vorgenannten Voraussetzungen kam den Belangen des DS-Systems innerhalb der Gesamtkonzeption leider nur eine nachrangige Priorität zu. Eine über die gemeinsame Nutzung des Glasfasernetzes, der Gebäude, Gehäuse und der Energieversorgung hinausgehende Lösung, wie sie derzeit aus der konträren Sicht US-amerikanischer Kabelfernsehnetzbetreiber als „Full Service Network" auf einem aus Glasfaser und Koaxialkabel bestehenden Hybridnetz realisiert wird, wäre andererseits nicht ohne weiteres auf die besondere, durch die Existenz zweier Netze geprägte Situation der Deutschen Telekom übertragbar.
- Hinsichtlich des zu übertragenden Dienste- bzw. Signalspektrums sowie der Signalqualität geht der Ansatz zunächst vom Anforderungsprofil des etablierten, koaxialen 450-MHz-Systems aus. Der immer wieder in die Diskussion eingebrachte Vorschlag, die analogen Signale des Breitbandverteildienstes zwecks weitergehender Integration zu digitalisieren, ließ sich aufgrund der geforderten Schnittstellenkompatibilität zu den eingeführten TV-Empfängern sowie aus Zeit- und Kostengründen nicht weiterverfolgen. Dennoch soll nicht unerwähnt bleiben, daß inzwischen ein technisch und planerisch interessantes, digital arbeitendes System verfügbar ist, das diese Problematik unter der Voraussetzung der wirtschaftlichen Einsetzbarkeit lösen könnte und dessen Beschreibung in [1] nachzulesen ist.

Die ursprünglich von den USA angestoßene Einführung des „Digitalen Fernsehens" (siehe auch Kap.11 und [2]) setzt auf den entgegengesetzten Ansatz. Dieser sieht die Anpassung MPEG-codierter TV-Signalpakete mit Hilfe bandbreitesparender Modulationsverfahren (64QAM) an den vorhandenen analogen Übertragungskanal im bestehenden Kabelfernsehnetz vor, um so analoge und digitale Signalformate in beliebiger Mischung für einen möglicherweise jahrzehntelangen Übergangszeitraum transportieren und jeweils empfangskonform anbieten zu können.

- Im Hinblick auf die sich bereits in Umrissen abzeichnende Diensteentwicklung, aber auch um den Hauptvorteil der Glasfaser im Zugangs-Bereich zu verdeutlichen, erweiterte man den Übertragungsbereich des „OPAL 94"-Systems um den kompletten UHF-Bereich auf 862 MHz. Da hierzu kein konkreter Auftrag vorlag, ließ sich dieser Schritt nur mit Hilfe eines Scenarios verantworten, das die Kapazität für analoge Standardsignale zur Vermeidung kaum realisierbarer Linearitätsforderungen begrenzt und die weitere Belegung mit weit unter dem Systempegel liegenden, digitalen Signalpaketen unterstellt. Damit bietet dieses System ein enormes, vielen sicherlich noch nicht bewußt gewordenes Leistungspotential bei im Vergleich zum 450-MHz-Koaxsystem eher erhöhter Reichweite, aber weitaus größerer Flexibilität. So ließen sich, je nach Modulationsverfahren, neben dem bestehenden Ton- und Fernsehrundfunkangebot, al-

lein im UHF-Bereich Datenraten von ca. 1,5 GBit/s in Verteilrichtung übertragen. Die gegenseitige Beeinflussung der analogen TV-und Tonsignale mit den digitalen QAM-Kanälen läßt sich durch die Optimierung der relevanten Übertragungsparameter anhand von Simulationen und Tests ausreichend vermeiden.
- Da zu Beginn der Systementwicklung MPEG- und DVB-Standard und die zugehörige System- und Meßtechnik nicht verfügbar waren, mußte von Annahmen ausgegangen werden, die sich inzwischen weitgehend als richtig erwiesen haben.
- Durch Hinzufügen eines Rückkanals auf einer weiteren oder auch der gleichen Faser bietet das System die besten Voraussetzungen für die Einführung interaktiver Diensteangebote (z.B. Service on Demand). Besteht das Netz, wie im FTTC-Fall, auch aus einem koaxialen Anteil, ist die Rückübertragung durch Frequenztrennung zu realisieren. Je nach Diensteanforderung läßt sich der Rückkanal aber auch im bestehenden Doppelachsnetz oder im ISDN realisieren.
- Vergleichbare Kosten zwischen Kupfer- und OPAL-Netzen erreicht der Netzbetreiber u.a. erst durch die mit der Netzoptimierung einhergehende Einsparung von Vermittlungsstellen auf Ortsebene. Für die Infrastruktur der Verteilnetze kann dies eine erhebliche Verlängerung der Anschlußleitungslängen und den Fortfall von Gebäudeflächen zur Unterbringung eines steigenden Gerätebedarfs bedeuten. Bei dem zunächst ausschließlich von Verteilaspekten geprägten DS-System führte dies zu der wesentlichen Konzeptentscheidung, zwecks Einsatz effizienter, optischer Verstärker, den 1500-nm-Bereich vorzusehen. Den in der völligen Transparenz und dem entscheidend geringeren Platz- und Leistungsbedarf liegenden Vorteilen stehen naturgemäß auch Nachteile gegenüber, auf die noch näher einzugehen ist.

13.3.4.3 Netz- und Systemarchitektur

Die Grundsätze für die Gestaltung von OPAL-Netzen beschreibt bereits das Kap.13.3.2. Die nachfolgenden Ausführungen sollen lediglich die Besonderheiten des Breitbandverteilnetzes ergänzen.

Generell läßt sich feststellen, daß die Unterschiede der bisher zu betrachtenden

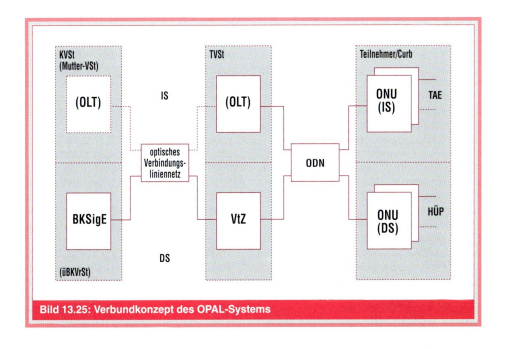

Bild 13.25: Verbundkonzept des OPAL-Systems

13. Kapitel

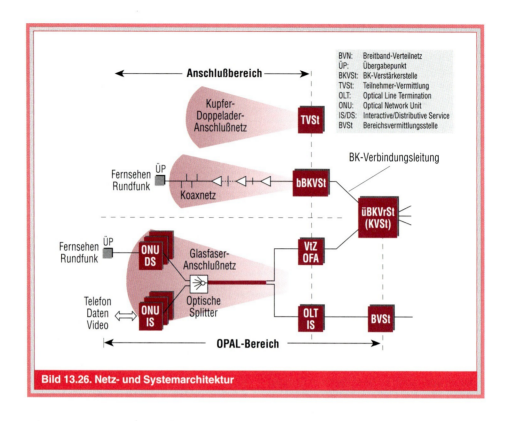

Bild 13.26. Netz- und Systemarchitektur

Dienste hinsichtlich der Verkehrsstruktur, des Übertragungsverfahrens und der damit verbundenen Reichweiten, der Dimensionierungskriterien im verbleibenden Kupferbereich (z.B.Inhouse-Verkabelung) Lösungen mit nur einem Netz in Frage stellen. Erschwerend hinzu kommt sicherlich noch die voneinander abweichende, ordnungspolitische Einordnung dieser Dienste.

Als derzeit realisierbarer Kompromiß für die Neugestaltung des kompletten Zugangsnetzes ergibt sich für das BVN die in Bild 13.25 dargestellte Mehrfachstern-Konfiguration in einem eigenständigen Fasernetz, das jedoch weitgehend mit dem IS-System eine gemeinsame Kabel-, Energieversorgungs- und Gebäudeinfrastruktur nutzen soll.

Den Quellpunkt des Breitbandsignals bildet gemäß Bild 13.26 die BK-Signaleinspeisung (BKSigE) am Sitz der übergeordneten BK-Verstärkerstelle (üBKVrSt), in der das komplette Signalspektrum aus Teilbändern und Einzelkanälen als Frequenzmultiplex entsteht. Hier beginnt das transparente, optische Netz, das dieses Signal sternförmig zunächst einer Verteilzentrale (VtZ) zur weiteren Signalverzweigung zuführt. An den Endpunkten des nachfolgenden PON sind die optischen Empfänger angeschlossen. Erst hier erfolgt also die Rückwandlung in ein elektrisches Signal. Damit umgeht man die bei einer elektrischen Regeneration in der benutzerseitigen BK-Verstärkerstelle (bBKVrSt) bei strikter Trennung von Verbindungslinien- und Verteilnetz auftretende Signaldegradation vor allem hinsichtlich der kritischen Composite-Störprodukte 2. Ordnung.

Mit insgesamt dreifach kaskadierten optischen Verstärkern läßt sich je nach Signalqualität ein optisches Gesamtbudget von etwa 50 dB erreichen, das sich sehr flexibel, den Planungsanforderungen entsprechend, in Verteil- und Faserdämpfung aufteilen läßt (Bild 13.27).

Im Fall der FTTB-Lösung speist der als ONU-DS bezeichnete Empfänger unmittelbar den als Netzabschluß dienenden Übergabepunkt (ÜP). Das nachfolgende Hausverteilnetz, auch als Netzebene 4 (Stockwerksverteilung) und Netzebene 5

(Wohnungsverteilung) bezeichnet, ist damit nicht mehr unmittelbarer Bestandteil des BVN.

Bei der FTTC-Lösung folgt dem als Endverstärker (EndVr) bezeichneten, optischen Empfänger ein Leistungsverstärker, mit dem sich, je nach Versorgungsstruktur, bis zu etwa 50 ÜP mit ca. 50 bis 500 angeschlossenen Haushalten über ein nachgeschaltetes Koaxialnetz realisieren lassen.

Auf diese Weise ist es bei reiner Verteilanwendung möglich, aus einer Senderquelle in der BKSigE bis zu etwa max. 100 000 Haushalte zu versorgen. Durch nachträgliche Segmentierung ließe sich diese Verteilstruktur jederzeit mit Hilfe von Faser- und/oder Wellenlängenmultiplex an die für individuelle, interaktive Dienste optimalen Zellgrößen anpassen.

13.3.4.4 Übertragungsbereiche, Signalkapazität und Übertragungsparameter

Eine Telekom-Richtlinie regelt in Anlehnung an bestehende internationale Normen die beim Kunden einzuhaltende Signalqualität. Die hieraus resultierenden Anforderungen für die Systeme der gesamten Übertragungskette liefert ein hypothetisches Referenznetz, das die Bezeichnung „Bezugskette" trägt.

Während in den höheren Netzebenen des Tranportnetzes (z. B. Satellitenabschnitt, TV-Sender) die Einkanalübertragung mit frequenzmodulierten oder digitalen Systemen im Vordergrund steht, enthält die Bezugskette für die im Zugangsnetz eingesetzten, analogen Vielkanalsysteme entsprechende Linearitätsparameter in Form von Composite-Störabständen.

Für das Auftreten derartiger Signalbeeinflussungen ist, neben der Systemlinearität, die Zahl der zu übertragenden Signale, die Kanalrasterung und die tatsächliche Signalbelegung verantwortlich.

Die Systemspezifikation des bisherigen 450-MHz-Koaxialsystems sah die Übertragung von 35 analogen TV-Signalen, 30 UKW- und 16 digitalen Tonrundfunksignalen im Bereich zwischen 47 und 446 MHz (Bild 13.28) vor.

Für das neue System stockte man die maximale PAL-Signalkapazität unter Beachtung gewisser Belegungsvorbehalte auf 50 Kanäle auf. Für die Einführung des „Digitalen Fernsehens" beginnt die Telekom derzeit damit, im Bereich oberhalb von 300 MHz, dem sog. Hyperband, eine gewisse Zahl digitaler, MPEG-codierter Ton- und TV-Signale zu einem Transportcontainer mit einer Datenrate von 38,015 MBit/s zusammenzufassen und mittels 64-QAM-Modulation nach DVB-

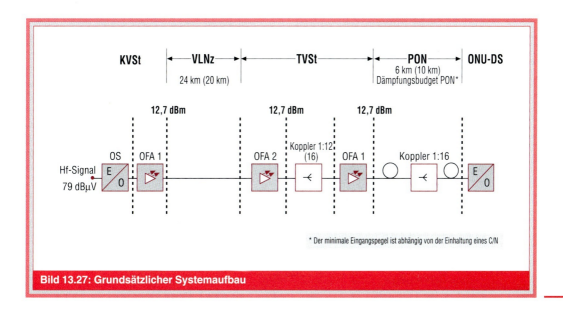

Bild 13.27: Grundsätzlicher Systemaufbau

13. Kapitel

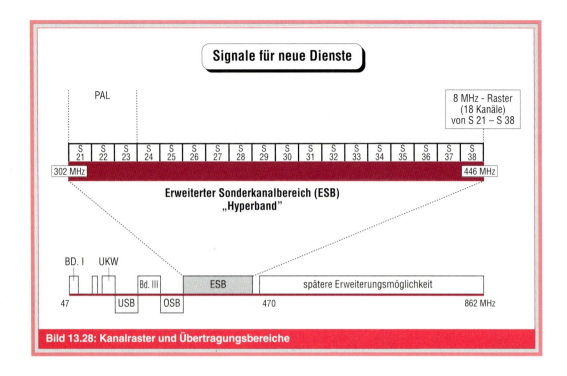

Bild 13.28: Kanalraster und Übertragungsbereiche

Standard in einem 8 MHz breiten Kanal zu übertragen (siehe Kap. 11).

Da hierfür ein C/N von etwa 30 dB ausreicht, lassen sich diese Signale mit etwa 10 dB geringerem Pegel einspeisen, was der Systembelastung und der daraus resultierenden Störbeeinflussung des Gesamtsystems (z.B. durch Laser-Clipping, Übersteuerungseffekte in Booster-Verstärker) zugute kommt und die Nutzung des über 470 MHz hinausgehenden Frequenzbereichs erst möglich macht.

Unter Ausschöpfung des in Bild 13.27 angegebenen Dämpfungsbudgets und der zulässigen Gesamtbelastung erreicht das Gesamtsystem die nachfolgend aufgeführten Systemparameter:

– C/N (Hz-1)Rauschabstand/Hz   113 dB
– CSO (Composite second order)   62 dB
– CTB (Composite third order beats) 57 dB
– CXM (Composite cross mod.)   46 dB
– Frequenzgang   2 dB
– Eingangspegel (Kanalträger)   79 dBV
– Ausgangspegel (FTTB)   66...81 dBV
    Ausgangspegel (FTTC)   103/107 dBV
– opt. Sendepegel   12,7 dBm
– opt. Empfängerpegel   0...-7 dBm

13.3.4.5 Systemaufbau

Hinter der dreistufigen Netzarchitektur (BKSigE, VtZ und Curb/Teilnehmer) verbergen sich die in Bild 13.29 näher dargestellten Systemkomponenten in Form des „Optischen Breitbandsenders" (OBS), des „Optischen Verteilverstärkers" (OVtVr) und der ONU-DS bzw. des Endverstärkers.

■ **Optischer Breitbandsender**

Als optische Sendequellen kommen im OPAL-Konzept, mit Rücksicht auf die derzeit nur im Wellenlängenbereich von 1500 nm effizient arbeitenden, optischen Verstärker, sowohl direkt-modulierte 1550-nm-DFB-Laser als auch extern-modulierende Anordnungen in Form von Mach-Zehender-Modulatoren auf Lithium-Niobat-Basis zum Einsatz.

Anders als bei den 1300-nm-Übertragungssystemen des Zuführungsbereichs, die im Dispersionsminimum der verbreiteten Standard-Einmodenfaser arbeiten, verursacht die Faserdispersion bei 1550 nm zusammen mit dem „Chirp"(unerwünschter FM-Anteil) des direkt-modulierten Lasers Laufzeitverzerrungen, die sich im ana-

Der Einsatz von Glasfasersystemen im Zugangsnetz

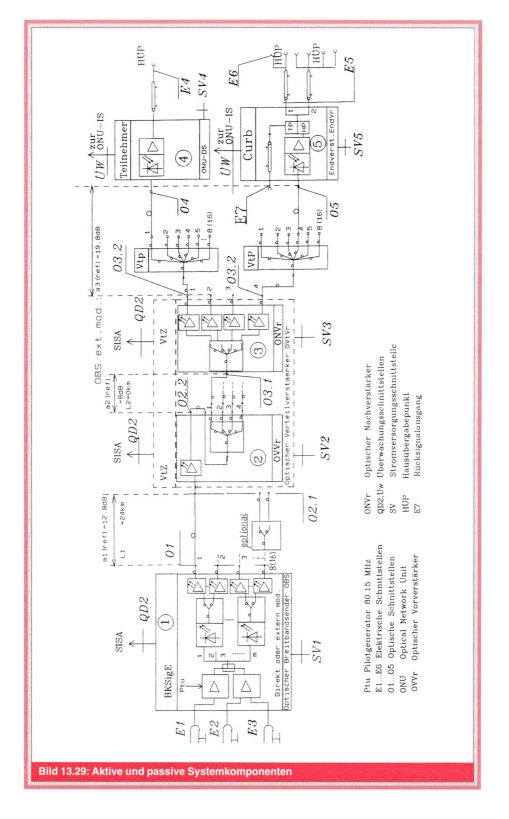

Bild 13.29: Aktive und passive Systemkomponenten

13. Kapitel

log modulierten Multiplexsignal als zusätzliche Verzerrungen zweiter Ordnung (CSO) äußern. Dieser Anteil läßt sich, wie auch das intrinsisch bedingte „Klirren" des Lasers selbst, mit geeigneten Kompensationsschaltungen reduzieren. Wegen der Längenabhängigkeit dieses Einflusses gelingt diese Kompensation, je nach Grundanforderung und Bandbreite des Systems, nur für ein gewisses Längenfenster, das dem Einsatz entsprechend einzustellen ist. Voraussetzung für die Einhaltung der Systemanforderungen ist die Verwendung von „Low Chirp"-Lasern mit einem Gradienten von kleiner als etwa 700 MHz/mW.

Diese planerische Einschränkung tritt beim extern-modulierten Sender nicht auf, da hier nicht die Laserquelle selbst, sondern der nachgeschaltete Lichtmodulator den Wechsellichtanteil erzeugt. Ein weiterer Vorteil dieser als Hochleistungs-DFB- oder Festkörperlaser aufgebauten Quellen besteht in einer höheren Rauschfreiheit. Nachteilig wirken sich dagegen die durch den Geräteaufwand bedingten, höheren Kosten sowie die im allgemeinen schlechteren CTB-Eigenschaften aus.

Zur Erzeugung eines genügend großen, auf der anderen Seite aber noch im Bereich der Laser-Klasse 3A liegenden Ausgangssignals, ist dem eigentlichen Sender bereits der erste optische Verstärker als Booster nachgeschaltet.

Je nach Netzgröße oder aber für künftige Diensteerweiterungen besteht die Möglichkeit, den OBS modular um jeweils zwei Ausgänge zu erweitern, mit verschiedenen Eingangssignalen zu versehen und zur Steigerung der Systemverfügbarkeit eine automatische Ersatzschaltung vorzusehen (Bild 13.30). Mit einer Ausgangsleistung von 13 dBm und einem minimalen Eingangspegel des nächsten optischen Verstärkers in der Verteilzentrale von ca. 0 dBm lassen sich in diesem Teil des Zugangsnetzes etwa 25...30 km überbrücken.

Bei geringeren Entfernungen nutzt der Planer das Budget bei Verteilanwendungen durch einen 2fach- oder 4fach-Teiler

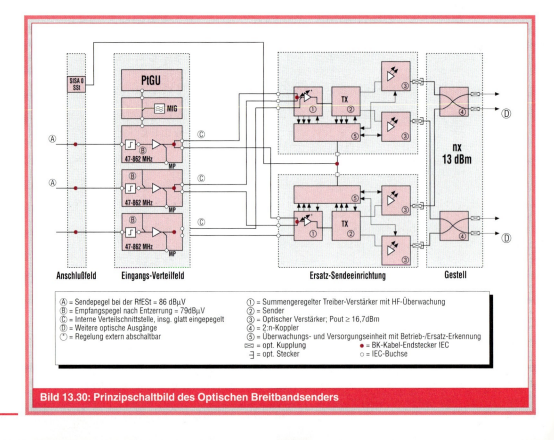

Bild 13.30: Prinzipschaltbild des Optischen Breitbandsenders

am Ausgang der BKSigE oder Eingang der Verteilzentrale (Kapazitätserhöhung) aus. Ist absehbar nur eine Versorgungsrichtung zu bedienen, kann der Booster im OBS auch entfallen.

Konstruktiv untergebracht ist der Breitbandsender in max. zwei 19"-Gestellen. Aufgrund der hohen Komplexität verzichtete man auf eine herstellerneutrale Austauschbarkeit innerhalb des OBS.

■ Optischer Verteilverstärker

Funktional betrachtet, bildet der aus optischen Vor- und Nachverstärker bestehende Verteilverstärker das Grundelement der Verteilzentrale mit max. 16 optischen Ausgängen mit 13 dBm Ausgangsleistung. Multipliziert mit den abermals max. 16 Ausgängen des nachfolgenden passiven Fasersterns, ergibt sich ein Aufteilungsfaktor von 256. Sollte dies trotz der weiteren Vervielfachung auf der nachfolgenden, elektrischen Ebene nicht ausreichen, läßt sich die Kapazität im Prinzip mit beliebig vielen dieser Grundelemente erweitern.

Auf das generelle Funktionsprinzip des optischen Faserverstärkers geht bereits das Kap. 4.5 ausführlich ein. Für Kabelfernsehanwendungen kommen aufgrund der erwähnten hohen Effizienz Erbium-dotierte Faserverstärker mit einem Laserübergang bei 1553 nm und einer 3 dB-Verstärkungsbandbreite von etwa 35 nm in Frage, die mit Einfach- oder Doppelpumpen mit einer Wellenlänge von 980 nm oder 1480 nm arbeiten. Neodym, wohl eines der bekanntesten Lasermaterialien für Festkörperlaser, besitzt einen zur Standardfaser passenden, jedoch wenig effektiven Laserübergang bei 1320 nm. Nach bisherigem Erkenntnisstand können auf dieser Grundlage aufgebaute Geräte nicht annähernd an die Leistungsfähigkeit der Erbiumverstärker heranreichen.

Prinzipiell lassen sich mit Faserverstärkern Digital- und Analogsignale gleichermaßen übertragen. Für ihren Einsatz bei der analogen Kabelfernsehübertragung sind jedoch spezielle Anforderungen zu erfüllen. So erzeugt ein optischer Verstärker, wie sein elektrisches Pendant, einen Rauschbeitrag, der hier vom ungewollten Anteil spontan auftretender Emission herrührt (ASE: amplified spontaneous emission).

Mittels entsprechendem Verstärker- und Systemdesign läßt sich z.B. durch Wahl der Pumwellenlänge, des Aufbaus und der Eingangspegel eine Rauschoptimierung erreichen.

Da sich die Rauschzahl von optischen Verstärkern in Abhängigkeit vom Eingangspegel verändert, gestaltet sich die C/N-Berechnung für das Gesamtsystem aufwendiger als für elektrische Netzwerke. Das Bild 13.31 zeigt das Ergebnis eines Simulationsprogramms für Netze mit mehrfach kaskadierten, optischen Verstärkern, das den Geräuschabstand des Eingangssignals, den eingangspegelabhängigen Geräuschbeitrag des optischen Verstärkers, den Beitrag des Senders sowie den Schrotrauschanteil und das thermische Geräusch des Empfängers berücksichtigt.

Bezüglich seines Verzerrungsbeitrags ist bei idealer Betrachtung zunächst festzustellen, daß, aufgrund der großen Lebensdauer des angeregten Erbiumions für Modulationssignale oberhalb von 100 kHz, kein Einfluß zu erwarten ist, da sich der Faserverstärker so verhält, als würde er ein unmoduliertes Signal mit gleicher mittlerer Leistung verstärken. Die ersten Verstärker zeigten dennoch z.T. erhebliche Intermodulationsbeiträge, die auf ein unzureichendes Design (z.B. Schräglagen von optischen Kopplern) zurückzuführen waren. Der optische Vor- und Nachverstärker ist jeweils als modularer Baugruppenträger nach Euronorm realisiert und läßt sich firmenneutral austauschen. Weitere Hinweise zur Konstruktion der OPAL-Systeme enthält das Kap. 13.3.5.

■ Optische Empfänger für FTTB und FTTC

In einem hierarchisch aufgebauten System gehen die Kosten der teilnehmernahen Komponenten naturgemäß stärker ein als andere Bestandteile. Dadurch lastet auf der Empfängergestaltung ein besonders starker Zwang zur Wirtschaftlichkeit. Der für etwa 50 ÜP, d.h., je nach Versorgungsstruktur, für etwa 50 bis 500 Wohnungen ausgelegte FTTC-Empfänger besteht aus einem hochlinearen Front-End-Modul und einem nachgeschalteten, rauscharmen Verstärker, der vielfach als Gegentaktstufe realisiert ist. Dieser Stufe folgt ein Preemphase – Netzwerk, das die

13. Kapitel

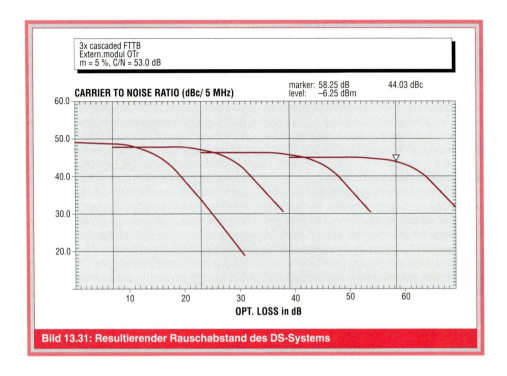

Bild 13.31: Resultierender Rauschabstand des DS-Systems

frequenzabhängige Dämpfung des passiven, koaxialen C/D-Netzes kompensiert, sowie ein in Stufen einstellbares Dämpfungsglied, mit dem sich die große elektrische Pegelvariation innerhalb des optischen Empfangsfensters reduzieren läßt. Aus der BK-Technik bekannte Hybridverstärker mit erweitertem Frequenzbereich bringen das Signal auf einen Ausgangspegel von 103 dBV oder 107 dBV (Variante) bei 606 MHz, der durch eine bei 80,15 MHz arbeitende Regelung stabilisiert wird. Die für interaktive Dienste erforderliche Rückwegweiche ist bereits am Ausgang des Endverstärkers vorgesehen. Die weitere Übertragung der Rücksignale müßte dann über ein optisches Rückkanalsystem auf einer weiteren Faser oder mittels Wellenlängen-Multiplex erfolgen. Die Überwachungssignale des Verstärkers sind derzeit die einzigen, in Rückrichtung zu übertragenden Informationen. Sie stehen an einer sog. Z-Schnittstelle zur Weiterleitung an das Managementsystem über einen speziellen „Betriebskanal" des IS-Systems zur Verfügung. Gemeinsam mit einem für Netz- oder Fernspeisung ausgelegten Netzteil, ist der EndVr in einem relativ kleinen, metallischen Gehäuse untergebracht, das der Schirmung und Entwär-

mung gleichermaßen dient. Beim FTTB-Empfänger, der ONU-DS, entfallen Treiberverstärker und Regelung, wodurch sich Verlustleistung und Gehäusegröße nochmals reduzieren lassen. Damit ist es möglich, das Gerät bei Bedarf im Gehäuse der IS-ONU mit unterzubringen.

Beim Endverstärker ist entweder die gemeinsame Unterbringung mit der ONU-IS im Curbpunkt (KVz-Gehäuse) oder auch die getrennte Anordnung in einem kleineren KVz-Gehäuse möglich.

■ Gestaltung des Curbbereichs

Einerseits ist man aus Kostengründen gewillt, den Curb-Bereich so groß wie möglich zu gestalten, um vor allem die anteiligen Systemkosten gering zu halten. Auf der anderen Seite beinflussen die im erweiterten Frequenzbereich zu überwindende Dämpfung des Koaxialkabels, die angestrebte Kongruenz zum IS-Netz und die für künftige, interaktive Dienste anzustrebenden „Zellgrößen" dessen Gestaltung. Obwohl gerade für den letztgenannten Aspekt eine Sternverkabelung vorteilhaft wäre, entschied man sich aus Kosten- und Montagegründen für die Beibehaltung einer mit Abzweigern realisierten Baumstruktur bei gegenüber der 450-MHz-Technik verkürzten Reichweiten (Bild 13.32). Eine Pegelberechnung macht deutlich, daß der höhere Ausgangspegel des Endverstärkers (107 dBV) zur Verdopplung der Ausgänge auf vier C-Leitungen und nicht zu deren Verlängerung zu nutzen ist.

Auch wenn das Verbleiben eines Kupferanteils im Netz in Form des Koaxialkabels von vielen als Verfehlung der originären Aufgabenstellung betrachtet wird, muß dieser hybride Ansatz für die wirtschaftlich vertretbare Einführung von neuen Massendiensten dennoch als nahezu genial eingestuft werden. Mit einer Bandbreite von etwa 1 GHz und der beinhalteten Fernspeisbarkeit aktiver Einrichtungen im Kundenbereich erweist sich das vielfach bereits als antiquiert dargestellte Medium im Vergleich zur Doppelader bzw. Glasfaser als durchaus wettbewerbsfähig. Solange niemand die Hausverkabelung ebenfalls optisch realisiert, bleibt der elektrische Engpaß einer Hybridlösung ohnehin erhalten.

13.3.4.6 Künftige Systemerweiterung

Wie bereits mehrfach angesprochen, eignet sich das vorgestellte Systemkonzept grundsätzlich auch als Netzplattform für künftige, interaktive Diensteangebote, wie sie auch das Kap. 11 anspricht. Natürlich wären Funktionalitäten, wie der Rückkanal und die Einspeisung individueller Signale, zu ergänzen und das Gesamtsystem hinsichtlich dieses neuen Profils zu optimieren. Mit dieser hohen Konfigurations- und Planungsflexibilität sind die besten Voraussetzungen für einen kontinuierlichen und wirtschaftlich zu gestaltenden Übergang zum digitalen Netz gegeben.

Im Hinblick auf die bestehenden Koaxialkabelnetze, vor allem in den alten Bundesländern, sind aber auch andere technisch-strategische Lösungsansätze denkbar.

Die weltweite Deregulierung der Telekommunikationsmärkte ermöglicht ferner den bisher in getrennten Bereichen operierenden Kabel- und Telekommunikationsnetzbetreibern, das jeweils komplementäre Dienstleistungsangebot ebenfalls anzubieten. Unter Einbindung der Mobilfunktechnologie entsteht derzeit eine Vielzahl technischer Lösungen, deren Möglichkeiten und Auswirkungen sich heute noch nicht umfassend erkennen lassen.

Ein Grund mehr für die etablierten Betreiber von Festnetzen, diese Entwicklung intensiv zu verfolgen und adäquat zu agieren.

13.3.4.7 Netzmanagement

Auf das Netzmanagementsystem geht das Kap. 13.3.6 später grundsätzlich ein. Das hier vorgestellte DS-System stützt sich

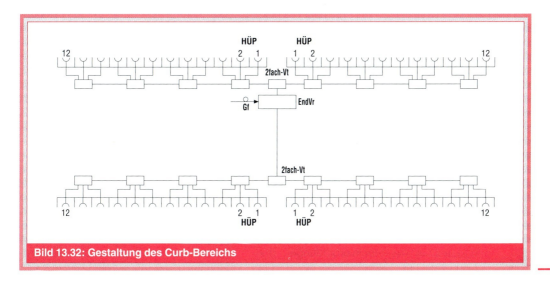

Bild 13.32: Gestaltung des Curb-Bereichs

derzeit aus vielerlei Gründen noch auf ein bereits seit Jahren eingeführtes Managementsystem mit dem Namen NSÜ und dem zugehörenden SISA-Netz ab. Einzelheiten hierüber sind in [3] nachzulesen. Während sich der Optische Breibandsender und die Optischen Verteilverstärker unmittelbar als Netzelemente überwachen und konfigurieren lassen, werden die ONUs und Endverstärker aufgrund des derzeit noch fehlenden Rückkanals aus Kostengründen über den erwähnten Betriebskanal des IS-Systems angebunden.

Darüber hinaus enthalten die Netzelemente firmenindividuelle Funktionen wie System-Installationshilfe, Einstellung des Längefensters für die „Chirpkompensation", Abfrage von Systemdaten sowie Testfunktionen, die von einem tragbaren Service-PC unterstützt werden.

Nicht zuletzt ist ein leistungsfähiges Netzmanagementsystem auch erforderlich, um z.B. mit der von ihm gesteuerten Geräte- und Wegeersatzschaltung die hohen Verfügbarkeitsanforderungen derartiger Netze zu realisieren.

13.3.5 Infrastruktur und Energieversorgung

13.3.5.1 Gestelle und Gehäuse

Die übertragungstechnischen Einrichtungen (vermittlungsseitig) für die interaktiven Dienste (IS) und für den Breitband-Verteildienst (DS) des Glasfaserübertragungssystems OPAL werden in Modulbauweise in Baugruppenträgern (BGT) nach der Euronorm ETS 300 119-4 und von Gestellen in metrischer Bauweise gemäß der Euronorm ETS 300 119-2 und -3 aufgenommen.

Die Gesamtwärmeverlustleistung eines vollbestückten Gestells darf 495 W nicht übersteigen, da durch die Klimaanlage größere Wärmemengen nicht abgeführt werden können. Die Kabelzuführung der Gestelle erfolgt über den Flächenrost.

Das Gestell für IS enthält mindestens zwei OLT-BGT. Jeder BGT enthält im oberen Teil ein Anschlußfeld. Es erleichtert die Zugänglichkeit bei Montage und Betrieb und enthält die Steckverbindungen der symmetrischen Schaltkabel sowie die Klemmverbindung des Stromversorgungskabels. Die Baugruppen eines Baugruppenträgers sind modular aufgebaut und können aus Steckplatten, Kassetten oder Steckblöcken bestehen. Für das vom GfHVt kommende Glasfaserkabel befindet sich in der Mitte des OLT-Gestells ein BGT für den Glasfaser-Kabelabschluß, der die Vorratslänge aufnimmt, die man für das Spleißen der Glasfasern benötigt.

Für den Breitbandverteildienst (DS) sind funktionell zwei verschiedene Bestückungen des DS-Gestells möglich. Einmal dient das DS-Gestell zur Aufnahme der optischen Sender zur BK-Signaleinspeisung und andererseits zur Aufnahme des optischen Verteilverstärkers in der Verteilzentrale. Beide Gestelle sind bestückt mit den verschiedenen Baugruppenträgern zur Aufnahme der entsprechenden technischen Einrichtungen.

Auf der Teilnehmerseite werden die übertragungstechnischen Einrichtungen, einschließlich der dazugehörenden Stromversorgung, in Gehäusen ONU untergebracht, die je nach dem Einsatzort (FTTB oder FTTC) sowie nach dem Typ in seiner Gehäusegröße unterschieden werden müssen.

Im Bedarfsfall kann eine ONU-DS (FTTB) oder ein Endverstärker für den Breitbandverteildienst in dem Gehäuse einer ONU-IS untergebracht werden. Die Energieversorgung kann entweder durch Ortsspeisung oder über eine Fernspeisung erfolgen.

Bei der Aufstellung in öffentlichem Gelände (z. B. am Straßenrand) werden im Rahmen von OPAL die bei der Telekom seit längerer Zeit eingeführten Kabelverzweigergehäuse wie KVz 86 BK, KVz 82 BK, KVz 83 MXs und KVz 83 verwendet. Die Gehäuse in Gebäuden (FTTB) werden an der Wand montiert.

13.3.5.2 Stromversorgung

Die Aufgabe der Fernmeldestromversorgung besteht darin, die elektrische Energie für die übertragungstechnischen Komponenten unterbrechungsfrei zur Verfügung zu stellen. Die Stromversorgung speist in einer Einheit gemeinsam die Komponenten für die interaktiven Dienste sowie für die Breitbandverteildienste in dem OLT bzw. in der ONU. Bei Ausfall der elektrischen Energie des öffentlichen Netzes ist ein Betrieb aus aufladbaren Batterien für mindestens vier Stunden nur für den interaktiven Teil zu gewährleisten, wobei hier eine mittlere Belegung von 0,1 Erlang unterstellt wird. Wenn es wirtschaftlich sinnvoll ist, schließt die Stromversorgung auch ein lokales Fernspeisenetz zur Speisung von mehreren ONUs zur Einsparung von EVU-Anschlüssen ein.

Im Fernmeldediensgebäude werden die vermittlungsseitigen, übertragungstechnischen Einrichtungen des Glasfasersystems OPAL 94 in den Systemgestellen, getrennt nach interaktiven Diensten (IS), Breitbandverteildiensten (DS), Zubringersystem und Channelbank an die vorhandene, unterbrechungsfreie 60-V-Stromversorgung angeschlossen.

Der abgesetzte OLT wird durch einen 230-V-Wechselstrom EVU-Anschluß gespeist. Die ortsgespeiste ONU erhält ihre Energie ebenfalls von einem 230-V-Wechselstromanschluß. Außerdem ist es möglich, mehrere ONUs im Freien (FTTC) oder aus Kostengründen auch ONUs im Gebäude (FTTB) über ein Erdkabel von einem zentralen Netzeinspeisepunkt mittels Gleichspannung (50 – 115 V) zu speisen. Die Überwachung der Funktion und des Betriebszustandes der Pufferbatterien erfolgt über das Networkmanagement.

Der zentrale Netzeinspeisepunkt ist in einem Außengehäuse KVz 82 BKs mit Sockel 84 untergebracht, von dem bis zu vier Versorgungsstränge mit einer Ausgangsspannung von 110 V und einem maximalen Ausgangsstrom von jeweils bis zu 12 A abgehen können. Die Energiekabel für die Fernspeisung werden mit dem Glasfaserkabel parallel im gleichen Kabelgraben zur ONU verlegt. Eine Übersicht über die Fernspeisung gibt Bild 13.33.

13.3.6 Betriebsführungssystem

Die Einführung aktiver Übertragungstechnik im Teilnehmeranschlußbereich bedingt auch eine Anpassung der Betriebsführungstechnologie an die neuen technischen Gegebenheiten. Es besteht die Aufgabe, zeitgleich mit den übertragungs-

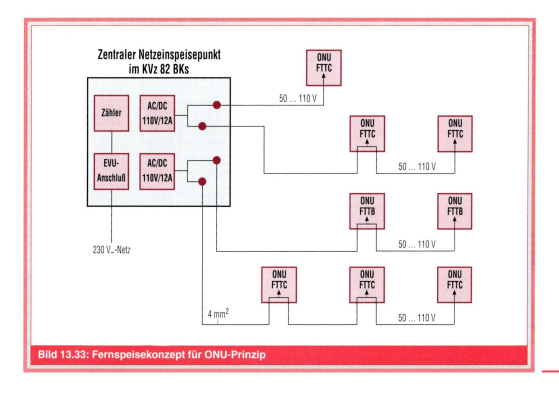

Bild 13.33: Fernspeisekonzept für ONU-Prinzip

13. Kapitel

technischen Einrichtungen ein Betriebsführungssystem (Networkmanagementsystem) bereitzustellen, das in der Lage ist, von zentraler Stelle aus alle Prozesse der Inbetriebnahme und des Betreibens dieser Anlagen zu managen. Die Einführung automatisierter Betriebsführungssysteme im Teilnehmeranschlußbereich ist ein wichtiger Schritt hin zu dem Ziel, Dienste beliebiger Art von Kunde zu Kunde über das gesamte Netz rechnergesteuert innerhalb kürzester Frist anbieten zu können.

Das nachfolgend beschriebene Betriebsführungssystem stellt eine Übergangslösung dar, da noch nicht alle Schnittstellen für dessen Einbindung in die vermittlungstechnische Umgebung realisierbar sind. Nach Beendigung der derzeit laufenden Spezifizierung der Schnittstellen zwischen der Vermittlungsstelle und dem

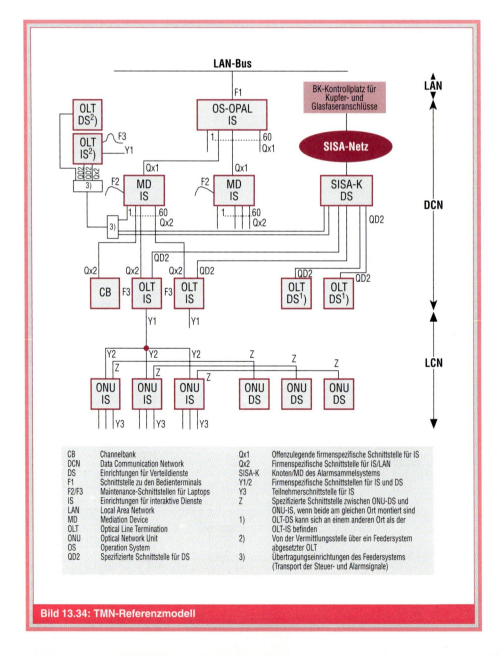

Bild 13.34: TMN-Referenzmodell

DER EINSATZ VON GLASFASERSYSTEMEN IM ZUGANGSNETZ

OS OPAL (Q3LE) und zwischen dem OS-OPAL und seinen Netzelementen (Q3AN) werden diese implementiert und damit die volle Automatisierung des Betreibens der OPAL-Anschlußleitungen im jeweiligen Wirkungsbereich (Niederlassungsbereich) realisiert.

Das Betriebsführungssystem für optische Anschlußleitungsnetze dient der Betriebsführung, Systemverwaltung und Instandhaltung optischer Netze (OANs) in einem Niederlassungsbereich. Mit diesem System sollen von zentraler Stelle aus möglichst viele Vorgänge des Betreibens einer großen Anzahl optischer Anschlußleitungsnetze mit hohem Automatisierungsgrad (Rechnersteuerung) bearbeitet werden können. Aus technischen und organisatorischen Gründen sind sowohl für die interaktiven Dienste als auch für die Verteildienste getrennte Betriebsführungssysteme vorgesehen. An den Stellen gemeinsamer Kabelführung im passiven optischen Netzteil (PON) sind beide Betriebsführungssysteme integriert.

Das Betriebsführungssystem für die interaktiven Dienste (IS) besteht gemäß Bild 13.34 und 13.35 aus folgenden Bestandteilen:

- Zentrales Operation System (OS OPAL) als Rechnersystem am Sitz des Fernmeldeamtes mit gleichberechtigten Terminals bei mehreren ggf. auch abgesetzten Dienststellen. Das OS OPAL führt die o.g. Betriebsführungsfunktionen für alle zugeordneten optischen Anschlußleitungen aus.

Solange die Q3-Schnittstelle zwischen dem OS OPAL und SUB zur DIVO (siehe Bild 13.35) noch nicht realisiert ist, können gleichberechtigte Terminals in den Dienststellen Betriebslenkung der jeweils betroffenen Vermittlungsstellen aufgestellt werden (F1-Schnittstelle).

- Den Mediation Devices (MD) als Konzentratoren und Protokollwandler. Je-

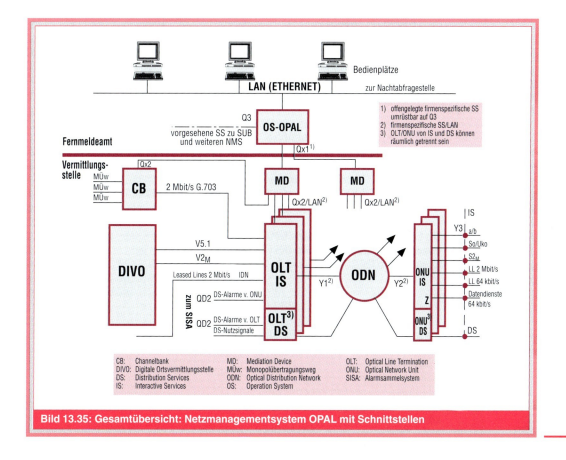

Bild 13.35: Gesamtübersicht: Netzmanagementsystem OPAL mit Schnittstellen

13. Kapitel

weils ein oder mehrere MDs sind für die OANs in einem Vermittlungsstellenbereich zuständig. Sie werden deshalb im jeweiligen TVSt-Gebäude angeordnet.
- Den in den übertragungstechnischen Einrichtungen der optischen Anschlußnetze (OLTs, ONUs) integrierten Hard- und Softwarekomponenten zur Realisierung der jeweils erforderlichen Betriebsführungsfunktionen.
- Dem Datenübertragungsnetz (DCN/LCN) zur Verbindung der Elemente des Betriebsführungssystems (OS OPAL, MD, OLT, ONU) untereinander.

Das Betriebsführungssystem für die Verteildienste (DS) setzt sich aus folgenden Komponenten zusammen:
- Zentraler Kontrollplatz (OS DS) für alle technischen Einrichtungen des Verteildienstes (z.Z. Kabelfernsehen). Von diesem Platz aus werden sowohl die konventionellen, über Kupferadern betriebenen Verteilsysteme, als auch die über Glasfasern betriebenen OPAL-Verteilsysteme überwacht und gesteuert.
- SISA-Knoten als Konzentrator möglichst am Standort der DS-Sende- und Verteileinrichtungen.
- In die übertragungstechnischen Einrichtungen der optischen Anschlußnetze (OLTs, ONUs) integrierte Hard- und Softwarekomponenten zur Realisierung der jeweils erforderlichen Betriebsführungsfunktionen.
- Datenübertragungsnetz (DCN/LCN) zur Verbindung der Elemente des Betriebsführungssystems (OS DS, SISA K, OLT-DS, OLT-IS, ONU-DS, ONU-IS) untereinander.

Das DS-Betriebsführungssystem baut auf ein breites vorhandenes System (NSÜ und SISA) außerhalb OPAL auf.

13.4 Literaturverzeichnis Kap. 13

[13.1] Haist, Waldemar, "Glasfaser bis zum Teilnehmer", telekom praxis, S.18-24, 07.92

[13.2] Haist, Waldemar, et al., "Einführungsstrategie Glasfaser; Overlaynetz für Geschäftskunden", telekom praxis, S. 21-30, 06.94

[13.3] Haist, Waldemar, Hrsg., "Optische Telekommunikationssysteme", Band II, Damm-Verlag, 1990

[13.4] Der Bundesminister für das Post- und Fernmeldewesen, Stab 202, "Konzept der Deutschen Bundespost zur Weiterentwicklung der Fernmeldeinfrastruktur, 1985

[13.5] Der Bundesminister für das Post- und Fernmeldewesen, Stab 202, "Mittelfristiges Programm für den Ausbau der technischen Kommunikationssysteme", 1985

[13.6] Tenzer Gerd, "Glasfaser bis zum Haus", R.v Decker's Verlag, 1991

[13.7] Haist, Waldemar; Kliemsch, Wolfgang; Fritsch, Werner; Schneider, Herbert; "Systematischer Gf-Overlaynetzausbau für Geschäftskunden", telekom praxis, S. 37-46, 04.94

[13.8] Haist, Waldemar; Kliemsch, Wolfgang; Fritsch, Werner; Schneider, Herbert; "Strategisches Planungssystem Gf", telekom praxis, S. 29-37, 05.94

[13.9] Haist, Waldemar et. al., "Einführungstrategie Gf; Overlaynetz für Geschäftskunden", telekom praxis, S. 21-30, 06.94

[13.10] Kremer, "Ortsnetzplanung", 1963

[13.11] Tenzer, Gerd, "Glasfaser bis zum Haus", R.v. Deckers Verlag, 1990

[13.12] Bambach, W.: DIAMANT – Ein modulares, digitales Glasfaser-Anschlußsystem für distributive und interaktive Dienste. „taschenbuch der telekom praxis", Ausgabe 1994

[13.13] Biere, D.: Digitales Fernsehen – Die Verteilung über Satellit, Kabel und terrestrische Sendernetze. „taschenbuch der telekom praxis", Ausgabe 1995

[13.14] Berkel, Th.: NSÜ – Ein Netzmanagementsystem für Telekommunikationsnetze. „taschenbuch der telekom praxis", Ausgabe 1993

IV. Anhang

ANHANG

Abkürzungen

0D	nulldimensional
1D	eindimensional
1elh	Übergänge vom Elektronen- zum lh-Subband der Quantenzahlen l = 1
2-S-DFB	Zweisektions-DFB
2-S-FP	Zweisektions-FP
2D	zweidimensional
2ehh	Übergänge vom Elektronen- zum hh-Subband der Quantenzahlen l =2
3D	dreidimensional

A

A/D	Analog/Digital
ADM	Add-Drop Multiplexer
ADSL	asymmetrischer digitaler Teilnehmeranschluß (engl.: asymmetric digital subscriber line)
AGf	aktiver Glasfaserverteiler im Netz
AM	Amplitudenmodulation
AM-RSB	Amplitudenmodulation Restseitenband
AN	Zugangsnetzknoten oder Zugangsnetz (engl.: access node, access network)
ANSI	US-amerikanisches Standardisierungsgremium
AON	aktives optisches Netz
AOTF	akustooptisch durchstimmbares Filter (engl.: acousto optical tunable filter)
APD	Lawinenphotodiode (engl.: avalanche photodiode)
APE	abgesetzte periphere Einheit
APL	Abschlußpunkt im Liniennetz
APON	passives optisches Netz mit ATM-Übertragung
ASE	verstärkte spontane Emission (engl.: amplified spontaneous emission)
ASIC	anwenderspezifische integrierte Schaltungen (engl.: application specific integrated circuit)
ASK	Amplitudenumtastung (engl.: amplitude shift keying)
Aslmux	Anschlußleitungs-Multiplexer
ATM	asynchroner Transfer Mode
AU	Anpassungseinheit (engl.: adaptation unit)
AVT	Aufbau- und Verbindungstechnik

B

B-ISDN	Breitbandiges diensteintegriertes digitales Netz
BaAs	ISDN-Basisanschluß
BAF	Broadband Access Facilities
BALI	Berlin ATM LAN Interconnection
bBKVrSt	benutzerseitige Breitbandkommunikations-Verstärkerstelle
BC	Basiscontainer
BER	Bitfehlerrate (engl.: bit-error rate)
BERKOM	Berliner Kommunikationssystem
BG	Baugruppen
BGT	Baugruppenträger
BH	vergrabene Struktur (engl.: buried heterostructure)
BIGFON	breitbandiges integriertes Glasfaser-Fernmeldeortsnetz
BK	Breitband (Koax) Kabel
BKSigE	Signaleinspeisung für Verteildienste
BkVrSt	Breitbandkommunikations-Verstärkerstelle
BK VtSt	Breitbandverteilstelle (Kabelfernsehen)
BMFT	Bundesministerium für Bildung, Wissenschaft, Forschung und Technologie
BMPT	Bundesministerium für Post und Telekommunikation
BPM	Strahlausbreitungsberechnungsverfahren (engl.: beam propagation method)
BRIS	Breitbandinsel (engl.: broadband island)

ABKÜRZUNGEN

BS	Betriebsführungssystem
BTS	Bittransportsystem
Btx	Bildschirmtext
BVN	Breitbandverteilnetz
BVSt	Bereichsvermittlungsstelle

C

C-MOS bzw. CMOS	Komplementär- Metal Oxid Semiconductor
CA-System	Zugangskontrollsystem (engl.: conditional access)
CAD	rechnerunterstütztes Konstruieren (engl.: computer aided design)
CATV	Kabelfernsehen (engl.: cable television)
CB	channelbank
CBDS	verbindungsfreier Breitband Datendienst (engl.: connectionless broadband data service)
CBE	chemische Strahlepitaxie (engl.: chemical beam epitaxy)
CC	Koppelfeld (engl.: cross connect)
CD	compact disk
CDM	Codemultiplex (engl.: code division multiplex)
CDMA	Codemultiplex im Vielfachzugriff (engl.: code division multiple access)
CL	verbindungslos (engl.: connectionless)
CM	Konfigurationsmanagement (engl.: configuration management)
CMI	code mark inversion
CN	Kernnetzknoten (engl.: core node)
COB	Chip auf Leiterplatte (engl.: chip-on-board)
COBRA	coherent optical broadband applications (europäisch gefördertes Projekt)
COD	katastrophale Laserendflächenschädigung (engl.: catastrophic optical damage)
CSO	Verzerrungen 2. Ordnung (engl.: composite second order distortion)
CTB	zusammengesetzte Kanalmischprodukte (engl.: composite triple beat)
CVD	chemische Gasphasenabscheidung (engl.: chemical vapor deposition)
CXM	zusammengesetzte Kreuzmodulation (engl.: composite cross modulation)

D

DAVIC	Digital Audio/Visual Council
DBP	Deutsche Bundespost
DBR-Laser	Laser mit verteiltem Bragg Reflektor (engl.: distributed bragg reflector laser)
DCC	digitaler Cross Connect
DCF	dispersionskompensierende Faser (engl.: dispersion compensating fiber)
DCM	Datenkommunikationsmanagement (engl.: data communication management)
DDM	Richtungsmultiplex (engl.: direction division multiplex)
DEMUX	Demultiplex(er)
DTAG	Deutsche Telekom AG
DF-Faser	dispersionsgeglättete Faser (engl.: dispersion flattened fiber)
DFB-Laser	Laser mit verteilter Rückkopplung (engl.: distributed feedback laser)
DFN	Deutsches Forschungsnetz
DH	Doppelheterostruktur
DIV	digitale Vermittlung
DIVO	digitale Ortsvermittlung
DQDB	distributed queue dual bus
DS-Faser	dispersionsverschobene Faser (engl.: dispersion shifted fiber)
DS	Verteildienste (engl.: distribution services)
DSF	dispersionsverschobene Faser (engl.: dispersion shifted fiber)
DST	dispersionsunterstützte Übertragung (engl.: dispersion supported transmission)
DTAG	Deutsche Telekom AG
DVB	Digitale Fernsehverteilung (engl.: digital video broadcast)
DWDM	dichtes Wellenlängenmultiplex (engl.: dense wavelength division multiplex)

Anhang

DXC	digitaler Cross Connect	FLAG	weltumspannende Glasfaserverbindung (engl.: fiber optical link around the globe)
DXI	Datenaustausch Schnittstelle (engl.: data exchange interface)	FM	Frequenzmodulation
		FM/IM	Frequenzmodulation / Intensitätsmodulation
		FMUX	flexibler Multiplexer
		FOKUS	Forschungsinstitut für offene Kommunikationssysteme

E

EADM	elektrischer Add-Drop Multiplexer	FP	Fabry-Perot
		FPI	Fabry-Perot Interferometer
ECC	elektrischer Cross Connect	FSK	Frequenzumtastung (engl.: frequency shift keying)
EDFA	Erbiumfaser-Verstärker (engl.: erbium-doped fiber amplifier)		
		FSR	freier Spektralbereich
EF	mit Erbium dotierte Faser	FTTB	Glasfaser bis ins Gebäude (engl.: fiber to the building)
EM-Faser	Einmodenfaser		
EMF	Einmodenfaser	FTTC	Glasfaser bis zum KVz /Bordstein (engl.: fiber to the curb)
EMTR	Elektrische Multiplexer/Transceiver		
		FTTD	Glasfaser bis zum Schreibtisch (engl.: fiber to the desk)
EndVr	Endverstärker		
EOC	eingebetteter Dienstkanal (engl.: embedded operation channel)	FTTH	Glasfaser bis in die Wohnung (engl.: fiber to the home)
		FTTO	Glasfaser bis ins Büro (engl.: fiber to the office)
EOTF	elektrooptisch durchstimmbares Filter (engl.: electro optical tunable filter)	FTZ	Fernmeldetechnisches Zentralamt (ehem.)
		FV	Festverbindung
ETS	Europäische Telekommunikationsnorm (engl.: european telecommunication standard)	FZ	Forschungszentrum

G

ETSI	Europäisches Institut für Telekommunikationsnormen (engl.: european telecommunications standards institute)
EVU	Energieversorgungsunternehmen

GaAs	Galliumarsenid
GDC	General Data Communication
Gf	Glasfaser
Gf-Evs	Glasfaser-Endverschluß
Gf-HVt	Gf-Hauptverteiler
Gf-VtN	Gf-Netzverteiler
Gfk	Glasfaserkabel
GFVt	Glasfaserverteiler
GMD	Gesellschaft für Mathematik und Datenverarbeitung
GSMBE	Gasquellen-MBE (engl.: gas source molecular beam epitaxy)

F

FD BPM	finite Differenzen BPM
FDDI	fiber distributed data interface
FDM	Frequenzmultiplex (engl.: frequency division multiplex)
FDMA	Frequenzmultiplex im Vielfachzugriff (engl.: frequency division multiple access)
FET	Feldeffekt-Transistor (engl.: field effect transistor)
FFT	schnelle Fourier Transformation (engl.: fast fourier transform)
FG	Fasergitter
FITL	Glasfaser im Zugangsnetz (engl.: fiber in the loop)

H

HBT	Hetero-Bipolartransistor
HDSL	hochbitratiger digitaler Teilnehmeranschluß (engl.: highbit rate digital subscriber line)

HDTV	hochauflösendes Fernsehen (engl.: high definition television)
HDWDM	sehr dichtes (engl.: high density) Wellenlängenmultiplex
HEMT	Transistor mit hoher Elektronenbeweglichkeit (engl.: high electron mobility transistor)
hh	schweres Loch (engl.: heavy hole)
HIPPI	parallele Schnittstelle für Hochgeschwindigkeitsverkehr (engl.: high speed parallel port interface)
HK, Hk	Hauptkabel
HLV	Halbleiterlaserverstärker
HP	Hewlett Packard
HRL	hohe Reflexionsdämpfung (engl.: high return loss)
HSSI	serielle Schnittstelle für Hochgeschwindigkeitsverkehr (engl.: high speed serial interface)
HÜP	Hausübergabepunkt
HV	Halbleiterverstärker
HVt	Hauptverteiler
HYTAS	hybrides Teilnehmeranschlußsystem
IBE	Ionenstrahlätzen (engl.: ion beam etching)
IBM	International Business Machines

I

IC	integrierte Schaltung (engl.: integrated circuit)
IDN	Integriertes Text- und Datennetz
IM	Intensitätsmodulation
IMPDU	initial MAC protocol data unit
InAlGaAs	Indium-Aluminium-Gallium-Arsenid (Mischkristall)
InGaAsP	Indium-Gallium-Arsenid-Phosphid (Mischkristall)
InP	Indium-Phosphid
IP	internetwork protocol
IR	Infrarot
IRD	integrierter Empfänger Decoder (engl.: integrated receiver decoder)
IRONMAN	integriertes regionalisiertes objektorientiertes Netzmanagementsystem
IS	Dialogdienst / interaktiver Dienst (engl.: interactive services)
ISDN	diensteintegrierendes Netz (engl.: integrated service digital network)
ISIS	integriertes System zur Bereitstellung von Infrastruktur auf Glasfasern
ITU	International Telecommunication Union
ITU-T	ITU-Telecommunication Standardization Sector
IVS	interaktive Videodienste (engl.: interaktive video services)
IWU	interworking unit

J

JPEG	Standard für Standbildübertragung

K

KOH	Kaliumhydroxid
KTI	Kernsoftware für Intelligente Terminals
KVZ, KVz	Kabelverzweiger

L

LAN	lokales Netz (engl.: local area network)
LB	Leitungsband
LCC	lokaler Cross Connect
LCN	lokales Kommunikationsnetz (engl.: local communication network)
LD	Laserdiode
LED	Lumineszenzdiode (engl.: light emission diode)
lh	leichtes Loch (engl.: light hole)
LID	System mit lokaler Lichteinstrahlung und -detektion (engl.: local injection and detection)

ANHANG

LiNbO$_3$	Lithium Niobat		**N**
LMS	Lichtmeßsystem		
LOS	Signalausfall (engl.: loss of signal)	NE	Netzelement
		NM	Netzmanagement
LP-Welle	linear polarisierte Welle	NMS	Netzmanagementsystem
LPAS	visuelle Kernausrichtung (engl.: lense profile alignment)	NVoD	near video on demand
		NRZ	non return-to-zero
LPE	Flüssigphasenepitaxie (engl.: liquid phase epitaxy)	NT	Netzabschluß (engl.: network termination)
LT	Leitungsabschluß (engl.: line termination)	NTA	Analoger Netzabschluß (engl.: network termination analog)
LXC	lokaler Cross Connect	NTBA	Zugangsnetzabschluß (engl.: network termination basic access)

M

MAN	Metropolitan Area Network		**O**
MBE	Molekularstrahlepitaxie (engl.: molecular beam epitaxy)	OADM	optischer Add-Drop Multiplexer
MCM	Multi-Chip-Modul		
MCVD	modifizierte CVD	OAM	Betrieb, Administration und Instandhaltung (engl.: operation, administration and maintenance)
MD	mediation device		
MEDKOM	medizinische Kommunikation		
MHEG	Multimedia and Hypermedia Information Coding Experts Group	OAN	optisches Zugangsnetz (engl.: optical access net-work)
MMI	Multimode-Interferenz	OBPF	optisches Bandpaßfilter
MO	metallorganisch	OBS	optischer Breitbandsender
MOCVD	metallorganische Gasphasenepitaxie (engl.: metalorganic chemical vapor deposition)	OCC	optischer Cross Connect
		ODEMUX	optischer Demultiplexer
		ODN	Glasfaser-Verzweigungsnetz (engl.: optical distribution network)
MOMBE	metallorganische Molekularstrahlepitaxie	OEIC	optoelektronische integrierte Schaltung (engl.: optoelectronic integrated circuit)
MoU	memorandum of understanding		
MOVPE	siehe MOCVD	OFDM	optisches Frequenzmultiplex (engl.: optical frequency division multiplexing)
MP-P	Multipunkt-zu Punkt (Kommunikation)		
MPEG	motion picture expert group	OLD	optische Leitungsaufteilung (engl.: optical line distribution)
MQW	Multi-Quantenfilmstruktur (engl.: multiple quantum well)		
MSM	Metall Halbleiter Metall (engl.: metal semiconductor metal) multiplication	OLT	netzseitiger Glasfaserabschluß (engl.: optical line termination)
MÜw	Monopolübertragungsweg	OLT-DS	optischer Leitungsabschluß (engl.: optical line termination) - Verteildienste
MUX	Multiplex(er)		
MWTN	multi-wavelength-transport network (europäisch gefördertes Projekt)	OLT-IS	optischer Leitungsabschluß (engl.: optical line termination) - interaktive Dienste
MZI	Mach-Zehnder Interferometer	OMTR	optischer Multiplexer/Transceiver
		OMUX	optischer Multiplexer

ABKÜRZUNGEN

ONT	optischer Netzabschluß (engl.: optical network termination)
ONTC	optical network transport consortia (amerikanisches Projekt)
ONU	teilnehmerseitige Glasfaseranschlußeinheit (engl.: optical network unit)
OPAL	optische Anschlußleitung (Telekom Projekt)
OS	operation system
OTDM	optisches Zeitmultiplex (engl.: optical time division multiplex)
OTDR	Rückstreumeßgerät (engl.: optical time domain reflectometer)
OÜP	optischer Übergabepunkt
OV	optischer Verstärker
OVD	außenseitige Gasphasenabscheidung (engl.: outside vapor deposition)
OVr	optischer Verstärker
OVtVr	optischer Verteilverstärker
OZ	optischer Zirkulator

P

P-MP	Punkt-zu-Multipunkt (Kommunikation)
P-P	Punkt- zu-Punkt (Kommunikation)
PAL	Polyesterharz
PC	Personal Computer
PC	physikalischer Kontakt (engl.: physical contact)
PCM	Pulscodemodulation
PCM	Puls Code Modulation
PD	Photodiode
PDH	plesiochrone digitale Hierarchie
PFV	Praseodymfluoridfaser-Verstärker
PIC	photonische integrierte Schaltung (engl.: photonic integrated circuit)
pin	Folge von Halbleiterbereichen: p-dotiert, intrinsisch, n-dotiert
PLL	Phasenregelschleife (engl.: phase locked loop)
PM	Phasenmodulation
PMD	Polarisationsmodendispersion
PMMA	Polymethylmethacrylat
POF	Plastikfaser / Polymerfaser (engl.: plastic optical fiber)
PON	passives optisches Netz (engl.: passive optical network)
POTS	analoger Telefondienst (engl.: plain old telephone service)
PPC	Nutzung pro Kanal (engl.: pay-per-channel)
PPV	Nutzung pro Ereignis (engl.: pay-per-view)
PROTOS	Prototyp Operation System
PSK	Phasenumtastung (engl.: phase shift keying)
PTFE	Polytetrafluoroäthylen

Q

QAM	Quadratur Amplituden Modulation
QCSE	quantum confined Stark effect
QW	Quantenfilm oder Quantentopf (engl.: quantum well)

R

REBELL	rechnergesteuerte Betriebslenkung leitergebundener Übertragungsanlagen
RFV	Raman-Faserverstärker
RHEED	hochenergetische Elektronenstrahlbeugung (engl.: reflective high energy electron
RIBE	reaktives Ionenstrahlätzen (engl.: reactive ion beam etching)
RIE	reaktives Ionenätzen (engl.: reactive ion etching)
RILL	Teilnehmerzugang über Funk (engl.: radio in the loop)
RIN	relatives Intensitätsrauschen (engl.: relative intensity noise)
RIRDS	Durchlichtverfahren (engl.: remote injection and remote detection system)
ROM	nur lesbarer Speicher (engl.: read only memory)
RTA	schnelles thermisches Ausheilen (engl.: rapid thermal annealing)
RZ	return-to-zero

ANHANG

S

s.i.	semiisolierend (engl.: semi insulating)
SAM	getrennte Absorption und Multiplikation (engl.: separated absorption and multiplication)
SB	Spin-Bahn
SCM	Hilfsträgermultiplex (engl.: subcarrier multiplex)
SDH	synchrone digitale Hierarchie
SDM	Raummultiplex (engl.: space division multiplex)
SEMF	Standard-Einmodenfaser
SIBH	semiisolierend vergrabene Heterostruktur (engl.: semi insulating buried
SIMS	Sekundärionen-Massenspektrometrie
SiO2	Quarzglas, Siliziumdioxid
SISA	Signalsammel- und Alarmsystem
SL	synchrone Leitungsausrüstung
SM	Sicherheitsmanagement (engl.: security management)
SMD	oberflächenmontierbare Bauelemente (engl.: surface mounted device)
SMDS	switched multimegabit data service
SMT	synchroner Multiplexer in Terminalfunktion
SMT	Oberflächenmontagetechnik (engl.: surface mount technology)
SMUV	Seitenmodenunterdrückungsverhältnis
SoD	Dienst auf Abruf (engl.: service on demand)
SONET	synchronous optical network
SPS	strategisches Planungssystem
SRV	Signal-zu-Rausch-Verhältnis
SS	Schnittstelle
SSG	Gitter mit Überstruktur (engl.: superstructur grating)
ST-2	stream protocol version 2
STB	integrierter Empfänger/Decoder (engl.: set top box)
STM 1	synchrones Transport Modul 1 (155 Mbit/s)
STM 4	synchrones Transport Modul 4 (622 Mbit/s)
STM 16	synchrones Transport Modul 16 (2,5 Gbit/s)
STM	synchrones Transportmodul
SU	service unit
SUB	System für unabhängige Betriebsführung
SYNET	synchrones Netz

T

TA	Endgeräteanpassung (engl.: terminal adapter)
TAB	automatisches Bandbonden (engl.: tape automated bonding)
TAE	Telekommunikations-Anschlußeinheit
TaN	Tantalnitrid
TAT	Transatlantikglasfaserkabel (engl.: transatlantic telephone cable system)
TAXI	transparent asynchronous xmitter receiver interface
TCM	Ping-Pong Übertragung (engl.: time compression multiplex)
TDM	Zeitmultiplex (engl.: time division multiplex)
TDMA	Zeitmultiplex im Vielfachzugriff (engl.: time division multiple access)
TE	Teilnehmereinrichtung
TE	transversal elektrisch
TelAs	Telefonanschluß
TK	Telekommunikation
TK-Anlage	Telekommunikationsanlage
TKR	Temperaturkoeffizient
TL	Technische Lieferbedingung
TM	transversal magnetisch
TMN	Telekommunikationsmanagement Netz
TPON	passives optisches Netz für Telefonverkehr (engl.: telephony passive optical network)
TSI	time slot interchanger
TTG-Laser	abstimmbarer Laser mit Zwillingswellenleiter (engl.: tunable twin guide laser)
TU	tributary unit
TUBKOM	Technische Universität Berlin Kommunikationssystem
TV	Fernsehen (engl.: television)
TVSt	Teilnehmervermittlungsstelle

U

üBK VrSt	übergeordnete Breitband-Verstärkerstelle
UHV	Ultrahochvakuum
ÜP	Übergabepunkt
USA	United States of America
USV	unterbrechungsfreie Stromversorgung
UV	ultraviolett
ÜW	Übertragungsweg

V

VAD	axiale Gasphasenabscheidung (engl.: vapor phase axial deposition)
VB	Valenzband
VBN	vermittelndes Breitbandnetz
VC	virtueller Kanal (engl.: virtual channel)
VC-4	virtueller Container (140 Mbit/s)
VCI	VC-Adresse (engl.: virtual channel identifier)
VHDSL	Teilnehmeranschlußleitung für sehr hohe Bitraten (engl.: very high bit rate digital subscriber line)
VISYON	variables intelligentes synchrones optisches Netz (System bei DTAG)
VLSI	very large scale integration
VME-Bus	versa-DOS module europe
VoD	Video auf Abruf (engl.: video on demand)
VP	virtueller Pfad (engl.: virtual path)
VPEG	Gasphasenepitaxie (engl.: vapor phase epitaxy)
VPI	VP-Adresse (engl.: virtual path identifier)
VR	Verstärker
VSt	Vermittlungsstelle
VtZ	Verteilzentrale
VzK	Verzweigungskabel

W

W-Profil	Glasfaserbrechzahlprofil in der Gestalt des Buchstabens „W"
WDM	Wellenlängenmultiplex (engl.: wavelength division multiplex)
WE	Wohnungseinheit
WLL	drahtloser Teilnehmeranschluß (engl.: wireless local loop)

X

XTP	express transfer protokoll

Z

ZIB	Konrad-Zuse-Zentrum für Informationstechnik Berlin

Stichwörter

α-Faktor	172, 264, 270
λ/4-Phasenverschiebung	171

A

Abscheidung	117-120, 122, 200-206
Absorption	34, 81, 93, 111, 147, 165, 185, 223
Absorption von Licht	36, 82
Absorptionsbande	113 ff
Absorptionsdämpfung	58
Absorptionskoeffizient	25, 100, 113, 200,
Abstimmbarkeit	179, 225
Abstimmung	179, 180
Abwärtsrichtung	321, 368
Acrylat	110
Add-Drop Multiplexer	310 ff, 347, 375, 437
additiver Weg	444
ADSL	323, 343, 425 f
aktive-Doppelstern-Architektur	404
aktiver Glasfaserverteiler	476
aktives optisches Netz	323
Aktivierungsenergie	67, 216
Akzeptor	67, 96, 207
amorph	64, 217-218
amorpher Festkörper	86
amplified spontaneous emission	303
amplitude shift keying	273
Amplituden-Phasenkopplung	172, 264
Amplitudenmodulation	272, 279
Amplitudenumtastung	273
Analogübertragung	261, 280, 362
anodische Oxidation	247
Anregung	35, 52, 58, 83, 162
Antireflexbeschichtung	147
AON, aktives	323, 471
AOTF	334
APD	186, 285
APL	316
APON	332, 342
ASE	303-304
ASIC	242
ASK	273
asymmetric digital subscriber line	323
asynchroner Transfer Mode	314, 333, 372, 404, 407
ATM	314, 333, 372, 404, 407
ATM-Erprobungsprojekte	383
Ätzverfahren	213, 215
Aufbautechnik	228, 241, 251, 374
Aufteilungsverlust	322
Aufwärtsrichtung	321, 324
Augendiagramm	294
Ausbreitungskonstante	222, 227
Ausdehnungskoeffizient	110, 120, 143
außerordentliche Brechzahl	102
Azo-Farbstoff	96, 98

B

BAF	332-333
BALI	392
Bandabstand	163 ff, 200
Bänderschema	68-69
Bandlücke	66, 162, 165
Bandlückenenergie	81, 163, 165
Bandpaßfilter	148, 156
Bandstruktur	66
Barrierenmaterial	81, 83
Basisband	271, 281, 371
Basisbandbreite	270
Baumnetz	318
beam propagation method	61
Bedarfserkennungsverfahren	450
Benutzeroberfläche	429
Bereichsvermittlungsstelle	312, 352
BERKOM	382 ff
BERKOM-Testnetz	382 ff
Beschichtung	125, 131, 149, 200
Besetzungsinversion	156
Beugung	31, 40, 86
biaxial	76
bidirektionale Kommunikation	315
bidirektionale Übertragung	221, 325, 338
Biegekoppler	401
Biegekopplerverfahren	135
BIGFON, Systemversuch	445 f
Bilanzgleichungen	265
Bildfernsprech-Versuchsnetz	445 f
binärer Halbleiter	164
Binärformat	263
Bit-Fehlerrate	265, 285, 288, 350
BK-450 Signal	279

BK-Netz	275, 314
Blauverschiebung	295, 299
blockierungsfreier Betrieb	372
Boltzmannverteilung	73
BORSCHT-Funktion	314
BPM	61
Bragg-Mode	171, 178
Bragg-Reflektor	104, 177, 183
Brechung	33
Brechungsgesetz	34, 42
Brechzahl	21 ff
Brechzahlprofil	42, 47 ff
Breitband-ISDN	407
Breitbanddienst	283, 320
Breitbandübertragung	332
Breitbandverteilnetz, -dienst, Kabelfernsehen	314, 323, 423 ff, 460 f, 482 ff
Brenner	117, 120
Brillouin-Streuung	284, 309, 337
broadcast and select	344
Bruchfläche	133
Bruchwahrscheinlichkeit	124
buried heterostructure	167, 173, 175
Burstbetrieb	326, 330
Burstempfänger	326, 328, 333
Busnetz	318, 319

C

carrier beat noise	350
catastropic optical damage	157
CATV	401
CBE	211
CDM	325, 330, 335
CDMA	330
Chalkogenidfaser	364
Channelbank	461, 466, 467, 475, 476
chemical beam epitaxy	211
chemical vapour deposition	219
chip-on-board	242
chirp	173, 270
chirped grating	153
Chlorgas	120-121
chromatische Dispersion	56, 286, 292
Chromophor	92, 96, 99
COBRA	334, 348
code division multiple access	330
Codefolge	327
Codemultiplex	325, 330, 335
Codemultiplex im Vielfachzugriff	330, 335
composite second order distortion	280
composite triple beat	280
Container	276, 311
Cross-Connect	323, 351, 372
crosstalk	256, 346
CSO	280
CTB	280
cutoff-Wellenlänge	128
CVD	219

D

Dämpfung	24, 110, 126, 147, 221
Dämpfungsbudget	464, 490
Dämpfungskoeffizient	59, 100, 112, 240, 374
Dämpfungsmessung	111, 116
Dämpfungsminimum	86-87, 113
dark fibre	322
Datenpaket	330, 332
Dauerstrichbetrieb	183, 265
DAVIC	428
DBR-Laser	171, 177, 240
DCC (vgl. DXC)	311
DCF-Faser	123, 296
DDM	325
Demultiplexer	274, 311, 318
DEMUX	274, 311, 318
Depositionswirkungsgrad	202, 204
DeTeBerkom	383, 392
DF-Faser	57
DFB-Laser	171, 266, 286
Dialogdienst	315
Diamantgitter	64
dichtes Wellenlängenmultiplex	333
Dickschichtschaltung	243
Dielektrikum	67, 243, 245
Dielektrizitätskonstante	67
differentielle Verstärkung	175, 176
Differenzfrequenz	101, 271
Differenzphasenumtastung	273
Diffraktion	31
Diffusion	104, 216
digitaler Cross-Connect	311, 435 ff
Digitalübertragung	261, 272, 362
direction division multiplex	325
Direktempfang, siehe Geradeausempfang	161, 365
Direktmodulation, siehe Intensitätsmodulation	292, 301, 306
Dispersion	52
dispersion compensating fiber	123, 296
dispersion flattened fiber	57
dispersion shifted fiber	57, 293

Anhang

dispersion supported transmission	295, 306
Dispersionsgrenze	287
Dispersionskoeffizient	56
Dispersionskompensation	298, 365
dispersionskompensierende Faser	123, 152, 296, 365
Dispersionsmanagement	292, 366
Dispersionsminimum	57, 111, 123, 308
Dispersionsnullstelle	55, 286, 300, 363
dispersionsunterstützte Übertragung	295
dispersionsverschobene Faser	57, 293, 364
distributed feedback laser	171
Donator	67, 96
Doppel-Heterostruktur	204
Doppelbrechung	49, 93
Doppelsternnetz	319
Doppelstrategie	444
Dotierstoff	49, 87, 219
Dotierung	64, 200, 220
Drahtbondverfahren	248
Dreiwellenmischung	93
Driftgeschwindigkeit	185
Dunkelstrom	189
dunkle Solitonen	301
Dünnfilmschaltungen	243
Dünnfilmtechnik	245, 247
Dünnfilmwiderstand	250
Duplexer	325, 338
Durchlichtverfahren	135, 137
durchstimmbarer Laser	178, 180
DVB	427, 485 ff
DWDM	333
DXC (vgl. DCC)	435 ff
Dynamikbereich	154, 271
dynamische Linienverbreitung	172

E

ebene Welle	22
ECC	321, 344
effektive Masse	69, 80
Eigenleitfähigkeit	67
Eigenwelle	43, 221
Einbrennen	243
Einfaserbetrieb, -lösung	325, 335, 367, 461
Einfügedämpfung	131
Eingangssignal	154, 260, 371
Einkoppelwirkungsgrad	129, 157, 183, 270
Einmodenfaser	47
einmodige Schwingung	166
Einzelstrichbeschriftung	152
elektrische Feldstärke	28, 146
elektrische Leitfähigkeit	96-97
elektrischer Cross-Connect	321, 344
elektrisches Nebensprechen	339
Elektrolumineszenz	373
Elektron-Loch Paar	98, 267
Elektronen	30, 66, 186
Elektronenbeweglichkeit	69, 186
Elektronenfehlstelle	66
Elektronenkonfiguration	88
Elektronenkonzentration	69, 71
Elektronenstrahlabgleich	247
Elektronenstrahllithographie	152, 200
elektronische Dispersionskompensation	365
elektrooptische Modulation	93
Elementhalbleiter	64, 96
elliptisch polarisiertes Licht	26
Emission von Licht	35, 74, 81
Emissionsbandbreite	266
Emissionsfrequenz	264, 271, 273
Emissionslinien	183, 266
Emissionsspektrum	83, 162
Empfänger	260-262
Empfängerempfindlichkeit	273, 285, 369
Empfindlichkeitsverlust	288
Energieband	160, 165
Energielücke	66, 163
Energieniveau	35, 83, 162
Entartung	73, 80, 81
Entscheider	270
Epitaxie	75, 200
Erbium	87
Erbiumfaser-Verstärker	154
ETSI	404
externe Modulation	270
externe Quantenausbeute	159, 172, 178
externe Reflexionen	169
externer Resonator	178

F

Fabry-Perot-Interferometer	148, 347
Fabry-Perot-Filter	179, 278, 348
Fabry-Perot-Laser	169, 266
Faraday-Effekt	37
Faser, siehe Glasfaser	
Faser-Brillouin-Verstärker	154
Faserbauelement	374
Faserbruch	124, 132

STICHWÖRTER

Faserbündel	132, 139
Faserdämpfung	58, 113
Faserdispersion	52
Fasergitter	151, 292, 347
Fasergitterlaser	153
Faserlaser	88, 91
Fasermultiplex	324, 367
Fasernichtlinearität	363, 365
Faserrichtkoppler	277
Faserringlaser	287
Faserschutz	131
Faserspule	147
Faserstirnfläche	127, 137
Faserverbindung	126
Faserverstärker	88, 156, 304, 373
FDM	161, 274
FDMA	330, 333
Fehlerlokalisierung	322-323
Feldeffekt - Transistor	360
Feldwiderstand	27
Fermatsches Prinzip	32
Ferminiveau	73, 163
Fermiverteilung	71, 73
Fernnebensprechen	336, 339
Fernnetz	282, 351
Fernspeisung	479 ff, 492 494
Fernsprechanschlußnetz	314
Ferroelektrika	225
Festkörper	85, 92, 231
Festkörperlaser	162, 263
FFT	62
fiber in the loop	342, 398
fiber optical link around the globe	308
fiber to the building	342, 458, 460
fiber to the curb	342, 401, 458, 460
fiber to the desk	342
fiber to the home	342, 458, 460
fiber to the office	342
Fiberlok-Spleiß	139
Filmwellenleiter	40, 44, 223
Filter	101, 147, 228, 274, 375
Filtergüte	150
Filterkante	147
Finesse	150-151
FITL	342, 398
FLAG	308
Flammenhydrolyse	117, 120
Fleckradius	48, 128
Fleckweite	48, 128
Fleckweitenanpassung	221, 237
flexibler Multiplexer	312
Flip - Chip Bonden	248
Fluor	49, 110, 118
Fluoridfaser-Verstärker	89, 92
Fluoridglas	89
Fluoridglasfasern	91, 364
Flüssigphasenepitaxie	200, 201
FM	28, 273, 281
FM/IM-Konversion	293
FMUX	312
Formieren	243
Fouriertransformation	62
Fraunhofersche Beugung	32
Fremdleitung	67
frequency division multiple access	330, 333
frequency division multiplex	161, 274
Frequenz	20
Frequenzfilter	147, 227
Frequenzgetrenntlageverfahren	326
Frequenzgleichlageverfahren	327
Frequenzhub	295
Frequenzkamm	369
Frequenzkonversion	101, 370
Frequenzmodulation	169, 270 ff, 292 ff
Frequenzmultiplex	161, 274, 291, 308, 310
Frequenzmultiplex im Vielfachzugriff	330, 333
Frequenzrauschen	169, 265
Frequenzstabilisierung	369, 373
Frequenzstufe	348, 371
Frequenzumsetzung	349
Frequenzumtastung	273
Frequenzverdopplung	37, 93, 96, 101
Fresnelreflexion	116, 131, 150
FSK	273
FTTB	342, 458, 460
FTTC	342, 401, 458, 460
FTTD	342
FTTH	342, 458, 460
FTTO	342
Fügestelle	135
Füllfaktor	172
Funktionsabgleich	246

G

gain switching	264
Gangunterschied	29, 148
Gasphasenepitaxie	200, 202-203
Gasphasenoxidation	87
Gasquellen-MBE	211
gateway	345
Gaußstrahl	128
Gegentaktempfänger	249
Gehäusetechnik	242

Anhang

Geradeausempfang	269
Germanium	64, 117, 189
Germaniumdioxid	56, 110, 225
Gewinnmodulation	178, 264
Gewinnprofil	172
Gitter	65, 69, 152, 171
Gitteranpassung	64, 76, 164
Gitterfehlanpassung	75, 77
Gitterfehler	76
Gitterfilter	104, 266
Gitterkonstante	64, 76, 164,
Gitterkräfte	67, 69
Glasart	85, 87
Glasfaser	47, 51 ff
Glasfaser-Overlaynetz	425, 444, 449 ff
Glasfaserabschluß	337
Glasfaserkabel	126, 131
Glasfasernetz	312, 343
Glasfaserstecker	143, 265
Glasmatrix	88, 90
Glasruß	120
Glassubstrat	374
Glastemperatur	94, 96
Gradientenfaser	54, 260, 266
Granularität	351
Grenzfrequenz	174, 188, 191, 246
Grenzwellenlänge	48
Grenzwinkel	34
Grundmode	47, 60
Gruppenbrechzahl	24
Gruppengeschwindigkeit	24
GSMBE	211
Gunn-Diode	70

H

Halbduplexübertragung	326
Halbleiter	64-66
Halbleiter-Heterostruktur	73
Halbleiterkristalle	64, 77
Halbleiterlaser	162 ff, 263, 361, 363
Halbleiterlaserdiode, siehe Halbleiterlaser	
Halbleiterlaserverstärker	159, 349, 370
Halbleiterverstärker	153, 159, 236, 349
Hauptkabel	316
Hauptkettenpolymere	94
Hauptverteiler	316
HBT	219
HDSL	323, 343
HDWDM	333
HE-Welle	47 ff
Helmholtz-Gleichung	61

Heterodynempfang	271
Heterodynempfänger	334
Heterostruktur	64, 81, 173, 201 ff
Heteroübergänge	163, 216
high-bit rate digital subscriber line	323, 343
Hochgeschwindigkeitselektronik	367
Holmium	87
Homodynempfang	271
Huygenssches Prinzip	31
H-Welle	46 ff
hybride Welle	46
Hybridmodul	375
Hybridnetz	323, 324, 423, 425
Hybridschaltungen	243, 246
Hybridtechniken	242
Hydrid-Gasphasenepitaxie	203
Hydrolyse	87
HYTAS	471

I

IBE	214
III/V-Halbleiter	200
Impuls	52-54
Impuls-Wellenvektor	70, 78, 83
Impulsnebensprechen	268
Impulsverlängerung	52
index-matching	131, 136
indirekter Halbleiter	83
induzierte Emission	36
Infrarot	20
InGaAsP	157, 164 ff
inhomogenes Medium	33
Inhouse-Lösung	471, 474
injection locking	170, 294
Intensität	27, 29
Intensitätsmodulation	27, 169, 269
Intensitätsmodulator	232
Intensitätsrauschen	168, 265
interactive services	315
interaktive Video-Services	421 f
Interferenz	28, 31
Interferenzfilter	147, 230, 347
Interferenzglied	29
Interferometer	101, 128, 149
Interferometerordnung	149
Inversion	162, 165
Inversionsfaktor	163
ion beam etching	214-215
Ionenimplantation	102, 190, 217
Ionenstrahlätzen	215
IRONMAN	441

STICHWÖRTER

IS-Netz	315, 324
ISDN	314, 352, 375
ISIS	471
Isolator	64, 156, 265
Isolierung	200
ITU-T	404

J

Jitter	289, 304, 305

K

Kabelverzweiger	316, 342
Kanalabstand	277, 305, 345, 350
Kantenemitter	169
Kapazitätserweiterung	279, 301, 335
Kaskadierung	283
Keramiksubstrat	243, 245
Kern	41 ff
Kerndurchmesser	43, 299
Kernmode	47
Kernnetz	372
Kernversatz	134, 139
Kernzentrierung	140, 143
Kerr-Effekt	37, 298
Kippwinkel	128, 131, 139
Kleben	127, 247, 250
Klebespleiß	134
Knotenvermittlungsstelle	312
Koax-BK-Netz	279
Koaxialkabel	275, 279
kodirektional gekoppelter Laser	181
Kohärenzlänge	149
Kollabiervorgang	118-119
Komposition	75, 76, 81
Konfinement	159
konjugierte Bindungen	95
konjugierte Polymere	94
Kontaktierung	247, 248
Kontinuumsmechanik	76, 77
Konzentration	85, 110, 118
Konzentrationspunkt	320
Konzeptwettbewerb	398
Koppelverhältnis	145, 317
Koppelwirkungsgrad	157, 250
Kopplungsfaktor	172
Korrelationsempfänger	335
kovalent vernetzte Polymere	94
Kreisfrequenz	21, 23
Kreuzphasenmodulation	350
Kristallstruktur	64, 65, 240
kritische Schichtdicke	77, 83
Krümmungsverlust	60, 61, 111
Kugelwelle	22, 29, 31
Kunststoffaser, siehe Polymerfaser	
Kupferdoppelader	315, 316
Kupfernetz	312, 323

L

Ladungsträgerdichte	166, 173, 175
Ladungsträgerstatistik	71
LAN-LAN-Kopplung	412
Langmuir-Blodgett-Methode	99
Langzeitstabilität	92, 123, 247
Laser, siehe Halbleiterlaser	
Laser-Transceiver	338
Laser mit externem Resonator	178
Laserdiode, siehe Halbleiterlaser	
Laserstrahlabgleich	247
Laserverstärker	160
Laserwellenleiter	158
Lawinenphotodiode	186, 192
Lawinenverstärkungsfaktor	187, 190
Layoutentwurf	244
LCC	311, 312
LED	31, 136, 162, 164, 203
leichtes Loch	72, 78-79
Leistungsbudget	285, 318, 337
Leistungsdichte	27
Leistungskoppler	316
Leistungsteiler	339
Leistungsverbrauch	337, 338
Leistungsverstärker	161, 285
Leiterbahnbreite	242, 244
Leiterbahnwiderstand	244
Leiterplattentechniken	242
Leitfähigkeit	64, 67, 163
Leitungsband	66, 162
Leitungsband-Diskontinuität	173
Leitungsband-Potentialtopf	74
Leitungsvermittlung	372
Lichtdämpfung, siehe auch: Dämpfung	87
Lichtinjektion	170, 294
Lichtintensität	28, 34
Lichtquant	20, 34, 66
Lichtstrahl	21, 33
Lichtträger	260, 291
Lichtträgerfrequenz	260
Lichtwelle	22, 31

513

ANHANG

Lichtwellenleiter	40, 81, 116, 215
$LiNbO_3$	102, 225
linear polarisiertes Licht	26
lineare Polymere	94
Linienbreite	162, 266
Liniennetz	318
Lithium Niobat	102, 225
Lithographie	211
Loch	66, 160
Löcherband	70, 159
Löcherkonzentration	69, 71
Löcherstromdichte	69
lokale Ordnung	86
lokaler Cross-Connect	311
Lokallaser	271
longitudinalen Feldkomponenten	46
loss of signal	335
Löten	247
LP-Welle	47
LPAS	137
LPE	200 ff
Lumineszenzdiode, siehe LED	

M

Mach-Zehnder Interferometer	101, 148, 229
Mach-Zehnder Modulator	234, 293
magnetische Feldstärke	26
Makrobiegungen	60
Managementsystem	310, 343, 375
Mantel	41
Mantelglas	34, 51
Mantelmode	47, 59
Maske	211
Maskierung	213
Master-Laser	294
Materialdispersion	52, 286
Maxwellschen Gleichungen	40, 61
MBE	200, 208
MCVD	117
Mehrfachstern	321
Mehrlagentechnik	242
Mehrmodenfaser	51
Mehrniveau-System	89
Mehrsektions-Laser	179, 182
Mesastruktur	192, 208
Metallisierung	211, 219
Metallorganische Gasphasenepitaxie	205
Methacrylat	98
Mikrokrümmungen	60, 124
Mikrokrümmungsverlust	111, 112

Mikroprojektion	212
Mikroschweißen	250
Mikrostreifenleitertechnik	242
Miller-Zange	133
Mischungsverhältnis	76, 85
Mittelwert	29, 144, 265
Mittenfrequenz	265
Mittlerfunktion	430
Mobilfunknetz	314
MOCVD	205
Mode	43, 44, 51
Modendispersion	53
Modenkopplung	54, 264
Modensprung	178
Modenverlust	175
Modulationsbandbreite	177, 263, 277
Modulationsgeschwindigkeit	162, 166
Modulationsindex	281
Modulationsspannung	294
Modulationsstrom	295
Modulator	101, 232
molecular beam epitaxy	200
molecular engineering	96
Molekulargewicht	92
Molekularstrahlepitaxie	208
MOMBE	211
monochromatisches Licht	34
monolitische Integration	242, 373
Monomer	92, 126
Monopolübertragungsweg	314, 460 f, 467, 469
MOVPE	205 ff
MPEG	426 f
MQW	173, 207, 361
multi quantum well	173, 200, 361
multi-chip-modul	242
Multigigabit/s-System	363, 375
Multiplexhierarchie	347, 353
Mulimediadienste	421 f
Multimedia Server	426 f
Multiphononen-Absorption	91
Multiplexer	230, 274, 311, 332, 346, 374
Multiplexhierarchie	347, 353
Multiplextechnik	274, 310, 315, 344
Multipunkt-zu Punkt Struktur	318, 324
Multisektions DFB-Laser	179
MWTN	348

N

Nachprägen	141
Nachricht	260, 368
Nahnebensprechen	336, 339

Stichwörter

Naßätzen	215
Nd:YAG	162
Nebensprechdämpfung	234, 336
Nebensprechen	278, 336, 347
Nebensprechleistung	350
Neodym	87, 88, 156
Neodymverstärker	364
Netzarchitektur	316
Netzausbau	323, 375
Netzbetreiber	315, 323, 375
Netzebene	282, 313, 362
Netzhierarchie	282, 363
Netzmanagement, network management	344, 352, 372 ff, 440, 463, 471, 481, 492, 495 ff
Netzmodelle	450 ff
Netztopologie	318
Netzwerkelement	161, 344 ff, 351, 372
nichtlineare Effekte	298, 306, 309, 350
nichtlineare Optik	36, 92, 93
Nichtlinearität	37, 96, 280, 302
Nichtzentrosymmetrie	93, 96
normierte Brechzahldifferenz	49, 51
NRZ-Code	301
NT	468
numerische Apertur	125
Nutzsignal	260, 288, 335

O

OADM	346, 348
Oberflächenbehandlung	141
Oberflächenbeschädigung	110, 123, 125
Oberflächenemitter	182
Oberflächenspannung	135, 251
ODEMUX	346, 349, 353
ODN	322
OEIC	237, 241, 250
OFDM	277, 333, 367
OLT	316, 320, 342, 400, 402, 461 ff, 472, 485 f
OMUX	228, 317, 346, 349, 353
ONT	476, 478, 485 f
ONTC	348
ONU	316, 321, 329, 400, 402, 461 f, 465 ff, 476 f, 478
OPAL	375, 398, 423, 444, 446, 458 ff
optical access network	404
optical cascading	94
optical line termination	316, 320, 342, 400, 402, 461 ff, 472, 485 f
optical network unit	316, 320, 329, 342, 400, 402, 461 f, 465 ff, 476 f, 478
optical time division multiplex	277
optical time domain reflectometer	116
optische Brechzahl, siehe Brechzahl	
optische Einwegleitung, siehe optischer Isolator	
optische Entscheiderstufe	366
optische Frequenzmultiplextechnik	277, 333
optische Hybridschaltung	249
optische Länge	33
optischer Multiplexer	318, 346, 347, 367
optische Nichtlinearität	92, 94
optische Phasenkonjugation	365, 366
optische Regeneration	290, 305, 366
optische Schaltungsintegration	225
optische Transparenz	345, 349, 370
optische Vermittlung	370, 371
optische Vorverstärkung	272
optischer Add-Drop Multiplexer	346
optischer Breitbandverstärker	488 ff
optischer Cross-Connect	346, 348
optischer Demultiplexer	317
optischer Isolator	155, 270, 294
optischer Multiplexer	228, 317, 346, 349
optischer Puls	266, 277
optischer Schalter	234
optischer Speicher	346
optischer Verstärker	88, 153, 289, 307, 485 f, 490, 491
optischer Zirkulator	153, 326, 328
optisches Bandpaßfilter	155
optisches Filter	128, 150
optisches Frequenzmultiplex	277, 333, 367
optisches Netz	311, 323, 343
optisches Pumpen	156
optisches Spektrum	291
optisches Zugangsnetz	315
OPTO-CLIP Stecker	143
Optoelektronik	70, 211, 221, 241
ordentliche Brechzahl	104
Ortsnetz	110, 311
Ortsvermittlungsstelle	312
OTDM	277
OTDR	116, 322
Outdoor-Lösung	464, 471
outside vapor deposition, siehe OVD	
OVD	120, 122
Oxydationsmethode	158
Oxynitrostilben	96, 98

P

Paketvermittlung	372
Parallelplattenreaktor	214
Passiv-Doppelstern-Architektur	401
passive Kompensation	296
passives optisches Netz, siehe PON	
Passivierung	211, 218, 219
pay per channel	421 f
pay per view	421 f
PC-Stecker	139
PCM	360
PDH	275
periodische Strukturen	64
Pfadschicht	344, 372
Phase	21
phased array	230, 346, 347
Phasenanpassung	93, 179, 309
Phasengeschwindigkeit	23, 24, 146, 226
Phasenkonstante	21
Phasenmodulation	273
Phasenmodulator	101, 232, 284
Phasenrauschen	168, 169
Phasensprung	171
Phasenumtastung	273, 366
Phonon	65, 69, 70, 83, 87
Phosphorpentoxid	110
Photo-CVD	219
Photodetektor, siehe Photodiode	
Photodiode	184 ff, 267
Photolack	211
Photolumineszenz	83, 85
Photon	20, 34, 66
photonic integrated circuit	220
Photonik	96, 360
Photosensitivität	151
Photostrom	184 ff, 269
Pilotprojekte „Interaktive Video Services"	420 ff
Pilzlaser	168, 174
pin-Diode	185, 267
Ping-Pong-Verfahren	326
Plancksches Wirkungsquantum	34
Plasma-CVD	219
plesiochrone digitale Hierarchie	275
plesiochrone Technik	310
PMD	55, 286
PMMA	96, 125
pn-Übergang	162
Pockels-Effekt	37, 93, 231
Polarisation	25 ff
Polarisationsanpassung	272
Polarisationseinsteller	271
polarisationserhaltende Faser	51
Polarisationsmodendispersion	55, 286
Polarisationsweiche	272
Polarisationszustand	26, 149, 272
Polung	96
Polydiacetylen	100
Polymer	92, 125, 371
Polymerfaser	97, 101, 125
Polymermatrix	96
Polymethylmethacrylat	96, 125
Polystyrol	111
Polytetrafluoroäthylen	111
PON	321, 342, 367, 404, 461
Potentialbarriere	163, 164
Potentialtopf	74, 81, 83
POTS	401
Poyntingscher Vektor	27
Praseodym	87, 88, 156, 364
Praseodymfluoridfaser-Verstärker	153
Prechirping	292, 295
Primär-Schutzschicht	110
primary coating	110
privacy	322
Produktinnovation	444, 447
Proof-Test	125
PROTOS	440
PSK	273, 366
Pulsbreite	287, 303
Pulscodemodulation, siehe PCM	
Pulsjitter	303, 305
Pulskompression	295
Pulsverzerrung	289, 294
Pumplaser	88, 156
Pumpleistung	154, 156, 364
Punkt-zu-Multipunkt-Struktur	318, 461
Punkt-zu-Punkt Verbindung	313

Q

QAM-Übertragung	485 ff
Quantendraht	74, 75
Quanteneffekt	73, 81, 163, 173, 200
Quantenfilm	64, 74, 159 ff
Quantenmechanik	74
Quantenpunkt	64, 74
Quantenwirkungsgrad	183 ff, 263
Quantisierung	74, 81, 162, 173
quantum well	74
quantum-confined-Stark-effect	100
Quarzglas	49, 85, 110, 373
quaternäre Halbleiter	81, 82, 164
Quellencodierung	428 f

Stichwörter

R

Raman-Effekt	154, 301
Raman-Faserverstärker	153
Raman-Streuung	309, 350
Ranging	330
Ratengleichungen	173
Rationalisierungsinnovation	444, 448
Raumladungszone	184, 186
räumliches Lochbrennen	171
Raummultiplex	274, 324
Raumstufe	348, 353, 371
Rauschen	154, 169, 189
Rauschindex	246
Rauschleistung	261, 272, 289
Rauschspannung	247
Rauschzahl	154, 160, 290
Rayleigh-Rückstreufaktor	336
Rayleigh-Streuung	58, 91, 112, 335
reactive ion etching	99, 213, 215
Reaktionsgleichung	117, 206
Reaktionszone	118, 121
REBELL	440
reflection high energy electron diffraction	210
Reflexion	33, 127, 153, 229, 335
Reflexions-Transceiver	338
Reflexionsdämpfung	265
Reflexionsfaktor	128, 150
Reflexionskoeffizient, siehe Reflexionsfaktor	
Reflexionsmodulator	338, 368
Reflexionsstörung	169
Regeneration	267, 283, 288, 366
Regenerator	283, 289, 366
Regionalnetz	282
Rekombinationsprozeß	82, 83, 179
relatives Intensitätsrauschen	169
Relaxationsoszillationsfrequenz	173
Relaxationsresonanz	263
Relaxationszeit	69
Remote Plasma-Enhanced-CVD	219
repeater	161
Reservefasern	322, 352, 367
Resonator	128, 150, 164, 170
return-to-zero	295, 301
reziprokes Gitter	69
RHEED	210
Richtkoppler	226, 234, 239, 336
Richtungsmultiplex	325, 326
RIE	213, 215
RIN	169, 265
Ringnetz	311, 347
Ringstruktur	318
Rippenwellenleiter	223
RITL	323
Röntgenlithographie	213
Röntgenstrahlbeugung	86
Rotverschiebung	286, 295, 299
Rückflußdämpfungsmaß	128, 336
Rückkopplung	168, 170
Rückseitenmetallisierung	244
Rückstreu-Meßverfahren	116, 117
Rückwärtspumpen	155, 156

S

Sättigungsausgangsleistung	154
Schalter	234
Schaltknoten	311
Schaltmatrix	236
Schaltungsintegration	236
Schichtdicke	76, 85, 201 ff
Schichtenmodell	343, 344
Schichtschaltungstechnik	242
Schichtwellenleiter	40 ff, 249
Schleifkoppler	146
Schlüsselkomponente	338, 373, 375
Schmalbanddienst	342
Schmelze	86, 94, 201
Schmelzkoppler	146, 317
Schmelzspleiß	134, 139
Schnittstelle, V5-Schnittstelle	463 f, 466 ff, 475 f
Schrödinger-Gleichung	69, 302
Schrotrauschen	189, 268
Schutzzeit	326, 330, 340
Schwellenstrom	171, 263
Schwellenstromdichte	163, 166, 178
schweres Loch	72, 78, 160
Schwermetall-Fluorid-Gläser	88
SDH	276, 351, 367, 434 ff
Seekabelsystem	307
Seitenbänder	270
Seitenkettenpolymere	94
Seitenmoden	172
Seitenmodenunterdrückung	172
Sekundärcoating	131
Selbstfokussierung	37
selbstjustierende Kontakte	213
selbstjustierende Mikrostrukturen	251
Selbstphasenmodulation	284, 292, 297, 309
selektives Wachstum	204, 207
seltene Erden	88
Sendelaser	169, 271, 275, 279
Sender	263, 273, 283, 345, 375
Server	313, 324

Anhang

service unit, SU	476 ff
set-top-box	427 f
SIBH-Struktur	173
Signal-zu-Rausch Verhältnis	262, 267
Signalbandbreite	268, 271, 293
Signaldynamik	319
Signalleistung	261, 290
Silizium	64, 152, 189, 225, 251, 360
Silizium-Baustein	363
Siliziumdioxid	85, 110, 225
SIMS	206, 207
skalare Optik	22
Slave Laser	294
SMD-Bauelement	247
Soliton	365
Solitonenleistung	301, 302
Solitonenperiode	302, 305
Solitonenübertragung	291, 292, 301, 305 ff
space division multiplex	274
Speicherdichte	81, 93
Speisung	321
spektrale Inversion	298, 306
spektrale Leistungsdichte	329
spektrale Rückwirkungsempfindlichkeit	168
Spektrum elektromagnetischer Wellen	20
Spektrumspreizung	327
Sperrschichtkapazität	187 ff
Sperrspannung	185, 190
Spleiß	116, 134, 325
Spleißdämpfung	117, 135
Spleißgerät	135, 137
Spleißverlust	268
Splitter	404
spontane Emission	35, 156, 160
spontaner Emissionsfaktor	160
sputtern	200, 219
SSG-Laser	180
Stabilisierungsverfahren	369
Standard-Einmodenfaser	111 ff
Stark-Effekt	37
statistisches Multiplexen	412
Stecker	139 ff
Steckerstift	140, 142
Steckverbindung	139
stehende Welle	28, 30, 170
Steilheit	263, 267
Sternkoppler	227, 316 ff, 374
Sternnetz	318, 345
stimulierte Emission	88, 162
STM	276, 332, 436 ff
Stokes-Frequenz	309
Stopband	171
Störanteile	261
Störbeeinflussung	335
Störleistung	335
Störleistungspegel	336
Störstellenniveau	73
Stoßionisation	186
Strahl	32 ff
Strahldurchmesser	128, 134
strahlende Rekombination	83, 84, 163
Strahlenoptik	32 ff
Strahlungsmode	47, 54, 60
strategisches Planungssystem	450 ff
Streifenleiter	41, 222
Streulicht	336, 339
Streuverlust	59, 91, 112, 223
Stromrauschen	247
Stromversorgung	316, 321, 479 ff, 492, 494
Strukturierungstechnik	200, 211
Stufenfaser	41 ff
Stufenwellenleiter	40, 41
Subband	74, 81
Submodul	242, 250
substitutiver Weg	444
Substrat	64, 76, 99, 167, 222, 251
Subträger	28
Suszeptibilität	93, 94, 96, 98
Symmetrie	78, 93, 235
synchrone digitale Hierarchie	276, 367, 434 ff
SYNET	440, 434
Systemmanagement	344, 367, 369, 371
Systemreserve	268, 285, 288, 363
Systemüberwachung	365

T

Taktregeneration	305, 366
tape automated bonding	248
Taper	61, 238, 250
TAT	307, 308
TCM	325-326, 328
TDM	274, 330, 332, 362
TDM/TDMA	330, 335
TDMA	330, 331
TE-Welle	45
technische Lieferbedingungen	283
Teilnehmeranschluß	316, 320
Teilnehmeranschlußnetz	315, 320, 321
Teilnehmervermittlungsstelle	314
Teilungsverhältnis	145 ff

Stichwörter

telecommunications management network, siehe auch: Netzmanagement	375
Telexnetz	314
Temperaturkoeffizient	228, 246
Temperaturprofil	243
Tempern	211
Tensor	93
ternäre Halbleiter	164
thermische Durchstimmung	179
thermische Zeitkonstante	264
thermischer Spleiß	134
thermisches Gleichgewicht	83, 162
thermisches Rauschen	189, 261
thermooptischer Koeffizient	374
thermoplastisches Verhalten	94
Thulium	87
Tiefpaß	187
Tiefpaßfilter	147
time compression multiplex, siehe TCM	
time division multiple access, siehe TDMA	
time division multiplex, siehe TDM	
Titan	102
TM-Welle	45
TMN, siehe auch Netzmanagement	375
Topologie (Netz)	318
Totalreflexion	33 ff, 41 ff, 60, 221
TPON	342
Trägerwelle	23, 270, 318
transatlantic Telephon cable system	307, 308
Transceiver	338 ff, 374, 475
Transmission	128, 149
Transmissionsfaktor	128, 150
Transmissionsgitter	152
Transmissionshalbwertsbreite	149
Transmissionskoeffizient	127
Transparenz	85, 100, 236, 345
transversal elektrisch	45 ff, 160
transversal magnetisch	45 ff, 160
Treiberstrom	340
tributary unit	475
Trimmen	246-247
TTG-Laser	180
tunable twin guide-laser	180

U

Überfangrohr	119
Übergangswahrscheinlichkeit	35-36
Übergitter	181
Überlagerungsempfang	271, 369
Überlagerungsrauschen	350
Übertragungsbandbreite	262, 275, 281, 343
Übertragungsfunktion	263 ff
Übertragungskapazität	268, 274, 289, 308, 332
Übertragungsmodul	239
Übertragungsschicht	343
Übertragungsstörung	279, 284
Übertragungssystem	260, 271, 281, 324, 374
Ultrahochvakuum	208
Ultraviolett	20, 113, 114
upstream	321
UV-Absorption	91, 113

V

V-Nut	133 ff, 251
VAD-Verfahren	120 ff
Vakuumbeschichtungsverfahren	243
Valenzband	66 ff, 81, 165, 184
Valenzband-Potentialtopf	74
Valenzelektron	66, 67
vapour phase epitaxy	200
VBN	444, 446
Vegard'sches Gesetz	76
Verbindungshalbleiter	64, 76, 164, 200, 373
Verbindungsschicht	343-344, 372
Verbindungstechnik	132, 241, 245
Vergütungsschicht	219
Verkippung	130
Verlust	59, 87, 89, 91, 93, 112
Verlustgitter	172
Verlustleistung	179, 242, 264
vermittelndes Breitbandnetz	444, 446
Vermittlungsstelle	315 ff, 342, 351, 370
Vermittlungstechnik	282, 361
Verspannung	76, 80, 83
Verstärkerfeldlänge	363, 369
Verstärkung	24, 154 ff, 173, 176, 289, 364
Verstärkungsbandbreite	154, 160, 292, 322
Verteilnetz	322, 369
Vertraulichkeit	322-323, 369
very high-bit rate digital subscriber line	323

Anhang

Verzerrung	260, 279
Verzweiger	147, 225 ff, 317
Verzweigungskabel	316
Verzweigungsnetz	316 ff
VHDSL	323
video on demand	421 ff
video switch	426
Vielfachinterferenz	149
Vielträgertechnik	343, 367
Vierwellenmischung	297, 309, 337, 349, 350, 370
virtueller Kanal	332
Viskosität	86
visuelle Kernausrichtung	137
VISYON	311, 353, 435, 439
Vollduplexbetrieb	326
Volumenhalbleiter	78, 159
Vorbrennen	137
Vorform	117 ff
Vorverstärker	161
Vorwärtspumpen	155
VPE	203

W

W-Profil	57
Wachstumsgeschwindigkeit	202, 208
Wärmeleitfähigkeit	242, 251, 264
Wasserstoffempfindlichkeit	115
wavelength division multiplex	277, 325
WDM	277, 333, 339, 344 ff, 369, 402
Weibull-Diagramm	124
Weitverkehrsnetz	282, 361
Wellenfront	21, 31
Wellengleichung	172, 302
Wellenlängenmanagement	368
Wellenlängenmultiplex	277, 333, 344 ff, 369, 461, 464, 492
Wellenleiter	40 ff, 99, 158, 221 ff
Wellenleiterdispersion	52, 56 ff, 293
Wellenleiterstruktur	61, 99, 102, 170, 236
Wellenoptik	32, 33
Wellenvektor	69
Wellenwiderstand	232, 244, 245
Wellenzahl	21 ff, 61
Widerstandsabgleich	246
Widerstandsparameter	246
Widerstandsschicht	243, 247
wireless local loop	324
Wirtsmatrix	88, 89
WLL	324

X

X-Schalter	234-236

Y

Y-Laser	180, 181
Yttrium	156

Z

Zeitkompressionsmultiplex, siehe TCM	
Zeitmultiplex, siehe TDM	
Zeitmultiplex im Vielfachzugriff	329 f
zeitliche Regeneration	305
Zeitstufe	371 f
Zelle	332
Zellvermittlung	372
Ziehgeschwindigkeit	112, 123, 124
Ziehofen	123
Ziehturm	122
Zinkblendegitter	64-65
zirkular polarisiertes Licht	26
Zirkulator	153, 326, 328
Zn-Diffusion	216
Zuführungsnetz	320
Zugangsbereich	110
Zugangsbereich	311, 314, 320, 351, 372
Zugangsnetz	282, 311, 313, 352
Zugriffstechnik	329, 335
zugverspannte Schicht	76
Zusatzrauschkoeffizient	160
Zustandsdichte	71-75, 81, 83, 162
Zustandsdichtemasse	73
Zweifaserbetrieb, -lösung	324, 461
Zweisektions-DFB-Laser	366
Zweisektions-Fabry-Perot	366
Zwischenfrequenz	271
Zwischenverstärker	161, 287, 304, 309
Zylinderwelle	22